# SPACE PHYSICS
## An Introduction

# 空间物理学导论

［加］克里斯托弗·T. 罗素（Christopher T. Russell）

［美］珍妮特·G. 卢曼（Janet G. Luhmann） 著

［英］罗伯特·J. 斯特兰奇韦（Robert J. Strangeway）

戎昭金　魏勇　译

清华大学出版社

北 京

北京市版权局著作权合同登记号　图字：01-2023-1743

**图书在版编目（CIP）数据**

空间物理学导论 /（加）克里斯托弗·T. 罗素（Christopher T. Russell），（美）珍妮特·G. 卢曼（Janet G. Luhmann），（英）罗伯特·J. 斯特兰奇韦（Robert J. Strangeway）著；戎昭金，魏勇译.-- 北京：清华大学出版社，2025. 7. -- ISBN 978-7-302-69343-7

Ⅰ. P35

中国国家版本馆 CIP 数据核字第 2025MW1954 号

责任编辑：刘　杨
封面设计：何凤霞
责任校对：欧　洋
责任印制：刘海龙

出版发行：清华大学出版社
　　网　　址：https://www.tup.com.cn，https://www.wqxuetang.com
　　地　　址：北京清华大学学研大厦 A 座　　邮　　编：100084
　　社 总 机：010-83470000　　　　　　　　邮　　购：010-62786544
　　投稿与读者服务：010-62776969，c-service@tup.tsinghua.edu.cn
　　质量反馈：010-62772015，zhiliang@tup.tsinghua.edu.cn
印 装 者：三河市科茂嘉荣印务有限公司
经　　销：全国新华书店
开　　本：185mm×260mm　　印　张：34.75　　　　字　　数：843 千字
版　　次：2025 年 7 月第 1 版　　　　　　　印　　次：2025 年 7 月第 1 次印刷
定　　价：149.00 元

产品编号：100167-01

# Preface to the Chinese Version of "Space Physics：An Introduction"

When the original authors of this book began their careers, the physics of the plasma state was only beginning to be understood. However, it soon became clear that the behavior of magnetized ion and electron plasmas was important to the inhabitants of the thin layer of neutral gas surrounding the Earth. Initial studies focused on the Earth's ionosphere, but soon the magnetosphere and the solar wind were discovered and their importance to the inhabitants of the thin layer of atmosphere became clear. This book introduces us to the physics of the space surrounding us from the surface of the Sun to the ionospheres of the planets and the vast volume surrounding the Sun, largely based on our original text.

**Christopher · T. Russell**
**April 2023**

## 《空间物理学导论》中文版序言

当这本书的原作者开启他们的科学职业生涯时,等离子体态的物理过程才刚刚开始被人们所认识和理解。然而,人们很快就清楚地认识到,磁化等离子体中的离子和电子的物理行为对于我们这些生活在地球(具有较薄中性大气层)上的居民而言非常重要。最初空间等离子体的研究主要集中在地球的电离层上,但很快,随着磁层和太阳风被人们发现,它们对人们的重要性变得清晰起来。本书从太阳表面到行星电离层,再到日球层的广袤空间,向读者介绍了与我们息息相关的空间物理学。

克里斯托弗 · T. 罗素
2023 年 4 月

# 译者的话

进入 21 世纪以来,人类探索太空的脚步愈发频繁。人类对太空的认识,也早已从日-地-月系统,迈向太阳系各大行星,乃至系外空间。在各类深空探测任务的带动下,人们探测了越来越多的行星"样本"。这些"样本"展现出了丰富多彩的大千世界,人们对行星的不同圈层环境、不同时空尺度的物理过程,行星宜居环境的形成和演化,以及宇宙生命演化等的认识也越来越深入。这也孕育和催生形成了一门集地球科学、天文学、物理学、化学、生物学等多学科交叉的新型学科方向——行星科学。

虽然我国开展太空探索起步较晚,但发展速度较快。在先后成功实施了双星探测计划、嫦娥探月系列任务,以及天问一号火星探测任务后,我国也步入了探索深空的大国行列。这同时也对我国相关专业科技人才,尤其是行星科学专业人才提出了巨大的需求。为服务国家深空探测战略需求,培养我国科技人才,经多年筹备和论证,中国科学院大学于 2021 年率先在国内自主设立和新增了行星科学一级学科博士学位点。然而,我国当前的行星科学专业教材还相当缺乏。编写对应的专业教材又需要有长期的、全方面的专业知识积累,这给短期内快速培养我国行星科学专业人才带来了困难和挑战。考虑到国外目前已有不少优秀的专业教材出版,因此,通过直接翻译国外的优秀专业教材,将其作为国内研究生的教学教材或辅导教材,不失为一种较为可行的方式。

行星空间物理是行星科学的重要研究方向。行星空间物理起源于地球空间物理,旨在通过对太阳系不同星体空间环境的探测,来对比认识空间环境中动力学过程的一般物理规律,探究空间环境与其他圈层的耦合作用过程,及其在行星圈层环境演化中扮演的角色。由于大多数行星探测计划中飞船都要环绕行星开展科学探索,基本都避免不了要对行星空间环境进行科学探测。因而,行星空间物理的教学讲授对于开启和培养学生的行星科学研究兴趣具有重要意义。

本人在中国科学院大学长期讲授"行星空间物理"课程,多年教学经历让我深深感受到,随着各类行星科学探测任务的成功实施,我们对行星空间环境的认识正爆发性地加深。这也让我常常感觉课堂上所讲的知识点很难全面涵盖行星空间环境的各个方面。过多注重对行星空间环境科学发现的介绍,很容易造成对基础理论知识介绍的欠缺。而过多对基础理论知识的介绍,又会造成与"空间等离子体物理"课程内容的相似或雷同。因此,急需一本能均衡介绍行星空间环境基础知识和卫星探测发现的教材。另外,大多数研究生在本科阶段很少接触空间物理和行星科学领域的专业知识。如果直接阅读国外原版英文教材,虽可直接获得教材的原始内容信息,但对于不少刚入门的研究生或初学者来说,要想快速掌握和准确理解英文教材中的内容信息还是比较困难的。

基于此,我在征询了一些国内外同行专家的意见和建议后,决定翻译 2016 年由剑桥大学出版社出版,由 Christopher T. Russell、Janet G. Luhmann 和 Robert J. Strangeway 几位著名学者共同撰写的 *Space Physics:An Introduction*。这本书适合从事地球空间物理学、行星空间物理学、行星科学等相关专业的本科生、研究生及相关科技工作者使用。这本书在继承了 1995 年由 Margaret G. Kivelson 和 Christopher T. Russell 等撰著的 *Introduction to Space Physics*(国内译本为《太空物理学导论》)内容的基础上,对相关内容进行了重新处理,使各章节内容更为均衡,连贯性更好,并新增了不少关于行星空间环境方面的内容。更具特色的是,这本书在每个章节后都提供对应的拓展阅读材料,以供感兴趣的读者进一步深入阅读,并附有相应的课后习题及线上习题操作训练,非常适合入门者学习。而且这本教材已经在美国加州大学洛杉矶分校广为使用,国外对这本书的使用效果评价非常高。

Christopher T. Russell、Janet G. Luhmann 和 Robert J. Strangeway 几位著名学者多年来指导了相当多的中国学生,其中一些学生已经成长为行业内的优秀科学家。几位学者也非常关注这本教材的中文翻译,并对翻译工作给予了极大指导和帮助。

不同于大多数翻译教材,本书在力求精准传达原文意思的同时,对原文中存在的一些编辑错误、表达不甚清楚或有需要补充说明的地方,以及译者本人对某些相关问题的理解,都会以脚注形式加以说明,供读者参考。建议学有余力的读者对照原文,对文中不甚理解的地方作比对和玩味。为方便初学者掌握专业领域内重要的专业术语,本书对于重要的专业词汇和人名也保留了其原始的英语词汇表达。

为保证本书翻译语言的连贯性及专业性,全书的翻译工作基本由本人亲历完成。全书翻译和校对工作耗时将近一年。部分章节内容的翻译得到了同事的大力协助。其中,柴立晖副研究员参与了第 1 章、第 2 章、第 8 章和第 12 章的翻译,袁憧憬副研究员参与了第 3 章、第 5 章、第 10 章和第 11 章内容的翻译,魏勇研究员参与了附录和词汇表的翻译。另外,中国科学院地质与地球物理研究所的其他同事和研究生对翻译稿件也给予了仔细校对,这里仅列出名字,并表示衷心感谢,他们是闫丽梅、高佳维、张驰、石振、李欣舟、张璐璐、翟帅瑜、汪东泉、龙文珊、郭梦丹、王誉棋、岳铫辰、蔡毅徽、周旭、邹依清、陈思、吕佳玲、周一甲、谭小易、汪洋、顾炜东、赵必强、何飞、尧中华、钟俊、张辉、葛亚松等。此外,翻译工作也得到了中山大学(珠海)大气科学学院的李坤老师、瑞典空间物理所张琦博士在校对工作中的大力协助,在此也一并感谢。

美国加州大学洛杉矶分校的 Christopher T. Russell 教授为本书写了中文版序言。美国加州大学洛杉矶分校的魏寒颖、马颖娟、贾英东、曹浩等老师,以及中国科学院大学的周元泽、田晨晨、王甜等老师,还有中国科学院地质与地球物理研究所底青云所长、鲁小飞老师、教育处宋玉环老师,北京新光传媒版权中心的李洪,剑桥大学出版社的孙偲为本书的顺利出版也付出了辛勤劳动并给予了大力协助。中国地球物理学会行星物理专业委员会对推动本书的出版也给予了大力支持。在此,本人对他们表示衷心感谢。

本书的出版得到了中国科学院大学教材出版中心、中国科学院大学地球与行星科学学院、中国科学院地质与地球物理研究所深部资源探测先导技术与装备研发中心、中国科学院页岩气与地质工程重点实验室的联合资助,在此深表感谢。

限于译者水平,加之成书也较为仓促,书中难免有错误或不足之处,还望读者不吝指出,联系方式: liuyang03@tup. tsinghua. edu. cn。

戎昭金

2025 年 5 月

# 原著序

　　我们生活在一个具有固、液、气三种熟知物质状态的星球上。我们的双脚牢牢地站在固态的地面上，或许不久前给自己倒了一杯液态的水，现在还呼吸着气态的空气。即便我们理解不了周围这些固体、液体和气体行为现象背后的数学物理过程，但仍然可以凭借经验性的知识，能够站立、喝水和呼吸。但如果我们冒险离开地球一小段距离，就会发现我们的直觉将会开始失灵。很快我们周围的粒子就都带上了电荷。我们发现，不同于将固态和液态中分子结合在一起的原子作用力，也不同于在气体中起主导的碰撞作用力，这时起主要作用的是电磁作用力。当然，重力仍然存在，但与您阅读本书时身处的环境不同，在宇宙等离子体环境中，重力对于物质运动来说只是一个次要因素。

　　在人类公历纪元以来的前两千年时间内，我们基本上可以忽略物质的第四态——等离子体态，然而如今我们正生活在第三个千年的时代，我们必须研究更遥远的深空环境究竟是何样。在这个千禧年，"外太空"变得重要起来，它始于距离我们头顶不到 100 km 的空间，这个距离对于我们不再是遥不可及。许多人每天都在这个空间区域工作，维护着各种机械仪器和设备。我们中的一些人甚至在太空中生活，他们的生活时间不仅仅是几个小时或几天，而是一年中的大部分时间，希望我们能延长人类在太空中的停留时间。

　　掌控物质的第四态对全人类都很重要。自从工业革命以来，科学技术飞速发展，所以现在我们可以依靠科学技术进行通信、天气预报和能源传输。我们的飞机可以在接近地球边缘的高空飞行。随着航天技术的进展，仪器出现了新的灵敏故障，起初我们对此感到很吃惊。我们不知道地球周围的等离子体环境是如何变化的，或者说不知道日地之间的等离子体耦合作用是如何变化的。但是，当全球电力系统开始失灵，当宇宙飞船不再听从我们的指令，当太空和高层大气中的辐射危害被人类所了解时，我们对这一区域的研究就变得非常有必要。

　　本书旨在系统编纂能描述从太阳到太阳系边际范围内的等离子体基本原理。本书内容涉及的空间区域并不会在太阳系最外层行星处就结束，而是会延展至太阳系等离子体与银河系等离子体相交的区域，或如天文学家所称的星际物质中。由于星际旅行对于我们的日常生活而言还比较遥远，所以我们还很难知道何时及怎样开展星际旅行。

　　对于本书内容我们有几种可能的安排方式。我们可以从最简单的系统介绍开始展开，然后逐步增加其复杂性介绍。我们可以根据空间位置由太阳系中心开始向外逐步扩展来安排内容。我们亦可遵循能量向外流经所有行星的顺序来开展内容介绍。我们也可从时间维度，遵循从现象发现到物理理解的历史脉络，按照时间的先后顺序来安排内容。可认为以空间位置或能量流动的方式来安排内容是很合理的，因为太阳是太阳系的中心，为太阳系的空间环境提供了大量的能量输入。太阳风与行星的磁层、电离层是耦合在一起的，从太阳辐射出来的光子通过加热和光致电离作用与行星大气耦合在一起。而按时间先后顺序的安排方式遵循了科学家们最初理解日地空间环境的方式。这种安排方式的好处在于可让我们从简单的概念开始出发，然后在此基础上构建复杂的概念体系。而这种方式的缺点在于早期的一些想法和观点是错误的，而且科学不一定是沿着最短路径（时间）来发展的。因此，如果从纯粹的历史发展路径来安排本书，其效率可能会比较低。

在这本书中,我们尝试将这些方式结合起来,在介绍较复杂的知识内容之前力图将主题研究内容简化为一些基础知识。本书以历史介绍拉开序幕,在向读者展示人们是如何通过一般性科学方法开展科学研究的同时也对地球的空间等离子体环境给予描述。第1章从古代"北极之光"(northern lights)的观测开始(现在我们称为北极光(aurora borealis),而对应南半球的则称为南极光(aurora australis))。我们介绍了地球的磁场,高层大气中的等离子体,然后是太空时代的到来,以及关于地球和其他行星的太空探索计划等。

在第2章中,我们从大家熟知的地球大气层开始向外逐渐介绍。中性大气有风场和气压,中性大气的性质会随高度而发生变化。中性大气中存在波动现象。在本书后面,我们将会涉及等离子体波动的内容。在这一章结束部分,我们将讨论大气层是如何被电离的,进而能形成被人们率先发现的天然等离子体(电离层)。

在第3章中,我们介绍等离子体物理知识及定量描述等离子体的数学公式。自太空时代开始以来,空间物理学研究越来越定量化,相关物理过程也需要以更严格的数学理论作为基础才能做出更准确的描述。其中一种数学理论就是动理论,我们可用它来研究等离子体的完整物理行为。还有一种理论是磁流体理论,该理论基于粒子运动的平均效应(忽略回旋运动和热运动),通过密度、整体速度、动量和温度等物理量描述等离子体的物理过程。在本书的后面部分,我们还介绍了通过采用这种数学理论描述等离子体复杂系统行为的数值模拟。

在第4章中,我们将前往太阳系的中心(太阳),在那里太阳产生了驱动等离子体物理过程的能量(以及产生维持太阳系行星系统的引力)。在过去的几十年里,我们对太阳有了较为深入的认识,但是,由于我们仅能依赖遥感的方式对太阳开展研究,对于确定(太阳上)许多物理过程和物理现象是如何发生的及为什么会发生,我们的能力还比较有限。因此,第4章侧重于介绍太阳上发生了什么现象,即便我们对这些现象还不完全了解。目前正在推进的探测任务对于回答这些现象"如何"发生和"为什么"发生将会很快揭示更多的信息。

在第5章中,我们离开太阳,进入日球层。在这一章中,我们将研究太阳风是如何加速的,太阳风的变化是如何产生动力学现象的,以及太阳风是如何终止的。太阳风非常重要,因为它将太阳等离子体环境与我们地球自身的等离子体环境耦合起来,为太阳活动影响地球环境提供了一个通道。

第6章的内容主要为无碰撞激波中的高度非线性等离子体物理过程。从激波上游到下游,等离子体的物理过程是不可逆的,这会增加等离子体的熵,并将等离子体整体运动的动能转化为热能。也正是激波下游这种加热过的和压缩过的太阳风等离子体与行星发生了相互作用,并控制了行星大气和磁层的活动。激波还能将一小部分等离子体粒子加速到非常高的能量,这些高能粒子,即便是在临近太空的地方[①],也会破坏太空电子设备及微生物结构。

第7章介绍太阳风与含强磁场的星体是如何相互作用的。我们还向读者介绍了4类数值模拟:空气动力学模拟、磁流体力学模拟、混杂模拟和全动理学模拟[②]。每类模拟都有其优点和对应的局限性。

---

① 译者认为这个区域在地球临近空间高度处。
② 原著第7章实际并没有介绍全动理学模拟。

第8章描述太阳风是如何与没有强磁场的星体发生相互作用的。这些星体可能像月球一样，几乎没有大气层；也可能像金星一样，有大气层和电离层。这章向读者展示行星电离层如何形成阻挡太阳风的屏障并使太阳风在行星附近发生偏转，以及彗星和小行星是如何与太阳风发生相互作用的。

在第9章中，我们考察了磁层耦合能量是如何从太阳风中吸取并传递到地球磁层，最终进入大气层中的。这一章讨论了磁层顶和磁尾处的磁场重联，并讨论了磁层亚暴和磁暴。自太空时代开始，这些现象就引起了人们的兴趣，但由于对磁层缺乏足够的观测（磁层采样观测很稀疏），这些现象在最初研究的时候具有很大争议。在撰写本章时，我们并没有试图去重述这些研究的整个历史，而是基于一定的理论基础，针对我们理解较为清楚的物理过程，简明地解释其能量输运及其随时间的变化行为。

在第10章中，我们介绍了地球内磁层，这个区域可由电离层向上延伸到等离子体层区域。这是磁层中最稳定的区域，但它一点也不枯燥乏味。这个区域是辐射带和某些波粒相互作用过程（非常有趣且很重要）发生的所在地。

在第11章中，我们走出磁层"稳定"区，进入极光和极区电离层，以及极区上空的磁层区域。在这些区域中，物理过程的时间变化性最为剧烈，且能量传递的主要耦合过程就发生在那里。

第12章将把我们带到除地球以外的那些具有内禀全球磁场的行星磁层中：水星、木星、土星、天王星和海王星，以及它们的卫星。我们可从这些行星磁层的认识中获益，因为我们可以在物理条件非常不同的环境下，更全面地理解在地球磁层中存在着的相同物理过程。

第13章将我们带回到等离子体波，并对这些波动现象作更为数学化的分析研究，这些波动现象对太阳风和行星磁层中等离子体的演化、散射和加热具有非常重要的作用。

本书的宗旨是让刚开始学习空间物理的研究生获得对等离子体物理学基本原理的理解和认识。本书的大部分内容适用于高年级本科生，并且该书已被美国加州大学洛杉矶分校地球、行星与空间科学系的本科生和研究生广泛使用。

## 如何使用这本书

我们写这本书的目的是给研究生提供必要的学习材料，让研究生能够在其今后的空间物理学研究生涯中受益。材料有一定的难度，既有描述性的内容，也有一些非常数学化的内容。要在一个学期或一个季度时间内深入学习所有这些材料是很困难的。我们建议用两个学期的时间来学习这本书。第一学期通过学习以下内容，让学生掌握空间等离子体物理学的基本物理知识：本课程将从第1章开始，首先介绍该研究领域的发展历史，接下来在第2章中介绍中性大气的物理知识（作为等离子体物理学的序章），最后讨论离我们最近的地球等离子体区域——电离层。在这之后，我们推荐学习3.1节、3.2节及3.5节的内容，这些内容将涵盖单粒子理论和磁流体理论。

4.1节至4.3节涵盖了太阳和太阳活动周期的内容。5.1节和5.2节介绍了太阳风和日冕源区的内容。6.1节、6.2节和6.4节增加了对激波类型和激波观测的讨论。7.1节至7.6节的内容涵盖了行星磁场和磁层的形成，以及研究太阳风流经行星时采用的流体分析方法。8.1节至8.3节讨论了太阳风与非磁化行星相互作用的基本知识。第9章中的所有内容都可被推荐为第一学期的课程,因为理解地球磁层的活动性可以说是空间等离子体物理研究中最重要的部分。10.1节至10.2.4节和10.3节介绍磁层冷等离子体和辐射带的内容。在第11章中,我们建议将11.1节至11.3节的内容作为第一学期的课程,这将有助于学生了解极光发射。12.1节至12.4节概述了行星磁层的大小和磁层对流循环过程。第13章及我们在前面章节中未提及的其他内容则对活动现象中的物理过程给予了更深入的讨论[①]。

本书有几个特点值得注意。这本书并不是简单地以第13章结束,第13章之后还有4个附录、一个词汇表、一个参考文献列表和一个名词索引。附录A.1介绍了空间等离子体物理研究中涉及的符号、矢量恒等式和微分算符。附录A.2列出了基本物理常数和空间物理等离子体参量的计算公式。附录A.3描述了空间等离子体物理中使用的多种坐标系,以及坐标系的转换。最后,附录A.4介绍了功率谱分析,特别是动态功率谱分析,包括如何确定电磁波在等离子体中的传播方向,以及电磁波的右手和左手回旋手性(参考带电粒子的回旋运动手性)。

词汇表则囊括了本书中所有标为粗体的术语词汇(通常本书第一次使用该术语时,术语会被标为粗体)。在词汇表中,我们对这些术语给出了简要的定义。参考文献列表中列出了那些我们在文中介绍某些概念或观察结果时需引用的经典论文文献,也包括一些我们引用图片的参考文献。索引部分则涵盖书中涉及的重要主题内容,读者不需要阅读整个章节就能根据索引找到这些主题内容所在的对应的位置。

我们推荐的拓展阅读材料和习题列在了每个章节的结尾。之所以要列出这些材料,是因为读者阅读本书时可能需要查阅。习题可分为两类:一类是强化本章概念的题型,这类习题学生在掌握本章的材料内容后便可完成;另一类更像实验练习题,需要使用网络软件作为课程辅助工具来完成。科学研究的课程通常需要配套的"实验室"供学生们做实验,但对于空间等离子体物理学而言,其空间尺度是如此之大,以至于我们很难建立起这样的一个学生实验室。这时,我们必须借助于计算机来做模拟实验。这些模拟实验练习题是我们在美国加州大学洛杉矶分校空间等离子体物理学十多年教学基础上开发出来的,可用于演示磁层等离子体和太阳等离子体的物理行为。随着本书的出版,它们的代码已经被重新编写和更新,并在网上公开。任课教师们也能很快发现,同样的程序代码可用于各种不同的研究问题,从这个意义上说可能会些许偏离那些针对具体课程而量身定制的具体习题内容。

## 致谢

M. G. Kivelson 和 C. T. Russell 等编著的《太空物理学导论》早在 1995 年就出版了,这本书由空间物理领域的权威专家编写的各章节内容汇编而成。虽然可通过这种有效方式汇编得到该领域第一本较为全面的教科书,但它并没有对各章节内容做统一处理。在出版后续教材时,三位原书作者自愿走到一块儿来筹集新的教材内容,并对书中涉及的各方面内容做更均衡的处理。

---

① 译者认为这部分内容应该是属于第二学期的内容。

第 1 章继承了前书(1995 年出版的《太空物理学导论》)第 1 章中的大部分内容,在此基础上,针对前书出版以后近 20 年间取得的进展增加了一些相关内容。第 2 章主要涵盖了中性大气和大气物理学,以及对电离层方面的讨论(前书第 7 章中对电离层有大量讨论)。第 3 章主要涵盖了磁化等离子体物理理论知识,这部分内容取代并扩充了 M. G. Kivelson 在前书中所写的章节内容。第 4 章讨论和介绍了太阳及其大气方面的知识,这部分内容取代了 E. R. Priest 在前书中撰写的章节内容(前书中这部分内容主要强调了磁场在太阳活动现象中所起的作用)。第 5 章是关于日球层方面的内容,不仅包括了前书中 A. J. Hundhausen 撰写太阳风部分内容的经典材料,而且扩展了讨论内容,包括对太阳风的径向演化,太阳风与中性粒子、尘埃、宇宙射线的相互作用及其与星际物质相互作用的机制。第 6 章则完全重写了 D. Burgess 在前书中撰写的章节内容,从数学上推导出了 Rankine-Hugoniot 关系(该物理关系是理解无碰撞激波物理行为的关键)。第 7 章对前书中 R. J. Walker 和 C. T. Russell 撰写的那一章内容作了更新,更新后的内容更为完整和全面地交代了太阳风与行星相互作用中使用到的各类数值模拟。第 8 章更新了前书中对太阳风与非磁化星体相互作用的介绍内容。如今,对于星体与太阳风的相互作用,我们已获得了这些在 20 年前做梦都想不到的认识。第 9 章取代了前书中 W. J. Hughes 最初写的关于太阳风与地球磁层耦合的章节内容。本章内容则主要聚焦太阳风和地磁场之间与磁重联相关的动力学过程。第 10 章取代了前书中由 R. A. Wolf 撰写的章节,不仅保留了辐射带的经典研究方法,还详细介绍了在早期研究中人们并没有发现的低能等离子体和磁层中的波动。第 11 章取代了前书中由 H. C. Carlson 和 A. Egeland 撰写的极光章节内容。本章内容比前书中的极光章节内容更为强调极光过程的物理机制。第 12 章取代了前书中由 C. T. Russell 和 R. J. Walker 撰写的章节内容。本章内容在很大程度上保留了前书章节中的原始内容,并新增了最近行星探测任务的最新研究结果。本书最后一章主要涵盖等离子体中的波动,完全重写了前书中由 C. K. Goertz 和 R. J. Strangeway 撰写的章节内容。相比静电波,本章内容更着重强调了电磁波的物理现象。本书结尾包括 4 个附录内容。附录 A. 1、附录 A. 2 和附录 A. 3 对前书附录作了相应的更新,附录 A. 4 则是一个新增的内容,详细介绍了等离子体磁扰动信号的时间序列分析知识。

本书作者非常感谢前书作者允许我们摘录前书中的内容。我们特别感谢美国加州大学洛杉矶分校地球行星和空间科学学院的学生,他们对我们出版这本书给予了宝贵的反馈意见,我们也感谢加州太空基金联盟对本书图片处理及对软件网络化转化给予的支持。我们也感谢 Sharon Uy、Margie Sowmendran 和 Richard Sadakane 在我们准备这本书时给予的帮助。

# 目录

# 第1章

## 日地物理学：学科发展史

## 1.1　引言

    日地环境物理学主要研究高能带电粒子与空间电场和磁场的相互作用。在地球附近，大多数带电粒子的能量追根溯源都源于太阳，这些粒子可直接或经太阳风与地球磁层的相互作用后被探测到。这些相互作用很复杂并且是非线性的。决定带电粒子运动的电场和磁场相应地又受到这些带电粒子运动的影响。此外，在微观尺度上发生的过程可能影响系统在宏观尺度上的表现。幸运的是，有一些近似的方法可以用于研究这些物理系统。在大多数情况下，我们无须考虑单个粒子的运动。

    通过使用相机、光度计、光谱仪、磁强计和其他能探测高层大气和磁层中常见物理过程的仪器设备，一些日地物理的研究工作仍然是在地球表面上开展的。然而，有许多物理过程通过地基遥感手段探测不到，而必须开展原位（in situ）探测研究。大部分这类原位探测研究是通过火箭和卫星探测来开展的，这使我们能够在发生相互作用的区域进行直接探测。近年来，对这些原位数据的探测使我们对日地物理过程的认识和理解程度出现了爆炸性增长。我们的行星探测计划揭示了这些物理过程在不同行星环境条件下是如何运作的，这也增加了我们对日地物理过程的理解。

    日地物理学（**solar-terrestrial physics**）有着悠久的研究历史，早在卫星和火箭出现之前人们就已经开展了相关研究。我们认识这个有着非直觉，甚至是反直觉行为的新奇领域的一种简便方式，便是追随早期先驱研究者探索的先后脚步去学习它。因此，我们将简要回顾日地物理学的发展历史，这将为我们后面更为物理性地介绍日地环境中物理过程的自然属性提供背景认识。我们将按照日地物理学发展的时间顺序方式介绍本章内容，因为这是早期科学观测者认识日地物理过程的方式，也是最初人们认识和理解它的方式。

## 1.2　古代极光现象

    对日地物理学这门学科的研究始于人们对两种自然现象的不断认识：极光（**auroras**）和地磁场的变化。因为它们可以从视觉上被直接观察到，所以极光是这些现象中最早被记录下来的自然现象，而地磁场变化的发现则一直要等到指南针发明这一新技术的出现之后。

    在东西方的古籍中都有关于极光的描述。中国古籍中有关于可能是极光观测事件的描述，其中一些描述事件发生在公元前 2000 年之前。《旧约全书》[①]（*Old Testament*）中的一些篇

---

    ① 《旧约全书》是犹太教的《圣经》，后来与《新约全书》合在一起才成为基督教的《圣经》。

章段落似乎也受到了极光观测的启发。希腊古籍中提到了很可能是极光的现象,例如,公元前6世纪,Xenophanes[①]提到了"燃烧云在运动过程中的累积"。这些先后观测到的可能是极光的现象受地球倾斜磁偶极子(**magnetic dipole**)的西向漂移影响(极光主要出现在地磁两极)。磁极的方位早先是在中国,然后漂移到小亚细亚,再到欧洲,如今已经漂移到了美国东部。

由于这些现象在古时并没有被人们所理解认识,人们在早期对极光现象产生了极大的恐惧和迷信。如图 1.1 所示,该图的灵感来自 1570 年发生的一次极光现象,这说明当时人们对极光普遍缺乏科学的理解。人们在 17 世纪拉开了利用科学理论认识北极光起源的序幕。例如,Galileo Galilei[②](G. 伽利略)提出,极光是由地球夜晚阴影中的大气上升到可以被阳光照射到的高度而引起的。他似乎还创造了"北极光"(aurora borealis)这个词,意思为"北方的黎明"。大约在同一时间,法国数学家和天文学家 Pierre Gassendi 推断极光现象一定发生在很高的高度,因为在相距非常远的两个地方能同时观察到相同结构的极光。与他同时代的 René Descartes[③](R. 笛卡儿)认为,极光是由高纬度地区空气中的冰晶反射引起的。从 1645 年到1715 年,尽管极光现象没有完全消失,但太阳活动和极光现象的出现都呈下降趋势。

图 1.1　人们对 1570 年 1 月 12 日所见极光现象的早期绘画(爱丁堡皇家天文台 Crawford 收藏品的原件)

Edmund Halley(E. 哈雷)在最终观察到一次极光现象后,于 60 岁的时候提出极光现象是依据地球磁场的方向分布的。1731 年,法国哲学家 de Mairan 嘲讽了当时流行的观点,即极光是由极地冰雪的反照形成的,并批评了 Halley 的理论。他认为极光与太阳大气有关,而且怀疑太阳黑子的出现与极光之间存在着某种联系。直到很久以后,Halley 的观点和 Mairan 的观点才得以调和,地磁和极光的研究才算是更加牢固地联系在一起。

## 1.3　地磁场的早期测量

最早表明地磁场存在的迹象可追溯到人们发现指南针具有定向功能的时候。随着指南针的改进,人们对地磁场的认识也越来越深入。中国关于指南针能指向南北的记载可以追溯到

---

①　Xenophanes(约公元前 565—前 473),古希腊诗人、哲学家、爱利亚学派的先驱。

②　Galileo Galilei 就是著名的意大利天文学家、物理学家、欧洲近代自然科学的创始人伽利略·伽利雷(1564—1642)。伽利略被称为"观测天文学之父""现代物理学之父""科学方法之父""现代科学之父"。

③　René Descartes 就是大名鼎鼎的勒内·笛卡儿(1596—1650),法国著名的哲学家、科学家和数学家。

11 世纪。杂学家 Shon-Kau(沈括,1031—1095)描述道："方家以磁石磨针锋,则能指南。"①在欧洲文学中,指南针及其在航海中的应用最早出现在 12 世纪末的两部作品中——De Untensilibs 和 De Rerum。这两本书的作者 Alexander Neekan 是 St. Albans 的一个修道士,巧合的是,多年以后,我们这本书其中一位作者也在那里出生。在前一部作品 De Untensilibs 中,他描述了如何使用磁针来指示北方,并注意到水手在天气多云的条件下会使用这种方式找到航线。在后一部作品 De Rerum 中,他描述了磁针被放置在一个支点上的情形,即第二代指南针的形式。在这两部作品中,他都没有把这种指南针工具描述为一种新奇的东西,因为在当时,这些指南针都已经很常用了。官方记录显示,在 14 世纪,许多帆船都携带了指南针。在全球大部分地区,地磁北和地理北(或称正北)的方向是不同的,两者之间的夹角称为磁偏角(declination)。目前尚不清楚人们是何时发现磁偏角的②。然而 1544 年,在纽伦堡 St. Sebald 教堂的牧师 Georg Hartmann 写给普鲁士 Albrecht 公爵的一封信中提到,他在 1510 年测到罗马的磁偏角为东偏 6°,纽伦堡的磁偏角为东偏 10°。此外,众所周知,João de Castro 于 1538 年到 1541 年间在沿印度西海岸和红海的航行中测定了 43 次磁偏角。

地磁场方向相对于水平面存在一定的倾斜角度,该角为磁倾角(inclination or dip)。测量这个角度需将一根磁针置于支点上并绕某一水平方向的轴做旋转。Georg Hartmann 的信里也讨论了这样的观察,但他对其所在地磁倾角的观测是不正确的。William Gilbert 将磁倾角的发现归功于英国人 Robert Norman,Robert Norman 在 1576 年发表的一篇工作文章,标题介绍为" The newe Attractiue containyng a short discourse of the Magnes or Lodestone, and amongest other his vertues, of a newe discouered secret and subtill propertie,concernyng the Declinyng of the Needle,touched there with onder the plaine of the Horizon. Now first found out by ROBERT NORMAN Hydrographer. Here onto are annexed certaine necessarie rules for the art of Nauigation,by the same R. N. Imprinted at London by John Kyngston,for Richard Ballard,1581"③。

1600 年,William Gilbert 出版了著名的论著 De Magnete,他在 1601 年被任命为 Elizabeth 女王的个人首席医生。这篇论著由 6 卷书组成,共计 115 章。该论著的中心主题也是第一卷 17 章的标题："地球球体是有磁性的,是一个磁铁;如磁石在我们手中会受到地球施加的所有主要作用力,地球也会在宇宙中受到同样的作用力而保持固定的方向。"图 1.2 中展示了 Gilbert 的木版画,显示出了磁倾角在地球上的分布,或者说在一个小的球形天然磁石(他称之为"Terrella"④)上的分布。Gilbert 认为地球磁场是恒定的,但实际上并非如此。Gresham 学院的天文学教授 Henry Gellibrand 发现磁偏角随时间变化,并于 1635 年在伦敦发表了他的这一工作发现,标题为"A discourse mathematical on the variation of

---

① 北宋杂学家沈括撰写的《梦溪笔谈》中通过"方家以磁石磨针锋,则能指南,然常微偏东,不全南也"描述了人工磁化天然磁体指明方向,以及地磁场偏角。实际上,早在 2000 多年前的战国时期,中国人就发明了指南针的前身——司南。另外,原文将沈括的卒年写成了 1093 年,实际应为 1095 年。

② 实际上,早在 11 世纪,沈括就在《梦溪笔谈》中记载了地磁偏角现象:"方家以磁石磨针锋,则能指南,然常微偏东,不全南也。"这是世界上目前已知的关于磁偏角的最早描述。

③ 这段古英语可翻译为:这本引人入胜的新书包含对磁石的简短论述,还包括其他一些关于磁针相对于地平面出现倾斜的新秘密和可能性质的论述。这些性质特征现在首次被水文学家 Robert Norman 发现。以下是《航海艺术的必要规则》,作者为 Robert Norman,由 John Kyngston 在伦敦 Richard Ballard 印制,1581 年。

④ Terrella 一般翻译为地球模型。

the magneticall needle. Together with its admirable diminuation lately discovered"（关于磁针变化的数学论述及近来发现其出现的显著衰减）。

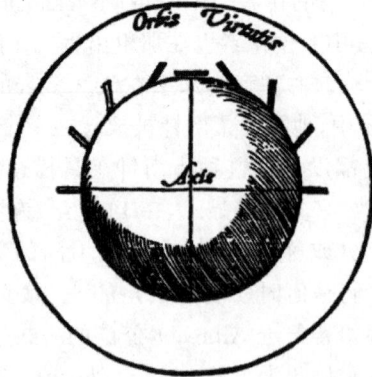

图 1.2　如 Gilbert 的 *De Magnete* 书中所示，该图说明了地球主磁场中磁偶极子的特性

另一位研究地磁学的先驱是 Edmund Halley，他在 1683 年和 1692 年发表了两本关于地磁学理论的著作，但当时他的理论还需要进一步检验。国王 William Ⅲ 把 Paramour Pink 号船交给 Halley 使用，Halley 用该船进行了两次航行：分别是 1698 年 10 月北大西洋和 1700 年 9 月南大西洋的航行。这些航行是首次纯科学的考察，它们获得的测量结果对实际导航应用和导航理论都有巨大的价值。根据这些测量结果，Halley 分别在 1701 年和 1702 年出版了两张地磁图，一张是通过展示西部和南部海洋中的指南针变化而得到的新的、准确的海洋图，这是 1700 年 Halley 在国王陛下的要求下测量得到的；另一张是通过指南针变化得到的全球海洋图。

## 1.4　一门学科的出现

尽管太阳是我们所能看到的最亮星体，但日地物理学研究中关于太阳那部分的研究则需等待探测技术的进步发展，就像地磁学研究需要等待指南针及其后来的磁强计出现一样。太阳黑子（**sunspots**），即太阳光球层中磁场强度大但较"冷"的暗黑斑点，它由于体积太小很难用肉眼分辨出来。因此，直到望远镜发明后，对太阳黑子的研究才算开始。Galileo Galilei 是最早使用新发明的望远镜开展黑子研究的先驱之一。人们对太阳黑子的研究进展得很缓慢，可能是因为 1645—1700 年之间太阳黑子出现得很少，这段时间被称为 Maunder minimum 时期。在 Maunder minimum 之后，太阳黑子数与近期的太阳黑子数都比较接近，但在 18 世纪的最后十年里，太阳黑子数却发生了一个显著的变化：太阳活动周期比通常（通常为 11 年）要长得多，之后的两个太阳黑子数的极大值都要比以前小很多。这个时段被称为 Dalton minimum 时期。在千禧年之交时，也发生了一个类似的、太阳活动急剧下降的太阳活动长周期，所以太阳可能存在比太阳黑子周期还要更长的太阳活动周期。

如图 1.3 所示，直到 1851 年，人们才发现太阳黑子数的活动变化周期通常为 11 年。对于太阳黑子或太阳活动周期（**solar cycle**）将在第 4 章中作更深入的讨论，在第 4 章中，我们将回顾当前人们对太阳物理学的理解，其中，人们逐渐认识到的一点就是磁场在太阳物理

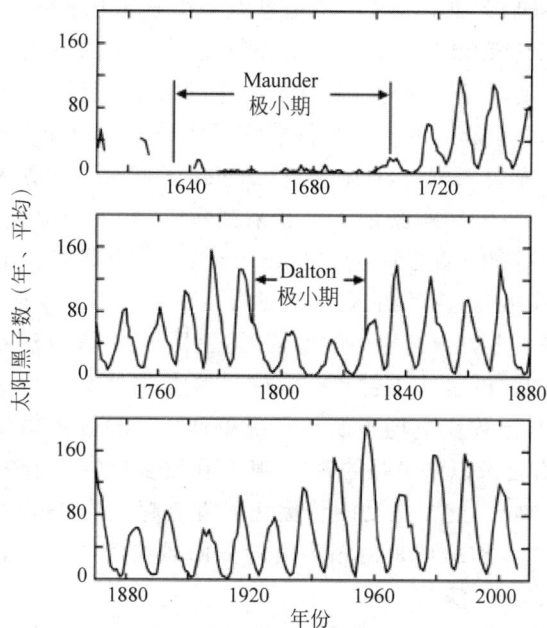

图 1.3　1610 年以来的太阳黑子数周期

学中扮演了一个非常重要的角色。事实上,在第 23 太阳活动周结束阶段——2006 年至 2010 年这段太阳极弱活动时期,太阳上伴随有弱磁场活动现象。

我们现在称为日地物理学的这一学科,首个科学发现可能是伦敦著名仪器制造商 George Graham1722 年观察到指南针一直在转动。1740 年 Anders Celsius 在瑞典乌普萨拉证实了 Graham 的发现。O. Hiorter 延续了 Graham 的观测,在 1000 多天里进行了 20000 多次观测。从这些数据中,Hiorter 发现了地磁场的日变化。地磁扰动随地方时发生系统性的变化,而地方时可由观测者所在的子午线和包含太阳的子午线之间的经度间隔确定。这些地磁扰动是由观测者相对于高层大气中电流系统(电流相对于太阳固定)的旋转运动带来的。

更为重要的是,1741 年 4 月 5 日,Hiorter 发现地磁和极光活动是有关联的。同一天, Graham 在伦敦也做了同步观测,这证实了当时有强地磁活动发生。1770 年,J. C. Wilcke 注意到极光会沿着地磁场方向向高空延伸。同年,James Cook 船长首次报道了与北极光对应的南极光(aurora australis)或"南方的黎明"(dawn of the south)。20 年后,英国科学家 Henry Cavendish 用三角测量法估计了极光的高度在 80～115 km。相较而言,更早之前 Halley 和 Mairan 的三角测量法结果则不太准确。

19 世纪早期取得的重大进展是建立了地磁场观测网络。通过在世界各地广泛布设磁力仪(**magnetometers**),人们可对地磁场开展多次同步观测。C. F. Gauss 是这一建设工作的主要领导人之一,他也是对地磁观测结果开展数学分析的主要先驱之一,通过他的分析能够区分地磁场中来自地表以下的磁场贡献和来自高层大气中的磁场贡献[①]。

与此同时,Heinrich Schwabe 根据他在 1825 年到 1850 年间对太阳黑子的观测,推断出太阳黑子的数量是呈周期性变化的,周期大约为 10 年。到 1839 年,磁场观测台站的建设扩

---

① 实际上就是利用大家熟知的球谐分析方法。

展到了英国殖民地。1851年,Edward Sabine 被派去指导其中4个地磁台站：Toronto、St. Helena、Cape of Good Hope 和 Hobarton。他利用这些台站的观测数据,发现地磁场的扰动强度也随太阳黑子周期而发生变化。第9章中会讨论我们目前对这些扰动的理解。

将太阳和地磁活动联系起来的下一个科学发现是 Richard Carrington 在1859年9月1日看到的一个巨大的白光太阳耀斑(**flare**)。Carrington 当时正在画太阳黑子群,他被这个耀斑吓了一跳,等他花了一分钟叫其他人一起来观看时,却失望地发现耀斑的强度已经大大减弱了。幸运的是,几英里(1英里≈1.61 km)外的另一个观察者在同一时间也注意到了这个耀斑。而且,耀斑发生时,伦敦的 Kew 地磁台站也观测到了地磁场扰动。今天,我们知道地磁场的扰动其实是由上方电离层中的电流增强引起的。该电流是由电离层(具有导电性)中的电场驱动产生的。极紫外辐射和来自耀斑的 X 射线会增加高层大气的电离度,因此使电离层电导率增加,导致在电场不变的情况下产生了更强的电流。最后,在耀斑发生18h后,地球上发生了有记录以来最强的磁暴,甚至在波多黎各都能看到极光。从太阳出发的扰动能如此快地到达地球,这个扰动的传播速度肯定超过了 2300 km/s。如第5章中所讨论的,我们如今知道太阳和地球是由超声速的太阳风连接在一起的,但即使是在扰动的太阳风中,这样的速度也是很快的。

日全食几乎每年都会在地球上的某个地方发生,通过日全食可以揭示日冕的大气密度结构。现在我们知道日冕的密度结构可以发生快速、显著的变化,这些变化与能导致地磁暴发生的太阳活动事件有关,但由于日全食只能持续几分钟,时间太短,我们还不能通过日全食深入研究这些快速变化。因此,在日冕仪(**coronograph**)发明之前,人们一直没有发现日冕物质抛射(**coronal mass ejections**)事件,例如,引起1859年 Carrington 地磁暴的那个活动事件。日冕仪相当于为自动相机观测制造了一个人工日食。现在人们可以在高海拔地区和太空环境中定期观测日冕。

在 Carrington 的观测后不久,Balfour Stewart 于1861年注意到地磁场会出现脉动现象,脉动周期为几分钟。今天,我们知道地磁场脉动的频率很宽。这些脉动可以用于诊断磁层状态及磁层中发生的物理过程。这些内容我们将在第10章中作进一步详细描述。等离子体中这些波动的能量,可能来源于外部——太阳风及其与磁层的相互作用,也可能来源于内部——动态磁层中不稳定等离子体中的自由能。等离子体中电子和离子之间的能量交换,以及等离子体波(可传输交换的能量),是空间等离子体物理学中一个非常活跃和重要的研究领域。我们也将在第10章中对此作更详细的描述。

19世纪还为人们带来了另一个简单而又重要的极光观测。John Franklin 船长,这位命运多舛的英国北极探险家,他的团队在1845年试图开辟西北航道(northwest passage,由于近来的全球变暖,航道现已开放)时丧生,根据他在1819—1822年探险时的观察发现,极光出现的频率并没有随着向极地靠近而一直增加。1860年,耶鲁的 Elias Loomis 等第一次绘制出极光发生最大的区域,这大致对应于我们今天所说的极光区(**auroral zone**)。极光区是一个距磁极 20°～25°并环绕磁极点而形成的一个椭圆带。我们对极光的现代理解最早出现于19世纪晚期。大约在1878年,H. Becquerel 提出从太阳发射出来的粒子会被地磁场导引至极光区,进而产生极光。他相信太阳黑子会喷射出质子。E. Goldstein 也提出了一种与之相似的理论。

1897年,伟大的挪威物理学家 Kristian Birkeland 到挪威北部进行了他的第一次极光探险。然而,直到 1902—1903 年,他在第 3 次探险中获得了大量与极光有关的磁场扰动数据后,才得出结论:在发生极光期间,有很强的电流沿着磁场线流动。真空管的发明使人们认识到极光在某种程度上与这些仪器中的阴极射线(cathode rays)相似。很快 William Crookes 爵士证明了阴极射线能被磁场弯曲,并且不久之后,J. J. Thomson 证明了阴极射线由微小的负电荷粒子(我们现在称之为电子)组成。Birkeland 将这些思想观点运用到了自己的极光理论中,并试图通过实地观测和物理实验验证他的理论。特别是,他在一个地球模型(他称为 terrella)中放入一个磁偶极子来进行实验[①]。图 1.4 显示了 Birkeland 在他实验室里的地球模型旁边做实验。这些实验表明,入射到地球模型上的电子会产生与极光带非常相似的发光图案。他相信,就如我们今天也相信的一样,这些粒子来自太阳。

　　K. Birkeland 的工作启发了挪威数学家 Carl Størmer。Størmer 随后计算了带电粒子在偶极磁场中的运动,计算结果支持了 Birkeland 的观点。图 1.5 显示了 Størmer 和他的助手 Bernt Johannes Birkeland(注意,不是 Kristian Birkeland)。从这张照片中可以明显看出,照相机的出现是极光研究的一个重要进展。正是通过这种方式的测量,Størmer 准确地确定了极光的高度。

图 1.4　实验室里的 Kristian Birkeland(左)与他的地球模型,以及他的助手 O. Devik (右)。约拍摄于 1909 年

图 1.5　极光物理学家 Carl Størmer(站者)和 Bernt Johannes Birkeland(坐者),拍摄于 1910 年挪威北部

　　图 1.6 展示了 Størmer 计算得到带电粒子在禁区(forbidden region)中的一个运动轨道,禁区是指来自太阳的带电粒子无法直接进入的区域。在这样一个区域内,带电粒子会环绕磁场做螺旋运动,同时由于偶极磁场在两极汇聚几何结构的反射作用,带电粒子会沿着磁场方向来回弹跳。地球辐射带内的粒子轨迹非常类似 Størmer 计算得到的带电粒子运动轨迹(图 1.6),因此在辐射带发现之后,Størmer 的贡献与辐射带的关联性显得更强,并受到了人们特别的重视。Kristian Birkeland 的工作也是直到后来飞船发现场向电流(field-aligned currents)与极光相关,才受到了重视。第 10 章我们对带电粒子在地球磁场中的运动轨迹有详细讨论,第 11 章中有关于极光的更多讨论内容。

　　关于太阳与地球耦合关联的研究仍在持续进行中,尽管 Kelvin 勋爵(W. 汤姆孙,即开尔文勋爵)1882 年声称他已经绝对确凿地证明了地磁暴不是由太阳磁活动引起的,也不是

----

① 　Birkeland 称这个地球模型为 terrella(拉丁语,意为"小地球")。

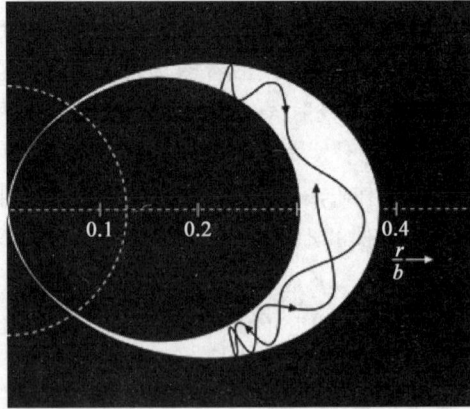

图 1.6　某个高能带电粒子在偶极磁场"禁区"中的运动轨迹，由
Størmer（1911）绘制（引自 Rossi 和 Olbert，1970）

由太阳上发生的任何动态活动引起的。Kelvin 勋爵还声称"地磁暴和太阳黑子之间所谓的联系是不真实的，两者周期的一致性仅仅是一个巧合。"更能说明问题的是 A. Schuster 的批判，他指出，由于同性静电荷的互斥作用，太阳喷出的电子束不可能一直聚集在一起。

## 1.5　电离层和磁层的发现

离地面约 100 km 以上高空的导电区域，我们现在称为电离层（**ionosphere**），或许确切地说，这是由 Balfour Stewart 发现的。他在 1882 年《大英百科全书》中一篇题为"地球磁性"（terrestrial magnetism）的文章中认为：地表测到的地磁扰动是由太阳控制的，而产生地磁扰动的电流最有可能存在于高层大气中。他注意到"我们从对极光的研究中知道，这些电流存在于一些区域——连续出现在两极附近，偶尔出现在低纬地区"。

他提出，地表磁场强度的日变化主要是由"高层大气中受太阳加热影响形成的对流电流"引起的。这些电流"应被视为横穿磁场线运动的导体，因此是作用于磁场上的电流载体"。这些说法非常接近现代大气动力学理论。不过，后来 A. Schuster 对发电机理论作了定量化发展。

20 世纪之交人们迎来了另一项用于探测日地环境的新发明：无线电发射与接收机。1902 年，为解释 G. Marconi 的跨大西洋无线电传输现象，A. E. Kennelly 和 O. Heaviside 分别独立提出了存在高导电率电离层的假说。直到 1925 年，电离层的存在才得到证实。当时英国的 E. V. Appleton 和 M. A. F. Barnett，及此后不久美国的 G. Breit 和 M. A. Tuve 都确定了 Kennelly-Heaviside 层（当时对电离层的称呼）的存在及其所在高度。"Heaviside 层"一词唯一的当代代用法出现在音乐剧"猫"中。

Breit 和 Tuve 最早的探测方法是利用垂直入射的无线电短脉冲，记录接收到反射信号的时间以推断导电反射层的高度，该方法至今仍被用于探测电离层。在绘制被电离层反射的电磁波曲线图时，Appleton 用字母 E 表示反射下行电磁波的电矢量。当他发现有来自更高层的反射时，他用字母 F 表示这些反射波的电矢量；当他偶尔接收到来自更低层的反射时，用字母 D 表示。当需要命名这些分层结构时，他自然选择了这几个字母，并为以后更多的可能发现预留了字母 A、B、C，虽然从未发现过这些分层结构。所以，如图 1.7 所示，如今电离层各分层区域被称为 D 层、E 层和 F 层。我们现在知道，所有具有大气的行星都具有导电性的电离层。第 2 章将讨论这些电离层是如何形成的。

　　大约在同一时间，人们也在理解极光现象方面取得了进展。结合光谱学和摄影技术，人们首次确定了极光的发光波长，然后识别出发光的受激分子。从 Lars Vegard 在挪威的工作开始，人们在将极光发射与氮气等已知大气的辐射谱线联系起来方面，取得了一些初步成就。然而，557.7 nm 波段的黄绿谱线的激发却一直很难被识别。John McLennan 基于 H. Babcock 在 1923 年的精确测量，最终得以识别这条线来源于原子氧的亚稳态跃迁。在接近地表的大气压强下，即使分子碰巧被激发成亚稳态，在其有机会辐射之前，分子之间的碰撞

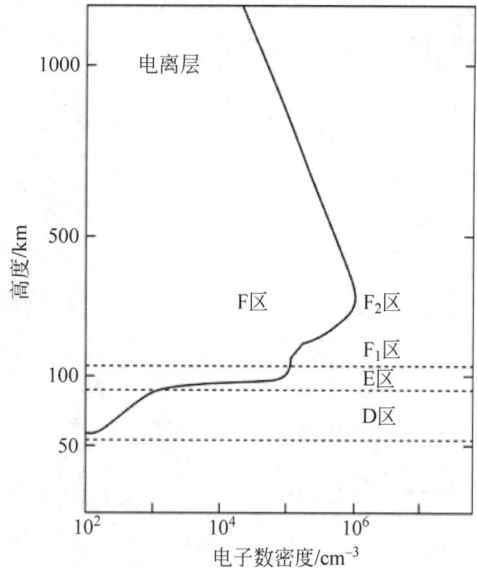

图 1.7　地球电离层电子数密度随高度的变化

也会使分子退激发。然而，在极光的发生高度，碰撞很难发生，碰撞的时间间隔比亚稳态的寿命还要长，从而使激发态的受激能量通过辐射释放。极光光谱中类似谱线还有原子氧的 630.0 nm 红色谱线。它的亚稳态跃迁寿命为 110 s，只有在 250 km 高度以上才能辐射。这些发现使人们意识到，极光的不同颜色与高度有关。在 100 km 以下的低高度极光中，蓝色和红色的氮气谱线带占主导地位，而粒子碰撞作用则淬灭了原子氧的绿色谱线。在 100～250 km，氧原子的绿色谱线是最强的。在 250 km 以上，氧原子的红色谱线是最重要的。

　　尽管大多数形式的极光都与电子有关，但也有些极光是由质子沉降引起的。质子极光的首次观测是在 1939 年。通过测量质子发射谱线的多普勒频移效应，可以在地面上估计沉降粒子的能量。第 11 章中有对极光和极光电离层更详细的讨论内容。

　　随着电离层概念的稳步建立，科学家们开始考虑电离层高度以上并与地磁场相连的空间区域，今天称之为磁层（magnetosphere）。1918 年，Sydney Chapman 提出来自太阳的离子（单价电荷）束流是造成全球地磁扰动的原因，这是对之前被 Schuster 批判过的旧观点的复兴。Chapman 很快受到了 Frederick Lindemann 的挑战，Lindemann 指出电荷相互间的静电排斥作用会破坏这样的束流。Lindemann 则提出这种带电粒子束流应包含数密度相等、电荷极性相反的粒子。我们现在称这种束流中的物质为"等离子体"（**plasma**）。这种想法提议实际是一种突破，它使 Chapman 及其合作者为我们对太阳风与磁层相互作用的现代理解奠定了基础（他们于 1930 年开始撰写了一系列论文）。今天我们对等离子体有了足够的了解，可以利用等离子体束对飞船作定向和推进，但直到 20 世纪 60 年代前后，人们才算理解了太阳风等离子体的加速过程。

　　在外层空间的稀薄大气条件下，粒子之间的碰撞很稀疏，等离子体（或由离子-电子组成的气体）是高导电性的。因此，Chapman 和 Ferraro 提出，当太阳风等离子体接近地球时，可等效地将地球磁场看作受到一个镜像磁偶极子的推进作用，如图 1.8 所示。镜像场推进的最终结果是压缩地磁场。最终，如图 1.9 所示，等离子体会从四面八方环绕着地球，而地磁

场则会在太阳等离子体中撑起一个空腔结构。这与我们现在的地磁空腔概念非常相似,其形成过程将在第 7 章中作更详细的讨论。

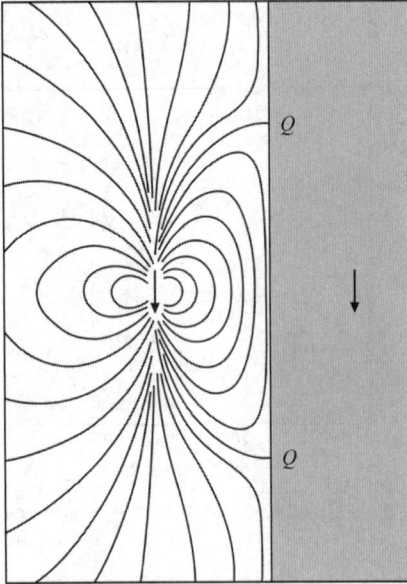

图 1.8　无限大超导板(向前运动)对偶极磁场的压缩。可将磁场看作由初始偶极磁场叠加上在超导板相同距离处的镜像偶极(如右边箭头所示)磁场产生(引自 Chapman 和 Bartels,1940)

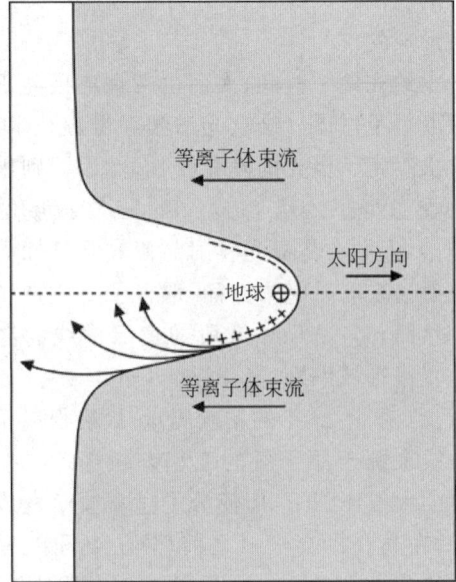

图 1.9　当超导等离子体流经地球时,等离子体前端锋面的预期演化过程。这个模型是由 Chapman 和 Ferraro 在 20 世纪 30 年代提出,用于解释地磁暴现象(引自 Chapman 和 Bartels,1940)

在磁层(**magneto sphere**)被压缩(表现为地面磁力仪检测到地磁场的急剧增强)之后,磁层开始膨胀。在随后的膨胀阶段,Chapman 和 Ferraro 正确地认识到这种地球表面磁场出现的减弱是由磁层深处高能等离子体的出现造成的,这些等离子体在赤道附近形成了一个电流环。这个电流环的演化过程就是我们如今所说的地磁暴,我们将在第 9 章中给予更详细的讨论。

在电离层因其对人造无线电信号的影响而被发现的同时,人们也在探索和认识自然界里的无线电发射信号。人们将根据人工信号研究发展起来的磁离子理论(magneto-ionic theory)应用于自然界中无线电信号的研究。电磁信号在声频范围内的首个报告是 1886 年人们在奥地利 22 km 长电话线里探测到的,后来称之为所谓"哨声"(**whistlers**)的信号。哨声是声调持续降低的声频无线电噪声出现短暂爆发的现象。1894 年,英国电话接线员听到了"吱声",这可能是闪电产生的哨声所致,也可能是北极光发生期间由磁层中激发产生的"黎明合声"(dawn chorus)所致。由于当时缺乏合适的分析设备,对这些观察人们几乎没做什么研究。第一次世界大战期间,用于窃听敌方电话的设备就听到了这些哨声信号。前线士兵会说"你可以听到手榴弹飞的声音"。H. Barkhausen 在 1919 年报道了这些观测结果,并认为它们与气象因素的影响有关。然而,他却无法在实验室中重现这种现象。

1925 年,T. L. Eckersley 也描述了这一现象,但却错误地将其归因于电脉冲加载在有自由离子的介质中所产生的色散效应——通过色散使不同频率的信号以不同的速度传播。最终,在 1935 年,经过大量的研究和几次错误的解释之后,Eckersley 得出结论,哨声那独特的下落声调是由电子对穿过电离层的电磁爆发噪声产生的色散作用引起的。

在 20 世纪 50 年代初期之前，人们对哨声的研究很少，直到 L. R. O. Storey 用自制的光谱分析仪对哨声进行了深入彻底的研究。如图 1.10 所示，他发现哨声是由闪电引起的，哨声的电磁能会沿着电离层顶部的磁场线以回波形式来回运动。这些发现暗含了一个重要信息，也就是电子数密度在现在称为等离子体层（plasmasphere）的外电离层中会出奇的高。Storey 还发现了其他类型的声频，或极低频（VLF）的电磁发射信号，这些信号与闪电无关。现在人们已知这些信号是在磁层等离子体中产生的。在第 10 章和第 13 章中我们将讨论这些波的产生和传播。

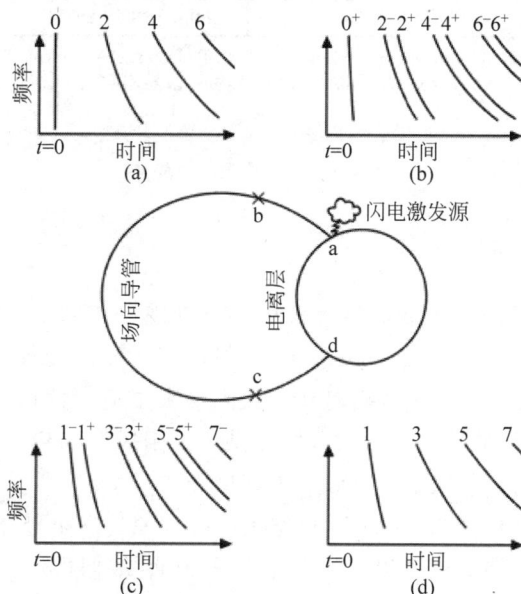

图 1.10 闪电产生哨声模波色散作用的示意图，图中所示的色散信号是分别从 4 个不同位置（a，b，c，d）观测到的。波在不同频率具有不同的传播速度（色散），导致会在不同频率处观测到其具有不同程度的延迟。延迟程度取决于波的传播距离和传播过程中所处的等离子体性质（引自 Russell，1972）

由于大气阻力的存在，很难直接在太空环境中对高层大气和电离层开展探测研究。表 1.1 列出了尝试探索这一低空环境的几个探测任务。Alouette 1 和 Alouette 2 飞船使用了无线电探测来研究顶部电离层。ISIS Ⅰ 和 ISIS Ⅱ 是原位探测任务，DMSP、SME 和 UARS 都是极轨低空探测卫星任务，DE 1 和 DE 2 是一对卫星，可创新性地实现低、高空采样测量[①]。FAST 是一个探测极光粒子和电场、磁场的卫星任务。

表 1.1 高层大气探测任务计划

| 任务名称 | 轨 道 | 任 务 类 型 | 发 射 日 期 | 结 束 日 期 |
|---|---|---|---|---|
| Alouette 1 | 低高度极轨 | 垂直遥测 | 1962 年 9 月 29 日 | 1972 年 |
| Alouette 2 | 低高度极轨 | 垂直遥测 | 1965 年 11 月 29 日 | 1975 年 8 月 1 日 |

① DE 1 与 DE 2 为一对极轨卫星，两颗卫星几乎在同一轨道平面上，可对同一根磁场线实现低高度和较高高度的同步测量。DE 1 在较高高度（559 km × 23 295 km）；DE 2 在较低高度（298 km × 996 km）。

| 任务名称 | 轨　　道 | 任务类型 | 发射日期 | 结束日期 |
|---|---|---|---|---|
| ISIS Ⅰ | 低高度极轨 | 电离层原位探测 | 1969 年 1 月 30 日 | 1990 年 1 月 24 日 |
| ISIS Ⅱ | 低高度极轨 | 电离层原位探测 | 1971 年 4 月 1 日 | 1984 年 |
| DMSP[a] | 低高度极轨 | 极光电离层 | 1962 年 8 月 23 日 | — |
| DE 1 | 椭圆极轨 | 磁层原位探测 | 1981 年 8 月 3 日 | 1983 年 2 月 19 日 |
| DE 2 | 低高度极轨 | 电离层原位探测 | 1981 年 8 月 3 日 | 1991 年 2 月 28 日 |
| SME | 低高度极轨 | 高层大气 | 1981 年 10 月 6 日 | 1991 年 3 月 5 日 |
| UARS | 低高度极轨 | 高层大气 | 1991 年 9 月 12 日 | 2011 年 9 月 24 日 |
| FAST | 低高度极轨 | 极光物理 | 1996 年 8 月 21 日 | 2009 年 5 月 1 日 |

　　ISIS, International Satellite for Ionospheric Sounding; DMSP, Defense Meteorological Satellite Program[①]; DE, Dynamics Explorer; SME, Solar Mesosphere Explorer; UARS, Upper Atmosphere Research Satellite; FAST, Fast Auroral SnapshoT.

　　a 其后续探测计划以不同名字来命名。

## 1.6　太阳风的发现

　　众所周知,地球磁场对于控制高层大气中的物理现象扮演了重要角色,但太阳磁场的重要性却一直等到 1908 年 George Ellery Hale 发明了太阳磁测仪(magnetograph)后才被人们所认识,George Ellery Hale 为我们理解太阳带来了革命性认识。磁场是理解太阳如何能远距离影响地球磁层的关键。太阳磁场提供了太阳风的加热过程,加热过程最终影响太阳风的加速,而加速的太阳风最终导致了地球极光的产生。

　　极光是由高能电子引起的。就如 20 世纪上半叶日地物理学研究学者普遍认为的那样,如果这些电子来自太阳,那么这些电子在传输过程中必须伴随相同数量的离子,否则纯电子束会被破坏掉。这个想法可以被看作行星际空间中的首个等离子体流(也就是后来我们所说的太阳风)模型。这个观点也是 Chapman 和 Ferraro 提出的地磁暴模型中的一个基本构成要素,但在他们的模型中,认为太阳风是间歇性发生的——太阳风只在太阳活跃期间流出。然而 1943 年,C. Hoffmeister 注意到,彗星的尾巴并不是严格沿径向方向,而是滞后彗星径向方向大约 5°。1951 年,L. Biermann 根据彗尾和太阳风之间的相互作用正确地解释了这种滞后现象。尽管 Biermann 假定太阳风电子数密度为 600 $cm^{-3}$,这比实际高出了两个数量级,但他推测太阳风任何时候都会以约 450 km/s 的速度从太阳各个方向流出。几年后,1957 年,Hannes Alfvén 提出太阳风是处于磁化等离子体状态的,如图 1.11 所示,在太阳风流作用下,磁场会拖挂在彗星上,在太阳风下游方向形成一个长长的磁尾。而彗星离子则被束缚在两个尾“瓣”(lobes)中间的一条窄带中。

　　随着人们逐渐接受太阳风的存在,使人们可以解释一个长期研究的物理现象——急始脉冲(sudden impulse),即在太阳爆发几天后地表磁场强度会突然(在几分钟内)增强。这种解释反过来又引出了存在无碰撞激波的假设。1955 年,T. Gold(他提出了“磁层”这一术语概念)推测,急始脉冲必定是由无碰撞激波(**collisionless shock**)引起的,因为激波的波阵面是非常薄的。

---

　　① 注意,原文此处并没有给出 DMSP 的全称。DMSP 是一系列的卫星任务,位于太阳同步轨道,高度大约为 800 km,对科学研究比较有帮助的是 DMSP 8~15 这几次卫星计划。

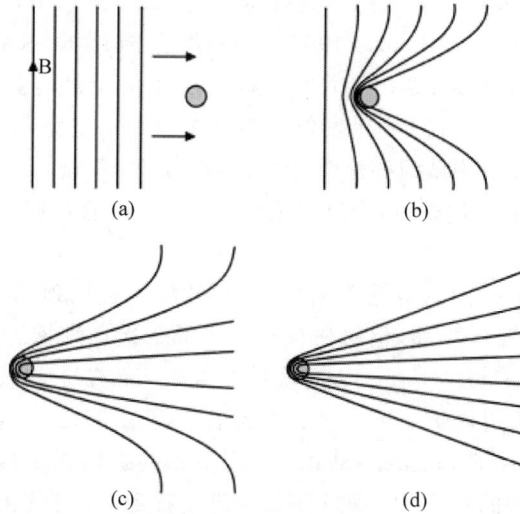

图 1.11　根据 H. Alfvén 的观点，1 型（等离子体）彗尾形成的最初模型。在这个模型中，在太阳风
　　　　等离子体从左至右的流动作用下，太阳风磁场会拖挂在彗星上（引自 Alfvén，1957）

这种认为磁化等离子体中存在无碰撞激波的观点当然是正确的。如果对于一个波而言，其波阵面任意一侧等离子体整体速度的变化量小于压强波[①]的波速，那么该波动就是亚声速的。如果太阳风中的压强波是亚声速的，那么压强波的波长要比引起急始脉冲的波长大很多。因而将太阳风压强波作为急始脉冲的原因是不完全正确的，因为并不是所有的急始脉冲都是由压强波的传播造成的。压力平衡状态下的切向间断面（tangential discontinuity）也相当薄。这些结构并不会传播，而是在太阳风的携带下迅速穿过磁层。在地球参考系下测量到的太阳风动压或太阳风动量通量，对于确定磁层的压缩状态至关重要。正是太阳风动压增强锋面穿过磁层才引起了急始脉冲。关于无碰撞激波的详细讨论可参见第 6 章。

　　1958 年，E. W. Parker 为超声速磁化等离子体流奠定了理论基础，并且他在 1962 年的时候还提出，若要与地磁观测记录保持一致，则太阳风的电子数密度基本不超过 30 cm$^{-3}$。不久他的观点就得到了证实。20 世纪 60 年代是太空时代的黎明时期，苏联和美国的太空探测器很快返回了相关观测结果并清楚地证实了太阳风和所携带行星际磁场的存在，探测器测量了太阳风的属性，并表明它在控制地磁活动和极光中所起的关键作用。Konstantin I. Gringauz 使用为苏联月球探测器开发的载荷仪器对太阳风的首次探测，Conway Snyder 和 Marcia Neugebauer 使用为 Mariner 2 开发的仪器在 1962 年前往金星的旅途中对行星际物质开展了首次长时间、几乎连续的科学观测。第 5 章中将会更详细地讨论太阳风和行星际磁场。

## 1.7　太阳风与磁层的相互作用

　　火箭为探索磁层提供了最初的探测工具。在 20 世纪 50 年代早期和中期，James Van Allen 及其同事向北极和南极的电离层发射了系列探空火箭，飞行高度达到了 110 km。在

---

　　①　译者认为原文此处的压强波（pressure wave）是由粒子热压驱动的波动。

这些火箭的飞行探测中,火箭要么探测到高能电子,要么探测到由这些电子减速引起的韧致辐射(bremsstrahlung radiation)。1957 年标志着国际地球物理年(International Geophysical Year,IGY)的开始,这一年人们开展了为期 18 个月的全球地球物理研究,而且首个人造卫星 Sputnik 1 号也在这一年发射。随之而来的太空竞赛,使我们开始步入对地球磁层及其与太阳风相互作用认识的爆炸性增长期。1958 年,Explorer 1 号携带了一个盖革计数器(Geiger counter),证实 Van Allen(范艾伦)关于由捕获粒子形成的地球辐射带的预言。

1961 年发射的 Explorer 10(电池驱动)是首个开展了磁层顶(磁层顶是太阳风和地球磁场之间的边界)穿越测量的飞船,但对磁层顶边界的首次详细探测却要等到 Explorer 12(太阳能驱动)探测的到来。Explorer 12 的轨道覆盖了从正午子午线到黎明子午线之间的区域,获得了 4 个月的观测数据。图 1.12 显示了 Explorer 12 穿越外磁层、经过磁层顶(**magnetopause**),并进入磁鞘(**magnetosheath**)探测得到的磁场测量值。从这些早年发射到太阳风中的诸多飞船获得的数据中,我们可以清楚地看到,太阳风在到达磁层顶之前会经历一个突然的变化。这个变化是由高速太阳风遇到地球(作为阻碍太阳风流动的障碍物)时产生的驻弓激波(standing bow shock)引起的。这种驻弓激波类似于超声速飞机前方空气中形成的冲击波。

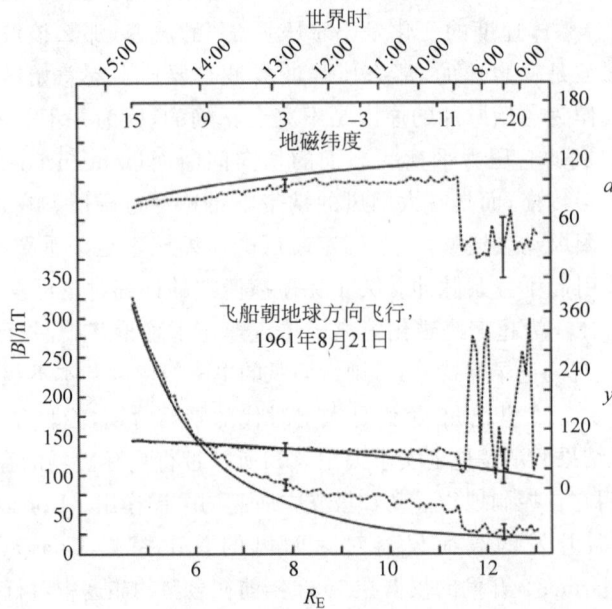

图 1.12　Explorer 12 在外磁层和穿过磁层顶时观测到的磁场强度和方向。平滑曲线是根据磁偶极子模型得到的理论值(引自 Cahill 和 Patel,1967)($R_E$ 为地球平均半径)

在 Gold 提出存在无碰撞行星际激波的 7 年后,磁层前端的驻激波概念才被提出,不过令人惊讶的是,这一概念是在同一期 *Journal of Geophysical Research* 的两篇文章中同时被提出的(Axford,1962;Kellogg,1962)。在这个时候,探测行星际的飞船还正在建造中,并且许多较高飞行高度的飞船测量数据都很快返回了。而诊断弓激波间断结构所需的观测测量则需要等到首颗 Orbiting Geophysical Observatory（OGO）宇宙飞船的发射[①]（Holzer,McLeod and Smith,1966）。而对弓激波的分布位置则可以通过行星际监测平台（Interplanetary Monitoring Platform,IMP）系列卫星的低频采样测量绘制,弓激波这种持续存在的相互作用结构特征也很快得到了后续观测的证实（如 Fairfield,1971）。

在这期间的几年里,人们逐渐清楚认识到,等离子体中的电场和磁场可以以类似通常碰撞的作用方式改变粒子的运动。这些场和粒子的变化为形成激波结构提供了所需的能量耗散。我们在第 6 章中将讨论激波中的这一物理过程。弓激波会使上游比等离子体压缩波的速度还要快的太阳风变为下游减速、加热、围绕行星偏转的太阳风。直到 1964 年首颗 OGO 宇宙飞船发射后,科学家才获得了足够高时间分辨率的测量数据以研究弓激波。如图 1.13 所示,根据轨道偏心率较大的 OGO 1,3 号和 5 号宇宙飞船的数据,我们可以绘制出两个边界层（弓激波和磁层顶）随地球围绕太阳公转时的位置,以及卫星轨道相对于磁层的进动。而来自 20 世纪 60 年代发射的其他宇宙飞船的测量和数据,如 IMP 系列宇宙飞船和 VELA 宇宙飞船,则表明弓激波的结构对太阳风等离子体参数非常敏感,如太阳风速度与压缩波的速度比值

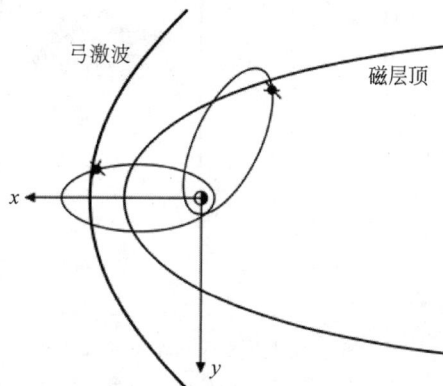

图 1.13　随地球环绕太阳运动时,绘制得到的磁层顶和弓激波位置结构。在一年时间内,飞船的轨道固定在惯性空间中,而磁层顶和弓激波的形态结构则始终保持相对沿地球-太阳连线的方向。因此,这些卫星轨道会在一年的时间里扫过了这些边界区域

（Mach 数）和热压与磁压的比值（$\beta$）。还发现弓激波对行星际磁场的方向也很敏感。当磁场与激波传播方向或激波法向几乎平行时,这时的激波称为准平行（quasi-parallel）激波；当磁场几乎垂直于激波法向时,则称为准垂直（quasi-perpendicular）激波。

共轨宇宙飞船 ISEE 1 和 ISEE 2 也对弓激波和激波前兆（**foreshock**）区中粒子束流和波动的探测研究做出了广泛的贡献。高时间分辨率的测量对于研究弓激波很重要,不仅因为激波很薄,还因为激波本身也在运动。确定激波运动是 ISEE 1 和 ISEE 2 的一个科学目标。这两艘 ISEE 宇宙飞船的间距是可调节的,这使我们可以根据激波在 ISEE 1 和 ISEE 2 这两个位置出现的时间推算出激波相对于宇宙飞船的运动速度（Russell 和 Greenstadt,1979）。如图 1.14 所示,在准平行激波的上游发现了离子束,这些离子束与入射的太阳风等离子体发生相互作用,如图 1.15 所示,会产生大量的大振幅波,称为上游波（upstream waves）。一般认为天体物理激波可将宇宙射线加速到超相对论能量。当这些宇宙线粒子与地球大气层碰撞时,又会产生一些基本粒子。曾经研究这些基本粒子的唯一方式就是采用高空气球探测。

激波很重要,因为它在太阳风与地球磁场发生相互作用之前会改变太阳风等离子体的性质。而这些等离子体性质控制着作用在磁层顶上的物理过程,这又最终决定了磁层能从太阳风中吸收多少能量。可以想象在一种完全无黏性的相互作用中,太阳风完全被磁层偏

---

① Orbiting Geophysical Observatory 是美国 NASA 在 1964—1969 年发射的 6 颗系列探测卫星。

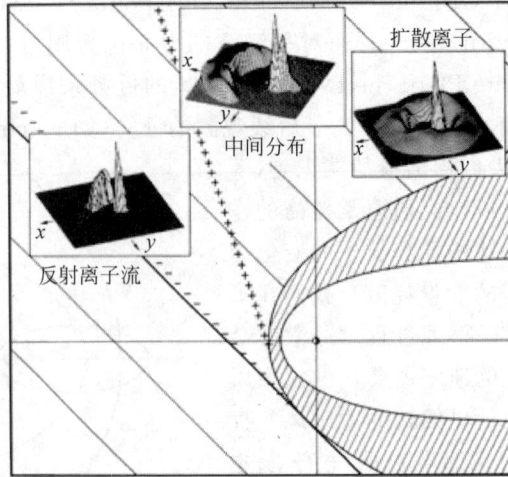

图 1.14　离子激波前兆区。在与弓激波相接触的磁场线上,带电粒子可以沿着磁场向太阳风上游做回旋运动。而太阳风电场则会使这些反射粒子向太阳风下游方向漂移。速度最快的粒子(电子)受这种漂移影响最小,而速度最慢的粒子则受影响最大。图中显示了 ISEE 1 和 ISEE 2 的等离子体仪在不同位置处观测到的典型离子分布函数。$x$ 轴指向太阳。狭窄的尖峰代表未受扰动的太阳风束流。较宽的分布代表后向反射离子流(引自 Russell 和 Hoppe,1983)

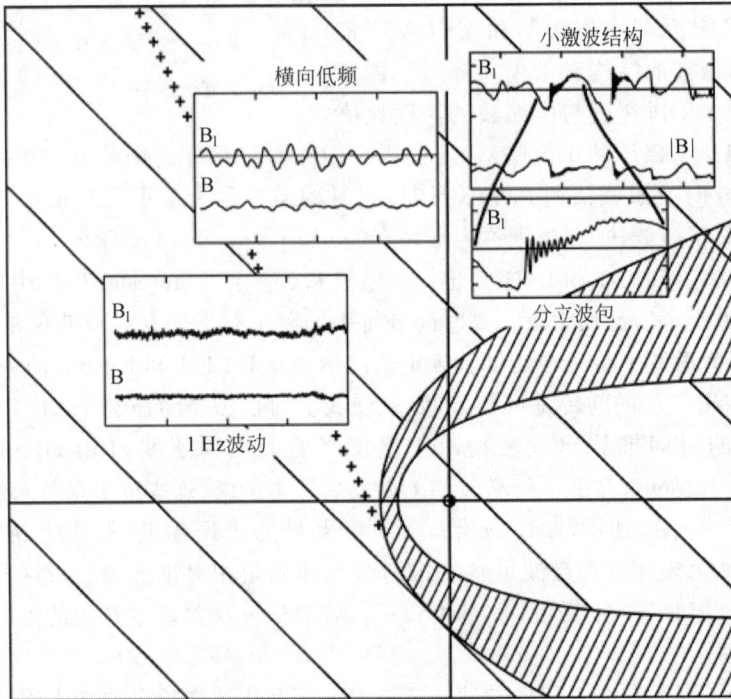

图 1.15　太阳风后向回流离子和电子可以激发各种低频波(周期为几秒到几十秒)。ISEE 1 和 ISEE 2 的磁强计数据展示了近地太阳风在不同区域处存在的典型波动。$B_l$ 是磁场最大振幅分量;B 是磁场的大小(引自 Russell 和 Greenstadt,1983)

转，太阳风受到的拖拽力很小，因此，横越磁层边界传进磁层内的动量也很小。事实上，当行星际磁场向北时，这种情况确实会发生；但当行星际磁场向南时，太阳风传递进来的动量却会明显增加。

开展实验室等离子体测量对于理解太阳风与磁层的相互作用也是有益的。图 1.16 显示了用金属丝构建的一个外磁层磁场线模型，该模型是莫斯科空间研究所的 Igor Podgorny 及其同事基于他们在 20 世纪 60 年代开展的物理实验所构建的，模型可说明日侧磁场形态存在尖隙状开口结构，夜侧有个很长的磁尾。图 1.17 显示的三维磁层示意图可代表从飞船观测数据中推测出的磁层结构形态。图 1.18 显示了在磁层深处辐射带粒子的反弹和漂移运动。如前所述，在偶极磁场两极，磁场线的"汇聚"结

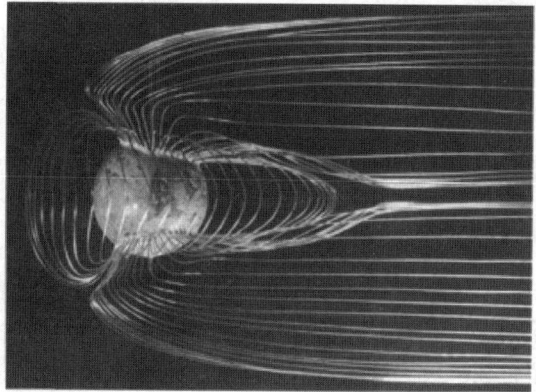

图 1.16　基于 Podgorny 及其合作者的物理实验数据，用金属丝构建得到的三维磁层模型（引自 Podgorny，1976）

构会阻碍粒子沿磁场线进一步的运动，并会反向加速它们，使其返回赤道区域。在做回旋和弹跳运动的同时，这些粒子也会漂移，因为当它们从内部强磁场区向外部弱磁场区回旋时，回旋半径会变大（实际就是磁场梯度漂移和曲率漂移）。地球的偶极磁场可以束缚住能量范围很宽的粒子，而 Van Allen（范艾伦）及其同事在发现地球辐射带（**radiation belts**）时卫星遭遇到的粒子其能量则要更高。

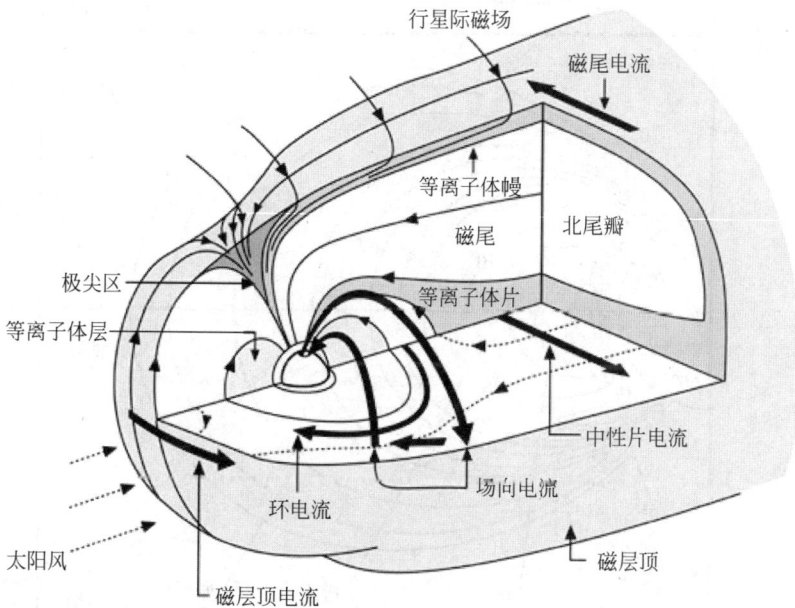

图 1.17　磁层的三维剖面图，显示了电流、磁场和等离子体的分布区域

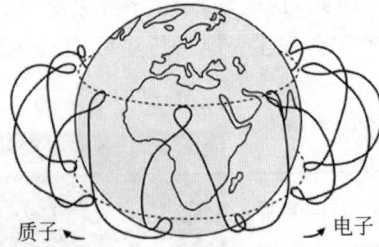

图 1.18 地球偶极磁场中高能带电粒子朝经度方向的漂移运动。电子向东漂移(沿地球自转方向),质子向西漂移

图 1.19 显示了内磁层中高能质子和高能电子的全向通量强度分布。这些粒子可通过各种方式进入辐射带,包括远磁尾粒子(伴随加速)带来的径向扩散作用,以及由宇宙射线轰击大气层产生的中子衰变。如图 1.19(a)所示,高能质子可形成一个单带结构,而如图 1.19(b)所示,电子可形成双带结构,双带结构由一个槽区(slot)分开。电子通量(对应固定能量范围)槽区结构的形成,是由自然界中产生的电磁波会与回旋电子运动发生相互作

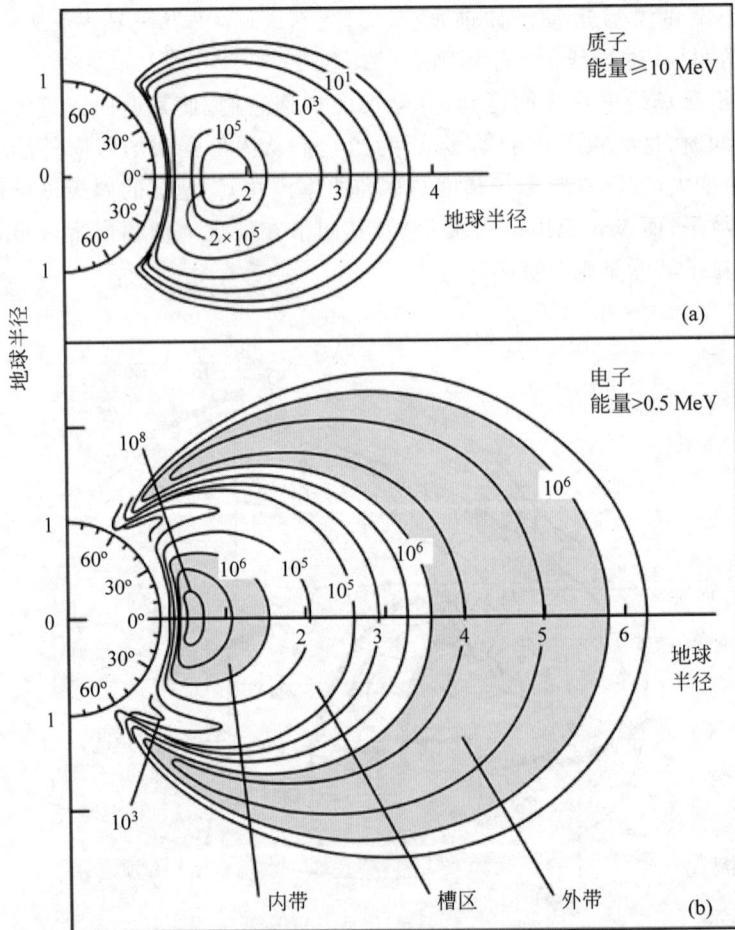

图 1.19 地球辐射带。(a)显示了能量大于 10 MeV 的质子的全向通量(每平方厘米每秒通过的粒子数)等值线图。(b)显示了能量大于 0.5 MeV 的电子的全向通量等值线图

用,导致辐射带电子进入大气层并通过碰撞损失在大气层中而引起的。电子内带很稳定,而电子外带则变化较大。辐射带和带电粒子的运动将在第 3 章和第 10 章中进一步讨论。

## 1.8　能量的储存和释放

太阳和地球在它们各自的磁化等离子体腔结构中都表现出快速的能量释放现象。在太阳大气层中,这种快速能量释放活动会导致太阳耀斑现象,而在地球磁层中则会导致亚暴活动。长期以来,磁场一直被认为是储存能量的媒介,但如何快速释放存储的能量却一直是一个谜。许多研究者,如 V. Ferraro,P. Sweet 和 E. Parker,在 20 世纪 50 年代和 60 年代,都在试图找一些方法使电流片(反向磁通的中间过渡区域)具有电阻性,以释放电流片两侧磁场中存储的能量,但他们并没有成功。

在 20 世纪 40 年代后期,一位名叫 R. Giovanelli 的太阳观测者对太阳耀斑释放能量处出现的磁场中性点感到非常震惊。1953 年,J. W. Dungey 以博士后身份加入了他的研究小组,Dungey 早些时候被指派的科研任务是将这种机制(后来称之为重联(**reconnection**))应用于地球磁层中。Dungey 专注于中性点的物理作用,并将磁中性点的物理过程建立在严格和定量的数学基础上,但直到 1961 年,他才解决了十几年前论文导师 F. Hoyle 安排给他的研究问题。在一次研讨会之前,Dungey 坐在 Montparnasse 的一家咖啡馆里,终于意识到重联是如何引起太阳风动量传输并激励起磁层等离子体活动的。

Dungey 的解决方案如图 1.20(b)所示,太阳风磁场(南向)和地磁场在磁层顶的日下点处连接起来,太阳风将磁层等离子体拖拽越过极盖,进入尾部区域。当行星际磁场指向北时,则出现了另一种相反的对流模式,但这种对流非常弱。行星际磁场方向的时间变化性会引起磁层磁场能量的储存和释放。中性点或 X 点的几何结构会使能量释放过程快速发生。在 Dungey 这项工作进行的同时,电流片观点的支持者也取得了进展,幸运的是,他们与中性点支持者的观点是一致的。H. Petschek 在 1964 年还指出与中性点结构相耦合的磁流体动力学(magnetohydrodynamic,MHD)波动是如何驱动电流片中等离子体的快速加速的。

尽管人们用了很长时间接受这些想法,但对它们的验证和测试并没有花太长时间。磁层顶处物理过程随着太阳风性质变化而出现变化的最重要线索,就是人们观测到地磁活动是由行星际磁场的南北分量控制的。对太阳风的广泛测量,特别是来自 Explorer 33 和 Explorer 35 的测量,使 Roger Arnoldy 和 Joan Hirshberg(原 Joan Feynman)等研究人员能深入研究这种控制作用。由图 1.20 可推测,如果行星际磁场与行星磁场连接在一起,那么磁通量将从磁层的日侧输送到夜侧。输运的磁通量会在磁尾不断积累,直到磁尾也发生磁场重联,并将一定的磁通量返回磁层。1968 年发射的 OGO 5 宇宙飞船则显示了日侧磁层处存在的磁场剥蚀现象和磁尾(**magnetotail**)中存在的相应活动现象。剥蚀过程也会导致极光活动的爆发,人们称之为"亚暴"(**substorm**)。而正如名词所表明的那样,还会经常出现覆盖整个磁层更大尺度的活动,我们称之为地磁暴(geomagnetic storms),但这些现象并不像术语创造者最初想象的那样。在 20 世纪 60 年代中期,人们发射了 IMP 系列探测飞船,以研究磁层的外边界层和磁尾。

20 世纪 70 年代末,在共轨双卫星 ISEE 1 和 ISEE 2 发射后,重联机制终于在磁层学界被普遍接受。这些卫星返回的高时间分辨率等离子体数据表明磁层顶和磁尾存在加速的

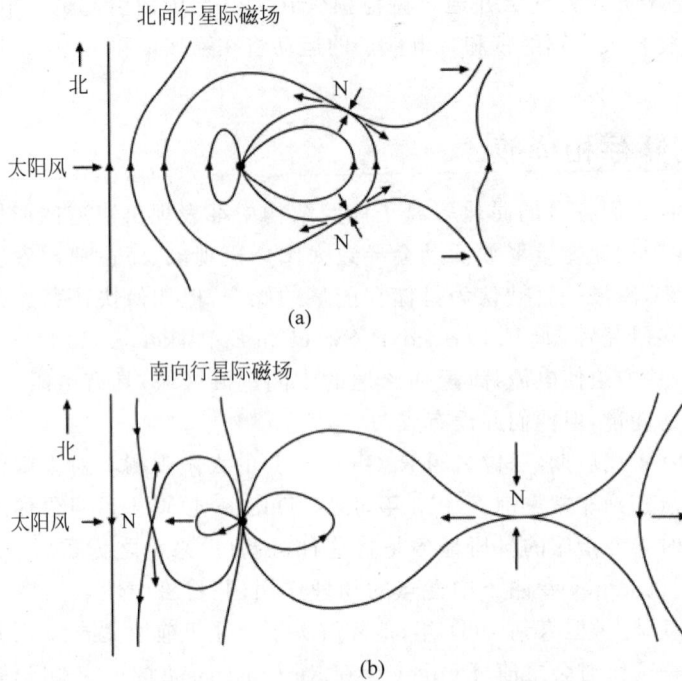

图 1.20　根据 J. W. Dungey 20 世纪 60 年代早期提出的观点,在行星际磁场为(a)北向和(b)南向时的磁层拓扑结构示意图。箭头表示稳态条件下的等离子体流(引自 Dungey,1963)

等离子体流。在随后的 90 年代,由 Geotail、Polar 和 Wind 飞船组成的地球空间探测任务研究了太阳风与地球的相互作用。1998 年,ACE 飞船被送入环绕 L1 Lagrangian 点运动的轨道。卫星为持续监测太阳风和行星际磁场提供了无可辩驳的证据——太阳风能量向磁层传输肯定是由重联引起的。第 9 章提供了更多关于磁重联在磁层顶和磁尾过程中的细节内容。然而即便是如今,关于重联在哪里被触发,以及它相对于其他物理过程的重要性,仍存在争议。此外,人们已经发现存在三维磁重联结构,而探索三维磁重联不仅仅需要两颗卫星,而是需要 4 颗或更多的卫星,如最近欧洲航天局(European Space Agency,ESA,简称欧空局)的 Cluster 任务(4 颗卫星)和美国国家航空航天局(NASA)的 THEMIS 任务(5 颗卫星)。此外,与重联过程相关的时空尺度都相当短,因此人们也计划开展新的卫星间距短、采样频率高的多卫星探测任务。表 1.2 列出了一些对磁层探索有贡献的早期探测任务。

表 1.2　绕地球的空间探测任务

| 任务名称 | 任务目标 | 轨道 | 发射日期 | 结束日期 |
| --- | --- | --- | --- | --- |
| Sputnik 1 | 地球 | 低高度圆轨道 | 1957 年 10 月 4 日 | 1958 年 1 月 3 日 |
| Explorer 1 | 地球 | 低高度圆轨道 | 1958 年 2 月 1 日 | 1970 年 3 月 31 日 |
| Explorer 10 | 地球磁层 | 低倾角椭圆轨道 | 1961 年 3 月 25 日 | 1968 年 6 月 1 日 |
| Explorer 12 | 地球磁层 | 低倾角椭圆轨道 | 1961 年 8 月 16 日 | 1961 年 12 月 6 日 |
| VELA(12 颗卫星) | 核爆炸探测 | 较高高度圆轨道 | 1963 年 10 月 17 日 | 1984 年 |
| IMP 1 | 地球磁层 | 低倾角椭圆轨道 | 1996 年 12 月 26 日 | 1965 年 5 月 10 日 |
| IMP 2 | 地球磁层 | 低倾角椭圆轨道 | 1964 年 10 月 4 日 | 1965 年 10 月 13 日 |
| OGO 1 | 地球磁层 | 低倾角椭圆轨道 | 1964 年 9 月 5 日 | 1971 年 11 月 1 日 |

续表

| 任务名称 | 任务目标 | 轨道 | 发射日期 | 结束日期 |
|---|---|---|---|---|
| IMP 3 | 地球磁层 | 低倾角椭圆轨道 | 1965 年 5 月 29 日 | 1967 年 5 月 12 日 |
| OGO 3 | 地球磁层 | 低倾角椭圆轨道 | 1966 年 6 月 7 日 | 1981 年 9 月 14 日 |
| Explorer 33 | 太阳风 | 地球轨道 | 1966 年 7 月 1 日 | 1971 年 9 月 21 日 |
| Explorer 35 | 月球轨道 | 低倾角椭圆轨道 | 1967 年 7 月 19 日 | 1973 年 6 月 24 日 |
| OGO 5 | 地球磁层 | 低倾角椭圆轨道 | 1968 年 3 月 4 日 | 2011 年 7 月 2 日 |
| ISEE 1/ISEE 2 | 地球磁层 | 低倾角椭圆轨道 | 1977 年 10 月 22 日 | 1987 年 9 月 |
| ISEE 3[a] | 太阳风 | L1 Lagrangian 点 | 1978 年 8 月 12 日 | 1997 年 5 月 |
| Geotail | 地球磁层 | 低倾角椭圆轨道 | 1992 年 7 月 24 日 | 正在进行中 |
| Wind | 太阳风,磁尾 | 黄道面 | 1994 年 11 月 1 日 | 正在进行中 |
| Polar | 极区磁层 | 低倾角椭圆轨道 | 1996 年 2 月 24 日 | 2008 年 4 月 |
| ACE | 太阳风 | L1 Lagrangian 点 | 1997 年 8 月 25 日 | 正在进行中 |
| Cluster(4 颗卫星) | 地球磁层 | 高倾角椭圆轨道 | 2000 年 7 月 16 日 | 正在进行中 |
| THEMIS(5 颗卫星) | 地球磁层 | 低倾角椭圆轨道 | 2007 年 2 月 17 日 | 正在进行中 |
| Van Allen probes | 辐射带 | 赤道面圆轨道 | 2012 年 8 月 30 日 | 正在进行中 |
| Magnetospheric multiscale(4 颗卫星) | 地球磁层 | 低倾角椭圆轨道 | 2015 年 3 月 13 日 | 正在进行中 |

[a] 1985 年 12 月 11 日,它被重新命名为 International Cometary Explorer,并被设定用于飞掠探测 Giacobini-Zinner 彗星。

## 1.9　行星和行星际空间的探索

地球只是空间等离子体环境中物理过程出现的一个试验床。在不同条件下的相同物理过程会在其他行星和行星际等离子体中发生。太阳风的性质随着日心距离的变化而变化,太阳风在穿过太阳系的途中会遇到各种障碍物,包括磁化天体、非磁化天体,有些天体有大气,有些没有大气,太阳风最后会到达日球层顶(heliopause),在那里太阳风和星际风(interstellar winds)相遇。在不同的行星磁层中,我们发现存在能影响等离子体物理行为的其他边界条件。在外行星磁层中,行星卫星的火山和羽流喷发物(plumes)可能会向这些磁层环境中添加中性气体粒子。这些中性成分又会被进一步电离。像木星磁层这种快速旋转的巨型磁层内,会在等离子体中产生显著的离心力,将磁场线拉伸为磁盘(magnetodisk)结构。电荷交换等这些在地球磁层内被认为扮演次要角色的过程,可能在这些环境中发挥着主要作用。而角动量守恒过程虽在地球磁层上体现得不明显,但是可能会成为木星等离子体流在重联作用后出现向内或向外传输运动的一个主控因素。这些物理效应常常使我们不断重新审视对地球磁层过程的理解。

行星探索始于登月计划。人们通过轨道飞行器和着陆器对月球这个被玄武岩流覆盖的、无大气的天体开展了研究,并且探月在 1969—1973 年期间的 Apollo 载人任务中达到了顶峰。这些任务探测到月壳具有磁性,并显示月球具有一个导电性质的内核。近年来开展探月的探测任务有 NASA 的 Discovery Lunar Prospector(DLP)[①]、日本的 Kaguya、印度的 Chandrayan、NASA 的 Lunar Reconnaissance Orbiter(LRO)和它一起的撞击器 LCROSS,

---

[①] 一般是指 Lunar Prospector 探测计划。

以及 NASA 的 Lunar Atmosphere and Dust Environment Explorer（LADEE）[①]。

最早的深空探测器有 Mariner 2、Mariner 4 和 Mariner 5，它们在 20 世纪 60 年代分别探索了金星、火星及二次探索金星。这些探测任务表明，金星和火星与太阳风的相互作用都与地球有很大差别，因为这两颗行星都没有显著的全球偶极磁场。然而，直到 1975 年的 Venera 9 和 Venera 10，1978 年的 Pioneer Venus orbiter（PVO），以及任务虽短暂但有重要数据返回的 Mars 3、Mars 5 和 Phobos 之后，我们对太阳风与这些行星的相互作用才有了更深入的理解。在 21 世纪的前十年里，Mars Global Surveyor（MGS）和火星快车（Mars Express，MEX）依赖单台仪器的观测，对我们理解它们的相互作用做出了重要贡献[②]。最后，2006 年，携带多种仪器的 ESA 探测器——金星快车（Venus Express，VEX）被送入了金星轨道。而最近，携带完整火星高层大气探测仪器包的 Mars Atmosphere and Volatile Evolution（MAVEN）飞船被送入了火星轨道。这些任务的详细情况可见表 1.3。

表 1.3 在内太阳系中对空间物理有贡献的探测任务

| 任务名称 | 任务目标 | 任务类型 | 发射日期 | 结束日期 |
| --- | --- | --- | --- | --- |
| Mariner 2 | 飞掠金星 | 飞掠 | 1962 年 8 月 27 日 | 1963 年 1 月 3 日 |
| Mariner 4 | 飞掠火星 | 飞掠 | 1964 年 11 月 28 日 | 1967 年 12 月 21 日 |
| Mariner 5 | 飞掠金星 | 飞掠 | 1967 年 6 月 14 日 | 1967 年 11 月 |
| Mars 3 | 环绕火星 | 低倾角椭圆 | 1971 年 5 月 28 日 | 1972 年 8 月 22 日 |
| Mars 5 | 环绕火星 | 低倾角椭圆 | 1973 年 7 月 24 日 | 1974 年 2 月 28 日 |
| Mariner 10 | 金星，水星 | 飞掠（1 次金星，3 次水星） | 1973 年 11 月 3 日 | 1975 年 3 月 24 日 |
| Venera 9 | 轨道/地表 | 低倾角椭圆 | 1975 年 6 月 8 日 | 1975 年 12 月 25 日 |
| Venera 10 | 轨道/地表 | 低倾角椭圆 | 1975 年 6 月 14 日 | 1975 年 11 月 1 日 |
| Pioneer Venus | 环绕金星 | 极区，椭圆 | 1978 年 5 月 19 日 | 1992 年 8 月 |
| Sakigake | 哈雷彗星 | 飞掠 | 1985 年 1 月 7 日 | 1995 年 11 月 15 日 |
| VEGA 1 | 金星，哈雷彗星 | 气球飞掠 | 1984 年 12 月 15 日 | 1987 年 1 月 30 日 |
| VEGA 2 | 金星，哈雷彗星 | 气球飞掠 | 1984 年 12 月 21 日 | 1987 年 3 月 24 日 |
| Giotto | 哈雷彗星 | 飞掠 | 1985 年 7 月 21 日 | 1992 年 7 月 23 日 |
| Suisei | 哈雷彗星 | 飞掠 | 1985 年 8 月 18 日 | 1992 年 8 月 20 日 |
| Phobos | 环绕火星 | 低倾角椭圆 | 1988 年 7 月 12 日 | 1989 年 3 月 27 日 |
| Mars Global Sur. | 环绕火星 | 椭圆，极区 | 1996 年 11 月 7 日 | 2006 年 11 月 22 日 |
| MESSENGER | 环绕水星 | 椭圆，高倾角 | 2004 年 8 月 3 日 | 2015 年 4 月 30 日 |
| Mars Express | 环绕火星 | 椭圆 | 2003 年 6 月 2 日 | 正在进行中 |
| Venus Express | 环绕金星 | 椭圆，极区 | 2005 年 11 月 9 日 | 2014 年 12 月 16 日 |
| MAVEN | 环绕火星 | 椭圆，极区 | 2013 年 11 月 18 日 | 正在进行中 |

注：飞掠日期：Mariner 2：金星 1962 年 12 月 14 日；Mariner 4：火星 1965 年 7 月 14 日；Mariner 5：金星 1967 年 10 月 19 日；Mariner 10：金星 1974 年 2 月 5 日；水星 1974 年 3 月 29 日；水星 1974 年 9 月 21 日；水星 1975 年 3 月 16 日；Sakigake 号：1986 年 3 月 8 日；Suisei 号：1986 年 3 月 8 日；VEGA 1：金星 1985 年 6 月 11 日；哈雷彗星 1986 年 3 月 6 日；VEGA 2：金星 1985 年 6 月 15 日；哈雷彗星 1985 年 3 月 9 日；Giotto：火星 1986 年 3 月 13 日。

入轨日期：Mars 3，1971 年 12 月 2 日；Mars 6，1974 年 2 月 12 日；Venera 9，1975 年 10 月 20 日；Venera 10，1975 年 10 月 23 日；Pioneer Venus，1978 年 12 月 4 日；Phobos，1989 年 1 月 29 日；MGS，1997 年 9 月 12 日；MESSENGER，2011 年 3 月 18 日；MEX（火星快车），2003 年 12 月 25 日；VEX（金星快车），2006 年 3 月 7 日；MAVEN，2014 年 9 月 22 日。

① 原书这里并没有提及中国探月的嫦娥 1、2、3 探测计划。
② 探测火星空间环境，MGS 主要依赖磁强计探测数据，火星快车主要依赖等离子体探测仪的数据。

在金星和火星上,太阳的极紫外线辐射会电离高层大气,并产生一个热的中性大气层或能延伸到太阳风中的外逸层(exosphere)。如图 1.21 所示,电离层压强(包含热压和磁压)会与太阳风动压达到平衡。延伸到太阳风中的中性大气被电离后会加入太阳风,使太阳风进一步减速。含有磁场的太阳风在行星周围的减速使磁场垂挂在星体上,形成一条长长的磁尾。在这方面,太阳风与金星和火星的相互作用非常类似于太阳风与彗星的相互作用。开展太阳风与彗星相互作用的探测计划包括 International Cometary Explorer(ICE)1985 年对 Giacobini-Zinner 彗星的探测,以及 VEGA 1 和 VEGA 2、Giotto、Suisei 和 Sakigake 1986 年对 Halley 彗星的探测。第 8 章中将更详细地描述太阳风与这种非磁化星体的相互作用。

Mariner 10 号在借助金星引力的作用下,于 1974 年和 1975 年 3 次飞掠水星。如图 1.22 所示,Mariner 10 号发现水星拥有一个非常类似地球磁层的迷你磁层。然而,水星几乎没有大气层,所以我们认为对地球磁层具有非常重要作用的电离层电流体系,在水星上并不存在。水星的这种小型磁层有助于凸显物理尺度的重要性。水星磁层应该在许多方面都与地球磁层不同。目前,信使号(MErcury Surface,Space ENvironment,GEochemistry and Ranging,MESSENGER)已经成功地完成了它的水星探测任务,而双卫星的 BepiColombo 探测任务还处于准备阶段[①]。

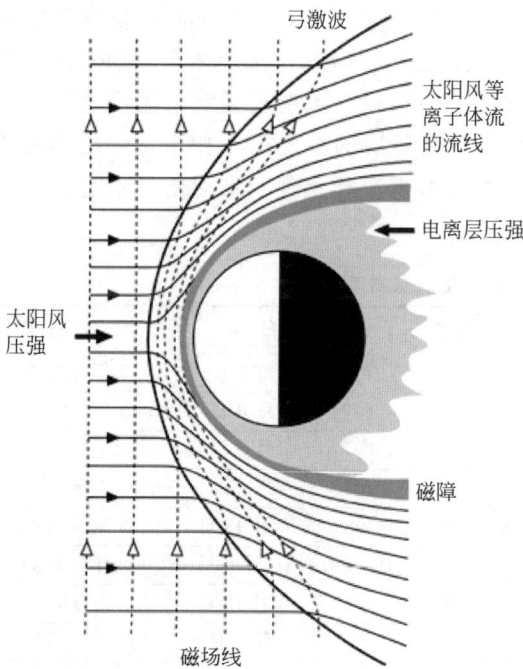

图 1.21 太阳风与非磁化星体的相互作用。电离层压力平衡了太阳风动压,因此,从左到右,太阳风流线会围绕行星出现偏转。这里显示的磁场是垂直于太阳风流的,通过这种相互作用磁场在星体障碍物周围发生了弯曲(引自 Luhmann,1986)

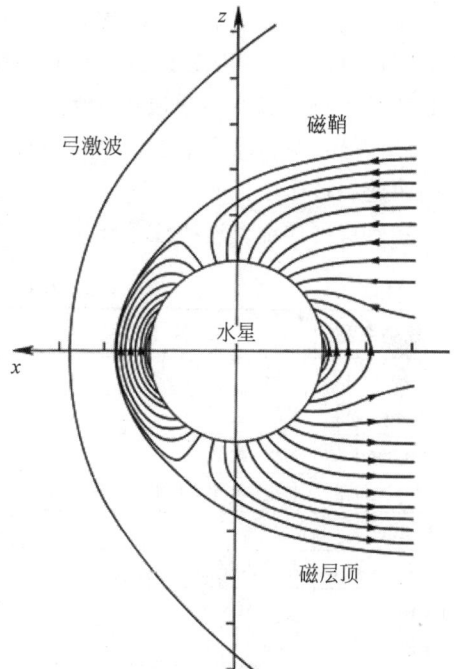

图 1.22 水星磁场结构及水星磁层在正午-子夜平面上的截面结构(引自 Russell、Baker 和 Slavin,1988)

---

① BepiColombo 已于 2018 年发射,计划于 2025 年入轨水星。

　　首次到达外太阳系的宇宙飞船为 Pioneer 10 和 Pioneer 11，它们分别于 1972 年和 1973 年发射，并于 1973 年 12 月和 1974 年分别到达木星，Pioneer 11 于 1979 年到达土星。Pioneer 10 和 Pioneer 11 当前正在离开太阳系，Pioneer 10 向星际介质的下游方向前进，Pioneer 11 则向其上游方向前进。Voyager 1 和 Voyager 2 于 1977 年发射，1979 年到达木星，并分别于 1980 年 11 月和 1981 年 8 月到达土星。Voyager 2 在 1986 年成功与天王星相遇，1989 年成功与海王星相遇。Voyager 1 和 Voyager 2 现在都在向日球层顶上游方向行进，Voyager 1 正在接近终止激波（termination shock），而 Voyager 2 正在通过终止激波。1990 年，发射的 Ulysses 飞船也飞掠了木星，但是这次飞掠不是通过木星将飞船抛向另一颗行星或太阳系外，而是将 Ulysses 飞船抛离黄道面，从而使它能从两极上方观测太阳。Ulysses 的探测一直持续到 2008 年，但这时由于飞船功率变得很低，数据传输就变得断断续续。

　　虽然 Pioneer 10 和 Pioneer 11、Voyager 1 和 Voyager 2 及 Ulysses 等飞掠任务的探索研究非常有价值，但轨道器的在轨观测能为行星广袤的等离子体空间环境提供长期的测量，这对于更深入地理解行星空间环境则更有必要。1995 年到达木星的 Galileo 轨道器，即使它的通信系统受损，也标志着我们对木星磁层的理解有了重大提升。2004 年到达土星的 Cassini 轨道器，对土星亦是如此。

　　这些任务揭示了这 4 颗气态巨行星（木星、土星、天王星、海王星）都具有发育良好的磁层，每颗行星都有弓激波、磁层顶和磁尾。木星磁层的快速旋转，加上木卫一（Io）提供的强等离子体源[①]，使木星磁层扭曲为一个圆盘状的几何结构。木星也是空间无线电波的一个强烈信号来源。冰卫星土卫二（Enceladus）作为土星磁层的物质源[②]，使土星磁层等离子体的快速旋转作用也能产生磁盘结构。Cassini 的高数据采样率使我们对土星系统的研究比木星磁层更详细。这些任务详见表 1.4。

表 1.4　外太阳系行星的探测任务

| 任务名称 | 任务目标 | 任务类型 | 发射日期 | 结束日期 |
| --- | --- | --- | --- | --- |
| Pioneer 10 | 木星 | 飞掠 | 1972 年 3 月 2 日 | 1997 年 3 月 31 日 |
| Pioneer 11 | 木星，土星 | 飞掠 | 1973 年 4 月 6 日 | 1995 年 9 月 30 日 |
| Voyager 1 | 木星，土星 | 飞掠 | 1977 年 9 月 5 日 | 正在进行中 |
| Voyager 2 | 木星，土星，天王星，海王星 | 飞掠 | 1977 年 8 月 20 日 | 正在进行中 |
| Galileo | 环绕木星 | 赤道椭圆轨道 | 1989 年 10 月 18 日 | 2003 年 9 月 21 日 |
| Ulysses | 飞掠木星 | 高倾角太阳轨道 | 1990 年 10 月 6 日 | 2009 年 6 月 30 日 |
| Cassini | 环绕土星 | 椭圆倾角轨道 | 1997 年 10 月 15 日 | 正在进行中 |
| Pioneer 10 | 木星 | 飞掠 | 1972 年 3 月 2 日 | 1997 年 3 月 31 日 |
| Pioneer 11 | 木星，土星 | 飞掠 | 1973 年 4 月 6 日 | 1995 年 9 月 30 日 |

　　注：飞掠日期：木星：Pioneer 10，1974 年 1 月 1 日；Pioneer 11，1975 年 1 月 1 日；Voyager 1，1979 年 4 月 13 日；Voyager 2，1979 年 8 月 5 日；Ulysses，1992 年 8 月 2 日。土星：Pioneer 11，1979 年 10 月 5 日；Voyager 1，1980 年 12 月 14 日；Voyager 2，1981 年 9 月 25 日。天王星：Voyager 2，1986 年 2 月 25 日。海王星：Voyager 2，1989 年 10 月 2 日。

　　入轨日期：Galileo，1995 年 12 月 8 日；Cassini，2004 年 7 月 1 日。

　　天王星和海王星的磁场取向有点不同寻常。这两个行星的磁场都非常复杂，当用磁偶

---

①　Io 有强烈的活火山活动。

②　Enceladus 有强烈的水汽喷发活动。

极子拟合时，最佳拟合的磁偶极子方向与行星自转轴的角度相差很大，而且偶极中心偏离了行星中心。天王星的自旋轴几乎在它的公转轨道面上，使磁轴可以从指向太阳方向变化到与太阳方向垂直的方向。因为天王星的磁轴与自转轴的角度相差很大，所以它的磁层一天中会经历很大的振荡变化。海王星的自转轴方向较为正常，大致垂直于其环绕太阳运动的轨道面，但它的行星磁场甚至比天王星还要复杂。对于天王星和海王星，这两个行星磁层的辐射带都比地球辐射带要"良性"得多。第 12 章描述了在这些外行星磁层中发生的物理现象。最后，New Horizons 号搭载了完整的等离子体和高能粒子探测仪，并于 2015 年 7 月 4 日飞掠了冥王星，它并没有发现冥王星存在磁层的证据[①]，也几乎没有发现冥王星与太阳风相互作用的证据。

## 1.10　太阳物理

　　另一个和外行星一样难以到达的前沿探测区域就是太阳。如表 1.5 所示，在太空环境中大多数关于太阳的研究都是通过遥感完成的，但一些任务，如 Helios A 和 Helios B[②]，已经尝试在接近太阳的地方开展探测，其最近距离可达到 0.3 AU。未来的探测任务将更加接近太阳。关于太阳探测任务的列表可见表 1.5。

表 1.5　太阳探测任务

| 任 务 名 称 | 轨　　　道 | 探 测 类 型 | 发 射 日 期 | 结 束 日 期 |
|---|---|---|---|---|
| Skylab | 地球轨道 | 遥感探测 | 1973 年 5 月 14 日 | 1979 年 7 月 11 日 |
| Solwind | 地球轨道 | 遥感探测 | 1979 年 2 月 24 日 | 1985 年 9 月 13 日 |
| Helios A | 太阳 0.3～1.0 AU | 原位探测 | 1974 年 12 月 10 日 | 1985 年 2 月 18 日 |
| Helios B | 太阳 0.3～1.0 AU | 原位探测 | 1976 年 1 月 15 日 | 1979 年 12 月 23 日 |
| GOES 1-N | 地球同步轨道 | 太阳 X 射线 | 1975 年 10 月 16 日 | 正在进行中 |
| Yohkoh | 地球轨道 | 太阳 X 射线成像仪 | 1991 年 8 月 30 日 | 2005 年 9 月 12 日 |
| SOHO | L1 点 | 遥感探测 | 1995 年 12 月 2 日 | 正在进行中 |
| RHESSI | 地球轨道 | 太阳耀斑 | 2002 年 2 月 5 日 | 正在进行中 |
| TRACE | 地球轨道 | 过渡区探测 | 1998 年 4 月 2 日 | 2010 年 6 月 21 日 |
| SORCE | 地球轨道 | 遥感探测 | 2003 年 1 月 25 日 | 正在进行中 |
| STEREO A,B | 1 AU* 处轨道 | 原位和遥感探测 | 2006 年 10 月 26 日 | 正在进行中 |
| Hinode | 地球轨道 | 遥感探测 | 2006 年 9 月 22 日 | 正在进行中 |
| SDO | 地球轨道 | 遥感探测 | 2010 年 2 月 11 日 | 正在进行中 |

* 等于地球与太阳的平均距离。

## 1.11　小结

　　日地物理学这门学科在其形成后的五个世纪里取得了长足进展，如图 1.23 所示，随着社会技术的巨大进步，它对于居住在地球上的人类来说越来越重要。即使人类在没有离开

---

① New Horizons 没有搭载磁强计。
② 不少文献有时也将 Helios A 和 Helios B 分别称为 Helios 1 和 Helios 2。

地表的情况下从事机械活动和人类探索活动,也会感受到空间天气（space weather）的影响。当地球磁场响应太阳风变化而出现突然变化时,那么某根横越在地表上的长导体就会感应出非常大的电势降和强电流。高能粒子可影响人类、宇宙飞船、电离层和电离层中的通信信号。因此,更深入地了解日地环境已成为人类的当务之急。到目前为止,我们已拥有了能研究大多数观测现象的物理模型。

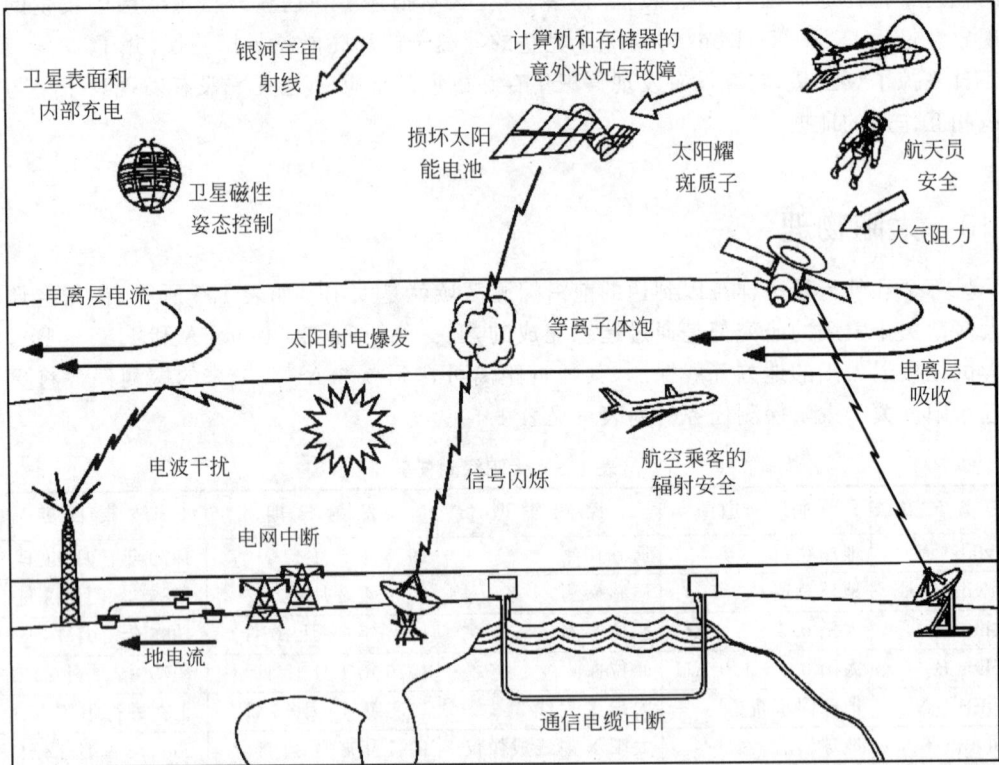

图 1.23　太空环境影响人类活动及相关技术设施的一些途径或方式（经许可,引自 L. J. Lanzerotti,朗讯科技公司,Bell 实验室）[①]

这门学科已经从遥感探测发展到原位观测、理论分析和计算机建模。事实上,现在更应该将这个领域称为"空间物理学"（space physics）,而不是日地物理学,就像该领域的主要学术期刊的名字,本书的标题也是这样命名的。在接下来的章节中,我们将对观测现象背后的物理原理进行讨论,并对这些现象进行更详细的描述。

## 拓展阅读

Brekke, A. and A. Egeland (1983). *The Northern Light: From Mythology to Space Research*. Berlin: Springer-Verlag. 该书涵盖了神话史、对极光的理解及对极光带和极光的探索。

---

① 图形中的"卫星磁性姿态控制",原文为"magnetic altitude control"。译者查阅资料后,认为应该为"magnetic attitude control",故翻译为"卫星磁性姿态控制"。

Chapman，S. and J. Bartels (1940). *Geomagnetism*. Oxford：Oxford University Press.
这本科学简编涵盖了早期日地环境的研究历史，我们第 1 章的内容对其有大量引用。

Eather，R. H. (1980). *Majestic Lights*. Washington，D. C.：American Geophysical Union. 关于极光历史和观测的畅销书。

Egeland，A. and W. J. Burke (2012a). The ring current：a short biography. *Hist. Geo. Space Sci.*，3，131-142. 该文概述了人们对环电流的理解是如何从 Carl Størmer 最初的观念演化发展为 20 世纪 60—70 年代时期的磁层观测的。

Egeland，A. and W. J. Burke (2012b). Carl Størmer's auroral discoveries. *Can. J. Phys.*，90，785-793. 该文描述了 Størmer 对极光过程和带电粒子轨道的研究，为此 Størmer 还发展了新的数值方法。

Gilbert，W. (1893). *De Magnete*. Trans. P. Fleury Mottelay. New York：Dover. 1958 年重印。William Gilbert 的书最初出版于 1600 年，他在其中提出地球是一块磁铁，1893 年的译本现在仍然存在，于 1958 年重印。

Helliwell，R. A. (1965). *Whistlers and Related Ionospheric Phenomena*. Stanford，CA：Stanford University Press. 这篇重要的早期磁层专著涵盖了磁层中的波现象。

*Space Science Reviews* 上还发表了一系列关于空间探测任务的特刊。对于本章读者而言，感兴趣的特刊文集如下。

The Galileo mission，*Space Sci. Rev.*，1992. The Global Geospace mission，*Space Sci. Rev.*，1995.

The Cluster and Phoenix missions，*Space Sci. Rev.*，1997.

The Advanced Composition Explorer mission，*Space Sci. Rev.*，1998.

The Cassini/Huygens mission，*Space Sci. Rev.*，104，2002；114，2004；115，2004.

Rosetta：Mission to Comet 67P/Churyumov-Gerasimenko，*Space Sci. Rev.*，128，2007.

The MESSENGER mission to Mercury，*Space Sci. Rev.*，131，2007.

The STEREO mission，*Space Sci. Rev.*，136，2008.

The THEMIS mission，*Space Sci. Rev.*，141，2008.

The Acceleration，Reconnection with Turbulence and Electrodynamics of the Moon's Interaction with the Sun (ARTEMIS) mission，*Space Sci. Rev.*，165，2011.

## 习题

**1.1**　太阳风以 440 km/s 的典型速度传播，需要多久才能够分别到达水星、地球、木星和冥王星？同样的距离，无线电波需要传播多久？

**1.2**　Edmund Halley 可能采用了什么论点，说服了英国国王威廉三世资助 1698 年和 1700 年 Paramour Pink 号的航行？投资能否在科学、商业或军事方面得到回报？海军如今仍然对地磁感兴趣，而且人们认为海军会在海底安装磁强计，这是为什么？

**1.3**　与 1957 年国际地球物理年之前对比，讨论新技术在加快日地物理学发展中所起的作用。具体描述哪些科学发现是由新技术发展导致的。描述一项最近的技术发展，以及它是如何导致新的科学发现的。注意，并不是每一项科学发现都能相应追溯到特定的新技术发展。

**1.4** 在 20 世纪 50 年代中期,Van Allen 是用什么论点说明在 Explorer 1 号上安装 Geiger(盖革)计数器是合理的? 有什么理由支持 Pioneer 10 和 Pioneer 11 飞往木星? 在日地连线的 L1 Lagrangian 点上,太阳和地球这两个天体对飞船的引力合力,使飞船即使没有环绕地球运行,也能够在一个地球年内环绕太阳一圈,从而一直停留在日地线上。L1 点距离地球约 0.01 AU,你如何说明一项位于 L1 拉格朗日点的探测任务是合理的?

# 第2章
## 高层大气和电离层

## 2.1 引言

栖居于地球,我们的日常生活会受到固态、液态、气态和等离子体态这 4 种物质状态的影响。地球上的大部分物质都是固态的。固体物质为我们提供了站立的地方,同时提供了重力,重力将我们和周围的一切物质,包括海洋(液态)、大气(气态)和电离层(等离子体态)等都束缚在地球上。我们的身体需要液体和气体,尤其是水和氧气。大气层中的气体能够保护我们不受太阳高能光子——太阳光谱中的紫外、极紫外(extreme-ultraviolet,EUV)及 X 射线波段的影响。这种保护作用源于光化学过程,在该过程中高层大气分子以其结构被破坏为代价吸收了这些高能光子。臭氧($O_3$)可形成一个能吸收太阳紫外辐射的气体保护罩。极紫外线和 X 射线也会被大气层吸收,但这些光子能量是如此之高以至于可以从大气分子和原子中剥掉一个或几个电子,将它们变为离子状态,进而产生等离子体。在较高处,大气变得"稀薄",分子、原子、离子和电子之间的碰撞频率也变得很低,这使等离子体可以长期存在于该区域。这些等离子体对人类通常是无害的,它可以帮助人类在无须向太空发射卫星或安装跨大陆和海底通信电缆的情况下,实现超视距通信。等离子体不仅和地球上的固体、液体、气体一样受到重力场影响,还会受到地球磁场和电场的影响。

虽然地球的引力很强,但它还没有强到完全束缚大气中所有气体物质的逃逸,少量的大气物质依然会持续不断地逃逸到太空中。为了计算大气的逃逸速度,我们必须先学习引力场、气体热力学、大气层和电离层的结构。对大气层的简要描述将会引入一些后面章节内容中涉及的概念。比如,行波(propagating wave)既可以为气体内部的物理过程提供远程诊断,也可以将能量传输到气体中或从气体中传输出来。我们还将研究电离层是如何形成的、电离层离子是如何损失的,以及电离层是如何传导电离层电流的(这些电流可引起与太阳活动相关的地磁场变化)。

### 2.1.1 引力场

认识引力的首次突破来自 Johannes Kepler(J. 开普勒)的行星运动定律即开普勒定律(**Kepler's laws**),这个定律是从 Tycho Brahe(第谷·布拉赫)对行星位置的研究中推导出来的。具体表述如下:

(1)所有行星都在以太阳为其中一个焦点的椭圆轨道上运动。

(2)在相同时间内,太阳和行星的连线扫过的面积相同。

(3)行星绕太阳轨道周期的平方与其轨道半长轴的立方成正比。

这些定律可从后来 Isaac Newton 建立的更为基本的物理定律体系中推出。Newton 万有引力定律(**law of gravity**)指出,两个物体相互之间的引力与两个物体质量的乘积成正比,与它们之间距离的平方成反比。万有引力定律可以表示为

$$F = -(Gm_1 m_2/r^2)\hat{r} \tag{2.1}$$

其中,$F$(方程中的负号对应表示力由地表指向下)是质量 $m_1$(对于地球上的居民而言,其代表地球的质量)对质量 $m_2$ 施加的力。万有引力常数(the universal constant of gravitation)$G$ 为 $6.672\times10^{-11}$ N·m²/kg²。结合地球的质量和半径,我们可求得地表重力加速度(the acceleration of gravity)$g \approx 9.80$ m·s²。结合 Newton 运动定律和万有引力定律,可以反过来解释 Kepler 行星运动定律。可简单表述 Newton 三大运动定律如下:

(1) 除非受到外力的作用,否则物体要么保持静止,要么以恒定速度移动。

(2) 物体的加速度与所施加的力成正比,与质量成反比。

(3) 对于每一个作用力,都存在一个大小相等但方向相反的反作用力。

虽然这些定律受观测到的行星的宏观运动启发,但这些定律同样支配着气体粒子的微观运动。能量是研究行星运动和气体分子运动中一个很有用的物理量,它包括动能(kinetic energy)和势能(potential energy)。一个质量为 $m$、速度为 $v$ 的粒子,它的动能为

$$E_K = \frac{mv^2}{2} \tag{2.2}$$

在加速度为 $g$ 的均匀重力场中,它的重力势能为

$$E_P = mgh \tag{2.3}$$

其中,$h$ 是重力场中沿重力方向移动的距离。

如果重力是唯一的作用力,那么重力势能(负数)和动能之和是一个常数。因此,我们将一个质量为 $m$ 的物体放入加速度为 $g$ 的重力场中,若它的初始速度为零,那么它在下降距离 $h$ 后的最终速度为 $\sqrt{2gh}$。当一个物体绕某一中心质量运行时,如果它的轨道为椭圆轨道,那么它的势能和动能将会不断互相转化。如果要将一个粒子移动到远离中心体的另一个新椭圆轨道上,则外力必须对粒子做功。

对所有人来说,式(2.1)最重要的一个特别应用,就是太阳引力和地球绕太阳轨道运动带来的离心力之间的平衡。离心力(centrifugal force)大小为 $m\omega^2 r$,其中 $\omega$ 为轨道角频率(单位为弧度每秒),$r$ 为以米为单位的距离(日地距离为 $1.496\times10^{11}$ m)。已知太阳的质量约为 $1.98\times10^{31}$ kg,那么我们发现地球绕太阳的轨道周期是一年。在太阳系的整个年龄时间段内,地球的重力场对于保护和维持我们的大气层至关重要。而大气层反过来又能支撑并保护地球这颗行星上的生命。

## 2.1.2 我们的大气屏障

地球高层大气和电离层是向太空过渡的边界。高层大气是我们抵御来自太阳的有害极紫外线辐射和 X 射线的屏障。当这些高能光子被高层大气吸收后会引起大气粒子的电离,进而形成电离层(ionosphere),电离层又会反过来引导无线电波越过地平线,这样即使没有电缆或者卫星,我们也可以绕地球进行通信。当我们向上进入高层大气和电离层时,大气层性质会发生巨大变化。在高度较低区域,大气温度低且粒子间的碰撞频繁,大气成分完全混合且化学性质均匀。而在高度较高区域,大气密度随高度降低,直到大气粒子变

为无碰撞状态,大气组分也开始变为解耦状态,大气变为扩散状态而非对流状态。受到碰撞频率降低的影响,电离层特性也会类似地出现相应变化。在电离层的最低高度,碰撞作用会产生大气电阻率,并在相应的电场方向和电场强度条件下出现电流。当电离层中的粒子碰撞作用很微弱时,电场作用驱动的电流会与磁场方向成一定夹角。而在更高的区域,则根本没有电流,仅有等离子体的漂移运动。

为理解大气层中的这种物理行为,我们需要认识气体的物理性质。在本章中,我们简要回顾这些气体物理性质及其在地球高层大气和电离层中的应用。我们发现,为认识大气层,需要通过密度、整体速度(bulk velocity)、压力、温度等参数考察大气的流体行为,并通过扩散(diffusion)、黏度(viscosity)、热传导(heat conduction)等过程考察大气的动力学行为。

## 2.2　气体特性的刻画

一个固态物体有特定的形状,因此它具有一定的体积,而这个体积对应一个质量。用总质量除以体积,我们可以得到物体的平均密度。气体没有特定的形状,它的密度容易跟随运动而发生变化。所以,气体密度与其说是一个数字变量,倒不如说是一个关于空间和时间的函数 $n(\mathbf{r},t)$。在密度体积元中,粒子间的平均间距为 $d=n^{-1/3}$。气体有三种不同的速度:气体的整体速度(bulk velocity)$\mathbf{u}$;单个粒子的运动速度 $\mathbf{v}_i$;粒子相对于其平均或整体速度的随机热速度 $\mathbf{w}_i$,其中 $\mathbf{w}_i=\mathbf{v}_i-\mathbf{u}$。我们日常接触的气体都是处于碰撞状态下的。可以通过选取一个半径为两个相互碰撞粒子半径之和的伪粒子[1]来计算碰撞频率,而相对于其他静止粒子,伪粒子以一定的平均相对速度运动。伪粒子运动时会扫过一个长度为 $w_{1,2}\Delta t$、横截面为 $\pi(r_1+r_2)^2$ 的圆柱体,且每 $\Delta t$ 时间内伪粒子会遇到 $n_2$ 个粒子。这里 $n_2$ 是指发生碰撞处的粒子数密度,$w_{1,2}$ 是平均相对运动速度。定义碰撞截面(**collisional cross section**)为 $\sigma_{1,2}=\pi(r_1+r_2)^2$。为了得到平均相对运动速度,假设在 6 个坐标运动方向上(3 个笛卡儿坐标(直角坐标)方向及其反方向)都有相同数量的粒子运动。在这种情况下,伪粒子会与 1/6 的粒子数发生迎面碰撞,会与 1/6 的粒子数发生追赶碰撞,会与 2/3 的粒子数发生碰撞,且相对运动速率为伪粒子与被碰撞粒子运动速率平方和的平方根,对应得到的平均相对运动速度为

$$\overline{w_{1,2}}=\overline{w_1}\left[1+\left(\frac{w_2}{w_1}\right)^2\right]^{1/2} \tag{2.4}$$

对处于热力学平衡中的气体,平均随机速率[2]为 $\bar{w}=(8kT/\pi m)^{1/2}$,其中,$k$ 为 Boltzmann(玻耳兹曼)常数,$T$ 为热力学温度,$m$ 为粒子质量。如果我们定义折合温度(reduced temperature)为

$$T_{1,2}=(m_1T_1+m_2T_2)/(m_1+m_2) \tag{2.5}$$

则折合质量(reduced mass)为

$$m_{1,2}=m_1m_2/(m_1+m_2) \tag{2.6}$$

---

[1]　实际假设了伪粒子的半径为 $r_1$,而其余被碰撞的粒子皆处于相对静止状态,且半径皆为 $r_2$。

[2]　平均速率 $(8kT_{1,2}/\pi m_{1,2})^{1/2}$,可根据麦克斯韦速率分布函数求出。

那么,我们发现碰撞频率可变为

$$v_{1,2} = \sigma_{1,2} n_2 (8kT_{1,2}/\pi m_{1,2})^{1/2} \qquad (2.7)[①]$$

则平均自由程是:

$$l_{1,2} = \left[\sigma_{1,2} n_2 \left(1 + \frac{m_1 T_2}{m_2 T_1}\right)\right]^{-1} \qquad (2.8)[②]$$

如果气体粒子与同种类粒子发生碰撞,那么:

$$\sigma_{1,1} = 4\pi r^2 \qquad (2.9)$$

$$v_{1,1} = 4\pi^{-\frac{1}{2}} n \sigma_{1,1} \left(\frac{kT}{m}\right)^{1/2} \qquad (2.10)$$

$$l_{1,1} = 2^{-\frac{1}{2}} (n\sigma_{1,1})^{-1} \qquad (2.11)$$

在气体动力学中,标量,如质量或能量等物理量,会由气流携带而穿过某个垂直于该气流方向的参考面。所携带标量值的多少被称为通量[③](flux)$\Phi$。例如,如果需要知道粒子的通量,那么由粒子数密度 $n$ 和平均速度 $u_x$ 可得,粒子的通量为 $\Phi_x^n = nu_x$。在三维空间中,$\boldsymbol{\Phi}_n = n\boldsymbol{u}$。沿 $x$ 轴方向的动量通量是 $\Phi_x^{\rho u} = \rho u_x^2$,其中 $\rho = mn$,即质量密度。如果在通量中存在梯度,那么在某个体积内的物理量就会增加。描述该现象的数密度一维方程是:

$$\frac{\partial n}{\partial t} = -\frac{\partial (nu_x)}{\partial x} \qquad (2.12a)$$

一般形式可写为

$$\frac{\partial n}{\partial t} = -\nabla \cdot (n\boldsymbol{u}) \qquad (2.12b)$$

该式称为连续性方程(**continuity equation**)。

气体的随机运动会对所有包围它的外壁施加压强。为了理解这个压强,先考察由这些粒子热运动带来的动量输运。这种压强只能通过沿表面法向的运动产生。如果将 $\Phi_i^{\rho u}$ 定义为粒子的随机运动沿 $i$ 方向传递的动量,则压强由下列式子给出:

$$p = (\Phi_x^{\rho u} + \Phi_y^{\rho u} + \Phi_z^{\rho u})/3 \qquad (2.13)$$

如果我们使用上面的简单模型——所有粒子都有相同的速度,各有 1/6 的粒子分别在 6 个方向上($\pm x, \pm y, \pm z$)运动,则可推导出粒子在这 6 个方向上传输的动量。如图 2.1 所示,如果我们把一盒气体由中心平面分开,从左边到右边传输的动量通量是 $nm\bar{w}^2/6$,从右边到左边的动量通量是 $-nm\bar{w}^2/6$,其中负号表示动量流动的方向(从右向左)。净动量通量是这两个通量的差值,即 $nm\bar{w}^2/3$。虽然这个示意图采用了一个简单的热运动模型,但对于更真实的麦克斯韦速度分布,则也能获得同样的结果。我们注意到,在气体随机运动中,压强是对能量密度的度量。我们还注意到,如果我们考察的动量通量变化是在反射壁上,则也将得到同样的结果。

气体还具有与整体流动相关的动压(dynamic pressure)。对于质量为 $m$、流速为 $u$、粒子数密度为 $n$ 的流体,它的动压为 $nmu^2$ 或 $\rho u^2$。我们注意到,气体的内部压强或者热压是

---

① 注意,原文中为 $v_{1,2} = \sigma_{1,2} n_2 (8kT_{1,2})/(\pi m_{1,2})^{1/2}$。

② 平均自由程可由相对运动速度除以碰撞频率计算。

③ 确切地说,通量应该为单位时间内穿越单位面积的物理量。

32

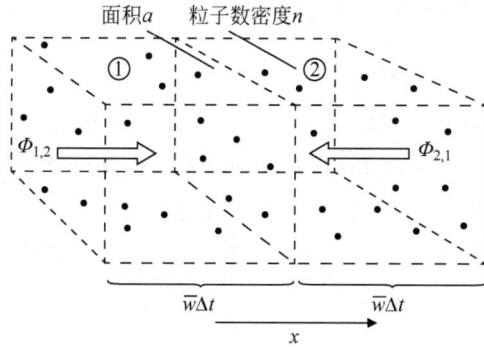

图 2.1　气体施加的压强。在 $x$ 轴方向上,从左边穿过 A 区域中心平面的粒子动量通量为 $nm\,\overline{w}^2/6$,从
　　　右边穿过的为 $-nm\,\overline{w}^2/6$。中心平面上的压强为 $nmw^2/3$

在气体的参考系中定义的,在该坐标系中气体的整体运动速度为零。相反地,动压与气体
的整体速度有关,即要么气体相对于静止的障碍物做整体运动,要么物体在气体中运动。

气体的温度被定义为在每个自由度上存储的热量。对于单个原子而言,3 个正交方向
中分子的任何一个方向都对应一个自由度。对于气体分子而言,还可以有旋转自由度和振
动自由度。气体分子的碰撞会将粒子的能量同等地分配到每个自由度上。我们可通过
以下方程定义温度:

$$\frac{kT}{2}=\overline{U}_f \tag{2.14}$$

其中,$\overline{U}_f$ 是每个自由度的平均热能或内能;$k$ 是 Boltzmann 常数。在具有 3 个自由度的单
原子分子气体中,温度为

$$T=m\overline{w}^2/3k \tag{2.15}$$

其中,$m\overline{w}^2/2$ 是每个粒子的平均随机乱动动能(translational energy)。我们注意到,在某些
情况下,例如,在稍后讨论的磁化等离子体中,两个正交方向上(平行于和垂直于磁场的方
向)的温度可能会有很大不同。最后,我们给出压强、数密度和温度之间的关系:

$$p=nkT \tag{2.16}$$

这个方程被称为理想气体定律或理想气体状态方程(另一表达形式)。

在体积恒定条件下(等容条件),气体的热容(heat capacity)代表单位温度变化带来的
内能变化量。等容条件下的比热 $c_V$ 可由方程 $c_V=(\Delta\overline{U}_f/\Delta T)(f/m)$ 确定,其中内能与自
由度数 $f$ 成正比,并按粒子的质量进行了归一化。代入式(2.14),我们发现:

$$c_V=kf/2m \tag{2.17}$$

等压条件下的比热要大于等容条件下的比热,这是因为随着体积膨胀,压力还要对外
做功。利用理想气体定律,我们可以证明,单位质量气体对外所做的功为

$$\Delta W=-k\,\Delta T/m \tag{2.18}$$

以及

$$c_p\,\Delta T=c_V\,\Delta T+k\,\Delta T/m \tag{2.19}$$

因此

$$c_p=(k/m)\left(\frac{f}{2}+1\right) \tag{2.20}$$

而且,比热比(the ratio of specific heats)为

$$\gamma = \frac{c_p}{c_V} = \frac{f+2}{f} \qquad (2.21)^{①}$$

指数 $\gamma$ 又称为绝热指数(adiabatic exponent)或多方指数(polytropic index)。当气体以绝热过程形式通过内能对外膨胀做功时,$\gamma$ 有助于确定气体的变化。因此,气体膨胀所做的功 $dW(=-p\,dV)$ 等于内能 $dU(=Nfk\,dT/2)$ 的变化。

由于 $N=nV$,$p=nkT$,对绝热过程,气体做功与内能变化相等,可得到:

$$\frac{dT}{T} = \left(-\frac{2}{f}\right)\left(\frac{dV}{V}\right) \qquad (2.22)$$

对式(2.22)进行积分就得到了绝热方程(**adiabatic relation**):

$$T = T_0 \left(\frac{V}{V_0}\right)^{-2/f} \qquad (2.23)$$

或者

$$TV^{2/f} = \text{constant} \qquad (2.24a)$$

利用理想气体定律即式(2.16),可以将其改写为

$$(pV^{\gamma})/Nk = \text{constant} \qquad (2.24b)$$

其中,$\gamma = (f+2)/f$。

由于膨胀过程中,粒子总数是恒定的,所以根据式(2.21),有

$$pV^{\gamma} = \text{constant} \qquad (2.24c)$$

又由于 $\rho \propto V^{-1}$,所以有

$$\frac{p}{\rho^{\gamma}} = \text{constant} \qquad (2.24d)$$

这些都是绝热关系(绝热方程)的不同表达形式。

## 2.3  分布函数

到目前为止,我们一直在使用温度、压力、数密度和整体速度等参数来描述气体,有时候还会做一些过于简化的假设。譬如,在大多数情况下,我们不能假设所有的粒子都具有相同的热运动速度。意识到粒子具有连续的速度分布很重要——会同时存在一些低速粒子和一些高速粒子,而且考虑到粒子性质可随位置发生变化也很重要。例如,大气中的密度和温度会随高度而发生变化。我们需要有一套理论工具来描述这些情况。这个工具就是图 2.2 所示的六维相空间密度(**six-dimensional phase space density**),记为 $f(r,v,t)$。六维相空间里的 6 个坐标由构型空间(configuration space)的 $x,y,z$ 和速度空间(velocity space)的 $v_x,v_y,v_z$ 组成。相空间中,在某个位置 $(r,v)$ 处的微分体积可由 $dr\,dv = dx\,dy\,dz\,dv_x\,dv_y\,dv_z$ 表示,而这个微分相空间体积内的粒子数则为 $f(r,v,t)dr\,dv$;如果存在几种不同组分的粒子,那么在研究中可能有必要分别考察每类组分粒子的分布函数,即 $f_s(r,v,t)$。

---

① 注意式(2.17)～式(2.21)中的 $c_V$、$c_p$ 分别表示单位质量气体的等容热容量和等压热容量。

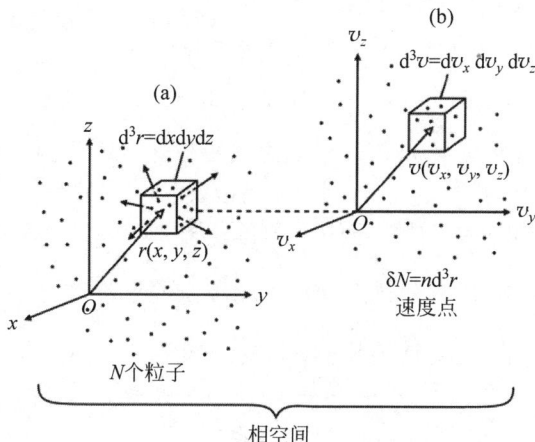

图 2.2　粒子的六维相空间。通过相空间可以将粒子数密度描述为位置(a)和速度(b)的函数。(引自 Prölss,2003)

(a) 构型空间；(b) 速度空间

为确定任意一点处的粒子数密度,我们将相空间密度对速度空间积分:

$$n_s(r,t) = \int \mathrm{d}v f_s(r,v,t) \qquad (2.25)$$

这里,$n_s(r,t)$ 是粒子种类 s 的数密度,它等于质量密度 $\rho_s(r,v,t)$ 除以粒子质量。数密度是分布函数的零阶矩。表征气体平均性质的其他参数也是分布函数的矩(moment)。例如,整体速度是分布函数的一阶矩:

$$u_s(r,t) = \int \mathrm{d}v v f_s(r,v,t) \Big/ \int \mathrm{d}v f_s(r,v,t) \qquad (2.26)$$

这里,我们按气体密度对所得整体速度进行了归一化。为得到相对于整体速度的随机运动带来的组分粒子 s 的粒子平均热能或动能,我们利用了矩:

$$\frac{1}{2}m_s w^2 = \frac{1}{2}m_s(v-u_s)^2 = \int \mathrm{d}v \, \frac{1}{2}m_s(v-u_s)^2 f_s(r,v,t) \Big/ \int \mathrm{d}v f_s(r,v,t)$$

$$(2.27)[1]$$

而组分粒子 s 带来的部分压强与它的平均随机动能有关[2]:

$$\frac{P_s}{n_s} = \left(\frac{2}{f}\right)\frac{1}{2}m_s w^2 \qquad (2.28)$$

在国际单位制(SI)中,压强以 Pascals(Pa)为单位,1 Pa 等于 1 牛每平方米(N/m$^2$),即 1 Pa＝1 N/m$^2$。

对于平衡系统而言,其相空间分布符合麦克斯韦速度分布,具体为下式:

$$f_s(r,v) = n_s\left(\frac{m_s}{2\pi kT}\right)^{3/2} \mathrm{e}^{-\frac{m_s(v-u_s)^2}{2kT_s}} \qquad (2.29)[3]$$

---

① 注意,原文中右边项分母被写成了 $\mathrm{d}v f_s(r,v,t)$。

② 见式(2.15)。

③ 对于一维速度分布而言,只需将式(2.29)右边指数"$\frac{3}{2}$"改为"$\frac{1}{2}$"。

我们注意到平衡态下的速度分布函数与时间无关。如果我们只对与方向无关的粒子速率感兴趣,当整体速度为零时,可对所有速度方向作积分:

$$g_s(r,v)dv = \int f_s(r,v)d\Omega_v v^2 dv = 4\pi f_s(r,v)v^2 dv \tag{2.30}$$

分布函数 $g(r,v)dv$ 是位于 $v$ 和 $v+dv$ 之间单位速度范围内的粒子数。当 $v$ 较小时,$g(r,v)$ 随 $v$ 呈二次方变化,当 $v$ 较大时,则随 $v$ 呈指数下降。速度分布函数 $f_s(r,v)$ 在速度为零处达到最大值,随 $v$ 向正负方向增大而快速下降。图 2.3(b)显示速率分布 $g(r,v)$ 在热运动速度 $\left(\dfrac{2kT_s}{m_s}\right)^{1/2}$ 处达到最大,注意随机运动的平均能量与温度满足 $\dfrac{1}{2}m_s(v-u_s)^2 = fkT_s/2$。图 2.3(c)显示了 $x$ 轴方向上的麦克斯韦速度分布,但在这一方向上有一定的整体速度偏移。

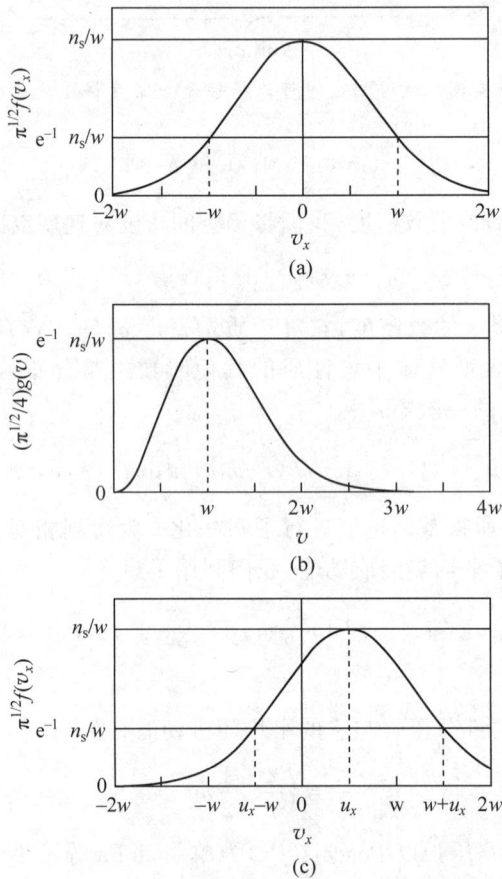

图 2.3 (a)对于特定速度分量 $v_x$,给出了麦克斯韦速度分布随 $v_x$ 的函数变化分布,其中分布函数的整体速度为零。对 $v_y$ 和 $v_z$ 的依赖变化关系已经通过对 $v_y$ 和 $v_z$ 作积分消除了。(b)给出了式(2.30)中的速率分布函数随速率 $v$(已按热速度归一化)的函数变化关系。(c)当存在一个右向整体运动速度 $u_x$ 时,给出的速度分布函数随 $v_x$ 的变化关系

## 2.4  大气层的垂直分布

地球和行星被太阳加热主要通过可见光辐射,行星吸收可见光后又会辐射出红外波

段。辐射层可以是地表或高层大气。当红外辐射(IR radiation)[1]不能穿透低层大气时,高层大气中就会有红外辐射发生。温室气体(greenhouse gases)会引起地球(或其他行星)表面向太空的红外辐射通量变小。因而,大气中的辐射平衡大气温度,即行星接收和发射的辐射(可见光射入和红外辐射出去)达到平衡时的温度,将会上升至一定的水平。这似乎是一个不错的结局。但由于状态方程 $p\rho^{-\gamma}=\text{constant}$ 可将 $T$ 和 $n$ 关联起来[2],所以在稠密低层大气中温度会升高。地球的低层大气对红外辐射并非完全不透明,地球表面的冷却仍是主要通过向空间辐射红外波段而引起的。因此,作为一阶近似,可以稳妥地假设,从可见光输入到红外输出的转换是发生在地球表面的。我们将看到,高层大气是一个复杂的区域,具有不同水平的吸收和辐射。此外,我们关注的不仅仅是地球表面的热平衡,还有覆盖紫外线、远紫外线、极紫外线和 X 射线等短波段中的低通量高能光子部分,这些光子的能量足以破坏生物体。因此,在隔离阻止某些特定波段的太阳辐射时,我们需小心谨慎,不能随意连带隔离其他波段的辐射。臭氧(ozone)使我们免受太阳紫外辐射的影响,任何会破坏平流层中臭氧(臭氧可吸收紫外辐射)的气体都是我们不希望看到的。

　　地球大气层非常薄。地球上最高的山脉就已经高到让人难以呼吸。这可从图 2.4 中清楚地看到,该图展示了地球表面以上 30 km 高度内大气密度、压力和温度是如何随高度而

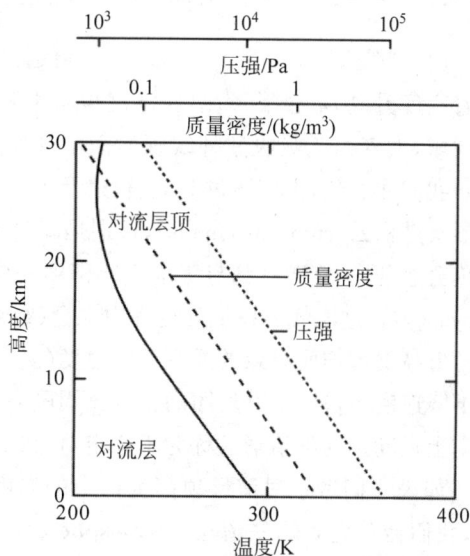

图 2.4　对流层中温度、压强和质量密度的高度剖面[3]。请注意,压强和密度采用的是对数坐标

下降的。这里压力和密度采用对数坐标,而温度是线性坐标。随着高度增加,温度下降到 215 K 左右(在 25 km 高度处),然后温度随高度开始上升,但压力和密度却在 30 km 的高度内下降了一个数量级。下降的原因是,大气受到的重力必须由下方气体向上施加的压力梯度力平衡才能支撑其重力。从数学上,我们可将其表示为

$$\frac{\Delta p}{\Delta h}=-\rho(h)g(h) \tag{2.31}$$

其中,$\Delta p$ 为在高度范围 $\Delta h$ 内的压强变化;$\rho(h)$ 和 $g(h)$ 分别为随高度 $h$ 变化的大气质量密度和重力加速度。

　　如果原子质量和重力加速度都是常数,那么我们可以用这二者表示压强差,有

$$dp=-mgn(h)dh \tag{2.32a}$$

其中,$n(h)$ 是随高度变化的粒子数密度。

　　如果 $T$ 是常数,式(2.32a)可以进一步写成:

---

[1]　这部分红外辐射是地表产生的。

[2]　绝热方程也可写为 $Tn^{1-\gamma}=\text{constant}$。

[3]　需要注意,图中标出的对流层顶高度要比通常的对流层顶高度(6~18 km)范围明显高一些。

$$\frac{\mathrm{d}n}{n} = -\left(\frac{mg}{kT}\right)\mathrm{d}h \tag{2.32b}$$

其中，$k$ 是 Boltzmann 常数。

我们可以积分得到：

$$n = n_0 \mathrm{e}^{-\frac{h}{H}} \tag{2.33}$$

其中，$H = \dfrac{kT}{mg}$，一般称之为标高（scale height）。

由于状态方程（$p\rho^{-\gamma} = $ constant）可通过 $T = $ constant $\cdot\, n^{\gamma-1}$ 将 $T$ 和 $n$ 联系起来，所以随着高度升高，$n$ 会下降，继而温度也会下降。最终，如图 2.4 所示，在大约 25 km 高度以上的区域，大气由于吸收紫外线辐射而出现加热，温度也不再随高度升高而下降。

我们注意到，大气通过对流、辐射及一定程度上的热传导过程传输热量。对流最明显的表现形式是积云（cumulus clouds），特别是高耸于地表之上的雷暴云团（storm clouds）。一团气体受热会上升，一直爬升到与背景气体密度一样的高度，即这时气体达到中性浮力状态（neutral buoyancy）。这团气体在上升过程中也会（绝热）膨胀，直到与周围气体达到压力平衡。背景大气随着高度增加而导致的温度下降速度（温度下降率）可能比上升气团中由绝热过程导致的温度下降速度更快。上升气团的密度比周围空气的密度更低（因此浮力更大），对流则会使它继续向上运动。这种情形被称为不稳定对流（unstable to convection）。稳定的大气会抑制对流。

如果我们考察对流层顶高度以上的温度，则会得到图 2.5 所示的高度变化。随高度上升，我们会首先到达平流层（**stratosphere**），平流层下边界是对流层顶（**tropopause**），上边界是平流层顶（**stratopause**）。平流层顶处会达到一个局部温度最高值，这也是局部加热的最强区。平流层顶向上就进入了中间层（mesosphere），中间层的温度会随高度下降，一直到

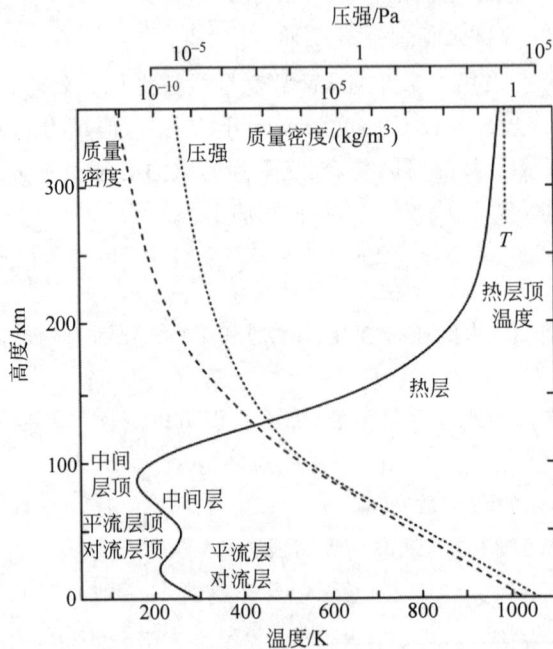

图 2.5　从地表到热层的温度、压强和质量密度的高度剖面。请注意，压强和密度采用的是对数坐标

约 90 km 高度处温度降到最低值,然后温度随高度迅速攀升到 1000 K 或以上,这一区域被称为热层(thermosphere)。热层存在于具有磁层的行星上。因为磁层中的物理过程可以加速电离层中的离子和电子,这些加速粒子反过来会与中性大气交换热量。需再次强调,图中所示的压强和密度都是以对数坐标显示的,到 300 km 的高度时下降了 10 个数量级,而温度以线性坐标显示,在这个高度处温度仅增加了约 3 倍。

人们普遍采用与温度相关的名称命名高层大气在垂直方向上的不同区域,即大气分层:对流层(troposphere)、平流层(stratosphere)、中间层(mesosphere)和热层(thermosphere),以及对应温度达到极值的区域:对流层顶(tropopause)、平流层顶(stratopause)和中间层顶(mesopause)。然而高层大气还有其他特征,我们也可以根据这些特征进行分类,不过它们的边界并不总是相同。这些名称术语的划分可见图 2.6 中的示意图。例如,如果我们选择根据大气成分命名大气分层,则大气的对流和涡流扩散可使大气的成分在低层大气一直保持恒定,一直持续到约 100 km 处的均质层顶(**homopause**)。这个边界也被称为湍流层顶(**turbopause**)。在这个高度以上,大气的混合效应不再起作用,如图 2.7 所示,在重力的作用下每种粒子组分将具有各自的标高,使不同组分粒子各自随高度而变化。最终,随高度增加,较重的原子和分子的数密度下降得更为显著;而低层大气中的次要成分氢原子,则会在高层大气中成为主要粒子。如图 2.8 所示,在高度约 2000 km 以上的区域,就形成了所谓的地冕(**geocorona**)或氢层(hydrogen-sphere)。

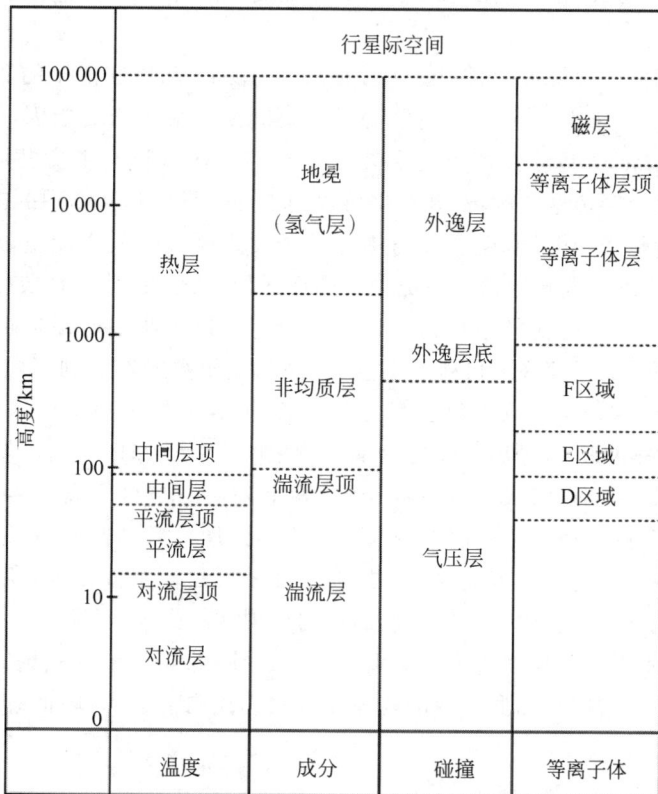

图 2.6　基于 4 种不同物理性质来划分大气层

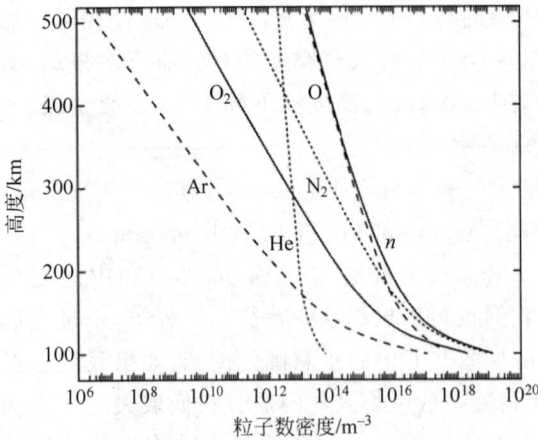

图 2.7　大气层中含量最高的 5 种粒子成分其数密度随
　　　　高度的变化

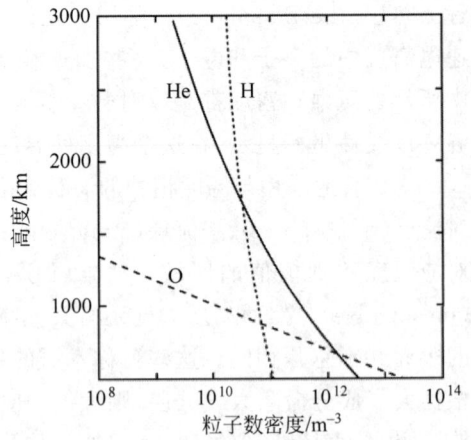

图 2.8　热层中不同粒子成分随高度的变化

我们还可以根据粒子碰撞频率划分大气层区域。如果原子和分子的碰撞频率高到可以将压强传递给其他粒子成分，那么这个区域可以称为气压层（barosphere）。然而，在约 500 km 以上，粒子间很少发生碰撞，粒子在沿着上升并落回的运动轨迹中并不会碰到其他粒子。我们称这个区域为外逸层（exosphere）或逃逸层，外逸层的底部区域为外逸层底（exobase）。

低层大气中的离子含量很少，但在约 85 km 高度以上，离子和电子的数量（尽管一直小于中性粒子的数量）对于大气的电学性质变得重要起来。由于历史原因，电离层的最低层被称为 D 区（D region）。D 区深植于气压层内，虽然这个区域粒子碰撞很频繁，但高能光子和高能带电粒子可以穿透这个区域，并产生可以与电磁波发生相互作用的电子-离子等离子体。电磁波将能量传送给电子，电子又与中性粒子发生碰撞而失去能量，从而耗散电磁波能量。因此，D 区不利于电磁通信。在更高的高度区域，我们来到了 E 层（E layer），这里电子数密度变得更大，粒子碰撞频率更低。这些电子可以以很小的电磁损耗反射电磁波，从而使全球性（超视距）的通信成为可能。在这里，高的电子数密度有利于电磁通信。E 层之上是 F 层（F layer），这是一个电子数密度与 E 层相当，但碰撞率更低的区域。再向上就是等离子体层（plasmasphere），等离子体层基本上就是电离层顶部以上的区域，它是一个巨大的等离子体库，这个库会在白天充满等离子体，晚上则会"排掉"等离子体。对于这些高度上的带电粒子而言，磁场控制了它们的运动。地磁场的偶极磁场性质（在第 7 章中讨论）将等离子体层限定在一定的区域范围内——纬度上几乎可延伸至极光区，高度上可在赤道上空延伸至约 4 个地球半径。由于偶极磁场的控制作用，等离子体层顶（plasmapause）更像是一个纬度边界，而不是一个高度边界。如果某人在低纬（约 45°）沿着磁场线向上运动，那他无法到达等离子体层顶的。而假若他沿着极光区磁场线向上运动，则他总是处于等离子体层顶以外的区域。

## 2.5　大气逃逸

地球表面的逃逸速度(escape velocity)是 11.2 km/s。如图 2.9 所示,地球大气中的原子和分子的热运动速度通常是远低于这个速度的。大气粒子的速率分布函数可由式(2.30)给出。将速率分布函数按密度进行归一化($n = 1$)处理,并忽略空间依赖性,我们得到[①]:

$$g_s(w) = 4\pi(m/2\pi kT)^{3/2} w^2 \exp(-mw^2/2kT)$$

这里,最可几速率(the most probable speed)$w_m$ 为 $\left(\dfrac{2kT}{m}\right)^{1/2}$,平均速率为 $\bar{w}$,均方根热速率 $w_{rms}$ 为 $\left(\dfrac{3kT}{m}\right)^{1/2}$。即便是对于氢气而言,这些特征速度也都是远低于逃逸速度的。尽管如此,还是有部分的氢粒子会逃逸,并且随着地球年龄的累积,氢的逃逸量可达到一个可观的水平量值。

我们可以使用速率分布函数,根据逃逸参数(escape parameter)$X$,计算外逸层底(exobase,EB)处的逃逸通量 $\Phi_{es}$,即所谓的 Jeans 逃逸通量(**Jeans escape flux**):

$$\Phi_{es} = n_{EB} w_m (2\pi^{\frac{1}{2}})(1+X)e^{-X} \tag{2.34}$$

其中,$w_m$ 是最可几速率,而逃逸参数 $X = (w_{es}/w_m)_{EB}^2$[②],它等于从外逸层底到地心的距离(约为 1 个地球半径)除以外逸层底处的标高($H_{EB} = (kT_\infty/mg_{EB})$)(见式(2.33))。

图 2.10 显示,氢逃逸完所需的时间远小于地球年龄(46 亿年),但 $X = 20$ 的氦,其逃逸时间比地球时间长,它在地球年龄时间内是稳定的。

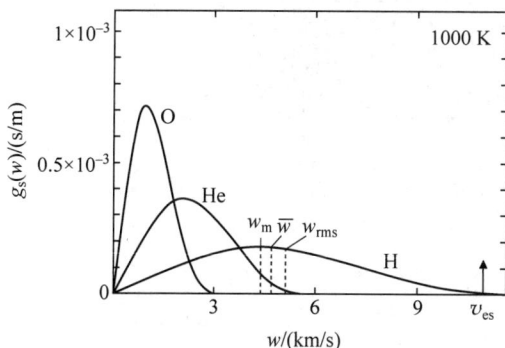

图 2.9　温度为 1000 K 时 O、He、H 的热运动速率分布函数随速率的变化关系;$w_m$ 是最可几速率,$\bar{w}$ 是平均速率,$w_{rms}$ 是均方根速率(对粒子速率平方求平均值后再作开方),$v_{es}$ 是外逸层顶处粒子摆脱地球引力的逃逸速度(引自 Prölss,2003)

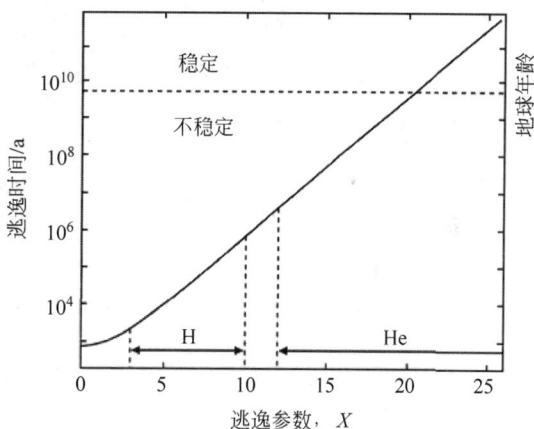

图 2.10　H 和 He 的逃逸时间随逃逸参数的函数变化关系,而逃逸参数又是热层顶温度的函数(引自 Prölss,2003)

---

① 原文下式中的幂指数部分是 exp($-mv^2/2kT$),结合上下文,译者认为应该为 exp($-mw^2/2kT$)。

② 注意,逃逸速度 $w_{es}$ 可由 $\dfrac{1}{2}mw_{es}^2 = mg_{EB}R_E$ 求出。

## 2.6　大气波动

大气中形式最简单的波是声波(acoustic wave)。这种波可携载我们的说话声或闪电之后听到的雷声。波的恢复力是气体压缩产生的压强梯度力。图 2.11 展示了可能在某管道中由振动薄膜激发出这种波的压强梯度示意图。我们可以假设声波是均匀的单色平面波，其符合 $\exp i(kx-\omega t)$ 变化，通过连续性方程、动量方程和状态方程，可分析在大气系统中激发的波。在一维情况下，这些方程可写为

$$\frac{\partial n}{\partial t}+u_x\frac{\partial n}{\partial x}+n\frac{\partial u_x}{\partial x}=0 \tag{2.35}$$

$$\rho\frac{\partial u_x}{\partial t}+\rho u_x\frac{\partial u_x}{\partial x}+\frac{\partial p}{\partial x}=0 \tag{2.36}$$

以及

$$n\propto p^{1/\gamma} \tag{2.37}$$

如果我们将式(2.37)代入式(2.35)，可以得到：

$$\frac{\partial p}{\partial t}+u_x\frac{\partial p}{\partial x}+\gamma p\frac{\partial u_x}{\partial x}=0 \tag{2.35a}$$

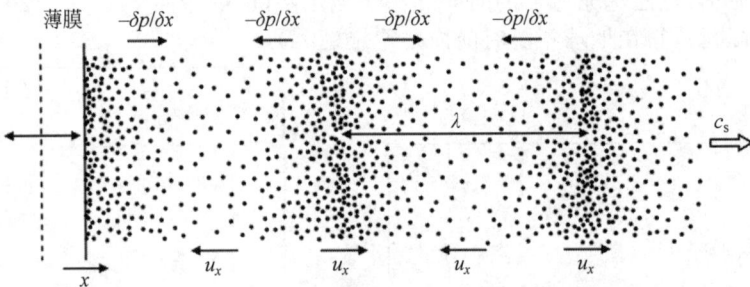

图 2.11　在薄膜激发的声波中密度和压强最大值的分布。相速度方向指向右。当压强梯度穿过整个系统时，气体分子会左右振荡。波长为 $\lambda$，声速为 $c_s$(引自 Prölss,2003)

如果我们假设波动为小振幅波动，则可以写成：

$$p(x,t)=p_0+p_1(x,t)$$

$$\rho(x_i t)=\rho_0+\rho_1(x,t)$$

$$u_x(x,t)=u_{1x}(x,t)$$

假设我们是在随气体整体运动的参考系中开展分析，则 $u_0=0$。

将这些小振幅扰动形式代入式(2.35a)和式(2.36)中对应的 $p$、$\rho$ 和 $u$，并忽略由两个小项乘积组成的二阶项，我们可得到：

$$\frac{\partial u_{1x}}{\partial t}+\frac{1}{\rho_0}\frac{\partial p_1}{\partial x}=0 \tag{2.36a}$$

$$\frac{\partial p_1}{\partial t}+\gamma p_0\frac{\partial u_{1x}}{\partial x}=0 \tag{2.35b}$$

假设波为平面单色波，可以将求导符号换为

$$\frac{\partial}{\partial t} \rightarrow -\mathrm{i}\omega \quad 和 \quad \frac{\partial}{\partial x} \rightarrow \mathrm{i}\kappa$$

这样,式(2.36a)和式(2.35b)就变为

$$-\mathrm{i}\omega u_{1x} + \mathrm{i}\frac{1}{\rho_0}\kappa p_1 = 0 \tag{2.38}$$

$$-\mathrm{i}\omega p_1 + \mathrm{i}\gamma p_0 \kappa u_{1x} = 0 \tag{2.39}①$$

对于这个方程的解,行列式必须等于 0。因此,有

$$(\mathrm{i}\omega)^2 - (\mathrm{i}k)^2 \frac{p_0}{\rho_0}\gamma = 0 \tag{2.40}$$

并有

$$v_{\text{phase}} = \left(\frac{\omega}{\kappa}\right) = \left(\gamma \frac{p_0}{\rho_0}\right)^{1/2} \tag{2.41}$$

因此,声波的相速度为 $\left(\gamma \cdot \frac{p_0}{\rho_0}\right)^{1/2}$ 或 $(\gamma kT/m)$,其中,$k$ 为 Boltzmann 常数。这个速度被称为声速(sound speed),通常用 $c_s$ 表示。

重力波(**gravity wave**)是指重力作为恢复力作用于偏离平衡位置流体所形成的波,例如海洋波(ocean wave)。之所以存在海洋波,是因为海洋表面存在密度的突变。在大气中,大气密度变化虽没有那么剧烈,但垂直方向的密度梯度仍然会带来重力波。如上所述,假设密度、压力和速度的扰动变化很小,且变化是绝热过程的,并且存在二维形式的扰动 $\exp \mathrm{i}(\omega t - k_x x - k_z z)$,那么我们就可得到大气中重力波的色散关系为

$$\omega^4 - \omega^2 c_s^2 (k_x^2 + k_z^2) + (\gamma - 1)g^2 k_x^2 + \frac{\omega^2 \gamma^2 g^2}{4c_s^2} = 0 \tag{2.42}$$

其中,$g$ 是重力加速度;$c_s$ 是声速。如果 $g=0$,那么式(2.42)可退化为声波色散关系。

如果我们作替换,$\omega_a = \frac{\gamma g}{2c_s}$ 和 $\omega_B = (\gamma - 1)^{1/2} g/c_s$,我们可得到:

$$\kappa_z^2 = \frac{\left(1 + \dfrac{\omega_a^2}{\omega^2}\right)\omega^2}{c_s^2} - k_x^2(1 - \omega_B^2/\omega^2) \tag{2.43}$$

如果 $\omega^2/\kappa_z^2 \ll c_s^2$,则式(2.43)可简化为

$$\kappa_z^2 = \kappa_x^2 \left(\frac{\omega_B^2}{\omega^2} - 1\right) \tag{2.44}$$

这就是只有当 $\kappa_x$、$\kappa_z$ 为实数且为正(满足 $\omega < \omega_B$)时才能传播的重力波。其传播方向与水平面之间所呈角度为

$$\theta = \arctan\left(\frac{\omega_B^2}{\omega^2} - 1\right) \tag{2.45}$$

对于向上传播的相速度,如图 2.12 所示,其群速度和能流方向必然朝下。图中箭头表示大气运动方向垂直于相速度。频率 $\omega_B$ 被称为 Brunt-Väisälä 频率(**Brunt-Väisälä**

---

① 原文为 $\mathrm{i}\omega p_1 + \mathrm{i}\gamma p_0 \kappa u_{1x} = 0$

**frequency**),低于这个频率的区域被称为重力波范围,高于声波频率 $\omega_a$ 的区域则被称为声频范围(acoustic range)。

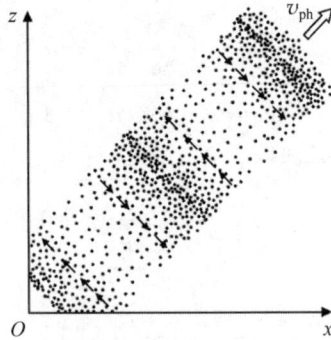

图 2.12　重力波中的密度和压强最大值。相速度方向指向右上方,而群速度方向指向右下方。随重力波波阵面向上传输,大气的整体速度方向会沿箭头方向作交替变化(引自 Prölss,2003)

## 2.7　离子产生

到目前为止,我们只讨论了中性气体的物理行为,但随着继续上升到更高的高度,我们会遇到电离层,在那里大气会被部分电离。尽管事实上中性气体的密度大于离子密度,但我们仍然将这个区域称为电离层(ionosphere)。

行星电离层的形成要素很简单,只需要一个中性的大气层和能电离该大气层大气的电离源。电离源包括光子和高能粒子的"沉降"。涉及光子的电离过程称为光致电离(**photoionization**),涉及沉降粒子的电离过程常称为碰撞电离(**impact ionization**)。光子主要来自太阳。而电离粒子可以来自银河系(宇宙射线)、太阳、磁层,或来自电离层本身(如果电离层中存在局地的离子或电子加速过程)。沉降的高能电子还可以在大气中通过一种称为韧致辐射(**bremsstrahlung**)或制动辐射的过程产生其他的电离光子。对电离光子和粒子的唯一要求是它们的能量(光子为 $h\nu$,粒子为动能)需大于中性大气原子与电子,或分子与电子的电离势能(ionization potential)或结合能(binding energy)。在自然界中,大气层的电离通常归因于这些不同电离源的共同作用,但其中一个源通常会起主导作用。大多数行星,至少其日侧电离层,通常是由波段为 $10\sim100$ nm 的"极紫外"(EUV)和紫外(UV)的太阳光子电离产生。

离子是由高层大气中性成分电离产生的,这些高层大气中性成分通常满足我们之前推导的流体静力学方程:

$$n_n m_n g = -\frac{\mathrm{d}p}{\mathrm{d}h} = -\frac{\mathrm{d}}{\mathrm{d}h}(n_n k T_n) \tag{2.46}$$

当 $T_n$ 与高度[①]无关时,我们可以将密度随高度的变化用指数形式表达:

$$n_n = n_0 \mathrm{e}^{-\frac{h-h_0}{H_n}} \tag{2.47}$$

---

① 原文此处将高度误写为温度。

其中，$h_0$ 为参考水平的垂直高度。然而，$T_n$ 实际也可能[①]与 $h$ 有关，因此我们这里给出的简单指数分布并不总能准确描述中性大气的分布。

### 2.7.1　光致电离

要对给定中性大气中产生的电离层进行"建模"，人们必须先计算离子产生率 $Q$ 的高度剖面。对于光致电离（photoionzation），需要考虑光子在中性气体中的辐射传输（**radiative transfer**）过程。如果处理严格，这将是一个非常复杂的问题，因为这需要我们对大气成分的所有光子吸收截面都有深入了解，还需要一些方法来追踪光子吸收事件（该事件可引起束缚电子的激发）及那些能去除光电子（**photoelectrons**）的事件。幸运的是，结合一些简化假设，我们可以用解析方法对电离层建模，这就是著名的 Chapman 理论（**Chapman theory**）。在深入研究 Chapman 理论之前，认识到离子产生率的高度剖面在某个高度处存在一个峰值是很重要的，因为电离率同时取决于中性密度（随高度降低）和入射的太阳辐射强度（随高度增加）。Chapman 理论的目标是在简单情况下，将离子的产生描述为关于高度的某个函数。这种情况下，光子吸收的具体物理过程被隐含在辐射吸收截面 $\sigma$ 中，并且假设离子的产生只取决于吸收的辐射能量。我们定义了如下变量：

$n_n$，中性密度（$\mathrm{m^{-3}}$）；

$h$，高度；

$I$，辐射强度（能量通量，$\mathrm{eV/(m^2 \cdot s)}$）；

$\sigma$，光子吸收截面（$\mathrm{m^2}$）；

$Q$，离子产生率（光致电离率，电子$/(\mathrm{m^3 \cdot s})$）；

$s$，视线路径长度；

$\chi$，天顶角（zenith angle）；

$C$，吸收单位能量后能在吸收体中产生的电子数量（电子$/\mathrm{eV}$）。

路径长度 $s$ 和天顶角 $\chi$ 如图 2.13 所示[②]。假设大气随高度满足指数变化形式，且为水平平面分层结构（这是对真实情况的理想假设，真实大气仅能近似为随高度呈指数变化的曲面分层结构，并且由于全球环流和化学的影响，标高 $H_n$ 会依赖于 $\chi$）。当辐射被大气吸收时，其辐射强度减少率为

图 2.13　示意图说明了视线路径长度 $s$、太阳天顶角 $\chi$ 和高度 $h$ 的几何关系

$$-\frac{\mathrm{d}I}{\mathrm{d}s} = \sigma n_n I \tag{2.48}$$

因为离子产生率应与辐射被吸收的速率成正比，所以我们可以得到

$$Q = -C\frac{\mathrm{d}I}{\mathrm{d}s} = C\sigma n_n I \tag{2.49}$$

其中，$C$ 为比例常数（约每 35 eV 就能在空气中产生一个离子对）。那么若

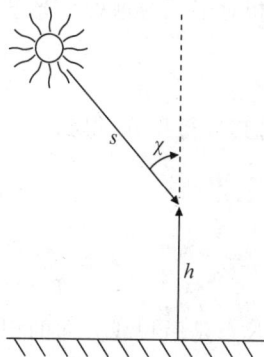

---

[①]　原文此处为"$T_n$ many depend on $h$"。译者认为原文存在笔误，将 may 误写为 many。

[②]　原书中此处写为图 2.12。

$$C\sigma \left( I \, \frac{\mathrm{d}n_n}{\mathrm{d}s} + n_n \, \frac{\mathrm{d}I}{\mathrm{d}s} \right) = 0 \tag{2.50}$$

或者

$$\frac{\mathrm{d}Q}{\mathrm{d}s} = 0 \tag{2.51}$$

离子产生率 $Q$ 就会达到峰值(沿着 $s$)。

但 $s$ 却与 $h$ 有关,并有 $\mathrm{d}s = -\mathrm{d}h \sec\chi$(见图 2.13),且因为在离子产生率峰值或最大值(下标 $m$)处有

$$\frac{1}{n_n} \frac{\mathrm{d}n_n}{\mathrm{d}s} = -\frac{1}{n_n} \frac{\mathrm{d}n_n}{\mathrm{d}h} \cos\chi = \frac{\cos\chi}{H_n} \tag{2.52}[①]$$

由上面各式,可得到:

$$\sigma H_n n_m \sec\chi = 1 \tag{2.53}$$

或者

$$\sigma N_{nm} = 1 \tag{2.54}$$

其中,$N_{nm}$ 是沿视线到峰值位置 $S_m$ 的密度视线积分。$N_{nm} = \int_{\infty}^{s_m} n_n \mathrm{d}s$。一个常用的术语是光学深度(**optical depth**),它描述了电离辐射的衰减程度。为得到沿视线方向在 $s$ 处的辐射强度(相对于无穷远处),光学深度会被自然而然地引入。由式(2.49),有

$$\frac{\mathrm{d}I}{I} = \mathrm{d}\ln I = -\sigma n_n \mathrm{d}s \tag{2.55}$$

对其进行积分,得到

$$\ln\left( \frac{I(s)}{I(\infty)} \right) = -\sigma \int_0^s n_n \mathrm{d}s = -\sigma N_{ns}$$

或者

$$I(s) = I(\infty) \exp(-\sigma N_{ns}) = I(\infty) \exp(-\tau)$$

其中,$N_{ns}$ 是沿视线方向的积分密度;$\tau$ 为光学深度。

在离子产生率峰值处,$\sigma N_{ns} = \sigma N_{nm} = 1$,所以峰值对应光学深度为 1 的高度。大气层顶的辐射强度(我们令其为 $I(\infty)$)和 $\sigma$ 都会随着辐射波长而发生变化,但光学深度 $\tau$ 则是由 $\sigma$ 决定的。在地球大气中,不同波长的光子到达光学深度为 1 的高度分布如图 2.14 所示。光致电离过程显然很复杂,计算离子产生率的高度剖面需要知道电离辐射通量随波长变化的相关知识。这个随高度变化的函数关系会随太阳活动周期和辐射源区在太阳上的位置而变化。因此,随着太阳自转,地球大气中的电离率也会发生变化。为简化讨论,我们假设电离是由某单一波长辐射引起的,并且大气标高 $H_n$ 是恒定的。图 2.15 显示了日下点处($\chi = 0$)吸收的入射电离辐射随高度的函数变化关系。电离产生率的峰值在 125 km 高度处,在那里太阳辐射强度下降到其初始值的 $\mathrm{e}^{-1}$。峰值高度给出了该辐射的光学深度。所以,在这一点上,标高越大,辐射衰减率越小,标高越小,则辐射衰减率就越大。

---

① 由式(2.46)可得 $\frac{1}{H_n} = -\frac{1}{n_n} \frac{\mathrm{d}n_n}{\mathrm{d}h}$。

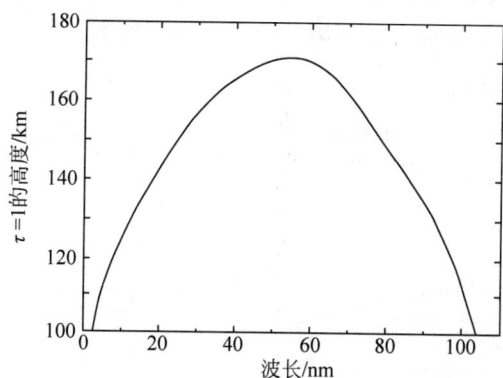

图 2.14　光子波长与地球大气层中光学深度等于 1 的高度（等效于光子的穿透深度）的关系（改编自 Rishbeth 和 Garriott，1969）

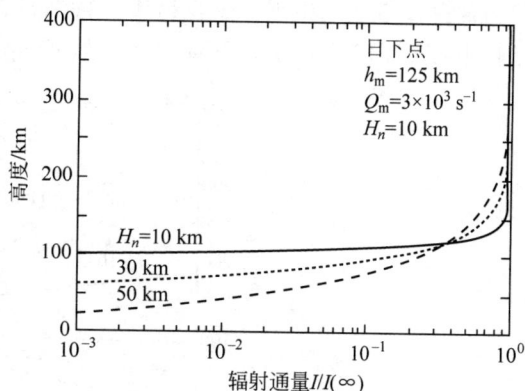

图 2.15　在标高固定的中性大气层中，在单频辐射下（单色光），辐射通量 $I/I(\infty)$ 随高度的变化关系。当中性气体标高为 10 km 时，在 125 km 高度处离子产生率达到最大，为 $3 \times 10^3$ 个/s

现在我们回到对离子产生率 $Q$ 的分析上来。离子产生率的峰值为

$$Q_{\mathrm{m}} = C\sigma n_{\mathrm{m}} I_{\mathrm{m}} = C\sigma(\sigma H_n \sec\chi)^{-1} I(\infty) \mathrm{e}^{-1} = CI(\infty)\cos\chi/(H_n \mathrm{e}^1) \tag{2.56}$$

给定中性气体高度剖面[①] $n_n = n_0 \exp[-(h-h_0)/H_n]$，可以通过式（2.57）来确定离子产生率的高度峰值 $h_{\mathrm{m}}$：

$$\sigma H_n n_{\mathrm{m}} \sec\chi = 1 = \sigma H_n n_0 \mathrm{e}^{[-(h_{\mathrm{m}}-h_0)/H_n]} \sec\chi \tag{2.57}$$

同样地，我们可以通过 $I(s)$ 前面的表达式确定辐射强度 $I$ 对 $h$ 的依赖关系，并注意 $N_{ns}$ 是沿视线的密度积分：

$$I(h) = I(\infty)\exp\{-\sigma n_0 H_n \sec\chi \exp[-(h-h_0)/H_n]\} \tag{2.58}$$

离子产生率 $Q$ 与 $h$ 的依赖关系由下列式子给出：

$$Q = C\sigma n_n I = C\sigma n_0 I(\infty)\exp\{-(h-h_0)/H_n - n_0\sigma H_n \sec\chi \exp[-(h-h_0)/H_n]\}$$

和之前一样，利用 $CI(\infty) = Q_{\mathrm{m}}\exp(1)H_n/\cos\chi$，我们最终得到[②]：

$$Q = Q_{\mathrm{m}}\exp\{1 + (h_{\mathrm{m}}-h)/H_n - \exp[(h_{\mathrm{m}}-h)/H_n]\} \tag{2.59}$$

定义 $y = (h-h_{\mathrm{m}})/H_n$，式（2.59）可简化得到：

$$Q = Q_{\mathrm{m}}\mathrm{e}^{1-y-\mathrm{e}^{-y}} \tag{2.60}$$

这就是 Chapman 生成函数（Chapman production function）。注意，在远高于峰值处的区域（$y \geqslant 2$），离子产生率可以很好地近似为

$$Q \propto \mathrm{e}^{-y} \tag{2.61}$$

也就是说，由于辐射强度在较高的区域几乎是恒定的（没有发生太多辐射吸收），所以 $Q$ 与中性粒子的密度成正比。离子产生率 $Q$ 就是离子和光电子的产生率，因为它们通常成对产生（在这个过程中，大多数离子都是单价的）。值得注意的是，在 $Q$ 的表达式中，光子吸

---

① 原文此处写为 $n_n = n_0 \exp(-h-h_0)/H_n$。

② 其中利用式（2.56）和式（2.57）。

收截面并没有显式出现。吸收物质的特性包含在常数 $C$ 中。在大气具有 3 种不同标高的条件下,图 2.16 绘制了日下点($\chi = 0$)处 Chapman 生成函数或离子产生率的高度剖面。

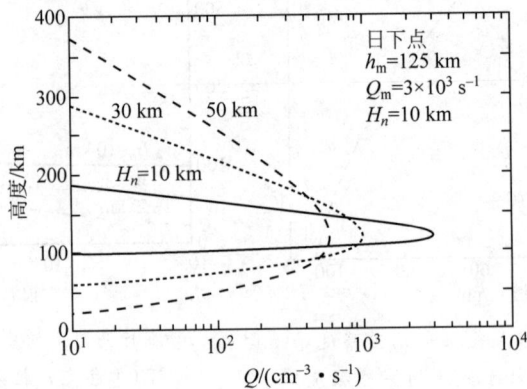

图 2.16 　在 $h_{\rm m} = 125\ {\rm km}, \chi = 0, Q_{\rm m} = 3 \times 10^3\ {\rm s}^{-1}$,且中性气体标高为 10 km 条件下的 Chapman 生成函数。图中也显示了 $H_n$ 为 30 km 和 50 km 时 $Q$ 随高度变化的剖面。注意,由于光子强度 $I(\infty)$ 是恒定的,峰值产生率 $Q_{\rm m}$ 会随标高而出现变化[①]

我们在 Chapman 生成函数的推导过程中,假设地球表面是平的,其中太阳天顶角是固定的。而实际上太阳天顶角会随纬度和太阳经度而发生变化。获得局地产生率不仅需要知道局地产生率的最大值,还需要知道日下点某高度 $h$ 处的最大值 $Q_{\rm m0}$。这样,我们发现有

$$Q = Q_{\rm m0}{\rm e}^{1-z-\sec(\chi){\rm e}^{-z}}$$
$$h_{\rm m} = h_{\rm m0} + H \ln(\sec\chi) \qquad\qquad (2.62)^{②}$$
$$Q_{\rm m} = Q_{\rm m0}\cos\chi$$

其中

$$z = (h - h_{\rm m0})/H \qquad\qquad (2.63)$$

因此,在大气等温条件下,随着太阳天顶角的增加,产生率峰值高度会增加,电离率会减小。

## 2.7.2　粒子碰撞电离

在许多情况下,太阳发出的光子可被认为是电离大气的主要激发源。然而,有时能量较高(能量 $\geqslant 1$ keV)的沉降带电粒子会成为更重要的电离激发源。譬如,这种情况可能发生在行星(具有偶极磁场)磁纬较高的夜侧,或者处于行星磁层中并含有大气的卫星,如木卫一(Io)和土卫六(Titan)。粒子撞击产生的离子产生率高度剖面与辐射电离产生的剖面是不同的,但这二者电离峰值(**peak**)产生的原因是相同的。在这种情况下,随着高度下降、大气密度增加,粒子能量通量(并非前面讨论的光子通量)会出现衰减。带电粒子的输运及

---

① 　可参见式(2.56)。

② 　原书中此处第 2 个公式误写为 $h_{\rm m} = h_{\rm m0} + \ln(\sec\chi)$。

其能量的损失(损失到大气中)过程则与光子的有所不同,因为粒子在行进过程中会通过静电力产生 Coulomb(库仑)碰撞与多个中性粒子作用以激发或剥离其束缚电子而逐渐损失能量,而光子在单次传播事件中就会被大气吸收。更为复杂的是,一个初级粒子(**primary particle**)可产生多个次级电子(**secondary electrons**),而这些次级电子本身的能量足以引起进一步的碰撞电离。当粒子的行进路径因 Coulomb 碰撞而出现偏转时,初级电子和次级电子都会因发出韧致辐射(bremsstrahlung)光子而进一步损失能量。对于离子来说,离子可能发生电荷交换,在这种情况下,高能离子变为高能中性粒子,中性粒子再通过碰撞过程耗散其能量。为了研究这个问题,研究人员或许可以采用较严格的计算方法,如 Monte Carlo(蒙特卡洛)计算方法等。然而,与光致电离一样,我们还可以用一些更简单的方法估算能量粒子的吸收效应。

其中一种简化方法会用到一个经验函数 $R(\xi_0)$,我们称为射程-能量关系(**range-energy relation**)。射程-能量关系给出了入射粒子能量($\xi_0$)与粒子在特定介质中穿透深度变化的函数关系。由于这一重要物理量反映的是粒子穿过物质的总量,而不是粒子的路径长度(取决于物质的密度分布),所以该量的单位通常为 $g/cm^2$,而不是 cm 或 m。该等效距离 $x$ 与沿粒子路径 $s$ 上的物质密度 $n_n$ 之间的关系由下式给出:

$$x = \int_0^\eta n_n(s)\mathrm{d}s$$

其中,$\eta$ 是路径上 $s$ 粒子在某点的高度。类似地,对于垂直入射,$x$ 与高度 $h$ 有如下关系:

$$x = \int_\eta^\infty n_n(h)\mathrm{d}h \tag{2.64}$$

在这种情况下,$\eta$ 是粒子到某点的高度。例如,对于空气中的质子,Rees(1989)给出如下射程-能量关系:

$$R(\xi_0) = 5.05 \times 10^{-6} \xi_0^{0.75} (g/cm^2) \tag{2.65}$$

对于能量在 1~100 keV 范围内的入射质子而言,该关系式是一个很好的近似。对于电子,有另一个表达式(Rees,1989):

$$R(\xi_0) = 4.30 \times 10^{-7} + 5.36 \times 10^{-6} \xi_0^{1.67} (g/cm^2) \tag{2.66}$$

式(2.66)适用于电子能量在 0.2 keV$<\xi_0<$50 keV 范围内的情形。一旦知道了射程(单位为 $g/cm^2$),为计算粒子对应的停止高度(stopping altitude),我们只需要对大气密度分布进行上述积分,也就是通过式(2.64)求出 $\eta$,使 $x = R(\xi_0)$。例如,图 2.17 显示了入射质子和电子在地球人气层中的停止高度。射程-能量关系可以告诉我们粒子的穿透深度,但不能给出粒子能量损失的高度分布,而这又正是我们获得电离率高度剖面需要的物理信息。关于这一点,我们将在下面给出相关说明。射程-能量关系 $R(\xi_0)$ 也由积分形式得到:

$$R(\xi_0) = -\int_0^{\xi_0} \frac{\mathrm{d}\xi}{\mathrm{d}\xi/\mathrm{d}x} \tag{2.67}$$

其中,$\mathrm{d}\xi/\mathrm{d}x$ 是单位质量粒子穿过单位横截面大气的能量损失,单位为 $g/cm^2$。我们假设在粒子穿越过程中,任意一点处对应的物质穿透深度 $x$ 可近似为

$$x = -\int_{\xi_{loc}}^{\xi_0} \frac{\mathrm{d}\xi}{\frac{\mathrm{d}\xi}{\mathrm{d}x}} = R(\xi_0) - R(\xi_{loc}) \tag{2.68}$$

其中,$\xi_{loc}$ 是粒子在 $x$ 处的能量。因为 $R(\xi_0)$ 的一般函数形式为

$$R(\xi_0) = A_1 + A\xi_0^\gamma \tag{2.69}$$

其中,$A_1 + A$ 是常数,则由式(2.68),可得到:

$$\xi_{loc} = \left(\frac{A\xi_0^\gamma - x}{A}\right)^{1/\gamma} \tag{2.70}$$

因此,在给定 $x$ 处,沉积的能量为

$$\frac{d\xi_{loc}}{dx} = -\frac{\xi_{loc}^{1-\gamma}}{A\gamma} \tag{2.71}$$

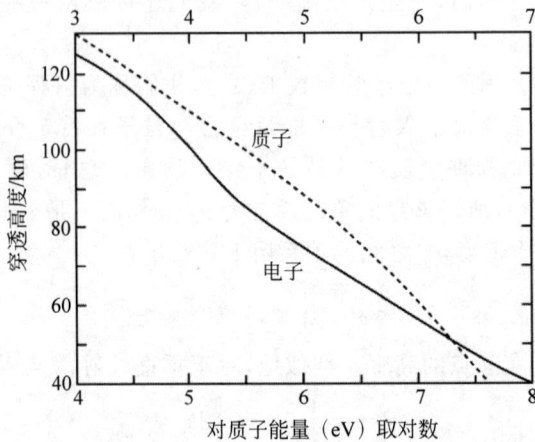

图 2.17　电子和质子在地球大气中的穿透高度与其入射能量的关系

$\dfrac{d\xi_{loc}}{dx}$ 的高度剖面乘以局地大气质量密度 $\rho(h)$[①],即可得到粒子在 $x$ 处的能量沉积率

(单位为 eV/m)。$\rho(h)\dfrac{d\xi_{loc}}{dx}$ 随 $h$ 的变化曲线即为我们所需的高度剖面。利用上述 $R(\xi_0)$ 在大气中的表达关系式,并利用地球大气的密度剖面,我们在图 2.18 中给出了一些算例。由于入射粒子的能量分布可由其通量谱 $J(\xi_0)$(单位为粒子数/(cm² · s))描述,所以通过对单个粒子的剖面进行 $J(\xi_0)$ 加权,可得到粒子总的能量沉积剖面分布(单位为 eV/(cm³ · s))。

最后,对于特定的混合气体,我们可直接采用激发离子对所需能量的经验值。如前所述,约 35 eV 的粒子能量就会在大气中激发产生一个离子对。将能量沉积剖面除以该常数(35 eV),就可得到入射粒子通量 $J(\xi_0)$ 激发的离子生成剖面(每立方厘米每秒产生的离子数随高度的变化关系)。第一代次级电子的产生剖面与此相同(如果次级电子本身能够产生进一步的电离作用,就会引起电子雪崩(electron avalanche))。在前面的讨论中,由粒子沉降引起的能量沉积中我们忽略了电子引起的能量沉积,无论是初级电子还是次级电子。由于电子质量相对于靶向粒子(大气碰撞粒子)很小,因此此在大气中穿梭运动时,电子会比离子"散射"得更厉害。电子的运动方向可被 Coulomb 碰撞显著影响,这会引起电磁辐射(韧致辐射),这是因为电荷加速作用会产生电磁波。

---

① 原文中此处对质量密度的符号写成 $p(h)$,为避免与压强混淆,译文中改写为 $\rho(h)$。

对于此处我们所关心的沉降电子能量,电子产生的韧致辐射(bremsstrahlung)或制动辐射往往位于 X 射线波段内,其能量能够对大气做进一步的光致电离。因此,严格来说,我们必须处理电子带来的复杂问题——追踪沉降电子的辐射损失和其传递给束缚电子的那部分能量损失,然后针对韧致辐射光子做辐射传输计算。韧致辐射光子并不像太阳光子那样直接由外部固定源提供,因为韧致辐射光子可在同一吸收介质中的不同位置处产生。韧致辐射传输计算可得到一个额外的离子生成剖面,对于电离损失而言,必须考虑这个额外的剖面。幸运的是,这种非太阳源的光致电离,除在电离层最低高度处外,在其他地方通常并不重要。并且,如图 2.19 所示,它产生的离子密度远低于沉降粒子产生的密度峰值。除非是在一些特殊情况下(如在大气化学方面的研究中,大气化学过程对地球中层大气中的局部离子产生率比较敏感),不然忽略韧致辐射效应通常是合理的。

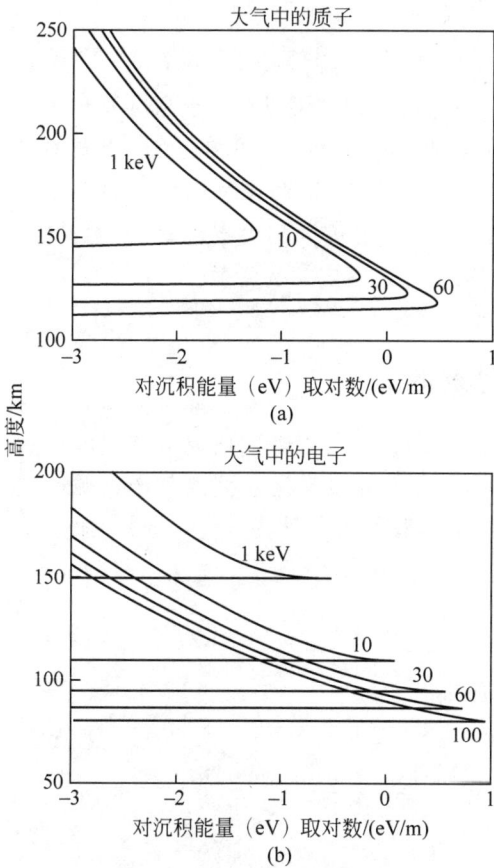

图 2.18　入射到大气层中的各种能量的质子(a)和电子(b)的能量沉积剖面。具体计算方法可见文中所述

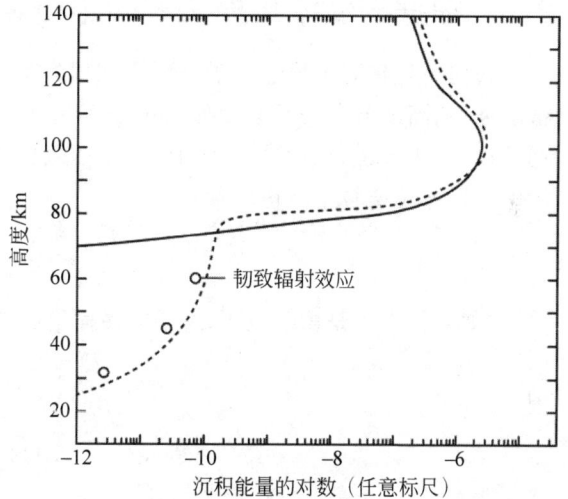

图 2.19　入射电子能量沉积剖面的示例,其中包含了对吸收韧致辐射光子的效应(引自 Luhmann,1977)

## 2.8　离子损失

对于电离层模型而言,一旦知道了离子产生率,下一个必须确定的关键参量就是离子或电子的损失率 $L$。电离层电子会通过以下 3 种类型的复合作用(recombination)而损失:

(1) 辐射复合(radiative recombination),$e+X^+ \longrightarrow X+h\nu$

(2) 离解复合(dissociative recombination),$e+XY^+ \longrightarrow X+Y$

(3) 附着作用(attachment),$e+Z \longrightarrow Z^-$

对于电离层整个区域而言,前两个过程是最为重要的(辐射复合会产生很多观测类型的气辉。相比之下,随着沉降粒子与大气发生 Coulomb 碰撞,当原子和分子中的电子被激发到更高的能级然后通过辐射退激时,便能产生人们在极光中看到的大多数极光发射谱线)。复合发生的速率取决于离子和电子的局部密度:

$$L = \alpha n_e n_i$$

其中,$n_e$ 和 $n_i$ 分别为电子数密度和离子数密度;$\alpha$ 为复合系数(recombination coefficient)。复合系数可由经验公式和理论方法确定。对于更重要的大气解离复合反应,如

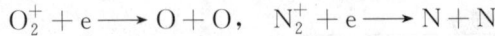

$$O_2^+ + e \longrightarrow O + O, \quad N_2^+ + e \longrightarrow N + N$$

它们的复合系数(单位为 $m^{-3} \cdot s^{-1}$)分别为 $1.6 \times 10^{-1}(300/T_e)^{0.55}$ 和 $1.8 \times 10^{-1} \cdot (300/T_e)^{0.39}$,其中 $T_e$ 为电离层中电子的温度。这些物理量通常可以在关于高层大气文献的表格中找到(如:Banks 和 Kockarts,1973;Schunk 和 Nagy,1980)。我们看到,损失率的高度剖面取决于电子数密度和离子数密度的高度剖面,以及 $T_e$ 的高度剖面等。如果电离层中存在某一占主导成分的离子使 $n_i \approx n_e$,那么离子在特定高度的损失率将与 $n_e^2$ 成正比。值得注意的是,尽管 $T_e$ 通常与高度 $h$ 有关,但人们通常还是假定 $\alpha$ 为常数。

## 2.9  根据产生率和损失率确定电离层密度

我们一旦建立了描述离子产生率和损失率的数学关系,就可以考察研究电离层电子数密度 $n_e$ 随高度分布的问题。如果电子和离子产生后,它们并没有运动到离其产生源区较远的地方(比方说,在背景为较强的水平磁场的条件下),我们可以认为 $n_e$($n_i$ 同样)服从平衡连续性方程或粒子守恒方程:

$$\frac{\partial n_e}{\partial t} = Q - L = 0 \tag{2.72}$$

并且,如果损失率是由于电子-离子的碰撞引起的,那么有

$$Q = L = \alpha n_e^2$$

因此

$$n_e = \left(\frac{Q}{\alpha}\right)^{1/2} \tag{2.73}$$

描述了电子或离子的空间分布。这种特殊的分布被称为光化学平衡分布(photochemical equilibrium distribution),因为它只涉及局部的光化学过程。我们将这种采用了 Chapman 生成函数和光化学平衡假设的模型,称为 $\alpha$-Chapman 层模型,并将该电子数密度层状结构称为 $\alpha$-Chapman 层。图 2.20 展示了对应 3 种中性大气标高的 $\alpha$-Chapman 层模型。

如果电子通过附着在密度为 $N$ 的中性成分上而损失,则稳态的离子产生率和损失率均为[①]

---

① 原文此处公式写为 $Q = L - \beta N$。

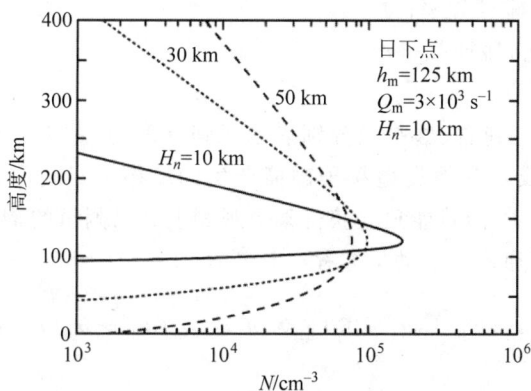

图 2.20　在中性大气标高固定、单一波长光照辐射条件下，电离层数密度随高度的变化，其中假设了光
化学平衡条件使每个高度处离子的产生率等于损失率。因此，在这个一维模型中不存在垂直
输运过程。在中性标高为 10 km 的大气中，最大离子产生率位于 125 km 高度处，为每秒 3×
$10^3$ 个离子。在真实电离层环境中，宽频电磁辐射会在不同高度被吸收，并且有水平和垂直输
运过程

$$Q = L = \beta N$$

该层状结构被称为 $\beta$-Chapman 层。

在真实电离层中，电子和离子复合之前会从它们的产生源区向外移动相当长一段距
离，因此我们必须在更一般的连续性方程中考虑输运项。由于垂直运输通常最受人们关
注，考虑到大气的相对水平和垂直尺度（大气分层通常可以用薄板模型来近似），我们可将
注意力限定在由垂直速度 $u_h$ 引起的垂直输运上。平衡态下电子数密度分布肯定满足垂直
连续性方程：

$$\frac{\partial n_e}{\partial t} = Q - L - \frac{\partial (n_e u_{eh})}{\partial h} \tag{2.74}$$

其中，垂直通量梯度会对电子数密度的分布带来新影响，这一项描述了在某一给定高度处，
电子通量进入这一高度和离开这一高度之间的差异性。下标 h 用于表示矢量的垂直分量。
如果进入的通量比离开的多，那么通量梯度 $\partial (n_e u_{eh})/\partial h$ 可以代表电子产生源项，反之，则
代表电子损失项。为确定速度 $u_{eh}$，我们需要调用另一个方程，即动量方程或力平衡方程。
可以认为电离层电子遵守稳态条件下的垂直动量方程：

$$-\frac{\mathrm{d}p_e}{\mathrm{d}h} - n_e m_e g - e n_e [E_h + (u_e \times B)_h]$$

$$= n_e m_e \nu_{en}(u_{eh} - u_{nh}) + n_e m_e \nu_{ei}(u_{eh} - u_{ih}) \tag{2.75}$$

其中各个参数含义如下：

　　$p_e$，电子热压强 $n_e k T_e$；

　　$g$，重力加速度；

　　$E$，电场；

　　$B$，磁场；

　　$u_e$，电子速度；

　　$u_i$，离子速度；

$\nu_{\text{en}}$，电子-中性粒子碰撞频率；

$\nu_{\text{ei}}$，电子-离子(库仑)碰撞频率；

$u_n$，中性粒子速度。

对于式(2.75)，从左到右，这些项分别表示压强梯度力、重力、外部施加的电场作用力和对流电场作用力，以及与其他类型粒子碰撞产生的摩擦力。利用这个方程，可通过其他物理变量将 $u_{\text{eh}}$ 求解出来，但若能独立获得某个观测上难以测量的物理量(如 $\boldsymbol{E}$)的表达式，那将会特别有用。通过加入离子动量方程：

$$-\frac{\mathrm{d}p_i}{\mathrm{d}h} - n_e m_i g + q n_e \left[\boldsymbol{E}_h + (\boldsymbol{u}_i \times \boldsymbol{B})_h\right] = n_e m_i \nu_{\text{in}}(\boldsymbol{u}_{ih} - \boldsymbol{u}_{nh}) + n_e m_i \nu_{\text{ie}}(\boldsymbol{u}_{ih} - \boldsymbol{u}_{eh})$$

(2.76)

其中，$p_i$ 是离子压强 $n_e k T_i$；$m_i$ 是离子质量；$q$ 是离子电荷；$\nu_{\text{in}}$ 是离子-中性粒子的碰撞频率。结合电子动量方程，我们可以消除 $\boldsymbol{E}$。可以进一步假设离子为单电荷态($q=e$)，并且离子和电子一起以速度 $u_{\text{ph}}$ 在垂直方向漂移(以保持等离子体的电中性)。通过这些假设条件，我们消除了 $\boldsymbol{u}_i \times \boldsymbol{B}$ 和 $\boldsymbol{u}_e \times \boldsymbol{B}$ 项。最后，通过其他条件，$m_i \gg m_e$ 和 $m_i \nu_{\text{in}} \gg m_e \nu_{\text{en}}$，使某些其他项被忽略，从而得到：

$$u_{\text{ph}} - u_{\text{nh}} \approx -\frac{1}{n_e m_i \nu_{\text{in}}}\left[\frac{\mathrm{d}}{\mathrm{d}h}(p_i + p_e) + n_e m_i g\right]$$

(2.77)

## 2.10 确定电离层密度

进一步，如果所有粒子温度都与 $h$ 无关，且中性大气的垂直速度 $u_{\text{nh}}$ 为零，则式(2.77)可以写成 $n_e$ 的扩散方程形式：

$$n_e u_{\text{ph}} = D\left(\frac{\mathrm{d}n_e}{\mathrm{d}h} + \frac{n_e}{H_p}\right)$$

(2.78)

其中，$D = k(T_i + T_e)/m_i \nu_{\text{in}}$ 被称为双极扩散系数(ambipolar diffusion coefficient)，$H_p = k(T_i + T_e)/m_i g$ 为等离子体标高(plasma scale height)。"双极扩散"这一术语来源于这样的事实——在没有施加外部电场 $\boldsymbol{E}$ 的情况下，垂直漂移速度 $u_p$ 是由电荷分离(或极化)电场引起的，这是因为当重力作用在不同质量的离子和电子上时，离子和电子为维持局域电中性，必须维持相同的标高。通常来说，$\boldsymbol{u}_i$ 和 $\boldsymbol{u}_e$ 既有水平分量，也有垂直分量。在这种情况下，我们必须保留 $\boldsymbol{u}_e \times \boldsymbol{B}$ 和 $\boldsymbol{u}_i \times \boldsymbol{B}$ 项。在 $\boldsymbol{B}$ 为水平方向的特殊条件下，根据 Ampère(安培)定律，我们可得电流密度：

$$\boldsymbol{j} = n_e e(\boldsymbol{u}_i - \boldsymbol{u}_e) = \frac{\nabla \times \boldsymbol{B}}{\mu_0}$$

(2.79)

根据电流密度，我们可得到

$$u_{\text{ph}} = -\frac{1}{n_e m_i \nu_{\text{in}}}\left(\frac{\mathrm{d}p_T}{\mathrm{d}h} + n_e m_i g\right)$$

(2.80)

其中，$p_T =$ 总压(热压加上磁压) $= n_e k(T_i + T_e) + B^2/2\mu_0$。当 $\boldsymbol{B}$ 与水平面成一定角度时，除了垂直磁压梯度外，还必须考虑其他磁压项。这里应该注意的是，在一些行星电离层情形中，磁压和热压大小相当，而在另一些情形中，要么热压要么磁压占主导。在地球上，内禀磁场很强，$B$ 可以假定为行星偶极磁场，但在弱磁化的金星上（正如我们将在第 8 章中看到的，金星电离层中的磁场来源于行星际），$B$ 必须由麦克斯韦方程计算得出。这将使问题变得复杂。温度也可以由热平衡方程推导出，但在最基本的计算中人们通常假设温度是常值或赋予其经验值，或通过其他简单的温度模型给出。将随高度变化的垂直速度 $u_{ph}(h)$ 代入连续性方程，我们可以继续求解 $n_e(h)$。应该注意到，$u_{ph}$ 可以向上运动，也可以向下运动，这取决于总压力梯度的符号及其与重力的相对大小。较大的碰撞频率往往使 $u_p$ 较小。Ratcliffe(1972)考虑了垂直漂移速度为零（$u_{ph}=0$）的特殊情形，认为在这种情况下，对于磁场为零，且电子的温度和离子的温度相等条件下，可以求解得到极化电场：

$$E = \frac{gM}{2e} \tag{2.81}$$

这个向上的极化电场会使电子和离子在重力场中表现得像它们的质量都为 $M/2$ 一样。因为 $T_i=T_e$，所以等离子体标高（$k(T_i+T_e)/m_i g$）是中性气体（由质量为 $M$ 的原子组成）标高的两倍。这是因为极化电场向上支撑着较重的离子，并向下"压"着较轻的电子。如果需要考虑不同组分的离子，我们可以在 $u_{ph}=0$ 条件下写出各组分离子的动量方程，可以看出，在相同的温度下，等离子体标高中的 $M$ 将变为平均离子质量 $M$，并且垂直电场将由 $E=\frac{gM}{2e}$ 给出。在这种情况下，如果某组分离子的质量小于 $\frac{M}{2}$，则该种离子可表现得如同它们的质量是负值一样。因此，在多组分的电离层中，不同离子成分的密度高度剖面与仅有单一离子成分电离层中的离子密度剖面是存在差异的。严格来说，为正确得到不同组分离子的高度剖面，我们必须同时求解所有种类离子的连续性方程和动量方程。一般来说，电离层的成分与中性大气不同，并且电子密度峰值的高度与电子产生峰值的高度也不重合。离子成分的分布和离子峰值高度取决于离子产生率、损失率和输运过程。

## 2.11　示例：地球电离层

根据火箭和卫星的原位测量，并结合来自顶部和底部电离层测高仪（ionospheric sounders）的遥感数据（其中，通过卫星或地面发射无线电信号反射时间的延迟，可得到峰值上侧或下侧部分等离子体频率（电子密度 $n_e$）的高度剖面），图 2.21 给出了地球日侧电离层中各种粒子组分的分布图像。为了突出对比地球中性大气密度，大气的电离是非常微弱的，也是为了说明离子和中性物质在成分和垂直结构上的差异，图中还显示出了中性大气的密度和成分。可以看出，虽然电子在大约 250 km 的高度处有一个密度主峰，但仍存在相当多的亚结构。这些亚结构的发现促使人们早期就确定出了 3 个主要的电离层结构或区域：D 层（高度在 90 km 以下）、E 层（高度在 90～130 km 之间）和 F 层（高度在 130 km 以上）。F 层通常还可进一步分为 $F_1$ 层和 $F_2$ 层，因为在主峰（$F_2$）下方有时会出现第二个密度凸起结构（$F_1$ 层）[①]。

前面介绍的概念可以用于理解如下这些分层结构。人们可以认为，这些层是由中性大

---

[①]　在日侧赤道附近的电离层中，在 $F_2$ 层高度之上，还常出现新的分层结构——$F_3$ 层。

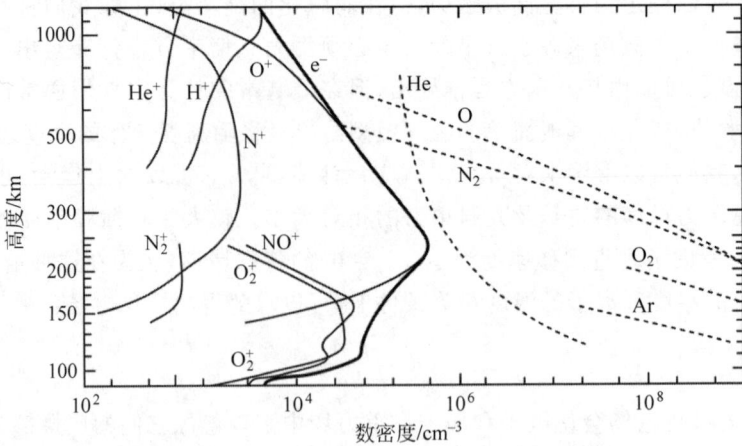

图 2.21　在国际宁静太阳年[1](International quiet solar year, IQSY)期间基于质谱仪测量得到的日侧电离层和大气成分(引自 Johnson, 1969)

气里的特定成分吸收太阳辐射而独立产生的,这些特定成分会对入射太阳光谱中不同的波段产生不同的响应。其中,人们通常认为 E 层和 $F_1$ 层可合理地近似为 Chapman 层。另外,高度最高的 $F_2$ 层则似乎需要通过光化学过程或垂直运动(由中性大气的拖拽力或磁层效应所驱动)对其剖面作特殊解释。高度最低的 D 层则与高能辐射(X 射线和宇宙线粒子)相关,但我们对它的损失过程的认识还非常缺乏。

　　E 层通常是清晰可见的,它表现为约 110 km 高度处日侧电子数密度剖面的斜率呈现出一个变化。该层中的离子主要为 $O_2^+$ 和 $NO^+$(图 2.21),它们是由 $100\sim150$ nm 波段内的紫外辐射和 $1\sim10$ nm 波段内的太阳 X 射线激发产生的。该层的离子峰值密度与这些离子的产生率 $Q$ 的峰值相当。我们可通过 $Q$ 除以观测到的 $n_e^2$(见 2.9 节)得到有效复合率 $\alpha$。对于 E 层的形成,一般认为离子的垂直输运不起重要作用。$F_1$ 层主要由 $O^+$ 组成。该层的最大电子数密度在约 170 km 高度附近,这接近于 $17\sim91$ nm 波段范围内光子激发产生的最大电离水平。该层更像是密度剖面中的突出部分,但它在图 2.21 中并不明显,因为它几乎合并在 $F_2$ 层中,而 $F_2$ 层则包含了电离层密度的主峰结构。

　　有些遗憾的是(尽管有趣),地球电离层的主峰不能简单地用 Chapman 层理论描述。该 $F_2$ 层(或整个 F 层)密度峰值高度也位于由 $O^+$ 主导的高度处。然而,在它的产生高度处,除了 $O^+$ 和周围电子之间的简单直接复合外,其他化学过程也是很重要的,并且垂直漂移会影响离子的分布。通常在 $F_2$ 层发生复合反应之前,离子可能会与其附近的中性分子发生反应,其净效应是原子离子($O^+$)将其电荷转移到分子上,然后分子与离子再发生离解复合。只要这样的反应速率能超过简单的复合速率(电子与原子离子的复合),它们就能主导连续性方程中的损失项。进一步,前面描述的碰撞和双极扩散,以及由磁层电场和大气层发电机电场驱动的垂直漂移(后者是由 E 区里的中性风拖拽着离子切割地磁场所驱动),都显著影响了 F 层峰值附近的离子运动。因此,我们建议读者查阅更专业的参考资料,以充分了解 F 层的所有物理特征。

---

　　[1]　指 1964—1965 年。

高度最低的电离层区域为 D 层,它在商业无线电通信中具有非常高的实用价值。在这个区域中,离子-中性粒子的碰撞频率很高,使这里的无线电波吸收变得很重要,因此大家最为关注这个区域内的电子密度。只有非常高能的电离源才能穿透到 D 层的高度。在 $80\sim 90$ km 高度之间,来自 $0.1\sim 1$ nm 波段内的太阳 X 射线是 D 层的主要电离源;来自太阳辐射中的 Lyman-$\alpha$(121.6 nm)辐射引起的离子产生率峰值高度为 $70\sim 80$ km,而宇宙射线粒子产生的电离峰值高度则在此高度之下。D 层的主要离子 $NO^+$ 和 $O_2^+$ 可以与电子复合,但在 D 层的低高度处,电子也可以附着在中性粒子上形成负离子。因此,对研究 D 层的"平衡"剖面并不是那么简单直接。此外,上述各电离源都会随着太阳活动和行星际条件而出现变化。因此,基于这些考虑,D 层就像 $F_2$ 层一样,一直是人们开展研究的课题方向。

最后,夜间大气层里的情形也值得一提,这时至少太阳光源被关闭了(除了某些散射辐射外,这些散射可能会使某些波段的辐射,如 Lyman-$\alpha$,在日落后消失得较为缓慢)。在 250 km 附近的高度,离子复合的有效时间常数取决于离子的种类——氮分子离子的复合时间常数可短至 10 s,氧原子离子的则可长达 300 h。然而,如前所述,氧原子离子的电荷可以较快的复合率转移到大气分子上,这使氧原子离子能非常快地被去除。一般来说,由于局部离子成分不同和辐射源存在日变化,电离层密度的日变化是随高度变化的。例如,即便所有波段的太阳辐射强度会有极大的日变化,但激发和维持在低高度 D 层的银河宇宙线却不随地方时发生变化。此外,地球上还有其他可能在夜间出现的电离源,例如,储存在较高高度处偶极磁通量管中并从中释放的带电粒子,以及极光粒子沉降带来的具有高度时空变化性的电离源。

## 2.12　电离层的其他内容

2.5 节中虽然介绍了大气层中性气体的逃逸,但离子逃逸实际在空间物理中也扮演着相当重要的角色。正如我们将在第 8 章中看到的,离子逃逸的主要过程取决于行星磁场是否对逃逸能产生一种有组织性的影响。对于像地球这样具有重要内禀磁场的行星而言,随着对电离层粒子出流方面观测结果和理论模型的发展,人们对电离层出流(ionospheric outflow)的图像在概念上仍存在不断且较大的更新。尽管如此,关于出流的一些基本思想这里还是值得一提的。特别是,关于电离层是磁层等离子体来源,也是极区出流离子(有时称为极风(polar wind))来源的观念开始形成的,这是因为观测结果表明,极区有来自电离层的上行离子通量(主要是 $H^+$、$He^+$ 和 $O^+$),而且物理分析也认为会出现这样的电离层离子出流。

### 2.12.1　电离层出流

在离子产生率和损失率都可以忽略且磁场基本沿垂直地表的情况下,我们考察轻粒子在较高高度处的粒子守恒方程和输运方程。对于 $\alpha$ 离子,它的连续性方程(也就是通量守恒定律)为

$$\frac{\partial (n_\alpha u_{h\alpha} A)}{\partial h} = 0 \tag{2.82}$$

其中, $A$ 为通量管面积,离子的动量方程可以写为

$$n_a m_a u_{ha} \frac{\partial u_{ha}}{\partial h} + \frac{n_a q_a K(T_i + T_e)}{n_e} \frac{\partial n_e}{\partial h} + n_a m_a g = -n_a m_a \nu_{an} u_{ha} \tag{2.83}$$

鉴于惯性项的重要性,我们在方程左边引入了惯性项。在高度较低的电离层中,惯性项一般可忽略不计,而那里离子的流动通常是亚声速的。这里由主要离子成分引起的极化电场可表示为

$$E = -\frac{1}{en_e} \frac{\partial p_e}{\partial h} = -\frac{kT_e}{en_e} \frac{\partial n_e}{\partial h} \tag{2.84}$$

对于电子来说,假设除电子压强梯度力外,所有其他作用力都可以忽略不计。由上述的连续性方程可得到:

$$\frac{\partial n_a}{\partial h} = -\frac{n_a}{u_a} \frac{\partial u_a}{\partial h} - \frac{n_a}{A} \frac{\partial A}{\partial h} \tag{2.85}$$

对于单电荷离子($q_a = 1$),结合其热运动速度的定义 $w = [k(T_i + T_e)/m_a]^{1/2}$,这样,离子动量方程可写为

$$(u_a^2 - w^2) \frac{1}{u_a} \frac{\partial u_a}{\partial h} + g = -\frac{w^2}{A} \frac{\partial A}{\partial h} - \nu_{an} u_a \tag{2.86}$$

或者

$$\frac{1}{M} \frac{\partial M}{\partial h} = \left( \frac{w^2}{A} \frac{\partial A}{\partial h} - g - \nu_{an} w M \right) / \left[ w^2 (M^2 - 1) \right] \tag{2.87}$$

其中, $M = |u_a|/w$ 为该离子组分的马赫数(**Mach number**)。式(2.87)类似于第 5 章中的太阳风方程。在第 5 章中我们会提到,当流动方程中的分子和分母同时变为零时,粒子流在理论上可以实现从亚声速到超声速的转变,这一理论思想在第 5 章中被应用于研究日冕中的太阳风。由前面连续性方程的通量守恒形式可知,与速度随高度增加而增大一致,密度会随着高度的增加而减小。事实上,我们可以看到有轻离子会以超声速出流形式从某些区域(如地球极盖区)上行出来。当然,对这些出流的详细研究需要同时求解其他组分离子的运动方程,也需要对快速离子的碰撞频率做特殊处理(Schunk 和 Nagy, 2009)。而这里,对于出流,我们还将继续讨论与中性粒子的碰撞作用所扮演的角色,以及磁场带来的效应。

在发生相邻碰撞之间,带电粒子会围绕磁场做回旋运动,离子回旋频率为 $\Omega_i = qB/m_i$, 电子回旋频率为 $\Omega_e = qB/m_e$。如果 $\nu_{in} \gg \Omega_i$,则磁场对离子运动几乎没有影响。然而,如果粒子的回旋运动不可忽略,那么磁镜效应和横跨磁场的漂移运动等就会影响粒子的运动。图 2.22 对比了地球和金星电离层中的粒子碰撞频率和回旋频率。在计算等离子体速度时,最好的策略是先评估粒子动量方程中的所有相关项,再决定哪一项可被忽略。如果其他几个较大的项实际上会相互抵消,那么即使一个看起来相对较小的项也会很重要。此外,在特定高度力的整体平衡中,碰撞项中的粒子相对速度决定了碰撞作用是否重要。一般来说,离子出流的问题是极其复杂的。对地球离子出流的观测显示,出流具有各种时空变化的行为,这表明在不同的情况下,很多物理过程都在起作用。例如,在磁层顶极尖区、极盖和极光带处,离子出流的物质成分、能谱和通量都具有各自独特的物理特性。近年来,关于出流的研究方法包括多流体和多成分的动力学模拟,模拟中包括中性成分,并做了各种近

似假设和物理条件设置。我们鼓励感兴趣的读者深入调研等离子体出流这一热点方向的相关研究信息(如 Schunk 和 Nagy,2009)。

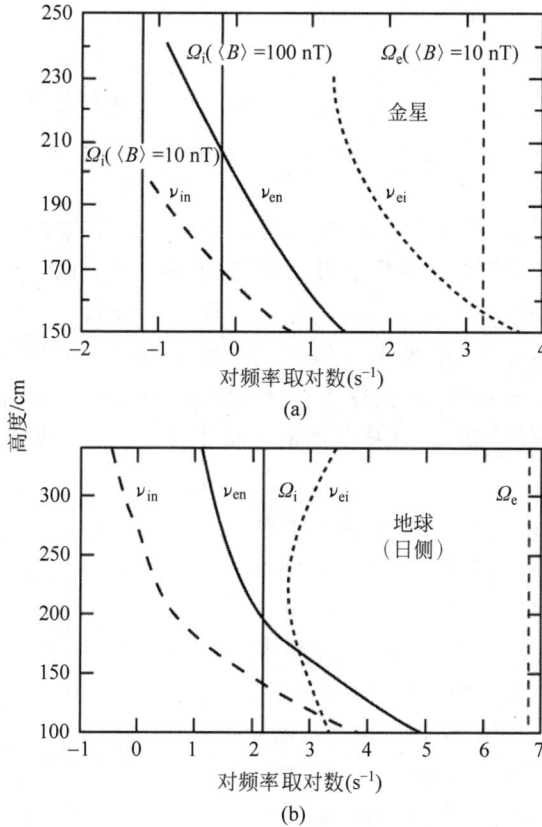

图 2.22　比较金星(上图)和地球(下图)电离层中的碰撞频率和回旋频率(引自 Luhmann 和 Elphic,1985)

## 2.12.2　电导率

在控制离子运动方面磁场和粒子碰撞之间的竞争作用,对于估算电离层电导率显得极为重要。如果只有电场和碰撞项参与了力的平衡,那么在稳态条件下,离子和电子的动量方程将分别为

$$qE - m_i \nu_{in} u_i \tag{2.88}$$

和

$$-eE = m_e \nu_{in} u_e \tag{2.89}$$

因此,在这种简单的碰撞作用下,电流密度 $j$ 与电场有如下关系:

$$j = \sigma_0 E \tag{2.90}$$

其中,电导率 $\sigma_0$ 是一个仅与碰撞频率有关的标量。如果存在磁场,则动量方程中会出现磁场作用力项,那么速度 $u_i$ 和 $u_e$ 就不能简单地用 $E$ 来表示。然而,如果磁场方向沿 $z$ 轴方向(且 $q=e$),那么我们求解 $u_i$ 和 $u_e$ 时,就发现 $j$ 可以写成如下简洁形式:

$$j = \begin{pmatrix} \sigma_1 & \sigma_2 & 0 \\ -\sigma_2 & \sigma_1 & 0 \\ 0 & 0 & \sigma_0 \end{pmatrix} \begin{pmatrix} E_x \\ E_y \\ E_z \end{pmatrix} \tag{2.91}$$

其中

$$\sigma_1 = \left[ \frac{1}{m_e \nu_{en}} \left( \frac{\nu_{en}^2}{\nu_{en}^2 + \Omega_e^2} \right) + \frac{1}{m_i \nu_{in}} \left( \frac{\nu_{in}^2}{\nu_{in}^2 + \Omega_e^2} \right) \right] n_e e^2 \qquad (2.92)$$

$$\sigma_2 = \left[ \frac{1}{m_e \nu_{en}} \left( \frac{\nu_{en} \Omega_e}{\nu_{en}^2 + \Omega_e^2} \right) - \frac{1}{m_i \nu_{in}} \left( \frac{\nu_{in} \Omega_i}{\nu_{in}^2 + \Omega_e^2} \right) \right] n_e e^2 \qquad (2.93)$$

$$\sigma_0 = \left( \frac{1}{m_e \nu_{en}} + \frac{1}{m_i \nu_{in}} \right) n_e e^2 \qquad (2.94)$$

因此,电导率是一个张量[①],这是因为磁场使介质对外加电场的响应具有各向异性。由张量的形式可以看出,如果电场是垂直于磁场的($E = E_x i + E_y j$),$\sigma_1$ 就是沿外加电场方向上的电导率,我们称之为 Pedersen 电导率。而另一分量 $\sigma_2$ 则是垂直于外加电场方向的电导率,称为 Hall(霍耳)电导率。如果在平行于磁场方向施加电场,则电导率与先前零磁场条件下的电导率相同,我们称为直接或纵向(longitudinal)电导率,它仅取决于碰撞频率。因此,只要磁场已知,一旦从前面的分析中推导出 $n_e$,我们就可推导出大气中的电导率。

图 2.23 展示了电离层中有碰撞和无碰撞作用的两种情形。磁场是水平的(反平行于 $z$ 轴方向),电场指向右。如果不存在离子-中性粒子碰撞作用,那么某个中性原子在原点被电离后,会沿 $y$ 轴方向出现摆线漂移运动。在这种情况下,离子和电子一起漂移,没有净电流产生。在有粒子碰撞作用下,带电粒子的漂移路径会发生改变,离子和电子会以不同的碰撞频率沿着不同路径运动。在图 2.23 中,我们令离子碰撞频率等于离子回旋频率。

在赤道处,磁场平行于地表,施加的东向电场 $E_x$[②] 将沿 $x$ 轴方向产生 Pedersen 电流。如图 2.24 所示,如果电离层有顶部和底部边界,则 Hall 电流将使电离层顶部和底部边界出现电荷积累。然后,该累积电荷产生的垂直电场会在 $y$ 轴方向引起一个电场 $E_{y2}$,该电场导致

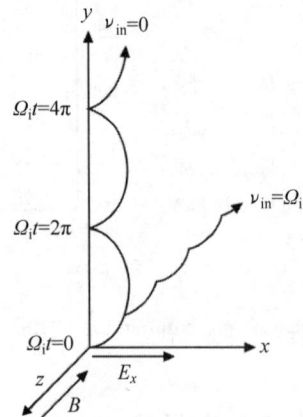

图 2.23　当离子-中性粒子碰撞频率为零时,以及当离子回旋频率和碰撞频率相等时,拾起离子(picked-up ions)在均匀磁场和电场中的运动轨迹

一个次级 Hall 电流 $j_{H2}$。在稳态条件下,$E_{y2}$ 驱动的次级 Pedersen 电流会抵消由 $E_x$ 驱动的初级 Hall 电流,但由 $E_x$ 产生的初级 Pedersen 电流与 $E_{y2}$ 驱动的次级 Hall 电流会相互增强。这种情况发生在地球磁赤道处的电离层中,增强的电流被称为赤道电集流(equatorial electrojet)。沿电集流方向(这里是 $x$ 轴方向)的有效电导率称为 Cowling 电导率。

---

①　关于电导率张量的图示理解,可参见 https://doi.org/10.1016/j.jastp.2004.11.003。

②　这个东向电场一般为电离层 E 区发电机电场。它由潮汐风场与地磁场作用而驱动电离层电流,使电荷在日夜交界面处出现累积,进而使电场方向由晨侧指向昏侧(东向)。

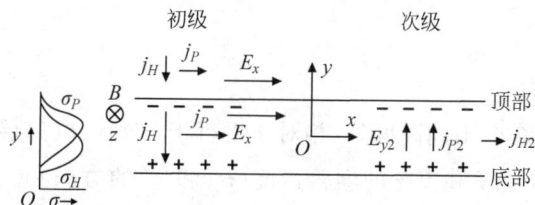

图 2.24  Cowling 通道(具有"增强的"电导率)的形成过程。在磁赤道处,较低高度的 Hall 电导率和较高高度的 Pedersen 电导率(见左边插图)分别构成了赤道电集流通道的底部和顶部。初级电导率(初级 Hall 电流)产生电荷分离,会导致产生次级电场,次级电场又会进一步增强水平电流

## 2.13  小结

在本章中,我们介绍了行星大气层。太阳能电离大气层产生电离层,电离层在地球磁层内部会引起等离子体层的形成。大气中粒子间的碰撞会形成气体压强。压强梯度作用可让大气维持在较高的高度。我们发现,在地球大气中同时存在声波和重力波。这些预备知识有助于在本书后面介绍等离子体的物理状态。等离子体也有压强,压强梯度会产生作用力。波在等离子体中也会发挥重要的物理作用。

电离层中大气是部分电离的。粒子碰撞在其中扮演了重要角色。在后面的章节中,我们将讨论无碰撞区域,但即使在无碰撞情况下,压强、温度、密度和波的概念也对我们有很大帮助。因此,掌握本章中提出的物理概念很重要。在这一领域它们的内涵都是普适通用的。

我们还应提醒读者,为突出物理原理,本章中只给出了简化的处理方法。我们没有讨论大气化学、时间变化性、或水平结构的细节信息,这些因素可能会影响我们观测到的现象。

## 拓展阅读

Bauer, S. J. and H. Lammer (2004). *Planetary Aeronomy*. *Springer*:Berlin. 对行星大气层有较为综合广泛的研究。

Hargreaves, J. K. (1979). *The Upper Atmosphere and Solar Terrestrial Relations*. New York:Van Nostrand Reinhold. 日地物理学的经典教材。

Hargreaves, J. K. (1992). *The Solar Terrestrial Environment*. *Cambridge*:Cambridge University Press. 是 1979 年那本教材的延续。

Prölss, G. W. (2003). *Physics of the Earth's Space Environment*. Berlin:Springer. 地球空间环境的基础教材,为本章内容提供了较好的背景材料。

Rishbeth, H. and O. K. Garriott (1969). *Introduction to Ionospheric Physics*. New York:Academic Press. 关于地球电离层的经典教材。

## 习题

**2.1** 在图 2.25 中 3 个不同高度处,相对于平行于 $x$ 轴的电离层电场 $E$($B_E$ 沿 $z$ 轴),画出了电流密度 $j$,以及电子和离子的漂移速度($v_e$ 和 $v_i$)的方向和大小。图中给出了电子和离子漂移速度分别相对于 $E$ 的角度 $a$,对于某类带电粒子 k,对应的角度为 $a_k = \arctan\left(\dfrac{\Omega_k}{\nu_{kn}}\right)$($\Omega$ 和 $\nu$ 分别为粒子回旋频率和中性粒子的碰撞频率)。在约 180 km 的高度处,$\nu_{kn} \ll \Omega_k$;电子和离子的运动方向相同,速度为 $E \times B / B^2$。这种漂移不产生净电流。讨论以下两种情况中粒子碰撞的重要性。第一种情况,假设电子-中性粒子的碰撞频率远大于电子回旋频率(如在约 70 km 高度处)。第二种情况,假设电子回旋频率远大于电子-中性粒子的碰撞频率(如在约 180 km 高度处)。

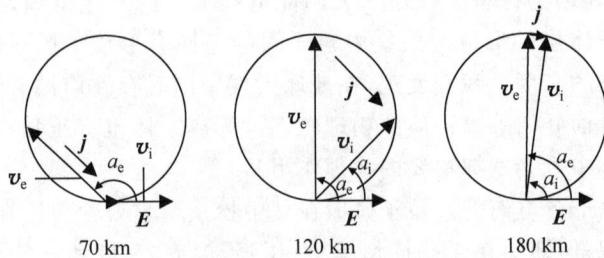

图 2.25  在 3 种不同高度处,相对平行于 $x$ 轴的电离层电场 $E$(同时 $B_E$ 沿 $z$ 轴),电流 $j$ 以及电子和离子漂移速度($v_e$ 和 $v_i$)的方向和大小

**2.2** 仅用中性大气物理量来计算 Chapman 生成函数离子产生率峰值高度 $h_m$ 的表达式(提示:利用式(2.57))。如果某些事件(如沙尘暴等)增强了中性大气的密度,以至于 $n_0$ 的所在高度出现在原来参考高度 $h_0$ 的两倍高度位置(中性气体标高没有变化),那么离子产生率的峰值高度是否也会相应成倍增加?

**2.3** 图 2.18 显示了质子在地球大气层(空气)中的能量沉积高度剖面。如果你有一束单色光,其光子能量为 10 keV,光子通量为 $10^5$ cm$^{-2} \cdot$ s$^{-1}$,从磁层或太阳发射进入大气层中,其激发的离子产生率峰值大概为多少(单位为离子个数/cm$^3 \cdot$ s)?这与太阳 EUV 光子在日下点激发产生的离子产生率峰值相比如何(图 2.16)?如果将沉降粒子改为 10 keV 的电子而非质子,那么峰值产生率的高度和大小将如何变化?如果这些是 α 粒子(He$^{2+}$),请描述你是如何计算峰值高度的。(注意:$\mathrm{d}E/\mathrm{d}x$ 与入射离子的质量无关,但与其电荷平方有关。提示:请记住,粒子的射程是以 $x$ 为单位确定的,单位为 g/cm$^2$,必须将其转换为高度。)

**2.4** 比较质子和电子在大气中的射程(图 2.17)。在特定能量下,哪种粒子穿透性最强?根据图 2.14,与能穿透到该相同高度的光子能量作比较。

**2.5** 假设 $B$ 沿 $z$ 轴,由电子和离子的动量方程,推导 Pedersen 电导率和 Hall 电导率的表达式。

**2.6** 请使用空间物理习题训练(http://spacephysics. ucla. edu),点击选择"Chapman

Layer Altitude Profile"模块选项。

（1）打开"overlay"选项，标高和绘图范围使用默认值。使用 3 种不同的颜色，绘制出太阳天顶角分别为 0°、80°和 89°的电离层剖面。打印出你的结果。描述太阳天顶角的变化如何影响电离层的密度剖面。

（2）删除旧的绘图后打开"overlay"选项，将太阳天顶角重置为 0°。使用不同的颜色将标高分别设置为 20 km、40 km 和 60 km。打印出你的结果。标高的增加对太阳辐射的吸收及电子数密度随高度的变化有何影响？

（3）点击进入"Solar Zenith Angle Plot"模块，打开"overlay"选项。对于 20 km、40 km 和 60 km 的标高，分别绘制电子数密度峰值和峰值高度随太阳天顶角变化的关系图。打印出你的结果。密度峰值是如何变化的？密度峰值对应的高度是如何变化的？

# 第3章
## 磁化等离子体物理

## 3.1 引言

在这一章,我们将介绍磁化等离子体物理的理论基础。出于必要考虑,我们需要把一些物理结果当作预先结论,并把讨论范围限制在两个主要方面:粒子轨道理论(**particle orbit theory**)和磁流体动力学(**magnetohydrodynamics**,MHD)。我们将从 3.2 节中的 Maxwell(麦克斯韦)方程组(**Maxwell's equations**)和 Lorentz(洛伦兹)定律(**Lorentz force law**)出发讨论本章的等离子体物理理论。由 3.2 节的讨论内容,3.3 节中我们还将讨论单粒子运动(**single-particle motion**),并介绍粒子回旋运动(**gyration**),包括特征频率、回旋频率(**gyro-frequency**)和引导中心(**guiding center**)运动等概念。由此,推导出描述引导中心漂移运动的方程,特别是电场漂移(**electric field drift**)、梯度漂移(**gradient drift**)和曲率漂移(**curvature drift**)的运动方程。我们还建立了广义粒子漂移运动方程,并将其与 MHD 的结果进行了比较。

在推导 MHD 方程组之前,我们在 3.4 节中首先讨论分布函数(**distribution function**)(分布函数描述了粒子在位置和速度定义的六维相空间(**phase space**)中的分布),以及 Boltzmann 方程(**Boltzmann equation**,该方程控制了分布函数的演化)。由此,我们还讨论了等离子体(含有离子和电子)表现出的物理性质,并介绍了等离子体频率(**plasma frequency**)和 Debye 长度(**Debye length**)等概念。

接下来,我们在 3.5 节中利用 Boltzmann 方程推导出了 MHD 中的守恒方程。为推出守恒方程,我们对 Boltzmann 方程作了关于速度的等离子体矩[①]积分(velocity-moment integrals)。结果表明,对 Boltzmann 方程进行矩积分可得到一套守恒方程组,其中某个等离子体矩的时间变化率取决于更高一阶的等离子体矩的散度,例如,粒子数密度的时间变化率取决于粒子数通量的散度。原则上,这会导致守恒方程的数量是无限的,但在实际应用中,我们可利用热通量散度为零的简单假设,使守恒方程组在能量守恒方程处给予截断。

结合守恒方程组与 Maxwell 方程组,我们可得到一组几乎完备的方程组集。补全这个方程组集还需要考虑广义 Ohm 定律(**generalized Ohm's law**)(在 3.6 节中导出)。由广义 Ohm 定律导出的理想 Ohm 定律(**idealized Ohm's law**),引出一条等离子体基本定理——冻结定理(**frozen-in theorem**)。这条定理指出,磁场可以被看作冻结在流体中的,也就是说,磁场线是随着流体而"运动"的(我们在这里使用引号,因为运动的磁场线这一概念是我们人

---

① 矩一般指等离子体矩(plasma moments),意为对分布函数进行积分求出等离子体的整体宏观物理量,包括密度、整体速度、温度、压强等。

为构造的,只为辅助我们理解磁场是如何演变的)。

在 3.7 节中,我们将给出对 MHD 方程的三种应用,其中包括:对磁流体波(**magnetohydrodynamic waves**)的介绍,在等离子体中存在垂直电流时关于 MHD 和引导中心理论之间等价性的讨论,以及关于如何由垂直电流的散度得到场向电流(field-aligned currents)的探讨。最后在 3.8 节对本章内容作了一个简要小结。

## 3.2　麦克斯韦方程组和洛伦兹力

等离子体的基本特征表现为它通常是由电子和正离子组成的气态物质。因此,构成等离子体的粒子能产生电场和磁场,并受到电场和磁场的相互作用。制约电磁场的方程组,当然就是 Maxwell 方程组,它包括如下内容。

Faraday 定律(**Faraday's law**,即法拉第电磁感应定律):

$$\nabla \times \boldsymbol{E} = -\frac{\partial \boldsymbol{B}}{\partial t} \tag{3.1}$$

Ampère 定律(**Ampère's law**,即安培环路定理):

$$\nabla \times \boldsymbol{B} = \mu_0 \boldsymbol{j} + \frac{1}{c^2} \frac{\partial \boldsymbol{E}}{\partial t} \tag{3.2}$$

Gauss 定律(**Gauss's law**,即高斯定理):

$$\varepsilon_0 \nabla \cdot \boldsymbol{E} = \rho_q \tag{3.3}$$

以及不存在磁单极子的条件:

$$\nabla \cdot \boldsymbol{B} = 0 \tag{3.4}$$

实际上最后一个 Maxwell 方程(式(3.4))隐含在 Faraday 定律中。我们通过对式(3.1)两边取散度便可以看出。

我们在方程组式(3.1)～式(3.4)中使用了国际单位制,并且整个章节中都将使用国际单位制。在国际单位制中,$\boldsymbol{E}$ 是电场,单位是 V/m,$\boldsymbol{B}$ 是磁场,单位是 T,而根据真空条件下的 $\boldsymbol{B} = \mu_0 \boldsymbol{H}$,$\boldsymbol{H}$ 为磁强强度(magnetic intensity),其中,$\mu_0$ 为真空中的磁导率(permeability)。在式(3.3)中,$\rho_q$ 为电荷密度,$\varepsilon_0$ 为真空中的介电常数(permittivity)。在式(3.2)中,$\boldsymbol{j}$ 为电流密度,而且在其中还利用了 $c^2 = 1/\mu_0 \varepsilon_0$ 的恒等关系。

在空间等离子体中,我们通常认为,所有带电粒子及载流子都是自由粒子,并假设相对介电常数(**relative permittivity**)为 1,即电位移矢量为 $\boldsymbol{D} = \varepsilon_0 \boldsymbol{E}$。然而在考虑高频波时这种处理就不太适用,在这种情形下,我们会从数学形式上将等离子体对电磁波的响应包含在介电张量(dielectric tensor)中进行处理。同样地,我们也将所有电流视为空间自由电流,那么对应的磁化强度(magnetization)$\boldsymbol{M} = 0$。

我们对式(3.2)两边取散度,并结合式(3.3)Gauss 定律,那么通过 Ampère 定律也可得到电荷守恒关系(**charge conservation**):

$$\frac{\partial \rho_q}{\partial t} + \nabla \cdot \boldsymbol{j} = 0 \tag{3.5}$$

根据 Maxwell 方程组给出的电磁场变化关系,我们现在具体研究电磁场是如何影响粒子运动的。粒子的运动可由动量方程给出:

$$m \frac{\mathrm{d}\boldsymbol{v}}{\mathrm{d}t} = q(\boldsymbol{E} + \boldsymbol{v} \times \boldsymbol{B}) + \boldsymbol{F}_g + m \frac{\mathrm{d}\boldsymbol{v}}{\mathrm{d}t}\bigg|_c \tag{3.6}$$

在式(3.6)中,各符号表征了其通常意义上的物理含义,其中 $\boldsymbol{F}_g$ 表示为非电磁力,如重力。$m\,\mathrm{d}\boldsymbol{v}/\mathrm{d}t|_c$ 则代表由粒子碰撞引起的动量变化。为完整起见,我们在式(3.6)中保留了重力项和碰撞项。在电离层中,这两项会显得尤其重要,但一般情况下可以省略。那么在这种情况下,式(3.6)变为

$$m \frac{\mathrm{d}\boldsymbol{v}}{\mathrm{d}t} = q(\boldsymbol{E} + \boldsymbol{v} \times \boldsymbol{B}) \tag{3.7}$$

式(3.7)右边的力称为 Lorentz(洛伦兹)力。我们将在本章余下的内容中广泛使用这个方程。

式(3.7)是按非相对论形式写出的,Lorentz 力在伽利略(非相对论)变换(**Galilean (non-relativistic) transformations**)下是保持不变的。这意味着 $\boldsymbol{E} + \boldsymbol{v} \times \boldsymbol{B}$ 是与参考系的选择无关的。而磁场 $\boldsymbol{B}$ 在伽利略坐标变换下是保持不变的,但速度 $\boldsymbol{v}$ 显然是与参照系的选择相关的。因此,电场 $\boldsymbol{E}$ 也依赖于参照系的选择。因此,在讨论电场时,明确其所在的参考系是非常重要的。

如本节开头所述,式(3.1)~式(3.4)的 Maxwell 方程组给出了电磁场的控制方程,式(3.7)的 Lorentz 力定律则描述了电磁场如何影响带电粒子运动。等离子体作为带电粒子的集合整体,我们要理解等离子体的物理行为,以及等离子体如何影响电场和磁场,这意味着,我们必须认识等离子体粒子的集体物理行为。但作为第一步,我们可以先认识单个粒子在特定电磁场中的运动变化行为。这就是我们熟知的单粒子运动,研究这个问题需要了解粒子轨道理论的知识。粒子轨道理论是理解空间等离子体重要的第一步,我们将在下一节中介绍。

## 3.3　单粒子运动-粒子轨道理论

描述带电粒子在给定的电场和磁场中的运动理论,通常被称为粒子轨道理论,其中隐含的假设是带电粒子本身的运动不影响背景电磁场。这样的话,粒子可被视为测试粒子,其运动方程可由式(3.7)给出(如前所述,我们在其中忽略了非电磁力和碰撞作用)。

我们从式(3.7)中可以明显注意到一点,就是垂直于磁场的运动和平行于磁场的运动是存在区别的。磁场作用通过式(3.7)中的叉乘项引入,磁场只影响垂直于磁场方向的运动。因此,我们可自然地将垂直于磁场的运动与平行于磁场的运动分开考虑,用下标"⊥"和"//"分别表示垂直和平行于背景磁场的运动。

在考虑具体的粒子运动轨迹之前,值得注意的是,磁场作用并不会改变粒子的能量,即洛伦兹力不对粒子做功。这可以通过式(3.7)两边对 $\boldsymbol{v}$ 作点积看出。

### 3.3.1　粒子回旋运动

首先我们仅考虑均匀磁场,忽略电场或任何其他力。如果我们将 $\boldsymbol{v}_\perp$ 定义为垂直于磁场方向的速度,那么由式(3.7)有

$$\frac{\mathrm{d}\, \boldsymbol{v}_{\perp}}{\mathrm{d}t} = \frac{q}{m}\, \boldsymbol{v}_{\perp} \times \boldsymbol{B} \tag{3.8}$$

因此,对式(3.8)作时间求导,得到

$$\frac{\mathrm{d}^2\, \boldsymbol{v}_{\perp}}{\mathrm{d}t^{2}} = \frac{q}{m}\, \frac{\mathrm{d}\, \boldsymbol{v}_{\perp}}{\mathrm{d}t} \times \boldsymbol{B} = -\frac{q^2 \boldsymbol{B}^2}{m^2}\, \boldsymbol{v}_{\perp} \tag{3.9}$$

式(3.9)是一个简谐振子运动方程,其振荡频率为 $\Omega = |qB/m|$。我们称 $\Omega$ 为粒子的回旋频率(gyro-frequency),对应的振荡周期为回旋周期(gyro-period);$\Omega$ 的单位为 rad/s。如果我们用符号 $f_g$ 表示以 Hertz(赫兹)为单位的回旋频率,那么有 $\Omega = 2\pi f_g$。在这里,我们选择将 $\Omega$ 定义为一个正数。但需要提醒的是,式(3.8)中右边的力取决于带电粒子携带电荷的极性符号。在某些研究中,$\Omega$ 可能被定义为与极性符号有关的量。

我们之所以将频率称为回旋频率,是因为粒子会围绕磁场做圆周或旋转运动。如果我们选定磁场方向为笛卡儿坐标系的 $z$ 轴,那么由式(3.8)粒子运动的 $x$ 轴分量,有

$$\frac{\mathrm{d}v_x}{\mathrm{d}t} = \pm \Omega v_y \tag{3.10}$$

其中,"$+$"对应带正电的粒子(通常为离子);"$-$"对应带负电的粒子(通常为电子)。将粒子运动称为回旋运动的原因很快就会清楚。假设

$$v_x = -v_{\perp} \sin(\Omega t) \tag{3.11a}$$

那么由(3.10)式,可得

$$v_y = \mp v_{\perp} \cos(\Omega t) \tag{3.11b}$$

对式(3.11a)和式(3.11b)进行积分,可得

$$x = x_0 + \frac{v_{\perp}}{\Omega}\cos(\Omega t) \tag{3.12a}$$

以及

$$y = y_0 \mp \frac{v_{\perp}}{\Omega}\sin(\Omega t) \tag{3.12b}$$

其中,$x_0$ 和 $y_0$ 为积分常数。

当 $t = 0$ 时,带正电的粒子(对应式(3.11b)和式(3.12b)中上面的符号)将位于 $\left(x_0 + \frac{v_{\perp}}{\Omega}, y_0\right)$,1/4 个回旋周期后,粒子将位于 $\left(x_0, y_0 - \frac{v_{\perp}}{\Omega}\right)$ 的位置(我们选择用式(3.11a)来分析粒子的运动轨迹,这样可使回旋的物理意义更为明确)。因此,带正电的粒子绕磁场方向做左手回旋运动,而带负电的粒子将以右手回旋的方式绕磁场做旋转运动。那么在典型的磁化等离子体条件中,正离子以左手性的方式绕磁场旋转,而电子则以右手性的方式绕磁场旋转。回旋运动的半径被称为 Larmor(拉莫尔)半径(Larmor radius,通常用 $r_L$ 表示),或回旋半径($\rho_g$),并且有 $r_L = \rho_g = \frac{v_{\perp}}{\Omega}$。

## 3.3.2 电场($E \times B$)漂移

除了均匀磁场外,我们要做的下一个近似是,假定还加有一个均匀的电场。这样的话,有

$$\frac{\mathrm{d}\boldsymbol{v}}{\mathrm{d}t} = \frac{q}{m}(\boldsymbol{E} + \boldsymbol{v} \times \boldsymbol{B}) \tag{3.13}$$

对于平行于磁场方向的运动,有

$$\frac{\mathrm{d}v_{/\!/}}{\mathrm{d}t} = \frac{q}{m}E_{/\!/} \tag{3.14}$$

式(3.14)这个方程经常用于表明等离子体内不可能存在大尺度的平行电场,因为粒子会被加速到相对论能量。在一些特殊情形下,电场要么是局地存在的,要么是随时间变化的。衡量平行电场重要性的物理量是它的典型空间尺度和时间尺度,其分别为等离子体趋肤深度(**plasma skin depth**)$c/\omega_{\mathrm{pe}}$ 和等离子体波的周期 $2\pi/\omega_{\mathrm{pe}}$,其中,$\omega_{\mathrm{pe}}$ 为电子等离子体频率(见 3.4 节中的推导)。如果假定 $E_{/\!/}=0$,那么 $v_{/\!/}$ 将保持为常数。

对于垂直于磁场方向的运动而言,类似式(3.9)那样,我们可继续对式(3.13)做时间求导,然后得到

$$\frac{\mathrm{d}^2\boldsymbol{v}_{\perp}}{\mathrm{d}t^2} = \frac{q^2}{m^2}(\boldsymbol{E} \times \boldsymbol{B} - \boldsymbol{v}_{\perp}\boldsymbol{B}^2) \tag{3.15}$$

我们进一步假设 $\boldsymbol{v}_{\perp} = \tilde{\boldsymbol{v}}_{\perp} + \boldsymbol{v}_E$,其中,$\tilde{\boldsymbol{v}}_{\perp}$ 是时变分量,而 $\boldsymbol{v}_E$ 为常数。在这种情况下,式(3.15)可变为

$$\frac{\mathrm{d}^2\tilde{\boldsymbol{v}}_{\perp}}{\mathrm{d}t^2} = -\frac{q^2\boldsymbol{B}^2}{m^2}\tilde{\boldsymbol{v}}_{\perp} \tag{3.16}$$

式(3.16)与式(3.9)一样,并且有

$$\boldsymbol{v}_E = \frac{\boldsymbol{E} \times \boldsymbol{B}}{B^2} \tag{3.17}$$

因此,在有均匀垂直电场的情况下,粒子的运动可分解为围绕磁场的回旋运动和一个速度恒定的漂移运动。由式(3.17)得到的漂移运动方向垂直于 $\boldsymbol{E}$ 和 $\boldsymbol{B}$,我们也称其为 $\boldsymbol{E} \times \boldsymbol{B}$ 漂移。$\boldsymbol{E} \times \boldsymbol{B}$ 漂移与带电粒子的电荷和质量无关,因此,所有带电粒子都将以这个相同的速度漂移。图 3.1 显示了正离子和电子的 $\boldsymbol{E} \times \boldsymbol{B}$ 漂移运动,而图 3.2 显示了不同回旋运动速度下的漂移运动。

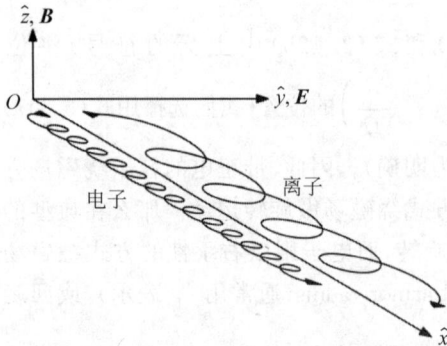

图 3.1 正离子和电子的 $\boldsymbol{E} \times \boldsymbol{B}$ 漂移运动。电子的质量较小,其回旋运动的轨道半径也会相对较小(为了使电子轨道清晰可见,我们人为地降低了图中离子与电子的质量比)

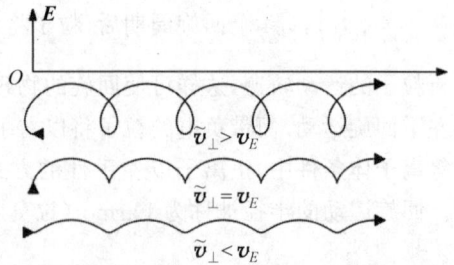

图 3.2 正离子具有不同回旋速度时的 $\boldsymbol{E} \times \boldsymbol{B}$ 漂移运动。当 $\tilde{\boldsymbol{v}}_{\perp} \ll \boldsymbol{v}_E$ 时,粒子的运动轨迹几乎呈直线;而当 $\tilde{\boldsymbol{v}}_{\perp} > \boldsymbol{v}_E$ 时,粒子的运动轨迹则呈长摆线状

对于严格不随时间变化的稳恒磁场,不存在感应电场,因此我们可以用来 $E=-\nabla\phi$ 表示电场,其中 $\phi$ 是电势。在这种情况下,$E\times B$ 漂移的速度方向是沿电场的等势线方向。我们须再次强调,这种条件只适用于不随时间变化的稳恒磁场情形。

我们注意到,电场与力存在 $F=qE$ 的关系,用于推导 $E\times B$ 漂移的公式可以推广到任何与速度无关的作用力 $F$ 时的情形。因此,对于与速度无关的力,其引起的漂移运动为

$$v_F = \frac{F\times B}{qB^2} \tag{3.18}$$

如果 $F$ 与质量有关,那么漂移速度也与质量有关。此外,如果 $F$ 与电荷无关,那么带相反电荷极性的粒子的漂移运动方向则互为相反,当粒子的数量足够多时,漂移运动会形成电流。但如果漂移电流大到足以影响背景磁场时,漂移运动中暗含的测试粒子假设就不再成立。

### 3.3.3　引导中心运动和磁矩

在当前阶段,我们先建立引导中心运动(guiding center motion)和磁矩(magnetic moment)的概念。而推导与非均匀磁场有关的漂移运动,则是我们下一步需要考虑的事。这里考虑的引导中心运动和磁矩都依赖于这样的假设:磁场的时间变化在粒子回旋周期内非常缓慢,或者磁场的空间变化尺度远大于粒子的回旋半径。通过采取这样的假设,我们现在可以快速地推导出与磁场空间变化相关的梯度漂移和曲率漂移运动。而在 3.3.5 节中详细讨论曲率漂移时,将使用更为一般的传统分析方法——对粒子运动方程做 Taylor(泰勒)展开。

在上一节中,我们推导出了粒子的 $E\times B$ 漂移速度公式。如果定义,在直角坐标系中,磁场方向为 $z$ 轴,电场方向为 $y$ 轴,那么粒子的运动包括垂直和平行于磁场方向的漂移运动($v_d=(v_E,0,v_{//})$),以及叠加在这个漂移速度上的回旋运动。这就引出了引导中心运动的概念。虽然我们在均匀磁场的条件下推导出了 $E\times B$ 漂移速度公式,但实际上只要磁场在回旋周期和回旋半径的时空尺度内仅有略微变化,我们就可以通过假设磁场为恒定的,进而确定粒子的漂移速度。粒子的运动可以认为是由随时间、空间缓慢变化的引导中心运动速度 $v_d(r,t)$ 分量与围绕引导中心做快速回旋运动的分量组成。

将粒了运动分解为回旋运动和引导中心运动后,便可以定义大家熟知的第一绝热不变量(**first adiabatic invariant**)。该不变量具体是指,当磁场的时间变化尺度比粒子回旋周期慢得多的时候,或者等效来讲,磁场的空间变化尺度远大于粒子回旋半径时,粒子的磁矩(**magnetic moment**)将成为一个不变量。

理论上来说,绝热不变量可从作用量积分[①](action integrals)中推导获得,但在日前这种情况下,我们可通过动量方程式(3.7)证明磁矩(用符号 $\mu$ 表示)是绝热不变量。我们首先在磁场随时间变化的条件下考虑这个问题。

---

① 作用量积分定义为在相当长时间内,某一特定物理变量的改变量可通过不断积累而得到该变量增加的总量。因此该类积分可用于衡量物理系统中某个变量变化的程度。

由 Faraday 定律的积分形式,我们可得到电场的方位分量为[①]

$$2\pi\rho_g E_\phi = -\pi\rho_g^2 \frac{\partial B}{\partial t} \tag{3.19}$$

其中,线积分路径和面积分面积均由粒子的旋转运动确定。在绝热近似条件下,粒子回旋半径 $\rho_g$ 在一个回旋周期内可看作常数。

由于带正电的粒子相对于背景磁场以左旋的方式旋转,带负电的粒子以右旋的方式旋转,由式(3.7)和式(3.19)[②],粒子方位速率分量的时间变化率为

$$m\frac{\partial \widetilde{v}_\perp}{\partial t} = \frac{|q|}{2}\rho_g \frac{\partial B}{\partial t} = \frac{m\widetilde{v}_\perp}{2\boldsymbol{B}}\frac{\partial B}{\partial t} \tag{3.20}$$

其中,$\widetilde{v}_\perp$ 对应为粒子的回旋运动速度。

因此,在式(3.20)两边同时乘以 $\widetilde{v}_\perp$,可得

$$\frac{\partial W_\perp}{\partial t} = \frac{W_\perp}{B}\frac{\partial B}{\partial t} \quad \text{或} \quad \frac{\partial}{\partial t}\left(\frac{W_\perp}{B}\right) = \frac{\partial \mu}{\partial t} = 0 \tag{3.21}$$

其中,$W_\perp = \frac{1}{2}m\widetilde{v}_\perp^2$[③]。

为了看出为什么 $\mu$ 就是粒子的磁矩的大小,我们注意到粒子完成一个回旋轨道需要一个回旋周期,所以粒子回旋运动会形成一个电流环,其携带的电流为

$$\boldsymbol{I} = -\frac{|q|\Omega}{2\pi}\hat{\boldsymbol{q}} \tag{3.22}$$

其中,$\hat{\boldsymbol{q}}$ 为右手坐标系下的单位方位矢量,坐标系 $z$ 轴为磁场方向。而电流的方向则与粒子携带电荷的极性符号无关。

考虑到电流环的磁偶极矩大小为 $IA$,其中 $A$ 为电流环的面积,则磁偶极矩为:

$$\boldsymbol{\mu} = -\frac{|q|\Omega}{2\pi}\frac{\pi\widetilde{v}_\perp^2}{\Omega^2}\hat{\boldsymbol{b}} = -\frac{W_\perp}{\boldsymbol{B}}\hat{\boldsymbol{b}} \tag{3.23}$$

其中,$\hat{\boldsymbol{b}}$ 为磁场方向单位矢量 $\left(\hat{\boldsymbol{b}} = \frac{\boldsymbol{B}}{|B|}\right)$。

为强调磁矩方向与外加磁场方向是相反的,式(3.23)将磁矩按矢量形式写出。因此等离子体中的粒子是具有抗磁性的——粒子运动产生的磁场方向与外磁场方向是相反的。

到目前为止,我们已经在磁场时变条件下证明了 $\mu$ 是绝热不变量的。接下来,我们以磁镜为例考虑磁场在空间上出现变化时的情形。这样的磁镜几何结构例子包括地球偶极磁场和实验室等离子体中的磁镜装置等。图3.3中显示了磁镜的磁场几何结构,并且显示了一个带电粒子在其中的运动轨迹。粒子在初始时刻具有一个平行速度分量和一个垂直速度分量。速度矢量方向相对于磁场方向的夹角 $\alpha$ 称为投掷角(pitch angle)。从图中可以看出,当粒子运动到磁场增强区域时,投掷角会逐渐增加,直至最终达到 90°,然后粒子被

---

① 对式(3.1)两边取面积分。

② 原文为式(3.8)。速率的改变量由变化磁场激发的感应电场引起。

③ 原文写为了 $\boldsymbol{W}_\perp = \frac{1}{2}mv_\perp^2$.

反射。

　　这个粒子运动过程可以从前面关于时变磁场中磁矩守恒的讨论中推导出。当粒子运动到磁场增强的区域时,粒子会感知到一个随时间变化的磁场。若粒子沿磁场方向以速度 $v_{/\!/}$ 运动,则粒子在其自身的运动参照系中感受到的磁场的时间变化率为

$$\frac{\partial B}{\partial t} = v_{/\!/} \cdot \nabla \cdot \boldsymbol{B} \qquad (3.24)$$

其中,我们将磁场的轴向分量或 $z$ 轴分量表示为 $B$。因此,随磁场增强,粒子垂直磁场方向运动的能量将增加,但由于磁场结构不随时间变化,在稳态参考系中没有感应电场,所以粒子的总能量

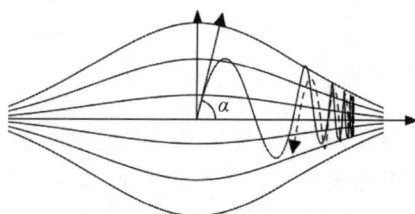

图 3.3　磁镜结构中的磁场线形态及带电粒子的运动轨迹。为了更方便地将粒子的运动轨迹可视化,我们将其轨迹投影到平面上,并将粒子的轨道尺度在垂直于轴线的方向上按比例放大了十倍。虚线对应的是镜像反射粒子的运动轨迹

是恒定的,即在垂直速度增加的同时,粒子的平行速度必然会减小。

　　为严格说明这一点,由 $\nabla \cdot \boldsymbol{B} = 0$,可得

$$\frac{1}{\rho} \frac{\partial}{\partial \rho} (\rho B_\rho) = -\frac{\partial B}{\partial z} \qquad (3.25)$$

其中,$B_\rho$ 为图 3.3 中所示圆柱坐标系下磁场的径向分量。

　　因此,由式(3.25)[①],我们可得到一个回旋半径尺度上径向磁场的改变量为

$$\delta B_\rho \approx -\frac{\rho_{\mathrm{g}}}{2} \frac{\partial B}{\partial z} \approx -\frac{\widetilde{v}_\perp}{2\Omega} \frac{\partial B}{\partial z} \qquad (3.26)$$

并且由式(3.7),可得到其对应的 $z$ 轴分量为

$$m \frac{\mathrm{d}v_{/\!/}}{\mathrm{d}t} = -|q| \widetilde{v}_\perp \, \delta B_\rho = -\frac{|q| \widetilde{v}_\perp^2}{2\Omega} \frac{\partial B}{\partial z} = -\mu \frac{\partial B}{\partial z} \qquad (3.27)$$

而对应的方位分量则给出:

$$m \frac{\mathrm{d}\widetilde{v}_\perp}{\mathrm{d}t} = |q| v_{/\!/} \, \delta B_\rho = \frac{|q| \widetilde{v}_\perp v_{/\!/}}{2\Omega} \frac{\partial B}{\partial z} = \mu \frac{v_{/\!/}}{\widetilde{v}_\perp} \frac{\partial B}{\partial z} \qquad (3.28)$$

　　式(3.27)与式(3.28)这两个方程与电荷的极性符号无关,因为带正电粒子或带负电粒子分别以左旋或右旋的方式围绕背景磁场做回旋运动。

　　结合式(3.27)和式(3.28),如我们所料,可得到 $\mathrm{d}(W_{/\!/} + W_\perp)/\mathrm{d}t = 0$,此外,重新整理式(3.28)[②]得到:

$$\frac{\mathrm{d}W_\perp}{\mathrm{d}t} = \mu v_{/\!/} \frac{\partial B}{\partial z} = \mu \frac{\mathrm{d}B}{\mathrm{d}t} \qquad (3.29)$$

则有

$$\frac{\mathrm{d}(\mu B)}{\mathrm{d}t} = \mu \frac{\mathrm{d}B}{\mathrm{d}t}$$

---

　① 对式(3.25)两边进行积分。

　② 对式(3.28)两边同时乘以 $\widetilde{v}_\perp$。

所以有

$$\frac{\mathrm{d}\mu}{\mathrm{d}t} = 0 \tag{3.30}$$

因此,无论磁场是随时间变化还是随空间变化,粒子的磁矩都是一个绝热不变量。由 $\mu$ 的不变性会引起一种称为 betatron 加速(**betatron acceleration**)的现象。如果磁场随时间缓慢增加,那么粒子垂直于磁场方向运动的能量就会增加。

另一个绝热不变量与磁镜中磁场的缓慢变化有关。该绝热不变量就是所谓的第二绝热不变量(**second adiabatic invariant**),其作用量积分表示为

$$J = \oint p_{/\!/} \, \mathrm{d}s \tag{3.31}$$

其中,$p_{/\!/}$ 为粒子平行于磁镜轴线方向的动量,$\mathrm{d}s$ 为沿引导中心的路径,积分路径为两个镜点之间的来回闭合路径。由于有

$$\frac{p_{/\!/}^2}{2m} = W - \mu B = \mu(B_{\mathrm{m}} - B) \tag{3.32}①$$

其中,$B_{\mathrm{m}}$ 为粒子在镜点处的磁场强度,则由式(3.31),可得

$$J = \sqrt{2m\mu} \oint (B_{\mathrm{m}} - B)^{1/2} \, \mathrm{d}s \tag{3.33}$$

只要磁场在一个弹跳周期内的变化非常缓慢,那么 $J$ 就是一个不变量。

正如第一绝热不变量与 betatron 加速有关一样,$J$ 这个不变量可以导致粒子的 Fermi 加速(**Fermi acceleration**)。当两个磁镜互相缓慢靠近时,磁镜中捕获的粒子就会发生 Fermi 加速,例如,在行星弓激波和行星际行进激波(由日冕物质抛射(coronal mass ejection, CME)产生)之间被捕获的粒子就会出现 Fermi 加速。行星弓激波相对于行星是固定的,而日冕物质抛射则大致以太阳风的速度移动,因此,当镜点②互相靠近时,这两个弓激波之间被捕获的粒子会被加速。

### 3.3.4 梯度漂移和曲率漂移

基于磁矩的不变性,可以确定与磁场强度空间梯度相关的漂移速度。这种漂移被称为梯度漂移(gradient drift)。

磁场作用在磁偶极子上的力可由式(3.34)给出

$$\boldsymbol{F} = \nabla(\boldsymbol{\mu} \cdot \boldsymbol{B}) \tag{3.34}$$

由式(3.23)可知,由于 $\boldsymbol{\mu}$ 为常数,且与外加磁场方向相反,则由式(3.34)可得

$$\boldsymbol{F} = -\frac{W_\perp \, \nabla B}{B} \tag{3.35}$$

对于随空间缓慢变化的磁场,这个力是恒定的,那么我们便可通过广义漂移速度式(3.18)给出与磁场强度垂直梯度相关的梯度漂移速度公式:

$$\boldsymbol{v}_{\mathrm{g}} = \frac{W_\perp \, \boldsymbol{B} \times \nabla B}{qB^3} \tag{3.36}$$

---

① $\dfrac{p_{/\!/}^2}{2m}$ 为粒子平行方向的动能,$W$ 为粒子总动能,$\mu B$ 为粒子在垂直方向上的动能。

② 由于弓激波下游磁场一般普遍都会增强,所以两个激波形成的结构大致看作一个磁镜结构。

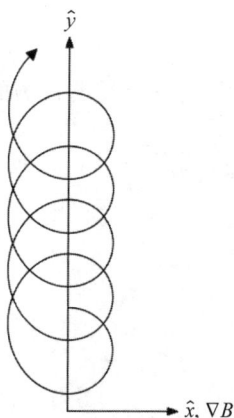

图 3.4　磁场强度存在垂直梯度情况下的正离子运动轨迹

图 3.4 显示了当磁场强度存在垂直梯度时正离子的空间运动轨迹。这种漂移可以从粒子回旋半径发生变化的角度理解(磁场强度越小,粒子的回旋半径就越大)。梯度漂移速度方向取决于粒子所携带电荷的极性符号。在地球磁层中,这意味着离子的漂移运动方向与地球自转方向相反,而电子的漂移运动方向与地球自转方向相同[①]。人们也经常据此来说明磁层环电流是由于离子和电子的梯度漂移运动引起的,但如前所述,粒子轨道理论严格来说是一种测试粒子的方法。如果将在粒子轨道理论中不存在的集体效应(collective effects)考虑进来,那么中心漂移运动引起的任何宏观物理效应都需要作仔细评估。

我们也可以利用式(3.18)来获得磁场的曲率漂移(curvature drift)。然而,在这种情况下,我们在确定是何种力来驱动粒子漂移运动时需小心谨慎。因为粒子在沿着磁场方向运动的同时,也会围绕磁场做回旋运动,直觉告诉我们,粒子也应该会倾向于沿弯曲的磁场线运动。在这种情况下,粒子在其自身运动参考系下会受到一个离心力。离心力由式(3.37)给出:

$$\boldsymbol{F}_{cf} = \frac{\hat{\boldsymbol{r}}_c m v_{//}^2}{r_c} = 2W_{//} \hat{\boldsymbol{r}}_c / r_c \tag{3.37}$$

其中,$\hat{\boldsymbol{r}}_c$ 为磁场线的曲率半径矢量,我们定义指向弯曲磁场线向外的方向为正(注意,这个方向与指向密切圆心的曲率方向正好相反)。

可以进一步证明:

$$\frac{\hat{\boldsymbol{r}}_c}{r_c} = \frac{\boldsymbol{B}(\boldsymbol{B} \cdot \nabla B)}{B^3} - \frac{(\boldsymbol{B} \cdot \nabla)\boldsymbol{B}}{B^2} \tag{3.38}$$

因此,将式(3.37)和式(3.38)代入式(3.18),得到的磁场曲率漂移速度为

$$\boldsymbol{v}_c = \frac{2W_{//}}{qB^4} \boldsymbol{B} \times (\boldsymbol{B} \cdot \nabla)\boldsymbol{B} \tag{3.39}$$

### 3.3.5　曲率漂移-Taylor 级数展开法

有读者可能觉得前一节中给出的曲率漂移公式的推导从直观上有点难以理解,因为得到的漂移公式是基于粒子在沿弯曲磁场线运动的惯性参考系中受到的惯性离心力而获得的。因此,我们这里将采用更为标准的 Taylor 级数展开法从动量方程出发推导曲率漂移运动。如图 3.5 所示,磁场的几何形状中,其中磁场最初沿 $z$ 轴方向,但随着 $z$ 轴方向的增加,磁场开始向 $x$ 轴方向弯曲。我们假设磁场的 $x$ 轴方向分量很小,从 $z=0$ 开始,$B_x$ 从零开始逐渐增加,增加量为

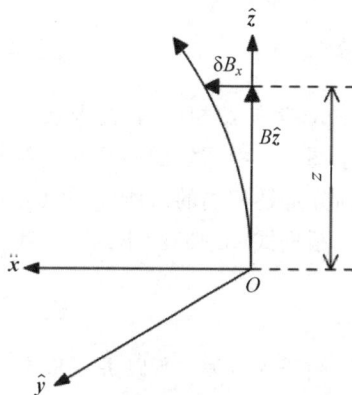

图 3.5　用于计算磁场曲率漂移公式的磁场线几何结构位形

---

$$\delta B_x = z \frac{\mathrm{d}B_x}{\mathrm{d}z} \tag{3.40}$$

在 $t=0$ 时,假设粒子的平行速度为 $v_{/\!/}$,那么有 $z=v_{/\!/}t$。我们进一步假设磁场的 $z$ 轴分量为常数,并用 $B$ 表示,而粒子的回旋频率为 $\Omega = |qB/m|$。

在这样的磁场几何结构中,粒子的动量方程由式(3.8)可展开写为

$$\frac{\mathrm{d}v_x}{\mathrm{d}t} = \pm \Omega v_y \tag{3.41a}$$

$$\frac{\mathrm{d}v_y}{\mathrm{d}t} = \pm \Omega \left( v_z \frac{\delta B_x}{B} - v_x \right) \tag{3.41b}$$

$$\frac{\mathrm{d}v_z}{\mathrm{d}t} = \pm \Omega v_y \frac{\delta B_x}{B} \tag{3.41c}$$

其中,上方"+"对应带正电粒子的情形。

令式(3.41b)对时间求全导数[①],可得

$$\frac{\mathrm{d}^2 v_y}{\mathrm{d}t^2} = \pm \Omega \left( \frac{\mathrm{d}v_z}{\mathrm{d}t} \frac{\delta B_x}{B} + \frac{v_z^2}{B} \frac{\mathrm{d}B_x}{\mathrm{d}z} - \frac{\mathrm{d}v_x}{\mathrm{d}t} \right) \tag{3.42}$$

比较式(3.41a)和式(3.41c),可得

$$\frac{\mathrm{d}v_z}{\mathrm{d}t} = -\frac{\delta B_x}{B} \frac{\mathrm{d}v_x}{\mathrm{d}t} \tag{3.43}$$

并且,我们可以忽略式(3.42)右边第一项(因为它是二阶微分小量)。最终,有

$$\frac{\mathrm{d}^2 v_y}{\mathrm{d}t^2} = \left( \pm \Omega \frac{v_z^2}{B} \frac{\mathrm{d}B_x}{\mathrm{d}z} - \Omega^2 v_y \right) \tag{3.44}$$

式(3.44)与式(3.15)有相同的方程形式,因此,如下所示,对比式(3.15)我们可将 $v_y$ 分解为一个以回旋频率振荡的运动项及一个漂移项之和:

$$v_y = \tilde{v}_\perp \cos(\varphi \mp \Omega t) + \frac{2W_{/\!/}}{qB^2} \frac{\mathrm{d}B_x}{\mathrm{d}z} \tag{3.45}$$

其中,$\varphi$ 为初始相位角,需要提醒的是,$z$ 轴方向平行于图 3.5 中坐标原点处的磁场方向。对于图 3.5 中假定的磁场几何结构,进一步的检查表明,式(3.45)右侧第二项与式(3.39)的 $y$ 轴分量是相同的。所以,式(3.45)右侧第二项实际就是曲率漂移项。

根据式(3.45)给出的 $v_y$,我们可对式(3.41a)进行积分,得到:

$$v_x = -\tilde{v}_\perp \sin(\varphi \mp \Omega t) + \frac{v_{/\!/}^2 t}{B} \frac{\mathrm{d}B_x}{\mathrm{d}z} \tag{3.46}$$

由于 $z=v_{/\!/}t$ 所以进一步有

$$v_x = v_{/\!/} \frac{\delta B_x}{B} - \tilde{v}_\perp \sin(\varphi \mp \Omega t) \tag{3.47}$$

同样地,对式(3.41c)积分,忽略二阶项,并注意到在 $t=0$ 时有 $v_z = v_{/\!/}$,则有

$$v_z = v_{/\!/} + \frac{\delta B_x}{B} \tilde{v}_\perp \sin(\varphi \mp \Omega t) \tag{3.48}$$

---

① 利用了式(3.40)。

因此，$v_x$ 和 $v_z$ 都包含一个定常项或缓慢变化的项（式（3.47）和式（3.48）右边第一项）及一个回旋运动项（这两式右边的第二项）。此外，这些项之间的比值关系满足：

$$\frac{\bar{v}_x}{\bar{v}_z} = \frac{\delta B_x}{B} \tag{3.49}$$

其中，$\bar{v}_x$ 和 $\bar{v}_z$ 分别为 $v_x$ 和 $v_z$ 中的缓慢变化项，并且有

$$\frac{\tilde{v}_x}{\tilde{v}_z} = -\frac{B}{\delta B_x} \tag{3.50}$$

其中，$\tilde{v}_x$ 和 $\tilde{v}_z$ 分别为 $v_x$ 和 $v_z$ 中的回旋运动项。

当粒子引导中心沿磁场线运动时，这些比值关系是自然而然需要满足的，而粒子的回旋运动总是垂直于磁场线的，就像我们使用离心力推导曲率漂移时假设的那样。

在偶极磁场中，在由磁偶极轴确定的坐标系中（磁偶极轴为 $z$ 轴），梯度漂移和曲率漂移都将沿方位方向漂移运动。因此，在这个坐标系中，粒子漂移运动被限定在由磁场线确定的壳层上。在偶极磁场这种满足轴对称几何结构的磁场中，对于该粒子的所有漂移路径而言，无论粒子的投掷角如何，它所对应的磁场线在赤道上的径向距离都是恒定不变的。这就引出了第三个绝热不变量（**third adiabatic invariant**）——漂移壳层（drift shell）[①]。图 3.6 显示了粒子在偶极磁场中具有的不同类型的运动，及其对应的不变量。

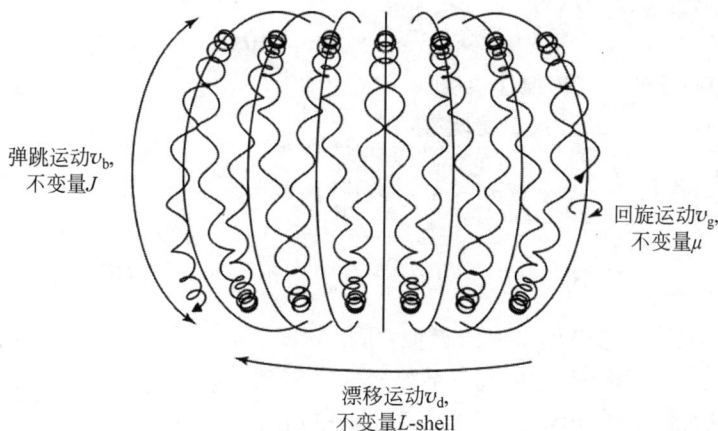

图 3.6　粒子运动及其所对应的绝热不变量

## 3.3.6　广义漂移运动

大多数教材一般在给读者建立起 $\boldsymbol{E} \times \boldsymbol{B}$ 漂移及磁场梯度漂移和曲率漂移的概念后，就会结束对粒子轨道理论的讨论。事实上，对于通常情况而言，这部分内容已经足够了。然而，在本章内容中，我们将向读者同时介绍单粒子运动和磁流体这两种研究空间等离子体的方法。我们想强调的是，这两种方法有其共同之处。为此，我们最后提出了一个描述引导中心漂移运动的广义方程，将在 3.7.2 节中回到这个广义方程，在那里我们证明了由等离子体动量方程导出的电流密度可等效于将所有单粒子漂移电流和粒子磁化效应相加得到

---

① 实际上，不少教材将第三绝热不变量定义为粒子漂移环绕偶极磁场一周后，漂移轨迹包围的磁通量保持守恒。

的电流密度。为推导广义漂移运动，我们将采用与前一节中类似的方法，即假设电场和磁场中的任何梯度扰动量都是粒子动量方程中的一阶量。

由式(3.7)，有

$$\frac{\mathrm{d}}{\mathrm{d}t}\boldsymbol{v}(\boldsymbol{r},t)=\frac{q}{m}\left[\boldsymbol{E}(\boldsymbol{r},t)+\boldsymbol{v}(\boldsymbol{r},t)\times\boldsymbol{B}(\boldsymbol{r},t)\right] \tag{3.51}$$

式(3.51)中的所有项都是关于粒子在位置 $r$ 和时刻 $t$ 处的函数。

我们现在利用引导中心近似，将粒子速度分解为缓慢变化的引导中心速度与快速变化的回旋项之和，也就是：

$$\boldsymbol{v}(\boldsymbol{r},t)=\boldsymbol{v}_{\mathrm{gc}}(\boldsymbol{r}_{\mathrm{gc}},t)+\widetilde{\boldsymbol{v}}_{\perp}(\boldsymbol{r},t) \tag{3.52}$$

其中，$\boldsymbol{v}_{\mathrm{gc}}$ 为引导中心速度；$\widetilde{\boldsymbol{v}}_{\perp}$ 为粒子回旋速度；$\boldsymbol{r}_{\mathrm{gc}}$ 为引导中心的位置，并且有：

$$\boldsymbol{r}=\boldsymbol{r}_{\mathrm{gc}}(t)+\widetilde{\boldsymbol{r}}_{\mathrm{L}}(t) \tag{3.53}$$

其中，$\widetilde{\boldsymbol{r}}_{\mathrm{L}}(t)$ 为粒子相对于引导中心的回旋位置。我们可以对磁场做 Taylor 展开：

$$\boldsymbol{B}(\boldsymbol{r},t)=\boldsymbol{B}(\boldsymbol{r}_{\mathrm{gc}})+\widetilde{\boldsymbol{r}}_{\mathrm{L}}\cdot\nabla\boldsymbol{B}\mid_{\boldsymbol{r}=\boldsymbol{r}_{\mathrm{gc}}}=\boldsymbol{B}+\delta\boldsymbol{B} \tag{3.54}$$

其中，$\delta\boldsymbol{B}$ 为一阶扰动量，因为我们假设了磁场梯度的尺度远大于粒子的回旋半径。式(3.54)右边两项都是关于时间的隐函数，都是在 $\boldsymbol{r}_{\mathrm{gc}}$ 处作取值。在下面内容中，除非另有说明，否则我们将统一默认变量是关于 $\boldsymbol{r}_{\mathrm{gc}}$ 和 $t$ 的函数。

同样地，电场也可以表示为

$$\boldsymbol{E}(\boldsymbol{r},t)=\delta\boldsymbol{E}-\boldsymbol{v}_{\mathrm{E}}\times\boldsymbol{B} \tag{3.55}$$

其中，$\boldsymbol{v}_{\mathrm{E}}$ 引导中心处的 $\boldsymbol{E}\times\boldsymbol{B}$ 漂移速度。

对式(3.51)作时间求导，我们发现有：

$$\frac{\mathrm{d}^2\widetilde{\boldsymbol{v}}_{\perp}}{\mathrm{d}t^2}=\frac{q}{m}\left[(\boldsymbol{v}_{\mathrm{gc}}+\widetilde{\boldsymbol{v}}_{\perp}-\boldsymbol{v}_{\mathrm{E}})\times\frac{\mathrm{d}\boldsymbol{B}}{\mathrm{d}t}+\boldsymbol{B}\times\frac{\mathrm{d}\boldsymbol{v}_{\mathrm{E}}}{\mathrm{d}t}\right]-$$
$$\frac{q^2}{m^2}(\boldsymbol{B}+\delta\boldsymbol{B})\times\left[\delta\boldsymbol{E}+(\boldsymbol{v}_{\mathrm{gc}}+\widetilde{\boldsymbol{v}}_{\perp}-\boldsymbol{v}_{\mathrm{E}})\times(\boldsymbol{B}+\delta\boldsymbol{B})\right] \tag{3.56}$$

由于在式(3.56)中已经作了一阶近似，所以 $\mathrm{d}^2\boldsymbol{v}_{\mathrm{gc}}/\mathrm{d}t^2$ 作为二阶扰动量可被忽略。另外，由于式(3.56)右边第一行的时间导数已经是一阶项，因此这一行忽略了 $\delta\boldsymbol{E}$ 和 $\delta\boldsymbol{B}$ 的一阶扰动项。而式(3.56)右边第二行[1]包括了 $\delta\boldsymbol{B}$ 和 $\delta\boldsymbol{E}$ 的二阶项。

我们进一步将引导中心速度分为三个分量：

$$\boldsymbol{v}_{\mathrm{gc}}=\boldsymbol{v}_{\mathrm{D}}+\boldsymbol{v}_{\mathrm{E}}+v_{/\!/}\frac{\boldsymbol{B}}{B} \tag{3.57}$$

其中，$\boldsymbol{v}_{\mathrm{D}}$ 垂直于 $\boldsymbol{B}$。

对式(3.57)只取其垂直于 $\boldsymbol{B}$ 的分量，在 $\delta\boldsymbol{E}$ 和 $\delta\boldsymbol{B}$ 的一阶近似条件下，我们发现有

$$\frac{\mathrm{d}^2\widetilde{\boldsymbol{v}}_{\perp}}{\mathrm{d}t^2}=\frac{q}{m}\left[v_{/\!/}\frac{\boldsymbol{B}}{B}\times\frac{\mathrm{d}\boldsymbol{B}}{\mathrm{d}t}+(\boldsymbol{v}_{\mathrm{D}}+\widetilde{\boldsymbol{v}}_{\perp})\times\frac{\boldsymbol{B}}{B}\frac{\mathrm{d}\boldsymbol{B}}{\mathrm{d}t}+\boldsymbol{B}\times\frac{\mathrm{d}\boldsymbol{v}_{\mathrm{E}}}{\mathrm{d}t}\right]-$$
$$\frac{q^2}{m^2}\left[(B^2+2\boldsymbol{B}\cdot\delta\boldsymbol{B})(\boldsymbol{v}_{\mathrm{D}}+\widetilde{\boldsymbol{v}}_{\perp})+\boldsymbol{B}\times\delta\boldsymbol{E}-(v_{/\!/}B)\delta\boldsymbol{B}_{\perp}\right] \tag{3.58}$$

现在，我们可将式(3.58)分解为以下两个方程：

---

[1] 式(3.56)右边第二行反映了引导中心漂移速度的一阶时间变化项。

$$\frac{\mathrm{d}^2\,\widetilde{\boldsymbol{v}}_\perp}{\mathrm{d}t^2}=-\frac{q^2B^2}{m^2}\,\widetilde{\boldsymbol{v}}_\perp \tag{3.59a}$$

$$\frac{q^2B^2}{m^2}\,\boldsymbol{v}_{\mathrm{D}}=\frac{q}{m}\left[v_\parallel\,\frac{\boldsymbol{B}}{B}\times\frac{\mathrm{d}\boldsymbol{B}}{\mathrm{d}t}+(\boldsymbol{v}_{\mathrm{D}}+\widetilde{\boldsymbol{v}}_\perp)\times\frac{\boldsymbol{B}}{B}\frac{\mathrm{d}B}{\mathrm{d}t}+\boldsymbol{B}\times\frac{\mathrm{d}\,\boldsymbol{v}_{\mathrm{E}}}{\mathrm{d}t}\right]-$$
$$\frac{q^2}{m^2}\left[2\boldsymbol{B}\cdot\delta\boldsymbol{B}(\boldsymbol{v}_{\mathrm{D}}+\widetilde{\boldsymbol{v}}_\perp)+\boldsymbol{B}\times\delta\boldsymbol{E}-(v_\parallel\,B)\delta\boldsymbol{B}_\perp\right] \tag{3.59b}$$

显然,式(3.59a)的解对应粒子的回旋运动,其回旋频率为 $\Omega=|qB/m|$。

计算式(3.59b)的第一步是,我们注意到式(3.59b)右边关于 $\boldsymbol{v}_{\mathrm{D}}$ 的所有项都比左侧的项至少小一个量级,因此可以忽略。第二,时间的全导数展开有:

$$\frac{\mathrm{d}}{\mathrm{d}t}=\frac{\partial}{\partial t}+\boldsymbol{v}_{\mathrm{E}}\cdot\nabla+\widetilde{\boldsymbol{v}}_\perp\cdot\nabla+\frac{v_\parallel\,\boldsymbol{B}\cdot\nabla}{B}+\boldsymbol{v}_{\mathrm{D}}\cdot\nabla \tag{3.60}$$

然而,式(3.60)右边最后一项 $\boldsymbol{v}_{\mathrm{D}}\cdot\nabla$ 也是可以忽略的,因为它与式(3.59b)左边项相比是个低阶项。最后,除了回旋运动项外,由于其他所有项都在缓慢变化,我们可以在一个回旋周期内对式(3.59b)取平均,与 $\widetilde{\boldsymbol{v}}_\perp$ 或 $\widetilde{\boldsymbol{r}}_{\mathrm{L}}$ 有关的线性项取平均后将变为零。因此,我们有 $\delta\boldsymbol{B}=0$,其中〈〉表示在回旋周期内取平均,对于电场也类似,则有 $\delta\boldsymbol{E}=0$。

考虑到这些后,式(3.59b)就变成:

$$\boldsymbol{v}_{\mathrm{D}}=\frac{m}{qB^2}\left\{v_\parallel\,\frac{\boldsymbol{B}}{B}\times\left[\frac{\partial\boldsymbol{B}}{\partial t}+(\boldsymbol{v}_{\mathrm{E}}\cdot\nabla)\boldsymbol{B}+\frac{v_\parallel\,(\boldsymbol{B}\cdot\nabla)\boldsymbol{B}}{B}\right]-\frac{\boldsymbol{B}}{B}\times\langle\widetilde{\boldsymbol{v}}_\perp(\widetilde{\boldsymbol{v}}_\perp\cdot\nabla\boldsymbol{B})\rangle+\right.$$
$$\left.\boldsymbol{B}\times\left[\frac{\partial\,\boldsymbol{v}_{\mathrm{E}}}{\partial t}+(\boldsymbol{v}_{\mathrm{E}}\cdot\nabla)\boldsymbol{v}_{\mathrm{E}}+\frac{v_\parallel\,(\boldsymbol{B}\cdot\nabla)\boldsymbol{v}_{\mathrm{E}}}{B}\right]-\frac{2q\langle\widetilde{\boldsymbol{v}}_\perp(\boldsymbol{B}\cdot\delta\boldsymbol{B})\rangle}{m}\right\} \tag{3.61}$$

式(3.61)中右边 $\dfrac{v_\parallel\,(\boldsymbol{B}\cdot\nabla)\boldsymbol{B}}{B}$ 这一项为曲率漂移。而梯度漂移则与右边的 $\widetilde{\boldsymbol{v}}_\perp(\widetilde{\boldsymbol{v}}_\perp\cdot\nabla\boldsymbol{B})$ 和 $\dfrac{2q\langle\widetilde{\boldsymbol{v}}_\perp(\boldsymbol{B}\cdot\delta\boldsymbol{B})\rangle}{m}$ 项有关。为了确定梯度漂移,我们需要对与回旋速度相关的项做回旋周期时间平均。如果依旧规定磁场方向为局地坐标系的 $z$ 轴,那么不失一般性,我们可以定义出 $x$ 轴和 $y$ 轴,使得

$$\widetilde{\boldsymbol{v}}_\perp=(\widetilde{v}_x,\widetilde{v}_y,0)=\widetilde{v}_\perp(\cos(\Omega t),\mp\sin(\Omega t),0) \tag{3.62}$$

上方的"～"符号对应粒子带正电荷。

在一个回旋周期内做平均,有:

$$\langle\widetilde{v}_x^2\rangle=\langle\widetilde{v}_y^2\rangle=\frac{v_\perp^2}{2},\quad \text{并且有}\langle\widetilde{v}_x\widetilde{v}_y\rangle=0 \tag{3.63}$$

结果得到:

$$\langle\widetilde{\boldsymbol{v}}_\perp(\widetilde{\boldsymbol{v}}_\perp\cdot\nabla\boldsymbol{B})\rangle=\frac{\widetilde{v}_\perp^2}{2}\nabla_\perp B=\frac{W_\perp}{m}\nabla_\perp B \tag{3.64}$$

其中,$W_\perp$ 粒子回旋运动在垂直方向上的动能,即 $W_\perp=\dfrac{1}{2}m\widetilde{v}_\perp^2$,而 $\nabla_\perp$ 为梯度算子[①]的垂直分量。由于有 $\boldsymbol{B}\times\nabla_\perp B=\boldsymbol{B}\times\nabla B$,我们将式(3.64)代入式(3.61),对应所得项与梯度漂移公式相同,但符号正好相反。

---

① 原文为 divergence operator。由于这里是指磁场强度在横向方向上的梯度,所以译者认为,译为梯度算子更确切。

我们现在来研究下式(3.61)中与 $\delta \boldsymbol{B}$ 有关的项,乍一看,它似乎并不对应于梯度漂移项。然而,如果对式(3.62)进行积分,则有

$$\widetilde{\boldsymbol{r}}_{\mathrm{L}} = \frac{\widetilde{\boldsymbol{v}}_{\perp}}{\Omega}(\sin(\Omega t), \pm \cos(\Omega t), 0) = \frac{m}{qB^2}\boldsymbol{B} \times \widetilde{\boldsymbol{v}}_{\perp} \tag{3.65}$$

而式(3.61)右边最后一项则变为

$$\frac{2q\langle\{\boldsymbol{B} \cdot \delta \boldsymbol{B}\}\widetilde{\boldsymbol{v}}_{\perp}\rangle}{m} = \frac{2\langle\widetilde{\boldsymbol{v}}_{\perp}\boldsymbol{B} \cdot [(\boldsymbol{B} \times \widetilde{\boldsymbol{v}}_{\perp}) \cdot \nabla]\boldsymbol{B}\rangle}{B^2} = -\frac{2\langle\widetilde{\boldsymbol{v}}_{\perp}[\widetilde{\boldsymbol{v}}_{\perp} \cdot (\boldsymbol{B} \times \nabla B)]\rangle}{B}$$

$$\tag{3.66}$$

式(3.66)右边项的物理作用类似于式(3.64)。因此,利用 $W_{\perp}$,并再次在回旋周期内求平均,我们得到:

$$\frac{2q\langle\boldsymbol{B} \cdot \delta \boldsymbol{B}\,\widetilde{\boldsymbol{v}}_{\perp}\rangle}{m} = \frac{2W_{\perp}\,\boldsymbol{B} \times \nabla B}{m} \tag{3.67}$$

通过以上各式,我们可以给出广义漂移运动方程的最终形式:

$$\bar{\boldsymbol{v}}_{\perp} = \boldsymbol{v}_{\mathrm{E}} + \frac{m}{qB^2}\boldsymbol{B} \times \left\{ \frac{W_{\perp}\,\nabla B}{mB} + \frac{v_{/\!/}^2\,(\boldsymbol{B} \cdot \nabla)\boldsymbol{B}}{B^2} + \right.$$

$$\left. \frac{v_{/\!/}}{B}\left[\frac{\partial \boldsymbol{B}}{\partial t} + (\boldsymbol{v}_{\mathrm{E}} \cdot \nabla)\boldsymbol{B} + (\boldsymbol{B} \cdot \nabla)\boldsymbol{v}_{\mathrm{E}}\right] + (\boldsymbol{v}_{\mathrm{E}} \cdot \nabla)\boldsymbol{v}_{\mathrm{E}} + \frac{\partial \boldsymbol{v}_{\mathrm{E}}}{\partial t} \right\} \tag{3.68}$$

而引导中心速度则为 $\boldsymbol{v}_{\mathrm{gc}} = \bar{\boldsymbol{v}}_{\perp} + v_{/\!/}\dfrac{\boldsymbol{B}}{B}$(在式(3.57)中,我们明确将 $\boldsymbol{v}_{\mathrm{E}}$ 作为一个单独的项)。式(3.68)右边第一行给出的项分别对应 $\boldsymbol{E} \times \boldsymbol{B}$ 漂移、梯度漂移和曲率漂移。其余的漂移项与电场和磁场的其他变化有关。除了最后一项被称为极化漂移(polarization drift)之外,其他项一般都还没有正式名字。这些附加项的漂移速度与质量有关,质量越大的粒子,其漂移速度越大。

有趣的是,我们发现广义漂移速度并不包括与 $\boldsymbol{v}_{\mathrm{D}} \cdot \nabla$ 有关的对流项。这并不意味着 $|\boldsymbol{v}_{\mathrm{D}}|$ 就一定比 $|\boldsymbol{v}_{\mathrm{E}}|$ 小。$\boldsymbol{v}_{\mathrm{D}} \cdot \nabla$ 项不存在,主要是因为它们与 $\boldsymbol{v}_{\mathrm{D}}$ 项相比很小,而与 $\boldsymbol{v}_{\mathrm{E}}$ 大小无关。推导式(3.68)中,我们并没有对 $\boldsymbol{v}_{\mathrm{D}}$ 与 $\boldsymbol{v}_{\mathrm{E}}$ 二者的相对大小作任何限定假设,而对这两个漂移速度仅假设了在一个回旋周期内磁场变化很缓慢,且磁场空间变化尺度远大于回旋半径。

### 3.3.7 单粒子轨道理论小结

式(3.68)囊括了带电粒子在电场和磁场作用下经历的所有漂移运动,但总的来说,主要有三种漂移运动,分别为电场漂移(见式(3.17)):

$$\boldsymbol{v}_{\mathrm{E}} = \frac{\boldsymbol{E} \times \boldsymbol{B}}{B^2}$$

梯度漂移(见式(3.36)):

$$\boldsymbol{v}_{\mathrm{g}} = \frac{W_{\perp}\,\boldsymbol{B} \times \nabla B}{qB^3}$$

曲率漂移(见式(3.39)):

$$\boldsymbol{v}_c = \frac{2W_{/\!/}}{qB^4}\boldsymbol{B} \times (\boldsymbol{B} \cdot \nabla)\boldsymbol{B}$$

在等离子体内不存在局地电流的特殊情况下,有$(\boldsymbol{B} \cdot \nabla)\boldsymbol{B} = B\nabla B$,梯度漂移和曲率漂移可以合写为

$$\boldsymbol{v}_{g+c} = (W_\perp + 2W_{/\!/})\frac{\boldsymbol{B} \times \nabla B}{qB^3} \tag{3.69}$$

每种漂移运动都要求磁场的空间变化尺度和时间变化尺度分别比粒子的回旋半径和回旋周期大很多。

在这样的假设条件下,我们发现粒子的磁矩在回旋周期内是恒定的。这就是所谓的第一绝热不变量。粒子漂移运动存在的三种绝热不变量分别为磁矩:

$$\mu = \frac{W_\perp}{B} \tag{3.70}$$

弹跳不变量(bounce invariant)(见式(3.33)):

$$J = \sqrt{2m\mu}\oint(B_m - B)^{1/2}\mathrm{d}s$$

及 L-shell[①]。L-shell 不变量也称为磁通不变量,因为漂移粒子轨道包围的磁通是一个守恒不变量;$J$ 和 L-shell 要维持为不变量,前提是磁场的时间变化在对应的粒子弹跳周期和环向漂移周期内非常缓慢。

## 3.4　动理论——弗拉索夫方程

我们在前一节中描述了粒子在给定电场和磁场中的运动。但由于粒子自身就是运动电荷,因此带电粒子的电荷和运动可携带电流,从而产生它们自身的电场和磁场。对于数量足够多的粒子而言,这些场叠加起来就会变得很重要,以至于粒子本身就能改变背景电磁场。这些场也会使粒子之间出现相互作用。粒子和场之间的强耦合意味着等离子体不再单单是孤立粒子的简单集合,而是更多地体现出类似流体的特性。因此,我们必须研究等离子体内粒子的集体效应(collective effects)。而这可以通过动理论(**kinetic theory**)来研究。动理论是许多等离子体物理理论的基础,我们将在这里介绍一些动理论的概念。本章的主要目的是展示如何利用动理论来推导磁流体动力学(magnetohydrodynamics,MHD)理论。但我们将首先讨论一种能体现等离子体集体效应的现象,即等离子体振荡。

### 3.4.1　集体效应现象——等离子体振荡

在第3.3.1节中,我们证明了磁化等离子体中存在与粒子运动相关的特征频率,这就是粒子的回旋频率。还有另一种取决于等离子体集体效应的等离子体特征频率,这就是等离子体频率。在推导这个频率时,我们使用了一种在后面,特别是在本章结尾讨论 MHD 波及在第13章中详细讨论等离子体波时会用到的推导方法。具体来说,我们在假设电场或粒子

① 将 $L$ 一般定义为磁场线在赤道面上距离地心的距离,以地球平均半径为单位。

速度很小的情况下(仅保留到电场的一阶扰动变化项),研究电场对等离子体的影响。这种处理方法称为对方程的线性化(**linearization**)。我们假设 $n_e$ 是电子密度,并且只有一种离子组分,其密度为 $n_i$。电子和离子的质量分别为 $m_e$ 和 $m_i$,e 是电子电荷,离子为单价正离子。对于非磁化等离子体而言,我们可以将分别描述离子和电子的方程式(3.7)相加,得到电流密度($\boldsymbol{j} = (n_i \boldsymbol{u}_i - n_e \boldsymbol{u}_e)e$)的时间变化率。在这个计算过程中,我们实际上对所有粒子进行了平均(其中式(3.7)表示了单个粒子速度为 $\boldsymbol{v}$ 的运动形式),对于冷等离子体,即等离子体没有任何热速度,所有粒子的速度相同,$\boldsymbol{u} = \boldsymbol{v}$,因此,由式(3.7)可得[①]:

$$\frac{\partial \boldsymbol{j}}{\partial t} = \left( \frac{n_e e^2}{m_e} + \frac{n_i e^2}{m_i} \right) \boldsymbol{E} \tag{3.71}$$

在线性化过程中,我们去掉了时间全导数中与 $(\boldsymbol{u} \cdot \nabla)$ 相关的对流项,这样在计算电流密度时可以忽略密度变化的影响。如果我们对式(3.71)两边取散度,并使用高斯定律式(3.3)和电荷守恒式(3.5),则发现,通过电荷密度公式 $\rho_q = (n_i - n_e)e$,可得到:

$$\frac{\partial^2}{\partial t^2} \rho_q = -\left( \frac{n_e e^2}{\varepsilon_0 m_e} + \frac{n_i e^2}{\varepsilon_0 m_i} \right) \rho_q = -(\omega_{pe}^2 + \omega_{pi}^2) \rho_q \tag{3.72}$$

换句话说,等离子体会以一种特征频率做振荡运动,该频率即为等离子体频率 $\omega_p = (\omega_{pe}^2 + \omega_{pi}^2)^{1/2}$,每种粒子组分 s 都有其自身的等离子体频率:

$$\omega_{ps}^2 = n_s q^2 / \varepsilon_0 m_s \tag{3.73}$$

由于离子的质量通常远大于电子的质量,所以有 $\omega_p \approx \omega_{pe}$。等离子体的振荡周期也被称为等离子体周期(plasma period)。

离子和电子在质量上存在差异性是我们理解等离子体行为的一个主要条件。另外,如我们在 3.4.3 节中讨论的,由于准中性条件,离子和电子的数密度大致相等。因此,等离子体中的净电荷密度通常很小,电流密度主要由离子和电子这两种粒子组分存在的速度差引起,但等离子体中的粒子动量主要由离子携带。此外,对于离子而言,其特征时间和空间尺度(与质量有关)都要比电子的大很多。在 3.2 节中,我们提出了引导中心的概念。这种引导中心运动条件对离子来说更容易被破坏,在这种情况下,离子的运动被称为非绝热运动(non-adiabatic),因为这时离子的绝热不变量不再为常数。

在推导式(3.71)时,我们假设对于每类粒子组分,该组分所有的粒子无论是质量、电荷,还是速度(假设这些粒子的速度在没有波电场的情况下是稳定不变的)都是相同的。然而,一般来说,每种粒子组分都是由一群粒子组成,其中每个粒子都有自己的空间位置和速度。所以,我们需要具体给出粒子的分布,以及该等离子体分布如何随作用力而发生变化。

## 3.4.2　分布函数和 Boltzmann 方程

我们在第 2 章中引入了分布函数的概念,这里将再次复习相关的讨论。分布函数的定义为粒子在关于位置和速度的相空间中的密度。分布函数 $f(\boldsymbol{r}, \boldsymbol{v}, t)$ 是一个关于空间位置($\boldsymbol{r}$)、速度($\boldsymbol{v}$)和时间($t$)的函数。从定义上来讲,$f(\boldsymbol{r}, \boldsymbol{v}, t)\mathrm{d}^3 r \mathrm{d}^3 v$ 表示为在 $t$ 时刻,在六维

---

① 忽略磁场,电子方程两边同时乘以 $n_e e$ 与离子方程两边同时乘以 $n_i e$ 后相加可得。

$r$-$v$ 相空间中体积元 $d^3r d^3v$ 内包含的粒子数（这可以类比于通常的密度概念：$n(r,t)d^3r$ 是三维位形空间（$r$）体积元 $d^3r$ 内的粒子数）。因此，$f(r,v,t)$ 一般称为分布函数，或称为相空间密度（**phase space density**）。类比于密度，$f(r,v,t)v$ 是构型空间（configuration space）中的通量，而 $f(r,v,t)a$ 是速度空间中的通量，其中，$a$ 是粒子的加速度，$a \equiv dv/dt$。所以，对于相空间密度，我们可以写出粒子的守恒方程为

$$\frac{\partial f}{\partial t} + \frac{\partial}{\partial r} \cdot (fv) + \frac{\partial}{\partial v} \cdot (fa) = \frac{\partial f}{\partial t}\bigg|_c \tag{3.74}$$

在式（3.74）和后面的方程中，为了简便起见，我们将 $f(r,v,t)$ 统一写为 $f$。式（3.74）的右边项表示在碰撞作用下 $f$ 发生的变化。我们并不具体给出该碰撞项的表达形式。式（3.74）左边各项则可从粒子在六维相空间中的守恒关系角度理解。

在式（3.74）中 $v$ 是相空间中的速度坐标，因此与位置坐标（$r$）无关。除 $v \times B$ 和摩擦力外，通常来说，一个粒子的加速度与其速度是无关的（例如，电场加速度 $qE/m$，重力加速度 $g$）。摩擦力一般来说是由粒子碰撞引起的，因此可以包含在碰撞项中。由于 $v \times B$ 垂直于 $v$，因此有 $\nabla_v \cdot (v \times B) = 0$[①]，其中，类比于散度在空间坐标中的定义，速度空间中的散度可写为 $\nabla_v \equiv \partial/\partial v$。因此我们可以将式（3.74）重写为

$$\frac{\partial f}{\partial t} + v \cdot \nabla f + a \cdot \nabla_v f = \frac{\partial f}{\partial t}\bigg|_c \tag{3.75a}$$

这就是 Boltzmann 方程。

如果碰撞作用被忽略，那么可令式（3.75a）右边项为零，得到：

$$\frac{\partial f}{\partial t} + v \cdot \nabla f + a \cdot \nabla_v f = 0 \tag{3.75b}$$

这就是无碰撞的 Boltzmann 方程，或称为弗拉索夫方程（**Vlasov equation**，Vlasov 方程）。

基于合理假设——在没有碰撞的情况下，相空间密度是个守恒量，我们在没有证明的情况下给出了式（3.74）。其实通过统计力学，我们可严格推导出 Boltzmann 方程，然而大多数经典等离子体物理教材均采用了我们这种方式来引入相空间密度和 Boltzmann 方程及 Vlasov 方程，而到最后才会提及统计力学的具体证明。虽然严格推导式（3.75a）和式（3.75b）是必要的，但在本书中我们不会做具体推导，感兴趣的读者可以通过本章最后的拓展阅读部分了解具体证明的细节过程。

我们将从式（3.75a）和式（3.75b）出发推导 MHD 方程组。但这两个方程的重要性不只局限于 MHD 范围，它们对整个等离子体物理而言都具有根本性的重要意义。例如，我们可用动理论研究如波粒相互作用这样的物理现象，而利用式（3.75b）能够分析热等离子体中[②]波动的色散关系，其中包含 Landau 阻尼（**Landau damping**）这样的物理效应。Liouville 定理（**Liouville theorem**）是等离子体物理的基本定理之一。该定理指出，沿着粒子运动轨迹上的相空间密度是常数。因此，如果我们假设，在时刻 $t$，某粒子在相空间中的位置为 $r$、$v$，而在时刻 $t'$，该粒子移动到 $r'$、$v'$。如果位于 $r$、$v$ 处的相空间密度是 $f(r,v,t)$，而位于 $r'$、$v'$ 处的相空间密度是 $f(r',v',t')$，那么 Liouville 定理表明，$f(r,v,t) = f(r',v',t')$。

---

① 注意，原文中写为 $\nabla_v \cdot v \times B = 0$。

② 需要说明一下，同样翻译为热等离子体，warm plasma 强调需要考虑等离子体中粒子的温度，而 hot plasma 则强调粒子的温度较高。

式(3.75b)就能说明这一点,在该式中,$a \equiv \mathrm{d}\boldsymbol{v}/\mathrm{d}t$、$\boldsymbol{v} \equiv \mathrm{d}\boldsymbol{r}/\mathrm{d}t$,因此算子$\partial/\partial t + \boldsymbol{v} \cdot \nabla + \boldsymbol{a} \cdot \nabla_v \equiv \mathcal{L}$是沿着粒子运动轨道方向的梯度。我们将$\mathcal{L}$称为 Liouville 算子。

### 3.4.3　德拜屏蔽和等离子体态

在引入分布函数的概念后,我们现在利用 Liouville 定理推导 Debye(德拜)长度。Debye(德拜)长度是衡量等离子体中孤立带电粒子在等离子体中被屏蔽的特征尺度。在等离子体中,孤立带电粒子的电场会在大于 Debye 长度外的区域消失。首先,我们假设粒子满足 Maxwell 速度分布函数[①]:

$$f = n\left(\frac{m}{2\pi kT}\right)^{\frac{3}{2}} \exp\left(-\frac{mv^2}{2kT}\right) \tag{3.76}$$

其中,$n$ 是等离子体数密度;$m$ 是组分粒子的质量;$T$ 是粒子温度;$k$ 是 Boltzmann 常数。

我们假设一个点电荷,其电荷量为 $q$,对应的空间电势(**electric potential**)为 $\phi$,那么电荷激发的电场可由 $\boldsymbol{E} = -\nabla\phi$ 给出。我们令无穷远处 $\phi = 0$。如果 $q$ 是正电荷,那么等离子体中的离子在接近该电荷时速度会减慢,并且部分离子会被反射。

那么根据 Liouville 定理,有:

$$f_{\mathrm{i}} = n\left(\frac{m}{2\pi kT_{\mathrm{i}}}\right)^{\frac{3}{2}} \mathrm{e}^{\left(-\frac{e\phi}{kT_{\mathrm{i}}} - \frac{mv^2}{2kT_{\mathrm{i}}}\right)} \tag{3.77a}$$

其中,下标"i"表示离子,并进一步假设这些离子都是单价带电粒子。

另外,对于电子,我们发现有:

$$f_{\mathrm{e}} = n\left(\frac{m}{2\pi kT_{\mathrm{e}}}\right)^{\frac{3}{2}} \mathrm{e}^{\left(\frac{e\phi}{kT_{\mathrm{e}}} - \frac{mv^2}{2kT_{\mathrm{e}}}\right)} \tag{3.77b}$$

在对电子使用 Liouville 定理时,我们考虑了那些初始位置远离点电荷但又会被点电荷反射到无穷远处的电子。在无穷远处,电子和离子的数密度是相同的。当然,如果点电荷的电荷量 $q$ 是负的,那么 $\phi$ 也将是负的。

我们进一步假设,等离子体中的电子和离子这两种组分都满足 $|e\phi| \ll kT$,那么在这种情况下,等离子体中的电荷密度为[②]

$$\rho_{\mathrm{q}} = -\frac{ne^2}{k}\left(\frac{1}{T_{\mathrm{e}}} + \frac{1}{T_{\mathrm{i}}}\right)\phi \tag{3.78}$$

再根据 Gauss 定理,由式(3.78)可得:

$$\nabla^2\phi = \frac{ne^2}{\varepsilon_0 k}\left(\frac{1}{T_{\mathrm{e}}} + \frac{1}{T_{\mathrm{i}}}\right)\phi \tag{3.79}$$

对于孤立电荷 $q$ 而言,可得

---

[①] 原书中分布函数书写有误,被写为 $f = \dfrac{n}{(2\pi kT)^{\frac{1}{2}}}\exp\left(\dfrac{-v^2}{2mkT}\right)$。对应地,原书将式(3.77a)误写为 $f_{\mathrm{i}} = \dfrac{n}{(2\pi kT_{\mathrm{i}})^{\frac{1}{2}}}\mathrm{e}^{\left(-\frac{e\phi}{kT_{\mathrm{i}}} - \frac{v^2}{2mkT_{\mathrm{i}}}\right)}$,将式(3.77b)误写为 $f_{\mathrm{e}} = \dfrac{n}{(2\pi kT_{\mathrm{e}})^{\frac{1}{2}}}\mathrm{e}^{\left(\frac{e\phi}{kT_{\mathrm{e}}} - \frac{v^2}{2mkT_{\mathrm{e}}}\right)}$。

[②] 对式(3.77a)和式(3.77b)进行 Taylor 展开并取到一阶项。

$$\phi = \frac{q}{4\pi\varepsilon_0 r}\exp(-r/\lambda) \tag{3.80}$$

其中

$$\lambda^2 = \frac{\varepsilon_0 k}{ne^2}\frac{T_e T_i}{T_e + T_i} \tag{3.81}$$

如果我们进一步假设电子和离子具有相同的温度,那么可得到 $\lambda = \lambda_D/\sqrt{2}$ 这一经典结果,其中 Debye 长度为

$$\lambda_D = \left(\frac{\varepsilon_0 kT}{ne^2}\right)^{1/2} \tag{3.82}$$

我们若取热速度为 $\frac{1}{2}mv_T^2 = kT$(人们对热速度的定义多少有点随意,通常的定义中并不包括因子 $1/2$[①]),我们也可以在离子和电子都具有相同温度条件下,给出 Debye 长度为

$$\lambda_D = \frac{1}{\sqrt{2}}\frac{v_T}{\omega_p} \tag{3.83}$$

如果离子和电子具有不同的温度,我们可以将式(3.81)改写为

$$\frac{1}{\lambda^2} = \frac{1}{\lambda_{D_e}^2} + \frac{1}{\lambda_{D_i}^2} \tag{3.84}$$

其中,每种粒子组分的 Debye 长度分别由式(3.82)或式(3.83)确定。

式(3.80)表明,孤立电荷激发的电势或电场在 Debye 长度距离外会被等离子体有效屏蔽。然而,这也实际隐含假设了在这个尺度范围内,等离子体中有足够多的粒子来屏蔽电荷电势。这就引出了等离子体的一个基本定义:在以 Debye 长度为半径的球体中,等离子体包含的粒子数远大于 1。也就是说:

$$N_D = \frac{4}{3}\pi n\lambda_D^3 = \frac{4}{3}\pi n\left(\frac{\varepsilon_0 kT}{ne^2}\right)^{3/2} \gg 1 \tag{3.85}$$

其中,$N_D$ 为 Debye 球中的粒子数。图 3.7 显示了不同空间区域中等离子体特征密度和温度及对应的 $\lambda_D$ 和 $N_D$ 的分布变化。

准中性(quasi-neutrality)这个概念与 Debye 屏蔽密切相关,在这个意义上,等离子体中任何显著的电荷失衡现象都不可能在较大的时空尺度上存在。等离子体消除电荷不平衡的弛豫特征时间就是等离子休振荡的周期时间。我们可以给出一个例子,说明等离子体具有维持准中性条件的稳健性。在地球内磁层中,尤其是在等离子体层中,磁层等离子体与电离层和中性大气(通过碰撞)强烈耦合,使等离子体层与地球趋于共转。在赤道面上,等离子体的共转速度为 $460L$ m/s,其中 $L$ 为以地球半径为单位的径向距离($L=1$ 对应地球赤道表面,$L=6.6$ 对应地球同步轨道的径向距离)。磁场可近似为偶极磁场,并假设地球赤道表面处磁场为 30 000 nT,由式(3.17)可推导得到内磁层的电场为 $(14/L^2)$ mV/m。如果假设电场散度按 $1/L$ 变化,根据 Gauss 定律式(3.3),并假设每个粒子仅携带一个单位电荷 e,那么我们发现,维持电场所需的粒子密度 $\delta n$ 约为 $\sim(10^{-7}/L^3)$ cm$^{-3}$。在电离层内等

---

① 根据能量均分定理,对于一维粒子运动而言,有 $\frac{1}{2}mv_x^2 = \frac{1}{2}kT$。

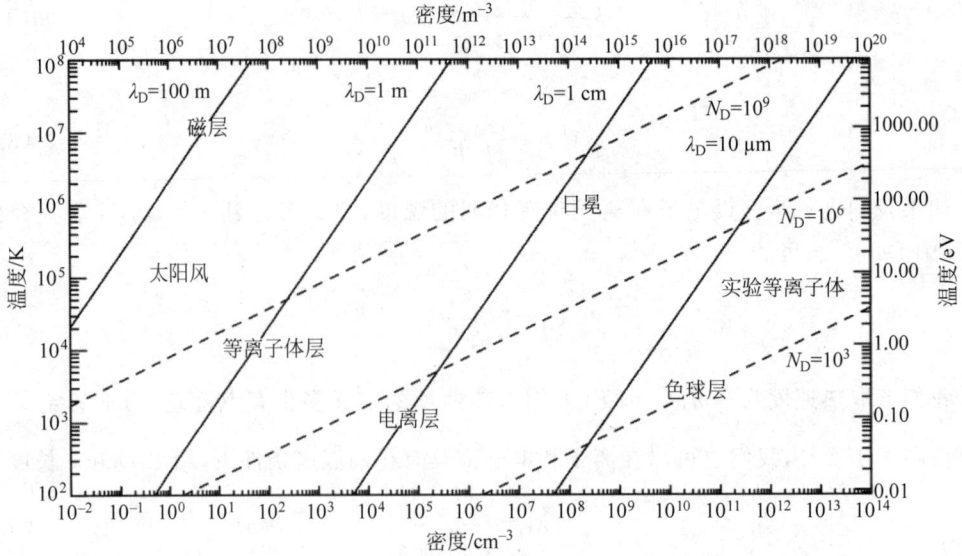

图 3.7　不同区域等离子体的特征密度和温度，以及对应的 Debye 长度($\lambda_D$)和 Debye 球中的粒子数($N_D$)

离子体密度为 $\sim 10^5/\text{cm}^3$，$\delta n/n$ 约为 $10^{-12}$。在 $L=3$ 的等离子体层内，$n$ 约为 $10^3/\text{cm}^3$，$\delta n/n$ 约为 $4\times10^{-12}$。而在外磁层中，电场的量级通常为 1 mV/m，磁场的强度 $B$ 约为 10 nT。那么在 1 个地球半径的变化尺度上，我们得到 $\delta n$ 为 $\sim 10^{-8}/\text{cm}^3$。即使是在磁层尾瓣中，我们也认为有 $\delta n/n \ll 1$。

### 3.4.4　动理论小结

这一节给出了等离子体动理论的简单介绍，从中简要概述了一些动理论的基本概念，从而使我们能够确定构成等离子体态的要素条件。

控制分布函数演化的基本方程是 Boltzmann 方程(见式(3.75a))：

$$\frac{\partial f}{\partial t} + \boldsymbol{v} \cdot \nabla f + \boldsymbol{a} \cdot \nabla_v f = \frac{\partial f}{\partial t}\bigg|_c$$

在无碰撞条件下(式(3.75a)右边项为零)，我们可获得 Vlasov 方程(见式(3.75b))：

$$\frac{\partial f}{\partial t} + \boldsymbol{v} \cdot \nabla f + \boldsymbol{a} \cdot \nabla_v f = 0$$

Vlasov 方程可改写为

$$\mathcal{L}f = 0 \tag{3.86}$$

其中，$\mathcal{L}$ 为 Liouville 微分算子：

$$\mathcal{L} \equiv \frac{\partial}{\partial t} + \boldsymbol{v} \cdot \nabla + \boldsymbol{a} \cdot \nabla_v \tag{3.87}$$

式(3.86)还能引出 Liouville 定理，即相空间密度沿粒子运动轨迹是保持恒定的。

最后，表征等离子体状态的三个参数分别为电子等离子体频率：

$$\omega_{pe}^2 = n_e e^2/\varepsilon_0 m_e \tag{3.88}$$

Debye 长度(见式(3.82)):

$$\lambda_D = \left( \frac{\varepsilon_0 k T}{n e^2} \right)^{12}$$

Debye 球内的粒子数:

$$N_D = \frac{4}{3} \pi n \lambda_D^3 \tag{3.89}$$

其中,我们假设离子和电子两种组分粒子具有相同的温度 $T$。在 $N_D \gg 1$ 的条件下,离子和电子的混合体构成了等离子体。

## 3.5　等离子体的流体描述——磁流体力学

在推导粒子漂移运动时,我们已指出应将粒子视为"试探粒子"(test particles)研究,而任何关于粒子集体效应现象的结论(例如,漂移运动产生的相关电流)都需谨慎处理。为研究等离子体中粒子的集体特性,我们在前一节引入了动理论的概念。我们讨论了 Liouville 定理(从 Vlasov 方程出发可直接得到),该定理表明,在粒子运动轨迹上相空间密度是守恒的。原则上,我们可以通过追踪所有粒子描述等离子体,并通过对相空间密度进行积分就可以得到质量密度、电流等参数。但这种粒子追踪的方法只有在研究区域的几何位型较为规则或者体积较小时才具有可操作性。所以,不同于此法,我们采用 Boltzmann 方程即式(3.75a)推导获得一组可以描述等离子体整体参量(bulk plasma parameters)自身演化的方程组。这个方程组可以类比流体力学中的流体方程组,因此也被称为磁流体动力学(magnetohydrodynamics)方程组或 MHD 方程组。

在推导磁流体力学方程组时涉及的一个最重要的假设就是等离子体是"局域化"(localized)的,意思是在某一点处,等离子体物理特性的变化率只由该点附近的等离子体性质决定。在普通流体中,这种局域化特性可通过碰撞作用实现。例如,即便气体中部分原子或分子的速度很高,我们也无须追踪每个粒子的轨迹以确定气体的整体特性(bulk properties)。在空间环境中,等离子体碰撞频率是非常低的,因此等离子体看起来不太可能是局域化的。然而,磁场可在一定程度上让等离子体表现出局域化的物理性质,这是因为单个粒子会环绕磁场线做回旋运动,但即便如此,局域化的效果也并非特别理想,因为缺乏碰撞作用使等离子体很难充分混合。如果就沿着磁场线方向的运动而言,显然磁场是不能局域化等离子体的。然而,在相对较小的时间尺度上,波粒相互作用是有可能实现局域化的,这是因为波粒相互作用可有效消除相空间密度中存在的梯度。对于无碰撞等离子体而言,尽管"局域化"的假设还很难证实其合理性,但依赖其建立起来的 MHD 方程组,对于理解等离子体的集体现象依旧提供了非常有效的手段。

Liouville 定理表明了局域化为何是个重要的假设。如果在时刻 $t$ 相空间某个区域范围内包含许多历史轨迹不同的粒子,即它们来自相空间中不同的区域,那么时刻 $t$ 对应的相空间密度会包括具有不同相空间密度的粒子的贡献。例如,假设某处有一个粒子来自热等离子体区域,而另一个粒子来自冷等离子体区域。在这种情况下,局地相空间密度同时包含了热等离子体和冷等离子体的贡献。在碰撞起主要作用的气体中,粒子碰撞作用会对这些不同的相空间密度进行平均。没有碰撞的话,需要其他物理过程,如等离子体波的激发,以实现对不同相空间密度粒子的混合。上述过程就是局域化的物理含义。在每个区域,局地物理过程会平均相空间中的分布结构,这使单个粒子轨道的历史演化信息在此过程中出现了丢失。

### 3.5.1 广义等离子体矩方程

现在我们来推导磁流体动力学的流体方程组。我们先推导出矩方程的一般形式,再推导等离子体的连续性方程、动量方程和能量方程。为此,我们对 Boltzmann 方程式(3.75a)进行矩积分,也就是说,我们以 $\int \varphi(\boldsymbol{v})\mathcal{L}f\mathrm{d}^3v$ 形式在速度空间进行积分,其中 $\mathcal{L}$ 仍然表示 Liouville 算子,$\varphi(\boldsymbol{v})$ 是尚未定义的关于 $\boldsymbol{v}$ 的函数。式(3.75a)的矩积分展开为

$$\int \varphi(\boldsymbol{v})\frac{\partial f}{\partial t}\mathrm{d}^3v + \int \varphi(\boldsymbol{v})\,\boldsymbol{v}\cdot\nabla f\mathrm{d}^3v + \int \varphi(\boldsymbol{v})\boldsymbol{a}\cdot\nabla_v f\mathrm{d}^3v = \int \varphi(\boldsymbol{v})\frac{\partial f}{\partial t}\bigg|_c \mathrm{d}^3v \quad (3.90)$$

正如之前提到的,因为 $\boldsymbol{v}$ 是相空间的坐标,所以 $\partial\varphi(\boldsymbol{v})/\partial t=0$,且 $\nabla\varphi(\boldsymbol{v})=0$。所以,可以将式(3.90)重新写为

$$\frac{\partial}{\partial t}\int \varphi(\boldsymbol{v})f\mathrm{d}^3v + \nabla\cdot\int \boldsymbol{v}\varphi(\boldsymbol{v})f\mathrm{d}^3v + \int \varphi(\boldsymbol{v})\boldsymbol{a}\cdot\nabla_v f\mathrm{d}^3v = \int \varphi(\boldsymbol{v})\frac{\partial f}{\partial t}\bigg|_c \mathrm{d}^3v \quad (3.91)$$

我们可以将式(3.91)的前两项积分写为期望或平均值的形式:

$$\frac{\int \varphi(\boldsymbol{v})f\mathrm{d}^3v}{\int f\mathrm{d}^3v} = \varphi(\boldsymbol{v}) \quad (3.92a)$$

或

$$\int \varphi(\boldsymbol{v})f\mathrm{d}^3v = n\varphi(\boldsymbol{v}) \quad (3.92b)$$

其中,$n$ 是粒子数密度,$\int f\mathrm{d}^3v=n$。另外,$n$ 和 $\varphi(\boldsymbol{v})$ 一样,是关于 $\boldsymbol{r}$ 和 $t$ 的隐函数。因此有:

$$\frac{\partial}{\partial t}(n\varphi(\boldsymbol{v})) + \nabla\cdot(n\,\boldsymbol{v}\,\varphi(\boldsymbol{v})) + \int \varphi(\boldsymbol{v})\boldsymbol{a}\cdot\nabla_v f\mathrm{d}^3v = \frac{\partial}{\partial t}(n\varphi(\boldsymbol{v}))\big|_c \quad (3.93)$$

式(3.93)等号右边的项还未明确定义。正如之前提到的,由于我们还没有考虑具体的碰撞过程,所以先用这个碰撞项占个位。

我们对式(3.93)左边第三项进行分步积分。根据定义,当 $v\to\infty$ 时,相空间密度 $f$ 会快速趋于零,所以对于任意给定的 $\varphi(\boldsymbol{v})$,当 $v\to\infty$ 时都有 $\varphi(\boldsymbol{v})f\to0$。因此有

$$\int \varphi(\boldsymbol{v})\boldsymbol{a}\cdot\nabla_v f\mathrm{d}^3v = -\int f\,\nabla_v\cdot(\boldsymbol{a}\varphi(\boldsymbol{v}))\mathrm{d}^3v \quad (3.94)$$

在之前推导 Boltzmann 方程时,我们注意到 $\boldsymbol{a}$ 与速度无关,或者说只包括 $\boldsymbol{v}\times\boldsymbol{B}$ 项。因此式(3.93)可以写为

$$\frac{\partial}{\partial t}(n\varphi(\boldsymbol{v})) + \nabla\cdot(n\,\boldsymbol{v}\,\varphi(\boldsymbol{v})) - n(\boldsymbol{a}\cdot\nabla_v)\varphi(\boldsymbol{v}) = \frac{\partial}{\partial t}(n\varphi(\boldsymbol{v}))\big|_c \quad (3.95)$$

式(3.95)是等离子体矩方程的广义形式,它与 Maxwell 方程组一起构成了 MHD 方程组。下一步是选择或确定 $\varphi(\boldsymbol{v})$ 的具体形式,但在这之前,我们注意到式(3.95)已表现出 MHD 中存在的一个基本问题。对于任意 $\varphi(\boldsymbol{v})$,其时间变化率 $\partial\varphi(\boldsymbol{v})/\partial t$ 与散度 $\nabla\cdot$

$v\varphi(v)$ 相关。这表明,要使任意阶次的矩方程闭合,必须得知道更高阶次的等离子体矩。我们后面会看到,解决这个 MHD 问题的关键是做出何种假设使方程组闭合。

### 3.5.2 连续性方程

我们先推导 $\varphi(v)=1$ 时的方程组。我们已经注意到,$\int f d^3 v = n$(很显然〈1〉=1)。我们用 $v=\bar{v}$ 表示某一组分粒子的平均速度或整体速度,有时人们也用 $u$ 表示。但是为避免与后面出现的符号混淆,我们用不带任何下标的 $u$ 指代等离子体的整体速度,而并非等离子体中某一种粒子组分的整体速度。式(3.95)左边最后一项会因速度梯度变为零而消失。因此对于零阶矩有

$$\frac{\partial n}{\partial t} + \nabla \cdot (n\bar{v}) = \frac{\partial n}{\partial t}\bigg|_c \tag{3.96}$$

式(3.96)就是通常意义上的连续性方程(continuity equation)(对于式(3.95)这样的更高阶矩方程,我们也称之为广义上的连续性方程,但与式(3.96)不同,我们一般将那些方程称为动量方程等)。式(3.96)适用于等离子体中的各类组分粒子。尽管我们还没有确定式(3.96)等号右边碰撞项是由什么过程导致的,但如果碰撞不包含离解与复合过程的话,等离子体中就不会产生粒子,这时可令方程右边项为零。

我们也注意到,在式(3.96)中,要确定 $\partial n/\partial t$ 就必须先知道 $\bar{v}$。因此,我们还需要得到一个一阶方程,假设 $\varphi(v)=mv$,其中,$m$ 是某类组分粒子的质量。在这种情况下,式(3.95)变为

$$\frac{\partial}{\partial t}(mn\bar{v}) + \nabla \cdot (mn\langle vv\rangle) - nma = \frac{\partial}{\partial t}(mn\bar{v})\bigg|_c \tag{3.97}$$

这就是动量方程,但在继续推导之前,我们首先要得到 $vv$ 和 $a$。首先,为明确式(3.97)左边第二项,我们使用了求和约定(summation convention)。将速度矢量 $v$ 的第 $i$ 个分量写为 $v_i$。下标 $i$ 的值(1、2 或 3)对应第一、第二或第三个坐标(例如,对于直角坐标系,1 对应 $x$,2 对应 $y$,3 对应 $z$)。如果两个下标的数值相同,则表示各个分量相加,例如,点乘 $a \cdot b$ 可被表示为 $a_i b_i$。根据上述约定,式(3.97)等号左边第二项的第 $i$ 个分量可写为 $\frac{\partial}{\partial x_j}(nmv_j v_i)$,其中,相同的下标 $j$ 表示点乘。

为继续讨论,我们回到积分表达式:

$$nv_j v_i = \int f v_j v_i d^3 v \tag{3.98}$$

我们定义 $w=v-\bar{u}$,其中,$w$ 是粒子相对于整体速度 $\bar{u}$ 的速度。我们先暂时不定义 $\bar{u}$,但是,根据 MHD 方程组的最终形式,$\bar{u}$ 代表单流体 MHD 的整体速度,或者代表双流体或多流体 MHD 中各组分粒子的整体速度。在这里可能还要做一点额外说明,目前为止我们在推导过程中并没有指定粒子的种类,所以得到的方程组可单独应用于等离子体中的每一种粒子成分。我们稍后合并方程时会将不同粒子的成分表示出来。速度 $w$ 有时被称为随机速度或本动速度(peculiar velocity)。我们在前面注意到〈$v$〉$=\bar{v}$,因此有〈$w$〉$=\bar{v}-\bar{u}$。这样可将式(3.98)展开为

$$\int f v_j v_i d^3 v = \int f(w_j + \bar{u}_j)(w_i + \bar{u}_i) d^3 v$$

$$= n\left[\langle w_j w_i \rangle + (\bar{v}_j - \bar{u}_j)\bar{u}_i + \bar{u}_j(\bar{v}_i - \bar{u}_i) + \bar{u}_j\bar{u}_i\right]$$

$$= n\left(\langle w_j w_i \rangle + \bar{v}_j\bar{u}_i + \bar{u}_j\bar{v}_i - \bar{u}_j\bar{u}_i\right) \tag{3.99}$$

对于气体而言，压强可以被定义为 $mn\langle w_j w_i \rangle = p_{ji}$，我们在这里将继续采用这种定义。正是因为采用 $mn\langle w_j w_i \rangle$ 这种压强定义*，我们才没有具体定义 $\bar{u}$。对于单流体 MHD 而言，质量、动量和能量方程一起构成了描述等离子体的一套方程组，这种情况下，$\bar{u}$ 为等离子体整体速度，即 $\bar{u} \equiv u$。在这种情况下，压强对应的随机速度是相对于 $u$ 定义的。在多流体 MHD 中，每类粒子组分都单独地有一组自身的质量、动量和能量方程。在这种情况下，对于每类粒子都有 $\bar{u} \equiv \bar{v}$。相应地，其压强对应的随机速度是相对于该种类粒子的整体速度定义的。而该种类粒子的整体速度与等离子体的平均整体速度 $u$ 是相同的。因此，压强的定义在单流体和多流体 MHD 中是不同的。虽然差异一般很小，但为严格起见，我们还是对 $\bar{v}$、$u$ 和 $\bar{u}$ 做了区分。

式(3.97)中最后需要确定的项是 $a$（我们后面再讨论碰撞项）。一般而言，我们有 $ma = q(E + v \times B) + F_g$，其中，$F_g$ 可包括重力($mg$)及其他非电磁的、与速度无关的力。由于有 $ma = q(E + \bar{v} \times B) + F_g$。因此，每种组分粒子的动量方程可写为

$$\frac{\partial}{\partial t}(mn\bar{v}_i) + \frac{\partial}{\partial x_j}\left[p_{ji} + nm(\bar{v}_j\bar{u}_i + \bar{u}_j\bar{v}_i - \bar{u}_j\bar{u}_i)\right] -$$

$$n\left[q(E_i + (\bar{v} \times B)_i) + F_{gi}\right] = \frac{\partial}{\partial t}(mn\bar{v}_i)\Big|_c \tag{3.100}$$

为了更清楚地展示梯度项的形式，我们采用了下标分量形式。与连续性方程一样，式(3.100)也需要对更高阶的 $p_{ji}$ 项进行具体定义。显然为使方程组闭合，其中一种方法是做冷等离子体假设，在这个假设下压强项就消失了。如果是热等离子体，我们就必须继续研究更高一阶的矩方程。于是，可令 $\varphi(v) = \frac{1}{2}mv^2$，即粒子的动能。用下标表示的话，有 $v^2 = v_i v_i$，因此式(3.95)可写为

$$\frac{\partial}{\partial t}\left(n\left\langle \frac{1}{2}mv_i v_i \right\rangle\right) + \frac{\partial}{\partial x_j}\left(n\left\langle \frac{1}{2}mv_i v_i v_j \right\rangle\right) - n\left\langle a_j\frac{\partial}{\partial v_j}\frac{1}{2}mv_i v_i \right\rangle = \frac{\partial}{\partial t}n\left\langle \frac{1}{2}mv_i v_i \right\rangle\Big|_c \tag{3.101}$$

根据式(3.99)和压强的定义，有

$$n\left\langle \frac{1}{2}mv_i v_i \right\rangle = \frac{1}{2}p_{ii} + nm\left(\bar{v}_i\bar{u}_i - \frac{1}{2}\bar{u}_i\bar{u}_i\right) \tag{3.102}$$

类似地，对式(3.101)左边第二项，有：

$$n\left\langle \frac{1}{2}mv_j v_i v_i \right\rangle = n\left\langle \frac{1}{2}m(w_j + \bar{u}_j)(w_i + \bar{u}_i)(w_i + \bar{u}_i) \right\rangle$$

$$= \frac{1}{2}nm\langle w_j w_i w_i \rangle + p_{ji}\bar{u}_i + \frac{1}{2}p_{ii}\bar{u}_j + nm\left(\frac{1}{2}\bar{v}_j\bar{u}_i\bar{u}_i + \bar{u}_j\bar{v}_i\bar{u}_i - \bar{u}_j\bar{u}_i\bar{u}_i\right) \tag{3.103}$$

我们定义每类粒子组分的热通量(**heat flux**)为

$$q_j = \frac{1}{2}nm\langle w_j w_i w_i \rangle \tag{3.104}$$

需要注意的是,我们也用 $q$ 表示粒子的电荷,但这二者之间不存在混淆,因为热通量是个矢量。此外,与压强项一样,由于不同组分粒子的流速不同,$q$ 在单流体 MHD 和多流体形式的 MHD 中会略有不同。

我们先不考虑碰撞项,仅需考虑式(3.101)左边最后一项:

$$n \left\langle a_j \frac{\partial}{\partial v_j} \frac{1}{2} m v_i v_i \right\rangle = n \langle a_j m \delta_{ji} v_i \rangle = nm \langle \boldsymbol{a} \cdot \boldsymbol{v} \rangle \qquad (3.105)^{①}$$

我们再次注意到 $\boldsymbol{a}$ 中唯一与速度相关的项是 $\boldsymbol{v} \times \boldsymbol{B}$,所以有 $nm \langle \boldsymbol{a} \cdot \boldsymbol{v} \rangle = n(q\boldsymbol{E} + \boldsymbol{F}_{\mathrm{g}}) \cdot \bar{\boldsymbol{v}}$。因此,由式(3.101),我们可得到每类组分粒子的能量方程:

$$\frac{\partial}{\partial t} \left[ \frac{1}{2} p_{ii} + nm \left( \bar{v}_i \bar{u}_i - \frac{1}{2} \bar{u}_i \bar{u}_i \right) \right] +$$

$$\frac{\partial}{\partial x_j} \left[ q_j + p_{ji} \bar{u}_i + \frac{1}{2} p_{ii} \bar{u}_j + nm \left( \frac{1}{2} \bar{v}_j \bar{u}_i \bar{u}_i + \bar{u}_j \bar{v}_i \bar{u}_i - \bar{u}_j \bar{u}_i \bar{u}_i \right) \right] - \qquad (3.106)$$

$$n(qE_i + F_{\mathrm{g}i}) \bar{v}_i = \frac{\partial}{\partial t} n \left\langle \frac{1}{2} m v_i v_i \right\rangle \Big|_{\mathrm{c}}$$

我们继续推导高阶矩方程,推导出一个可以将热通量的时间变化率与更高阶矩联系起来的方程。然而,我们通常截至能量方程式(3.106)就可以了。乍一看,这个方程似乎很复杂,但我们稍后可看到,能量方程可简化为一个相对简单的形式。

关于式(3.106)需要说明的另一点是,热通量 $q$ 具有非常特定的含义。热通量这一项是由对相空间密度进行速度的三阶矩积分推导出的,它与相对于 $\bar{u}$ 的分布偏度有关($\bar{u}$ 为参考速度)。在式(3.106)中还有其他能量通量项,但这些项与热压和动压的对流运动有关。这些能量通量可通过多种低阶矩的组合表示。只是这里定义的 $q$ 需要计算等离子体的三阶矩。

### 3.5.3　单流体磁流体力学

为更进一步讨论,对于应该推导单流体 MHD 方程还是多流体 MHD 方程,我们将做出选择。这里我们将通过假设 $\bar{u} = u$ 并定义以下物理量获得单流体 MHD 方程:

质量密度 
$$\rho = \sum_s n_s m_s \qquad (3.107)$$

电荷密度 
$$\rho_{\mathrm{q}} = \sum_s n_s q_s \qquad (3.108)$$

等离子体流速 
$$\boldsymbol{u} = \frac{\sum_s n_s m_s \boldsymbol{u}_s}{\rho}, \text{而且有 } \boldsymbol{u}_s \equiv \bar{\boldsymbol{v}}_s \qquad (3.109)$$

电流密度 
$$\boldsymbol{j} = \sum_s n_s q_s \boldsymbol{u}_s \qquad (3.110)$$

总压强张量 
$$p_{ij} = \sum_s p_{sji} \qquad (3.111)$$

热通量 
$$\boldsymbol{q} = \sum_s \boldsymbol{q}_s \qquad (3.112)$$

---

①　对于 $\delta_{ji}$,若下标相同则表示为 1,若不相同则表示为 0。

其中,将等离子体中所有粒子的组分都加起来(不同粒子组分用下标 s 表示)。我们现在可用 $\boldsymbol{u}_s$ 表示不同粒子组分的流速,$q_s$ 对应为该组分粒子携带的电荷,$\boldsymbol{q}_s$ 对应为该组分粒子的热通量。

在推导单流体 MHD 时,对碰撞项也可进行一定简化。特别是,对于等离子体中不同组分粒子之间的碰撞,总质量、动量或能量是没有变化的。因此,结合连续性方程、动量方程和能量方程,碰撞作用仅考虑与外部粒子碰撞产生的变化(与电离层中的中性原子碰撞,或气体环[①]中的电荷交换作用)。

式(3.96)乘以质量,再对所有粒子组分求和,可得[②]

$$\frac{\partial \rho}{\partial t} + \nabla \cdot (\rho \boldsymbol{u}) = \left.\frac{\partial \rho}{\partial t}\right|_{n \to p} \tag{3.113}$$

其中,我们把右边的下标 c 换成了 n→p,这样可以更清楚地表明任何质量的增益或损失都与等离子体的外部过程有关,比如离解(dissociation)或复合(recombination)。从某种意义上说,这些过程是外部过程,例如,虽然复合过程并不影响粒子质量,但当离子和电子复合形成中性粒子时,等离子体的质量就会损失。式(3.113)中的箭头符号表明中性粒子经电离后引起等离子体质量的增加。

如果我们将连续性方程式(3.96)乘以电荷,并对各组分粒子求和,那么将得到电荷守恒方程:

$$\frac{\partial \rho_q}{\partial t} + \nabla \cdot \boldsymbol{j} = 0 \tag{3.114}$$

在式(3.114)中没有外部电荷源,所以方程右边等于零。这是因为,无论等离子体内部粒子碰撞过程如何,都无法产生净电荷。例如,复合作用会损失等离子体的质量,但对净电荷的产生或损失没有贡献。因此式(3.114)与式(3.5)是一样的,后者是由 Maxwell 方程得到的电荷守恒方程,而式(3.114)则是通过 Boltzmann 方程的矩积分得到的。

对式(3.100)各粒子组分求和,可得:

$$\frac{\partial}{\partial t}(\rho \boldsymbol{u}) + \nabla \cdot (\overleftrightarrow{\boldsymbol{p}} + \rho \boldsymbol{uu}) - \rho_q \boldsymbol{E} - \boldsymbol{j} \times \boldsymbol{B} - \rho \boldsymbol{g} = \left.\frac{\partial \boldsymbol{p}}{\partial t}\right|_{n \to p} \tag{3.115}$$

这就是单流体 MHD 的动量方程。为简单起见,我们假设了 $\boldsymbol{F}_g = m\boldsymbol{g}$,不然式(3.115)左边的最后一项形式会复杂一些。在式(3.115)中,$\overleftrightarrow{\boldsymbol{p}}$ 是一个张量,根据求和约定,式(3.115)左边的散度项为

$$\nabla \cdot (\overleftrightarrow{\boldsymbol{p}} + \rho \boldsymbol{uu}) = \frac{\partial}{\partial x_j}(p_{ji} + \rho u_i u_j) \tag{3.116}$$

在式(3.115)中,右边的项表示外部过程引起的等离子体动量($\boldsymbol{p}$)变化。引起等离子体动量变化的一个过程就是电荷交换(charge exchange),通过电荷交换,离子获得电子而变为中性粒子,而中性粒子失去电子成为离子。由于碰撞前的初始离子和中性粒子通常具有不同的速度,电荷交换的效果是在不改变等离子体内离子或电子总数的情况下使等离子体动量出现增减。如果离子和中性粒子的质量不同,那么电荷交换也可能改变等离子体的质

---

① 原文中的 gas torus 在土星或木星上较为常见,因为土星或木星空间环境中存在卫星物质喷发形成环绕行星的气体环。

② 下标 n→p,译者认为意为中性粒子通过物理过程作用成为了等离子体带电粒子。

量密度(如质子与氧原子发生电荷交换的情形)。

最后,对式(3.106)各组分粒子求和,可得到能量方程为

$$\frac{\partial}{\partial t}\left(\frac{1}{2}p_{ii}+\frac{1}{2}\rho u^2\right)+\nabla\cdot\left(\boldsymbol{q}+\overset{\leftrightarrow}{\boldsymbol{p}}\cdot\boldsymbol{u}+\frac{1}{2}p_{ii}\boldsymbol{u}+\frac{1}{2}\rho u^2\boldsymbol{u}\right)-\boldsymbol{j}\cdot\boldsymbol{E}-\rho\boldsymbol{u}\cdot\boldsymbol{g}=\frac{\partial W}{\partial t}\bigg|_{\text{n}\rightarrow\text{p}}$$

$$(3.117)$$

与式(3.113)和式(3.115)类似,式(3.117)右边项描述了因外部粒子与等离子体相互作用而造成的等离子体能量密度变化率。同样,如式(3.115)所示,$\overset{\leftrightarrow}{\boldsymbol{p}}$ 是一个张量,所以有

$$\nabla\cdot(\overset{\leftrightarrow}{\boldsymbol{p}}\cdot\boldsymbol{u})=\frac{\partial}{\partial x_i}p_{ii}u_j \tag{3.118}$$

式(3.113)、式(3.115)和式(3.117)构成的方程组基本上是完整的,并且以相对直接的方式包含了碰撞项。而且显然,当我们假设 $\nabla\cdot\boldsymbol{q}=0$ 时,整个方程组是会闭合的。这也通常是我们闭合 MHD 方程所作的假设。有时我们也通过假设 $\boldsymbol{q}=0$ 来闭合方程组。但 $\nabla\cdot\boldsymbol{q}=0$ 这个假设条件则更宽泛地适用于等离子体存在热通量的情形。然而,一般只有当 $\nabla\cdot\boldsymbol{q}\neq0$ 时我们才会考虑热通量。

在应用 MHD 的多数情况下,我们通常假设不存在与"外部"粒子的相互作用,那么式(3.113)、式(3.115)、式(3.117)的右边项均可设为零。在这种情况下,方程组可简化为通常形式下的 MHD 方程组:

$$\frac{\partial\rho}{\partial t}+\nabla\cdot(\rho\boldsymbol{u})=0 \tag{3.119}$$

$$\rho\frac{\mathrm{D}\boldsymbol{u}}{\mathrm{D}t}+\nabla\cdot\overset{\leftrightarrow}{\boldsymbol{p}}-\boldsymbol{j}\times\boldsymbol{B}-\rho\boldsymbol{g}-\rho_{\mathrm{q}}\boldsymbol{E}=0 \tag{3.120}$$

$$\frac{\mathrm{D}}{\mathrm{D}t}\left(\frac{1}{2}p_{ii}\right)+\frac{1}{2}p_{ii}\nabla\cdot\boldsymbol{u}+\overset{\leftrightarrow}{\boldsymbol{p}}:\nabla\boldsymbol{u}+\nabla\cdot\boldsymbol{q}+(\rho_{\mathrm{q}}\boldsymbol{u}-\boldsymbol{j})\cdot(\boldsymbol{E}+\boldsymbol{u}\times\boldsymbol{B})=0 \tag{3.121}$$

其中,有:

$$\frac{\mathrm{D}}{\mathrm{D}t}\equiv\frac{\partial}{\partial t}+\boldsymbol{u}\cdot\nabla \tag{3.122}$$

":"代表双点积,所以有:

$$\overset{\leftrightarrow}{\boldsymbol{p}}:\nabla\boldsymbol{u}\equiv p_{ij}\frac{\partial}{\partial x_j}u_i \tag{3.123}$$

并且我们用到了 $p_{ii}=p_{ji}$ 这个条件。在推导式(3.121)时,我们使用动量方程式(3.120)从式(3.117)中消去了重力项,并使用连续性方程式(3.119)消去了与动压有关的其他项。

在进一步讨论之前,我们将讨论式(3.120)和式(3.121)左边最后一项的相对重要性。如前所述,在讨论等离子体状态时,我们指出等离子体是准电中性的,即 $n_{\mathrm{e}}\approx n_{\mathrm{i}}\approx n$,其中,$n$ 是等离子体数密度,因此有 $\rho_{\mathrm{q}}\ll nq$(这里的下标 e 和 i 分别指电子和离子)。由于准中性,我们忽略了式(3.120)左边的最后一项。另外,电流密度 $j\approx ne(u_{\mathrm{i}}-u_{\mathrm{e}})$,其中,e 为电子电荷量。通常离子和电子的速度差很小,所以 $\rho_{\mathrm{q}}\boldsymbol{u}-\boldsymbol{j}\approx0$。此外,如我们稍后所得到的,根据"磁冻结"条件有 $(\boldsymbol{E}+\boldsymbol{u}\times\boldsymbol{B})\approx0$。这样式(3.121)左边的最后一项(具有焦耳耗散形式)可以忽略。

因此,在当前阶段我们可以把式(3.120)和式(3.121)左边最后一项忽略。这就消除了动量和能量方程对电场的任何显著依赖。我们进一步假设 $\nabla\cdot\boldsymbol{q}=0$,最后假设压强是各向同性的,即 $p_{ij}=p\delta_{ij}$。通过这些近似假设,式(3.121)就变为

$$\frac{\mathrm{D}}{\mathrm{D}t}\left(\frac{3}{2}p\right) + \frac{5}{2}p\,\nabla\cdot\boldsymbol{u} = 0 \tag{3.124}$$

可把质量连续性方程式(3.119)重写为

$$\frac{\mathrm{D}\rho}{\mathrm{D}t} + \rho\,\nabla\cdot\boldsymbol{u} = 0 \tag{3.125}$$

并注意到热力学中的比热比(the ratio of specific heats)为 $\gamma = (N+2)/N$,其中,$N$ 为粒子运动的自由度个数。那么对于 $N=3$,则有 $\gamma = 5/3$,这时结合式(3.125),式(3.124)[①]变为

$$\frac{\mathrm{D}p}{\mathrm{D}t} - \frac{\gamma p}{\rho}\frac{\mathrm{D}\rho}{\mathrm{D}t} = 0 \tag{3.126}$$

或者

$$\frac{\mathrm{D}}{\mathrm{D}t}(p\rho^{-\gamma}) = 0 \tag{3.127}$$

该式就是绝热过程中压强和密度的变化关系。这并不奇怪,因为我们假设了 $\nabla\cdot\boldsymbol{q} = 0$,这说明等离子体并没有获得或损失热量。

到目前为止,我们还没有讨论等离子体压强、内能和温度之间的关系。然而,在大多数文献中,MHD 方程组的推导则明确参考了理想气体定律 $p = \sum_s n_s kT$,以及内能与温度的关系 $U = N\sum_s n_s kT/2$,其中 $N$ 为粒子运动的自由度个数,$k$ 为 Boltzmann 常数,$T$ 为等离子体热力学温度。需要注意的是,理想气体定律隐含假设了等离子体中所有粒子组分都具有相同的温度(这对应等离子体碰撞频率较高时的情形)。此外,理想气体定律中的数密度是粒子总的数密度,因此对于含两种粒子组分且两种粒子组分温度 $T$ 都相同的等离子体而言,$p = 2nkT$。考虑到我们通常认为等离子体数密度是 $n$ 而不是 $2n$,所以理想气体定律如何适用于等离子体是存在潜在模糊性的。如果我们将理想气体定律分别用于每种等离子体粒子组分,即 $p_s = n_s kT_s$,并定义 $U_s = N_s n_s kT_s/2$,那么这种潜在的模糊性就能消除。尤其是我们不再要求假设每种组分粒子都有相同的温度。对于含两种粒子组分的等离子体而言,$T_e$ 不一定等于 $T_i$。事实上,为凸显与理想气体定律的关系,我们可以定义一个平均温度 $T = \sum_s n_s T_s / \sum_s n_s$,并采用平均温度定义压强和内能,不一定要求假设每种组分粒子都具有相同的温度。

### 3.5.4　磁流体理论小结

本节我们给出了推导等离子体流体方程的具体步骤。我们从 Boltzmann 方程出发,通过该方程,我们得到了广义等离子体矩方程(见式(3.95)),该方程是等离子体 MHD 理论的基础方程:

$$\frac{\partial}{\partial t}(n\varphi(\boldsymbol{v})) + \nabla\cdot(n\boldsymbol{v}\varphi(\boldsymbol{v})) - n(\boldsymbol{a}\cdot\nabla_v)\varphi(\boldsymbol{v}) = \frac{\partial}{\partial t}(n\varphi(\boldsymbol{v}))\Big|_c$$

方程右边是粒子碰撞项。此外,除 $\boldsymbol{v}\times\boldsymbol{B}$ 作用力外,我们假设粒子的加速度 $\boldsymbol{a}$ 与速度无关。

式(3.95)可分别用于每种组分粒子不同阶次矩方程的推导,但本节我们只给出了单流体

---

① $N=3$ 时,实际默认粒子仅存在 $x$、$y$、$z$ 3 个方向上的运动自由度。

MHD 的推导。在这个推导中,等离子体热压是相对于等离子体的整体流动速度 $u$ 来定义的。

对于单流体 MHD,忽略粒子碰撞,我们会得到以下等离子体矩方程:

质量密度连续性方程(见式(3.119)):

$$\frac{\partial \rho}{\partial t} + \nabla \cdot (\rho u) = 0$$

电荷密度连续性方程(见式(3.114)):

$$\frac{\partial \rho_q}{\partial t} + \nabla \cdot j = 0$$

动量方程:

$$\rho \frac{Du}{Dt} + \nabla \cdot \overset{\leftrightarrow}{p} - j \times B = 0 \tag{3.128}$$

以及能量方程(见式(3.127)):

$$\frac{D}{Dt}(p\rho^{-\gamma}) = 0$$

在式(3.128)中,我们忽略了重力项,并使用了准中性条件(参见式(3.120))。而在式(3.127)中,我们假设了与焦耳耗散和热通量相关的项都可以忽略。这样所得的流体方程组通常称为理想 MHD 方程组。

## 3.6  广义欧姆定律及磁冻结条件

式(3.119)、式(3.128)和式(3.127)分别描述了理想 MHD 条件下等离子体中质量、动量和能量的守恒关系。虽然准电中性假设并没有明确守恒方程中电场的参考系。然而电场确实通过 Maxwell 方程式(3.1)、式(3.2)和式(3.3)被引入进来。如式(3.2)所写,Ampère 定理包括位移电流项(displacement current),$(\varepsilon_0 \partial E)/\partial t$。虽然从形式上位移电流可以保留在方程组中,但在 MHD 里它一般可以被忽略。

### 3.6.1  位移电流与 MHD

为理解位移电流什么条件下可被忽略,我们将电场分为"纵向"和"横向"两个分量,即 $E = E_L + E_\perp$,并且有 $\nabla \cdot E = \nabla \cdot E_L$,$\nabla \times E = \nabla \times E_T$。通过 $B = \nabla \times A$ 及 $E = -\nabla \phi - \partial A/\partial t$,其中 $\phi$ 和 $A$ 分别为标势和磁矢势,我们显然可对电场做这种标势和矢势的分离。假设磁矢势满足库仑规范 $\nabla \cdot A = 0$,这意味着 $A$ 可以表示为另一个矢量势的旋度,那么我们有 $E_L = -\nabla \phi$,$E_T = -\partial A/\partial t$。

通过 Gauss 定律式(3.3)的时间变化率,位移电流的纵向部分可保证电荷守恒关系:

$$\varepsilon_0 \nabla \cdot \frac{\partial E_L}{\partial t} = \frac{\partial \rho_q}{\partial t} = -\nabla \cdot j \tag{3.129a}$$

另外,电场横向分量可通过 Faraday 定律引入。我们对 Ampère 定律式(3.2)两边求旋度,并将电场旋度项作替换,可得:

$$-\mu_0 \nabla \times j = -\nabla \times (\nabla \times B) + \frac{1}{c^2} \nabla \times \frac{\partial E_T}{\partial t} = \nabla^2 B - \frac{1}{c^2} \frac{\partial^2 B}{\partial t^2} \tag{3.129b}$$

如果$\nabla\times j=0$,那么式(3.129b)可简化为光的波动方程。位移电流的横向分量保证了信号的传播速度不会超过光速[①]。

由式(3.129a)和式(3.129b)可见,如果等离子体内的特征速度远小于光速,且符合准电中性条件,那么位移电流项可以忽略。在这种情况下,电荷守恒条件就变为

$$\nabla\cdot j=0 \tag{3.130}$$

并且 Ampère 定律也变为

$$\nabla\times \boldsymbol{B}=\mu_0 j \tag{3.131}$$

严格说来,忽略位移电流纵向分量[②]的条件不是 $\rho_q=0$,而是 $\partial\rho_q/\partial t=0$。因此,我们将看到,$\nabla\cdot \boldsymbol{E}$ 不一定必须为零,只要等离子体的时间变化足够缓慢,就可以认为式(3.130)是成立的。同样,$\nabla\times \boldsymbol{E}$ 也不需要必须为零($\nabla\times \boldsymbol{E}=0$ 说明磁场不随时间变化),只要在 Ampère 定律中 $\varepsilon_0\partial \boldsymbol{E}/\partial t$ 非常小,我们就可以忽略位移电流项。

### 3.6.2　广义欧姆定律

由于我们可忽略位移电流项,所以式(3.131)是目前为止我们导出的唯一包含电场的方程。现在我们还需要用另一个方程把电场和其他物理量关联起来。这个方程就是广义 Ohm(欧姆)定律,该方程可通过对每种组分粒子的动量方程式(3.100)两边同时乘以 $q_s/m_s$,并对各组分粒子求和得到:

$$\frac{\partial j}{\partial t}+\nabla\cdot\left(\sum_s \frac{q_s\overleftrightarrow{\boldsymbol{p}}_s}{m_s}+ju+uj-\rho_q uu\right)-\sum_s \frac{n_s q_s^2}{m_s}(\boldsymbol{E}+\boldsymbol{u}_s\times \boldsymbol{B})-\rho_q \boldsymbol{g}$$
$$=-\sum_{s,k}n_s q_s \nu_{sk}(\boldsymbol{u}_s-\boldsymbol{u}_k)$$

$$\tag{3.132}$$

按照我们处理质量方程、动量方程和能量方程的方法,我们形式上保留了式(3.132)中的所有项,但对该方程我们可进一步做几个简化假设。方程式(3.132)右边项是碰撞项,其中 $\nu_{sk}$ 是 s 类粒子和 $k$ 类粒子之间的碰撞频率。我们还假设碰撞过程并不包括电子-中性粒子或离子-中性粒子的碰撞。

对于式(3.132),第一个简化假设是 $\rho_q\approx 0$。在这种情况下,可以消去所有与 $\rho_q$ 有关的项,左边第二项中的 $\nabla\cdot j$ 也随之消去。因此,在这个近似条件下,我们得到:

$$\frac{\mathrm{D}j}{\mathrm{D}t}+j\cdot\nabla u+j\nabla\cdot u+\nabla\cdot\left(\sum_s \frac{q_s\overleftrightarrow{\boldsymbol{p}}_s}{m_s}\right)-\sum_s \frac{n_s q_s^2}{m_s}(\boldsymbol{E}+\boldsymbol{u}_s\times \boldsymbol{B})=-\sum_{s,k}n_s q_s \nu_{sk}(\boldsymbol{u}_s-\boldsymbol{u}_k)$$

$$\tag{3.133}$$

接下来,考虑到电子质量远小于离子质量,即 $m_e\ll m_i$,在这种情况下,式(3.133)左边的两个求和项中我们仅考虑包含电子质量项的贡献,则有:

---

①　只有位移电流的引入才能得到电磁波的传播。译者不是特别清楚原文为什么说位移电流的横向分量使电磁波的传播速度不会超过光速。

②　该纵向分量为 $\varepsilon_0\dfrac{\partial \boldsymbol{E}_L}{\partial t}$。

$$\frac{\mathrm{D}\boldsymbol{j}}{\mathrm{D}t} + \boldsymbol{j}\cdot\nabla\boldsymbol{u} + \boldsymbol{j}\nabla\cdot\boldsymbol{u} - \nabla\cdot\left(\frac{e\overset{\leftrightarrow}{\boldsymbol{p}}_{\mathrm{e}}}{m_{\mathrm{e}}}\right) - \frac{n_{\mathrm{e}}e^2}{m_{\mathrm{e}}}(\boldsymbol{E} + \boldsymbol{u}_{\mathrm{e}}\times\boldsymbol{B}) = -\sum_i n_{\mathrm{e}}e\nu_{\mathrm{ei}}(\boldsymbol{u}_{\mathrm{e}} - \boldsymbol{u}_{\mathrm{i}})$$

$$(3.134)$$

其中,由于电子-离子的碰撞不改变等离子体系统的动量,所以有 $\nu_{\mathrm{ie}} = m_{\mathrm{e}}\nu_{\mathrm{ei}}/m_{\mathrm{i}}$,我们据此对式(3.133)右边也作了对应简化,仅保留电子与离子的碰撞项,而忽略了离子与电子的碰撞作用。

尽管我们在方程形式上考虑了多种组分离子,但假设所有离子都以相同的整体速度运动,而且由于 $m_{\mathrm{e}} \ll m_{\mathrm{i}}$,有 $\boldsymbol{u}_{\mathrm{i}} = \boldsymbol{u}$。在这种情况下,$\boldsymbol{j} = n_{\mathrm{e}}e(\boldsymbol{u}_{\mathrm{i}} - \boldsymbol{u}_{\mathrm{e}})$。

根据这些近似条件,我们重新整理各项,得到:

$$\frac{m_{\mathrm{e}}}{n_{\mathrm{e}}e^2}\left(\frac{\mathrm{D}\boldsymbol{j}}{\mathrm{D}t} + \boldsymbol{j}\cdot\nabla\boldsymbol{u} + \boldsymbol{j}\nabla\cdot\boldsymbol{u}\right) = \boldsymbol{E} + \boldsymbol{u}\times\boldsymbol{B} - \frac{\boldsymbol{j}\times\boldsymbol{B}}{n_{\mathrm{e}}e} + \frac{1}{n_{\mathrm{e}}e}\nabla\cdot\overset{\leftrightarrow}{\boldsymbol{p}}_{\mathrm{e}} - \frac{m_{\mathrm{e}}}{n_{\mathrm{e}}e^2}\bar{\nu}_{\mathrm{ei}}\boldsymbol{j}$$

$$(3.135)$$

其中,$\bar{\nu}_{\mathrm{ei}}$ 是电子-离子碰撞频率之和。碰撞项通常可用电导率表示:

$$\sigma = \frac{n_{\mathrm{e}}e^2}{m_{\mathrm{e}}\bar{\nu}_{\mathrm{ei}}}$$

$$(3.136)$$

若进一步假设关于 $\boldsymbol{u}$ 和 $\boldsymbol{j}$ 的二次项可以去掉,那么式(3.135)可简化为广义 Ohm 定律的经典形式:

$$j = \sigma\left(\boldsymbol{E} + \boldsymbol{u}\times\boldsymbol{B} - \frac{\boldsymbol{j}\times\boldsymbol{B}}{n_{\mathrm{e}}e} + \frac{1}{n_{\mathrm{e}}e}\nabla\cdot\overset{\leftrightarrow}{\boldsymbol{p}}_{\mathrm{e}} - \frac{m_{\mathrm{e}}}{n_{\mathrm{e}}e^2}\frac{\partial\boldsymbol{j}}{\partial t}\right)$$

$$(3.137)$$

对于碰撞频率极低(或电导率无限大)的情形,括号中的所有项都约为零。如果进一步假设 $\boldsymbol{j}\times\boldsymbol{B}$ 项(或 Hall 项),电子运动形成的压强项,及 $\partial\boldsymbol{j}/\partial t$ 项都可忽略,那么我们可得到:

$$\boldsymbol{E} + \boldsymbol{u}\times\boldsymbol{B} = 0$$

$$(3.138)$$

这就是理想 MHD 的 Ohm 定律。这也是为什么式(3.121)左边最后一项可以忽略。式(3.138)也说明了对式(3.120)中关于 $\rho_q \approx 0$ 假设的合理性。如果我们假设等离子体速度在空间尺度 $L$ 上有一个剪切效应,那么比较式(3.120)中的电磁力作用项可得到:

$$\rho_q E : jB \approx \frac{\varepsilon_0 E^2}{L} : \frac{B^2}{\mu_0 L} \approx \frac{u^2}{c^2} : 1$$

$$(3.139)$$

其中,我们假设了电流密度也有同样的空间变化尺度 $L$,即 $B/L \approx \mu_0 j$。

## 3.6.3　磁冻结定理

理想化的欧姆定律式(3.138)会引出一个重要的结论,那就是磁冻结定理(frozen-in theorem);因此理想的欧姆定律式(3.138)也被称为磁冻结条件(frozen-in condition)。磁冻结定理指出,磁场可被看作是"冻结"在流体中的。该定理包含两层意思:第一,给定任一封闭面积,当该面积区域随磁流体运动时,穿过该封闭面积内的磁通量始终保持不变;第二,连接两个流体微元的磁场线,在任何时刻都与这两个流体微元保持连接。

为证明该定理的这两层含义,我们首先需导出两个等式,将磁场线线元和面积微元的变化与等离子体中的梯度关联起来。为展示我们使用的方法,首先考虑磁场线线元的变化,图 3.8 显示了线元矢量 $\mathrm{d}\boldsymbol{r}$ 如何随等离子体流 $\boldsymbol{u}$ 对流而变为 $\mathrm{d}\boldsymbol{r}'$。

根据图 3.8 给出的流场和磁场线几何结构,我们有

$$\mathrm{d}\boldsymbol{r}' = \boldsymbol{r}'_2 - \boldsymbol{r}'_1 = \boldsymbol{r}_2 - \boldsymbol{r}_1 + (\boldsymbol{u}_2 - \boldsymbol{u}_1)\delta t = \mathrm{d}\boldsymbol{r} + (\boldsymbol{u}_2 - \boldsymbol{u}_1)\delta t \qquad (3.140)$$

通过 Taylor 展开,有:

$$\boldsymbol{u}_2 = \boldsymbol{u}_1 + (\mathrm{d}\boldsymbol{r} \cdot \nabla)\boldsymbol{u}_1 \qquad (3.141)$$

和

$$\mathrm{d}\boldsymbol{r}' - \mathrm{d}\boldsymbol{r} = \left[(\mathrm{d}\boldsymbol{r} \cdot \nabla)\boldsymbol{u}_1\right]\delta t \qquad (3.142)$$

当 $\delta t \to 0$,有:

$$\frac{\mathrm{D}\mathrm{d}\boldsymbol{r}}{\mathrm{D}t} = (\mathrm{d}\boldsymbol{r} \cdot \nabla)\boldsymbol{u} \qquad (3.143)$$

我们在图 3.9 中画出了一个简单的几何图形以展示面积元的变化。我们假设有一椭圆面积元(矢量)$\mathrm{d}\boldsymbol{S}$,$\mathrm{d}\boldsymbol{S}$ 的方向沿面积元的法向,即沿局部笛卡儿坐标系的 $z$ 轴方向。流速用 $\boldsymbol{u}$ 表示,并将散度算子定义为 $\nabla = \nabla_\perp + \partial/\partial z$,我们令 $\nabla_\perp u_z$ 的梯度方向为坐标系的 $x$ 轴。此外,为简化研究,假设 $u_x$ 和 $u_y$ 的平均值为零。我们当然可以假设 $u_x$ 和 $u_y$ 的平均值为非零值,这会使面积元在 $xOy$ 平面上出现移动变化,这并不影响 $\mathrm{d}\boldsymbol{S}$ 的变化,只会使我们的示意图变得复杂。

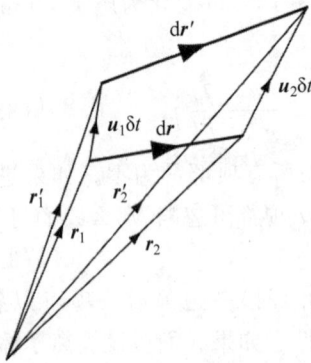
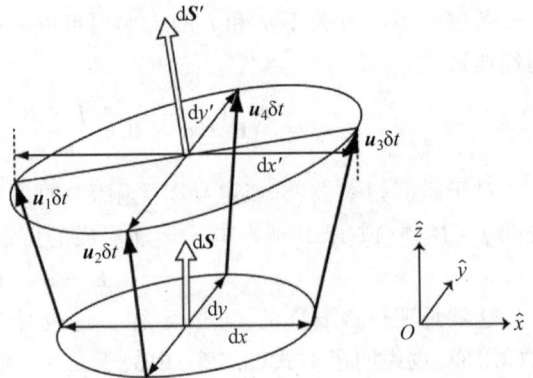

图 3.8 磁场线线元矢量 $\mathrm{d}\boldsymbol{r}$ 在流场 $\boldsymbol{u}$ 中因传输运动而引起的变化量

图 3.9 面积元 $\mathrm{d}\boldsymbol{S}$ 在流场 $\boldsymbol{u}$ 中因传输运动而引起的变化量

在随等离子体流的运动传输中,面积元 $\mathrm{d}\boldsymbol{S}$ 的大小和方向都发生了改变,变化大小为

$$\mathrm{d}\boldsymbol{S}' - \mathrm{d}\boldsymbol{S} = \pi(\mathrm{d}x'\mathrm{d}y' - \mathrm{d}x\mathrm{d}y) \qquad (3.144)$$

(由于面积元法向的改变,椭圆的半长轴会略大于 $\mathrm{d}x'$,但这是二阶小量效应)。

在一阶近似条件下,有:

$$\mathrm{d}x' - \mathrm{d}x = (u_{3x} - u_{1x})\delta t = \mathrm{d}x\left(\frac{\partial u_x}{\partial x}\right)\delta t \qquad (3.145\text{a})$$

及

$$\mathrm{d}y' - \mathrm{d}y = (u_{4y} - u_{2y})\delta t = \mathrm{d}y\left(\frac{\partial u_y}{\partial y}\right)\delta t \qquad (3.145\text{b})^{①}$$

---

① 原书为 $\mathrm{d}y' - \mathrm{d}y = (u_{3y} - u_{1y})\delta t = \mathrm{d}y(\partial u_y/\partial y)\delta t$。

那么,当 $\delta t \to 0$ 时,我们发现有[①]:

$$\hat{\boldsymbol{n}} \frac{\mathrm{D}\mathrm{d}S}{\mathrm{D}t} = \mathrm{d}\boldsymbol{S} \left( \frac{\partial u_x}{\partial x} + \frac{\partial u_y}{\partial y} \right) = \mathrm{d}\boldsymbol{S} \left( \nabla \cdot \boldsymbol{u} - \frac{\partial u_z}{\partial z} \right) \tag{3.146}$$

其中,$\hat{\boldsymbol{n}}\mathrm{d}S = \mathrm{d}\boldsymbol{S}$,并且法向 $\hat{\boldsymbol{n}}$ 平行于 $z$ 轴。

由图 3.9,法向的变化量为

$$\delta \hat{\boldsymbol{n}} = -\hat{\boldsymbol{x}} (u_{3z} - u_{1z}) \delta t / \mathrm{d}x \tag{3.147}$$

因此,通过 Taylor 展开,当 $\delta t \to 0$ 时,有:

$$\frac{\mathrm{D}\hat{\boldsymbol{n}}}{\mathrm{D}t} = -\hat{\boldsymbol{x}} \frac{\partial u_z}{\partial x} \tag{3.148}$$

由于我们令 $u_z$ 在 $\mathrm{d}S$ 平面上的梯度方向为 $x$ 轴方向,可以更一般地将式(3.148)写为

$$\mathrm{d}S \frac{\mathrm{D}\hat{\boldsymbol{n}}}{\mathrm{D}t} = -\left( \mathrm{d}S \nabla - \mathrm{d}\boldsymbol{S} \frac{\partial}{\partial z} \right) u_z \tag{3.149}$$

结合式(3.146)和式(3.149),得到:

$$\frac{\mathrm{D}\mathrm{d}\boldsymbol{S}}{\mathrm{D}t} = \mathrm{d}\boldsymbol{S} \nabla \cdot \boldsymbol{u} - \mathrm{d}S \nabla u_n \tag{3.150}$$

其中,$u_n$ 是沿面积元的法向的速度,并且有 $\boldsymbol{u} \cdot \mathrm{d}\boldsymbol{S} = u_n \mathrm{d}S$。

虽然我们在式(3.150)之前就先推导出了式(3.143),但我们这里还是先考虑使用式(3.150)。如果我们定义 $\Phi$ 为通过某面积的磁通量:

$$\frac{\mathrm{D}\Phi}{\mathrm{D}t} = \frac{\mathrm{D}}{\mathrm{D}t} \int \boldsymbol{B} \cdot \mathrm{d}\boldsymbol{S} = \int \left[ \left( \frac{\partial \boldsymbol{B}}{\partial t} + \boldsymbol{u} \cdot \nabla B \right) \cdot \mathrm{d}\boldsymbol{S} + \boldsymbol{B} \cdot \frac{\mathrm{D}\mathrm{d}\boldsymbol{S}}{\mathrm{D}t} \right] \tag{3.151}$$

利用式(3.150)和 Faraday 定律,我们发现有:

$$\frac{\mathrm{D}\Phi}{\mathrm{D}t} = \int \mathrm{d}\boldsymbol{S} \cdot \left[ -\nabla \times \boldsymbol{E} + \boldsymbol{u} \cdot \nabla \boldsymbol{B} + \boldsymbol{B} \nabla \cdot \boldsymbol{u} - (\boldsymbol{B} \cdot \nabla) \boldsymbol{u} \right] \tag{3.152}$$

考虑到 $\nabla \times (\boldsymbol{u} \times \boldsymbol{B})$ 的矢量恒等式关系,及 $\nabla \cdot \boldsymbol{B} = 0$,式(3.152)可写为

$$\frac{\mathrm{D}\Phi}{\mathrm{D}t} = -\int \nabla \times (\boldsymbol{E} + \boldsymbol{u} \times \boldsymbol{B}) \mathrm{d}\boldsymbol{S} \tag{3.153}$$

显然,根据理想 Ohm 定律,那么有:

$$\frac{\mathrm{D}\Phi}{\mathrm{D}t} = 0 \tag{3.154}$$

这就是磁冻结定理的第一层含义。

对于磁冻结定理的第二层含义,我们将使用同样的向量恒等式关系。首先,在理想 Ohm 定律条件下,有:

$$\nabla \times (\boldsymbol{E} + \boldsymbol{u} \times \boldsymbol{B}) = 0 = -\frac{\partial \boldsymbol{B}}{\partial t} - \boldsymbol{u} \cdot \nabla \boldsymbol{B} - \boldsymbol{B} \nabla \cdot \boldsymbol{u} + (\boldsymbol{B} \cdot \nabla) \boldsymbol{u} \tag{3.155}$$

因此,可得:

$$\frac{\mathrm{D}\boldsymbol{B}}{\mathrm{D}t} + \boldsymbol{B} \nabla \cdot \boldsymbol{u} = (\boldsymbol{B} \cdot \nabla) \boldsymbol{u} \tag{3.156}$$

利用连续性方程式(3.119),式(3.156)可改写为

---

① 其中利用了 $\mathrm{D}\mathrm{d}S = (\mathrm{d}x' - \mathrm{d}x) \mathrm{d}y + (\mathrm{d}y' - \mathrm{d}y) \mathrm{d}x$。

$$\frac{\mathrm{D}\boldsymbol{B}}{\mathrm{D}t} - \frac{\boldsymbol{B}}{\rho}\frac{\mathrm{D}\rho}{\mathrm{D}t} = (\boldsymbol{B} \cdot \nabla)\boldsymbol{u} \tag{3.157}$$

或者为

$$\frac{\mathrm{D}}{\mathrm{D}t}\left(\frac{\boldsymbol{B}}{\rho}\right) = \left(\frac{\boldsymbol{B}}{\rho} \cdot \nabla\right)\boldsymbol{u} \tag{3.158}$$

我们将式(3.158)与式(3.143)作比较,式(3.143)给出了流体微元(矢量)d$\boldsymbol{r}$ 对时间的全导。而式(3.158)与式(3.143)具有同样的方程形式,因此,如果 d$\boldsymbol{r}$ 和 $\boldsymbol{B}/\rho$ 最初保持平行,那么它们将一直保持平行。换句话说,如果磁场连接了两个流体元,那么当这两个流体元在流场中传输运动时,同一根磁场线将继续与这些流体元保持连接。

### 3.6.4　关于磁冻结定理的一些看法

磁冻结定理非常有用,利用这个定理,仅基于等离子体的流体运动,我们就能够确定等离子体中的磁场是如何演变的。例如,磁冻结可解释为什么行星际磁场(interplanetary magnetic field,IMF)中的磁场结构会随太阳风向外对流运动。不断变化的磁场能改变太阳风与磁层的相互作用。与此同时,磁场重联可破坏磁冻结条件,这使太阳风能够通过磁场重联驱动磁层对流。

然而,我们应谨慎使用磁冻结定理。磁冻结定理指出,磁场可被看作是"冻结"在等离子体流体中的。有时这会被人们错误地表述为等离子体流体是"冻结"在磁场中的。这两种说法似乎看起来是等价的,但后者的表述实际上混淆了因果关系——是流体的运动引起了磁场的变化。此外,虽然磁冻结定理引出了"磁场线运动"的概念,但这个实际上只是一种人为构造的概念。等离子体运动可以直接测量,但人们并没有方法测量磁场线本身的运动。人们可测量磁场的大小或方向的显著变化,因为磁场的这些变化会产生感应电场,但"运动"的均匀磁场并不会直接产生感应电场。"运动的"磁场也不会直接影响作用在粒子上的 Lorentz 力(见式(3.7))。为清楚地看到这一点,我们知道在磁场中运动的等离子体会有一个电场与之相关联,通过磁冻结定理可以认为电场对应"运动的磁场线",但实际上是等离子体的运动驱动了电场,而不是磁场线的运动。

我们可以将磁层等离子体的共转运动作为例子来说明我们的观点。特别是,虽然倾斜偶极子磁场自转带来的磁场变化存在对应的感应电场,但该感应电场并不会驱动共转作用。为说明这一点,我们考虑磁偶极子沿行星自转轴方向的情形,比如土星。在这种情况下,自转并不带来感应电场,但磁层等离子体会随土星自转而出现共转。人们通常这样解释磁层等离子体的共转现象:因为电离层固定在行星上且随之自转,而磁场线可看作等势线,所以电离层共转电场可以沿磁场线映射到赤道面上,进而驱动磁层等离子体共转运动。但这种解释并没有陈述出物理过程的因果关系。事实上,气态巨行星磁层可显示出行星自转是如何造成磁层共转运动的。那些以 Kepler 速度运动的气态巨行星卫星是其磁层等离子体的来源。电流会在电离层和新生成的磁层等离子体之间流动,因此产生的 $\boldsymbol{j} \times \boldsymbol{B}$ 力会将等离子体加速到共转速度。电流是由行星大气和电离层之间的较差运动(differential motion)激励起来的(电离层与大气之间存在着碰撞耦合作用)。同样的原理也适用于地球磁层,但地球磁层还另外存在磁层与太阳风的复杂耦合作用。例如,如果由于外部太阳风的变化引起磁层顶等离子体流的变化,那么就会有电流流过该磁层系统,从而产生能改变磁层内等离子体运动所需的力[①]。

### 3.6.5　"B,U"的范式描述

如式(3.156)所示,从磁冻结定理出发,我们还可以从 Faraday 定律中消去电场。忽略位移电流也意味着我们可以用 Ampère 定律式(3.131)将动量方程式(3.120)中的电流替换掉。尤其是 $j \times B$ 力可以改写为

$$j \times B = \frac{(B \cdot \nabla) B}{\mu_0} - \frac{\nabla B^2}{2\mu_0} \tag{3.159}$$

式(3.159)右侧的第一项对应为磁场曲率项,可认为是由磁场线拉伸后产生的力。所以,这一项通常也被称为磁张力(field-line tension force)。但须注意,在式(3.159)中,没有沿磁场方向的净作用力,磁张力沿磁场方向的平行分量与式(3.159)右侧第二项磁压力的平行分量达到了平衡。

我们下一步是使用式(3.159)来代替动量方程式(3.120)[②]中的 $j \times B$ 项。但在此之前,我们先考虑 $j \times B = 0$ 时的特殊情况。这种条件,我们通常称为无力场条件(force-free condition),因为没有与磁场相关的净作用。无力场结构的一种典型例子是磁通量绳(flux rope)。通量绳在太阳风中(第 5 章)、金星电离层中(第 8 章)及地球磁层顶(第 9 章)中都被观测到过,其主要特征表现为磁绳中心有一个较强的轴向磁场分量,而随磁绳中心距离增加,磁场方位分量会逐渐增强。在这种情况下,磁场轴向分量的磁压力与磁场方位分量的磁张力达到平衡。

对于无力磁绳结构,其电流可由 $j = \alpha B$ 给出。如果 $\alpha$ 为常数,则磁通量绳处于 Taylor 状态,其磁场分布可以用 Bessel(贝塞尔)函数描述。

我们用式(3.159)可将动量方程式(3.120)的理想 MHD 形式改写为

$$\rho \frac{Du}{Dt} = \frac{(B \cdot \nabla) B}{\mu_0} - \nabla \left( \frac{B^2}{2\mu_0} + p \right) \tag{3.160}$$

其中,为简单起见,我们再次假设等离子体压力是各向同性的,考虑准电中性条件并且忽略重力。式(3.160)中这两个压力项之比称为等离子体 $\beta$,也就是

$$\beta = \frac{2\mu_0 p}{B^2} \tag{3.161}$$

在动量方程中替换掉 $j$ 之后,我们现在有一组不含 $j$ 或 $E$ 的封闭方程组:质量连续性方程式(3.119)、动量方程式(3.160)、能量方程式(3.127)和写成磁场输运方程形式的 Faraday 定律式(3.156)。在 MHD 体系中,基本参数是 $B$、$u$、$\rho$ 和 $p$;而 $E$ 和 $j$ 则是可以从这些基本参数(通过磁冻结条件得到 $E$ 或通过 Ampère 定律得到 $j$)导出的次要量。这些导

---

[①]　对于本小节内容,译者有自己的观点。在译者看来,感应电场包括感生电场(磁场的时间变化产生)和动生电场(磁场与导电物质的相对运动产生)。动生电场来源于等离子体和磁场之间的相对运动。考虑这样一个思想实验:在某一偶极磁场的赤道面上,置入某一固定且具有高导电率的圆环,若偶极磁场围绕磁轴处于旋转状态,那么圆环内边界和外边界之间必然有感应电动势(或电场)激励起来,尽管在圆环上任一点处的磁场大小和方向都没有变化。从这点意义上看,运动的"磁场"与等离子体作用是可以驱动电场的。进一步,若圆环不固定,在圆环内外边界之间必然有暂态电流激励起来,在 $j \times B$ 作用下,圆环会跟随外部磁场自转而共转起来,进而试图消除与外部磁场之间的相对运动。

[②]　原文为式(3.158)。

出量在边界层处可能变得很重要。例如,在磁层-电离层耦合系统中,电离层中有显著的粒子碰撞作用,由此产生的 Pedersen 电导率(**Pedersen conductivities**)和 Hall 电导率(**Hall conductivities**)为电离层电流和电场之间提供了关联。根据电流密度散度为零的条件,对这些水平电流取散度必然得到垂直电流(或场向电流),而电场则对应电离层边界处的等离子体流对流形态[①](对流可作用于磁层)。在这种情况下,$E$ 和 $j$ 的使用会使描述边界条件的问题变得更容易处理。但如果 $E$ 或 $j$ 是预先给定的,则这时需要小心处理,因为这种情形相当于假设了电离层是处于某个特定状态的,而我们并不知道系统是如何演化到这个状态的。

如我们在 3.7.1 节中看到的那样,我们还将看到,$E$ 和 $j$ 对于描述磁流体波也是很有益的。我们还讨论了等离子体中存在场向电流的物理原因。如上所述,这些电流为磁层-电离层耦合提供了一条通道途径。但从 MHD 的角度来看,$E$ 和 $j$ 是次要参数。

### 3.6.6　磁冻结定理小结

流体动量方程可以改写为广义 Ohm 定律(见式(3.137)):

$$j = \sigma\left(E + u \times B - \frac{j \times B}{n_e e} + \frac{1}{n_e e}\nabla \cdot \overrightarrow{p}_e - \frac{m_e}{n_e e^2}\frac{\partial j}{\partial t}\right)$$

其中,我们假设了关于 $u$ 和 $j$ 的二次项可忽略,并将电子-离子碰撞频率通过式(3.136)改写为电导率形式。

在空间等离子体中,一般认为电导率 $\sigma$ 很大,而式(3.137)右侧括号中的前两项通常是主导项。在这种情况下,我们可得到理想 MHD 的 Ohm 定律(见式(3.138))为

$$E + u \times B = 0$$

结果,由式(3.138)便可得出磁冻结定理,也就是磁场可被看作是冻结在等离子体上的。这是一个非常有用的定理,人们经常使用这个定理来尝试理解等离子体和电磁场之间的相互作用关系。

## 3.7　MHD 理论的应用

我们通过给出 MHD 方程的三方面应用来结束本章内容。这三方面的应用可为我们后面的讨论内容提供一个有用的框架结构。我们首先介绍 MHD 波的概念。其次证明 MHD 动量方程与引导中心漂移理论的等价性。最后推导获得场向电流与等离子体惯性和热压之间的经典关系。

本节的大部分讨论都依赖于 MHD 动量方程式(3.120)。在使用这个方程时,我们将忽略重力项,并假设满足准电中性条件:

$$\rho\frac{Du}{Dt} = j \times B - \nabla \cdot \overrightarrow{p} \tag{3.162}$$

如前所述,式(3.162)中的压强项是一个张量。但是,除了在 3.7.2 节中的讨论外,我们

---

① 由于 $E = -v \times B$。

一般假设压强是各向同性的,并且将 $\nabla \cdot \vec{p}$ 替换为 $\nabla p$。

## 3.7.1　MHD 波的介绍

MHD 最重要的结论之一就是,凡与等离子体运动相关的波都具有一定的特征传播速度,其传播速度一定程度上由 Alfvén 速(**Alfvén speed**)控制。我们将在第 13 章更详细地讨论这个问题,这里只是介绍 MHD 波的概念。

在推导 MHD 波的色散关系(频率与波数之间的关系)时,我们通常假设这些波的振幅很小,因此可以将其视为对背景等离子体的一阶扰动。我们还假设背景等离子体是静态的,并且只有磁场($B_0$)、等离子体密度($\rho_0$)和等离子体压力($p_0$)是零阶量。我们进一步假设扰动满足谐波扰动,即它们随时间以 $\exp[-\mathrm{i}(\omega t - \boldsymbol{k} \cdot \boldsymbol{r})]$ 的形式变化。因此,我们可以用 $\partial/\partial t \equiv -\mathrm{i}\omega$ 和 $\nabla \equiv \mathrm{i}\boldsymbol{k}$ 来替换 Maxwell 方程和 MHD 方程中的微分算子。最后,我们可将方程线性化,而且由于算子 $\mathrm{D}/\mathrm{D}t$ 中的 $\boldsymbol{u} \cdot \nabla$ 项是二阶项,这项可以被忽略。那么在这些假设条件下,Maxwell 方程组可变成

$$\boldsymbol{k} \times \boldsymbol{E} = \omega \boldsymbol{b} \tag{3.163}$$

$$\boldsymbol{k} \times \boldsymbol{b} = -\mathrm{i}\mu_0 \boldsymbol{j} \tag{3.164}$$

其中,$E$、$b$、$j$ 分别为波动带来的电场、磁场、电流密度扰动项。为了简单起见,我们再次忽略了位移电流,并且由于准电中性条件,也不用考虑 Gauss 定律(见式(3.3))条件。由式(3.163)可知,$\boldsymbol{k} \cdot \boldsymbol{b} = 0$。

线性化后,MHD 守恒方程式(3.125)、式(3.162)及式(3.127)可分别变为

$$\omega \rho - \rho_0 \boldsymbol{k} \cdot \boldsymbol{u} = 0 \tag{3.165}$$

$$\omega \rho_0 \boldsymbol{u} - \boldsymbol{k} p - \mathrm{i}\boldsymbol{j} \times \boldsymbol{B}_0 = 0 \tag{3.166}$$

$$p = \frac{\gamma p_0}{\rho_0}\rho = c_s^2 \rho \tag{3.167}$$

其中,$u$、$\rho$ 和 $p$ 分别是等离子体速度、质量密度和压强的一阶扰动量。我们还假设压强是各向同性的,并且定义了 $c_s$ 为等离子体声速(**speed of sound**)。

闭合方程组所需的最后一个方程是线性化的磁冻结条件:

$$\boldsymbol{E} + \boldsymbol{u} \times \boldsymbol{B}_0 = 0 \tag{3.168}$$

通过式(3.165)和式(3.167),我们可以将式(3.166)改写为

$$\omega \rho_0 \left[ \boldsymbol{u} - \frac{c_s^2 \boldsymbol{k}(\boldsymbol{k} \cdot \boldsymbol{u})}{\omega^2} \right] = \mathrm{i}\boldsymbol{j} \times \boldsymbol{B}_0 \tag{3.169}$$

如果我们考虑式(3.169)中平行于背景磁场 $B_0$ 的分量,则有:

$$u_{/\!/} = \frac{k_{/\!/} c_s^2}{\omega^2}(\boldsymbol{k} \cdot \boldsymbol{u}) \tag{3.170}$$

对于平行方向的传播,式(3.170)给出了色散关系 $\omega^2 = k_{/\!/}^2 c_s^2$。这对应为经典气体动力学中声纵波的色散关系。

虽然我们在本节后面会考虑热等离子体的波动色散关系,但现在先作冷等离子体的近似,这时对应有 $c_s = 0$。在这种情况下,$u_{/\!/} = 0$,式(3.169)变成:

$$\omega \rho_0 \boldsymbol{u} = \mathrm{i}\boldsymbol{j} \times \boldsymbol{B}_0 \tag{3.171}$$

有意思的是,式(3.163)、式(3.164)、式(3.168)和式(3.171)都有类似的方程形式,也就是一个矢量与另外两个矢量的叉乘有关。这些方程中有 6 个矢量(4 个波动扰动 $E$、$b$、$u$ 和 $j$,波矢 $k$ 和背景磁场 $B_0$)。这表明这些矢量可以组合成两套直角垂直关系。具体来说,式(3.168)[①]要求有 $E \perp u$ 和 $E \perp B_0$,而式(3.171)要求有 $u \perp B_0$,因此 $B_0$、$u$ 和 $E$ 可相互形成两两垂直关系。式(3.169)也要求[②] $u \perp ij$。当我们将这两套三元矢量关系结合在一起时,将考虑这个约束关系。

由式(3.164)有 $ij \perp k$ 且 $k \perp b$,而由式(3.163)有 $b \perp k$。因此,$b$、$k$ 及 $ij$ 这 3 个矢量可形成第二套两两相互垂直的关系。而式(3.163)还给出了一个额外的约束,即 $b \perp E$,它也控制了这两套三元矢量关系该如何结合。当我们结合这两套关系时,还应该考虑式(3.163)和式(3.171)中矢量叉乘的手性。

这两套正交关系如图 3.10 所示。在图 3.11 中,$b$、$k$、$ij$ 这个正交系可围绕 $ij$ 这个轴旋转,因此当 $k /\!/ B_0$ 时,对应于波的平行传播。这个构型还满足另外两个额外的约束条件,即 $u \perp ij$ 和 $b \perp E$,同时还需维持式(3.163)和式(3.171)[③]中给出的矢量叉乘手性。而这些额外的约束意味着我们不能将 $b$,$k$,$ij$ 这个正交系围绕 $k$ 做任意旋转。而图 3.11 所示各矢量扰动的相对方向则是波平行传播条件下的唯一可行方向。

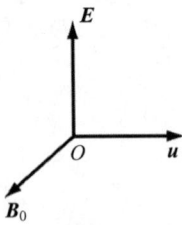
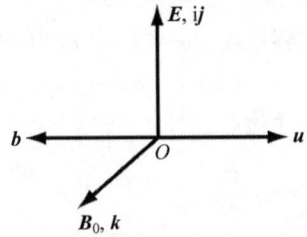

图 3.10　两套 MHD 矢量扰动的垂直关系,左边是 $B_0$,$u$,$E$ 的正交关系,右边是 $b$,$k$,$ij$ 的正交关系　图 3.11　在 $k /\!/ B_0$ 条件下将这两套 MHD 矢量扰动的垂直关系结合在一起

为研究波与磁场成一定角度传播的情形,我们须将其中一个正交系相对于另一个三轴正交系旋转。旋转正交系时需要满足两个额外的约束($u \perp ij$ 和 $b \perp E$),所以我们须使 $ij$ 始终在 $E$-$B_0$ 平面上,而 $b$ 在 $u$-$B_0$ 平面上。为满足这样的要求,我们可以将 $b$,$k$,$ij$ 三轴正交系围绕 $b$ 轴或 $ij$ 轴旋转。可得到图 3.12 所示的两种情形。

由图 3.12,我们可很快得到波的色散关系。对于图 3.12 左边情形,由式(3.163)和式(3.164)可分别得到

$$kE\cos\theta = \omega b \tag{3.172}$$

$$kb = -\mathrm{i}\mu_0 j \tag{3.173}$$

结合这两个式子,可得到

$$k^2 E\cos\theta = -\mathrm{i}\omega\mu_0 j \tag{3.174}$$

---

①　原文为式(3.167)。

②　注意到冷等离子体中 $c_s = 0$

③　原文为式(3.170)。

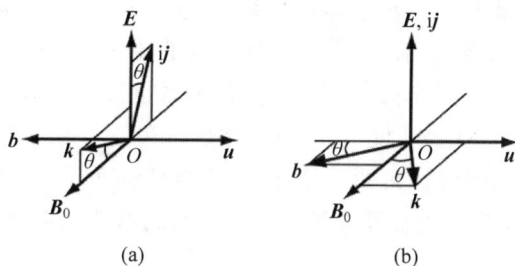

图 3.12　$b$, $k$, i$j$ 三轴正交系绕 $b$ 轴旋转(a)和绕 i$j$ 轴旋转(b)。$\theta$ 是波的传播角

而由式(3.168)和式(3.169)[①]，我们则分别得到

$$E = -uB_0 \tag{3.175}$$

和

$$\omega\rho_0 u = \mathrm{i}jB_0\cos\theta \tag{3.176}$$

定义 Alfvén 速为

$$v_\mathrm{A} = \frac{B_0}{\sqrt{\mu_0\rho_0}} \tag{3.177}$$

通过结合式(3.175)和式(3.176)，我们可得

$$E = -\frac{\mathrm{i}\mu_0 j v_\mathrm{A}^2}{\omega}\cos\theta \tag{3.178}$$

这样结合式(3.174)[②]和式(3.178)，最终可得

$$\omega^2 = k^2 v_\mathrm{A}^2 \cos^2\theta \tag{3.179}$$

这就是 Alfvén 模(**Alfvén mode**)或剪切模(**shear mode**)的色散关系。

对于图 3.12(b)情形，它与图 3.12(a)唯一的区别在于 $k$ 和 $E$ 总是相互垂直的，i$j$ 和 $B_0$ 也是相互垂直的。因此，这等于说，在式(3.171)和式(3.175)中是不存在 $\cos\theta$ 项的，这时色散关系变为

$$\omega^2 = k^2 v_\mathrm{A}^2 \tag{3.180}$$

这就是冷等离子体中快波模(**fast mode**)的色散关系。

通过这些扰动矢量的关系，我们还可以确定波的一些性质。表 3.1 对此进行了总结。

**表 3.1　由图 3.12 推导得到 MHD 波的特性(为了完整起见，表中还包括相速度与传播角的关系)**

| 特　　性 | Alfvén(剪切)模 | 快 波 模 |
| --- | --- | --- |
| 相速度 | 最大相速度//$B_0$，见式(3.179) | 各向同性，见式(3.180)(冷等离子体) |
| 磁场压缩 | 否，因为有 $B_0 \cdot b = 0$ | 是，$\theta \neq 0$ 时有 $B_0 \cdot b \neq 0$ |
| 等离子体压缩 | 否，因为有 $k \cdot u = 0$ | 是，$\theta \neq 0$ 时有 $k \cdot u \neq 0$ |
| $b$ 垂直于 $B_0$ | 是，对于所有的 $\theta$ 值的情形 | 仅当 $\theta = 0$ 时 |
| 场向电流 | 是，对于 $\theta \neq 0$ | 否，对于所有 $\theta$ 值的情形 |
| Poynting 矢量 | 沿场向方向 | 平行于 $k$(冷等离子体) |

---

① 原书为式(3.170)。

② 原书为式(3.173)。

对于剪切模,不存在磁场或等离子体的压缩。因此,即使是热等离子体($p_0 \neq 0$),剪切模的性质也不会改变,而快波模则因有等离子体热压的加入而出现变化。

对于快波模,等离子体扰动与磁压扰动的相位关系也可以由图 3.12 获得。当 $\boldsymbol{B}_0 \cdot \boldsymbol{b} > 0$,$\boldsymbol{k} \cdot \boldsymbol{u} = \omega \rho / \rho_0 > 0$。因此,在快波模中,等离子体热压和磁压是同步变化的。

我们的结论中隐含了剪切模是非压缩波,在所有传播角下,剪切模的扰动磁场方向都垂直于背景磁场。这种波模下的扰动磁场对应于磁场的弯曲或剪切,因此这种波模被命名为剪切模。

表 3.1 倒数第二行表明,只有剪切模能携带场向电流。这对于磁层-电离层耦合等研究问题很重要,在这些研究中剪切模的场向电流是磁层动力学过程的表现形式。

表 3.1 最后一行表明,剪切模式的 Poynting(坡印亭)矢量沿背景磁场方向,而快波模的 Poynting 矢量沿波矢方向。由于波的群速度平行于 Poynting 矢量,因此剪切模的群速度在所有传播角的条件下都平行于 $\boldsymbol{B}_0$。在冷等离子体条件下,快波模的群速度沿波矢方向。

由图 3.12 还可看出,对于剪切模有 $\boldsymbol{k} \cdot \boldsymbol{E} \neq 0$,因此有 $\rho_q \neq 0$,但同样,如 3.6.1 节讨论的,只要有 $\partial \rho_q / \partial t \approx 0$,电荷守恒关系是满足式(3.130)的[1]。

为了完整起见,这里还将推导出 $c_s \neq 0$ 时热等离子体中 MHD 波的色散关系。在第 13 章中对热等离子体 MHD 波的推导有更详细的讨论,我们也将如在第 6 章的激波现象、第 10 章的地球磁层讨论中提及这些波。

由式(3.164)的 Ampère 定律,可得:

$$\boldsymbol{j} \times \boldsymbol{B}_0 = -\frac{\mathrm{i} B_0}{\mu_0}(k b_{/\!/} - b k_{/\!/}) \tag{3.181}$$

因此,根据式(3.177)[2]中对 Alfvén 速的定义,我们可以将式(3.169)改写为

$$\boldsymbol{u} - \boldsymbol{k} \frac{c_s^2}{\omega^2}(\boldsymbol{k} \cdot \boldsymbol{u}) = \frac{v_A^2}{\omega^2} \frac{\omega}{B_0}(k b_{/\!/} - b k_{/\!/}) \tag{3.182}$$

对式(3.182)两边取与 $\boldsymbol{k}$ 的点积,并注意到有 $\boldsymbol{k} \cdot \boldsymbol{b} = 0$,则可得:

$$\left(1 - \frac{k^2 c_s^2}{\omega^2}\right)(\boldsymbol{k} \cdot \boldsymbol{u}) = \frac{k^2 v_A^2}{\omega^2} \frac{\omega b_{/\!/}}{B_0} \tag{3.183a}$$

由式(3.182)与 $\boldsymbol{k}$ 叉乘后的平行分量,可得:

$$\boldsymbol{B}_0 \cdot (\boldsymbol{k} \times \boldsymbol{u}) = -\frac{k_{/\!/} v_A^2}{\omega^2} \frac{\omega}{B_0} \boldsymbol{B}_0 \cdot (\boldsymbol{k} \times \boldsymbol{b}) \tag{3.183b}$$

通过图 3.12,我们可清楚理解推导式(3.183a)和式(3.183b)这两个方程的含义。在图 3.12(a)中,这两个矢量正交系表明,速度 $\boldsymbol{u}$ 是垂直于 $\boldsymbol{k}\text{-}\boldsymbol{B}_0$ 平面的,并且有 $\boldsymbol{k} \cdot \boldsymbol{u} = 0$。对于图 3.12(b)中的正交系而言,$\boldsymbol{u}$ 在 $\boldsymbol{k}\text{-}\boldsymbol{B}_0$ 平面上,即使我们允许 $u_{/\!/} \neq 0$[3],$\boldsymbol{u}$ 仍然在 $\boldsymbol{k}\text{-}\boldsymbol{B}_0$ 平面上。所以,对于图 3.12(b)中的正交系而言,我们有 $\boldsymbol{B}_0 \cdot (\boldsymbol{k} \times \boldsymbol{u}) = 0$。因此,结合这两种情形可知,$\boldsymbol{k} \cdot \boldsymbol{u}$ 只包含了 $\boldsymbol{u}$ 在 $\boldsymbol{k}\text{-}\boldsymbol{B}_0$ 平面上的分量,而 $\boldsymbol{B}_0 \cdot (\boldsymbol{k} \times \boldsymbol{u})$ 只包含 $\boldsymbol{u}$ 垂直于 $\boldsymbol{k}\text{-}\boldsymbol{B}_0$ 平

---

[1] 需要注意的是,在写出式(3.163)和式(3.164)的时候,原书明确指出,由于假设了准电中性条件,并没有考虑 Gauss 定律条件。

[2] 原书为式(3.176)。

[3] 从式(3.170)看,此对应为热等离子体情形。

面的分量。

利用 Faraday 定律式(3.163)和磁冻结条件式(3.168),可得:

$$\omega \boldsymbol{b} = \boldsymbol{k} \times (\boldsymbol{B}_0 \times \boldsymbol{u}) = \boldsymbol{B}_0 (\boldsymbol{k} \cdot \boldsymbol{u}) - \boldsymbol{u} k_{/\!/} B_0 \tag{3.184}①$$

因此,对于式(3.184)的平行分量,有:

$$\frac{\omega b_{/\!/}}{B_0} = \boldsymbol{k} \cdot \boldsymbol{u} - k_{/\!/} u_{/\!/} = \left(1 - \frac{k_{/\!/}^2 c_s^2}{\omega^2}\right)(\boldsymbol{k} \cdot \boldsymbol{u}) \tag{3.185a}$$

其中,我们利用了式(3.170)。而对于式(3.184)的垂直分量,两边同时点乘以$(\boldsymbol{B}_0 \times \boldsymbol{k})/B_0$,得到:

$$\frac{\omega}{B_0} \boldsymbol{B}_0 \cdot (\boldsymbol{k} \times \boldsymbol{b}) = -k_{/\!/} \boldsymbol{B}_0 \cdot (\boldsymbol{k} \times \boldsymbol{u}) \tag{3.185b}$$

这是因为式(3.184)右边第一项平行于$B_0$,其在垂直方向上可消去。

结合式(3.183a)、式(3.183b)、式(3.185a)和式(3.185b),可得:

$$\left(1 - \frac{k^2(c_s^2 + v_A^2)}{\omega^2} + \frac{k^2 v_A^2}{\omega^2} \frac{k_{/\!/}^2 c_s^2}{\omega^2}\right)(\boldsymbol{k} \cdot \boldsymbol{u}) = 0 \tag{3.186a}②$$

及

$$\left(1 - \frac{k_{/\!/}^2 v_A^2}{\omega^2}\right) \boldsymbol{B}_0 \cdot (\boldsymbol{k} \times \boldsymbol{u}) = 0 \tag{3.186b}③$$

对于色散关系,这两个方程必须同时得到满足。我们已经证明,$\boldsymbol{k} \cdot \boldsymbol{u}$ 和 $\boldsymbol{B}_0 \cdot (\boldsymbol{k} \times \boldsymbol{u})$ 是相互独立的量,所以其中一个色散解对应 $\boldsymbol{k} \cdot \boldsymbol{u} = 0$。在这种情况下,式(3.186b)变成了 Alfvén 模(**Alfvén mode**)的色散关系(见式(3.179)④)。

另一个色散关系解,对应 $\boldsymbol{B}_0 \cdot (\boldsymbol{k} \times \boldsymbol{u}) = 0$,那么由式(3.186a)可得:

$$\frac{\omega^2}{k^2} = \frac{c_s^2 + v_A^2 \pm \sqrt{(c_s^2 + v_A^2)^2 - 4 c_s^2 v_A^2 \cos^2\theta}}{2} \tag{3.187}$$

其中,我们利用了二次方程根与系数的标准关系,并利用了 $k_{/\!/} = k\cos\theta$。

式(3.187)给出了热等离子体中两种压缩模的色散关系。对于平行传播而言,这两种模分别以 Alfvén 速($v_A$)和声速($c_s$)传播。在低 $\beta$ 等离子体中,$c_s < v_A$,因此这两种模分别称为快波模和慢波模。对于高 $\beta$ 等离子体($c_s > v_A$),也存在快波模和慢波模,但在平行传播条件下,这时的快波模相速度对应为声速。

对于垂直传播($\theta = 90°$)而言,这时慢波模消失,而快模式则以 $\omega^2/k^2 = c_s^2 + v_A^2$ 的相速度传播。

由式(3.183a),可得:

$$\left(1 - \frac{k^2 c_s^2}{\omega^2}\right)\frac{p}{\gamma p_0} = \frac{k^2 v_A^2}{\omega^2} \frac{\boldsymbol{B}_0 \cdot \boldsymbol{b}}{B_0^2} \tag{3.188}$$

---

① 原文为 $\omega \boldsymbol{b} = \boldsymbol{k} \cdot (\boldsymbol{B}_0 \times \boldsymbol{u})$。

② 将式(3.185a)代入式(3.183a),消去$\frac{\omega b_{/\!/}}{B_0}$。

③ 将式(3.185b)代入式(3.183b),消去$\frac{\omega}{B_0}\boldsymbol{B}_0 \cdot (\boldsymbol{k} \times \boldsymbol{b})$。

④ 原文为式(3.178)。

这里我们使用了式(3.165)和式(3.167)。这表明,在快波模中等离子体热压和磁压是同相位变化的,正如我们在讨论图 3.12 时所注意到的。而在慢波模中,等离子体热压和磁压是反相位变化的。这种相位变化关系对于 $c_s > v_A$ 时亦是如此。

最后,当我们将剪切模式(3.178)也包括进来时,发现剪切模的相速度介于快波模和慢波模之间。因此,剪切模也被称为中间模(intermediate mode)。

### 3.7.2 MHD 与引导中心理论的等效性

我们在这里要考虑的第二个应用例子是,证明由 MHD 动量方程(式(3.162))导出的电流和由广义漂移运动方程(式(3.68))对各粒子组分求和得到的电流(如果包括粒子回旋运动产生的磁化电流(**magnetization current**)),能给出相同的结果形式。

由于我们不考虑完整的 MHD 方程(特别是能量方程),所以在动量方程里允许等离子体热压在平行和垂直于磁场的方向上是不同的。在这种情况下,我们可把压强张量写成:

$$\overset{\leftrightarrow}{p} = p_\perp \overset{\leftrightarrow}{I} + \frac{\boldsymbol{BB}(p_{//} - p_\perp)}{B^2} \tag{3.189}$$

其中,$\overset{\leftrightarrow}{I}$ 是单位对角张量($\delta_{ij}$ 下标符号的使用可见 3.5 节)。

将式(3.162)两边对 $\boldsymbol{B}$ 作叉乘,得到:

$$\boldsymbol{j}_\perp = \frac{\boldsymbol{B}}{B^2} \times \left\{ \rho \frac{\mathrm{D}\boldsymbol{u}}{\mathrm{D}t} + \nabla p_\perp + \frac{(p_{//} - p_\perp)}{B^2}(\boldsymbol{B} \cdot \nabla)\boldsymbol{B} \right\} \tag{3.190}$$

通过式(3.68)来计算电流密度,我们需要将所有组分粒子的漂移运动方程进行相加。要做到这一点,需要用到几个恒等式。

首先,根据热压的定义,有:

$$nW_\perp = p_\perp \tag{3.191}^{[1]}$$

其中,$n$ 为该组分粒子的数密度。在这种情况下,粒子热压可根据其引导中心的速度确定,粒子在垂直磁场方向上有两个自由度。如第 3.5 节中所述,$\langle \rangle$ 表示取平均或期望。

其次,对于平行速度项,我们定义:

$$\langle v_{//} \rangle = \bar{v}_{//} \tag{3.192}$$

因此,对所有粒子求平均,可得:

$$\langle v_{//}^2 \rangle = \bar{v}_{//}^2 + p_{//} / nm \tag{3.193}$$

其中,$p_{//}$ 是相对于粒子平行方向的整体运动速度 $\bar{v}_{//}$ 定义的。

最后,我们注意到有:

$$v_{//} \frac{\boldsymbol{B}}{B} \times \frac{\partial \boldsymbol{B}}{\partial t} = \boldsymbol{B} \times \frac{\partial}{\partial t}\left(v_{//} \frac{\boldsymbol{B}}{B}\right) \tag{3.194}$$

对于其他涉及 $\boldsymbol{B}$ 的微分运算项也有类似的恒等式。

利用式(3.68),可对某类组分粒子求平均以获得该组分粒子的平均运动速度:

---

[1] 令磁场方向沿 $z$ 轴方向,$p_\perp = mn\langle v_x v_x \rangle = mn\langle v_y v_y \rangle$。而 $n\langle W_\perp \rangle = nm\langle v_x^2 + v_y^2 \rangle / 2 = nmv_x^2$。

$$\bar{\boldsymbol{v}}_{\perp} = \boldsymbol{v}_{\mathrm{E}} + \frac{m}{qB^2}\boldsymbol{B} \times \left\{ \frac{p_{\perp}}{nmB}\frac{\nabla B}{} + \frac{p_{/\!/}}{nmB^2}(\boldsymbol{B} \cdot \nabla)\boldsymbol{B} + \frac{\mathrm{d}}{\mathrm{d}t}[\bar{\boldsymbol{v}}_{/\!/} + \boldsymbol{v}_{\mathrm{E}}] \right\} \tag{3.195}$$

其中，$\bar{\boldsymbol{v}}_{/\!/} = \bar{v}_{/\!/}\boldsymbol{B}/B$，$\mathrm{d}/\mathrm{d}t = \partial/\partial t + \bar{\boldsymbol{v}}_{/\!/} \cdot \nabla + \boldsymbol{v}_{\mathrm{E}} \cdot \nabla$。

为了得到电流密度，我们将式(3.195)两边乘以每类组分粒子的 $nq$，并对各组分求和。此外，我们还必须将磁化电流也包括进来(磁化电流是由粒子在磁场中的固有磁矩引起的)。与 $\bar{\boldsymbol{v}}_{\perp}$ 不同，磁化电流与引导中心的任何漂移运动都没有关系。

磁化电流的垂直分量为

$$\boldsymbol{j}_{m\perp} = -\left[ \nabla \times \left( \frac{p_{\perp}\boldsymbol{B}}{B^2} \right) \right]_{\perp} = \frac{\boldsymbol{B}}{B} \times \nabla\left( \frac{p_{\perp}}{B} \right) - \frac{p_{\perp}}{B^4}\boldsymbol{B} \times (\boldsymbol{B} \cdot \nabla)\boldsymbol{B} \tag{3.196}[1]$$

因此，引导中心漂移运动和磁化电流共同引起的垂直电流为

$$\boldsymbol{j}_{\perp} = \frac{\boldsymbol{B}}{B^2} \times \left\{ \frac{p_{\perp}}{B}\frac{\nabla B}{} + B\nabla\left( \frac{p_{\perp}}{B} \right) + \frac{(p_{/\!/} - p_{\perp})(\boldsymbol{B} \cdot \nabla)\boldsymbol{B}}{B^2} + \rho\frac{\mathrm{d}}{\mathrm{d}t}[\bar{\boldsymbol{v}}_{/\!/} + \boldsymbol{v}_{\mathrm{E}}] \right\}$$

$$\tag{3.197}$$

我们注意到，在推导式(3.68)时，在其右边项中忽略了关于 $\boldsymbol{v}_{\mathrm{D}}$ 的对流项，而 $\boldsymbol{v}_{\mathrm{D}}$ 对应除 $\boldsymbol{v}_{\mathrm{E}}$ 外的所有垂直漂移项($\boldsymbol{v}_{\mathrm{E}}$ 作单独处理)。在同样的近似程度下，由于 $\boldsymbol{v}_{\mathrm{D}}$ 与对流项不同，我们可以用 $\mathrm{D}\boldsymbol{u}/\mathrm{D}t$ 代替式(3.197)中的 $\dfrac{\mathrm{d}}{\mathrm{d}t}[\bar{\boldsymbol{v}}_{/\!/} + \boldsymbol{v}_{\mathrm{E}}]$。此外，热压是离子热压和电子热压之和。而由于 $m_{\mathrm{e}} \ll m_{\mathrm{i}}$，所以 $\bar{\boldsymbol{v}}_{/\!/}$ 仅为离子的平行速度。式(3.197)中的另一个重要方面是，与 $\nabla B$ 成正比的梯度漂移电流，正好被磁化电流中与 $\nabla B$ 相关的项抵消。因此，由引导中心漂移运动加上磁化作用得到的电流式(3.197)，与由 MHD 导出的电流式(3.190)是完全相同的。

### 3.7.3　场向电流与 MHD

在建立起 MHD 电流和引导中心理论(包括磁化电流)电流的等效性之后，我们便可得到一个在内磁层中经常用到的重要结果。这就是场向电流与等离子体和磁场梯度之间的关系。如前所述，场向电流在磁层-电离层耦合中发挥着重要作用。

然而，在这种情况下，等离子体热压可近似为各向同性。利用这个近似，采用通常的准中性假设，忽略重力，并对式(3.162)取旋度，得到：

$$\nabla \times \left( \rho\frac{\mathrm{D}\boldsymbol{u}}{\mathrm{D}t} \right) = (\boldsymbol{B} \cdot \nabla)\boldsymbol{j} - (\boldsymbol{j} \cdot \nabla)\boldsymbol{B} \tag{3.198}$$

其中，由于热压为各向同性，所以热压项在取旋度时就被消了，我们在其中还利用了 $\nabla \cdot \boldsymbol{B} = 0$ 和 $\nabla \cdot \boldsymbol{j} = 0$ 的限定条件。

此时，人们常使用一种称为"慢流"(slow-flow)的物理近似，即忽略式(3.198)左侧的离子惯性项。但为了完整起见，这里继续保留这一项。

下一步，我们对式(3.198)两边点乘以 $\boldsymbol{B}$，并重新整理，得到：

---

[1]　磁化电流来源于电磁学中的公式 $\boldsymbol{j}_{m\perp} = \nabla \times \boldsymbol{M}$。其中，$\boldsymbol{M}$ 为单位体积内粒子的磁矩。对于某类粒子而言，有 $\boldsymbol{M} = -\dfrac{n\langle W_{\perp} \rangle \boldsymbol{B}}{B^2}$。由于，$nW_{\perp} = p_{\perp}$，所以 $\boldsymbol{j}_{m\perp} = -\left[ \nabla \times \left( \dfrac{p_{\perp}\boldsymbol{B}}{B^2} \right) \right]_{\perp}$。

$$\boldsymbol{B} \cdot (\boldsymbol{B} \cdot \nabla) \boldsymbol{j} = B\boldsymbol{j} \cdot \nabla B + \boldsymbol{B} \cdot \nabla \times \left( \rho \frac{\mathrm{D}\boldsymbol{u}}{\mathrm{D}t} \right) \tag{3.199}$$

由于对式(3.159)两边同时点乘 $\boldsymbol{j}$,得到:

$$\boldsymbol{j} \cdot (\boldsymbol{B} \cdot \nabla) \boldsymbol{B} = B\boldsymbol{j} \cdot \nabla B \tag{3.200}$$

因此,式(3.199)加上式(3.200),便有:

$$(\boldsymbol{B} \cdot \nabla)(\boldsymbol{j} \cdot \boldsymbol{B}) = 2B\boldsymbol{j} \cdot \nabla B + \boldsymbol{B} \cdot \nabla \times \left( \rho \frac{\mathrm{D}\boldsymbol{u}}{\mathrm{D}t} \right) \tag{3.201}$$

现在可以得到单位磁通量上电流密度的场向梯度为

$$(\boldsymbol{B} \cdot \nabla)\left( \frac{\boldsymbol{j} \cdot \boldsymbol{B}}{B^2} \right) = 2\boldsymbol{j} \cdot \left[ \frac{\nabla B}{B} - \frac{\boldsymbol{B}}{B^3}(\boldsymbol{B} \cdot \nabla B) \right] + \frac{\boldsymbol{B}}{B^2} \cdot \nabla \times \left( \rho \frac{\mathrm{D}\boldsymbol{u}}{\mathrm{D}t} \right) \tag{3.202}$$

注意到右边方括号中的项为 $\boldsymbol{B} \times (\nabla B \times \boldsymbol{B})/B^3$,并使用矢量运算法则,有:

$$(\boldsymbol{B} \cdot \nabla)\left( \frac{\boldsymbol{j} \cdot \boldsymbol{B}}{B^2} \right) = \frac{2}{B^3}(\boldsymbol{j} \times \boldsymbol{B}) \cdot (\nabla B \times \boldsymbol{B}) + \frac{\boldsymbol{B}}{B^2} \cdot \nabla \times \left( \rho \frac{\mathrm{D}\boldsymbol{u}}{\mathrm{D}t} \right) \tag{3.203}$$

我们现在用动量方程本身代替项 $\boldsymbol{j} \times \boldsymbol{B}$,并再次使用矢量运算法则,得到场向电流的表达式为

$$(\boldsymbol{B} \cdot \nabla)\left( \frac{\boldsymbol{j} \cdot \boldsymbol{B}}{B^2} \right) = \frac{\boldsymbol{B}}{B^2} \cdot \left[ 2\left( \nabla p + \rho \frac{\mathrm{D}\boldsymbol{u}}{\mathrm{D}t} \right) \times \frac{\nabla B}{B} + \nabla \times \left( \rho \frac{\mathrm{D}\boldsymbol{u}}{\mathrm{D}t} \right) \right] \tag{3.204}$$

式(3.204)的"慢流"近似需要忽略那些依赖于质量密度的项。然而,一般来说,这些项与等离子体惯性有关,应该给予保留。通过对各项作适当的整理,惯性项与等离子体流的制动作用(主要通过第一个惯性项)和涡度(**vorticity**)(通过 $\nabla \times (\mathrm{D}\boldsymbol{u}/\mathrm{D}t)$ 项)相关。其中,式(3.204)右侧的涡度项对应剪切模。由图 3.12 可以看出,对应图中左侧波模(剪切模)有 $\boldsymbol{B}_0 \cdot (\boldsymbol{k} \times \boldsymbol{u}) \neq 0$,而右侧的快波模有 $\boldsymbol{B}_0 \cdot (\boldsymbol{k} \times \boldsymbol{u}) = 0$。由式(3.204)可进一步证实,剪切模可携带场向电流。

### 3.7.4 关于 MHD 应用的小结

我们在这里给出了 MHD 的三种应用,后面的章节中也会涉及这三种应用。这里描述的 MHD 波是等离子体质量和动量与电磁场发生相互作用的主要物理过程。例如,弓激波就是一种快波模驻波(见第 6 章),而剪切模是磁层-电离层耦合过程中的固有物理过程(见第 10 章和第 11 章)。在讨论 MHD 波时,应该注意到剪切模通常被人们称为 Alfvén 模。我们证明了由 MHD 理论导出的垂直电流与用引导中心漂移理论导出的垂直电流是等价的。因此,在某种程度上,无论使用哪种理论,所得结果似乎都应该是相同的。但将 MHD 模型方法与引导中心漂移模型方法作比较,我们也会得到不同的结果。如何协调这两种方法是科学家在建模方向上需要开展的主要工作。最后,我们展示了如何通过电流的散度,由垂直电流得到场向电流,这对于磁层-电离层耦合过程研究是很重要的(见第 10 章和第 11 章)。

## 3.8 小结

在本章中,我们介绍了磁化等离子体物理的理论基础。我们利用了一些必要的基本方程,如 Maxwell 方程组、Lorentz 定律和 Boltzmann 方程,推导出了等离子体物理的两种主要研究形式——粒子漂移理论和磁流体力学的结论。通常认为这两种方法是截然不同的,

但在本章中我们已证明,这两种方法有其共同之处,最值得注意的是,由漂移运动推导出的电流与通过 MHD 理论得到的电流是一样的。

　　基于 Maxwell 方程组和 Lorentz 力,我们确定了带电粒子在给定电磁场中的运动,从而引出了引导中心的概念。我们发现引导中心的主要漂移包括电场漂移($E \times B$)、梯度漂移和曲率漂移。我们还提出了广义漂移运动,其中还包括一些其他的漂移运动,如极化漂移。由于内磁层中背景磁场不会被空间电流显著影响,所以内磁层中带电粒子的运动通常可以用引导中心漂移理论来研究(见第 10 章)。引导中心理论本质上是一种关于测试粒子运动的理论。另外,磁流体力学理论可以用于确定等离子体是如何影响背景磁场的。

　　MHD 理论是空间等离子体的基本流体理论,为推出 MHD 方程,我们讨论了等离子体集体效应现象的概念,如等离子体振荡。然后我们引入了 Boltzmann 方程,又利用该方程讨论 Debye 屏蔽。在 Debye 屏蔽效应中,单个带电粒子的电场会被等离子体中其他带电粒子屏蔽。Boltzmann 方程是开展等离子体波动理论(考虑波粒共振作用)的出发点,也是推导 MHD 流体理论的出发点。基于对 Boltzmann 方程的等离子体矩进行积分,我们可得到 MHD 流体理论,有意思的是,这种方法不能研究波粒共振作用。等离子体矩积分构成了 MHD 理论的基础。

　　单流体 MHD 理论通常是研究磁流体理论的起点。Maxwell 方程组,尤其是 Ampère 定律和 Faraday 定律是单流体 MHD 的基本控制方程,同时 MHD 控制方程还包括质量方程、动量方程和能量守恒方程,以及广义欧姆定律。

　　理想的广义欧姆定律为 $E + u \times B = 0$,这可以理解为在随等离子体流运动的参考系中不存在电场,也可以通过这个条件得到磁冻结定理。该定理表明,当等离子体处于运动时,磁场可被认为是冻结在等离子体上的。

　　我们最后讨论了 MHD 理论的三种应用。首先介绍了 MHD 波。这些 MHD 波都是低频波,由等离子体物质的运动激发。高频波主要与电子和离子之间的相对运动(电流或电荷分离形成的电场)有关,但离子回旋运动激发的波除外。我们还从垂直电流的角度讨论了粒子漂移理论与 MHD 理论的等价性。最后,我们根据电流散度由垂直电流推导出了 MHD 理论体系下场向电流的一般形式。这在第 10 章和第 11 章中将会非常有用,在那里我们将讨论磁层-电离层耦合作用。

## 拓展阅读

本章节中的很多推导都基于以下两本经典教材。

Boyd,T. J. M. and J. J. Sanderson (1969). *Plasma Dynamics*. London:Nelson. 这本书对等离子体物理做了简要的介绍。

Clemmow,P. C. and J. P. Dougherty (1969). *Electrodynamics of Particles and Plasmas*. Reading,MA:Addison-Wesley Publ. Co.. 这本书可以帮助读者打下坚实的等离子体物理理论基础。书中还包含了对动理论推导的相关讨论。

以下这两篇文献都证明了磁流体理论导出的垂直电流与基于引导中心漂移推导的垂直电流(考虑磁化电流)是等价的。

Northrop,T. G. (1963). Adiabatic charged-particle motion. *Rev. Geophys.*,1(3),283-304.

Parker，E. N.（1957）. Newtonian development of the dynamical properties of ionized gases of low density. *Phys. Rev.*，107(4)，924-933.

其他阅读材料：

Siscoe，G. L.（1983）. Solar system magnetohydrodynamics，in *Solar-Terrestrial Physics*. Eds. R. L. Carovillano and J. M. Forbes. Hingham，MA：D. Reidel，pp. 11-100，这部分内容给出了磁流体理论的详细推导。

Vasyliunas，V. M.（1970）. Mathematical models of magnetospheric convection and its coupling to the ionosphere，in *Particles and Fields in the Magnetosphere*. Ed. B. McCormac. Hingham，MA：D. Reidel，pp. 60-71，文中等离子体动量方程的"慢流"近似可用于确定场向电流。

# 习题

**3.1** 使用空间物理习题训练（http://spacephysics. ucla. edu）中的"particle motion"选项研究粒子在均匀磁场中的运动。

（1）设磁场强度为 250 nT。初始时刻，粒子位于 $x=0,y=30,z=-30$ km 处，速度为 $v_x=50$ km/s，$v_y=0$，$v_z=10$ km/s。使用时间工具栏来追踪单个质子、$He^+$ 和 $O^+$ 在约 500 ms 时间段内的运动情况。通过点击屏幕或者使用量程工具栏的最大值和最小值确定粒子的回旋半径，并说明回旋半径是如何计算的。绘制回旋半径随质量变化的双对数曲线，说明它们之间有什么关系。假若设置电子的质量为 $m_p/43$ 而非 $m_p/1836$，那么根据你的计算公式，计算该电子的回旋半径。给出最符合你测量的几张图，并展示一个例子的截图。

（2）使磁场在 $25\sim250$ nT 的范围内变化，保持粒子速度 $v_x=50$ km/s，$v_y=v_z=0$，研究质子回旋半径和回旋频率随磁场强度的变化。绘制这两个参数与磁场强度之间的对数关系。说明回旋半径和回旋频率的测量和计算过程。它们之间的关系是怎样的？

（3）粒子初始位置为 $x=0,y=30$ km，$z=-30$ km，在 200 nT 的磁场强度下，使垂直速度从 50 km/s 起，将每次速度调为原先的 2 倍，直至速度为 400 km/s，试确定质子的回旋半径和回旋频率随速度的变化。说明测量和计算的具体过程。绘制二者与速度的对数变化关系。描述它们之间的关系。

（4）基于前 3 项习题训练，在 MKS 单位制[①]下，通过正确的归一化，写出回旋半径和回旋频率与质量、磁场强度和垂直运动速度的关系。这个过程需要使用前 3 项习题训练中所画曲线的斜率。

**3.2** 使用空间物理习题训练（http://spacephysics. ucla. edu）中的"particle motion"选项研究粒子在交叉电磁场中的运动（$\boldsymbol{E}\times\boldsymbol{B}$ 漂移）。

（1）设磁场强度为 100 nT。电场强度为 1 mV/m，电场方向与磁场方向夹角为 90°。取一系列垂直于磁场的质子速度（例如，25 km/s、50 km/s、100 km/s），用图形展示质子引导中心速度随初始速度如何变化。说明你是怎样确定初始和结束时刻引导中心的位置的。

（2）在给定电场不变的条件下（1 mV/m）变化磁场强度，使用图形展示质子引导中心

---

① MKS 制（单位制）是基于米、千克、秒这三种基本单位及其导出单位组成的单位制。

的漂移速度随磁场强度如何变化。质子初始速度为 $v_x=50$ km/s；$v_y=v_z=0$。

（3）对于质子初始速度为 $v_x=50$ km/s$(v_y=0)$，在磁场强度不变的条件下（100 nT）调整变化电场强度。使用图形展示引导中心漂移速度如何随电场变化而变化。

（4）使用这些模块选项研究粒子的质量或电荷是否影响漂移速度。在以上相同电场条件下，给出电子的漂移情况。根据（1）～（4）得出电子正确的漂移速度公式（可在必要时引入归一化常数）。说明你是如何从结果中得到漂移公式和归一化常数的。不要强行使你的结果符合理论。必要时请说明使用的单位。

（5）设定电场与磁场的夹角为 87°。对 $B=100$ nT，$E=1$ mV/m，计算粒子漂移速度与粒子质量、电荷和电场的函数变化关系。用你的实验结果和归一化常数得到该函数关系。不要强行使你的结果与理论相符。必要时说明你使用的单位。用质子、$He^+$ 和 $O^+$ 验证粒子漂移速度与质量的依赖关系，用 $He^+$ 和 $He_2^+$（α 粒子）研究漂移速度与电荷的依赖关系。

**3.3**　使用空间物理习题训练（http://spacephysics.ucla.edu）中的"particle motion"选项研究质子在梯度磁场中的运动情况。在左侧子图的左侧设定磁场强度。在左侧子图中，由左至右，区域宽度为 100 km，磁场梯度则给出了每 10 km 磁场强度的变化大小。

（1）确定引导中心的运动对垂直于磁场的离子速度分量的依赖关系。使用对数坐标描述这种变化关系，并在图中使用最小二乘法拟合出直线函数关系。建议：离子的初始位置为$(0,-30,0)$ km，速度为 $v_y=v_z=0$，且 $v_x=30$ km/s，45 km/s，60 km/s，75 km/s。磁场强度为 10 nT，梯度为 10 nT/10 km。左侧子图中心线处的磁场强度应为 60 nT。

（2）确定引导中心的运动对磁场梯度的依赖关系。使用对数坐标和最小二乘法直线拟合分析这种依赖关系。注意，在这一练习中，粒子轨道中心处的磁场强度应保持不变。建议：初始时质子的位置为$(0,-30,0)$ km，速度为 $v=(60,0,0)$ km/s，磁场强度和梯度为 (1 nT，20 nT/10 km)、(26 nT，15 nT/10 km)、(51 nT，20 nT/10 km) 和 (76 nT，5 nT/10 km)。在使用上述参数的情况下，左侧子图中心处的磁场强度是多少？

（3）确定引导中心的运动对导心处磁场强度的依赖关系。使用对数坐标和最小二乘法直线拟合描述变化关系。建议：粒子初始位置为$(0,-30,0)$ km，速度为$(60,0,0)$ km/s。磁场梯度为 5 nT/10 km，磁场强度设为 10 nT、20 nT、30 nT 和 40 nT。在上述参数设置下，粒子导心处的磁场强度为多少？

（4）电子在有梯度的磁场中如何漂移？等离子体中的梯度漂移是否会产生电流？你可能需要使用带负电荷的离子替代电子进行分析。

**3.4**　使用空间物理习题训练（http://spacephysics.ucla.edu）中的"particle motion"选项研究粒子在曲率磁场中的运动情况。研究引导中心的漂移运动与粒子垂直能量、平行能量（分别指垂直和平行磁场方向的速度分量对应的动能）、磁场强度和磁场曲率之间的关系。在研究粒子垂直和平行速度的影响时需小心处理，只调整改变需要研究的物理参数。这可以在释放粒子时，通过使粒子仅有垂直或平行速度实现。我们通过作图来研究这种变化关系。我们可以用程序检验曲率漂移是否与粒子携带的电荷极性有关，能否产生电流。我们建议粒子的初始位置为$(-40,0,0)$ km；垂直运动情况下，粒子速度为$(25,0,0)$ km/s；平行情况下，粒子速度为$(0,25,0)$ km/s。

**3.5**　使用空间物理习题训练（http://spacephysics.ucla.edu）中"particle motion"模块下的"Magnetic Mirror"选项研究带电粒子的磁镜效应。假设粒子位于磁瓶中心（$x=y=$

$z=0$),且 $v_x=0$,设定 $v_y$ 和 $v_z$ 速度相等($v_y=v_z=1,2,5$ 等),追踪质子和 α 粒子的运动轨迹。磁镜点之间的距离(mirror distance)与粒子的速度大小或质量是否有关?将磁镜磁场比率①从 100 变到 50,上述磁镜粒子的运动轨迹会发生什么变化?改变 $v_y$ 和 $v_z$ 的比率,或高于 1,或低于 1,重复以上分析,并解释你所得的结果。

**3.6** 使用空间物理习题训练(http://spacephysics.ucla.edu)中"particle motion"模块下的"dipole magnetic field"选项。通过这个模块,你可以追踪粒子在真实行星磁层模型中的运动,其中存在由磁镜捕获引起的沿磁场方向的来回弹跳运动,横越磁场的曲率和梯度漂移运动。只有粒子存在平行磁场的速度分量时,曲率漂移才存在。

(1) 分别在 3 个不同距离处,$x=25$ km,28 km,32 km,$y=z=0$,以 $v_y=30$ km/s,沿垂直于磁场的方向,发射一束质子。测量它们的漂移速度,即粒子回旋中心的运动速度。考虑到偶极磁场的减弱与距离的三次方成反比,这会如何影响粒子的漂移速度?使用粒子漂移速度公式说明在偶极磁场中粒子漂移速度的理论依赖关系。

(2) 在 $x=-30$ km,$y=0$,$z=0$ km,处分别以速度 $v_y=30$ km/s,40 km/s,50 km/s 沿垂直于磁场发射出一束质子。测量它们的漂移速度。漂移速度与粒子的垂直能量($v_y^2$)有什么关系?

(3) 在 $x=-30$ km,$y=0$,$z=0$ km 处分别以速度 $v_x=0$,$v_y=30$ km/s,$v_z=15$ km/s,30 km/s,45 km/s,60 km/s 发射一束质子。测量粒子环绕偶极磁场的方位漂移速度和磁镜点的纬度。磁镜点的纬度可以通过在 $xOz$ 平面内第一次反射点发生处测量得到。漂移速度与总能量($v_y^2+v_z^2$)的关系是怎样的?磁镜点的纬度与 $v_z/(v_y^2+v_z^2)^{\frac{1}{2}}$ 的依赖关系是怎样的?

**3.7** 确定 $B_x=y$,$B_y=x$ 对应的磁场线方程,并绘出与之对应的磁场线图形(确保磁场线间距能表征磁场强度)。计算该磁场结构对应的曲率和磁压分布。在图中画出几条磁场强度等值线,并用箭头表示出曲率和磁压的方向与大小。(提示:磁压力是 $-\nabla(B^2/2\mu_0)$,曲率张力(磁张力)是 $(\boldsymbol{B}\cdot\nabla)\boldsymbol{B}/\mu_0$。)

**3.8** 构成磁流体力学(MHD)基础的单流体方程组(忽略碰撞)如下。

质量连续性方程:$\frac{\partial\rho}{\partial t}+\nabla\cdot(\rho\boldsymbol{u})=0$。

动量方程:$\frac{\partial}{\partial t}(\rho\boldsymbol{u})+\nabla\cdot(\overleftrightarrow{\boldsymbol{p}}+\rho\boldsymbol{u}\boldsymbol{u})-\rho_q\boldsymbol{E}-\boldsymbol{j}\times\boldsymbol{B}-\rho\boldsymbol{g}=0$;

能量方程:$\frac{\partial}{\partial t}\left(\frac{1}{2}p_{ii}+\frac{1}{2}\rho u^2\right)+\nabla\cdot\left(\boldsymbol{q}+\overleftrightarrow{\boldsymbol{p}}\cdot\boldsymbol{u}+\frac{1}{2}p_{ii}\boldsymbol{u}+\frac{1}{2}\rho u^2\boldsymbol{u}\right)-\boldsymbol{j}\cdot\boldsymbol{E}-\rho\boldsymbol{u}\cdot\boldsymbol{g}=0$。

(见式(3.113)、式(3.115)和式(3.117))

在热压满足各向同性(压力的张量表示为 $p\delta_{ij}$)的假设条件下,根据这些式子,推导出 MHD 方程中动量和能量方程更常见的形式。

动量方程:$\rho\frac{\mathrm{D}\boldsymbol{u}}{\mathrm{D}t}=\boldsymbol{J}\times\boldsymbol{B}-\nabla p$。

能量方程:$\frac{\mathrm{D}}{\mathrm{D}t}(p\rho^{-\gamma})=0$。

注意:需要做一些必要近似,才能推导出动量和能量的最终表达式。

---

① 译者认为,该比率指磁镜口处的磁场强度与磁瓶中心处磁场强度的比值。

# 第4章

## 太阳及其大气

## 4.1 引言

在几乎空间物理的所有研究中,太阳都扮演着一个极其重要的角色,并且太阳本身也是一个富含从核聚变到激波,再到等离子体波、粒子加速等多种等离子体物理过程的天然实验室。在本章中,我们聚焦太阳的基本物理特性,因为这些物理特性对于控制和影响行星的高层大气、行星电离层、行星际空间环境都有重要作用。特别是能影响行星磁层的多种行星际动力学过程,都可追踪溯源到太阳。

值得注意的是,在宇宙无数星系中,太阳是银河系众多恒星里比较特殊的一颗恒星。从天文学的标准看,太阳属于一颗中年的 G 型恒星,在大约 46 亿年前由星云(由磁化星际气体和尘埃组成)坍缩和旋转形成。太阳距地球大约 $1.496 \times 10^8$ km,约 215 个太阳半径。因此,从地面上看,太阳直径形成的视角展宽约为 $0.5°$,正好相当于月球相对地面形成的视角展宽。我们人类正好生活在太阳系的宜居带上。同时,我们也注意到,太阳无论是在过去还是未来,都是处于变化之中的,而且太阳也显现出半规律性的周期变化(如太阳活动的爆发)。

与许多其他研究领域一样,对于通常无法探测的地方,要理解其未知物理条件及其高度复杂的物理系统,我们的认识会受到现有测量方法及人类认知能力的双重限制。虽然地基探测及空间探测的大量积累已增进了我们的认识,但在很多方面我们的认知还没有取得显著进步。尽管如此,20 世纪 60 年代太空时代开始以来我们在太阳方面的研究还是取得了卓著的进展。

在本章中,我们将从成像、光谱和无线电信号 3 种基本遥感探测技术方面对太阳及其大气开展的一些关键观测进行详细描述。这些观测能在多波段为太阳活动现象提供高分辨率的时空信息,在极大增进我们认知的同时也挑战了我们对太阳现有的认识。理论前沿研究也应与观测发展保持同步,这里我们不详细展开。读者也能从其他章节中接触许多基本物理概念,特别是第 3 章关于空间等离子体的基础物理知识(建议在继续阅读本章前先阅读此章)。我们也将对一些重要模型进行简要描述,这对于我们洞悉相关物理过程、理解探测数据是非常有价值的。目的是让读者对一些主要的观测结果、概念、术语及比较基础的太阳物理研究方法有一个简要的总体认识。太阳物理学和太阳天文学本身就是非常活跃的研究领域,在很多相关具体研究方向上,我们有许多专门的书籍和期刊可以参考。

## 4.2 太阳结构及太阳大气

太阳半径约为地球半径的 109 倍,质量约为 $1.99 \times 10^{30}$ kg。太阳表面的重力加速度

空间物理学导论

可高达 274 m/s$^2$,而在地球轨道处则下降为约 $2.4\times10^{-3}$ m/s$^2$。挣脱太阳引力束缚的逃逸速度(**escape velocity**)为 618 km/s(能脱离太阳引力到达无穷远处的最小速度),而在地球轨道处逃逸速度则下降为 42 km/s(或从地球表面逃逸的第三宇宙速度 16.7 km/s)[①]。太阳的平均密度为 1400 kg/m$^3$,其中 90% 为 H,10% 为 He。太阳的自转轴相对于黄道面倾斜7.25°,相对于遥远恒星太阳自转周期为 25 d(恒星日)。我们在地球上接收到太阳光子的光谱符合温度为 5785 K 的黑体辐射分布。这些光子以 $3.86\times10^{33}$ erg/s(1 erg=$10^{-7}$ J)的功率向太空释放能量。

如图 4.1 所示,太阳这样的恒星的基本结构是由引力分层形成的同心近球形壳的"热气体"组成的。从太阳中发现的主要元素相对丰度(表 4.1)是根据吸收线、发射线及连续谱特征等多种光谱信号推断出的。太阳的大部分质量或密度最大区域主要集中在日核处,而氢则在日核处通过核聚变源源不断地产生氦。日核的周围是辐射区,核聚变产生的能量通过光子在辐射区的不断"吸收,发射",慢慢向外扩散。在距日表约 1/3 太阳半径的地方是对流区(**convective zone**),类似于从锅底部加热水形成的对流运动,热量可更有效地在对流区通过太阳物质的"翻滚"对流向外扩散。我们通常在 1 AU(日地平均距离)接收到的光大部分来自太阳的有效表面,这个有效表面通常称为光球层(**photosphere**)。而延展在光球层上方的太阳大气也以其特有的方式影响着我们(见第 5 章)。

表 4.1  太阳主要元素相对丰度:质量占比最高的 8 种成分

| 元素 | H | He | O | C | Fe | Ne | N | Si |
|---|---|---|---|---|---|---|---|---|
| 光球层 | 73.50 | 24.90 | 0.80 | 0.30 | 0.20 | 0.10 | 0.10 | 0.10 |
| 日冕 | 81.00 | 18.00 | 0.04 | 0.08 | 0.01 | 0.006 | 0.01 | 0.01 |
| 比值[②] | 1.30 | 0.76 | 0.05 | 0.27 | 0.05 | 0.06 | 0.10 | 0.10 |

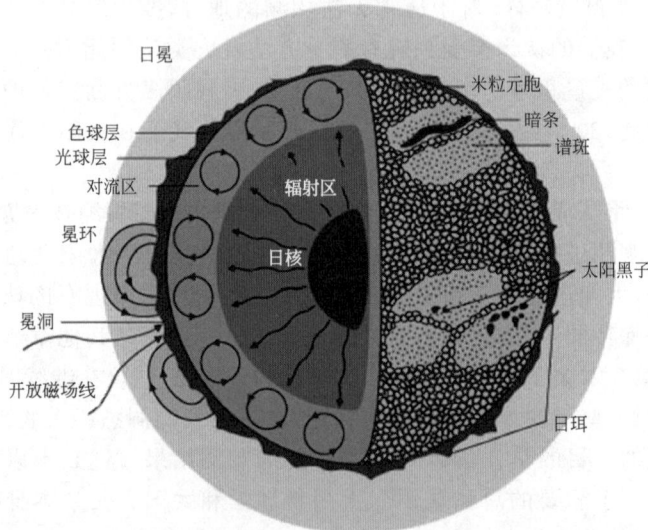

图 4.1  太阳的基本结构。图的中心显示了日核、辐射区和对流区。右侧展示了光球层和色球层的结构特征。左侧展示了日冕的结构特征

① 原文为 11 km/s。
② 比值为日冕中的元素丰度除以光球层中的元素丰度。

114

　　图 4.1 中间部分显示了太阳内部不同结构分层中的物理条件和物理过程。在太阳内部距日心约 $0.2R_S$(其中 $R_S$ 是太阳半径)处,即为日核,在日核中,氢在高温高压条件下能产生聚变反应进而形成氦和其他更重的元素物质。如图 4.2 所示,4 个氢核可通过氦-3 同位素的生成而产生核聚变。这一过程中,极少部分原始粒子的质量(质量分数为 0.7%)在聚变反应中转化为能量,以维持太阳燃烧和能量输出的能量供给。除了氦核外,太阳内部的核反应最终还会产生中微子、X 射线和伽马射线等。通过弱相互作用产生的中微子可携带太阳内部的核反应信息穿透太阳。然而,以电磁辐射形式释放的能量(如 X 射线和伽马射线等)则在向外扩散中加热了上层的辐射区(**radiative zone**,辐射区能吸收约 $0.7R_S$ 区域内产生的大部分电磁辐射)。关于太阳深部还存在一些有趣的科学问题。例如,对太阳中微子通量的测量,目前认为测量结果与理论预期存在不相符的地方;人们目前也正努力在实验室中再现其日核中聚变产生能量的核反应过程。但由于这方面的研究方向对于大多数空间物理研究而言并不重要,所以我们把这方面的内容留给读者,可依自己的兴趣独立探索阅读。

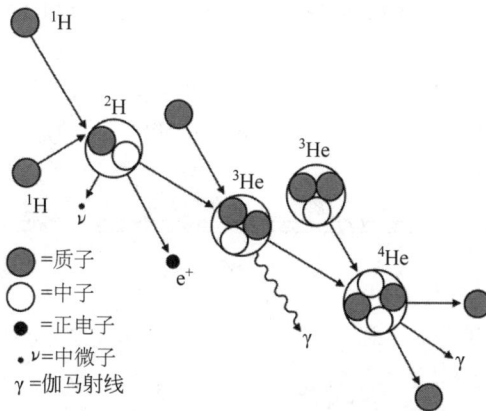

图 4.2　氢在日核处通过聚变"燃烧"产生氦的过程。在 10 MK 以上的温度条件下,两个氢原子核(质子)聚变产生一个氘核,并释放出一个中微子和一个正电子。氘与另一个氢核发生聚变产生氦-3 和伽马射线。两个氦-3 核进一步通过聚变产生一个氦-4 核,释放两个氢核和伽马射线。在 4 个氢核形成氦-4 核的过程中约有质量分数 0.7% 的质量以辐射能量的形式损失

　　最终,在能量从日核向外传递扩散过程中,当辐射传输效率降低至对流传输效率以下时,太阳内部物质开始向日表上升,在上升过程中温度冷却后又沉入日表。这些大尺度的对流运动也能产生湍流,部分原因在于太阳系统具有自转运动。

　　在对流区内,通常意义上的磁流体 MHD 概念(见第 3 章)有时也是适用的,但需要注意的是,能量的辐射传输在这个区域仍然起重要作用,太阳的内部高压可能会使内部介质变成几乎是不可压缩的,电离水平可能也很低。图 4.3 给出了太阳内部物质基本物理特性的径向分布。

　　在辐射区和对流区,由于光子散射和吸收/再发射,太阳大气几乎是不透明的或存在"光学厚深"。然而在电磁辐射逃逸的光球层,如图 4.4(a)所示,辐射则主要集中在可见光波段。而其中的热辐射波段则来源于大气的热平衡态过程(服从麦克斯韦-玻耳兹曼速度或能量分布)。其他辐射波段则通常来自太阳大气的其他区域及其他"非热"物理过程。整个光谱的主要输出部分在很大程度上决定了太阳常数(**solar constant**,太阳常数是衡量太阳总

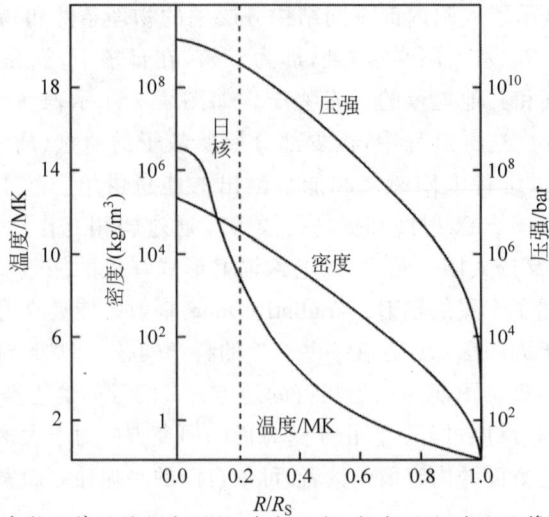

图 4.3　太阳内部物质基本物理特性的径向剖面,包括日核、辐射区和对流区等主要结构区域。太阳的大部分质量都在日核。在对流层内边界约 $0.67R_S$ 处,主要的能量传输机制将由辐射传输(光子携带能量)转变为机械能传输(对流运动携带能量)(引自 Sexl 等,1980)

$$1\ \text{bar}=0.1\ \text{MPa}$$

1 bar=0.1 MPa

(a)

(b)

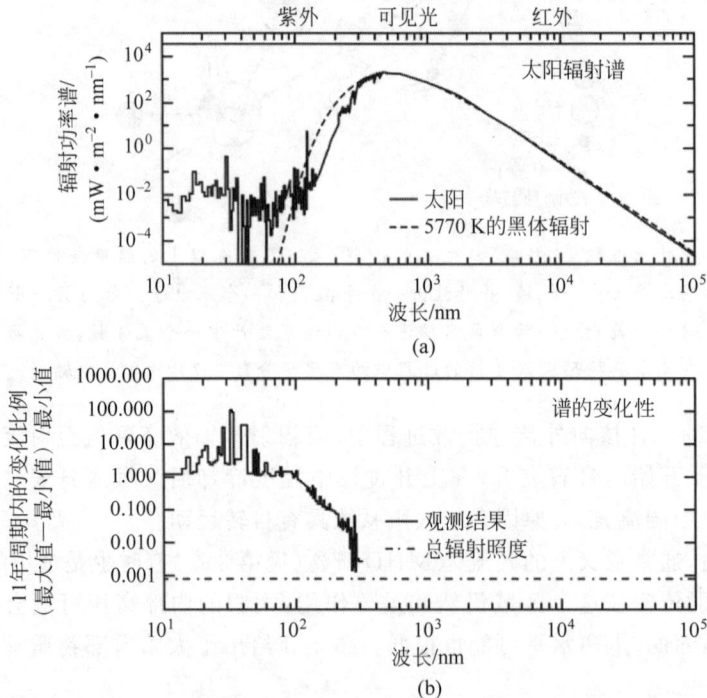

图 4.4　太阳辐射谱(a)及其在整个 11 年太阳活动周期内太阳辐射在不同波段上的相对变化(b)。太阳光谱的主要能量输出部分以可见光为主,符合温度约 6000 K 的黑体辐射分布特征。光谱的短波处,尤其是波长小于约 100 nm 的谱段,变化非常剧烈。对太阳光谱在所有波长上进行积分即可得到太阳总辐射(TSI)或太阳常数。之所以称之为太阳常数,是因为它在太阳当前阶段几乎不随时间变化(引自 Lean,1991)

电磁辐射能量输出的参数)。自有观测以来,太阳常数①几乎维持不变(误差在千分之几以内)。② 事实上,关于太阳常数微小变化的物理来源一直是大家持续关注的研究方向,也是长期气候变化模型中要考虑的主要太阳变化特性。随着空间时代的发展,通过在地球大气层(大气层对太阳光谱具有选择吸收作用)外测量更为准确完整的太阳总辐射(**total solar irradiance**,TSI),并深入观测不同太阳活动特征的谱线贡献,太阳常数的测定已得到不断改进。

在肉眼看来,光球层很平静,几乎没有任何物理结构特征;然而,使用高分辨率的太阳望远镜和滤光片仔细观察时会发现光球层具有明显的不均匀性,其中包括由小尺度对流元胞结构(cells)形成的、在不断移动和演化的网状结构。如图 4.5 中的太阳图像所示,这些元胞在最小尺度上被称为米粒(granules)(尺度为数千千米),当它们表现出更大尺度的相干行为时被称为超级米粒(supergranules)(尺度为数万千米)。超级米粒似乎是从光球层下面组织发育起来的。米粒的平均寿命为数十分钟,超级米粒的寿命则更长,可能长达数天。通常认为,米粒组织位于对流区顶部的一个薄层内,其薄层深度与米粒的直径大致相同。通过不同的滤光片还可以揭示光球层的更多细节特征。强谱线的 Doppler(多普勒)频移观测表明,米粒组织中心明亮的部分是太阳物质向上流动的区域,而米粒之间的深色部分则是太阳物质向下流动的区域(图 4.5)。

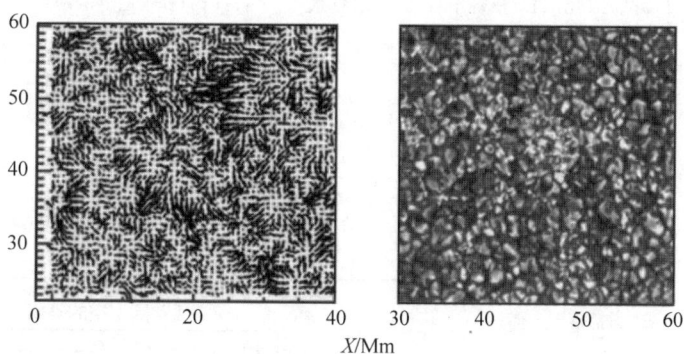

图 4.5　光球层上(太阳有效表面)观测到的太阳米粒组织图像。左图给出了单位速度的矢量叠加投影图。一个典型的米粒组织尺度大约相当于整个得克萨斯州的面积。对流运动携带了从太阳内部传输到表面的大部分非辐射能量(图片来源于美国国家光学天文台(National Optical Astronomy Observatory,NOAO))

光球层还存在一些特别亮的元胞区域,这些将在后面重新讨论。米粒和超米粒元胞刻画了太阳宁静区的磁场结构。我们把光球层上发现的其他特征现象留到后面讨论,因为这些特征与太阳磁场和太阳活动有关。

我们通常将光球层以上的分层区域统称太阳大气层,尽管太阳这样的恒星的大气层基本都是气态的。这些分层结构包括色球层(**chromosphere**)、过渡区(**transition region**)和日冕(**corona**),表 4.2 和图 4.6 对它们的物理特性作了简单概括。从色球层到日冕,太阳大气的密度、温度、电离态及磁场的过渡变化范围相当巨大。令人吃惊的是,在光球层高度,尽

---

　　①　太阳常数定义为太阳与地球平均距离处、垂直于太阳光线的单位面积上接收到太阳电磁辐射的通量,一般为 1.367 kW/m²。

　　②　原文意为在百分之几十以内。

管那里的温度高达6000 K,但仍有相当一部分太阳大气是中性的(99.9%)。因此,研究太阳低层大气时,与离子一样,我们需考虑与中性粒子有关的物理行为和物理过程,这包括那些能影响行星高层大气和电离层的非电磁辐射电离和碰撞过程(见第2章),如碰撞电离和电荷交换。图4.7给出了太阳大气中某些碰撞频率的高度剖面分布。

表4.2  不同太阳大气区域的关键特性

| 区  域 | 主 要 特 征 | 物 理 现 象 |
|---|---|---|
| 光球层 | 温度 $T$:6000 K<br>成分:74%的质量分数为 H<br>电离态:99.9%为中性<br>磁场 $B$:0~100 G(米粒间区域)<br>$\qquad$(1 G = $10^{-4}$ T)<br>等离子体 $\beta$ 从 >1 过渡变化到 <1(碰撞等离子体,密度 $10^{14}$ cm$^{-3}$) | 米粒(granulation)<br>超级米粒(supergranulation)<br>光斑(faculae)<br>太阳黑子/活动区(sunspots/active regions) |
| 色球层和过渡区 | 温度 $T$:6000~30 000 K<br>成分:过渡变化<br>电离态:过渡变化<br>磁场约几 $\mu$T,等离子体 $\beta$ 变化较大<br>粒子碰撞频率:过渡变化 | 最低温度 3400 K<br>针状结构(spicules)<br>暗条(filaments)<br>日珥(prominences)<br>谱斑(plage) |
| 日冕 | 温度 $T$:1~2 MK<br>成分:95%的质量分数为 H,5%为 He<br>电离态:100%<br>磁场 $B$:1~100 $\mu$T<br>等离子体 $\beta$<1<br>无碰撞等离子体(密度 $10^{8}$ cm$^{-3}$) | 冕环(loops)<br>冕流(streamers)<br>冕洞(coronal holes)<br>日冕物质抛射(CMEs) |

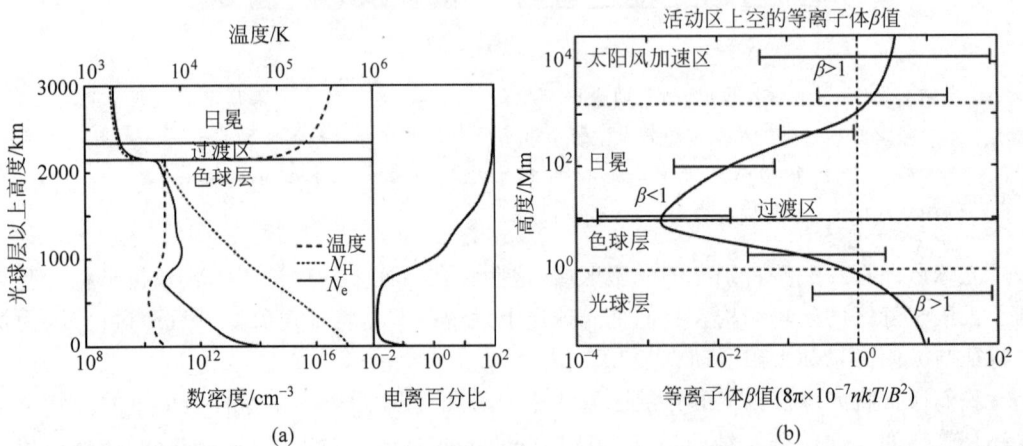

(a)

(b)

图4.6  太阳大气基本特性的径向(高度)剖面图。图中显示了主要划分得到的色球层、过渡区和日冕。(a)密度和电离百分比的分布(引自 Avrtt 和 Loeser,2008);(b)等离子体热能密度与磁能密度的比值(等离子体 $\beta$ 值[①])的分布(引自 Gary,2001)

___
① 通常定义为等离子体热压与磁压的比值。

色球层中太阳大气温度随高度降低并在某一高度达到局部最低(图 4.6),这反映了太阳不断向空间辐射而损失能量。但在色球层顶部和过渡区之间的区域,太阳表面观测到的一小部分(占比约 $10^{-4}$)机械能能够转化加热这个区域,使温度梯度在该处急剧升高,最终使温度随高度上升,并在日冕中达到 1 MK 左右。同时,由于加热电子增加了碰撞电离,使过渡区的太阳大气变得高度电离。较高的温度使大气标高增加,大气密度降低,这一特征可一直持续到粒子的碰撞频率出现显著降低(图 4.7)。背景磁场的重要性开始随之增加(在光球层米粒结构中主要由对流带动磁场运动,而在日冕中则主要由磁场控制太阳大气带电粒子的运动)。接下来,我们将阐述过渡区如何形成,这一重大问题为什么会几十年来一直困扰着科学家。需要强调的是,太阳大气层的各分层结构其实并没有明确定义或没有稳定的状态。与地球高层大气(见第 2 章)一样,太阳大气层各分层结构也易受底层复杂动力学边界层处能量或动量输入变化的影响。

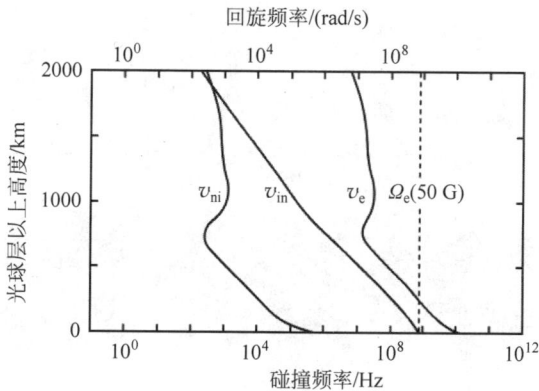

图 4.7 太阳大气中不同碰撞频率(相比质子回旋频率)的高度分布图。垂直虚线是 50 G(1 G$=10^{-4}$ T)磁场强度下的电子回旋频率。这意味着在光球层和色球层中粒子运动主要受碰撞作用影响,而在日冕中粒子的运动则主要受磁场控制(引自 Song 和 Vasyliunas,2011)

在空间物理研究领域,人们通常关注的太阳能量输出主要集中在 EUV(极紫外)到 X 射线波段的辐射(XUV)及部分逃逸出的太阳大气(太阳风)。太阳风在空间物理研究中起着非常重要的作用,我们将在第 5 章中专门介绍它,这里仅介绍太阳风起源的根部区域——日冕。靠近 X 射线波段的 EUV 或极紫外辐射(波长小于 100 nm)主要引起星际中性粒子和行星大气的电离(见第 2 章)。如图 4.4 所示,这部分波段的太阳光谱及波长较长的射电波波段比其他波段的变化更大。这种变化主要是由太阳磁场的影响引起的。太阳磁场控制了许多太阳物理现象(如本章和第 5 章所述),它是深入认识太阳物理现象的一个很好切入点。

## 4.3 太阳磁场

### 4.3.1 基本观测特性

关于太阳磁场最明显也最早的观测证据是日面(visible solar disk)上存在肉眼可见的黑子,即太阳黑子(**sunspots**)。正如在第 1 章的历史追溯中所提及的,人们对日面黑子数及黑子的基本时空变化特征的记录已经有几个世纪了。如图 4.8(a)所示,太阳黑子周期(**sunspot** cycle)是衡量太阳活动最常见的测量方法。为了尽可能获得长期、一致的观测记录,多年来人们一直在尝试修正在非均匀观测条件下得到的太阳黑子数(sunspot numbers,SSN)。太阳黑子数表明,太阳的磁"活动"具有 10～13 年的变化周期。大量文献研究表明,太阳活动周期通常可分为 4 个相位:太阳活动极小期,此时太阳黑子数处于周期中的最小值;太阳活动上升期,在此期间黑子数不断增加;太阳活动极大期,在此期间太阳黑子数达到最大值;太阳活动衰退期。仔细观察图 4.8(a),我们可以发现,除活动周的强度(最大 SSN)和长度略有不同外,每个太阳黑子周期的轮廓也不尽相同,太阳活动上升期时间通常比太阳活动衰退期时间短。每个周期最大 SSN 变化的物理原因目前还在持续研究中。尽管太阳黑子是太阳磁场存在的观测证据,但它在我们对太阳活动周期的定义和认知中已经根深蒂固,而且经常用于指示太阳活动周期变化,因此了解它们的基本属性和物理行为是很有意义的。

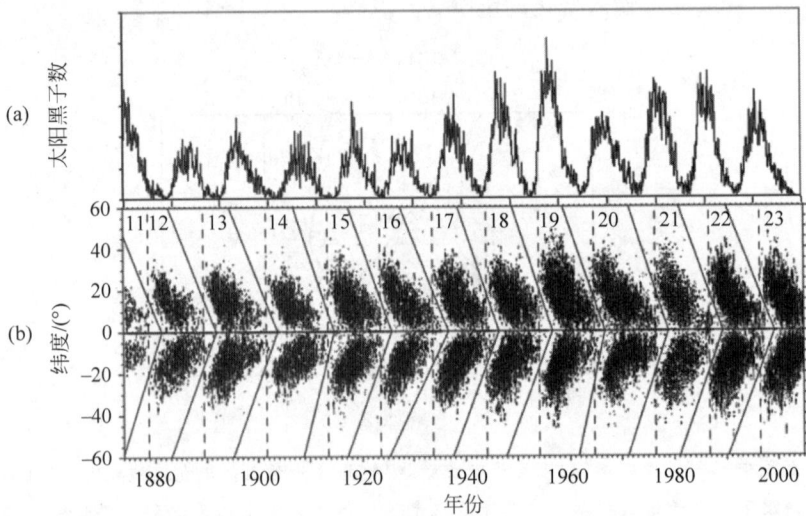

图 4.8　(a)太阳黑子数(SSN)的时间序列;(b)太阳黑子随纬度与时间变化的"蝴蝶"图(以太阳活动周期编号标示)。注意,蝴蝶图并不意味同一个太阳黑子会向赤道漂移运动,而是表明随着太阳黑子周期的发展,太阳黑子出现的纬度带会整体向赤道移动(图(b)引自 Solanki、Wenzler 和 Schmitt,2008)

　　除太阳黑子计数外,人们通常还记录太阳黑子在日面上的空间位置信息,以及它们的时间演化趋势。太阳黑子出现在一定的纬度范围内,从太阳活动周开始到结束的整个时段内黑子纬度带会向赤道方向迁移。若将观测到黑子的纬度按时间变化绘出,就可得到如图 4.8(b)所示的蝴蝶分布图(**butterfly diagram**)。在太阳黑子周的上升阶段,太阳黑子通常在一两年内就会首先出现在北半球和南半球距离太阳赤道 35°的地方。对比图 4.8(a)和图 4.8(b)可看出,蝴蝶"翅膀"的中心大致对应每个活动周太阳黑子数量最多的时候,而蝴蝶"翅膀"的末端则对应活动周期间太阳黑子数的最低点。相邻活动周的蝴蝶"翅膀"通常有 1～2 年的交叠期。需要强调的是,蝴蝶图并不代表太阳黑子空间分布的快照,而是显示随着太阳黑子周期发展,太阳黑子出现的纬度带会向赤道方向移动。

　　个别太阳黑子可能在一两天内出现然后消失,但其他太阳黑子可能被识别和追踪达数周至数月。太阳黑子在日面上出现的显著横向运动为早期太阳观测者提供了一个观测迹象——太阳表面以右手螺旋方向绕着一个相对于黄道面倾斜约 7°的轴旋转,从地球上看太阳旋转周

期约 27.3 天。这促使人们从 19 世纪中期开始（在第 1 章中提到）引入了 Carrington 周
（**Carrington rotations**）的概念[①]（截至 2016 年，太阳自转的 Carrington 周计数已经达到 2170
次）。此外，人们还发现，太阳黑子横穿整个日面的速度取决于它们所在的太阳纬度，那么据此
可推测太阳具有图 4.9 所示的较差自转行为（**differential rotation**）。虽然通常认为约 27.3 天是
太阳的自转会合周期，但赤道地区的自转周期约为 25 天，而靠近极地约为 37 天。因此日面纬
向带之间看起来是可以相互滑移的，这表明日面中纬区域存在比较显著的表面速度梯度或剪
切作用。最近的研究发现，在太阳黑子带所在纬度附近，较差自转存在扰动——黑子带里的旋
转略快于自转向极区变化的平均趋势，并略慢于向赤道变化的平均趋势。随着太阳活动周的
发展，这种扭转振荡（**torsional oscillation**）（图 4.9）会随着太阳黑子带向赤道迁移。它的成因和
重要性及太阳较差自转的起源，仍是当前研究的前沿热点方向。

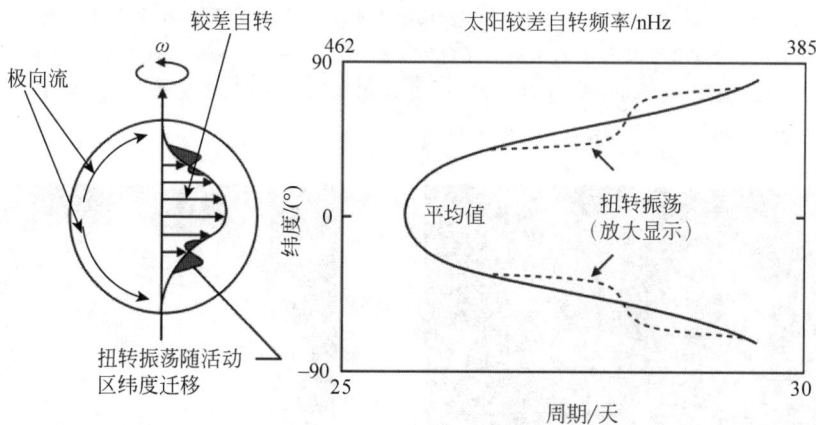

图 4.9　由太阳表面（如黑子）特征追踪得到的太阳较差自转示意图。太阳较差自转意味着两极自转所需的
　　　　时间（约 30 天）比赤道地区（约 25 天）更长。无论是南半球还是北半球，都可以看到流速较慢的极向
　　　　或经向流

　　在图 4.10 显示的高分辨率白光图像中，我们还可以看到太阳黑子的一些外观精细特
征。太阳黑子存在中心暗区或本影，四周则被稍亮的区域（称为半影）包围，这表明它们的
温度比周围环境的温度低（因此，太阳黑子的“黑”仅是相对的）。从磁场结构特征诊断太阳
黑子需要对观测技术进行创新。20 世纪初，George Ellery Hale 和 Horace Babcock 发现，
通过谱线的 Zeeman（塞曼）分裂效应（**Zeeman splitting**）可以由太阳光谱和滤光图像推断磁
场强度，他们通过空间定点光谱的测量（见第 1 章）首次将太阳黑子确定为日面磁场最强的
区域。他们发明的磁测仪（magnetograph）揭示出日面存在的多种物理特征和观测现象。
如图 4.11 所示，其中，一个很好的例子就是我们可以从谱线塞曼效应获得全日面的磁图
（magnetogram）。在图中，沿视线方向的磁场极性及磁场强度在刻度上可由白（磁场方向朝
向观测者，颜色越白，表示磁场越强）到黑（磁场方向背离观测者，颜色越黑，表示磁场越强）
显示，而灰色区域则表示该区域的磁场较弱，磁场极性较为混合。观测表明，太阳黑子中的
磁场大致沿径向或垂直方向，强度至少为数百高斯。随着磁测仪灵敏度提高，人们观察到

———————————

① 第一个 Carrington 周由 1853 年 11 月 9 日开始计。

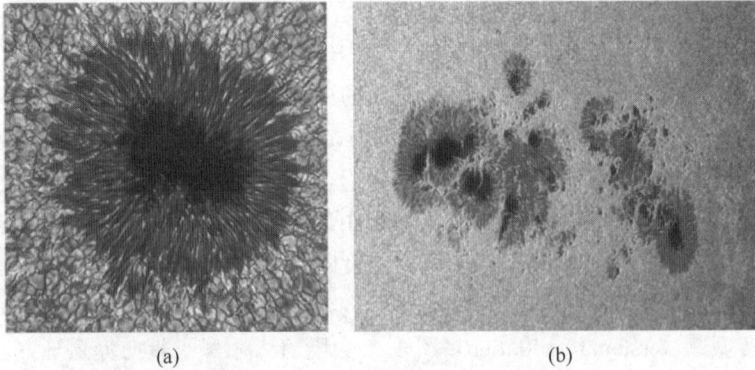

(a)                                         (b)

图 4.10    太阳黑子的可见光图像,背景为米粒组织。中央暗区为本影(umbra),外围较亮的部分为半影
(penumbra)。有时一个半影区同时包含几个本影区。太阳黑子在日面上呈黑色,因为它们的温
度(约 4000 K)比周围背景光球层温度(6000 K)低。(a)为 F. Woeger(基彭豪尔太阳物理研究所
(Kiepenheuer Inst. Sonnenphysik))拍摄,美国国家太阳天文台提供;(b)为 E. Roel 拍摄,见
spaceweather. com(存档于 2011 年 5 月 11 日)

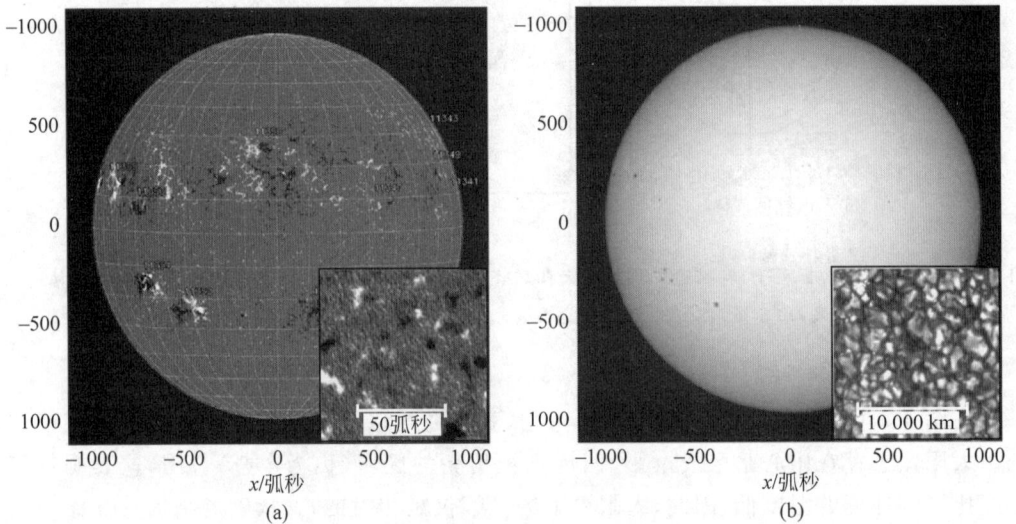

图 4.11    (a)一张全日面磁图的示例,其中插图为放大的宁静区(quiet Sun)弱磁场分布。(b)可见光(白光)
照片,插图显示了米粒对流图案。在磁图中,黑色区域表示沿视线方向磁场指向太阳,白色区域表
示磁场背离太阳方向。黑、白色区域也分别称为磁场负极性区和正极性区。不同极性之间的分界
线称为磁中性线。而米粒尺度的灰白色区域则对应弱磁区域。注意,可见光照片中太阳黑子覆盖
的表面区域与活动区覆盖的区域(面积更大,对应图(a)中黑色和白色区域)之间是存在明显差异
的。活动区域的数量和总面积的变化符合太阳黑子周期的变化趋势(SOHO MDI[①] 图片(NASA/
ESA/Stanford 存档))

磁图中的许多区域具有较强的磁场(我们称其为活动区(active regions)),但在可见光波段
却没有看到相关太阳黑子——这支持了太阳黑子形成存在一个磁场阈值的观点。这些观

---

①    MDI(Michelson Doppler Imager)为 SOHO 飞船搭载的 Michelson Doppler 相机。

测结果对于理解太阳黑子周期的异常具有重要意义,例如在第 1 章中提到的 Maunder 极小期(**Maunder minimum**),这期间可能存在无太阳黑子的活动区。通过观察活动区而非观测太阳黑子,可以更全面地理解太阳的磁活动周期。但对于长期研究而言,我们目前只有太阳黑子数可用。

太阳黑子有时成对出现,且彼此之间磁场极性相反。当太阳黑子周围没有与其极性相反的另一黑子配对时,通常其尾端[1]附近会存在一个极性相反的较强磁场弥散区。黑子对之间的连线大致是沿东西方向,前导太阳黑子和后随太阳黑子在北半球和南半球的磁场极性是相反的。此外,在每个太阳活动极小期,太阳黑子的这种极性顺序会发生倒转,这使太阳一个磁性周期时间(称为 22 年的 Hale 周,**Hale cycle**)正好能覆盖两个相邻的 11 年太阳黑子活动周。当一对活动区被观测到时,前导活动区比后随活动区更靠近赤道,活动区的轴向连线(连接反向极性中心的连线)偏离纬向方向约 5°。这一观测特性如图 4.12 所示,被称为 Joy 定律(**Joy's law**,该定律的重要性后面将会谈及)。一些活动区——尤其是那些面积较大的区域——可能包括多个太阳黑子,其分布比一个双极太阳黑子对更复杂,多个太阳黑子经常共享同一个半影。图 4.10(b)就展示

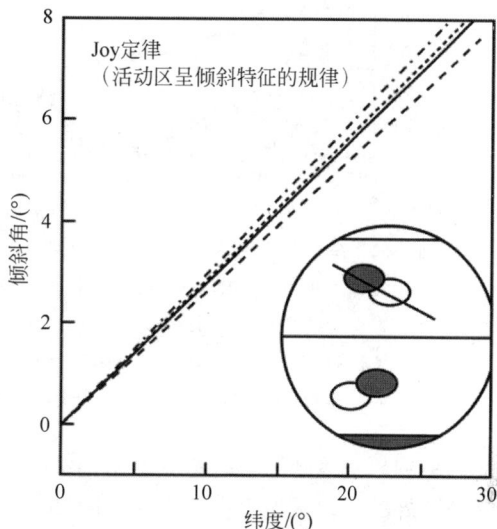

图 4.12　日面上观察到的双极活动区(active regions,AR)的倾斜角分布。该分布规律也称"Joy 定律"。倾斜现象是由于前向太阳黑子通常位于尾随太阳黑子赤道侧而形成的。这一特性对于理解和发展太阳发电机理论具有非常重要的意义

了这样一个例子。活动区根据其复杂性可用不同的希腊字母表征。主要类型包括 alpha(有一个太阳黑子及一个磁极相反的磁场弥散斑块)、beta(有一对磁场极性相反的太阳黑子)、gamma(太阳黑子或太阳黑子群具有复杂的、不规则的极性分布)和 delta(在一个半影[2]中存在极性相反的太阳黑子)。稍后我们将看到,复杂的活动区往往是太阳活动的主要发源地。

磁图还显示,太阳表面有些区域还分布着较弱的磁场(≤10 G)。如图 4.11 所示,图中的灰色部分是太阳宁静区的弱磁场区域(与活动区的强磁场区域相对应),它可在日面上任何地方出现(活动区除外)。这些弱磁场的周期并非处处都与太阳黑子磁场周期(Hale 周期)相位变化一致。特别是在远离活跃区的高纬或极区区域,其宁静区弱磁场的极性控制了太阳的全球偶极场极性。请注意,这些极区磁场的极性(polar field biases)在图 4.11 所示的磁图中几乎是看不见的。极区磁场也会随太阳黑子周期变化而出现逆转变化。然而,如图 4.13 所示,将极区磁场的大小、极性与太阳黑子数变化一起绘制时,就会发现两者之间

---

① 对于太阳自转形成的右手系而言,尾端位于太阳黑子的西侧。

② 原文为本影 umbra。但译者查阅资料发现,delta 型是指在同一半影中包含极性相反的太阳黑子,且彼此之间的距离不超过 2.5° 的太阳黑子群。

存在约 90°的相位差。在太阳黑子活动高年时,活动区的磁场贡献增强,而极区磁场强度则降到最低且极性开始出现逆转。太阳活动周期及其相对相位变化的这些物理关系为太阳磁场产生理论及模型提供了关键性的观测约束(见 4.3.2 节)。

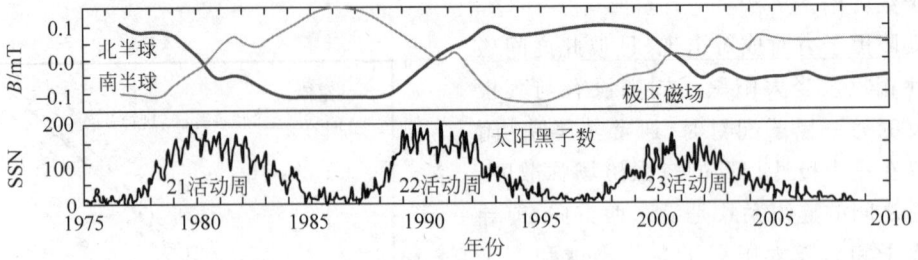

图 4.13   极区磁场周期与太阳黑子周期的比较。位于太阳宁静区的磁场的径向极性通常有一定偏
             向性。在南北半球的极区,磁场极性的偏向性通常是相反的。这些地方的磁场(约 10 G)虽
             然比活跃区的磁场弱很多,但却控制着太阳全球大尺度的轴向偶极子场。由于极区磁场
             极性的变化周期一般需要跨越两个太阳黑子周期,所以太阳极区磁场变化的周期约为 22
             年。其中,当太阳黑子活动处于低年时,极区磁场的强度达到最大(引自 Li 等,2011)

这些弱磁场区还有一些重要的精细结构特征。高分辨率的磁图(图 4.11(a)中插图)显示,在活动区外的灰白区域存在着一些尺度较小且磁场较强的单元,单元之间的分离尺度为米粒或超级米粒尺度级别。这些单元处于动态变化之中,且随着米粒组织不断移动和演化(图 4.5)。在太阳宁静区的磁场中,由于这些单元磁场正负极性的平衡分布是由低高度的环状磁场在日面形成的网状结构产生的,因而形成的整体分布也被形象地称为"磁毯"(magnetic carpet)。"磁毯"的极性可由整体平衡向某一整体显著极性变化。这些"磁毯"单元往往分布在超级米粒元胞(supergranular cell)的边界处,对应的磁场强度约为 10 G。相比之下,在较大的活动区内磁场强度可达数百高斯,在某些太阳黑子内磁场可高达数千高斯。此外,在"磁毯"单元中还存在一种尺度较大、磁场较强的微黑子(pore);还有一种尺度很小且寿命时间很短的双极活动区(称为瞬现区(ephemeral regions),持续时间为几分钟至几小时)。这些结构特征与"磁毯"磁场有明显的不同,目前研究还比较少,对于与其他表面磁场的关系及它们的总体重要性目前都还不清楚。

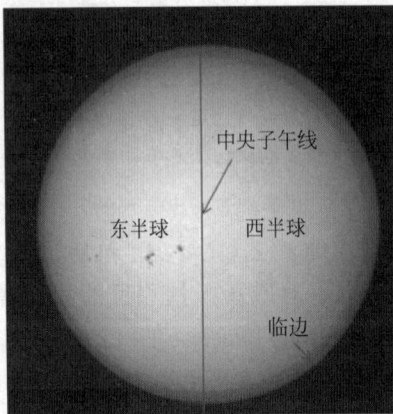

图 4.14   本章和第 5 章中涉及的太阳日面术语定
          义。中央子午线是从地球的角度定义
          的,该线从北到南平分太阳。由于太阳
          没有表面永久特征,所以中央子午线可
          作为"本初子午线",或零经线,表示每个
          Carrington 周的开始位置。日面西侧指
          日面旋转相对地面观测者呈现后退的半
          部分圆面,而东侧则指日面旋转相对观
          测者呈现靠近的那半部分圆面。日面可
          见边缘为临边(limb)

在继续介绍本章内容之前,我们将通过图 4.14 和图 4.15 介绍一些与太阳图像相关的术语。首先,尽管太阳的旋转方向与地球

的旋转方向一致,但我们通常将日面的右半部分称为西侧,而左半部分称为东侧(图 4.14)。

　　日面东西两侧由中央子午线(**central meridian**)分开(日地中心连线穿过中央子午线)。日面边缘称为临边(limb)。一种常用的太阳图片形式是将整个 27.3 天的全日面图像合成一张太阳综合图(**synoptic map**)。图 4.15 显示了几张在太阳活动周不同时期合成的光球层全球磁场分布综合图。为生成这些图,需要将每一张围绕中央子午线拍摄的全日面图像切片合并在一起,得到的图片可在一个太阳自转周期的时间尺度上表征太阳全球磁场的快照分布。虽然这并不能从严格意义上给出任何时间下的快照图像,但在全球光球场变化相对缓慢的时间尺度下可提供一个合理的近似。综合图的制作需要做许多必要的修正,特别是在高纬区域。与日面中心和低纬相比,人们看极区的视角是斜的,这使它们特别容易受到测量误差的影响。此外,由于太阳自转轴相对于黄道极有约 7° 的倾斜角,这一视角上的轻微变化会使太阳南北两极中的其中一个极点在一年中会交替性地无法被看到。作为整个太阳表面磁场的表征,综合图是表示太阳全球磁场分布的重要研究工具。

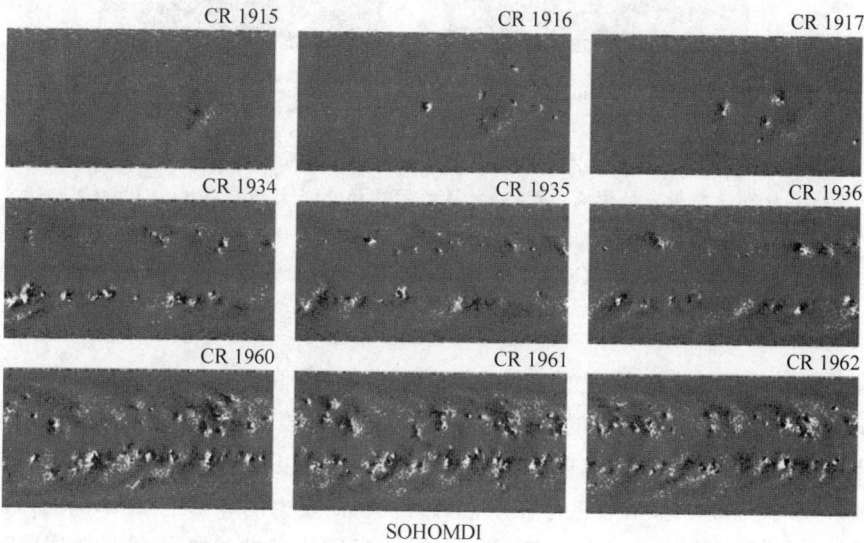

图 4.15　在不同太阳活动周时期(由 Carrington 周数(Carrington rotation,CR)所示),由全日面磁图合成得到的太阳表面径向场综合图的几个示例。每张图都是由至少 27 张图像(每日一张)合成的,并对极区进行了特殊校正(因为在大视距角度下,极区径向场很难被观察到)。对于研究或模拟太阳大气的全球特征而言,这些综合图是非常重要的观测资料(SOHO MDI 图像(NASA/ESA/Stanford 存档))

## 4.3.2　磁场的发电机起源机理

　　与其他恒星类似,太阳磁场通常被认为是由其内部发电机过程产生的。20 世纪 80 年代以前,将发电机的概念应用于太阳存在一个主要难点,那就是人们对太阳内部的自转、流场及扩散过程都比较缺乏了解。20 世纪 70 年代,随着日震学(**helioseismology**)的发展,人们对太阳内部认识取得了重大突破。类似固体行星地震学研究,人们采用多普勒频移技术,通过太阳表面声波的频谱探测太阳的内部结构和运动。如图 4.16(a)所示,由特征谱线(如钠原子在 589.6 nm 的谱线)两翼扩展部分波段拍摄得到的高空间分辨率可见光照片,我们可获得光球层在米粒和超级米粒尺度上的运动图像。在这张多普勒图（**dopplergram**）中，白色/黑色表示太阳表面朝向/背离观测者移动。这些斑驳的多普勒图案是声波穿透对流区后在太阳表面的表现，类似于地震后我们拍下地球表面运动的快照图像。实际上光球层一直在振动，其垂直振荡速度典型值可达每秒数百米，振荡周期为 2～17 min（1～7 mHz）。需要长时间的连续观测才能得到可用的日震学数据结果。因此，早期的观测实验是在南极的夏季开展的，而目前的空间和全球地面观测网可对太阳进行全天[①]不间断的观测。

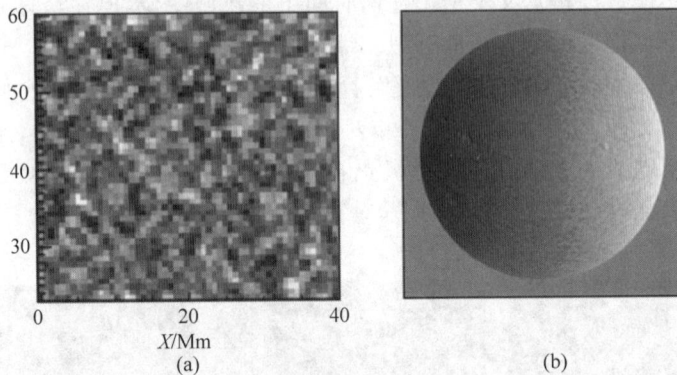

图 4.16　多普勒图的图例，其中白色和黑色分别表示朝向和远离观察者的运动。图（b）为全日面图像，显示了太阳自转带来的影响。图（a）拍摄的图片校正了太阳自转效应，所以可以看到超米粒尺度左右的小尺度运动。斑点黑白颜色的振荡周期为 5～10 min。这样的多普勒图例是开展日震学研究的观测基础（（a）NASA SDO/HMI[②]/Stanford 存档；（b）引自 Duvall 和 Birch，2010）

　　日震学资料分析是太阳物理的一个重要分支领域，也值得有兴趣的读者进一步独立探索。图 4.17（a）展示了一个标准的日震资料分析图，通过该图中的声波频谱[③]我们可获得太阳内部结构和动力学过程相关信息。观测到的声波主要以"p 模"为主，而驱动"p 模"的扰动恢复力为大气压强梯度，当然也存在以重力为扰动恢复力的"g 模"[④]。不同的声波频率可探测不同的深度，探测深度最深可达日核处。对小尺度运动的诊断仅限于表层较浅的深度区域，但如图 4.17（b）所示，日震学诊断技术也能用于探测太阳对流层中具有更大规模、更有序的运动，如较差运动。

　　在本章开头，我们描绘了一幅太阳内部结构的示意图。实际上，在日震学研究出现之前，对于描述太阳的内部结构，我们在很大程度上是未知的。通过日震学研究，我们认识到对流层大约占据了 1/3 太阳半径的外部区域（图 4.1），而且在日面观测看到的太阳较差自转现象（图 4.9）在整个对流层都是存在的，而对流层之下的辐射层则近似刚性旋转。在35°～40°纬度附近，辐射层的自转速率与对流层的自转速率大致相同，而这个纬度位置恰好

---

①　原文为 24/7，意为 7 天 24 小时。

②　Helioseismic and Magnetic Imager（HMI）为搭载在 SDO 上的仪器载荷。

③　通过多普勒频移技术获得太阳表面扰动位移，并将扰动位移按不同球谐本征模做展开，可获得不同声波模态的信息。

④　日震研究中会测量声波、重力波和表面重力波这 3 种波，其分别对应 p 模、g 模和 f 模。p 模和 f 模的扰动恢复力为大气压强梯度，而 g 模为内部重力浮力。

是新的太阳黑子周期开始时活动区出现的大致位置。这表明,刚性旋转区与对流层之间存在一个在径向和纬向方向都有显著速度剪切的薄层,该层也称为差旋层(**tachocline**)。太阳内部自转及差旋层在太阳发电机理论和模型中都起着十分关键的作用。

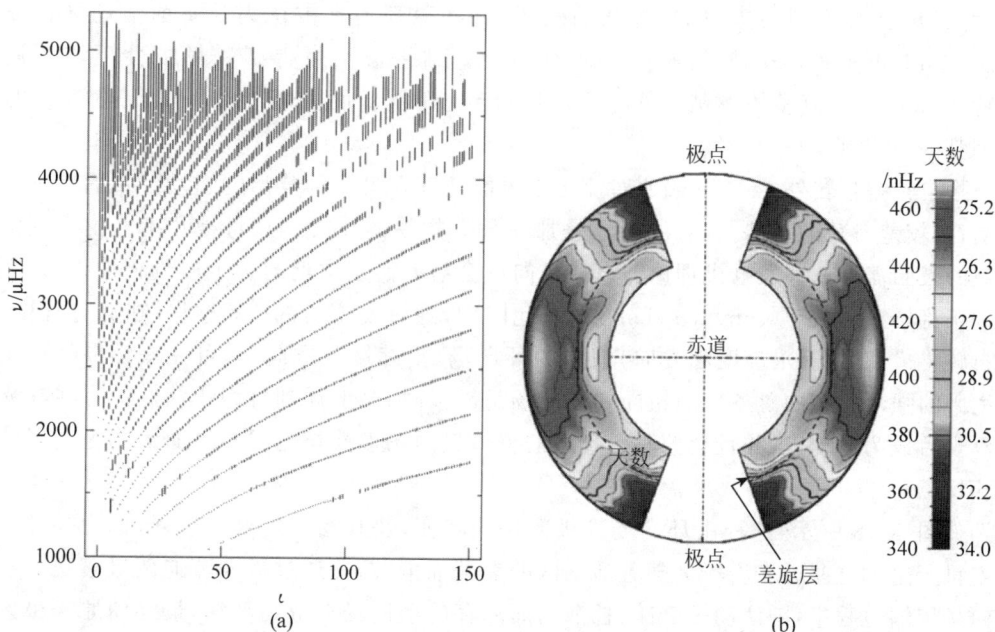

图 4.17　(a)通过分析太阳表面振荡获得的一个声波频谱例子;(b)根据该测量可诊断得到太阳的内部自转周期。(b)中获得的研究结果对于我们更新对太阳内部和太阳发电机过程的认识具有突破意义。(b)表明太阳的中心部分可近似为刚性自转,而日面观测到的较差自转(图 4.9)可向内延伸到整个对流区。在刚性自转区域与较差自转区域之间存在一个称为差旋层(tachocline)的速度剪切层(如虚线所示)。此外,在太阳表面附近还存在另一个剪切层结构,其可能与米粒结构有关。(a)中横坐标 $\iota$ 表示谐波阶数((a)引自 Hill 等,1996;(b)来源于 MSFC[①] Solar Science 网站)

当前太阳发电机(**solar dynamo**)理论通常需要假设一个具有约 1/3 太阳半径厚度且处于对流状态的球壳,而包裹的内部空间能不断产生能量。如前所述,内部产生的热量能在对流区内驱动大规模的对流运动和湍动,从而重新分配输入对流区内的热量,并降低温度梯度。这种处于自转且具有导电性质的对流球壳中的对流和湍动是发电机产生磁场的必要条件。许多模型都采用了标准的磁感应方程:

$$\partial \boldsymbol{B}/\partial t = \nabla \times (\boldsymbol{v} \times \boldsymbol{B}) - \eta \nabla \times (\nabla \times \boldsymbol{B}) \tag{4.1}[②]$$

该方程由第 3 章中的 MHD 方程推导而来。这里 $\boldsymbol{B}$ 为磁场矢量,$\boldsymbol{v}$ 是球壳体积内的流体速度。扩散系数 $\eta$ 与介质性质有关。太阳的磁场发电机方程通常以运动学方式求解,对流运动形式则由简化模型给定或由旋转球壳内不可压缩湍流的数值模拟给定。产生的磁场假设不影响 $\boldsymbol{v}$,这种假设虽能简化计算,但也被视为这种计算的一个弱点。$\eta$ 可

---

①　MSFC 全称为 Marshall Space Flight Center。
②　原书公式有误,原书公式为 $\partial \boldsymbol{B}/\partial t = \nabla \times (\boldsymbol{v} \times \boldsymbol{B}) - \eta (\nabla \times \boldsymbol{B})$。

作为参数使用，或可由湍流理论或通过观测进行估算。然后通过二维或三维方程对加入的"种子"磁场求解（通常采用球谐方法），进而得到球壳内部的磁场。得到的解对平流项（由 $v$ 描述[①]）和扩散项（由 $\eta$ 描述[②]）之间的"竞争"很敏感。其中一些模型计算可得到南、北半球上观测到的扭曲的、丝状的磁环，这些磁环通常被认为是日面活动区在亚光球层[③]（subphotosphere）处的源区。而有些计算结果甚至可得到磁场极性反转的周期性特征。发电机模型的挑战主要在于如何能找到与日面磁场特征及其极性变化时间周期都一致的解。

除了较差自转外，图 4.9 表明对流区中可能还存在另一种类型的运动。日面特征追踪表明，在较差自转的基础上，对流区还叠加一种大规模的、缓慢的（每秒几米），由赤道流向两极的极向流。一些发电机理论假设该极向流会与差旋层附近的某个回流相连接，进而形成一条流场"传送带"（conveyor belt）。在此图中，通过发电机的"Ω"过程（在此过程中，较差自转将极向磁场（沿经度圈方向）扭曲为环向场（沿纬度圈方向）），可在差旋层处产生环绕太阳的强环向扭曲磁场。当扭曲的环向场足够强时，会上浮到日面中纬区。有些在光球层浮现后成为活动区，并且会使其活动区的整体极向场极性与光球层表面最初极向场的极性相反。

如图 4.18 所示，这种由环向场到极向场的转变，及其相关发电机过程，称为"α"效应。发电机产生的这些近表磁场会随着活动区的衰减而消散，并通过极向流向两极输送。在这一磁场传输过程中，随活动区衰减、耗散后而剩存的极向场被带到高纬，最终使原来极区的极向场磁场极性发生倒转。这其中会存在一个重要争议，也就是极区磁场能否真的被带到差旋层，进而为下一次活动周的活动区提供种子磁场。这样的深对流循环过程预计需要

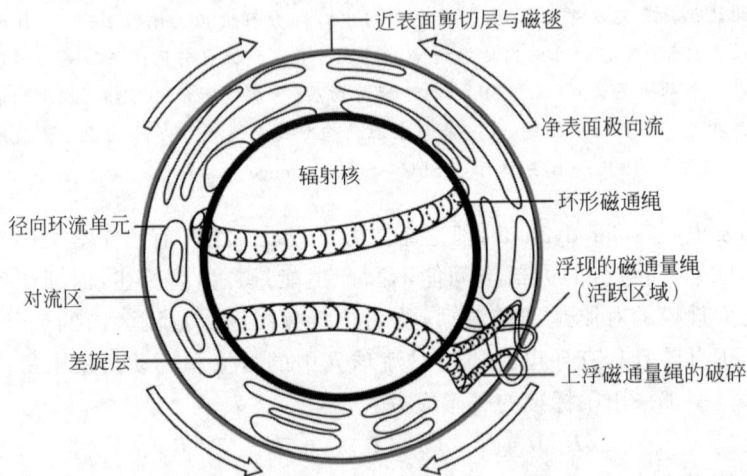

图 4.18　磁场从太阳内部浮现的示意图。在差旋层（图 4.17）附近的对流层底处，产生的环向强磁场浮到日面后会产生极向或南北方向的磁场分量。这些磁场由太阳发电机过程产生。关于磁场如何演变及影响后续发电机过程，文中有相关讨论

---

① 式(4.1)右边第一项。
② 式(4.1)右边第二项。
③ 指光球层下 500 km 厚的一个薄层区域。

2～3 个太阳活动周。日震学研究表明,这种某一半球内的单一对流图案可能是不太准确的,应更普遍地考虑这种在径向方向和纬度方向上有多个相邻或堆叠的且在每个太阳活动周都有变化的多对流元胞图案(图 4.18)。此外,发电机生成的磁场也可能给事先给定的等离子体流场带来重要的反馈效应。当然,无论怎么样,任何一个合理的发电机模型都必须考虑极向流和较差自转这两个重要的对流区物理特征。

考虑到小尺度磁场的空间分辨率和不确定性影响,我们在全球的发电机计算中常忽略日表的小尺度磁场。然而观测表明,在靠近日面的地方还存在一个与米粒元胞或超级米粒元胞(图 4.5)有关的浅剪切层($<0.01R_S$),在该层中会产生另一个独立的"表面对流发电机"(surface convective dynamo),并在局部形成"磁毯"(**magnetic carpet**)的小尺度磁场。图 4.19 描绘了这一复杂磁场结构系统。差旋层中产生的大尺度活动区磁场在近日面的演化实际上可能会受"磁毯"磁场的影响,如促进或阻碍磁通的浮现和扩散。这自然会产生一个问题,即太阳活动周的差异性在多大程度上是由磁场向日面传输的差异性而非深部发电机的差异性造成的。数值模拟表明,差旋层中产生的初始磁通量绳在穿过对流层的过程中会被撕碎,这些破碎的磁场在近日面处会在热对流的作用下重新聚集,进而形成太阳黑子。若由于某种原因使这种聚集效应失效,那么日面磁场的聚集增强及相关物理效应可能就不会出现。不同于太阳深部对流层中的动力学活动,接近太阳表面对流层中的"天气"活动(动力学特征)在太阳发电机和表征太阳活动周的太阳黑子形成过程中扮演了重要角色。

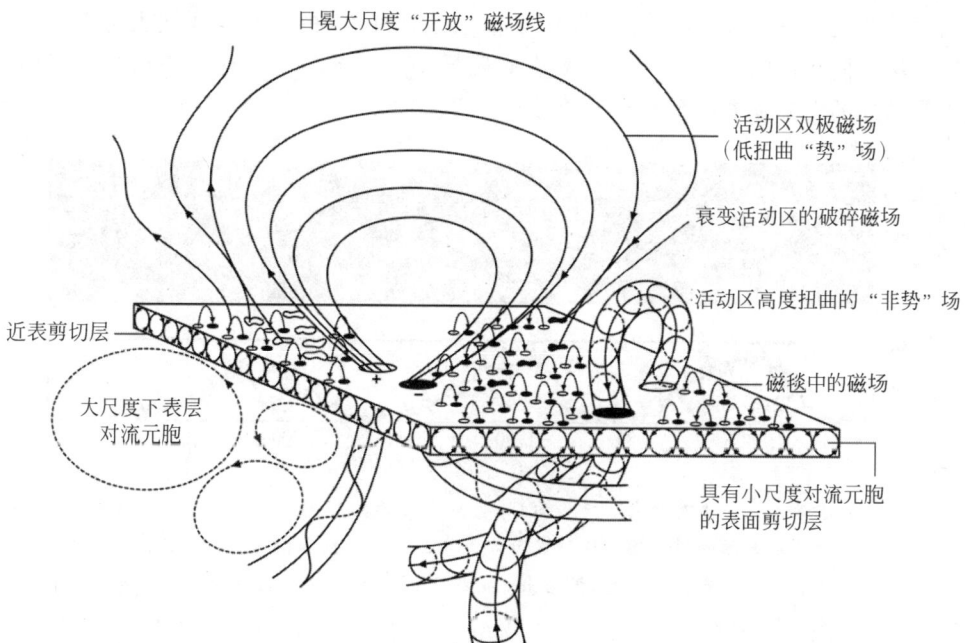

图 4.19　近日表处的太阳磁场示意图。该图显示了近日表处米粒对流尺度的小尺度磁场与由太阳内部上浮形成活动区磁场之间的区别(图 4.17)。这两种磁场可能是理解太阳活动周期的关键

### 4.3.3  太阳(黑子)活动周期

太阳活动周期基本上都是由太阳黑子数的时序变化定义的(图 4.8(a))。正如第 1 章中提到的,长期来看,不同的太阳活动周在最大黑子数量、活动周上升期时间、衰退期时间及活动周时间长度上都会有显著不同。虽然每个活动周的黑子时间序列变化形状可能有所不同,但一般每个活动周上升期时间都比衰退期时间短。黑子活动周的持续时间可能比名义上的 11 年多或少几年,并且如前所述,一个磁场变化周期要跨度两个相邻的太阳黑子周期。通过分析太阳黑子数的记录研究太阳活动周形态,并获得相关预测信息,人们在这方面已开展了数十年的科学研究。能形成如此持续研究的动力,原因一方面在于太阳活动能切实对人类科技发展带来影响(见 1.11 节。此外在 9.8.4 节"空间天气"部分也有详细讨论),另一方面在于太阳黑子的蒙德尔极小期正好能与地球上出现明显的气候变化时期相对应。尽管太阳黑子数变化仍然是衡量太阳活动的公认标准,但它仅仅描述了太阳及其大气随不同活动周在太阳表面处发生的变化。

事实上,并不是所有浮现的磁通量都能以太阳黑子的形式出现,所以直接从磁图中导出的蝴蝶图(图 4.20)可更准确地表示太阳活动周期。图 4.20 是由日表的磁场分布综合图按经度做平均拼接而成(图 4.15),该图可说明活动区磁场是如何在太阳表面分布的。随着活动周的发展,新的活动区会在低纬浮现,而同时之前出现的活动区被抹去,最终消失或合并到磁毯中,并在宁静区留下一些有净极性的磁场。活动区在纬度方向的倾斜会使其磁场极性出现系统性的正负(磁场向外和向内)偏移。在图 4.20 的顶端和底端也可以清楚地看到极区磁场不同相位的变化。那么太阳表面磁场是如何演化的?这些磁场演化特性又如何与本章描述的太阳发电机图像自洽相融?

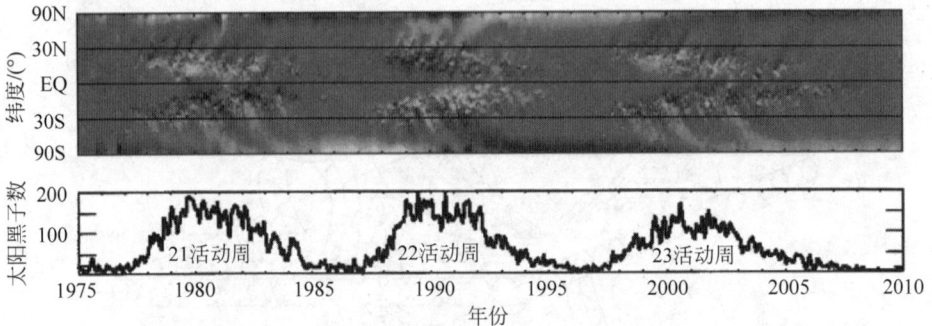

图 4.20  在经度方向上对径向磁场平均后,将多个连续的 Carrington 周拼接而得到磁场
分布综合图的蝴蝶图。这种显示方式能凸显活动区和极区的磁场极性演变及二
者相位差的变化。注意,根据 Joy 定律,南、北半球活动区纬度带内磁场的极性
在南北方向上正好相反(图 4.12)(磁蝶图(上图)来源于 Hathaway/MSFC/
NASA;太阳黑子数(下图)由 NOAA[①] 提供)

有意思的是,当观测到的活动区向四周延伸扩展时其磁场也失去了初始时候的强度和相干性,这时活动区的磁场似乎变得不再扎根于太阳内部。假设光球场完全受日表等离子

---

[①]  NOAA 全称为 National Oceanic and Atmospheric Administration,即美国国家海洋大气局。

体运动和耗散过程的控制,那么通过数值求解表面径向场的二维发电机方程,就可以有效地模拟在磁场综合图中观测到的光球磁场的演变:

$$\frac{\partial B_r}{\partial t} + \frac{1}{R_S} \frac{1}{\sin\theta} \frac{\partial}{\partial\theta}(v_\varphi(\theta)B_r\sin\theta) + v_\theta(\theta)\frac{\partial B_r}{\partial\varphi} +$$

$$\frac{\eta}{R_S^2} \frac{1}{\sin\theta} \frac{\partial}{\partial\theta}\left(\sin\theta \frac{\partial B_r}{\partial\theta}\right) + \frac{\eta}{R_S^2} \frac{1}{\sin^2\theta} \frac{\partial^2 B_r}{\partial\varphi^2} = S(\theta,\varphi,t) \tag{4.2}$$

其中,$B_r$ 为磁场径向分量;$v_\varphi$ 和 $v_\theta$ 分别为等离子体表面速度沿经度和余纬方向的速度分量;$\eta$ 为扩散系数,$S$ 表示新的双极活动区的源项($S$ 在上一个发电机方程中[①]没有出现)。一般认为 $S$ 由太阳黑子数、活动区的磁场极性及每个活动区出现的纬度和活动区轴向倾斜角限定。大尺度的日表对流速度($v_\varphi$ 和 $v_\theta$)包括较差自转和极向流,共同控制着日表磁场的演化,而扩散项($\eta$ 有关的项)则表示小尺度随机运动(如米粒组织)的影响。当强度相同且极性相反的磁场在计算网格单元内相遇时,则认为磁通量会“丢失”,这个过程看起来就像是磁通量下沉到日表下,或磁重联导致了磁场湮灭一样。值得注意的是,米粒组织的运动本身就是由一个次级近表面发电机产生的,它可产生“磁毯”,并影响整个日表磁场的演化。

　　这种对日表总体磁场演化的处理方法称为表面通量传输法(surface flux transport approach),这种方法可以很好地再现日表磁场周期变化的细节特征。通过选择合理的 $v_\theta$、$\eta$ 和 $S$,可以计算模拟极区磁场的周期性形成,从而模拟大尺度太阳偶极磁场及其反转现象。不断调整这些参数还可再现一些长时间尺度(能存在多个太阳活动周)的表面磁场。然而,直到 20 世纪 70 年代中期,用于验证这些计算结果的常规太阳磁图才出现。值得注意的是,由上述发电机方程描述的扩散-对流输运所产生的极性磁通在活动区浮现的磁通中仅占约 0.1%。然而,这些相对较弱的极性磁场不仅确定了太阳活动周的磁场极性,还能对大尺度日冕结构产生重大影响。

　　对于为什么忽略日表下磁场的“根部”过程而将太阳内部仅视为磁通量的源和汇,就能很好地模拟计算光球层磁场的演化,这是解决太阳发电机过程的一个核心争议问题。而且下一个活动周活动区内磁通量的产生是否会受到上一个活动周在两极高纬残留物的影响,也是一个不清楚的问题。然而,人们观察发现,前三个太阳活动周极小年时期的极区磁场与下一活动周的最大太阳黑子数之间存在一种经验关系。这种经验关系很可靠,甚至可用于预报最大太阳黑子数。相比以前的测量,最新的日震学观测可获得更小尺度和更大深度的信息,能够使我们对发电机的这些问题进行更深入的探索。特别是,回答太阳内部深处是否存在赤道向回流这一问题,有助于区分由磁通量“传送带”产生太阳活动周期的发电机及由其他过程控制的发电机过程。发电机的数值模型也正向着更真实的空间分辨率和物理参数方向逐步发展,这将有助于阐明差旋层、对流层及近表面过程的各种物理作用。

　　在介绍太阳高层大气之前,除了光球层黑子和米粒组织外,另一个与磁场有关的光球特征现象——光斑(faculae)也值得提一下。光斑(源自拉丁语,意为火炬)是日面上肉眼看起来比较亮的区域,通常在日面边缘处最易看到。使用“光斑”这类暗示其外观特征的名称在早期的太阳天文学中是很常见的。几十年前人们就认识到光斑与太阳黑子外的活动区

---

① 译者认为是指式(4.1)。

磁场有关。最新的观测研究表明,这些区域的磁场比较强,这会导致等离子体密度很低,从而对更深层、更热的内部物质产生更大的透明度。对于研究太阳常数的人来说,光斑比较重要,因为光斑可以补偿太阳黑子区域的电磁辐射损失。目前为止,我们对太阳表面的磁场结构分布有了很好的了解,接下来我们将进一步考虑与之混合的等离子体气体。

## 4.4 色球层与过渡区

光球层上方两个相对较薄的区域(厚度大约为几百千米到几千千米)分别为色球层(**chromosphere**)和过渡区(**transition region**),本章图 4.1 对这两个区域的主要物理性质做过简单介绍。历史上人们常通过日面边缘的观察及利用滤光片对日面特征光谱线(如 Ca Ⅱ K[①] 和 Hα)的识别来辨认色球层的存在。尤其是色球层还与太阳大气的最低温度[②]有关。过渡区则是人们后来新加入的一个区域,用于表征色球层顶部和日冕底部之间物理参数的急剧变化。图 4.6 展示了这些相关物理参数的总体变化范围。在光球层处(图 4.6(a)中 0 km 高度处)的太阳大气里中性成分占有较显著的比例,并且太阳大气在一定程度上仍然受到从太阳内部穿透出来的电磁辐射的影响。随着高度的增加,太阳大气的基本物理特性会出现过渡转变。在色球层中,大气温度会从光球层顶处的最低值约 3800 K 迅速上升到几十万 K,大气的电离度也越来越高。等离子体 $\beta$ 值表明该区域的磁场已成为影响等离子体运动的主控因素,而不是像底层米粒组织处的磁场那样仅被动地起到对流运动的示踪作用。

Ca Ⅱ K 线的色球图像如图 4.21 所示,显示了色球层中的一些细节特征。类似于光球层光斑,色球层中较亮的谱斑(plage,法语里为"海滩"的意思)区域也大致与太阳磁图中非

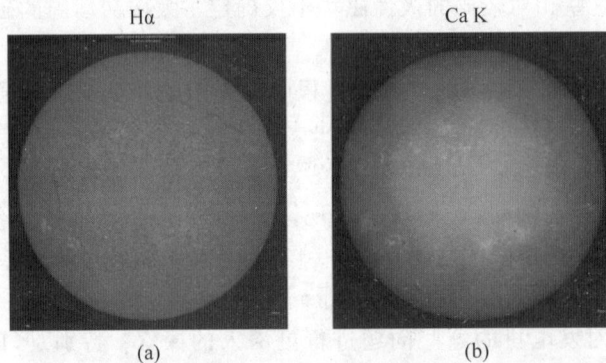

图 4.21 对应图 4.11 中的磁图与可见光照片,这里给出了通过谱线拍摄得到的色球层图像。(a)通过氢原子的 Hα 谱线获得的图片,图中显示了悬浮在太阳表面的暗条和日珥(暗条和日珥为悬浮在日表某些中性线上的较冷物质)。(b)通过 Ca Ⅱ K 线得到的图片,显示了在强磁场区域比较明亮的谱斑,以及广泛存在的小尺度的色球层网状结构(图片来自大熊湖太阳观测站)

① 注意 Ca Ⅱ K 为 $Ca^{+1}$ 发出波长为 393 nm 的谱线。
② 该处一般为光球层顶或色球层底。

黑子的较强磁场区域吻合。通过该谱线可发现色球层中存在一个明亮的网状结构,这与光球层超级米粒元胞边界处的网状结构相吻合。宁静区或"磁毯"中的磁场在该网状结构中聚集,所以该谱线可被看作强磁场存在的指标。基于此,该谱线也能用于遥测其他恒星上的磁场及其活动周期。

在 Hα 谱线(波长 121.6 nm)所呈现的日面图像中,暗条(**filaments**)呈黑色,通常长而窄,具有曲曲折折的特征(图 4.21)。暗条之所以黑是因为它们是像云一样悬浮在太阳表面的相对较冷的物质,可吸收从光球层发出的谱线。日珥(**prominences**)是暗条投影在日面临边处表现出来的特征现象,它就像一道明亮的拱门或帷幕,有时能延伸到零点几个太阳半径高度。日珥有时有明显的时间演化特征,其结构会呈现要么坍缩要么爆发的现象。关于日珥爆发,我们将在后面给予详细说明。观测和模式研究都表明,暗条或日珥中悬浮的是磁性物质,但对于磁场形态结构如何支撑物质的悬浮一直存在争议。图 4.22 展示了两种常见的暗条/日珥模型。暗条/日珥中悬浮的物质大致位于活动区(或衰减活动区或具有整体极性的宁静磁场区)的磁场极性反转或中性线处(见前面关于光球层磁场的讨论)。如图 4.22 所示,无论暗条物质是处于吊床状的磁场位形中还是在螺旋状的磁通量管中,都需要磁力(如磁压力或磁张力)来平衡重力。这些观测特征皆表明,在光球层上方几千千米范围内,磁场对太阳大气的控制会变得十分重要。

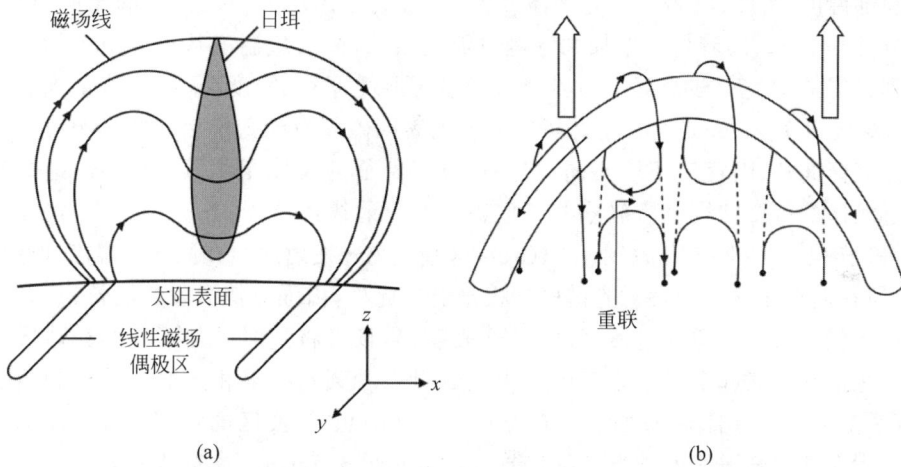

图 4.22　不同的暗条和日珥磁场模型,这些磁场能使物质悬浮在光球层上空(引自 Kivelson 和 Russell,1995)

在临边通过 Hα 谱线拍摄的图像(图 4.23(a))还揭示了存在针状物(**spicules**,针状物为横向尺度几百千米而垂向尺度达几千千米的热的大气喷流)。如图 4.23(b)所示,色球层网状结构内针状体的形状和位置表明,超米粒组织边界处的磁场一定程度上会"引导形成"针状物。针状物是处于高度动态变化中的,可在几分钟内出现和消失,相应的光谱证据(多普勒频移)表明,针状物里的物质在以每秒几十千米的速度快速运动。可以预计,大部分针状物物质由于受到引力的束缚会落向太阳,但其中的一部分可能会以热的、加速的等离子体喷流形式逃逸到上方的太阳大气中。数值模拟表明,Lorentz 力、电流及其电阻加热,以及与垂直磁场(与高层大气相连)偏转的共同作用是形成针状物的可能原因。因此,针状物可能为日冕提供了重要的能量和物质来源。

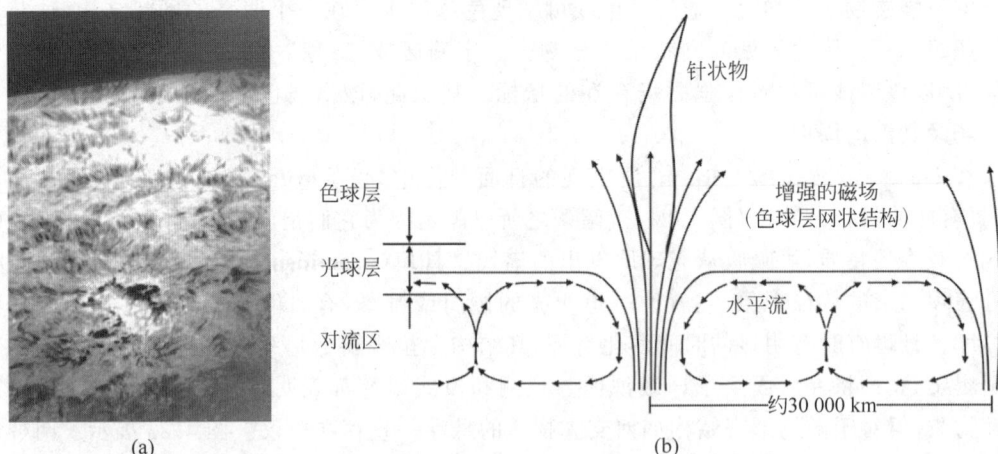

图 4.23　针状物图像(a)和可能相关的对流模式与磁场结构的示意图(b)。这些色球层特征被认为是由光球和日冕之间的边界层区域内复杂的动力学相互作用控制的,它们可能是加速日冕物质的重要来源(来自 NSO/NOAO/NSF① 的太阳图像)

与色球层相比,过渡区随高度的变化不甚明显。顾名思义,过渡区的区域和宽度应在色球层顶部温度、密度、电离和等离子体 $\beta$ 值(热等离子体压力与磁压力的比值)梯度最尖锐的地方(图 4.6)。随着高度增加并穿越过渡区后,太阳大气温度从色球层的约 $10^4$ K 迅速上升到日冕的 $10^6$ K(过渡区上边界处);而由于压力平衡,密度会陡然下降;电离率则由小于 1‰变化到 50%(表 4.2);等离子体 $\beta$ 值则表明磁场对动力学活动的影响由被动式向主动式过渡。此外,因背景环境不同,这些过渡区特征的具体变化似乎也会因地而异。用于观测过渡区的重要谱线包括部分电离重离子的发射线:17.1 nm (Fe Ⅸ-Ⅹ)、19.5 nm (Fe Ⅻ)和 28.4 nm (Fe ⅩⅤ)(图 4.24(a)),这些重离子发射线会在固定的温度和密度条件下存在,但它们在光球层的发射光谱中却很微弱。此外,由强碰撞激发的波长为 30.4 nm② 的发射线提供了一组有趣的过渡区图像,这表明,磁场可将过渡区与下方的光球层磁场和上方的日冕活动关联起来。在许多图像中也都可以看到与亮环相连的活动区和暗的冕洞区(冕洞为磁场向上方日冕开放的地方,见图 4.24(b))。过渡区的物理条件也使太阳辐射光谱中的大多数波长谱线处于光学薄态③(optically thin state)。这意味着电磁辐射作为一种能量传输方式,在过渡区的作用远远低于在光球层和色球层中的作用。我们接下来将看到,在过渡区处,这时磁场在控制等离子体压力、流动及其动力学过程中开始起主导作用。

由于存在不确定性,这里不再深入讨论色球层和过渡区的过多物理细节。需要注意的是,当涉及相关研究主题时,图 4.25 的这种艺术效果图传达出了色球层和过渡区复杂区域的关键物理要素过程。该图也强化了这样一种观点,即不能单一地根据高度范围划分太阳大气区域。从光球层到日冕的演化都取决于局地的物理条件,并且其演化在超级米粒元胞

---

① NSO(National Solar Observatory)为美国国家太阳天文台;NOAO(National Optical Astronomy Observatory)为美国国家光学天文台;NSF(National Science Foundation)为美国国家科学基金会。

② 30.4 nm 为 $He^+$ 的发射线。原书并没有给出该谱线的图像。

③ 光学薄态说明谱线几乎没被吸收。

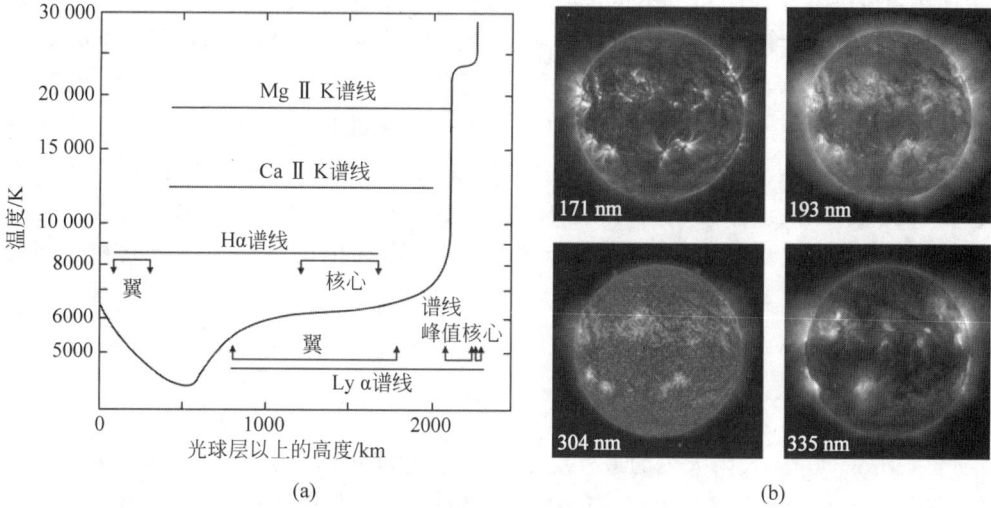

图 4.24 (a)由于局地温度会随着高度升高而在太阳大气不同高度产生不同的电离态。这也决定了通过不同波段可在图像中获得不同的观测特征。(b)对应图 4.11 和图 4.21,我们通过 EUV 波段获得的太阳示例图像(如 Fe Ⅸ 的 17.1 nm 波段,Fe Ⅻ 的 19.5 nm 波段,Fe ⅩⅤ 的 28.4 nm 波段[①])((a)引自 Vernazza、Avrett 和 Loeser,1973;(b)SOHO EIT[②](ESA/NASA))

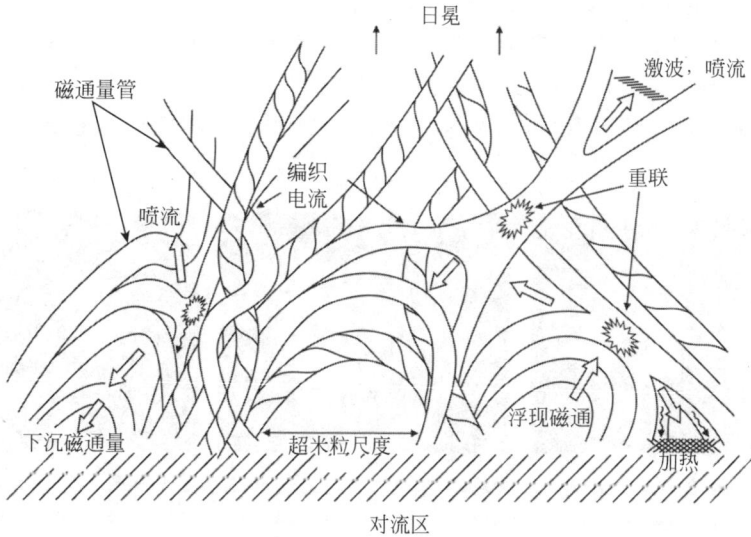

图 4.25 图中显示了色球层与过渡区中的诸多物理现象,这些现象被认为发生在光球层和日冕之间的复杂边界层中

边界、活动区,以及这些特征结构之间的区域都是不同的。总的来说,色球层和过渡区构成了光球层和日冕之间一个复杂的、结构化的、动态的边界层区域,要从物理学的角度研究它是非常困难的。然而,在过渡区发生的动力学活动能在很大程度上产生太阳的非辐射物理

---

① 原文写为 Fe Ⅸ 发射 171 nm 波段,Fe Ⅻ 发射 195 nm 波段,Fe ⅩⅤ 发射 284 nm 波段。

② EIT 为 SOHO 卫星搭载的极紫外成像望远镜(extreme ultraviolet imaging telescope,EIT)。

效应,这些效应可贯穿日冕和太阳风,并能影响行星。目前取得进展的前沿领域包括对磁场发电机演化的数值模拟(模拟中磁通量随机械能和电磁辐射能一起从光球层下涌出,而日冕位于上边界)。这些模拟一般需要求解含耗散项的 MHD 方程,包括辐射输运、太阳引力、电离和复合过程、加热和冷却项,以及一个包含全部物理过程的状态方程。尽管做了许多简化假设,但至少在局部尺度上,发电机模拟还是能捕获一些观测特征,包括米粒尺度的对流、毯状磁场,甚至针状物等。随着更精细观测的不断开展,发电机模拟有助于理解这一太阳大气重要过渡区域(色球层和过渡区)中发生的物理现象及其相互间的物理关联。

## 4.5 日冕

日冕(corona)作为太阳大气的最外层区域,备受空间物理学家的关注,因为日冕与太阳风和行星际磁场有着最直接的关联。Lyot[①]发明的日冕仪及其最终搭载到太空飞船上的观测应用,使人们能够以一种类似日全食观测的视角定期观察日冕的边缘特征。日冕仪的观测图像显示出两种独特的日冕辐射,一种是在大于 2 个太阳半径之外的区域由太阳光被环日的尘埃粒子(与黄道光有关)散射产生的光谱,也叫 F 冕(F corona);另一种距离较近的辐射分量(2 个太阳半径之内)则是由日冕电子对太阳光"Thompson 散射"(Thompson scattering)而产生的 K 冕(K corona)。空间物理研究对 K 冕比较关注,因为尘埃散射的光(F 冕)是非偏振的,所以通过偏振光的观测,可以把 K 冕从 F 冕中分离出来。在文献中,这类通过偏振光观测的图像有时也被称为 pB(polarized brightness)图像。图 4.26 中给出的日食白光图像示例说明了日冕外观的多样性,其多样性的物理原因也是本节要讨论的主题[②]。

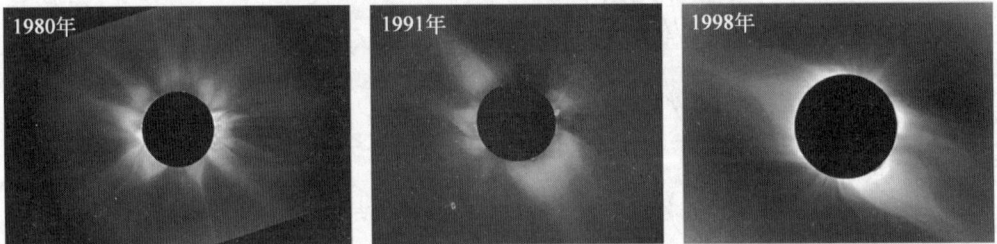

图 4.26 日食期间观测到的日冕白光图像示例。由于日冕仪一定程度上会受太阳-月球-地球系统几何遮掩的影响,白光图像可比日冕仪图像显示更多的细节特征。通过这些例子的日冕结构变化(日冕结构由磁场支配)也能对应看出太阳的周期变化。这些图像是半透明三维结构的投影,所以需要结合三维模型来理解(引自 HAO[③] 的日食图片库,已获授权)

在日冕中,在重力分层和高温的共同作用下,太阳大气会变得非常稀薄,大气粒子几乎是无碰撞的。此外,由于大气的主要成分氢是完全电离的,磁场在很大程度上决定了大气

① 为法国人 Bernard Lyot(1897—1952)。
② 除 F 冕和 K 冕外,一般还把日冕中所有分立辐射谱线(这些谱线一般为高电离态离子产生的禁线)称为 E 冕。
③ HAO 全称为 The High Altitude Observatory。一般称为高山天文台,隶属于美国国家大气研究中心。

氢离子,尤其是日冕电子(具有较小回旋半径)的物理行为,这使日冕电子在 Thompson 散射中发挥着很重要的作用。如图 4.6 和图 4.7 所示的等离子体 $\beta$ 值和粒子碰撞频率,离子的运动也会受到局部磁场的高度约束。因此,图 4.26 中的日冕图像可以看作随太阳黑子数由高年向低年变化时(从左到右),日冕三维磁场结构及其等离子体密度在太阳圆面外天空平面上的投影。相比日冕仪看到的白光冕环,前面图 4.24 显示的过渡区亮和低日冕中发出的 EUV 辐射功率会高于同波段来自光球层的 EUV 辐射,这会使一些低日冕结构特征在日面中成像。正如前面所提,日面(on-disk)图像显示,在大尺度明亮结构之间还存在被称为面洞(coronal holes)的暗区,而这些冕洞的轮廓则可通过临边白光投影在冕流(coronal streamer)[①]之间而显示。较大冕环的结构,包括其在日面上的结构特征,可通过日冕热电子散射引起的软 X 射线(轫致辐射热激发(thermal bremsstrahlung),也称自由-自由辐射(free-free emission)过程[②])成像而相应获得。软 X 射线成像虽比 EUV 成像获得的空间细节特征少,却能得到日面较高高度上的信息。这些观测到的日冕结构的内在物理过程涉及两个相关科学问题:控制日冕基本结构的日冕磁场结构和日冕加热。日冕加热会填充冕环等离子体,并在其他区域促使等离子体逃逸。尤其是日冕加热这个话题还与第 5 章的内容有交叠,所以在阅读的时候,读者实际也是在学习和认识太阳风的根源。

## 4.5.1 日冕的磁场架构

日冕区等离子体 $\beta$ 值很高(图 4.6),因此可把日冕磁场看作日冕的“骨架”,而这也是我们自然而然开始深入讨论日冕的一个话题。研究表明,作为一级近似,可忽略色球和过渡区的复杂物理过程,并假设在光球上观测到的磁场可以较好地近似为日冕磁场的边界分布。那么我们可采用一个相对简单的势场源表面(**potential field source surface**,PFSS)模型方法来可视化真实的日冕磁场分布。PFSS 模型首次出现在 20 世纪 60 年代早期的文献中,其模型方法的发展也部分得益于日冕仪和软 X 射线成像的日益普及。PFSS 假设日冕磁场与时间无关,不含电流(势场),还忽略了日冕等离子体对磁场的任何影响(边界除外)。稍后,我们将讨论与这些假设的不符之处。虽然这个模型方法比较简单,但它犹如将一个偶极子叠加一个均匀的外部场就能对磁层给予一个一阶近似描述一样,能很好地近似描述日冕磁场,其模型近似性的价值远超模型的局限性。

通过求解球壳内磁标势的 Laplace(拉普拉斯)方程可得到 PFSS 模型的日冕磁场:

$$\nabla^2 \phi = 0, \quad B = -\nabla \phi$$

$$B_r(r,\theta,\varphi) = -\frac{\partial \phi}{\partial r}$$

$$B_\theta(r,\theta,\varphi) = -\frac{1}{r}\frac{\partial \phi}{\partial \theta} \tag{4.3}$$

$$B_\varphi(r,\theta,\varphi) = -\frac{1}{r\sin\theta}\frac{\partial \phi}{\partial \varphi}$$

---

① 冕流中等离子体密度较大,在日冕仪中看起来较亮。

② 轫致辐射是等离子体中的一个粒子散射另一个粒子时产生的辐射。由于散射粒子在散射过程前后都与散射体无关,所以也称为自由-自由发射。

其中,球壳内边界磁场条件由全球磁场分布给定(通常由前面提到的磁场视向分量或径向分量的全日面磁场综合图给定),并假设球壳外边界处(通常位于 $1.50\sim3.25R_s$)的磁场是处处径向的[①]。这个模型是在观测发现存在太阳风的同期发展起来的,模型也合理预估了太阳风的存在。模型的解通常用球谐函数表示(见第 7 章),其不同分量的球谐系数确定了日冕磁场的表观分布。各个太阳观测站都提供了这些系数,但使用这些系数时需小心,因为这些球谐函数会因使用不同的归一化公式而有所不同。总的来说,PFSS 模型已被证明是一个非常强大的工具,因为它使我们理解大尺度的日冕磁场结构如何与光球层磁场联系成为可能。值得一提的是,在包括磁图在内的光球层成像中并没有显示日冕开放磁场和闭合磁场的足点所在位置。日冕磁场拓扑结构只能从 EUV、软 X 射线和日冕仪的图像,或此类模型中推测。

图 4.27 显示了光球层磁场分布的综合图及与之对应的用 PFSS 模型求解得到的大尺度日冕磁场拓扑结构。图中对应 Carrington 周的时间选择是为了显示中等太阳活动水平时期(高年和低年之间的中间阶段)的磁场分布。在模型结果对应的图中,阴影表示日冕开放磁场(例如,与源表面相连的磁场)在光球上的足点,而更大尺度的闭合磁场则用磁场线表示。在太阳活动低年时日冕磁场结构最简单——大致呈偶极形态且在两极处主要以开放磁场为主。但对于太阳活动周大多时候来说,磁场形态结构则复杂得多。在太阳活动周期上升和下降阶段,磁拱[②](field line arcades)会出现扭曲和褶皱,而且如这里所见,冕洞的形状也会变得很不规则。

图 4.28 显示了从模型中获得的主要日冕磁场拓扑特征。图中,环绕太阳的大尺度连续磁拱结构称为盔状流带(helmet streamer belt),其最外层的尖点(cusp)会在 PFSS 模型的源表面上产生磁场中性线[③](magnetic "neutral line")。这一结构特征是日冕仪图像中冕流(coronal streamers)或射线(rays)产生的主要原因。而磁场中性线则可看作延伸到日球层的电流片的底部,日球层电流片将在第 5 章中重新讨论。中性线通常会以单线条的形式将源表面上极性相反的开放磁场分开,而在太阳活动极大年时期中性线结构则会变得高度扭曲。因此在中性线一侧的所有日冕开放磁场都根植于极性相似的磁场中。而且重要的一点是,日冕磁场通常并不能由偶极子场很好地近似,甚至倾斜偶极子也不能。除了盔状流带外,还存在其他尺度更小的局部闭合磁场区域,其在日冕仪图像中也能产生称为伪冕流(pseudostreamers)的白光冕流(white-light streamers)。并且随着活动区的逐渐增多,伪冕流的出现也会越来越频繁。当太阳活动发展越来越活跃时,伪冕流磁场及活动区磁场会使源表面处的中性线更加倾斜、扭曲(图 4.27(c))。我们可以对太阳表面极区磁通量与活动区磁通量进行比较。在太阳活动极大年,活动区包含的磁通量约为极区磁通量的 1000 倍,这也能解释为什么源表面处的中性线结构在极大年会变得如此复杂。一般来说,在活动区出现时,活动区磁场会对日冕磁场结构起主要控制作用。

---

① 外边界处也通常称为源表面(source surface)。
② 磁场反向形成的拱形结构。
③ 尖点沿垂直纸面方向可构成中性线。

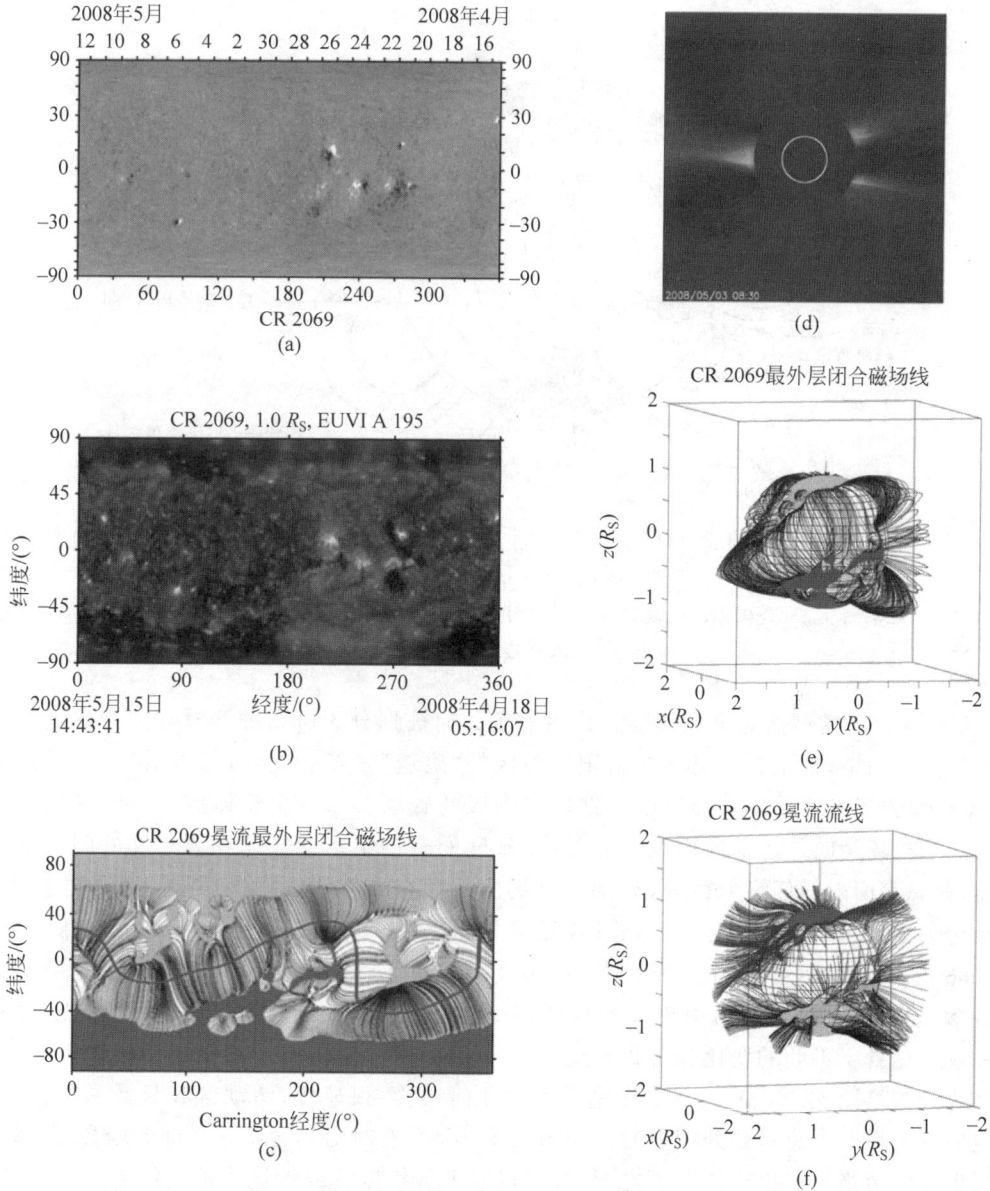

图 4.27　用势场源表面(PFSS)模型理解日冕磁场结构的图示。(a)用于计算磁场模型所需的光球层太阳磁图;(b)极紫外成像图(暗区为冕洞);(c)闭合磁场线分布图;(d)日冕仪图像;(e)闭合磁场线的三维效果图;(f)开放磁通量或流线的三维效果图。图中最有特色的地方在于捕捉到了大尺度冕流拱形结构和开放磁场的足点。这些图清楚表明,我们需要 PFSS 这样的模型来获得日冕磁场结构,因为这些磁场结构不能简单地通过观察磁图获得。图中 CR 2069 表示第 2069 个 Carrington 周((a)NASA;(b)STEREO/SECCHI-EUVI[1];(d)欧空局/NASA SOHO LASCO[2])

---

①　SECCHI 全称为 Sun Earth Connection Coronal and Heliospheric Investigation,作为探测包,它集成了 4 种仪器,并搭载在 STEREO 上。EUVI(Extreme Ultraviolet Imager)为 SECCHI 探测包里的极紫外成像仪。

②　LASCO(Large Angle Spectrometric Coronagraph)为 SOHO 搭载的广角日冕质谱仪。

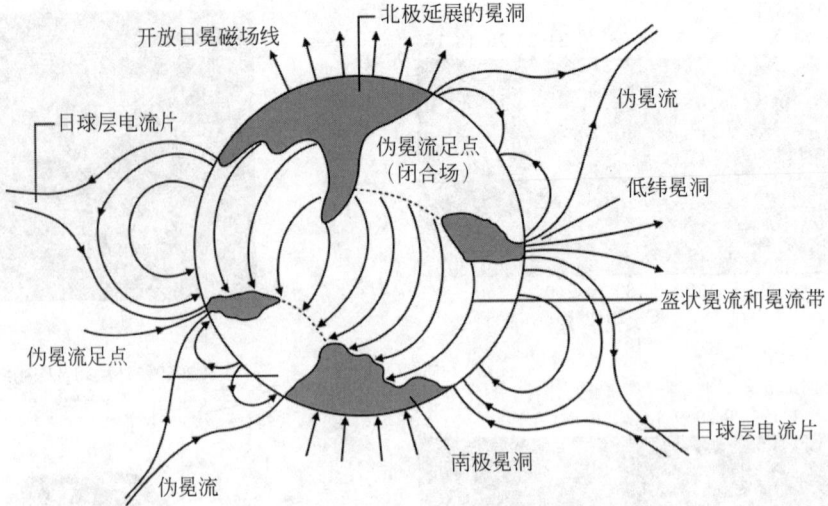

图 4.28 从 PFSS 模型(图 4.27)和日冕图片(图 4.26)中识别到的日冕磁场的某些拓扑结构特征。闭合日冕磁场结构位于冕流(coronal streamers)的底部。盔状流带则是一道围绕太阳的连续磁拱结构,而盔状流的尖端部分(cusp)则是向外和向内开放磁场之间的中性线区域($2.5R_s$的位置处)。另外,一些更孤立、闭合的磁场区域构成了伪冕流(coronal pseudostreamers)

　　虽然 PFSS 模型能显示大尺度的日冕磁场如何被划分为所谓的开放和闭合磁场区域,但需要注意的是,在冕洞内仍存在太阳宁静区的“磁毯”磁场。此外,随着活动区磁场的衰减(见前面关于光球场演化的讨论),这些宁静区的磁场会显示出整体极性,进而决定了冕洞内的开放场是向外还是向内的。此外,小尺度的磁拱结构会嵌套在大尺度的闭合场中。因此,在源表面内的任意半径处,局部闭合场内都存在中性线,而且越靠近表面,这些中性线结构会变得越来越复杂。这个闭合场区域包含磁零点(magnetic null points)、磁脊(spines)、磁分型线(separators)等不同的拓扑结构单元,并且闭合场的磁场结构特别容易出现形变。需要注意的是,由于较差自转、对流和扩散,以及新磁通的不断涌现,光球层边界磁场总是处于不断的变化和自我调整中。

　　仔细观察图 4.27(c)～(f)中日冕磁场的几何结构,很显然,活动区和日冕磁场拓扑结构之间的关系并不总是处处相同的。如图 4.29 所示,有时活动区及其局部磁场会“深埋”在大尺度盔状流带的磁拱或伪冕流之下,有时则位于盔状流带或伪冕流的边缘处。我们稍后将会看到,活动区和大尺度日冕磁场的相互作用会造成日冕和日球层有关的“空间天气”现象。当需要考虑磁场区域含空间电流,或需要考虑等离子体热压及等离子体动力学过程,或需要建立一个比 PFSS 模型更准确的日冕磁场模型时,我们还会使用非理想的日冕磁场模型。这些非理想模型包含无力场近似,也就是假设电流沿磁场方向,或者 $j \times B = 0$(也可参见第 3 章的讨论)。这种近似条件下磁场会出现对应的扭曲,而这些扭曲结构在新生、复杂的活动区 EUV 成像图片中也可经常推测得到。MHD 模型也是另一种可考虑的选择,但 MHD 模型中包括电流项和等离子体项,这就给我们带来了一个问题:日冕的磁场“骨架”结构是如何具体随着等离子体密度的变化而变化的。

　　在最初的观察中,冕洞(coronal holes)主要表现为等离子体的低密度区域,这意味着等离子体在该区域会逃逸丢失。由于在 PFSS 模型中日冕磁场直接与源表面相连,所以日冕开放

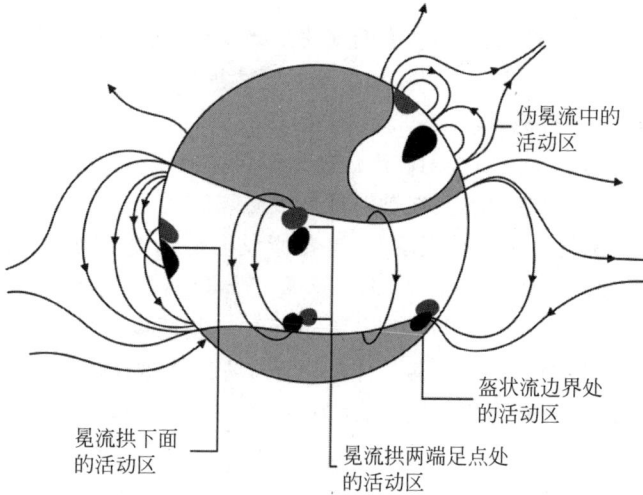

图 4.29　大尺度日冕磁场结构与活动区(active regions, ARs)的不同关系。活动区可位于闭合冕环磁场的一端或两端,或深埋于冕流拱(streamer arcades)或冕环之下。日冕磁场可看作多个冕环之间相互连接而形成的大尺度网状结构,其中局地磁场之间的连接则由较大区域甚至全球的磁场确定

场的足点应对应 EUV 和 X 射线成像中的暗区冕洞。类似地,形成环状结构且在源表面内能约束等离子体的闭合磁场,其应对应 EUV 和 X 射线成像中的亮点结构特征,也对应日冕仪和日食图像中冕流或射线的底部。图 4.27(c)(PFSS 模型磁场结构特征的综合图)和图 4.27(b)(同一个 Carrington 周的 EUV 综合图)给出了这样一个示例。

日冕在所有波长上的整体亮度会随着太阳活动周变化,因为冕环内的日冕大气与开放磁场区域(等离子体逃逸区域)的不同。冕环内的温度约为 2 MK,密度为 $10^9 \sim 10^{11}$ cm$^{-3}$,而开放磁场区域的温度约为 1 MK,密度约为 $10^8$ cm$^{-3}$。将 PFSS 模型的闭合场用等离子体发射谱重构,对观测到的 EUV 和软 X 射线图像进行近似,可以捕捉到这些波长下日冕的一般形态特征。重构近似也为认识日冕谱线辐射机制提供了线索,因为人们发现,对日冕大气亮度的参数化同时依赖于磁场强度和冕环的长度。受磁场控制的日冕结构会引起几乎所有日冕太阳辐射,尤其是 EUV 和软 X 射线波段的辐射呈现出太阳自转周(约 27 天)时间尺度的调制变化。而且如图 4.30 所示,日冕结构也会

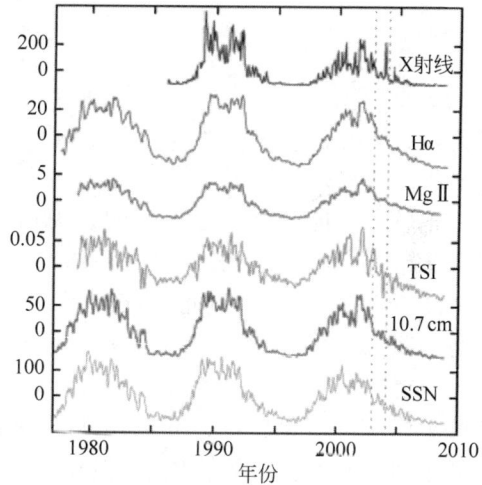

图 4.30　部分 EUV 波段辐射通量随太阳活动周的变化,可见其辐射变化与太阳黑子数的变化趋势是一致的。这些变化能部分反应辐射来源于色球层中如谱斑和网状结构等含强磁场的区域。而相比之下,X 射线辐射则由闭合的冕环控制。这些谱线从整体上而言对于理解行星大气中的光化学过程和相关时间变化过程非常重要①

---

①　注意:图 4.30 纵坐标原文并没有给出具体单位,实际上纵坐标给出了对应某个物理量相对于其平均值的变化量。

显著影响这些不同波段辐射随太阳活动周的变化。要得到一个物理上更一致的图像,需要建立一个既包括真实磁场结构,又包括密度和温度的日冕等离子体模型——这也是空间物理科研工作者仍然需要面对的挑战。

完整的全球日冕模型在使用 MHD 流体处理时可能会视求解方程的近似度而包括电阻项(见第 7 章)。其中,最简单的解是在轴对称偶极磁场结构下并假设符合等温理想气体状态方程而得到的。在围绕日冕加热问题时,这些假设都是可以考虑的。同时 MHD 中仍然包含一些基本要素,如磁场的几何形状,向外等离子体热压梯度力和磁约束力之间的压力平衡等。对于日冕温度,这些简单的模型甚至也能对一些区域做出自洽、一致的描述,其中包括中低纬闭合场中形成磁捕获等离子体的区域,以及高纬开放磁场中的较低密度区域(等离子体沿磁场可逃逸到外边界)。作为示例,Endeve、Leer 和 Holzer(2003a)使用了这样一个方程组:

连续性方程: $\dfrac{\partial \rho}{\partial t} + \nabla \cdot (\rho \boldsymbol{u}) = 0$

动量方程: $\dfrac{\partial (\rho \boldsymbol{u})}{\partial t} + \nabla \cdot (\rho \boldsymbol{u} \boldsymbol{u}) = -\nabla p - \dfrac{GM_S}{r^2} \rho \hat{\boldsymbol{e}}_r + \boldsymbol{j} \times \boldsymbol{B}$

安培定律: $\boldsymbol{j} = \dfrac{1}{\mu_0} \nabla \times \boldsymbol{B}$

感应方程: $\dfrac{\partial \boldsymbol{B}}{\partial t} = \nabla \times (\boldsymbol{u} \times \boldsymbol{B})$

理想气体状态方程: $p = \dfrac{\rho K T}{m}$, $T$ 为常量 (4.4)

图 4.31 给出了 Endeve 等(2003b)获得的一些模拟结果。模拟输出结果可通过调整日冕底层的密度和温度进行调整改变,但在调整变化的合理范围内模型输出的磁场基本几何结构则保持不变。这与等离子体沿闭合偶极场线(低纬至中纬区域)大致服从流体静力平衡的观点是一致的。而由于等离子体热压在外层较磁压的作用越来越大,其带来的电流会影响外层冕环结构。在高纬区,等离子体热压梯度力和磁场 $\boldsymbol{j} \times \boldsymbol{B}$ 力之间不再保持平衡,因此这确定了带有尖状形状(cusp-like shape)的"最后一根闭合磁场线"。我们可使用这个简单的模型研究沿磁场方向的等离子体流在何处能达到超声速和超阿尔芬速。对于所研究情形,图 4.31(a)中虚线勾勒出的旋转对称曲面处为等离子体流可达到超声速和超阿尔芬速的奇异点。虽然这些结果可看作假定恒温条件下得到的非常粗略的近似解,但在一阶近似程度上它能描述一些日冕特征出现的物理过程;并能阐明一些重要的物理概念。得到的磁场线看起来很像 PFSS 模型得到的偶极场结构,但其最外层的磁场线和等离子体特性(包括等离子体出流)从物理图像上看则更为自洽。读者可以在文献中找到关于更复杂的三维 MHD 模型的描述,这些模型能处理日冕模拟方面面临的一些挑战,包括真实的、更一般、更复杂的磁场几何结构位形。这些模型给出的模拟图像在白光、EUV 和软 X 射线波段渲染下看起来非常逼真,但模型的加热项仍需参数化。

到底是什么机制加热了日冕,这个问题自人们通过日冕谱线推测获得日冕温度以来就

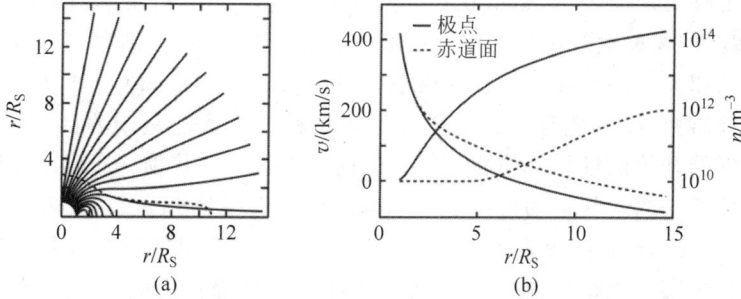

图 4.31　等温偶极磁场条件下的日冕 MHD 模型计算显示,该模型可成功捕捉赤道区的冕流带 (streamer belt)这一重要日冕基本特征(a),以及闭合场或冕流和开放磁场区域中等离子体密度和速度的不同分布(b)。该模型中假设温度恒为 1 MK,这虽与日冕温度随高度[①]的实际分布(图 4.6)不太一致,但却能有效规避描述日冕加热带来的困境(见正文)。不管怎样,该模式给出了一个大致图像,即在引力场和适当强度的偶极磁场中太阳大气如何形成高密度的闭合冕环及伴随有离子出流(outflows)的开放磁场(引自 Endeve et al.,2003b)

一直存在。从最基本的层面而言,太阳要保持稳定和活力,就必须"甩掉"其内部不断产生的能量。电磁辐射可带走大部分产生的能量,而大部分剩余能量则会以机械能的形式从对流层传输到太阳表面,进而耗散在太阳大气中。但它是如何在距离日表几千千米的地方耗散并转化为日冕加热的呢?另外,需要注意的是,进入太阳大气的那部分能量(除电磁辐射外)与太阳内部产生的能量相比是几乎可忽略不计的。然而,这部分能量的存储方式及存储区域对于 EUV 和软 X 射线辐射(对行星大气很重要),以及太阳风的产生都很关键。

　　在前面讨论中,我们对来自太阳内部对流区的机械能如何传输进入色球层和过渡区的一些观测结果做了回顾。一般认为,在色球到日冕的过渡区大部分机械能转化为了热能。但问题是,机械能是如何转化为粒子热能的。第 13 章中讨论的波-粒子共振相互作用在这里不太可能起作用,因为 Alfvén 波的频率(推测 Alfvén 波与磁场线的足点运动相关——足点会随米粒组织对流而移动)与粒子回旋频率相比太低了。问题是这些 Alfvén 波里的能量是否能以某种方式将它们的能量转移到一个更适合离子回旋共振的频率范围。人们提出了两种可能的方式。一种是由于在过渡区物理条件的梯度过大,一些出射波会在过渡区被反射后与出射波发生碰撞,进而通过湍流串级(turbulent cascade)产生更高频率的波动。另一种则是部分波动的波形会变陡形成局部激波,而在激波的耗散过程中激波将自身的整体能量转化为热能。

　　太阳磁场的复杂性可能在这里也发挥了关键作用。特别是,光球层表面径向磁场极性的混合分布意味着具有极性相反且不同强度的磁通量管总是被光球层表面复杂的足点运动带动而交织在一起。这样就很可能在相邻反向磁场区域之间驱动起磁重联,并伴随有相关的局部等离子体流加速(见第 9 章)和激波结构。此外,在这些磁通量管之间的边界处存在小尺度的电流片,这些电流片可以加热局部等离子体,尤其是在一些存在磁中性线的地方。

---

　　①　原文有误。原文意为温度随高度下降。实际图 4.6 显示,日冕中的温度会随高度而上升。

　　事实上有足够的证据表明,磁重联和电流片加热这两种机制在太阳上都会起作用。特别是,X 射线和其他发射谱线出现的小尺度瞬时亮点(有时也称为纳耀斑(nanoflares))可能是与磁重联活动相关的局部加热事件。极羽(polar plumes)是一种主要出现在临边极区冕洞里,且用不同辐射波段都能观测到的明亮细长结构。它可能是宁静区中的小尺度、瞬时偶极磁场与周围的开放磁场相互作用的结果。前面提到的针状物(spicules),其外观和动力学特性也都与所产生的米粒运动尺度上的小电流片结构一致。事实上,从针状物运动中检测到的周期为 5～10 min、振幅为每秒几十千米的 Alfvén 波可能是导致针状物出现交织的原因。日冕加热事实上也很可能是由包括这两种机制过程在内的多种过程共同作用的结果。而且,其主导机制也很可能取决于其局地的物理环境,例如,所研究的物理环境可能根植于宁静区磁场中,或者位于磁场更强、极性更显著的活动区。同样,主导机制可能也取决于所考虑的是在磁场闭合区域还是开放区域。

　　到目前为止,我们主要从单流体意义上讨论了日冕加热问题。但电子很可能在大多数日冕热(热能)传输过程中扮演了重要角色。电子的低质量使其与磁场“黏”得更紧,也更容易被加能。一些日冕模型认为电子特别重要,并借用了我们在第 2 章讨论高层大气时提到的逃逸层概念。在这些模型中,较轻的电子会建立起一个向外的极化电场[1],将较重的离子从太阳引力场中“拽”出来,形成电子驱动日冕等离子体出流。这种理论也为粒子从碰撞到无碰撞行为的转变(日冕的底部必然会发生该转变)提供了有益的理解。电子在相对于它获得能量的地方,可携带能量向任何方向运动,包括向下进入色球层。由于电子回旋半径较小,可驻留在一些空间结构比较狭小且可能含有强电场的区域(如电流片),抑或在一些空间体积较小的区域被捕获(如重联区中)进而受到统计加速作用(statistical energization)。冕环的磁镜作用能产生电子双向流分布,并可能导致等离子体波不稳定性(见第 13 章)和冕环顶部电子加热。重点需要提及的是,在色球到日冕的过渡区中,电子可能通过与局地磁场的相互作用而被加速到超热状态。而其能量随后转移到离子上,到底是通过电场还是库仑碰撞则取决于所处的物理条件和区域位置。离子也会受到低频波(易激发)的影响,由于离子有较大的回旋半径,可以更容易地通过梯度漂移和曲率漂移穿过磁通量管和其他边界层。另一个需要考虑的问题则是电子对日冕加热的影响会逐渐由离子引起的相关物理过程代替主导,如离子回旋波加热。人们有时会用第一电离势(first ionization potential,FIP)估计原子不再被电子碰撞电离的区域位置。FIP 是从原子中移出最外层电子所需的能量。通过太阳辐射谱线推断离子电离状态可进一步推测对应离子电离态的温度[2],从而推测日冕离子电离态开始出现的位置,而这又取决于日冕的物理条件。尤为重要的是,日冕加热问题最终需要我们在多种不同日冕环境中结合各种粒子物理动力学过程开展研究。此外,如我们接下来将看到的,除日冕加热外,日冕中还会发生等离子体的加速和出流等物理过程。

## 4.6　日冕活动

　　正如第 1 章中所述,随着我们科技社会的基础设施越来越依赖于空间环境,空间物理学

---

　　[1]　简单来说,由于电子的标高比离子大,使较低高度处的离子密度比电子密度大,而较高高度处的电子密度比离子密度大。

　　[2]　原文为“freezing in” temperature,实际上离子的电离态在几个太阳半径内是保持不变或冻结的。

已经变得越来越重要。空间环境中的天气活动现象，太阳风和行星际磁场的状态，以及高能粒子通量的强度等，都取决于太阳日冕中的活动过程。

从日冕影像中，我们很容易认识到太阳大气基本上是不稳定的，特别是当太阳黑子数很高的时候。太阳上存在两种类型的瞬态活动现象——耀斑（flares）和日冕物质抛射（coronal mass ejections）。在不久之前，人们对这两者还没有做出明确区分或二者的区分还是模糊不清的。日面上局部的、短时的辐射爆发可能会在较短时间内使太阳光谱中的短波辐射增强，增强幅度有时会超过几个数量级（图 4.4（b））。这些"耀斑"（**flares**）最初被认为是太阳上能量的爆发性释放，有时在耀斑爆发后的约 8 min 内（光速传播时间），会观测到电离层突扰（**sudden ionospheric disturbances**，SID）。有时在耀斑爆发之后几天，地球上会出现地磁暴和极光。虽然在一些早期的日冕图像中，人们已经报道了日冕中有瞬变事件的证据，但它们与能产生地球活动效应的某些耀斑之间的联系则直到卫星空间探测时代才被揭示。直到 20 世纪 70—80 年代，几艘携带日冕仪的宇宙飞船才算确切地证实了大规模日冕物质喷发的存在，这些日冕物质喷发与耀斑有关，但又与耀斑不同。后来人们将日冕中的剧烈活动现象称为日冕物质抛射（**coronal mass ejections**，CME）。当太阳表面出现活动区和太阳黑子时，耀斑和日冕物质抛射都会更为频繁地发生。20 世纪 90 年代，人们关于耀斑或日冕物质抛射是不是引发地球响应太阳活动的主要原因的观点有了普遍转变。从那时起，人们就耀斑和日冕物质抛射进行了详细的研究，因此如今我们对二者的现象、二者之间的联系及二者引发的不同效应也有了更清晰的认识。

## 4.6.1　太阳耀斑

耀斑定义为太阳黑子附近区域有时出现的爆发性且肉眼可见的亮度突增事件，它的辐射变化幅度非常大。定期的太阳 X 射线监测，再配合长时间的 X 射线和 EUV 成像观测，让我们具备了研究耀斑强度、位置和相关日冕背景的能力。大耀斑与活动区有明显的关联性，而这些活动区通常具有较强的磁场（相对于宁静区而言，强度通常＞50 mT），且其磁场极性分布模式较为复杂，区域面积也较大。伽马型（$\gamma$）和德尔塔型（$\delta$）的黑子（在本章前面描述过）是一些大、亮耀斑的主要源区，因此可通过它们在日面的出现和分布预测耀斑。图 4.32（c）给出了在全日面 EUV 图像中捕捉到的几个大耀斑示例。与之相伴的磁图（图 4.32（a））和可见光图像（图 4.32（b））则分别显示了耀斑与活动区和太阳黑子的相关背景环境。图 4.33 则通过不同波段给出了大耀斑更精细的空间分辨图像。与大耀斑相对应的是尺度很小的纳耀斑（nanoflares），它是发生在磁毯上尺度较小的增亮事件，可能与日冕加热有关，但在这里我们不再深究。

人们主要根据耀斑在 X 射线波段的爆发强度来研究耀斑的特征，并对其进行归类。基于 H$\alpha$ 和软 X 射线辐射，表 4.3 给出了耀斑的典型分类。从经验上来讲，C1 级及以上级别的耀斑由于会对地球电离层产生较大的影响而显得尤为重要，这是因为相对于其他较低级别的耀斑而言，这些耀斑通常伴随其他太阳活动事件，如 CME。我们迄今通过现代观测发现的最大耀斑级别约为 X20＋级。然而耀斑发生频率随其特定的耀斑危害程度大致遵循幂律分布——耀斑数量随危害程度（按耀斑类别指定）的 $-2$ 次方而降低。所以，打个比方，C2 级别耀斑发生的可能性为 C1 级别耀斑的 1/4。X 级别的耀斑在一个太阳活动周（11 年）中

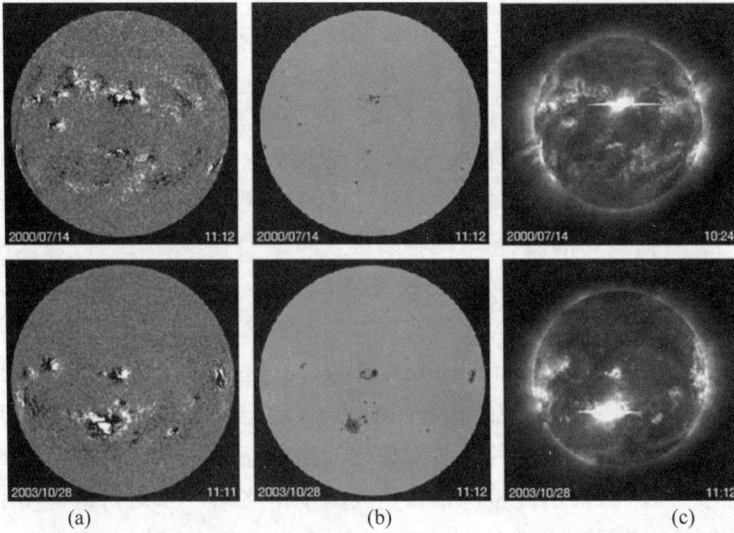

图 4.32　两个大耀斑事件的全日面图像示例,从右到左分别为耀斑的 EUV 图像、可见光图像和对应的磁图(来源于 SOHO MDI 和 EIT 的图像,NASA/ESA。)。上图是发生在 2000 年 7 月 14 日的耀斑。下图是发生在 2003 年 10 月 28 日的耀斑事件。大耀斑通常发生在磁场极性分布较为复杂且面积较大的活动区

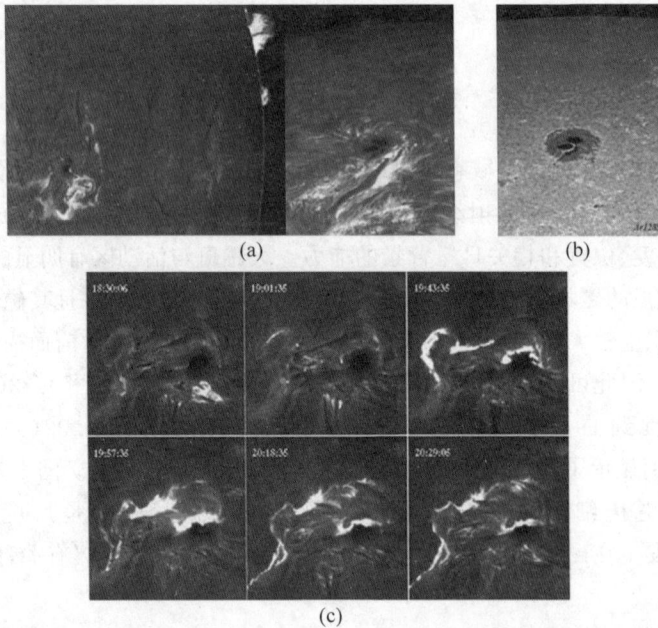

图 4.33　(a)Hα、(b)可见光和(c)EUV 波段拍到的耀斑图像示例,显示了耀斑呈现出的不同外观形态,包括"双带"辐射模式("two-ribbon"emission pattern)。在(c)中,双带结构大体可将底层活动区中的磁中性线托起。耀斑产生的辐射时间非常短暂,有时仅持续几分钟,并且耀斑在外观上会不断演化。耀斑期间波长小于 100 nm 的太阳辐射通常会显著增强,有时增强幅度达几个数量级。耀斑辐射增强会增加对行星大气的电离和光解作用(图像来源于 NASA)

才发生几次,而在太阳活动高年每天就能发生几次小耀斑。最强烈的耀斑在白光波段也能看到,并且在耀斑过程中由于受激原子核的激发和衰变,强耀斑还能带来伽马射线辐射。耀斑还能在色球层的发射光谱中产生可观测的"日震"波或 Moreton 波,这表明其激发的扰动可从耀斑区域向四周传播穿过太阳大气,这就如石头扔进池塘产生的水波一样。认识耀斑物理机制的一个特别重要的观测事实就是能在 Hα 和 EUV 谱段得到的高分辨率照片中观测到其呈现独特的"双带"辐射模式。

表 4.3　耀斑分类

| 按 Hα 分类 | 面积/deg$^2$ | 按软 X 射线分类 | 0.1~0.8 nm 波段内的对数通量 |
| --- | --- | --- | --- |
| S | 2.0 | A(1~9) | −8~−7 |
| 1 | 2.0~5.1 | B(1~9) | −7~−6 |
| 2 | 5.2~12.4 | C(1~9) | −6~−5 |
| 3 | 12.5~24.7 | M(1~9) | −5~−4 |
| 4 | >24.7 | X(1~N) | >−4 |

注:基于 Hα 和软 X 射线辐射对耀斑分类一般要考虑耀斑的强度和面积。大多数较显著的耀斑属于 C 级耀斑,而大型耀斑一般为 X15~17,尽管人们曾报道过一些 X28 甚至更大耀斑级别的事件。

　　如前所述,活动区内出现的耀斑前兆暗条(pre-flare filaments)可被视为磁场出现剪切、拉伸或扭曲的迹象,这表明区域内存在电流而且相关能量在磁场中不断存储(见图 4.22 中的磁场结构)。这些暗条在耀斑发生时通常表现出运动("激活")状态,且经常会消失或部分消失("中断")。实际上,太阳自转穿越整个日面过程中,一些耀斑区域会多次重复类似的暗条重塑和耀斑发展序列过程,或一段时间内在暗条的不同子区域内出现耀斑(如暗条会在耀斑对应的部分出现中断消失)。当然,并不是所有含有暗条的活动区都会出现耀斑,因为暗条有时可能会随着活动区的演变而坍缩或悄然消失。类似地,耀斑也可以在没有暗条的活动区发生。耀斑发生之后,活动区的复杂性有时会大为简化,覆盖在冕环上的磁场会过渡为更接近势场(不含电流)的状态。然而,探测这些磁场变化通常需要磁场矢量观测和高分辨率的 EUV 成像。幸运的是,这两种测量如今都已是空间观测太阳时所需的常规测量。一般来说,随着活动区的老化,活动区的磁场变得越来越弱,磁场极性分布也不再复杂,其产生耀斑的可能性就会随之降低。同时高度老化的活动区仍然可形成暗条和物质喷发并激发额外的电磁辐射,正如我们将看到的那样,这种情形更适合描述另一类太阳活动事件——CME。因此,在阅读文献时大家须记得,一系列的类耀斑状现象有时导致耀斑和日冕物质抛射之间的定义界限是模糊的。

　　图 4.34 给出了一个广泛使用的标准耀斑模型(**standard flare model**)结构图,图中显示日冕磁场在冕环顶部具有重联"X 点"或"X 线"结构。究竟是重联"X 线"还是"X 点"则取决于几何结构是三维(沿垂直纸面的维度上扩展)还是二维的(沿垂直纸面满足轴对称)。可认为该耀斑模型中磁场结构的足点位于光球层活动区内。尽管图 4.34[①] 所示的物理细节还存在争议,但基本结构特征是有不少观测证据做支撑的。尤其是 Hα 的"双带"辐射结构可以解释为由磁拱尖端(cusp)附近加速起来的电子在色球层处经碰撞而释放能量所表现出来的特征。可预计这些电子将从冕环顶部的磁中性线处沿着重联后的磁场线流向其足点。

---

① 　原文为图 4.35。

从这些足点及磁拱顶点处的"X 点"或"X 线"等区域也会辐射出 X 射线。这个模型里的三重 X 射线源结构(triple X-ray source pattern)还能在临边处被较好地观测到,其中来自足点和环顶部的不同 X 射线光谱表明不同部位辐射源的不同细节特征。事实上在日冕的广泛物理尺度上,从磁毯尺度(也许可解释纳耀斑)到最大尺度的冕环,耀斑发生的基本几何结构都是相同的。然而,对于冕环而言,其物理活动性质可能有点不同,耀斑可能更多地与日冕物质抛射有关,我们将在下一节中讨论。

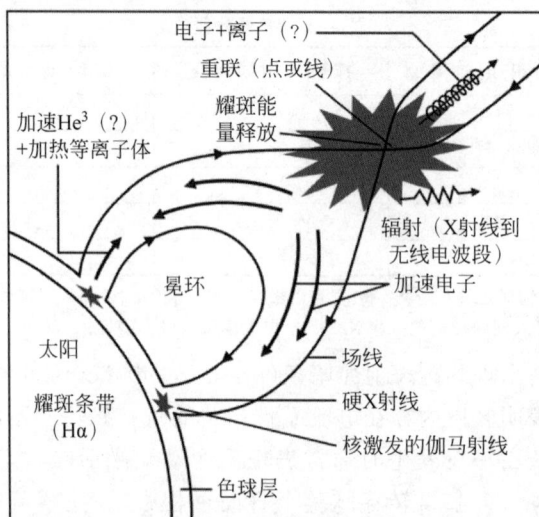

图 4.34　"标准"耀斑模型。该模型的主要特征是在闭合冕环的环顶附近存在磁重联,这导致被加能后的电子会沿着磁拱两侧流到下面的色球层(在那里电子激发产生双带耀斑辐射),并沿着重联新生成的磁场线向外运动。当耀斑在临边附近发生时,有时可观测到三重 X 射线源(Triple X-ray sources),这可由这个模型做出合理解释。注意,磁重联也可能发生在相邻的开放和闭合磁场间,以及如图所示的同一个冕环内(改编自 Lang,2010)

耀斑区的磁重联为什么会触发、如何触发,以及电子如何在 X 点或在 X 线附近获得能量等各种细节过程目前还不清楚。总的来说,对于日冕磁场拓扑结构如何导致一些局部等离子体粒子获得能量而言,耀斑是一个非常重要的示例。尤其是耀斑还说明,其他形式的能量,如储存在带电流的活动区内的磁能,可转化为粒子动能。对耀斑产生能量的估算表明,耀斑在 1000 s 的时间内可释放出高达 $10^{25}$ J 的能量。虽然这点能量释放率对于太阳正常能量释放总速率($4 \times 10^{26}$ J/s)的整体规模而言很小,但它们有时会因其壮观的活动性及空间的聚集性而备受注目。

图 4.34 中通过观测而提出的耀斑概念派生出了多种理论和模型,进而解释观测到的不同耀斑现象。在这些理论和模型中,人们研究了物理要素基本相同但磁场几何结构更为复杂的情形,并考虑了活动区内的磁零点(null points)、磁连通性(magnetic connectivities)及背景日冕磁场。标准耀斑模型只是简单描绘了潜在耀斑区域处的各种相关物理要素。耀斑作为地球电离层扰动源有着悠久的观测历史,但它们并不是空间物理学家最关心的太阳活动类型。大家最关心的是称为日冕物质抛射的这类日冕瞬变现象。

## 4.6.2　日冕物质抛射

20 世纪 70 年代,天空实验室(Skylab)软 X 射线成像首次对 CME 做了大量观测,但直到宇宙飞船上搭载白光日冕仪实现成像观测后对 CME 的深入研究才算是获得快速发展。如前所述,日冕电子是局限在冕环中的,所以这使我们有可能通过电子的 Thompson 散射(Thompson scattering)研究磁场的拓扑结构及其变化。在图 4.35 所示的图像中,CME 通常表现为不断膨胀的环状或泡状结构,有时也表现为狭窄的喷流结构。它们可能演化得很缓慢,大约需要一天的时间才能从日冕仪视场中消失(传播到几十个太阳半径距离),它们有时会爆发性地在几十分钟内传播出去。观测表明,产生 CME 的机制可能不止一种。作为太阳正常周期活动演化的一部分,我们将讨论为什么日冕可能有多种喷发行为。

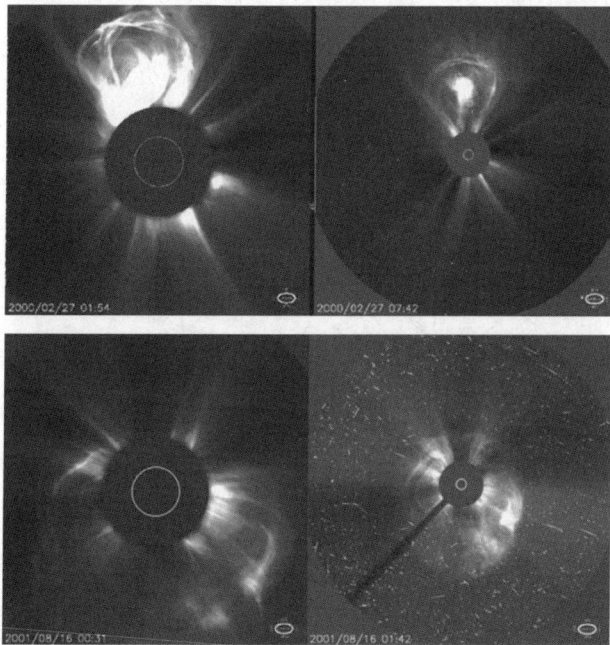

图 4.35　在可见光波段日冕仪获得的日冕物质抛射(CME)图像。标准 CME 结构在天空平面投影上会形成一个亮环或泡状的外观。有时还会伴随特别明亮、致密的线状物质,这可能与 CME 中产生的爆发暗条有关。CME 可能来源于活动区附近,或者可能来源于与活动区没有明显关联的冕流区。后者有时也被称为"冕流喷出"的 CME("streamer blowout"CME)。耀斑通常与活动区的 CME 相关(SOHO LASCO 图像(ESA/NASA))

在极低太阳活动时期,日冕仪观测到的日冕缓慢变化可简单归因于非轴对称日冕磁场的旋转效应(图 4.27)。然而,如本章前面所述,日冕磁场也在不断调整变化以适应其底部不断演化的光球磁场。在日冕仪图像中,由于冕流附近常有日冕物质的出流或入流,等离子体密度的演化也表现得很明显,这也表明开放和闭合的磁场边界总是在不断调整中。一个自然而然的问题随之出现,也就是当调整变得过度极端时会发生什么情形,如日冕磁场的磁通量体积或强度出现调整时。从图 4.35 中的日冕图像可看出,CME 通常首先出现在冕流内或其附近。日冕磁场拓扑结构不断发生着缓慢变化。然而,冕流有时会急剧改变磁场的位置或形状,而且新的冕流可能出现而老的冕流则会消失,老冕流有时也被称为冕流喷发引起的CME(**streamer blowout** CME)。CME或许看起来像是冕流在向外逐渐扩展,其前端以每秒几十千米到几百千米的速度缓慢向外移动。有时CME的图像看起来犹如天空投影平面上有一根巨大、膨胀的通量绳,通量绳两端固定在太阳上。图4.36就显示了这个通量绳结构的示意图。在CME的泡状或环状腔底偶尔会看到一个亮核,就好似亮灯泡内部有一个发光灯丝一样(图4.35)。亮核可能与上面提到的色球层暗条有关。当喷发的日冕结构(CME)向外移动时,它可能携带悬浮在局部磁中性线上的暗条物质(图4.22)向外运动,并且会明显地与周围物理环境发生相互作用——向外移动时,它会压缩并偏转周围的冕环和冕洞边界结构。CME结构也可能被这些相互作用所扭曲。所谓的极区冠状暗条喷发事件(polar crown filament eruption events)就是这类CME的典型例子。该喷发事件产生于中、高纬处于衰退期的活动区,而活动区具有纵向延伸的磁中性线。

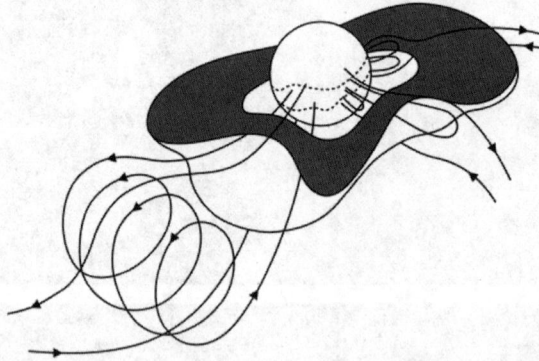

图4.36 CME与冕流带(coronal streamer belt)相连接的示意图。图中喷发结构镶嵌于日球层电流片(heliospheric current sheet)中(引自Crooker et al.,1993)

不同于"冕流喷发"CME,第二类CME可具有类似的外观、显示出扭曲的冕环或多个冕环等更复杂的外观形态。这类CME的出现与正在浮现或正处于剧烈演化的活动区有关,尽管有时我们需要用矢量磁图来观察这些变化。为区别"冕流喷发"CME,我们将这类日冕物质抛射称为活动区CME。区分这类CME和其他类型的CME是比较困难的,因为在许多日冕磁场结构的形成中活动区都会参与出现。

图4.29表明活动区磁场与日冕磁场之间存在多种可能的几何连接。这些连接可能引发活动区CME的喷发。图4.37中展示了几个PFSS模型可视化CME日冕磁场的具体例子。在CME喷发前后(有时在之前,有时在之后),相关活动区内发生耀斑是很常见的,尽管耀斑是中等强度级别的。日冕喷射物(coronal ejecta)可能还包含暗条物质,尽管其空间分布可能很复杂。这些CME事件比"冕流喷发"CME在速度分布范围上要宽得多,仅在极少数情况下会以每秒几千千米的速度逃离太阳。

图4.38(a)的日冕仪CME速度分布显示CME的典型速度为每秒几百千米。只有在尾端分布的极少数事件的速度才会高达每秒几千千米。可预期,速度最快的事件通常与磁场异常强、极性异常复杂的活动区相关,这些活动区通常(但不总是)出现在太阳黑子数量规模中等到较大的时期。CME也通常与大型耀斑有关联。图4.38(b)显示了CME在临边处天空平面上投影的视角宽度分布。速度较快的CME事件往往有较大的角度展宽。从磁

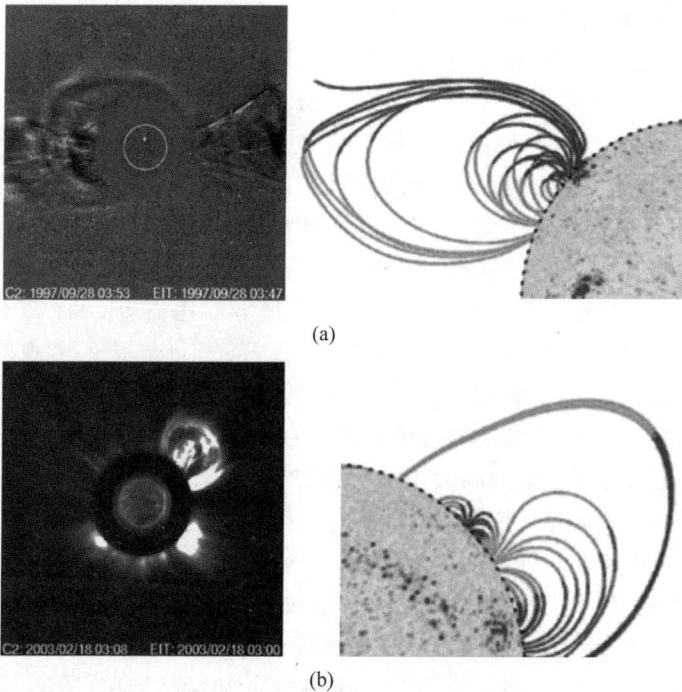

(a)

(b)

图 4.37 CME 图像事例(左)及从 PFSS 模型重构日冕磁场结构中推测得到的 CME 起始位置。(a)
在本事例中局地磁场几何形状表明磁场含有冕环/磁拱结构。(b)该事例表明与 CME"爆
发过程"相关的磁场结构可含有磁零点,结构更为复杂(具体见正文)。对于评估 CME 的
事件类型及喷发源 PFSS 模型提供的日冕环境信息通常很有用(左图来源于 SOHO
LASCO 图像(ESA/NASA),右图引自 Li 和 Luhmann,2006)

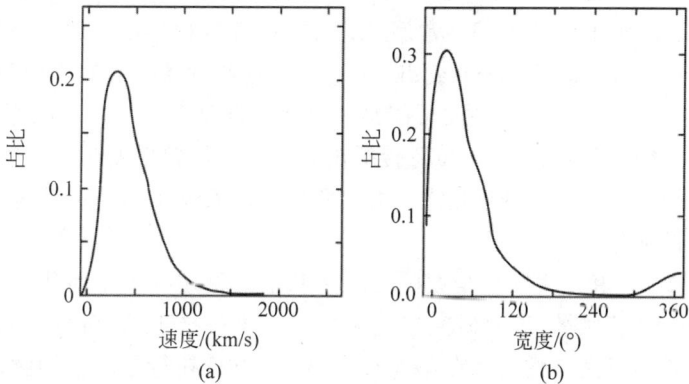

(a)          (b)

图 4.38 CME 的速度(a)和宽度(b)统计分布。注意,大部分的 CME 以每秒几百千米的速度运动,
通常需要几个小时到半天的时间才能从 $1\sim10R_S$ 的日冕仪视场中穿过。仅有少数位于速
度分布尾端的 CME 运动速度能达每秒数千千米。而 360°的宽度统计则会受朝向地球传
播的 CME 事件影响。这类 CME[1] 的速度很难测量,因为从正交角度而言看不出它们在
临边上的投影。相反,图像只能显示它们在天空平面上的速度投影分量

---

① 原文称这类 CME 事件为"halo" CME,意为朝向地球喷发的 CME 看起来好似晕状结构一样。

场连接上看,一些 CME 事件似乎还与全球日冕的较大一部分区域有磁场连接关系。然而,也存在一些大角度的 CME 事件,其形态是由观测者的视角决定的。

在 CMEs 的一种类别中,"晕状"(halo)CME 事件是特别能吸引人兴趣的。晕状 CME 事件跟那些在日面中心处的活动区或冕流有关。当这些事件朝向观测者运动传播时,这些日冕物质抛射会扩展到日面之外,在太阳周围形成一个不断扩大的圆形或椭圆形白光晕圈。这类事件在图 4.38(b)的角宽度统计中在 360°左右形成一个小峰值。因为大多数日冕仪都是在地球上做观测的,所以晕状 CME 事件可以用于预报地球对 CME 的响应。然而,它们的速度、宽度和传播方向比临边 CME 事件更难确定,因为观测到的这类事件是在天空平面上投射的效果,甚至可能是远离观测者的事件(如"背面"晕状 CME)也能产生类似的晕状结构。因此,速度必须通过假设 CME 的几何结构进行估计。速度估算技术也取得了一定发展,如可按圆锥状模型拟合日冕仪的观测图像序列,就能得到圆锥模型的大小和传播方向,及真实的 CME 传播速度。虽然这些 CME"圆锥模型"已经有了许多应用,但它们并没有包含日冕抛射物的具体物理细节(关于锥模型的更多讨论可见第 5 章)。

在 CME 喷发前、喷发中和喷发后的软 X 射线和 EUV 图像中也会有其他观测特征。喷发前,活动区冕环可能会变亮。被照亮的磁场线有时会呈现明显的非势场、扭曲的"S"形外形("sigmoid" appearance)(图 4.39(a))。这些"S"形磁场结构在它们参与 CME 喷发后,会留下一个更接近势场(如磁场扭曲度减少)的磁拱结构,其余辉在接下来几个小时内逐渐消失。与前面所述耀斑脉冲 X 射线事件不同,CME 喷发后有时会产生被称为"渐缓耀斑"(gradual flares)的 X 射线事件。如 EUV 差分图像(difference images)所示(图 4.39(b)),CME 喷发有时还会在较低日冕中激发出波状扰动,由喷发区域向外辐射传播。

因为阵面扰动最早是用 SOHO 卫星的极紫外成像望远镜(extreme ultraviolet imaging telescope,EIT)观察到的,所以人们经常用"EIT 波"称呼这种扰动。此外,相邻区域的辐射可能还会出现"日冕变暗"现象(coronal dimmings)。这些现象看起来不同于耀斑期间色球层辐射中出现的 Moreton 波。EIT 波可能是一种 MHD 磁声波,在 CME 喷发期间或喷发后,它会从日冕能量沉积强烈的源区位置传播出来。而日冕辐射变暗则可能对应重联锋面新形成的开放或闭合磁场线的磁场足点。对这些特征现象及其相互关系的理解是 CME 物理研究的一个关键部分。

解决 CME 的起源和发生问题是太阳物理学和空间物理学的主要研究目标之一,因为这对于认识"空间天气"风暴,进而研究空间风暴对人类科技生活、对行星磁层和大气的影响都具有非常重要的意义。我们将在第 5 章中描述 CME 在行星际中的物理行为,这里我们仅关注 CME 在太阳上的行为。我们在前面介绍了太阳耀斑的基本概念,特别介绍了在冕环或磁拱处通过磁重联产生能量粒子及相关活动效应的模型思想。耀斑物理模型(图 4.34)适用于直径约 $10^5$ 千米或更小的活动区。但同样的模型在较大尺度上也常用于解释 CME。耀斑和 CME 除了规模不同外,在触发因素和后续效应上也是存在差异的。对于耀斑而言,其活动区底部对局部磁场几何结构的全面控制使活动区的任何演变过程,如磁通量浮现或磁场线足点的运动,都可能是触发耀斑的潜在因素。活动区内也可能有多个磁零点或复杂的中性线,这会使磁通量通过扩散或反向磁场的下沉而在中性线处湮灭。对于 CME 喷发而言,触发因素可以有多种形式,但其涉及的日冕空间范围和物质质量尺度更大。

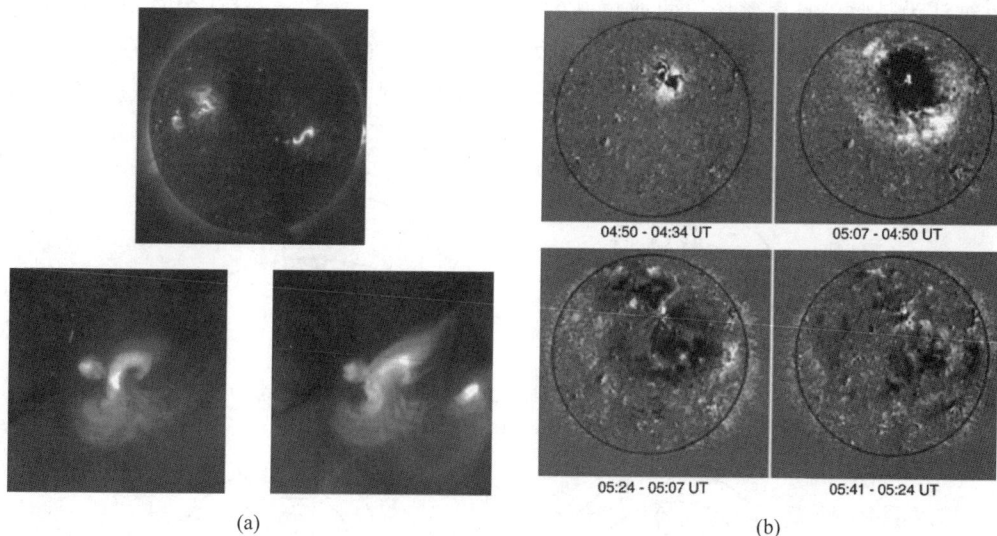

图 4.39　(a)"S"形("sigmoid")软 X 射线图像。这是在某个活动区上空观测到的一个明显扭曲且在辐射的冕环,其通常最终会产生 CME;以及在 CME 喷发后"S"形冕环结构出现似蜡烛火焰般的形态演化。这一现象暗示了 CME 事件中会出现扭曲磁场的浮现或演变。(b)EUV 差分图像中看到的"EIT 波"事例表明有一个扰动阵面会从 CME 喷发区域传播出来。EIT 波被认为是一种在物理上就不同于大耀斑后色球中辐射出 Moreton 波的物理现象。EIT 波被解释为 MHD 波或激波,人们认为 EIT 波明显不同于那些 CME 喷发后出现的日冕辐射"变暗"(coronal emission "dimmings")的现象(见正文)。"S"形冕环结构和 EIT 波都被用于预测地球朝向的日冕物质抛射效应。(a)Yohkoh SXT[①] 图像(JAXA/NASA 档案);(b)SOHO EIT EUV 差分图像(ESA/NASA)

　　图 4.40 中给出了一些基于观测而提出的 CME 触发机制。这些机制的共同核心就是引入了非势磁场或扭曲磁场,这意味着区域内存在磁应力(magnetic stresses)和空间电流。为描述这些磁场特征还通常引入另一个术语——"磁螺度"(helicity),磁螺度可通过解析形式从本质上描述磁场的扭曲度,包括磁场扭曲螺旋手性(handedness)等细节特征。

　　所谓的冕流喷发 CME(streamer blowout CME)事件并不需要有存在关联的活动区,它对应的磁应力或磁场扭曲可通过较差自转引起的剪切作用获得(图 4.40(a))。在这些情况下,磁应力的缓慢积累可能需要特别稳定的日冕物理条件。因此这类 CME 主导了太阳活动低年时期的 CME 事件。另一种 CME 触发机制则需要考虑具有磁场多极结构的冕流。例如,如图 4.40(c)所示,如果局地日冕磁场是四极结构,则在中心磁环或磁拱上方会存在一个磁零点或中性线。在这种情况下,如果中心磁拱沿其轴线或中性线出现剪切,则磁拱会向外扩展并在上方的磁零点处驱动重联发生。重联会使冕流一侧的磁瓣被剥离,而中心剪切结构则会膨胀或"爆发"进入上层空间,形成 CME 抛射物。已表明这种 CME 爆发机制可解释多个真实事件的观测特征。即便是在日冕磁场与下层非势磁结构间存在一个弱的磁点或交界面,无论其磁场几何结构如何,该机制也足以驱使这些磁场爆发。然而,尽管在 CME 触发过程中磁场足点剪切和磁零点都是需要考虑的重要因素,但新磁通量的浮现通

---

　　① 　Yohkoh 意为阳光,为日本监测太阳的卫星,原名为 Solar-A。SXT 为搭载在 Yohkoh 上的软 X 射线望远镜(Soft X-ray Telescope)。

常也被认为是驱动日冕磁场扭曲或拉升的常见来源(图 4.40)。一般认为新出现的扭曲磁通量管存在于活动区上方(图 4.19),在这些浮现磁通量管的边界上很可能存在磁零点和电流。因此,许多真实 CME 事件可能不是由单一物理机制驱动,而是多个物理过程共同组合作用的结果。

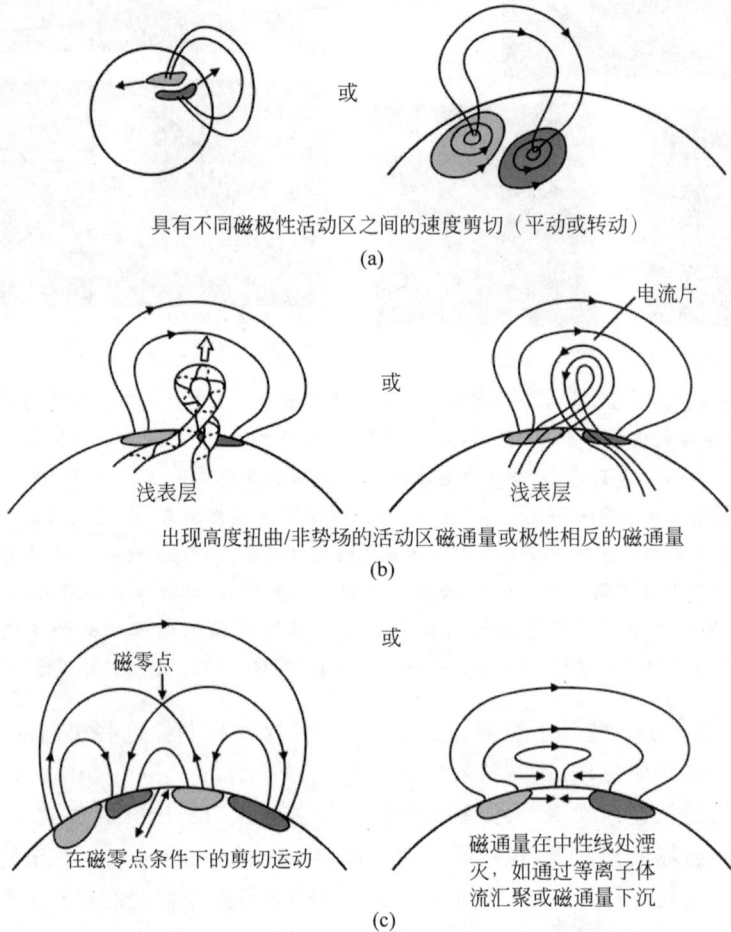

具有不同磁极性活动区之间的速度剪切(平动或转动)

(a)

出现高度扭曲/非势场的活动区磁通量或极性相反的磁通量

(b)

在磁零点条件下的剪切运动　　磁通量在中性线处湮灭,如通过等离子体流汇聚或磁通量下沉

(c)

图 4.40　人们提出的各种 CME 触发机制。实际上,在特定的时间和区域位置处,所有这些机制都是有可能的。然而,请注意,这些机制的物理图像主要是针对局地区域而建立的。在太阳活动极大年期间,当太阳表面同时出现多个活动区时,从磁场关联角度提出更为全球化的物理概念可能也是同样重要的

尽管人们对 CME 和耀斑这两种现象的认识有所增加,但 CME 和耀斑之间的关系仍然存在许多不同的观点。时序研究表明,耀斑可能发生在 CME 之前或之后,或者二者大致同时发生。还存在一个令人困惑的术语,即在 CME 喷发后的磁环和磁拱中会有 X 射线和 EUV 辐射增长,人们有时称其产生了"渐缓耀斑"(gradual flares)。这里的术语"耀斑"仅指活动区内来自色球层高度和低冕环高度的短暂光子通量增强事件。然而,在阅读一般文献读物时需要注意,不是每个人都会对 CME 和耀斑作区分。更大、更复杂的活动区则具备了同时产生耀斑和 CME 的必要条件。另一个值得关注的地方是 CME 和耀斑活动区存在远程关联,因此当 CME 抛出离开一段距离时,耀斑可能发生,反之亦然。

有时具有太阳半径尺度甚至直径尺度磁场混合连接的区域会同时出现这两种现象,表明对于这两种现象存在耦合触发活动。正如预期的那样,当日面上有大量活动区时,这种情况更有可能发生。一般来说,特别是在太阳活动高年,日冕可以被看作一个关于磁应力场的复杂网络结构,整个网络具有共同的拓扑连接,能响应任何地方的扰动。这导致CME 的出现率具有与太阳黑子周期相同的出现趋势(图 4.41(a))。但是,当前大多数CME 的事例研究都集中在单一活动区的孤立事件上,这并不奇怪,因为即便是事例研究,也是极具挑战的。

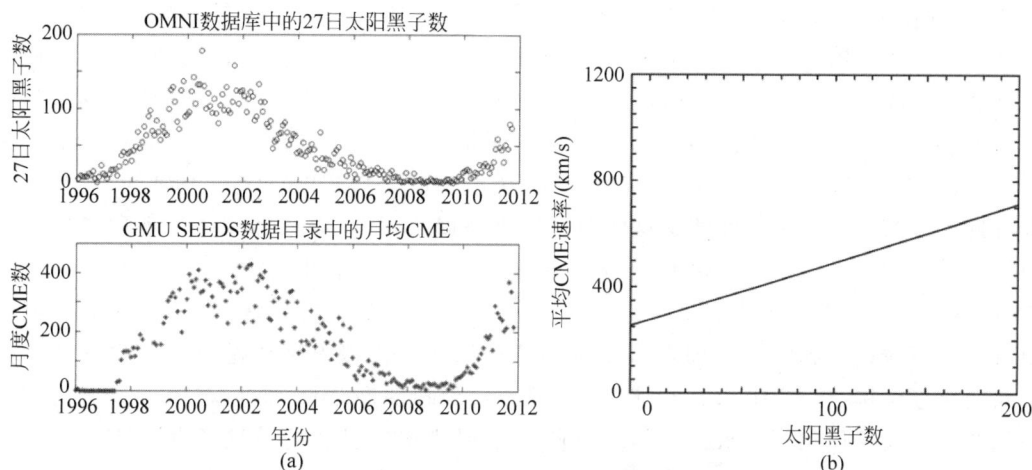

图 4.41　(a)来自 OMNI 数据库(OMNIWeb Plus,2015)的 27 天(太阳自转周期)太阳黑子数(上图)与基于 SOHO 宇宙飞船的 LASCO 日冕仪观测到的每月 CME 事件数(下图来自 George Mason 大学网站 SEEDS① 目录)。(b)CME 平均运动速度随太阳黑子数增加而增加的趋势图。当太阳黑子数较多时,速度更快的 CME 事件的发生数也会较多,这可能反映了 CME 活动的一种转变——从太阳活动低年以冕流喷发事件为主转为向太阳活动高年与活动区有关的 CME 事件为主。然而,这种转变趋势可能是由于一些非常快速 CME 事件引起的,而并不是整体 CME 速度随太阳黑子数增加而增加

从最基本的层面上讲,研究 CME 就像研究日冕中的其他问题一样,是研究其力平衡和力作用的问题,而不是研究 CME 的能量存储。原则上,任何能引起日冕结构与周围环境达到受力不平衡的因素都可能导致发生 CME,这也是日冕重新进行自我调整的一部分过程。人们也可以把 CME 过程看作日冕回到更接近势场、更低能量状态的一种方式。与 CME 触发相关的一个问题是什么决定了 CME 的大小、形状、速度和磁场几何结构。任何合理的理论或模型都必须能够解释 CME 的一系列现象和物理行为,而图 4.35 展示了其中的一些现象和物理行为。其他有物理意义的观测结果还包括:①绝大多数 CME 在开始时速度较慢,在太阳附近速度<300 km/s,随着不断向外运动,它们可能会加速。②CME 在太阳附近的平均视角宽度为 50°(注意晕状 CME 具有的 360°角宽是视角几何结构上得到的结果,并不是 CME 的真实宽度)。③CME 的速度与宽度呈正相关。④最大、最快且最具爆发性的CME 在离太阳很近的地方速度可以达到几千千米每秒。此外,CME 的平均速度往往会随

---

①　SEEDS 全称为 solar eruptive event detection system。

着太阳黑子数的增加而增加(图 4.41(b)显示了这种变化关系)。这可能反映出该变化趋势受一些速度非常快的 CME 事件的影响,而非整体 CME 速度随太阳黑子数的增加而增加。为什么一些 CME 能达到几千千米每秒这样特别高的速度,其原因仍然是一个重要的研究方向。

当前最好的 CME 模型不仅可实现全日冕 MHD 数值模拟,而且在局部还能通过网格优化研究所关注区域的细节特征。模拟得到的 CME 通常会通过几种方式中的某一种实现触发,这种触发方式可最大限度地减少对内部边界处理的难度需求,包括亚光球层(subphotosphere)、光球层、色球层和过渡区等。在一些模型中,光球层磁场分布图还包括一个真实背景磁场分布及一个选定的、可调控的活动区,如可通过局部的速度扰动,在内边界处向局部日冕磁场施加应力(电流)。还有些模型会向已建好的日冕 MHD 模型中插入一个事先确定好的结构。插入的结构从一开始插入就会与周围背景环境存在不平衡作用。这两种模拟都能产生不同尺度、形状、速度和演化形式的日冕瞬态事件,及其与周围背景环境的相互作用。即便是这些做过简化处理的模型,也依然能产生各种各样的类似 CME 的现象,因此,无论它们是否能再现某个特定的观测事件,这些模型对于认识CME 都能提供非常宝贵的信息。尤其是一旦 CME 抛射出去之后,CME 基本就很少能保留日冕仪图像里看到的那种理想羊角状的磁绳结构。模拟得到的抛射物内通常包含磁绳状的磁场结构,当 CME 释放出来后,磁绳会产生扭曲和弯曲,然后与周围环境的相互作用会进一幅反作用于 CME。因此,可能除了那些相对温和的冕流喷发 CME 事件外,对于仅凭一幅简单的 CME 图像就来解释所有的 CME 事件,人们应特别谨慎。至少看起来,那些冕流喷发 CME 事件与模拟中通过冕流拱因足点剪切而得到的 CME 是比较符合的。

CME 的数值模拟能有助于理解 CME-耀斑的关系吗? 虽然模拟还不(未)能包括相关的物理过程和足够的空间分辨率来重现耀斑辐射的细节特征,如耀斑带,但这些模拟都确实涉及了多种尺度上的磁重联过程。一个大家普遍关注的问题是,磁重联物理过程的模拟是通过参数化或数值给定的,因此每个模型的参数都不尽相同,参数也不一定是真实的。然而,在日冕物质抛射的起始和喷发过程中,有些模拟确实产生了一些观测特征——在 EUV 和软 X 射线波段得到的模拟辐射特征很像观测到的喷发前的“S”形结构特征(图 4.39(a))和喷发后的“渐缓耀斑”拱形结构。有些模拟在 CME 喷发升空的过程中甚至能产生类似 EUV 差分图像的等效图,其看起来很像真实 CME 喷发后出现的 EIT 波和“日冕变暗”现象(图 4.39(b))。这些模拟还能产生日冕仪观测到的对应白光图像,显示出类似 CME 的大尺度冕环喷发和日冕激波结构(激波强度取决于喷射物相对于周围环境的速度)。这些模拟包括真实磁场三维结构,并能通过得到接近真实观测的结果证明模型的合理性,其能力是毫无疑问的。尽管模拟有局限性,但要在随时间变化且高度结构化的日冕中将复杂的物理过程和现象结合起来,这些模拟又是非常必要的。

### 4.6.3　激波

在第 6 章介绍等离子体无碰撞激波中,我们可知 MHD 波由波形变陡成为激波间断结构取决于波源和相关的背景物理环境,其中波阵面(wave front)的传播速度需要超过磁声速。在日冕里,磁声速主要以 Alfvén 速为主,而最强的激波则主要发生在耀斑和/或 CME 中。人们提出激波存在几种来源,包括在局域化耀斑加热中形成的爆发性压力增强("爆炸波"),以及 CME 喷发物前端形成的弓形激波(CME 可看作驱动活塞)。有些人认为,当耀斑和 CME 喷发同时发生时,这两种激波可能同时存在,这样会形成一个双激波的物理图像。

在观测中并不总能找到日冕激波(coronal shocks)发生的证据(如 Moreton 波或 EIT 波,见前面讨论)。在激波压缩源附近及激波的传播路径上,真实日冕环境中 Alfvén 速和磁声速的变化范围很大。通过简单的日冕密度模型和磁场模型计算,图 4.42 显示了沿某条特定路径上磁声速随高度变化的分布图。这里我们按闭合场/活动区和开放场/冕洞条件的典型值做了模型估算。活动区的磁声速在 $1.5R_S$ 处存在一个局部最小值,这意味着沿着这条路径,波形变陡的磁声波会在日冕低高度处形成激波,激波强度随高度增加而减弱,并在较远距离处再次变化或增强。这或许能解释一些观测中推测出现的"双激波"图像,而不需要采用两个独立激发源(如耀斑加热和 CME)来解释。

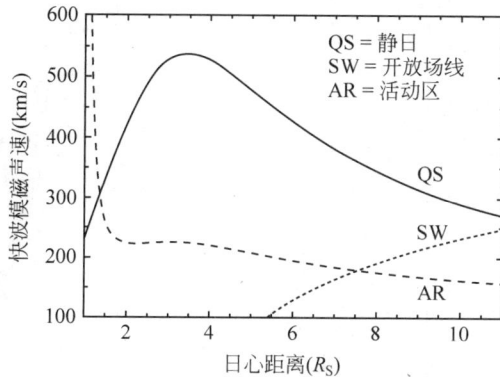

图 4.42　在日冕中磁声速(快波模)随高度的变化分布,该分布在闭合场/活动区和冕洞处会表现出不同的径向分布。在这种分布对比下,我们看到激波临界速度会出现一个径向最小值,这可能导致日冕激波向外逐渐消失,然后随着 CME 向外传播驱动而恢复。对于日冕激波加速太阳高能粒子而言,这种变化行为是需要考虑的一个重要因素(a)引自 Gopalswamy 和 Kaiser,2002;(b)改编自 CDAW SOHO LASCO CME 目录(S. Yashiro,NASA)

射电辐射是对日冕激波开展远程探测的一种重要手段。基本上只要探测到射电波,就能观测到太阳射电辐射(**solar radio emissions**)。感兴趣的读者可自行查阅关于太阳射电天文学方面的书籍,包括一些文本材料;而这里我们只讨论日冕诊断和太阳活动讨论中常涉及的射电辐射类型。图 4.43 所示太阳电磁辐射的低频端就是太阳射电频段,它的频率范围从红外辐射的末端(约 $10^{12}$ Hz)开始,包括毫米(约 100 GHz)、厘米(约 10 GHz)和米(约 100 MHz)波长(频率)的辐射。因此,为探测这个长度范围广袤的频段,人们需要使用各种类型的天线和探测设备,即便是简单的商业天线接收机,有时也能探测到受太阳活动强烈影响的射电信号。

由于热韧致辐射激发过程,宁静日冕能固定地辐射出毫米级和厘米级波长的射电辐射。这些辐射来自电子在热冕环中经历的小角度碰撞,这些热冕环会在太阳辐射谱图的另一端产生软 X 射线(图 4.43)。就像软 X 射线和 EUV 辐射一样,如果观测的空间分辨率足

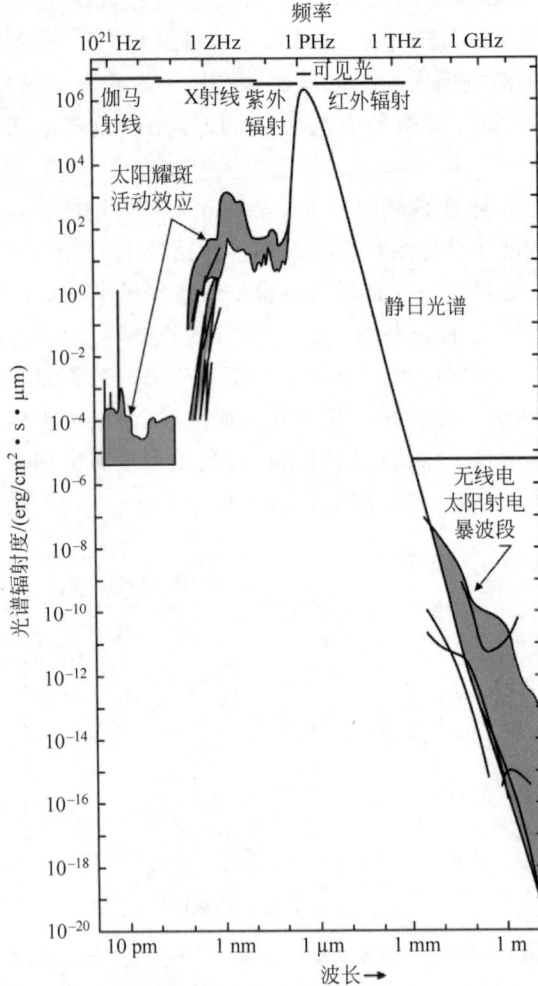

图 4.43　频率范围更广的整个太阳电磁发射光谱,谱图凸显两端极端频率处的变化性。在对比 X 射线/
　　　　EUV 和无线电波频段与可见光频段方面,谱图提供了一个很好的视角。一般认为射电爆发
　　　　(radio bursts)信号在太阳辐射中相对较弱(改编自 Golub 和 Pasachoff,1997)

够高,射电辐射也可以用于成像日冕。图 4.44 显示了通过毫米波长信号获得射电成像的一
些示例。原则上,就像模拟软 X 射线和 EUV 成像一样,人们可以利用日冕电子密度模型模
拟观测到的射电成像。这些射电成像图扩展了我们诊断日冕密度特性的能力。但是许多
太阳射电数据研究者却把注意力集中在与太阳活动有关的瞬态射电辐射活动上。

　　太阳射电暴(solar radio bursts)一般分为 I～V 型。图 4.45 中显示了射电频率与时间
的分布变化("动态频谱"或频谱图),从图中可以看出常见的射电辐射特征及其与 X 射线事
件的时序分布关系。I 型射电暴的频率为几百兆赫,其与孤立的耀斑或 CME 事件无关,通
常认为它是太阳活动期内由冕环中被捕获的高能电子激发产生的。我们对 II 型和 III 型事
件比较感兴趣,但由于它们的出现时序不同,将按倒序方式来讨论(图 4.45)。III 型事件的
频率为数十兆赫,它发生在耀斑 X 射线爆发的初始脉冲时刻,然后从高频快速扫向低频(低
频为局地等离子体频率及其谐波),这表明在射电源向外传播过程中日冕的密度不断减小。

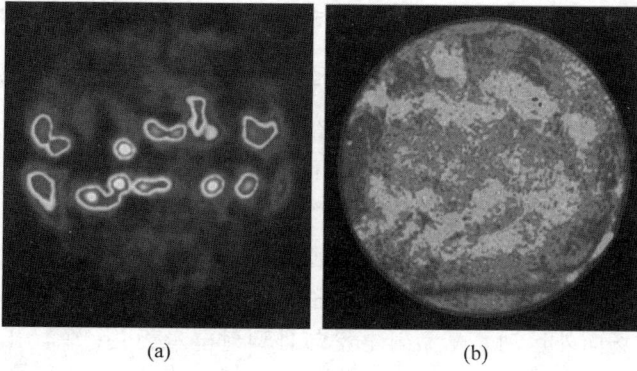

(a)　　　　　　　(b)

图 4.44　用高分辨率方法获得的两种不同波长或频率的太阳射电成像示例：(a)1.4 GHz；(b)4.6 GHz。与其他图像一样，频率决定了所能观测到的物理特征；在图(a)中观测到的主要为活动区。其他波段成像可能会显示出冕环结构的特征(VLA[①]图像(NRAO))

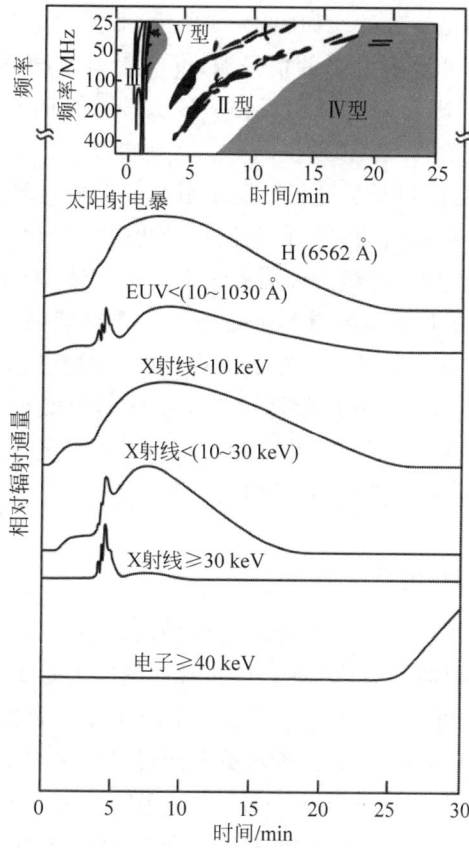

图 4.45　太阳射电活动或频谱时频变化的一般特征，及其与其他太阳活动现象和辐射的时序关系。文中就不同射电暴的特征频带和扫频现象对其物理源进行了讨论。Ⅲ型射电暴的快速扫频特征是耀斑加速电子出现逃逸的常用指标，Ⅱ型射电暴的扫频速度较慢一些，其通常与CME驱动起来的激波有关(不同谱线的时间变化引自 Lang，2010；射电暴动态频谱图引自 Palmer、Davies 和 Large，1962)

---

① VLA 为美国国家射电天文台(National Radio Astronomy Observatory，NRAO)的射电望远镜天文观测站(Very Large Array，VLA)。

Ⅲ型射电暴可归结为电子束(能量在几十千电子伏)产生的回旋同步辐射(类似于木星射电辐射过程)。它被认为是电子加速的证据,电子加速作用远远超过了重联区附近的电子热水平运动(见图 4.34),并且与耀斑爆发后在地球附近探测到的脉冲爆发式超热电子(suprathermal electron)事件有关(更多内容可见第 5 章)。产生Ⅲ型射电暴的一种可能辐射机制,就是跟电子束流相关的不稳定性会产生等离子体波(见第 13 章),而后续波模转化过程会将一些等离子体波转化为射电波。这使Ⅲ型射电暴成为远程诊断耀斑区电子加速的一种有用方法,而且Ⅲ型射电暴还表明,在耀斑区或其附近开放的日冕磁场中,耀斑加速的电子会沿开放磁场向外运动。Ⅴ型射电暴与Ⅲ型射电暴相关(图 4.45),但频率较低,一般不作单独讨论。

相比之下,在频谱中,当频率低于 100 MHz 时,Ⅱ型射电暴从高频到低频的色散特征会变化得相对缓慢些。有时人们认为Ⅱ型射电暴与 CME 喷发后出现的软 X 射线耀斑("渐缓耀斑",出现时间相对较长)是一致的。如图 4.45 所示,Ⅱ型射电暴通常发生在Ⅲ型射电暴爆发之后。这些特征表明,Ⅱ型射电暴的信号源(Ⅱ型射电暴同样可用来遥测日冕等离子体频率的剖面分布)的寿命比耀斑本身还要长。日冕激波锋面是Ⅱ型射电暴的可能激发源。因此,Ⅱ型射电暴常被看作 CME 发生的标志,"渐缓"软 X 射线耀斑的时序也进一步支持了这种解释。激波锋面处的电子加速很可能是引起Ⅱ型射电暴辐射的原因,与Ⅲ型射电暴类似,电子激发的等离子体波会通过同样的波模转化过程转化为射电波。Ⅱ型射电暴的漂移速率也与激发其等离子体波的激波锋面的运动速度一致,而激波锋面的运动速度接近或快于局地磁声速。Ⅳ型射电暴辐射看起来更像是一个连续辐射区间。一般认为Ⅳ型射电暴由耀斑加速电子产生,这些加速电子在活动爆发后仍然被捕获在耀斑区域处的日冕磁场中。值得注意的是,当有几个射电接收器可以从不同的角度观察太阳时(如在不同飞船处),这些在不同空间位置处探测到的射电信号可以在三角测量模式下用于追踪激波、耀斑产生的沿开放场的电子流等喷发结构的运动特征。

## 4.6.4 能量粒子加速

在阅读各种文献时,读者会发现,对于什么是"加热"和什么是"加速",有时很难区分。这两者都意味着粒子能量增加,"加热"通常是针对一般或大量离子而言的,而"加速"通常是针对小部分粒子而言。"加热"通常也意味着粒子的速度或能量具有麦克斯韦-玻耳兹曼分布(Maxwell-Boltzmann distribution),而该分布通过某种过程变宽了。另外,"加速"通常会在粒子分布上对整体速度(bulk velocity)或"非热尾"(non-thermal tails)分布产生变化,使粒子的分布可能具有与粒子主体部分完全不同的能谱分布,如幂律分布(power law distribution)。热分布的粒子也经常被视为各向同性的,或可能分别具有平行和垂直于背景磁场的温度。而非热尾分布的粒子则可能是处于高度各向异性的或回旋异性的,或两者兼而有之。然而,前面讨论的许多日冕"加热"机制,其在物理描述方面与加速机制非常相似。这些机制大体分为两种基本类型:随机过程(stochastic processes,能量增益或损失是以统计形式发生的)和电场加速。前者会涉及共振和/或非共振波粒相互作用(见第 13 章),磁镜像结构引起的反射,以及粒子与激波的相互作用(见第 7 章)。后者可能与局部电双层结构(见第 11 章)或其他特殊磁拓扑结构所处位置有关,如磁 X 点、磁零点或磁岛,这其中需要考虑离子和电子的不同回旋尺度效应(见第 9 章)。这些物理过程最终到底是改变粒子分布使粒子看起来获整体"加热",还是仅对少部分粒子加速,取决于周围的背景环境条件。

正如我们所见,日冕物理环境很复杂,所以在许多情况下我们可以幸运地从测试粒子的角度研究能量粒子的加速,而不是从等离子体集体效应的角度研究。回想一下,在第 3 章中,我们讨论了与库仑力有关的等离子体集体行为,库仑力将离子和电子的运动耦合起来以保持等离子体的整体电中性。与此不同,我们在这里关注的是小部分的超热粒子和高能粒子,这使我们可以将其看作在日冕提供的背景场中做独立移动。在第 3 章中,单个带电粒子的运动方程是相对简单的,在重力可以忽略的情况下,主要涉及洛仑兹力 $E+v\times B$ 项的作用。当电场和磁场在空间上分布较为复杂且又与时间相关时,求解粒子运动方程是比较复杂的,甚至在此之前,描述场的分布也是个复杂环节。此外,有时还需要对粒子运动方程作相对论效应修正。尽管存在这些挑战,针对各种日冕等离子体和磁场分布情况,人们已经对电子和离子的运动方程,进行了求解,从而更好地了解少数粒子是如何获得如此高的能量的。

作为耀斑发生的标志,EUV 和 X 射线辐射增亮,可用于远程诊断耀斑区的粒子加速度。特别是,如上所述,与地球极光区非常类似,能量电子很可能是激发 Hα 耀斑带、Ⅲ 型射电暴和耀斑环中 X 射线辐射的原因。图 4.34 显示了耀斑区的主流物理图像。人们通过假设几种不同的物理过程,对耀斑区的电子加速进行了模拟。通常认为激波(如 Moreton 波或爆炸波)并不能有效加速电子,所以需要考虑其他加速过程。最近的一个新观点考虑了重联电流片(存在多个磁岛和磁零点)中的电子动力学过程。在重联电流片的等离子体和磁场环境下对电子运动做数值模拟,模拟结果表明,当电子在磁岛中做游走(wander)运动时,会获得净能量增益(见第 9 章),而电子在行进(travel)运动时获得的能量增益和损失则很小。

离子看起来在耀斑区也会被加速。如第 5 章中所见(第 5 章将详细讨论太阳高能粒子事件),来自耀斑区的电子通常会伴随离子的脉冲式爆发,离子中的 $^3\text{He}/^4\text{He}$ 成分比例要比日冕中的高。描述离子在耀斑区获得加能的理论包括类似极光区中的离子加热过程。在这些理论中,向下运动的加速电子在太阳大气中沉积能量并产生了相关的低频电场,然后通过共振作用在垂直于磁场的方向上加速了背景离子(见第 11 章)。然后,加热的离子会被附近日冕开放磁场的镜像力驱动而向外运动。在这种情况下,$^3\text{He}$ 离子容易被加速,因为波电场在 $^3\text{He}$ 回旋频率处具有较高的频谱功率。虽然关于这个问题还有一些其他观点,但由于波粒共振加热假说为离子质量选择加速提供了一种相对容易理解的机制,所以这种机制一直被采用。

在极端情况下,在某些特别强烈活动事件的电磁光谱中能检测到伽马射线(gamma ray lines),我们可据此对耀斑区离子加速开展另一种远程诊断。伽马射线一般是由耀斑处的原子核受碰撞激发而产生的光子辐射。由于原子核能态的激发非常困难,这些伽马射线事件也相对罕见。而这些事件也可能产生能量非常高的太阳高能粒子(离子)(solar energetic particles,SEP)事件,这些事件也被称为地面增强事件(Ground Level Events,GLE)。GLE 的质子能谱非常"硬"(高能段的通量非常大),以至于在地球表面的中纬区都能检测到它们产生的次级粒子对地球大气的影响。这个研究领域存在的一个比较大的争议问题是,GLE 粒子到底是在耀斑区被耀斑极端离子加热过程加速起来的,还是发生大耀斑或伴随 CME 的耀斑时在低日冕处形成的激波处被加速起来的。在第 5 章中,我们讨论太阳高能粒子事件时会再次谈到 GLE 事件。

几十年来,特别是在 20 世纪 70 年代后期的 ISEE[①] 探测任务之后,部分太阳风等离子体粒子在无碰撞激波处的能量加速问题就一直是空间物理学的重要研究方向。ISEE 深入探测了地球弓激波(bow shock)和前兆激波(foreshock)(见第 1 章和第 6 章),可通过对离子和电子的分布函数及电场和磁场的精细探测,揭示激波产生超热粒子的一些重要物理过程。这些超热粒子可视为激波形成的副产品,因为产生这些超热粒子需要波的存在(统计加速)或需要激波存在等离子体参数和磁场的斜面梯度(ramp gradients)(电场加速或激波漂移加速)。在我们研究一些与激波相关的粒子加速机制之前,需要提醒读者——不同的作者对这些过程的描述可能会有差异。对于这些差异,其中一部分与采用的不同参考系有关,另一些则可能与历史观点有关。这里我们仅对最基本的物理概念作描述,并为感兴趣的读者在本章结尾提供一些额外的参考文献。

图 4.46 中的示意图展示了两种激波加速机制的具体形式,这两种机制可解释大多数的观测结果。示意图显示了激波静止参考系下的横截面。激波漂移加速机制(**shock drift mechanism**)涉及粒子与激波本身的相互作用,其在纯垂直激波下表现得尤为明显(有关激波类型及激波特性的讨论,请参见第 6 章)。请注意,激波并不像一堵墙,真实情况下要考虑粒子在等离子体和激波斜面(shock ramp)梯度场中的运动。然而在这里,我们可假设上游条件位于激波的一侧(左边)而下游条件位于另一侧(右边)。当某个特定粒子在背景磁场中做回旋运动时,回旋粒子的速度会关于等离子体整体入流速度 $V_{up}$ 出现振荡,直到粒子在向右运动路径上的某个特定回旋相位处碰到激波锋面。而在另一侧的下游中电场($E = -v \times B$)和磁场则与上游的不同,它们能有效对进入激波下游的粒子运动(速度不为零,回旋半径较小)进行初始化。容易看到,粒子会沿着激波平面出现漂移运动,而在漂移方向上又存在电场。所以,只要粒子运动轨迹穿越激波锋面,它就能获得能量,所获能量增益可超过其在上下游两侧的回旋运动能量。显然,激波漂移加速的有效性取决于激波锋面的几何形状及粒子相对于激波斜面的回旋半径大小。因此,对于尺度较窄的垂直激波(见第 6 章)和回旋半径较大的粒子而言,激波漂移加速是最有效的。

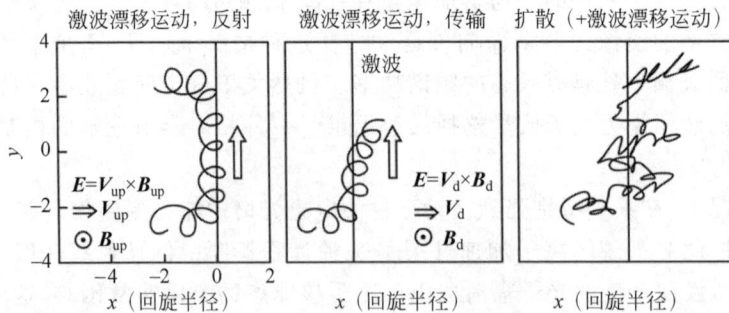

图 4.46 激波粒子加速示意图。其中包括具有统计性的扩散加速、费米加速,以及激波漂移加速机制(引自 Decker,1988)

---

① ISEE 全称为 International Sun-Earth Explorer,整个任务计划包括 3 颗卫星。ISEE 1 和 ISEE 2 于 1977 年 10 月 22 日发射,主要探测地球空间环境。而 ISEE 3 于 1978 年 8 月 12 日发射,轨道在 L1 点附近,主要监测太阳风环境变化。

所谓激波扩散加速（**diffusive shock acceleration**），实际是 Fermi（费米）加速的一种形式，它涉及多次粒子反射及多次粒子能量的小变化，因此也被认为是一种统计加速过程。其基本物理图像与入门物理教材中的反射聚光镜是一样的。就好比一个球与移动的墙发生弹性碰撞，如果其反射方向是沿墙运动的方向，那么球的运动速度会增加。如果墙可以双向移动，那么在统计上则有更大的概率与运动的球发生碰撞，并将牺牲墙的运动能量为代价获得球能量的增益。激波扩散加速中的"反射镜"包括激波本身及其内部或周围的电磁场扰动结构。例如，前兆激波处的电磁扰动就是反射粒子的散射体，这些散射体会朝其源区——激波锋面处收敛汇聚。单次散射可能不会使粒子的相对运动方向反向，但多次小散射的效果加起来就能反转粒子的运动方向。因此，粒子从激波锋面附近获得的碰撞能量决定了其在激波锋面参考系下的平均运动方向。一些粒子会回到激波并停留在前兆激波中经历多次反射而获得能量增益。该加速机制在准平行激波条件下表现得特别明显，其中在准平行激波的前兆激波和激波下游处普遍存在波动和电磁扰动，且波动或扰动的振幅很大。该加速过程还取决于粒子的种类，因为激波和/或电磁扰动对粒子运动轨迹的影响取决于粒子的回旋半径与这些散射/反射结构的相对尺度。离子回旋尺度下的运动通常更容易受到这种机制的影响。

似乎当前关于日冕粒子加速的观点倾向于认为电子加速在耀斑重联点处发生，而离子加速则由激波驱动，或在特殊条件下由波粒相互作用驱动。对太阳粒子加速的进一步讨论包括能谱、投掷角分布及离子成分等信息，还需要进一步考虑粒子输运和 1 AU 处的就位测量等方面的研究，这些内容我们会在第 5 章作进一步介绍。

## 4.7　小结

简单来说，在关于太阳及其大气的这一章内容中，我们从太阳内部结构图像介绍开始，然后迅速转入对太阳大气的讨论，太阳大气是太阳物理学和空间物理学之间最直接的衔接区域。我们认识到，太阳磁场是由太阳内部具有电导性的、对流性的等离子体发电机作用产生的，而产生的磁场可在太阳表面和太阳大气层中观察到其周期变化行为。太阳大气在色球层和过渡区内经历了一个快速的过渡转变，从光球层中最初的冷却、大气高度中性且碰撞占主导的状态（在光球层中，发电机产生的磁场会受其动力学活动的影响）转变为完全电离、无碰撞和受磁场控制的状态。对于日冕——太阳大气最外层电离部分区域，由日冕仪中电子对可见光的 Thompson 散射效应可知，其主要成分为氢，除太阳辐射外，日冕中的有效磁场"骨架"结构很大程度上决定了那些能影响地球的动力学活动。关于日冕磁场中的热等离子体是如何被加热的，及其如何关联 EUV 和 X 射线波段的成像特征，我们回顾了一些最新的观点。这些成像图片中的冕洞是日冕等离子体出流的区域，是等离子体压强梯度力超过磁场束缚力驱动形成的，冕洞是第 5 章的中心研究主题。我们将视角从一个相对稳定、宁静的日冕图像转移到一个有瞬态、动态事件发生的图像，讨论太阳表面磁场中发生了什么活动才导致了太阳活动的暴发状态。我们关注了耀斑和日冕物质抛射（CME）这两种日冕暴发能量最高的瞬态活动事件，它们可被认为是与太阳周期活动有关的物理演化行为。我们考虑了这些活动带来的其他效应，包括射电暴辐射和激波与高能粒子的产生。我们最终实现了对太阳大气（乃至高度更高的太阳风）现象与物理过程认识的自然有序过渡。

然而,显然在本章整章内容中,我们对整个物理图像的认识仍然存在着显著不足。从太阳发电机到日冕加热,再到快速日冕物质抛射的机理,未来还有很多需要开展的重要研究工作。如果读者觉得本章的主题内容比较有趣,我们也鼓励读者根据印刷读物和数字媒体上现有的诸多资源,包括下面列出的一些资源,开展进一步的拓展阅读。

## 其他网络资源

以下网站可以提供丰富的太阳存档数据信息。

solarscience. msfc. nasa. gov/images/internal _ rotation _ mjt. jpg. 图片由 M. J. Thompso 提供。

mlso. hao. ucar. edu/hao-eclipses. php. 高山天文台的日食数据。

ase. tufts. edu/cosmos/. 图片由 K. R. Lang 拍摄。

cdaw. gsfc. nasa. gov/CME_list/. 图片由 S. Yashiro 收集。

soi. stanford. edu(可访问 SOHO MDI 存档数据)。SOHO MDI 图像存档数据。

## 拓展阅读

Ashwanden, M. (2006). *Physics of the Solar Corona*. Springer. 截至本书写作时,这本书是对相关领域研究给出最全面广泛评述的著作,它为感兴趣的学生和科研人员提供了许多详细信息。

Golub, L. and J. Pasachoff (2010). *The Solar Corona*. Cambridge:Cambridge University Press. 有对日冕的最新介绍,包括用专门太阳观测卫星和地基探测设备开展的最新研究进展。而对于一些主题内容的探究,仅有简单触及。

Priest, E (2014). *Solar Magnetohydrodynamics of the Sun*. Cambridge:Cambridge University Press. 可为太阳研究提供基本的物理理论和数学知识。

Schrijver, C. and G. Siscoe (2010). *Heliophysics, Vol. 1*. Cambridge:Cambridge University Press. 基于在科罗拉多州博尔德举办暑期学校的讲座大纲,由该领域内相关专家历时数年撰写完成。对于相关领域研究现状该书也能提供有益的观点。

## 习题

**4.1** 太阳半径约为 $6.960\times10^5$ km,太阳质量为 $1.989\times10^{30}$ kg,太阳辐射功率为 $3.9\times10^{26}$ J/s,赤道自转周期为 25.35 天。计算太阳表面重力加速度及太阳表面的逃逸速度。(注意,质量为 $m$ 的中性粒子以逃逸速度沿径向离开太阳表面,粒子的动能将在无限远处最终为零。)如果所有辐射的能量都来自核聚变,那么太阳每秒会有多少质量被燃烧(转化为能量)? 在 1 AU($149.6\times10^6$ km)处,来自太阳的能通量是多少? 从地球上看,太阳的自转周期是多少?

**4.2** 研究表明,太阳高能粒子(solar energetic particles,SEP)能被日冕闭合磁环暂时捕获,在磁环中粒子可激发各种辐射,并能慢慢泄漏,从而使粒子进入行星际空间的时间出现不同。

(1) 假设日冕具有偶极性磁场,且在赤道面上的场强为 10 G($10^{-3}$ T)。计算能量为 100 keV、10 MeV 的质子在赤道面 1.1 个、1.5 个和 2.0 个太阳半径处的回旋半径。根据计算结果,比较 100 keV 的质子回旋半径与 100 keV 的电子和 100 keV 的阿尔法粒子($He^{++}$)的回旋半径。这些粒子能否因磁场梯度-曲率漂移而围绕太阳做漂移运动(见第 10 章)? (提示:在每一赤道距离处,相对于粒子引导中心,比较粒子回旋运动向内或向外的偏移距离。)

(2) 日冕磁场富含多种来源的扰动,这些扰动可以通过波-粒相互作用散射和加速 SEP。回旋共振通常在这两种过程中都起着重要作用。在 2 个太阳半径处,扰动(或波)频率需要多高才会与(1)部分中的粒子产生共振? 粒子碰撞会影响回旋共振的相互作用(以及带电粒子的捕获和漂移运动)。假如本章日冕中的粒子碰撞频率可作为高度的函数,那么对于给定距太阳表面的高度,回旋共振过程对质子是否有效? (提示:请参见图 4.6 和图 4.7。)

**4.3** 证明方程 $\frac{\partial B}{\partial t} = \eta \frac{\partial^2 B}{\partial x^2}$ 在 $x = t^n$ 且仅当 $n = -\frac{1}{2}$ 时存在 $B(x)$ 的解。当 $n = -\frac{1}{2}$ 时,且 $x \to -\infty$ 时有 $B \to B_0$,$x \to \infty$ 时有 $B \to B_1$,求方程的解 $B(x)$。

**4.4** 日珥的经典模型中假设存在均匀温度 $T$ 和均匀水平磁场 $B_x$,而垂直磁场 $B_z(x)$ 和压力 $p(x)$ 随水平位置 $x$ 变化。那么水平方向和垂直方向的力平衡关系可分别用 $p + \frac{B^2}{2\mu_0} =$ 常数和 $\rho g = \frac{dB_z}{dx}\frac{B_x}{\mu_0}$ 表示。证明当 $\rho = p/RT$,有 $B_z = B_0 \tanh\left(\frac{x}{l}\right)$ 和 $p = \left(\frac{B_0^2}{2\mu_0}\right)\text{sech}^2(x/l)$。日珥的宽度 $l$ 为多少? 当温度给定为关于 $x$ 的函数时,请给出日珥中磁场和压力的解。

# 第5章

## 太阳风及日球层

## 5.1 引言

在第 4 章中我们认识到太阳风出流是日冕物理状态产生的自然结果。简单来说,日冕是以氢为主要成分的炽热的太阳大气层,其底部处于被加热状态,而外部则是较为空旷的行星际空间。尽管太阳有较强的引力作用,但热压梯度力与光子通量(具有电离作用)共同产生了向外扩展的高度电离的日冕,而日冕热速度分布中部分粒子的速度超过了太阳的逃逸速度(618 km/s)。然而,在近乎完全电离的日冕与太阳磁场的共同作用下,太阳大气及其逃逸成分并非呈球对称分布。日冕的磁场非常强,足以把高温气体束缚在那些根植于光球层上的磁环(magnetic loops)和磁拱(arcades)中,但是这并非一个全球性的特征。达几个太阳半径高度的日冕磁环在等离子体压强梯度力的驱动下会向外膨胀并最终将磁场"吹"成开放场。除日冕加热之外的其他物理过程会驱使日冕开放磁场中等离子体的整体运动速度(bulk velocities)变得更高(比单纯由温度梯度力驱动的速度还要高)。在日冕仪的观测中,这种全球非均匀等离子体逃逸引起的日冕密度下降表现为闭合磁场足根处日冕亮线(bright coronal rays)之间的暗道(dark channels),及软 X 射线和 EUV 辐射图像中各亮环包围的冕洞(图 4.27)。然而,冕洞等离子体出流仅是太阳大气向外延伸部分的组成。随着光球层磁场在太阳活动周中的演化,闭合磁场和冕洞在日冕中的分布模式也处于不断的演化中。正如我们将看到的,这些演化及其带来的物理影响构成了现代"太阳风"图像的重要组成部分。

日球层物理(heliophysics)的很大一部分内容集中于研究太阳风。近地空间中的许多现象,诸如极光、地磁暴和辐射带中的物理条件,以及我们局地观测到的"空间天气"等,都与太阳风与地球内禀磁场及其大气的相互作用有关(见第 1 章)。类似地,本书其他部分(第 7 章和第 8 章)中描述的太阳风与行星磁层、电离层、卫星、彗星及小行星的相互作用(代表了其他的太阳风与星体的天然实验)则可以在太阳系这个更广大的背景下帮助我们以其他视角理解我们的行星(地球)。这个领域方向的研究有时被称为"与星共生"(living with a star)。人们认为,大多数恒星在演化过程中都存在类似太阳风的恒星风(stellar wind),有些甚至比太阳风条件更极端。事实上,比起一些年轻恒星,太阳风只是一种相当弱的恒星风,这使那些类似太阳风的弱恒星风很难被遥测。然而,随着对系外行星的不断研究,恒星风日益得到人们的关注,部分原因在于它们可能影响了人们对这些系外星系的遥测。此外,这些研究也能帮助我们理解太阳的演化是如何影响太阳系的。

本章将介绍太阳风的基本观测结果和相关概念,包括一些对日冕部分作了简化的模型。我们当前对太阳风这些方面的理解是建立在过去几十年间的理论研究和空基、地基观测之上的,其中包括对太阳的成像和就位(in situ)[①]观测。我们将介绍太阳风分别随太阳活动和日心距离变化的时空变化特性。日球层里太阳风等离子体和磁场的许多具体物理信息是通过近地飞船的就位观测获得的,另外一些是通过发往其他行星的深空计划在巡航期间获得的。尤其需要特别关注的是,20 世纪 70 年代的 Helios 双子飞船在约 0.3 AU 的地方对太阳风进行了观测,Ulysses 飞船在近太阳极区轨道获得了高纬太阳风的观测,STEREO 飞船在 1 AU 处对太阳风获得了全局观测,而在日球层中离太阳最远的观测来自于 Voyager 飞船的探测(表 1.3 和表 1.4 中也列出了其他相关飞船计划)。

作为太阳风连续时变的一部分,将太阳风随太阳活动周的变化最终看作是与太阳发电机(solar dynamo)紧密相连的观点是很有益的。我们认识到,起源于日冕的太阳风通常是不稳定的,且在空间中的分布是非均匀的,其分布规律从某些方面看有时是可预测的。认识到这一点是非常重要的,因为我们在这些太阳系天体黄道面上对太阳风的观测并不总能代表太阳风的全球分布。虽然我们这里不打算讨论太阳风的长期演化历史,但在本章的最后我们会在更大空间尺度的日球层中简要讨论太阳风在星际空间中的传播演化。事实上,我们可以用太阳风定义太阳系的外边界。在日球层顶(heliopause)之外是星际风(interstellar wind),日球层顶的位置很大程度上是由内部太阳风动压和外部局地星际介质压强之间的平衡关系决定的。然而,部分物质成分,包括星际中性气体流及太阳周围的尘埃(dust)等,是可穿透日球层的。木星轨道之外这些可穿透的物质对太阳风的影响显著,但是 1 AU 附近的一些观测也显示出了这些物质的影响。作为全局图像的一部分,我们在本章中也考虑了日球层粒子能谱的高能尾端粒子——太阳高能粒子和宇宙线(cosmic rays)的主要特征。与第 4 章一样,本章将在观点和看法方面针对一些仍未解决的科学问题为读者提供一个广泛的知识背景。

## 5.2　太阳风: 不断膨胀的太阳最外层大气

本书的引言部分简要回顾了人们对近地空间环境认识的历史发展。早期人们对理解极光和地磁暴的发生随太阳活动周而出现变化的物理原因是受到了太阳光谱观测的影响和启发,这些观测表明,日冕温度高到可以使电离气体逃逸到空间中。最初的争论聚焦于太阳大气的逃逸本质上是稳态的还是间歇偶发的。然而观测显示,彗尾总是近乎沿径向方向,而仅考虑光压是不足以解释这一点的,这强有力地支持了太阳存在稳定粒子外流的观点。E. N. Parker 首先认识到流体状压力驱动太阳风(**solar wind**)的物理条件应该是存在的,在这种条件下,等离子体热压梯度力能够克服太阳引力从而驱动强有力的超声速出流——在开放日冕磁场线上出现磁流体动力学逃逸(见第 4 章)。相比之下,J. W. Chamberlain 则认为,电离的日冕气体会像外逸层中的粒子一样出现逃逸(在行星最上层大气的逃逸层中碰撞效应变得非常弱,见第 2 章)。在这种情况下,由离子和电子质量差引起的极化电场在驱动太阳风离子出流方面起到了关键作用(见第 11 章)。然而流体理论对太阳风的预测很好地符合了近地空间中对太阳风的最初观测,尤其是太阳风非常高的等离子体整体速度及行星际磁场的物理行为,所以后面数十年的研究均主要采用了 MHD 流体理

---

[①]　In situ,在不少中文资料里翻译为"就位"或"原位"。

论描述太阳风。尽管如此,我们将在后面看到,正如在许多空间等离子体物理研究中一样,粒子动力学仍不能被完全舍弃。

前面的章节中我们介绍了太阳偶极磁场控制日冕的简化 MHD 理论。在该理论中,日冕加热过程的细节被忽略了,并且简单地假设日冕被均匀加热至约 1 MK(温度与日冕谱线观测的一致)。由此得到的日冕结构包括日冕盔状冕流(coronal helmet streamer)结构,该结构可以将中、低纬日冕等离子体限制在几个太阳半径之内的赤道拱(equatorial arcade)或闭合磁场环带(belt of closed field loops)中,也包括得到的沿高纬开放磁场线进入空间中的等离子体出流。根据 Parker 简化的等温太阳风模型,在更大的径向距离上,日冕磁场的通道效应作用会让位于流体的作用力。

在每次介绍太阳风物理时,几乎都要提及太阳风的球对称等温(温度为常数)大气单流体方程,因为它包含了太阳风问题的最核心要素:在内边界上存在径向出流"面源"(source surface)的球型几何位型、太阳的引力场等。尽管我们知道真实日冕源区产生的是具有复杂粒子分布函数的稀薄电离气体,而并非出于碰撞作用下的、具有各向同性麦克斯韦分布的气体(多数流体力学都会近似作如此假设),尽管我们也知道冕洞作为太阳风的源具有高度结构化的位型(我们后面会讨论这个问题),并且太阳风的出流方向并不一定是完全径向的,但这个简单的球对称等温单流体模型对认识太阳风的物理过程仍然提供了重要的见解。需要指出的是,在这个模型中磁场的作用已经暗含在径向出流的假设中。所以模型方程组基本上是流体力学或气体动力学方程。关于气体动力学(流体)出流速度的这组系列解在径向距离 $R_c$ 处存在一个临界点——速度从亚声速变为超声速。基本方程组为

连续性方程/质量守恒方程:$\nabla \cdot \rho \boldsymbol{u} = 0$ \hfill (5.1)

动量方程:$\rho \boldsymbol{u} \cdot \nabla \boldsymbol{u} = -\nabla p + \boldsymbol{j} \times \boldsymbol{B} + \rho \boldsymbol{F}_g$ \hfill (5.2)

径向流假设:$\boldsymbol{u} = u(r)\hat{\boldsymbol{e}}_r$ \hfill (5.3)

重力场:$\boldsymbol{F}_g = -\dfrac{GM_S}{r^2}\hat{\boldsymbol{e}}_r$ \hfill (5.4)

热压力梯度:$\nabla p = \dfrac{\mathrm{d}p}{\mathrm{d}r}\hat{\boldsymbol{e}}_r$ \hfill (5.5)

通常,$\boldsymbol{j} \times \boldsymbol{B}$ 项可忽略,这样可得到修正后的动量方程为

$$-\frac{\mathrm{d}p}{\mathrm{d}r} - \rho\,\frac{GM_S}{r^2} = 0 \tag{5.6}$$

其中一个解是大气处于静态压力平衡下的解,为

$$p(r) = p_0 \exp\left[\frac{GM_S m}{2kT}\left(\frac{1}{r} - \frac{1}{R_S}\right)\right] \tag{5.7}$$

其中,$R_S$ 为太阳半径。假设 $\rho u r^2$ 为常数且 $p = nkT$,那么在无穷远处出太阳风流速度存在不为零的另一个解为

$$\left(u^2 - \frac{2kT}{m}\right)\frac{1}{u}\frac{\mathrm{d}u}{\mathrm{d}r} = \frac{4kT}{mr} - \frac{GM_S}{r^2} \tag{5.8}$$

当

$$u = (2kT/m)^{1/2} \text{(声速)} \tag{5.9}$$

时,式(5.8)这个解存在一个"临界"点,为 $r = R_c = \dfrac{GM_S m}{4kT}$。

经过"临界"点,关于速度 $u$ 的解可以平滑地从亚声速转变为超声速,这样可在满足日冕和外边界条件下一致描述太阳风的物理过程(图 5.1)。

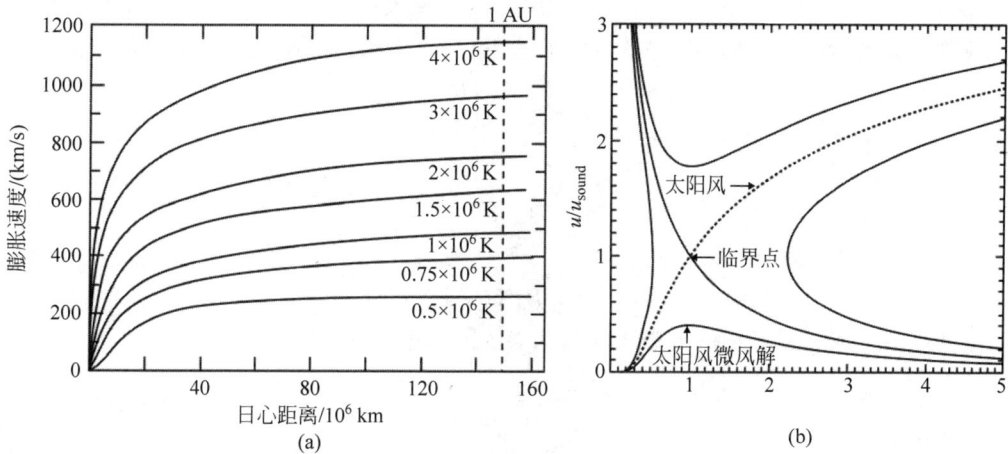

图 5.1　Parker 流体方程描述太阳风膨胀的一组解。(a)展示了太阳风在 1 AU 处的渐进速度与温度的
　　　　关系。(b)展示了在某个特定温度下,在靠近太阳的区域内一组较为完整的太阳风速度解,其
　　　　中太阳风解在穿过"临界点"会继续向外加速达到超声速

这个问题有时可类比流体力学中的 de Laval 喷管,其中气体或流体在经过收窄的通道截面后也会有类似的速度转变(感兴趣的读者可以进一步研究这种类比)。不过,在这种磁场和流都满足严格径向的太阳风解中,临界点位置是由日冕温度(温度与密度控制了径向热压梯度)和太阳引力决定的(式(5.4))。图 5.1 显示了在给定温度和密度条件下得到的方程组解。根据 Parker 的预测,太阳风等离子体流经地球时对应方程组的超声速解,这一预测在人类首次开展就位等离子体探测时就得到了证实,并开启了关于太阳风的现代科学研究。在 50 余年后的今天,在已经有了大量观测之后,关于太阳风的研究还在继续,其中一方面专注研究为什么太阳大气最外层延展按观测到的这种行为方式发生,另一方面则是关于为什么实际太阳风在多个方面都与理论上或理想化的太阳风存在偏差。

上述这种简单流体的太阳风图像在描述行星际磁场(**interplanetary magnetic field**, IMF)结构位型方面也非常成功。在第 4 章讨论日冕偶极模型时,我们忽略了太阳的自转效应,因为日冕的低 $\beta$ 值特性会驱使太阳大气随太阳近乎做共转运动。在这种情况下,旋转与否只简单地取决于参考系。从日冕到太阳风的转变是 MHD 理论描述的一种范例,太阳大气的物理条件在径向距离上出现了变化——等离子体行为由磁场主导变为等离子体流主导(图 4.6)。实际的临界点包括了磁声速和 Alfvén 速度的转变。在几十个太阳半径之内(在 Alfvén 临界点之内(临界点处日冕等离子体与磁压达到平衡)),太阳日冕等离子体与磁场基本上以 27 天为周期随着太阳共转。然而,在临界点之外,等离子体流基本上是携带着开放日冕磁场径向向外运动的(正如第 3 章中描述的等离子体"冻结"磁场)。Parker 用"花园里的洒水器"来类比这种情形。太阳风正如具有数个喷头的喷水器在旋转过程中发射的水流,水流的源是旋转的,但喷射的水流是径向向外的。最终的结果是每个水流源都产生了螺旋形的出流。通过追踪从某个特定内边界源区向外发射流体元的时间演化,发现太阳风流体元也遵循类似的形态路径。因此,行星际磁场的基本位型是 Archimedean 螺旋线,也被称为 Parker 螺旋线。基于图 5.2 给出的动力学图像,我们以下可给出行星际磁场在球坐标系中的数学描述。这里,下标 0 表示场模型的内边界(比如说太阳风的源表面),而 $\omega$ 和 $V$ 则分别表示太阳自转速率(假设内边界保持这样的速率)和太阳风径向速度。由磁通量守恒得到:

$$B_R = \pm B_0 \left(\frac{R_0}{R}\right)^2 \tag{5.10}$$

和

$$B_\theta = 0 \tag{5.11}$$

此外,由太阳的自转效应可以得到:

$$B_\varphi = -\beta B_R (R/R_0)\sin\theta \tag{5.12}$$

其中 $\beta = R_0\omega$。那么磁场线的形态可推得为 Archimedean 螺旋线:

$$r - R = -\frac{u}{(\omega\sin\theta)}(\varphi - \varphi_0) \tag{5.13}$$

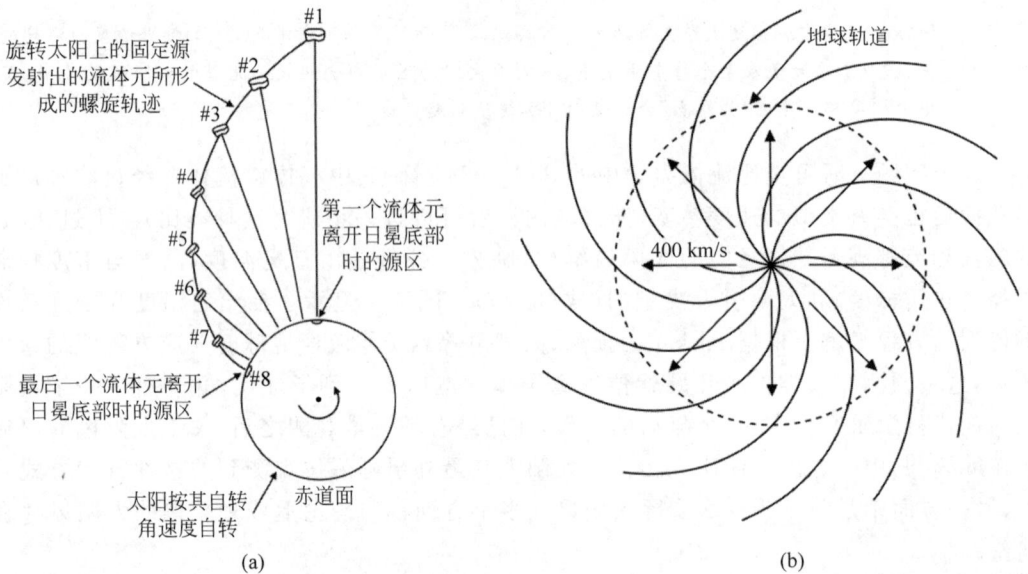

图 5.2 Parker 模型中由于太阳自转造成的行星际磁场的螺旋几何形状。(a)当太阳向下旋转时,太阳风的单个流体元(single parcel)运动会携带太阳的"开放磁场线"(这种情况中是径向的)向下旋转。(b)特定太阳风流速下赤道面上的 Parker 螺旋场。螺旋程度取决于太阳风流速(太阳风是径向的)。追踪从太阳上同一地点发出的连续流体元的轨迹,发现仅有磁场会呈现螺旋状(见图(a))

由于螺旋形磁场与径向距离、纬度和假定的太阳风速相关,在考虑磁场几何位型时必须考虑所关注区域的具体空间位置。例如,在低日球层纬度,磁场几乎与黄道面平行;当太阳风速度较低时,磁场的螺旋线位型会缠得更紧;在水星轨道(约 0.3 AU)附近磁场基本是径向的,而在土星轨道(约 10 AU)处则基本与径向的太阳风垂直。

磁化太阳风会带来一个有趣的效应,那就是"磁制动"(magnetic braking)过程。即便太阳风等离子体本质上携带着行星际磁场对流,行星际磁场会通过所产生的扭矩对旋转的出流源区施加制动作用。正如花样滑冰运动员通过伸展或收回手臂来控制旋转速率那样,由于太阳风通过磁场与太阳相连,因此太阳自转会被太阳风出流影响。在这一效应的长期影响下,太阳呈现出现今的自转速率,并且这一效应可以说明恒星年龄与其自转速率之间存在反相关性。我们在本书中不会对此进行深入探讨,但感兴趣的读者可以继续深入探索。当前太阳风对日冕的制动效应在人类力所能及的时间尺度内是很难测量的,尽管有人曾尝试过测量。由于恒星自转速率与其内部的发动机活动存在关联,磁制动效应可能在太阳活动的长期演化及相关的太阳系演化中起到关键作用。

## 5.2.1　太阳风等离子体和磁场:基本观测特性

从 20 世纪 70 年代早期到现今约 3.5 个太阳活动周[①]的时间里,我们在地球所在的黄道面 1 AU 处对太阳风(包括太阳风等离子体密度和整体速度、离子温度和行星际磁场矢量等参量)有较为完整和一致的就位观测。其中,近年来的观测(从 1995 年开始,覆盖第 23 个和第 24 个太阳活动周)具有更高的时间分辨率,包括电子和离子温度,离子成分,有时还包括离子价态的测量,以及热到超热离子和电子的二维与三维分布函数。我们在本书中不会谈及仪器设备,而是主要关注探测结果。除了少数情况外,大部分研究都是观测先行、理解在后。因此,依据这种思路,我们按照研究者认知太阳风的最初过程来介绍"真实"的太阳风探测研究,不会引入事先的理解预判或偏见,而是着重关注地球附近的测量。

我们从最基本的太阳风观测事例开始介绍——包括对等离子体密度、速度和温度矩,以及磁场的测量。太阳风的这些物理量观测长期以来都是不区分粒子成分的,但是我们知道日冕的主要成分是氢,另有一小部分是氦(表 4.2),这意味着探测到的离子主要是质子。离子动量主导了太阳风动量,并且,如我们后面讨论的,离子的热速度分布相较于它们的整体速度而言是很窄的,因此可很容易地从离子谱仪的测量中得到离子分布函数的矩。由于太阳风等离子体应保持整体电中性,因此关于离子密度的任何参考也适用于电子密度,尽管我们是用离子计算等离子体矩(我们会在后面讲具体原因)。通过磁强计对磁场所有分量的测量可以获得磁场矢量。太阳风变化的时间尺度非常广,可从短于 1 min 的等离子体测量分辨时间变化到一个太阳活动周。因此,关注不同的时间分辨率和测量时间序列的持续时间(从小时到大约 27 天的太阳自转周期,再到自太空时代开始以来的 4 个太阳活动周)是非常重要的。尽管部分太阳风测量,特别是磁场测量,现在的时间分辨率可达到 1 s 以内,但是描述太阳风的基本性质无须这么高的时间分辨率,尽管高分辨率测量对于理解非常小尺度的特征和高频波来讲是很有必要的。

接下来展示的几张就位(in situ)观测时序图(图 5.3 至图 5.8)是用 OMNI 数据库里不同时间分辨率的时间序列数据画出的(OMNIWeb Plus,2015),该数据库收集了 NASA 自 20 世纪 70 年代以来多个近地飞船的等离子体和磁场测量数据。这些数据是在地球上游约

---

① 需考虑原书写作时间为 2015—2016 年。

200 个地球半径的 L1 Lagrangian 点处(见第 1 章)测量的。在 L1 点处,引力势存在一个稳定点,这使飞船基本上会随着地球一起绕太阳共转,而且在 L1 点处测量到的太阳风等离子体和磁场尚未被地球干扰(即在激波前兆区影响范围之外,见第 7 章)。绝大部分的长期太阳风就位观测要么来自 L1 点的观测,要么来自环绕地球轨道的观测(这时飞船大部分时间处于地球弓激波之外未受扰动的区域)。测量的矢量物理量包括等离子体整体速度和磁场,通常是在某种包含了太阳风径向速度和行星际螺旋磁场的坐标系中给出的,如 RTN、GSE 或 GSM 坐标系中(空间物理常用坐标系及它们之间的相互关系可详见附录 A.3)。在分析太阳风和磁场数据时,需要注意数据是在哪个坐标系下表示的,因为有些坐标系以地球为原点中心,而另一些以太阳为中心。下面这些图中显示的数据位于 OMNI 数据库默认的标准 GSE 坐标系中,该坐标系的 3 个坐标轴分别沿着相对于地球的局地径向、南北向和东西向。在 GSE 坐标系中,$x$ 轴指向太阳;$y$ 轴指向东向(从太阳上看),与地球公转运动方向相反;$z$ 轴大体上指向北,垂直于黄道面。但在本章中的其他地方,我们可能会使用 RTN 坐标系,因为 RTN 是日球层研究中经常使用的标准坐标系。RTN 与 GSE 的不同在

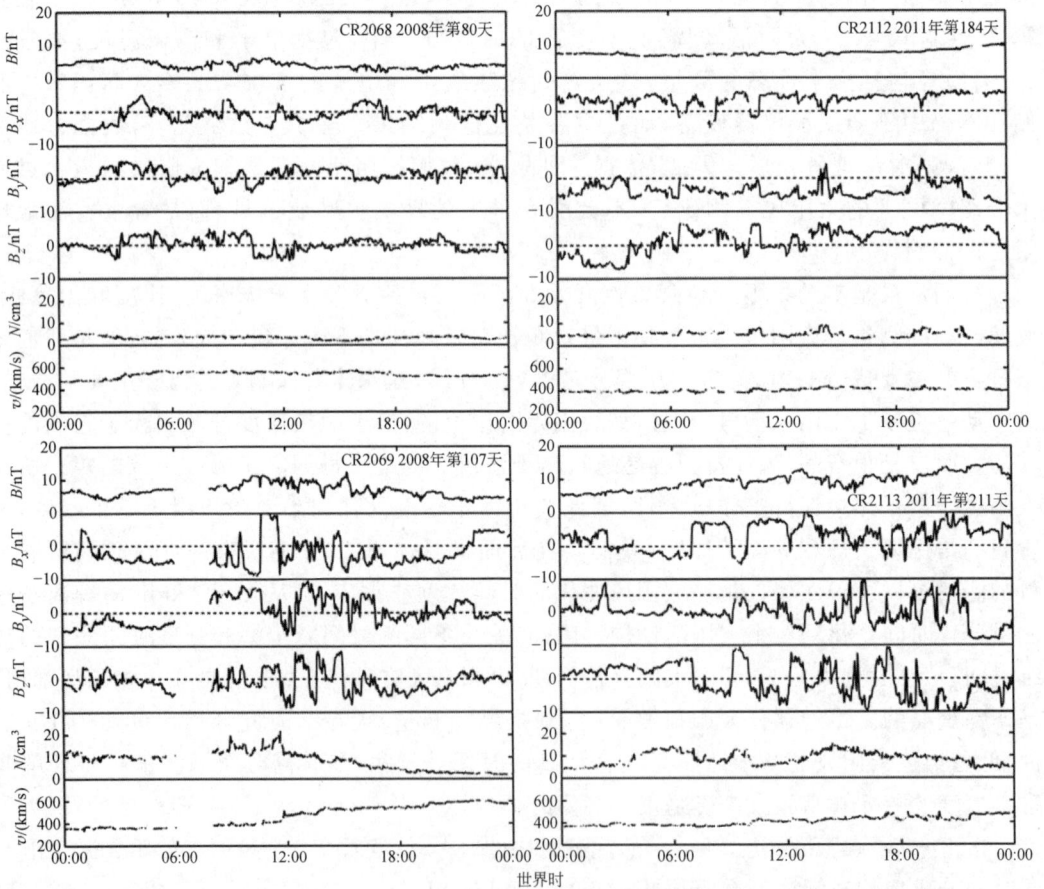

图 5.3 太阳风数据在 1 AU 处的全天变化。图中给出了太阳风关键参数在任意几天中的变化范围,以及那些地球磁层能在较短时间尺度内作出响应的太阳风变化(源自 OMNIWeb Plus, 2015)

于,它的原点中心位于观测飞船处(包括环绕地球的飞船和其他飞船)[①],其中 $r$ 坐标轴与 GSE 的 $x$ 轴类似,都是指向太阳,$t$ 坐标轴与 GSE 的 $y$ 轴类似,都是指向东,$n$ 坐标轴也类似 GSE 的 $z$ 轴,是指向北的。RTN 与 GSE 最主要的不同在于 GSE 的参考平面是地球赤道面,而 RTN 的参考平面为黄道面。当需要深入研究某些特定方向的磁场强度时,进行坐标转换是必要的,但通常来说,由于这两个坐标系的坐标轴方向很类似,因此在做定性分析时无须进行坐标转换。

图 5.3 显示了太阳风参数在一天之中的变化,可以看出太阳风等离子体整体速度的特征范围为 $300\sim800$ km/s,而密度则是在几个离子每立方厘米到几十个离子每立方厘米之间。磁场强度通常在几个纳特到几十个纳特之间变化。图中数据的时间分辨率是 1 min。这些参量存在许多不规则变化,包括振荡或波动形式的变化,以及在强度和方向上的跳跃变化。由于太阳风等离子体及与其冻结的磁场(见第 3 章)是以等离子体整体速度流经探测器,我们可由图中给出的速度估计上述这些变化的空间尺度。图中显示数据的时间变化尺度范围非常大,可从大于一整天时间的时间(空间尺度为几十个 AU)到 OMNI 观测数据的 1 min 分辨率时间(空间尺度约几个地球半径)。磁场、速度和/或密度的突变可能由不同的原因引起。它们可能是由穿越太阳风等离子体中的激波(见第 6 章)或狭窄的边界层结构引起。对于磁场而言,磁场的突变往往标志着电流片或旋转/切向间断面的经过(见第 6 章)。温度的跳变变化(图中没有显示)则可进一步帮助我们确定究竟是何种因素引起的这些物理量的变化。举例来说,激波下游通常伴随着被压缩和加热的太阳风。我们在后面会讨论太阳风中这种扰动的物理源。如果有更高时间分辨率的图,那么将有更多细节呈现,我们将会发现,太阳风等离子体和磁场的空间变化尺度也是多种多样的,尺度有时可能小于仪器探测的下限。接下来,为理解图中所示的日变化,最合适的方法是将目光投到更大时间尺度上,即约 27 天的太阳自转周期,这能帮助我们进一步从更大尺度上理解太阳风的这些全天观测数据,从全球图像上理解从太阳低纬源区到达地球轨道的太阳风。

图 5.4 在 27 天太阳自转周时间尺度上展示了太阳风等离子体和磁场参数的 1 h 平均值的时序变化。从图中可以发现,在为期数天的高速($>600$ km/s)、低到中等密度(约 10 cm$^{-3}$)的太阳风中还穿插有低速($<350$ km/s)、高平均密度(几十个 cm$^{-3}$)[②]的太阳风。此外,在高速流的前端存在较为狭窄(不到一天的时间尺度)的密度和磁场增强。在几张连续 27 天时段的图中都可以看到这些类似的特征,这种显然由共转作用产生的太阳风流结构大多发生在太阳活动低年时候,在此期间太阳风日冕源的演化很可能比较缓慢。从图中所示时间尺度,我们也得到了一些已研究过的物理特征,包括参量间的相互依赖关系,这为认识太阳风的产生和传播的物理机制提供了线索。

图 5.5 显示了等离子体分布函数主要等离子体矩(密度 $N$ 和整体速度 $v$)的统计分布,而图 5.6 则显示了它们之间的变化关系。密度与速度之间的相关性表明太阳风粒子通量 $Nv$ 几乎为常数。因此,速度较小的太阳风通常密度更大,而较快的太阳风趋向于更稀薄。另一对具有强相关性的参数是离子(质子)温度和整体速度。一般来讲,太阳风参量的相关性取决于现存的特定物理条件,如太阳风速度的大小。尽管由等离子体矩的统计分布

---

① 注意,附录 A.3.4.5 中 RTN 坐标系的 **R** 定义为由太阳中心指向飞船。

② 为数密度。

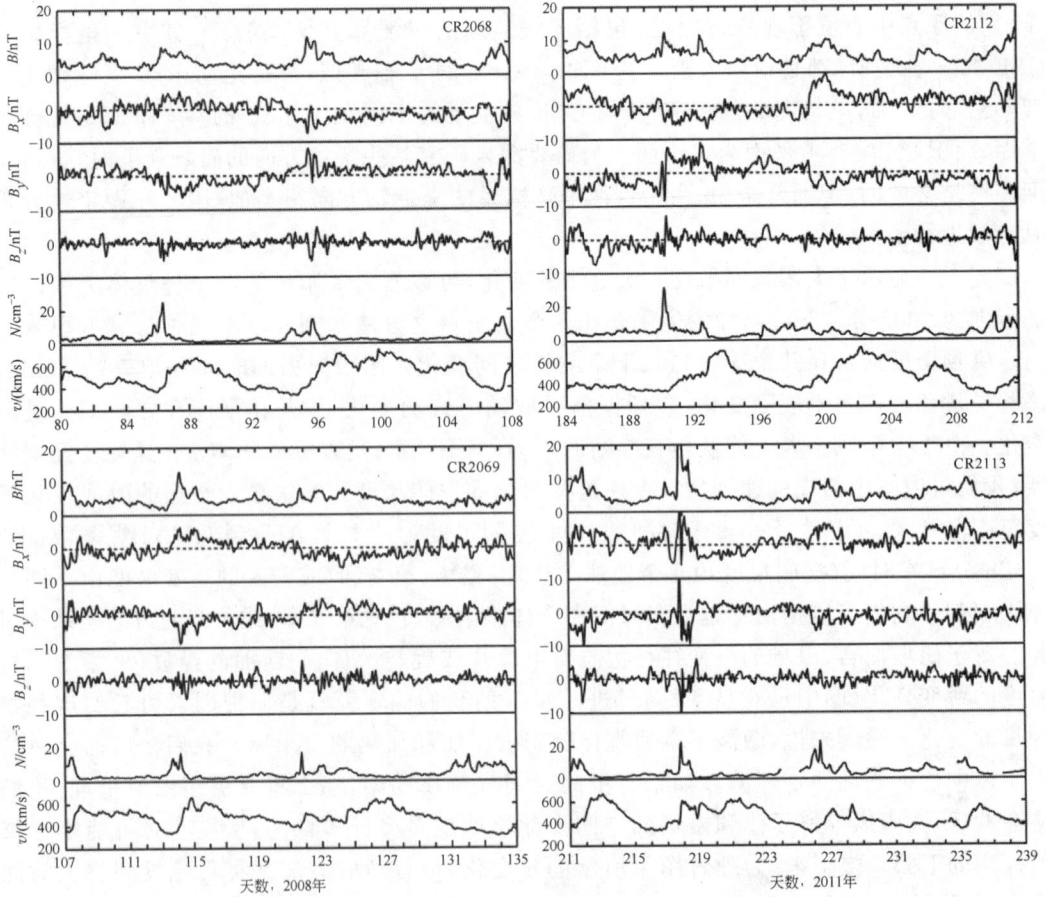

图 5.4　与图 5.3 类似,该图展示了 1 h 分辨率的太阳风数据,而每张图的时间长度为 27 天。这 27 天的时间长度对应太阳的自转周期,开始时间和结束时间对应标出的 Carrington 自转周(见第 4 章)。在这个时间尺度上,太阳风的高速流和低速流结构及行星际场分量的极性变化是显然可见的。从太阳活动平静的一些事例中,我们可以重复看到参数呈类似的变化。由于这些结构看起来像随太阳一起转动,因此被称为"共转"的太阳风结构("corotating" solar-wind structure)

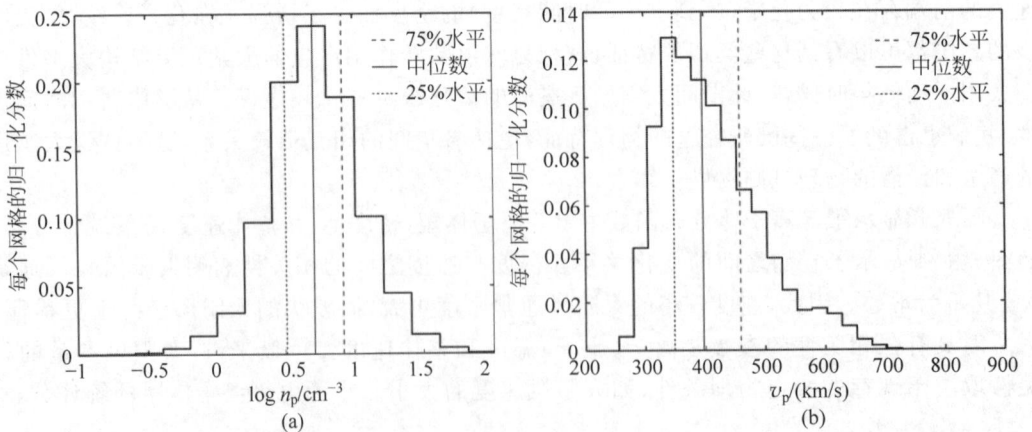

图 5.5　太阳风离子密度(a)和等离子体速度(b)的典型统计分布。速度分布中的高速"尾巴"主要来自图 5.4 所示的高速流

(图 5.5)可以看出从低速峰值到高速尾是连续变化的,但通常提到太阳风时都会区分高速流和低速流,二者的分界线大概为 450 km/s。如此区分的部分原因在于低速太阳风的等离子体矩和磁场明显具有更剧烈的变化。

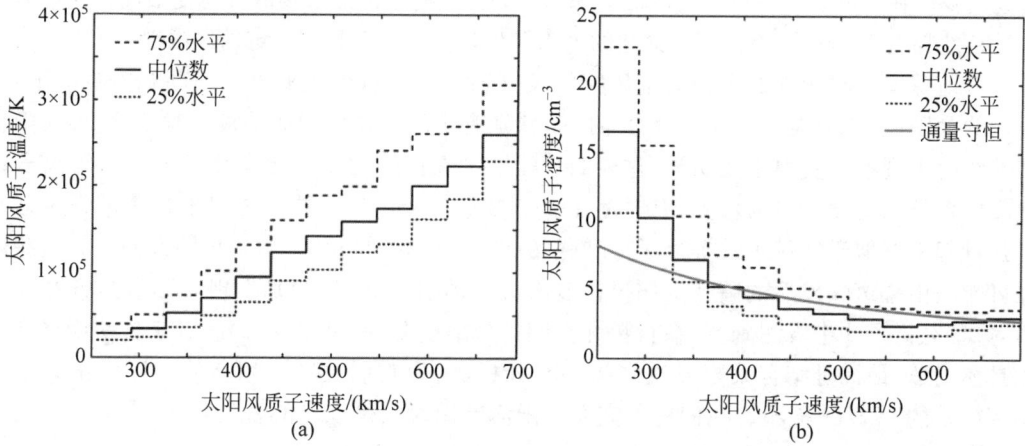

图 5.6　在太阳风参数中人们观测到一些存在的关系。(a)速度与离子(质子)温度之间的关系。(b)密度与速度的关系,该变化接近但不完全符合通量守恒关系

图 5.7 给出了行星际磁场及其分量的一些统计分布。通常来说,IMF 的南北分量(GSE坐标系的 $z$ 分量或 RTN 坐标系的 $n$ 分量)强度是最小且变化最剧烈的,这与太阳低纬的Parker 螺旋模型的预期是一致的。在图 5.4 显示的 27 天磁场时序分布中,比较显著的特征包

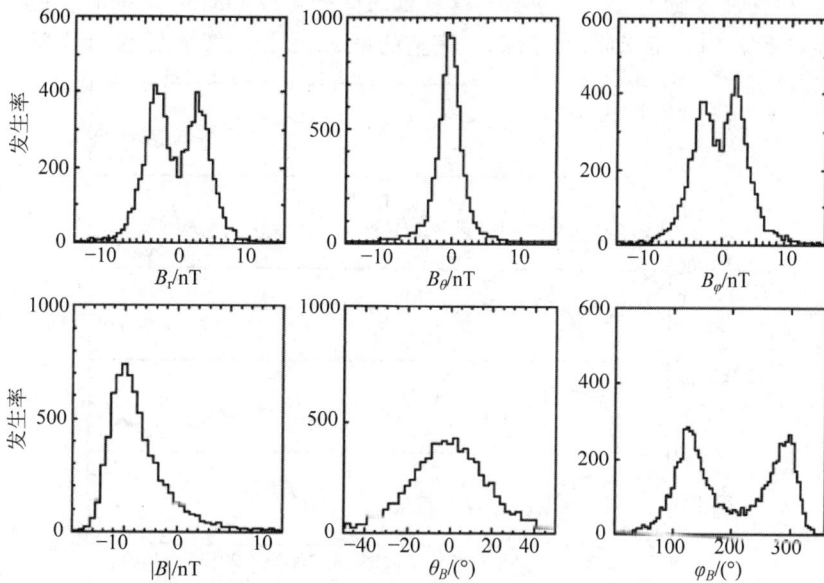

图 5.7　1 AU 处行星际磁场的统计分布,分布图显示了不同磁场分量的分布行为。这些图表明 IMF基本位于黄道面上,而且径向分量($B_r$)与方位分量($B_\varphi$)的值相当,这与在 1 AU 处速度为400 km/s 的 Parker 螺旋几何形状是一致的。这些图也表明 $B_r$ 和 $B_\varphi$ 两个分量的极性符号是交替变化的,正如前面 27 天时间序列变化图(图 5.4)所示(引自 Lee 等,2009)

括磁场径向分量和东西向分量会同时发生反转,该反转通常发生在高速流之前。尽管这种特征不是普遍现象,但与高速流的联系却是相当普遍的。需要注意的是,在高速流中对于速度降低的部分,磁场主要是径向的,而根据 Parker 模型,较慢的太阳风应当对应缠得更紧的螺旋形磁场。我们在本章后面会讨论观测磁场偏离模型预期的原因及磁场的其他复杂性。这些偏差和复杂性都表明 Parker 模型简单描述的太阳风均匀出流模型具有一定的局限性。

对地球附近观测到的多种太阳风特征及其与日冕源区的关联开展分析研究时,图 5.4 显示的太阳风 27 天连续时间序列分布图是特别有用的。在太阳活动极大时期,这种太阳自转导致的重现特征变得不太明显,这表明日冕源区在此期间正发生演化。太阳风等离子体和磁场特征的变化也更为剧烈,有时存在多个参量时会在长达数天内出现显著增强。这些增强看起来好似激波带来的等离子体和磁场的突增变化(见第 6 章)。早期人们认为这些增强可能是由耀斑爆发后的瞬变太阳风快速出流活动引起的,但后来发现实际上是日冕物质抛射(日冕仪图片中观测到的)在行星际空间中传播引起的(见第 4 章)。对于这些增强变化的具体细节,最好是结合太阳风流结构一起分析,因为它们共同作用会使实际太阳风参量偏离简单的 Parker 模型。我们讨论完在太阳活动周时间尺度上的就位观测后,会再回到讨论上述太阳风动态、瞬变的现象上来。

尽管太阳日冕的变化非常剧烈(如第 4 章所述),但是黄道面附近的太阳风基本参量与太阳活动周的相关性却没有这么显著。在太阳活动极小期,日冕磁场是近乎偶极磁场分布的,并且随时间的变化很缓慢,其主要特征是存在极区冕洞;而在太阳活动极大期,冕流和冕洞的纬度分布非常广,而且有时会出现爆发性的演化。图 5.8 显示了 27 天(太阳自转周期)的平均太阳风就位观测,将太阳风流结构的具体细节特征消除了。图中最底栏显示了太阳黑子数,以便从视觉上看出黑子数与这些低时间分辨率 OMNI 数据的相关性。整个时间跨度范围包括第 21 个活动周的一部分,完整的第 22 个、第 23 个及第 24 个活动周的开始

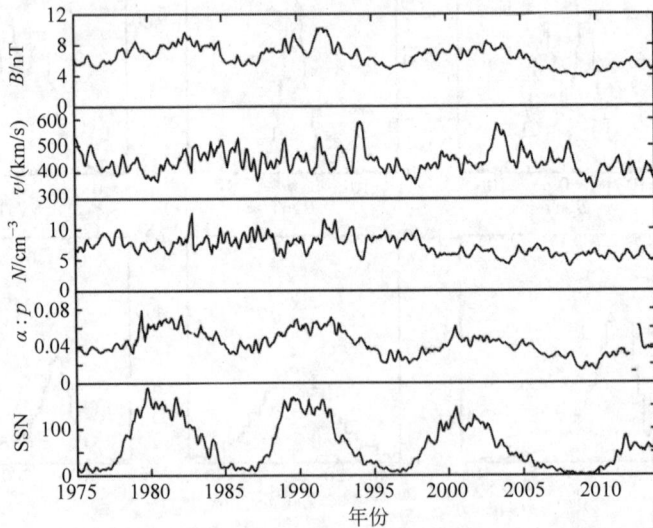

图 5.8　在 1 AU 处,经过 27 天平均后的太阳风参数与太阳黑子数 SSN 的比对。该图表明太阳风长期变化遵循太阳活动的长期变化规律。磁场强度 $B$,以及阿尔法粒子与质子粒子密度的比值 $\alpha:p$,显示了非常明显的活动周变化特征(二者在活动极大期达到最大值)。该图还显示了太阳活动在这整段期间有逐渐降低的趋势(引自 OMNIWeb Plus)

阶段。仅有 IMF 磁场强度和阿尔法粒子与质子密度比值这两个参数是明显随着太阳黑子数变化的。我们需要从太阳风源区和传播的角度分析为什么其他太阳风参数没有明显的太阳活动周变化。

## 5.2.2　日冕源区的影响

第 4 章中，我们介绍了太阳表面磁场的演化及其对日冕磁场结构的控制。在太阳活动低年和高年之间，闭合和开放磁场线区域的变化分布由极区磁场强度与中低纬活动区的磁场强度、面积和位置共同决定。如 4.5.1 节中讨论的，在太阳活动低年的一定时间范围内，我们可用偶极形日冕磁场和极区冕洞的图像描述太阳风源区，但是在太阳活动周的其他时期，日冕开放磁场线的分布及与之相关的太阳风源区则显得较为复杂。最终结果是不同冕洞源区产生的不同太阳风流随着日冕磁场线向外扩展而充满了行星际空间。图 5.9 显示了第 4 章中介绍过的一种 PFSS 日冕磁场模型事例，这对于分析太阳风流的源非常有用。图

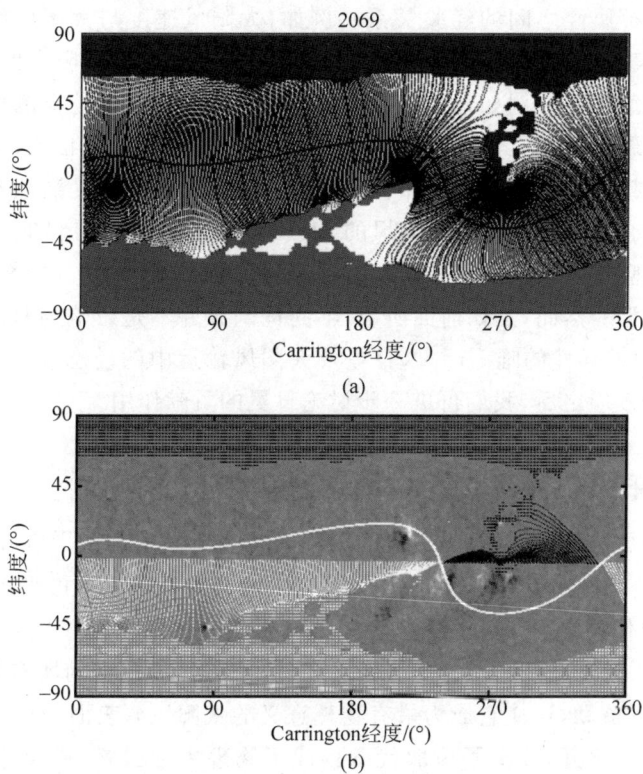

图 5.9　(a)示例给出了在 Carrington 2069 周期间通过 PFSS 模型得到的盔状冕流磁场线结构。赤道区域附近的黑线表示为在模型球形外边界内(外边界为太阳风源面，假设在 $2.5R_S$ 处)，能到达最大高度的"最后"一根闭合磁场线。从北半球灰黑区域及南半球淡灰区域出来的开放磁场线供给了能充斥到整个日球层中的太阳风，南北半球这些开放磁场线区域代表着第 4 章中描述的冕洞(见图 4.27 及相关材料)。(b)图中黑线和白线给出了从黄道平面(大致相当于模型源表面上纬度＝0°)到冕洞上开放磁场线的投影。背景中也显示了该模型基于的光球磁场图。白线(黑线)表示径向向外(向内)的磁场线。黄道面上的这些开放磁场线的方向决定了在地球上观测到的行星际磁场的极性(来源于全球太阳振荡监测网(Global Oscillation Network Group)，2015)

5.9(b)可说明,决定太阳风出流通道的开放日冕磁场线如何从表面的冕洞足点(用点线表示)追踪至太阳低纬的源面(供给黄道面上的太阳风)。这些映射表明,所有太阳系行星遭遇到的太阳风主要来自极区开放磁场线的边缘区域,以及极区冕洞延伸在中、低纬的区域,还有低纬区域的孤立冕洞。图中不同的阴影线条表示不同极性的磁场(太阳表面处磁场指向外或向内[1])如何映射到 PFSS 模型位于 $2.5R_{\mathrm{S}}$ 的源面处。当映射从一个源区跳跃到下一个源区时,磁场极性可能会变,也不一定会变,这取决于相邻冕流源底部的太阳磁场。因此,有一些冕流边界(并不是全部)对应太阳风中磁场的反转区域。这里需要记住的是,极区冕洞作为太阳风源的描述对太阳活动周内的大部分时间都是不适用的,特别是对于低纬的太阳风而言。在研究地球上游观测到的太阳风时,需要首先通过 PFSS 模型或其他类似模型获得主要太阳风源区的连接图像。

PFSS 模型对日冕开放磁场的映射为构建真实的太阳风模型提供了研究基础。但由于模型只描述了磁场,并没有提供等离子体的信息,所以通过与 1 AU 处的就位观测作对比可获得太阳风不同特征属性之间的经验关系。例如,太阳风速度与太阳风的源区位置(模型推测)。这些研究表明,靠近冕洞边界的邻近程度或日冕磁场在太阳上的扩展发散程度决定了观测到的太阳风现象。例如,这些模拟工作的一个重要结论是推测低速太阳风(小于400 km/s)通常起源于冕洞边界,冕洞边界也是冕流的边界。与之相比,最快的太阳风(大于600 km/s)通常起源于大型冕洞的中间区域,这里开放磁场的发散性不像径向那样快。在物理上更自洽耦合地描述日冕与太阳风的 MHD 模型也已经发展起来。现在人们已经广泛地运用 PFSS 模型对冕洞和黄道面源区进行映射分析,并且在学界的模型库里也建立了几种全球 MHD 模型。然而,正如前面所说,不同冕洞源并不是影响与日球层就位观测(如在 1 AU 的地球处)差异性的唯一因素,日冕及太阳风输运中的动态效应也必须考虑进去。在考虑了这种复杂效应之后,我们再进一步讨论日冕的贡献作用。

### 5.2.3 太阳风在输运过程中的动态变化

沿着发散的开放磁场线,从日冕出流的太阳风几乎充满了太阳周围几个太阳半径之内的空间。然而,向外出流的太阳风从 10~20 个 $R_{\mathrm{S}}$ 的地方开始就不再受控于太阳引力作用和磁场施加的共转作用,这个径向距离是太阳风磁声速的临界点——远在日冕闭合磁环和/或 PFSS 模型源面的边界之外。在临界点之外,等离子体携带的所有信息(包括波动携带的)都只有向外的流动,这使它成为最有物理意义的太阳风源表面(**source surface**)或内边界。在这个径向距离之外,等离子体取代磁场成了物理主导因素,尽管这个结论不是对所有地方都成立。正如我们在介绍 Parker 模型时所讨论的,磁场从这以后表现为与等离子体出流相冻结并跟随其运动,而不再是控制等离子体运动的通道。等离子体和(开放)磁场在日冕源区上的印记特征会大体上沿着螺旋轨迹被太阳风对流至行星际空间。但如上所述,与早期太阳风图像中太阳风具有 Parker 螺旋磁场的均匀径向出流不同,太阳风包含了大致沿螺旋形的各种等离子体出流,这些出流通过它们的磁场与各自不同的源区相连,并且每个源区都以低速太阳风为界(图 5.10)。

---

① 原文是 Suri's surface。结合上下文,此处应该不是 Suri(a given name),而是 Sun。

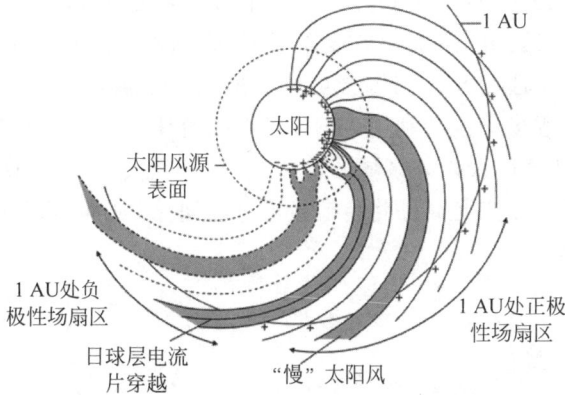

图 5.10　将图 5.9 所示的复杂太阳风源区延伸到行星际空间中。"＋"("－")代表磁场是径向向外(向内)的。观测表明,低速太阳风(阴影部分)来自开放磁场线的边界处,因此 1 AU 处的太阳风测量中低速太阳风会将不同源区的高速太阳风流分隔开,而且这些边界处也会存在处于不断演化中或瞬态物理结构(引自 Schatten、Wilcox 和 Ness,1969)

　　因此,太阳风结构的细节特征总能反映当时的日冕状态。只有在太阳活动极小期时,日冕才近似于偶极位型,这种情况下会出现大体球对称的极区冕洞源,而 Parker 螺旋磁场在日球层南北半球具有不同的磁场极性。但是,即使在这种最理想的条件出现时,太阳自转轴与黄道北向极轴之间的 5°差角仍然会导致近地太阳风条件出现多变性。

　　我们上面已经讨论了 1 AU 处的太阳风等离子体和磁场观测,并且注意到有时会出现由共转作用引起的 27 天再现特征(图 5.4)。当然,局地观测到的"共转"相对于其源区经过中央子午面的时间存在约 4 天的太阳风传播时间差。从观测到的太阳风时间序列中也可清晰看出高速流到来时带来的显著密度和磁场压缩。如果这些流相互作用区(stream interaction regions,SIR)以约 27 天的周期出现重现,就可以称其为共转相互作用区(corotating interaction regions,CIR)。共转相互作用区可理解为穿越了不同来源于日冕源区太阳风流之间压缩形成的螺旋形密度脊(峰值,见图 5.9)。如图 5.11(b)所示,这种压缩区的出现可能是由于冕洞边界存在太阳风低速流,或者相邻冕流源区的太阳风径向速度之间存在明显差异。由于通常不允许无碰撞磁化等离子体相互穿透,因此 CIR 发生在相邻太阳风流的 Parker 螺旋投影出现交叉的地方。反之,如果相邻太阳风流出现相互远离运动,那么它们之间会产生螺旋形的稀疏区(rarefaction)。

　　图 5.11(a)中展示了一个特别清晰的示例以说明在就位观测数据中某个压缩的 SIR/CIR 结构对应的典型特征:随速度抬升,密度和磁场强度在不到 1 天的时间里出现了对称性增强;相对于径向方向,等离子体整体速度会出现成对且方向相反的速度偏转,磁场矢量方向也会偏离黄道面;等离子体总压强(热压、磁压和动压之和)的时间序列呈对称尖状分布。CIR/SIR 的两侧边界有时会出现较弱的前向-反向激波对(forward-reverse shock pair),其磁声马赫数 $M_{ms}=2$。这种流相互作用不仅会造成太阳风高速流和低速流之间的局地压缩,也会实现不同太阳风流体元之间动量的重新分配,使高速流减慢、慢速流加速,从而使相邻太阳风流之间的速度差随着径向距离的增加而最终消失。但是,起源于大型源区的流在 1 AU 处可经常被识别,这样的太阳风流有时在先出现密度(或动压)峰值后出现

显著的稀疏结构。在太阳自转影响下，相邻流之间的"攻角"（angle of attack）（基本上为其对应速度下的 Parker 螺旋角）在太阳自转作用下，会随着距太阳径向距离的增加而增大，SIR 压缩会变得更强，并且在 SIR 两侧会更普遍地出现激波（大部分激波出现在 1 AU 之外）。人们已经在一定程度上成功利用 MHD 模型研究了磁化太阳风等离子体出流从复杂的太阳风日冕源区至 1 AU 及以外区域的传播。人们也通过一些近似来模拟太阳风等离子体的传播效应，但模拟的重点是必须将传输效应考虑进来，从而实现对太阳风（距源面有一定的距离）的合理描述。

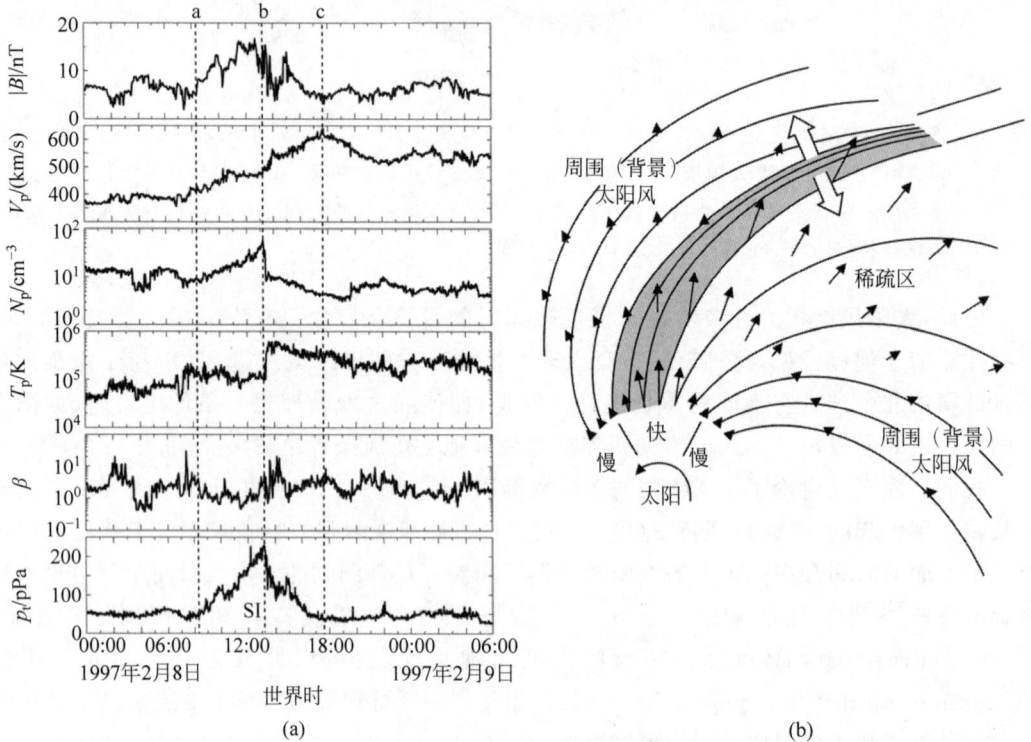

图 5.11　（a）WIND 卫星在太阳风流相互作用面处观测到的太阳风示例，显示出在低速太阳风后会紧随高速太阳风，而二者之间存在一个压缩区。虚线 a、b、c 表示流相互作用区的前端（leading edge）、相互作用面（stream interface，SI）及尾端（trailing edge）。$p_t$ 为总压（热压、磁压和动压之和）。（b）展示了一个径向高速流与前端低速流发生相互作用时形成的流相互作用区（SIR）或共转相互作用区（CIR）。如果高速太阳风后还跟随另一个低速太阳风，那么高速流"锋面"后必然还会形成一个稀疏区（引自 Gosling 和 Pizzo，1999[①]）

　　当我们考虑上述 PFSS 模型时，由日冕源映射决定的另一个特征是源面上的磁中性线（磁中性线区分了向外和向内的开放磁场区域，见图 5.9）。在黄道面上人们会观测到与之相关的行星际磁场反转，反转区也被称为"扇区边界"（**sector boundaries**），其特征是在沿 Parker 螺旋方向指向太阳和背离太阳方向上出现行星际磁场方向的突变（有时是多次突变）。这说明这时日

---

　　① 原文此处为 Pino and Gosling，1999。但原文文献目录里并没有该条文献。据译者查阅，此处 CIR 示意图的出处应为 Gosling 和 Pizzo，1999，Space Science Reviews（89）：21-52。

球层电流片(作为源面中性线向外的延伸)正在经过飞船。这在图 5.4 所示的 27 天就位数据观测图中表现得特别清楚。日球层电流片的三维形态分布也是非常有趣的,因为它携带了太阳磁场结构的信息,很可能还会受到流相互作用区内压缩磁重联的影响,它还对宇宙线的传播(将于 5.4.4 节讨论)及太阳风与行星、彗星的相互作用都具有重要意义。在一段时间内,曾有很多研究致力于寻找地球轨道附近日球层电流片磁重联的证据,但直到最近相关的证据才被发现。事实上,在相邻太阳风流的边界或具有不同磁场结构的边界上的几乎任何地方,重联都能发生。不过这种日冕磁重联不会改变我们对日球层及其与日冕磁场和太阳风源关系的基本看法。基于 MHD 模型对日冕源处的磁中性线进行外推,能够获得日球层电流片的三维形态,图 5.12A(a)显示了太阳活动周中数次出现的电流片,可以看出电流片与传统的倾斜偶极子模型存在非常显著的差异。考虑到低速太阳风与冕洞边界的关系,日球层电流片在某种程度上也代表了低速太阳风出现的区域位置,这是因为一些冕洞边界对应日球层电流片,尽管存在一些冕洞边界处不存在磁场极性变化的情形。

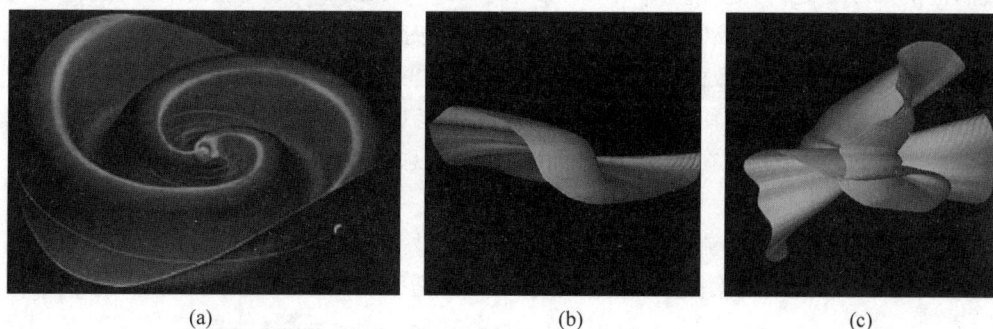

图 5.12A　太阳风 MHD 模型(带有真实源分布)给出的三维日球层电流片样图,以及与倾斜偶极日冕太阳风源所得结果的比较(P. Riley,个人交流,2014)

(a)偶极子情形;(b)第 2068 Carrington 周;(c)第 2108 Carrington 周

通过行星际射电闪烁(interplanetary (radio) scintillations,IPS)技术,Ulysses 飞船的就位观测,和其他日球层成像仪等对高纬日球层的观测,三维模型对太阳风与行星际磁场的全球分布描述已经得到普遍证实。行星际射电闪烁一种天文射电扰动信号,它是由天文射电源发出的射电波经过太阳风等离子体和磁场组成的非均匀介质进入观测者的路径产生的。数十年来,通过对天空中不同区域多个射电源的闪烁进行观察,地基射电天文学家已经收集了太阳风特性与日球层纬度相关的证据。通过解读这些数据表明,在太阳活动低年时期,太阳极区上方的太阳风结构相较低纬处显得更为平静、均匀。在沿高倾角的日心轨道上,Ulysses 飞船的在轨等离子体和磁场测量证实了射电观测得到的全球图像。Ulysses 的观测证明了来自不同日冕源区的太阳风具有不同的性质,而这解释了为什么我们在黄道面能看到太阳风的太阳活动周变化(见前面的讨论)。尤其是,Ulysses 证实了太阳活动平静期的高纬太阳风在大尺度上是从极区冕洞流出的相对无明显结构特征的高速流(500~800 km/s)。相比之下,影响地球和其他行星的太阳风(靠近黄道面)总体上来说则速度更慢(300~400 km/s)、密度更高且更具变化性。太阳风在这两种状态之间的快速变化(成分也会随之变化(后面将会介绍))使人们将太阳风分为两类:"高速"太阳风和"低速"太阳风。表 5.1 对这两类太阳风的性质进行了对比,我们在后面将看到这两类太阳风在来源上会受不同物理过程的影响。

表 5.1　快速、慢速太阳风的特性

| 特　　性 | 快速太阳风 | 慢速太阳风 |
|---|---|---|
| 时间变化性 | 准稳态 | 高变化性 |
| 速度范围 | $600 \sim 800$ km/s | $300 \sim 500$ km/s |
| 1 AU 处的密度 | $1 \sim 7$ $cm^{-3}$ | $7 \sim 15$ $cm^{-3}$ |
| 质子温度 | $4 \times 10^4$ K | $2 \times 10^5$ K |
| 电子温度 | $1 \times 10^5$ K | $1 \times 10^5$ K |
| 粒子成分 | 较高的 $He^{++}$（4%） | 较高的 $O^{+7}/O^{+6}$、Fe/O 比值 |
| 场的结构 | Alfvén 波 | 电流片、旋转间断面 |
| 源区 | 冕洞中心 | 冕流，边界层 |

　　关于日球层太阳风结构的最新观测来自日球层成像仪的测量，该仪器能观测非常微弱的白光，这种白光与用日冕仪看到的 Thompson 散射光是相同的，但观测范围远在日冕仪的观测范围（$30R_S$ 之内）之外。图 5.12B 展示了来自 STEREO 双飞船的观测，通过不同视角对 1 AU 及之外区域的成像观测，可得到视向积分密度增强在天空平面上的投影。除捕捉到太阳风流相互作用导致的密度压缩之外，这些图片还表明普遍存在来自冕流附近的高度结构化的太阳风出流，即使在太阳活动平静期也能观测到。IPS 测量和日球层成像观测意味着在太阳风中，尤其是在大多数低速太阳风中，总是存在着一种随时间显著变化的成分，我们在 5.3.1 节中会进一步讨论这种成分的特性。在太阳活动更剧烈的时期，当极区冕洞收缩时，日冕等离子体出流会随瞬变活动频率的增高而变得更复杂，这时将太阳风简单区分为低速太阳风与高速太阳风两种状态就不再合适了。

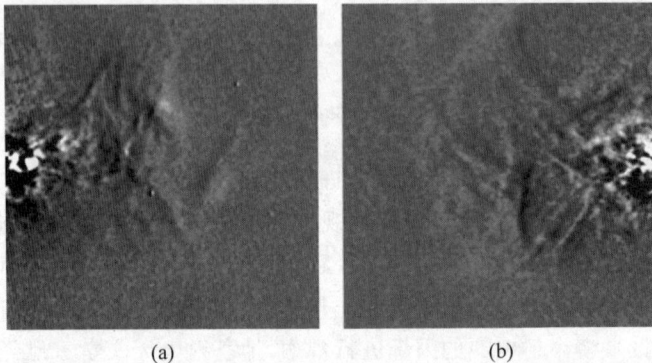

(a)　　　　　　　　　　　(b)

图 5.12B　STEREO 日球层成像仪图像显示了 STEREO-B 和 STEREO-A 分别在西半球临边（a）和东半球临边（b）处观测到太阳附近高度结构化的太阳风外观（图 5.20（b））。这些图片是"差分图像"（difference images），其中通过减去每个像素的光强显示两次成像之间发生的变化。这种类型的太阳风结构很常见，看起来是在冕流边界附近产生的，在那个地方太阳旋转和日冕演化会不断调节太阳风源区的几何结构（STEREO SECCHI 图像（NASA））

## 5.2.4　离子成分、动力学/微观性质及波动带来的见解

　　当前科研工作者可使用的太阳风就位观测数据通常包括离子成分、电荷价态和/或电子和离子的三维分布函数等信息。表 5.2 总结了太阳风的离子主要成分和价态。对于大多

数离子而言,太阳风离子的价态由日冕决定。少部分的单价离子包括来自色球层的 $He^+$ 和日球层拾起离子(pickup ions),本章后面会作介绍。正如第 4 章中提到的,相较于光球层丰度,日冕粒子丰度更偏向于轻的元素(表 4.1),而太阳风成分则与日冕成分紧密相关。Alpha 粒子($He^{++}$)与质子之比明显是随着太阳黑子数变化的(图 5.8),这表示太阳活动区对调制太阳风源区的氦元素丰度是起到作用的,但活动区似乎对其他太阳风重离子的行为没有影响,或至少是不起主要作用。然而,对离子成分和电离态的分析发现,对于第一电离势(first ionization potential,FIP)低和高的元素,分别如镁和氧,其丰度和平均电荷价态可以按照高速和低速太阳风进行分类(表 5.1)。尤其是 Mg/O 比值和 $O^{+7}/O^{+6}$ 比值通常会在低速太阳风中增强。因此,alpha 粒子与质子的比值或许可以反映出现活动区时日冕的总体加热趋势,而不同价态的氧离子之比和具有低 FIP 离子的相对丰度,则与低速太阳风源有关(后面会进一步讨论这一点)。

表 5.2　典型的太阳风中主要元素的成分(相对于氢)和电荷态

| 元素 | 氢 | 氦 | 碳 | 氮 | 氧 | 铁 | 硅 |
|---|---|---|---|---|---|---|---|
| 相对丰度 | 1.0 | 0.04 | $2.3\times10^{-4}$ | $7.9\times10^{-5}$ | $5.3\times10^{-4}$ | $1.3\times10^{-4}$ | $1.1\times10^{-4}$ |
| 电荷价态(+) | 1 | 2 | 4~6 | 5~7 | 5~7 | 7~13 | 7~11 |

对于能量为热到超热范围内的离子和电子而言,人们对于其分布函数已经有了越来越多的精细观测。图 5.13 和图 5.14 显示了粒子平行和垂直于局地磁场的速度分布函数的一些例子。这些精细观测与太阳风大尺度特性的研究形成互补,并加剧了人们对日冕源区及相关物理过程的争论。举例来说,在第 4 章中我们提到,在日冕中通过谱线宽度对重离子温度的遥感探测表明,部分离子的垂直(于磁场)温度显著高于平行温度。快速太阳风中就位

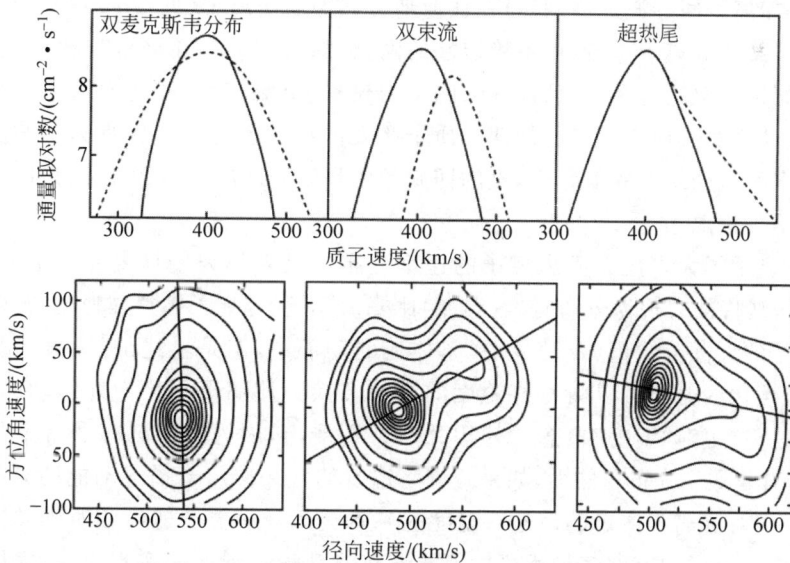

图 5.13　顶部各栏子图显示了在速度为 400 km/s 的太阳风等离子体流中质子具有的三种偏离 maxwell 分布函数的分布。底部各子图:飞船参照系下实际测量的质子二维分布函数的等值线图。其中黑色箭头代表磁场方向。底部各栏子图与顶部各栏子图是一一对应的(引自 Marsch et al.,1982)

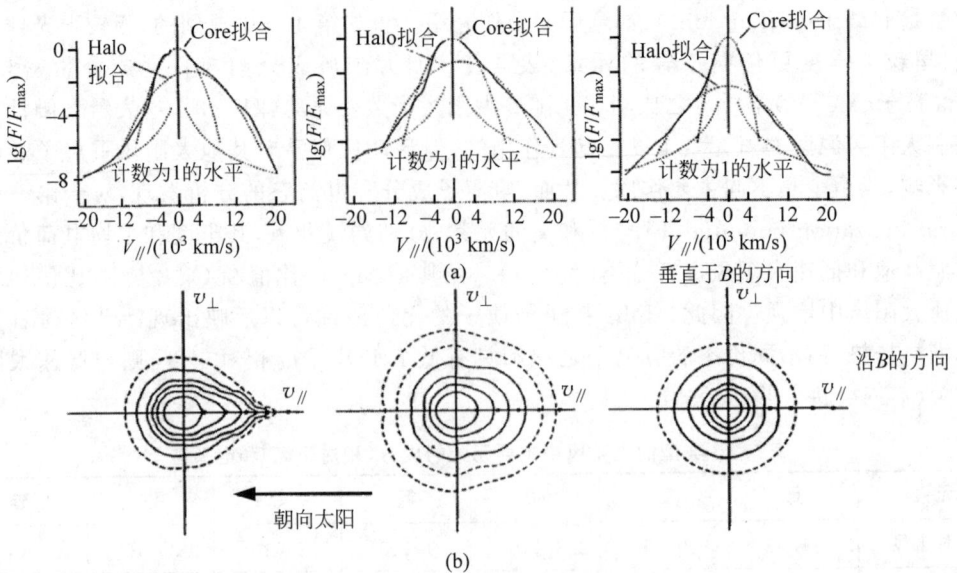

图5.14 与图5.13类似,但这里显示的是太阳风电子分布。与离子相比,电子的热速度比太阳风的整体速度(400 km/s)高。电子具有常规超热成分("晕状"(Halo))的特殊特征,同时也具有高度场向的各向异性部分("strahl"[①])。通量 $F$ 已经用最大通量 $F_{max}$ 进行了归一化(引自 Marsch,2006)

测量得到的等离子体分布函数表明,即便是最主要的两种成分——质子和氦离子,有时也会出现垂直温度明显高于平行温度的现象。尽管磁镜力会持续作用于离子,使离子投掷角分布沿着发散的日球层开放磁场线聚焦(平行方向速度变大),但这些"垂直"各向异性仍会存在。波动(如离子回旋波等波动)可在任何地方共振加速离子(见第12章)。然而,如果聚焦效应超过了某些等离子体流/束不稳定性的阈值,那么波动会在局地被激发,使离子投掷角分布各向同性。但这时在垂直"加热"、磁镜力聚焦、束流坍塌/波动激发等的不断循环过程中,这些波动会对其他离子进行加速。质子激发的波动也可以导致重离子的加热——包括太阳风中丰度名列第二的氦元素,氦的回旋频率是质子回旋频率的 1/2 或 1/4(这取决于氦是二价还是一价离子)。

图5.15 显示了大多数太阳风离子的速率分布主要表现为偏移麦克斯韦分布(shifted maxwellian),其特征表现为分布宽度(温度)比峰值速度(等离子体整体速度)窄(冷)。这意味着这些离子的大部分能量(及动量)在整体流的动能中,但是上述加热、聚焦及束流不稳定性/各向同性化的循环可以将垂直温度的增加转换为使离子平均向外运动的速度增加。值得指出的是,这里对"温度"概念的使用并不特别严谨,因为速度分布通常不是空气动力学中定义的 Maxwell 分布。然而,如果我们将温度的含义推广至描述动能的分布函数矩积分(见第3章中对等离子体矩的讨论),温度的基本概念——粒子速度相对于其平均速度的扩展仍然适用。考虑到有许多过程可以使能量在波动和粒子之间实现交换,太阳风不同离子种类的平均速度有些微小差异就不足为奇。然而,这些能量交换过程可能发生在日冕

---

① Strahl 含义具体可见术语表里的解释。

中,而非太阳风中。事实上,质子的分布函数也显示出超热、场向的特征,这种特征可能存在于原始日冕源处的太阳风通量中。这类离子并不是主要的兴趣研究点,但具有类似特征的太阳风电子分布函数受到了广泛关注。

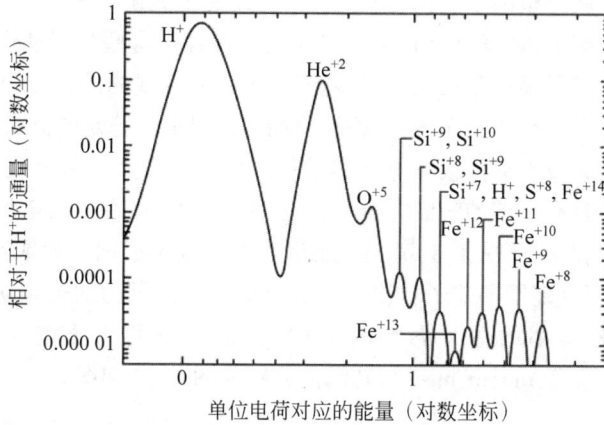

图 5.15　典型的太阳风离子能谱例子。该能谱说明了不同离子成分和其能量峰值的分布特征。能谱峰值的形状和位置可近似为平移式的 Maxwell 分布,但进一步分析也揭示了一些各向异性和相对的速度差异,其起源过程仍在研究中(引自 Bame 等,1975)

相较于质子,太阳风电子分布讲述了一个截然不同的故事。由于电子的质量非常小,它们对等离子体的主要作用是电中和,而对等离子体的整体参数没有显著影响。电子会以更高的热速度流经离子流体,并改变自身密度以适应离子的物理特性(太阳风的质量和动量基本上全是由离子贡献的)。电子可以输运热量,并且通过产生电荷分离的电场帮助离子摆脱太阳引力。值得思考的是,虽然太阳风的流体图像(图 5.2(a))大体上能够描述实际的离子微观运动,但它不能很好地描述单个电子的运动。由于电子回旋半径很小,电子被紧密束缚在磁场线上,因此通过电子进行磁场线追踪可以得到磁场的主要拓扑位型,也可以推测磁场线足点处的日冕条件。电子的平均速度或整体速度与离子的基本相同,但电子按其热速度可以在数小时内到达 1 AU 处,而太阳风离子则需要数天才能到达。图 5.14 展示了太阳风电子速度分布的一些例子,可以看出电子速度分布与图 5.13(a)所示的质子分布显著不同。图 5.14 展示的另一个主要不同之处在于能量约 50 eV 以上的电子存在明显的场向特征。这种分布函数里的场向电子束流(称为 strahl)在源于大型冕洞中心的高速流中特征非常显著,且具有高度窄向聚焦的特征。Strahl 可能是电子在太阳附近被加热的直接观测证据,被加热的电子在向外传播的过程中几乎不受 Coulomb 碰撞的影响。这些电子被认为是日冕热通量的载流子,它们的束流特征在 1 AU 处会被磁镜力聚焦效应(由向外发散的日冕和行星际磁场带来)增强。电子能谱中还存在更加各向同性的超热"晕状"(halo)电子分布,这可能是因为一些 strahl 电子从它们的束流路径中被散射出来。Strahl 或热通量电子(heat flux electrons)在研究局地磁场与日冕的几何连接时起到了重要的媒介作用。例如,因为热通量电子正常是从太阳源区向外发出的,所以当观测到热通量电子相对于磁场矢量方向出现反转时,可据此区分是穿越了行星际磁场电流片,还是磁场出现了弯曲或折叠。5.3 节会提到热通量电子的另一个作用,即研究太阳风中的日冕瞬变结构的拓扑位型。

　　有几种类型的波在研究太阳风物理及其动力学特性诊断中显得较为重要。在太阳风中除了流体尺度上与等离子体整体行为相关的 MHD 波外,还存在许多与等离子体粒子分布函数相关的微观波模(见第 13 章)。太阳风等离子体分布函数在日冕中有一个初始设置分布,然后在向外传输运动的时候分布函数会发生改变。所有出逃的太阳风离子和电子都会在发散的日冕和行星际磁场中受到磁镜力的作用,而在向外运动过程中这些粒子还会受到日球层和局地电流片的影响——磁场压缩产生局地的磁镜作用,或跨磁场线的漂移运动,或受激波作用产生局地加热。同时还存在波粒相互作用,这些波可能是由局地不稳定的分布函数自发产生的,或是由远处或局地的少数粒子群体或等离子体过程产生的。在太阳风中就位观测到的波,我们对其波动参数的测量具有足够的时间分辨率。这些波动中,存在可由电场天线在局地等离子体频率和局地粒子回旋频率(见第 3 章)处观测到的波动及离子回旋频率处的磁场振荡。对于这些日球层波动,其研究范围涵盖了从诊断日冕加热及太阳风的加热到认识行星际激波的粒子加速过程。在高分辨率的原位磁场测量中,比较关键的离子波模是离子回旋模(ion cyclotron mode)和镜像模(**mirror mode**),其示例分别如图 5.16 和图 5.17 所示。

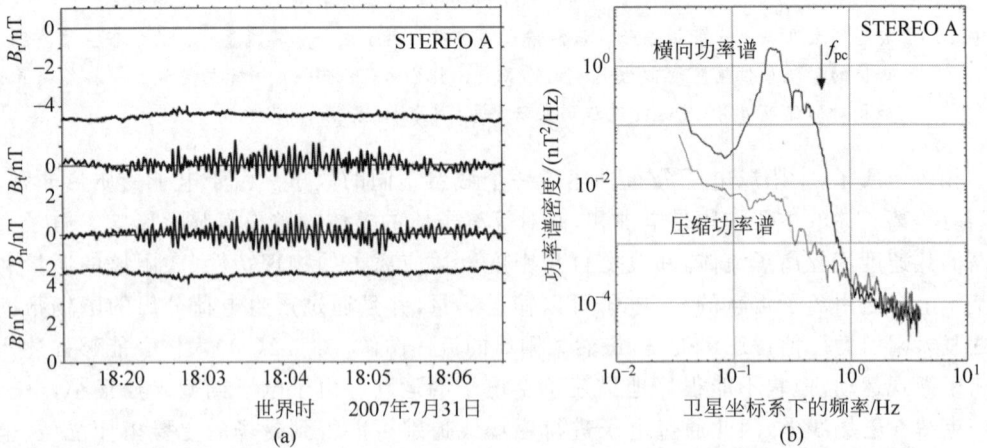

图 5.16　在 1 AU 处的 5 min 太阳风磁场采样数据(a)。(b)为(a)中磁场数据的功率谱,从图中可发现质子回旋频率附近的横向扰动存在较大的功率谱($f_{pc}$)

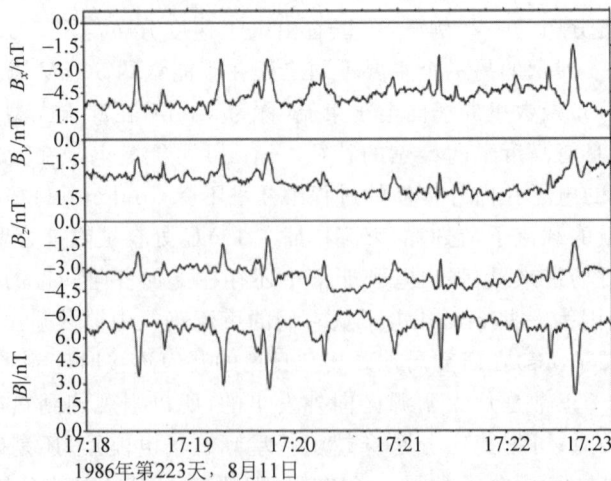

图 5.17　在 0.7 AU 处观测到的太阳风磁场数据时序样图,图中显示了镜像模波的扰动特征。这些特征表现为磁场突然降低或峰值突然出现(具体取决于镜像模的等离子体物理参数)

一种识别波性质的方法是分析所测波动的频率和/或波长范围,这样方便将其与理论色散关系或不稳定性阈值进行对比(见第 13 章)。镜像模波的出现是产生区域离子分布函数为垂直各向异性的特征信号。虽然容易理解日冕和日球层发散磁场中的镜像力是如何使太阳风分布函数继续保持场向各向异性(field-aligned anisotropy)的,但有时存在离子垂直各向异性(perpendicular ion anisotropies)的事实又向我们提出了一个问题——什么在远离日冕加热区域的地方产生了这些各向异性?质子 $T_\perp$ 和 $T_\parallel$ 空间中(由双麦氏分布拟合得到)对分布函数的各向异性分析表明,各向异性的范围由镜像模不稳定性、火蛇管(firehose)不稳定性及离子回旋不稳定性的阈值限定。由于某些未知因素,离子回旋波和镜像模波似乎都发生在太阳“风暴”(storms)期间,且离子回旋波事件尤其与径向行星际磁场有关。理解这些不同波动特征信号的产生原因,可为理解为什么太阳风离子分布比无碰撞等离子体径向膨胀的预期结果还要热提供重要见解。类似地,等离子体波动/电场天线探测到的等离子体波动可归结为电子分布函数的不均匀性与相关的等离子体不稳定性所激发。超热的 Strahl 电子束流通过其提供的自由能,会在太阳风中激励并维持一定的背景等离子体波,以降低它们的等离子体流各向异性。对于电子行为相关的波动研究可以帮助我们深入了解行星际激波的物理过程及对激波的遥测,进而很好地、无间断地继续研究与太阳风等离子体宏观属性相关的波动。

作为流体模或整体等离子体模(见第 3 章),局地 Alfvén 波可容易通过磁场扰动和对应的速度扰动分量识别。图 5.18 展示了在高速太阳风的磁场数据中看到的一段 Alfvén 波

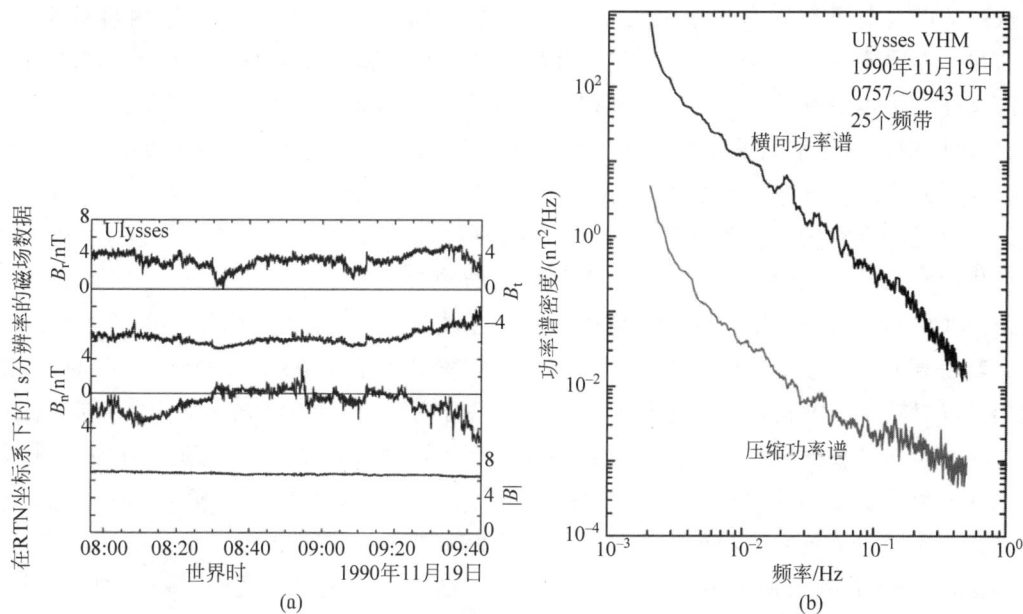

图 5.18　在高速太阳风($v_{sw}$ 为 725 km/s)中测量到的行星际磁场。(a)2 h 的磁场时序分布;(b)对应(a)的功率谱密度随频率的变化关系。压缩功率谱为磁场强度得到的谱,而横向功率谱是 3 个磁场正交分量的波动谱之和减去压缩功率谱[①]

---

[①]　具体可参见附录 A.4.3 的内容。另外,图 5.18(b)中的 VHM 意为 Ulysses 搭载的矢量氦磁强计(vector helium magnetometer)。

(周期约 5 min)扰动时序图和功率谱图。表明这些磁场扰动实际与 Alfvén 波有关的证据来源于这些相对较为罕见的高时间分辨率数据,从这些数据中可以看到具有同样频率和同样相位的多种等离子体振荡。这些 Alfvén 波通常被认为是在太阳对流区顶部通过机械方式产生的未被吸收、未被反射的残余波动。这种解释观点的部分原因在于,数据观测表明这些波大多数是在明显太阳风高速流(发源于大型冕洞,源区与前面所说的冕流和冕洞复杂边界层离得较远)中观测到的。尽管日冕中的 MHD 波在它们产生后可能经历波模转换,但这仍然是 Alfvén 波加热日冕和 Alfvén 波在临界点高度下引起动量沉降的最有力证据。另一种在太阳风中普遍存在的 MHD 波模是具有密度和压力扰动特征的磁声模。比如 SIR 中的压缩结构就是研究磁声波的典型区域。理解磁声波变陡进而形成行星际激波的物理过程对于我们理解不同类型太阳风之间的能量传递和太阳风电子、离子分布函数中尾端超热粒子的形成非常重要。但太阳风中的能量传递过程还必须包含其他物理过程,比如能产生宏观尺度等离子体整体扰动并能影响太阳风宏观变化的流体不稳定性。例如,Kelvin-Helmholtz 不稳定性可以将太阳风流之间的速度剪切作用转化为涡旋结构和破碎波,并能形成所谓的湍流边界层(turbulent boundary layers)。

在太阳风研究中,对于日球层磁场、等离子体,湍动研究涉及的空间尺度变化范围较广。字典里"湍动"单词的定义包括"无序"(disorder)、"搅拌"(agitation)及"涡流运动"(eddying motion)等含义。湍流的研究最初是在流体力学中发展起来的,流体力学中有不少从数学形式上研究波形陡增和关于功率谱描述(湍流结构尺度)等主题内容的文献。湍动在边界层流体不稳定性及在能量的耗散或传递中扮演着重要作用,这一物理作用在太阳风等离子体中也适用。如上所述,比如,在太阳风流的边界层广泛存在流剪切。此外,太阳风中还包含诸如重联相关的磁场剪切过程及 MHD 不稳定速度剪切过程。因此很难区分太阳风中哪些扰动是由波动、电流片动态变化、旋转间断面或太阳风湍动引起的。飞船观测到的磁场扰动功率谱包含的结构可从微观尺度(如等离子体波动)到天文单位尺度(如太阳风流相互作用区)。有些扰动结构会随太阳风对流传输(尽管也会随径向距离演化),而有一些则会在太阳风中不断产生或者耗散,或在太阳风等离子体参照系中有其自身的传播速度。整个功率谱范围上的完整等离子体测量一般是不存在的,这使我们可以对功率谱的构成部分进行分类:波动和对流结构(对流结构在太阳附近形成,或者在太阳风向外传播过程中产生)。然而,在分析太阳风参数的时间序列中,我们有时会发现在波数或能量的功率谱中有一个斜率为 $-5/3$ 的谱,该谱就是经典的"Kolmogorov"湍动谱。不过湍流的术语和理论只能适用于我们对背景条件都已经完全了解的条件下。特别是,在研究慢速太阳风中的湍动时,还需要了解其内部不时出现的不稳定源,这对于继续讨论下面章节的内容很有益。

## 5.3 行星际中的瞬态结构

日冕的动态图像揭示了太阳风等离子体一般并不是以稳定出流的形式"跑"出来的。虽然太阳风持续存在于行星际空间,本章前面对稳态太阳风的描述提供了一个很好的太阳风模型,但太阳风实际上是随着日冕磁场的不断演化而不断发生变化的。即便是在平静的日冕条件下,太阳风磁场也是在随时间变化的,有时会呈现爆发式的变化,这会对太阳风-行星相互作用和天体物理学等方面产生许多有趣的现象。这些不同的瞬态物理行为(在极端情形下包括日冕物质抛射),将是本节讨论的主题。

### 5.3.1　太阳风的瞬态结构成分

人们期望太阳风中存在规律的瞬态成分这一话题已经讨论了几十年,部分原因在于对日冕结构演变的观测表明需要这种成分的存在。由于太阳表面磁场会随活动区(与发电机相关)磁通量的浮现和持续不断的传输过程(见第 4 章)而产生响应变化,日冕磁场会不断调整其开放和闭合磁场线的几何位型以适应新的边界条件,并使其内部的磁应力(magnetic stress)最小。如果响应过程足够慢,那么日冕会以一种准稳态方式调整。在这种情况下,日冕磁场可以通过连续的势场源面模型近似,尽管日冕磁场会通过重联和断开的发生使磁拓扑结构发生一定改变。这结果必然会引起一些太阳风观测特征,特别是在不同太阳风流的边界上(连接着不同冕洞的边界)。

虽然太阳风演化在理论描述和数值模拟方面存在的困难为进一步的深入研究带来了瓶颈,但随着 STEREO 两颗卫星的发射,对太阳风演化的观测证据日益增多。特别是之前提到的日冕仪和日球层成像仪都明显显示了从日冕亮线附近会释放出日冕等离子体斑状结构(blobs,见图 5.19 和图 5.12B)。在日冕仪视场内,我们可以观测到斑状结构会从较低的速度加速到低速太阳风的速度(300~400 km/s)。鉴于 IPS 的观测依赖于小尺度的对流结构(可作为太阳风示踪物),这些观测结果并不令人惊讶,但斑状结构对太阳风特性的总体影响尚不清楚。目前的研究主要关注斑状太阳风(blob wind),或者叫冕

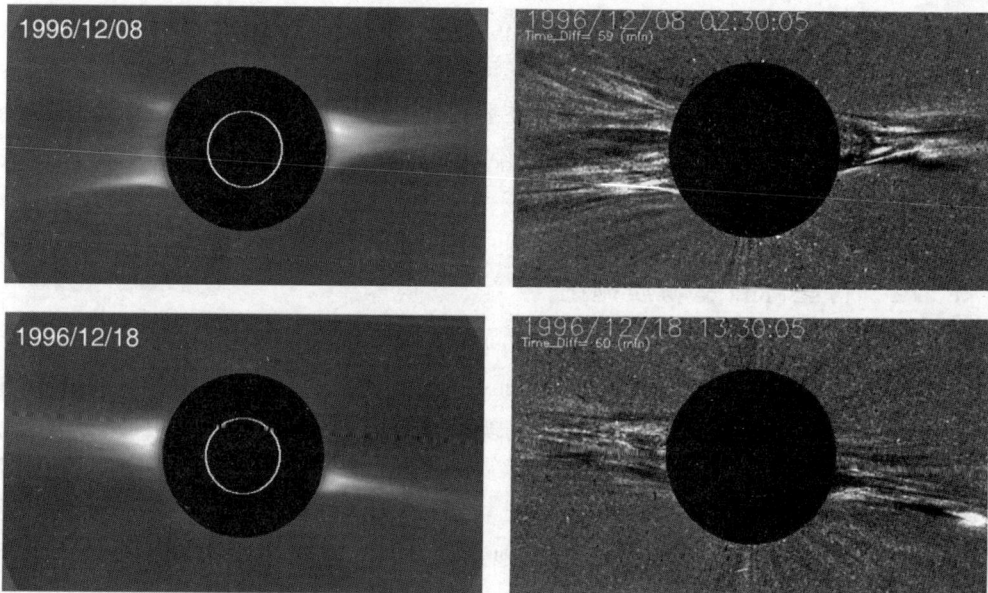

图 5.19　SOHO LASCO 日冕仪图像例子显示,在右边的不同图像中,致密的日冕等离子体会以明显的斑状("blobs")形式从冕流的末端和边缘离开太阳(ESA/NASA 图像)

流太阳风(streamer wind)的产生和起源,因为它伴随冕流出现,或确切地说是冕流边界。其中一些研究或隐或显地探讨了这个瞬态结构是不是慢速太阳风的主要来源,或者是否像那些映射太阳风源的研究和模型表明的那样,在冕洞边缘附近还存在同样重要的、稳定的,且伴随日冕开放磁场高度发散的慢速太阳风。针对这个目标,人们将成像上看到的离开太阳的斑状结构与原位太阳风特征的测量关联起来,并在这一研究方面取得了一些成绩,而其他对冕洞边界处的原位采样研究则没有显示出存在该瞬态结构的证据。还需要考虑一点,当从日冕仪和日球层图像中看这些斑状结构时,观测者的不同视角可能导致观测到的瞬态结构的起源、大小、形状、速度及其方向都会有所不同。此外,在流经斑状结构到 1 AU 的过程中,还会发生太阳风流的相互作用和演化,导致我们难以识别出特定的日冕特征。在这一领域的研究中,将成像信息与就位观测信息联系起来是最具挑战性的。

关于瞬态太阳风成分存在和起源的重要独立线索是前面提到的人们测量到的离子成分和电离态。例如,闭合冕环的热等离子体在慢速太阳风中(表 5.1)将会产生较高的电离态(如 $O^{+7}/O^{+6}$ 比值较高),以及更丰富的重离子含量(如 Fe/O 比值较大),这可以作为闭合/开放磁场线产生慢速太阳风的部分证据。有时人们在相关工作中会提到所谓的日球层等离子体片(heliospheric plasma sheet),在日球层电流片附近我们有时发现其密度高于平均太阳风的密度(而这与太阳风流的压缩没有关系)。最后,在一些原位的磁场观测中还发现存在小的磁通量绳结构(flux-rope-like features)的证据,这表明等离子体团(plasmoids)是从冕流带发射线区域(coronal streamer belt rays)释放出的。这些不同的"慢太阳风"观测结果与日冕特征之间的关系还在研究中。关于太阳风瞬态成分的产生最好还是通过时变 MHD 模拟来研究,这要求模型有一个不断演化的时变表面场(包括磁通量的浮现和演化),这样能够从模型上有效驱动日冕和太阳风的相关时变行为。人们已经开发了关于冕流的 MHD 模型以研究冕流的性质,有些模型甚至表现出不稳定性,这表明在其边界层处或者极尖区(cusp)处存在脱落的物质。但是,感兴趣的读者如果研究这些问题,就会发现这些模拟(还)没有探讨到我们这里讨论的中心内容——下边界演化的影响。

### 5.3.2 行星际日冕物质抛射

日冕仪图像中会对瞬态结构显示出一个宽谱分布,其中最大、最亮的就是第 4 章中所描述的日冕物质抛射(**coronal mass ejections**,CME)。与上节讨论的小尺度团状结构物质相比,CME 更引人注目,因为它们通常表现为发育完整的膨胀冕环或等离子体喷流。图 5.20 展示了一次日冕图像中观测到的 CME 事件,这个事件首先出现在日冕仪图片中,随后出现在日球层成像图片中。虽然大多数 CME 向外移动的速度普遍没有典型的太阳风速度快,但其他一些 CME 会爆炸式地穿过周围背景日冕,并在几十个太阳半径内快速地加速到每秒几千千米。一些较慢的 CME 可能合并到日冕出流中,这是因为在 1 AU 处的就位观测中并没有观测到明显的特征信号。速度较快的 CME 传播到行星际空间后,其对应被称为行星际日冕物质抛射(interplanetary coronal mass ejections,ICME),

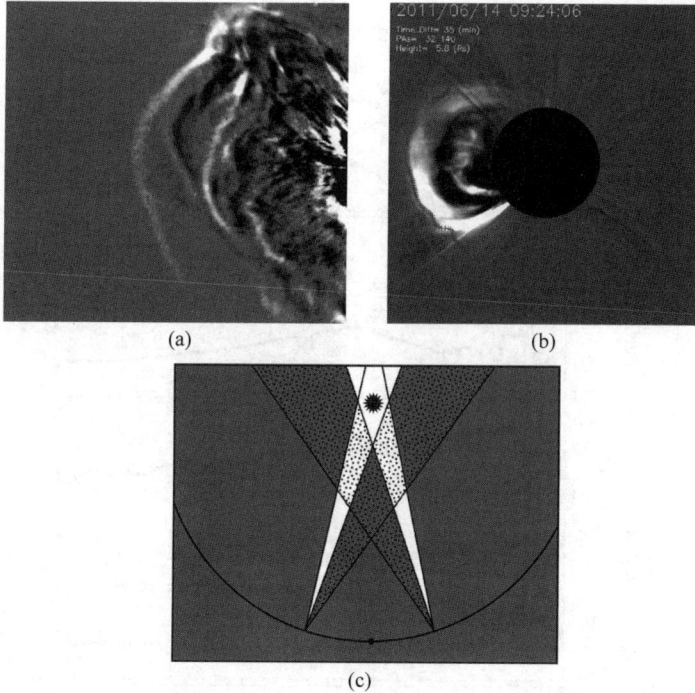

(a)　　　　　　　　　　(b)

(c)

图 5.20　(a)日冕物质抛射靠近太阳时,STEREO-SECCHI 观测到日冕物质抛射的日球层差分图
　　　　像。(b)STEREO 日冕仪观测到的 CME。(c)STEREO 的两个日球层成像仪视场(暗点)
　　　　相对于它们的日冕对应视场(白色视场)所呈现的几何位形(NASA)

以区别于日冕中看到的现象,其中的"I"用于表明就位或行星际空间中的观测。典型 ICME 等离子体和磁场观测特征,如图 5.21 中示例所示,其穿越某静态观测者的持续时间需要 1~2 天。ICME 前端有时会有一个中等偏强的前导激波(leading shock)结构 $(M_{ms}>3)$,后面紧跟着一段压缩、加热过的太阳风等离子体区间。这个区间是磁鞘,或是 ICME 的鞘区。鞘区是在日冕抛射物(ejecta)向前"驱赶"背景太阳风时由抛射物偏转和压缩太阳风形成的。CME 中的日冕物质有时也被称为"驱动气体"(driver gas),因为其作用类似于活塞。通常日冕物质密度与典型太阳风密度相当,但磁场明显增强却又异常地无显著磁场扰动。其离子温度通常低于太阳风的温度,而磁场强度会增强,最终使 CME 内部的 $\beta$ 明显低于典型太阳风中的。在第 4 章中,我们注意到伴随 CME 有时会有暗条结构(filament)的爆发,其在日冕仪图像中表现为亮核。否则 CME 的亮区主要为其外环前导边缘上的高密度物质。暗条物质来源于色球层,有时在 ICME 中会被探测到,并表现为抛射物中或尾端处的密度增加。它可以通过其具有的不寻常的 $He^+$ 丰度来识别(大多数太阳风中的氦主要为 $He^{++}$)。ICME 可能还具有一些其他的非典型离子成分特征,比如 He 和 Fe 的丰度会明显增加,以及内部重离子的电荷态较高,这可能与低日冕中出现相关的耀斑活动有关。

　　在大约 1/3 的 ICME 观测事件中,我们会观测到抛射物中的磁场呈现缓慢平滑的旋转特征,并具有显著的垂直黄道面的 $B_z$ 分量。观测到的磁场旋转可能包含整个或部分 CME 内的抛射物,或者可能观测到连续的磁场旋转特征。有时,尤其是在像 Ulysses 看到的那些

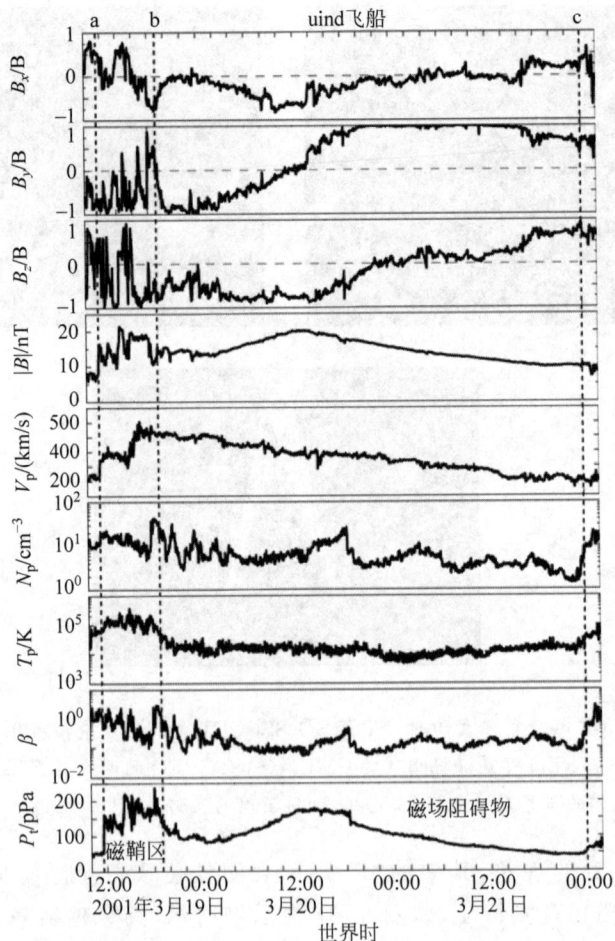

图 5.21　在 1 AU 处观测 ICME 穿越期间（时长约 2.5 天）的太阳风观测事例。ICME 主要区域的典型特征有前导激波（leading shock）、鞘区（sheath），以及抛射物（ejecta）或磁障碍物（magnetic obstacles）——分别如图中竖线 a，b，c 所示（来自 NASA 的 WIND 卫星数据）

高纬观测中，抛射物喷发后还会出现一个后向激波（reverse shock），这表明 CME 有显著的膨胀并且喷发物会出现整体运动。在对这种现象的许多讨论中，人们将这种伴随着磁场增强且磁场方向出现平滑旋转的磁场结构特征称为磁云（**magnetic cloud**，MC），并将其理解为起源于日冕 CME 的大尺度磁通量绳结构。关于 ICME 起源的标准解释如图 5.22 所示，该图显示日冕磁通量绳排入行星际空间，其两端"腿"部依旧通过磁场线连接太阳表面。有时抛射物内部存在明显的双向的超热电子流，这与通过两个"腿"部从日冕中来的 Strahl 电子特征是一致的。然而我们必须要记住的是，图 5.22 仅展示了 ICME 的一个粗略的概念图案，并且双向电子流并不总是存在的。

　　一般来说，并不是所有的 CME 都符合上述图像，而且是否所有抛射物都是磁绳结构也还有争议。在黄道面上，飞船穿越 ICME 时观测到总压强的时间序列特征明显与 SIR 的有所不同（图 5.11（a））。它们没有展现出对称的特征信号，而是根据飞船是否与抛射物相遇的不同穿越路径而展现出不同的时间剖面。如果飞船只探测到 ICME 的前导激波及鞘区，

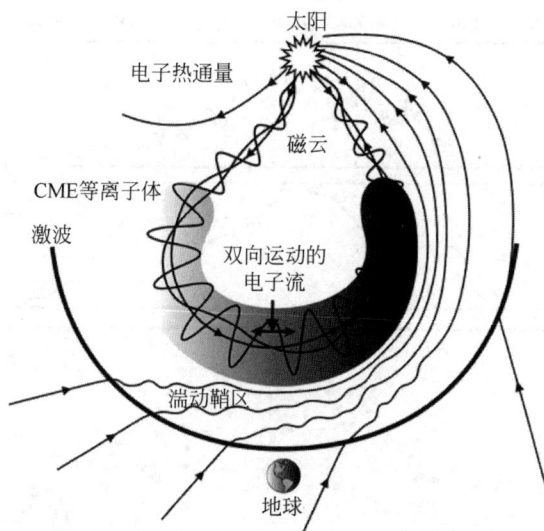

图 5.22　常用于解释 ICME 结构特征的示意图。抛射物是按磁通量绳结构显示出来的(在很多研究描述中称为"磁云")。对于那些在传播过程中并未受到较大扭曲或剥蚀的简单事件结构而言,本图似乎可以提供一个较好的一级近似描述。有些发源于冕流带(streamer belt)的 ICME 则可在行星际磁场的扇区边界层里观测到

没有穿越内部的磁云结构,那么在穿越激波时会看到总压突增,然后慢慢降低。如果飞船遭遇内部的磁云结构,那么在穿越激波后突增的总压通常会进一步增加到最大,再下降。实际上,在观测分析中 ICME 还有许多其他的观测性质,下面将介绍其中一些观测特性。但需要特别注意的是,一个特定的行星际结构是很难完全同时具备这些性质特征的。人们也将看到,对于诊断这些瞬态结构的性质特征,单靠原位飞船的采样观测显然也是存在一定局限性的。

图 5.23 基于飞船就位观测数据,展示了在前一个太阳活动周[①]期间 ICME 发生率的统计规律。我们根据总压(等离子体热压与磁压之和)的变化识别 ICME。正如对日冕图像中 CME 发生率所期望的那样,ICME 的数量变化明显遵循太阳黑子数的趋势。虽然在活动期间我们能够从日冕仪中看到每天能出现几次 CME 事件,但是由于 CME 的空间尺度有限,这会使在黄道面 1 AU 处飞船的单点原位观测每月只能观测到几次 CME 特征事件。相比之下,在整个太阳活动周期间,在每个太阳自转周(约 27 天)内我们会在地球附近处常规性地观测到 2~4 个太阳风流相互作用区结构。除少数情况外,每次太阳自转周期间产生的少数 ICME 对平均行星际条件而言,仅对太阳风速度和密度(27 天自转平均)的活动周趋势产生轻微影响(见图 5.8)。另外,ICME 在太阳活动期间可能产生极端的太阳风等离子体与磁场条件,它带来的偏离黄道面的行星际磁场分量(IMF $B_z$ 分量)有时会产生较为显著的地磁效应。

人们将较多注意力放在了如何用无力位形的磁通量绳模型(在第 3 章中介绍过)拟合就位观测的 ICME 磁场数据,这可以在某种程度上帮助我们获得对飞船采样数据的理解,也

--------

① 根据原书成书时间,前一个太阳活动周为第 23 太阳活动周。

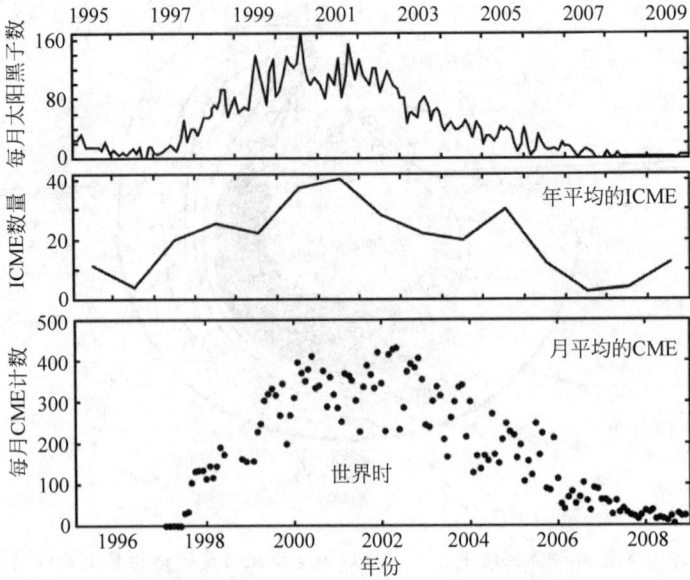

图 5.23　相比太阳黑子数(SSN)及日冕仪图片中的 CME 出现率,本图给出了第 23 太阳活动
周期间 ICME 的统计数量(L. K. Jian,个人交流,2010)

能尝试将抛射物与其日冕源区(见第 4 章)联系起来。这些拟合通常假设磁通量绳截面为圆对称或者椭圆对称结构(轴向为参数),或更复杂的形态结构,然后通过周围行星际磁场的变化特征确定 ICME 的截面和轴向。在抛射物具有磁绳(磁云)结构特征的 ICME 中,人们发现存在一些有趣的太阳活动周变化,比如观测到垂直黄道平面的 IMF $B_z$ 分量主要为先北后南的极性变化向,但在相邻活动周观测到的极性变化则变为先南后北(图 5.24)。一些研究认为,如果能假设冕流带(streamer belt)或极区冠状暗条(polar crown filament)是 CME 源区位置的通道(图 4.28),那么这种变化行为是可以理解的。虽然我们证实了 ICME 内部的极性存在长期变化,但是我们还是不能完全确定或预测 CME 的源区。然而,尽管我们得到的抛射物磁场极性的长期变化趋势是经得起推敲的,但其细节过程还远未被深入理解认识,我们的认知水平还达不到通过观测到的日冕源区位置就能可靠预测 ICME 内部磁场的程度。

事实上,只有大约 1/3 的 ICME 的抛射物磁场结构可以很好地用简单的磁通量绳模型来拟合,部分原因可能是卫星对所穿越 ICME 的就位采样测量有限,另外也并非所有 CME 抛射物都有理想的磁绳结构形式。一些 CME 从其开始触发时就以复杂的方式发展,日冕仪图像表明,甚至在 CME 离开日冕仪视场前其初始结构中就存在磁场旋转和扭曲特征(图 5.25)。如果在初始区域 CME 中有暗条结构能够对其喷发结构形成足够大的物质补充,那么 CME 的喷发演化可能会受到影响。考虑到前面描述的背景日冕和太阳风的复杂性,即使是最简单的 CME 抛射,其在从源区向外移动的过程中也可能被周围环境显著改变。特别是在 CME 频繁发生的太阳活动极大年期间,由于 CME 喷发与太阳风的相互作用——在日冕中或向外传输过程中,会使就位观测到的 ICME 结构显得更加复杂。而且由第 4 章可看到,CME 经常伴随着冕流的出现,意味着许多 CME 会抛射到慢太阳风中,并与本身就较为复杂的慢太阳风发生相互作用。对于一个具有特别宽的环状 CME 结构(CME

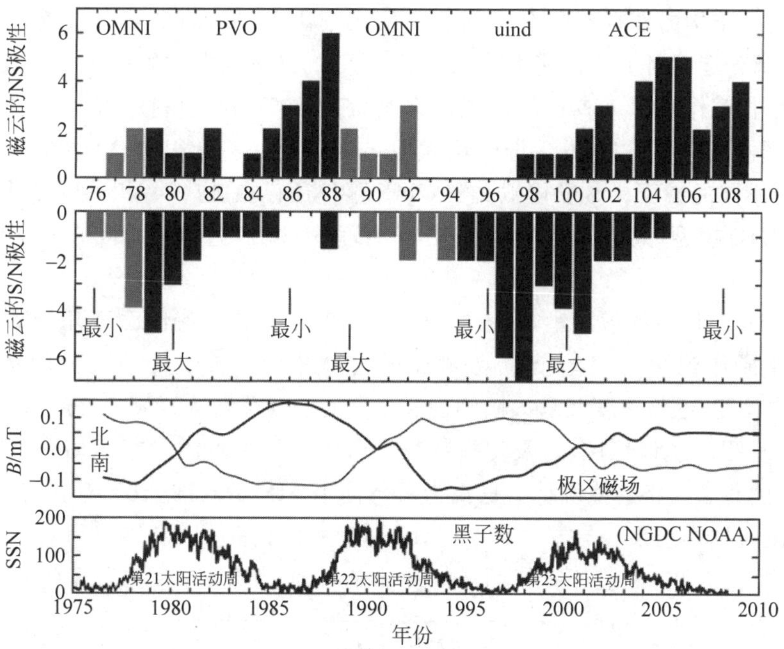

图 5.24　ICME 磁场"极性"或者是抛射物的南北磁场分量的时序变化(NS 或 SN)随太阳活动周的统计变化规律。为方便比较,图中还显示了太阳极区磁场★及太阳黑子数的活动周变化[1]。注意,太阳极区磁场极性的周期变化与活动区的周期变化具有不同的相位(见第 4 章)。所有这些磁场特征之间的关系仍在研究中。★参见 Wilcox 太阳天文台 wso.stanford.edu(改编自 Li et al.,2011[2])

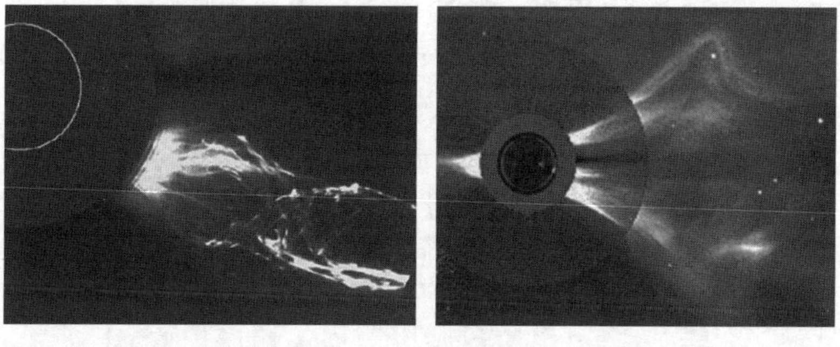

图 5.25　在日冕仪和日球层图像中有时会观测到 CME 向外喷发时会出现扭曲变形的情况。初始爆发的 CME 结构在外观和方向上出现的这些变化可能部分是由它与周围日冕结构的相互作用引起的。当抛射物向外运动进入太阳风时,这些作用和变化会继续积累,这使 CME 呈现出另一种变化来源,进而使人们很难将在低日冕中的观察与在 1 AU 处驱使 ICME 运动的观测联系起来(SOHO LASCO 图像(ESA/NASA))

---

　　[1]　图中 NGDC NOAA 意为美国国家海洋大气局下辖的美国国家地球物理数据中心(National Geophysical Data Center)。

　　[2]　图中灰色直方图来源于 OMNI 的数据。NS 表示飞船观测到 IMF 的极性为先北后南,同理 SN 为先南后北。

位于冕流带中心)的日冕仪图像,该图像表明 CME 呈现出一个内凹形的形状结构,从运动学上可以理解为结构的外端部分在冕洞边缘处在较快太阳风的带动下以较高速度向外运动,而其中心部分迎面对上了慢速太阳风。图 5.25 的日冕仪图像则展示了 CME 与周围日冕太阳风发生相互作用时,CME 的外观形态发生的改变。人们利用多卫星在不同位置对同一 ICME 事件进行了观测,发现即便两颗卫星的间距并不是很大,也能在每个地方观测到 CME 具有不同的特征。尽管模拟真实 CME 事件还存在挑战性,相关研究进展也比较缓慢,但通过 MHD 模型,人们正在更深入、更好地理解 CME 抛射物及其在日冕和行星际中的演化。

由于 ICME 对地球的潜在影响,人们对 1 AU 处 ICME 的特性已经开展了很多就位观测。我们基于成像观测和卫星就位观测数据通过分析 1 AU 处 ICME 的特性,获得了 ICEM 的平均尺度、运动速度及从太阳到观测者之间的演化行为。图 5.26 展示了 ICME 在 1 AU 处的一些平均统计特性,以及传播特征。由于卫星单点测量很难估计 ICME 的经纬度尺度范围,因此必须将这些统计数据视为对不同 ICME 不同部分(具有独特空间依赖性)所做观测的随机抽样结果。与同一时期 CME 速度的比较揭示了 ICME 速度总体统计中的一个重要结果(图 5.27)。基于日冕图像的统计显示,大多数 CME 在离开日冕仪视场时(视

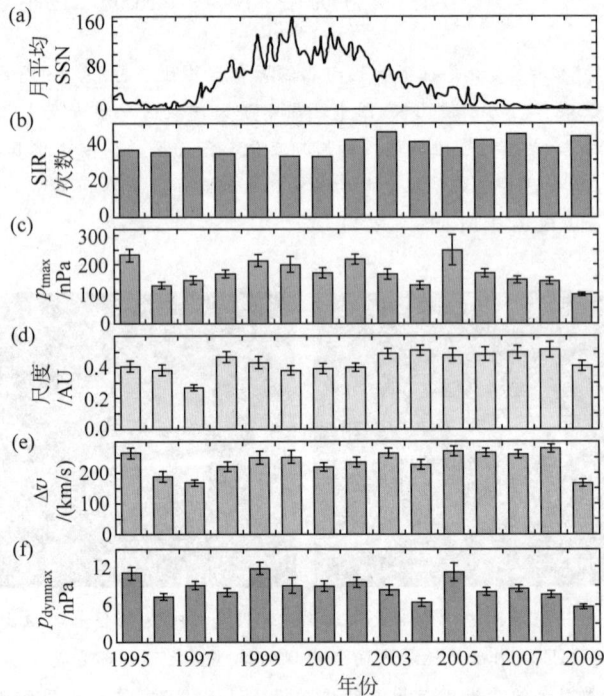

图 5.26  在一个太阳活动周时间内,1 AU 处的 ICME 年统计分布特征。平均而言,ICME 在太阳活动极大年期间的尺度更大、速度更快。(a)月平均的太阳黑子数;(b)每年发生 SIR 的次数;(c)每个 SIR 事件的最大平均静态压强(磁压与热压之和);(d)ICME 的平均径向尺度;(e)穿越 ICME 期间的平均速度变化量;(f)最大太阳风动压的平均分布[①](L.K.Jian,个人交流,2015)

---

① 子图(f)在原文图例中并未给予说明。

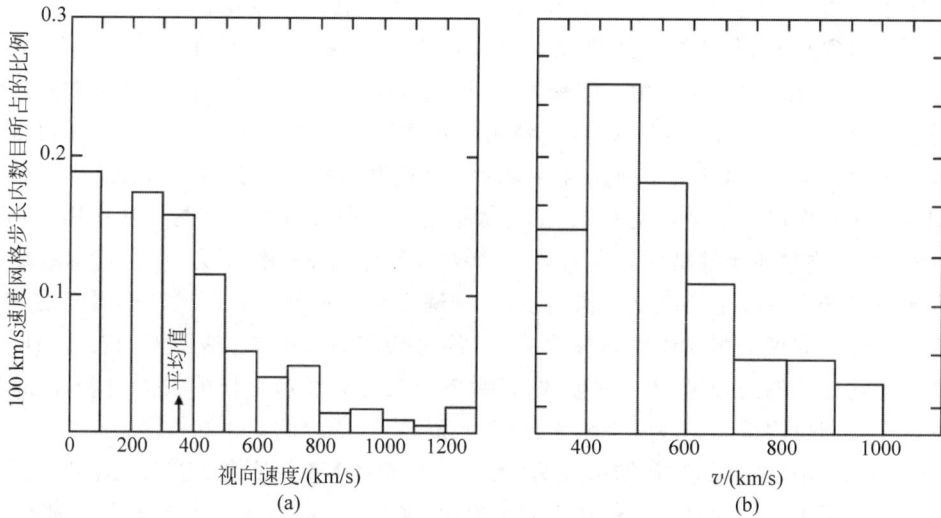

图 5.27　比较日冕仪图像中得到的 CME 统计速度(a)与在 1 AU 处得到的 ICME 速度(b)。图
　　　　形对比表明在太阳处速度最慢的 CME 要么会在局地太阳风中消失而不能被探测到,
　　　　要么在向外移动时会被加速到平均太阳风速度((a)来源于 Hundhausen、Burkepile 和
　　　　St. Cyr,1994;(b)来源于 Bothmer 和 Schwenn,1998)

场范围达几十个太阳半径)速度是很慢的,许多 CME 开始向外运动时,其速度范围在每秒
几十千米到太阳风速度之间。在 1 AU 处,ICME 统计速度的最大值接近太阳风平均速度
(300~400 km/s)。CME 与 ICME 的两种速度统计分布都显示出具有较高速度的尾端结
构,尽管有些 CME 事件可表现出更高的速度。如图 5.28(a)所示,通过使用所谓的 CME
和 ICME 之间的正交观测(quadrature observations)技术,我们可以更好地理解这种差异。

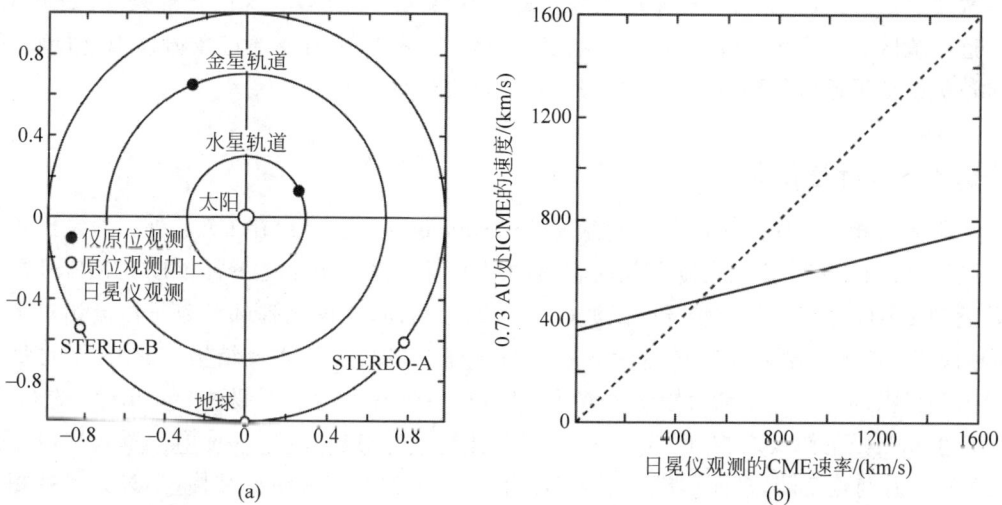

图 5.28　(a)通过比较在太阳临边测量到的 CME 速度(图像观测)和飞船就位观测到的 ICME 速度(与
　　　　STEREO 的方位角差 90°)来说明正交观测。(b)实线表示由正交测量确定得到的速度变化趋势,
　　　　虚线表示图像得到的速度与就位观测得到的速度是一样的。这项技术表明,慢速 CME 在发展为
　　　　ICME 之前会被加速,而快速的 CME 则会减速((b)基于 Lindsay et al.,1999 的结果)

相对于飞船就位观测 ICME,在正交观测中,观测者利用日冕仪在方位角相距飞船 90°的地方可观测到 CME 从太阳临边离开。利用正交技术,我们可以更准确地获得 CME 在传播过程中的速度及速度的变化量。结果表明(图 5.28(b))在太阳附近,速度比太阳风慢的 CME 会在传输到 1 AU 的过程中被加速到太阳风速度。而比平均太阳风速度快的 CME 在传输过程中会减速,直到其速度减到与背景太阳风速度一样。在这两种情况下,CME 与背景太阳风的相互作用肯定会影响 CME 的传播速度。人们认为产生这些相互作用的物理过程,包括在抛射物边界层处由流体不稳定性产生的各种似摩擦作用力,以及抛射物磁场与背景太阳风磁场之间发生的磁重联作用,这些物理过程是对 ICME 开展建模研究的重要组成要素。日球成像仪的照片还表明慢速 CME 经常会与 SIR 合并,这使人们在 1 AU 处几乎无法区分这二者的混合结构。注意,冕流瞬态结构也会经历这样的发展过程,这说明在某种程度上太阳风内部总是存在一些多尺度的、复杂的、混合的演化结构。

CME 和 ICME 速度的统计结果表明(图 5.27),很少有 CME 或 ICME 的事件的速度能超过在最大冕洞中心处观测到的最快太阳风速度(800 km/s)。在一个太阳活动周内,可能会有一到两次速度超过 2000 km/s 的 CME 事件,或者说在特定位置可能有一例能超过 1200 km/s 的事件。为什么这些 CME 或 ICME 事件比较特殊,可以达到这么大的速度,远远超过太阳风速度呢? 从日冕仪图像和就位观测数据中还能发现另一个相似的日冕抛射物演化特征,那就是存在显著的向外平移运动及抛射物横截面的显著扩张(图 5.29)[①]。平移和扩张之间的相对划分有着复杂的起源因素。如第 4 章中所述,CME 的爆发与很多具体因素有关,包括活动区新浮现磁通的参与,日冕结构的尺度或复杂性等(受表面剪切流或磁通湮灭作用,日冕结构会存储能量)。然而无论决定因素究竟如何,相对于背景环境,抛射物的内部压强必然决定了 CME 的膨胀扩展能在何种程度上加速到较快的 ICME(具有较强的前导激波)。此外,这些快速事件可能是多重事件,在快速连续的传播过程中可包括两次或多次喷发活动。例如,有些较早时候发生的事件可能产生比较特殊的物理条件,如 ICME 的尾迹稀疏区会使后续事件更容易出现快速膨胀。这些想法需要通过数值模拟进行验证,通过数值模拟可近似得到极端事件的许多具体过程信息。

### 5.3.3　行星际激波

太阳风流相互作用产生的行星际激波(interplanetary shocks)在 1 AU 处一般是比较弱的,尽管激波沿压缩作用区会随着径向距离的增加而增强。相比之下,CME/ICME 可在日冕附近和 1 AU 处产生相对较强的激波(图 5.30)。然而,考虑到外部等离子体流相对于障碍物的速度,地球弓激波和行星弓激波依旧是日球层内最强的激波结构。CME 抛射物与背景太阳风沿同一方向运动会影响激波的强度,这使仅有少量速度超过 800 km/s 的 CME 能够产生相当强的激波结构(图 5.27)。然而,由于同样的物理过程(见第 6 章),磁声波会在 CME 上游前端变陡,进而形成一个类似于行星弓激波的前端激波结构(不过其尺度相对较大)。ICME 激波是否可被视为日冕激波的延续还是一个单独的激波,我们在前面已经讨论过了,该答案当然取决于所研究问题的抛射速度及其在日冕 $20R_S$ 内和在这之外的日球

---

[①]　原文中并未对图 5.29 进行具体的引用和说明。译者认为可在此处引用图 5.29。

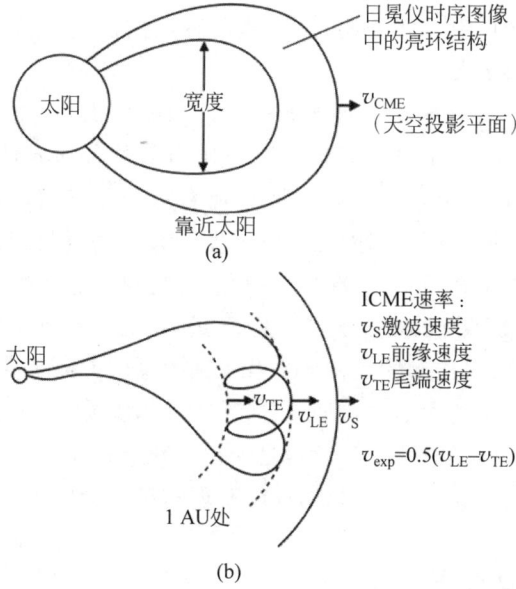

图 5.29　(a)显示了如何通过靠近太阳的日冕仪天空平面图像中确定 CME 的速度($v_{CME}$)和宽度。这些速度通常是基于对图像序列中亮环锋面的运动而估算得到的。(b)通常在 ICME 的就位测量诊断中涉及的各种速度。任何前导激波的速度都统一标记为 $v_S$，前导激波测量上表现为等离子体速度和密度的跳变。当致密的激波等离子体穿过飞船时，飞船以速度 $v_{LE}$ 进入抛射物磁绳结构的前端(leading edge)，或者说磁云以 $v_{LE}$ 行进并穿过飞船。这通常表现为测量到磁场强度的增加，随后是磁场出现缓慢旋转。磁云的尾端(trailing edge)通常速度($v_{TE}$)较慢。抛射物或磁云的膨胀速度为 $v_{exp}=0.5(v_{LE}-v_{TE})$，之所以膨胀是由它进入逐渐稀薄的背景太阳风中时内部压力相对过大引起的

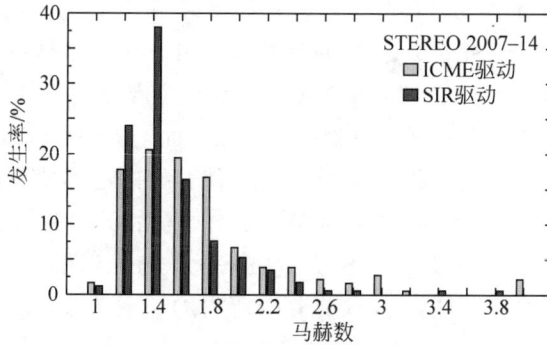

图 5.30　ICME 和 SIR/CIR(在 1 AU 处观测)激波马赫数的统计比较(L. K. Jian，个人交流，2015)。ICME 通常会产生较强的激波，考虑到激波驱动源的不同形态，激波法向也会有所不同(见图 5.11(b)和图 5.22)

层运动路径。考虑到抛射物在膨胀的同时也会在太阳风中运动，因此这些共同作用决定了行星际激波的强度和形态，而行星际激波会受背景非均匀太阳风的调制改变。人们可能会期待，相比一般强度的典型 ICME 事件，那些尺度更大、速度更快且内部压强更高的事件会在它们流经 1 AU 处时保留更多的日冕属性。但是事实上对强 ICME 事件的分析表明，这

些 ICME 几乎都是以自相似的方式膨胀，它们激波阵面的法向近似接近于径向，好似上面提到的影响因素对其影响不大。

或许有人期望 ICME 激波具有等效于地球激波前兆区的作用。地球激波前兆区处的波动是由入射太阳风的反射离子与太阳风相互作用引起的各向异性分布和相关不稳定性激发产生的。然而，我们在行星际激波处对波动观测的研究仍相对处于早期阶段，所得结果还没有太明显的分布特征。部分原因是激波尺度太大，使我们很难由某一特定激波穿越就能推测得到激波的全貌图案，还有一部分原因是，与地球轨道飞船不同，日球层飞船搭载的常规等离子体和磁场探测仪器的分辨率仍不足以研究激波结构。在进入下一个话题——太阳高能粒子时，值得指出的是在第 4 章提到的关于 CME 的 MHD 模型中，等离子体会以"锥形形态"注入真实的太阳风模型，产生类似 ICME 激波演化的全球图像。这些模型对于从日冕到观测点之间激波形态和参数是如何变化给出了一个大致的图像，但需要提醒的是，由于缺乏对抛射物/驱动物的描述，这给模型的进一步应用带来了限制。

### 5.3.4　太阳高能粒子

关于日球层激波的讨论会自然而然地转入太阳高能粒子(**solar energetic particle**，SEP)的话题讨论中来。在第 4 章中关于日冕粒子加速及日冕激波的讨论时我们就已经接触到这个话题了。这里我们将到日球层这个更大的图像尺度中讨论所探测到的 SEP。在文献中，我们会发现好几个关于太阳高能粒子的同义词：SEP、ESP 及 SPE，这些术语很容易让人混淆，分别代指太阳高能粒子(solar energetic particle，SEP)、高能暴粒子(energetic storm particle，ESP)及太阳粒子事件(solar particle event，SPE)。使用较为广泛的术语是 SEP 和 ESP 事件，它们分别指代一般的太阳高能粒子(SEP)事件，以及太阳高能粒子通量增强事件(ESP 事件，可能发生在 ICME 激波穿越观测者时)。人们在对一些 SEP 事件的讨论中会将 ESP 事件当作广义 SEP 事件的一部分。这里我们将采用 SEP 的广义定义，将 ESP 事件当作部分 SEP 事件(不是所有 SEP 事件)的特殊特征。SEP 可以根据持续时间和时间剖面特征分为脉冲型事件和渐进型事件，或者根据发生源判断其是耀斑 SEP 事件还是 ICME 激波 SEP 事件。SEP 术语命名暗含的观测及物理意义在下面内容中可体现得更清楚。

SEP 事件表现为离子或电子通量的瞬时增强，使粒子的超热能量超过粒子某个大体的能量阈值(离子为几百千电子伏特，电子为几十千电子伏特)。对于所有日球层离子而言，SEP 离子主要以质子为主，但重离子对 SEP 的贡献大致与光球层处的基本一致。在 1 AU 处，SEP 在整个日球层粒子的能谱和通量谱中所占的位置如图 5.31 所示。银河宇宙线(galactic cosmic rays，GCR)主要由能量为 100 MeV 以上的离子和能量为几 MeV 的电子组成，且通量相对稳定。而与 GCR 不同的是，SEP 的通量在不到一小时(对应很弱的事件)到几天(对应较强事件)的时间内，会增加几个数量级。在某些情况下，持续时间特别长的 SEP 事件表明多个 SEP 事件发生了合并或者行星际条件有助于背景行星际磁场捕获 SEP。在第 4 章中，我们简要描述了日冕中的几种粒子加速机制(包括耀斑处，或耀斑/CME 激波处)。SEP 可能起源于这些加速机制，并沿着日冕开放磁场线向外传播，或者说 SEP 可能起源于太阳风中的 ICME 激波处(在日心距离 1 AU 及其之外的区域)。总的来说，SEP 事件的时间剖面、能谱、投掷角分布，以及粒子组分等信息提供了 SEP 的起源证据。在这里我们强调 SEP 主要由质子组成,并简要提及与其伴随的重离子和电子特征。

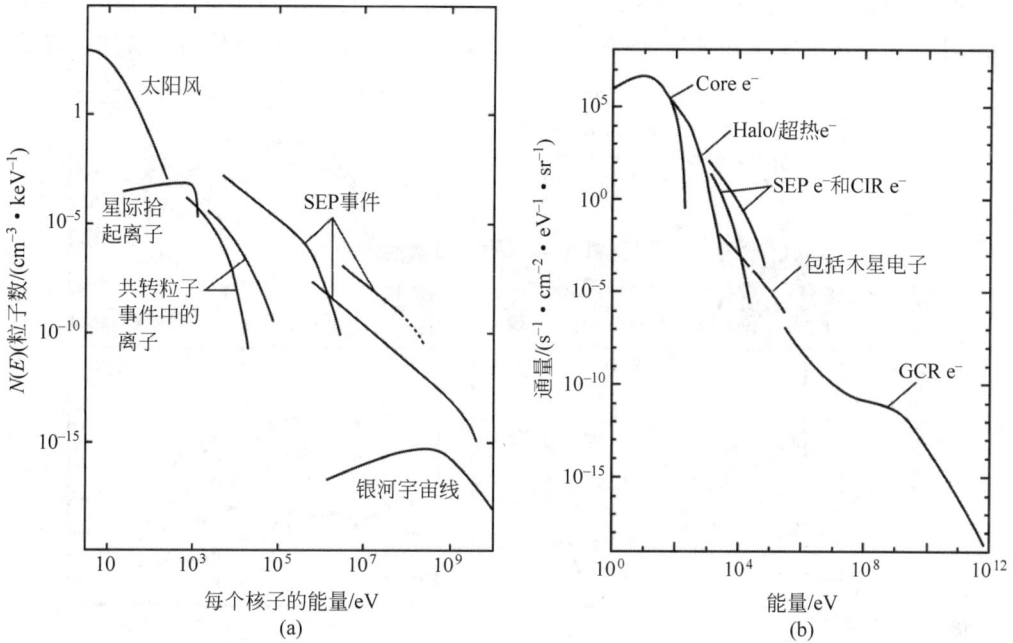

图 5.31　日球层粒子的能谱图。(a)质子能谱(在 1 AU 处);(b)电子微分通量谱[①],图中显示了不同种
　　　群电子(包括太阳能量粒子)在通量和能量上的广袤分布

最简单的 SEP 事件是那类相对较弱的标记为“脉冲型”(impulsive)的 SEP 事件。这类事件常伴随耀斑活动,并与 X 射线和射电辐射的爆发有关(第 4 章有对不同太阳射电暴的描述)。除它们的通量不算大之外,这些事件的特点是能量粒子通量会快速爆发并随后随时间衰减,持续时间最多为几小时。相比下面要讨论的“渐变型”(gradual)SEP 事件,“脉冲型”SEP 事件有更为陡峭(“软”)的能谱,且具有较高的电子/质子比值。图 5.32(a)展示了一个典型的脉冲型 SEP 事件。脉冲型 SEP 有时也被称为耀斑 SEP(flare SEP),因为人们认为它们直接来源于太阳耀斑位置处,而其中一些耀斑可能太小或太微弱而无法探测到。考虑到光速传播(约 8 min)和粒子传播的时间(几十分钟到几个小时)的差异,我们可以判断图 5.32 中脉冲型 SEP 事件的起始与 X 射线事件起始几乎是同步的。如第 4 章中所述,耀斑位置处的加速机制包括与重联关的加速(主要为电子加速)、激波有关的加速及波粒相互作用。对于电子和离子而言,其主要加速机制可能是不同的。引起射电暴的电子最容易在重联区被加速,而离子经常与激波加速有关,尤其是对于一些特定种类的重离子(比如He-3)来说,它们是通过波粒相互作用来加速的(见第 4 章中回旋共振引起的波动加速)。相比渐变型 SEP 事件中的平均值,脉冲型 SEP 事件会呈现重离子(如 Fe)丰度的缓慢增加,并且离子的电离态要比太阳风中的高,这进一步说明脉冲型 SEP 来源于异常热的日冕区域。人们普遍认为能否观测到脉冲型事件取决于观测点处是否对应连接到太阳源区的开放磁场线。注意,在日冕开放发散场的磁镜力聚焦作用下,源区附近投掷角分布原本为各

---

① 注意,图 5.31(b)中 y 轴单位,cm 应该是 −2 次方。而原文写为了 cm 的 −1 次方。

向同性的粒子,会变为几乎是场向的束流粒子。这些事件中的离子和电子属性都是通过耀斑时间和它们的通量分布推断出来的,它们在行进过程中与太阳风中的不规则体几乎没有相互作用,几乎是沿磁场方向(横越磁场的扩散效应很小)从太阳源区传播到观测位置处。

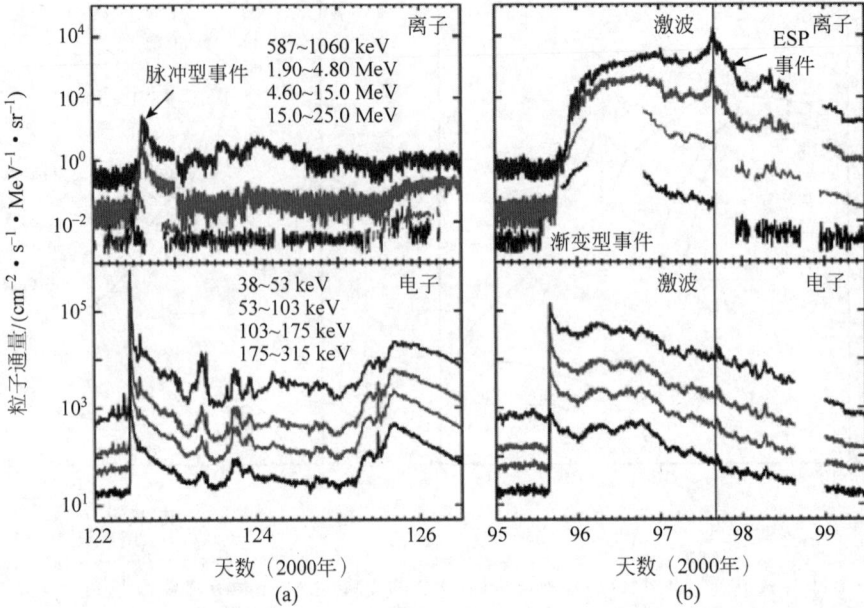

图 5.32　图例说明了几类主要 SEP 事件的时序发展过程,或者说在几个能段范围内测量到的离子和电子时间变化剖面。SEP 事件通常可分为脉冲型(快速起始,在几小时的时间尺度内衰退)和渐变型(可能是突然起始,也可能是缓慢起始;可持续几天时间)。太阳耀斑事件经常属于脉冲型事件,而与 ICME 相关的事件基本上为渐变型事件。(b)中离子通量在穿越激波时的上升事件称为 ESP 事件(见正文)(引自 D. Lario,2005)

　　在这一点上,关于太阳-观测点(通常在 1 AU 处)之间 SEP 经历的变化还是要交代一下,因为这会极大影响我们对所观测 SEP 事件的理解。然而在有碰撞作用的低日冕中,可能存在粒子间的相互作用和散射等,但影响粒子整个运动路径的主要过程还是波动带来的随机作用,这包括日球层中的磁场波动,以及任何偏离 Parker 螺旋线的磁场扰动结构。就如在波动和湍动及慢速太阳风瞬态结构成分背景下讨论的那样,后者(太阳风瞬态结构)可由开放磁场线(植根于不断演化的太阳磁场)的不断变换和调整引发(见第 4 章)。结果使原本与磁场紧紧"黏"在一起的带电粒子受到有效的"扩散"作用,从而使我们观测到的 SEP 与源区处发射出的 SEP 有所不同。在后面讨论银河宇宙线的时候,我们还会再次讨论到这个概念。对于 SEP 而言,我们经常根据其扩散行为解释脉冲型 SEP 事件中粒子通量随时间的衰减过程(图 5.32(a))。同样,日冕中粒子散射的增强,尤其是离子散射,有时用于解释 SEP 的发出时间相对于 X 射线事件发生时间存在较长的延迟,或者说 SEP 的起始时间与粒子沿 Parker 螺旋路径从太阳到地球的(长度约为 1.2 AU)预期到达时间存在延迟。但是,如果发出 SEP 的同时产生了 CME,那么影响 SEP 事件时间变化最大的因素就是出现了传播运动的 CME 激波源。

　　在讨论渐变型 SEP 事件之前,我们简要回顾下 SIR 或 CIR 与背景太阳风的压缩作用。

如本章前面讨论的,SIR 有时会被螺旋型的前向激波和后向激波包裹。尽管在地球轨道之外 SIR 的压缩会变得更强且大多时候会有激波发生,但是 SIR 依旧会在 1 AU 处产生能量粒子。原因在于这些加速的带电离子和电子会沿日球层磁场线向内朝向太阳运动及向外远离太阳运动。它们对整个日球层能量粒子能谱的一般贡献如图 5.31 所示。在 SIR 或 CIR 穿越的几天时间内(由图 5.11 的等离子体和磁场数据可见),通过识别超热离子和电子通量在此期间的增加可容易识别出与 SIR 相关的 SEP 事件。尽管这些事件比大多数我们感兴趣的 SEP 事件弱一些,SIR/CIR 产生的 SEP 事件对于深入认识太阳风里的粒子加速提供了重要见解,而且由于这些事件能产生广泛的日球层超热粒子,它们对于产生渐变型 SEP 事件也能提供助推作用。

　　一个能记住不同类型 SEP 事件的有用方法是将脉冲型 SEP 事件视为与耀斑相关的事件,而将所谓的渐进型 SEP 事件主要视为与行星际激波相关的事件。如图 5.33 所示,耀斑源是固定在太阳上的,而激波源位于 CME 抛射物前端并向外运动。就像脉冲事件中磁场连接耀斑位置一样,观测者与运动激波源通过磁场连接,这对于渐变型 SEP 事件出现在某一特定位置是至关重要的。然而在这种情况下还会带来另一种复杂性,那就是激波源不仅会运动,而且激波的精细特征,以及与观测者的磁连接都会随激波向外运动而不断发生连续性变化。因此,不同日球层位置处的能量粒子时间变化剖面取决于记录的特定激波历史变化过程。激波的压缩比(密度跳变)、速度跳变,以及激波法向角(见第 6 章)等因素都对控制能量粒子的时间剖面起到了作用。由于 CME 抛射物前端的激波通常需要几天才能到达观测点,渐变型 SEP 事件时间剖面的初始部分包括上升时间和通量峰值,取决于观测点可在何时何地通过磁场与激波相连。

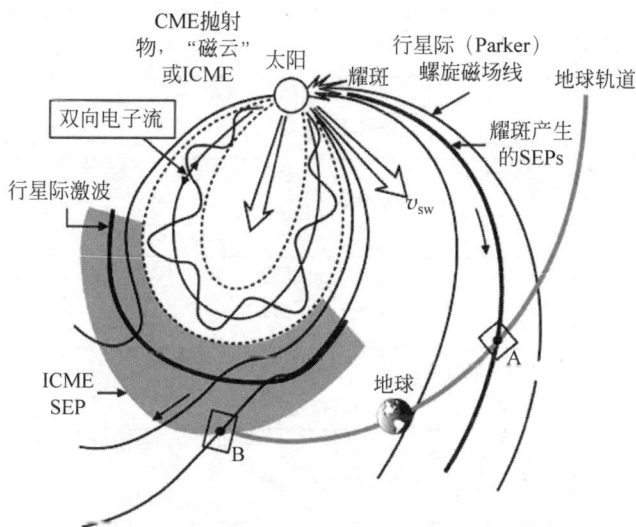

图 5.33　该日球层背景示意图说明在不同观测点处可能从同一太阳事件中看到不同类型 SEP 事件的特征信号。根据同样的道理,某原位观测者会根据其与 CME 的相对位置而感受到不同的 ICME 特征信号,观测者在这里将会看到不同的 SEP 事件时间变化信号。这里与耀斑相关的粒子可能只在 A 处才能看到。地球可能会看到一个渐进型的 SEP 事件,但不会看到 ICME 本身,而在 B 处可能同时看到脉冲型和渐进的 SEP 事件(引自 Luhmann 等,2008)

如果观测点最初与低日冕的 CME 强激波相连,那么渐变型事件的起始可能很迅速。当在太阳低纬靠近西侧临边的区域产生一个快速 CME 抛射事件时,这种情况就可能出现。在这种情况下,随着激波向外运动的速度方向与日地连线方向成直角时,观测点与激波就会断开磁场连接。结果,这种 SEP 事件看起来像脉冲型的起始,但其衰减过程与激波离开观测点磁场连接的路径有关。注意,这与前面描述的耀斑脉冲型事件完全不同,耀斑脉冲型事件的衰减归结为仅由耀斑源的变化及粒子在行星际磁场中的扩散作用引起。读者需要注意的是,文献中会使用"脉冲"(impulsive)这种词同时描述耀斑 SEP 事件及那些起始快、时间短的 CME 激波源 SEP 事件。这里值得注意的是,这种 CME 与地球位置之间的几何结构位形对于一类称为 GLE(ground-level events)的特殊 SEP 事件而言是很常见的;GLE 比大多数 SEP 事件有较硬的质子能谱,能量可达几十亿电子伏特量级。对于 GLE 这类源区一般位于太阳西侧的 SEP 事件而言,其源区位置表明观测点沿螺旋状日球层磁场很可能与异常强烈喷发的激波相连,尽管激波还位于低日冕中($2 \sim 5 R_S$)。

相比之下,图 5.34 展示了观测者在日盘中心附近看到的典型 SEP 事例(与晕状(halo) CME 相关)的时序变化图。在这种情况下,我们可以看到完整的渐进型 SEP 事件发展序列及 ICME 抛射物带来的影响。与耀斑脉冲型事件相比,渐进型事件(图 5.32(b))倾向于以离子成分为主导,且平均的离子组分更类似于太阳风(如下面所述,尽管有时渐进型事件兼有脉冲型 SEP 和太阳风两种组分)。渐进型事件有时与 II 型射电暴有关(这表明有 CME 激波)。此外,激波穿越时可能会看到 ESP 的通量增强事件。ESP 常被理解为沉浸在扩散激波加速区中那部分额外的离子通量,在这个地方,粒子仍然被磁场波动捕获并经历有效的

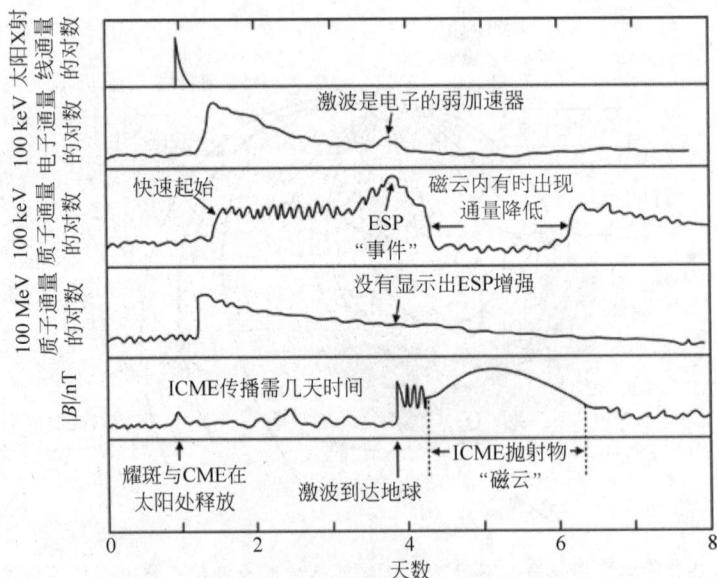

图 5.34 在一次大的太阳活动爆发过程中观测到的这些活动事件的可能时序发展。这些事件的性质及时间序列对于空间天气预报来说非常重要。注意,在耀斑 X 射线和射电爆发之后,SEP 是第一个到达的爆发事件。然而,如图 5.33 中的磁场连接,这些活动事件可能并不是地磁暴(由 ICME 触发)的发生先兆

加速。事实上,在 ESP 期间的质子能谱比其他时刻的渐进型 SEP 能谱显得更"软"一些。尤其是快速的晕状 CME 很可能在 L1 点处产生 ESP 事件,因为这些 ICME 激波的"鼻端"正好打到地球。在 ESP 增强逐渐衰退后,能量粒子的方向可能会从最初的朝外方向(向外运动时激波还在 1 AU 以内)转为向日方向。此外,当 ICME 抛射物经过时可能还会同时发生 SEP 通量的下降,这表明抛射物在后向激波处形成了一个单独的磁通系统,这使 SEP 不易进入。另一种情况是,耀斑脉冲型事件有时会在渐进型事件起始时观测到,和(或)在可能与日冕活动区保持连接的 ICME 内部观测到。考虑到大 CME 事件与耀斑的关系(见第 4 章),观测到两类 SEP 事件共同存在的现象也不惊讶。最后,当 CME 发生在相对于观测点的日盘东边或者临边处时,由于行星际磁场的螺旋性结构,观测点与最强激波源处不太可能通过磁场相连。结果,相对于日盘西边的 SEP 事件,日盘东边的 SEP 事件往往比较弱且起始速度也相对较慢。

　　表 5.3 总结了两类 SEP 事件的属性。这个表使 SEP 的分类显得更加清楚——可将脉冲型事件严格视为与耀斑相关的事件,而与此截然不同,对于渐变型事件,观测者沿磁场线与激波连接才是关键。通过几十年的 SEP 观测及其相关的太阳活动事件,至少在一阶近似程度上,人们已经整理出了那些通量包含不同时空信息的渐变型 SEP 事件。然而,即使是现在,对那些具有快速起始且来源于太阳附近的初期渐进型事件粒子还存在争论,也就是这些粒子到底是在伴随 CME 喷发时由(相关的或背景的)耀斑过程加速,还是在 CME 刚刚开始向外运动时由 CME 激波加速。研究这个问题要经常用到离子成分的论据信息,就像在耀斑脉冲型事件中看到先期存在的重离子那样,这被认为是存在耀斑贡献的证据。但这一理解又会与日球层中存在的超热"种子粒子"混淆,这些超热粒子来自之前的 SEP 事件,它们会进一步被 ICME 激波加速。因此,另一个相关争论在于渐变型 SEP 离子事件的强度是否不仅取决于 ICME 的激波特性,也取决于背景能量离子群体的存在(这些离子来源于前面的 SEP 事件、持续的弱脉冲事件和/或 SIR/CIR 加速粒子)。事实上,由于弱脉冲型事件几乎总会出现,SEP 事件的总体发生频率主要由弱脉冲型事件主导。另外,与快速 CME 事件一样,图 5.35 对高能粒子通量的统计结果表明,渐进型 SEP 事件具有很强的太阳活动周变化特性。如上所述,有时 SEP 事件能维持很高的通量,其高通量持续时间比单一ICME 激波通过的预期时间还要长。据推测,这时候出现的多个 ICME 或 ICME 与流相互作用区的共同作用会产生 GMIR(global merged interaction regions)。GMIR 既会发出 SEP,也会捕获 SEP,从而延迟 SEP 逃离日球层的时间。因此,与 CME 相关的,具有更大 SEP 通量且具有更长持续时间事件的潜在影响才是观测、理论、建模和太阳时间预报等方面的科学家最感兴趣的。

表 5.3　太阳能量粒子(SEP)的一般分类/特征

| 分　类 | "脉冲型"事件 | "渐变型"事件 |
|---|---|---|
| 伴随物 | 耀斑 | CME,ICME,激波 |
| 持续时间 | 几小时 | 几天 |
| 特征组分 | 高 $^3$He/$^4$He,Fe,电离态的重离子,以及电子 | 太阳风离子组分 |
| 射电爆发类型 | Ⅲ | Ⅱ |

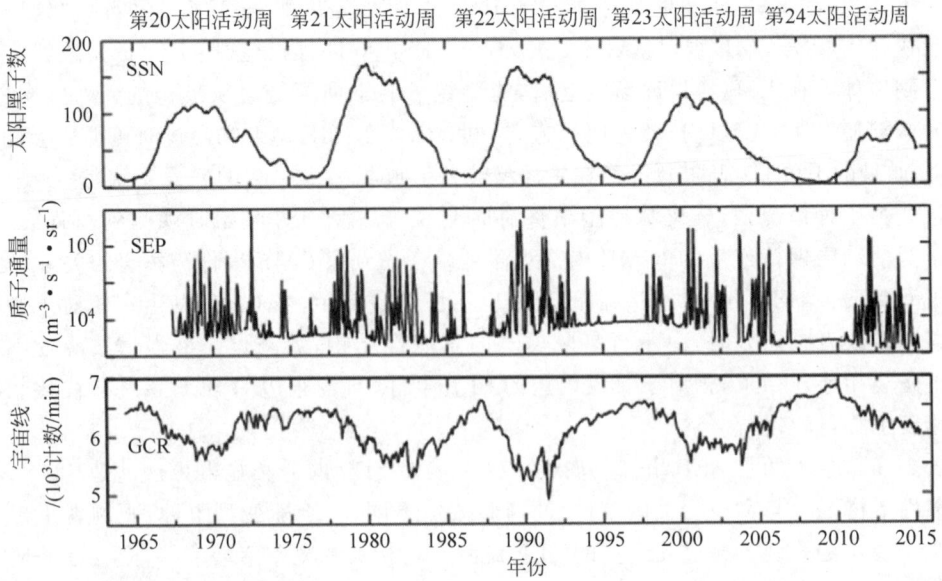

图 5.35　回忆一下，ICMEs 与 CMEs 一样，其发生率随太阳活动周的变化趋势（图 5.23）。SEP 事件（质子通量中能量＞10 MeV 的部分）也遵循类似的变化趋势，考虑到大多数较大的 SEP 事件与 ICME 产生的激波有关。这里显示了银河宇宙射线也是受到太阳活动周变化影响的，但趋势与 SEP 的相反（L. K. Jian，个人交流，2015）

## 5.3.5　空间天气

在这一点上，我们有必要后退一步，从一个广泛的视角审视刚刚讨论过的内容及其对太阳系，特别是对地球的影响。"空间天气"（space weather）一词有时被用于描述太阳活动造成的实际后果，如通信干扰、飞船工作异常或宇航员辐射危害，其中一些与太阳的实际物理条件间接相关。但是，空间天气也可以像气象学一样被更广泛地定义为包含许多特定诱发因素和影响的空间环境状态。在实际研究中，与空间天气相关的研究需要探索太阳、行星际空间、地球磁层和上层大气（这样一个高度耦合系统）之间的联系。例如在第 9 章中，我们将学习到地磁暴的相关知识，但地磁暴的强度及其具体的发展过程最终与太阳风这个"驱动者"密切相关。环电流注入磁层主要发生在 ICME 扫过地球磁层期间，在这个时候行星际磁场存在一个较大的南向分量。这种南向分量磁场有时候集中在 ICME 抛射物前端的鞘区，有时在抛射物内部，有时在这两个区域内都是南向的。此外，ICME 与太阳风的相互作用在某些情况下可以压缩并增强南向分量。南向分量越强，持续时间越长，环电流粒子注入便越强，那么造成的影响就会越强，如在地面导体内引起的感应电流就越强。太阳风电场 $E = -v \times B$ 与地球极区的耦合过程也会被显著加强，因为在南向 IMF 期间，磁层的开放磁场线会大大增强这种耦合作用。

对于一些具有简单磁云结构类型的 ICME，前面提到了它内部抛射物中的磁场极性特征，并观察到它的南北磁场分量经常以特定的顺序发生变化——从北到南或从南到北发生转变。一个具有先南向磁场的磁云（图 5.21）后面紧随着一个也有很大南向磁场的鞘层，那么会产生一个特别强烈的地磁暴；而一个具有先北向磁场的磁云，其后若紧随高速太阳风流,太阳风则会压缩北向磁场后面尾随的南向磁场分量,引起磁暴后期异常强烈的环电流注入。因此,理解 ICME 等离子体和磁场的具体物理行为特征和分布方式,可为了解太阳-地球的物理关联和预测地磁暴效应的强度、时序过程及持续时间提供深刻的见解。此外,SEP 进入磁层(会影响中间层的臭氧和高纬粒子辐射的危害水平)的程度取决于南向 IMF 造成极盖区开放磁场线的多少。南向 IMF 相对于 SEP 通量峰值到达地球的时间进一步决定了它们对地球造成的影响。读者可以在本书中找到许多其他实例,说明太阳风条件或 ICME 或 SEP 事件的具体过程对某些对象或现象产生的重要影响。请注意,与地球不同,弱磁化行星——金星的电离层对太阳风动压响应很强烈(见第 8 章),但对行星际磁场方向不甚敏感。预测空间天气是日球层物理学的一个目标,它面临着许多挑战,其中最重要的挑战是通过太阳观测预测 ICME 中的南向磁场和预测局部较强的 SEP 效应。感兴趣的读者或许可以调研一下,日球层磁场和粒子的各方面条件会对地球这个行星和居住在地球上的人类、太阳系的响应,以及对过去和现在造成的影响带来何种不同。

## 5.4 更大尺度的日球层及其中包含的拾起离子、尘埃、高能中性原子、异常宇宙线和银河宇宙线

在本章的引言中,我们将日球层(heliosphere)简要定义为"太阳风在星际空间中'开辟'出来的空间范围"。从距太阳约 0.3 AU 的水星一直向外到约 100 AU 处的日球层外边界的范围空间内,人们已利用粒子和电磁场探测仪对太阳风性质进行了就位观测。多个飞船的研究结果让我们获得了太阳风基本参数随日心距离变化分布的图像(图 5.36)。距离太阳最近的就位测量来自 20 世纪 70 年代中期至 80 年代的 Helios 双子飞船[①]。距离最远的就位观测则来自 Pioneer 10 号、11 号及两艘 Voyager 飞船,这几艘飞船在 20 世纪 70 年代原本设计用于探测气态巨行星和冰行星。这些观测大部分都位于黄道面附近,尽管 Pioneer 和 Voyager 飞船在土星轨道 10 AU 之外时飞行探测的纬度越来越高。日球层极区附近的观测是由 Ulysses 飞船完成的,飞船在 20 世纪 90 年代运行于 1～5 AU 之间的高倾角轨道,填补了高纬度日球层观测数据的空白。20 世纪 90 年代,Ulysses 飞船在 1～5 AU 之间的高倾角轨道上开展了日球层测量,Ulysses 的观测以其独特的视角补充了人们在日球层低纬测量上已获得的观测知识。

Helios 飞船围绕太阳运行,其近日点位于 0.3 AU 的水星轨道处,远日点位于 1 AU 处。Helios 的就位观测显示这一区域的太阳风密度更大,行星际磁场更强,且方向更接近径向,这与 Parker 理论预测的径向膨胀太阳风(随 $r^{-2}$ 变化[②])与螺旋状的行星际磁场形态基本相符。Helios 飞船也对不同类型太阳风中的等离子体离子和电子的分布函数进行了测量,并对刚形成的 ICME 及尚在发育阶段的 SIR 和 CIR 进行了探测。对此感兴趣的读者可以进一步查阅与 Helios 相关的详细文献资料,包括与同期其他日球层飞船探测计划数据

① 这对双子飞船包括 Helios-A 和 Helios-B(也称为 Helios-1 和 Helios-2)两艘飞船。Helios-A(0.31～0.99 AU)于 1974 年 12 月 10 日发射,1986 年 2 月 10 日失去联系;Helios-B(0.29～0.98 AU)于 1976 年 1 月 15 日发射,1980 年 3 月 3 日失去联系。

② 译者认为主要是指太阳风密度或动压。有兴趣的读者可参看 https://doi.org/10.3847/1538-4357/abed50。

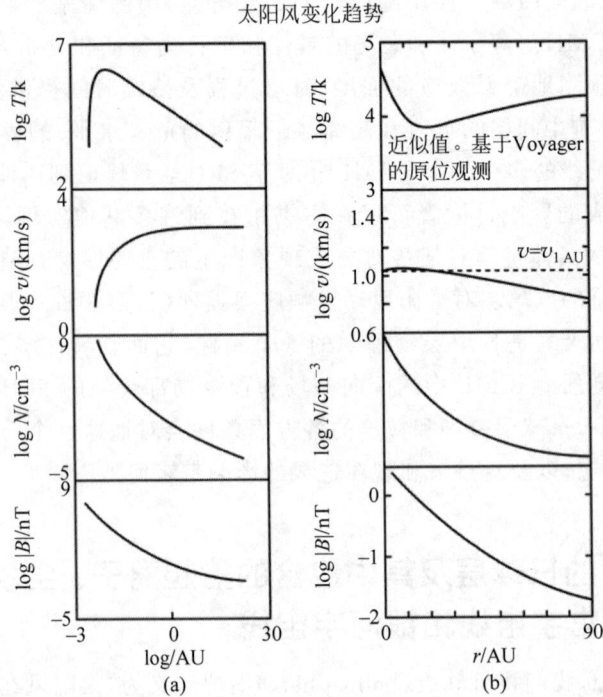

图 5.36　通过多个飞船的测量数据,得到太阳风基本参数随日心径向距离的变化
(引自 Wang 和 Richardson,2001)

的对比,以及那些旨在通过分布函数研究 ICME 激波不同物理特征径向演化的数值模型。Solar Probe 是一项还处于准备阶段新探测计划,其最终会在 Helios 飞船近日点之内的区域进行探测。飞船会抵达距太阳约 $10R_S$(0.034 AU)之内的区域范围,并在这个区域范围内获得首次就位测量,而这个区域内会保留更多太阳风起源于日冕的证据[①]。

　　在地球轨道之外,人们的研究重点转变为研究星际介质是如何越来越显著地影响外日球层的。对日球层边界半径的估计(可由局地星际介质的动压估算)表明,在一段时间内,太阳风的动压(主要压强项)大概在 100 AU 处会与外部星际介质的压强(等离子体热压与磁压之和)达到平衡。在径向距离>1 AU 区域内的观测表明,虽然太阳风的分布行为大体与预期相符,其密度也几乎是随 $r^{-2}$ 衰减变化的,但行星际 Parker 螺旋磁场的演化及不同太阳风流的合并(在合并过程中不同太阳风流出现动量交换)等这些其他效应却会在土星轨道处(约 10 AU)变得重要起来。这些效应与内太阳系太阳风里的一些不太重要的物理过程有关,尽管这些效应(如下面所述)也存在于内太阳系区域的观测中。

　　太阳及太阳风并非存在于真空中,而是处于银河系的旋臂中,旋臂中充满了弱电离(10%～20%)的星际气体,其密度约 0.3 cm$^{-3}$,并以约 25 km/s 的速度相对于太阳运动,旋臂中还携带了微高斯量级强度的星际磁场。这些物理特性可通过各种遥测手段推算出来,

　　① 这里的 Solar Probe 实际就是后来 NASA 发射的 Parker Solar Probe 计划。它于 2018 年 8 月 12 日发射,轨道覆盖范围为 0.046～0.73 AU,预期寿命为 7 年,轨道倾角为 3.4°。同期,ESA 于 2020 年 2 月 10 日发射了 Solar Orbiter,其轨道覆盖范围为 0.28～0.91 AU,预期寿命也为 7 年,轨道倾角为 25°～33°。

比如星光的偏振和天空背景的 Lyman-α 谱线。在没有就位观测的情况下,这些依据遥测得到的结果用于估计太阳风与星际等离子体和磁场达到压力/力平衡的日心距离。这与计算地球磁层顶距离的方法类似(见第 9 章),只不过在这种情况下,内部压强不再主要来自磁压,而主要由太阳风动压提供。图 5.37 展示了上述日球层-星际介质相互作用的示意图。对局地星际等离子体和磁场的总压估算表明,与太阳风-地球磁层相互作用截然不同,日球层外部星际风的动压并不比热压和磁压强太多。因此,在 80~100 AU 处,应该存在一个更接近球型的压力平衡边界层。在 Voyager 飞船进入这一边界层区域之前,人们曾预测应该存在一个"终止激波"(termination shock),在终止激波之外且在遭遇太阳风与星际等离子体和磁场的交界面(130~150 AU)之前,太阳风动能会在这个区域转化为热能。实际太阳风与星际介质的交界面被称为日球层顶(heliopause)。注意,这些边界层会随着日球层与星际介质内主要物理条件的改变而出现内外移动。例如,如前讨论,太阳活动周期会影响太阳风性质,从而使日球层顶在太阳活动周的时间尺度上发生变化。鉴于我们在前面的讨论中了解到太阳风结构在太阳活动周内的变化,并考虑到星际风动压具有有限大小的事实,因此我们预计日球层顶不会是一个对称边界层结构。对 Voyager 飞船观测数据的解译还在进行中,因为这些数据传达出的图像并不像模型表明的那么简单。

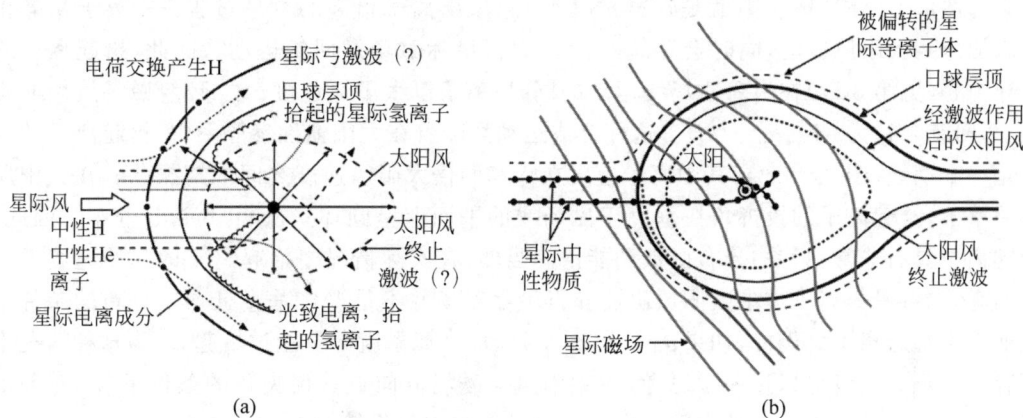

图 5.37　(a)星际介质与日球层相互作用的示意图;(b)一些相关物理特征,如外部星际磁场"披挂"在日球层鞘(heliosheath)中,以及进入日球层中的星际中性气体原子会受太阳引力作用(改编自 McComas 等,2009)

## 5.4.1　日球层拾起离子

与本书中讨论的其他等离子体边界层不同,日球层边界层的一个重要性质是星际介质中很大一部分是中性粒子成分。星际介质之所以能维持弱电离状态,是因为>100 AU 的区域远在太阳的光电离范围之外。星际介质主要由氢和氦构成,如上所述,其中离子和中性粒子成分以约 25 km/s 的速度相对于太阳运动。但是,虽然太阳喷发出的等离子体和磁场能够把星际介质中的电离成分阻挡在日球层顶之外,星际介质的中性粒子成分还是可以相对自由地进入日球层。在约 5 AU 的木星轨道处,可以估计星际中性粒子成分与太阳风离子的密度大致相当。星际中性粒子成分在日球层内穿越的区域环境与星际等离子体成分的截然不同,后者只能绕着日球层顶流动。在这些中性粒子成分接近太阳的时候,它们会受到太阳引力的作用,并且有些会通过光电离、太阳风电子撞击电离或与太阳风离子发生电荷交换等过程损失。中性粒子成分的粒子种类决定了粒子电离所需的能量和物理过程,并由此决定了发生电离作用的日球层径向距离。因此,日球层内不同的星际中性气体会有其自身截然不同的空间分布特征,它们在太阳周围形成空腔的大小和形状也不尽同。尤其是,尽管只有少数星际中性氢能够达到 1 AU 而不被电离,但氦可以穿透地球轨道以内的区域。对于这种可以深入穿透日球层的星际中性粒子成分,它的其中一种分布特征被称为"聚焦锥"(focusing cone)。聚焦锥位于太阳相对于星际风入射流的下游区,在锥内太阳引力会对中性粒子成分产生聚焦型的运动轨道,使氦原子出现聚集(图 5.37(a))。由这些"入侵"星际中性粒子成分电离形成的单价离子会被太阳风对流电场 $E = -v_{sw} \times B$ "拾起"(picked up),这与彗星或弱磁场行星中离子的"拾起"机制是类似的(见第 8 章)。被拾起的星际离子随后会被太阳风裹挟着一起向外输运,有效成为太阳风的一部分。

由于离子拾起通常是空间物理的一个重要物理过程,因此值得在这里进行更详细的讨论。离子拾起的概念适用于当背景等离子体里需要考虑次要成分时,这样我们可以将拾起离子看作测试粒子在背景等离子体的电场和磁场中运动,这样拾起离子就好似在磁场($B$)和电场($E = -v_{flow} \times B$)的作用下做简单的单粒子运动。我们可更容易地在太阳风与磁场垂直的情形下(外日球层中就是这样的情况)想象出离子拾起的物理过程——离子从静止状态加速到太阳风速度,同时会环绕"冻结"的行星际磁场做回旋运动。因此,拾起离子的引导中心(见第 3 章)在沿着磁场线运动的同时,离子以太阳风速度 $v_{flow}$ 环绕磁场线做回旋运动,回旋半径为 $M_{ion} v_{flow}/qB$。这种合成运动意味着在太阳惯性参照系中,拾起离子的轨迹是一个摆线(图 8.3(a)),其中离子速度在零和两倍太阳风速度之间周期振荡。在太阳风参照系下,拾起离子的投掷角在垂直于磁场线的平面上呈圆环状(ring beam)分布。因此,拾起离子具有非常独特的分布函数和能谱。当然,在实际情况中拾起离子的起始速度不一定为零,在背景等离子体中太阳风出流和行星际磁场并不是严格垂直且均匀分布的条件下也能产生拾起离子。例如,如果 $v_{flow}$ 与 $B$ 平行,那么离子就不可能被拾起,因为这种情况下不存在电场。读者可以进一步思考,在太阳风与磁场方向成其他夹角的条件下($v_{flow}$ 与 $B$ 平行和垂直这两种极端条件之间),离子的运动会出现什么情况。

拾起离子的产生和出现可以有效地向太阳风加载质量,这会导致太阳风速度降低。人们对远处太阳风的观测证实了太阳风会随着日心距离的增加而减速(图 5.36)。此外,星际拾起离子(其成分反映了星际介质的组成)在日球层内的很大一部分区域中都可以被探测到,而其中 $He^+$ 是在 1 AU 处最明显探测到的星际拾起离子。与太阳风离子不同,由于大多数星际拾起离子都是单价的,因此对于质量大于氢的重离子成分,我们可以很容易将星际拾起离子与背景太阳风离子区分开来。此外,由于星际拾起离子的能谱在能量范围上存在显著特征——速度上限为两倍的太阳风速度,因此在 1 AU 处的日球层质子和重离子能谱中我们可以很清晰地将这些拾起离子分辨出来(图 5.38)。

在离子成分和能谱方面有清楚证据表明,并非所有日球层内探测到拾起离子都来源于日球层外部。拾起离子的来源除了彗星和行星(见第 8 章)外,还有相当广泛的贡献是来源于太阳风等离子体与日球层内的尘埃,以及其他微小冰晶颗粒和岩石颗粒的相互作用过程。在 5.4.2 节中,我们总结了人们当前对尘埃源及其分布的认知,但对于当前的讨论而言,认识到大部分尘埃源集中在黄道面附近就已经足够了。在黄道面附近,太阳风与这些

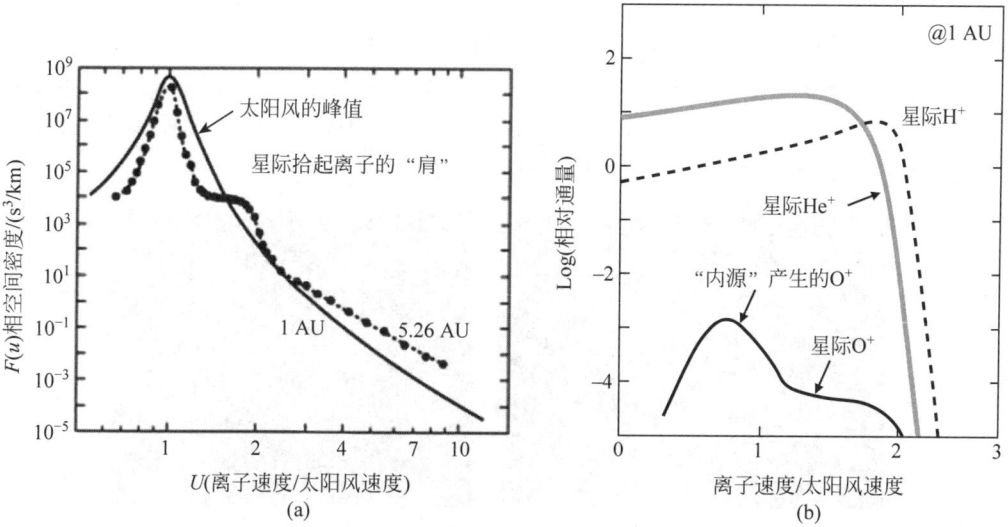

图 5.38　(a)日球层的质子能谱,图中包含星际拾起 $H^+$ 和太阳风质子。注意,在拾起离子能谱中拾起离子在太阳风速度两倍位置处存在一个相对明显的截止能量。(b)星际拾起重离子的能谱,这些不同的能谱形态表明其来源于具有不同空间分布的不同重离子中性源(来源于 Gloeckler 和 Fisk,2006)

尘埃的作用会通过某种机制产生另一种拾起离子源。这种拾起离子源与星际拾起粒子源相比有几种特征。首先,它的成分更倾向于有来源于太阳系固体物质特征(包括如氧、氮和硅等)的重离子。其次,相比星际源,尘埃源的空间分布在日球层经度上的分布更加均匀。从拾起离子的能谱来看,尘埃源的峰值区域主要在径向距离 $10\sim30R_S$ 处产生。这一信息来源于这样的理解认识——当太阳风与行星际磁场方向接近平行时,拾起离子能谱峰值能量对应的速度远小于太阳风速度的两倍(图 5.38(b))。(在行星际 Parker 螺旋磁场不同径向距离处,我们鼓励读者进一步探索 $\boldsymbol{E}=-\boldsymbol{v}_{sw}\times\boldsymbol{B}$ 加速离子的有效性)这些来自日球层“内部源”的拾起离子会加入日球层氧离子的总体分布,也会加入星际源产生的其他离子,这些“内部源”拾起离子也能成为某些元素(如碳)离子的主要来源。

## 5.4.2　尘埃

人们很早以前通过对黄道光(zodiacal light)的观测就已经知道太阳系里是存在尘埃的。黄道光是夜晚天空发出的背景辉光,它一般集中在黄道面附近(图 5.39)。我们在第 4 章中也提到了用日冕仪探测太阳附近的尘埃。黄道光源自从亚微米到毫米尺度的微粒状物质对太阳光的反射和散射,这些微粒物质集中于从太阳附近延伸至木星轨道处(约 5 AU)的盘状平面上。散射光也表明存在另外一些密度更低、更接近球型分布的“晕状”(halo)尘埃群体。此外,人们也从红外遥感、尘埃粒子直接轰击飞船表面(产生成像图片的背景信号)及等离子体波天线对尘埃的响应等方面推测存在轨道状的尘埃尾迹。在地球高层大气中可探测和收集行星际尘埃粒子,这些尘埃粒子是太空物质进入地球的固定来源。黄道光的这些观测特征多少会受尘埃的大小、形状和成分的影响。内日球层(<5 AU)中尘埃主要来源于小行星带内碰撞产生的碎片(小行星带位于火星和木星轨道之间)及彗星的

蒸发。在更远处,由于行星环带上的碰撞作用及卫星上的火山喷发(如 Enceladus 和 Io[①],见第 12 章),人们发现木星和土星等巨行星也是行星际尘埃的来源。然而,在 5 AU 以外,最主要的尘埃源还是星际物质,星际物质中含有 1% 的星际尘埃会与星际气体一起进入日球层。由于能覆盖大量程的尘埃尺度且能区分尘埃成分的探测技术尚在发展中,目前对太空尘埃的探测及其特性刻画还是一个相对较新的研究领域。

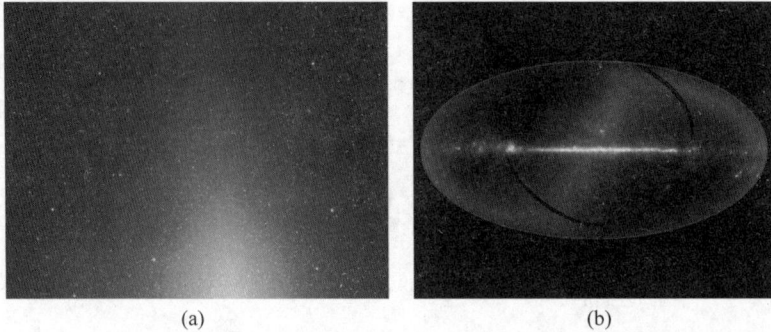

(a)　　　　　　　　　　　　　　　　　(b)

图 5.39　地面观测到的黄道光图片,其中黄道平面相对于地平线成较大角度(a),以及通过
　　　　IRAS[②] 探测计划获得的全天空成像图片(b)(NASA)

空间等离子体中的尘埃物理是一个具有挑战性的研究领域,因为它涉及等离子体-固体物质在较高相对速度下的相互作用过程,人们在这方面的认识还非常有限,并且很难开展实验研究。此外,一般假设"浸没"在太阳风中的尘埃颗粒是带电的,其带电性质取决于尘埃物质的具体特性,包括成分、大小、形状,以及等离子体条件。而且它所假定的电荷是正电还是负电取决于背景环境,包括尘埃粒子是否暴露(或不暴露)在阳光下及物理环境随时间的变化性,这是由于粒子总是暴露在不断变化的环境中的缘故。为从测试粒子的角度理解带电尘埃粒子的行为和分布,人们已经对日球层内的带电尘埃粒子及其动力学过程开展了大量计算。而一些计算工作将尘埃视为非常重的拾起离子,需要考虑太阳引力和光子辐射压强的作用。尘埃的质量范围覆盖 $10^{-20} \sim 10^{-5}$ kg(相比之下质子质量约为 $10^{-27}$ kg),所携带的电荷量可达数百万个电子电量,在日球层磁场中尘埃粒子的有效回旋半径(回旋半径由尘埃的质荷比决定(见第 3 章))存在一个较大的变化范围,最大回旋半径可达 1 AU 左右。注意,当星际尘埃进入日球层时,由于日球层有较强的磁场,带电尘埃粒子的运动轨迹很可能偏离星际介质流(中性成分)的轨迹。

随着小行星带内出现新的碰撞、行星不断持续发出微粒物质,以及彗星的穿越,日球层中的尘埃分布一直处于持续演化中。尘埃粒子除被太阳系内的大型天体(包括行星)清扫外,还存在几种"汇",如在靠近太阳的地方被蒸发,以及被光压和太阳风相互作用过程"推出"日球层。一般来说,尘埃的最终命运取决于其尺度大小和成分。据估计,大多数尘埃在向太阳运动的过程中会在约 $10R_S$ 处被太阳加热而蒸发,因此会在此处形成尘埃盘(dust disk)的内边界。在更远的距离上,高能离子的溅射(sputtering)作用也会不断剥蚀尘埃粒

---

①　Enceladus 为土卫二,Io 为木卫一。

②　IRAS 全称为 Infrared Astronomical Satellite,它是美国、英国和荷兰共同开展的一个联合空间探测计划。探测计划于 1983 年 1 月发射,旨在通过卫星搭载的空间望远镜研究全天空的红外辐射。

子。颗粒度最小的尘埃可以通过类似前面描述的拾起离子机制的作用而向外输运。尘埃对太阳风的影响作用,以及反过来影响太阳风对尘埃的作用,目前都还处于研究中。但如前面所注意到的,尘埃为日球层拾起离子提供了一个来源,而这些尘埃与行星和彗星一起构成了具有特定成分的“内部源”。因此,尽管人们还不是很清楚等离子体-尘埃相互作用的具体物理过程,但尘埃的存在确实会带来广泛的影响。正在进行的实验工作或许能为推动这一方面的研究进展提供另一种途径。与此同时,日球层尘埃这个话题被持续关注的部分原因在于,它们对研究行星系统和行星环的形成和演化提供了独特的见解。我们注意,当直径大于约 1 m 的小天体被碰撞击毁时,可能会形成高密度的电离尘埃云或等离子体,进而受到磁场施加的集体作用力,使尘埃云可能被加速至太阳风速度。我们将在第 8 章中,从太阳风与大型非磁化天体相互作用的角度讨论这个物理过程。

## 5.4.3　日球层能量中性原子

注意,电荷交换作为日球层拾起离子产生和输运图像中(图 5.37(a))的一部分过程,在太阳风与星际中性氢原子的相互作用中起到了特别有效的作用,它可以使太阳风中的氢离子被“快速”中性化。这些中性化生成的氢原子,还有一小部分分别来自 $H^+$ 和 $He^+$ 拾起离子通过电荷交换作用形成的氢原子和氦原子,这些中性原子会保持初始离子时的运动轨迹继续向外运动。这些中性原子共同组成了 ENA(energetic neutral atom),或者说是太阳风中的能量中性原子成分(能量为太阳风质子的初始能量约 1 keV)。这些中性太阳风成分会从 3 AU 处(星际中性氢原子可以穿透至这个位置)就开始逐渐累积,在终止激波所在的100 AU 处时这些中性成分占比会增加到太阳风出流成分的 20%。尽管人们在对太阳风ENA 的探测方面遇到了很多技术挑战,但是近年来运行于地球轨道附近处的 IBEX 卫星[①]已经获得 ENA 的全天空分布图。人们期望太阳风中生成的初代 ENA 会穿越日球层顶并进入星际介质,但关于这些 ENA 通量返回内日球层的起源问题仍然还在研究之中。任何理解都必须要解释的一条关键观测证据就是在 ENA 的全天空图像中清楚地存在一条拉长的“彩虹状”或带状分布,该分布正好与人们推测的星际磁场与日球层顶最为相切的位置分布是一致的(图 5.37(b))。一种可能的解释是传输到外日球层的日球层拾起离子会与那里的星际中性成分发生电荷交换作用从而产生第二代 ENA,产生的 ENA 具有向日球层内运动的速度分量。我们鼓励感兴趣的读者基于图 5.37(b)考虑这一过程的几何形态结构,并参考为什么这个位置处日球层 ENA 返回通量会增强的其他解释。

## 5.4.4　异常宇宙线及银河宇宙线

在当前太阳风和局地星际介质的共同作用下,当前太阳系[②]处于日球层的深处。星际等离子体和磁场在约 100 AU 的地力会围绕日球层等离子体和磁场发生偏转,尽管星际中性气体和尘埃可以相对不受阻碍地运动到太阳附近(图 5.37)。然而,因为一些来自星际空间的带电粒子能量特别高(数十 MeV 至 GeV)从而可以进入日球层。这些粒子被称为银河

---

① IBEX 全称为 Interstellar Boundary Explorer,是 NASA 于 2008 年 10 月发射的一个地球轨道附近处的小卫星,旨在通过 ENA 观测太阳系的边界。

② 结合原文意思,译者认为这里的太阳系应该是太阳和主要大行星所在的位置区域。

宇宙线（**galactic cosmic rays**，简称 GCR），它们被认为是在天体物理激波中（如那些与超新星爆发有关的激波）被加速至超高能量的。观测到的 GCR 大约 90% 是离子，约 10% 是电子（这种占比差异的原因还不清楚，可能与它们加速和传输过程的不同有关）。在 GCR 离子中，大约有 80% 是质子，约 15% 是氦离子，剩下的则是其他更重的离子，而重离子的相对丰度则可用于推测更一般的天体物理信息。这些离子和电子之所以能穿越日球层边界，主要是因为它们在这个区域磁场很弱（在 nT 量级以下）使回旋半径非常大（至少为多个天文单位量级），尽管这个穿越输运过程是不完整的（见接下来的讨论）。

在实现太空测量 GCR 之前，人们就已经通过 GCR 与地球大气层的相互作用对 GCR 进行了数十年的观测。入射的高能离子会产生"空气簇射"（air showers），即 GCR 初级入射粒子与上层大气的相互作用会产生大量的 $\mu$ 子（muons）、介子（pions）、电子、中子和带电分子等次级粒子。到达地面的大多是这些次级粒子。然而，也有些初级粒子可以在平流层气球的高度处甚至是高山顶上被探测到。那些称之为中子检测仪（neutron monitors）的仪器遍布在世界各地不太高的地方，可以探测到能量很高的 GCR 产生的次级粒子。由于 GCR 离子具有足够大的回旋半径，所以即便地球有相对较强的磁场，它们也可以贯穿磁场进入地球大气层。根据 GCR 粒子截止能量（粒子能量也叫"刚度"（rigidity），刚度 = 动量/电荷）与纬度的关系（由地球偶极磁场强度决定），至少部分 GCR 粒子是不会被磁场偏转返回太空的（感兴趣的读者可以查询"Störmer 轨道"这一术语概念）。GCR 最容易通过极区进入地球磁层，地磁场在极区大气层中几乎沿径向，并且会形成开放磁场线延伸至行星际空间。由于 GCR 电子的质量和回旋半径都远远小于离子的，因此地磁场的截止刚度效应对电子运动的影响更大。

图 5.31 展示了日球层粒子的谱图，其中包括 GCR 离子和电子的通量和能谱。读者可从图中注意到，GCR 离子能谱在 100 MeV 以下逐渐消失，演变为幂律谱分布，对于 GCR 电子则是在几 MeV 以下。读者会注意到，这些谱图也有一些显著特征，即相对于幂律谱分布，这些低能量的 GCR 粒子——低于 100 MeV 的离子及低于几 MeV 的电子，它们的通量是很低的。这种特征是太阳风和行星际磁场（一般在 1 AU 处的测量）产生的 GCR"调制"效应。大多数 GCR 的测量是在地球轨道距离处开展的，在这个位置是很难探测到 GCR 的整个全貌谱图的，因为日球层中的磁场结构，包括各种尺度的扰动和不规则结构（小到离子回旋半径尺度，大至 SIR 和 ICME 尺度），基本上会通过投掷角散射（pitch angle scattering）作用"扫掉"粒子，进而"调制"GCR 低能端处的粒子能谱。由于行星际磁场存在太阳活动周变化，这使 GCR 的调制效应也能出现类似的太阳活动周变化——在太阳活动峰年附近调制效应最强。在较短的数天时间尺度上而言，GCR 粒子通量也会受到大型太阳活动事件的影响，从而发生所谓的"Forbush 下降"（Forbush decreases），使中子检测仪记录到的数值最低下降至原来的 30%（下降的起始通常发生在 ICME 到达地球时）。

我们可以用一个简单的径向扩散-对流方程对 GCR 调制效应进行一阶近似描述，该方程的初始宇宙线分布为各向同性分布函数 $f(r, \mu = \cos(w))$，其中 $w$ 是粒子关于日球层磁场的投掷角，并且我们在外边界处给定入射粒子的具体分布函数。这个方程可以通过对 Vlasov 方程（第 3 章）作多种简化假设得到。在这些假设中，扩散系数 $D$ 被认为与行星际磁场的扰动谱有关，行星际磁场扰动以太阳风速度 $V$ 向外对流运动，而扩散则是由投掷角散射引起的，散射过程中粒子不存在显著的能量变化。方程左边第三项则表示日球层背景磁场发散效应对分布函数的作用：

$$\frac{\partial f}{\partial t} + \mu V \frac{\partial f}{\partial r} + \frac{V}{r}(1-\mu^2)\frac{\partial f}{\partial \mu} = \frac{\partial}{\partial \mu}\left(D\,\frac{\partial f}{\partial \mu}\right) \qquad (5.14)$$

图 5.40 显示了数值求解 GCR 扩散-对流方程得到 GCR 质子通量的一些示例。对日球层宇宙线传输物理过程的研究会涉及更复杂的处理方法，这些方法从更一般的分布函数出发，包含能量扩散和投掷角扩散的具体物理过程。但我们对于 GCR 进入日球层物理行为的基本认识还是一样的。

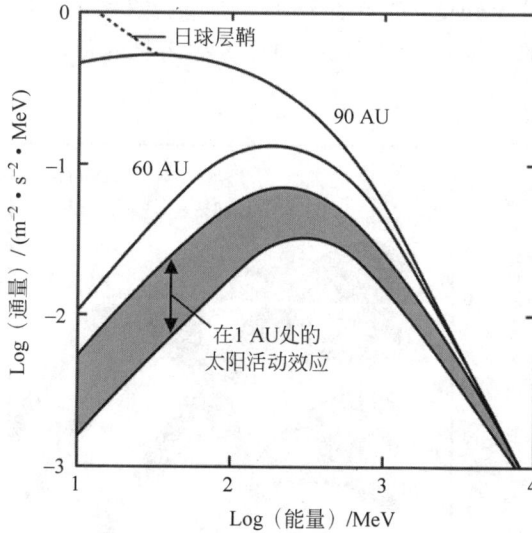

图 5.40　求解宇宙射线调制方程得到的一些例解，结果显示了日心距离对高能质子（从日球层外进入）能谱形状的影响。假设行星际磁场扰动随太阳风向外运动并散射入射粒子的轨迹（散射效率与能量有关），那么粒子通量的降低取决于我们对扩散系数所作的假设（引自 Fisk，1971）

在日球层和太阳风的宏观图像中还可看到一种显著的现象——GCR 调制还存在另一种太阳活动周变化。从中子监测仪连续数个太阳活动周的监测中（图 5.35 的最下面一栏中间部分）可推测 GCR 的活动周时序变化还存在另一种形态分布，这表明 GCR 的调制性还取决于太阳大尺度偶极场的极性变化。根据太阳北极磁场的正负极性，进入日球层的 GCR 会经历不同的大尺度梯度和曲率漂移运动。日球层电流片在这一图像中发挥了关键性作用，因为只有在某一太阳偶极磁场的极性条件下，电流片才能为 GCR 提供进入通道，而在其他偶极磁场极性条件下 GCR 更倾向于从极区进入日球层。我们鼓励感兴趣的读者进一步思考在 Parker 螺旋磁场位型中行星际磁场方向如何影响 GCR 质子的进入路径。

GCR 研究最主要的一个科学目标就是弄清楚 GCR 通量在日球层中的径向梯度，通过梯度我们可推出 GCR 在星际空间中的能谱。然而，由于在较远日心距离处的观测很稀少，这使径向通量梯度方面的研究进展很缓慢。大多数飞船并没有搭载专门探测 GCR 的仪器，部分原因是这类仪器的质量非常大。不过 Voyager 飞船已经开展了一些关键探测，这些探测有可能最终实现这个研究目标。通过分析近年来在日球层外边界处获得的观测资料，有可能最终获得未被日球层影响的 GCR 真实谱图。

还有另一种非太阳起源的高能粒子成分——异常宇宙线（**anomalous cosmic ray**，

ACR),这类粒子在日球层宇宙射线大图像中出现的时间相对较晚。ACR 位于宇宙线能谱的中能段部分(图 5.41),且具有特殊的离子成分和电荷价态。ACR 具有相当高的重离子丰度,具有与日球层拾起离子成分相同的重离子(如氦、氧、氮和碳等),这使它们与其他宇宙射线明显不同。观测证实了 ACR 粒子携带单价电荷,这进一步支持了将 ACR 理解为来自日球层拾起离子的观点——日球层拾起离子在外日球层处被加速至高能,然后转为向日球层内运动。当前理论认为这个加速过程在终止激波附近某处发生。Voyager 最近的观测证实了太阳风在 100 AU 附近经历了一个激波状的减速过程,在此之后 ACR 通量逐渐减弱了。然而,现在仍不清楚 Voyager 是否穿越了 ACR 的源区。显然日球层是一个非常复杂的区域,包含粒子能谱的高能端(宇宙线)。更令人感兴趣的是,ACR 的高能电子有来自木星高能电子的贡献。

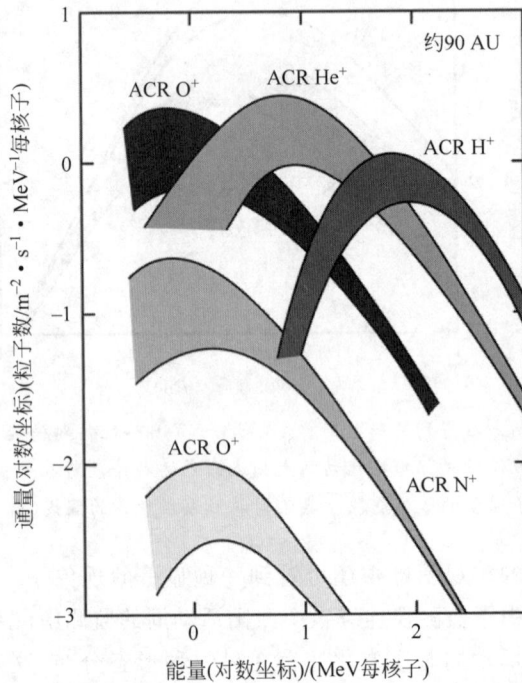

图 5.41 图形说明了异常宇宙射线离子的能谱和成分如何受太阳活动性的调制而出现可能的变化[1]

通过深入分析 GCR 电子能谱的细节特征,可以发现在 2 MeV 以下存在一个低能电子分量,这个低能分量呈现独立的幂律分布并叠加在银河宇宙线的能谱上(图 5.31(b))。此外,人们发现这个低能成分并不像银河宇宙线一样受太阳活动调制。该电子成分的出现则取决于观测点与木星是否能够通过行星际磁场相连。这一观测证据表明,木星磁层中的高能电子会从其辐射带中泄漏,并沿着行星际磁场向太阳方向运动,至少能到达地球轨道处。因此,木星对太阳系的影响甚至可延展到宇宙线的分布中。

在当今时代,来自日球层边界的最新研究结果重新点燃了人们对起源于日球层和起源

---

[1] 上曲线对应太阳活动低年时,下曲线对应太阳活动高年时。

于日球层外部的宇宙射线的兴趣。前面描述的来自外日球层的 ENA 为遥测日球层边界物理打开了一扇新窗口,它可能改变局地银河宇宙线和异常宇宙线成分带给我们的认识和看法。搭载在包括国际空间站在内的大型观测平台上的大质量探测器,可以探测能量高达几 TeV($1\ \text{TeV}=10^{12}\ \text{eV}$)量级的高能宇宙射线,而且在地表和地底下人们还布设了许多探测大尺度空气簇射和宇宙线粒子次级辐射的探测器。这些探测器的目标在于测量宇宙线高能端能谱的具体分布,其中一些高能粒子的源很可能在银河系中心或银河系外。这些高能粒子当然不会明显受日球层的调制影响,也几乎不受地磁场的偏转作用,但由于它们的通量极低,对这类粒子的探测和刻画也是具有挑战性的。因此,虽然早期对宇宙射线的研究范围相对狭窄,但宇宙射线天体物理学这个方向领域却极大扩展了通过对地球附近高能粒子的探测研究来了解整个宇宙的可能性。

GCR 的太阳活动周调制效应对地球大气层和地表的影响已用于推测至少 6 万年前的太阳历史活动周期。GCR 与地球大气的相互作用会产生两种特别不稳定的同位素,分别是半衰期为 6000 年的碳-14 和半衰期为 $1.4\times10^{6}$ 年的铍-10(beryllium-10)。碳-14 会进入大气层中的 $CO_2$ 并被植物吸收,这样通过碳-14 形成时的碳同位素 12C/14C 比值,GCR 和太阳活动信息就被记录了下来。通过这种方式对树干年轮中的木质定年,就能为推断 GCR 的历史年通量提供一种有效的手段。类似地,大气层中产生的铍-10 会随着雨雪而降落,而降雪可以在高纬度地区经多个世纪而积累起来。碳-14 的记录相当简单直接,因为在大多数年份都会产生树木年轮,但铍-10 的冰芯记录却随时间受到各种与气候有关的变化因素的影响。每年的降雪与大气环流和蒸发、降水循环有关,而这些都是随时间和区域变化的,而且气候变暖、侵蚀,或冰的迁移(如发生在冰川的形成和演化过程中)等因素也会影响铍-10 的记录。此外,山火和火山活动也会带来很大的干扰。因此,尽管我们可以推断如 18 世纪 Maunder 极小期这个时期太阳活动对 GCR 的显著调制变化(这个时期到达地球的 GCR 通量非常大且记录时间距现在不远),但对冰芯记录的解译仍然具有挑战性。树木和冰雪中的这些记录也可能记录到对大气有类似影响的大型太阳高能粒子(SEP)事件,而且 SEP 事件倾向于发生在 GCR 通量最小的时期,从而可能影响推测的 GCR 最小值。所有这些因素会使推测太阳和日球层的历史活动(在没有可靠记录时期之前)这一工作变得更加困难。

关于这些被称为“空间气候”(space climate)的长期影响与本章前面提到的空间天气影响之间的联系,这里也要交代几句。很多文献报道了太阳活动周特征参数(如太阳黑子数等)与地球气候变量(如温度和坏流模式等)之间的相关性。在这些研究结果的启发下,除了太阳活动的辐射(太阳常数)效应外,人们数十年来研究了其他可能对地球低层大气产生影响的物理机制。在过去几十年中,提出的一种关于 GCR 通量可能影响云形成的机制引起了人们极大的关注。这一机制涉及相关的大气辐射水平,因为它可能影响云滴成核的效率。如果存在这种机制,它可能改变大气反照率和降水模式,从而影响人气坏流的关键驱动因素及低层大气中的相关热平衡过程。尽管关于云量是否会响应 GCR 通量的研究仍在继续开展中,但在撰写本书时观测证据似乎并不支持这一假设。然而,观测结果往往是不完整或难以解释的,而且从气候模式我们也可以得知,局部区域性的响应可能影响复杂的全球大气系统。因此,关于太阳活动对地球空间环境的影响是否会改变陆地地球气候(和天气)的演化路径(如果是,如何改变)的争论仍然悬而未决。

## 5.5  小结

在本章中,我们聚焦太阳大气的最外层、太阳风及太阳风对太阳周围空间环境的影响。我们利用了经典的 MHD 流体理论描述日冕太阳风出流的基本规律,而太阳风(与星际物质作用)则产生了日球层。这个理论最早是由 Parker 在 20 世纪 60 年代早期提出的,它为理解行星际磁场和太阳风结构的自然属性提供了一个相对直接的理论框架。尽管关于太阳风等离子体的速度、温度、成分和变化性等观测特性的诸多细节仍存在许多重要问题,我们目前的理解和认识已经足以构建模型真实模拟太阳平静期的观测结果。特别是,如第 4 章中描述的日冕模型,可以用于描述日冕等离子体出流的具体源区,包括来自极区冕洞的高速太阳风,以及来自中低纬冕洞及冕洞边界处的低速太阳风。当延伸至日冕外的日球层空间中时,可以看到有太阳风流结构(与源区几何位型相关)逐渐发展起来,这包括太阳风流相互作用区。在相互作用区中,太阳风会产生压缩,甚至有时会在太阳风流的相互作用面上产生激波(激波面前后太阳风速度不同),并且在靠近太阳活动低年期间相互作用区会随太阳共转(CIR)持续达几个太阳自转周(自转周 27 天)。

我们有长达 4 个太阳活动周的太阳风等离子体和磁场的数据观测,可以验证太阳风模型的合理性,也能凸显模型的不足,例如模型忽略了太阳风中的不稳定或瞬变成分结构,尤其是在太阳活动期间(在这期间这些不稳定或瞬变结构成分占主导)。我们还认识到,通过日冕仪和日球层成像观测还可以看到一些来自冕流和冕洞边界的小型瞬变结构,这些瞬变结构至少供给了在黄道面处观测到的部分慢速太阳风(即便是在没有太阳活动的时候)。这些瞬变结构可以看作不断演化的光球层磁场边界条件产生的结果。而光球层的边界条件则决定了这里和第 4 章中讨论的日冕源区几何位型。

我们还学习了超大瞬态结构极端事件——行星际日冕物质抛射(ICME)是日冕物质抛射(CME)在背景太阳风中向外传播演化的结果。太阳风中的流结构会使被抛射的日冕物质及其周围太阳风扰动的演化变得更为复杂,包括在 ICME 前端形成一个前导"鞘层"区,有时在鞘区前端还能形成激波。我们也学习了这些 ICME 激波及 CIR 激波可以将一些日球层粒子加速到更高的能量。特别是,ICME 激波能产生持续数天时间的大型太阳高能粒子(或 SEP)事件,并与 ICME 一起产生"空间天气"效应。

我们学习了日球层中还存在一些并非起源于太阳的粒子群体:由星际中性气体进入日球层后产生的离子及来自太阳系内部产生的离子,这些离子会被太阳风对流电场加速("拾起"作用);有带电尘埃颗粒,这些尘埃颗粒与拾起离子类似但具有更大的质量和多变的电荷价态;能量中性原子(简称 ENA),ENA 是日球层中电荷交换过程的产物,它们为诊断日球层物理过程提供了新的遥测手段;还有宇宙射线,包括银河宇宙射线(GCR)和异常宇宙线(ACR),这些宇宙射线分别构成了来自日球层外部和外日球层区域处的超高能粒子成分。

在不久的将来,Great Heliospheric Observatory 飞船可推进日球层的研究工作,它可对日球层内大约 100 AU 的广阔空间进行采样探测。该飞船部分继承了行星探测任务的需求,部分任务目标则是在广阔的视角下获得局地空间环境系统及其与太阳的联系。这个任务的新计划包括高纬日球层的成像和局地观测(这可填补太阳极区附近的重要观测信息),

以及近日探测(可确定太阳源区是如何演化形成观测到的太阳风)。感兴趣的读者通过互联网搜索和文献查阅可发现当前研究日球层适逢其时。

## 拓展阅读

关于太阳风探测任务及本章提到的测量仪器可以阅读以下参考文献。

Russell,C. T. , R. A. Mewaldt and T. T. von Rosenvinge (1998). The Advanced Composition Explorer,*Space Sci. Rev.*,86,1-4. 从 1997 年开始,ACE 卫星任务就已经开始采集地球上游处的太阳风和高能粒子数据。它为研究太阳风-地球相互作用提供了主要的数据来源。

Russell,C. T. (2008). The STEREO mission. *Space Sci. Rev.*,136,1-4. STEREO 双星是 2006 年下半年发射的,提供了 1 AU 处的太阳风和高能粒子数据(而双星与地球的间距会不断增加),同时提供太阳风成像数据。STEREO 的观测可将我们对太阳及日球层现象的看法提升到更为全球性、太阳系广度的视野角度。

关于更深入讨论太阳风的物理现象可以阅读以下文献。

Balogh,A. , L. Lanzerotti and S. Seuss (2008). *The Heliosphere through the Solar Activity Cycle*. Dordrecht:Springer. 收录了 Ulysses 卫星在不同太阳活动条件下经过太阳两极所得探测结果的综述论文集。

Kallenrode,M. B. (2010). *Space Physics—An Introduction to Plasmas and Particles in the Heliosphere and Magnetosphere*. Berlin:Springer. 一本带注释的教科书,为空间物理提供了另一种入门介绍方式,特别注重对日球层高能粒子方面的介绍。

Schrijver,C. and G. Siscoe (2010). *Heliophysics*, *Vol. 2*. Cambridge:Cambridge University Press. 为科罗拉多州博尔德市多年来举办的暑期学校的讲座汇编,该汇编由业内专家所写,对认知部分研究领域的现状提供了有益观点。

## 习题

**5.1**　利用式(5.9)计算临界半径,找到不可能有超声速解的日冕温度。

**5.2**　让我们来看看其他恒星可能存在亚声速恒星风的特性

(1)假设两颗类太阳恒星的质量和大小都与我们的太阳相当,且具有以氢为主要成分的等温日冕,温度分别为 $3\times10^6$ K 和 $0.5\times10^6$ K。那么对于每颗恒星,声速的径向分布是怎么样的? 以恒星半径为单位,声速临界点位置对应的半径为多少? 与太阳情况作比较,其中太阳的日冕温度为 $1.0\times10^6$ K。

(2)假设恒星有一个偶极型磁场,在赤道表面的磁场强度为 $B_0=10$ G($10^{-3}$ T)。恒星氢冕中的离子密度在该处为 $n_0$,在静压平衡条件下,离子密度随着半径的衰减关系为 $n=n_0\exp(-h/H)$,其中 $h=r-R_S$,$H=GM_S m_p/(2kT)$,$m_p$ 为质子质量。那么,在赤道和极区 $1\sim100R_S$ 范围内,计算声速、Alfvén 速及磁声速随着径向距离的变化。对于赤道面和极区,分别把结果画出来。这些图形结果对于激波的形成(在日冕中行进传播)又意味着什么?

(3) 假设恒星赤道面附近存在一条闭合的偶极磁场条带,该闭合磁场条带能够延伸到某一径向距离处达到日冕热压与磁压($P_b = B^2/2\mu_0$)的平衡,那么对于这三种日冕温度,对应的径向平衡距离 $r_{bal}$ 分别为多少?(提示:假设为理想气体,画出热压 $P_{th} = nkT$ 及赤道面磁压随半径距离的变化,并检查热压与磁压在何处相交。)日冕中的最后一条闭合磁场线常用于表示太阳风的源表面,但是 PFSS 模型中通常假设的源表面就在 $2.5R_S$ 处。考虑到日冕温度的变化性,温度变化性如何定性地影响该模型得到的冕洞结果(例如,真实源表面的半径比我们假设的更大还是更小)?

**5.3** 太阳风中的波动经常以磁场和太阳风速度的扰动形式被探测到。假设太阳风磁场方向是沿 Parker 螺旋线方向,观测到的是磁场扰动垂直于黄道平面的线极化波,那么什么样的 MHD 波模符合该扰动?

**5.4** 水星、金星、地球、火星和木星平均距太阳的距离分别为 0.39 AU、0.72 AU、1 AU、1.5 AU 及 5.2 AU。太阳风在 1 AU 的平均特性如下:质子数密度为 7 cm$^{-3}$,速度为 400 km/s,质子温度为 $0.9 \times 10^5$ K,电子温度为 $1.3 \times 10^5$ K,磁场强度为 7 nT,磁场相对于太阳风流的 archimedean 螺旋角为 45°。计算每颗行星处的如下太阳风参数:磁场强度、螺旋角、质子数密度、质子温度、电子温度、等离子体 $\beta$ 值或者热压与磁压的比值。假设质子温度随着日心距离以 $1/r$ 衰减,而电子温度以 $1/r^2$ 衰减。

**5.5** 利用习题 5.4 中的计算信息,计算水星和木星处太阳风中的 Debye 半径及 Debye 球内的粒子总数。计算金星和火星处电子等离子体频率和质子回旋频率。分别计算 1 keV 的质子在地球、火星、土星及冥王星处的质子回旋半径(运动方向垂直于行星际磁场)。如果一个中性氧原子在这 4 颗行星处的太阳风中(太阳风速度为 440 km/s)被电离,那么其回旋半径分别为多少?

**5.6** 假设典型太阳风速度为 440 km/s,那么太阳风传播到水星、地球、木星及冥王星的时间为多久?如果 ICME 以速度 1500 km/s 从太阳向外运动,并且在每传播 1 AU 后速度会降低 50 km/s,那么 ICME 到达这 4 颗星体的时间需要多少?什么时候会降低到典型的太阳风速度?

**5.7** 日球层边界位置处太阳风压力会与星际风的等离子体压力达到平衡,这个平衡关系取决于太阳风特性和外部局地星际介质(local interstellar medium,LISM)的特性。

(1) 假设 LISM 的气体密度(主要为氢)为 $n_{0gas} = 1$ cm$^{-3}$,且只有 1% 被电离,等离子体温度为 $T_0 = 100$ K,磁场强度为 $B_0 = 0.01$ nT。请计算 LISM 的总压(热压 $p_{th0}$ 加上磁压 $p_{b0}$)。LISM 是高 $\beta$ 还是低 $\beta$ 介质?假设 LISM 的运动速度为 10 km/s,且平行磁场线运动,那么其动压为多少?这三种压强(动压、磁压、热压)哪个占主导?

(2) 假设某个恒星具有冷的、弱磁化的、氢离子等离子体风,其密度在 1 AU 处为 $n_i = 10$ cm$^{-3}$,其以 $v_i = 200$ km/s 的速度径向向外运动。恒星及其等离子体风是镶嵌于 LISM 中的。那么等离子体风与 LISM 相互作用形成的天体顶(astropause)的位置在哪(在这个边界层内部以等离子体风动压为主,而外部压强的平衡作用则与偏离相对于星际流方向的角度有关)?描述天体顶的大致形状(沿等离子体风方向、侧翼方向,以及尾迹方向)的大概日心距离)。如果在 1 AU 处,恒星风的速度增加到 600 km/s,而密度减少到 0.01 cm$^{-3}$ 呢?

**5.8** 磁通量绳(flux ropes)。

(1) CME 内部的磁场结构一般具有磁通量绳的形态外观。假设磁场结构是无力

(force-free)位型，对于圆柱对称结构的磁通量绳，请推导出磁场随着轴心距离变化的方程。

假设磁绳轴向为 $z$ 轴，那么为保证磁绳满足无力位型，会对电流有什么样的限制 $\Bigg[$ 注意：对

于圆柱坐标系，有 $(\nabla\times\boldsymbol{A})_r=\dfrac{1}{r}\dfrac{\partial A_z}{\partial\ddot{o}}-\dfrac{\partial A_\varphi}{\partial z}$，$(\nabla\times\boldsymbol{A})_\varphi=\dfrac{\partial A_r}{\partial z}-\dfrac{\partial A_z}{\partial r}$，$(\nabla\times\boldsymbol{A})_z=\dfrac{1}{r}\dfrac{\partial}{\partial r}\cdot$

$(rA_\varphi)-\dfrac{1}{r}\dfrac{\partial A_r}{\partial\varphi}\Bigg]$？你能够对磁绳内的电流密度变化作出什么样的假设以便得到一个简单、

熟悉的结构？

（2）将你的结果与 Bessel 函数方程进行对比：

$$\frac{\partial^2\psi}{\partial x^2}+\frac{1}{x}\frac{\partial\psi}{\partial x}+\left(1-\frac{n^2}{x^2}\right)\psi=0$$

其解为 $\psi=J_n(x)$，即自变量为 $x$ 的第一类 $n$ 阶 Bessel 函数。如图 5.42 所示。

（3）根据你推导出的磁场变化方程，确定哪个磁场分量是随着 $J_0$ 变化，哪个分量是随着 $J_1$ 变化的。

（4）磁通量绳一般认为是在通量管的足点处由磁场线的扭曲造成的。在这种情况下，基于磁场随径向距离的变化，这是否说明无力位形模型在离轴心距离较远处就会变得没有物理意义？如果是这样的，那么原因是什么？

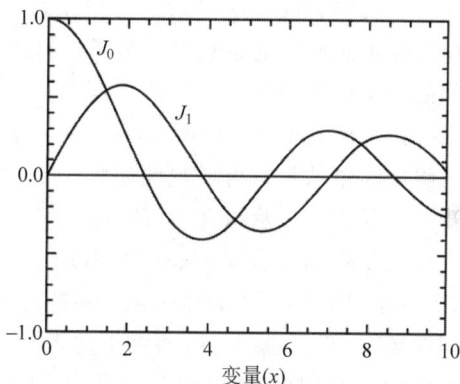

图 5.42　0 阶和 1 阶 Bessel 函数

**5.9**　有一半径为 $a$、电流密度为 $\boldsymbol{j}$ 且均匀分布沿 $z$ 方向流动的圆柱体，该圆柱体产生的磁场 $B_\varphi(r)$ 为多少？假设圆柱体内部等离子体处于平衡状态，那么等离子体压强 $p(r)$ 的分布是什么样的？画出 $B$ 和 $p$ 的分布。

**5.10**　证明 Parker 定理——通量管中轴向磁场 $B_z$ 分量的均方值（通量管处于平衡态且箍束通量管的压强是恒定均匀的）不受通量管扭曲作用的影响。

**5.11**　假设在圆柱对称的磁通量管内，磁场 $B_z(r,t)$ 在时刻 $t_0$ 时的形式为 $B_0\exp(-r^2/4\eta t_0)$。$B_z$ 随后随时间的扩散过程满足：

$$\frac{\partial B_z}{\partial t}-\frac{\eta}{r}\frac{\partial}{\partial r}\left(r\frac{\partial B_z}{\partial r}\right)$$

通过寻找形式为 $f(t)\exp(-r^2/4\eta t_0)$ 的解，求出 $B_z(r,t)$，并画出 $B_z(r,t)$ 在不同时刻随 $r$ 的函数变化关系。求出其磁通量，证明其是守恒的。说明磁能的变化率为什么是负值，并对结果进行评述。

**5.12**　假设有一个圆柱对称、长度为 $L$ 且处于磁压与热压平衡状态下的磁通量绳。如果 $B_z=B_0(1+r^2/L^2)$ 且扭曲度 $\Phi$（给定的磁场线从通量管一端到另一端被扭曲的程度）是均匀的情况下，求出热压和磁场方位分量随 $r$ 的变化关系。

**5.13**　利用空间物理习题训练（http://spacephysics.ucla.edu）中的"potential field"研究表面源对日冕磁场的影响。

（1）选择"source surface（WSO）"选项；设置纬度步长为 20，保持经度步长为 1。设置

源表面半径为 1 个太阳半径,除了 $g_{10}$ 之外,所有系数为 0。计算得到磁场线的结构形态并打印屏幕输出。计算连接到网格盒子边缘处的开放磁场线数量。当经度步长设为 1.5、2.0、2.5、3.0、3.5、4.0、4.5 时重复以上过程。对于经度步长为 4.5 时的情形打印屏幕输出。画出开放磁场线数量随源表面半径的函数变化关系。

(2) 除了 $g_{20}$ 之外,所有系数为 0,并重复(1)中的步骤。打印第一个和最后一个的屏幕输出,画出开放磁场线数量随源表面半径的变化关系。

(3) 除了 $g_{30}$ 之外,所有系数为 0,并重复(1)中的步骤。打印第一个和最后一个的屏幕输出,画出开放磁场线数量随源表面半径的变化关系。

(4) 选择"source surface(WSO)"选项。利用这个选项绘制出与源表面半径处正好相切的闭合磁场线。磁场线到达最高高度的地方(中性线)用圆点标记。设置源表面在 $2.5R_{\mathrm{S}}$ 处,然后选择极小年期间的偶极子场"Sol Min Dipole"模型,计算场线图案。打印屏幕输出。选择你认为最简单的一组系数,再现极小年期间的偶极磁场(minimum dipole)。确保将你不想使用的系数设置为零。打印屏幕输出。在这个示例中,关于太阳活动极小年期间的磁场你能得到什么结论?

(5) 选择中间四极子模型(intermediate quadrupole pole)重复(4)中的步骤。再一次选择一组最简单的系数再现观测磁场。你对于磁场在此太阳活动周期间的变化会得到什么结论? 如果需要显示拟合度,请旋转你得到的磁场结构。

(6) 选择"source surface(WSO)"选项中的磁图重复(4)和(5)中的步骤,分别打印出"Minimum Dipole"和"Intermediate Quadrupole Pole"两种情形下的解析(也就是你的简单近似结果)和观测磁图。这些结果是否与(4)和(5)中所得结果一致?

**5.14** 使用空间物理习题训练(http://spacephysics.ucla.edu)中的"Solar Wind/Parker Spiral"选项。注意其中包含的两个次级选项。

(1) 设置最大距离为 6 AU,设置太阳风速度为 200 km/s 和 800 km/s,分别运行程序(点击计算)。在左上角子图中,移动的圆圈代表来自太阳上两个不同源区(随太阳风自转)的径向太阳风。从单一区域发出的所有太阳风都是期望在一条磁场线上的。因此在太阳风流体元内观测到的螺旋角可再现行星际磁场线的螺旋结构。

(2) 设置最大距离为 1 AU,设置太阳风速度为 200 km/s 和 800 km/s。测量 1 AU 处的螺旋角。与理论公式对比,并说明螺旋角与理论预估的是否一致。

(3) 选择"Solar Wind/Parker Spiral"选项下的 $x$-$y$ 平面。将速度调为 800 km/s,并运行程序,打印屏幕输出。将纬度改为 45° 和 80°,描述并解释改变太阳风出射速度和纬度带来的影响。

(4) 选择"Solar wind/Neutral sheet model/3D Structure"模块。设置磁轴倾角为 25°,对于太阳风速度为 200 km/s 和 800 km/s 时,重新作图。描述并解释磁轴倾角和太阳风速度变化带来的影响。

(5) 选择"Solar wind/Neutral sheet model/Stream interaction"模块。当磁轴倾角为 30° 时运行程序。将径向距离改变为 0.1 AU,重复上述过程。比较右边子图中这两次的运行结果,它们有什么区别,为什么?

# 第6章

## 无碰撞激波

## 6.1　引言

当气体或液体与障碍物相互作用时,若其速度超过障碍物周围激发的压缩波(声波)速度,气体或液体中就会产生激波。这是个非线性、耗散的物理过程。因此,乍一看"无碰撞激波"(collisionless shock)一词是有点自相矛盾的,因为碰撞作用似乎应该是激波过程中的一个必要组成部分。对于普通气体而言,碰撞是一种耗散能量且使流体围绕障碍物偏转的有效方式。在无碰撞等离子体中,粒子并不发生通常意义上的碰撞,动理学过程和集体作用力在激波形成中扮演了"碰撞"的角色。空间等离子体和天体物理等离子体环境条件下的物理参数变化范围很大,研究无碰撞激波在其中如何发生仍是一项正在不断开展的工作,而我们可通过观测及理论和数值模拟来理解其发生的基本物理过程。

无碰撞激波在天体物理、日球层物理和行星环境中是一种非常重要的物理现象。从太阳表面到日球层顶(heliopause),在日球层内(heliosphere)凡是太阳风"吹"过的地方,激波都可能发生。正如我们在第 5 章中讨论的,当太阳风中的快速流追上慢速流时,以及当磁化等离子体的抛射物(称为日冕物质抛射)快速穿过背景太阳风时,就会形成无碰撞激波。在目前人类所有造访过的行星上游都发现存在一个无碰撞的弓激波(bow shocks)。激波会使障碍物周围的等离子体流发生绕流偏转、加热等离子体,并改变等离子体流的性质及其与障碍物的相互作用。激波处发生的这些物理过程取决于激波的强度,激波强度可由马赫数(马赫数为激波速度与局部等离子体声速的比值[①])衡量。因此,激波下游的等离子体特性也取决于其马赫数。

## 6.2　激波基本知识

### 6.2.1　波动

正如第 3 章讨论的,等离子体中存在 3 种低于质子回旋频率的低频波。在障碍物附近,快磁声波(**fast magnetosonic wave**)可压缩等离子体并在障碍物周围偏转等离子体。而慢磁声波(**slow magnetosonic wave**)则能增强磁场并使等离子体的质量密度下降。这类似于磁场线的拉伸行为,因为当一根笔直的磁场线被拉长时,其在保持相同的质量时,磁场强度也将保持不变(在冷等离子体中),那么密度必然下降。在热等离子体中,等离子体的热能密度

---

① 原文定义马赫数为 the speed of the shock relative to the speed of the equivalent linear wave and local plasma parameters。不同于原文,译者这里给出了马赫数的通常定义。

与数密度成正相关,当数密度下降时,其能量密度也必然下降。因此,在慢磁声波中,磁场和等离子体数密度是反相位变化的。这三种波模中的慢模波和快模波,顾名思义,分别为等离子体中传播得最慢和最快的波,至少在满足磁流体动力学(MHD)近似条件下这样的描述一般是适用的。图 6.1 在极坐标下,给出了当 Alfvén 速为声速两倍时这 3 种波模的相速度分布。

等离子体中的第三种波模为剪切 Alfvén 波(**shear Alfvén**)或中间波。这是一种纯弯曲波,其中磁场方向和等离子体速度会发生变化,但密度和磁场强度却并不变化。这三种波模中的每一种波都可以与无碰撞激波相关联,中间波对应的激波则仅在非常有限的情况下发生。图 6.2 显示了三种波模(快、中、慢波)的密度和磁场强度的时空扰动变化。对于中间波,图中则显示了磁场矢量中的两个正交分量。

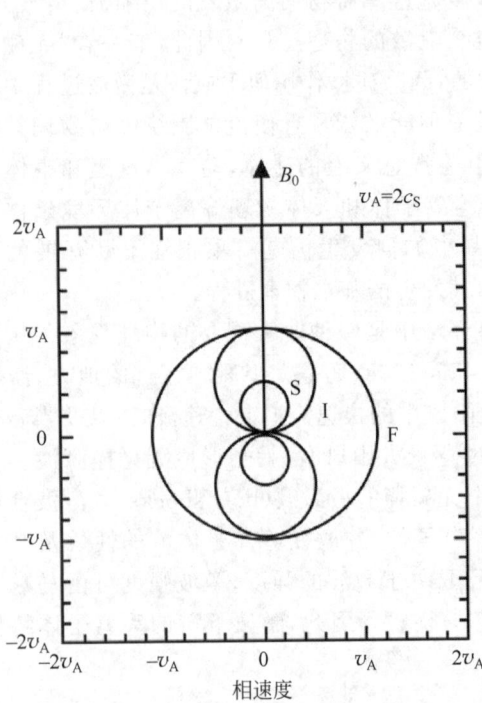

图 6.1　磁化等离子体中 MHD 波动的相速度分布图,其中 Alfvén 速为声速的 2 倍。磁场方向为竖直方向。快磁声波、中间波及慢磁声波分别用 F、I、S 表示

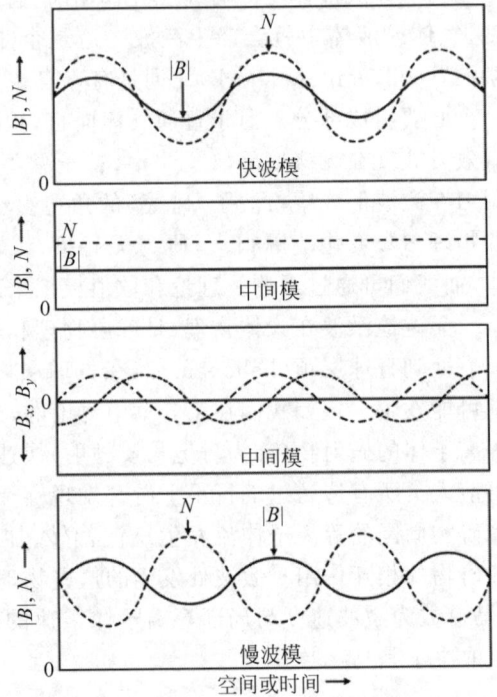

图 6.2　快模式、中间模式及慢模式磁声波的波形。图中展示了这三种波模的场强和密度的变化特征。对于中间模的磁声波,由于磁场强度和密度是恒定的,所以只显示了其中两个磁场的分量

## 6.2.2　与上游条件的关系

有两种因素能影响激波的发生过程:等离子体 $\beta$ 值(等离子体热能密度与磁能密度之比[①])和激波上游磁场相对于激波阵面法线的夹角(这个激波法向夹角通常记为 $\theta_{B_n}$)。由于与法向夹角的依赖关系,等离子体流与障碍物相互作用的几何形态显得非常重要,而且由

---

① 原文此处意为磁能密度与等离子体热能密度之比。

于与太阳风等离子体相互作用的障碍物大多是具有不同尺度的准球形结构,激波的曲率半径就变得重要起来。因此,虽然从一维角度研究激波(正如我们在本章中所追求的)是有指导意义的,但是为了研究所观察到的激波物理行为,我们有时也常需要从全球模式角度研究等离子体流与障碍物的相互作用。我们将在第 7 章中讨论这种全球模式。

研究无碰撞激波的意义部分来源于激波可将带电粒子加速到比较高的能量。对于碰撞系统而言,粒子分布一般会随时间演化为 maxwellian 分布,其中高能粒子仅占很小的比例。然而,在无碰撞等离子体中,少部分粒子可以获得较大的能量增益,这使粒子的分布函数变为 non-maxwellian 分布形式。通常引起这种少数粒子出现能量增益的原因就是无碰撞激波会带来加速作用。这种加速可以发生在行星上游的弓激波、行星际激波(interplanetary shocks)处,还可将粒子加速到超相对论能量的天体物理激波(astrophysical shocks)处。当这些激波加速起来的高能粒子进入太阳系时,我们会将其称为宇宙射线(cosmic rays)。

图 6.3 显示了 ISEE 1-2 在不同太阳风条件下 5 次穿越弓激波时磁场强度的时序变化。这 5 次穿越对应的 $\beta$ 值和马赫数都很低,而且上游磁场与激波法向的夹角也很大。可以看到,激波很薄,其厚度相当于或小于离子的惯性长度(惯性长度等于光速除以离子等离子体频率)。

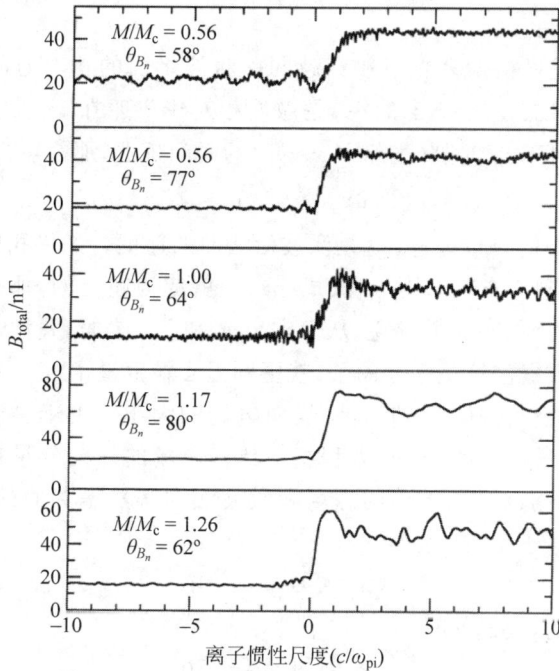

图 6.3 在低马赫数条件下(马赫数范围从亚临界(subcritical)到微超临界(slightly supercritical))观测到 5 次激波穿越时磁场强度的变化。对所有这 5 次穿越而言,激波都是准垂直激波(quasi-perpendicular shocks)。通过随后另一个飞船的同步测量,我们可将穿越时间转化为距离尺度。在顶部两个子图中低频上游波是可随激波面运动的前兆驻波(standing precursors)。而在激波面运动参照系里,高频波是可传播的行波。这些波的激发对 $\theta_{B_n}$ (激波法向角)的值很敏感。$M_c$ 是临界马赫数[①]

___
[①] 临界马赫数定义为:在激波运动坐标系下,激波下游沿激波法向的流速等于声速时对应的激波上游马赫数。具体见 6.6 节。

当马赫数较高,或者上游磁场方向更接近激波法向时,磁场的振荡幅度较大。当我们利用 Rankine-Hugoniot 方程组计算激波阵面两侧平均物理量的跳变后,将再回到弓激波的观测结构中。从守恒定律和 Maxwell 方程组出发可直接推导得到 Rankine-Hugoniot 方程组,但过程有点冗余。由于该方程组非常重要,且它的结果经常会用到,我们下面给出了具体的推导过程。如果读者只对结果感兴趣,请直接跳到 6.3 节末尾的式(6.25)和式(6.26)。然而,要研究激波并使用 Rankine-Hugoniot 方程组,必须首先知道如何找到激波的法向,我们将在 6.2 节中具体讨论这部分内容。

### 6.2.3　激波法向

正如 6.2.2 节中讨论的,上游磁场与激波法向之间的夹角是决定激波物理特性最重要的参数之一。确定上游磁场的方向通常是比较简单直接的,但确定激波面法向可能就不那么简单了。如果对应激波下游的障碍物"刚性"较大,则可以由障碍物的已知几何形状获得对应激波的结构方向。如果激波是处于振荡状态的,或者如果它是处于传播状态的,那激波的曲面结构将不会受到障碍物几何结构的明显约束。在这种情况下,我们需要采用其他方法确定激波面的法向。

一个典型例子就是可根据多颗飞船穿越同一激波平面的相对时间差及其空间位置求得激波面的法向。如果 $\delta \boldsymbol{x}_i \, (i=1,2,3,\cdots)$ 是激波相对于飞船在 $\boldsymbol{x}_0$ 点处的空间距离,而 $\delta t_i$ 为飞船穿越激波时相对于 $t_0$ 时刻(飞船在 $\boldsymbol{x}_0$ 处)的时间延迟,那么可得到

$$\delta \boldsymbol{x}_i \cdot \hat{\boldsymbol{n}} = v \delta t_i \tag{6.1}$$

其中 $\hat{\boldsymbol{n}}$ 是激波平面法向的单位矢量;$v$ 是激波沿法向的速度。如果我们有 4 个以上的观测数据(即有 3 个以上的独立方程),则方程(式(6.1))就成为超定的,那么我们可以通过将方程的每一边乘以 $\delta \boldsymbol{x}$ 矩阵的转置并求逆,从而求出 $\hat{\boldsymbol{n}}$ 和 $v$。然而,我们通常能有一颗卫星获得弓激波穿越的测量数据已算是幸运的了,就更别提 4 颗卫星了[①]。

流向激波面的磁通量传输率实际就是切向电场的大小。由于磁通量不会在激波阵面处堆积,所以从直观上看(与 Maxwell 方程组一致),电场的切向分量在激波两侧应是守恒的。这反过来也意味着激波上、下游的磁场和激波法向必然是共面的。因此,上游磁场和下游磁场的叉乘应垂直于激波的法向:

$$(\boldsymbol{B}_{\mathrm{u}} \times \boldsymbol{B}_{\mathrm{d}}) \cdot \hat{\boldsymbol{n}} = 0 \tag{6.2}$$

由于磁场是无散的,我们又有

$$(\boldsymbol{B}_{\mathrm{u}} - \boldsymbol{B}_{\mathrm{d}}) \cdot \hat{\boldsymbol{n}} = 0 \tag{6.3}$$

用垂直于激波法向的两个不同向量,我们可以计算出一个沿着法向的向量,并将其按叉乘的大小进行归一化,可得

$$\hat{\boldsymbol{n}} = (\boldsymbol{B}_{\mathrm{u}} \times \boldsymbol{B}_{\mathrm{d}}) \times (\boldsymbol{B}_{\mathrm{u}} - \boldsymbol{B}_{\mathrm{d}}) / |(\boldsymbol{B}_{\mathrm{u}} \times \boldsymbol{B}_{\mathrm{d}}) \times (\boldsymbol{B}_{\mathrm{u}} - \boldsymbol{B}_{\mathrm{d}})| \tag{6.4}$$

当然,当 $\boldsymbol{B}_{\mathrm{u}} /\!/ \boldsymbol{B}_{\mathrm{d}}$ 时,式(6.4)这个方法得到的法向是不可靠的,这种情况主要是发生在纯平行激波和纯垂直激波两种情形下,但这两种情形在实际中又都是很罕见的。用这种方法得到的法向称为共面法向,它所依据的定理我们称为共面定理(coplanarity theorem)。

---

① 实际上式(6.1)的时间分析法直到 2000 年欧空局的 Cluster 四点星座计划发射后才为大家广泛应用。

对于获得激波法向而言,这是一种非常有用的单卫星技术分析方法,它之所以好用,部分原因在于磁场的测量和校准是比较可靠的。而其他一些物理参数的变化,如密度,由于测量校准可能随着温度的变化而在整个激波穿越过程中发生变化,其测量的相对变化精度可能都不那么准确,就更不用说其绝对精度了。

一些研究人员使用磁场的最小变化方向作为激波的法向,但这种方法只适用于所有波动都沿激波法向传播的情形。这种方法也仅限于对参数空间有限区域内出现的某些波动情况而言,所以我们不建议使用这种方法研究激波的物理量的跳变。

当三维速度测量可用时,对于激波跳变我们还可以使用的另一个约束条件是

$$(\boldsymbol{B}_u \times \Delta \boldsymbol{v}) \cdot \hat{n} = 0 \tag{6.5}$$

及

$$(\boldsymbol{B}_d \times \Delta \boldsymbol{v}) \cdot \hat{n} = 0 \tag{6.6}$$

其中,$\Delta \boldsymbol{v}$ 为上游到下游速度的变化量。当这样的速度约束条件与 $\Delta \boldsymbol{B} \cdot \hat{n} = 0$ 同时考虑时,得到的法线称为混合模式下的激波法向(mixed-mode shock normal)。实际上,所有这些约束条件可以组成一个超定方程,并可求解出这些超定条件下的最优激波法向(Russell et al.,1983)。

最后,我们注意到,利用激波法向 $\hat{n}$ 的信息和连续性方程,我们可以确定激波在测量参照系中的运动速度,得到的激波运动速度 $\boldsymbol{v}_{sh}$ 为

$$\boldsymbol{v}_{sh} = (\rho_d - \rho_u)^{-1}(\rho_d \boldsymbol{u}_d - \rho_u \boldsymbol{u}_u) \cdot \hat{n} \tag{6.7}$$

其中,$\boldsymbol{u}_d$ 和 $\boldsymbol{u}_u$ 分别为下游和上游太阳风的运动速度。

一旦获知激波速度,那么就有可能将时间按离子惯性尺度(图 6.3)或离子回旋尺度单位转化为空间距离,从而将激波测量的时间序列转化为空间尺度。

既然我们可获得激波的法向,就能进一步在法向入射参照系下(normal incidence frame,在该参照系下上游等离子体流的方向沿激波法向)推导获得 Rankine-Hugoniot 方程组。

## 6.3　Rankine-Hugoniot 方程组

随着激波法向坐标参照系的建立,我们可以通过对等离子体的测量将 Rankine-Hugoniot 守恒关系表示出来。通过 Rankine-Hugoniot 方程组,我们可针对不同强度的激波(由马赫数表征),由激波上游状态条件计算出下游的物理状态。对于快磁声激波,马赫数的值为激波面速度(相对于沿激波法向的等离子体流速度)除以沿激波法向的上游快磁声速。这种 Rankine-Hugoniot 跳变条件的处理方法并没有告诉我们加热和耗散是如何发生的,只是告诉我们一定会发生这么多的耗散。而且这种处理方法还暗含了一个假设——等离子体物理特性仅在沿激波法向方向才会出现空间变化。Rankine-Hugoniot 方程组是在法向入射参照系中表示的,而其中上游的等离子体速度是沿激波法向的。因此,梯度可定义为

$$\nabla \equiv \frac{\partial}{\partial n} \tag{6.8}$$

利用守恒方程和 Maxwell 方程,Rankin-Hugoniot 方程组可作为激波强度的函数,通过上游等离子体物理状态(磁场强度和方向、等离子体密度、温度和速度)确定激波下游的物理参数。我们从质量连续性方程开始。通过 $\nabla \cdot (\rho \boldsymbol{u}) = 0$,连续性方程可变为 $\partial \rho u / \partial n = 0$。如果对 $n$ 积分,可以将上面的关系表示为

$$[\rho u_n] = 0 \tag{6.9}$$

其中,括号表示激波两侧边界的变化。这表明横越激波两侧的质量通量是保持不变的。

对于动量方程[①]

$$\rho \boldsymbol{u} \cdot \nabla \boldsymbol{u} = -\nabla p + \boldsymbol{j} \times \boldsymbol{B}$$

我们可从中获得两个守恒方程,一个是法向动量方程,另一个是切向动量方程。对于法向动量方程,我们只取沿 $n$ 方向的分量。类似地,切向动量方程只采用沿 $l$ 方向的分量,其中 $l$ 方向为上游磁场方向在激波平面上的投影。因此,我们可得到这两个方程分别为

$$\left[ \rho u_n^2 + p + \frac{B_l^2}{2\mu_0} \right] = 0 \tag{6.10}$$

$$\left[ \rho u_n u_l - \frac{B_n B_l}{\mu_0} \right] = 0 \tag{6.11}$$

而能量方程[②]

$$\nabla \cdot \left[ u \left( \frac{\gamma}{\gamma - 1} p + \frac{1}{2} \rho u^2 \right) \right] = \boldsymbol{j} \cdot \boldsymbol{E}$$

其中,我们利用 $\boldsymbol{j} \cdot \boldsymbol{E} = \mu_0^{-1} \cdot (\nabla \times \boldsymbol{B}) \cdot (-\boldsymbol{u} \times \boldsymbol{B})$,并考虑到合适的速度和磁场分量,则能量方程可简化为

$$\left[ u_n \left( \frac{\gamma}{\gamma - 1} p + \frac{1}{2} \rho u^2 + \frac{B_l^2}{\mu_0} \right) - \frac{u_l B_n B_l}{\mu_0} \right] = 0 \tag{6.12}$$

当作梯度变换时,$\nabla \cdot \boldsymbol{E} = 0$ 变成了一个 $0 = 0$ 的同义式。因此,这个方程对求解不起重要作用。而 $\nabla \cdot \boldsymbol{B} = 0$ 和 $\nabla \times \boldsymbol{E} = 0$ 则变成了

$$[B_n] = 0 \tag{6.13}$$

$$[u_n B_l - u_l B_n] = 0 \tag{6.14}$$

因此,我们可获得一套闭合的方程组,可依据该方程组求解推算出激波下游的物理状态。为实现这个目标,我们用下标 1 表示上游状态,用下标 2 表示下游状态,这样可将上述方程重新改写为[③]

$$\rho_1 u_{1n} = \rho_2 u_{2n} \tag{6.9a}$$

$$\rho_1 u_{1n}^2 + \frac{\rho_1 k T_1}{m} + \frac{B_{1l}^2}{2\mu_0} = \rho_2 u_{2n}^2 + \frac{\rho_2 k T_2}{m} + \frac{B_{2l}^2}{2\mu_0} \tag{6.10a}$$

$$B_{1n} B_{1l} / \mu_0 = B_{2n} B_{2l} / \mu_0 - \rho_2 u_{2n} u_{2l} \tag{6.11a}$$

$$u_{1n} \left[ \gamma (\gamma - 1)^{-1} \rho_1 k T_1 / m + 0.5 \rho_1 u_{1n}^2 + B_{1l}^2 / \mu_0 \right]$$

$$= u_{2n} \left[ \gamma (\gamma - 1)^{-1} \rho_2 k T_2 / m + 0.5 \rho_2 u_{2n}^2 + 0.5 \rho_2 u_{2l}^2 + \frac{B_{2l}^2}{\mu_0} \right] - u_{2l} B_{2n} B_{2l} / \mu_0 \tag{6.12a}$$

$$B_{1n} = B_{2n} \tag{6.13a}$$

$$u_{1n} B_{1l} = u_{2n} B_{2l} - u_{2l} B_{2n} \tag{6.14a}$$

并且我们可定义如下无量纲参数:

---

① 原文中是 $\nabla p$。译者认为从式(3.162)出发,此处应为 $-\nabla p$。

② 原文是 $\boldsymbol{j} \times \boldsymbol{E}$。译者认为是 $\boldsymbol{j} \cdot \boldsymbol{E}$。

③ 注意,在式(6.9a)~式(6.14a)中,用到了 $u_{1l} = 0$ 这个条件。

$$x = \rho_2 / \rho_1$$

$$y = u_{2n} / u_{1n}$$

$$z = u_{2l} / u_{1n}$$

$$w_1 = (kT_1 / mu_{1n}^2)^{1/2}$$

$$w_2 = (kT_2 / mu_{1n}^2)^{1/2}$$

$$b_n = B_n (\mu_0 \rho_1 u_{1n}^2)^{-1/2}$$

$$b_{1l} = B_{1l} (\mu_0 \rho_1 u_{1n}^2)^{-1/2}$$

$$b_{2l} = B_{2l} (\mu_0 \rho_1 u_{1n}^2)^{-1/2}$$

利用这些无量纲参数，Rankine-Hugoniot 方程组可改写为

$$1 = xy \tag{6.9b}$$

$$2(w_1^2 + 1) + b_{1l}^2 = 2x(w_2^2 + y^2) + b_{2l}^2 \tag{6.10b}$$

$$b_n b_{1l} = b_n b_{2l} - xyz \tag{6.11b}$$

$$2(b_{1l}^2 + \gamma(\gamma-1)^{-1} w_1^2) + 1 = y\left[ xy^2 + xz^2 + 2b_{2l}^2 - 2zy^{-1} b_n b_{2l} + 2\gamma(\gamma-1)^{-1} xw_2^2 \right] \tag{6.12b}^{①}$$

$$b_{1l} = yb_{2l} - zb_n \tag{6.14b}$$

利用第一个方程关系，可以从下面 3 个方程中消去 $x$。此外，利用第 3 个和第 5 个方程（式(6.11b)和式(6.14b)），我们可以解出 $b_{2l}$ 和 $z$，得到

$$b_{2l} = b_{1l} (b_n^2 - 1)(b_n^2 - y)^{-1}$$

$$z = b_{1l} b_n (y-1)(b_n^2 - y)^{-1}$$

继续这个求解过程，我们可得到一个关于 $y$ 的四阶方程。为了更方便地研究四阶方程的系数，我们引入了 4 个可以用原始测量参数及上面所定义的参量来表示的参量。这 4 个参量可分别定义为

$$a \equiv w_1^2 \equiv kT_1 / (mu_{1n}^2)$$

$$b \equiv b_n^2 \equiv B_n^2 / (\mu_0 \rho_1 u_{1n}^2)$$

$$c \equiv b_{1l}^2 = B_{1l}^2 / (\mu_0 \rho_0 u_{1n}^2)$$

$$d \equiv \gamma(\gamma-1)^{-1}$$

利用这些定义的参量，$y$ 的四阶方程可写为如下形式：

$$
\begin{aligned}
&y^4(1-2d) + y^3(2d + 2ad + cd + 4bd - 2b) + \\
&y^2(b^2 + bc - 4bd - 4abd - 2bcd - 2b^2d - 2c - 2ad - 1) + \\
&y(2b^2 d + 2ab^2 d + 2bcd + 4abd + 2b - cd) + \\
&(2c - bc - b^2 - 2ab^2 d) = 0
\end{aligned} \tag{6.15}
$$

注意到这个方程有一个平方根，$y=1$，其对应没有激波。所以我们可以将这个方程化简为关于 $y$ 的三次方程，也即[②]

---

① 原文等号右边为 $y\left[ y^2 + z^2 + 2b_{2l}^2 - 2b_n b_{2l} + 2\gamma(\gamma-1)^{-1} xw_2^2 \right]$ 。

② 也就是式(6.15)可写为 $(y-1)(y^3 + py^2 + qy + r) = 0$ 形式。通过对比系数，可确定 $p$、$q$、$r$ 的具体系数形式。

$$y^3 + py^2 + qy + r = 0$$

其中

$$p = [d(2a + c + 4b) - 2b + 1]/(1 - 2d)$$
$$q = [-d(4ab + 2bc + 2b^2 - c) + bc - 2c + b^2 - 2b]/(1 - 2d)$$
$$r = b(2abd + b + c)/(1 - 2d)$$

根据三次方程的系数 $p, q, r$，方程至少有 1 个、最多有 3 个实根。如果我们定义

$$Q \equiv (p^2 - 3q)/9, \quad R \equiv (2p^3 - 9pq + 27r)/54$$

当表达式 $Q^3 - R^3 \geqslant 0$，方程存在 3 个实根，具体为

$$y = -2Q^{\frac{1}{2}}\cos\left(\frac{\varphi + n\pi}{3}\right) - \frac{p}{3}, \quad n = 0, 2, 4 \tag{6.16}$$

其中

$$\varphi = \arccos(R/Q^{3/2})$$

如果表达式 $Q^3 - R^3 < 0$，方程存在一个实根，其为

$$y = R/|R| \{(R^2 - Q^3 + |R|^{\frac{1}{3}}) + Q[(R^2 - Q^3)^{\frac{1}{2}} + |R|]^{-\frac{1}{3}}\} - \left(\frac{p}{3}\right) \tag{6.16a}$$

值得注意的是，虽然可能有 3 个真实的根，但对于研究行星弓激波，$n=2$ 对应的根是唯一具有物理意义的根。因此，根据表达式 $Q^3 - R^3$ 的符号，我们可根据式(6.16a)或式(6.16)($n=2$)确定下游的物理参数(亚声速状态)。现在就可以根据上游参数计算下游的等离子体状态参数。由于参数 $y$ 定义为上下游的法向等离子体速度之比，则

$$u_{2n} = yu_{1n} \tag{6.17}$$

下游密度与上游密度之比为上述关系的倒数，因此有

$$\rho_2 = \frac{\rho_1}{y} \tag{6.18}$$

根据 $x, y, z$ 等变量的定义，以及式(6.16)，我们可得到下游等离子体速度的切向分量[1]：

$$u_{2l} = u_{1n}(y - 1)(bc)^{\frac{1}{2}}(b - y)^{-1} \tag{6.19}$$

以及

$$B_{2l} = (\mu_0 \rho_1 u_{1n}^2 c\delta)^{\frac{1}{2}} \tag{6.20}$$

其中

$$kT_2 = mu_{1n}^2 y\left[a + \frac{(1 - \delta)c}{2} - y + 1\right] \tag{6.21}$$

$$\delta = (b - 1)^2(b - y)^{-2}$$

参数 $\delta$ 是下游磁场切向分量与上游磁场切向分量比值的平方[2]。由式(6.19)~式(6.21)，我们可以计算出下游的速度和磁场的大小：

$$|u_2| = (u_{2n}^2 + u_{2l}^2)^{\frac{1}{2}} = u_{1n}[y^2 + bc(y - 1)^2(b - y)^{-2}]^{\frac{1}{2}} \tag{6.22}$$

---

[1] 实际上利用了前面得到的推导关系 $b_{2l} = b_{1l}(b_n^2 - 1)(b_n^2 - y)^{-1}$ 和 $z = b_{1l}b_n(y - 1)(b_n^2 - y)^{-1}$。

[2] 对式(6.20)两边取平方后，结合 $c$ 可看出。原文认为 $\delta$ 是磁场切向分量的平方。

及

$$|B_2| = (B_{2n}^2 + B_{2l}^2)^{\frac{1}{2}} = [\mu_0 \rho_1 u_{1n}^2 (b + c\delta)]^{\frac{1}{2}} \tag{6.23}$$

利用上述关系推测得到的下游等离子体参数值与飞船测量的实测值进行比较时需要特别注意。将飞船测量的密度、温度和磁场强度与 Rankine-Hugoniot 的计算值直接比较是非常容易的,因为这些参数的绝对值与参照系无关。然而,我们必须注意,前面对横越激波的流速方向作了一定假设——注意,我们是作了参照系变换,使上游等离子体流的方向沿激波法向。这意味着,测量速度沿激波面的 $m$ 方向[①]可能存在残余分量,而这一分量对于理论上的激波速度而言是没有考虑到的。因此,由于使用了特殊的坐标系统,我们在比较飞船实测激波速度和理论激波速度时需加倍小心。

我们注意到这个参照系也是不同于 deHoffman-Teller（HT）参照系的,HT 参照系会沿激波面运动,使在 HT 参照系里看到的上下游等离子体流是沿着磁场方向的（不是沿这里所示的激波法向）。因此,在 HT 参照系中不存在对流电场。HT 参照系沿激波面的运动速度为 $\boldsymbol{v}_{HT} = \hat{n} \times (\boldsymbol{u}_u \times \boldsymbol{B}_u)/(\hat{n} \cdot \boldsymbol{B}_u)$。由于 $\boldsymbol{B}$ 的法向分量和 $\boldsymbol{u} \times \boldsymbol{B}$ 的横向分量在激波两侧是守恒的,所以激波两侧的 $\boldsymbol{v}_{HT}$ 速度是相同的。在 HT 参照系中,粒子仅绕着磁场线旋转,并沿着磁场线移动。此外,由于在 HT 参照系中 $\boldsymbol{E}$ 为零,所以粒子能量在 HT 参照系中是恒定的。

也可以用 4 种上游无量纲参数描述激波等离子体:等离子体 $\beta$ 值、快磁声马赫数、$M_{ms1}$、上游磁场与激波法向的角度 $\theta_{B_{1n}}$,以及绝热指数（也叫比热比,the ratio of specific heats）$\gamma$。

这样,我们可获得上游的 4 种无量纲参数为

$$\beta_1 = 2a/(b+c)$$

$$\theta_{B_{1n}} = \arccos\left(\frac{b}{b+c}\right)^{\frac{1}{2}}$$

$$\gamma = d/(d-1)$$

$$M_{ms1} = \left(0.5\left\{b+c+\frac{ad}{d-1}+\left[\left(b+c+\frac{ad}{d-1}\right)^2 - \frac{4abd}{d-1}\right]^{1/2}\right\}\right)^{-1/2} \tag{6.24}[②]$$

其中[③], $a = \beta_1/(M_{ms1}^2 K_0)$; $b = 2\cos^2\theta_{B_n}/(M_{ms1}^2 K_0)$; $c = 2\sin^2\theta_{B_n}/(M_{ms1}^2 K_0)$; $d = \gamma(\gamma-1)^{-1}$; $K_0 = 1 + \gamma\beta_1/2 + [1 + \gamma^2\beta_1^2/4 + \gamma\beta_1(1-2\cos^2\theta_{B_n})]^{1/2}$。

通过参数 $a$、$b$、$c$ 和 $d$ 的表达式,我们可以得到 $y$ 和下游的物理参数。

由于上游等离子体状态可以用这 4 个无量纲参数完整描述,因此下游等离子体也可类似由这几个参数描述。根据我们对这些无量纲参数的定义和下游的参数值,可以推导出下游的无量纲参数的表达式为

$$\beta_2 = 2[a + 0.5c(1-\delta) + 1 - y]/(b+c\delta)$$

$$\theta_{B_{n2}} = \arccos[b/(b+c\delta)]^{\frac{1}{2}}$$

$$M_{ms2} = \frac{2[y^2 + bc(y-1)^2/(b-y)^2]}{y(b+c\delta) \times \left\{1 + 0.5\gamma\beta_2 + \left[1 + \frac{\gamma^2\beta_2^2}{4} + \gamma\beta_2 \times (1-2\cos^2\theta_{B_{n2}})\right]^{\frac{1}{2}}\right\}} \tag{6.25}$$

---

① 译者认为 $m$ 方向是激波面的另一切向分量。$n = l \times m$。
② 推导 $M_{ms1}$ 时,需注意式(13.130)中的快磁声速定义。
③ 原文中 $d = \gamma(\gamma-1)$。注意,$\theta_{B_{1n}} = \theta_{B_n}$。另外,此处定义的 $a$、$b$、$c$ 和 $d$ 参数与式(6.15)中的一致。

其中,在激波两侧,绝热指数 $\gamma$ 保持恒定不变。

当从上游穿越激波进入下游时,等离子体 $\beta$ 值(在大多数情况下)将上升,$\theta_{B_n}$ 的角度将向 90°方向增加,马赫数将会小于 1。磁场强度、密度、温度和等离子体 $\beta$ 在激波两侧的跳变可根据我们在前面段落中的推导得到:

$$\rho_2/\rho_1 = y^{-1}$$

$$\frac{|B_2|}{|B_1|} = (\cos^2\theta_{B_n} + \delta\sin^2\theta_{B_n})^{\frac{1}{2}} = [(b+c\delta)/(b+c)]^{\frac{1}{2}}$$

$$\beta_2/\beta_1 = a^{-1}(b+c)[a + 0.5c(1-\delta) + 1 - y] \times (b+c\delta)^{-1} \tag{6.26}$$

$$T_2/T_1 = a^{-1}y[a + 0.5c(1-\delta) + 1 - y]$$

根据式(6.24),我们现在可以确定激波两侧物理参数的跳变是如何随着上游马赫数、等离子体 $\beta$ 及 $\theta_{B_n}$ 而变化的。图 6.4 对比展示了 3 种不同 $\beta$ 条件下,等离子体密度和磁场强度的跳变随上游 $\theta_{B_n}$ 和马赫数变化的等值线分布图。当 $\theta_{B_n}$ 为 90°时,密度和磁场的跳变在高马赫数下是相同的,跳变值均渐近于 4($\gamma$ 为 5/3)。对于 $\theta_{B_n}$ 为 0°时(平行激波情形),密度和磁场的跳变有很大不同。一般来说,相比磁场强度而言,密度对 $\theta_{B_n}$ 变化的敏感性更低一些。在 $\beta$ 为零时,低马赫数下的跳变行为在导生激波(switch-on shock)条件下更为复杂化,我们将在第 6.4 节中讨论。

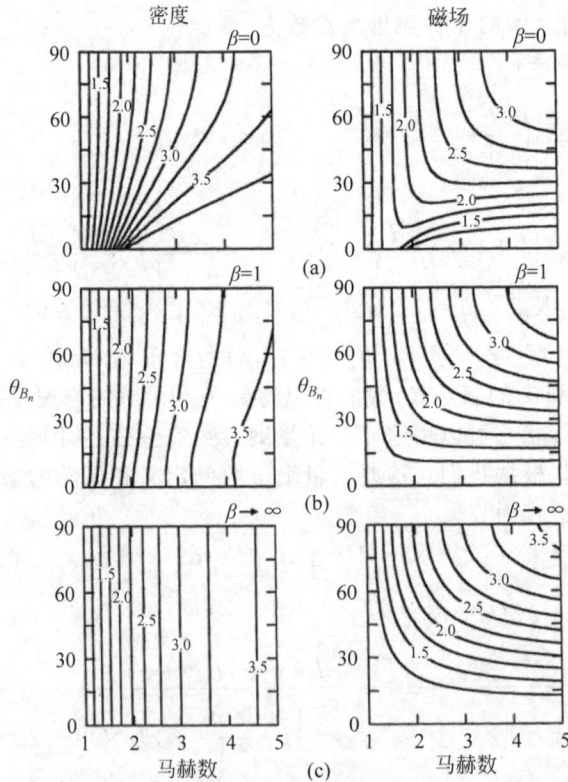

图 6.4 在上游(a)$\beta = 0$;(b)$\beta = 1$;(c)$\beta \to \infty$ 等条件下,由 Rankine-Hugoniot 方程推导出的密度和磁场强度的跳变[①]等值分布随 $\theta_{B_n}$(上游磁场方向与激波法向间的夹角)及磁声马赫数的变化

---

① 此处跳变意为下游数值与上游数值的比值。

图 6.5 比较了磁场切向分量和温度跳变的等值分布随 $\theta_{B_n}$ 和马赫数的变化。由高 $\beta$ 条件下的分布图我们可看到,跳变等值分布与 $\theta_{B_n}$ 无关,这些跳变会随着马赫数的增加而单调增加。

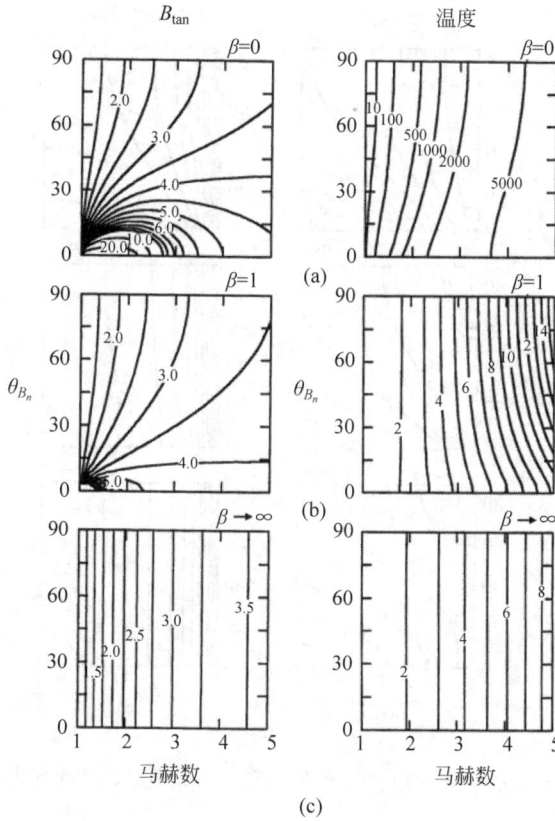

图 6.5　在上游(a)$\beta=0$;(b)$\beta=1$;(c)$\beta\to\infty$等条件下,磁场切向分量及温度跳变的等值分布。图例格式与图 6.4 一样

　　当等离子体 $\beta$ 较低时,磁场切向分量的跳变行为会发生显著变化,而温度跳变则相对略小。对于 $\beta=0$ 和 $\beta=1$ 两种情形,我们看到温度的跳变会随 $\theta_{B_n}$ 有轻微的变化,尽管这两种情形的变化趋势相反。对于磁场的切向分量,其跳跃变化对 $\theta_{B_n}$ 的依赖性非常显著。当 $\theta_{B_n}=90°$ 时,与 $\beta\to\infty$ 的情形相似,磁场切向分量的跳跃变化在 $\beta=0$ 和 $\beta=1$ 时会随马赫数单调增加。而在接近 $\theta_{B_n}=0$ 时,随着马赫数的增加,切向分量的跳变值会先增大而后减小。这种跳变行为与导生激波有关,看起来几乎是违反直觉的。

　　图 6.6 展示了等离子体 $\beta$ 和磁声马赫数[①]跳变的等值分布随上游 $\theta_{B_n}$ 和上游磁声马赫数的变化。马赫数的变化是非常简单的。它随上游马赫数的增加而单调减小,在上游 $\beta$ 较高时,马赫数的跳变几乎不依赖 $\theta_{B_n}$ 的变化,上游 $\beta=1$ 时依赖性较弱,而上游 $\beta=0$ 时依赖性较强。等离子体 $\beta$ 的跳变行为则非常有意思。在上游 $\beta\to0$ 时,等离子体 $\beta$ 在低马赫数条件下横越激波到下游后会下降,而在上游高马赫数条件下则会增加。在上游 $\beta=1$ 的低马

---

① 　原文意为下游等离子体 $\beta$ 和下游磁声马赫数的跳变。译者认为从上游到下游物理量的跳变不用强调下游。

赫数条件下,近垂直激波(nearly perpendicular shocks)下游的 $\beta$ 会下降,但在较高马赫数时下游的 $\beta$ 会上升。在上游高 $\beta$ 条件下,无论上游 $\theta_{B_n}$ 和马赫数如何,激波下游的 $\beta$ 都会增加。

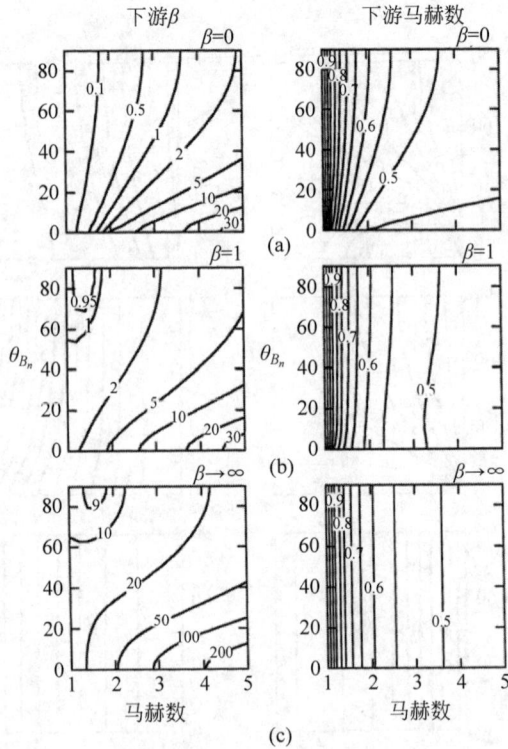

图 6.6　在上游(a)$\beta=0$;(b)$\beta=1$;(c)$\beta\rightarrow\infty$ 等条件下,等离子体 $\beta$ 跳变及磁声马赫数跳变的等值分布

## 6.4　平行激波和垂直激波的观测

广义 MHD Rankine-Hugoniot 方程组的作用非常强大,因为只要 MHD 近似成立,我们就可以依据 Rankine-Hugoniot 方程组从任何可能的上游太阳风条件状态预测下游的物理状态。然而,方程组并没有告诉我们激波的能量耗散是如何发生的。为理解这种耗散过程,我们必须研究激波处的动理学过程。为此,高分辨率的磁场测量对于研究这种过程是很有必要的。在我们更广泛地探讨激波能量耗散这一研究内容前,研究激波在两类极端情形下的物理行为是非常有益的。我们将研究在近平行激波(nearly parallel shock)、层流导生激波(laminar switch-on shock)及近垂直激波(nearly perpendicular shock)中的表现行为。当上游马赫数和 $\beta$ 都较小,如分别小于 2 和 0.5 时,就会出现层流激波(laminar shocks)。在太阳风中,激波强度通常很弱,但 $\beta$ 则通常较大。最有希望找到层流激波的地方是内行星处,在行星上游总存在一个弓激波,激波上游偶尔会出现 IMF 较大从而导致马赫数和 $\beta$ 皆会减小至层流范围内的情形。

## 6.4.1　平行层流激波

平行激波比较罕见,因为要两个不相关向量的方向(上游磁场方向与激波法向)达到完全平行的概率非常低,远低于它们互相垂直的概率,而在准垂直下这两个向量的方向有多种可能。Rankine-Hugoniot 关系告诉我们,一般来说,平行激波应该产生密度和温度的跳变,但由于磁场的散度为零,磁场不应该有跳变。在低马赫数下(地球弓激波很少有这种条件),我们或许期望上游波动会沿激波法向运动。波动在平行于磁场或激波法向的传播过程中,会逐渐缓慢衰减。然而,比较惊奇的是,图 6.5 左上角的子图显示,在低 $\beta$ 和低马赫数下的层流激波中,近平行激波($\theta_{B_n}=0$)的磁场切向分量有较大的跳变[①]。这种现象对应的激波被称为导生激波(switch-on shock)。图 6.7 在激波法向坐标系下给出了一例穿越近平行激波事件的磁场变化(Farris et al.,1994)。在近平行激波中,上游平均磁场基本是沿激波法向,而另外两个磁场切向分量则基本为零。在激波上游的波列(图右边部分)显示出较小的衰减,而在下游(图左边部分)磁场则突然增强至 20 nT 左右。图 6.8 显示了这一事件中等离子体(电子)参数的变化。在激波下游处,等离子体密度增加,磁场增强,速度下降,温度升高。我们注意到,即使在层流激波条件下,准平行激波(quasi-parallel shocks)和平行激波也都是相当不稳定的。

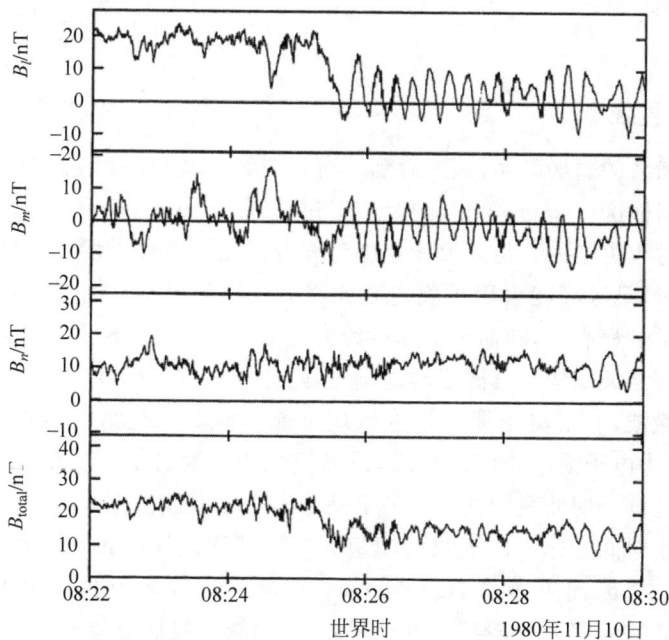

图 6.7　在激波法向坐标下,测量磁场在导生激波两侧的变化。$n$ 方向沿激波法向,$l$ 方向平行于下游磁场方向在激波平面内的投影。上游马赫数$=1.14\pm0.7$,$\beta=0.2$,$\theta_{B_n}=17°$

---

① 意为下游有增强的切向磁场分量。

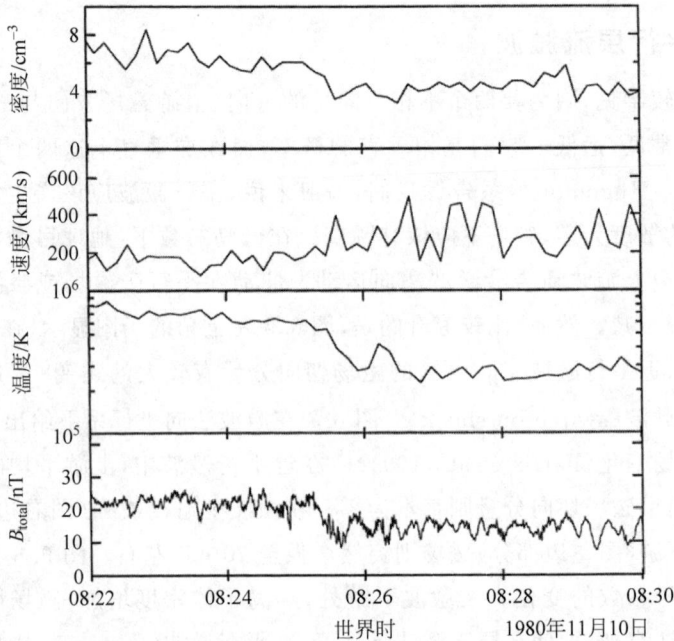

图 6.8　对应图 6.7 中示例,测到的电子密度、速度、温度及磁场强度在穿越导生激波中的变化分布

## 6.4.2　垂直激波

较强准垂直激波的磁场剖面,从上游到下游,包括一个湍动足区(turbulent foot)、一个磁场跳变的激波斜面区(a ramp region)及一个过冲区(an overshoot)。这些剖面特征是由激波离子动理学过程决定的。足区尺度是由激波面镜面反射离子的回旋转向决定的,当只有单点飞船探测时,足区尺度可用于确定激波移动速度的大小。同样地,斜面区和过冲区也都与离子动理学过程有关,斜面区的厚度约为 0.4 个离子惯性长度。此外,准垂直激波的模拟能很好地再现激波结构及其离子动理学过程。

而对于垂直激波,有限离子惯性尺度效应可能在激波的色散结构中并不起作用。相反,激波厚度预估为电子惯性长度的量级,是离子惯性长度的 1/43。我们确定得到的激波法向精度误差为几度。即便我们获得了一个精确的平均激波法向,法向在随飞船穿越激波的过程中也会发生时间变化。由于我们期望的“垂直”激波法向偏离准确的激波垂直方向的误差范围仅为 1°,因此近垂直(nearly perpendicular)激波与我们上面讨论的近平行(nearly parallel)激波一样是比较罕见的。因此,从观测上我们只能尽力确定哪些激波是近垂直的,并希望在某次激波穿越事件中,激波法向能充分地指向磁场垂直方向。图 6.9 显示了穿越两个近垂直激波事件的磁场剖面变化图。上图的磁场剖面中,斜面厚度为 0.9 个离子惯性长度,而下图的斜面厚度为 2 个电子惯性长度。下图示例是在 ISEE 1 和 ISEE 2 高分辨采样数据中发现的唯一一个电子惯性尺度示例(Newbury 和 Russell,1996)。因此,很明显,这种非常薄的、电子尺度的激波是可以存在的,但这类激波太少见了,这使人们在研究太阳系等离子体时对这类激波有特别浓厚的兴趣。

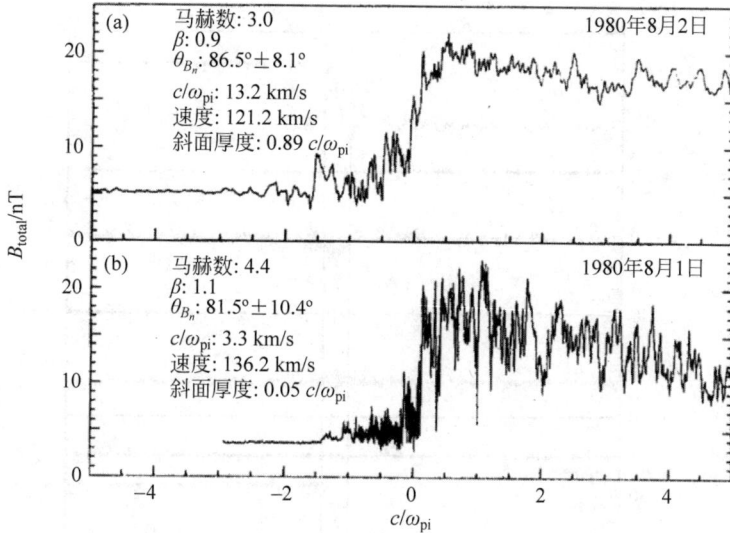

图 6.9　两个超临界近垂直激波的磁场剖面分布。(a)所示激波的斜面厚度接近 1 个离子惯性长度。(b)斜面厚度的尺度约为 2 个电子惯性长度,表明该激波为垂直激波

## 6.5　典型条件下的观测

Rankine-Hugoniot 物理关系只能确定物理量穿越激波面的跳变。虽然得到这个跳变信息很重要,但它并没有告诉我们激波中的能量耗散、粒子加热和热化是如何发生的。而这些过程对于激波的研究又是非常重要的。图 6.10 显示了在低马赫数条件下穿越准垂直激波时磁场三个分量的变化。显然,激波是多种不同波动的激发源。波动在激波斜面处增长,而朝上、下游方向不断发生衰减。之所以能产生这些波动,是因为激波能产生"自由能",而这些自由能可通过波的激发和随后波的吸收转化为等离子体的加热。显然,上游频率最低的波动是沿激波法向 $n$ 传播的波,因为波在这个方向上没有任何扰动分量。而上游高频波在磁场强度的信号中是看不到的,所以高频波一定是沿磁场方向传播的。由于下游磁场有一个压缩分量,下游高频波会相对于下游磁场方向以一定的角度传播。即便太阳风是超声速的,激波面处的波动也可以逆流朝上游传播,因为哨声模或右旋电磁波(振荡频率大于质子回旋频率)的传播速度比沿波矢方向的太阳风速度更快。此外,波的群速度(能量传播速度)比波的相速度快。这样便可在图 6.10 中形成一个驻波结构的低频波,并能持续不断从激波中获得能量。因此,当太阳风流经这个驻波结构时低频波仍可维持其波形结构,尽管波也在不断衰减。

如图 6.11 所示,在马赫数较高时,波动不能向激波上游运动,而是全部被太阳风携带着向下游运动。这里注意,当穿越激波时,磁场会有一个较小的 $B_m$ 分量且下游高频横波会有缓慢增长。在磁场强度中看到的下游低频"波"不太可能由等离子体不稳定性产生,而是由离子回旋运动的聚束作用(the bunching of the ion gyration)在薄激波面处激发产生。离子的热扩散使离子运动在下游变得不那么聚束。如图 6.12 所示,在更高的马赫数下,激波下游会变得非常湍动。在离子穿过激波时,下游的离子速度空间各向异性出现增长,从而使

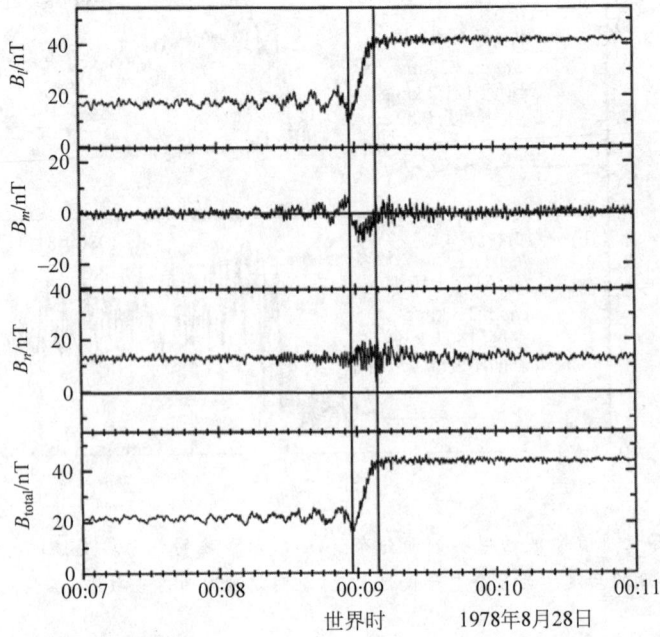

图 6.10　低 $\beta$、亚临界准垂直激波在激波法向坐标系下测量到的磁场变化。除激波斜面外,激波两侧磁场均在 $1-n$ 平面内,激波法向沿正 $n$ 方向指向上游。图中两条实线标出了激波斜面的厚度

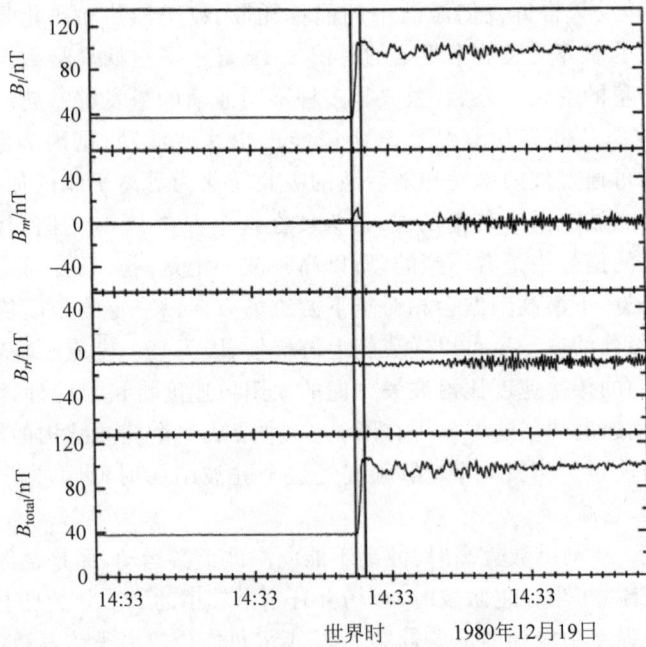

图 6.11　在低 $\beta$、接近临界马赫数条件下,准垂直激波在激波法向坐标系下测量到的磁场变化

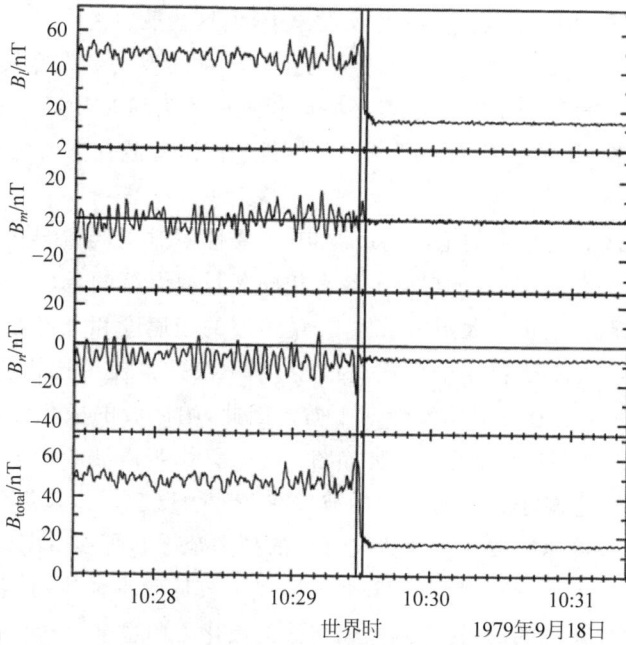

图 6.12　在低 $\beta$、超临界条件下，准垂直激波在激波法向坐标系下测量到的磁场变化

下游波能加热等离子体。波动降低了离子速度的各向异性，结果使波动衰减，并加热等离子体。

　　图 6.13 显示了在低 $\beta$、超临界条件下激波上游二维离子速度分布函数的一个例子。在上图中，从左至右的第一个子图中，我们只看到了太阳风束流。在第二个子图中，我们

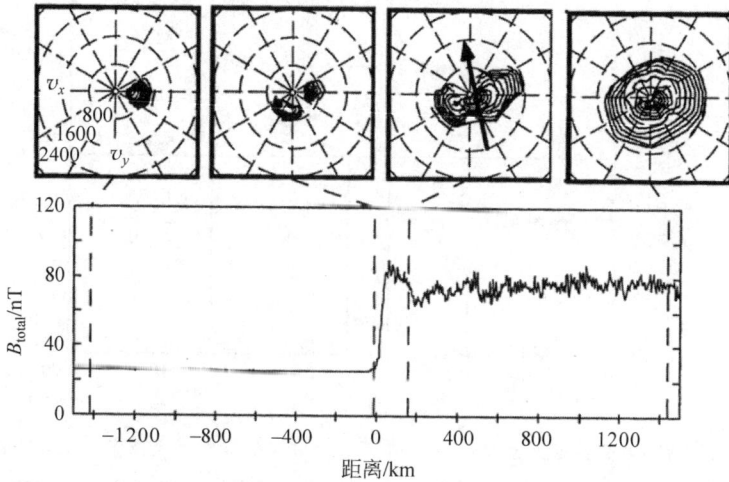

图 6.13　在低 $\beta$、超临界条件下，准垂直激波的磁场强度和二维离子相空间速度分布。虚线位
　　　　　置表示得到测量离子的时刻

可看到冷的太阳风束流和那些没有穿越激波斜面且没有经历静电加速的反射离子。子图三中显示了靠近激波面下游的离子速度分布。激波反射离子可随太阳风穿越激波进入磁鞘。虽然下游波动已经散射了这些反射离子,但这些散射离子仍具有大量能激发波动的自由能。自由能可继续产生波,直到耗尽为止。产生的波动会在等离子体中衰减,并导致等离子体的热化。第四个子图显示离激波面较远的下游区域中离子速度分布函数已经基本不存在各向异性了,离子基本上已经完全热化了。这些波在下游区域存在的尺度可能很长。

传播方向与磁场夹角很小的上游哨声波,其重要性不亚于低频湍流。哨声波通常与质量和动量较小的电子有关,在电子与离子具有相同能量或温度的条件下哨声波会传播得非常快。如图 6.14 所示,在正常太阳风条件下,哨声波的相速度和群速度可以超过太阳风沿波矢方向上的速度。在一个特定的频率范围内,哨声波的群速度比相速度快,且群速度会向上游传播,而相速度则随太阳风流传向下游。因此,哨声波的极化偏振性虽然看起来是左手性的,但实际上却是右手性的。而且如图 6.15 所示,哨声波会产生一个非常有意思的功率谱。如果太阳风等离子体参照系中的波谱在 $2\sim5$ Hz 频段内以黑色阴影显示(这个频段是太阳风中哨声波群速驻波和相速驻波对应的频率范围),那么 5 Hz 的波按 Doppler 频移效应将在飞船参照系下频率变为 0 Hz。太阳风中较低频率波则可按 Doppler 频移变换为飞船参照系下较高频率的波(比零频高),但波的极化方向也会反转。在图 6.15 所示例子中,超过 1 Hz 的波其群速度就不再能传播到上游,并且可以看到波能的突然下降。从这一现象我们可以看出太阳风 Doppler 漂移效应对飞船探测波动的影响。我们只有将飞船测量到的波动转换到太阳风等离子体参照系中,才能更好地了解这些波是如何与太阳风等离子体相互作用的。

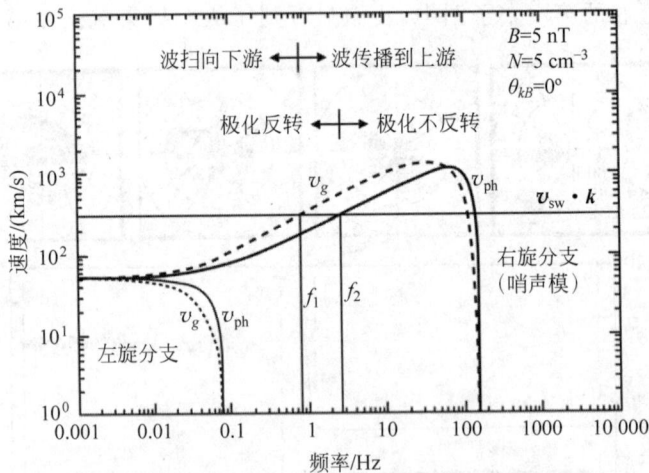

图 6.14　在 1 AU 附近典型太阳风条件中哨声波的相速度和群速度分布。从分布图中可看出哨声波是如何形成群速度驻波(在频率 $f_1$)或相速度驻波(在频率 $f_2$)的。太阳风将以沿波矢方向 $\boldsymbol{v}_{\mathrm{sw}} \cdot \boldsymbol{k}$ 的分量,将频率低于 $f_1$ 的哨声波扫向激波下游,而频率低于 $f_2$ 的哨声波在下游则会观测到其极化方向出现反转

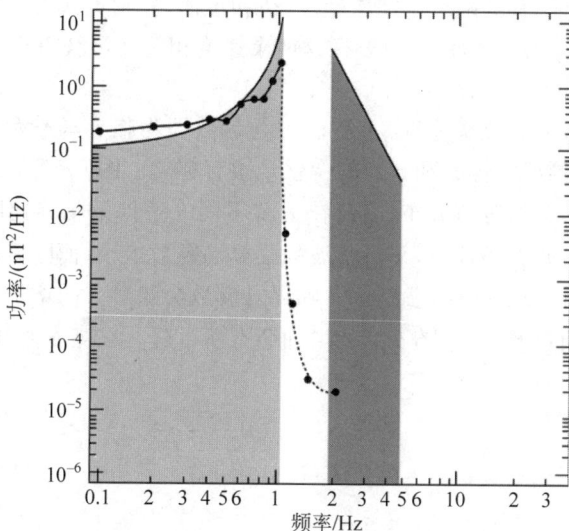

图 6.15　哨声波如何受到太阳风 Doppler 漂移效应影响的图示。在太阳风参照系中 2~5 Hz 的谱段(黑色阴影)在飞船参照系下会转换为低频谱段(浅灰阴影)。当较低频的哨声波被扫向激波下游时,飞船参照系(浅灰阴影)中观测到的高频边缘谱段对应太阳风参照系(黑色阴影)中的低频边缘谱段

## 6.6　临界马赫数

临界马赫数(critical Mach number)的概念源于激波形成的演化模型,在该模型中,激波是由一系列波包相互叠加后形成的一个单一陡峭波包结构。在低马赫数条件下,等离子体中的电阻效应过程[①](resistive processes)可以提供 Rankine-Hugoniot 方程跳变所需的能量耗散。这些电阻效应过程会逐渐解耦为磁场振荡和等离子体流振荡,使陡峭波包结构的相速度接近声速。因此,如果我们发射另一个磁声波脉冲信号,其以同样的演化方式变陡,并且等离子体流速大于声速,那么第二个脉冲信号将追不上第一个脉冲信号。对于某次适当的激波穿越而言,远离激波层的区域耗散作用必然会使所有下游的扰动消亡殆尽(如 Kennel、Edmiston 和 Hada,1985)。因此,激波下游当流速与声速相等时,单靠电阻效应不能提供激波所需的能量耗散。这时上游对应的马赫数称为临界马赫数。当上游马赫数高于临界马赫数时,除了电阻加热外,还需要考虑其他新的耗散机制,才能满足 Rankine-Hugoniot 方程的跳变条件(Kantrowitz 和 Petschek,1966;Woods,1969;Coroniti,1970)。上游磁声马赫数与临界马赫数之比称为临界比(ratio of criticality, $M/M_c$)。当上游马赫数低于临界马赫数时,激波称为“亚临界”激波,而当上游马赫数高于临界马赫数时,称为“超临界”激波。激波的过冲尺度(overshoot,过冲即近邻激波斜面下游的磁场强度抬升)会随着临界比的变化而变化,过冲厚度约为一个离子回旋半径尺度(紧靠激波斜面下游方向)。图 6.16 给出了这种变化关系。

如上所述,在给定上游等离子体 $\beta$ 值、磁场方向和绝热指数条件下,当下游沿激波法向的流速与声速(空气动力学意义上的声速)相等时对应的上游马赫数即为临界马赫数。由于我们

---

①　在空间无碰撞等离子体中一般统称为反常电阻。

可从上游物理条件获得下游的两个特征速度(流速和声速,分别见式(6.17)和式(6.21)),考虑到下游声速即为[①]$(\gamma k T_2/m)^{1/2}$,那么只要令这两个速度相等即可获得临界马赫数的判据:

$$\gamma[a + 0.5c(1-\delta) + 1 - y] - y = 0 \qquad (6.27)[②]$$

当上游磁声马赫数满足该关系时,上游磁声马赫数即为临界马赫数。在绝热指数为5/3时,研究临界马赫数随等离子体$\beta$和$\theta_{B_n}$的变化是很有趣的。图6.17显示了上游不同$\beta$和磁场方向条件下临界马赫数的等值分布,以及在上游不同$\beta$条件下临界比随上游$\theta_{B_n}$和马赫数的变化分布。在给定上游$\beta$条件下,平行激波的临界马赫数最小,而随着激波逐渐转为垂直激波,临界马赫数会单调增加。在给定$\theta_{B_n}$下,临界马赫数会随着$\beta$的增加而下降。而临界比会随上游马赫数的增加而单调增加,随$\theta_{B_n}$的增加会有所下降。在高$\beta$时,临界比对$\theta_{B_n}$的依赖性很小。

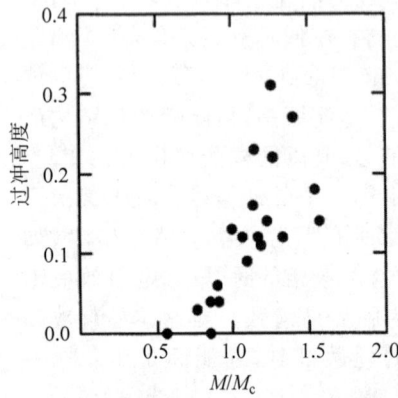

图6.16 过冲高度与马赫临界比(马赫数与临界马赫数之比)之间的变化关系

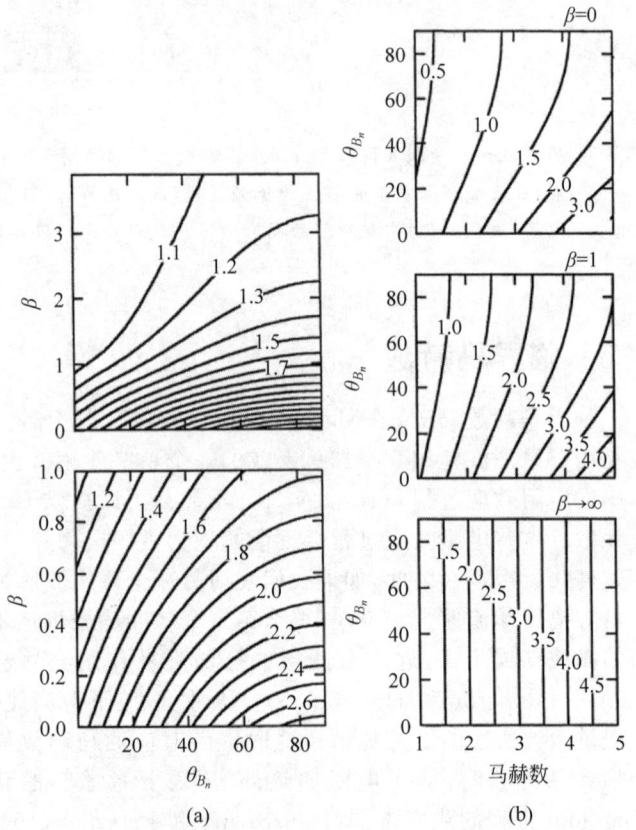

图6.17 (a)临界马赫数随$\beta$和$\theta_{B_n}$的等值变化分布及(b)临界比在$\beta=0$、$\beta=1$、$\beta \to \infty$条件下随$\theta_{B_n}$和马赫数的等值变化分布。(a)中的左下图是左上图在低$\beta$部分的扩展分布,可以更清楚地显示临界马赫数在这个范围内对$\theta_{B_n}$的依赖性

---

① 原文为$(\gamma k T^2/m)^{1/2}$。

② 原文为$\gamma[a + 0.5c(1-\delta) + 1 - y] - y^2 = 0$。

## 6.7 激波耗散

理想情况下,无碰撞激波中会形成一个具有电势降的薄层结构,薄层中的电场指向上游等离子体入流方向,这样入流的离子就会出现减速。此外,即使没有电场引起的减速,激波面处增强的磁场也会导致一些具有较大投掷角(pitch angles)的粒子发生偏转。反射粒子的运动取决于上游磁场相对于激波法向的方向。在太阳风参照系中,由于粒子的反射速度和入射速度是一样的,所以反射离子的速度是太阳风速度的 2 倍。然而,上游磁场会作用在这个后向反射粒子上,使它的反射运动出现偏转。除非上游磁场方向与激波法向的夹角小于 39°,不然一般反射离子只能向上游反射到一定有限距离内,然后在离子回旋作用下再次掉头穿越激波向下游运动。当然如果反射回上游的速度太快,粒子回旋运动将很难偏转反射离子,使其无法穿越激波。当夹角小于 39°时,离子将通过反射向激波上游运动。实际上,这个过程是随时间变化的。此外,下游产生的热离子也可以向上游运动,尤其是对于超临界激波而言。无论是哪种情况,离子结果都可以逆流而上运动。我们可以通过混杂模拟的离子追踪,或者通过全动理论模拟程序模拟这个过程。对于考察类地行星弓激波处(激波曲率半径具有行星尺度)的离子行为,曲率半径是决定前兆区(foreshock)特征性质的重要因素。这些模拟研究将在第 7 章中予以讨论。我们将在下面两节讨论激波前兆区的特性,但需要首先研究上游反射离子及反射离子随后穿越激波(离子漂移运动)是如何引起能量耗散的。

图 6.18 就离子反射如何能在激波下游引起等离子体能量耗散给出了一个简单的说明。在图 6.18(a)中,我们展示了一个低马赫数激波,其中上游等离子体流的能量足够高,粒子的热扩展足够低,这样使整个等离子体分布函数的粒子都能穿过激波

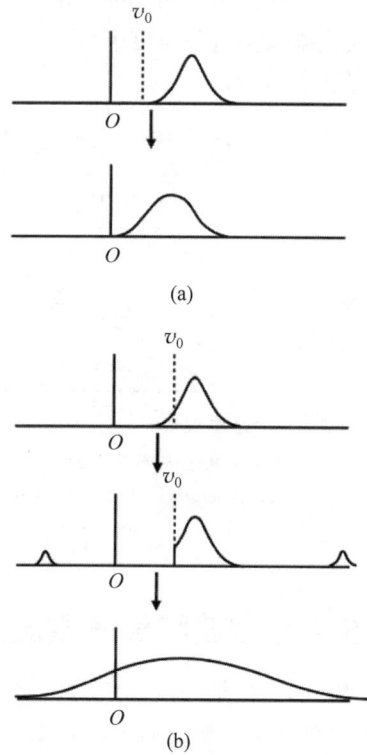

图 6.18 激波能量耗散随马赫数的变化。(a)太阳风穿过具有低电势降的弱激波(低马赫数),因此整个分布函数上的离子可以通过激波而不出现反射。(b)强激波(高马赫数)上的电势降可使上游部分分布函数的离子出现偏转,偏转离子由于回旋运动会返回太阳风,并以更高的漂移速度穿过激波。下游离子穿过激波时会被加热,并随着下游距的增加而逐渐被热化

的电势降区而没有粒子被反射。下游粒子经压缩后分布函数出现加热且整体流速变慢,并且激波两侧存在的波足以产生 Rankine-Hugoniot 跳变方程所需的物理条件。在图 6.18 (b)中,我们展示了一个具有较大电势降的高马赫数激波,其电势降结构可将

部分离子反射回上游太阳风。如图 6.18(b)所示,在准垂直激波中(上游磁场与激波法向之间的夹角大于 39°),这些反射离子在上游磁场的作用下会回旋反转、漂移返回激波,并进入激波下游磁鞘区,在那里离子最终被热化。

人们可能认为引起离子减速的电势降会使电子获得同等程度的加速,但电子在穿过激波时却几乎没有受到任何加热。电子不被加速的原因与激波的磁结构有关,至少在低马赫数情况下是这样的。如图 6.19 所示,由于电子的回旋半径很小,电子会沿着磁场运动,而离子则平行于激波法向运动并直接穿越激波。磁场在穿越激波时方向会出现旋转,这使电子沿磁场运动时会横越太阳风电场的等势线,这可以补偿电子沿激波法向方向上出现的大部分电势降(Goodrich 和 Scudder,1984)。这种现象是由电子和离子质量的差异引起的。因此,虽然在太阳风中电子温度通常比离子高,但在磁鞘及地球磁尾等离子体片中,电子的温度是离子的 1/7 左右。

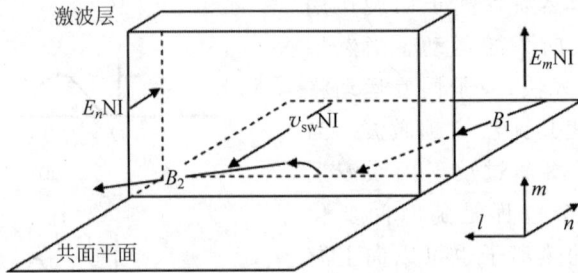

图 6.19　示意图展示了电子如何沿着磁场运动,并通过穿越行星际电场的电势降补偿激波中电势降带来的影响。其中标记为"NI"的物理量表示参照系为激波法向入射参照系(其中太阳风速度沿激波法向)

## 6.8　准平行激波和离子激波前兆区

如上所述,当磁场与激波法向的夹角小于 39°时,反射离子可以向上游移动。此外,下游的离子也可以穿过激波向上游移动。向上游运动的离子会与入射太阳风相互作用,从而产生各种离子不稳定性,其中波可通过太阳风束流的自由能获得增长。当波比粒子运动慢时,这些波可能是右手性的波。当粒子和波发生迎面相互作用时,这些波可能是左手性的波。因此,准平行激波的上游区,即激波前兆区(foreshock),是波动现象经常出现的区域。图 6.20 显示了在该区域观测到的一些波动示例。

一般来说,这些波会被太阳风携带到激波中,并增加激波的能量耗散。此外,它们在传播和变陡的同时,也改变了产生这些波动的粒子分布函数。图 6.21 展示了这种波动变陡的一个示例。这种紧密的波粒耦合相互作用使人们很难厘清波动和粒子之间的因果关系,这就凸显了同时使用观测和数值模拟研究这些激波物理性质的必要性。

当这些波在准平行激波位置出现时,会出现一个非常有趣的现象——波动幅度突然增大,激波结构出现重塑。图 6.22 给出了这个过程的模拟示意图。

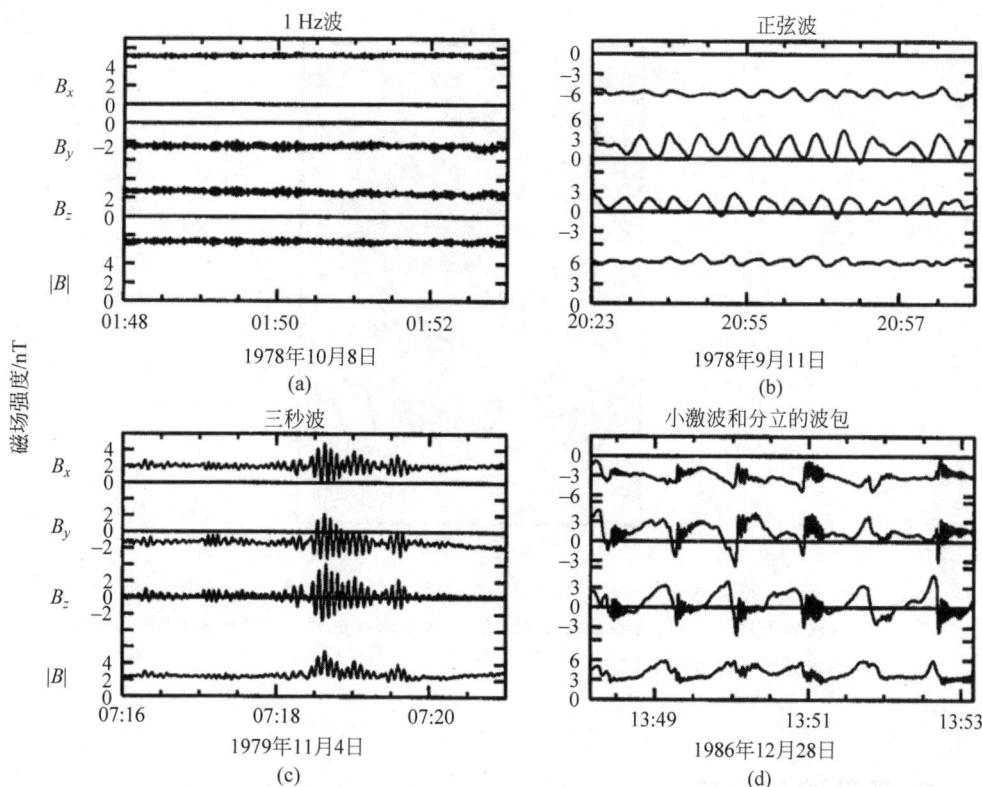

图 6.20　ISEE-1 和 ISEE-2 飞船在激波上游观测到的波动示例。给出的磁场数据坐标是在以地心为中心的 GSE 坐标系(geocentric solar ecliptic coordinate)中,其中 $x$ 指向太阳,$z$ 沿黄道北。(a)通常称为"一赫兹"波。(c)三秒波,其振荡幅度很大以至于能改变磁场的大小。一般认为(b)中的正弦波会变陡成为(d)中的波动,产生小激波(shocklets)和哨声模波包结构

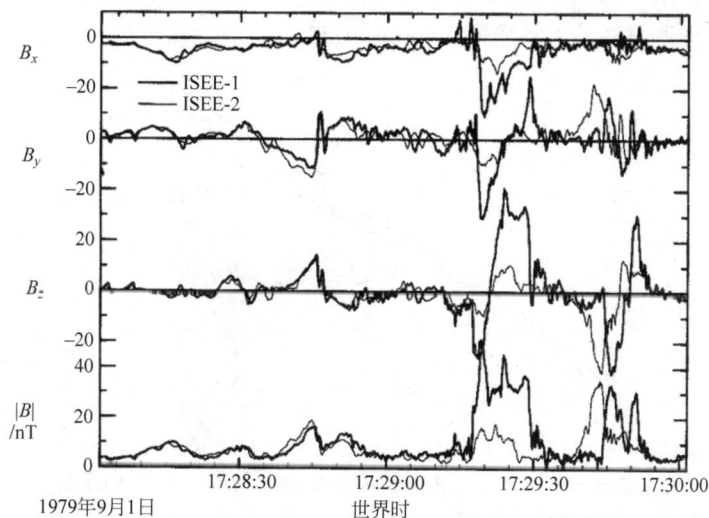

图 6.21　ISEE-1 和 ISEE-2 飞船从上游一侧靠近弓激波时,从磁场测量信号中观察到激波的重塑(shock reformation)现象[①]。ISEE 2 在 ISEE 1(粗线)的上游。当 ISEE 1 接近激波时,两艘飞船观测到的上游波振幅强度都增加到了接近激波的变化幅度

---

[①]　激波重塑现象一般是指在激波上游有新激波形成,新形成的激波代替旧激波的过程。

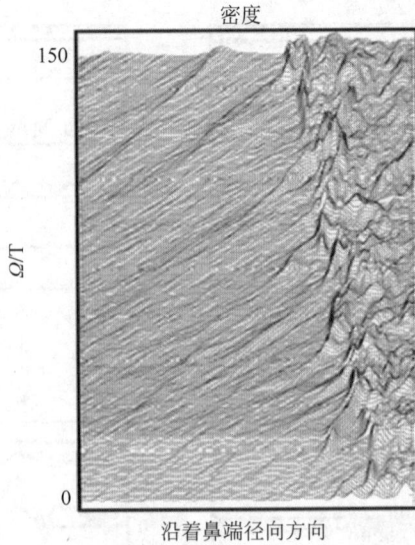

图 6.22　二维混杂模拟显示了上游太阳风密度波结构随太阳风对流到右侧的激波中。当波接近激波的平均位置时,这些波会增强,并逐渐变为激波的一部分(来自 N. Omidi,私人交流并被允许使用,2015)

## 6.9　电子激波前兆区

反射回上游太阳风中的电子在激波处会被加速到较高的速度,因此电子激波前兆区的边界更接近上游 IMF 与激波相切的切线。反射电子的加速区可一直延伸到与弓激波相切的切点处,尽管该处反射电子的通量可能为无穷小(图 6.23)。这种反射电子束流能在太阳风中产生振荡频率为等离子体频率的 Langmuir 波。

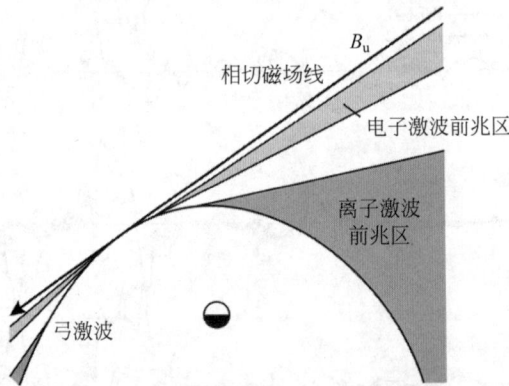

图 6.23　电子激波前兆区与离子激波前兆区的区域分布,及其与相切磁场线(上游 IMF 与弓激波相切的磁场线)的关系示意图

通过简要回顾电子的反射(通常称为快 Fermi 加速(fast-Fermi acceleration))深入了解电子反射束流的物理性质是很有指导意义的。图 6.24(a)在 de Hoffman-Teller 参照系 de Hoffman-Teller frame 下显示了电子的角分布,其中太阳风与磁场是平行的。随着太阳风

磁场方向逐渐垂直于激波法向,所需的参照系变换的速度会越高,相应电子速度分布函数的中心就会在图中向上移动。弯虚线表示在磁场和电场的共同作用下不能穿过激波的部分分布电子。随着参照系变换速度越来越高,分布函数中的反射部分电子会向越来越高的能量移动,反射的电子通量会越来越少。图 6.24(b)给出了更加量化的信息。在这种情况下会导致一个具有 Langmuir 波的发生区域,其尺度范围由激波的曲率决定。行星弓激波和行星际激波都与此相关。

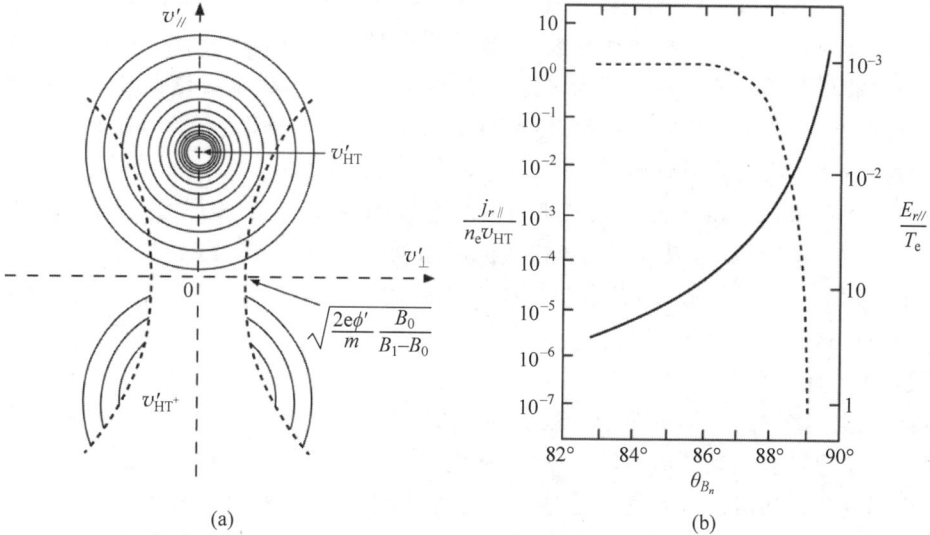

图 6.24　在 de Hoffman-Teller reference 参照系中,快速 Fermi 加速机制在弓激波中产生电子束流①的示意图。(a)中的弯虚线标出了不能穿越激波斜面的部分分布电子(由于磁镜效应抵消了激波面处的电势降)。IMF 磁场线越靠近与激波相切的切线,分布函数中心离轴的距离就越远,分布函数中的反射电子部分占比会越来越小,而反射离子的能量则越来越高。$B_0$ 和 $B_1$ 分别为上游和下游的磁场;$v'_{HT}$ 为 de Hoffman-Teller reference 参照系的变换速度;其中 $\phi'$ 为激波电位;$n_e$ 和 $T_e$ 为上游电子密度和温度;$J_{r//}$ 和 $E_{r//}$ 分别为电子反射束流沿磁场方向的通量(虚线)和能量(实线)(单位电荷的能量);$\theta_{B_n}$ 为激波法向与上游磁场方向的夹角(引自 Leroy 和 Mangeney,1984)

## 6.10　小结

Rankine-Hugoniot 方程组是在激波法向入射参照系下(在该参照系下太阳风流沿激波法向)由 MHD 方程推导得到的。密度、温度和磁场强度等标量则不依赖于参照系的选择,其物理量在激波面处的跳变可直接(与观测)进行比较。然而,我们提醒读者,在飞船测量的参照系中可能存在垂直于激波法向的等离子体流速度分量。因此,在实际数据分析中,我们在比较飞船测量得到的速度和由 Rankine-Hugoniot 方程组预测得到的速度时需特别小心。我们还需提醒读者,弓激波的厚度一般是离子惯性长度的量级,但有时是电子惯性长度的量级。因此,研究激波中的能量耗散过程必须要在动理学的尺度上研究分析。

----

① 反射电子束流。

MHD 方程最多只能描述激波物理量的跳变需要多少能量耗散,但并不能告诉我们耗散到底是如何发生的。

本章仅粗略回顾了无碰撞激波的物理过程。有很多相关内容被省略了,特别是对于高马赫数条件下的激波——其中激波处(下游)的磁场变得湍动,在紧靠激波面下游处的磁场会出现比较大的过冲。外行星(木星及以外的行星)的弓激波尤其较强,并表现出显著的过冲现象。我们对上游的波形变陡过程略去不谈,也没有讨论当波被扫向下游磁鞘之前演化产生的小激波和分离波包(哨声模)。我们也还未讨论在激波处产生并传播到上游太阳风中的多种波动。其中一些波可形成驻波,并被认为是激波结构的一部分。我们也只集中讨论了与快模波相关的激波。我们还未讨论激波前兆区的边界,也未讨论在弓激波处产生并向下游对流的一种非常有趣的镜像模波(mirror-mode wave)——这种镜像模波似乎只在经过很长时间后才会出现阻尼衰减。

我们对无碰撞激波的大部分理解来自对弓激波的观测、建模和理论,但激波也能发生在 ICME 前端的太阳风中,以及太阳风快速流赶超慢速流的地方。由于太阳风磁声波的速度随太阳风远离太阳而降低,那么当初始线性波的速度超过磁声速时,线性波就会变成非线性波动。从观察上看,波动变陡的过程类似潮汐中的涨潮——小波赶上其他波便会形成一个更强、更陡峭的单波。

激波可通过多种方式加速粒子。粒子可沿激波阵面的电场方向漂移,并从电势降中获得能量。粒子也可被运动的激波阵面反射,从而产生所谓的 Fermi 加速。如果一个粒子被夹在两个相互靠近的激波或者甚至是两个波之间时,激波的不断靠近就会对粒子做功而使粒子获得加速,就像乒乓球夹在下按的球拍和球桌之间一样。这种加速称为二阶 Fermi 加速度。

无碰撞激波之所以重要是有很多原因的。激波不仅能对带电粒子有加速、加能的作用,还能影响等离子体流的整体特性。激波对丰富和拓展人类的知识也很重要,因为激波是天体物理学家、等离子体物理学家和空间物理学家都感兴趣的共同研究方向。通过无碰撞激波研究,还展示出了观测和模拟的紧密联合分析对于深入理解空间物理现象的重要性。

## 拓展阅读

Farris, M. H., C. T. Russell, R. J. Fitzenreiter, and K. W. Ogilvie (1994). The subcritical, quasi-parallel, switch-on shock. *Geophys. Res. Lett.*, 21, 837-840. 研究了非常规形式的无碰撞激波。

Russell, C. T., ed. (1988). Multipoint magnetospheric measurements. *Adv. Space Res.*, 8(9). Oxford: Pergamon Press, 464 p. 这是一本关于多点探测的研究论文集,其中有许多关于弓激波和磁鞘的论文。

Russell, C. T., ed. (1994). The magnetosheath. *Adv. Space Res.*, 14. Oxford: Pergamon Press, 135 p. 这是一本研究无碰撞激波时关于磁鞘研究的论文集。

Russell, C. T., ed. (1995). Physics of collisionless shocks. *Adv. Space Res.*, 15(8/9). Oxford: Pergamon Press, 544 p. 这是一本关于无碰撞激波研究的论文集。

Stone, R. G. and B. T. Tsurutani, eds. (1985). *Collisionless Shocks in the Heliosphere*: *A Tutorial Review*. Geophysical Monograph Series, vol. 34. Washington, D. C.：American Geophysical Union, 114 p. 这是一本由一群资深科学家撰写的关于无碰撞激波的综述论文合集。

Tsurutani, B. T. and R. G. Stone, eds. (1985). *Collisionless Shocks in the Heliosphere*: *Review of Current Research*. Geophysical Monograph Series, vol. 35. Washington, D. C.：American Geophysical Union, 301 p. 是前一卷论文集（Geophysical Monograph Series, vol. 34）中附带的相关研究论文。

## 习题

**6.1**　假若探测到太阳风和行星际磁场的突然跳变。太阳风的径向速度保持不变，但密度从 5 cm$^{-3}$ 跳变到 10 cm$^{-3}$。质子温度从间断上游前的 5 eV 跳变到下游的 13.8 eV，但电子温度为 15 eV 并在穿越间断前后保持不变。磁场从间断上游的（0，-8，6）nT 跳变为下游的（0，3，4）nT。请问探测到的可能是什么类型的间断结构，为什么？

**6.2**　当飞船穿越某个行星际激波时，其磁强计探测到上游磁场为（6.36，-4.72，0.83）nT，下游磁场为（10.25，-9.38，1.74）nT。利用磁共面假设，确定激波平面的法向。等离子体分析仪探测到激波上游的速度为（-378，33.1，19.9）km/s，而下游的速度为（-416.8，7.3，51.2）km/s。计算混合模式下的激波法向。如果上游数密度为 7.5 cm$^{-3}$，下游数密度为 11 cm$^{-3}$，计算激波运动速度。

**6.3**　假若一个冷太阳风质子（无热速度）穿越一个强无碰撞激波时，被激波反射回上游太阳风中。如果上游磁场垂直于太阳风，并且太阳风平行于激波法向，那么在反射质子被太阳风电场作用致其运动逆转之前，反射质子向激波上游能后移多远？这个后移范围即为激波足区的距离范围。用质子的回旋半径（质子运动速度为太阳风速度）分析这个距离。

**6.4**　快磁声波的色散关系为 $v_{ms}^4 - v_{ms}^2(v_A^2 + c_s^2) + v_A^2 c_s^2 \cos^2\theta = 0$（其中，$v_{ms}$ 为快磁声波的相速度）。请证明，当 IMF 与太阳风平行时，渐近马赫锥角[1]等于 $\arcsin\left(\dfrac{1}{M_c}\right)$，其中 $M_c = M_A M_s / (M_A^2 + M_s^2 - 1)^{1/2}$。请用一个卡通图显示渐近激波法线角及其与太阳风等离子体流方向和波传播角 $\theta$（波矢与背景磁场的夹角）的关系。

**6.5**　使用空间物理习题训练中（http://spacephysics. ucla. edu）的"MHD/Shocks"模块，并选择 MHD 波图选项。通过改变磁场强度，同时保持其他参数的默认值。对磁场为 3.5 nT、4.5 nT、5.5 nT、6.5 nT、15 nT 情形时的运行情况截屏。选择 MHD 波案例研究选项，并计算每个案例的 Alfvén 速和声速。描述相速度阵面和群速度阵面如何随着 $c_s^2/c_A^2$ 的变化而变化。对于垂直传播情形，什么样波模的相速度为零？什么样的波模具有导向群速度[2]（guided group velocity）？哪种波模的群速度方向最接近导向磁场方向？

---

① 实际为三维激波的横截面相对于日下点所张的立体锥角。

② 导向意味着有沿磁场方向的分量。

# 第7章

太阳风与磁性星体的相互作用

## 7.1 引言

正如 Chapman 和 Ferraro（1930）正确预见的那样（见第 1 章），行星磁场可有效阻挡太阳风等离子体流。太阳风的动压，或者说动量通量，压缩了行星外部磁场，并将行星磁场限定在了一个空腔内。这个磁层空腔有一个长长的磁尾，磁尾由两个互为反平行的磁通量束组成。如第 1 章中图 1.16 和图 1.17 描绘的地球磁层那样，磁尾有两个起源于地球极区的反平行磁通量束，磁场向太阳风下游方向拉伸。地球磁层内部磁场（磁压）及其等离子体压强会与外部太阳风动压达到平衡态。当太阳风"吹得更猛烈"时，磁层就会收缩。当太阳风压力减弱时，磁层会膨胀，就像气球在高层大气中浮升一样。

在本章的第一部分，我们将从数学上描述磁性障碍物（magnetic obstacle）与太阳风的相互作用。我们将从偶极磁场开始，介绍是如何一般性地描述地球内部电流和外部电流产生的磁场及与太阳风的相互作用是如何影响这个磁场的。正如前面几章所讨论的，太阳风传输到行星时的速度是处于高度超声速状态的。超声速太阳风流的速度超过了任何压强波的速度——这些压强波可让太阳风围绕磁层出现偏转。在磁化等离子体条件下，这种压强波主要为第 3 章中介绍的快磁声波。由于这种波的传播速度太慢，其无法向上游传播运动来偏转太阳风，这样在靠近磁层顶的太阳风中就形成了一个非线性的快磁声激波结构。无碰撞激波的物理过程在第 6 章中已讨论过，这里不再涉及。相反，这里我们将研究激波为什么会在那个位置处形成，以及是什么物理过程决定了激波位于磁层上游。在中性碰撞气体中，这个问题可以用第 2 章中介绍的声波（尽管是非线性的）研究。而与气体动力学中存在单一的压缩波模不同，在磁化等离子体中我们有三种波模。这三种波既可偏转等离子体的运动方向，也可扭曲等离子体流（绕磁性障碍物流动）中携带的磁场。为描述等离子体流的偏转过程，我们将采用在第 3 章中引入的 MHD 公式。

MHD 公式可很好地应用于太阳风中，因为太阳风的尺度远远超过了等离子体中粒子运动的回旋半径。而当我们在第 6 章中讨论激波时，发现在决定激波内部及其周围的粒子加热和能量耗散方面，电子和离子的动理学运动行为起到了重要作用。这里我们也需要考虑动理学尺度的效应。在单独学习完 MHD 公式内容之后，我们还将进一步学习考虑离子运动后的内容。特别是，我们发现不同磁矩强度的星体会在同一太阳风磁化等离子体流中产生不同的相互作用。相互作用尺度（相对于粒子回旋尺度而言）对确定与太阳风发生相互作用的物理过程显得很重要。

在研究磁偶极子与太阳风的整体相互作用过程中，如果我们追踪所有电子的运动进行研究的话,这将是非常难处理的。在我们必须追踪电子运动的情况下,可以首先用近似解(如 MHD)处理大尺度的问题,再将研究注意力集中在一个小的关键区域,如激波跳变过渡区或重联"X 点"(追踪小区域内的电子运动)。第 6 章中我们简要提及了激波跳变的动理学过程。我们将重联问题推迟到后面第 9 章中讨论。

## 7.2　行星的磁场

约两个世纪前,Gauss 证明了地球磁场可以被描述为标量势的梯度:

$$\boldsymbol{B} = -\nabla\Phi = -\nabla(\Phi^{i} + \Phi^{e}) \tag{7.1}$$

其中,$\Phi^{i}$ 是地球内部磁源的磁标势,$\Phi^{e}$ 是外部磁源的磁标势。Gauss 和他的同事 Weber 在世界各地建立了一系列地磁台站。根据收集的地磁数据,他们证明了地球表面的磁场几乎完全是由内部磁源产生的,而且主要成分是偶极磁场。偶极磁场的这一发现事实,对于研究地球磁层非常有用,因为它有助于复杂问题的简化。

地球当前的磁偶磁矩(**dipole magnetic moment**)偏离自转轴的倾斜角约为 10.2°,磁偶磁矩强度约为 $7.8 \times 10^{15}$ T·m$^3$ 或 30.2 $\mu$T·$R_{\mathrm{E}}^{3}$。磁偶极矩及其方向并不是恒定的,而是会有很大变化——磁偶极矩有时会倒转(在数十万年或更长时间的时间尺度上)。其他行星的偶极倾角也各不相同,从小于 1°到超过 50°不等,它们的磁矩强度范围跨度也很大,我们将在第 12 章中讨论。一个倾斜的磁偶极矩会随着行星的自转而自转,并且在大多情况下,磁偶极矩的轴向在一天当中会相对于太阳风方向出现变化。在太阳风和行星磁场达到压力平衡的边界区域,磁场会高度偏离偶极子场的形态。然而,在靠近行星附近的区域,如果行星磁矩很强,那么带电粒子的运动将由行星的内源磁场主导控制,而不是由太阳风的相互作用(外源磁场)主导。因此,在这个区域,对行星磁场做偶极近似通常是很有用的。

在球坐标系下,偶极磁场可表示为

$$B_r = 2Mr^{-3}\cos\theta \tag{7.2a}$$

$$B_\theta = Mr^{-3}\sin\theta \tag{7.2b}$$

$$|B| = Mr^{-3}(1 + 3\cos^2\theta)^{\frac{1}{2}} \tag{7.2c}$$

其中,$\theta$ 为磁余纬度(见图 7.1 中定义),$M$ 为磁偶极矩。在这个坐标系中(坐标系 $z$ 轴与偶极子轴平行),不存在 $B_\varphi$ 分量。

偶极子的磁场也可以在 cartesian 直角坐标下表示。如果我们规定直角坐标 $z$ 轴沿偶极磁轴,那么有:

$$B_x = 3xzM_z r^{-5} \tag{7.3a}$$

$$B_y = 3yzM_z r^{-5} \tag{7.3b}$$

$$B_z = (3z^2 - r^2)M_z r^{-5} \tag{7.3c}$$

其中,$M_z$ 是沿 $z$ 轴的磁矩大小。这种表示可以很容易地推广到磁偶极轴朝向任意方向的情形:

$$\boldsymbol{B} = r^{-5}\begin{pmatrix} (3x^2 - r^2) & 3xy & 3xz \\ 3xy & (3y^2 - r^2) & 3yz \\ 3xz & 3yz & (3z^2 - r^2) \end{pmatrix}\begin{bmatrix} M_x \\ M_y \\ M_z \end{bmatrix} \tag{7.4}$$

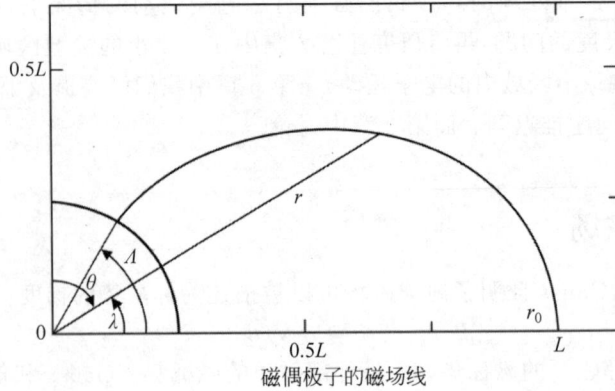

磁偶极子的磁场线

图 7.1　磁偶极子的磁场线。$L$ 表示磁漂移壳参数,其数值等于从行星中心到磁场线与赤道相交点的距离(以行星半径为单位)。角 $\lambda$ 为磁场线上某点的磁纬度;$\theta$ 为对应的余纬度,$r$ 为该点的径向距离。$\Lambda$ 是磁场线与行星表面相交点处对应的纬度

根据一系列在位置 $r_i(x_i,y_i,z_i)$ 处对应的磁场观测值 $\boldsymbol{B}_i$,我们可以用标准的矩阵求逆方法求解这个方程。

## 7.2.1　磁场线与 L 参数

在球坐标系下,我们可以很容易地计算磁偶极子的磁场线方程。磁场线无处不在,它与磁场方向是相切的。因此,有

$$r\,\mathrm{d}\theta/B_\theta = \mathrm{d}r/B_r \tag{7.5a}$$

且有

$$\mathrm{d}\varphi = 0 \tag{7.5b}$$

对式(7.5a)求积分,我们可得到磁场线方程为

$$r = r_0 \sin^2\theta \tag{7.6}$$

如图 7.1 所示,其中,$r_0$ 为磁场线与赤道的交叉点到地心的距离。由于历史原因,习惯上用 $L$(单位为行星半径)和磁纬度 $\lambda$ 表示式(7.6):

$$r = L\cos^2(\lambda)$$

人们还常用一个相关参数——不变纬度(**invariant latitude**)来组织内磁层中的观测数据。不变纬度是磁场线与地球表面相交处对应的纬度($r=1$),可由下式给出:

$$\Lambda = \arccos\left(\frac{1}{L}\right)^{1/2}$$

因此,磁层赤道平面上距离为 $4R_E$ 处的偶极磁场线映射到地球表面时,对应的不变纬度为 $60°$。而在赤道平面上距离为 $10R_E$ 的偶极磁场线则会映射到 $71.6°$ 的不变纬度。

地球辐射带中粒子通量最强的部分位于地球附近空间磁场主要为偶极磁场的区域。1961 年,C. McIlwain 意识到可以利用偶极磁场中粒子的运动特性组织粒子的观测数据。正如我们在第 3 章中所见,粒子除了绕磁场做回旋运动外,还会在南北半球之间做弹跳

运动。这种运动反映了磁镜力的作用(与第二绝热不变量守恒相关[①],见第 10 章)。如果偶极磁场的变化足够缓慢,这种弹跳运动就会一直保持,直到粒子被某种相互作用散射到大气层中或磁层顶之外。被磁场捕获的粒子,其粒子回旋中心将被箍束在一个给定 $L$ 的壳面上运动。此外,粒子还将在磁场梯度和磁场曲率(见第 10 章)的作用下绕地球做漂移运动(漂移方向与电荷极性有关)。这些基本作用力使磁层可形成能捕获带电粒子的辐射带。

## 7.2.2　行星磁场的一般形式

虽然偶极近似很有用,但却不足以描述行星磁层中磁场的显著复杂性。一些行星,如木星,其非偶极场对磁场的贡献较大。对地球而言,最著名的非偶极场可能莫过于南大西洋异常区(South Atlantic anomaly)中的磁场。在南大西洋异常区,磁场很弱,这使辐射带粒子容易与大气发生碰撞,进而从辐射带中损失。在这种情况下,我们通常将式(7.1)中的磁标势 $\Phi$ 用连带勒让德多项式(associated Legendre polynomials)表示为内源场和外源场之和,即

$$\Phi^{i}(r,\theta,\varphi) = a \sum_{n=1}^{\infty} \sum_{m=0}^{n} \left(\frac{r}{a}\right)^{-n-1} p_n^m(\cos\theta)\left[g_n^m\cos(m\varphi) + h_n^m\sin(m\varphi)\right] \tag{7.7}$$

和

$$\Phi^{e}(r,\theta,\varphi) = a \sum_{n=1}^{\infty} \sum_{m=0}^{n} \left(\frac{r}{a}\right)^{n} p_n^m(\cos\theta)\left[G_n^m\cos(m\varphi) + H_n^m\sin(m\varphi)\right] \tag{7.8}$$

其中,$a$ 为行星半径;$\theta$ 和 $\varphi$ 分别是行星地理坐标系中的余纬和东向经度。$p_n^m(\cos\theta)$ 表示按 Schmidt 归一化后的连带勒让德函数(associated Legendre functions):

$$p_n^m(\cos\theta) = N_{nm}(1-\cos^2\theta)^{m/2}\mathrm{d}^m p_n(\cos\theta)/\mathrm{d}(\cos\theta)^m$$

其中,$p_n(\cos\theta)$ 为 Legendre 函数。当 $m=0$ 时,有 $N_{nm}=1$;当 $m\neq 0$ 时,有 $N_{nm}=[2(n-m)!/(n+m)!]^{1/2}$。我们可以选择最优系数 $g_n^m$、$h_n^m$、$G_n^m$、$H_n^m$,这样可使模型磁场与观测值之间的偏差达到最小。为了更好地了解地球和地磁发电机的内部结构,我们需要对内源场的系数进行非常细致的监测。业界内已达成共识,$g_n^m$ 和 $h_n^m$ 系数及其时间变化(长期)的参数列表将定期按国际地磁参考磁场(IGRF)模型发布[②]。我们从级数中的 $n=1,m=0,1$ 的项可看出其与偶极近似的关系。通过系数比较,磁偶极矩可写为

$$M = a^3\left[(g_1^0)^2 + (g_1^1)^2 + (h_1^1)^2\right]^{\frac{1}{2}} \tag{7.9}$$

而偶极倾角(**dipole tilt**)则写为

$$\alpha = \arccos(g_1^0/M) \tag{7.10}$$

这些系数是随时间变化的函数,具有相当大的时间变化性(长期变化)。有三种主要长期变化值得注意。第一,1550 年地球磁偶极矩约为 $9.54\times10^{15}$ T·$\mathrm{m}^3$,但在 1990 年降为了 $7.84\times10^{15}$ T·$\mathrm{m}^3$。近些年来,这种下降速度有所加快,现在大约是按每年 $0.1\%$ 的速度降

---

① 原文此处为第一绝热不变量。由于第二绝热不变量与粒子在磁镜中的弹跳运动有关,故译者认为此处应该是第二绝热不变量。

② IGRF 内源场高斯系数将由国际地磁与高空组织协会(International Association of Geomagnetism and Aeronomy,IAGA)每 5 年发布一次。

低。第二,磁偶极轴的地理余度(偶极倾角)在 1550 年时为 3°左右,而在 1850—1960 年则上升并维持在 11.5°左右。1990 年和 2007 年分别达到 10.8°和 10.2°。第三,西向漂移。偶极轴在 1550 年的时候位于东经 334°,但在 1990 年已漂移到东经 289°。平均而言,每年大约漂移 0.1°,但与偶极场的其他性质一样,这一漂移速率每年也是不同的。这种漂移现象可解释为什么中世纪时期北欧会有许多极光现象的报告(图 1.1 中所示的木板画)。按照目前的漂移速率推算,公元元年(common epoch,CE)时,极光区的最低纬度会位于中国上空。我们目前还不能成功预测地球内禀磁场的时间变化,这个磁场的时间变化率目前只能测量得到。

虽然我们经常会将地球磁层及其磁偶极轴画为垂直于上游太阳风,但实际上这种垂直情形是很少见的。除了 10.2°的偶极倾角外,地球的自转轴还偏离黄道极 23.5°。因此,在地球每日自转和每年公转的过程中,磁偶极子偏离太阳风的角度会在 56°~90°之间变化。由于行星际磁场在某种程度上是分布在黄道面上的(或更准确地说,是在太阳赤道平面上),而且,如我们在第 9 章中讨论的那样,当行星际磁场反平行于地磁场时,行星际磁场与地球磁场的相互作用更强,所以地磁活动会存在年变化和半年变化。

## 7.3 最简单的磁层

在某种程度上而言,太阳风磁化等离子体和磁层中的磁化等离子体都是无碰撞和无耗散的,当它们发生相互交接作用时,之间应该会形成一个不可穿透的边界。我们称这两个场域之间的边界为磁层顶(**magnetopause**)。如果磁层边界层是平面结构,那么磁层中的磁场可看作地球偶极磁场叠加上边界层平面上感应电流产生的磁场。从数学上来讲,这等效于磁偶极子和它的镜像磁偶极子(在边界层另一侧同一距离处有大小相等、方向相同的磁偶极子)所产生磁场的叠加。图 7.2 展示了"流动"等离子体中的一种最简单的磁层结构形式。它所具有的几个物理特性可使人们联想到地球磁层。在日下点处(subsolar point),磁场强度是地球偶极磁场在真空条件下的 2 倍。在磁层南北半球存在中性点,或称为极尖区(cusps),在该处磁场方向会反转,磁场强度降为零。在该中性点处,太阳风等离子体可以不受阻碍地进入磁层,部分等离子体会一直流向地球表面,或者更准确地说,与高层大气相碰撞。在北半球极尖区上方和南半球极尖区下方区域其磁场方向与低纬的磁场方向相反。磁场线从南半球中性点区域发出向北半球的中性点汇聚。在磁层的背阳面,磁场也会由于压缩而增强,但比向阳面的增强幅度弱一些,所以导致图 7.2 中的磁层模型与真实的磁层结构一样,其磁场压缩是日夜不对称的。

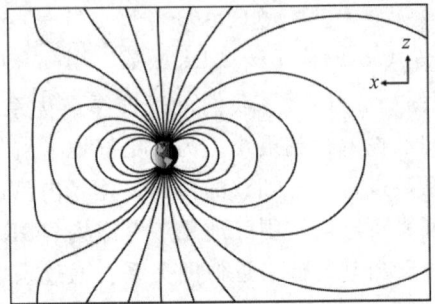

图 7.2 镜像偶极磁层模型在子午平面上的磁场线分布图。这种磁层结构可通过在磁偶极子上游放置无限大超导平面(代表太阳风等离子体)产生。通过在磁层顶上游等距离处放置第二个相同的偶极子(镜像偶极子)计算磁层的磁场分布

太阳风和地球磁层之间的真实分界面是弯曲的。这种弯曲的边界层可以通过增强镜

像偶极子的磁场产生,但更好的办法是让镜像边界层具有实际观测磁层顶的形状,并在磁场没有穿过边界层的约束下求解"真空"区域内的磁场(Tsyganenko,1989a)。如图 7.3 所示,这种方法为与太阳风相互作用而形成的三维磁层磁场结构提供了一个很好的近似。这个模型可推广至具有有限偶极倾角的情形(S. M. Petrinec,个人交流,1992)。

在日下点处的磁场强度是纯偶极场在该位置处磁场强度的 2.4 倍。将该值与平面磁层顶模型中的 2 倍值进行比较,可说明磁场增强的程度取决于日下点附近磁场的曲率半径。太阳风施加的压强和地球磁场施加给太阳风的压强的平衡点位置取决于太阳风动压和地球磁偶极矩的大小。我们将在下一节中对此进行讨论。

真实的磁层中还包含热等离子体。如图 7.4 所示,等离子体的热压加上磁压会改变磁层磁场的几何结构。这种变化在磁尾等离子体片中的磁场结构上体现得尤为明显。图 7.4 所示的经验模型是 N. Tsyganenko (1989b)基于观测数据最早提出的模型之一。等离子体仅隐性地存在于此磁场经验模型中。

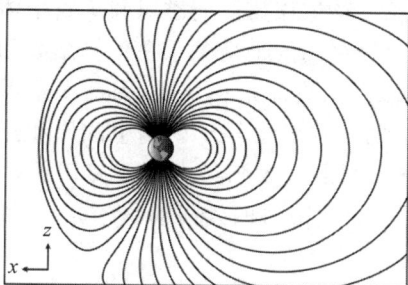

图 7.3　磁层在日夜子午面内的磁场线结构。图中磁层顶边界左边是超导状态,其边界是弯曲的,与观测到的磁层顶边界形状相似,而磁偶极子置于磁层顶右边的真空中(Tsyganenko,1989a 对该模型作过描述)

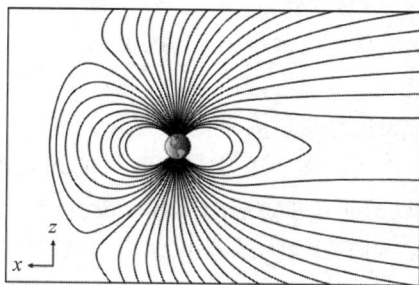

图 7.4　磁层磁场经验模型(通过拟合飞船观测数据得到的经验模型)给出日夜子午面内的磁场线结构(Tsyganenko,1989b 对该模型作过描述)

最新版本的 Tsyganenko 经验模型还包括行星际磁场对磁层磁场几何结构的影响。磁层磁场与行星际磁场的重联及其重联效应将在第 9 章中详细讨论。然而,值得一提的是,在某些特定的行星际磁场方向下,这些重联效应可产生沿磁层顶法向的磁场分量。Dungey (1961)是第一个认识到地球偶极磁场可与南向行星际磁场在日下点磁层顶处发生重联的人。

## 7.4　磁层空腔的尺度

在太阳风与地磁场相互作用的 Chapman-Ferraro 模型中(图 7.2),磁层空腔的边界层位于地球偶极子及其镜像偶极子的中间位置处。至于是什么力的平衡决定了磁层的边界层位置,模型并没有具体说明。太阳风等离子体仅被当作超导体处理。而真实的太阳风是有质量、动量并含有磁场的。太阳风在向外传播的路径上会对路径上的任何一个障碍物施加一个作用力。地磁场就是这样一个障碍物。由于地磁场和太阳风磁场各自"冻结"在其对应的高导电性的等离子体中,所以二者在短时间尺度上很难相互渗透。从一级近似来看,磁化太阳风对磁层的主要作用是施加压力,或者更准确地说,是法向作用应力。

在稳态情况下,太阳风对磁层的作用力和磁层对太阳风的作用力是相互平衡的,并且二者是处于平衡态的。这些力是由压强梯度驱动的。在磁层顶处,磁层磁场和等离子体的压强梯度驱动了向外的作用力,而磁鞘等离子体和磁场的压强梯度则驱动了向内的作用力。磁层顶的平衡位置对两边的压力是很敏感的。如果磁鞘等离子体的作用力更大,磁层顶就会向内移动到磁场更强的地方,这样磁层就能向外施加足够大的力以平衡外面磁鞘施加的压力。为确定磁层顶的平衡位置,我们必须确定太阳风对磁层施加力的大小,以及磁层施加到太阳风上的反作用力在整个磁层表面上是如何随着磁层的大小变化的。

## 7.4.1　太阳风施加给磁层的压力

太阳风施加的压强主要为动压或动量通量 $\rho u^2$,其中,$\rho$ 为太阳风质量密度,平均而言它有 20% (按质量计)来自 $He^{2+}$ 的贡献;$u$ 为太阳风的整体流速。而磁压和等离子体热压对太阳风总压通常有约 1% 的贡献。这些不同压强分量之间的平衡关系在穿越激波和磁鞘时会发生改变。在磁层顶处,太阳风等离子体流与磁层顶表面是相切的,因此太阳风动压对磁层顶边界层压力平衡的贡献为零。太阳风施加的压强必然等于磁鞘中磁压和热压之和。太阳风施加的压强与太阳风的入射动压成正比,但由于太阳风会围绕障碍物出现绕流,所以即使是在磁层的鼻端(nose),这个压强也要小于太阳风的入射动压。为此,我们考虑沿 $n$ 方向,太阳风在单位面积上流过的动量通量为[①]

$$\rho u(u \cdot n) + pn$$

对流管表面进行积分,我们得到动量守恒方程为

$$(\rho u^2 + p)S = \text{constant} \tag{7.11}$$

在太阳风上游(太阳风上游无穷远处),$p_\infty$ 很小,而在磁层顶处,$\rho u^2$ 则可忽略不计。因此,由式(7.11)可得:

$$\mathcal{K} = \frac{p_s}{\rho_\infty u_\infty^2} = \frac{S_\infty}{S_s} \tag{7.12}$$

其中,下标 s 表示在磁层顶处的测量值;$\infty$ 表示在太阳风中的测量值;参数 $\mathcal{K}$ 可表征因太阳风偏转导致太阳风动压减小的比率程度。对于没有黏性和热传导的理想流体,我们可通过欧拉方程(**Euler's equation**)计算 $\mathcal{K}$:

$$\frac{\partial u}{\partial t} + (u \cdot \nabla)u = -\frac{1}{\rho}\nabla p \tag{7.13}$$

对于绝热流体,我们有

$$p\rho^{-\gamma} = \text{constant} \tag{7.14}$$

其中,$\gamma$ 为绝热指数或多方指数[②]。利用等式

$$u \cdot \nabla u = \frac{1}{2}\nabla u^2 - u \times (\nabla \times u)$$

---

① 可由式(3.115)看出,实际上忽略了 IMF 的磁压。

② 原文将公式错误写为 $\rho p^{-\gamma} = \text{constant}$。

在稳态条件下,由式(7.13)[1],我们可得

$$\frac{1}{2}u^2 + \gamma(\gamma-1)^{-1}p/\rho = \text{constant} \tag{7.15}$$

这就是绝热条件下的 Bernoulli 方程(**Bernoulli's equation**)。将式(7.14)代入式(7.15),并考虑到声马赫数(sonic mach number)[2]为 $u[\rho/(\gamma p)]^{1/2}$,这样我们便可以在同一流线上将太阳风在驻点(stagnation)处的热压($p_s$)与其他任何一点的热压联系起来:

$$p_s/p = [1 + (\gamma-1)M^2/2]^{\gamma/(\gamma-1)} \tag{7.16}[3]$$

从第 6 章中讨论的 Rankine-Hugoniot 方程,我们有:

$$p/p_\infty = 1 + 2\gamma(\gamma+1)^{-1}(M_\infty^2 - 1) \tag{7.17}$$

和

$$M^2 = [1 + (\gamma-1)M_\infty^2]/[2\gamma M_\infty^2 - \gamma - 1] \tag{7.18}$$

其中,$M_\infty$ 和 $p_\infty$ 为太阳风在弓激波上游的测量值;$M$ 和 $p$ 为在下游的测量值。结合式(7.16)、式(7.17)及式(7.18),可得:

$$\mathcal{K} = \frac{p_s}{\rho_\infty u_\infty^2} = \left(\frac{\gamma+1}{2}\right)^{(\gamma+1)(\gamma-1)} \frac{1}{\gamma\left(\gamma - \frac{\gamma-1}{2M_\infty^2}\right)^{1/(\gamma-1)}} \tag{7.19}[4]$$

当 $\gamma = 5/3$ 且 $M_\infty = \infty$ 时,我们得到 $\mathcal{K} = 0.881$;当 $M_\infty = 4.5$ 时,$\mathcal{K} = 0.897$;当 $\gamma = 2$(对应等离子体仅有两个自由度)且 $M = \infty$ 时,$\mathcal{K} = 0.844$。由于磁层有效多方指数从经验上看约为 5/3,而且典型的太阳风马赫数在 1 AU 处约为 6,所以太阳风对磁层顶鼻端处施加的压强(等离子体热压)比弓激波上游的太阳风动量通量或动压小约 11%。另外,我们注意到,空间物理学和空气动力学中对动压的定义是不同的。空气动力学中定义动压为 $\frac{1}{2}\rho u^2$,而空间物理学中则定义它等于动量通量,即 $\rho u^2$。

## 7.4.2　磁层施加给磁鞘等离子体的压强

如果磁层是真空状态,那么磁层顶内部的磁压将作为总压来平衡外部磁鞘的等离子体压强。实际上,磁层内等离子体对磁层总压的贡献是变化的。对于地球磁层及其他具有内禀磁层的行星而言,一般认为磁层鼻端处等离子体热压是小于磁压的。因此,忽略等离子体热压对总压的贡献在磁层研究中是有一定指导意义的。但这种假设对于木星和土星可能是不适用的,因为它们的磁层中含有大量的、处于共旋状态的冷等离子体,等离子体的热压加上向外的磁场梯度压力,会增大磁层总压。

为计算磁层顶边界处的压力,我们必须确定磁层顶鼻端处的磁场在相互作用过程中被压缩了多少。如 7.3 节[5]所示,在镜像偶极子图像中,磁场压缩增强了 2 倍,而一个更真实

---

的磁层位形将产生更强的磁场压缩效应。此外,其他电流系统,如环电流、磁尾电流和场向电流(**field-aligned current**)或 Birkeland 电流(**Birkeland current**),也会对磁层顶处的磁场做出一些或正或负的贡献。因此,磁层顶的位置取决于"磁层的状态"及太阳风的动压。尽管这依赖于磁层的状态,但将压缩因子 $a$ 作为一个自由参数(可经验性确定),继续研究磁层顶的压缩是有指导意义的。通过太阳风和磁层两边的压强平衡,可得到

$$\mathcal{K}\rho_\infty u_\infty^2 = (aB_0)^2 (2\mu_0 L_{mp}^6)^{-1} \tag{7.20}$$

其中,$B_0$ 为行星磁赤道面处的磁场;$L_{mp}$ 为磁层顶在日下点处的距离(以行星半径为单位)。我们可以用这个压强平衡方程来求解磁层的大小。对于地球,可得

$$L_{mp}(R_E) = 8.53a^{0.33}(\mathcal{K}\rho_\infty u_\infty^2)^{-0.167} \tag{7.21}$$

对于右边括号中的项($\mathcal{K}\rho_\infty u_\infty^2$),其单位为 nT。对于太阳风动压典型值 2.6 nPa(表 5.1),观测到磁层顶的距离位于约 $10R_E$。通过式(7.21)[①]求解 $a$,得到 2.44。因此,磁层顶在日下点处的磁场是真空条件下偶极磁场在该处的 2.44 倍。正如预期的那样,这个值落在无限平面磁层顶和球面磁层顶的两种情形之间,并且与按磁层顶实际观测边界形状来推测获得真空条件下的磁层压缩因子是一致的。在更为实际的物理单位中,我们可按测量到的太阳风数密度和速度将式(7.21)改写为

$$L_{mp}(R_E) = 107.4(n_{sw}u_{sw}^2)^{-0.167} \tag{7.22}$$

其中,$n_{sw}$ 是质子数密度,其单位为每立方厘米的质子个数(已按太阳风中的氦含量作调整,注意氦的质量数为 4);$u_{sw}$ 是太阳风的整体速度,单位为 km/s。我们将推迟对其他行星磁层顶形状的讨论,并在讨论行星磁层内部各压强来源的时候对此给予讨论(行星磁层内的压强来源与地球是完全不同的)。

### 7.4.3　磁层空腔的形态

地球磁层顶可以定义为磁鞘中的总压(由太阳风最终决定)与地球磁压及其等离子体热压达到平衡的边界。目前为止,我们只讨论了磁层顶的鼻端位置。磁层空腔具有特定的三维形态结构。磁层有一个较钝的鼻端区和一个延伸的磁尾。计算磁层顶形状的问题可归结为确定磁鞘内的热压分布。Newtonian 近似表明[②],我们在前面获得的日下点处磁鞘压强(热压)可按 $\cos^2\psi$ 变化来获得偏离日下点区域的磁层顶压强,其中,$\psi$ 为磁层顶法向和上游太阳风流之间的角度。当 $\psi$ 接近 90°时,这种变化关系就会失效,因为根据这种变化关系,外部磁鞘的压强将接近零。如果这样的话,下游磁层顶就永远不会趋近于某个渐近半径,或者磁尾内部的总压也应该下降到零,但这两者都没有被实际观察到。为修正这个问题,并在日下点处保持合理的边界条件,我们将 $\mathcal{K}\rho_\infty u_\infty^2$ 项上再附加上 $p_\infty \sin^2\psi$ 一项,其中 $p_\infty$ 为太阳风的热压(Petrinec and Russell,1997)。这样如果只有法向作用力的话,我们就可以计算出磁层顶的位形。然而,横越磁层顶的动量传输对磁层造成的拖拽作用力(drag)也能影响磁层顶的形态。IMF 是控制这种作用力的因素之一,而且 IMF 的方向也经常变化,这使磁层顶的形态处于高度动态变化中。

对于地球磁层来说,控制磁层顶平衡位置的两个主要因素是太阳风动压和 IMF 的南北

---

① 在计算中,式(7.21)中的 $\mathcal{K} = 0.8651$。
② 译者不甚理解文中这里提到的牛顿近似具体是指什么。

分量。我们将在第 9 章中讨论为什么 IMF 的南北分量会有这样的作用(这是因为南北分量对于控制太阳风能量和动量的输运发挥了更重要的作用)。图 7.5 展示了在极端太阳风条件下日下点磁层顶的变化情况。在图 7.5 的研究中,磁层顶的位形可用如下函数拟合得到:

$$r = 2^{\alpha} r_0 (1 + \cos\theta)^{-\alpha} \tag{7.23a}$$

$$r_0 = \{10.22 + 1.29\tanh[0.184(B_z + 8.14)]\}(p_d)^{-\frac{1}{6}} \tag{7.23b}$$

$$\alpha = (0.58 - 0.007B_z)[1 + 0.024\ln(p_d)] \tag{7.23c}$$

其中,$B_z$ 是在 GSM 坐标系下(见附录 A.3)的 IMF 南北分量,其单位为 nT。而 $p_d$ 为太阳风动压,单位为 nPa。日下点位置对 $B_z$ 的双曲正切变化依赖性使日下点位置对正 $B_z$ 和较大的负 $B_z$ 仅有较弱的响应变化。请注意,这个模型并没有考虑 IMF 的剥蚀过程对磁层顶形态造成的变化。

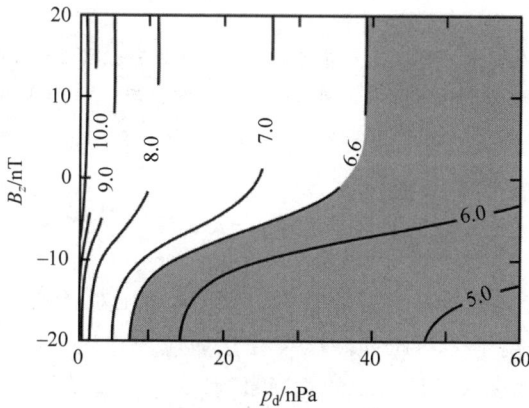

图 7.5　磁层顶鼻端位置或磁层顶日下点平衡距离随行星际磁场南北分量和太阳风动压的变化(引自 Shue 等,1998)

## 7.4.4　传输到磁尾的磁通量

切向应力或拖拽力会将太阳风动量传递给磁层等离子体,并使磁层等离子体向尾向流动。通过边界层波动过程(波动可引起磁层中的等离子体运动)、磁鞘粒子的有限回旋半径作用及重联过程(第 9 章中有详细讨论),这种应力作用可通过粒子扩散从磁鞘传递进入磁层。当 IMF 与行星磁场方向相反时,IMF 与行星磁场发生重联会使磁层顶的切向应力达到最大。

这些过程能将磁通量和等离子体从磁层日侧传输到夜侧,因此有可能改变磁层的位形结构。我们采用了 Unti 和 Atkinson(1968)的二维方法(该方法将磁尾磁通量作模型参数化)来说明这种传输效应对磁层结构的影响。在太阳风保持不变的情况下,图 7.6 显示了磁层顶位形和磁尾中性片(neutral sheet)的内边界位置(在夜间磁层中标记为 1～5)是如何随磁尾磁通量的改变而发生变化的。这幅图像在定性上与"磁层顶位形最终取决于磁层磁通量如何分布"的观点是一致的,而磁通量的分布又取决于它与行星际磁场的重联过程。

259

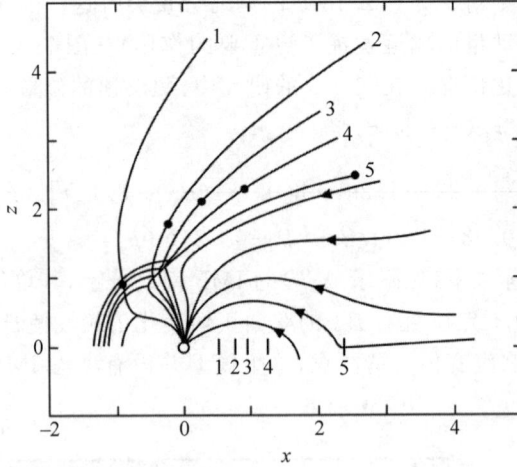

图 7.6　磁层模型的二维边界层位形,其中磁尾包含赤道电流片和磁尾边界层电流。在恒定的太阳风条件下,这 5 种边界层位形对应 5 种不同的磁尾磁通量状态(1 情形下磁尾磁通量最大,5 情形下磁尾磁通量最小)

### 7.4.5　磁尾的有限宽度

当下游磁尾渐近扩展到某一直径尺度时,太阳风动压对磁尾不存在法向的应力作用,只有磁鞘太阳风流的等离子体热压和磁压存在法向应力作用。如果我们假设磁尾的一个尾瓣可看作一个半圆,那么这个尾瓣中的磁通量为

$$F_{T} = \frac{\pi R_{T}^{2}}{2} B_{T} \tag{7.24}$$

其中,$R_{T}$ 为尾瓣半径;$B_{T}$ 为磁场强度。由于磁尾尾瓣的磁压要与太阳风热压与磁压之和达到平衡,则磁尾的渐近半径为

$$R_{T}^{2} = \frac{2^{\frac{1}{2}} F_{T}}{(\pi^{2} \mu_{0} p_{SW})^{\frac{1}{2}}} \tag{7.25}$$

其中,$p_{SW}$ 为太阳风热压与磁压之和。

## 7.5　磁层磁场的经验模型

在许多情况下,我们需要一个可以通过解析表达式就能快速计算磁层磁场的参考模型。我们在 7.3 节中提到的 Tsyganenko(1989a)模型就是这样的一个模型,它是基于纯理论发展起来的,仅对磁层顶的位形作了单一假设。这是一个非常有用且具有参考意义的模型,但它适用于真空条件下(未考虑磁层等离子体热压)。而磁层中的热等离子体会对磁层大部分区域带来显著的等离子体热压贡献,这会影响横越磁层顶的磁场剖面分布。如前所述,Tsyganenko 后来用一系列经验模型扩展了他的解析模型,最终形成了 Tsyganenko-2004 模型(Tsyganenko 和 Sitov,2007)。T04 模型是基于对磁层电流体系的物理近似及其与太阳风条件(包括行星际磁场)的相关性而发展起来的。与 7.6 节和 7.7 节中描述的数值计算相比,这些经验模型可为磁层磁场提供更好的近似计算,这是因为经验模型可对描述尺度较小的物理特征结构提供更好的空间分辨率,并且所作的假设也较少。另外,这些模型可能是不自洽的,毕竟它们只提供了对磁场分布的描述。

## 7.6　与太阳风相互作用的流体模拟

太阳风具有的超声速特性使太阳风关于磁层出现偏转、扰流的区域是高度非线性的。特别是在由向阳侧上游快激波(弓激波)[①]限定包围的区域内。人们可使用气体动力学或磁流体动力学(MHD)的方法近似模拟磁层与太阳风的相互作用,也可尝试利用混杂模型模拟(在模拟中将电子考虑为流体效应,而离子为粒子效应)。在模拟计算的层次结构中,每一步都要付出一定的计算代价,但还是能得到一些新的信息。这些计算模型会不断改进、发展,并与数据进行比较以确定其准确性。计算机有几个非常重要的优点。计算机的计算能力正在快速增长,因此计算模型可以随着时间的推移变得越来越精确或复杂,而其计算成本几乎没有增加。计算模型还可描述全球的三维物理过程,这些模型可以是稳态的,抑或是随时间变化的,还可囊括对边界层物理和边界层耦合细节过程的处理,而这些细节过程是解析方法无法包含的。我们对于数值模型的结果也须谨慎对待,因为它们会受到数值扩散或耗散、空间和/或时间分辨率不足等因素的影响,而且它们有时还需要对重要的物理元素和物理过程进行参数化。尽管如此,平心而论,计算机模拟已经彻底改变了我们在空间物理研究中的思考和研究方式。

我们在本节中讨论的数值模拟都是研究超声速或超磁声速流与障碍物之间的相互作用。在这些模拟中,障碍物前端会形成一个驻激波[①](standing shock)。图 7.7 展示了两种情况:一种是当亚声速的流体或气体流靠近障碍物时,流体动压能够完全转化为热压;另一种是在超声速流中,超声速流的入射动压需要在有激波耗散的情况下才能转化为热压。图 7.7 展示的这两种情况是针对驻流线(stagnation streamline)[②]而言的。在三维空间中,对于类似磁层这样的钝形障碍物而言,在偏离驻流线的地方,仅有部分动压转化为了热压。在激波下游,也就是磁鞘中,热压梯度会使下游流体减速并能对流体造成偏转。而激波所处位置正好能使下游的压缩等离子体在激波和障碍物之间有足够的空间流动。

### 7.6.1　空气动力学模拟

空气动力学模拟适用于磁压可被忽略的情形,这样可提高模拟的空间分辨率并提高模拟的计算速度。自 20 世纪 60 年代中期以来,气体动力学模拟一直被用于研究太阳风与磁层的相互作用,这对于指导我们理解这一问题产生了很大的影响。

---

① 其实就是弓激波。
② 假若上游流体是沿 $x$ 方向与磁层作用,则驻流线是指沿日地连线的流线。

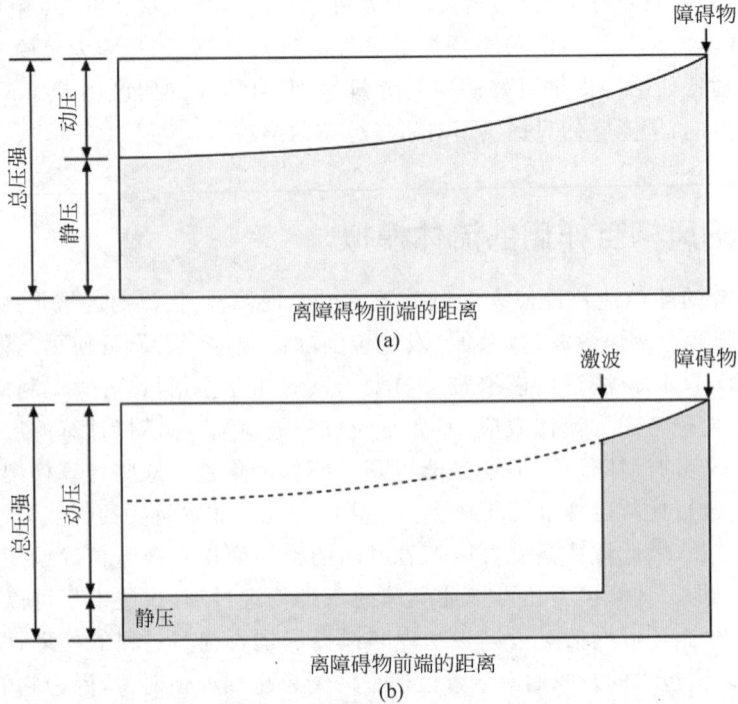

图 7.7　气体动力学流体在亚声速(a)和超声速(b)两种情况下与某个障碍物相互作用时,其动理学压强[①](kinetic pressure)和动压(dynamic pressure)变化的示意图。在亚声速情况下,动理学压强比较大,相互作用会形成一个压力梯度力以反向阻止流体的流动。而在超声速情况下,则需要形成激波对流动形成减速,而上游流体(温度较低)通过激波后温度会上升

　　空气动力学模型在模拟太阳风相互作用中的最有效部分在于模拟研究磁鞘的性质(Spreiter、Summers 和 Alksne,1966)。虽然该模型忽略了磁压作用力,但它可通过流体对流("冻结"着磁场)计算磁场线。因此,该模型通常被称为空气动力学的磁场对流模型(convected-field gas-dynamic model)。模拟结果取决于障碍物的特定形状、太阳风流的马赫数和多方指数 $\gamma$。出于对计算速度的考虑,我们通常在假设磁层为绕太阳-行星连线是圆柱对称结构的条件下求解太阳风流的物理参数,然后利用这些流动参数驱动三维磁场在流场中的对流。由于弓激波是一种快磁声激波,所以在空气动力学模拟中采用的太阳风马赫数是快磁声马赫数。磁声波相速度的各向异性虽然看起来很复杂,但相比障碍物轴对称的假设而言,各向异性还是可以接受的。对于 1 AU 处的大多情况而言,我们发现在激波阵面附近磁声速的变化只有几个百分点。我们通常选择多方指数为 5/3(这适用于理想气体具有三个自由度的情形)。

　　图 7.8 显示了当太阳风马赫数为 8,且 $\gamma = 5/3$ 时,太阳风与磁层相互作用时的流线分布。而图 7.9、图 7.10 和图 7.11 分别显示了按上游太阳风参数值进行归一化后的密度、速度、温度和质量通量的等值线分布。激波下游的密度比接近第 6 章中 Rankine-Hugoniot 关

---

　　① 通过上下文看,译者认为原书中此处提及的 kinetic pressure 应为热压。译者认为,原书图中标注的 Static pressure(静压)实际就是 kinetic pressure。

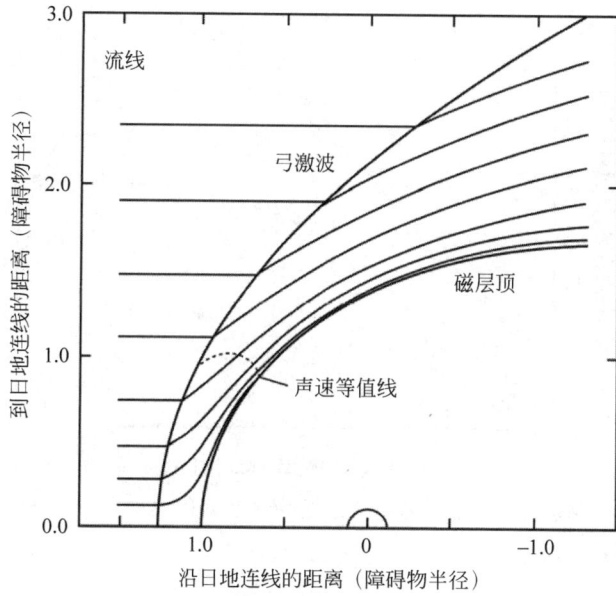

图 7.8　马赫数为 8,多方指数为 5/3 的超声速太阳风流经磁层时的流线分布。流线
　　　　间距大小的选择是为了方便地说明磁鞘中的太阳风流,其并不代表太阳风质
　　　　量通量的大小(引自 Spreiter 等,1966)

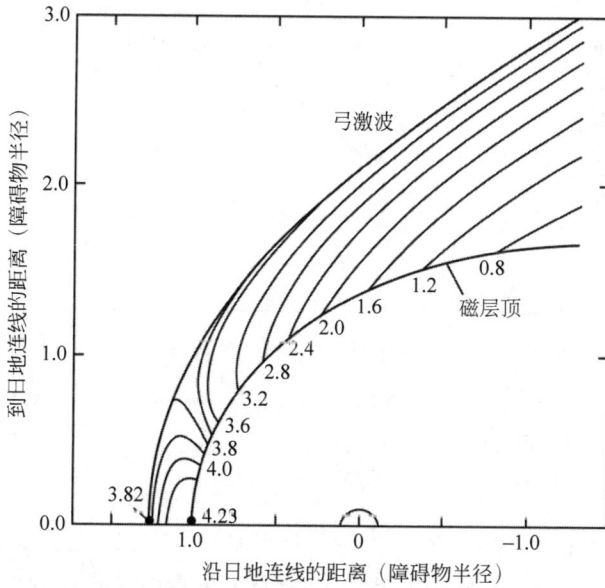

图 7.9　马赫数为 8,多方指数为 5/3 的超声速太阳风流经磁层时的密度等值分布
　　　　(引自 Spreiter 等,1966)

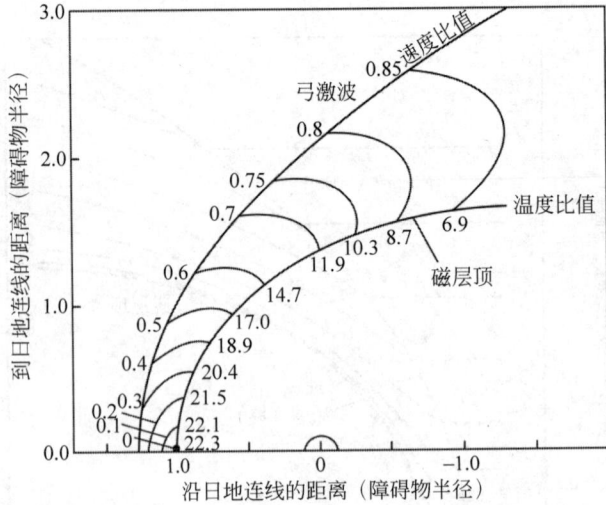

图 7.10　马赫数为 8,多方指数为 5/3 的超声速太阳风流经磁层时速度和温度的等值分布(引自 Spreiter 等,1966)

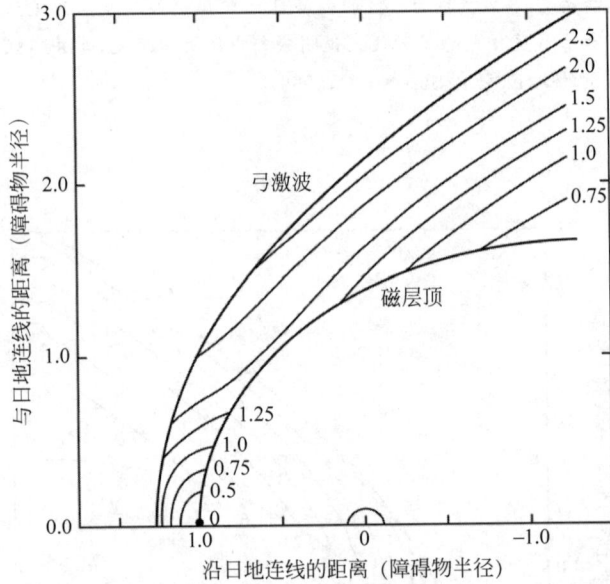

图 7.11　马赫数为 8,多方指数为 5/3 的超声速太阳风流经磁层时质量通量的等值分布。质量通量是沿流线计算的,其在数值上等于图 7.9 和图 7.10 中分别所示的密度比和速度比的乘积 (引自 Spreiter 等,1966)

系允许的最大值(这里这个最大极限值为$(\gamma+1)/(\gamma-1)=4$)。在模拟中,这一比例在日下点磁层顶处可达 4.23。在实际磁鞘的分布中,磁场会限制磁鞘密度的增加。当模拟的气体在障碍物周围扩展时,它的密度在靠近磁层的地方会下降到比上游太阳风密度还要小;而在紧靠激波面的下游区域,气体总是处于被压缩状态(密度比大于 1)。图 7.10 中的温度等值线与速度等值线是相同的,这是由于温度比的计算公式与速度比的计算公式存在如下相关性：

$$\frac{T}{T_\infty} = 1 + 0.5(\gamma - 1)M_\infty^2 \left(1 - \frac{u^2}{u_\infty^2}\right) \tag{7.26}$$

这一相关性是通过对能量方程进行积分得到的(Spreiter et al.,1966)。我们注意到磁鞘中温度的上升是相当可观的。如果太阳风的温度是 5 万 K,那么整个向阳面磁鞘的温度将超过 100 万 K。我们注意到,由于空气动力学温度表征了电子和离子的总体温度,并且由于太阳风中电子温度通常是离子温度的 2 倍多,但在横越弓激波后电子温度仅有轻微变化,所以磁鞘中离子温度的实际变化应比图 7.10 中所示数值大好几倍。与在太阳风中不同,磁鞘中离子与电子的温度比是相当恒定的,平均而言基本处处约为 6。

图 7.11 所示的质量通量等值分布是由图 7.9 中沿流线的速度乘以图 7.10 中所示的质量密度得到的。质量通量很重要,因为它决定了弓激波的所处位置。在这个模型中,所有通过弓激波的质量通量都将绕着障碍物流动,弓激波所处位置决定了这种绕流的出现。尤其是在高马赫数太阳风条件下,我们可经验性地确定弓激波在日下点的位置。人们已从观测中发现,在给定磁层形状的各种物理条件下,磁层顶到激波的距离与地球中心到磁层顶的距离之比是激波密度跳变比值倒数的 1.1 倍。在这个空气动力学模型的结果中,激波密度跳变比值仅是马赫数和 $\gamma$ 的函数,它等于 $[(\gamma-1)M^2+2]/(\gamma+1)M^2$(Spreiter et al.,1966)。当马赫数为 8,$\gamma$ 为 5/3 时,弓形激波鼻端位置应该比磁层顶的鼻端距离还要远 29%。显然,在低马赫数时密度跳变的这个函数关系是不成立的,因为当马赫数趋于 1 时,下游等离子体的压缩趋于 0。这时弓激波应该会移动到无限远处,而我们的函数关系预测弓激波到磁层顶的距离则是有限的。此外,这个距离还与日下点处磁层顶的曲率半径有关。Spreiter 等(1966)的模型结论只适用于模拟中使用的这个特定障碍物形状的情形。一个能很好近似适用于低、高马赫数条件下,并考虑障碍物形状曲率半径的改进公式为

$$D_{BS} = R_C \left\{ \frac{D_{OB}}{R_C} + \frac{[0.8(\gamma-1)M_1^2 + 2]}{[(\gamma+1)(M_1^2-1)]} \right\} \tag{7.27}$$

其中,$D_{BS}$ 为地心到弓激波日下点处的距离;$D_{OB}$ 为地心到障碍物(磁层顶)日下点处的距离;$R_C$ 为障碍物在日下点处的曲率半径(Farris 和 Russell,1994)。障碍物(磁层顶)圆锥截面鼻端的曲率半径等于障碍物圆锥曲线的半正焦弦[1],$\kappa$。

在不考虑磁压效应的情况下,图 7.12 显示了磁场随空气动力学流场做对流运动后得到的磁场构型。图中物理条件是大多数模拟中给定的高马赫数条件。图中给出了两种模拟情况:一种是磁场垂直于太阳风流,另一种是磁场与太阳风流成 45°。在这两种情况下,都可以看到磁场会堆积在磁层顶日下点区域。在实际磁鞘中应该很难期望发生同样程度的磁场堆积,因为对应的磁压梯度会影响其中等离子体流的流动形式。在磁鞘等离子体流的驻点处,磁鞘和磁层中的磁压和热压之和应处于平衡状态。

虽然空气动力学模型的结果对于研究太阳风和障碍物之间的压力平衡很有启发意义,但它并不能再现太阳风流的一些重要性质,尤其是在日下点处并不能再现等离子体耗尽层(plasma depletion layer)。在耗尽层中,当重联没有发生时,等离子体密度下降,主要依赖磁鞘磁场的磁压来平衡磁层的磁压。空气动力学近似并不能处理这种效应,这种效应只能

---

[1]　圆锥曲线的其中一个焦点到沿垂直于主轴方向与曲线相交的一点的距离。

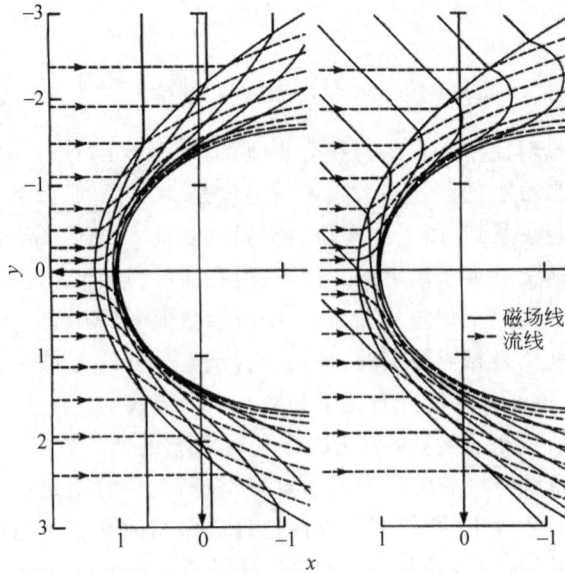

图 7.12 在马赫数为 8 和 $\gamma=5/3$ 条件下的空气动力学模型中，磁场（实线）所在平面包含上游太阳风速度、磁场和行星中心。图形展示了两种上游磁场条件，一种是垂直太阳风的磁场，另一种是与之成 $45°$ 的磁场。流线由虚线表示（引自 Spreiter 等,1966)

通过 MHD 方程中的磁场作用力项提供。不仅对于此，而且对于磁层顶重联的影响，我们也必须使用 MHD 的处理方法。

### 7.6.2　磁流体模拟

用 MHD 方法模拟磁层，我们需要求解磁化等离子体的运动方程和 Maxwell 方程。第 3 章中我们已经介绍了 MHD 方程。磁层模拟中需要经常求解如下方程。

连续性方程：
$$\frac{\partial \rho}{\partial t}=-\nabla \cdot (u\rho) \tag{7.28}$$

动量方程：
$$\frac{\partial U}{\partial t}=-(u \cdot \nabla)u-\frac{\nabla p}{\rho}+\frac{J \times B}{\rho} \tag{7.29}$$

热压方程：
$$\frac{\partial P}{\partial t}=-(u \cdot \nabla)p-\gamma p \nabla \cdot u \tag{7.30}$$

Faraday 定律：
$$\frac{\partial B}{\partial t}=\nabla \times (u \times B)+\eta \nabla^2 B \tag{7.31}$$

Ampére 定律：
$$J=\nabla \times (B-B_d) \tag{7.32}$$

其中，$\rho$ 为等离子体密度；$u$ 为流速；$p$ 为等离子体压力；$B$ 为磁场；$B_d$ 为地球的内源磁场。在理想 MHD 方程中，我们取多方指数 $\gamma=5/3$，设磁扩散系数 $\eta=0$（尽管模拟中总会存在有限的数值电阻率）。模拟左边的边界条件设置为定常的太阳风流入射条件。这种模拟方法的一个主要优势是，当地球偶极子磁场作为与太阳风相互作用的障碍时，边界层（磁层顶和弓激波）上的物理过程可在无须作限制假设的情况下自然计算出来。如上所述，MHD 计算的局限性在于它们包括数值耗散，在模拟太阳风-磁层相互作用的物理过程时，数值耗散的大小及其存在区域并不总是正确的。

上面讨论的空气动力学模拟在磁鞘区域的空间分辨率非常高,但那是对于没有磁场且仅依靠压缩波来减速和偏转太阳风流的情形。MHD 模拟里引入的 Alfvén 波模可以横向弯曲磁场和等离子体流,而引入的慢波模则可降低密度(并增加场强),就如磁场线拉伸时发生的那样。例如,处于磁场线拉伸状态的磁通量管可对流传输,并垂挂在日下点磁层顶处。由此会产生一个强磁场、低密度的边界层,我们称为等离子体耗尽层(plasma depletion layer)。在太阳风与磁层相互作用过程中,我们可以看出前面介绍的空气动力学相互作用过程与图 7.13 所示的 MHD 相互作用过程之间的差异。图 7.13(a)给出了压强梯度力 $-\nabla p$ 的分布,图 7.13(b)给出了磁场作用力 $j \times B$ 的分布,图 7.13(c)给出了两者之和($-\nabla p + j \times B$)的分布。图 7.13(a)中的箭头显示出压强梯度力是沿激波法向朝外指向的,从而可减速太阳风流速,但随着在激波下游不断靠近磁层顶边界层,热压不断下降,这时压强梯度力指向磁层内部方向。在空气动力学模型中,压强梯度力则是处处指向外的。在图 7.13(b)中,我们可看到在激波处磁力也起到了减速太阳风流的作用,但与图 7.13(a)中的力不同,在激波下游磁力依旧会阻缓太阳风的入射流动。因此,磁场对于偏转磁层顶附近的太阳风流起着非常重要的作用。图 7.13(c)给出了二者合力的分布,我们可看到 MHD 中的力会使太阳风流减速并出现偏转,从而导致日下点磁层顶处出现一个低密度、强磁场区域的耗尽层(depletion layer)。

如这里所示,MHD 模拟对于描述磁鞘磁场结构和绕磁层流动的太阳风流是非常有用的,但 MHD 模拟也有其局限性。由于等

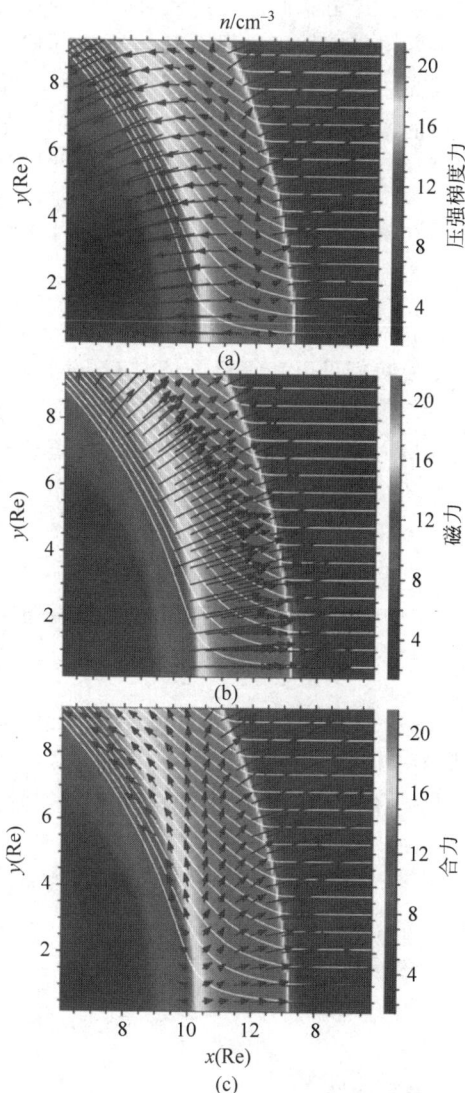

图 7.13　在磁流体模拟的赤道面上,弓激波和磁鞘中各种作用力的分布。箭头表示热压梯度力(a)、磁力(b)及二者的合力(c)。背景为等离子体数密度的等值分布。行星际磁场和磁鞘磁场指向北。上游太阳风密度为 5 $cm^{-3}$。流线用白色曲线表示(相关模拟描述可见 Wang、Raeder 和 Russell,2004)

离子体被假定为磁化流体,因此 MHD 模型并不能模拟动理学效应及可能出现的等离子体不稳定性。而且通常模型参数的选择还必须依据模型数值稳定性,而不是基于物理约束来考虑。因此,人们还发展了其他模拟技术来解决这些问题。混杂模拟(hybrid simulation)技术将离子视为粒子,将电子视为无质量的流体,这样可将等离子体中的一些动理学效应

包括进来。这里我们应注意到,MHD 模型也能描述磁层顶内部的区域,而且模型描述的磁层顶边界层精细物理过程及其与行星际磁场的关联对于磁层响应太阳风的相互作用也是非常重要的。我们将对这种耦合作用和内部区域的讨论放到第 9 章介绍。

在前面的讨论中,我们假设等离子体是单流体,且只包含一种离子种类。如果不作这种假设,我们可以按每种离子成分,写出其对应的连续性方程,所以有

$$\frac{\partial \rho_s}{\partial t} + \nabla \cdot (\rho_s \boldsymbol{u}_s) = S_{\rho_s} \tag{7.28a}$$

其中,$\rho_s$ 为离子组分 s 的质量密度;$S_{\rho_s}$ 为 $\rho_s$ 的净产生率。

我们依旧可以假设等离子体只有一个动量方程和一个压强方程(相当于能量方程)。这虽然使我们可以在等离子体具有不同离子种类的情况下研究其整体行为,但这并不能让我们研究等离子体中每类离子组分的不同行为。为此,我们需要重新写出每类离子组分对应的动量方程,并加上其耦合作用项(离子产生带来的动量变化):

$$\frac{\partial \rho_s \boldsymbol{u}_s}{\partial t} + \nabla \cdot (\rho_s \boldsymbol{u}_s \boldsymbol{u}_s + p_s \boldsymbol{I}) = \frac{n_s q_s}{n_e e} (\boldsymbol{j} \times \boldsymbol{B} - \nabla p_e) + n_s q_s (\boldsymbol{u}_s - \boldsymbol{u}_+) \times B + S_{\rho_s \boldsymbol{u}_s} \tag{7.29a}$$

其中,离子的电荷平均速度(charge-averaged ion velocity)由式(7.33)给出

$$\boldsymbol{u}_+ = \sum_s n_s q_s \boldsymbol{u}_s / e n_e \tag{7.33}$$

式(7.29a)左边中间项可引起离子体流在对流电场方向上出现分离。这里 $S_{\rho_s \boldsymbol{u}_s}$ 是净的动量产生项。

我们还需要有关于每类离子组分的压强方程:

$$\frac{\partial p_s}{\partial t} + \nabla \cdot (p_s \boldsymbol{u}_s) = -(\gamma - 1) p_s \nabla \cdot \boldsymbol{u}_s + S_{p_s} \tag{7.30a}$$

其中,$S_{p_s}$ 为压强的净变化率。

电磁感应方程为

$$\frac{\partial \boldsymbol{B}}{\partial t} - \nabla \times (\boldsymbol{u}_e \times \boldsymbol{B}) = \nabla \times \left( \frac{1}{\sigma_0 \mu_0} \nabla \times \boldsymbol{B} \right) \tag{7.34}$$

其中,电子速度为

$$\boldsymbol{u}_e = \boldsymbol{u}_+ - \boldsymbol{j} / n_e \tag{7.35}$$

而电子压强为

$$p_e = \sum_s p_s \tag{7.36}$$

这种方法可使我们能够处理等离子体具有两种或两种以上粒子质量完全不同的离子成分情形,甚至是含有小的带电尘埃颗粒的情形。当有两类或更多类组分的流体以不同速度运动时(在太阳风-行星相互作用中都是这样的情形),以及当行星的磁场相对较弱时(如火星和 Titan),就需要我们采用多流体模型。在无碰撞等离子体中,不同离子组分的流体之间主要通过电磁力发生相互作用。电磁力会加速比电子运动得慢的离子流,而减速比电子运动得快的离子流。换句话说,电磁力沿电场方向会对不同种类的离子流产生分离,以保证所有离子流的平均整体运动速度和电子一样快[①]。当磁场较强,离子回旋半径小于研

---

[①] 为维持电中性,平均整体运动速度的推导可参见式(7.33)。

究对象的典型尺度时,单流体假设是适用的,否则最好采用多流体模型。在解释一些等离子体观测现象时,多流体模型是一个特别有用的工具,例如感应磁尾在正负太阳风电场半球[①]存在不同的磁场拉伸现象(Zhang et al.,2010),这种现象不能由单流体模型解决。然而使用多流体模型将耗费更多的计算时间。

## 7.7　混杂模拟:探索多尺度的物理行为

在本章前面几个小节内容中,对于考虑磁化等离子体的宏观性质而言,我们认为离子和电子的微观运动是无关紧要的。在空气动力学近似下,我们只需考虑质量、动量和能量的守恒关系。磁场不用考虑,障碍物的尺度大小也不用考虑。那么得到的解是自相似性的(self-similar)[②]。如果我们加入磁力并在 MHD 近似下处理等离子体介质,或者我们在空气动力学的快压缩波中加入一个旋转 Alfvén 波和一个慢压缩波,其模拟得到的解仍然是保持自相似性的。在这种近似下,障碍物的大小就显得无关紧要;从零阶近似上而言,它仍然会对太阳风造成同样相对尺度的偏转。当入流太阳风的速度为超磁声速时,上游始终会有弓激波形成,弓激波的位置由上游太阳风参数和障碍物形状决定。然而,与相互作用过程的宏观尺度相比,粒子的回旋半径效应在空间等离子体中会显得很重要,在不同等离子体和磁场区域的边界层上更显得尤为重要。

此外,磁流体方法并不能告诉我们在弓激波处等离子体所需的能量耗散是如何发生的。当等离子体横越到激波下游,被电场加速后,或等离子体经历磁重联后,会发生什么。为了回答这些问题,我们需要跳出 MHD 的研究框架,并追踪单个粒子的运动。基于一定的几何假设追踪电子和离子的运动是可能的,但要从三维全动理学[③]的角度实现全球相互作用的模拟目前还不能解决。我们可以采取一种称为混杂模拟(**hybrid simulation**)的折中方法,其中离子的动理学运动可被追踪,但电子则被视为无质量的流体。已证明混杂模拟对许多局域问题是有效的,特别是对于波粒相互作用。但随着近年来计算机计算能力已变得足够强,我们可使用混杂模拟来研究全球相互作用尺度下的某些问题。

利用这些混杂模拟方法,研究太阳风与磁偶极子(磁偶极矩强度不断增强)之间的相互作用是特别具有物理意义的。磁偶极子强度可由平衡距离(偶极子中心到与太阳风压强平衡点的距离)小于离子惯性长度的强度,变化到平衡距离为上百个离子惯性长度的强度(例如水星磁层)。在本节中,我们使用的混杂模拟模型具有两个空间维度和三个速度维度,人们有时称之为 2.5 维模型方法。在图 7.14 中,模拟区域与 IMF 皆位于 $x$-$y$ 平面上,$x$ 沿太阳风速度($v_{sw}$)方向。IMF 垂直于 $v_{sw}$。偶极子轴沿 $y$ 方向。行星位于原点处,其大小仅为一个网格(吸收)单元,太阳风以 Alfvén 马赫数 $M_A$ 为 5~8 的大小,从左侧连续注入。这些模拟参数可代表 1 AU 处上游太阳风的条件。模型边界是开放的,因此在模拟区域下游边界处等离子体会逃离。模拟会一直运行,直到达到稳态为止。这些模拟的具体信息可以在

---

① 一般将太阳风电场指向磁尾的那部分半球称为−E 半球,反之,电场指向离开磁尾方向的半球称为＋E 半球。

② 从不同的空间尺度或时间尺度来看是相似的,或者某系统或结构的局域性质或局域结构与整体是类似的。

③ 全动理学模拟(fully kinetic simulation),是将电子和离子都当作粒子处理,可处理粒子回旋运动、波粒相互作用等粒子效应。全动理学模拟有时也称为 PIC(particle-in-cell)模拟。

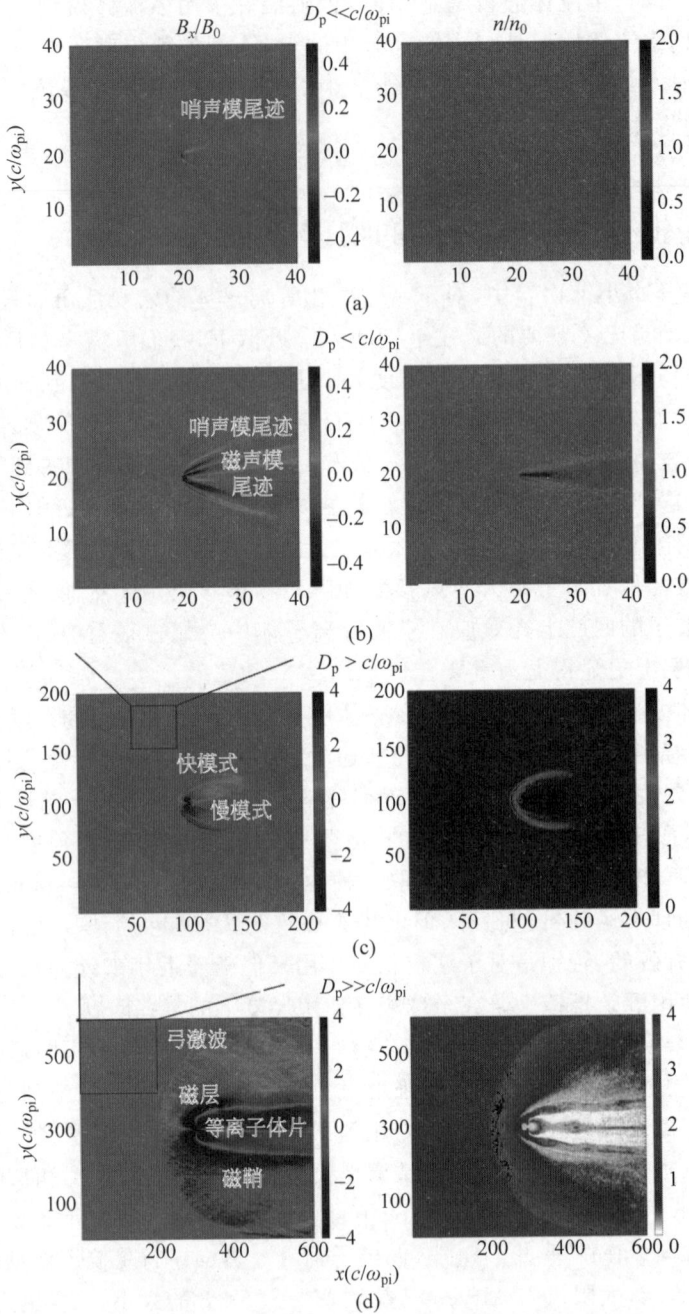

图 7.14　随障碍物尺度增加,沿太阳风流的磁场分量(左列)及等离子体密度(右列)在 4 种不同混杂模拟程序中的变化分布。对比这 4 种模拟可说明粒子动理学尺度与全球尺度之间的跨尺度耦合变化过程。模拟采用了一个二维偶极子场,其相当于两根垂直纸面的载流导线①所产生的磁场。如图所示,模拟的区域范围在(c)和(d)中较大。行星际磁场指向北(引自 Blanco-Cano et al.,2004)

---

①　两根导线所载电流方向相反。

Omidi et al. ,2002、Blanco-Cano、Omidi 和 Russell,2004 的文章中找到。

## 7.7.1 不同尺度的磁层

我们可以使用参数 $D_p$ 比较不同相互作用区的尺度大小,$D_p$ 是太阳风动压和偶极磁场的磁压达到平衡时平衡点[①]到偶极子的距离(以离子惯性长度 $\lambda_i$[②] 为单位);$D_p$ 也可理解为障碍物的有效尺度。随着 $D_p$ 的增加,我们发现太阳风与磁化星体的相互作用存在 4 种不同类型。当 $D_p$ 远小于离子惯性尺度时($D_p \ll \lambda_i$),太阳风等离子体并未受任何影响,但会有哨声模尾迹形成。如第 13 章中讨论的,哨声波是一种电磁波,其中扰动电场和磁场会绕背景磁场旋转且旋转方向与电子回旋运动方向一致。当 $D_p < \lambda_i$ 时,障碍物附近的太阳风等离子体发生了一定的变化,并产生了与哨声模、快、慢磁声模对应的三个独立尾迹(磁声波是一种压缩波,其波长大于哨声波的波长,对离子和电子的影响相似)。当 $D_p \approx \lambda_i$ 时,相互作用区域会发生剧烈变化,太阳风等离子体受到扰动,在偶极子前端会形成激波状的结构,尾部出现热等离子体片。$D_p > 20\lambda_i$ 时会形成与地球磁层相似的磁层结构。简而言之,与太阳风相互作用的物理特征取决于 $D_p$ 相对于离子惯性尺度的大小。随着 $D_p$ 的增加,相互作用区域的尺度和复杂性都会增加。这种障碍物相对于离子惯性尺度大小的依赖关系在图 7.14 中得到了很好的显示(图 7.14 中,在不同磁偶极强度下我们利用同样的太阳风等离子体流条件得到了对应物理量的等值分布)。

太阳风与极弱磁偶极子的相互作用类似太阳风与有效尺寸远小于离子惯性尺度($D_p = 0.05\lambda_i$)的弱磁化且无大气的星体间的相互作用。这种相互作用只产生了一种磁场特征(图 7.14(a))。在这种情况下,磁偶极子是如此的微弱使其并不能对太阳风流构成一个不可穿透的障碍物,太阳风流到达含有磁偶极子的网格时会被吸收。相互作用过程中,太阳风离子不会偏转,密度和温度也不会发生变化。结果磁偶极子仅在下游引起非压缩性的哨声模尾迹,其造成的 $B_x$ 和 $B_z$ 扰动较小,磁场强度上也没有变化。自然界中,太阳风与磁化小行星的相互作用(Blanco-Cano,Omidi 和 Russell,2003)就属于这种情况。具有弱挥发大气的彗星与太阳风相互作用可能也有类似的特征。

当磁偶极子的强度较强且有 $D_p = 0.2\lambda_i$ 时,障碍物下游仍有尾迹形成(图 7.14(b))。与前一种情况相反,太阳风等离子体在靠近障碍物鼻端处时会发生变化。太阳风密度会在偶极子前端增强,但会在下游尾部中减小。磁偶极子前端不存在密度堆积区(pile-up region),因为太阳风速度不会趋于零,但会发生一定程度的偏转。在距离略大于 $D_p$ 的上游区域,太阳风密度和速度就开始发生变化。在偶极子下游尾部区域,温度和速度也出现了扰动。下游尾迹由哨声波及快、慢磁声波形成。在密度增强的前端区域会出现非压缩性的哨声波。在接近磁偶极子的地方,密度会增强,磁声波可压缩太阳风等离子体流。在自然界中,这种相互作用的情形似乎发生在土星卫星——Iapetus(土卫八)处于太阳风中的时候。那些具有挥发性气体的小彗星也会有类似的相互作用特征。

当障碍物尺寸与离子惯性尺度相当时,会出现如图 7.14(c)所示的剧烈相互作用变化。

---

① 默认为日下点磁层顶的位置距离。

② $\lambda_i = c/\omega_{pi}$。

在太阳风流停滞($v_x=0$)的区域,太阳风密度会增加,且在偶极子前端 $r=D_p$ 距离处会出现密度堆积。在偶极子上游会有磁声波形成,它能压缩、减速、加热太阳风等离子体,并使太阳风环绕障碍物流动。磁声波类似于快激波,磁声波的空间尺度与离子回旋半径相当,因此存在与激波不同的耗散过程。离子在弓形磁声波上的反射及其随后的加速导致了波结构的不对称性。磁声波中等离子体和磁场的压缩来源于等离子体密度的堆积(density pile-up)。在磁偶极子处,等离子体由于粒子加速而被加热。在磁偶极子下游,存在一个磁场较低的慢波模区域,该区域内等离子体流速较慢、温度较低,这与中心尾迹内速度快、温度热的等离子体截然不同。测试粒子模拟表明,这种尾迹区域中的快、热等离子体是由偶极子区域内的等离子体加速引起的。当 $D_p \approx \lambda_i$ 时,密度堆积效应开始变得重要起来,这清楚地表明,在障碍物的当前尺度下,离子回旋运动对相互作用区的物理结构及等离子体物理行为的变化方式都会有深刻的影响。与行星磁层顶不同,密度堆积发生在偶极磁场的内部区域。除此之外,密度堆积区与离子尺度相比尺度很小,这表明相互作用的区域并不具备行星磁层或磁腔的性质。中等强度喷发大气的彗星与太阳风相互作用可能具有这样的相互作用结构。在月球临边处的剩磁区域上方,剩磁被太阳风压缩是迄今为止报道过的自然界中唯一类似这种模拟的相互作用,这些相互作用区域尺度实在太小以至于无法形成激波(Russell 和 Lichtenstein,1975)。

当 $D_p > 20\lambda_i$(障碍物的尺度远大于离子惯性尺度)时,与太阳风的相互作用可产生类似地球磁层的磁层结构。如图 7.14(d)所示,在这种情况下,行星的磁场足够强,可明显产生磁层、磁鞘和弓激波等结构。等离子体物理参数表明,在距行星 $r \approx D_p$ 的距离范围内,没有像之前模拟那样出现密度堆积区。这种相互作用是由上游弓激波($\approx 100\lambda_i$)引起的,在那里太阳风被压缩、加热,并完全偏流转向。这就导致一个磁鞘的形成,其中密度、温度和磁场都增强了,而太阳风流速则减慢了。弓激波可导致太阳风离子的反射,进而影响入流的太阳风等离子体。磁层大小由偶极子中心向上游扩展延伸到 $30\lambda_i$,向下游则延伸得更远。在偶极子闭合磁场线延伸的距离范围内太阳风密度显著下降,因此偶极场对太阳风而言就像一个不可穿透的障碍物,并在边界层处形成一个磁层顶电流片。当太阳风离子的回旋半径远小于磁层顶厚度时,就可能形成一个磁层顶薄电流片将太阳风与磁层等离子体分开。模拟出的磁层结构显示了在地球上观测到的一些基本磁层特征:有一个极尖区,有一个含有等离子体片(被等离子体片边界层"包裹"着)的磁尾,在偶极磁场区域、磁层顶和中心磁尾区域存在高能离子。而在高纬磁层顶和中心磁尾区域内的磁岛(magnetic islands)或等离子体团结构(plasmoids)则表明存在 IMF 与磁层磁场发生磁重联(Dungey,1961)的证据。需要注意,尽管这些结构特征都是太阳风与二维偶极子相互作用产生的,但模拟结果表明,许多最重要的物理过程都在这个模拟中发挥了作用,包括等离子体团的形成。

总的来说,数值模拟可帮助我们认识到太阳风与磁化星体的相互作用可以以多种不同的方式发生。特别是从混杂模拟中我们可清楚地看到,相对于等离子体中的离子尺度,障碍物的尺度大小可强烈地影响相互作用区的物理性质和相关的波动特征。磁层的形成需要偶极磁场足够强,使偶极场的有效障碍尺寸($D_p > 20\lambda_i$)大于离子惯性尺度。在这种情况下,相互作用会驱动形成一个弓激波、磁鞘和磁层系统(具有弓激波和磁鞘),并且太阳风流在上游较远区域就会出现扰动变化。由于太阳系内所有行星的磁层满足 $D_p > 20\lambda_i$(例如,水星的 $D_p/\lambda_i$ 为 85,地球的 $D_p/\lambda_i$ 为 640,木星的 $D_p/\lambda_i$ 为 5800),因此它们具有相同的基本特征。混杂模拟结果表明,即便是作用于微观尺度的离子动理学过程,它对于太阳风与磁化星体相互作用区的整体结构也具有重要影响。在混杂模拟中出现的,且在空气动力学和和磁流体动力学模拟中都未出现的,一个非常重要的新效应,即形成粒子和波动的激波前兆区(foreshock region)。在这个区域离子束流会反射回太阳风中并激发产生各种类型的波动,其中包括空洞(cavitons)[①]、热化电流片(也称为热流异常,hot flow anomalies)。太阳风在到达弓激波之前就在激波前兆区出现了扰动变化。所以,激波前兆区在控制激波物理行为方面发挥着重要角色。

### 7.7.2　上游的波和粒子

全球混杂模拟可为上游太阳风粒子和波动的起源提供特别清晰的物理图像,即使对于相对较小的磁层也是如此。图 7.15 显示了 $D_p = 64$(以离子惯性尺度为单位)时的模拟结果,这对应水星磁层大小的尺度。图 7.15(a)显示了等离子体密度的分布,图 7.15(b)则显示了模拟切面区域的等离子体参数分布。IMF 与太阳风方向成 45°夹角,弓激波的上(下)

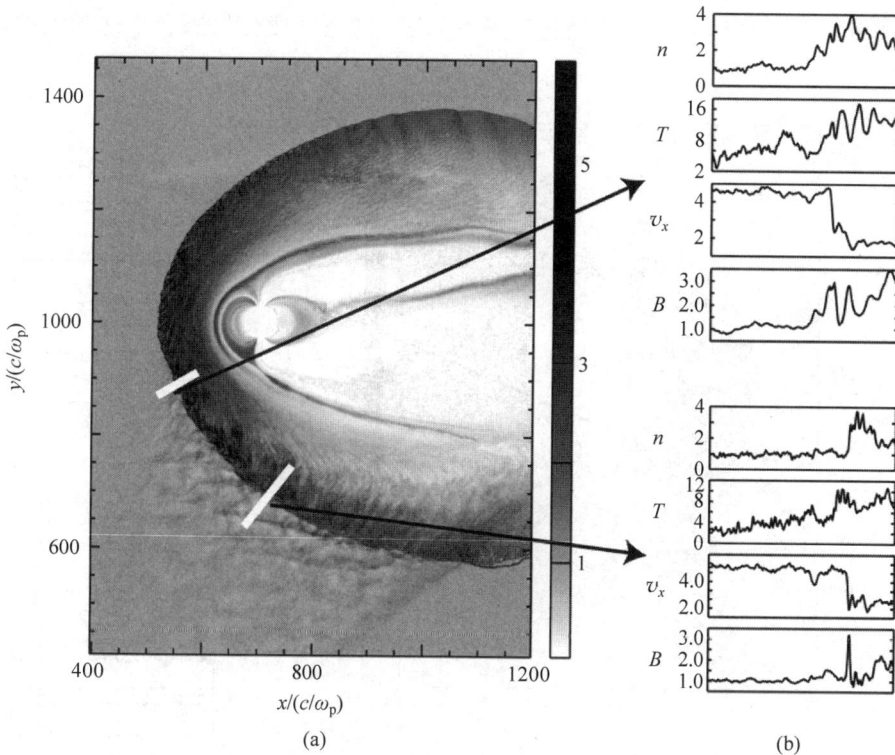

图 7.15　太阳风与水星磁层相互作用的二维混杂模拟,其中障碍物尺度与离子惯性长度之比为 64。
(a)密度的等值分布图。(b)靠近鼻端和远离鼻端两个切面区域的等离子体参数分布。行星际磁场方向由(a)左下角指向右上角并与太阳风流成 45°,因此在模拟中磁层的上部区域激波是准垂直的(引自 Omidi、Blanco-Cano 和 Russell,2005)

--------

①　激波前兆区内的空洞中,等离子体密度和磁场强度都会显著降低。

部分对应准垂直(平行)激波形状。图 7.15(b)在两个切面上显示了横越准平行激波的物理量分布,一个切面(上)靠近鼻端,另一个(下)则靠近侧翼。从这两种情况可以看出,从太阳风到磁鞘的转变需要若干步骤过程,而这是激波上游波动对太阳风进行局部加热和减速的结果。上游激发产生的超低频(ULF)波(见第 10 章)随太阳风不断对流进入弓激波,这使激波剖面处于高度湍动且随时间变化的状态。我们检查了此次模拟中产生的 ULF 波和激波前兆区中的离子分布函数,发现存在平行传播和斜传播两种波动,其中前者由场向离子束激发产生,而后者由靠近准平行激波面处的回旋离子激发产生。图 7.16 显示了此次模拟的离子温度分布(叠加有磁场线)。图 7.16(b)的子图中显示了这两种波的存在示例,其中上图显示斜波的波形会变陡形成小激波结构(shocklets),下图显示平行波具有正弦波的波形结构。结果表明,如第 6 章结尾所讨论的,小激波结构的产生对于准平行激波的形成至关重要。我们还可以看到这些波中的部分会对流进入下游的磁鞘,从而对障碍物边界层和障碍物本身产生影响(我们将在本书后面章节讨论)。最后,我们注意到弓激波的曲率和上游磁场 Parker 螺旋角的变化能显著影响激波前兆区的结构。因此,更接近平面结构的行星际激波带来的时变物理行为比弓激波的更为简单。然而,当行星际激波穿过这些上游变化结构区域时,IMF 的空间变化性则会带来较大的时间变化性。

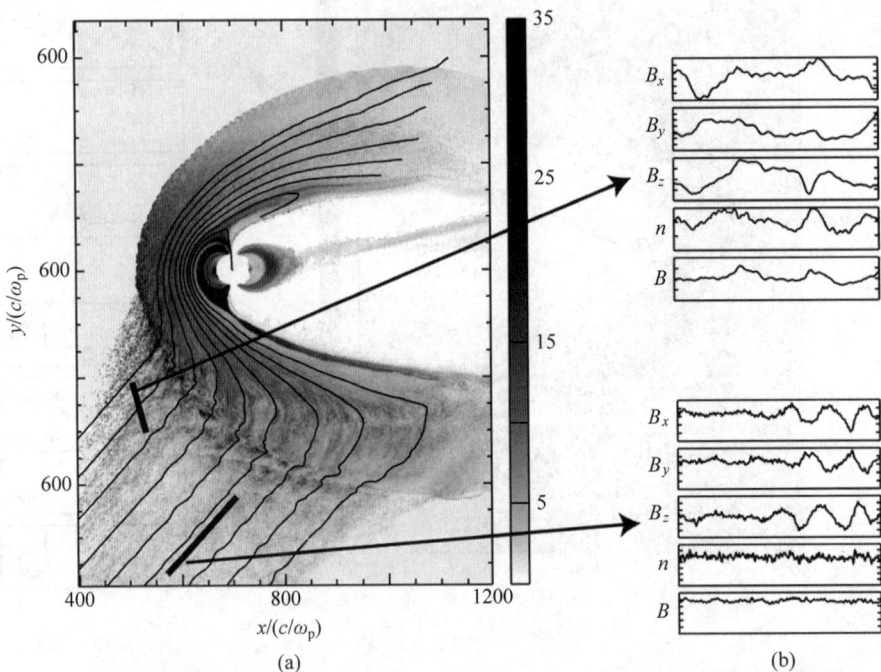

图 7.16　太阳风与水星相互作用的二维混杂模拟。其模拟条件与图 7.15 中是一样的 。(a)叠加有磁场线的离子温度分布。(b)上游波中两个切面区域的等离子体参数分布。上面子图显示为纵波结构,下面子图显示为横波结构(引自 Omidi 等,2005)

　　事实上,上游激波前兆区和前兆区下游的磁鞘区域是处于高度湍动和动态变化中的,其在模拟中亦是如此。人们已经报道了大量不同的相关物理现象,诸如空洞(cavitons)、湍流通量增强(turbulent flux enhancements)、丝状结构(filamentary structures)、高速喷流

(high-speed jets)、热流异常(hot flow anomalies)等。目前,这些特征还没有统一的命名或明确的定义。

## 7.8　小结

正如本章所讨论的,太阳风与磁层的相互作用是一个复杂的物理过程。对于太阳风等离子体流而言,磁层就像是一个几乎不可穿透的障碍物。太阳风是超声速的,所以一定会在障碍物前端形成激波。我们可以用不同程度的近似方法来研究太阳风与磁层的相互作用。最简单的处理方法是把太阳风看成一种空气动力学流体,其中磁场作用力可忽略。空气动力学模型为磁鞘提供了一个简单、有用的模型描述,可满足多种需求。然而,它也有很多局限性。特别是,它预测了磁鞘密度和磁场在磁层顶处会出现堆积增强,但这些都没有被观测到。我们还期望,除了快激波之外,真实的磁鞘至少还应包括 Alfvén 波和慢模波,因为一般来说,等离子体中的任意扰动都会产生这样的波。偏转太阳风并使其环绕磁层流动仅伴随压缩波是不太可能的。这些近似方法的另一个限制在于它们假设了压强是各向同性的。如果磁压是压强[①]的一个重要组成部分,则我们期望磁鞘压强是各向异性的。各向异性将导致等离子体中出现一些有意思的不稳定性,而不稳定性的发生将反过来试图恢复等离子体的各向同性。最后,MHD 方法,当然还有空气动力学方法,都不能模拟离子回旋半径或更小尺度的小尺度结构特征,也不能再现激波前兆区的结构特征。在弓激波处,这些小尺度结构对于驱动 Rankin-Hugoniot 方程要求的能量耗散具有至关重要的作用。这些过程在磁鞘中和磁层顶处可能具有同等的重要性。在混杂模拟中通过对离子动理学运动的追踪,我们可以像模拟全球相互作用一样模拟等离子体中的一些微观尺度过程,但我们离实现全动理学全球相互作用模型还差得很远。当前,我们需要考虑的电子和离子的动理学行为通常只局限于一些局部区域的问题中,如激波面物理过程或重联中性点处的物理过程。

尽管 MHD 和混杂模拟确实可将太阳风流与磁性障碍物的相互作用耦合起来,但我们在本章中却减少了对这些耦合过程的讨论;相反,由于这些耦合过程对地球磁层很重要,我们将把这些横越磁层顶的耦合过程及由此激发的磁层和高层大气动力学过程推迟到下面章节内容的讨论中。

## 拓展阅读

Petrinec,S. M. and C. T. Russell(1997). Hydrodynamic and MHD equations across the bow shock and along the surfaces of planetary obstacles,*Space Sci. Rev.* ,79,757-791. 回顾和评述了太阳风如何与磁层相互作用。

Spreiter,J. R. ,A. L. Summers,and A. Y. Alksne(1966). Hydromagnetic flow around the magnetosphere. *Planet. Space Sci.* ,14,223-253. 采用经典的空气动力学模型方法研究超声速太阳风流与非压缩性磁层之间的相互作用。

---

[①]　原书此处意为热压,但译者结合上下文,认为此处应为压强或总压。

## 习题

**7.1** 磁矩沿 $+z$ 方向且以 $(0,0,0)$ 为中心的磁偶极子,其产生的磁场为

$$B_x = 3xzM/r^5 \quad B_y = 3yzM/r^5 \quad B_z = (3z^2 - r^2)M/r^5$$

如果地球磁偶极子的磁矩为 $31\,000\ \text{nT} \cdot R_E^3$ 且指向 $+z$ 方向,那么针对 Chapman 和 Ferraro 提出的太阳风等离子体与磁层相互作用在 $x = 10R_E$ 处形成的无限大磁层顶平面板模型而言,请计算如下位置点处的磁场。

(1) 沿日地连线,在径向距离分别为 $2$、$4$、$6$、$8$、$10R_E$ 处的磁场①。

(2) 在磁层顶内部 $(10,0,2i)R_E$ $(i=1,4)$ 和 $(10,2j,0)R_E$ $(j=1,3)$ 处的磁场。

(3) 如果将磁层顶处磁场与磁层顶垂直的位置定义为中性点,请给出中性点的位置。

(4) 请按一种合适的方式对这些计算结果作图以说明磁场观测的变化性。

**7.2** 利用镜像偶极子模型,并假定磁层顶日下点距离为 $10R_E$ 处,计算地球赤道面上的磁场强度随地方时变化的函数关系。

**7.3** 某条磁场线穿过地球磁赤道时距地心 $4R_E$。假设地球磁场是偶极磁场,那么这条磁场线与地球表面会相交于何处?

**7.4** 假设空间探测飞船在同步轨道高度完成修复任务后返回南极基地,在沿途路径上开展了如表 7.1 所示的磁场测量。

表 7.1 磁场测量

| 位置(地磁场) | 磁场(地磁场) |
| --- | --- |
| $(6.6,0,0)R_E$ | $(0,0,111)\text{nT}$ |
| $(0,2,0)R_E$ | $(0,0,4005)\text{nT}$ |
| $(0,0,-1)R_E$ | $(0,0,-64\,233)\text{nT}$ |

根据这些测量结果,地球的磁矩是多少 $(\text{nT} \cdot R_E^3)$?你认为它们是一致的吗?你如何获得一个基于三个观察测量值的最佳拟合解,而不是对三个单独估算值的平均?

**7.5** 如果水星的磁矩为 $3 \times 10^{12}\ \text{Tm}^3$,若太阳风速为 $500\ \text{km/s}$,密度为 $20\ \text{cm}^{-3}$,那么磁层顶在日下点处的距离(以行星半径为单位)是多少?水星的半径是 $2440\ \text{km}$,在日下点处的磁场大小为多少?假设水星磁层顶的位形从经验上看与地球磁层顶的位形是相同的。

**7.6** 在地球弓激波的下游可以观察到磁层顶处产生的波动。至少有一种 MHD 波模总是可以从磁层顶传播到弓激波鼻端处。这是哪种波模的波,你是如何得出这个结论的?

**7.7** 确定磁场线方程,绘制 $B_x = y$,$B_y = x$ 磁场分布对应的磁场线(确保它们的相对间距代表磁场强度)。计算该磁场分布对应的磁场曲率和磁压力②。所作图中应包括磁场强度的几条等值线和几个能表征曲率和磁压的大小和方向的矢量[提示:磁压为 $-\nabla(B^2/2\mu_0)$,曲率为 $\boldsymbol{B} \cdot \nabla(\boldsymbol{B}/\mu_0)$,其中 $\boldsymbol{B} = y\hat{\boldsymbol{i}} + x\hat{\boldsymbol{j}}$]。

**7.8** 推导磁场线方程,并绘制磁场分布 $B_x = B_0 \cos kx \, \mathrm{e}^{-kz}$,$B_z = -B_0 \sin kx \, \mathrm{e}^{-kz}$ 的磁

---

① 建议在日向和尾向方向上都做计算。

② 译者认为,在计算磁压力之前应先考察电流大小及分布。磁压实际是由 $\boldsymbol{j} \times \boldsymbol{B}$ 分解出来的。

场线,其中 $|x| < \pi/(2k)$, $z > 0$。证明其电流为零。这是一个可用于描述冕拱的磁场模型。

**7.9**　通过分离 $x$ 和 $z$ 找到满足 $(\nabla^2 + \alpha^2)B = 0$ 和 $\nabla \times \boldsymbol{B} = \alpha \boldsymbol{B}$ 的一个解(可描述无力位形的磁拱结构)。

**7.10**　推导磁场线方程,并绘制磁场分布 $B_x = B_0$, $B_y = 2B_{0x}$ 的磁场线。其在点 $(1,0)$ 处的安培力是多少?是磁压力还是磁张力占主导?

**7.11**　使用空间物理习题训练(http://spacephysics.ucla.edu)中的"Magnetosphere"选项部分研究磁偶极子场。

(1) 在赤道面上的 3 个不同位置处测量地球磁场,并计算地球的磁偶极矩。列出每个点的径向距离、纬度及各磁场分量。计算出磁矩的平均值、中值和标准差。为什么你得到的 3 个磁矩值会有所不同?你该如何设计磁场测量?在给出结果时请使用对应测量精度的有效数字。

(2) 对每颗行星请用几次磁场测量来测算其对应的磁矩。磁偶极矩的单位应取 $\text{Tm}^3$。请参见下面的注释。根据地球磁偶极矩的大小对这些磁矩进行归一化。

(3) 在对数坐标图上绘制木星赤道面上磁场与径向距离的关系;并将其与偶极子三次方倒数的变化关系作比较。对于北极正上方的径向测量路径,也重复相应的做图和比较。绘制结果,并将其与赤道面上的数据作比较。

(注:磁偶磁矩被定义为表面赤道处的磁场强度与径向距离(距行星中心)立方的乘积。各行星的半径分别为:水星,2440 km;地球,6371 km;木星,71 400 km;土星,60 300 km;天王星,25 900 km;海王星,25 000 km。)

# 第8章
## 等离子体与非磁化星体的相互作用

## 8.1 引言

当某颗行星或卫星的内禀磁场很弱,或根本没有磁场时,它与磁化等离子体流的相互作用会与地球磁层显著不同(见第 7 章)。在本章中,我们将看到,非磁化星体与等离子流相互作用的变化范围非常大,这跟星体的尺度大小及星体是否具有显著的大气有关。此外,星体本身可能就是岩石或冰,并且内部结构在粒子组分上具有分层结构特征(因此内部电导率也具有分层特性)。如果星体存在大气,在与外部等离子体流的相互作用过程中,星体障碍物的形态特征则取决于大气的特性。事实上,在太阳系中有很多这样的星体,包括金星、火星、彗星、小行星、冥王星及许多行星的卫星。其中一些卫星会与宿主行星磁层的等离子体和磁场发生相互作用,而不是与太阳风发生相互作用(有时有些卫星也会与太阳风发生相互作用)。火星有显著的岩石剩余磁场,岩石剩磁与太阳的相互作用会使我们接下来要学习的基本等离子体相互作用过程变得更复杂。相对于在外部等离子体流中和局地行星大气中拾起离子(pick ion)的离子回旋半径,星体障碍物的尺度大小也会使相互作用变得复杂(拾起离子的定义请见第 5 章日球层中的内容)。特别是,当外部等离子体中的离子回旋半径或行星离子的回旋半径尺度与障碍物大小相比不可忽略时,就会使相互作用出现一些新的物理过程和特征。对于本章,我们从最简单的一般情况——类似月球那样由常见岩石和绝缘材质组成、大气层稀薄到可以忽略不计,且位于太阳风中的球形天体,开始讨论。在此基础上,我们再继续增添在不同弱磁星体上观测到的其他特征,检查对应出现的不同变化及影响。

## 8.2 等离子体与类月星体的相互作用

我们的月球在 60 个地球半径($R_E$)处环绕地球运转,它代表了典型的非磁化"行星"。它的轨道位于 $60R_E$ 处,这意味着月球常位于高速太阳风等离子体流中(日下点处的地球磁层顶约在 $10R_E$ 处)。关于太阳风与月球相互作用的基本认识,人们在早期空间等离子体探测研究的时候就已经开展了。由于月球(半径为 1738 km)自身对太阳风没有任何明显的磁层或大气屏蔽作用,它的岩石壳层会吸收入射的等离子体粒子。结果月球上的土壤和岩石中包含了太阳风成分和能通量的历史记录信息。月球上游不会形成弓激波,这是因为太阳风等离子体在到达月球的过程中无法提前感知月球这个障碍物的存在,因此,至少从一级近似上而言,太阳风等离子体是不会被月球偏转的。尽管太阳风入射粒子被月表吸收,但冻结在太阳风中的磁场仍会继续向前运动,它会迅速扩散进入并穿过弱导电的星体,这样从上游到下游,磁场几乎不会受到扰动。图 8.1 展示了这种基本无大气且绝缘的星体与等离子体流发生相互作用的示意图。

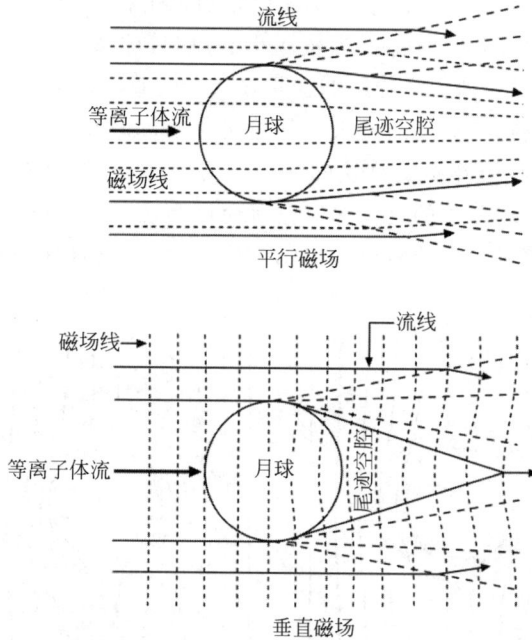

图 8.1　太阳风等离子体流和 IMF 受月球的扰动变化,其中我们假设月球球体不含磁场且不导电(引自 Spreiter 等,1970)。当 IMF 方向与未扰太阳风方向不一致(非平行)时,月球吸收太阳风产生的尾迹(wake)会很快闭合

图 8.1 分别展示了当上游磁场平行和垂直于上游太阳风等离子体流时,太阳风与月球的相互作用示意图。虽然上游太阳风几乎没有特征结构,但由于月球表面吸收了入射的等离子体,在月球下游会呈现一个显著的尾迹(wake)结构。该尾迹的具体物理特征取决于外部的物理条件。如果等离子体流的流速比其热速度高,那么尾迹将延伸很长的距离;但如果流速比热速度低,则垂直于流速方向的热运动可以在星体下游较短距离内将尾迹空腔区域填满。不过,相比横越磁场线运动,等离子体粒子更容易沿着磁场线移动,因此,当磁场近平行于上游流速方向时,磁场方向会抑制尾迹空腔的回填;而当磁场垂直于上游流速方向时,磁场方向对尾迹填充的影响最小。图 8.1 中的示意图展示了在这两种磁场方向条件下,月球与太阳风相互作用形成的两种尾迹结构。由于磁场是冻结在太阳风中的,当等离子体流在月球下游回填尾迹这个等离子体空腔时,磁场会受到微弱扰动。磁流体动力学(MHD)模拟和飞船数据都表明,尾迹是一种存在于太阳风流中的 MHD 稀疏波(rarefaction wave),它可使月球下游区域中的等离子体发生偏转。较大的小行星,如灶神星(Vesta)和谷神星(Ceres),以及在太阳风或那些在快速旋转磁层等离子体中的无大气卫星星体,应该都有与此类似的相互作用过程。

尽管相对于其他星体而言,月球与太阳风的相互作用仅能算是简单的一阶近似情形,但月球与太阳风的相互作用还存在其他各种复杂的情况。如果星体有一个导电核,且外部磁场会随时间变化(就像在月球轨道处那样),那么在该星体核内会产生或感应出电流。这些电流产生的磁场会抵消导体核中的磁场,并增强导体核以外的磁场。最终,如果外部场是稳定场,那么外部磁场会逐渐扩散到星体核中。

对于一个球形核,这个核外部的感应磁场就好似是由核中存在一个与外部磁场方向相反的磁偶极子产生的。如图 8.2 所示,当核较小时,如月球情形(内核半径比月球半径 $R_M$ 的 1/3 还要小),那么核对外部磁场的影响在月表以上区域比较小。当核半径所占比例越来越大时,月表以外的磁场扰动会逐渐变大。尽管磁场扰动较小,但在 Apollo 任务期间探测的磁场扰动强度已经足以精确测量月核的大小。需要注意,如果外部场是稳定的,且核导电率不是无限大,那么核内产生的这些感应电流会逐渐衰减。内核感应磁场可由外部场的变化性(如黄道面上太阳风带来的磁场变化(见第 5 章),以及月球在每个月穿入、穿出磁层时带来的变化)产生。

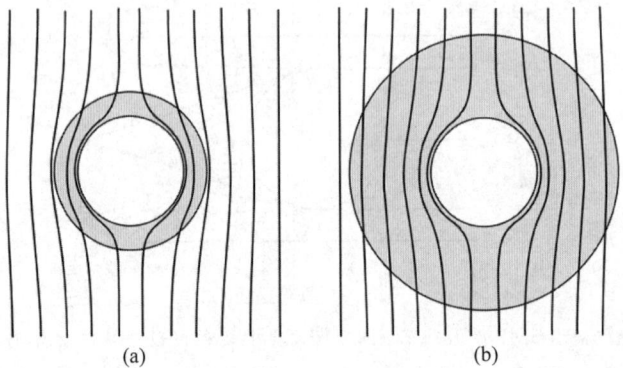

图 8.2  示意图显示了绝缘"地幔"较薄(a)和较厚(b)时,导电核产生的磁场扰动效应。只要外部磁场的变化时间尺度比磁场穿透进入核所需的时间短,那么这种磁场扰动就会持续存在。在磁扩散能影响核产生的感应场之前,核外产生的感应扰动场就如同核内存在一个偶极场一样,使外部场无法进入核中。然而,核内最初是没有磁场的,所以核这种排斥外部磁场的效应是由核表面的感应电流引起的

外部磁场需要花多长时间才能进入或离开月核一样的球形导体呢? Cowling(1957)给出磁场的扩散时间常数为

$$\tau = R^2 \mu_0 \sigma \tag{8.1}$$

其中,$R$ 为核的半径;$\sigma$ 为电导率;$\mu_0$ 为磁导率。月核的时间常数估计为千年左右的量级。在太阳风中,磁场变化的时间尺度比这个时间常数短,所以图 8.2 的图像对于月核而言通常是满足的。月球位于地球磁层内部中的情形与月球位于磁层外部太阳风中的情形多少是相似的,除了外部等离子体流和磁场条件不同而使物理图像有所变化外。不过对于核完全浸没在稳定磁场中长达数千年之久的行星卫星而言,图 8.2 的物理图像就不再适用(关于这类情况后面会有更多介绍)。

太阳风与月球相互作用的另一个复杂地方在于月球具有非常稀薄且变化性很大的大气。月球大气来源于月壳的天然祛气(outgassing)、对太阳光子的吸收(或也叫解吸作用(desorption),因为光子会撞击出月表物质粒子),以及入射等离子体与月表的相互作用效应等。对于冰质星体而言,升华(sublimation)作用是产生星体大气的另一种途径。祛气过程通常由星体的内部和表面过程控制,有时也能对外部的撞击扰动活动(如流星撞击)作出

响应。所谓的光子解吸(photon desorption)过程,是指入射光子(通常在紫外和极紫外波段)以加热月表的方式沉积足够能量,从而激发月表物质中的原子或分子离开月表。太阳风入射等离子体粒子则可以将粒子能量传递给月表表层物质,从而使月表物质"溅射"(sputter)出去,或者在月表产生化学反应从而将粒子释放出来。

对于这些物理过程在月球上产生的稀薄大气,只要大气保持稀薄,大气对太阳风与月球的基本等离子体相互作用产生的影响就会很小。然而,通过望远镜(加有光谱仪)对太阳光的散射或吸收观测,我们可以观测到月球的大气特征,并且在月球附近卫星还能就位探测到重离子。尽管钠和钾等物质仅占月球大气成分中的一小部分,但通过它们对太阳光的共振散射效应,钠和钾等物质就会特别容易被观测到。类似于我们在第 5 章中描述的日球层拾起离子的物理过程,离子可以由光致电离(photoionization)、碰撞电离(impact ionization,通常由太阳风电子碰撞引起)或电荷交换(charge exchange,入射等离子体中的离子将其电荷传递给大气原子)等作用产生。一旦粒子获得了电荷(通常为单价正电荷),那么这些大气离子就会感受到周围环境中的对流电场 $E = -v \times B$($v$ 是周围等离子体速度,$B$ 是磁场),并开始按图 8.3 所示的方式运动。如图 8.3(a)所示,在太阳风磁场几乎垂直于太阳风的情况下,月球稀薄大气中的大气离子会被电场加速。当出现月球这样尺度的障碍物时,太阳风的物理行为更接近于流体特性,但如图 8.3(b)所示,月球大气众多成分离子的回旋半径 $mv_\perp/eB$(与月球尺度相比)是不可忽略的。

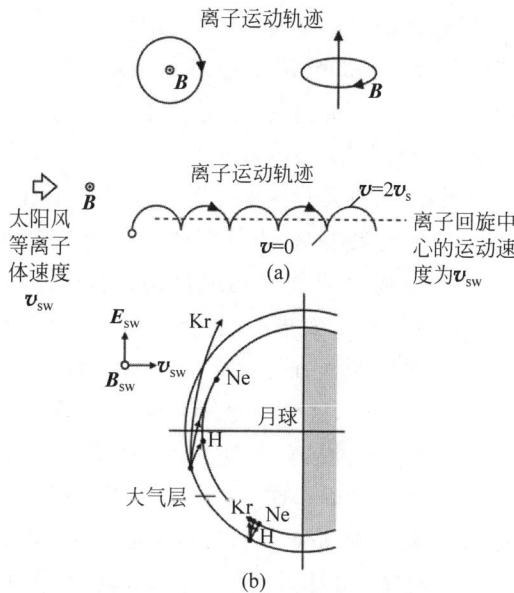

图 8.3　拾起离子的物理过程(a)及这些月球大气离子的最终结局(b)(改编自 Manka 和 Michel,1970)

图 8.3 中拾起离子的运动行为取决于离子的质量、回旋运动速率 $v_\perp$ 和磁场强度,以及它在外部太阳风流中产生的位置。如这里所示,在月球大气中,会有轻离子(H)和重离子(Ne、Kr、Na、K 等)产生,这些粒子成分由月表物质和这些粒子向外抛射的容易程度决定。如果拾起离子的回旋半径比星体尺度小很多,并且拾起离子在星体上游附近区域产生,则

拾起离子随等离子体流运动并能返回星体。如果离子回旋半径比星体尺度还要大，离子可以越过星体逃逸或返回到星体（这取决于离子的产生位置）。尽管这些拾起离子对太阳风等离子体与月球的相互作用可能影响不大，但对拾起离子的探测，为在轨研究月球稀薄大气和月表物质成分提供了一种方式。

月球拾起离子的这个例子还让我们初步洞悉了等离子体流作用在这样的星体及大气上的可能演化效应。当大气中的原子和分子受到太阳光或非热过程的加热作用时，它们可能有，也可能没有足够的能量及合适的运动轨迹来摆脱星体的引力作用。然而，如果这些粒子在外部磁化等离子体流中被电离，那它们可以较容易地从对流电场中获得充足的能量。拾起离子在一些情况下可表示星体或行星大气出现了显著的物质损失。拾起离子为星体与等离子体流的相互作用引入了"有限回旋半径"（finite gyroradius）效应，因为用常规流体处理方法研究星体与等离子体相互作用并不能完全捕捉到全部重要的物理过程。最后我们注意到，当星体具有稠密大气时，在某些情况下，离子拾起过程还可以通过动量交换，对等离子体相互作用中的磁场和等离子体流产生显著的反馈效应。我们在本章稍后部分再回到这个问题上来。

月球区别于导电性障碍物的另一个地方在于月球还具有剩磁（remanent magnetism）。这些剩余磁场可能是月球历史发电机或其他一些磁化事件的遗迹产物。月球剩磁是早期飞船在低高度上绕飞月球时探测到的，后来人们又对剩磁的分布做了更为详细的绘制。在月球的大部分地区，剩余磁场非常弱，以至于剩磁对太阳风没有太大影响。然而，当较强的剩余磁场区随月球自转转到月球临边（limb，临边定义为月球吸收太阳风所产生尾迹的边缘）附近时，剩磁会对太阳风流造成一定偏转，并对局地磁场和等离子体密度产生较小压缩。这些现象被称为临边压缩（limb compressions）或临边激波（limb shocks）。最近，根据高性能等离子体光谱仪的观测显示，近月表区域处的粒子分布变化与壳磁场引起的损失锥和磁镜效应是一致的。也有一些迹象表明，当外部磁场和月表磁场靠近时会发生重联作用。还有一些迹象表明，有些月表特征可能与局地月表岩石剩磁屏蔽外部入射粒子有关。由于我们提到的这些内容信息只是对前面描述的月球-等离子体流整体相互作用所作的适当修正，感兴趣的读者可以在文献中深入查阅对这些月球相互作用特征讨论的内容。

从前面讨论可以看出，即使像月球这样的绝缘天体，定量研究它与等离子体流的相互作用也并不是一件简单的事。另一种挑战则出现在尺度相当于或小于等离子体流中 Debye 长度（在太阳风中约为 10 m）的小行星中。在这种条件下，等离子体中单粒子的具体运动过程也会比较重要，星体表面的电势亦是如此（当星体接收到和发射出去的正负电荷不平衡时，就会形成电荷积累）。那么 MHD 流体近似条件就不再完全适用，人们就必须考虑其他方面的问题，如表面物质的特性。对于表面物质特性而言，"空间风化"（space weathering）（与"空间天气"（space weather）相对应）本身就是一个分支学科，是指星体的固体表面特性因暴露于空间粒子和磁场中而发生改变。到目前为止，利用全动理学（fully kinetic，粒子）方法研究等离子体流与岩石星体的相互作用主要集中在卫星充电领域——在这个领域，人们需要充分掌握星体的形状和星体表面物质特性的详细信息。目前计算机的计算能力可使最新一代研究人员利用模拟方法解决更大尺度的问题，而这些模拟方法至少能在月球-等离子体流相互作用的混杂模型中包含离子动理学效应（见第 7 章）。

## 8.3　等离子体与含大气星体的相互作用

### 8.3.1　非磁化行星

具有大气的绝缘(导电率很低)星体与裸露的(不含大气)绝缘星体一样,其对外部等离子体流(如太阳风)的影响并不大,只是需要注意星体的大气层比星体的固体表面更容易受到入射等离子体粒子的溅射和电离的作用。大气中的电离部分(特别是通过太阳光电离的那部分)在外部等离子体流中存在磁场的情况下能对相互作用产生显著的不同。如前所述,如果外部磁场是不稳定的,且可认为磁场是冻结在外部等离子体中的,那么如图 8.4 所示[1],太阳风与星体的相互作用就会产生空间感应磁场。在这种情况下,我们在图像中加入了一个电离层,该电离层作为导体置于暴露在入射等离子体流一侧的半球上。这种几何结构特征可描述弱磁化行星,然而却不能一般性地描述那些可能具有大气的弱磁卫星(比如8.3.2 节中会介绍到的土卫六(Titan)[2])。在这里外部磁场通过电离层感应电流,从而使外部磁场很难穿透进入星体——这点类似于月核情形(图 8.2)。而且,对于月核而言,只要磁场不断改变方向(就像在太阳风中一样),月核表面的这些感应电流就会持续存在。但太阳风中的稳定磁场会最终扩散到电离层中,扩散时间的尺度取决于电离层电导率。这种条件下还会出现另一种可能性,如果电离层太弱不能产生足够强的屏蔽电流,那么可能会有部分磁场扩散进入行星。这一相互作用的基本图像尽管也能很好地描述太阳风与火星的相互作用,但它还是最适合用于描述太阳风与金星的相互作用[3]。

图 8.4 最后一栏子图中展示的等离子体相互作用图像,其基本特征已得到金星观测的证实。出现弓激波也是意料之中的,因为冻结着磁场的太阳风等离子体以超磁声速向导电(不可穿透的)障碍物流动,而障碍物的尺度远大于太阳风质子的回旋半径(回想月球情形,月核导体深植于行星深处,所以太阳风在被月表吸收之前是不会发生偏转的)。这种情况下,我们可根据等离子体绕钝形障碍物流动的流体模型计算弓激波的位置。Spreiter 和 Stahara(1980)根据流体动力学或气体动力学模型开展了这样的计算,计算结果如图 8.5 所示。在这个计算中,计算所得的弓激波位置仅对障碍物的形状、上游的马赫数及太阳风等离子体中假定的绝热比参数较为敏感。流体方程可根据连续性方程、动量方程和能量方程求解。这些解可得到整个研究区域的等离子体密度、速度和温度分布。就像太阳风与地磁层之间的"磁鞘"一样(见第 7 章),弓激波和障碍物之间的磁场可根据磁冻结的假设条件($\partial \boldsymbol{B}/\partial t = -\boldsymbol{u} \times \boldsymbol{E} = \nabla \times (\boldsymbol{u} \times \boldsymbol{B}) = 0$),由模型中的等离子体流速单独计算。如图 8.5 所示,上游与太阳风垂直的磁场会垂挂(drape)在行星电离层上。而对于磁场与太阳风相平行的条件而言,其磁场线的形态分布则与流线完全相同。由等离子体相互作用而形成的这种类型的空间环境通常被称为"感应磁层"(**induced magnetosphere**)。对于一个理想导电障碍物而言,感应磁层更确切地说是磁鞘。如果障碍物不是完全理想导电体,障碍物就会被磁化,那么在导体中(特别是如果导体为电离层)

---

① 确切说应该是图 8.4(d)。

② 因为外部等离子体流的入射方向与太阳光照方向并不总是一致。

③ 这是因为在太阳风与火星的相互作用中,还得考虑火星的岩石剩磁作用。

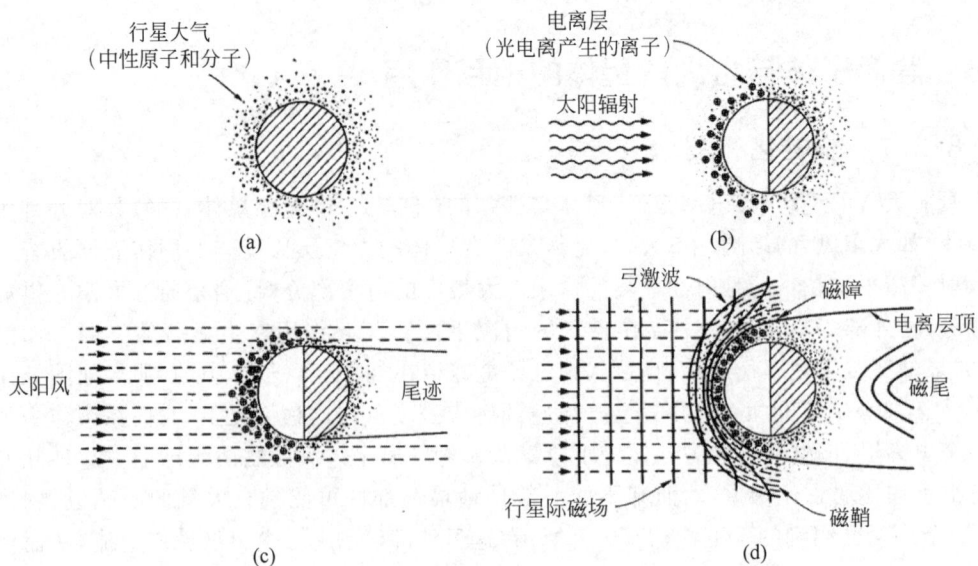

图 8.4　示意图(a)～(d)说明了行星电离层屏障在太阳风等离子体流中是如何形成的。例如,大气被太阳辐射电离之后,只有当外部等离子体流中含有磁场(IMF)时,外部等离子体流才会被偏转

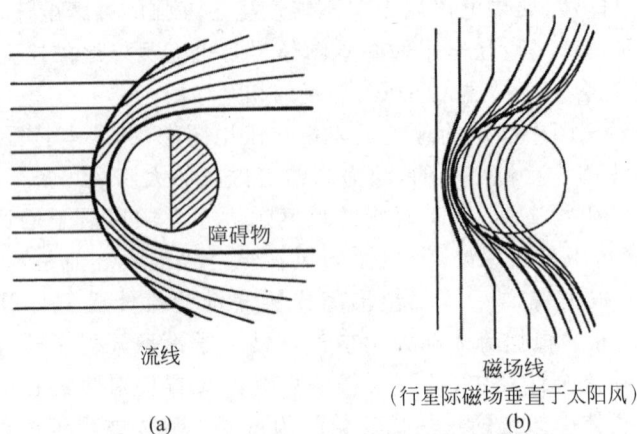

图 8.5　Spreiter 和 Stahara(1980)通过气体动力学磁鞘模型计算出的等离子体流线(a)和磁场线的投影(b)。在(b)中,当靠近星体的太阳风等离子体流被压缩并围绕障碍物出现偏转时,在速度-磁场构成的平面上磁场线会围绕障碍物出现堆积和挂绕(引自 Luhmann,1991 年)

就会产生一个真正的感应磁层。

在这种感应磁层的等离子体相互作用中,障碍物边界层的位置也是物理作用过程中的一个基本方面。基于金星情形,磁化等离子体流与电离层障碍物相互作用的自洽 MHD 研究表明,图 8.6 中的物理图像适用于金星情形。与地球磁层类似,入射的太阳风流在日下点处速度为零(或太阳风停滞),此处上游太阳风压强(由动压 $\rho u_{sw}^2$ 主导)转化为磁压(磁场受压缩),然后又转化为行星内压。然而,在这种情况下,内压来源于电离层等离子体,而不是行星磁场。

图 8.6 中的 3 个示意图说明了边界层之间的压强平衡情况,其中内部(障碍物)压强由

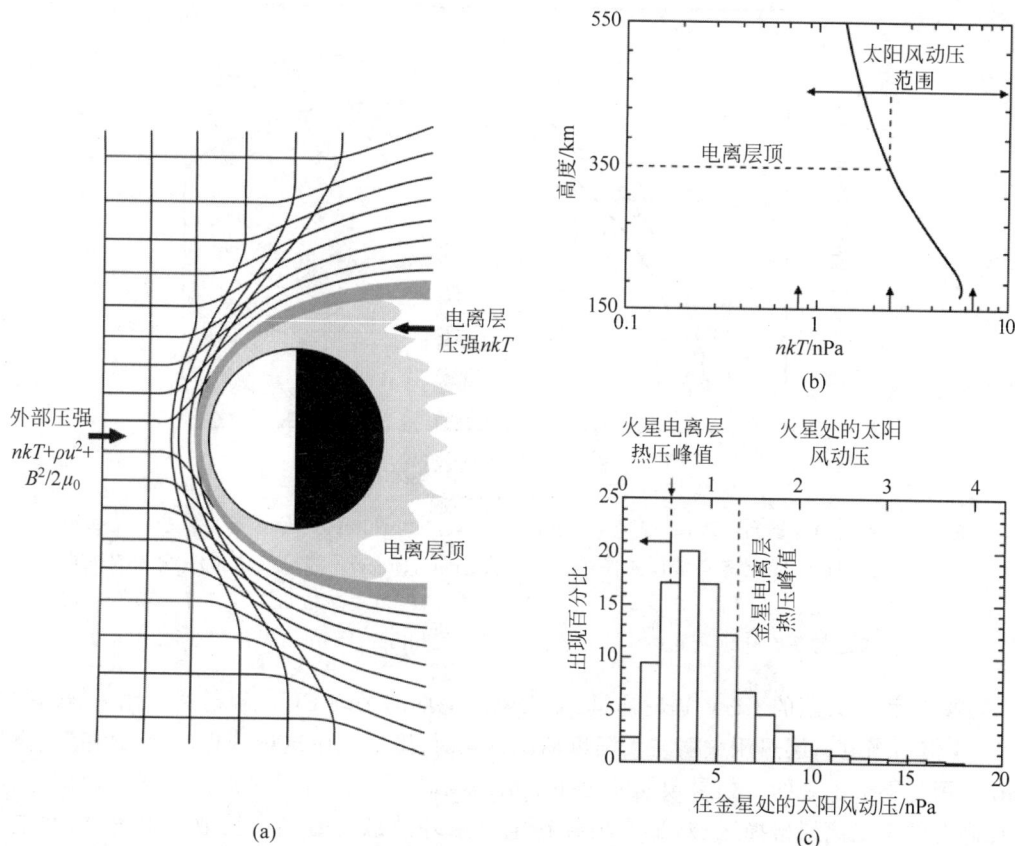

图 8.6　太阳风和电离层热压之间的压强平衡关系示意图,电离层热压决定了电离层顶的高度。而观测
　　　到的太阳风动压的变化性则可由(c)中的直方图看出((a)引自 Luhamnn,1986；(b)和(c)则引
　　　自 Luhamnn 等,1987)

电离层等离子体 $n_e k(T_i + T_e)$ 的热压力提供(在太阳活动周处于活动阶段时,金星电离层
就是这样的情形)。如图 8.6(c)所示,观测期间太阳风动压只是偶尔才会超过电离层中的
热压。在此条件下,冻结着 IMF 的磁鞘等离子体流会在电离层等离子体热压等于入射太阳
风动压的高度处被偏转。这个高度处的电离层边界层被称为电离层顶(**ionopause**)(也如图
8.4 所示)。在太阳活动高年期间,金星电离层顶的平均位置如图 8.7 所示。稍后,我们将
会学习到,电离层顶这个术语也可用于非典型感应磁层的情形(如火星),但电离层感应电
流在这种情形下仍发挥着重要作用。

　　金星的尺度大致与地球相当,其半径约为 6050 km。在太阳风作用下,金星电离层顶在
日下点处的高度一般为 300 km,而在日夜分界面处(terminator)会膨胀到约 1000 km——
越过这个区域后,对于电离层顶还必须考虑等离子体尾迹的其他物理特征。需要考虑的一
个重要因素是,电离层顶的高度在任何区域都比金星外逸层底(exobase)的高度(200 km)
高(关于外逸层底的描述请参见第 2 章)。因此,在电离层顶的测量期间(太阳活动处于中到
高年期间),压强平衡发生在金星上层大气中的无碰撞区域。对金星电离层特性在太阳活
动低年期间的计算表明,关于金星电离层顶平衡关系的这幅图像进行一些调整后也能应用
于火星,其中火星的电离层热压通常比入射的太阳风动压弱。在第 2 章中,电离层的密度

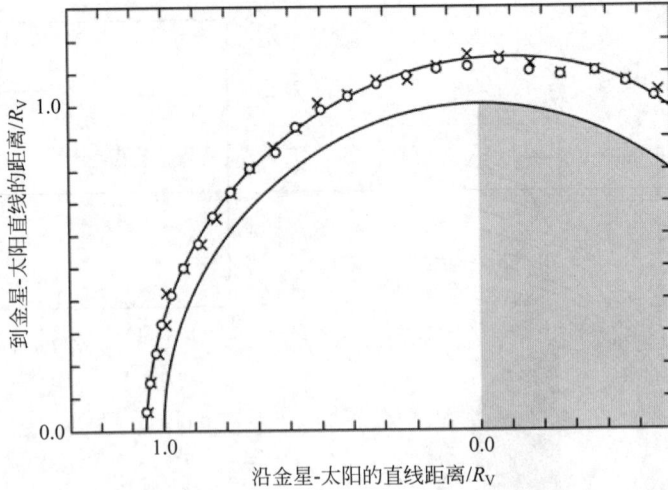

图 8.7　在太阳活动高年期间,通过 PVO(pioneer venus orbiter)两种电离层粒子测量工作
得到的金星电离层顶位置:实线来源于 Theis、Brace 和 Mayr(1980);圆圈则来源
于 Knudsen、Miller 和 Spenner(1982),作为比较,图中还给出了等离子体热压与磁
压达到平衡时的电离层顶位置(叉号)(引自 Phillips、Luhmann 和 Russell,1984)

(和压强)依赖于太阳的 EUV 辐射通量,而太阳活动期的平均 EUV 辐射通量比平静期时高
出 3~4 倍。当电离层热压太弱或太阳风动压过强时,图 8.6 中这种理想的“无碰撞”电离层
相互作用是不会出现的。如果预期的压强平衡高度(见图 8.6(b))接近或低于外逸层底,即
平衡高度位于电离层碰撞区域,那么披挂在电离层外的磁鞘磁场会扩散到电离层,并能为
电离层供给磁压,以共同抵抗太阳风动压。在这幅图中,需要强调的是,行星高层中性大气
会从相互作用区延伸到太阳风中,并且其自身会带来一些其他物理效应,接下来我们将给
予描述。

　　图 8.8 中将金星(接近地球大小)与太阳风相互作用的区域尺度和地球磁层进行了比
较。若按行星大小进行归一化,那么对于火星(火星半径约为 3390 km,大约为金星半径的
一半)也会有类似的图像。金星的有效障碍边界与金星表面的靠近程度通过测得的电离层
顶位置也能看得很清楚(图 8.7)。图 8.9 中将金星电离层顶高度(太阳处于中到高年活动
期间)与金星日侧中性大气[①]的典型高度剖面进行了比较。很明显,虽然地球的大气层深埋
于磁层“气泡”中而被磁层有效保护,但金星(及火星)的高层大气层却经常暴露于外部太阳
风等离子体中。结果,太阳光照、太阳风电子碰撞或高层中性大气(电离层顶高度以上)与
太阳风质子的电荷交换作用等过程会产生行星大气离子,这些大气离子会被太阳风拾起,
其具体拾起行为和方式与月球大气离子是一样的(图 8.3)。而与月球的不同之处在于,我
们必须使用磁鞘中的等离子体速度 $u$ 和磁场 $B$ 计算行星附近的加速电场。由图 8.6 中的
气体动力学相互作用示意图可推出,金星拾起离子的图像与图 8.3 中月球拾起离子的简单
图像有点不太一样,在月球环境中,作为一阶近似,拾起离子经历的电磁环境并没有偏离上

---

① 原文此处意为电离层。但译者认为是笔误,应为中性大气较为妥当。

游太阳风中的物理条件[①]。然而,对于大气拾起离子不对称性的普遍性质特征,月球和金星都是相似的。

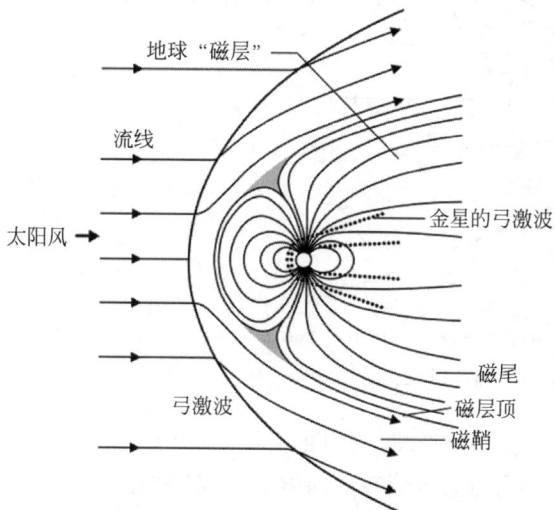

图 8.8　图中将金星-太阳风相互作用区域与地球磁层区域进行了尺度比较(引自 Luhmann 和 Brace,1991)

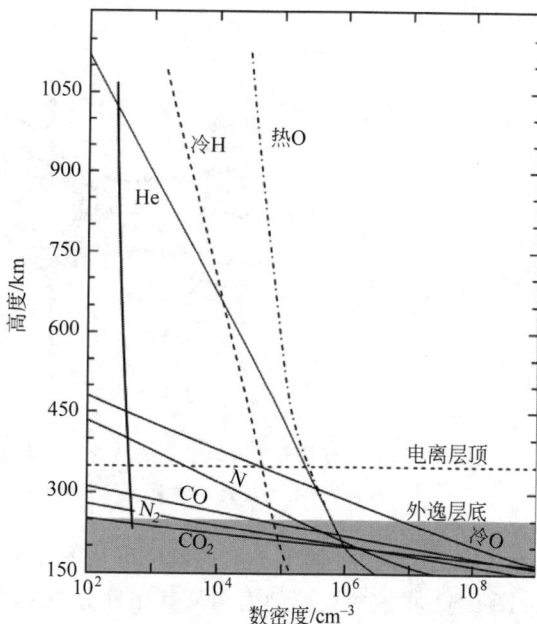

图 8.9　在太阳活动极大年时期,金星高层中性大气的高度剖面,并显示了外逸层底和电离层顶的相对位置(改编自 Nagy 等,1981)

如图 8.9 所示,金星高层大气的主要成分是氧原子。金星和火星的大气成分主要为二氧化碳,从大气层向与太阳风相互作用区过渡时,主要中性粒子成分会转变为氧原子和氢原子。由于氢原子的质量最轻,因此可以预料氢原子主要分布在较高高度处。相比之下,较高高度处存在的氧原子则是由大气中二氧化碳的光化学过程引起的,这导致电离层中的主要成分为氧分子。而在较高高度处的外逸层中,热氧原子为主要成分,这些热氧原子主要来源于电子和 $O_2^+$ 之间的离解复合作用(**dissociative recombination**)。在 $O_2^+$ 被电子中和后,$O_2$ 分子仍保持为激发态(通常表示为 $O_2^*$)。激发能量足以将 $O_2^*$ 分子分裂为两个超热(superthermal)或"热"的氧原子($O^* + O^*$),其分裂过剩的能量将转化为氧原子的运动能量。氧原子的向上运动可将金星的氧外逸层延展到数千千米处。结果,在那里产生的拾起离子主要为 $O^+$ 及少量的 $H^+$。图 8.10 展示了磁鞘和上游太阳风日下点处产生的大气氧离子的典型回旋半径(相对于金星尺度)。与月球情形一样,金星上逃逸的拾起离子 $O^+$ 是不对称地分布在金星周围的,因为在其中一个半球[②],重离子会因回旋运动而进入金星大气,并不是向下游逃逸掉。除直接探测拾起离子外,与之相关的 $O^+$ 离子回旋波(**$O^+$ ion cyclotron waves**,见第 12 章)可看作拾起离子的另一个观测特征,然而飞船并没有在金星附

---

[①]　原文这句话有点隐晦,但基本意思是认为月球拾起离子的电磁环境基本不变,并未偏离上游太阳风条件。而金星拾起离子在不同区域所处的物理环境是不一样的,如磁鞘中的等离子体和磁场环境与上游太阳风就是不一样的。

[②]　这个半球实际为 $-E$ 半球,即对应太阳风电场指向行星方向的半球。

近观测到过这个波动(相比之下,拾起质子在火星处则产生了大量的离子回旋波,我们将在后面讨论太阳风与火星的相互作用)。

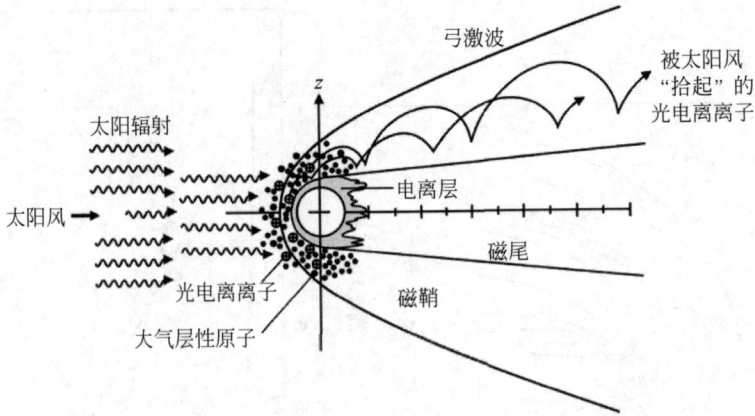

图 8.10  金星拾起离子的运动轨迹示意图。离子回旋尺度按 $O^+$ 的回旋半径近似画出(如图 8.9 所示,在金星上层大气中氧原子是主要成分)(引自 Luhmann,1990)

较高高度处的离子逃逸效应可从图 8.11 中测量的金星、火星电离层高度剖面看出——图 8.11 将这些观测剖面与从其中性分布模拟得到的离子分布剖面做了比较(除通常的电离层复合作用外,模拟中假设不存在其他的离子损失机制,见第 2 章)。可见,观测到的电离层密度在较高高度处出现了耗尽,但在几百千米以下的高度则相对不受影响。从行星形成以来的整个时间内(约 45 亿年),这种通过太阳风驱动离子拾起而引起的行星离子逃逸过程,会对金星和火星的大气演化产生影响。当沉降的拾起离子在外逸层底附近与大气发生碰撞作用时,大气也可能通过溅射作用产生进一步的粒子损失。通过溅射,离子可将能量传递给那些可能逃逸的中性原子,尽管离子本身留在了大气中。

现在让我们回到电离层的磁场讨论中。电离层磁场的所有相关物理现象都可能对感应磁层的物理过程提供最为深刻的见解认识。图 8.12 显示了在太阳活动极大期 PVO 对金星观测得到的磁场及电离层电子密度的一些高度剖面分布。如图 8.12(a)所示,在太阳极大年时期,金星电离层顶处的密度通常存在明显、尖锐的跳变。在这种情况下,磁鞘磁场在电离层密度上升的地方会突然降低。正如前面图 8.6 中讨论所指出的,对电离层顶两侧的压强估算证实了电离层顶处堆积的外部磁压大致等于电离层顶内部(电离层)的热压。由于这个原因,磁鞘向内靠近电离层顶的区域有时也被称为"磁障"(**magnetic barrier**)或"磁堆积边界层"(magnetic pile-up boundary)(图 8.4)。磁障的存在(在气体动力磁鞘模型中没有考虑到),意味着存在着一个比电离层顶本身尺度略大的障碍物。对于我们当前的讨论,忽略了图 8.12 中电离层内部的小尺度磁场结构,因为它们对总压的贡献可忽略不计。

在向阳面形成电离层顶(该处热压等于入射的太阳风动压(图 8.6))的一个后果是,当太阳风动压增强时,电离层顶的高度会下降。正如之前提到的,并如图 8.12 中所示,当电离层顶高度接近外逸层底的高度(约 200 km)时,电离层顶会变厚,并且电离层中会出现大尺

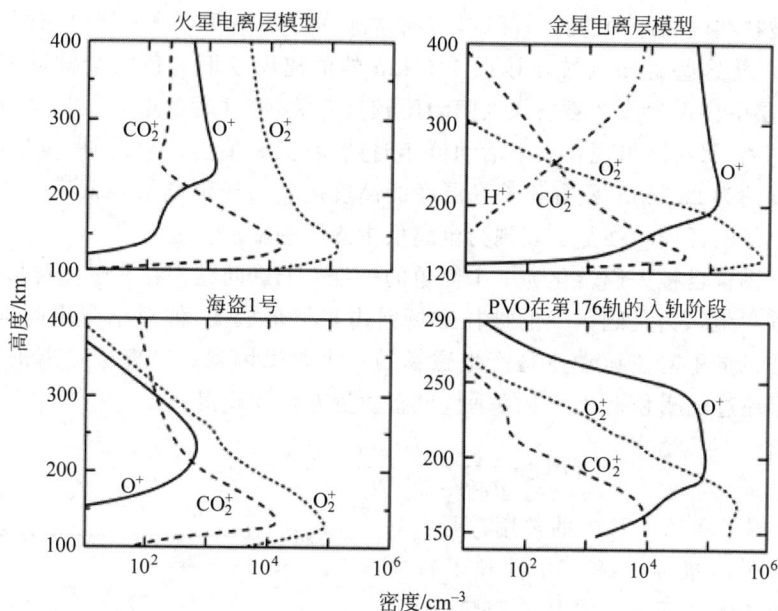

图 8.11　对金星和火星模拟(顶部)和观测(底部)得到的电离层高度剖面的比较[1]。观测值和理论值之间的差异是由太阳风剥蚀顶部电离层而引起的离子损失所致(引自 Shinagawa 和 Cravens,1989；Shinagawa、Cravens 和 Nagy,1987)

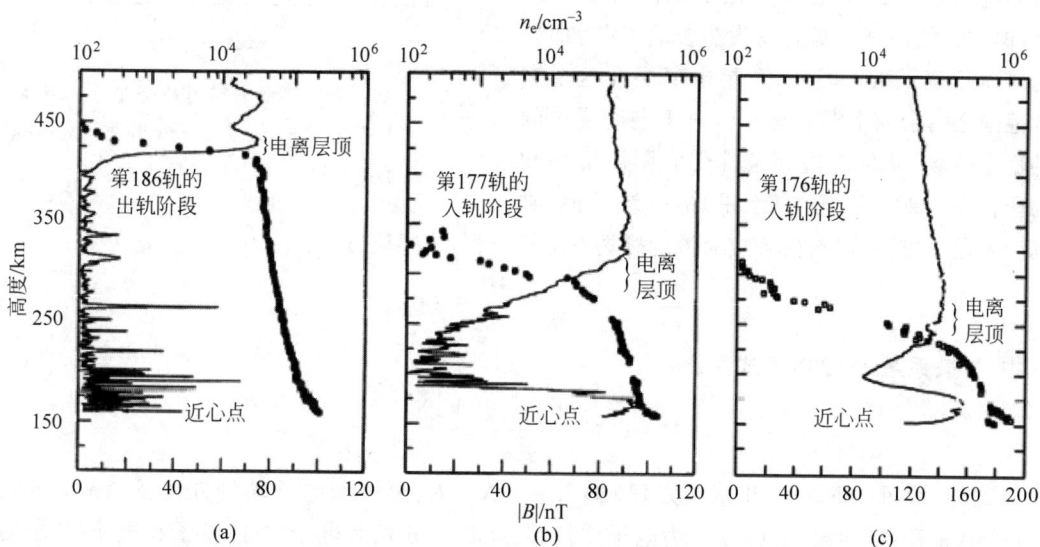

图 8.12　在金星上观测到的几个关于电离层电子密度(点)和磁场(实线)的高度剖面分布示例。电离层顶位于磁鞘磁场逐渐减小且等离子体密度增加的过渡层处(引自 Elphic 等,1980)

---

① 右下角子图中的入轨阶段(inbound)代表在该轨道部分飞船朝近心点飞越。同理,出轨阶段(outbound)代表在该轨道部分飞船朝远心点飞越。

度的磁场。这个磁场一般是水平的,并且方向大致与磁鞘中的磁场方向一致。人们可将这些磁场看作披挂在电离层中的行星际磁场,而这部分磁场并没有被上层电离层中的屏蔽电流完全抵消(尽管这些磁场通常在接近 140 km 的电离层密度峰值时会被屏蔽)。一般来说,金星电离层中出现大尺度磁场与太阳动压较高有关,而这时的电离层顶高度又比较低,或者说与弱电离层条件(出现在太阳活动低年时期)有关。值得注意的是,金星电离层顶的最低观测高度约为 225 km,刚好比外逸层底的高度高。对于电离层顶低于这个高度而言,外部太阳风动压的任何增强都会表现为电离层中磁压的增加。

这个物理图像已被人们转化为一个简单的一维 MHD 问题。在非磁化行星电离层中产生的磁场可简单地认为是磁鞘中的披挂磁场向内扩散形成的,但对于金星而言,日侧电离层中等离子体的向下对流运动也是产生磁场的一个贡献因素。电离层等离子体的垂直漂移速度 $u_h$,可通过观测和第 2 章中的垂直稳态动量方程计算得到:

$$u_h = \frac{1}{n_e m_i \nu_{in}} \left( \frac{\partial p_T}{\partial h} + n_e m_i g \right) \tag{8.2}$$

其中,我们沿用了在第 2 章中的常用符号:电子密度 $n_e$,离子质量 $m_i$,离子-中性粒子碰撞频率 $\nu_{in}$,等离子体总压 $p_T$,重力 $g$,高度 $h$。

通过电离层半经验模型(Cravens、Shinagawa 和 Nagy,1984),并假设金星的磁压可忽略不计,那么计算所得结果如图 8.13 所示。虽然电离层中的带电粒子在不同高度都会产生,但它在低高度处最容易发生复合,因为那里的碰撞频率最大。因此,金星电离层在这个高度范围之内会向下漂移运动。对于电离层中的准稳态磁场,其顶部边界条件受太阳风磁场和动压控制。对于磁场 $B$(水平)的一级近似,磁

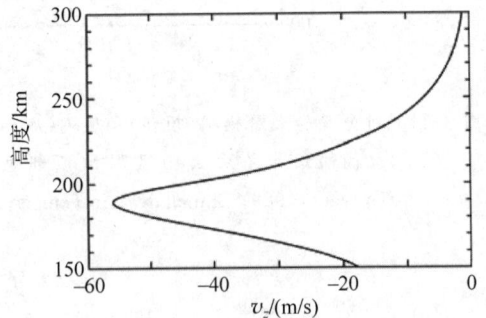

图 8.13 从半经验模型中得到的金星电离层等离子体漂移速度剖面(引自 Cravens 等,1984)

场应满足一维的且包含扩散/对流的磁场发电机方程,或感应方程:

$$\frac{\partial B}{\partial t} = 0 = \frac{\partial}{\partial h} D \frac{\partial B}{\partial h} - (B u_h) \tag{8.3}$$

其中,扩散系数 $D$ 是由下式给出:

$$D = \frac{m_e (\nu_{en} + \nu_{ei})}{n_e e^2 \mu_0} \tag{8.4}$$

式(8.3)可由 Maxwell 感应方程 $\partial \boldsymbol{B}/\partial t = -\nabla \times \boldsymbol{E}$、离子和电子动量方程及 Ampère 定律(见第 3 章)推导出,其中,$m_e$ 为电子质量,$\nu_{en}$ 和 $\nu_{ei}$ 分别为电子-中性粒子和电子-离子的碰撞频率。对于金星而言,其碰撞频率 $\nu_{en}$ 和 $\nu_{ei}$ 的高度分布如图 2.22 所示,这些频率在较高高度处会使扩散系数变得非常小,而在低高度处会使扩散系数变得很大。对流作用和扩散作用都能使磁场向低高度穿透,而碰撞扩散则会力图消除磁场的梯度。碰撞也会在低高度处引起显著的电流耗散(因此也会有磁场耗散)。作为随时间演化的数学问题,通过某个假定的初始状态(如电离层中的磁场为零,而上边界处的磁场代表覆盖在电离层上的磁障),我们可通过数值计算简单求出 $B$ 的演化方程,直到磁场收敛到一个稳定的解。针对金

星不同电离层顶高度对应的不同上层边界条件,对于计算得到的时变结果图 8.14 给出了一些示例。该图也展示了一些可进行比较的观测结果。由于电离层顶在日下点处的高度通常是最低的,因此大尺度的电离层磁场在这个区域更为常见。

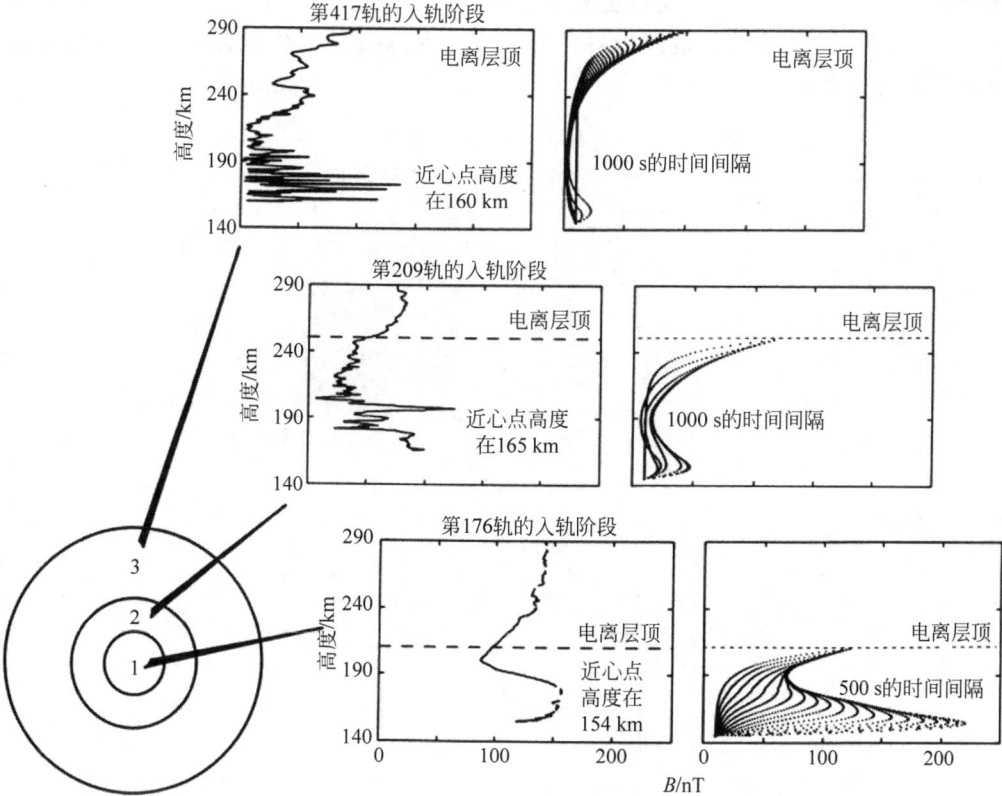

图 8.14　通过金星电离层扩散/对流方程(方程在正文中给出)求解电离层磁场的一些示例结果,及其与观测结果的对比。这些计算得到的磁场高度剖面可由图 8.13 中所示的等离子体速度剖面和碰撞扩散系数的剖面,以及电离层顶处上层磁场边界条件确定。"靶心"图(最左边)表示从太阳看到的金星向阳面。电离层磁场通常在日下点处最大,在那里电离层顶高度最低,而覆盖在电离层顶上的磁鞘磁场最强。SZA＝太阳天顶角(solar zenith angle)[①](引自 Phillips 等,1984)

　　关于这个向卜扩散的"磁场传送带"图像,我们在这里需给出内点提醒,其中一点与忽略电离层中的等离子体流水平运动有关。在太阳活动极大年时期,观测发现在金星的高层电离层中存在如图 8.15 所示的朝逆日方向对流运动的等离子体流。据推测,该逆日对流主要由压强梯度(可由全球等离子体密度和温度测量计算得到)驱动产生。在一维模型中,只有耗散作用才能损耗磁场,但对于含有水平对流的模型而言,还有另一种方式可耗散磁场。电离层磁场结构的全三维分布问题,已经在金星-太阳风相互作用的全球 MHD 模型框架下得到解决。然而,这些模型结果还未与观测结果做完全比较,并且对于提高模型空间分辨率也很困难,且模型的计算结果依赖于假定的磁场下底边界条件。尽管如此,从前面的简

----

① 某点的太阳天顶角一般定义为行星中心指向太阳中心的矢量与行星中心指向某点的矢量之间的夹角。

单一维模型与金星观测结果的一致性来看,我们似乎已经理解了金星电离层磁化的主要物理过程。同样的物理过程也适用于火星,其中火星电离层的等离子体热压普遍相对较弱,因此火星电离层应该几乎总是处于磁化状态(含大尺度电离层磁场)。然而,火星岩石磁场的影响会使火星电离层的图像变得更复杂。对于火星,关于模型(结合岩石磁场和感应磁场的模型)结果与卫星的就位观测的对比分析仍在进行中。在本节结束之际,我们简要地回到火星的讨论中来。

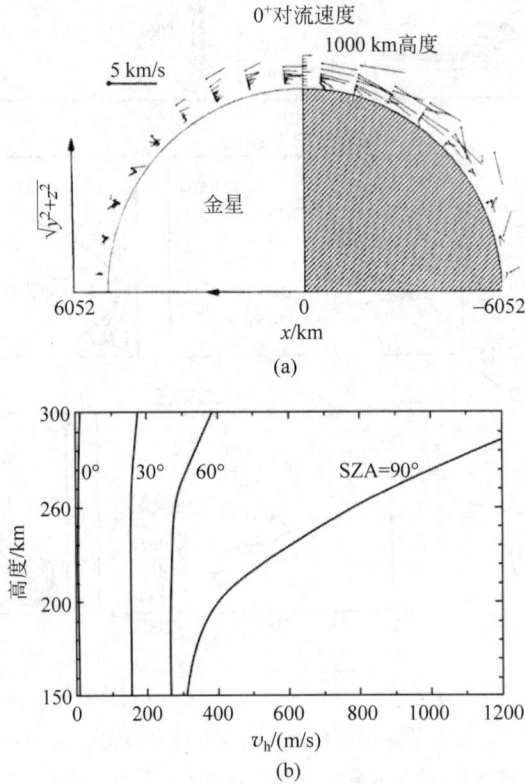

(a)

(b)

图 8.15　在金星电离层中观察到逆日方向的等离子体流。SZA＝太阳天顶角(引自 Knudsen et al.,1980)

　　图 8.12 中第一栏子图的观测数据表明,金星电离层磁化过程中存在一个非常有趣的现象,但这一现象还没有得到很好的理解。在电离层中不存在大尺度磁场的情况下,金星日侧电离层内会有小尺度(不到几十千米)的磁场结构出现。它们的矢量特性可由磁场线缠绕某根轴——就像由小股线组成绳索一样的图像来描述。图 8.16 给出了某个磁通量绳(**flux rope**)结构的模型,以及它们在电离层中的假想分布。而图 8.16 的问题在于,每个磁绳的轴向看起来并不是互相平行的,甚至也不是沿水平方向的。特别是在低高度区域,磁绳似乎呈打结或扭曲结构。它们的具体特征也会随太阳天顶角的变化而改变,但其典型结构主要出现在日侧电离层中。它们可能由靠近日下点电离层顶处的交换不稳定性(interchange instability)形成,在这个地方磁障中的少部分磁通量会被垂挂磁场的磁张力拉入电离层。然后电离层中水平流动产生的速度剪切会将该磁通量管扭曲成磁绳结构。虽然磁绳明显受到电离层动力学活动的影响,但它们是否会对动力学活动产生影响,还不是太清楚。由于磁绳是太阳系等离子体中常见的一种物理现象,揭示磁绳奇异特性下隐藏

的物理机理是很有意义的。我们可通过磁绳广泛认识到一些关于电离层等离子体相互作用和空间等离子体的一些非常基本的信息。在火星电离层的弱磁化区域也能观察到类似的磁绳结构特征。在土卫六(Titan)电离层中也存在一些较大的扭曲磁场结构。火星岩石磁场可能在磁绳的形成中发挥一定的作用,我们将在下面给出原因。

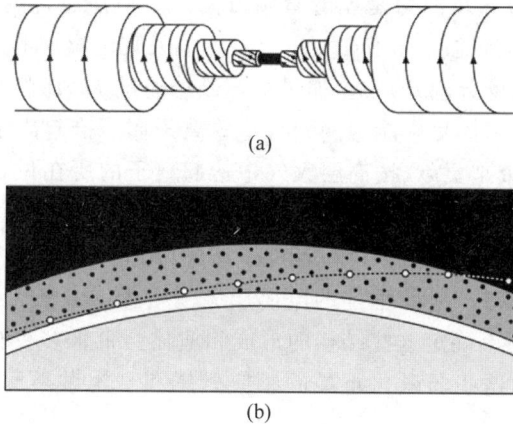

图 8.16 推测金星电离层中磁绳具有的磁场线结构(a)及其在电离层中的分布(b)(引自 Russell 和 Elphic,1976)

在前面描述太阳风拾起电离层离子时,我们忽略了背景等离子体流和磁场对离子拾起过程的响应。当这些局地产生的拾起离子带来质量加载效应(**mass loading**)时,等离子体流的动量必须保持守恒,那么等离子体流的速度会降低,具有应力作用的磁场(具有磁张力和磁压力)会产生电流。若要完全自洽处理拾起离子这个问题,这些影响都要考虑在内。例如,需要在 MHD 连续性方程中加入一个离子产生源项,并且如果中性粒子在被电离之前就已处于运动状态,那么动量方程也要加入一个动量源项。

观测研究及全球数值模拟(考虑有大气离子产生源项)表明,如图 8.4 和图 8.17 所示,拾起离子有助于金星等离子体流尾迹中"感应"磁尾("**induced**" **magnetotail**)的形成。感应

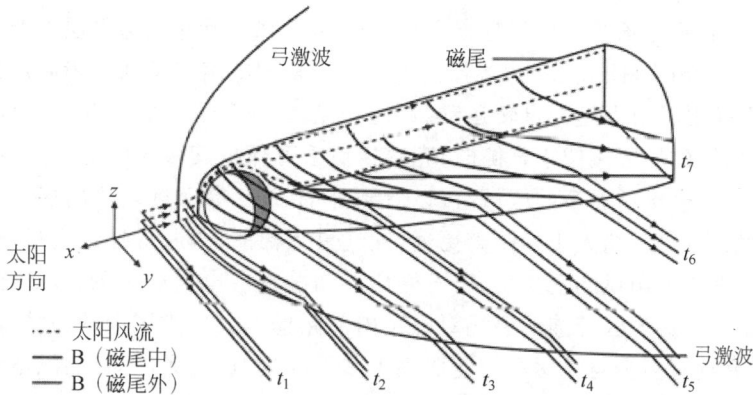

图 8.17 示意图显示了垂挂的磁鞘磁场线是如何沉入尾迹进而形成金星感应磁尾的过程。在太阳风靠近行星的时候,大气离子的质量加载效应会有助于增强太阳风与金星的相互作用(类似彗星)(引自 Saunders 和 Russell,1986)

磁尾具有的明确特征是存在双尾瓣场(double-lobed fields,由电流片或等离子体片分割成指向太阳方向和远离太阳方向两个区域的磁场),双尾瓣场是磁鞘垂挂磁场在磁尾中的延伸(图 8.17)。此外,由磁场的几何结构特征可知,在磁场悬挂特征非常剧烈的区域(一般为磁场方向呈反转的区域),特别是晨昏面处的悬挂磁极(draping poles)及尾迹中心区域处,作用在整体等离子体上 $j \times B$ 的力是朝着背阳方向的。请注意,悬挂磁极不一定是地理极点位置,因为 IMF 方向并不总与赤道面平行。人们发现电离层等离子体存在于等离子体片(将感应磁尾的尾瓣磁场分割开)中。如果垂挂磁场通过 $j \times B$ 将电离层等离子体拉入尾迹中,那么可预计在等离子体片中能观测到行星等离子体。拾起离子也可能通过某种不对称的方式对等离子体片带来贡献(按高层大气中拾起离子的所在位置,图 8.10 按尺度比例画出了金星 $O^+$ 的回旋半径)。感应磁尾中的磁尾电流片也是发生磁重联或磁场合并的区域。在金星尾迹的观测中,人们推测存在等离子体团结构和重联 X-点(见第 9 章中地球磁尾关于这部分内容的讨论)。一些垂挂的电离层磁场可像一条腰带一样环绕行星,向磁尾中心挤压磁尾①。目前还不确定这些结构的形成和演化会带来多少行星离子的逃逸。在任何情况下,我们都可以对这些弱磁化行星的感应磁尾和彗尾做类比,我们将在本章后面对此进行讨论。

考虑到太阳风和金星相互作用的感应磁层性质,人们不太期望在金星上发现极光活动。然而,人们在金星上探测到块状的午夜紫外辐射及成片的极光绿线辐射,这些辐射都与太阳活动有关——特别是那些能引起太阳风动压增强和/或高能粒子的太阳活动(见第 5 章)。根据定义,极光发射是由超热粒子"沉降"到大气中激发出的,这个过程中沉降粒子会激发分子中的电子并产生大气电离(见第 2 章),因此这些电磁辐射与太阳活动事件有关也不意外。事实上,由于不存在全球磁层,高能粒子进入金星大气时并不会发生偏转,所以研究金星极光会带来一些问题——金星的"空间天气"可能带来什么效应,以及它对某些物理过程(如大气逃逸)造成的影响。

关于将"感应磁层"的整体物理图像应用到火星上,我们需要作一些说明。在火星上,岩石磁场对平衡太阳风动压有明显贡献,特别是在日侧最强的磁场区域处——该区域位于南半球某个有限的经度范围内。由于这个原因,与太阳风相互作用的边界层有时看起来更像一个磁层顶。岩石磁场的不均匀分布会在火星-太阳风相互作用边界层处产生突起结构,使边界层延伸到磁鞘中(图 8.18,边界层高度高于正常的电离层压强平衡高度)。观测结果表明,随着岩石壳磁场与火星的自转运动,火星-太阳风等离子体的相互作用也会发生相应变化。当最强的壳磁场区域位于日侧时,壳磁场似乎可保护其覆盖的电离层免受太阳风的剥蚀。在其他未被壳磁场屏蔽的区域,可以看到外部 IMF 穿透进入电离层,这类似于在金星电离层中的情形(火星离太阳的距离更远,大气更为稀薄,这通常导致火星电离层的热压太弱,无法单独平衡太阳风的动压)。岩石壳磁场与披挂在电离层上的 IMF 之间存在部分重联,意味着与壳磁场源区相连的磁场对磁鞘内部磁场和火星磁尾中的磁场都有贡献。火星磁尾磁通量究竟有多少与壳磁场相连取决于多种因素,包括太阳风压强、电离层压强、外部垂挂磁场的方向,以及壳磁场相对于太阳所处的位置。与金星相比,这些因素会使火星

---

① 关于金星磁尾磁场结构,译者推荐读者阅读 doi:10.1002/2014JA020461;关于金星磁尾重联区观测,译者推荐读者阅读 doi:10.1029/2020JA028547。

与太阳风相互作用变得相当复杂。例如,和金星一样,对火星的在轨观测也能在紫外波段观测到极光。然而对于火星,最强壳磁场区域,以及季节条件和行星际条件等,则共同控制了极光的发生。这些弱磁化的行星极光还有待于进一步的研究以揭示其产生的物理原因和影响结果。火星快车(Mars Express)和 MAVEN 的探测为认识火星极光及火星-太阳风等离子体相互作用的其他研究内容提供了主要观测资料。

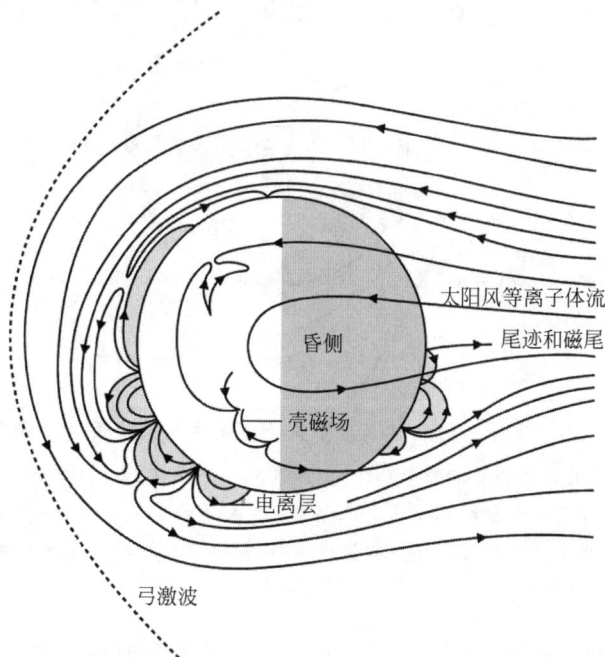

图 8.18　太阳风等离子体与火星发生相互作用的示意图,其中,火星电离层和壳磁场都是阻挡太阳风的障碍物。相互作用的物理图像包括类似金星的感应磁层,但也有类似地球磁层的"迷你磁层"。壳磁场可以与垂挂在行星外面的 IMF 出现合并或重联,这时壳磁场和 IMF 之间存在反平行磁场分量——就像行星磁层一样。这会在边界上和磁尾尾迹中产生"开放"和"闭合"磁场的区域。月球剩余磁场与太阳风磁场也存在类似的相互作用,但却不存在电离层感应磁场(IMF 渗透到电离层中的部分磁场)的影响

## 8.3.2　非磁化卫星

土星的卫星——土卫六(Titan),是磁化等离子体流与行星大气和电离层相互作用的另一个有趣例子。Titan 半径约为 2575 km,大小介于月球和火星之间,它表现出弱磁化行星与等离子体流相互作用的一些特征,但它又有自己独特的磁层元素。和金星一样,Titan 也有一个显著的大气层,但大气成分主要以氮和甲烷为主,而不是二氧化碳[①]。Titan 距土星约 20 个土星半径($R_{Sat}$),这意味着 Titan 基本是在土星磁层内部绕土星运行。因此,Titan 外存在一个平均值并不为零的外部磁场,而与 Titan 发生迎面作用的等离子体流基本为磁层共转等离子体。这种环境组合条件对于 Titan-等离子体流的相互作用(**Titan-plasma**

---

① 注意,金星、火星的大气,其主要成分为二氧化碳。

interaction)是非常重要的,因为它使 Titan-太阳的连线方向和外部等离子体流的运动方向通常不一致(图 8.19)。

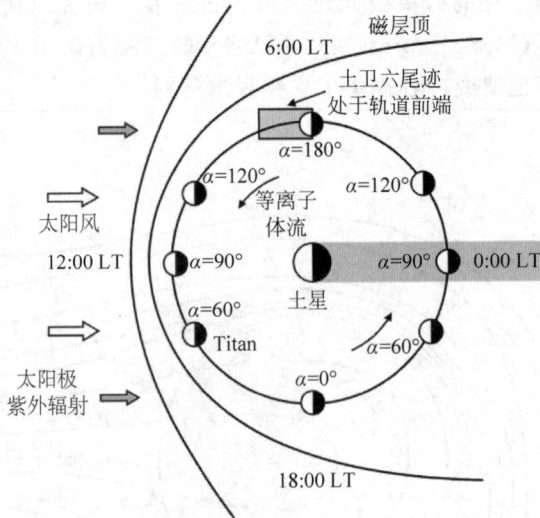

图 8.19  Titan 在土星磁层内 $20R_{Sat}$ 的轨道上与等离子体发生相互作用的示意图(未按比例尺度画)。Titan 这一障碍物具有的显著特征在于,太阳光照方向与上游等离子体的半球方向存在相对方向的变化。由于 Titan 的 Kepler 轨道速率低于等离子体的共转速率,所以在轨道路径上,Titan 的等离子体尾迹有时会位于 Titan 的轨道前端位置。角度 $\alpha$ 是指从太阳指向 Titan 的方向与 Titan 运动方向之间的夹角(引自 Blanc 等,2002)

　　与目前我们讨论的所有情况相比,Titan 空间环境带来的物理效应是非常独特的。首先,Titan 本身可能已被土星内禀偶极磁场持久性地穿透,这使 Titan 自土星具有磁场时就保持了这样的穿透磁场。尽管土星冰卫星和具有含水物质(与土星环有关)的等离子体片将 Titan 轨道处的土星磁层磁场扭曲成了磁盘结构(magnetodisk)(见第 12 章),而且土星等离子体片随着季节变化时,Titan 会围绕等离子体片做上下振荡运动,但 Titan 处的土星偶极磁场分量仍然保持局地向北约 5 nT 的强度。人们还发现 Titan 具有一个主要由太阳辐射电离形成的电离层,这一结果有些令人意外,因为土星距太阳约 10 AU 并且存在磁层电离粒子[①]。由于 Titan 围绕土星运动的 Kepler 轨道速度明显低于背景磁层等离子体的共转速度(near-corotation speed),120 km/s,那么磁层等离子体会打到 Titan 尾侧的半球上(图 8.19)。但由于磁层等离子体的相对速度过低,这使 Titan 上游无法产生弓激波。如上所述,由于太阳光照射的半球通常与暴露在等离子体流作用下的半球并不重合,这会使 Titan-等离子体的相互作用变得非常复杂。所以 Titan 的日侧电离层甚至可以出现在具有等离子体尾迹的半球中。然而,在 Titan 等离子体尾迹中观测到的垂挂磁场(draped field)支持了 Titan 与等离子体的相互作用图像——其中,电离层电流和 Titan 大气拾起离子产生的电流维持了 Titan 的感应磁层结构。

　　与其他弱磁化行星相比,Titan 的等离子体相互作用之所以如此不同还存在一些其他

---

[①]　之所以意外,是因为人们预期 Titan 处的太阳辐射很弱,磁层离子也能对其电离层形成作出贡献。

原因。其中一个原因在于,如前面提到过的受土星穿透磁场的影响,Titan 应该具有一个显著拉伸的磁性障碍物性质特征。那么,如图 8.20 所示,我们可以预料 Titan 存在"Alfvén翅"(**Alfvén wings**)这样的特征,它由穿过 Titan 的磁层磁通量管组成。这些磁通量管使Titan 障碍物从形状上看呈圆柱结构,并能将土星电离层中的部分粒子和电流直接输送到Titan,同时也能将 Titan 电离层的粒子和电流输送到土星。另外,通常以水基离子为主要成分的外部等离子体也具有重要的潜在作用。入射等离子体流中的重离子能量较高(能量来源于拾起离子的加速),这使在与入射等离子体流的相互作用中重离子的回旋半径变得很重要。由于 Titan 轨道处的磁场只有 5 nT 左右、质量为 16~17 amu[①]($O^+$,$OH^+$)的入射离子和 14~17 amu、28 amu($N^+$,$N^{2+}$,$CH_4^+$)的大气拾起离子的回旋半径变得很重要。此外,当太阳风动压高到足以将土星日下点磁层顶推到 Titan 轨道内时(而 Titan 恰好此时出现在那里),那么 Titan 有时会位于土星磁鞘或上游太阳风中。虽然这类情况相对较少发生,但它们却带来了一些有趣的、跟时间有关的外部物理条件。最后,Titan 大气中的氮和甲烷向上延伸的高度非常高,其外逸层高度大约为 1200 km,几乎是 Titan 半径的一半。同时,Titan的电离层也出现了显著扩张,其电离层顶高度约为 1500 km。因此,与金星和火星相比,Titan这个障碍物的"内部"情况多少是有些不同的,其大气/电离层空间占据了障碍物体积的很大一部分。目前,通过数据测量和模型分析,Titan 所有的这些不同因素仍在研究分析中。

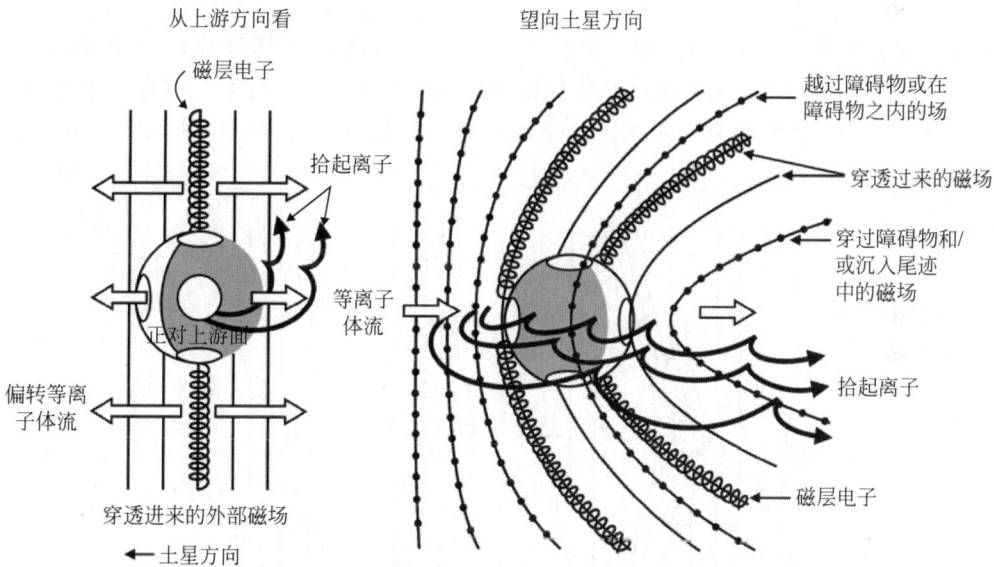

图 8.20 土星磁层等离子体与 Titan 的相互作用。其中,外部磁场为土星在 $20R_{Sat}$ 处的偶极子场,而Titan 障碍物(包括它的主要电离层)的日照面并不朝向共转等离子体的入射面——这对于Titan 是非常常见的。随着时间推移,Titan 必然会吸收土星的磁场,这使障碍物具有拉长的形态并产生其自身的有效磁场(引自 Luhmann 等,2012)

对 Titan 的某些物理分析也可应用于木星的卫星——木卫一(Io)。Io 具有一个更为稀薄、变化更大的、以二氧化硫(sulphur dioxide)成分为主的大气层。该大气层是由表面二氧

---

① amu 为原子质量单位。1 amu 代表一个质子的质量。

化硫霜升华、磁层高能粒子喷溅,以及火山气体喷发共同作用形成的。和 Titan 大气一样,Io 大气会受太阳光照和磁层粒子的碰撞而被电离。在木星巨大的磁层之中,Io 在约 6 个木星半径的轨道上(见第 12 章)还会受到亚磁声速木星磁层等离子体流的作用。此外,Io 的喷气和粒子溅射的速率足以产生 Io 的环状结构(torus)(见第 12 章)。这个环状结构是一个与 Io 共轨的云层,它包含硫、氧和其他一些被电离的大气成分(如钠和钾)等。并且,这个环就像土星磁盘(含水簇离子)一样,也极大地影响了能与 Io 发生相互作用的共转磁层离子成分。从本质上讲,Io 决定了其上游入射等离子体的性质。

Io 与等离子体的相互作用比与 Titan 的更容易描述,因为在 Io 所在的木星内磁层位置处,木星磁场相对较强且接近偶极子场形,这使离子回旋半径的影响变得不那么重要。将 Io 视为一个离子吸收体,并引入一个源项代表 Io 附近电离层重离子的产生,这样就可以通过一个简单的 MHD 流体近似研究 Io 与等离子体的相互作用。研究发现,通过忽略较弱的电离层质量源,并假设 Io 是部分导电体,模型就可以很好地重现 Io 的磁场分布。图 8.21 给出了模型的计算结果。其中,Alfvén 翅是由 Io 引起的外部磁场扰动产生的,并以 Alfvén 速度 $v_A$ 沿磁场线传播。Alfvén 翅是阻挡入射等离子体流的主要障碍物。Alfvén 翅与背景等离子体流(等离子体相对运动速度为($v_{cr} - v_k$),其中这两种速度分别是共转速度 $v_{cr}$ 和 Kepler 轨道速度 $v_k$)之间所呈现的张角为 $\theta = \arctan\left(\dfrac{v_A}{v_{cr} - v_k}\right)$。由于 Io 的大气扩展范围比 Titan 的小,可以预料 Io 拾起离子产生的磁场垂挂效应比 Titan 上的小得多。值得一提的是,金星和火星这样的障碍物(图 8.17)具有的是磁鞘和感应磁尾,而不是 Alfvén 翅,这是因为太阳风等离子体流速远远超过了太阳风中的 Alfvén 速度和快磁声波速。

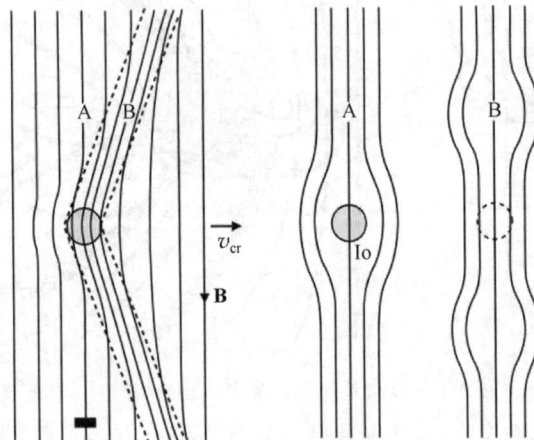

图 8.21　木星的共转磁层等离子体 Io 发生相互作用产生的磁层磁场扰动。可将此图与图 8.17 比较,图 8.17 中展示了超声速等离子体流与含大气的非磁化星体发生相互作用时的磁场线结构(引自 Southwood 等,1980)

### 8.3.3　彗星和其他具有气体喷发的小天体

或许行星大气与等离子体流相互作用最为极端的情形就是彗星。靠近太阳时,相较于其较小的固体核(尺度约几千米)或彗核(nucleus)而言,彗星具有巨大的大气层。彗星大气由彗星靠近太阳时彗星表面的冰雪升华作用增强而产生,所以彗星大气随日心距离的变化会发生强烈的演化作用。对于彗星来说,我们在前面引入的质量加载(mass loading)这个术语的物理作用显得尤为重要。对于金星或火星而言,太阳风等离子体的质量加载作用仅限于在低高度的磁鞘和磁尾区域发生,因为行星大气被行星引力限定在靠近行星的区域。相比之下,彗星大气是无引力约束的,由升华产生的彗星中性大气会从非常小(直径几千米)的冰核处以速度约为 1 km/s 向外流动。在彗核附近,太阳风等离子体会被大量来自彗星大气的重离子——主要是水族离子加载,这会使太阳风的速度相对于彗核几乎降至为零(质量加载作用本质上是因为动量守恒)。在对等离子体相互作用的流体分析中,这种质量加载作用通常作为源项包含在连续性方程中。彗星大气的生成函数是两项关系式的乘积:由于真空环境中,大气外流的球面膨胀会带来密度平方反比关系,气体会由于光电离等电离过程损失而带来指数衰减项。因此,源项可写为如下形式:

$$Q = \frac{Q_0}{r^2} \exp\left(-\frac{r}{u\tau}\right) \tag{8.5}$$

其中,$Q_0$ 为大气产生速率;在这种情况下 $u$ 为中性气体的流出速度;$r$ 为距核心的距离,而 $\tau$ 为电离时间。

彗星气体电离产生的巨大电离层(图 8.22(a)展示了其中一个电离层模型及中性大气模型)具有中性大气一样的膨胀速度,可能会在背景等离子体流中形成一个环绕彗核的、具有行星尺度大小的空腔结构(图 8.22(b))。在这种情况下,该空腔或障碍物是由外溢彗星

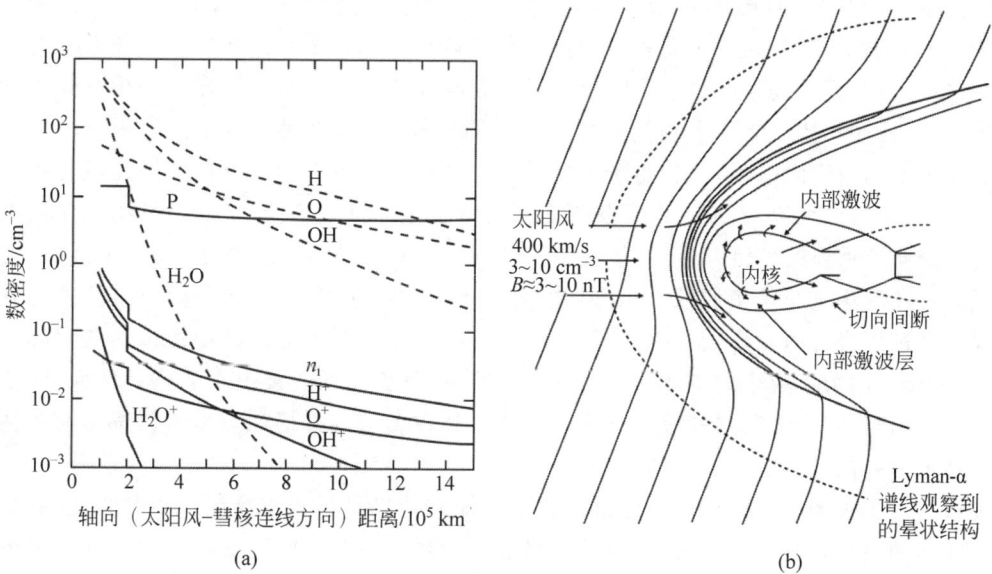

图 8.22 (a)模型得到的彗星大气层和电离层的高度剖面(引自 Ip 和 Axford,1982);(b)太阳风-彗星相互作用的内部区域,展示了彗星大气的喷流及可能的特征,如内部激波(inner shock),内部激波取决于入射等离子体流的相对速度和磁场强度。在彗星的相互作用中,当彗星靠近太阳时,彗星大气喷流的动压是形成彗星障碍结构(切向间断面或接触面)的重要因素

等离子体的动压(而非电离层的热压)与太阳风作用产生的。这个腔的边界层是一种被称为接触面(contact surface)的切向间断面。然而,大部分的中性大气都会延伸到这个压强平衡边界层之外(图 8.22(a))。在行星电离层情形中,太阳风等离子体在靠近障碍物的地方速度会减慢并出现偏转(见图 8.7),但在彗星这种条件下,在太阳风遭遇障碍物的接触面之前,彗星大气(延伸很远)的质量加载作用已经显著减慢了太阳风等离子体的流速。事实上,由于这一过程中的拾起离子和电荷交换的作用,当等离子体流到达接触表面时,等离子体流中主要的离子成分已变为起源于彗星的离子。通过飞船对 Halley 彗星的第一次飞掠观察,我们将这种在接触面高度之上且离子成分发生变化的边界称为彗顶(cometopause)。由质量加载而使太阳风流出现减慢的大气扩展区域中充斥着垂挂的 IMF,在这种情况中 IMF 之所以出现垂挂是因为等离子体流整体速度降低了,尽管等离子体流几乎没有出现偏转。图 8.22(b)的示意图进一步说明了太阳风与彗星的相互作用过程。作为比较,Lyman-α(这个波段接近视觉极限)光晕图像可显示出彗星中性大气中氢成分的延伸范围。此外,弓激波结构也在图中显示了出来,尽管它通常比在行星附近处发现的弓激波弱。彗星弓激波之所以弱,是因为它是在质量加载作用的等离子体中产生的,而这个地方的等离子体流速(相比未扰太阳风)已经减慢了。

通过在连续方程中引入一个源项,我们可使用自洽的 MHD 模拟对彗星进行模拟。与行星障碍物相互作用的物理条件相类似,入射等离子体流在这种情况下是超磁声速的,但彗核本身的体积非常小(与彗星外流大气的尺度相比可忽略不计)。不过,其方程与行星-太阳风相互作用的基本方程是一样的。图 8.23 展示了通过模型模拟获得的太阳风与 Halley彗星相互作用的垂挂磁场和几乎未发生偏转的等离子体流线。

实际上,彗星上游的弱弓激波在这些模拟结果中是看不见的。我们需再次注意该MHD 模拟与图 8.6 中没有质量加载作用的行星磁鞘 MHD 模型的区别。在图 8.6 中的情况下,障碍物表面附近存在的弓激波和太阳风流偏转是太阳风与行星障碍物相互作用的关键特征,并且这些特征能产生垂挂磁场。如前面所提到的,火星或金星大气施加的质量加载效应主要局限于内磁鞘区域(如果开展了更为自洽的全球 MHD 模拟的话还应包括尾迹区域)。对于彗星来说,高度上明显扩展的质量加载区域对于决定与太阳风相互作用的物理特征扮演了重要的角色。另外,从观测中推测得到的行星感应磁尾磁场形态(图 8.17)与彗星的垂挂磁场是非常相似的。未来对行星和彗星的模拟应该能让我们对这两者之间的重要物理过程进行深入比较。或许有人会说,这些流体模型不能准确地模拟这些星体的相互作用系统,因为单粒子的物理行为和离子化学的细节过程会被模型忽略。然而,对于彗星和行星而言,我们观察到的等离子体总体特性和磁场结构特征在许多方面都是与流体模型的结果一致的。

最后一个关于彗星的讨论话题就是大家熟知的彗星具有双重彗尾。目前为止,我们一直在描述的彗尾是彗星离子尾(ion tail),离子尾相对于太阳的方向是由近乎径向向外的太阳风流确定的,离子尾偏离太阳径向方向是由于彗星自身的轨道运动(这个偏离在彗星位于近日点附近时可能很显著)引起的[①]。另一种彗尾是主要由太阳引力和辐射光压引起的气体和尘埃尾巴,因此这种彗尾会紧贴彗星的轨道路径。当彗星接近太阳时,彗发

---

① 这是因为考虑彗星自身轨道运动速度后,上游太阳风运动相对于彗星而言会出现一个横向速度。

哈雷彗星位于1 AU处

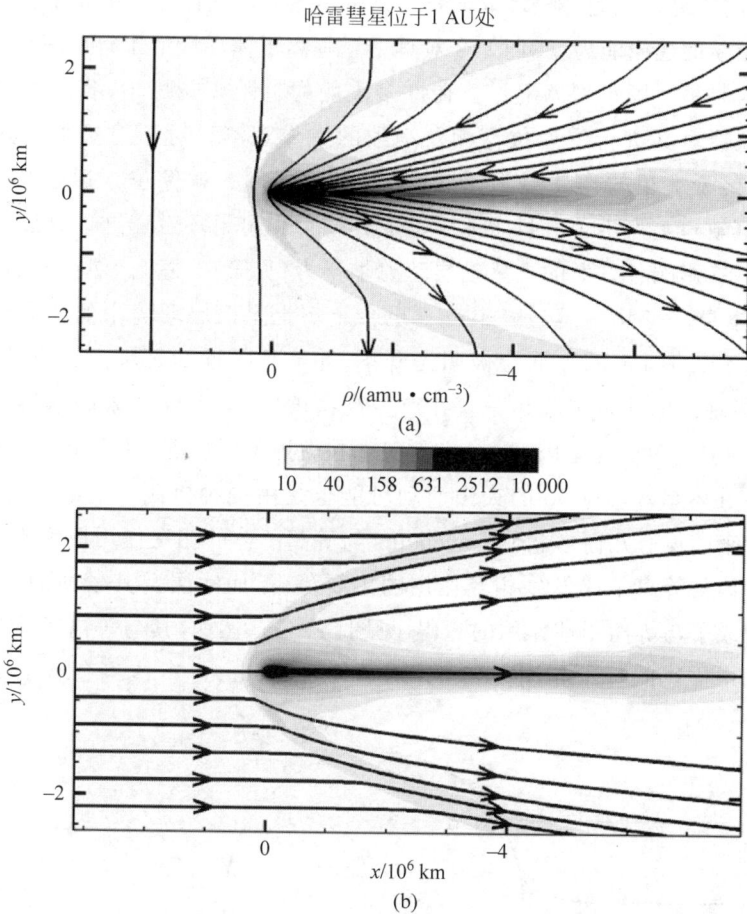

图 8.23　对 Halley 彗星进行 MHD 模拟,所得到的磁场线分布(a)和流线分布(b)(Y. D. Jia,个人交流,
2014 年)。阴影程度表示磁场所在平面内的彗星离子密度,假定磁场垂直于太阳风的入射方向
(从左至右)

(cometary)和彗尾(们)通常会变得很亮,并产生许多的气体、尘埃和离子。当太阳风中的扰
动结构或电流片穿过彗星时,有时会在离子尾中观察到一种称为彗尾断离(tail
disconnection)的有趣现象。类似的瞬态变化事件也可能发生在金星和火星上(作为空间天
气响应外部等离子体相互作用的一种形式)。

　　其他几个拥有扩展外逸层的弱磁化天体,还包括土星内磁层中的小型冰卫星(半径约
250 km)——土卫二(Enceladus)及冥王星。冥王星是太阳系中的一颗冰状矮行星(icy
dwarf planet),它在约 33 AU 处的轨道上围绕太阳运行。它具有一个温度较低且主要由氮
和甲烷升华形成的大气层。由于冥王星轨道偏心率大,其大气密度会具有周期性的循坏变
化。考虑到冥王星的距离和它的尺度(半径约为 1100 km,类似月球),其寒冷的大气与太阳
风相互作用的许多物理细节过程都是非常独特的。特别是,在距太阳这样远的一个位置,
太阳风的变化会带来相互作用的复杂性(见第 5 章)。除了上游太阳风等离子体密度非常低
之外,局地较弱的 IMF,以及星际气体物质在冥王星环境中的渗透和电离,使我们还要对冥

王星开展更多的研究。最近,随着 New Horizons 飞船[①]在飞行任务中获得冥王星的一些新信息,再加上最新的建模能力,我们如今对冥王星等离子体环境的了解也取得了一些进展。

　　Enceladus 是另一颗小型冰卫星。在许多飞船的近距离飞掠中,我们通过飞船的粒子和电场、磁场仪器对其进行了原位探测及细致的成像观测。对于卫星影响其母星磁层而言,Enceladus 之于土星的作用好似 Io 之于木星的作用。就像位于磁层内的彗星一样,Enceladus 在其轨道上产生了大量水冰中性成分环带和离子环带。这些物质会广泛地分散在土星的磁层中,影响各方面的土星磁层动力学行为(见第 12 章)。然而,我们感兴趣的还是 Enceladus 本身。与 Io 一样,Enceladus 也会影响土星磁层环境中的物质组成和其他物理特性。尽管 Enceladus 的冰面会被阳光升华,并被其附近的磁层高能粒子喷溅撞击,但 Enceladus 南极地区的几条裂缝却一直在产生高密度的、类似间歇泉的水蒸气和冰晶羽流(plume)。这些裂缝被认为是因 Enceladus 星体在轨道上(约 $4R_{Sat}$)受土星引力作用发生形变[②]而形成的(在木星环境中 Io 的火山活动可能也是由同种机制引起的)。南半球这一较强"大气"源带来的偏心几何形状使 Enceladus 与等离子体的相互作用极为不对称——羽流是南半球处星体与等离子体发生相互作用的主要障碍,而冰层及其较薄的溅射/升华大气则在北半球构成了与等离子体作用的障碍(见图 8.24)。然而,其与等离子体相互作用的大致特征与本章中描述的基本相同。和 Titan 一样,Enceladus 本体也会有土星偶极磁场穿

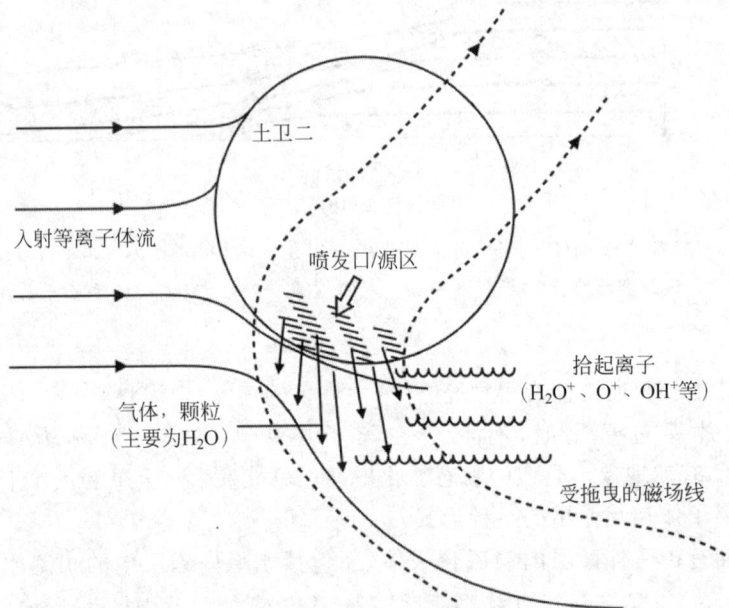

图 8.24　由观测推测得到的土星磁层等离子体和磁场与 Enceladus 相互作用的示意图。南半球的羽流(主要是水蒸气和尘埃颗粒)构成了一个彗星状的、与等离子体流发生相互作用的障碍物,并使这种相互作用相对于星体中心呈现出高度的不对称性

① New Horizons 飞船由美国 NASA 于 2006 年 1 月发射,旨在于探测冥王星和 Kuiper 带。它于 2015 年 7 月实现人类首次近距离飞掠冥王星。由于飞船未携带磁场仪,所以对于冥王星是否具有内禀磁场,人们尚不清楚。
② 实际上就是引力潮汐作用。

302

过,磁场出现的扭曲现象与星体的电导率有关,而羽流则类似彗星源,它是气体、离子和尘埃的供给来源。事实上,还需要考虑(这也与彗星有关)羽流喷发物中含有大量的尘埃。关于尘埃与等离子体相互作用的物理过程,包括尘埃如何产生电荷频谱的物理过程(spectrum of electrical charges),是一个深远的话题(例如,它与行星环、大气中的尘埃和原行星盘的关系),感兴趣的读者可深入研究。

## 8.4 局部尘埃障碍物

关于太阳系尘埃(dust)的内容在第 5 章中有出现,我们在那章中从太阳风中小尺度固态颗粒分布的视角对其进行了讨论。然而,并不是所有的太阳系尘埃都是呈空间扩散状态的。例如,在天空红外图像中就能显示许多跟彗星、小行星轨道有关的尘埃通道(尘埃更为集中),其他尘埃原位探测器也有类似的观测。因此,当发现 IMF 信号显示出太阳风中存在某种不可见的障碍物时,尘埃会是一个显然的可能答案。然而,通过尘埃,除广泛的尘埃群体外,我们还能将某些更重要的东西(物理过程)显示出来。

太阳周围的空间充满了大小不一的各类在轨星体。与土星环不同,这些星体的轨道与其他星体的轨道存在相交,有时两个星体会以非常高的速度(地球轨道处的速度通常可达 20 km/s)碰撞。星体的碰撞频率会随着时间增加、星体的平均尺度变大、星体总的表面积增加而减小,即碰撞频率会随着星体尺度的减小而增大,因此较小星体的碰撞率会更高。相对碰撞速度为 20 km/s、直径为 1 m 的岩石可以完全摧毁质量超过 $10^9$ kg、直径为 100 m 的岩石。大量这样的小石块或流星体在太阳系中飞行,因此这些小石块与直径为 10~100 m 的小行星发生碰撞并不罕见。在这些碰撞中产生的粒子可能因太阳光子、太阳电子与其自身的碰撞作用而带电,那么我们肯定要问当太阳风穿过这样的尘埃云团时,我们会观测到什么。虽然云团的质心会以一定的速度运动(速度由碰撞体的动量决定),但最快、最小的粒子将会以一定的能量(由碰撞体的具体动能确定)喷出(速度可能大约为 10 km/s),因此在 1000 s 后(15 min),这些粒子将形成一个约 $10^4$ km 宽的尘埃云。这种含有带电尘埃颗粒的云,其密度大到足以形成尘埃等离子体(dusty plasma),并且太阳风和 IMF 也很难穿透它(尽管尘埃等离子体在形成时会被 IMF 磁化)。与太阳风相互作用产生的磁场结构应该像彗星的情形一样,磁场会固定在尘埃云中,并且一旦尘埃云与上游磁场的相对运动速度达到太阳风速时,尘埃云的"锋面"会形成一个磁障(magnetic barrier),结构类似北向 IMF 时地球磁层顶处及低速太阳风速时在金星上看到的情形,这时慢磁声波会将上游入射等离子体流偏转,使其沿着磁场流动并绕过尘埃云障碍物。

图 8.25 显示了这种尘埃云磁场结构的横截面,图 8.26 则显示了这种磁场特征信号的观测事例,图中标出了尘埃云的边界和磁压增强的区域。这些磁场特征信号被称为行星际磁场增强(**interplanetary field enhancements**),这些信号已被用于寻找小行星碎片,并能追踪它的时间演化过程(在几十年时间内)。在尘埃云中,磁化尘埃云位于远离太阳的一侧,而仅有太阳风的一侧则朝向太阳方向(图 8.25)。利用垂直于太阳风流的区域面积和磁压

空间物理学导论

梯度力的强度(与太阳引力平衡),我们可对相关的尘埃云进行衡量估算。尘埃云这种结构在 1 AU 处每年可被观察到约 7 次,而且其磁场强度大到足以被明确识别。它们的持续时间从几分钟到几小时不等,其所含尘埃的质量可从 $10^6 \sim 10^{12}$ kg 不等。这是目前能探测到这些尘埃云[①]的唯一方法。

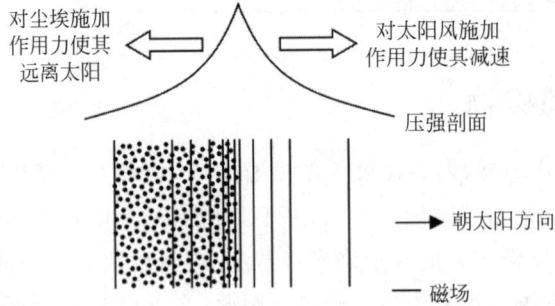

图 8.25　行星际磁场的增强(IFE)。尖状曲线表示沿横越 IFE 结构的某条轨迹得到的磁场强度剖面分布。垂直直线表明磁场沿该轨迹出现了堆积。圆点代表带电尘埃。太阳风从右流向左。IFE 的三维图像仍有待确定

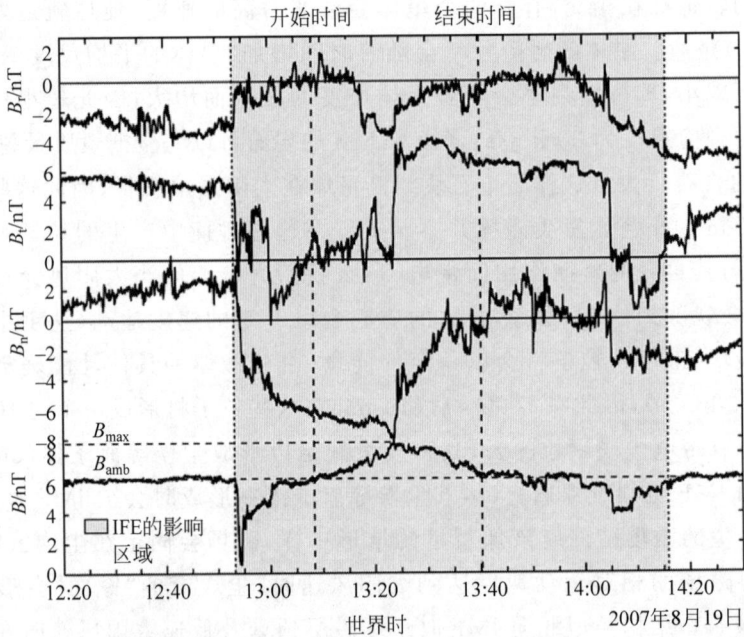

图 8.26　飞船在穿越 IFE 过程中测量到的磁场变化。最外部的垂直虚线表示 IFE 影响区域开始和结束的时间。在紧靠这两个边界(外部垂直虚线)内侧磁场强度的下降会对应热压的增加作为补偿(未显示)。IFE 施加给尘埃的压强作用力和施加给太阳风的压强作用力都是纯磁性(磁应力)。密度和温度(未显示)并没有发生变化。薄电流片出现在整个 IFE 中,通常电流最大值出现在磁场峰值处。标记为"开始时间"和"结束时间"的虚线画出了存在磁压作用力的区域

---

① 原文此处为 streams。但译者结合前后文,认为此处指尘埃云更为妥当。

304

## 8.5　小结

在本章中,我们主要定性描述了等离子体流与各种弱磁化或非磁化星体的相互作用,我们在表 8.1 中总结了这些基本的星体障碍物及其外部环境特性。我们讨论了那些没有显著大气的类月天体,并讨论了金星、火星和土卫六,这些星体都有明显的大气,这些大气在与外部等离子体的相互作用中产生了重要影响;讨论了小天体冥王星、Enceladus 和 Io,这些小天体各自具有其独特的特点;讨论了彗星,彗星具有不受引力约束的大气;还讨论了行星际磁场的增强,该增强结构是尘埃等离子体云随太阳风运动的表现形式。

每类星体与等离子体的相互作用都有其独有的特征。月球在吸收了入射的等离子体后会留下了一个等离子体空腔尾迹,但给磁场带来的扭曲扰动相对较小。具有显著电离层的弱磁化行星(如金星、火星)会使入射的等离子体(如太阳风)出现偏转,从而形成弓激波和磁鞘,并且也能在靠近行星的区域产生质量加载效应,有助于在尾迹中形成感应磁尾。火星和月球有小尺度的剩余壳磁场,这些壳磁场足以影响它们与等离子体的相互作用,这会对我们在本章中描述的基本相互作用图像带来其他的复杂性。具有大气的行星卫星,如 Titan 和 Io,代表了这两类等离子体相互作用形式的独特组合,这表现为星体位于主行星的磁场中,并通过质量加载与流经的磁层等离子体发生作用。彗星情形则显示了磁化等离子体(太阳风)遭遇到大气逃逸层时(障碍物由大气外溢出流决定)产生的物理图像。具有高度不对称的"大气层"的Enceladus(土卫二),也属于这一类相互作用图像。对于冥王星的寒冷大气与物理条件非常不同的太阳风发生相互作用,需要我们用新的研究方式理解这一作用过程。最后,行星际磁场增强事件发生在尘埃颗粒和等离子体相互作用的边界处,等离子体可明显地加速纳米尺度的尘埃粒子,从而使尘埃粒子远离太阳并将其推入太阳系深处。

**表 8.1　本章讨论中与磁化等离子体流作用的障碍物的一些关键尺度和参数**

| 星　　体 | 典型外部磁场 $B$/nT | 等离子体流速 $v_{sw}$/(km/s) | 星体半径/km | 主要拾起离子种类 | 空　间　环　境 |
|---|---|---|---|---|---|
| 月球 | 7(太阳风) 15(尾迹) | 300~600[①] | 1738 | $He^+$,$N^+$,$O^+$,$Ar^+$, $K^+$,$H^+$,$Na^+$ | 太阳风和地球磁尾 |
| 金星 | 13 | 300~600[①] | 约 6050 | $O^+$,$O_2^+$,$CO^+$,$CO_2^+$ | 太阳风 |
| 火星 | 3 | 300~600[①] | 约 3390 | $O^+$,$O_2^+$,$CO^+$,$CO_2^+$ | 太阳风 |
| 土卫六 (Titan) | 约 5 | 80~120 200~400(在磁鞘、太阳风中) | 约 2575 | $CH_4^+$,$N_2^+$,$N^+$ | 土星磁层磁鞘、太阳风 |
| 木卫一(Io) | 1500 | 57 | 1830 | $SO_2^+$,$SO^+$ | 木星磁层 |
| 土卫二 (Enceladus) | 约 330 | 约 20 | 约 250 | $H_2O^+$,$O^+$,$OH^+$ | 土星磁层 |

① 如果太阳风受到干扰,如受快速 ICME 的作用时(见第 5 章),那么等离子体速度可达到约 2000 km/s,而太阳风密度和磁场可能达到典型正常值的 10 倍。

现在,人们已经能够利用 MHD 模拟对这些大多数的星体与等离子体流的相互作用开展全球模拟研究。有些模拟工作是采用混杂模拟开展的(混杂模拟中可研究离子的运动，而将电子视为无质量的流体(见第7章))。将这些全球的、自洽的模型结果与观测数据进行比较是获得深入理解的关键。正如我们从过往经验中掌握的那样，基于物理模型结果和观察结果之间的比较可更好地巩固我们的知识。等离子体中的尘埃也是一个重要的研究方向，即便人们对于最基本的相互作用过程还只有粗略的认识。这些星体的一个基本共同特征是，它们都是等离子体中的物质源，它们与等离子体的相互作用可导致物质从源处逃逸。估算并比较这些星体的粒子产生率是很有趣的——也许需要把它们都看作各种类型的外来彗星。

根据一些文献资料，图8.27比较了不同星体的粒子通过各种物理机理，包括热、光化学、机械作用(如喷溅过程)和等离子体物理(如拾起离子过程)等物理过程的共同作用，而逃逸到外部等离子体中的逃逸率。如上所述，这些星体会根据其自身不同物质组成而产生不同组分的粒子，而且这些粒子产生率的变化范围可跨越好几个数量级。对这些粒子的平均产生率进行时间积分，所得结果表明(至少对于行星而言)行星粒子的产生、逃逸对行星大气或行星表面仅产生微小影响，尽管彗星可随时蒸发(蒸发作用与其轨道和彗星物质结合度有关)。

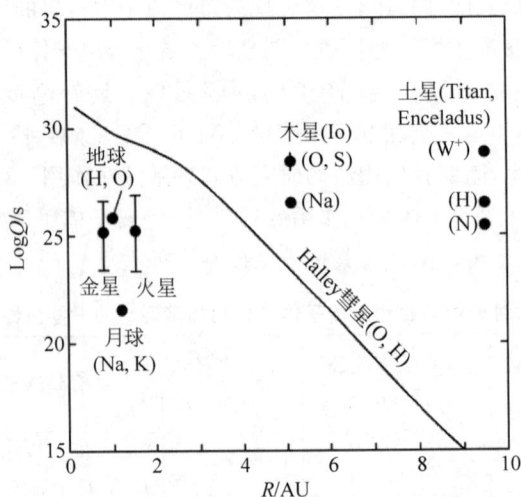

图 8.27　对于本章中讨论过的各种太阳系行星"源"，对它们估算得到的粒子产生率 Q 做比较。图中标出了其主要粒子成分。作为比较，图中还展示了地球的计算结果(其中，地球粒子产生的"源"是极盖区的电离层粒子出流(见第11章))。木星和土星的粒子产生率基本上分别由 Io 和 Enceladus 提供。实线表示 Halley 彗星在不断靠近太阳时的粒子产生率(处于变化中)。这些粒子产生率让我们对日球层中行星离子源的强度获得了一个概念图像

然而，行星的粒子损失率在不同的物理条件下并不都是一样的，在早期太阳系时期也可能是不一样的。行星研究的一个主要科学目标是认识和理解这些大气逃逸过程在太阳系45亿年的历史长河中是如何发生变化的。行星物质不断损失到太空中，但这些逃逸物质的时间积分效果如何呢？对于地球和其他有磁层的行星，人们也可能提出同样的问题(见第11章)。行星的大气损失过程(与上游等离子体作用有关)是有所不同的，但其差异究竟有多大？行星磁场的缺失是不是会让行星本体或多或少地暴露在外部等离子体的剥蚀作

用下？地球当前的离子逃逸率与金星和火星上的离子逃逸率比较类似(图 8.27),那么磁层真的如图 8.8 所示那样会屏蔽粒子逃逸吗？在读完这章后,有兴趣的读者或许可关注(或参与)对这个更具前瞻性问题的争论。

## 拓展阅读

Bougher,S. W.,D. M. Hunten and R. J. Phillips(Eds.)(1997). *Venus II：Geology, Geophysics,Atmosphere,and Solar Wind Environment*. Tuscon,AZ：University of Arizona Press. 这是第二本关于金星的书,总结了太空探索期间我们对金星探测所获得的知识。

Hunten,D. M.,L. Colin,T. M. Donahue,and V. I. Moroz(Eds.)(1983). *Venus*. Tucson：University of Arizona Press. 主要基于"金星先驱者号"(Pioneer Venus)和金星探测系列计划(一直到"金星 14 号")的探测结果,首次系统汇编了我们对金星探测获得的认识。

Russell,C. T.（Ed.）(1991). *Venus Aeronomy*. Norwell,MA：Kluwer Academic Publishers. 基于"金星先驱者号"对金星上层大气、电离层和太阳风相互作用的探测结果进行了汇编总结。

Russell,C. T.（Ed.）(2007). *The Mars Plasma Environment*. Norwell,MA：Springer. 基于"火星快车"对火星上层大气和太阳风相互作用的探测结果进行了汇编总结。

Szego,K.(Ed.)(2011). *The Plasma Environment of Venus, Mars and Titan,Space Sci.Rev.*,162. New York,NY：Springer. 从最新观点视角概述了金星、火星和 Titan 与上游等离子体的相互作用。

Taylor,F. W.（Ed.）(2006). *The Planet Venus and the Venus Express Mission*, *Planetary Space Sci.*,54. Oxford：Elsevier,pp. 1247-1496. 介绍了金星快车的任务目标。

## 习题

**8.1**　如果太阳风速度为 400 km/s,计算月球附近的钾、钠拾起离子的最大能量(单位为 keV,假设离子被拾取后能离开月球)。如果外部磁场强度为 $5 \times 10^{-5}$ G,与月球半径相比,它们的回旋半径是多少？

**8.2**　月球上游没有弓激波,请解释为什么。当行星际磁场与太阳风平行时,如果上游太阳风等离子体的 $\beta$ 值为 3($R_M = 1738$ km),那么月球尾迹的半径是多少？

**8.3**　月球从地球磁鞘区域运动到磁场相对稳定、接近真空环境的磁尾尾瓣区域中。假设磁鞘平均有效磁场为零,尾瓣中如果存在一个半径为 200 km、400 km 和 800 km 的理想月球导电核,那么导电核会对 1000 km 高度圆轨道上运行的磁测卫星带来多大的干扰？假设飞船的轨道平面与外部磁场位于同一平面内。

**8.4**　假设半径为 1000 km 的球体,其电导率为 $10^{-3}$ mho/m[①](绝缘体的电导率),磁

① 　1 mho 等于 1 欧姆的倒数。

导率（magnetic permeability）为 $\mu_0 = 1.26 \times 10^{-6}$ H/m。作用在球体外的磁场扩散到球体中需要多长时间？如果电导率为 $10^5$ mho/m（良导体），又需要多长时间？

**8.5** 如果非磁化行星的电离层温度是随高度恒定的，等于 $10^5$ K，并且日下点处电子密度的高度剖面由下式指数形式给出：

$$n_e(h) = 10^5 (\text{cm}^{-3}) \exp\left[\frac{-(h-h_0)}{H_p}\right]$$

如果参考高度 $h_0$ 为 130 km，等离子体标高 $H_p$ 为 50 km，那么当上游太阳风压力为 3 nPa 时，电离层顶将位于什么高度？当太阳风密度接近 1 AU 处的典型值为 10 cm$^{-3}$，且速度为 400 km/s 时，电离层顶又会处于什么高度？如果太阳风动压降低到 1 nPa，电离层顶高度会增加到什么高度？如果动压增加到 10 nPa 呢？除太阳风动压升高外，如果电离层标高增加（可能会由太阳 EUV 通量增加所致）到 100 km，电离层顶的高度又会如何变化？

**8.6** 利用电离层中电子和离子的稳态动量方程（见第 3 章），Maxwell 方程 $\frac{\partial \boldsymbol{B}}{\partial t} = -\nabla \times \boldsymbol{E}$，以及 Ampère 定律 $\mu_0 \boldsymbol{j} = \nabla \times \boldsymbol{B}$，请推导出描述电离层水平磁场演化的方程

$$\frac{\partial B}{\partial t} = \frac{\partial}{\partial h} D \frac{\partial B}{\partial h} - \frac{\partial}{\partial h}(Bu_{pl})$$

其中，$u_{pl}$ 为垂直速度；$h$ 为垂直高度。假设 $\boldsymbol{B} = B\hat{x}$ 只依赖于 $h$。从方程推导中可自然得到扩散系数 $D$ [提示：在推导最后阶段可省去电子质量 $m$ 的乘积项]。

**8.7** 如果彗星等离子体中的水离子（water-ion），在距彗核 10 km 处的密度为 $10^6$ cm$^{-3}$，并以每秒 1 km 的速度由彗核向外扩展，那么距核多远时，彗星的等离子体动压 $\rho u^2$ 可与 3 nPa 的太阳风入射动压达到平衡？（换句话说，接触面的日下点距离是多少？）如果太阳风动压增加到 5 nPa，那么新的平衡距离又是多少？

# 第9章

## 太阳风-磁层耦合

## 9.1 引言

随着科技的进步,我们愈发需要在地球磁层空间中将越来越精密的仪器搭载在我们的监测卫星上、通信卫星及全球定位卫星上。通常而言,磁层空间环境较为温和,但它有时候会被太阳风极大地注入能量,使磁层环境变得非常"不友好",不仅会影响太空中的空间探测系统,甚至还会影响地球的表面环境。幸运的是,自太空时代早期 James Van Allen 及其合作者发现太空环境具有"辐射性"以来,我们已经对地球磁层及太阳风对磁层的控制作用获得了较为深入的认识。这些新的认识使我们能根据所测得(局地测量)的太阳风条件对磁层的响应做出预测(称为现报(nowcasting)),并在必要时做好防护措施。这些认知也使我们能够设计不受极端空间环境影响的空间探测系统。然而,2010 年 4 月 Galaxy-15 飞船出现了异常情况并失去了通信联系,这能很好说明即便是在太阳活动非常低的时期,磁层中仍有潜在的危害空间安全的磁层活动事件发生(Connors、Russell 和 Angelopoulos,2011)。

在本章中,我们将讨论太阳风如何与磁层发生耦合作用、耦合作用对磁层的影响,以及如何预测和定量分析这种耦合作用。其中,驱动耦合作用最主要但又最缺乏理解的物理过程,就是磁场重联(magnetic reconnection)。我们还讨论了磁场重联如何激发两种重要的地磁活动:地磁暴(geomagnetic storm)和地磁亚暴(geomagnetic substorm)。我们将首先讨论太阳风作用于磁层上的边界条件。

## 9.2 外磁层

### 9.2.1 太阳风施加的作用力

地球外部磁层中的物理条件对外部太阳风的特性非常敏感。如第 7 章中讨论的,地球磁层的大小是由磁层磁压与外部太阳风压强共同支配的,其中太阳风压强可分为 3 个部分:从太阳径向向外流动的冷离子束流所施加的动压(或动量通量)、等离子体的动力学压强(kinetic pressure)或热压(在太阳风参照系中测量),以及行星际磁场的磁压。这些压强垂直作用于磁层顶表面的分量被称为法向应力(normal stress)。在第 7 章我们还注意到这些压强在磁层顶上存在改变磁层形态的拖曳力,也称为切向应力(tangential stress)。这种应力会引起磁层等离子体的循环,并在磁层内将磁通量从一个区域传输到另一个区域。磁层可以储存能量,能量可在相对较长的一段时间内逐渐积累,然后迅速释放,这让人想起第 4

章中讨论的太阳耀斑释放能量。在太阳快速释放能量的过程中,当太阳风能量粒子及伴随的太阳高能粒子到达地球时,科技社会发展所依赖的地球空间系统往往是处于危险环境之中的。

太阳风可通过几种可能的作用方式向地球磁层施加切向应力。相比太阳耀斑,磁层顶处磁场重联过程速度较慢且持续时间较长。即便是这样,磁重联仍然是磁层与太阳风发生耦合作用的最有效途径。磁层顶磁重联与日冕磁重联重联速率不同的原因在于二者在重联点处的等离子体条件是不同的。磁鞘中等离子体条件产生的 Alfvèn 速度较慢,这会导致重联的出流速度较低。如图 1.20(b)所示,一旦磁层顶处发生重联,地球磁场和太阳风磁场便能相连,这使太阳风与磁层耦合起来,并可向磁层传输动量通量。驱动起来的磁层等离子体对流可携带磁通量和等离子体跨过极盖区到达磁尾,而磁尾是一个巨大的能量储存库,在一定条件下磁尾可迅速释放能量,并率先向夜侧磁层注入能量,使能量返回内磁层。

尽管许多优秀的空间等离子体物理学者开展了很多相关研究工作,但我们对于重联的认识仍然比较缺乏。首先,磁重联必须包含作用于电子特征尺度上的动力学过程。在等离子体中,电子运动表征了磁场的运动(磁冻结效应),这样的话,如果电子运动被破坏——电子不受磁场引导作用——我们对磁场线的识别信息就将丢失,并且会触发相关的磁重联活动。尽管模拟中的电阻项可模拟磁重联的触发,并且 MHD 项可再现磁重联开始后的等离子体流,但这些模拟并不能揭示重联点处发生的物理过程,尤其是那些控制重联触发的物理过程。这非常类似于第 6 章中的情形——在第 6 章中,尽管 MHD 理论方程能告诉我们无碰撞激波在激波斜面处需要耗散多少能量,但并不能揭示激波斜面中的能量耗散物理过程。重联问题似乎超出了我们目前数值工具所能解决的范围。地球磁层顶处的重联问题不仅是无碰撞和全动理学的,而且在应用层面还要对它开展全球性而非局地的模拟。

如图 1.20 所示,地球磁尾是重联发生的另一个区域,但磁尾中重联发生的磁场几何结构与磁层顶处是不同的。地球磁尾和磁层顶具有不同的等离子体和磁场条件,导致产生的重联物理行为也是不同的。地球磁尾由两个较大且互为反平行磁场的相邻尾瓣区(磁场与地球相连)及中间过渡的等离子体片组成。磁尾重联与磁层顶重联的物理条件不同,在磁层顶处(如下面所讨论的)重联的速率和位置对行星际磁场方向和太阳风等离子体条件出现的微小变化非常敏感,磁层顶重联几乎可以在任何地方发生,甚至能在多个位置处同时发生。相比之下,人们根据精心设计的卫星探测计划,例如由 5 颗卫星组成的 THEMIS 探测计划,就可以在亚暴期间较容易地监测磁尾重联活动,而对于监测磁层顶重联活动这样的卫星观测计划就会困难许多。为研究太阳风条件对磁层顶重联率的影响,我们需要用一种不同的方法研究磁层顶重联的综合效应。这种方法必须足够好,以使我们能够在类空间环境的大尺度相互作用条件下模拟电子动力学尺度下的无碰撞重联,或者在这种方法的指导下,我们能够承受布局大规模原位磁层顶探测器阵列的花费。

我们首先必须理解磁层的"输入"是什么。太阳风在接触到磁层顶之前,必须先穿越弓激波。弓激波将太阳风流速的整体动能转化为热能。因此马赫数是控制太阳风-磁层耦合的一个重要参数。此外,等离子体从弓激波运动到磁层顶的过程中会出现演化。在磁层顶外部的磁鞘等离子体中会形成一些边界层结构,比如等离子体耗尽层(plasma depletion layer),在等离子体耗尽层中等离子体密度较低、磁场较强。这些边界层结构带来的变化也会影响磁层顶重联的速率。

由于我们不能监测整个磁层顶上由重联产生的等离子体出流,我们必须想办法通过某些间接测量实现对重联的监测。一个较好的间接指标便是地磁活动(地磁活动有不同的表征形式)。地磁活动是指由耦合作用产生的时变磁场扰动。历史上,这些变化磁场可通过大量不同类型的地磁指数定量描述,有些指数是线性变化的,而有些指数是对数变化的。有些指数描述的是地磁快速变化的现象,而有些描述的是在相当长一段时间内地磁活动的综合变化。地磁活动性可以告诉我们空间重联过程的物理信息,而这又是空间探测卫星的孤立观测无法获得的。因此,在对磁层结构作简要概述之后,我们将讨论如何由地磁活动性认识太阳风-磁层耦合作用的物理本质。然后,我们将分析卫星对磁鞘与磁层交界面——磁层顶的就位(in situ)观测数据,以明确就位观测中到底是什么限定条件控制了边界层上的耦合作用,并明确耦合作用如何引起磁层能量的存储。接下来,我们将讨论磁重联过程及其对磁层造成的影响,其中一种影响就是地磁暴。在本章结尾处,我们将讨论磁尾和磁层亚暴。

## 9.2.2　外磁层的结构

在我们介绍太阳风如何与磁层(magnetosphere)发生耦合作用之前,需要对磁层本身先交代几句。图 9.1 展示了磁层在日侧和夜侧(午夜前部分)的剖面示意图。磁层顶在向阳面是"钝形"结构,且在向阳面磁层中闭合磁场线的两端与地球相连。而夜侧磁层中的磁场看起来是向后"梳"过去并形成两个尾瓣(lobe)的结构,尾瓣内开放磁场线的一端与地球相连。在极区附近,磁场线由向前弯曲变为向后弯曲的区域是极尖区(polar cusp)。在极尖区,磁鞘等离子体可以直接进入电离层。磁尾的两个尾瓣分别为北尾瓣和南尾瓣,它们被密度较大、温度较高的等离子体区域——等离子体片(plasma sheet)分割开来。图 9.1 还重点显示了磁层电流体系:磁层顶(箍束地磁场的边界)表面的电流;磁尾表面电流,该电流会环绕磁尾尾瓣并穿越磁尾等离子体片(也就是图中所标的中性片电流),可将太阳风相互作用应力从外磁层传输到电离层(应力最终在电离层处传给地球本身)的场向电流。该应力来源于与磁层相连(通过向阳面磁重联)的行星际磁场。

如图 9.2 所示,如果我们观察磁层在子午面上的分布,可以看到下游背阳方向存在一个较长的磁尾,磁尾的两个尾瓣(**magnetic lobes**)由一个等离子体片(**plasma sheet**)分隔开。此外,这里还显示出在两个尾瓣靠近的地方存在中性点,中性点使两侧尾瓣中的磁场在该处发生重联。在平静期,该中性点(**neutral point**)可延伸至比月球轨道($60R_E$)距离还远的地方,而扰动期间最近可以在 $10R_E$ 处出现。太阳风等离子体沿着磁尾边界层进入磁尾,按这种新方式进入磁层的等离子体称为幔(**mantle**)。沿磁层顶还有其他类型的边界层形成,比如向阳面的低纬边界层(low-latitude boundary layer)。在接近圆形的闭合磁场线上,被捕获的能量粒子可形成捕获辐射带。当这些做弹跳和漂移运动的能量粒子携带的能量较为显著时(与磁能相比),其漂移运动形成的电荷流动称之为环电流(ring current)。

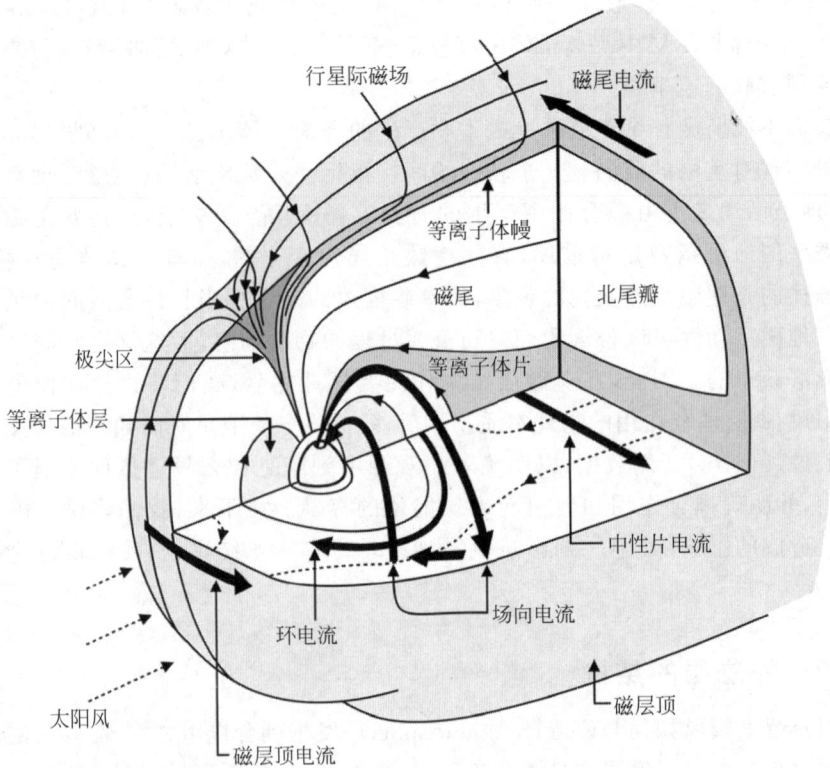

图 9.1  地球三维磁层的截面示意图。该图显示了磁层的主要区域、其磁拓扑结构和等离子体结构。
图中还显示了磁层与磁鞘的磁场耦合及主要的电流系统

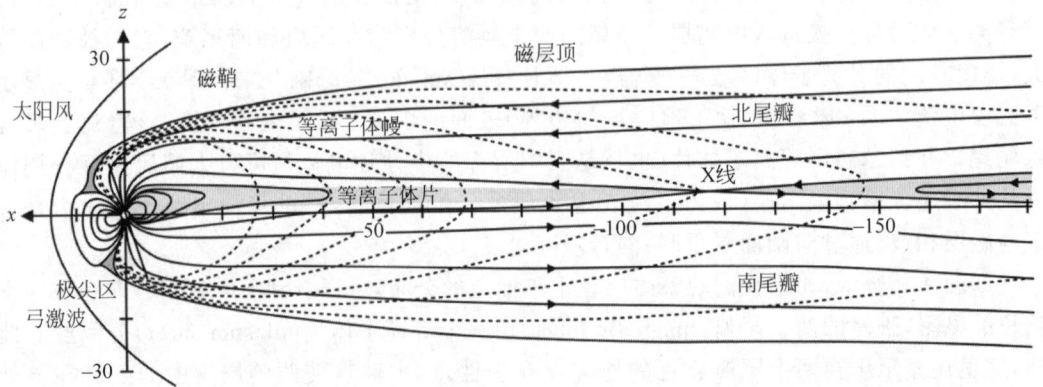

图 9.2  子午面上的磁层分布，该分布显示了外部磁层和磁尾处的磁场与等离子体结构

## 9.3  利用地磁活动来探索太阳风-磁层耦合

如第 1 章中所述，地磁场的短时间尺度变化为证明电离层存在提供了首个观测证据。电离层作为一个高导电性的区域，它支持在距地表约 100 km 以上的高度存在电流。电离层电流具有多种激发方式。太阳和月球的周日引力潮及太阳对高层大气的加热导致大气

312

的垂直运动,大气的运动会带动电子和离子一起运动,并产生磁场发电机过程(电子、离子与地磁场的切割运动),这样会产生一种被称为 $S_Q$ 电流的电流系统(月球潮汐作用产生的是 $L_Q$ 电流)。太阳风也是驱动电离层电流的一个重要源,其产生的电流被称为 $S_D$ 电流。$S_D$ 电流具有多种表现形式。它在极光区的狭窄通道处表现为"电集流"(electrojets),可跨越极盖区,并可出现在中纬区域。人们已经构造了许多地磁指数以响应这些电流系统的变化。AE、AU、AL 等指数可用于监测极光卵中最大电流的强度;极盖指数(PC 指数)则可用于监测跨极盖区的电流。$D_{st}$ 指数监测在磁层赤道平面上的电流;Ap 和 Kp 指数则用于监测中低纬度处全球磁场的一般变化性。Kp 指数是 Ap 指数的对数形式。为了更好地描述地磁活动变化性,人们发展了多种版本的 Ap 指数。这里我们使用 Am 指数(Mayaud,1980),这是因为 P. N. Mayaud 对 Am 指数的管理很精心,而且 Am 指数的历史也很长。

地磁指数还可以用于诊断地磁活动产生的原因。地磁指数可通过其具有的 22 年或者 11 年周期反映太阳对地磁活动的控制影响,可通过其年变化、半年变化及日变化反映对地球的控制影响。目前人们已经提出了几种不同的过程机制以解释所观测到地磁指数的年际变化和半年变化,但我们在理解上还需小心谨慎。地磁指数可帮助我们监测磁层顶的重联活动,而磁层顶重联又很难被卫星直接观测到。在磁层顶处,最强耦合点(一般为重联中性点)的位置并不是固定的,通常很难被卫星观测到。由于地磁指数能响应全球整体相互作用,所以我们可以利用地磁指数探究重联与其他因素在太阳风-磁层耦合中的作用。

在控制太阳风-磁层耦合过程中,除磁重联外,起控制作用的另一个重要物理过程便是 Kelvin-Helmholtz 不稳定性(**Kelvin-Helmholtz instability**,KHI)。这种不稳定性非常类似于风吹过水面并在水面产生波动的情形。KHI 和磁重联都能引起地磁扰动的半年变化,这是因为在春秋季节时候,磁偶极轴的倾角相对于太阳风方向和 IMF 方向都是相同的。由于 KHI 与 IMF $B_z$ 的极性无关,但磁场重联依赖于 IMF $B_z$ 的极性,因此我们可通过一个简单测试确定到底是哪种过程引起了地磁扰动的半年变化。通过用夏季月份全天 8 个 3 h 的平均地磁指数数值减去冬季月份全天 8 个 3 h 的平均数值,图 9.3(a)显示了地磁指数的半

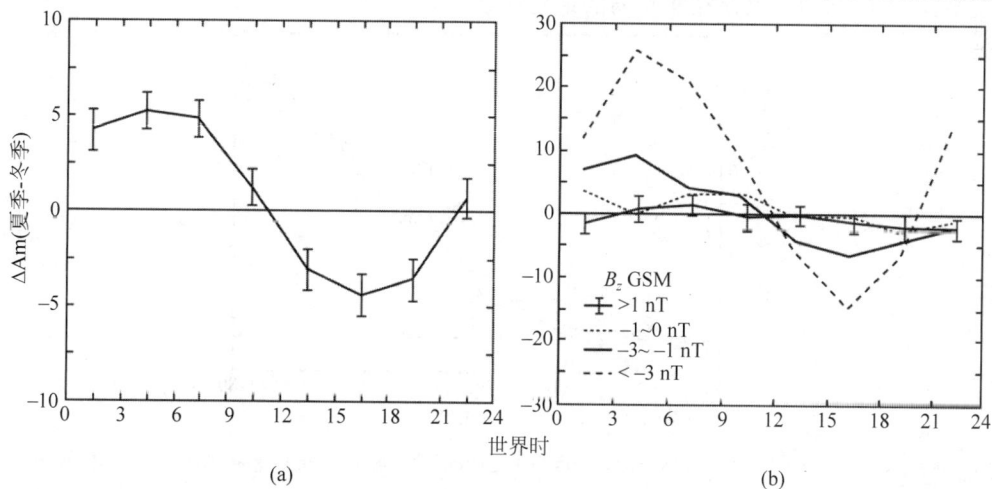

图 9.3　在冬季月份中利用 3 h 平均的 Am 指数日变化减去夏季月份中 Am 指数后得到的日变化。(a)包含所有的行星际磁场方向;(b)在 GSM 中不同 IMF 南北分量下 ΔAm 的变化性(引自 Scurry 和 Russell,1990)

年变化。根据同样的方法,并考虑在不同南向 IMF $B_z$($B_z < 0$)和北向 IMF $B_z$($B_z > 1$ nT)条件下,图 9.3(b)给出了地磁指数的半年变化。我们可以看到,地磁活动的变化与 IMF 南向磁场成正比,而在 IMF 北向期间地磁活动的变化则完全消失。关于太阳风-磁层耦合,图 9.3 传递给了我们两个重要信息:第一,KHI 在太阳风-磁层耦合中扮演了次要角色;第二,重联造成的能量传输过程非常易受 IMF 方向的控制。由于在许多重联"理论"和"模型"中等离子体的重联合并速率没有受到 IMF 方向的较强控制,因此,不能轻易地用这些理论和模型解释实际观测到的太阳风-磁层耦合现象。事实上,这些理论模型至少应该会在磁层顶某处产生连续、较强的重联作用。而这对于任何无碰撞重联理论都是一个较强的限定条件。

我们可以用同样的计算公式获得重联作用(太阳风磁场与磁层闭合磁场之间)随 IMF 方向变化的函数关系。由于激波会压缩与太阳风流垂直的磁场分量,因此我们可以考察地磁活动随 IMF 在垂直于太阳风平面上方向角度(时钟角,clock angle)的变化关系。这里北向定义为地球偶极磁轴在垂直于太阳风平面上的投影方向。我们继续计算重联效率表征量(reconnection efficiency)——Am 指数的变化量,其中 Am 指数已按当时太阳风向地球传输的磁通量进行了归一化处理[①]。当时钟角接近零时(IMF 几乎为北向),归一化后的 Am 指数并不随太阳风对流磁通量发生变化。当时钟角开始向南变化时,Am 指数会对传输磁通量变得更为敏感。而这一变化关系会在 IMF 变为南向时迅速变得明显。

这一变化关系如图 9.4 所示。为得到一个方便记忆的近似函数表达式,我们将这一依赖关系与 $\sin^4(\theta/2)$ 作了比较,其中,$\theta$ 为时钟角,0 代表 IMF 与地磁场平行,180° 则代表 IMF 反平行于地磁场。在这个问题中,对于依赖于时钟角的任何特定函数变化关系,目前还没有相关理论依据,这种变化关系也不满足任何幂律变化形式。地磁活动来源于磁层顶表面(形态复杂)上总的重联效应。磁层顶表面上的重联点位置也不是固定的,甚至在流下点(subflow point)处也不存在这样的固定重联点。图 9.4 传达出的一个重要信息是:即便 IMF 仅有一点北向时,也存在非常弱的地磁活动。

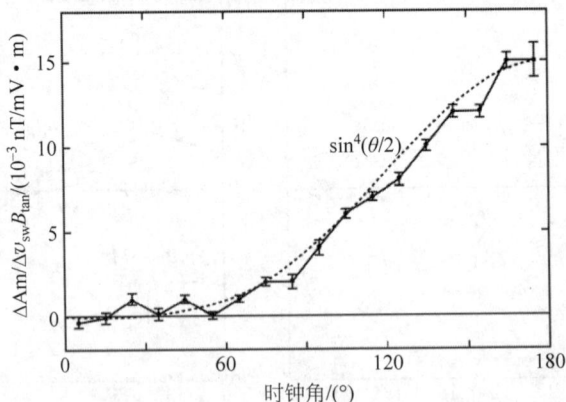

图 9.4 根据太阳风动压和速度进行归一化修正后的 Am 指数,我们可得到重联效率与时钟角的函数变化关系。其中重联效率是将 Am 的变化量按行星际磁场的传输通量进行归一化得到的(引自 Scurry 和 Russell,1991)

---

① 归一化因子可见图 9.4。

　　北向 IMF 对地磁活动的限定对无碰撞磁重联随重联两侧磁场线之间夹角的变化关系也给出了较强的约束。图 9.5 展示了在 4 种不同 IMF 方向(分别为上游 IMF 朝北向、东向、东南向和南向)磁鞘中的"披挂"磁场(draped field)与磁层模型磁场形成的反平行磁场区域。当 IMF 正对着北向时,反平行磁场区域仅出现在尾瓣的开放磁场线处。在这种情况下应该不存在与磁层闭合磁场的动量耦合。当 IMF 指向东向时,根据反平行重联几何关系,反平行区域会向赤道侧运动到靠近与闭合磁场线发生重联的区域。而当 IMF 指向东南方向时,反平行重联区域依旧很小,但是它依旧出现在磁鞘磁场与闭合磁场线呈反平行的磁层顶处。因此,与闭合磁场线的重联可引起向磁尾方向的磁通量传输。当 IMF 指向南向时,重联的区域面积也是最大的。这一模型测试说明观测到的反平行重联半波整流器效果(其中在北向 IMF 期间几乎不产生地磁活动)会随反平行重联的发生而自然发生。而对这一效应,导向场重联(guide-field reconnection)则不像反平行重联那么明显。

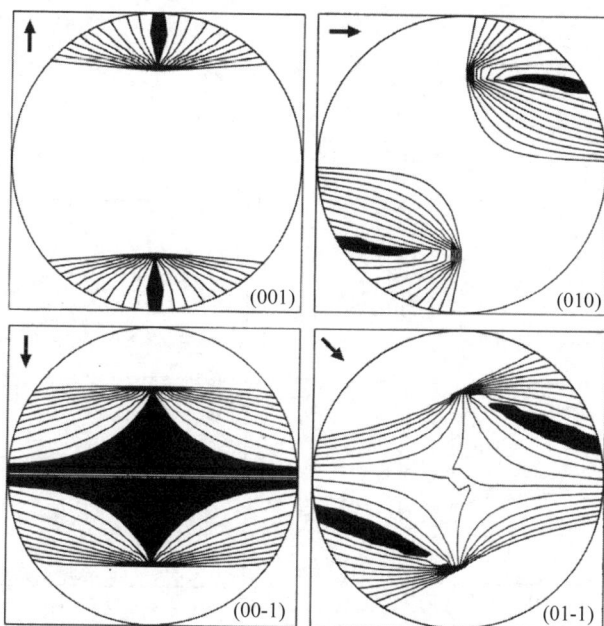

图 9.5　对于理想磁层磁场(偶极磁轴与太阳风流垂直)而言,黑色区域表示在对应上游 IMF 方向下(每个子图左上角箭头方向),磁鞘磁场与磁层磁场几乎呈反平行的区域。这些黑色区域为反平行重联(antiparallel reconnection)发生的区域。而图中的线状区域表示导向场(guide-field)重联或分量重联(component reconnection)发生的区域(引自 Luhmann 等,1984)

　　我们可在偶极磁轴与太阳风流垂直的理想条件下进行模型计算测试。如果我们将磁偶极子朝向或背离太阳风方向倾斜,就会发现这一倾斜会影响重联区的尺度大小。考虑到磁层顶上反平行重联线的长度可定性度量期望重联率的大小,我们可得如图 9.6 所示的重联线长度值。这一模型结果与基于地磁活动数据得到的重联率(reconnection rate)观测行为是一致的,这个结果有助于解释地磁活动显著的半年周期变化。更重要的是,该结果也意味着无碰撞重联的触发需要反平行磁场。这与 MHD 模拟中需通过数值电阻触发磁重联是相矛盾的。

　　最后,我们可通过审查弓激波马赫数对磁层顶磁重联的可能控制作用,从这些地磁数据中抽取获得相关的物理信息。由于重联等离子体中的磁压可以控制重联的发生速率,我们或许可期望激波下游的物理条件中——磁层顶外较弱的 IMF 引起的磁层活动也会比较弱。图 9.7 显示了重联效率(通过计算 Am 指数与传输磁通量的变化关系得到)与太阳风(弓激波日下点处)快磁声马赫数的函数变化关系。从经验上看,当马赫数接近 8 时,重联效率会急剧降低,但需要注意的是,高马赫数的事件数量远远少于低马赫数的事件数量,因此对于计算得到的高马赫数重联效率,其准确性较低。尽管如此,这一观察结果与木星和土星磁层顶重联事件出现率较低是一致的——在土星、木星的弓激波(激波非常强)下游区域,磁鞘是一个高 $\beta$ 区域。我们接下来将讨论从磁层顶的就位观测中可得到的物理信息。

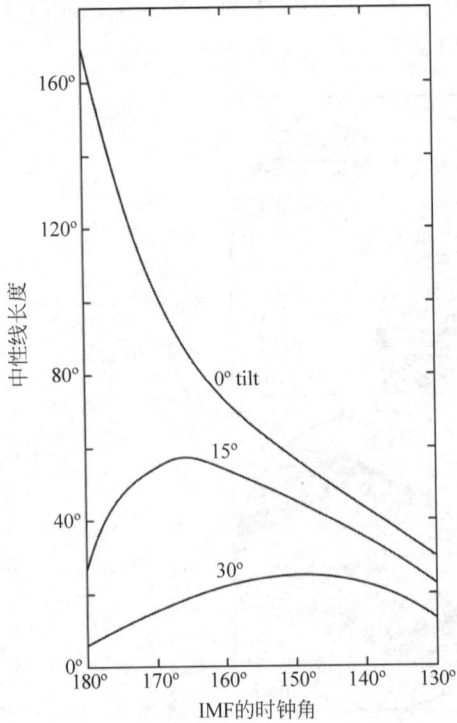

图 9.6　在地磁偶极轴方向与太阳风流方向成 0°、15°、30°夹角情况下,中性线(neutral line)长度随 IMF 时钟角的变化。中性线定义为这样一条线——沿该线电流片两侧的磁场方向完全相反(Russell、Wang 和 Raeder,2003)

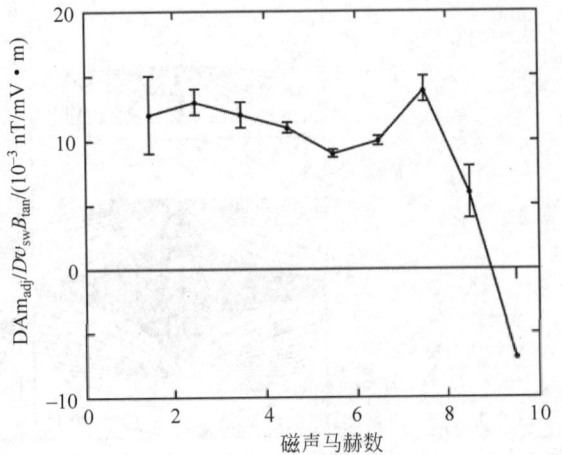

图 9.7　重联效率与磁声马赫数的函数关系。其中,Am 指数已经按太阳风动压和速度进行了归一化修正(引自 Scurry 和 Russell,1991)

## 9.4　观测到的磁层顶

在第 2 章中,我们描述了高层大气中不同的"顶"(pauses),其中最后一个是磁层顶(magnetopause),磁层顶是地球磁场的最外层部分。磁层顶边界是两种磁化等离子体之间的边界层,并且对于无碰撞等离子体而言,如果不存在任何与法向磁场相关的动力学过程,边界两边的等离子体应该是很难混合在一起的。对于太阳风-磁层相互作用的几何形态而言,磁层顶处的磁场,除在较短距离以内外,并不能看作是相互完全平行的。如果外力将这些磁场推到一起,磁场的横向应力就会平衡外力,从而使外侧等离子体无法进入。

　　如果磁鞘中没有磁场,磁层顶是磁鞘等离子体热压和磁层磁压达到相互平衡的地方,这时磁层顶的结构就是最简单的。如我们之前注意到的,这种情形会发生在弓激波马赫数非常高的时候,这时磁鞘里会产生很强的等离子体热压(远超磁压),也就是高 $\beta$ 等离子体。图 9.8 展示了在这种情况下磁层顶穿越事例的磁场剖面分布。在该图中及后面内容的介绍中,我们使用了边界层法向坐标系 $(\hat{l}, \hat{m}, \hat{n})$,其中,$\hat{n}$ 为磁层顶的法向,指向向外;$\hat{l}$ 平行于磁层一侧的磁场方向,$\hat{m}$ 则完成右手螺旋坐标系 $(\hat{m} = \hat{n} \times \hat{l})$,该坐标系的示意图如图 9.9 所示。

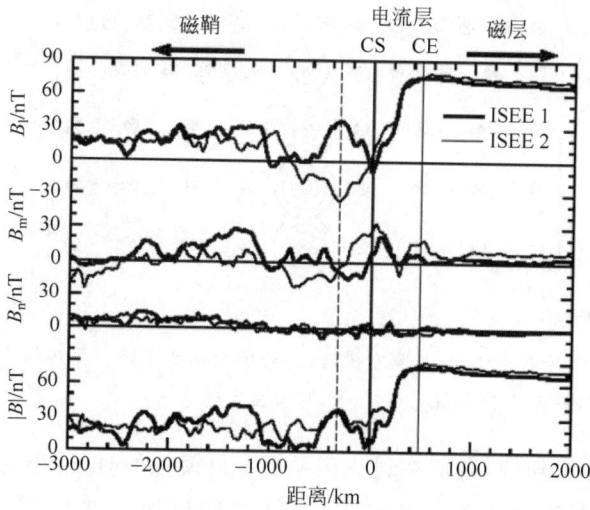

图 9.8　ISEE 1 和 ISEE 2 卫星在 1977 年 12 月 11 日观测到的磁层顶穿越。坐标系为磁层顶边界处的法向坐标系(Le 和 Russell,1994)。其中 CS、CE 代表了穿越电流片(层)的开始和结束

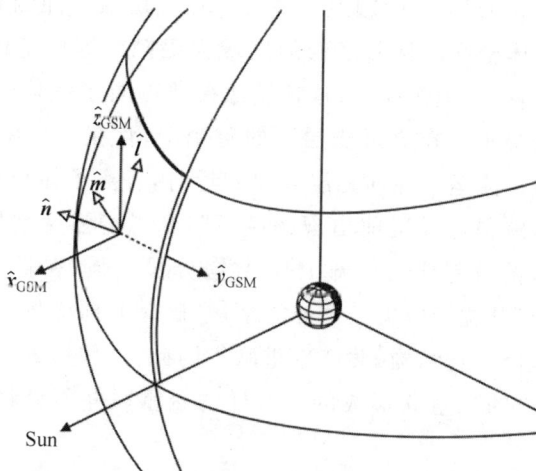

图 9.9　磁层顶边界处的法向坐标系(引自 Elphic 和 Russell,1979)

　　磁层顶携带电流。该电流有两种来源。第一,横越磁层顶的磁场方向会发生变化,那么根据 Ampère 定律,垂直磁场变化方向上的磁层顶间断平面内一定存在电流。第二,如果横越磁层顶的等离子体热压发生变化,那么磁层顶边界层平面内也会存在电流,即便磁场的方向并没有发生变化。通过图 9.10 的示意图,我们可容易看出磁层顶电流的来源。为方便说明,我们在示意图中假设温度是常数,密度的变化产生了压强梯度。在磁层侧靠近边界层的地方,回旋离子(或电子)较少。随着向外远离磁层,回旋离子的数量开始增加,这使有压强梯度的地方出现电流。当离开这个密度梯度的区域时,电流就不复存在了。当然,这个电流会降低磁鞘内的磁场强度。

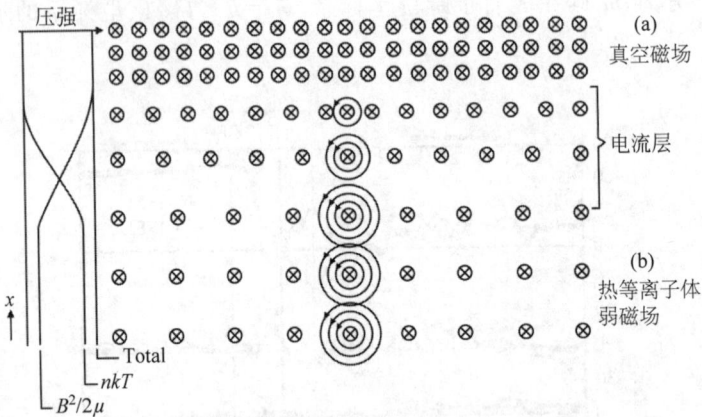

图 9.10　弱磁条件下的热等离子体(b)与真空磁场(a)之间的压力平衡。热压梯度会产生一个电流[①],使磁场强度降低,并通过 Lorentz 力($\boldsymbol{j} \times \boldsymbol{B}$)与磁压达到平衡

　　如在第 7 章中注意到的,我们在讨论磁鞘 MHD 模拟的时候,当磁鞘磁压与等离子体热压相当时,利用磁场有助于确定磁鞘等离子体流的运动方向。这使磁鞘中会出现边界层结构,如 IMF 北向期间,在靠近磁层顶处的磁鞘中会形成一个低密度、高磁场强度的磁场耗空层(magnetic depletion layer)[②]。在磁层侧靠近磁层顶的地方也会形成边界层结构。图 9.11 展示了 ISEE 1 和 ISEE 2 两颗卫星在日下点磁层顶处探测到的磁场与等离子体数据。图中左侧等离子体密度高且温度低的区域为磁鞘。等离子体密度振荡信号与磁场强度呈反相关,这说明存在镜像模波,这种镜像模波可能在弓激波附近产生,然后随着等离子体向内对流至磁层顶。在靠近磁层顶的磁鞘中,存在一个密度下降、磁场增强的过渡区。当等离子体随对流运动在向磁层方向靠近时,等离子体很可能沿着磁通量管从边界层中排掉。在到达磁层边界层前出现密度下降和磁场强度增加的地方就是磁鞘等离子体与磁层等离子体的分界线。外部 IMF 北向分量较强,在日下点附近没有出现重联。然而,在远离日下点且位于极尖区之外的区域,磁鞘北向磁场会弯向下游,这使磁鞘磁场和磁层磁场可能呈反平行结构,并产生重联。因此,这些边界层(位于磁层顶内外两侧)可能是由极尖区后方的磁重联形成的。这样的磁重联并不会将能量传输给磁层,而

---

[①]　该电流实际上是由热压梯度驱动的抗磁漂移电流。

[②]　实际上就是前面提到的等离子体耗空层(plasma depletion layer)。

是会降低磁尾中的磁通量。这种磁重联也可以通过闭合磁通管上被捕获的运动等离子体向闭合磁层传输一定的动量。

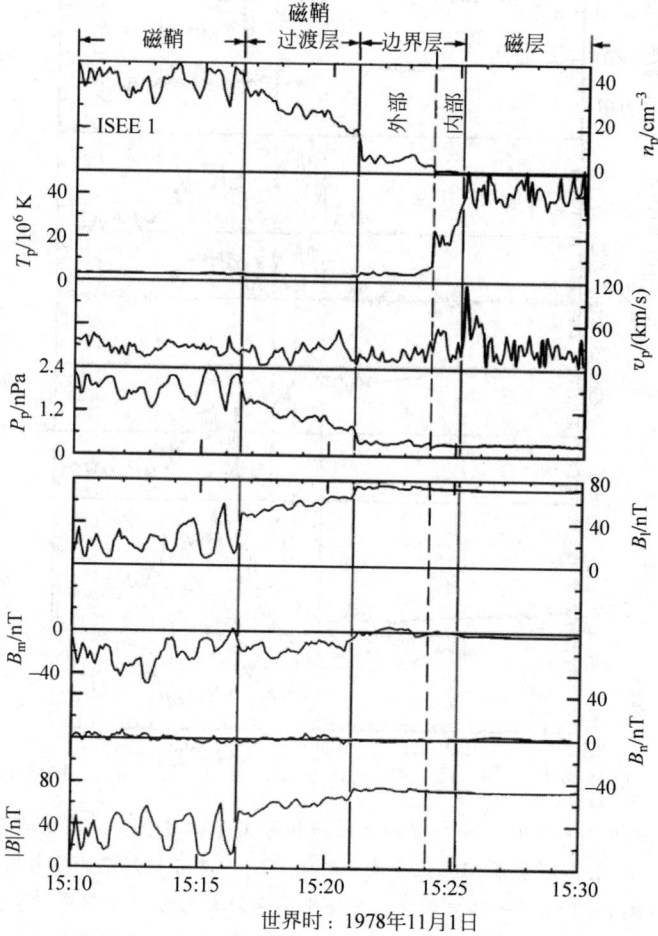

图 9.11　1978 年 11 月 1 日,ISEE 1 卫星在日下点附近观测到的磁层顶穿越。其中等离子体数据由 Fast Plasma Experiment 探测获得,分辨率为 6 s。磁场数据是在边界层法向坐标系下给出的。$n_p$ 代表总的质子密度(引自 Song et al.,1990)

当行星际磁场为南向时,如图 9.12 所示,日下点磁层顶附近会出现较强的等离子体流。磁层顶附近的区域会出现结构化的边界层,但是并没有类似北向 IMF 下的驻区结构(stagnant region)。在这种南向 IMF 条件下,存在持续、高密度、快速等离子体流。而低纬度的闭合磁场线则会与磁鞘磁场线相连。这些由反平行磁场产生的高速流可迅速"拉直"磁场线,并将它们带到极尖区。在极尖区处,磁场线的曲率方向开始发生变化,以致磁场能减速磁鞘等离子体流,并将能量向磁尾中传递(表现为横越磁层顶的 Poynting 矢量)、存储。

在以上两种磁层顶穿越示例中,我们考察的都是准稳态过程。在第一个示例中,磁鞘磁场与闭合磁层磁场线并不发生重联,而在第二个示例中磁鞘磁场则与闭合磁场线存在较强的稳态重联。如图 9.13 所示,磁层顶处可能也会出现间歇性重联(intermittent

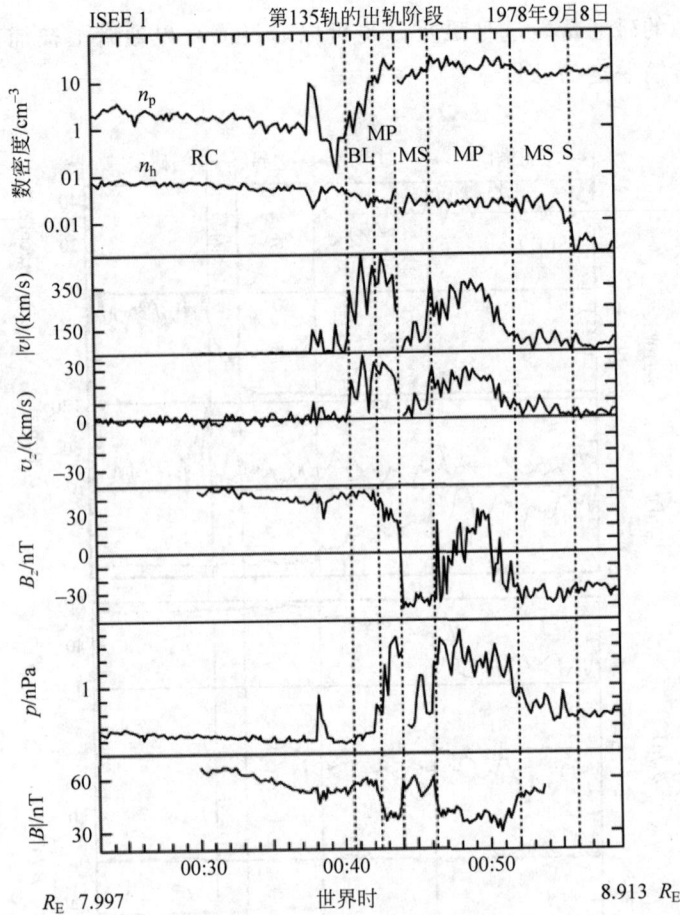

图 9.12　ISEE 1 在 1978 年 9 月 8 日观测到的磁场和等离子体数据。卫星在此期间穿越了环电流 RC、边界层 BL 和磁层顶 MP，然后进入磁鞘 MS。S 表示边界层的结束端。等离子体的数据精度为 12 s，并且等离子体流在卫星自转平面和沿自转方向上都有分量。第一栏子图中的下曲线给出了能量离子（能量 $13\sim40$ keV）的密度变化。这个时段显示了在磁鞘磁场南向期间磁层顶处发生的强稳态重联过程。图中，$n_p$ 为总的质子数密度，$n_h$ 仅代表热质子成分（引自 Sonnerup 等，1981）

reconnection)，还会出现短时间尺度的对流现象。ISEE 1 和 ISEE 2 基本都观测到了同样的磁场扭曲结构（等离子体流携带了该结构并穿越了两颗卫星）。出现的磁层热电子特征表明，扭曲结构内的磁场线是连接着"闭合"磁层的。这样磁鞘会局部性地与磁层顶相连。当这个局部相连区随等离子体流对流穿过卫星之后，在另一个局部区域又会形成磁场连接（02：36 观测到的结构）。这种小尺度的磁场连接结构通常称为通量传输事件（flux transfer events，FTE），因为它们显然携带着从向阳面磁层传输到磁尾的磁通量管。由于它们携带的磁通量较少，所以可能不像稳态重联那么重要。尽管 FTE 得到了不少研究的关注，但人们对它们的形成机理还缺乏认识。图 9.14 中的示意图给出了 FTE 可能的结构形态。

　　太阳系内两颗行星的观测可为通量传输事件的形成提供重要线索。在水星处，太阳风的等离子体 $\beta$ 很小（相对于太阳风磁压而言），磁层曲率半径小，可产生大量的小尺度通量

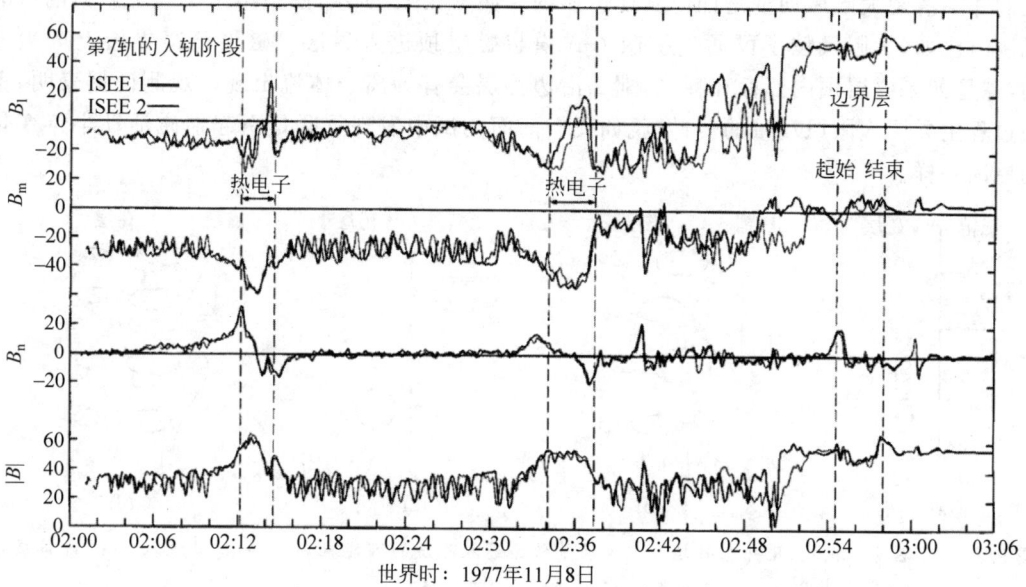

图 9.13　ISEE 1 和 ISEE 2 在 1977 年 11 月 8 日观测到的通量传输事件。图中坐标为边界层法向坐标
　　　　系。虚线之间的区域为包含热电子的通量传输事件。飞船在磁层顶磁层一侧处会观测到边界
　　　　层(Boundary layer,BL)等离子体(引自 Elphic 和 Russell,1979)

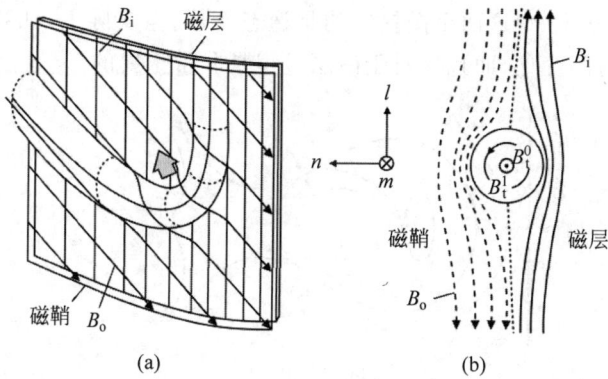

图 9.14　通量传输事件(含扭曲磁场)上半部分示意图。(a)通过磁层顶表面与磁层相连的磁通量绳；(b)
　　　　磁层顶和磁通量绳的截面结构(引自 Elphic 和 Russell,1979)

传输事件。在土星处,太阳风具有很高的 $\beta$ 值,且土星磁层系统的尺寸很大,这使通量传输
事件在土星磁层顶处非常罕见。

## 9.5　磁层对流

　　自早期对极光开展观测研究以来,人们已经清楚了太阳风驱动等离子体对流循环的图
像。极盖区内的物理特征表现为等离子体流向背日方向流动,而极光区内的磁场扰动则与
极区等离子体对流图案(等离子体正午-子夜的跨极盖流动并从低纬回流闭合)一致。最初

人们并不清楚太阳风动量是如何实现传递的。如图 9.15 所示,图中给出了几种经典的可能机制。比如,太阳风粒子可通过扩散方式横越磁层顶进入磁层。磁层顶边界层上产生波动,并且如果磁层顶内部存在耗散,那么沿边界层会有等离子体流出现。观测证据表明,重联过程主导了太阳风动量的传递,就如我们前面测试中发现重联是引起地磁活动半年变化的原因一样。

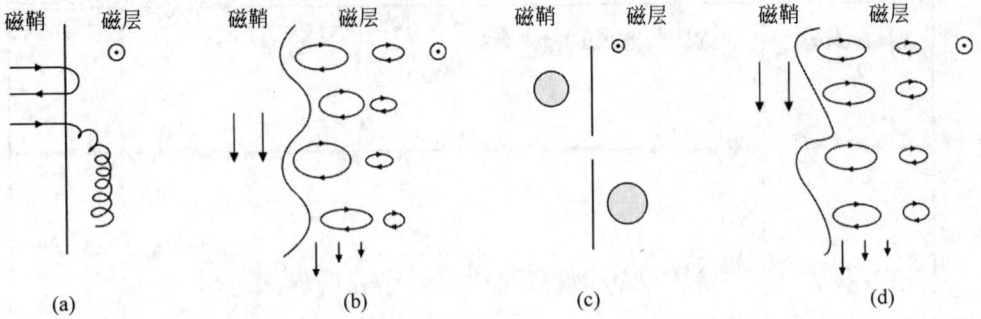

图 9.15　除磁场重联外,几种能引起太阳风动量传递进入磁层的可能机制。(a)扩散进入;(b)边界层振荡;(c)脉冲式注入;(d)Kelvin-Helmholtz 不稳定性

当 J. W. Dungey 画出图 9.16 中的两个示意图时,他实际上就成为了首个理解磁场重联是如何引起太阳风动量向磁层传递的人。图 9.16(b)与图 9.12 中南向 IMF 条件下的观测结果是一致的。图 9.16(a)与图 9.11 中北向 IMF 条件下的边界层形成(用于解释磁层顶观测)是一致的。图 9.16 中这两个图描绘的是稳态情形,但实际上,如我们后面讨论的,重联和对流都会发生时间变化,而且这对于磁层过程是非常重要的。

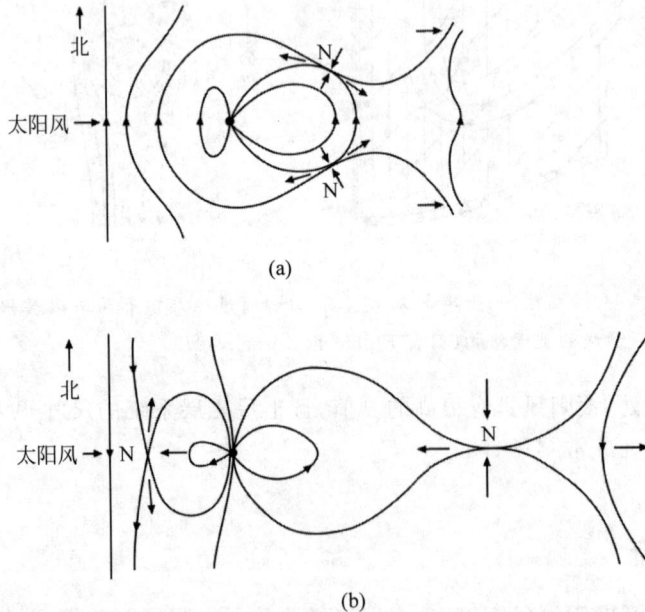

图 9.16　首个重联磁层模型在子午平面上的结构分布。模型给出了磁场线和等离子体流的形态分布。(a)在北向 IMF 下(Dungey,1963);(b)在南向 IMF 下(Dungey,1961)

图 9.17 重新描绘了 Dungey 的磁层对流模型（模型中包括弓激波和极盖区域）。IMF 会随太阳风对流穿过磁鞘，与地磁场磁场线 1 重联，形成连接南北半球的开放磁场线。我们称此为磁场线拓扑结构的变化。原始上游 IMF 磁场线的连接率（connectivity）为 0[①]。地磁场磁场线的连接率为 2。而与地磁场重联后的磁场线，其连接率为 1。

在重联点处，磁场线 1—1′ 产生的磁应力[②]将加速等离子体，并将其推离重联点。当等离子体加速并朝极向运动时，重联后的磁层磁场线会在这个过程中逐渐变直。当等离子体很快通过磁场线 3 所在位置后，磁场线的弯曲方向发生反向，磁鞘等离子体出现减速。当磁通量随磁场线 4 加入磁尾中时，磁尾中的能量会积累增加。如果磁尾中心处存在磁场重联，等离子体将会朝磁尾中心沉降运动。如果磁尾中心处没有重联，那么新汇入的磁通量将会使磁尾半径扩张。我们可在图 9.17 的插图中看到磁场线 1～5 的足点的对应变化。显然，极盖区的磁场线对应尾瓣中的开放磁场线。

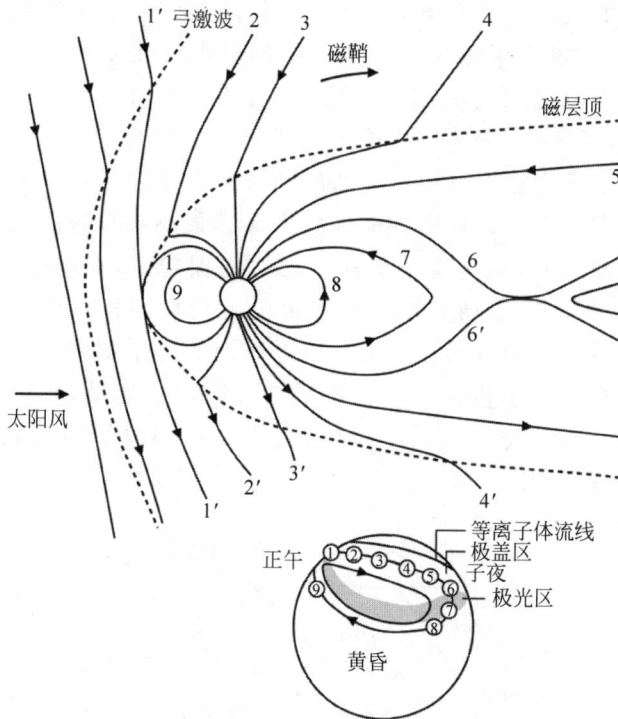

图 9.17　磁重联驱动的磁层对流。磁场线的编号显示了磁场线结构的时序变化过程——磁场线先在磁层鼻端处发生重联，随后在磁层尾部再次发生重联。插图显示了磁场线足点在极区和极光区电离层中的运动过程，表明有跨极盖区流向子夜的等离子体流和低纬流向日侧的回流（引自 Kivelson 和 Russell，1995）

如果在磁尾中心处（等离子体片中）存在重联，那么如磁场线 6 所示，等离子体将继续对流运动。当磁场线 6 和 6′ 重联后形成一根磁场线，等离子体流将在重联点处分裂，部分等离子体流将朝右携带磁场线 7′ 尾向运动，而部分等离子体流将朝左携带磁场线 7 朝地向运

---

① 结合原文意思看，连接率反映了某根磁场线在地表处的足点数。
② 磁应力可理解为磁压力和磁张力作用之和。

动。在电离层中,磁场线 7 与南、北半球的极光区相连,等离子体朝日侧流动。而磁场线 7′ 会完全从地球磁场中分离,并最终成为行星际磁场线,尽管该磁场线结构同时混合了地球等离子体和太阳风等离子体。最终,等离子体及其携带的磁通量会返回日侧,并且如果太阳风条件保持不变,这个对流过程就会一直循环重复。

在这一点上,人们可能会问为什么电离层中磁场线足点也会遵循与磁层中等离子体相同的循环路径。当较高高度的等离子体与太阳风相连(至少磁场线 1~5 是这样),且当等离子体压强推动较高高度等离子体朝向太阳方向流动(在磁场线 6~9 中)时,为什么磁场线足点也要遵循同样的运动? 磁场线足点与穿过地球电离层的地磁场相连,且电离层等离子体是随地球自转而共转运动的。磁层是如何对电离层等离子体施加控制作用的? 用于克服电离层共转运动阻力的作用力是什么?

图 9.18 显示了一个弯曲的磁通量管,其顶部连接了较高高度的磁层等离子体,底部连接了较低高度的电离层等离子体。由于磁层会"拖拽"着电离层,磁场线势必变得弯曲,才能施加磁应力以克服电离层对磁场线的阻力。如图所示,磁场的剪切可等效为场向电流。场向电流会在电离层处闭合,并在电离层中施加一个作用力。在磁层中,场向电流会沿作用区(有磁层压力或太阳风应力作用的区域)的等压面闭合。大多数有趣的物理过程都发生在电离层。地球磁场与地球是冻结在一起的,而电离层磁场线则是与磁层冻结在一起的。在中性大气层中移动某根来自磁层的磁通量管,使其横穿过另一根来自地球的磁通管,这并不违反任何物理定律,也不会对地球施加任何作用力。在导电的电离层中,磁通管顶部和底部的剪切作用肯定会产生平行电场,而这些电场会加速粒子沿着磁场运动。如果这些电场加速电子朝向电离层方向运动,那么电子就会激发大气粒子产生极光。如果电子被加速向上运动,则可能产生一个暗区,然而人们对暗区的研究兴趣不大,而且暗区也尚未得到很好的研究。我们将在第 11 章中讨论极光的物理过程。

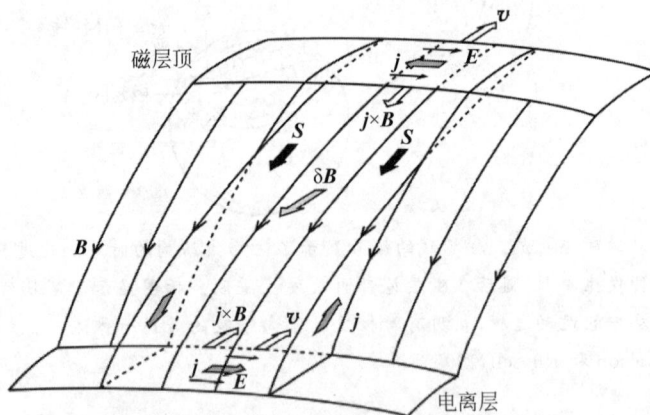

图 9.18  在顶部通量管处,在磁层压强力(由电流 *j* 横越磁场产生的作用力)作用下,通量管的磁场结构会被拉出①纸面。图中显示了磁层和电离层中的 *j* × *B*、磁场扰动 δ*B*、Poynting 矢量 *S*、磁通管速度 *v* 及电离层中的电场 *E*(引自 Strangeway 等,2000)

---

①  原文此处是拉进纸面方向的意思。译者结合示意图,认为是拉出纸面方向。

　　如果我们考察晨昏平面及在晨侧和昏侧处产生的电流体系,便可从图 9.19 中看出磁层-电离层的电流形态。在晨侧,电流从磁层-磁鞘交界面(磁层顶)向下方的电离层流动,并且在极区电离层中存在跨极盖区流动的电流和向低纬电离层运动的电流。这样在晨侧,极光区内的等离子体受到的作用力[①]是日向(东向)的,而极盖区内受到的作用力则是朝背日方向。在昏侧,电流沿上行方向流向磁层-磁鞘交界面,并在极光区电离层区域产生一个西向(日向)的作用力。

　　电离层电流以 Pedersen 电流形式(沿着垂直于磁场的电场方向)从晨侧跨越极盖区流向昏侧。在北半球和南半球,都存在 3 个闭合电流环结构(南半球的没显示)。环 A 是由太阳风耦合作用驱动的,而环 B 和 B′ 是由磁层应力作用驱动的。在较长时间的尺度上,可期待环 B 和环 B′ 能够将环 A 传输到磁层夜侧的所有磁通量返回向阳面,但磁通量是可以先在磁尾中存储而随后释放的。在能量存储期间,向阳面磁层闭合磁场线的磁通量会降低,夜侧磁尾开放磁场线的磁通量会增加。随着向阳面磁层磁通量的减少,磁层顶会向内移动(尽管在太阳风动压不变的条件下),这便能够解释在 IMF 南向时图 7.5 中显示的磁层顶变化行为。虽然我们在这里标记了环 A 和环 B 结构,但根据电流相对于极盖区的位置,环 A 和环 B 电流我们一般分别称其为 1 区(**Region 1**)和 2 区(**Region 2**)电流(这种叫法并不能区分这些电流产生的物理原因)。因此,1 区电流($R_1$)会同时受太阳风应力和磁层应力的影响,而 2 区电流($R_2$)则仅响应磁层应力的变化。

　　如果我们从上空俯瞰极区的电流系统,那么如图 9.20 所示,这些场向电流将形成一个螺旋性图案。在日侧的电流重叠区域对于进入极盖区的重联磁通管会形成一个喉状结构,而在午夜处这些磁通管会离开极盖区。日侧的喉状结构对 IMF $B_y$ 分量(与地球轨道方向相反)非常敏感,当然也会受 IMF $B_z$ 分量的影响。

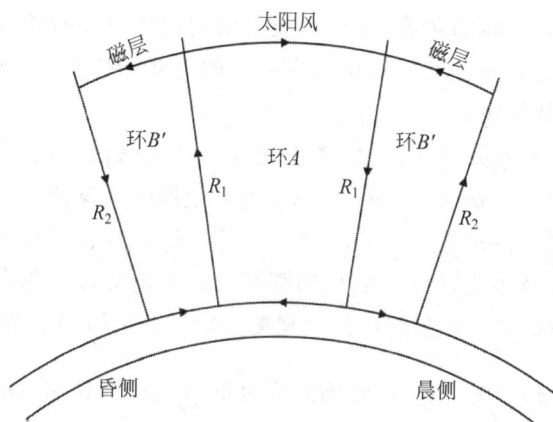

图 9.19　北半球晨昏平面内的 1 区(Region 1)和 2 区(Region 2)的电流体系

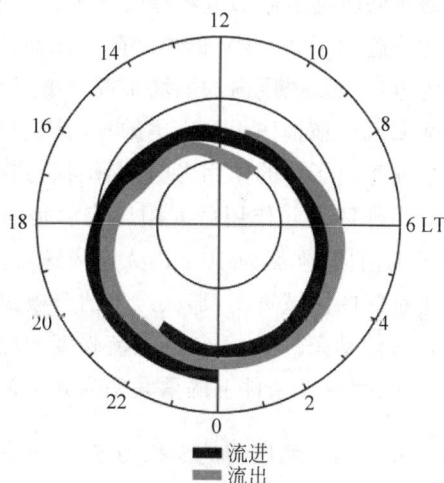

图 9.20　北半球极区电离层中 1 区、2 区电流的流入、流出方向

　　跨极盖区的等离子体流会产生一个正比于 $-\boldsymbol{v}\times\boldsymbol{B}$ 的电场,其中,$\boldsymbol{v}$ 为等离子体流速

---

① 实际就是 $\boldsymbol{j}\times\boldsymbol{B}$ 作用力。

(单位为米每秒)，$\boldsymbol{B}$ 为地球磁场(单位为 tesla)。如图 9.21 所示，等离子体流在跨越极盖区后会在低纬处由子夜返回正午，产生有两个焦点的对流循环图案。电场沿两个焦点之间的直线积分就是这两点间的电势差。跨极盖电势降是衡量磁层活动的重要指标。比如说，如果两个焦点处于纬度 75°，从正午流向子夜的等离子体流速为 1 km/s，那么计算得到的跨极盖电势降[①]大约为 200 kV。

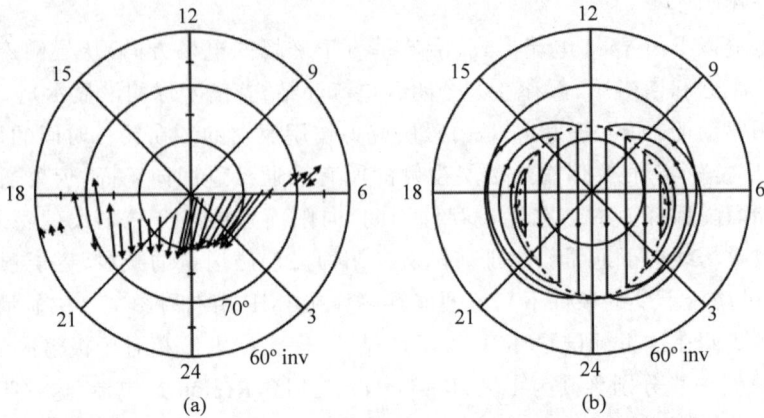

图 9.21 (a)在卫星横越极盖区的路径上，卫星探测到的磁场扰动在极盖区上的投影，表明这个区域有跨日夜极盖区、向日侧返回的等离子体流；(b)关于跨极盖区及低纬回流呈对称结构的等离子体流分布图案。inv 表示为不变纬度

如果极区的等离子体对流为磁层顶处的磁重联驱动，而这时的太阳风速度为 500 km/s，南向 IMF 强度为 10 nT，那么在横越晨昏尺度为 $6.3R_E$ 的区域内太阳风便能通过磁重联驱动所需的电势降(200 kV)。在这种情况下，如图 9.22 所示，或许可以说太阳风给磁层施加了 200 kV 的电势降。然而，这种描述是具有误导性的，因为磁层系统不能简单视为电容板。磁层内的电场来源于磁层等离子体的对流，而该对流是由向阳面磁层顶重联后太阳风的拖曳作用及磁尾的日向压强梯度力驱动的。磁层具有一定的等离子体质量，所以加速等离子体的作用力会对磁层起到控制作用。

为理解重联作用后太阳风能量是如何流向磁层的，我们考虑这样一种重联情形，其中 IMF 为南向，强度为 10 nT，太阳风速度为 500 km/s。如果 $6.3R_E$ 是太阳风与地球磁层顶发生重联的区域宽度，那么产生的跨极盖电势降应为 200 kV，这个量值一般出现在较显著的地磁活动条件下，例如环电流强度的增加及极光椭圆带面积的膨胀。这个电势降与重联率成正比(这个条件下的重联率为 0.2 MWb/s)。如果将磁尾北尾瓣视为半圆结构，其半径为 $25R_E$ (因此北尾瓣的面积为 $S = \dfrac{\pi R_{\text{tail}}^2}{2} = 4 \times 10^{10}$ km$^2$)，磁场强度为 30 nT，那么它储存的磁通量为 1.2 GWb，所以需耗时 6000 s(在重联率为 0.2 MWb/s 的条件下)北尾瓣才能填充其磁通量。在磁尾其中一个尾瓣且长度为 $10R_E$ 的空间内存储的总磁能为 900 TJ。磁尾

---

① 两个焦点间的距离为 $l = \dfrac{\pi}{6} R_E = 3.34 \times 10^3$ km，考虑到极区磁场强度约为 60 000 nT，那么对流电场强度为 $\boldsymbol{E} = -\boldsymbol{v} \times \boldsymbol{B} = 0.06$ V，电势降将约为 $\boldsymbol{E} \cdot l = 200$ kV。

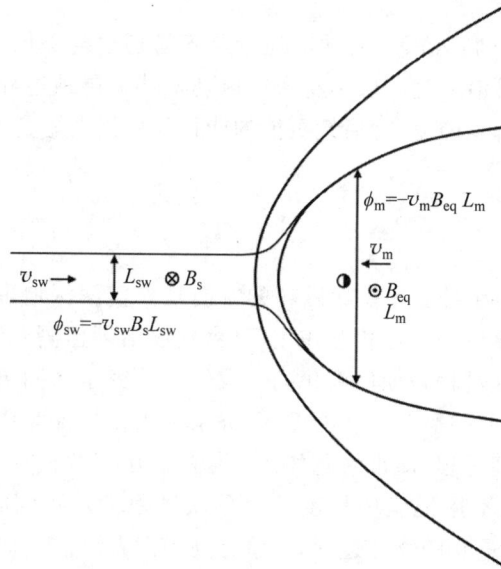

图 9.22　将太阳风等离子体中横越重联平板区域两端的电势降映射到磁层顶,以及磁层赤道平面上。太阳风流流向磁层顶的鼻端,然后沿纸面向外和向内运动,并跨过极盖区

储存的能量由太阳风流的动能转化而来。如果太阳风质子密度为 $10~\mathrm{cm}^{-3}$,则其动能通量为 $1~\mathrm{mJ \cdot m^{-2} \cdot s^{-1}}$ $\left(按 \dfrac{1}{2}nmV^3 计算\right)$。太阳风动能是随磁通量对流传输的,所以在横越太阳风 $6.3R_{\mathrm{E}}$ 的尺度区域内,太阳风携带的动能通量为 $42~\mathrm{kJ/(m \cdot s)}$,若需要在 6000 s 时间内补充磁尾磁能,太阳风需要提供的动能为 250 MJ/m,其中重联区的垂直厚度[①]是一个自由参数,这个参数对于计算重联磁通量是不需要的,但对于计算具体传输的太阳风能量大小是需要的。当太阳风向磁尾填充磁通量的时候,也在向磁尾填充能量,那么所需磁层顶重联区的厚度[②]应为 $0.6R_{\mathrm{E}}$(如果考虑两个尾瓣的话则为 $1.2R_{\mathrm{E}}$)。从这个重联区,或更准确地说是在重联形成的磁鞘边界层处,传输出来的动能会通过 Poynting 矢量(与磁层顶处较小的磁场法向分量有关)流入磁尾。

通过 Poynting 矢量对磁尾磁层顶表面积分,令太阳风动能通量等于磁尾磁能的填充率(在 6000 s 时间内),我们可以容易计算出到底磁尾磁层顶需要多大的磁场法向分量。我们可继续前面的示例分析:假设磁尾宽度为 $25R_{\mathrm{E}}$,磁场强度为 30 nT,长度为 $10R_{\mathrm{E}}$ 的磁尾内储存的总能量为 900 TJ。磁层顶边界层处的 $\boldsymbol{j} \times \boldsymbol{B}$ 作用力会使太阳风减速。传输进入磁尾的能量传输率等于 Poynting 矢量 $\boldsymbol{E} \times \boldsymbol{B}\mu^{-1}$ 对磁尾表面的面积分。通过计算发现,如果太阳风-磁层顶的重联区宽度为 $6.3R_{\mathrm{E}}$,厚度为 $0.6R_{\mathrm{E}}$,那么只需磁尾磁层顶处的磁场法向磁场分量为 1 nT,就能提供所需的 Poynting 矢量。由于磁连接,从尾瓣中"泄漏"出的磁通总量仅为尾瓣磁通量含量的 2.5%。我们对整个磁尾磁层顶积分得出的这个量值是非常合理的。计算得到的磁场法向分量是非常小的,以至于很难在磁扰期间的典型磁层顶穿越中被

---

①　图 9.22 中沿垂直于纸面的方向。

②　厚度按 900 TJ/250 MJ/m 计算。

探测到。

简而言之,在磁扰期间,太阳风的动能通量可容易通过与磁层磁场的重联过程向磁层供给所需能量。磁连接可沿磁尾磁层顶将太阳风动量从磁层顶边界层中"抽取"出来,而能量则可从磁层顶边界层流入磁尾,为后续可能的能量释放提供能量存储。

## 9.6 磁场重联

在第 9.3 节中,我们看到了行星际磁场的方向是如何深深地影响磁层中物理过程的。我们也明确了太阳风与磁层的全球相互作用(可由地磁活动监测到)是如何变化的,以及作用在局部磁层顶处的物理过程是如何变化的。我们还研究了太阳风和磁层的耦合连接(由重联引起)是如何驱动磁层中等离子体的循环,并引起太阳风能量流入磁层中的。然而,我们还没有阐明其中的物理过程,即重联是如何运作的。由于我们在局地尺度内还未能深入理解重联的物理过程(更不用说全球尺度的磁重联过程了),我们的讨论将不得不有所限制,但我们还是试图阐明重联的物理过程,这将有助于读者评估磁重联的各种模型。

### 9.6.1 重联的物理过程

如图 9.23 所示,假设一对反平行磁场位于电流片(电流片具有一定的电阻率)的两侧,两侧磁场会扩散进入电流片,然后相互湮灭,并将磁能转化为等离子体动能和热能[①],进而加速、加热等离子体。重联可发生于自然界中,也可发生于计算机模拟中,无论是 MHD、混杂模拟,还是全动理学模拟。

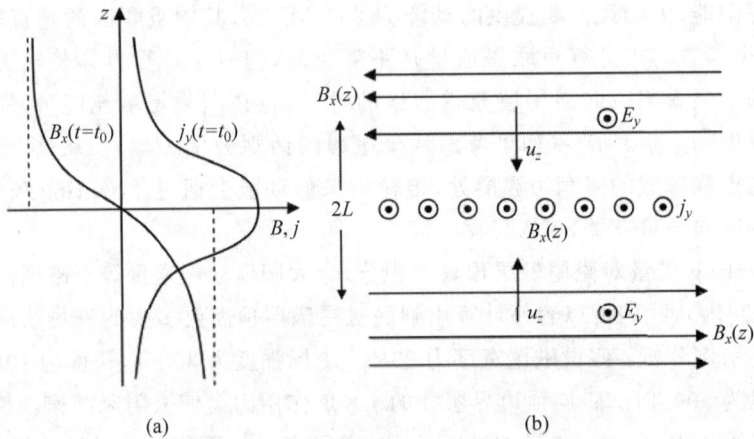

图 9.23 电阻介质中电流片的演化过程。(a)初始电流片中磁场 $B_x$ 和电流密度 $j_y$ 的分布;(b)随着时间的推移,两侧方向相反的磁场会在电流片中心处湮灭并加热等离子体。电流片边缘的磁场会不断向电流片中心处扩散以补充湮灭的磁场,直到所有的磁通量消失

当人们观测发现太阳具有磁场且发现太阳上会发出快速的高能加速粒子时,科学家在那个时候就开始采用无碰撞磁重联解释这种加速现象。显然,磁重联的磁场几何结构位形

---

① 原文此处为热能。由于重联会引起等离子体的加速、加热,译者认为改为动能和热能更妥当。

是非常重要的,但直到几十年后,人们才对几何结构位形形成了一致认识。为了加快重联率,P. A. Sweet 将扩散区限制到图 9.24 所示的小区域内,但是这种模型得到的重联率还是太慢。

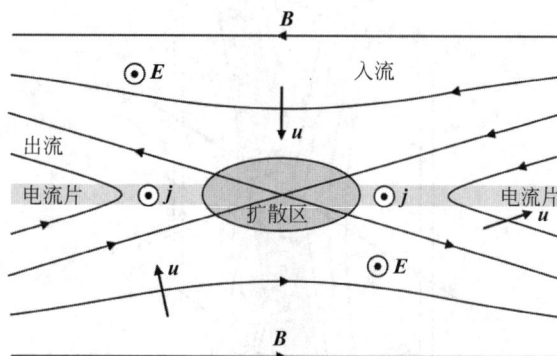

图 9.24　电流片在电阻性介质中的演化,并伴随等离子体出流。如果加热后的等离子体能够从两侧逃出,并且扩散区也被限制在一个小区域范围内,那么重联速率可被提高,但重联率仍受扩散速率的限制。该模型由 Sweet(1958)提出,Petschek(1964)对其进行了改进

在加速方面,H. E. Petschek 引入了 MHD 波的作用,这显著提升了重联率和重联粒子的加速性(Petschek,1964),但是该模型仍取决于重联区附近的扩散率。其他学者,特别是 R. G. Giovanelli 和他当时的博士后 J. W. Dungey,则强调磁重联的三维性质,并建立了中性点模型——其中磁场在穿过重联电流片后会变为零,且不考虑中性线,这样避免出现类似 Sweet 和 Petschek 模型中的平面电流层结构(会降低重联率)。三维中性点模型的发展在我们前面讨论过的 Dungey 磁层模型中已经达到顶峰。

图 9.25 展示了磁层两个重联区(磁层顶和磁尾)的磁场几何示意图。当将该示意图应用于地球磁层顶时,该处的等离子体和磁场数据如图 9.12 所示,地球和磁层位于图 9.25 的右侧,磁鞘位于左侧。等离子体从左右两侧流入狭窄的 X 型区域,然后受到磁应力的作用而被加速,进而从上下两侧排出。重联出流区(exhaust zone)两侧的电场($-\boldsymbol{v} \times \boldsymbol{B}$)是相互平行的,并且,既然两侧磁场方向是相反的,这意味着等离子体流会从两侧向电流片中心流动。出流区对于重联非常关键。如果出流区被"堵"上了,那么重联将会停止。不管是在磁层顶还是磁尾,出流区两侧的等离子体物理条件很可能是不相同的。出流区两侧的等离子体很可能 β 值较高,等离子体热压占主导。只有在平静时期,外部磁层中的热等离子体含量才会较少,这时太阳风基本会被磁层的磁压阻挡在外。类似地,在太阳风/磁鞘等离子体中,偶尔会出现 ICME 的情形,这时 ICME 的巨大磁通量绳会使磁鞘中磁压占主导。由于磁应力取决于从边界层两侧漏出的磁场,任何一侧磁应力的变弱都会降低重联区的等离子体出流速率。这种两个反向磁场相遇的区域,当然,对于触发重联是非常关键的。磁场线在该处的拓扑形态肯定也会发生改变。两端足点在地球上的闭合磁场线与足点不在地球上的磁场线(太阳风磁场线)重联,形成一个足点在地球上的开放磁场线。如果没有物理过程可实现这种作用,那当然就不会有重联。如果这种磁场线交换过程发展很快,那么只要加速起来的等离子体有对应的逃逸通道,磁重联就会较快发生。

在无碰撞等离子体中,MHD 尺度下的磁重联是不可能发生的。因为磁场与等离子体

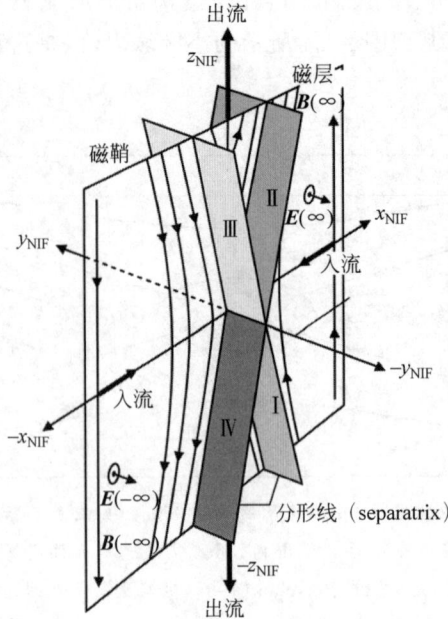

图 9.25　磁层顶处的磁重联几何位形。重联区左侧为磁鞘,右侧为磁层,等离子体入流(inflow)
　　　　区位于左右两侧,而等离子体出流(exhaust)区位于上下两侧。除了非耗散过程可引起
　　　　磁场线的相关背景条件出现变化外,该模型类似 Petschek(1964)提出的重联模型。重
　　　　联过程人们还没有完全理解,但显然这个过程是发生在电子尺度而非 MHD 甚至是离
　　　　子尺度上的。NIF(normal incidence frame)为法向入射坐标系

是冻结在一起的。在 Hybrid 模拟中(离子被视为粒子,电子被视为无质量的流体),无碰撞
磁场重联也不可能发生,因为磁场与电子(而非离子)冻结,随电子运动而运动。而在全动
理学模拟中对电子运动做恰当处理后,磁场重联是可能发生的。模拟磁重联很困难,这是
由于电子的质量是质子的 1/1836,在电荷量相同的情况下,追踪电子运动的计算量比质子
的多很多。进一步,如前所述,磁层中很大一部分区域内的闭合磁场线(两端足点在地球
上)是与磁鞘接触的。在如此大的体积空间内,我们要同时解决动理学磁重联问题和太阳
风-磁层的全球相互作用问题,这会使模拟求解非常困难。随磁鞘磁场方向的改变,重联区
域尺度也可能非常小,时间尺度也可能很短暂。

　　对于地球磁尾的磁重联,情况要简单一些,可能更容易处理。首先,磁尾重联区两侧物
理条件是对称的,磁场线在两侧应该是互为反平行的。研究磁尾不稳定磁场几何结构位形
的方法与研究向阳面磁层顶的方法是完全相反的。在磁尾,要演化成为一个重联事件一般
要将一个与重联有关联的几何结构(电流片)拉伸为一个薄电流片,其中的法向磁场非常微
弱,这样容易触发重联。在磁层顶处,在重联事件触发前,磁层顶边界层两侧的磁场是没有
关联的。当磁鞘磁场方向由磁层顶法向旋转至与磁层磁场完全反平行时,才会出现反平行
重联几何结构位形。

　　对于磁尾而言,我们可将图 9.25 左右两边分别视为磁尾的南、北尾瓣。在最终能演化
为不稳定、进而发展为重联的区域中,电流片中的强法向磁场分量能稳定电流片、抑制重
联。磁尾的拉伸会减弱电流片中的法向分量。随着磁尾中的等离子体演化为不稳定状态,

磁尾中的等离子体一般得不到有效填充,这与磁层顶处是不同的。因此,在磁尾拉伸作用会使强磁场、低 $\beta$ 的两个尾瓣区域互相靠近。如果重联最先在某一薄电流片内开始触发,最先开始速率较慢,但随着重联点移向强磁场区域[①],磁应力变得更大,重联速率则会变得更快,相应的等离子体出流速度也会越快。

我们注意到许多模拟会得到大致相同的重联率,这与磁场的几何位形基本无关。这些模拟通过隐式或显式的扩散作用实现磁场重联。在考虑粒子碰撞的条件下,重联区的几何位形、等离子体条件及扩散作用共同控制了重联率。而在无碰撞的模拟和等离子体条件下,电流片的物理条件不会发生改变,在非完全反平行的条件下重联也应不会发生。这就会引出一个关于导向场重联(guide-field reconnection)的长期问题,在导向场重联中等离子体可以发生重联,尽管两侧磁场是非反平行的。磁层对南向 IMF 的响应与导向场重联并不能调和。动理论模拟则支持弱导向场或无导向场的重联。图 9.26 显示了 Scholer 等(2003)得到的两次动理学重联模拟结果。图 9.26(a)中给出的是无导向场、磁场完全为反平行条件下的磁场重联。这种条件下,重联能很快触发。如图 9.26(b)所示,当引入导向场后,重联触发会出现延迟,可能直到某些扩散过程开始起作用才会出现重联。一旦重联触发,那么其重联率(受磁场几何位形和等离子体条件控制)对于这两种情形都是相同的。

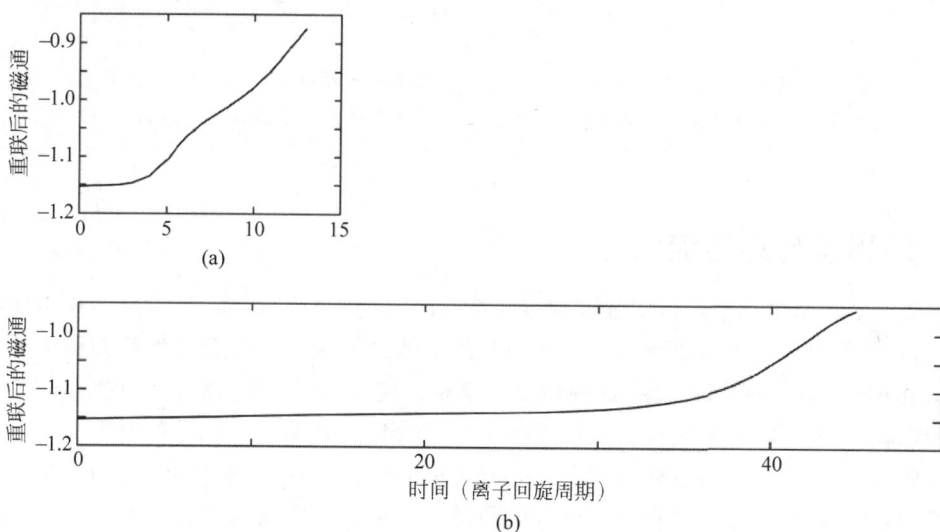

图 9.26　在全动理学模拟中,在无导向场(a)和有导向场(b)条件下,重联率随时间的变化。导向场的出现明显推迟了重联的触发时间,但是一旦重联触发开始,这两种条件下的重联率都是相同的。重联率很可能受控于重联的磁场几何位形和重联两侧的 Alfvén 速度(Scholer 等,2003)

尽管我们还没有一个令人满意的磁重联计算机模拟,但我们确实从这些模拟中获得了一些关于磁重联内在运行机制的线索。如今计算机已经变得越来越强大,全动理学重联的模拟也越来越接近真实物理条件。图 9.27 中展示了 Karimabadi 等(2007)在重联模拟中得到的电子流图像。该模拟是全动理学模拟,但是为了方便用大型计算机研究这个问题,该

---

① 译者认为应理解为尾瓣里的开磁场线磁通流入重联区。

模拟研究只作了二维处理,并且设置了质量比 $m_i/m_e$ 为 100。该模拟中也无导向场。我们可立马看出重联区的电子流很复杂。电子从上下两侧均匀地流入重联中心区域,然后在重联区迅速转向形成一个覆盖较大区域的水平电子喷流。该模拟结果表明在重联区存在较大的电场,而电子压强梯度的空间尺度小于电子回旋半径或电子惯性尺度。还存在一些物理特征结构,其中电子会与磁场解耦,这使磁场线拓扑结构发生改变。这些模拟有助于我们理解重联,但要在这样的模拟中采用真实的质量比,实现全球尺度下的三维模拟,可能还需要一些时间。或许 2015 年 3 月 13 日发射的 Magnetospheric Multiscale(MMS)探测任务会为空间磁重联带来新的观测发现。

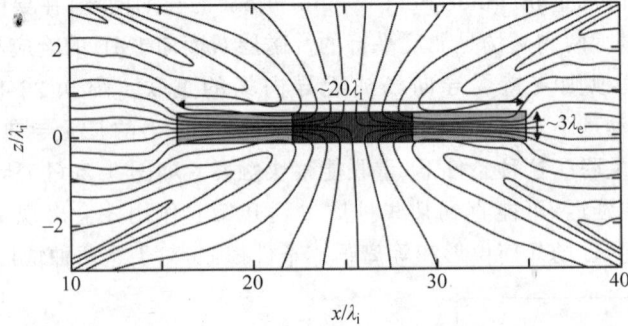

图 9.27　在全动理学磁重联模拟中 $X$ 点的多尺度结构(Karimabadi、Daughton 和 Scudder,2007)。
图中给出了电子流线。在中心处,电子流平滑均匀地流入重联区,然后向两侧喷射

## 9.7　地磁暴与环电流

如果按 9.4 节中那个示例的强度发生持续长时间的磁重联活动,则不仅会在磁尾中存储能量,还能为外磁层闭合磁场线区域内的等离子体提供能量。这会产生我们称为地磁暴(**geomagnetic storm**)的物理现象,这种现象在早期研究地磁活动的时候人们就已经注意到了。图 9.28 显示了地磁暴期间低纬度地磁台站记录到的典型地磁扰动的时序分布。在这样的时序分布中,地磁暴的急始(sudden commencement)开始时,地磁场水平分量的强度会突然增强,而一段时间后地磁场会出现大幅降低。几天后地磁场强度会恢复到之前平静期间的水平。我们将地磁场的这种变化行为理解为地磁场对 ICME 穿越磁层的响应。磁场的突然增强是由太阳风高密度的快速等离子体(ICME)压缩磁层所致,而这部分等离子体通常位于 ICME 前导激波锋面后随的鞘区内。地磁场强度的下降是由于 ICME 磁鞘中或磁绳中南向磁场引发的长时间持续重联从而导致能量注入磁层,使磁层"充气"①而引起的。这增强的太阳风-磁层耦合作用大约可持续一天,而能量可能会通过向阳面磁层进入,最终流入磁鞘而损失。如果输入的能量(太阳风粒子)被磁层捕获,那么磁层需要好几天才能损耗这些能量。其中一种损耗过程便是通过激发离子回旋波,将离子的回旋能量转移,从而使离子沿磁场线沉降至大气。另一种更有效的方式是离子与中性大气发生电荷交换,离子变为快速中性粒子后会携带能量逃出磁层系统。

---

① 译者认为原文中此处的"inflation"应理解为太阳风粒子的注入。

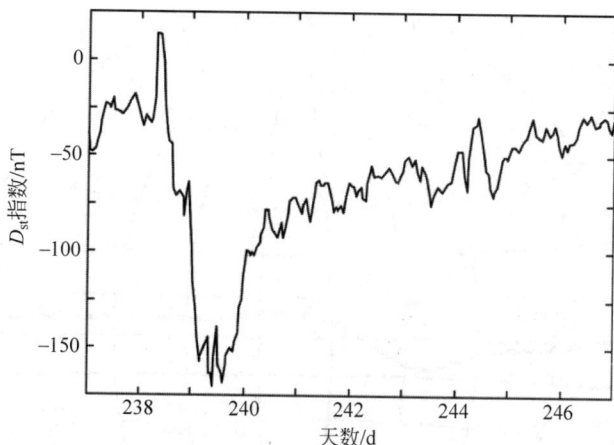

图 9.28　地磁暴期间的 $D_{st}$ 指数变化。地磁暴的急始表现为地表地磁场的快速增强。然后随着环电流的发展,地表地磁场的水平分量会很快下降到一个低值。在地磁扰动快速恢复到一定程度后,在接下来的一周内磁层会随着环电流的衰减而慢慢恢复

　　在本节中,我们将讨论如何建立一个能定量衡量环电流的物理指标;讨论如何利用一个简单的物理模型,并基于地球上游太阳风参数,预测环电流的强度如何随时间变化,并最终确定环电流等离子体中含有多少能量(不用卫星或卫星编队开展直接探测)。

### 9.7.1　环电流的定量分析

　　由于环电流是在地球磁层的赤道处流动,因此,如图 9.29 所示,在低纬度的地磁台站可较好地响应环电流的变化。图 9.29 中所示的这 4 个观测台站距离磁赤道足够远(赤道电集流主要分布在磁赤道面上),因此电离层电流对观测到的地磁变化几乎没有影响。这几个台站离极光区也足够远。我们用一年之中磁平静期的地磁数据构建平均的最小环电流磁场和背景地磁场。然后从观测数据中扣除这些基准值,得到所记录的扰动值。然后计算全球 4 个台站[①]的扰动平均值,这就得到了磁暴扰动时期的 $D_{st}$ 指数(Dst index)。我们将看到,通过这种简单算法得到的 $D_{st}$ 指数可对环电流作定量理解。

### 9.7.2　预测环电流的强度

　　在 ICME 穿越磁层及其随后的地磁暴期间,图 9.30 显示了探测到的行星际电磁场和等离子体数据。图 9.30(a)展示了在地球参照系下测量到的太阳风动量通量,即太阳风动压。由于 ICME 的速度比背景太阳风速度快,这导致在 ICME 前端可能形成一个激波结构,如图 9.30 中 9 月 24 日 23:45 时刻所示。图 9.30(b)给出了 IMF 的南北分量。ICME 的磁鞘区非常湍动,当遭遇到 ICME 中的磁绳结构后,IMF 变得很强且为南向。图 9.30(d)给出了磁层环电流的响应。当增强的太阳风动压到达磁层后,磁层被压缩,随后增强的南向 IMF 的到达,能量等离子体注入磁层,使磁层"充气"。通过考察环电流的能量注入率随南向 IMF 对流强度,也就是行星际电场的关系(图 9.30(c)),我们可对这一物理过程作定量化分析。

---

　　① 　原文此处写为了 five stations,译者认为应是笔误。

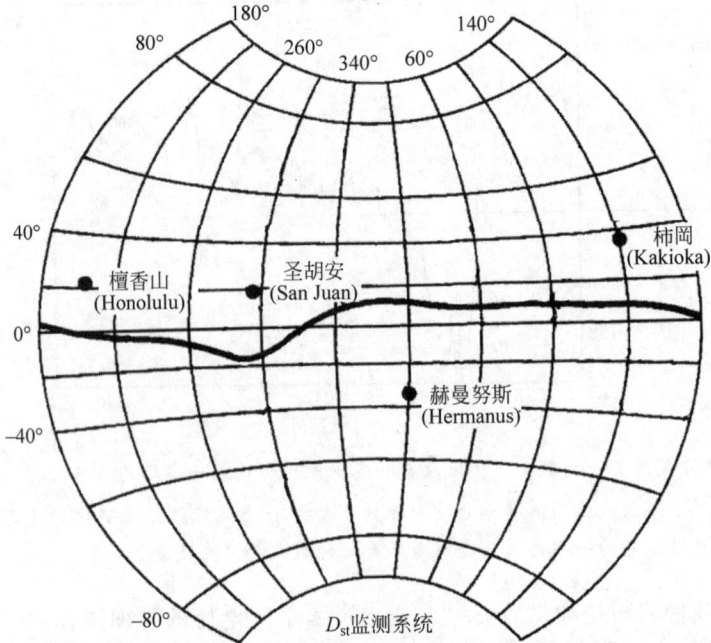

图 9.29 用于计算 $D_{st}$ 指数的地磁台站的位置。$D_{st}$ 指数可用于识别和量化地磁暴。赤道附近的粗黑线为磁赤道,赤道电集流集中在磁赤道附近

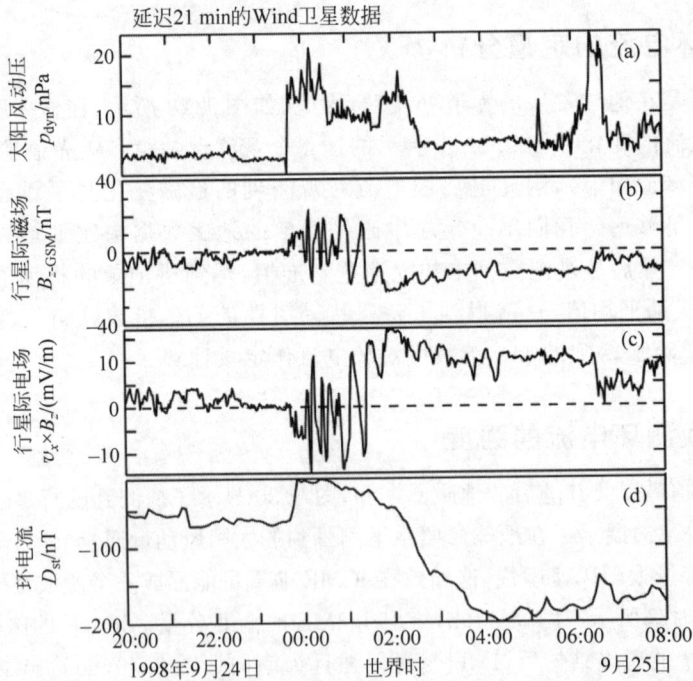

图 9.30 地磁暴急始期间的太阳风参数。(a)太阳风动压(已将动压间断平移至磁层压强①增强开始的时刻);(b)行星际磁场在 GSM 坐标下的 $B_z$ 分量;(c)行星际电场强度,用于表征南向 IMF 对流传输进入磁层的速率;(d)$D_{st}$ 指数。地磁暴急始显然是由太阳风动压的大幅突增引起的,伴随着持续行星际南向磁场的对流传输,磁暴开始进入了主相(main phase)

———

① 原文此处所指的磁层压强增强实际是指磁层顶电流增强的时刻。

图 9.31 显示了这种计算关系。我们在修正环电流的衰减效应后（在 IMF 没有南向分量的情况下环电流的强度），可根据每小时环电流的变化计算环电流的能量注入率。由于我们关注的是暴时期间，所以 IMF 南向时段（$+E_y$）多于 IMF 北向时段（$-E_y$）。我们看见，在 IMF 北向期间几乎没有注入率，而在 IMF 南向期间，注入率与南向 IMF 的传输率（行星际电场）线性相关。这一结果也与我们前面关于 Am 指数的讨论是一致的。这再次说明，重联过程是存在显著约束条件的，该约束条件不支持所谓的导向场重联会对环电流的发展作出任何贡献。

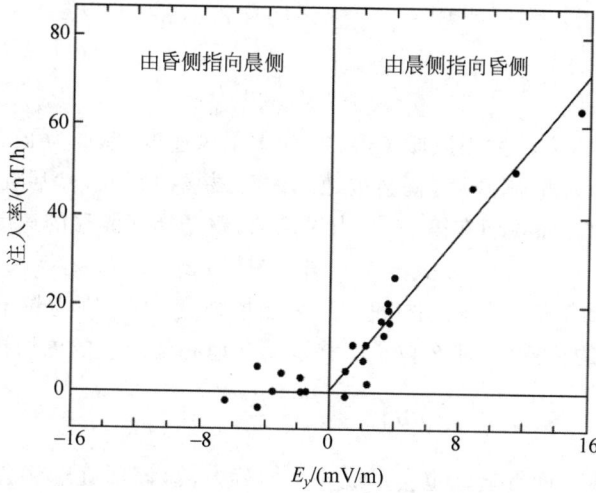

图 9.31　环电流的能量注入率与 GSM 坐标下行星际电场 Y 分量的变化关系，其中行星际电场 Y 分量表征南向 IMF 向磁层顶的传输率。在 IMF 北向期间，环电流的能量注入率很低。而在南向 IMF 期间，环电流能量注入率与 IMF 的传输率（行星际电场）是线性相关的。这种线性关系有点让人意外，因为其他磁层指数，如跨极盖电势[1]，对太阳风的响应看起来并不是线性的（引自 Burton、McPherron 和 Russell，1975）

我们可根据这个线性关系描述环电流增强和衰减的物理过程，并可对环电流作短期预测，也就是现报（nowcasting）。描述环电流变化（由 $D_{st}$ 指数表征）的简单公式是这样的——这个变化率可由行星际电场（南向 IMF 的传输率）控制的一个增长项和一个衰减项组成。对于衰减项，我们令其为环电流强度与某个固定系数的乘积。这可写为如下形式：

$$\frac{\mathrm{d}}{\mathrm{d}t}D_{st0} = F(E) - aD_{st0} \tag{9.1}$$

这里，我们根据太阳风动压对 $D_{st}$ 指数作了修正，这样所得的 $D_{st0}$ 指数可更好地表征环电流的强度，所作修正公式为

$$D_{st0} = D_{st} - b(p)^{\frac{1}{2}} + C \tag{9.2}$$

其中，$b=5\times10^{-4}$ T$(\mathrm{N/m^2})^{-1/2}$；$C$ 取 20 nT，为磁平静期间环电流产生的磁场值（这时 $D_{st}$ 指数为零）；$p$ 为太阳风动压，单位是牛顿每平方米（$\mathrm{N/m^2}$）。

---

① 一般指 PC 指数。

从图 9.31 中,我们可以得到函数 $F(E)$ 为

$$F(E) = 0, \quad E_y < 0.50 \ \text{mV/m}$$
$$F(E) = d(E_y - 0.5) \quad E_y > 0.50 \ \text{mV/m} \tag{9.3}$$

其中,$d = -1.5 \times 10^{-3} \ \text{nT} \cdot (\text{mV/m}^{-1})^{-1} \cdot \text{s}^{-1}$。

在能量注入停止之后,式(9.1)中的参数 $a$ 决定了环电流的衰减速度;如果 $a = 3.6 \times 10^{-5} \ \text{s}^{-1}$,那么环电流强度衰减到之前的 $1/e$ 倍需要用 7.7 h。

计算所得行星际电场为

$$E = -vB_z \times 10^{-3} \ \text{mV/m}$$

太阳风动压[1]为

$$p = 1.67 \times 10^{-6} n_p v^2$$

其中,$n_p$ 为每立方厘米内的太阳风质子数;$v$ 为太阳风速度,单位为 km/s。

当能量粒子进入环电流区域,就会被地球闭合磁场线捕获,然后在磁场梯度的驱动下环绕地球做漂移运动。如我们在第 10 章中讨论的,磁场梯度漂移的速度为

$$\boldsymbol{v}_d = W_\perp \boldsymbol{B} \times \nabla B / q B^3 \tag{9.4}$$

其中,$\nabla B$ 为粒子运动轨道处的磁场梯度;$B$ 为磁场强度;$W_\perp$ 则为粒子的垂直能量。如果粒子在距地心 $LR_E$ 的位置处,那么粒子漂移运动在地心处产生的磁场扰动为[2]

$$\delta \boldsymbol{B}_{\text{drift}} = \frac{-3}{4\pi} \frac{\mu_0 W_\perp}{R_E^3 B_0} \hat{\boldsymbol{z}} \tag{9.5}$$

单粒子绕磁场线的回旋运动也会形成一个回旋电流,该回旋电流会在地心处产生一个北向磁场:

$$\delta \boldsymbol{B}_{\text{gyro}} = \frac{\mu_0}{4\pi} \frac{W_\perp}{R_E^3 B_0} \hat{\boldsymbol{z}} \tag{9.6}$$

因此,这两种电流在地心处共同造成的磁场扰动变化为

$$\Delta \boldsymbol{B}_{\text{part}} = \frac{-\mu_0}{2\pi} \frac{W_{\text{part}}}{B_0 R_E^3} \hat{\boldsymbol{z}} \tag{9.7}$$

其中,$W_{\text{part}}$ 为所有环电流捕获粒子的总能量。而在地球表面以上的地球偶极磁场中的总磁能为

$$W_{\text{mag}} = \frac{4\pi}{3\mu_0} B_0^2 R_E^3 \tag{9.8}$$

因此,由于环电流粒子产生的磁场扰动与地球表面磁场强度的比值为

$$\frac{\Delta \boldsymbol{B}_{\text{part}}}{B_0} = -\frac{2}{3} \frac{W_{\text{part}}}{W_{\text{mag}}} \hat{\boldsymbol{z}} \tag{9.9}$$

这个方程被称为 Dessler-Parker-Sckopke 关系式(**Dessler-Parker-Sckopke relationship**),以纪念 3 位首次研究这个问题的科学家(Dessler 和 Parker,1959;Sckopke,1966)。这个方程可给出环电流在地心处产生的磁场扰动值,但是由于地球内部具有高导电性,因此扰动磁场不可能渗透到地表以下的深处区域。如果考虑到这种屏蔽效应(可增强表面磁场扰动),我

---

① 此处动压单位为 nPa。

② 分母中的 $B_0$ 为地球磁赤道面处的磁场强度。推导中假设捕获粒子的投掷角为零。

们发现有：

$$\Delta B(\mathrm{nT}) = \frac{-W_{\mathrm{ring}}}{2.8 \times 10^{13}} \mathrm{J} \tag{9.10}$$

其中，$W_{\mathrm{ring}}$ 为环电流粒子的总能量，单位为 J。因此能量为 $2.8 \times 10^{15}$ J 的环电流能够产生的 $D_{\mathrm{st}}$ 指数约为 $-100$ nT。

在我们关于太阳风如何传输能量进入磁尾的讨论中，令磁尾储存能量的长度为 $10 R_{\mathrm{E}}$，在南向 IMF 为 10 nT，太阳风速度为 500 km/s，在磁尾磁层顶具有 1 nT 磁场法向分量的条件下，磁尾在 6000 s 内可以储存 $0.9 \times 10^{15}$ J 的能量。我们回到图 9.30 所示的例子中，南向 IMF 的强度约为 10 nT，太阳风速度为 1000 km/s（为假设条件的两倍），我们发现 $D_{\mathrm{st}}$ 指数在 9000 s 内变化了 200 nT。利用我们获得的能量关系式（式（9.9）），我们可以计算所需要环电流的能量为 $5.6 \times 10^{15}$ J，而能量传输率为 $6.2 \times 10^{11}$ J/s（能量除以时间）。相比之下，我们在前面计算中的能量传输率为 $1.5 \times 10^{11}$ J/s。这表明在 1998 年 9 月 25 日的磁暴期间，太阳风动压应至少为我们计算示例中动压的 3 倍，这样就能解释这二者的差异了。

总之，$D_{\mathrm{st}}$ 指数不仅可定性衡量地磁活动，也能用于监测磁层中粒子的能量。磁暴期间储存在磁层中的能量与强重联期间流入磁尾的能量相当。在下一节中，我们将研究磁尾是如何将能量输送到磁层中的。

## 9.8　地球磁尾和亚暴

在本章的前几节中，假设磁尾能够存储能量，我们可以把磁尾视作一个能量存储器（能将向阳面磁重联捕获的太阳风能量存储起来）。而在 9.6 节中我们可以看出，在一些磁层活动较强的时期，能量可快速穿过磁尾进入磁层深部（内磁层区域），此时能量不是存储在磁层的磁场中，而是存储在磁层的热等离子体中。在本节中，我们将详细考察磁尾，研究磁尾平静期的物理行为与动力学过程。绝不能视磁尾为一个简单的被动物理对象。实际上，对磁尾可从几种不同含义开启对磁层的研究。

### 9.8.1　等离子体片

如图 9.2 所示，磁尾包含两束磁通，每一束磁通分别与极盖区相连。在磁尾中，一部分磁场与磁尾另一尾瓣中的磁场相连，还有一部分磁场与太阳风相连。磁尾中的大部分等离子体来源于太阳风。这些太阳风等离子体可通过成分、电子与质子的温度比识别出来。在弓激波处，随着离子被激波处的电势降减速，离子会被显著加热，这使等离子体整体速度携带的动能有相当一部分被转化为热能。由于电子会沿着磁场线方向而非沿弓激波法向运动，所以电子加热不明显。这使得在磁鞘和等离子体片中，质子和电子的温度比大约为 8，相比之下，在弓激波上游的太阳风中，这一比率大约为 0.9。

磁尾对于从太阳风传输过来的粒子而言基本都是开放的。当磁鞘与太阳风相连（通过磁场相连）且磁通向磁尾输运时，随磁通不断加入磁尾太阳风等离子体也会进入磁尾。这些等离子体被称为等离子体幔（mantle）。太阳风等离子体还可通过磁鞘一侧及边界层漂移进入磁层。所以,我们发现等离子体片将磁尾分为两个尾瓣,这是不足为奇的。

等离子体片存在一种简单、自洽的解析模型,我们称为 Harris 电流片（Harris current sheet)。在这一模型中,$x$ 方向（沿太阳风方向的反方向）的磁场分量是关于 $z$（大致沿自转轴或偶极轴方向）的函数:

$$\boldsymbol{B}(z) = B_0 \tanh\left(\frac{z}{h}\right)\hat{\boldsymbol{x}} \tag{9.11}$$

等离子体压强为

$$p(z) = p_0 \operatorname{sech}^2\left(\frac{z}{h}\right) \tag{9.12}$$

二者之和得到的总压在磁尾中是一个常数:

$$B^2(z)/2\mu_0 + p = p_0 = B_0^2/2\mu_0 \tag{9.13}①$$

由 Ampère 定律（Ampere's Law),我们可以计算出电流密度为

$$(\nabla \times \boldsymbol{B})_y = \mu_0 j_y(z) = (B_0/h)\operatorname{sech}^2(z/h) \tag{9.14}$$

等离子体热压梯度力与 $\boldsymbol{j} \times \boldsymbol{B}$ 平衡,所以有

$$\boldsymbol{j} \times \boldsymbol{B} = (B^2/\mu_0 h)\operatorname{sech}^2(z/h)\tanh(z/h)\hat{\boldsymbol{z}} \tag{9.15}$$

$$\nabla p = \frac{\mathrm{d}}{\mathrm{d}z}\left[p_0 \operatorname{sech}^2(z/h)\right]\hat{\boldsymbol{z}} = \boldsymbol{j} \times \boldsymbol{B} \tag{9.16}$$

图 9.23 定性地展示了该电流片的剖面分布。

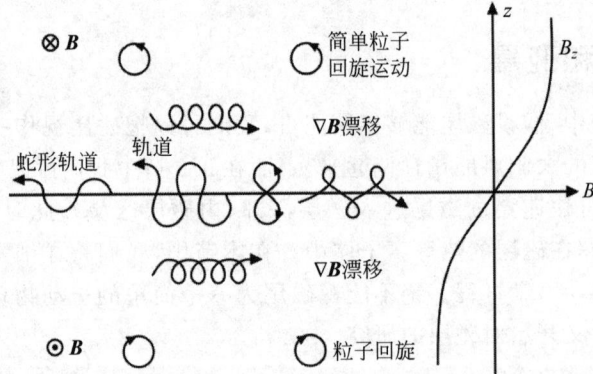

图 9.32 在某个简单电流片模型（如 Harris 电流片）中质子的漂移路径。在上（北）尾瓣中磁场指向地球。在没有磁场梯度的区域,质子做简单的粒子回旋运动。在逐渐接近电流片的过程中等离子体热压会越来越高,质子向右（晨侧）漂移运动。当质子越过电流片时,质子会向昏侧漂移（在完成圆周运动之前）,这个方向也是越尾电流的方向。等离子体热压梯度引起的电流也向昏侧漂移,但这并不涉及粒子的漂移运动。这个示意图有点复杂。左边的视角是由磁尾看向地球,而晨侧位于右手边。右边的图则显示了磁场 B 随 z 变化的示意图,观测点到电流片的距离就是到 $z=0$ 平面的距离

如前所述,磁场梯度可引起能量带电粒子的漂移运动。如图 9.32 所示,在远离电流片的区域,粒子仅做回旋运动而并不产生漂移,但在磁场梯度作用下的粒子会做漂移运动,进

---

① 原文中,方程右边写为了 $B^2/2\mu_0$。

而穿出磁尾。这里示意图中的视角是从磁尾看向地球的情形,右侧为晨侧,左侧为昏侧,向上为北。离子的运动满足左手回旋性,当离子逐渐靠近电流片中心,磁场越弱,离子的回旋半径越大,那么离子会出现向晨侧(右侧)的漂移运动。电子则会向相反方向漂移运动。如果回顾图 9.1 中的磁层剖面图,则可看到磁尾中电流是由晨侧流向昏侧,因为这个电流肯定能提供环绕南、北尾瓣的电流。磁尾中这个电流的方向与梯度漂移方向是相反的。解决这一矛盾现象的答案在于还需要考虑等离子体热压梯度驱动的电流,该电流的方向是从晨侧流向昏侧(图 9.10)。之所以存在热压梯度驱动的电流,是由于随着不断靠近电流片,中心粒子密度会不断增加,所以会在电流片处会产生净的昏向质子流和晨向电子流。

在磁尾中心处,磁场方向会出现反向,如果此时粒子穿越电流片朝另一尾瓣运动,粒子的回旋运动方向会出现反转。这会产生蛇形的粒子运动轨道,其中离子向昏侧运动,电子向晨侧运动。蛇形轨道电流叠加到由热压梯度形成的“磁层顶”越尾电流上后,有助于使两个尾瓣中的磁场方向保持相反。对于引导中心远离电流片的粒子,其蛇形轨道会消失,而这时磁场梯度会引起相反的粒子漂移方向。需要强调的是,热压梯度漂移电流是一种真实电流,受力平衡是驱动它产生的必要条件,但是这并不意味着粒子的运动就是沿电流方向。等离子体片中的大部分离子主要是朝晨侧运动的。

如图 9.33 所示,H. Alfvén 于 1968 年提出了一个很有补充意义的磁尾模型。这是一个基于另一种不同假设得到的自洽模型。其中电场由磁尾晨昏侧翼处的电容板施加。重联后形成的新磁通从磁尾上(北)、下(南)两侧进入。这些冷的电子和质子会朝电流片方向漂移($\boldsymbol{E} \times \boldsymbol{B}$ 漂移),当它们到达电流片处,会沿着蛇形轨道分别向昏侧(离子漂移方向)和晨侧(电子漂移方向)运动。这些带电粒子漂移运动产生的电流维持着尾瓣内的磁场。

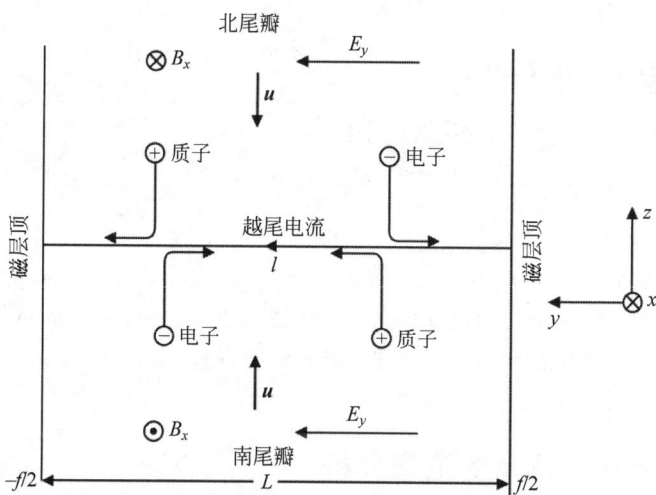

图 9.33　Alfvén(1968)提出的磁尾自洽重联模型。带电粒子在电场 $\boldsymbol{E}$ 的作用下向电流片中心处漂移,在电流片处,带电粒子的蛇形轨道漂移运动可提供足够强的电流以产生尾瓣内的磁场

假设磁尾晨昏边界之间的距离是 $L$,那么电势降 $\phi$ 对应的电场是 $(\phi/L)\hat{\boldsymbol{y}}$。漂移粒子的密度为 $n$,漂移速度为 $E/B$,那么粒子向电流片漂移产生的总电流[①]为 $2nu \times eL$。在电流

---

① 假设磁尾长度为单位长度。

片上下两侧使用安培定律,可以得到电流片的电流强度为 $2B/\mu_0$。两种方式得到的电流应当相等,由此我们可以解出等离子体速度 $u = B/(\mu_0 neL)$。这一漂移速度可提供对应的粒子数来维持越尾电流和尾瓣磁场。也不需要电容平板维持电场,实际上电场是通过磁尾尾瓣磁通之间的等离子体流提供的,这些磁通通过日侧磁重联作用经磁尾上(下)部分填充进磁尾,又可经中心电流片处的磁重联作用而被消除。

当然,Harris 电流片(Harris current sheet)和 Alfvén 重联磁尾(Alfvén reconnecting tail)都是理想化模型,它们很难在自然界中观测到。然而根据这两个模型,我们可以知道磁尾存在不同的物理条件,存在几乎没有等离子体对流的磁尾,也可能存在较显著等离子体循环对流的磁尾。

在我们跳出关于磁尾等离子体片[①]的讨论之前,再讨论一下介于前述平静期和活动期之间的等离子体片中间状态。在图 9.34 中,我们展示了一个能量粒子在拉伸闭合磁场线上的运动情况。图 9.34(a)展示了子午面内粒子的运动情况。如图 9.34(b)所示,当粒子到达电流片时,它会沿着越尾方向漂移。当运动到磁尾电流片的某个位置处,能量粒子会逃离磁尾等离子体片,如图所示,会向北或者向南运动。如果磁尾等离子体向地球方向对流,由于存在垂直于电流片的磁场分量,就会存在越尾电场(由晨侧指向昏侧)。如图 9.34(c)所示,$-\boldsymbol{v} \times \boldsymbol{B}$ 电场由晨侧指向昏侧,漂移的离子在越尾运动过程中会被加能。这一工作是由 T. W. Speiser(1965)在 J. W. Dungey 的指导下完成的,对于磁层动力学事件如何加能粒子,该工作给出了很好的物理见解。

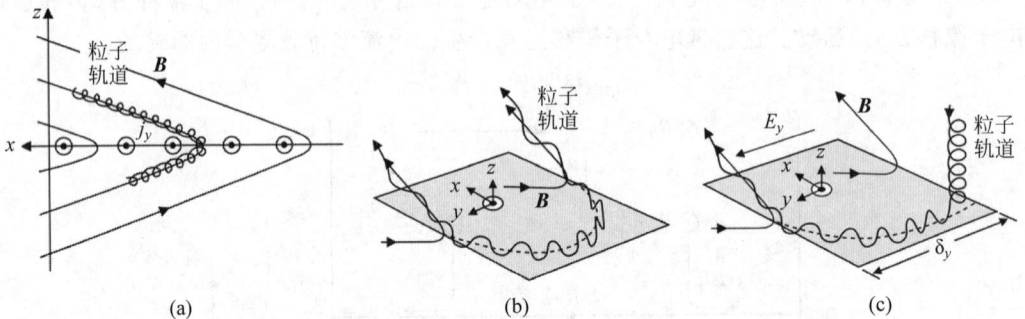

图 9.34  在电流片中的粒子加速。当粒子在(b)中做越尾漂移运动且电流片处于静态时,粒子的能量将保持不变。但是,如果粒子漂移时,电流片中的等离子体处于对流状态(c),那么粒子将会横越等势线,在这个过程中粒子会损失或者得到能量(引自 Kivelson 和 Russell,1995)

## 9.8.2  极光电流体系的定量分析

由于极光电集流位于高纬度(约 $70°$)、低高度(近 100 km)区域,相比我们对环电流的测量分析,要用一种简单和合适的方法测量极光电流的强度显然会困难得多。为捕捉这些极光电流的信号,我们需要在高纬建立一个全球性观测网,并能在纬度上广泛覆盖人口和陆地面积都较为稀少的极盖区。图 9.35 中展示了用于计算 AE 指数(**auroral electrojet index**)

---

① 需要说明,此处磁尾等离子体片和磁尾电流片可互相轮换使用。但实际上,磁尾电流片是嵌于等离子体片之中的,等离子体片的厚度通常大于电流片厚度。

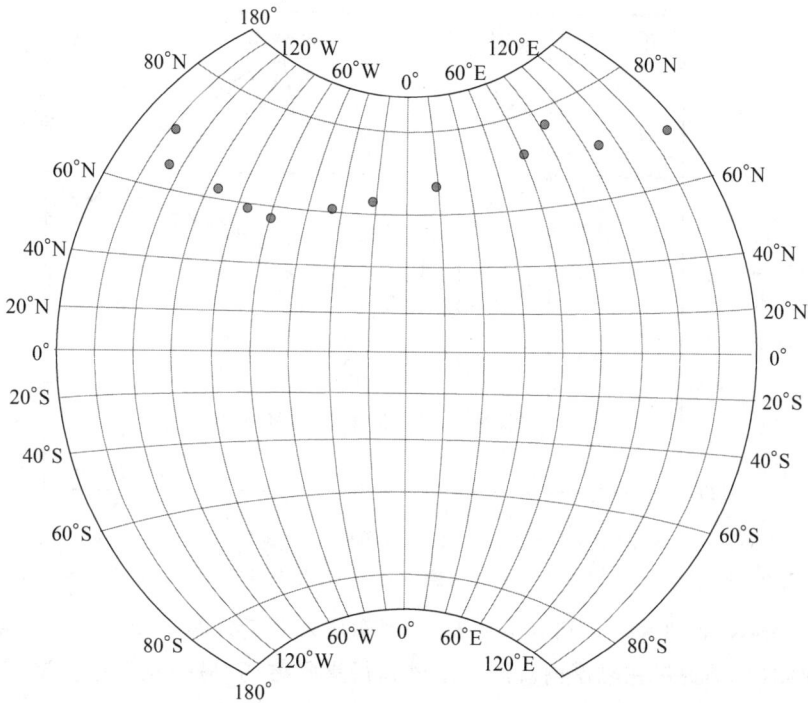

图 9.35　计算极光电集流的地磁观测台站位置

及其分量 AU、AL 指数的观测台站位置。我们注意到,这 12 个台站虽然在经度方向上分布均匀,但对纬度的覆盖面较窄,而地磁活动程度会使极光电集流可能向极向或赤道向方向偏离观测台链。通过建立 AE 指数,我们可确定任意时刻极光卵区域内电流强度的最大值。AE 指数是这样计算得到的——通过测量计算得到偏离磁强计测量平均值[①]的最大正指(AU)和最大负值(AL),每个时间段内 AU 与 AL 指数的差值就为 AE 指数。AU 和 AE 指数通常是正的,而 AL 指数是负的。

图 9.36 展示了一个完整的亚暴活动发展序列,其中包含亚暴增长相(growth phase)、膨胀相(expansion phase)和恢复相(recovery phase)。不能根据亚暴的名字将亚暴错误地理解为我们前面所讨论的磁暴的小号版本。实际上,亚暴可以在磁暴期间发生,尽管日侧、夜侧的磁重联对磁暴、亚暴都很重要,但这二者却是相互独立的物理现象(对应发生的太阳风条件不同)。在图中所示的事件中,太阳风和磁尾的观测表明,在增长相期间,能量存储在磁尾中,东向(一般为下午侧)和西向(通常为上午侧)的电集流增强,这会使 AU 指数变大、AL 指数降低。在某一时刻,极光会被点亮并向极向扩张,极光电集流也会随之膨胀。在这次亚暴事件中,AU 电流体系在恢复相到来之后才会有所增强,而 AL 指数则在恢复相期间持续减弱。

### 9.8.3　亚暴经验模型

在人们(最近)频繁开展磁层就位观测之前,人们通过全天空相机(all-sky camera)和磁强计观测网已经很好记录了极光卵中极光、地磁活动的时序变化。然而对亚暴过程

---

[①]　平均值视为对应台站地磁场的基准背景值。从 12 个台站中找到的最大正偏离通常为 AU,最大负偏离为 AL。

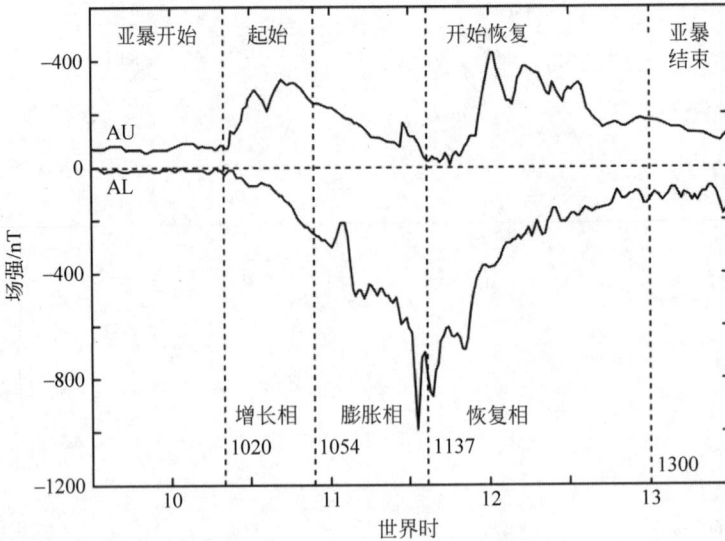

图 9.36　亚暴活动期间的极光电集流指数。AE 指数是上下包络线之间的偏差

(**substorm process**)的理解一直到卫星上天、开展磁层观测后才算取得了进展。特别是多卫星的同时观测(一颗卫星在磁层前观测太阳风和行星际磁场,另一颗卫星在尾瓣、等离子体片或磁层边界附近观测空间等离子体)对我们理解亚暴发挥了重要作用。

　　利用 OGO 5 飞船和其他飞船在太阳风和磁层中的观测数据,图 9.37 展示了当时人们建立起来的亚暴现象学模型(McPherron、Russell 和 Aubry,1973；Russell 和 McPherron,1973)。图 9.37(a)中的虚线勾勒出了初始磁层(磁层顶)和等离子体片的位置轮廓。当 IMF 转为南向时,日侧闭合磁场线区域出现收缩,重联后的开放磁通量向极盖区和尾瓣传输。在太阳风动压不变的情况下,日侧磁层顶向内移动,等离子体片变薄。磁尾边界形态的变化会使磁尾承受太阳风动压的作用更大,而磁尾中的磁场强度会增强。

　　在图 9.37(b)中,磁重联会率先在拉伸等离子体片中的闭合磁场线上发生。由于在等离子体片中磁场较弱,等离子体热压较强,磁重联速率会比较慢,但是,除非远地中性点处的重联更强,否则近地中性点处的重联(重联速率较慢)会从密度较大的等离子体片区域发展到等离子体片边界层(plasma sheet boundary layer)和尾瓣等密度较为稀薄的区域[1]。在尾瓣区域,

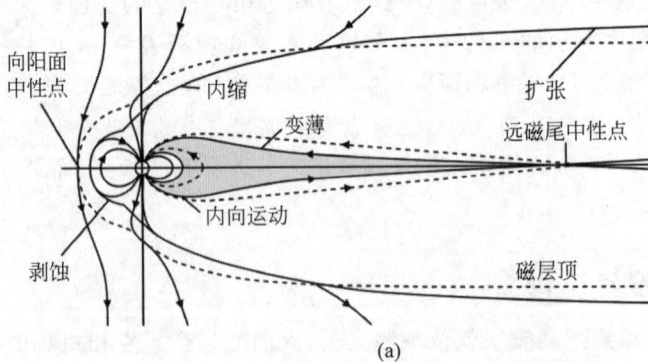

(a)

图 9.37　亚暴的唯象模型(引自 McPherron 等,1973；Russell 和 McPherron,1973)

———————————

[1]　也就是从闭合磁场线重联发展为开放磁场线之间的重联。

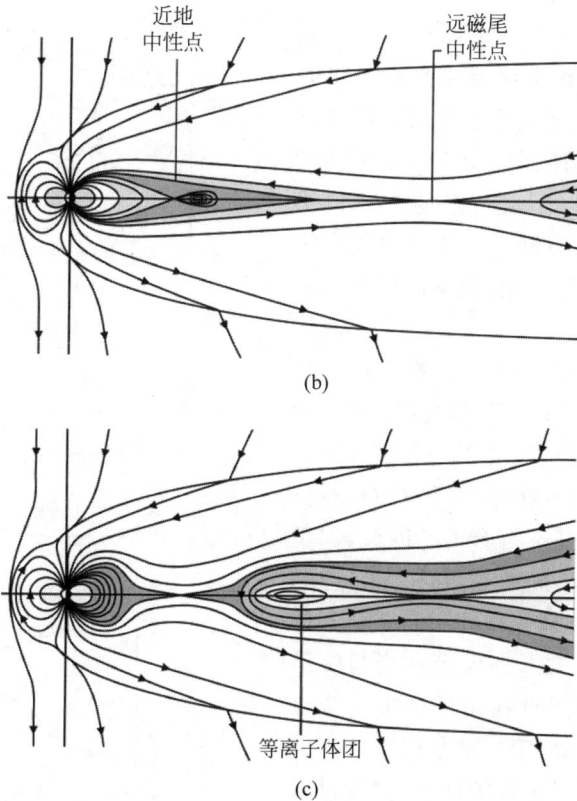

(b)

(c)

图 9.37　（续）

磁场较强，等离子体密度较低，Alfvén 速较高。在尾瓣中，磁重联会进行得更快，磁通恢复到其闭合磁场线状态的速率比向阳面闭合磁场线变为开放磁场线的速率还要快。闭合场线形成的岛状结构（被称为等离子体团（plasmoid））——足点不与地球相连，会不断增长。等离子体团在某些方面与日侧磁层顶的磁通量传输事件（flux transfer event）比较类似。如图 9.37(c)所示，如果披挂在等离子体团上的磁场线并没有与地球相连，那么等离子体团会被自由释放，朝磁尾下游方向运动。在这点意义上，除极光区和磁层赤道面处的等离子体加热外，磁层将恢复到亚暴前的状态。

在亚暴期间，考察磁层中的 3 种磁通量传输速率及其对磁层每个主要区域内磁通存储的影响是很有指导意义的。图 9.38 有助于我们开展这方面的分析。IMF 与向阳面闭合磁通的重联率（$M$）是由 IMF 的方向控制的，重联会被触发开启，又会被关闭停止。向阳面重联后的磁通以太阳风速率向磁尾传输，而这又将使日侧磁通（$\Phi_{day}$）减小，直到减小至夜侧对流过来的磁通可以填充或补偿向磁尾传输的磁通。尽管热压梯度力驱动等离子体向日侧流动时，对流速率有时可达 $C$，但在尾瓣开放磁场线以重联速率 $R$ 成为闭合磁场线前，对流输运的速率都不大。夜侧磁尾磁重联会消耗经日侧重联传输过来的磁通，使 $\Phi_{lobe}$ 减小至平静期的水平，并且能完成磁通向日侧的输运。近地等离子体片中的磁通 $\Phi_{NPS}$ 也是一个重要的物理量。日侧闭合磁通的减少会加强地向等离子体的输运，这会引起等离子体片变薄，使等离子体片中磁场的南北分量变弱，进而促进近地重联中性点的形成。当磁尾重联率增加时，等离子体片中的磁通会增加，而后会在平静时期恢复至正常水平值。

这个简单的物理图像忽略了之前存在的远磁尾中性点及磁尾随之产生的等离子体团

或磁岛（magnetic island）。如果我们在计算磁通量变化的时候考虑远磁尾中性点的重联率，那么近地中性点处的重联可能会提前或延后，可能需要通过太阳风和IMF的变化触发亚暴（Russell，2000）。不然亚暴的起始似乎要由磁层的弛豫时间控制——弛豫时间为响应向阳面重联率的最初变化，磁层需要作出响应变化的时间。

关于亚暴本身的研究也有很长的历史，不同研究者关于亚暴提出了许多不同的、相互竞争的理论模型。我们上面的讨论并不符合所有的理论，这是因为有一些事件在相对时间和相对位置上与这些理论模型是不符合的。因此，这里值得提一下——在同步轨道以外（$6.67R_E$）的内等离子体片处，其物理变化性和随外部条件变化的敏感性是很强的。将极光观测与磁层观测联系起来的问题关键在于确定极光区磁场线与磁层赤道面上的何处地点相连。我们得到的磁层磁场模型仅仅是统计平均的结果，并不能描述亚暴增长相期间出现薄电流片的结构特征。甚至在专门为解决亚暴争议问题而设计的5颗卫星的THEMIS任务中也存在同样的问题：卫星轨道平面平行于磁尾电流片，仅在电流片运动的时候卫星才会穿越电流片。幸运的是，我们有一颗可垂直穿越电流片的卫星探测任务——Polar卫星。该卫星具有一个大椭圆轨道，可在远地点$9R_E$处的位置研究极尖区（polar cusp）。地球自转形成的扁率会对椭圆轨道上运转的卫星产生扭矩，例如Polar卫星在每轨近地点处就会受到这个扭矩作用，最终使卫星近地点漂移到地球赤道处，使Polar卫星可探测到夜侧$7\sim9R_E$的磁尾电流片。这有助于揭示到底是什么物理活动控制了这一区域内的磁场和电流片的分布变化，也有人认为这个区域就是造成极光活动的源区。

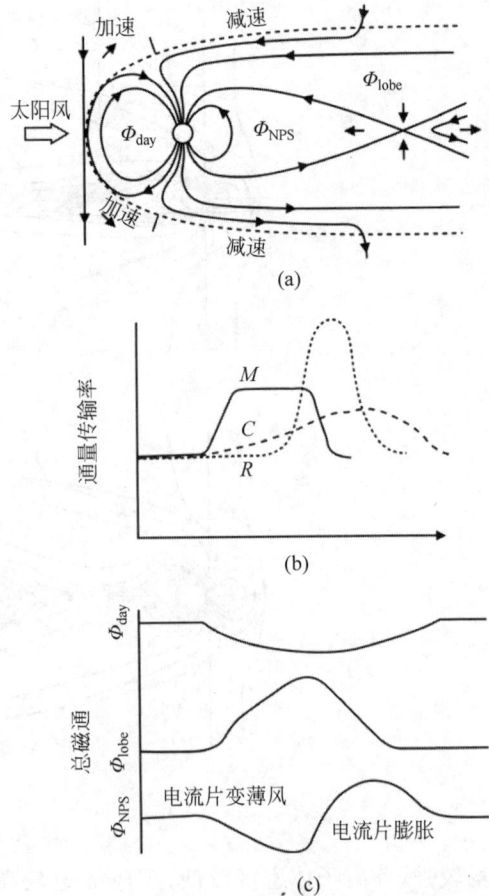

图9.38　亚暴期间磁通的变化详情。（a）磁层几何结构。（b）在鼻端（$M$）和磁尾重联点处（$R$）的磁通传输率；磁通从磁尾传输到向阳面磁层的传输率为$C$。通过日侧重联率$M$、磁尾重联率$R$及由夜侧向日侧对流的闭合磁通传输率$C$的时间变化，我们可以对磁层在亚暴期间的物理行为获得一些深入见解。（c）这些通量传输率随亚暴相位变化的差异性影响了日侧磁层的磁通量（$\Phi_{day}$）、尾瓣磁通量（$\Phi_{lobe}$）和近地等离子体片中的磁通量（$\Phi_{NPS}$）（引自Russell，2000）

图9.39展示了Polar卫星观测到的磁尾电流片位置（可通过磁场$B_x$反向判断出）。第一个事例给出了平静期在子夜附近距地心$9.2R_E$位置处卫星观测到的电流片。第二个事例则是在亚暴触发前的扰动时期，卫星在距地心$8.5R_E$处观测到的电流片。这两次电流片穿越时的磁场强度相差较大，第一个事例的磁场强度为第二个事例的3倍，而且磁场较弱的电流片事例离地球反而更近。

磁尾电流片受观测时段前太阳风动压和磁重联强度的控制影响。动压之所以起控制作用,是因为高太阳风动压下会造成磁层更小,磁尾内边界离地球更近。如图9.40所示[①],增强的重联作用会增强太阳风与磁尾的磁连接,拉伸夜侧磁场,降低电流片中的磁场[②]。由于在亚暴时期,磁尾对太阳风条件十分敏感,因此,对于与极光相连的磁场,我们很难推测其究竟会连接到磁层中的何处区域。平静期在磁赤道面上穿越距地心$7R_E$的磁场线,在亚暴增长相期间(例如,磁尾中心磁场强度降低至平静期的$1/3$时)会很容易穿越距地心$20R_E$处的电流片。因此,出现明显的低纬极光弧并不能说明它就与磁尾$15\sim20R_E$处的活动事件无关。而在同步轨道以外,直至下游的磁尾区域,夜侧磁尾电流片中的磁场具有非常明显的非偶极形特征。

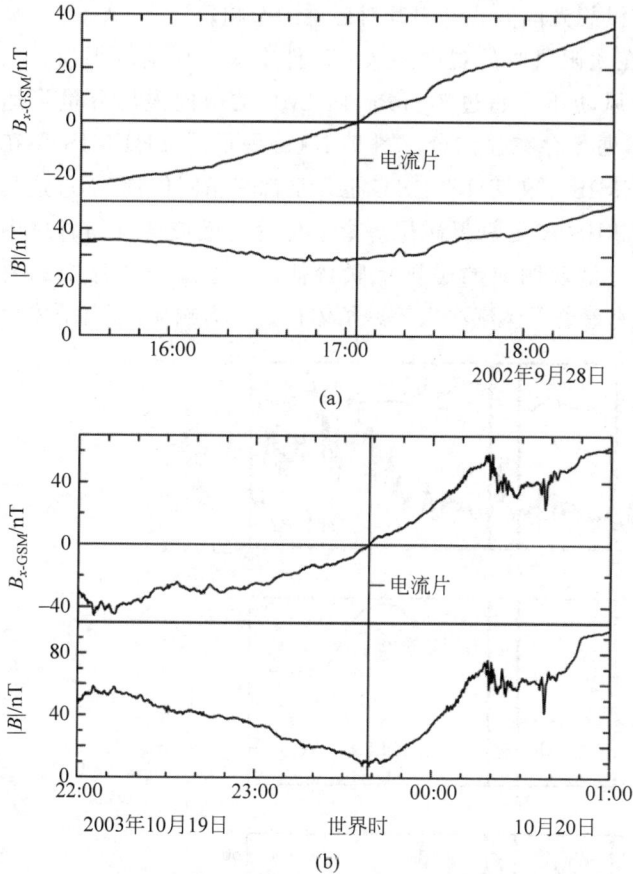

图9.39 Polar卫星在磁层夜侧两次穿越磁赤道面时的观测数据,数据显示了卫星在穿越近地电流片期间观测到的磁场强度变化。卫星在2002年9月28日穿越电流片时位于磁尾$9.2R_E$处,在2003年10月20日穿越电流片时位于磁尾$8.5R_E$处

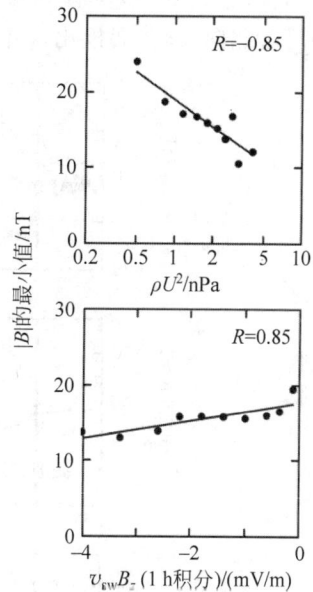

图9.40 夜侧磁层等离子体片中磁场最小值对太阳风条件的依赖关系。太阳风动压和IMF南向磁通传输率(太阳风电场)对磁赤道附近磁场最小值的影响,因此这可对应影响磁尾中磁场线距地心的距离。$R$为相关系数

---

### 9.8.4  极端空间天气事件：过偶极化

关于太阳风-磁层耦合这一章内容主要是关于太阳风能量和动量的交换，很少涉及与能量和动量交换有关的诸多物理现象。我们将把物理现象这部分内容放在后面的章节中，而作为结束内容，这里仅讨论一个空间天气事件。这个事件发生在太阳活动较小期——2007—2009 年期间，这个时期是继 Dalton 极小期以来，太阳活动最弱的时期（Russell、Luhmann 和 Jian，2010）。事件发生后，Galaxy 15 通信卫星的行为变得异常。虽然卫星在接下来几个月时间内仍可以运行，但是不再接收任何指令。通过这个事件，我们对磁尾获得了新知识：磁尾会以一种我们之前没想到的方式开启其对磁层的影响。

图 9.41(a)显示了 Geotail 卫星在太阳风中的观测。这个事件中太阳风动压很强。在激波经过卫星后，卫星记录到的太阳风动压可超过 10 nPa，而 IMF 的南向磁场分量可达 10 nT，这使太阳风与磁层之间的动量通量存在强耦合。图 9.41(c)展示了 THEMIS A 在下游磁尾 $11R_E$ 处的观测结果。THEMIS B 和 THEMIS C 也几乎都在相同位置，不过这几个卫星的位置可排成一排，其中 THEMIS A 更靠近磁尾等离子体片。激波会压缩磁尾中的磁场，最终会在 THEMIS 卫星附近呈现明显的磁尾重联特征——等离子体片中的磁场会显著北向反转（偶极化），并有高速等离子体流注入等离子体片。作为响应，等离子体片

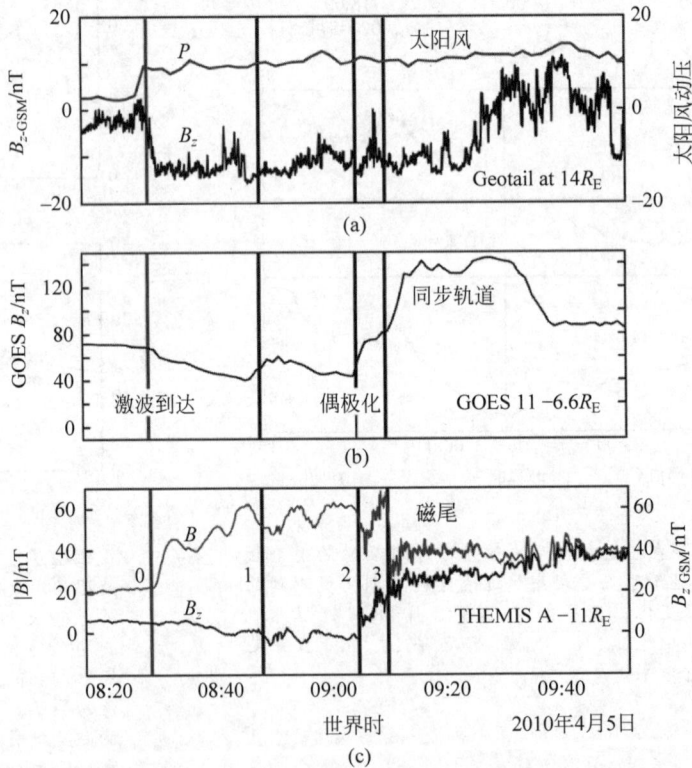

图 9.41  Galaxy 15 观测到的空间天气事件期间，卫星在太阳风、磁尾和同步轨道子夜附近的观测。(a)Geotail 观测的太阳风动压和 IMF 南北分量；(b)GOES 11 在同步轨道子夜附近测量到的磁场；(c)THEMIS A 在地球下游磁尾 $11R_E$ 处测量到的磁场

会出现膨胀[①]，并且等离子体片很快扫过 THEMIS 这 3 颗卫星。在子夜附近，有两颗更靠近地球的同步轨道卫星观测——Galaxy 15 和 GOES 11。GOES 11 测量了磁场（图 9.41(b)）和高能粒子（未展示）。我们可以看到等离子体流和磁场偶极化（dipolarization）对 THEMIS 和 GOES 卫星观测数据的影响。同步轨道处的磁场变得更强，结构也更为偶极化。人们或许认为当压缩磁场达到 80 nT 后（这是此处平静时期夜侧的正常磁场值），偶极化就会结束。然而，我们发现磁场强度在偶极化的时候会爬升到 140 nT。这与强太阳风流压缩向阳面磁层产生的磁场强度相当。磁尾可以有效地偏转周围的太阳风，引导太阳风动量到达夜侧，使其如同在日侧一样在夜侧压缩磁层。对同步轨道数据和地磁观测数据的研究表明，这些偶极化事件的发生频率虽很低，但这些事件并不是孤例（Connors et al.，2011）。

　　GOES 卫星可以很好地应对此次事件，但是 Galaxy 卫星则似乎不能。当事件发生时，阳光没有照到 Galaxy 卫星，也就没有光电子促使卫星本体放电。卫星这时可能发生了某种意外状况（如果卫星位于热电子中的话，该意外状况可能与卫星充电有关）。很快 Galaxy 15 卫星就不再接受指令。这个事件告诉我们，即使是在太阳活动极小年，空间天气也会影响我们的卫星技术系统；磁尾不仅是能量存储释放的开关，还可以偏转太阳风的动压作用，使太阳风能从背面压缩磁层。

## 9.9　小结

　　在本章中，我们试图简单描述太阳风是如何向磁层供给能量的。这一简单图像使我们能够解释磁层中的磁层动力学过程和各种电流体系的激发。对于行星际磁场控制太阳风-磁层耦合作用而言，这一图像解释了两种主要的地磁活动。ICME 可触发地磁暴，而行星际磁场的短时变化造成了短时太阳风耦合事件，进而触发产生了亚暴。在接下来的章节中，我们将研究这些地磁活动驱动源对磁层和极光电离层的影响。

## 拓展阅读

　　Dungey, J. W. (1961). Interplanetary magnetic field and the auroral zones, *Phys. Rev. Lett.*, 6, 47-48. 这篇论文为我们理解太阳风控制地磁活动带来了革命性认识。

　　Kivelson, M. G. and C. T. Russell (1995). *Introduction to Space Physics*. Cambridge：Cambridge University Press. 这本书是我们本书的前身，包含较多的地磁活动材料内容。

　　McPherron, R. L., C. T. Russell, and M. P. Aubry (1973). Satellite studies on magnetospheric substorms on August 15, 1968. IX. Phenomenological model for substorms, *J. Geophys. Res.*, 78, 3131-3149. 这篇文章利用多种仪器观测研究亚暴，对亚暴中发生的物理过程作了规范定义。

　　Russell, C. T. and R. L. McPherron (1973). The magnetotail and substorms, *Space Sci. Rev.*, 15, 205-266. 在现有知识的背景下，这篇文章基于 OGO 5 数据提出了亚暴模型，

---

　　①　偶极化引起了等离子体片厚度的增加。

并从多个方面得到了磁层的结构、动力学模型。

## 习题

**9.1** 磁层等离子体边界有时会被描述为驻立锋面结构(standing front),这些结构被认为是朝等离子体流上游方向传播的波。在 IMF 为严格南向的条件下,考虑在子午平面中磁尾的高纬磁层顶处,画出卫星穿越边界层前后的磁场变化。仔细考虑穿越边界前后必然出现哪些变化。什么样的 MHD 波模产生了这些变化?

**9.2** 在卫星进入磁层顶低纬边界层处时,卫星测量到的电子速度分布表现出这样的特征:流向地球的电子和从地球上返回的电子(投掷角为 0°)都具有低能截止特征。对于流向地球的电子,没有速度低于 $v_E = 5000$ km/s 的;而对于从地球上返回的电子,没有速度低于 $v_m = 22\,000$ km/s 的。假设从地球上返回的电子是由于流向地球的电子在磁镜点被反射回来形成的,且卫星与镜像点之间的距离($x_m$)可以通过磁场模型估算得到。请推导出一个可估计卫星至加速点距离的公式。如果卫星到镜像点的距离为 $12R_E$,利用你的公式估计卫星至加速区的距离,并且推测被卫星观测到之前多久电子就已经在这根场线上开始被加速。

**9.3** 如果用磁尾尾瓣中的开放磁场线来定义极盖区,并且如果极盖区边界可近似为以磁偶极轴为中心,与偶极子轴夹角成 15° 的圆,那么磁尾的尾瓣中应含有多少磁通?如果这些磁通并不会穿越磁尾电流片,且太阳风等离子体也不能沿磁场线进入磁尾,且若 IMF 为 6 nT,太阳风 $\beta$ 为 1,那么地球远磁尾的半径为多少?

**9.4** 重联速率为入流 Alfvén 速的分数倍大小。如果尾瓣磁通量以 $0.1v_A$ 向磁尾中心对流输运(假设 $n = 8$ cm$^{-3}$,$B = 15$ nT),请计算越尾电势降。该电势降与观测到的跨极盖区电势降相比,有何异同?讨论二者的差异性。

**9.5** 在亚暴增长相期间观测表明极盖区会膨胀。假设极盖区的纬度范围从平均初始半径 15° 膨胀到 20°,那么磁尾会发生什么变化?假设磁尾在 $x = 10R_E$ 处的半径固定为 $18R_E$,那么计算磁尾半径、尾瓣磁场强度和等离子体片热压随着下游距离变化的关系。

**9.6** 越尾电流主要载流子是等离子体片中的离子,其密度一般为 $n = 0.3$ cm$^{-3}$。如果电流片厚度为 $1R_E$,尾瓣磁场强度为 20 nT,若要携带对应越尾电流,请计算电流片内所需的离子平均速度,并比较这个速度与离子的平均热速度(假设平均离子能量[①]为 4 keV)。讨论卫星上的等离子体探测器能否直接测量出电流?

**9.7** Grant Swinger 博士说服了 NASA,他说他可以用下面简单的物理装置来模拟亚暴期间磁尾磁通量管的塌缩过程:用一根 200 m 的螺线管产生均匀的磁尾磁场。在螺线管的两端加上携带强电流的额外线圈。这样线圈处产生的磁场看起来就像"掐断"了螺旋管的磁场线(线圈处磁场呈镜点结构),使等离子体被困在装置中。Swinger 博士向装置中注入平行速度为 40 km/s、垂直速度为 20 km/s 的质子。在质子做了几次来回弹跳运动后,Swinger 博士慢慢地将这两个线圈的距离缩短至 100 m。那么,这时质子的运动有多快?总能量为多少?如果质子在这个过程中获得了能量,其来源于哪?如果质子损失了能量,损失

---

① 结合上下文,译者认为此处离子的能量是指离子的热能。

的能量去哪儿了？如果 Swinger 博士在开关前睡着了，慢慢地将主螺线管内的背景磁场放大了一倍，那么这时质子会发生什么变化？为什么？

**9.8**　一个只沿 $x$ 方向变化的磁场 $B_y(x)$ 在 $x=0$ 处为 0，在 $x>0$ 和 $x<0$ 两个区域内磁场方向相反。分布均匀且冻结在磁场中的等离子体会在电场 $E_z(x,y)$ 的作用下，以速度 $u_x=-u_0x/a$ 和 $u_y=u_0y/a$ 稳定运动，其中 $u_0$ 和 $a$ 是常数。请证明，在 $x\gg l$ 和 $x\ll l$ 两种极限条件下，$E$ 是均匀的，并通过 Ohm 定律求出 $B_y$，其中 $l^2=a\eta/u_0$，$\eta$ 为电阻率。画出 $B_y(x)$ 的大致分布，并对其分布特征给予适当讨论。通过稳态运动方程，也请给出等离子体热压 $p(x,y)$ 的分布。这个解能够模拟在驻点流[①]（stagnation-point flow）处的磁场湮灭。

**9.9**　通过求解时变运动方程（无热压梯度项）、磁感应方程（无扩散作用），以及 $B_x=B_0(1+a\mathrm{e}^{\omega t})y/l$，$B_y=B_0(1+b\mathrm{e}^{\omega t})x/l$，$u_x=c\mathrm{e}^{\omega t}x/l$，$u_y=d\mathrm{e}^{\omega t}y/l$ 和 $\rho=\rho_0(1-f\mathrm{e}^{\omega t})$ 的连续形式，考察 X 点[②]处磁场 $B_x=\dfrac{B_0y}{l}$、$B_y=\dfrac{B_0x}{l}$ 的不稳定性。求出常数 $a,b,c,d,f,\omega$，讨论这种场形结构最终会出现什么。

**9.10**　利用空间物理习题训练（http://spacephysics.ucla.edu）中的"Particle Tracing"[③]选项研究 Harris 电流片内的粒子运动。使用磁场的默认参数 100 nT 及特征尺度默认参数 10 km。在 Harris 电流片内，其磁场变化曲线为双曲正切型，电流片等离子体热压与磁压满足平衡关系。

（1）将发射粒子置于不同的 $x$ 位置，且令发射速度为 $v_x$，测量整个图形区域内的磁场强度，并测量粒子的回旋频率及频率符号（左旋或右旋）。由于这里磁场完全沿 $z$ 方向，请绘制出 $B_z$ 分量与 $x$ 的关系（在屏幕上从左到右）。为避免产生迂回弯曲运动的粒子，请将粒子的速度设置小一点。

（2）设置质子的速度为 $v_x=50$ km/s，在 $x=-25$ km 到 $x=25$ km 的范围内，质子每漂移 5 km，都测量一次其梯度漂移速度。计算出理论漂移速度值与 $x$ 的变化关系，并画出观测结果与理论值随 $x$ 的变化。梯度漂移理论会在什么区域失效，并解释其为什么失效。

（3）设置电子的速度为 $v_x=500$ km/s，计算其从 $x=-10$ km 到 $x=10$ km 范围内的梯度漂移速度，将计算结果与（2）中质子的计算结果在同一个图中作对比。如果质子和电子具有相同的温度，讨论电流片中的电流随 $x$ 变化的关系性质。梯度漂移引起的电流，其电流方向会减弱或反转电流片磁场吗？如果不会，则电流片内的主要电流是如何引起的？

**9.11**　根据式（9.4），在 $LR_E$ 处的一个垂直能量为 $W_\perp$ 且带单价正电荷的粒子被镜像作用限定在赤道面上（投掷角为 90°）时，证明其通过梯度漂移运动在地心处造成的磁场扰动变化为 $-\dfrac{3\mu_0 W_\perp}{4\pi R_E^3 B_0}\hat{z}$。其中，$R_E$ 为地球半径，$B_0$ 为赤道表面处的磁场强度。

**9.12**　证明地表以外的地球偶极子场总能量为 $W_{\mathrm{mag}}=\left(\dfrac{4\pi}{3\mu_0}\right)B_0^2 R_E^3$。

---

[①]　译者认为驻点流指等离子体流汇聚的地方，使该处的整体等离子体流速为零。

[②]　X 点一般指 X 形重联点。

[③]　实际上是"Particle Motion"选项。

# 第10章

## 地球磁层

## 10.1 引言

本书在第 4 章中讨论了来自太阳内部核反应产生的能量流动,这些能量不仅驱动了光球层的可见光辐射,还加热太阳大气形成了太阳风。在 1 AU 附近,太阳风的动量通量会与地球磁层发生耦合作用。耦合作用很大程度上是通过磁重联过程(magnetic reconnection)实现的。如第 6 章中所述,在太阳风到达地球磁层之前,太阳风的性质会发生剧烈变化,这是因为太阳风穿过弓激波后,弓激波会减速、加热并压缩太阳风。如第 9 章中所述,太阳风性质的这一变化(由弓激波的马赫数控制)会影响太阳风动量向磁层(静态结构)的耦合传输。在本章中,我们将讨论磁层内发生的物理过程,这些过程是由太阳风和重联作用于磁层顶处的边界条件引起的,会扰动磁层,并造成环电流(ring current)和辐射带(radiation belt)粒子的加速与损失。本章将首先回顾磁层的结构,包括极尖区(polar cusp)、等离子体幔(plasma mantle)、近地等离子体片(near-Earth plasma sheet)、环电流和等离子体层(plasmasphere)。然后讨论辐射带,最后探讨磁层内的波动,这些波动会与辐射带粒子和磁层内的其他粒子发生相互作用。

## 10.2 磁层结构

图 10.1 简单展示了地球磁层在子午面上的剖面结构,图形显示了地球磁场(在子午面内)是如何被限定和包裹在磁鞘太阳风中的。太阳风经过弓激波作用后会被地球磁层偏转,同时会对磁层施加法向应力进而约束磁层的大小和形态。如果磁层和磁鞘之间发生了磁场重联,或者如果太阳风流与磁层之间存在黏性(摩擦)作用,就会在磁层内部诱发等离子体对流,并改变磁层的形态。磁鞘等离子体可通过正午附近高纬区域的凹陷(indentation)边界层直接进入电离层。这个凹陷区称为极尖区(polar cusp)。而在磁层夜侧,也发现存在一个类似的区域,等离子体片内的等离子体也可通过这个区域进入电离层。等离子体片内的等离子体可来源于磁鞘,也可能会被磁尾中心区域的重联加速。磁尾的外边界层是等离子体幔,它由向阳面重联形成的磁通量管及等离子体构成。磁尾磁通量是处于变化状态的,其所含磁通量的多少取决于向阳面磁层顶重联和磁尾重联的最新活动过程。

Tsyganenko 及其合作者根据卫星就位观测数据发展出了一系列越来越精细和复杂的地球磁层模型,这些模型能够展示更真实的磁层磁场结构。图 10.2 显示了子午面内磁层磁场线的分布。图中所用的坐标为地心太阳磁层坐标(geocentric solar magnetospheric,GSM)。其中,$x$ 轴由地心指向太阳,磁偶极轴位于 $x$-$z$ 平面内。图中展示的磁层模型是在 $K_p$ 指数为零时的地磁平静期条件下计算出来的。磁场线是按它们所在的不变量纬度(invariant latitudes)(磁场线足点所在的磁纬)标记的。从这个模型中,我们可容易辨认出极尖区。

图 10.3 展示了在 $x$-$y$ 平面上跨磁场线、环绕地球运动的磁层电流体系。其中一部分电流并不在赤道面上闭合,而是沿着磁场线在电离层内实现闭合,从而形成"部分"环电流。

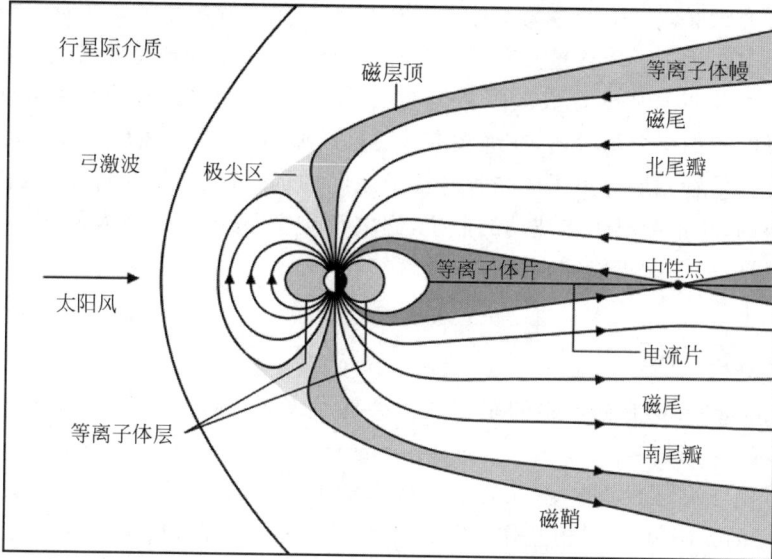

图 10.1　基于 Dungey(1961)对早期偏心大椭圆轨道卫星观测数据理解,人们所获得的对地球磁层的认识。其中,在磁尾存在一个中性点(不是线)和一个电流片结构(在中性点左边区域的电流片存在磁场法向分量,引自 Russell,1972)

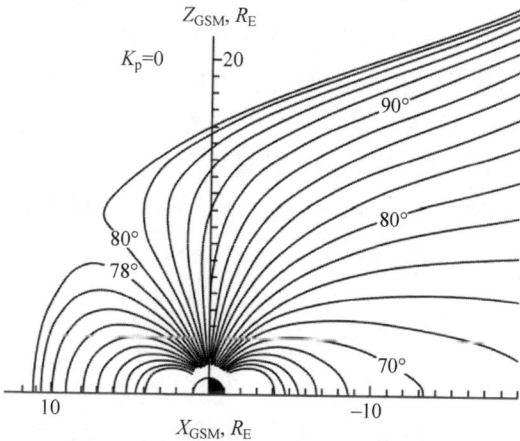

图 10.2　子午面内磁层的磁场结构。磁场线是根据 Tsyganenko 和 Usmanov(1982)的模型画出的

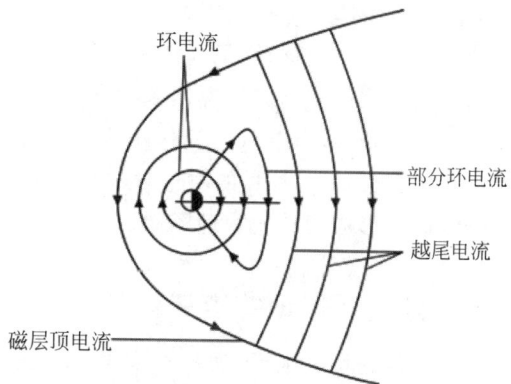

图 10.3　赤道平面上的磁层电流示意图。在真实的磁层中,电流并不是沿着直线方向从晨侧指向昏侧,而是一定程度上沿磁场等值线(具有曲率)方向从晨侧指向昏侧。最内部的晨昏电流在离开赤道平面后沿着磁场线在电离层内闭合,从而使磁层夜侧存在部分环电流

磁层的内边界是电离层,电离层的特性会随高度、纬度及地方时变化。产生电离层的电离源有很多(见第 2 章),包括太阳极紫外和紫外辐射,地球辐射带高能粒子沉降,以及极光区的粒子沉降和电子束流。大气粒子被电离后,会通过输运过程重新分布。在地磁扰动时期,输运过程使人们对电离层特性的预测变得相当复杂、困难。

电离层可为磁层区域中的等离子体层(图 10.1)提供冷等离子体。因此,输运过程对维持等离子体层中的等离子体含量及其外边界(plasmapause)的形成都非常重要。

将中性大气层仅当作地球表层附近电离层的等离子体源,虽然看起来方便些,但实际是非常不正确的。如第 2 章所述,在绝大多数磁层区域中,中性大气粒子密度大于磁层中的等离子体密度。尽管磁层等离子体与大气粒子之间的耦合很弱,但在许多方面这个耦合作用是非常重要的,从拾起离子与波动的产生,到电荷交换、环电流衰减及粒子的跨磁场线输运等。因此,研究磁层时不能完全忽视中性大气粒子。

### 10.2.1 极尖区

极尖区(**polar cusp**)在磁层顶的尾端位于穿越赤道面的闭合磁场线与向磁尾拉伸磁场线转换的区域。在磁层中,极尖区这一点处的磁场强度较弱,其在 Chapman 和 Bartel (1940)镜像偶极子磁层模型中表现为磁场线发散的点(见第 1 章),这个发散点也出现在 Dungey(1961)的太阳风-磁层相互作用的磁重联模型中。因此,极尖区的存在与是否出现磁重联无关,但它的性质却与重联相关。早期对极尖区的研究来自 ISIS Ⅰ 和 ISIS Ⅱ 卫星在低高度处的观测(Heikkila 和 Winningham,1971),以及 IMP 5(Frank,1971)和 OGO 5 (Russell 等,1971)在较高高度处的观测。还有些探测任务,比如 ESA 的 HEOS 2、Cluster 及 NASA 的 Polar 等卫星,也对极尖区开展了专门的探测研究。在磁层的所有区域中,从多方面来看,极尖区都是对太阳风-磁层相互作用最敏感的区域。当磁重联活动很弱时,极尖区的等离子体十分接近磁鞘等离子体特征,但是当发生向阳面磁重联时,极尖区会向较低的不变纬度方向移动,呈现等离子体加速的特征,并在地方时上有所扩展。在极尖区,人们也通过太阳风质子和外逸层氢原子之间的电荷交换作用揭示了外逸层(exosphere)的存在(Le 等,2001),而电荷交换作用也激发了质子回旋波(proton cyclotron waves)的产生。极尖区对 IMF 南北分量的响应形式与其他磁层重联证据是一致的,这可对磁层磁应力和等离子体输运形成一致的物理图像。

### 10.2.2 近地等离子体片

从拓扑结构上来说,如第 1 章中 Podgorny(1976)对太阳风-磁层相互作用的金属丝模型所表示,等离子体片基本上可看作极尖区附近处的磁场(较弱)向磁尾的延伸。磁鞘(磁尾外部)中的等离子体可以直接进入南北尾瓣之间的弱磁场区域(等离子体片)。但这会存在一个问题:等离子体是被束缚在磁场线上的。因此,等离子体必须在垂直于磁场线的方向上做漂移运动,或者必须有磁重联改变磁场线的拓扑结构(或通过重联湮灭磁场,或二者兼有)。通过向阳面磁重联或穿越边界层时的粒子散射等作用,等离子体可进入尾瓣的开放磁场。这里向阳面磁重联是指在太阳风磁通量管和磁层闭合磁通量管(两个足点都在地球上)之间发生的重联。等离子体一旦进入尾瓣,就会受电流片处的重联作用而对流至磁尾中心,这会带来磁场拓扑结构的改变及等离子体的加热,进而在闭合磁场线上形成致密的热等离子体——我们称这一区域为等离子体片(plasma sheet)。我们注意到,太阳风磁通量管与夜侧开放磁场线之间的重联作用会减少磁尾中的磁通量,并将这部分磁通量加到向阳面磁层中[①]。如果几何位型合适,这一重联作用甚至可使极盖区内的等离子体流动出现反转。

我们在第 9 章中讨论了磁尾 Harris 电流片的稳态模型和 Alfvén 稳态磁重联模型,在这里不再赘述。唯一需要指出的是,磁尾储存了大量磁能,这些磁能可以快速地被抽取并释放到夜侧大气层、电离层和辐射带中。随着磁层不断调整达到最小应力状态,磁尾区域会成为激发极光现象(见第 11 章)的能量库。

我们还需要着重介绍一下等离子体片的内边界,这是因为等离子体片与磁层的交界面对于空间天气很重要。在等离子体层外的低密度、冷等离子体的环境中,若混合来自等离子体片的高密度热电子,将促使卫星带电。如第 9 章中讨论的,如果卫星正好位于地球的阴影中,那么卫星有可能因为带电而具有较高电势。图 10.4 显示了 OGO 卫星仪器观测到的等离子体片内边界。可以看到,在夜侧(午夜前)等离子体片内边界非常尖锐,而且有时是动态变化的(Vasyliunas,1968)。

等离子体不仅在近地磁尾处是剧烈变化的,在磁场亦是如此。全球地球空间计划[②](Global Geospace Mission)中的 Polar 卫星具有一个偏心极轨轨道,远地点可达 $9R_E$。最开始 Polar 卫星的轨道经过北极上空,但后来卫星轨道远地点最终进动到

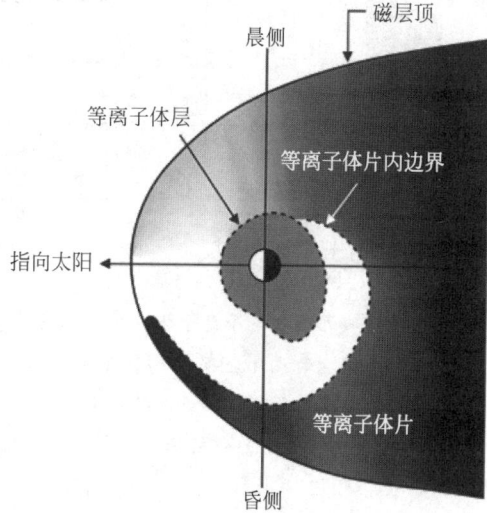

图 10.4　根据 Vasyliunas(1968)的定义,示意图展示了等离子体片相对于等离子体层的位置。等离子体片的内边界在夜侧(午夜之前)非常尖锐,受亚暴活动的影响内边界在午夜处变化性较大,而内边界在晨侧处较为弥散

了赤道面上,这时 Polar 卫星可监测这一重要区域处(近磁尾)的磁场动态变化。图 10.5(a)显示了当 Polar 所在区域地方时偏离子夜两小时之内时,Polar 在约 $9R_E$ 处观测到的最小磁场[③]。该磁场强度一般约为 17 nT,弱的时候可以低至 3 nT,而强的时候可超过 50 nT。在图中显示的这段数据期间,在磁场较弱时的 $B_z$ 分量并不为负,这表明没有磁重联发生。然而,观测到的磁场强度经常变得非常弱。这说明在 $9R_E$ 以内区域也可能发生重联。图 10.5(b)显示了 Polar 卫星于磁平静期在午夜附近观测到的磁场变化。观测显示,即使卫星在穿越电流片($B_x$ 分量反转)时,也存在非常强的磁场南北($z$)分量。图 10.5(c)展示

---

①　见图 1.20,北向 IMF 与磁层发生重联的情形。

②　这个计划也称为 The Global Geospace Science Program,包括 Wind(测上游太阳风)和 Polar(测地球极区)两颗卫星。详见 https://pwg.gsfc.nasa.gov/istp/ggs_paper.html。

③　$B_x$ 分量反向处。

了另一段观测,在穿越磁尾电流片时卫星看到了非常弱的南北分量。这表明卫星很靠近重联的 X 点。从统计上来说,近地磁尾的弱磁场通常发生在太阳风动压较高的时候,这时磁层会向内收缩,等离子体片也会向内移动。近地磁尾重联则发生在 IMF 具有强南向分量的时候(Ge 和 Russell,2006)。

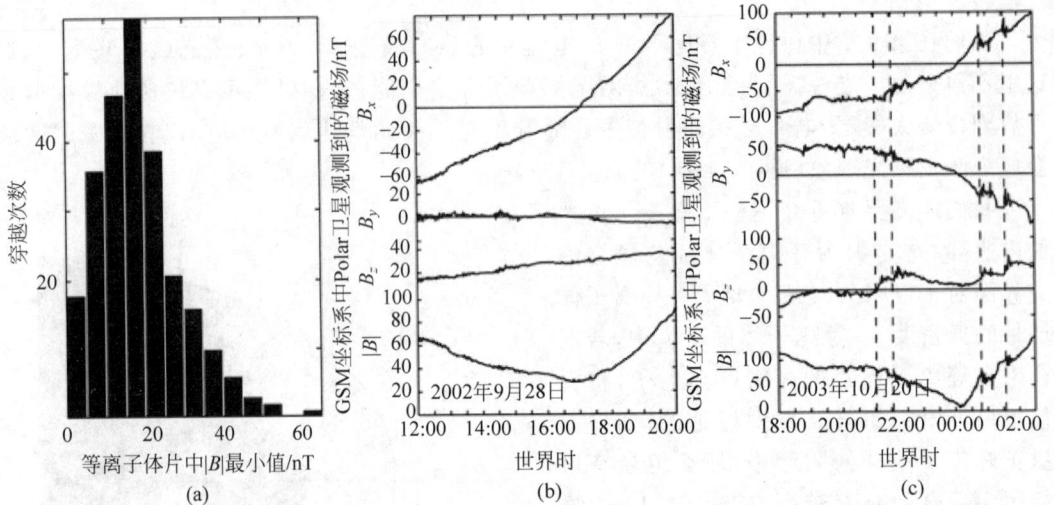

图 10.5　午夜区域近地磁尾等离子体片中的磁场特征。(a)在约 $9R_E$ 处且地方时 22:00～02:00 范围内最小磁场强度的统计分布;(b)在磁平静时期,卫星穿越一次磁尾电流片时观测到磁场 GSM 分量及磁场强度的变化。电流片就是 $B_x$ 分量符号反转的地方;(c)另一个类似的磁尾电流片穿越事例,不过电流片中的磁场强度更弱。垂直虚线标出了等离子体片膨胀($B_z$ 增加)的时候(引自 Ge 和 Russell,2006)

### 10.2.3　环电流

　　由于高能粒子会被捕获在偶极磁场中,所以环电流也是一个很大的能量存储库。相比外磁层区域,环电流中粒子能量的增加和衰减都要慢许多。并且一旦环电流发展起来,环电流的耗散需要耗费数天时间。这种耗散通过环电流离子与逃逸层中性氢原子的电荷交换作用,或离子沉降到大气层中实现。由于我们如今可对磁层所有区域实现磁场测量,而电流又可通过计算磁场的旋度获得,那么仅利用卫星的磁场测量数据,我们就可能得到一个环电流的定量经验模型。该经验模型可以描述在不同地磁暴相位阶段时期的环电流,或者更准确地说,可描述不同活动水平条件下的环电流(Le、Russell 和 Takahashi,2004)。图 10.6 在子午面内显示了电流(沿方位方向流动)的等值分布。环电流主要沿西向方向,也就是高能质子在地球磁场中的漂移方向。环电流会降低赤道面处的地表磁场强度。在 L 值较小的区域还存在一个朝东向的反向电流。这个东向电流会在等离子体能量密度随 L 减小而下降的地方出现[①]。该东向电流中只有非常少的一部分能够对地球形成闭合环绕。我们在第 9 章中讨论了如何利用太阳风-磁层相互作用的简单模型对环电流的强度进行预

---

① 实际上,该东向电流为等离子体热压梯度驱动的抗磁漂移电流。

测。我们通过磁场观测得到的结果与模型的预测是一致的。Le 等（2004）还讨论了环电流可通过场向电流与电离层闭合，闭合路径如图 10.3 所示。这些电流会使夜侧的环电流比日侧的更强。

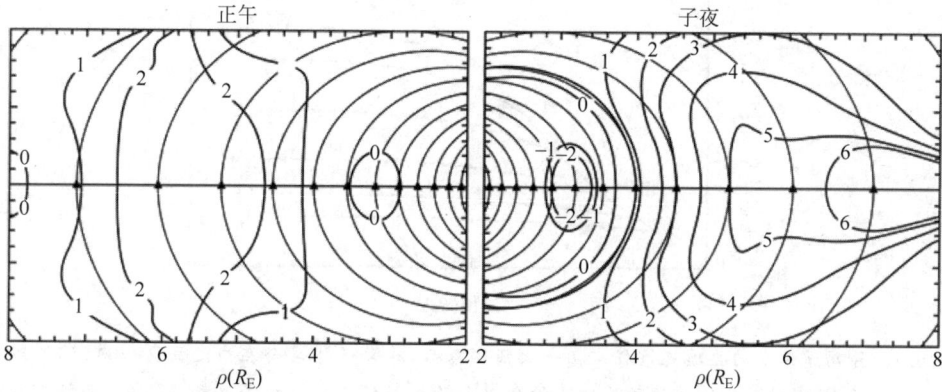

图 10.6　环电流密度的分布。对在 $D_{st}$ 指数（作太阳风动压校正后）为 $-80 \sim -60$ nT 范围内的磁层磁场矢量数据进行统计分布后，通过计算磁场的旋度得到电流。图中给出了电流方位分量 $j_{\varphi}$ 的等值分布，单位为 nA/m$^2$。$\rho(R_{E})$ 表示太阳磁场坐标系下（solar magnetic coordinates，SM）到偶极磁轴的距离（引自 Le 等，2004）

### 10.2.4　等离子体层

从本质上来讲，等离子体层（**plasmasphere**）不过是电离层沿磁场线向磁层的延伸部分。如果将这种物理图像极度简化，人们可能会想象磁层中充满了来自电离层的冷等离子体，且电离层等离子体在沿着磁场线向外运动过程中有足够的能量摆脱引力束缚。让我们顺着这个思路向下想象，假若把磁层中的冷等离子体全部移走，使电离层在光电离、碰撞电离和输运的共同作用下重新分布。在 $L$ 值较小的区域，磁通量管的体积很小，因此用等离子体可以相对较快地填满磁通量管。由于磁通量管的赤道截面面积（$S$）与地磁场强度（$B$）成反比[①]（地磁强度随 $L^3$ 衰减）（$S \propto 1/B \propto L^3$），且磁通量管的长度正比于 $L$（$l \propto L$），因此磁通量管的体积（$V$）随 $L^4$ 增加（$V = S \cdot l \propto L^4$）。因此，当从赤道附近区域变化到 $L \sim 10$ 的极盖区位置处时（磁场线足点在极盖区），磁通量管体积增加了 $10^4$ 倍。所以，如果将赤道面附近的磁通量管填满所需时间为数小时，那么在同样粒子通量的条件下，填满 $L \sim 10$ 的磁通量管所需的时间就会长达数年。图 10.7 显示了在一次大磁暴后等离子体层填充过程的示意图（磁暴会引起磁通量管（$L$ 值最低可至 2）中等离子体密度的下降）。从图中可看到，在磁暴发生一周后 $L = 4$ 的磁通量管还处于填充状态中（Park，1974）。

等离子体层顶（**plasmapause**）的情况也很复杂。通过闪电产生的哨声波（见第 1 章），在早期 K. I. Gringauz（1969）开展的空间探测和 D. L. Carpenter 开展的地基观测（1963）中都发现等离子体密度在 $L = 3 \sim 5R_{E}$ 这个区域剧烈下降。上述那种简单的等离子体填充图像不能解释这种剧烈下降。在高纬区域，磁层中必然存在某种等离子体损失机制。我们所知

---

① 对于截面具有单位磁通的磁通量管而言，$S \cdot B = 1$。

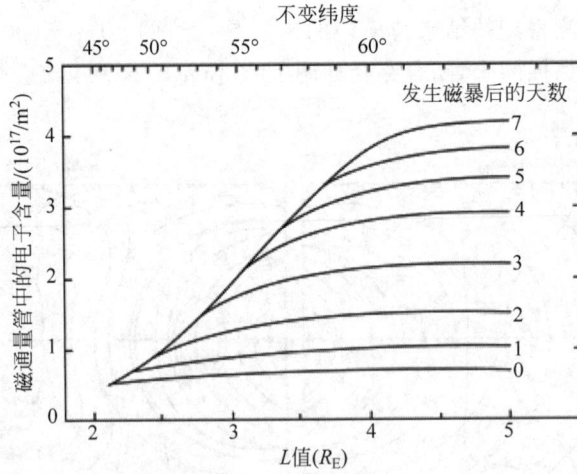

图 10.7  等离子体层的再填充过程。在一次强磁暴后,等离子体层会在广泛的区域内($L$ 值覆盖
范围大)被耗空。等离子体磁通管会以大致相同的填充率被等离子体填充,直到在某个
适当的 $L$ 值处,填充的等离子体含量达到一个稳定值。这个示意图展示了某次磁暴事件
后等离子体的回填过程(Park,1974)

的机制中没有任何一种机制能快速地将电离层等离子体推送回它原来产生的电离层位置
处。虽然在夜侧大气电离源会减弱,等离子体可能缓慢回流到电离层中,但这个过程绝不
可能太快。

在磁层中,等离子层顶处的等离子体损失机制与磁层获得能量及产生环电流的机制是
一样的,都是由太阳风磁场与磁层之间的重联作用引起的。如图 10.8 所示,对流循环可将
等离子体层的夜侧等离子体物质带往向阳面磁层顶,在磁层顶处这些物质会随着重联后的

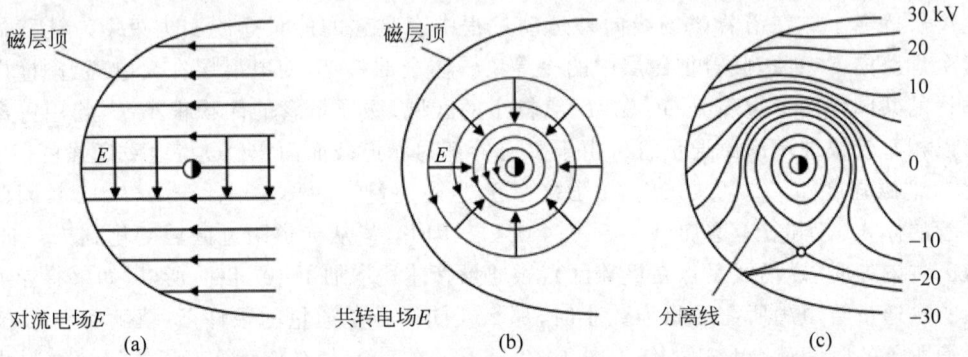

图 10.8  等离子体层顶的形成。如图 10.7 所示,等离子体层以几乎恒定的速率由内到外地填充等离子体
体,需要多天时间才能将等离子体填充到较高的 L 区域。等离子体层等离子体物质的耗空是
由向阳面磁层顶对流引起的,该对流是由向阳面磁层顶重联和夜侧重联施加的磁层电场引起
的。在图(a)中,我们假设磁层电场是均匀的。然而电离层会随地球一起自转,产生一个如图
(b)所示的共转电场。等离子体的运动受地球自转和磁尾到向阳面磁层顶通量对流传输的共
同作用。对于理想的磁层稳态对流(共转作用与向阳面磁层对流),其电势等值线分布如图(c)
所示。在分离线(separatrix)以内,粒子的漂移路径是闭合的,密度可以达到一定饱和极
限——沿着磁通量管向上运动和向下运动的粒子通量是相同的

磁通量管被太阳风扫向下游方向。磁层中的共转电场在赤道面上的强度是 $463L$（m/s）（共转速度）与磁场强度 $B$ 的乘积，或为 $-0.014/L^2$（V/m），其中负号表示电场方向是指向内的。与之相比，在地磁平静期，磁层对流电势降为 $60$ kV，对应的对流电场的平均电场强度是 $3.1 \times 10^{-4}$ V/m。如图 10.8 所示，共转电场和对流电场的叠加效果将会在午后 $6.7R_E$ 处（同步轨道附近）产生一个等离子体流的驻点。由于在赤道面处地磁场指向北向，因此共转电场在低纬磁层内是径向向内的。当磁层顶发生重联并驱动跨极盖等离子体对流时，则会形成晨昏方向的对流电场。

因此，磁层中冷等离子体密度的分布是由大气的光电离作用、电离层等离子体的上行输运（从赤道到极区磁通管体积存在显著的变化），以及高纬等离子体的周期性耗空（对应等离子体层顶的剥蚀）等作用共同决定的。由于有很多人造卫星在同步轨道处运行，而这个区域的等离子体环境变化非常大，所以我们对此区域内的等离子体环境需要密切关注。等离子层中的冷密等离子体对卫星来说是无害的，否则卫星可能会因充电效应而受到危害。但如果卫星处于等离子体低密度区域，同时高能电子的通量又比较大，特别是卫星处于地球光学阴影区中时（如第 9 章中提到的 Galaxy 15 卫星所遭遇的事件），那么卫星的不同部分之间很可能因充电形成电势差，从而在卫星不同部位之间发生放电现象。

## 10.2.5　低能等离子体的动力学过程

前面我们讨论了冷等离子体的电场漂移，但磁层中的部分等离子体能量较高，这使其漂移运动会受偶极磁场结构特征的影响（磁漂移）。在这种情况下，等离子体的运动会偏离图 10.8 所示的电势等值线形态。

在 10.2.3 节中我们讨论了环电流，环电流主要是由高能带电粒子在磁场梯度和曲率的作用下环绕地球的闭合漂移运动形成的。正如第 3 章中注意到的，磁场梯度和曲率漂移速度取决于粒子的能量和电荷。对于电子而言，磁场漂移方向与共转漂移（电漂移）方向相同，但对于离子而言，共转电场漂移和磁场漂移方向正好相反。哪种漂移占主导取决于磁场强度和粒子的能量。这里我们将继续探讨粒子漂移运动在地球磁层内是如何变化的。

在第 3 章中，我们注意到在与速度无关的力场 $\boldsymbol{F}$ 作用下，粒子的漂移速度可被广义地写为

$$\boldsymbol{v}_d = \frac{\boldsymbol{F} \times \boldsymbol{B}}{qB^2} \qquad (10.1)$$

其中，$q$ 为粒子电荷。

如果我们将 $\boldsymbol{F}$ 用势场形式表示[①]，即 $\boldsymbol{F} = -q\nabla\tilde{\phi}$，这种形式就与静电场的电势类似，那么可以将漂移速度写为

$$\boldsymbol{v}_d = \frac{\boldsymbol{B} \times \nabla\tilde{\phi}}{B^2} \qquad (10.2)$$

这样粒子便可沿着广义电势 $\tilde{\phi}$ 的等势线做漂移运动。

为进一步研究，我们采用一种简化的地球磁层模型。假设地磁场可用一个偶极场表示，偶极磁轴与地球自转轴平行，且垂直于黄道面。我们定义 Cartesian 直角坐标系中的 $z$

---

① 实际上把其他形式的力场当作电场处理。比如带电粒子所处的重力场。

轴沿偶极磁轴,$x$ 轴指向太阳,而 $y$ 轴指向昏侧（或指向与地球公转运动方向相反）。在该直角坐标系下,可对应定义一个球坐标系,其中方位角($\varphi$)围绕 $z$ 轴做旋转变化,$\varphi=0$ 指向太阳,$\varphi=\pi/2$ 表示指向 $y$ 轴。

我们进一步假设粒子在赤道面上的投掷角为 90°,并且假设电场和磁场不随时间变化。在这种情况下,粒子的漂移速度为

$$\boldsymbol{v}_{\mathrm{d}}=\frac{-\nabla\phi\times\boldsymbol{B}}{B^2}+\frac{W_\perp}{qB^3}\boldsymbol{B}\times\nabla B \tag{10.3}$$

其中,$\phi$ 为电势($\boldsymbol{E}=-\nabla\phi$),$W_\perp$ 为粒子在垂直磁场方向上的能量。

因此,有

$$\boldsymbol{v}_{\mathrm{d}}=\frac{1}{B^2}\boldsymbol{B}\times\nabla\Big(\phi+\frac{\mu B}{q}\Big) \tag{10.4}$$

其中,$\mu=W_\perp/B$ 是粒子的磁矩。

这样,如果我们定义:

$$\widetilde{\phi}=\phi+\frac{\mu B}{q}=\phi+W_\perp \tag{10.5}$$

那么在赤道面上投掷角为 90°的粒子则沿着广义电势 $\widetilde{\phi}$ 的等值线做漂移运动。如果我们忽略漂移运动本身的能量,那么 $\widetilde{\phi}$ 可以被看作粒子的总能量。

在地球磁层中产生电势主要有两种方式。第一种是共转作用。其中,中性大气通过碰撞作用驱动电离层随地球自转而共转,这会在磁层中形成共转电场（corotation electric field）[①]。经常有一种说法,那就是共转作用是通过电场从电离层映射到磁层中形成的,严格来说这种说法是不正确的。在稳态条件下,磁场线是等电势线,然而共转对流的扰动变化是通过 MHD 波及相关的 Maxwell 作用应力（$\boldsymbol{j}\times\boldsymbol{B}$）进行传导的。另一种电势来源于由午夜指向向阳面方向的等离子体对流。这种对流运动是由地球磁层与 IMF 的磁重联作用驱动的,并且通过磁尾重联作用,日向的等离子体流会将传输到尾瓣里的磁通带回向阳面磁层中。

对于共转运动,我们有:

$$\boldsymbol{v}_{\mathrm{cr}}=\hat{\boldsymbol{\varphi}}r\frac{2\pi}{\tau_{\mathrm{d}}} \tag{10.6}$$

其中,$\tau_{\mathrm{d}}$ 为一天时间,等于 86 400 s。对应的电势为

$$\phi_{\mathrm{cr}}=-\frac{2\pi}{\tau_{\mathrm{d}}}B_0r_0^2\Big(\frac{r_0}{r}\Big) \tag{10.7}$$

其中,$r_0$ 为地球的平均半径（6371.2 km）。在式(10.7)中,我们假设磁场具有偶极磁场形式 $B=B_0r_0^3/r^3$。如果可以的话,例如,采用国际地磁标准场（International Geomagnetic Reference Field,IGRF）模式来得到具体的地磁分布。

---

① 对于这个观点,译者持保留意见。在热层/逃逸层以上空间,粒子几乎都是无碰撞作用的,很难想象还能继续通过碰撞将共转作用传到等离子体层中。译者个人认为,若将等离子体层视为磁化等离子体,那么在地磁场的自转带动下,根据电磁感应定律,等离子体层必将随自转而共转,以消除等离子体层相对于地磁场之间的运动趋势。

我们可进一步定义共转电势(corotation potential)参数[1]为

$$\phi_c = \frac{2\pi}{\tau_d} B_0 r_0^2 \qquad (10.8)$$

如果采用第 12 代 IGRF 模型计算 2016 年的地磁分布,那么有[2] $B_0 = 29\ 816$ nT, $\phi_c = 88.01$ kV。

对于重联引起的对流,我们可简单假设对流电场是均匀分布的,且由晨向指向昏向(沿着正 $y$ 方向),即

$$\boldsymbol{E}_{\mathrm{conv}} = \hat{\boldsymbol{y}} \frac{\phi_{\mathrm{pc}}}{W} \qquad (10.9)$$

其中, $\phi_{\mathrm{pc}}$ 是跨极盖电势降; $W$ 是磁层的特征宽度(以 $r_0$ 为单位)。目前还存在更为复杂的对流电场模型,比如 Volland-Stern 模型。在该模型中,对流电场在内磁层中会被屏蔽。但对于我们本书的讨论而言,作均匀电场的假设就已经足够了。

我们可再次根据式(10.9)得到一个电势。将这个电势与共转电势结合起来,就可以得到日向对流与共转作用带来的总电势分布:

$$\phi = -\phi_c \left( \frac{r_0}{r} \right) - \frac{\phi_{\mathrm{pc}}}{W} \left( \frac{r}{r_0} \right) \sin\varphi \qquad (10.10)$$

在任一径向距离处,电势 $\phi$ 在晨侧( $\varphi = -\pi/2$ )最大,在昏侧( $\varphi = \pi/2$ )最小。在其他地方时处的电势位于这两个极值之间。

对于赤道面上的粒子而言,通过式(10.5),我们可得到其广义电势为

$$\widetilde{\phi} = -\phi_c \left( \frac{r_0}{r} \right) - \frac{\phi_{\mathrm{pc}}}{W} \left( \frac{r}{r_0} \right) \sin\varphi + \frac{\mu B_0}{q} \left( \frac{r_0}{r} \right)^3 \qquad (10.11)$$

或者

$$\frac{\widetilde{\phi}}{\phi_c} = -\left( \frac{B}{B_0} \right)^{1/3} - \frac{\phi_{\mathrm{pc}}}{W\phi_c} \left( \frac{B_0}{B} \right)^{1/3} \sin\varphi + \frac{\mu B_0}{q\phi_c} \left( \frac{B}{B_0} \right) \qquad (10.12)$$

在式(10.12)中(右边最后一项),磁矩按 $q\phi_c/B_0$ 作了归一化处理。这个归一化参量( $q\phi_c/B_0$ )等于 0.2948 MeV/G(很显然这是非国际单位制,考虑到地表地磁场强度约为 0.3 G,这个单位也常在空间辐射带研究中使用)。如果是国际单位制,那么这个归一化参量等于 2.948 GeV/T。

根据式(10.2)和式(10.11),赤道面上的粒子漂移速度为

$$\boldsymbol{v}_d = \frac{2\pi r_0}{\tau_d} \left\{ \hat{\boldsymbol{\varphi}} \left[ \left( \frac{r}{r_0} \right) - \frac{\phi_{\mathrm{pc}}}{W\phi_c} \left( \frac{r}{r_0} \right)^3 \sin\varphi - \frac{\mu B_0}{q\phi_c} \left( \frac{r_0}{r} \right) \right] + \hat{\boldsymbol{r}} \frac{\phi_{\mathrm{pc}}}{W\phi_c} \left( \frac{r}{r_0} \right)^3 \cos\varphi \right\} \qquad (10.13)$$

如果我们考虑式(10.13)中的速度方位分量,那么右边方括号内的第一项对应共转作用项,第二项对应日向对流速度的方位分量,最后一项对应磁场梯度漂移[3]。正如之前提到过的,电子磁场梯度漂移方向与共转速度方向是相同的,而离子的磁场漂移方向则与共转速度方向相反。由式(10.13)可看出,不同径向距离处对应不同的漂移主导项。较小径向

---

[1]　实际上为地表磁赤道面处的共转电势。

[2]　实际上通过 IGRF 模式得到磁赤道面上的磁场分布,考虑到各种磁异常影响,在各点处并不都是相同的。译者认为文中此处的值应该是中心偶极子部分在地表磁赤道面处的磁场强度。

[3]　注意,由于粒子仅在赤道面上漂移,磁场曲率漂移实际上已经被忽略了。

距离处的漂移运动主要为磁场梯度漂移,较大径向距离处主要为对流电场引起的电漂移运动,而中间区域处,共转漂移运动更为重要。然而,由于漂移速度还与粒子的磁矩有关,因此实际粒子运动情况会更复杂。

从式(10.13)中漂移速度的径向分量看,粒子在夜侧会向内运动,而在日侧会向外运动。这与我们的预期是相符的,因为日向对流运动会引起粒子径向距离的变化。但在这一对流运动过程中,粒子在夜侧的漂移路径上会获得能量增益,而在日侧的漂移路径上会损失能量。

为清楚说明不同漂移类型之间的相互关系,我们利用式(10.5)确定不同粒子的漂移运动类型。在偶极磁场的假设下,根据式(10.12)的电势分布,图 10.9(a)给出了电势(按 $\phi_c$ 作归一化)随磁场(按赤道面磁场强度作归一化)的变化分布。其中,标记为"晨侧"的曲线表示电势位于晨侧,电势在晨侧达到最大,而电势在昏侧达到最小。图 10.9(a)中的点线[1]显示了地方时相差 2 h(或方位角相差 30°)上的电势分布。由于式(10.12)关于 $x$ 轴具有对称性,因此,如图 10.9(a)中晨侧和昏侧正中间的点线所示,正午和午夜处的电势是相等的。同样,地方时 4 点处的电势和 8 点处的电势分布也是相等的。相对于晨侧和昏侧,这一对称关系对所有地方时都成立。在 $B/B_0=0$ 处,晨昏两侧之间的电势差[2]为 $2\phi_{pc}/W\phi$。为更清楚地显示不同类型漂移路径之间的差异,我们假设的电势($\phi_{pc}$)相对较强,其为 5 kV/$R_E$(约为 0.8 mV/m)。

图 10.9(a)中的这些粗实线对应式(10.5)中粒子磁矩保持不变时的不同渐进电势分布($B=0$)。由于我们考虑的是电子,所以这些线的斜率都是正值,斜率为 1 对应的粒子磁矩为 $q\phi_c/B_0$。标记为"开放"的实线对应这样的一类漂移路径——粒子漂移路径由下游磁尾出发,向地球方向运动并伴随磁场增强,直至经过电势最强的晨侧区域。之后该粒子继续向着太阳方向对流漂移运动。

标为"电子 Alfvén 层"(electron Alfvén layer)的实线为电子漂移路径成为开放轨迹的一种特殊情形。这条实线与昏侧电势等值线相切。电子从远磁尾向内运动直至到达昏侧子午面,然而粒子随后并不会朝太阳方向对流,而是继续向内运动直至电子到达晨侧晨昏面处。这些电子后续的漂移轨迹关于晨昏面镜像对称。电子漂移速度在昏侧出现这种反向的原因是共转漂移速度与磁场梯度漂移速度之和正好在此处与对流电场引起的漂移速度达到平衡。图 10.9(a)中标记为"零能量"的虚线显示了粒子能量为零(磁漂移速度为零)时的运动轨迹,这些粒子也会在昏侧发生速度反向。显然,电子的磁矩越大,发生速度反转时对应的径向距离就越大。在昏侧,电子漂移轨迹出现反向的点也被称为驻点(stagnation point)。这是因为 $\tilde{\phi}$ 的径向、方位方向上的梯度在该点处均为零。根据式(10.4),在该点处电子的漂移速度为零。

"Alfvén 层"(Alfvén layer)定义为粒子开放漂移轨迹和闭合漂移轨迹(环绕地球漂移)之间的过渡漂移路径。举例来说,图 10.9(a)中标记为"闭合、共转"的曲线就对应一个闭合漂移路径。这条路径是闭合的,因为这条路径上粒子的运动被限制在晨昏两侧之间,并不能运动到较大的径向距离处(我们不能将这条线延伸到灰色区域)。为了方便理解,我们可

---

① 原文意为虚线。结合上下文,译者认为应为点线。
② 原文中给出的这个电势差形式不具有电势的量纲,也无法由式(10.11)直接导出。

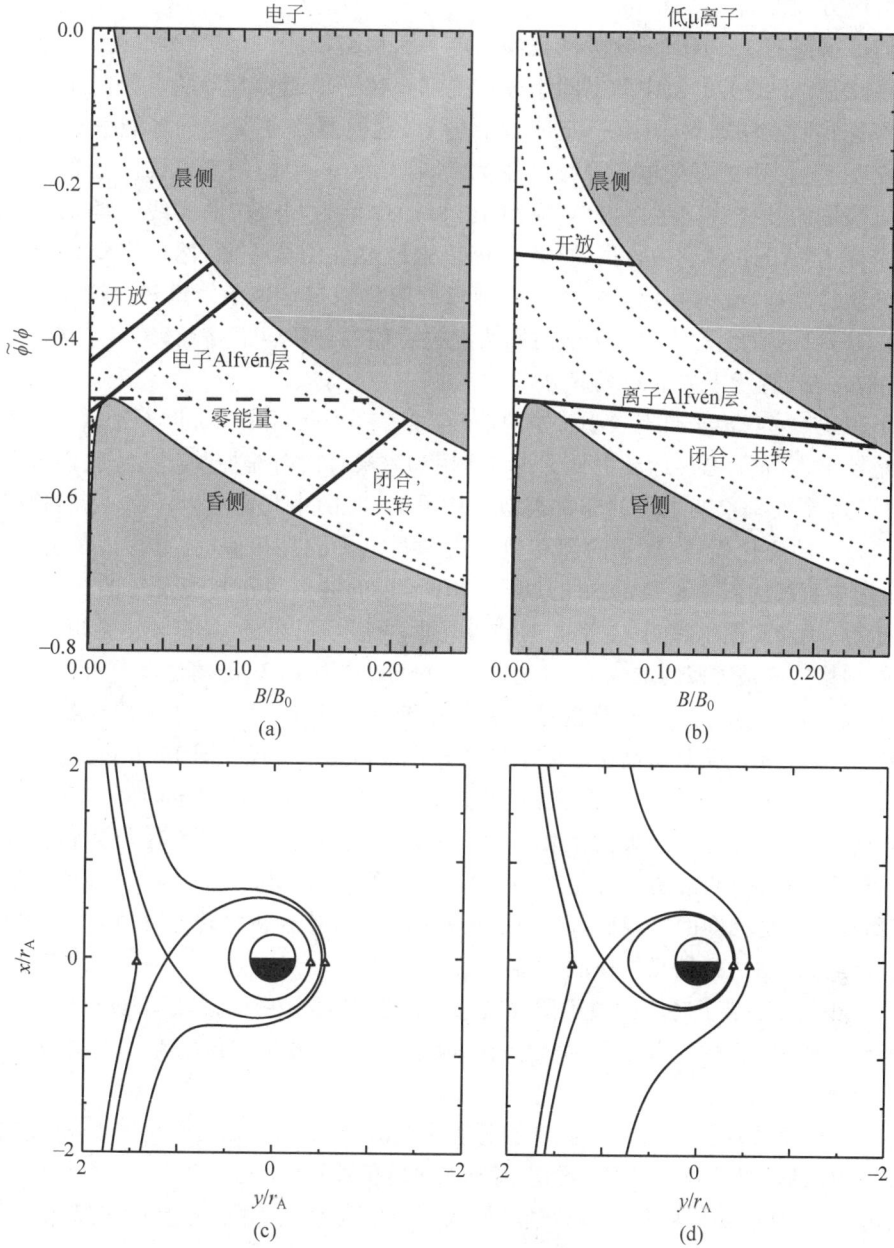

图 10.9　电势等值分布及其对应的电子和离子(磁矩 $\mu$ 较低)的漂移路径。在顶栏图中,利用 Whipple (1978)的方法,我们可用 $\phi$ 和 $B$ 描述粒子的漂移路径

以想象一个球在一个起伏的表面上滚动,但不能离开该面。这样,这个球会在起伏面的高处受到最大重力势,而在低处受到最小重力势。粒子轨道被定义为"共转"轨道,并非因为粒子真正在共转,而是因为粒子的方位漂移运动方向与共转运动方向是一个方向。我们之所以这么说,是因为粒子在晨侧时离地球最近(磁场最大),因此粒子在从昏侧到晨侧的漂移过程中会获得能量。如上所述,粒子在夜侧朝地球方向的漂移过程中会获得能量。因此,粒子从昏侧到晨侧的漂移运动在粒子处于夜侧时发生。从共转意义上而言,这样的漂

移运动对应方位方向上的漂移。

我们可根据图 10.9(a)确定不同类型的电子漂移路径,图 10.9(c)则显示了赤道面上的电子漂移路径。图 10.9(c)中的空间坐标位置都按粒子零能量时的驻点径向距离进行了归一化。并且我们也注意到,具有一定能量的电子,它的漂移驻点位于零能量时对应的驻点之外。图 10.9(c)中的每条电子漂移路径对应图 10.9(a)中的每条实线。最右侧的漂移路径为穿过晨侧的开放轨道路径,其对应图 10.9(a)中标为"开放"的实线。紧靠其左侧的轨道路径是标为"Alfvén 层"的轨道,这条轨道首先经过昏侧晨昏面,然后绕到晨侧。在这个泪滴状的轨道之内,我们可看到一个近乎圆形的漂移轨道。这条轨道对应图 10.9(a)中标为"闭合、共转"的直线。最后一个轨道则为穿过昏侧的开放轨道路径,它对应图 10.9(a)中标为"Alfvén 层"直线下方的短线部分。

接下来我们考虑离子具有较小磁矩的情形,如图 10.9(b)和图 10.9(d)所示。由于这些离子的磁矩较小,它们的漂移运动主要受共转作用和磁层日向对流控制。这样我们可期望离子漂移路径的拓扑形态会与电子的非常类似。从图 10.9(b)中我们可以看出,从漂移路径随电势和磁场强度的变化而言,离子的漂移轨迹类型与电子的是相似的。然而,对于离子来说,图 10.9(b)中直线的斜率是负的,并且离子 Alfvén 层的驻点位于零能量时的驻点距离之内。考虑到图 10.9(a)和图 10.9(b)在形态上的相似性,可以预见离子(具有较小磁矩)的漂移轨迹和电子的漂移轨迹是类似的,这可通过比较图 10.9(c)和图 10.9(d)清楚地看到。

随着离子磁矩的增加,离子梯度漂移变得逐渐重要起来。图 10.10(图形格式与图 10.9相同)左边一栏显示的是具有高磁矩离子的电势分布和漂移路径。图 10.10(a)中显示了 3 条开放的漂移轨迹和 Alfvén 层。在这种情况下,Alfvén 层的驻点位于晨侧。离子在 Alfvén 层上的轨迹在昏侧处对应较大的磁场强度。考虑到电子闭合漂移路径与共转运动具有相同方向,对于这种情形,沿图中标记为"闭合,梯度漂移"的闭合漂移路径上,离子漂移方向与梯度漂移方向是相同的。因此,晨侧的驻点对应日向对流和共转漂移(两种电场漂移)与磁场梯度漂移运动达到相互平衡的位置。

图 10.10(c)给出了对应的离子漂移轨迹。从多方面来说,它们都可被看作低磁矩条件下离子漂移轨迹的镜像图像。因为对高磁矩离子来说,磁场梯度漂移的作用远大于共转作用。

最后我们考虑离子磁矩具有中等强度条件下的情形。图 10.10(b)会出现我们称为双Alfvén 层的情形。与高磁矩情形类似,离子能量等值线(应为磁矩等值线)与晨侧的电势分布是相切的。由此,我们可预见该轨道在晨侧[1]会出现驻点,并且与高磁矩情形类似,当磁场梯度漂移与电场漂移达到平衡时就会出现该驻点。

而经过昏侧驻点的漂移轨道,其情形会变得更为复杂。在这种情况下,离子漂移轨道会再次回到昏侧,因此开放和闭合漂移路径之间的边界不会呈现出环绕地球的形态结构。进一步,我们在图中可看见有一个标为"闭合、香蕉形态"的漂移轨迹。该轨迹会两次穿过昏侧晨昏面,虽然该漂移路径是闭合的,但它并不环绕地球闭合。

最后一种我们要讨论的漂移轨迹如图中标为"质子鼻"(proton nose)的线所示。这种漂移轨迹是开放的,但会贯穿到离地球很近的区域。"质子鼻"这个名字来自其离子能谱特

---

① 原文此处写为昏侧,但译者结合上下文意思,认为应该改为晨侧较为妥当。

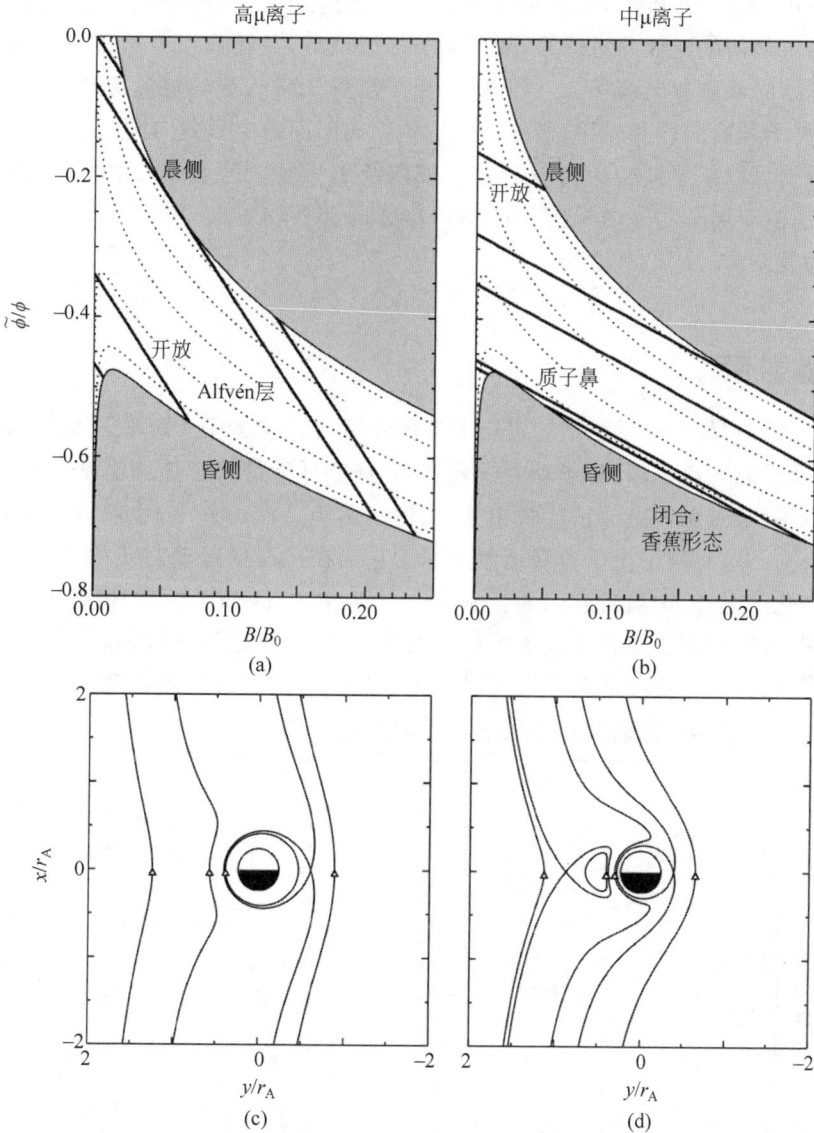

图 10.10　离子具有高磁矩或中等强度磁矩条件下的漂移路径和电势等值分布

征——能量为几千电子伏特的离子会呈现出径向向内延伸的特征。在以前的文献资料中，这种特征被称为"质子鼻"，尽管其他种类的粒子也可以出现类似的分布。"质子鼻"对应的漂移线（图 10.10(b)）最终会与昏侧的电势分布曲线相交，但相交点处的磁场强度已经超出了图形中的展示范围。

图 10.10(d)显示了赤道面上离子漂移轨迹的空间位置。经过晨侧的轨迹与高磁矩离子的轨迹是类似的。而在昏侧，离子的轨迹形态变得更为复杂。正如前面提到的，昏侧出现了一种类似香蕉（或腰豆）形态的漂移轨迹。在昏侧驻点处，日向对流和磁场梯度漂移运动将会被共转运动抵消。但当离子在驻点之内、偏离昏侧的区域漂移时，磁场梯度漂移会变得更为重要，最终漂移轨迹会再次回到昏侧。

在这些封闭、闭合漂移轨迹（香蕉型）更靠近地球的地方，我们可看见一条非常靠近地球的漂移轨迹,这就是"质子鼻"漂移轨迹。对于该漂移路径,3 种漂移运动在其中都起到了作用。当离子最初朝向地球对流时,随着离子接近地球,共转作用开始逐渐变得重要起来,因此离子开始向晨侧方向漂移。然而,随着离子能量升高[①],磁场梯度漂移会变成主要漂移运动,此时离子开始向昏侧漂移,最终经由昏侧朝向阳面磁层顶方向漂移。

上述分析可以拓展到粒子具有其他投掷角及更为复杂的电场和磁场位型条件下。不过一般来说,由于离子的磁场梯度与曲率漂移方向和共转方向是相反的,离子漂移路径比电子的更为复杂。

## 10.3 辐射带

在 10.2 节中,我们对磁层结构进行了整体介绍,包括极尖区、等离子体片、环电流、等离子体层,以及低能等离子体(粒子动力学轨道)。这些低能等离子体的漂移过程很大程度上会受磁层电场(与磁尾和磁层顶重联相关)作用的影响。在本节中,我们将考虑高能带电粒子的物理行为。这些粒子由于自身能量远高于它们在磁层中运动时获得或损失的能量,磁层中缓慢变化的电场、磁场对它们的影响很小。如图 10.11 所示,我们可画出这些高能粒子通量的典型径向分布(至少符合地磁平静期的分布)。相比之下,随着这些粒子在偶极磁场中做来回弹跳运动,这些高能粒子会明显受到磁场梯度漂移和曲率漂移作用的影响。我们可采用绝热粒子漂移理论研究粒子的这些漂移运动。

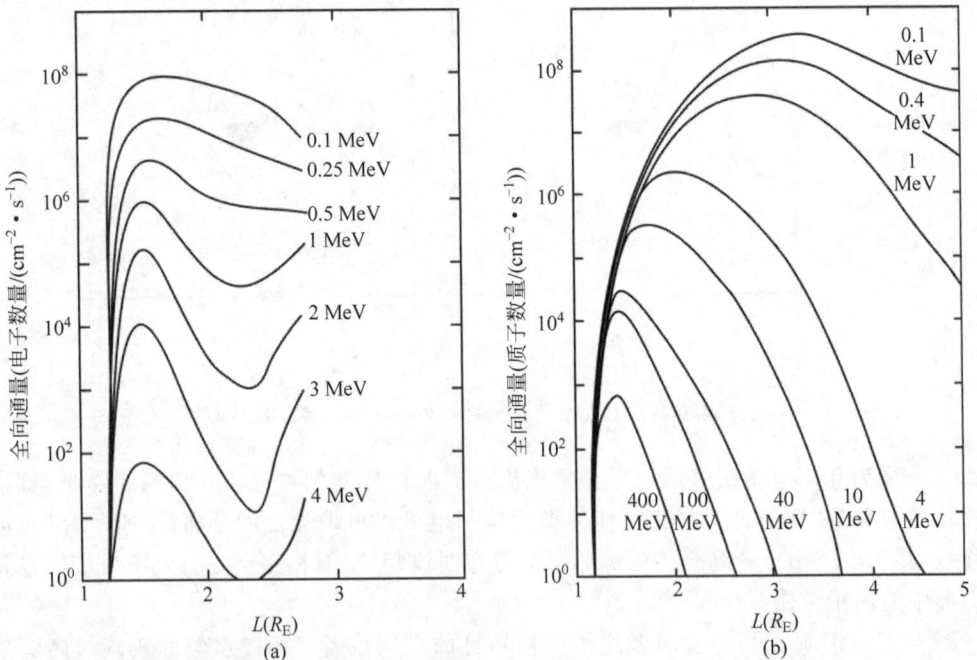

图 10.11 在太阳活动极小年期间,内磁层中高能电子(a)和高能离子(b)的全向通量。每条曲线都给出了高于阈值(图中已标出)的总通量。对于能量高于 1 MeV 的高能电子,其通量在 $L = 2.3R_E$ 附近呈现下降的区域被称为"槽区"(slot)(引自 Spjeldvik 和 Rothwell,1983)

---

① 由于磁矩守恒,离子进入磁场增强的区域,其回旋动能也会增大。

## 10.3.1　时间尺度

在地球磁层中离子或电子的运动存在 3 种基本形式：绕磁场线的回旋运动（**cyclotron motion**）、沿着磁场线的弹跳运动（**bounce motion**）及垂直于磁场线的漂移运动（**drift motion**）。对于能量在 1 MeV 以下的粒子（也是我们这里主要考虑的粒子），粒子的这些漂移运动会对应 3 种不同的时间尺度。回旋运动，其发生的回旋频率为 $\Omega$，是最快的。根据第 3 章中对 $\Omega$ 的定义，我们可以写出回旋运动的周期为

$$\tau_g = \frac{2\pi}{|\Omega|} = \frac{2\pi m}{|q|B} \approx (0.66 \text{ s}) \left( \frac{100 \text{ nT}}{B} \right) A \tag{10.14}$$

其中，$A$ 表示粒子质量与质子质量之比，对于电子来说，该比值为 $1/1836$；$1 \text{ nT} = 10^{-5} \text{ G}$（gauss）。在式（10.14）中，我们假设粒子是单价电荷态（$|q| = e$）。由于地球表面赤道处的平均磁场强度约为 30 000 nT，且地磁场近似偶极子形态，那么磁场强度会随着 $r^{-3}$，即地心距离三次方的倒数而衰减。由此我们可推算，在 $r = 5R_E$ 处，$B = 240 \text{ nT}$；而在 $r = 10R_E$ 处，$B = 30 \text{ nT}$。对于质子来说，其回旋周期在低高度处约为 1 ms，而在 10 个地球半径的赤道面处约为 2 s。粒子回旋半径（见第 3 章）可以写为

$$\rho_e = \frac{mv_\perp}{|q|B} \approx (46 \text{ km}) A^{1/2} \left( \frac{W_\perp}{1 \text{ keV}} \right)^{1/2} \left( \frac{100 \text{ nT}}{B} \right) \tag{10.15}$$

其中，$v_\perp$ 是粒子垂直于磁场方向的回旋速度；$mv_\perp^2/2$ 是回旋运动对应的动能（$W_\perp$）。回旋半径通常比磁层的特征尺度小几个数量级，并且相比具有相同能量的离子而言，电子的回旋半径会更小。

表 10.1 列出了在地球偶极场中对应不同 $L$ 和 $W_\perp$ 的电子和质子回旋半径（计算采用了式（10.15）的相对论形式，因此在能量非常高的情况下，结算结果与式（10.15）得到的结果有所不同）。

**表 10.1　粒子的回旋半径**　　　　　　　　单位：km

| $L(R_E)$ | 能量 | | | |
|:---:|:---:|:---:|:---:|:---:|
| | 10 eV | 1 keV | 100 keV | 10 MeV |
| 电子 | | | | |
| 1.5 | 0.001 | 0.012 | 0.12 | 3.9 |
| 2 | 0.003 | 0.028 | 0.29 | 9.2 |
| 3 | 0.009 | 0.095 | 0.99 | 31.0 |
| 4 | 0.022 | 0.220 | 2.40 | 74.0 |
| 5 | 0.044 | 0.440 | 4.60 | 140.0 |
| 6 | 0.076 | 0.760 | 7.90 | 250.0 |
| 7 | 0.120 | 1.200 | 13.00 | 400.0 |
| 8 | 0.180 | 1.800 | 19.00 | 590.0 |

| L(R_E) | 能　量 | | | |
|---|---|---|---|---|
| | 10 eV | 1 keV | 100 keV | 10 MeV |
| 离子 | | | | |
| 1.5 | 0.051 | 0.51 | 5.1 | 51 |
| 2 | 0.120 | 1.20 | 12.0 | 120 |
| 3 | 0.400 | 4.00 | 40.0 | 410 |
| 4 | 0.960 | 9.60 | 96.0 | 960 |
| 5 | 1.900 | 19.00 | 190.0 | 1900 |
| 6 | 3.200 | 32.00 | 320.0 | 3200 |
| 7 | 5.100 | 51.00 | 510.0 | 5200 |
| 8 | 7.700 | 77.00 | 770.0 | 7700 |

粒子的投掷角(pitch angle)定义为速度$\boldsymbol{v}$与磁场$\boldsymbol{B}$之间的夹角,具体为

$$\alpha = \arctan(v_\perp / v_{/\!/}) \tag{10.16}$$

如图 10.12 所示,粒子在平行于磁场方向上的运动为磁场线磁镜点之间的弹跳运动。弹跳运动的周期在量级上为

$$\tau_{\mathrm{b}} \sim \frac{2l_{\mathrm{b}}}{v_{/\!/}} \sim (5 \text{ min}) \left( \frac{l_{\mathrm{b}}}{10R_{\mathrm{E}}} \right) A^{1/2} \left( \frac{1 \text{ keV}}{W_{/\!/}} \right)^{1/2} \tag{10.17}$$

其中,$l_{\mathrm{b}}$ 是两个磁镜点之间的磁场线长度。对比式(10.14)与式(10.17),可以发现 $\tau_{\mathrm{b}} \gg \tau_{\mathrm{g}}$ (弹跳运动远慢于回旋运动)。

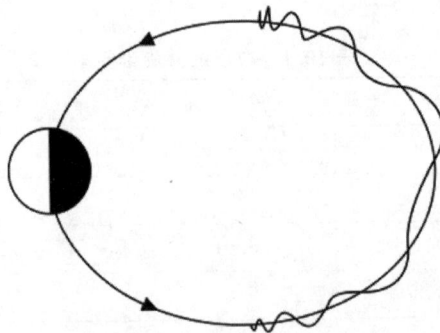

图 10.12　带电粒子在偶极子场中做弹跳运动的示意图。注意,在运动过程中,粒子在磁镜点附近耗费的运动时间较长

粒子的第三种运动形式是垂直于磁场线方向的漂移运动。我们将采用 3.3.7 节中漂移公式的外延形式:

$$\boldsymbol{v}_{\mathrm{d}} = \frac{\boldsymbol{E} \times \boldsymbol{B}}{B^2} + \frac{\boldsymbol{F}_{\mathrm{ext}} \times \boldsymbol{B}}{qB^2} + \frac{W_\perp}{qB^3} \boldsymbol{B} \times \nabla B + \frac{2W_{/\!/} \hat{\boldsymbol{r}}_{\mathrm{C}} \times \boldsymbol{B}}{qR_{\mathrm{C}}B^2} \tag{10.18}$$

其中,$\boldsymbol{F}_{\mathrm{ext}}$ 表示外力(非电磁力,先不明确其具体形式);$R_{\mathrm{C}}$ 是磁场线的曲率半径;$\hat{\boldsymbol{r}}_{\mathrm{C}}$ 为离

心力的单位矢量方向(从磁场线曲率中心指向外)。式(10.18)中的各项分别称为 $E \times B$ 漂移、外力漂移、磁场梯度漂移和磁场曲率漂移。对 $\alpha = 45°$ 的粒子而言,梯度漂移和曲率漂移的漂移速度在量级上是相当的。并且,在偶极场中 $\hat{r}_C$ 与 $\nabla B$ 的方向是相反的,这使磁场梯度漂移和曲率漂移的方向是相同的。因此,通过估算这两项中的其中一项,我们可以在量级上估计磁场梯度-曲率漂移项的总和。因此,从量级上而言,地球磁层中粒子的梯度和曲率漂移的时间尺度为

$$\tau_d = \frac{2\pi r}{v_{GC}} \sim \frac{2qBr^2}{W} \sim (56 \text{ h}) \left(\frac{r}{5R_E}\right)^2 \left(\frac{B}{100 \text{ nT}}\right) \left(\frac{1 \text{ keV}}{W}\right) \tag{10.19}$$

对于能量约为 1 keV 的粒子,式(10.14)、式(10.17)和式(10.19)给出的 3 个特征时间尺度,其相互间的相差倍数大体上是相等的,约为 $600A^{-1/2}$ ($\tau_d \sim 600A^{-1/2}\tau_b$, $\tau_b \sim 600\ A^{-1/2}\tau_g$)。对于 $O^+$ 来说,其回旋周期和漂移周期差了 2 个数量级以上,而对于电子则跨越了 4 个数量级以上。电子的回旋运动和弹跳运动比离子的快得多。然而,在给定粒子能量的情况下,粒子的梯度/曲率漂移速率则与粒子质量无关。

图 10.13 显示了在赤道面上质子和电子的回旋频率($\tau_g^{-1}$),弹跳频率($\tau_b^{-1}$)和漂移频率($\tau_d^{-1}$)的分布(也许有人会认为,由于在赤道面上,弹跳距离 $l_b$ 趋于 0,那么弹跳周期也应趋于 0。实际上弹跳周期并不会趋于 0,这是因为当弹跳距离 $l_b$ 趋于 0 时,平均速度 $v_{\parallel}$ 会趋于 0,根据式(10.17),弹跳周期 $\tau_b$ 会趋于一个有限常数,图 10.13 中显示了 $\tau_b^{-1}$ 的分布)。图 10.13 只给出了对电子和质子的计算结果。如果要计算 $O^+$ 的回旋、弹跳和漂移频率,那么只需要将图 10.13 中质子的计算数值分别乘以 1/16、1/4 和 1。

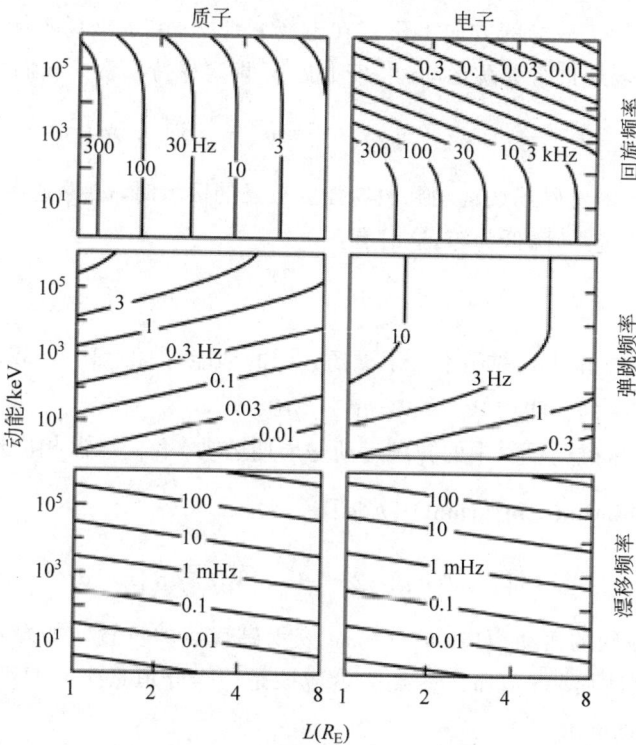

图 10.13　在地球偶极子磁场的赤道面上,粒子的回旋、弹跳、漂移频率随 $L$ 和粒子能量 $W$ 的分布变化(引自 Schulz 和 Lanzerotti,1974)

### 10.3.2 粒子的弹跳运动与第一、第二绝热不变量

上述 3 种漂移运动时间特征尺度的显著差异使我们可以通过绝热不变量（adiabatic invariants，见 3.3 节）从理论上对这 3 种运动做区分。绝热不变量的一般理论（Landau 和 Lifshitz，1960）表明，在一个缓慢变化的系统中，若系统随坐标 $q$ 呈周期性运动，$p$ 为对应的动量，那么积分量 $\oint p\,\mathrm{d}q$ 是守恒的。对于粒子在可近似为均匀磁场中的回旋运动应用该守恒定律，令磁场沿 $z$ 方向，$q=x$，$p=mv_x$。那么对应的绝热不变量为

$$\oint p\,\mathrm{d}q = \oint p_x v_x \mathrm{d}t = mv_x^2 \tau_g = \frac{1}{2}mv_\perp^2 \frac{2\pi m}{qB} = \frac{2\pi m\mu}{q} \tag{10.20}$$

其中

$$\mu = \frac{mv_\perp^2}{2B} \tag{10.21}$$

$\mu$ 为粒子回旋运动对应的磁矩。式（10.20）具体说明了带电粒子在磁场中运动的第一绝热不变量（first adiabatic invariant）。在正常情况下粒子的质荷比（$m/q$）为常数，因此由式（10.20）可看出，磁矩 $\mu$ 是一个绝热不变量。特别是，如果粒子在回旋运动中感受到的磁场变化很缓慢（磁场变化的时间尺度远大于粒子的回旋周期 $\tau_g$），那么 $\mu$ 是一个守恒量。

由于粒子沿磁场线作弹跳运动感受到的磁场强度变化的时间尺度（约为 $\tau_b$）远长于粒子的回旋周期，我们可利用磁矩 $\mu$ 为绝热不变量这一条件，简单描述粒子的弹跳运动。我们进一步假设在平行于磁场的方向上不存在电场。那么，由于磁场不能改变粒子的动能，那么粒子在沿着磁场线进行弹跳运动时，其动能 $W$ 肯定保持不变。我们可将其写为

$$W = \frac{1}{2}m(v_\perp^2 + v_\parallel^2) = \frac{1}{2}mv_\parallel^2 + \mu B = \mathrm{constant} \tag{10.22}$$

因此，随着粒子沿着磁场线运动到磁场强度较强的区域时，$v_\parallel$ 的速率会减小，并在 $B$ 达到临界值 $B_m$ 处（磁镜点）降低为零，这时有：

$$B_m = \frac{W}{\mu} \tag{10.23}$$

考虑到粒子投掷角为 $\alpha$，粒子平行于磁场方向的动能可写为 $W_\parallel = W\cos^2\alpha$，那么粒子在垂直磁场方向上携带的动能为 $W_\perp = W\sin^2\alpha = \mu B$。

由于粒子在给定磁通量管中的弹跳运动是周期运动，我们可以相应地定义一个第二绝热不变量（second adiabatic invariant）$\oint p\,\mathrm{d}q$：

$$J = \oint p_\parallel \mathrm{d}s = 2\sqrt{2m}\int_{m_1}^{m_2}\sqrt{[W-\mu B(s)]}\,\mathrm{d}s \tag{10.24}$$

其中，$s$ 表示沿磁场线的运动距离，$m_1$ 和 $m_2$ 表示磁镜点的位置。如果磁场变化的时间尺度远长于粒子的弹跳周期 $\tau_b$，那么参数 $J$ 就应该是一个守恒量。我们可将能量 $W$ 作为常数从积分中提出，也就是

$$J = 2\sqrt{2m\mu}\,I \tag{10.25}$$

其中

$$I = \int_{m_1}^{m_2} \sqrt{B_{\mathrm{m}} - B(s)}\, \mathrm{d}s \tag{10.26}$$

注意，$I$ 与粒子能量无关，只与磁镜点和粒子所在的磁场线有关。

### 10.3.3　弹跳周期内的平均梯度/曲率漂移

考虑这样一种粒子——粒子的第一绝热不变量 $\mu$ 不为零，但第二绝热不变量 $J$ 为零。该粒子具有梯度漂移运动，但曲率漂移速度为零。粒子被磁场捕获或会被约束在磁场极小值处（一般在磁赤道面上）。粒子的运动如图 10.14 所示。为简化研究，我们假设每条磁场线上的磁场强度最小值都出现在赤道面上，图 10.2 展示了这种磁层磁场的结构位型。将式(10.21)代入式(10.18)的梯度漂移项中，可以得到：

$$\boldsymbol{v}_{\mathrm{g}} = \mu \frac{\boldsymbol{B} \times \nabla B}{qB^2} = \frac{\boldsymbol{B} \times \nabla W}{qB^2} \tag{10.27}$$

图 10.14　地球赤道平面中的粒子(质子)梯度漂移运动

其中，在式(10.27)中的第二个等式处，对于这些在赤道面上的镜面弹跳粒子，我们利用了 $W(\mu, \boldsymbol{x}) = \mu B(\boldsymbol{x})$ 的关系式。在计算 $\nabla W$ 时，我们取 $\mu$ 为常数。如果粒子具有在静电场 $\boldsymbol{E} = -\nabla \phi$ 中也具有的 $\boldsymbol{E} \times \boldsymbol{B}$ 漂移，那么结合 $\boldsymbol{E} \times \boldsymbol{B}$ 漂移和磁梯度漂移，我们得到：

$$\boldsymbol{v}_{\mathrm{d}} = \frac{\boldsymbol{B} \times \nabla(q\phi + W)}{qB^2} \tag{10.28}$$

式(10.28)意味着粒子的漂移速度方向沿垂直于粒子总能量的梯度方向。因此式(10.28)是粒子能量保持守恒的一种表达式。10.2.5 节中式(10.4)也体现出了粒子能量的守恒性。考虑到能量守恒的一致性，我们实际上可以写出弹跳周期内的平均磁场梯度/曲率漂移的表达式：

$$\boldsymbol{v}_{\mathrm{g+c}} = \frac{\boldsymbol{B} \times \nabla[W(\mu, J, \boldsymbol{x})]}{qB^2} \tag{10.29}$$

其中，在梯度项中我们认为 $\mu$ 和 $J$ 是常数（对于弹跳周期内的平均梯度/曲率漂移，其更为严格和全面的讨论可见 Roederer(1970) 及 Wolf(1983)）。

### 10.3.4　南大西洋异常区和漂移壳分裂

在纯偶极磁场中，梯度漂移和曲率漂移的速度方向相同，即带正电荷的粒子向西漂移，带负电荷的粒子向东漂移。然而，内磁层中的实际磁场结构并非理想的偶极场型，这种偏离偶极场的磁场位型会对粒子辐射环境带来显著影响。

在内辐射带中，偶极磁场的偏离主要是由地球内禀磁场的高阶矩（如四极子、八极子等）分量造成的。地表磁场最弱的地方位于南美洲东海岸。这个地方的磁异常特征被人们称为"南大西洋异常"(**South Atlantic anomaly**)。根据式(10.27)，那些限定在赤道面上做弹跳运动的内辐射带粒子，会沿磁场等值线轨迹漂移。在粒子经过南大西洋上空磁场较弱的区域时，这些漂移粒子会离地心更近，这意味着这些粒子会运动到更低的高度，并有更大的

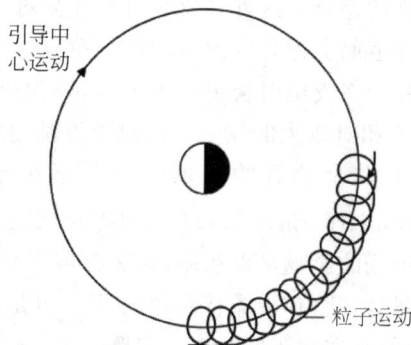

可能性因粒子沉降而损失。内辐射带中大部分的粒子损失都与南大西洋异常区有关。

对于外辐射带区域而言，偶极磁场的偏离主要是由磁层电流引起的。磁层磁场结构的日夜不对称性（该不对称性就是由磁层电流引起的）会对辐射带的粒子产生显著影响。沿磁层顶表面向东流动的 Chapman-Ferraro 电流会压缩磁层中的磁场，并且这种压缩效应在向阳面最强。西向的越尾电流会扩张、减弱内磁层中的磁场，其在夜侧的影响效应最为显著。在这两种电流的共同作用下，如图 10.15 所示，日侧和夜侧的磁场线结构形态会产生系统性的差异。这种日夜不对称性会对不同投掷角的粒子产生不同的影响。举例来说，对于在赤道面上做梯度漂移的粒子而言（$J=0$），粒子沿赤道面上磁场的等值线做漂移运动。这些粒子在夜侧时会更靠近地球，因为夜侧的磁场强度较弱。另外，若我们考虑一个 $\mu$ 很小，但 $J$ 相对较大的粒子。在粒子弹跳的路径上，除了在磁场线两端附近磁场强度会快速上升以外，其余位置的磁场强度都远小于磁镜点处的磁场强度 $B_m$。粒子的几何不变量（geometric invariant）$I$ 近似等于 $(B_m)^{1/2}s$，其中 $s$ 是弹跳路径的长度（见式(10.26)）。假设电场的影响可以忽略，那么在粒子漂移过程中其动能 $\mu B_m$ 是保持不变的。又由于 $\mu$ 是常量，因此，在沿漂移路径上，$B_m$ 也是常量，所以要想使 $I$ 保持不变，则 $s$ 必须为常量。换句话说，在粒子的曲率漂移路径上，磁场线长度 $s$ 都是不变的。从图 10.15 中清楚可见，若我们将外磁层等距离处的日、夜两侧磁场线作比较，可见夜侧磁场线的长度短于日侧磁场线的长度。因此，在赤道面上投掷角接近于零的粒子，相比日侧，它在夜侧会漂移到更远的区域；而对于赤道面上投掷角接近 90° 的粒子而言，它在夜侧则会漂移到更近的区域。结果在地球夜侧的辐射带外层区域，粒子倾向于具有较小的投掷角；而在日侧辐射带外层区域，粒子倾向于有较大的投掷角。这种现象我们称之为"漂移壳分裂"（**drift-shell splitting**）。

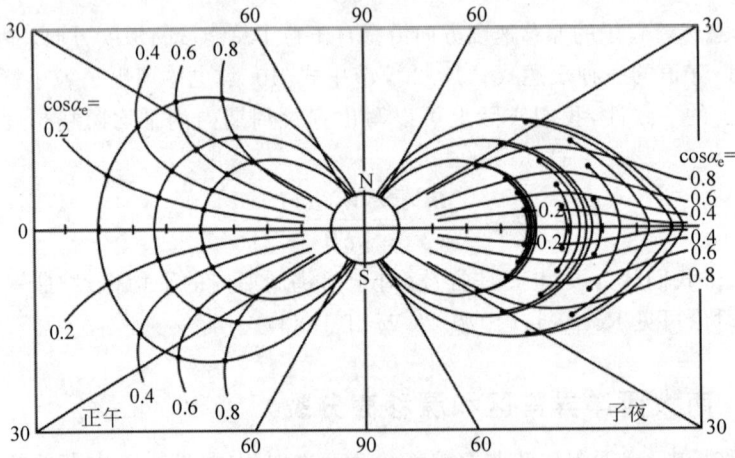

图 10.15　计算得到带电粒子的漂移壳分离效应（粒子从正午经度面上的磁场线上发出）。点代表粒子的磁镜点。曲线代表赤道面上投掷角固定为 $\alpha_e$ 的磁镜点位置（引自 Roederer，1967）

图 10.15 显示了漂移壳分量效应的定量计算结果。例如，对于一个 $J$ 较小的粒子（镜点在赤道面附近），假设其在正午区域处对应的投掷角有 $\cos\alpha_e=0.2$，所在磁场线对应的 $L=8$。当粒子运动到午夜处时，磁场线对应 $L=7.1$；而粒子的弹跳路径则要比正午处的

短了大约一半,这是因为随距赤道面的距离增加,夜侧磁场 $B(s)$ 比在向阳面增加得更快一些。而对于在正午处具有较大 $J$ 值的粒子而言,若 $\cos\alpha_e = 0.8$,所在磁场线对应 $L = 8$,图 10.15 显示该粒子漂移到午夜时,所在磁场线对应 $L = 9.6$;而如我们期望的,它的弹跳长度基本保持不变。

## 10.4　磁层中的波动

在第 10.3 节中,我们介绍了地球磁层中高能粒子的运动会具有一些绝热不变量参数,而这些绝热不变量参数控制了粒子的漂移运动。如果这些绝热不变量不受破坏,那么粒子的运动将永远维持在其原有磁层漂移轨道上。然而实际情况并非如此。磁层几乎不是处于完全平静状态下的;磁层波动会与粒子的回旋、弹跳和漂移运动发生共振作用,并散射粒子。如果散射作用使粒子进入大气层中,那么粒子会与大气粒子发生碰撞而损失。如果波动与粒子环绕地球的漂移运动发生共振,那么粒子可能发生径向向内或向外的扩散。这也可能导致粒子在低高度处沉降到大气中或在较高高度处逃离到磁鞘中,从而造成粒子的损失。

波动可能在地球大气层中被激发,也可能在外部太阳风或磁层本身的空间环境中被激发。太阳风的相互作用是激发这些波动的主要来源。太阳风经常处于非稳定状态,其非稳定性会转化为磁层顶处的太阳风动压扰动,进而对磁层压缩带来扰动。这些压缩扰动性可散射那些被地磁场捕获的粒子。

### 10.4.1　磁层波动的分类

我们主要关注那些能与磁层电子和离子发生相互作用的波动。因此,这些波动肯定会带来磁场扰动或电场扰动。这些扰动场肯定会对粒子带来一些持续性的效应,所以波粒相互作用不可能是一个非常缓慢的物理过程——其对粒子的效应是不可逆的。波动可以是纯压缩波,在这种情况下磁场方向并不会出现扰动变化;波动也可以是纯方向性上的扰动变化,而场的强度不发生改变;波动也可带来场强大小和方向同时发生扰动变化。有时波动是窄频的,持续时间较长。有时波动可能频率覆盖较宽,持续时间较短。在早期的磁层研究中,人们会根据波动最初发现者对其所起的昵称对波动进行分类,例如将 Pc 1 波归为"珍珠"类波动,这给业内关于波动现象的讨论研究造成了不小的混乱。1963 年,磁层波动的研究人员在加州伯克利举行了一场会议。会议研究决定可根据波动是否连续将波动分为 5 种类型,或者根据波动是否规则将波动分为两类,具体如表 10.2 所示[①]。

表 10.2　磁层脉动的类别

| 类型 | Pc 1 | Pc 2 | Pc 3 | Pc 4 | Pc 5 | Pi 1 | Pi 2 |
|------|------|------|------|------|------|------|------|
| 周期/s | $0.2\sim5$ | $5\sim10$ | $10\sim45$ | $45\sim150$ | $150\sim160$ | $1\sim40$ | $40\sim150$ |
| 频率 | $0.2\sim5$ Hz | $0.1\sim0.2$ Hz | $22\sim100$ mHz | $7\sim22$ mHz | $2\sim7$ mHz | $0.025\sim1$ Hz | $2\sim25$ mHz |

表 10.2 中列出了地磁观测记录中观测到的最主要波动类型,当然也存在其他频率更高

---

① 表 10.2 中列出的波动属于 ULF 波,ULF 频段一般覆盖 $1\sim100$ mHz。

的波动。人们主要利用探测线圈磁强计(search coil magnetometer)和射电天线探测波动。根据所在频段,这些波动一般可简单分为:5 Hz～3 kHz 的 ELF(extremely low frequency)波;3～30 kHz 的 VLF(very low frequency)波;30～300 kHz 的 LF(low frequency)波;300 kHz～3 MHz 的 MF(medium frequency)波。这些频段的波动对电离层和磁层中的电子具有重要影响,而较低频的波动通常对离子的影响更为重要。

影响磁层活动的波具有多种波动激发源。其中,外源包括无线电发射机、太阳活动扰动及太阳风-磁层相互作用;内源包括亚暴活动及沿磁场线方向和环绕磁场线方向运动的磁层等离子体分布。等离子体通常可以通过激发等离子体波转为低能态。一般来说,这个过程是自我限制的——当等离子体由各向异性分布转为各向同性分布时,波动激发过程就会停止。但有时等离子体各向异性可通过系统的某些特性得以维持,例如在磁场线足点附近,粒子与大气碰撞而形成的损失就可能维持等离子体的各向异性。

## 10.4.2  与太阳风的相互作用

太阳产生的扰动可经太阳风向外传输,太阳风经过磁层时也会产生波动。太阳风的动压扰动可通过太阳风密度的变化传递给地球。在太阳风参照系切向间断面中这些动压扰动变化自身是满足平衡关系的,而这些切向间断面并不会传播(随太阳风对流),但是当它们经过磁层时会给磁层产生一个动压变化作用。如第 5 章中讨论的,太阳会以 CME 的形式产生非常巨大的动压爆发增强。如图 10.16(a)所示,CME 会迅速压缩磁层。若太阳风扰动传播的速度为 400 km/s,那么扰动从磁层顶传播到磁尾的时间约为 5 min,这正好是能量约为 30 MeV 的质子漂移周期,因此行星际激波的穿越可预计能对磁层中高能质子的漂

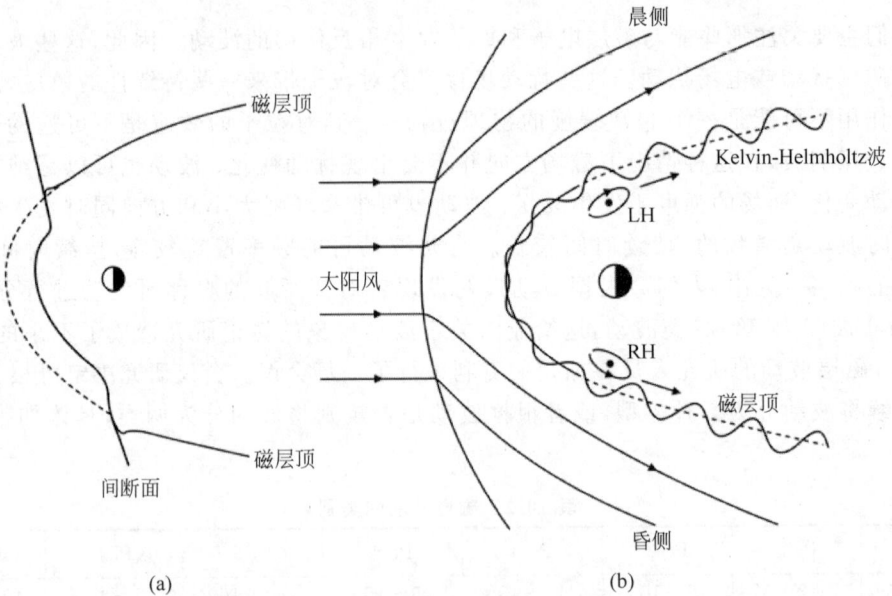

(a)                                                        (b)

图 10.16  (a)密度或者动压的间断面在与磁层顶相碰后,随着磁层顶被向内推挤,会激发一个向磁层内传播的压强波;(b)在磁鞘和磁层之间的黏性边界层内速度剪切会激发出表面波。从鼻端向磁层两侧,表面波会逐渐增长,并分别在晨侧和昏侧产生左旋(left-hand,LH)波和右旋波(right-hand,RH)

移运动产生影响。太阳风等离子体在流经磁层时也可通过 Kelvin-Helmholtz 不稳定性激发波动,这种机制的原理与强风在海洋表面上驱动的海洋表面波是相同的。这种波动可能有较宽的频谱,且持续时间较长。太阳风与地球磁层之间的速度剪切在日下点处达到最小,随着距日下点角度的增大,速度剪切会逐渐增大。如图 10.16(b)所示,K-H 不稳定性造成磁层顶位型的扰动也随着距磁层顶日下点距离的增加而增大。K-H 波在晨昏两侧处的极性是相反的。

另一种能激发超低频(ultra-low frequency,ULF)波的来源是弓激波处产生的后向束流(back streaming)粒子。这些束流粒子会沿逆向于太阳风方向的流动产生双流不稳定性(two-stream instability)。在不稳定性的作用下,逆向太阳风流的粒子及上游太阳风离子束流会通过激发 ULF 波而变为各向同性,而被激发的 ULF 波会向着磁层顶方向对流传播。这些 ULF 波属于压缩波,可穿过磁层顶进入磁层,其频率通常在 Pc 3~4 波段。通过这些波动我们可测量得到 IMF 的强度,这是因为波动周期受控于产生源区的 IMF 磁场强度(Troitskaya、Plyasova-Bakunina 和 Guglielmi,1971;Russell 和 Fleming,1976)。若在地表探测到这些 ULF 波,那么这些波也可用于诊断等离子体层的质量密度,因为我们有可能确定出什么频率的波动才是沿磁场线的驻波(如 Russell 等,1999a)。如果磁场线长度是波长的整数倍,那么磁场线的运动会在两端电离层足点处形成节点(node),对应地,在这个不变量纬度处磁场线与波动发生共振作用。从这个共振作用区域向更低或更高纬度的区域移动变化,波动相位会发生偏移,这样我们通过对比一条沿着南北台链观测到的 Pc 3~4 波动(**Pc 3~4 waves**)的相位就可以辨认出共振点的发生位置。利用共振点的信息,我们可反演得到赤道面上的等离子体质量密度,如果电子密度已知的话,我们还能进一步反推得到离子的成分。利用子午链地磁台站,我们能够每天实现从晨侧到昏侧的扫描式观测,而二维分布的台站阵列能够对向阳面等离子体层的分布进行"拍照"。图 10.17 显示了位于 Greenwich 子午面上的子午链台站观测到的 Pc 3~4 波动,而 ISEE 2 飞船在磁层中也观测到了同一波动事件。

## 10.4.3　内部产生源

通过电磁场和粒子储存的能量,磁层能够激发产生波动。在磁层中最大的能量存储库就是地球磁尾。其存储的能量会在亚暴过程中释放——在亚暴发生期中,磁尾的应力状态突然发生改变,这使重联后的磁场线能够加速等离子体向地球午夜方向运动。磁尾应力的重新调整会激发低频地磁脉冲——我们称之为 Pi 2 波动(**Pi 2 waves**),向地球表面传播。这些波动可表征亚暴的触发开始。我们可根据 Pi 2 的到达时间反演诊断重联区的位置,这种方法类似于用 Pc 3~4 波动诊断等离子体层。对于这些诊断研究,人们形象地称其为磁震学(magnetoseismology,Chi 和 Russell,2005)。

当 ULF 波与漂移、弹跳粒子发生共振作用时,ULF 波也能从粒子的漂移运动中获得能量。这些不稳定性可能类似于镜像模不稳定性(mirror instability)。在镜像模不稳定性中,当垂直于磁场方向的等离子体热压超过一定阈值时,原本均匀分布的等离子体会自发地汇聚形成一个高密度的等离子体袋结构。镜像模不稳定性可存在于等离子体 $\beta$ 值较高的任何区域,如太阳风、彗星的彗发、弓激波、磁鞘及夜侧的远磁层中。然而,由于镜像模的结构接近压力平衡状态,所以镜像模结构本身不会传播,而是冻结在背景等离子体中,跟随背景等离子体一起做对流运动。

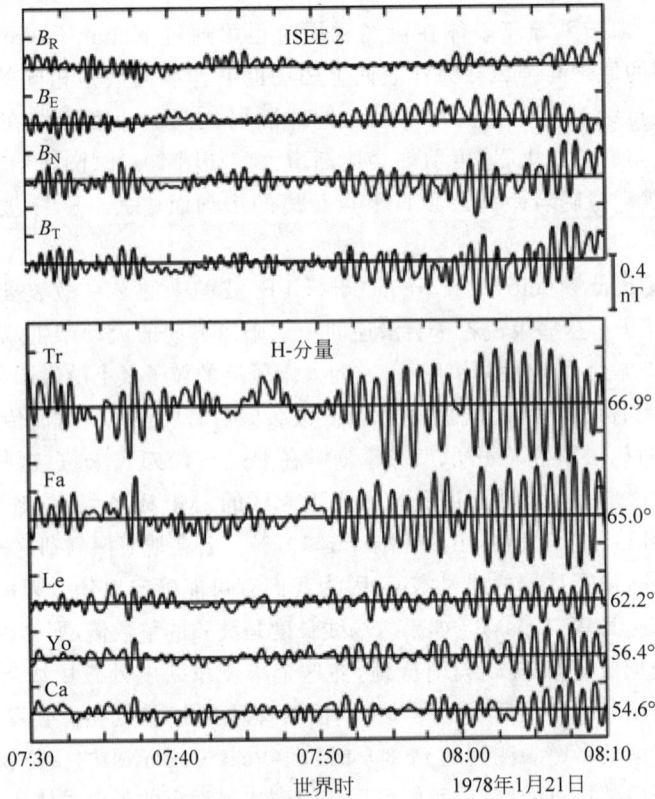

图 10.17　在 Greenwich 子午线附近,空间卫星和地面台站同时观测到的 Pc 3～4 波动。ISEE 2 卫星的观测数据则给出了径向(R)、东向(E)、北向(N)的坐标分量。而地面台站,从南部的 Cambridge (Ca)台站到北部的 Tromso(Tr)台站,只显示出了地磁场的水平分量(指向地磁北极点)。其他台站还有 York(Yo)、Lerwick(Le)和 Faroe 群岛(Fa)(引自 Odera 等,1991)

　　磁层粒子的热运动也可能是波的激发源之一。在扰动电场($\delta E$)和扰动磁场($\delta B$)的作用下,带电粒子受到的作用力为 $q(\delta E + v \times \delta B)$。这个作用力对粒子做的功($\delta W$)与力和位移($\delta s = v \delta t$)的点乘成正比,即

$$\delta W = q \delta E \cdot v \delta t \tag{10.30}$$

　　我们假设磁层粒子绕磁场做回旋运动的垂直速度为 $v_\perp$,平行磁场方向的速度为 $v_{//}$。如果波和粒子沿着磁场线方向的运动速度是一样的,那么 $\delta E_{//} \cdot v_{//}$ 将是一个常数,那么波会对粒子做功,或者粒子对波做功。类似地,如果粒子绕磁场做回旋运动的同时,波电场也绕磁场旋转,那么当 $\delta E_\perp \cdot v_\perp$ 为常数时,波会对粒子做功,或者粒子对波做功(取决于相互作用的相位)。如果波以相速度 $v_p$ 朝与磁场线夹角为 $\theta$ 的方向传播,那么沿磁场线方向的共振作用会在满足 $v_{//}\cos\theta = v_p$ 条件的时候发生。要与回旋运动的粒子发生共振作用,还必须考虑波的 Doppler 频移效应,即

$$v_{//} \cos \theta = v_p(\omega - \Omega/\Gamma)/\omega \tag{10.31}$$

其中,$\Omega$ 是带极性符号的粒子回旋频率(见式(3.9)[①]),回旋频率的相对论修正因子为

---

[①]　原文是式(10.18)。

$$\Gamma = \left[1 - (v/c)^2\right]^{-1/2} \tag{10.32}$$

对于非相对论粒子,$\Gamma = 1$。

以磁场方向为大拇指方向,质子绕着磁场是以左手螺旋方向运动,因此可认为质子是左旋粒子,而电子为右旋粒子。该定义与粒子沿磁场方向的运动无关。类似地,当左旋极化波(比如离子回旋波)沿着磁场方向或者反平行磁场方向传播时,其极化方向并不会发生改变。左旋波的性质是由波与等离子体中离子的相互作用决定的。右旋波亦如此,它们与等离子体中电子的相互作用决定了右旋波的特性。

能量粒子[①](energetic particles)可通过迎头相碰或追赶的方式与波发生作用[②]。如果是能量粒子追赶波,那么在粒子运动参照系下,粒子看到波的极化方向与原始波的极化方向是相反的。因此,在这样的过程中,电子可以与左旋极化波发生共振,而离子可以与右旋极化波发生共振。如果粒子与波发生迎头相碰作用,那么波和粒子的回旋手性(handedness)必须达到一致时才能发生共振作用。

为方便理解带电粒子与圆极化波之间的能量交换过程,我们假设波沿着磁场线方向传播。如果我们假设波是在均匀介质中传播的平面单色波(plane monochromatic waves),那么可得到

$$\delta \boldsymbol{E}(x,t) = \delta \boldsymbol{E}_0 \exp(-\mathrm{i}\omega t + \mathrm{i}kx) \tag{10.33}$$

$$\delta \boldsymbol{B}(x,t) = \delta \boldsymbol{B}_0 \exp(-\mathrm{i}\omega t + \mathrm{i}kx) \tag{10.34}$$

根据 Faraday 定律,扰动电场和扰动磁场的幅值比即相速度的大小:

$$\nabla \times \delta \boldsymbol{E} = -\partial(\delta \boldsymbol{B})/\partial t$$

$$\boldsymbol{k} \times \delta \boldsymbol{E} = \omega \delta \boldsymbol{B} \tag{10.35}$$

$$|\delta \boldsymbol{E}| / |\delta \boldsymbol{B}| = |\omega| / |k| = |v_{\mathrm{p}}|$$

作用在运动粒子上(运动速度为波的相速度 $\boldsymbol{v}_{\mathrm{p}}$)的作用力为零,因为:

$$F = q\delta \boldsymbol{E} + \boldsymbol{v}_{\mathrm{p}} \times \delta \boldsymbol{B} = q(\delta \boldsymbol{E} - \delta \boldsymbol{E}) = 0$$

因此,在随相速度运动的参照系中,粒子的能量是守恒的,即

$$mv_\perp^2/2 + m(v_{/\!/} - v_{\mathrm{p}})^2/2 = 常数 \tag{10.36a}$$

对于速度出现微扰的变化,我们有

$$mv_\perp \Delta v_\perp + mv_{/\!/} \Delta v_{/\!/} - mv_{\mathrm{p}} \Delta v_{/\!/} = 0 \tag{10.36b}$$

粒子在静止参照系下的能量变化为

$$\Delta W = mv_\perp \Delta v_\perp + mv_{/\!/} \Delta v_{/\!/} = mv_{\mathrm{p}} \Delta v_{/\!/} \tag{10.37}$$

粒子垂直能量的变化为

$$\Delta W_\perp = mv_\perp \Delta v_\perp \tag{10.38}$$

平行能量的变化为

$$\Delta W_{/\!/} = mv_{/\!/} \Delta v_{/\!/} \tag{10.39}$$

$$\Delta W_{/\!/} / \Delta W = v_{/\!/} / v_{\mathrm{p}} \tag{10.40}$$

那么垂直能量的变化为

---

① 需要说明,本书对能量粒子(energetic particle)没有作明确定义。根据经验而言,能量粒子一般指能量在几百电子伏特至几百千电子伏特之间的粒子。而高能粒子一般是指需要考虑相对论效应的粒子。

② 这取决于粒子的运动方向和波的相速度方向。

$$\Delta W_\perp / \Delta W = 1 - \Delta W_{/\!/} / \Delta W = 1 - v_{/\!/} / v_{\mathrm{p}} \qquad (10.41)$$

当一个右旋粒子(通常为电子)与右旋波(如哨声波)发生迎头相碰作用,Doppler 频移效应将波的频率提升到粒子的回旋频率时,回旋运动粒子会看到电磁场的振荡频率也为回旋频率,那么这时粒子就会与波发生共振。这种共振作用可增加或降低粒子的垂直能量,这取决于波和粒子相互作用的相位。如果波传递能量给粒子,那么粒子能量增加,波的能量降低,反之波的能量增加,粒子能量降低。波粒相互作用会使粒子的投掷角降低(更接近沿磁场方向运动),这会驱使更多粒子进入损失锥(loss cone)。损失锥表示在其对应的投掷角范围内,粒子会撞击到大气中,因此粒子会损失而不能沿磁场线返回赤道面。粒子的损失可维持损失锥各向异性分布(loss cone anistropy),可在迎头波粒相互作用中维持波的增长。当粒子具有损失锥分布时,由于对于任意的共振投掷角 $\alpha_0$,投掷角范围在 $\alpha > \alpha_0$ 的粒子要多于 $\alpha < \alpha_0$ 范围内的粒子,这使散射进入损失锥内的粒子多于逃离损失锥的粒子。这一散射净作用,会使粒子投掷角变得更低,从而将粒子的能量传递给波[1]。而对于束流各项异性分布而言(大多数粒子沿磁场方向运动),追赶型的共振作用是不稳定的。

表 10.3 总结了粒子与右旋极化波(如哨声波)通过回旋共振实现能量交换的具体信息。对于粒子与左旋波发生回旋共振的情形,我们也可列出类似的表格。

表 10.3 右旋极化波与电子(迎头相碰型)和离子(追赶型)发生回旋共振时的能量变化;粒子能量变化的符号取决于共振作用的相位

| 粒子种类 | 共振类型 | 粒子能量 | 波的能量 | 平行能量 | 垂直能量 | 投掷角 |
|---|---|---|---|---|---|---|
| 电子 | 迎头相碰 | ↓ | ↑ | ↑ | ↓ | ↓ |
| 正离子 | 追赶 | ↓ | ↑ | ↓ | ↑ | ↑ |
| 电子 | 迎头相碰 | ↑ | ↓ | ↓ | ↑ | ↑ |
| 正离子 | 追赶 | ↑ | ↓ | ↑ | ↓ | ↓ |

如果我们仅限于讨论电子与哨声波发生迎头相碰式的回旋共振的话,则 Kennel 和 Petschek (1966)已经表明共振能量 $E_\mathrm{R}$ 为

$$E_\mathrm{R} = B^2/(2\mu_0 n)[(\Omega_e/\omega)(1-\omega/\Omega_e)^3] \qquad (10.42)$$

因此,共振能量与 $B^2$ 成正比,与 $n$ 成反比。所以,对于任意一条偶极磁场线,$E_\mathrm{R}$ 在赤道处都是最小的。由于在典型的能量电子能谱中,电子通量随能量增加而减少,因此在赤道面上会有更多的共振电子,并且波的增长速度会在赤道上达到最大。如果我们假设 $\omega \ll \Omega_e$,回旋共振频率 $\omega_\mathrm{R}$ 就为

$$\omega_\mathrm{R} = \Omega_e B^2/(2\mu_0 n E_\mathrm{R}) \qquad (10.43)$$

在等离子体层内,特定能量电子对应的共振频率会随 $L$ 值的增大而减小。然而,在等离子体层顶附近,等离子体数密度 $n$ 随 $L$ 迅速降低,共振频率会迅速增加。平行共振能量为

$$E_\mathrm{R} = 2.5(\Omega_e/\omega)(B^2/n) \qquad (10.44)$$

其中,$E_\mathrm{R}$ 的单位是电子伏特(eV);$n$ 的单位是每立方厘米电子数($\mathrm{cm}^{-3}$);$B$ 的单位是纳特(nT)。

磁层粒子通常处于亚稳定(marginally stable)状态,容易受激发产生波动(如当行星际激波

---

[1] 粒子将垂直能量传递给波后,投掷角变小,容易进入损失锥。

撞击到磁层时或亚暴活动开始时）。离子（产生 Pc 1 波动）和电子（产生 ELF 和 VLF 波动）都容易受激产生这样的不稳定过程。通常观测到的 ELF 波有两种截然不同的波形——具有"上升调"的合声（chorus）及具有宽频带的嘶声（hiss）。这些波当然来源于这些被地磁场捕获住的高能电子，但对于合声中出现"上升调"的形成机制，我们目前还知之甚少。

由于波还可以传到其他等离子体区域，这使波还可以和其他地方的等离子体发生共振作用。这使我们研究粒子的物理行为变得更为复杂，但波粒相互作用却有助于消除那些不稳定的等离子体粒子（发生波粒相互作用）。

正如本章第一部分中讨论的，由于太阳风动压变化和磁重联的作用，磁层中不断变化的电场（或等离子体流）会引起磁层中等离子体的动态变化。而且，由于能量粒子的磁场梯度漂移和曲率漂移运动，低能和高能等离子体粒子会呈现不同的漂移运动路径。尽管这些粒子会有不同的运动特征，但它们看起来似乎会有一些内在的相干结构特征。图 10.18 展示了 1966 年期间卫星 4 次横穿磁层时观测到的冷等离子体密度（等离子体层）、31～49 keV

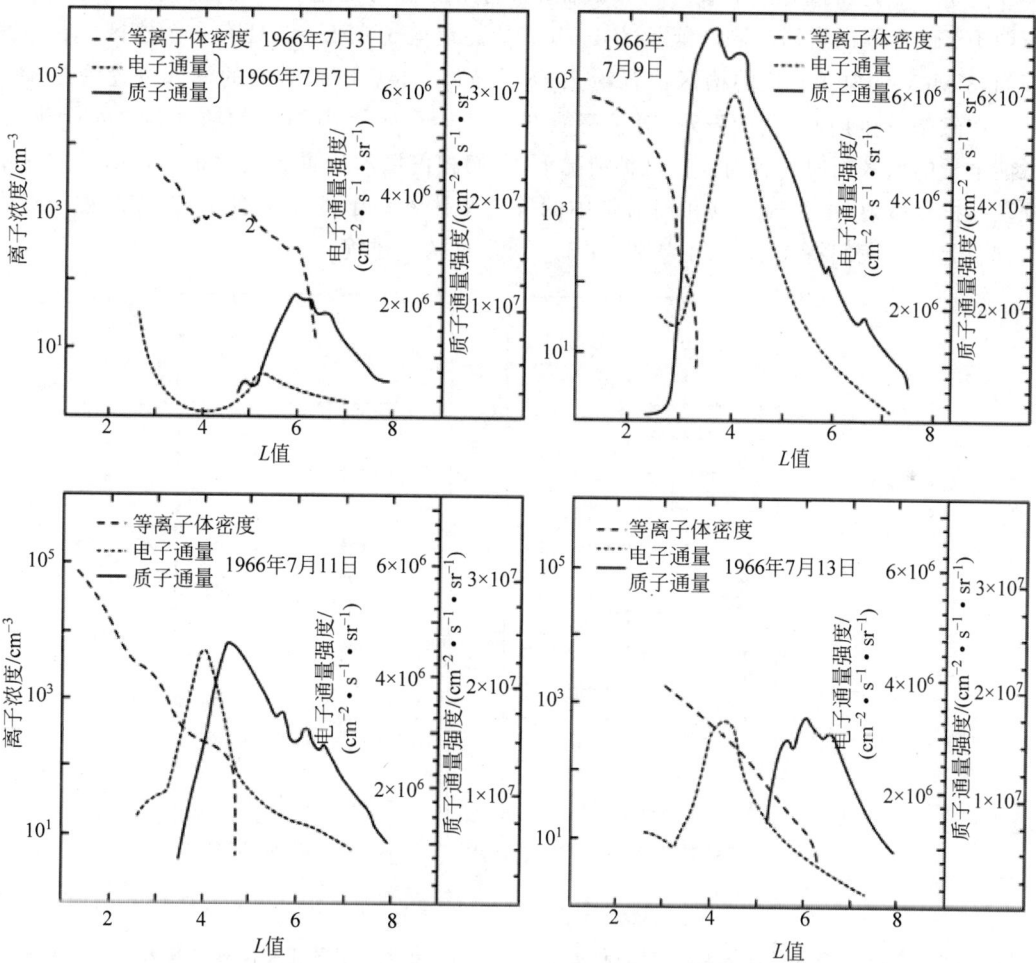

图 10.18　在一次中等地磁暴发展前后，OGO 3 和 Alouette 卫星在 4 次轨道上观测到的等离子体层顶（plasmapause）、环电流及外层电子辐射带的相对位置变化（引自 Russell 和 Thorne，1970）。其中热等离子体的测量数据见（Taylor、Brinton 和 Pharo，1968），环电流质子数据见（Frank，1967），$E > 35$ keV 的电子数据见（McDiarmid、Burrows 和 Wilson，1979）

的质子通量(环电流)及能量超过 35 keV 的电子(辐射带)的径向剖面分布(Russell 和 Thorne,1970)。

在第一次穿越期间(1966 年的 7 月 3—7 日),环电流比较弱,且环电流质子通量峰值区域正好处于等离子体层的外部区域,能量粒子(质子和电子)通量较低。在第二次穿越期间,能量质子注入环电流。等离子体层被剥蚀,环电流和电子辐射带的粒子通量得到显著增强。但环电流质子通量峰值和辐射带电子通量峰值都位于等离子体层顶之外。在接下来的穿越中,我们可以看到冷等离子体正逐渐回填磁层,冷等离子体密度在 $L=5$ 处较大。内磁层处(较低 $L$)的环电流消失了,可能是由离子回旋波引发质子沉降造成的。辐射带内能量电子的通量也减弱了,但其变化比环电流质子要弱一些。等到第四次穿越时,可以看到等离子体层已经回填至 $L=6$ 了,环电流进一步向尾向后撤移动。辐射带内的电子通量则进一步继续衰减。

图 10.19 则通过另一个事例展示了辐射带特征随时间变化的演化过程,但其物理原因与图 10.18 所示的有所不同。能量为 1 MeV 的能量电子在 $L=3$ 处有一个槽区。在平静期间,3 MeV 的电子对应的槽区位置约 $2.7R_E$,而 70 keV 电子对应的槽区位置约在 $4R_E$ 处。在磁暴发生期间,我们发现,对于高能部分的电子而言,其对应的槽区会向外运动,而低能电子的槽区则向内运动。在这种情况下,我们相信槽区位置的变化是由径向扩散的增强及投掷角散射(由大气闪电和辐射带中的等离子体不稳定性作用造成)造成的粒子损失共同引起的。我们将在 10.4.4 节和 10.5 节讨论这两种过程。

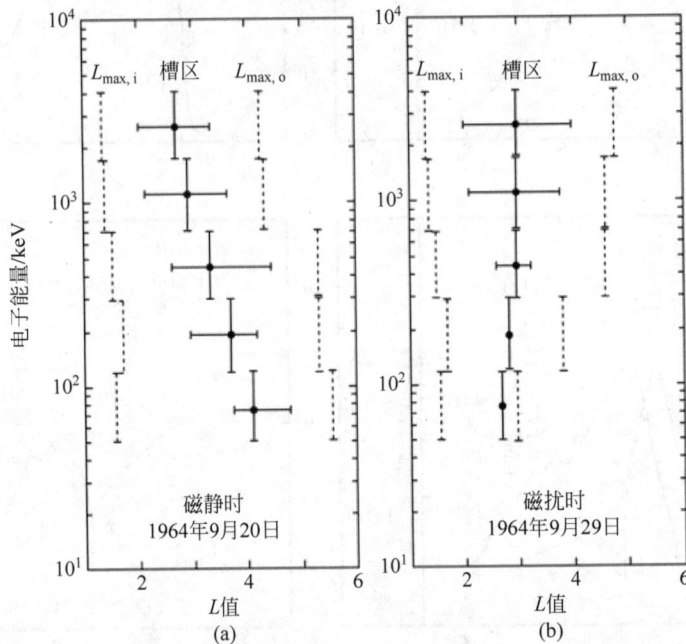

图 10.19　在 1964 年 9 月磁暴发生前(a)和发生期间[①](b),电子辐射带中电子通量极大值和极小值的位置变化。竖直的误差棒表示能量误差范围,而水平误差棒表示槽区的内外边缘(引自 Russell 和 Thorne,1970)

---

①　原文意为磁暴发生后。

### 10.4.4　来自磁层下方的波

磁层除了受太阳风和自身产生的扰动作用外,还会受到来自底层活动的扰动。无线电发射机可导致电子的沉降,但是还有一个特别强的射电源——它不是人造射电源,而是闪电。闪电可以激发宽频段的电磁波。这些波动在 ELF 和 VLF 频段范围内,可沿地磁场向上传播进入磁层。人们普遍认为,这些电磁波在 $L=2$ 处与电子的共振作用会造成电子的损失,在一定程度上可以解释在图 10.11 和图 10.19 中看到的电子(能量为 $1\sim4$ MeV)槽区结构。

图 10.20 的示意图可说明当电磁波进入大气闪电上空的电离层时,电磁波在穿越电离层过程中是如何受电离层影响的。图 10.20(a)展示了电磁波相速度随右旋($R$)和左旋($L$)极化波频率变化的关系。可以看到在质子回旋频率($\Omega_p$)以上,只有右旋极化波。当波的相速度与传播角($\theta$,传播方向与背景磁场方向的夹角)的关系不大时,这种波动被称为哨声模

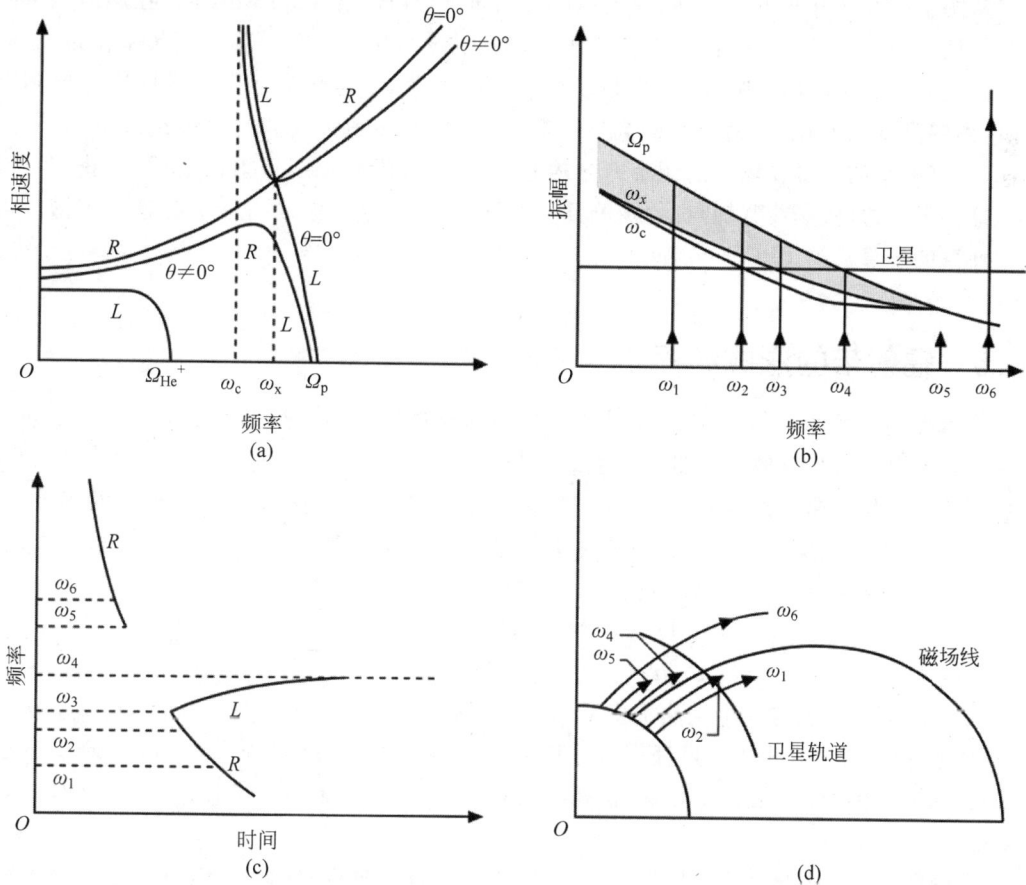

图 10.20　质子哨声波的形成。(a)在多组分等离子体中平行、非平行传播条件下相速度与频率的关系;(b)截止频率(cutoff frequency)$\omega_c$、交叉频率(crossover frequency)$\omega_x$ 及质子回旋频率 $\Omega_p$ 随高度的变化;(c)哨声波(约在质子回旋频率处)的频率-时间变化特征。该波会从右旋极化转换到左旋极化,然后在局地质子回旋频率处被电离层吸收;(d)波向上传播的路径(引自 Russell 等,1971)

(whistler mode)。在平行传播($\theta=0°$)的情况下,可以看到图10.20中显示的整个频率范围内都存在右旋极化的哨声模波。然而如果哨声波相对于磁场方向以某个角度传播,那么右旋极化的哨声波在多组分等离子体环境中可能会在局地离子回旋频率处被吸收。地球电离层就是这样一种多组分等离子体环境,其不仅含有质子,还有相当部分离子是氦离子以及其他重离子(与高度有关)。从图10.20(a)的左边向右边看,也就是沿地球磁场线向上运动,右旋极化波会在交叉频率$\omega_x$处转变为左旋极化波,随后相速度显著降低,并在质子回旋频率处被吸收。由于折射率会随高度变化而发生变化,电磁波在进入电离层时都会发生垂直折射,而波的传播角显著受控于波源所在的磁纬度。如图10.20(b)所示,如果波的初始频率非常高,那么波就能穿越电离层而到达卫星处。但如图10.20(b)和图10.20(c)所示,对于$\omega_4\sim\omega_5$频段内的波而言,波在未到达卫星之前就被电离层吸收了。波的频率从$\omega_3$变到$\omega_4$的过程中,波虽然可穿过卫星,但波在卫星下方时就已经在交叉频率$\omega_x$处由右旋波转变为了左旋波。而该左旋波会在局地质子回旋频率$\Omega_p$处被吸收。

从图10.20(c)中的频率-时间变化中可看到质子哨声波(**proton whistler**)在局地质子回旋频率处被吸收了。当频率接近$\Omega_p$时,质子哨声波的群速度会显著降低。频率在$\omega_4\sim\omega_5$范围内的波动会被电离层吸收,吸收频段($\omega_4\sim\omega_5$的范围)是窄带还是宽带取决于探测点(在电离层高度以上)距电离层底的高度。简而言之,低频哨声模波是很难穿过电离层的。然而,较高频率的波可在较宽的频带内穿透电离层,当波沿磁场线反射回地球后,我们可以在地球的另一边(磁场线共轭点处)观测到这些波。因此,这些波动可能引起辐射带槽区内电子通量的下降。

## 10.5 辐射带的形成和损失

在本章前面的内容中,我们讨论了辐射带中捕获粒子运动的绝热不变量。这些绝热不变量不仅有助于我们理解辐射带为什么能够长期存在,还可以理解辐射带是如何形成和演化的。为描述辐射带的形成和演化,我们将粒子相空间密度$f$表示为$\mu$、$J$及$L$的函数,其中$\mu$、$J$和$L$分别为第一、第二、第三绝热不变量。如果我们通过Fokker-Planck扩散方程,并考虑源项$S$和损失项$L$,以描述相空间密度的变化,那么可得:

$$\frac{\partial f}{\partial t}+\sum_{i=1}^{3}\frac{\partial}{\partial J_i}\left[\left(\frac{\partial J_i}{\partial t}\right)_{\text{fric}}f\right]=\sum_{i=1}^{3}\sum_{j=1}^{3}\frac{\partial}{\partial J_j}\left[D_{ij}\frac{\partial f}{\partial J_j}\right]+S-L \tag{10.45}$$

其中,$J_1$,$J_2$,$J_3$表示与3个绝热不变量($\mu$,$J$,$L$)有关的运动变量;$D_{ij}$为扩散张量。为求解该方程,我们需对一些物理过程作具体说明,比如Coulomb能量损失①(Coulomb energy degradation)、投掷角扩散(pitch angle diffusion)、能量扩散(energy diffusion)及径向扩散(radial diffusion)。

一种简化的方法便是认为损失项$L$完全是由径向扩散造成的(Falthammar,1966),那么可得:

$$\frac{\partial f}{\partial t}=L^2\frac{\partial}{\partial L}\left(\frac{D_{LL}}{L^2}\frac{\partial f}{\partial L}\right)+S-L \tag{10.46}$$

---

① 通过粒子间的Coulomb碰撞造成粒子能量的损失。

该方程对于分析磁平静期间的径向扩散(在较长时间内由多次弱电场扰动造成)是很有用的。在径向扩散过程中,由于粒子的第一绝热不变量守恒,这使粒子在向内扩散的过程中(磁场增大),能量会获得增益。

投掷角扩散方程可由下式描述:

$$\frac{\partial f}{\partial t}=\frac{1}{\sin\alpha}\frac{\partial}{\partial\alpha}\left(\sin\alpha D_{\alpha\alpha}\frac{\partial f}{\partial\alpha}\right)+S-L \tag{10.47}$$

其中,$D_{\alpha\alpha}$ 为投掷角扩散系数。Coulomb 散射和波粒相互作用可以引起投掷角散射。

波粒相互作用的共振条件为

$$\omega-k_{/\!/}v_{/\!/}=n\Omega_e/\Gamma \tag{10.48}$$

其中

$$\Gamma=(1-v^2/c^2)^{-1/2} \tag{10.49}$$

以上这些方程仅能触及研究辐射带形成和演化过程的表层问题。为合理研究辐射带形成和演化这一问题,我们需要一套非常全面、综合的模拟代码,现在人们已经发展出了几套这样的代码程序。但即便有了这些模拟代码,一些问题仍然难以解决。1991 年 3 月一次磁暴急始在磁层中产生了一个新的辐射带,这让研究辐射带的科学家们都感到非常惊奇(Walt,1996)。此外,Van Allen 探测器[①]在辐射带中关于粒子加速及粒子扩散方面取得的发现也让大家很吃惊。辐射带中的物理过程仍然是一个既重要又难以掌握的科学问题。

## 10.6　小结

地球磁层对于栖息在地球上的生物来说具有关键性的重要意义。它既是抵御太阳风和银河高能粒子的屏障,也是连接太阳风能量的大型电子接口。太阳风可为地球磁尾、环电流和极光等提供能量,并能为辐射带供给高能粒子。当这些高能粒子被地磁场捕获后,它们会被太阳风引起的有关波动散射,也会被粒子自身分布不稳定性驱动的波所散射。来源于下方大气层的波动也能造成辐射带中粒子的散射。不同类型的粒子(包括中性粒子)之间会以复杂的方式进行相互作用。除了太阳风之外,地球大气层也是磁层等离子体的重要来源。这使磁层中充满了各种丰富的等离子体物理过程,即便对于一个有经验的等离子体物理学家而言,要搞清楚这些物理过程也是具有挑战的。

## 拓展阅读

Carovillano, R. L. and J. M. Forbes (Eds.)(1983). *Solar Terrestrial Physics*. Dordrecht:Reidel.该书包含了许多启发当前磁层物理概念的早期想法。

Schulz,M. and L. J. Lanzerotti (1974). *Particle Diffusion in the Radiation Belts*. Berlin:Springer-Verlag.这本书很好地分析研究了粒子在辐射带中的运动和扩散。

Takahashi,K.,P. J. Chi,R. E. Denton,and R. L. Lysck(Eds.)(2006). *Magnetospheric*

① Van Allen Probes,之前也叫 Radiation Belt Storm Probes(RBSP)。这个计划包括两颗卫星,由美国 NASA 于 2012 年 8 月 30 日发射升空,旨在研究地球辐射带的动力学过程。

*ULF Waves: Synthesis and New Directions.* Geophysical Monograph Series, vol. 169, Washington, D. C. : American Geophysical Union. 这本书对 ULF 波的物理过程及其产生机制给出了一个最新编要。

## 习题

**10.1** 在偶极磁场中的低 $\beta$ 区域(很大程度上可代表日侧磁层区域),我们作冷等离子体的近似是合适的。

(1) 根据你对偶极磁场特性的认识($B_{eq} \propto L^{-3}$;磁场线长度正比于 $L$;磁通的磁场线及其内部的总磁通量正比于 $L^4$,磁场线方程为 $\gamma = LR_E \cos^2\lambda$)解释为什么磁场线的基频振荡在 $L$ 值较大处的频率比 $L$ 值较小处的频率低。假设在整个磁层中等离子体密度均匀(1 电子 $cm^{-3}$),且磁场线的基频在 $6.6R_E$ 处为 14 mHz。画出磁场线的基频随 $L$ 值变化的示意图。

(2) 实际上,在外磁层的大部分区域,等离子体密度通常与磁通管的体积成反比。偶极磁场中,假设等离子体密度满足这样的变化,请将频率按 $6.6\ R_E$ 处 14 mHz 的磁场线基频作归一化后,画出磁场线基频随 $L$ 的变化。

(3) 尽管(2)中采用的等离子体密度变化假设是一个很好的近似,但实际上等离子体密度在横越等离子体层顶的时候至少会降低为 1/100。假设等离子体层顶位于 $L=5$,并假设等离子体层顶内的密度为外部的 100 倍。请画出磁场线基频随 $L$ 变化的示意图。

(4) 在(3)的假设条件下,地球表面的哪些区域能观测到频率为 50 mHz 的地磁脉动。

**10.2** 假设在 $L=5$ 处的磁场线上存在驻波形式的 Alfvén 波,且磁层近似为圆柱对称结构。周围的等离子体同时包括冷、热等离子体。近赤道处的等离子体密度为 $\rho(km/m^3)$。从局地而言,可认为在赤道附近磁场是均匀分布的,背景磁场为 $B_0/L^3$ 且沿着 $z$ 方向。驻波可认为是两列波的叠加,其传播方向 $k$ 分别平行和反平行于 $\hat{z}$。

(1) 假设扰动磁场 $b$ 沿径向。请写出波电场及流速扰动随 $b$、$\rho$、$L$ 变化的函数表达式。在确定扰动方向的时候,需要注意扰动矢量符号。确定等离子体的位移扰动方向。

(2) 波的振动会使等离子体的位置发生偏移。由于偏移足够慢,使等离子体呈绝热变化。使用接近真实参数的偶极子场模型说明为什么这种说法是对的。

(3) 请解释为什么要确定卫星测量到的粒子通量是如何受波动调控时,必须考虑粒子通量随 $L$ 及 $W$(粒子能量)的变化。

(4) 假设只有冷的电子与离子($W \approx 0$)时,证明等离子体密度的变化幅度具有 $\dfrac{b(\delta n/\delta L)}{R_E \omega \sqrt{\mu_0 \rho}}$ 的形式。

**10.3** 假设在偶极磁场中带电粒子做弹跳运动所在的磁场线的最大距离范围是 $LR_E$。考虑一个在赤道平面附近做弹跳运动的粒子。

(1) 应用偶极磁场中磁场强度的公式,证明在靠近赤道平面的地方,磁场强度有如下表达式:

$$B(L,s) \approx \frac{B_0}{L^3}\left[1 + \left(\frac{\xi}{2}\frac{s}{LR_E}\right)^2\right]$$

其中,$s$ 是距离赤道平面的距离;$\xi$ 为常数。计算 $\xi$ 的数值。

（2）将（1）中所得结果代入式（10.9），证明当 $|s| \ll LR_E$ 时,沿着磁场线运动的粒子,其能量守恒形式具有类似谐振子的形式。找到其振荡频率随粒子能量 $W$、球壳参数 $L$ 及粒子质量 $A$ 变化的关系表达式,并与图 10.13 比较。

**10.4**　考虑积分式 $\int \mathrm{d}s/B$,其中沿磁场线从南半球电离层到北半球电离层进行积分。因为 $1/B$ 代表单位磁通量对应的横截面积,积分 $\int \mathrm{d}s/B$ 代表含单位磁通量的磁层磁通管体积。

（1）证明:对于偶极磁场,$L \gg 1$ 时,有 $\int \mathrm{d}s/B \approx \dfrac{32R_E L^4}{35B_0}$

当 $L \gg 1$ 时,磁通管体积仅有少量部分位于电离层高度以下。因此,我们可以将整个积分路径延伸至偶极子中心,而无须在电离层高度截止(提示:注意有 $\mathrm{d}s^2 = r^2\mathrm{d}\theta^2 + \mathrm{d}r^2$)。

（2）考虑到磁通管中的粒子是各向同性的,每个粒子速度都为 $v$,粒子数密度为 $n$。证明:在单位时间撞击到磁通管末端单位面积内的粒子数为 $nv/4$。[提示:考虑圆柱管与一单位圆面相交,圆柱管的轴向与单位圆法线之间的夹角为 $\theta$。对所有方位角积分,从 $0° \sim 90°$ 对 $\theta$ 进行积分,计算撞击到该单位圆面积内的总粒子数。]

（3）证明偶极磁场中磁通量管的损失率 $1/\tau$——损失率具体来说就是单位时间内通量管中损失的粒子数与通量管中总的粒子数之比,可表示为 $\dfrac{1}{\tau} = \dfrac{35v}{128L^4 R_E}$

这是强投掷角散射下(投掷角散射得非常快使损失锥内依然有大量粒子)的极限损失率。等离子体片中的电子通常接近此散射的极限损失率。

（4）估算在 $L = 10$ 处,等离子体片中 1 keV 电子的损失率。

**10.5**　准电中性是空间等离子体的一个重要性质,指的是空间中电子和离子之间的密度差(空间电荷密度)远小于总的粒子密度。为举例说明准电中性,这里考虑共转等离子体中的电场。为简单起见,假设磁场由偶极磁场给出,并且偶极磁轴沿着自转轴方向。

（1）绘制偶极磁场线,并证明对于地球而言,维持共转电场需要赤道平面附近存在负的空间电荷,而磁极点上方存在正的空间电荷。

（2）估算赤道平面上的电场强度。假设地球赤道表面的磁场强度为 30 000 nT,证明地球赤道平面上的电场强度约为 $14(R_E/R)^2$ mV/m(这里 $R_E$ 是地球半径,为 6371.2 km,$R$ 为径向距离)。

（3）假设电场的空间变化尺度与所在位置的径向距离大约为同一个数量级,证明共转电场所需等离子体电子数密度为 $1 \times 10^{-7}$ cm$^{-3}$,并将其与典型的磁层等离子体密度作比较。

（4）对于轴对称偶极子,准确计算其电子密度分布并与（3）中的估计结果作比较。

**10.6**　利用空间物理习题训练(http://spacephysics.ucla.edu)中"Particle Tracing"选

项[①]下的"Magnetic Mirror"部分研究带电粒子的磁镜效应。粒子在磁瓶中心位置处($x = y = z = 0$),初始速度 $v_x = 0$。追踪质子和 Alpha 粒子的运动轨迹,粒子速度有 $v_y = v_z$($v_y = v_z = 1, 2, 5, \cdots$)。磁镜距离是否与粒子的速度大小或质量有关?将磁镜比(磁场线足点处磁场与磁瓶中心处磁场的比值)从 100 调到 50,磁镜中粒子的运动轨迹会出现什么变化?尝试采用不同的 $v_y / v_z$ 比值(大于 1 和小于 1),并解释你的结果。

**10.7** 利用空间物理习题训练中"Particle Tracing"选项下的"Dipole"部分研究真实行星磁层模型中粒子的运动轨迹。在该模型中,沿着磁场方向粒子存在镜面弹跳运动,在横越磁场方向存在梯度漂移。只有当粒子沿磁场方向有平行速度分量时才会出现曲率漂移。

(1) 在 $x = 25$ km,30 km,35 km,$y = z = 0$ 这三个位置处,以 $v_y = 30$ km/s,$v_x = v_z = 0$ 的初始速度沿着垂直磁场方向发射质子。测量粒子的漂移速度,即回旋中心的运动速度。磁场随距离的增大呈三次方衰减。这将如何影响粒子的漂移速度?利用漂移速度的公式说明在偶极子磁场中漂移速度与哪些因素有关。

(2) 在 $x = 30$ km,$y = z = 0$ 位置处,在垂直于磁场的方向发射质子,质子速度 $v_y = 30$ km/s、40 km/s、50 km/s,$v_x = v_z = 0$。测量它们的漂移速度。漂移速度与粒子垂直能量($v_y^2$)的关系如何?

(3) 固定初始位置,以 $v_y = 30$ km/s,$v_x = 0$,$v_z = 15$ km/s,30 km/s,45 km/s,60 km/s 的速度发射质子,测量质子环绕偶极磁场的漂移运动速度及镜点的纬度。镜点纬度可根据粒子在 $x$-$z$ 平面内速度方向出现第一次倒转时,测量得到对应的纬度。漂移速度与粒子总能量($v_y^2 + v_z^2$)的关系如何?镜点纬度与 $v_x / (v_y^2 + v_z^2)^{1/2}$ 有什么样的关系?

---

① 实际在网页上是 particle motion 选项。

# 第11章

## 极光

## 11.1 引言

如第 1 章中所述,极光现象或许算是人类首次认识日地物理和宇宙等离子体的开端。但早期人们并不理解极光产生的物理过程。人们也注意到极光在天空中如舞蹈般跳动变化。因此极光被当作了某种预兆。在当时人们对极光的主要认识中,关于极光的宗教解释和神话传说占据了主导地位,这在极光普遍出现的极区尤为盛行。这些信仰传说(尤其是在北欧国家) 在 Brekke 和 Egeland 1983 年出版的书 *The Northern Light*:*From Mythology to Space Research* 中有很好的综述。

人们普遍认为极光研究的鼻祖是 Kristian Birkeland,他也是 1882—1883 年第一届国际极地年(the first International Polar Year)的推动者之一。尽管那些年代轮船在极地的探测中扮演了重要角色,但对于如今的空间探索而言,船舰已不再局限于翱翔白云之上的气球和飞机,还包括在高空能俯瞰极光的人造卫星。通过卫星,我们可研究产生极光的空间电流和能量粒子通量。

尽管许多研究极光的物理学家使用了精密的科研设备和强大的计算机对极光开展了很多相关研究,但人们对极光的认识仍然十分有限。极光这一现象是非常动态的,并且由于极光出现的区域高于气球能够到达的高度,但又普遍低于卫星的观测高度,这使极光发生区域非常复杂,而且难以开展监测。这个区域的物理过程也十分复杂,这是由于该区域中大气处于部分电离状态,等离子体与中性大气的耦合作用很强。这个区域的化学作用也很复杂,因为该区域中粒子的碰撞频率很低,在与其他粒子发生碰撞而造成能量损失之前,原子或分子的激发态可以保持很长时间。另外,这个区域还是大气循环(由地球自转作用主导)、天气系统及等离子体流(由太阳风和磁层相互作用驱动)三者进行角力竞争的场所。本章中,我们首先介绍极光发射(auroral emissions)的直接原因和极光发射的形态特征,之后将考察极光形成的根本成因及极光与太阳风之间的耦合作用(通过电离层与极区电流体系作用)。

## 11.2 极光发射

极光和极区电离层是太阳风能量从太阳风流经磁层并进入大气层的最后一站。同时,可见极光也是最容易被观测的,现代观测设备可以多种方式探测极光。可见极光引起的电离增强能够反射射电信号。射电信号也可以在极光电离区域被吸收,这使我们通过简单的设备就可以监测到这种吸收。尽管极光产生的 X 射线不能到达地面,但它能够被飞行在较高高度区域(大气密度较低)的气球监测到。最后,也是最为重要的,极光通常伴随着电离层中电流的增强。这些电流产生的磁场可以很容易地被地磁台链监测到。这些电流的强度也可以用于定量反映极光"暴"或"亚暴"期间的地磁活动强度。

从视觉上看，可见极光通常十分震撼。极光非常动态，且具有十分结构化的特征。即便人们已经提出了许多可能的解释，极光形态的复杂性仍然难以解释。弥散极光(Diffuse auroras)可以从地平线的一侧扩展到另一侧，覆盖整个天空，而分立极光(discrete auroras)则具有更耐人寻味的极光发射(auroral emissions)形式。图 11.1 显示了分立极光的两种形式：均匀极光弧(homogeneous arc)和射线状极光带(rayed band)。如图 11.2 所示，这些极光发生在约 100 km 或更高的高度，且主要沿着磁场线方向。

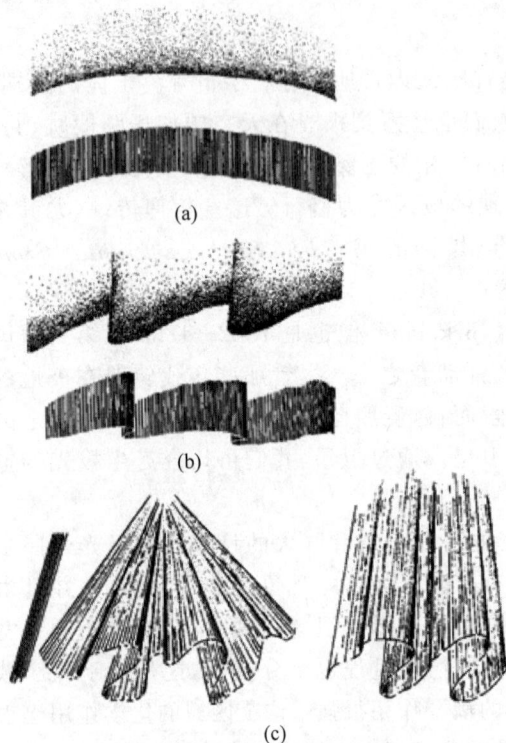

图 11.1　分立极光的示例。(a)均匀极光带和射线状极光带；(b)褶曲状均匀极光带和射线状极光带；(c)射线极光带的各种复杂形式

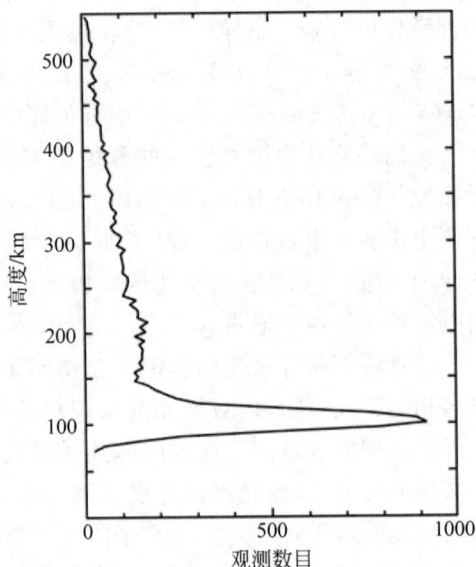

图 11.2　基于 12 000 多条极光观测(Størmer 及其同事所测)而得到的极光高度分布(引自 Egeland 和 Burke,2013)

平均而言，极光弧沿东西走向，但它们可以向任何方向弯曲。分立极光可能非常薄，厚度可能不足 100 m，而弥散极光有时在南北方向能扩展 100 km。极光在东西方向能延伸至少 1000 km 以上，并且沿着磁场线在高度上能跨越数百千米。极光的颜色非常丰富：氧原子可以发射黄光-绿光(波长为 557.7 nm)和红光(波长为 630.0 nm 和 636.4 nm)；氮分子($N_2$)能发射暗红色光(波长为 650~680 nm)，而 $N_2^+$ 能发射蓝光-紫光(波长为 391.4 nm)。

如图 11.3 中的氧原子激发态能量图所示，极光发射的基本物理原理很简单。如果一个沉降电子能将原子激发至 4.17 eV 的激发态($^1S$)，那么该原子很可能在 0.8 s 的时间内通过发射 557.7 nm 的光子，退变为 1.96 eV($^1D$)的能量态。而接下来由 $^1D$ 向 $^3P$ 能态的跃迁则是禁线跃迁("forbidden" transition)，需要的跃迁时间较长(一般为 110 s)。在高层大气中,相邻碰撞的时间可能较长,这种跃迁是可能发生的,但在低高度上,原子在发射光子前就可能因为碰撞而被退激到更低能量态。

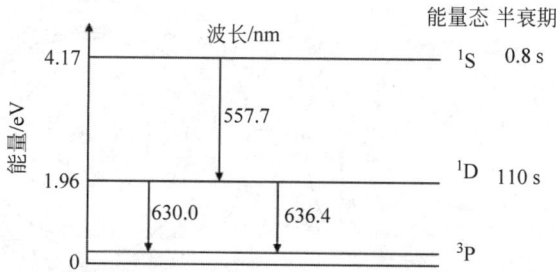

图 11.3　与极光发射有关的氧原子能级变化示意图。电子碰撞可以激发原子的电子壳层结构。经过如图所示的半衰期(half-lives),电子壳层在退激过程中会发出相应波长的谱线

## 11.3　极光形态

人们很久以前就知道北极光(aurora borealis,在北半球)和南极光(aurora australis,在南半球)主要是在高纬地区被观测到。极光发生概率的分布图(图 11.4)表明极光发生区域具有一定的形态分布,我们称该发生区域为极光卵(auroral oval)。极光卵的形态分布主要由地磁极而非地理极决定,考虑到沉降粒子是沿着地球磁场线运动的,因此这一点也不难想象。极光卵的一个重要特征是极光不会一直延伸到地磁极点。地磁极点周围没有极光的区域被称为极盖区(polar cap)。在一些特殊情况下,主要是行星际磁场北向期间,可以观测到极盖区内有极光。由于极盖区内的极光可以从极光卵一侧跨越整个极盖区到达另一侧,形成 θ 状分布,这些极光经常也被称为 theta 型极光。当人们在太空中用成像仪观测整个极光卵时,这种形态分布是最为明显的。然而,天基成像观测的缺点在于极光的大多数精细结构特征信息会从中丢失。地基成像仪通常能更好地捕捉极光的这些精细结构,但缺点是对极光没有连续的覆盖观测,这是由于极光可被云层或月光掩盖。

不过,在 20 世纪 60 年代早期,S. -I. Akasofu 仅使用了极光的地基观测就做出了突破性的工作。基于艰苦卓绝的观测工作,Akasofu 给出了极光亚暴期间极光的演化过程。图 11.5 中展示了他的研究结果。

极光亚暴(**auroral substorm**)中包含一段相对平静的时期(至少从极光而言是这样的),并零星存在一些在纬度方向有扩展的极光弧。这些极光弧并不是很强。突然某个时刻,其中一条极光弧,通常是最接近赤道的极光弧,会发生增亮。这就是亚暴触发的开始。此时,极光弧会快速朝极区移动,并且强极光弧发生的区域开始向西移动,这就是西向浪涌(westward traveling surge)。极光活动增强的这一时期,我们称之为亚暴膨胀相(expansion phase)。在一段时间(约几十分钟)以后,极光活动开始减弱,亚暴进入恢复相(recovery phase)。

地基磁强计可以探测到剧烈的磁场扰动。最强的地磁扰动倾向于发生在南北方向上,其中地磁北向扰动与电离层中的东向电流相关,而南向扰动与西向电流相关。这些电流被称为电集流(electrojets)。

平静时期　　　　　　中等活动水平时期

活动时期

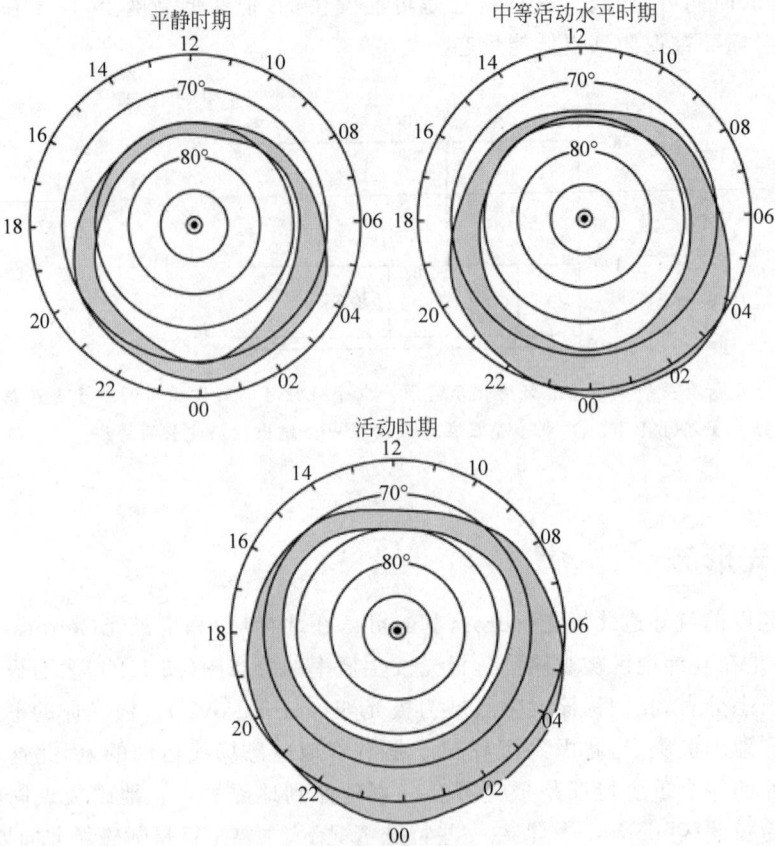

图 11.4　不同地磁活动水平条件下的极光卵分布(引自 Feldstein 和 Starkov,1967)

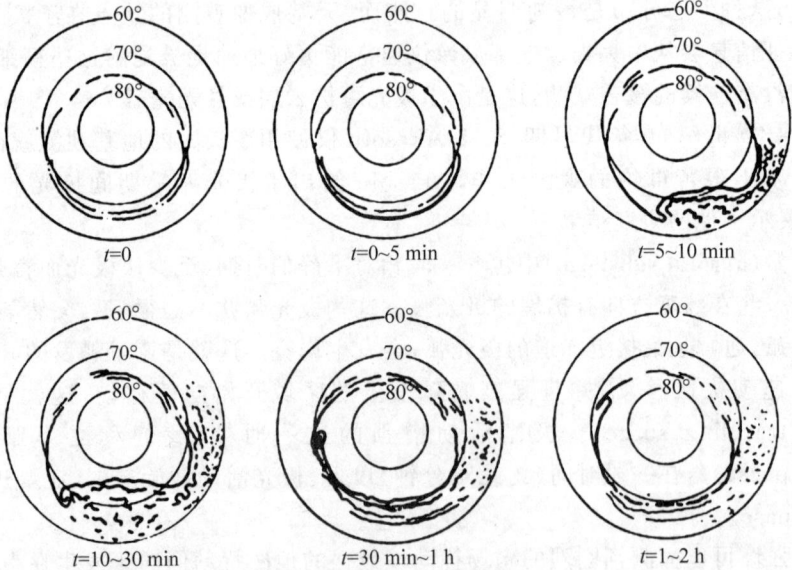

$t=0$　　　　$t=0\sim5$ min　　　　$t=5\sim10$ min

$t=10\sim30$ min　　　　$t=30$ min$\sim1$ h　　　　$t=1\sim2$ h

图 11.5　极光亚暴的时间演化过程(引自 Akasofu,1968)

电集流以 Hall 电流（**Hall currents**）形式在电离层中流动。我们在第 2 章中介绍了 Hall 电流，并将在 11.4 节中对其作进一步讨论。如第 2 章及本章稍后的讨论中，Hall 电流沿着 $-E \times B$ 方向流动，其中 $E$ 是电离层中的电场，$B$ 是背景磁场。之所以形成 Hall 电流，是因为电子在电离层中基本是无碰撞的，而离子受到的碰撞作用很强（也就是载流子主要为电子）。除了 Hall 电流外，电离层中还存在 Pedersen 电流——在该电流中离子沿着电场方向运动。

对于电离层电流我们在本章后面会详细讨论，但如果磁场不随时间变化，那么电场可按等势线分布描述，并且电离层中的等离子体流是沿等势线运动的。在电导率没有梯度的情况下，Hall 电流是没有散度的，并且不会通过场向电流闭合。另外，Pedersen 电流（**Pedersen currents**）通常会有对应的场向电流。在下面的章节中，这一点我们会清楚看到。

关于 Pedersen 电流通过场向电流闭合的一个重要内容，就是整个电流体系倾向于呈螺线管形态。在这种情况下，大多地磁扰动都是在电流体系内部产生的，而电流体系外部产生的地磁扰动相对较小。这就引出了 Fukushima 定理（**Fukushima's theorem**，Fukushima，1969，1976），定理指出流入和流出电离层的场向电流及 Pedersen 闭合回路电流产生的净地磁扰动在地面上是无法测量看到的。另外，天基观测到的磁场扰动主要由场向电流和 Pedersen 电流产生，而不是由 Hall 电流产生。

20 世纪 70 年代，研究发现流入地球电离层的大尺度场向电流体系是一直存在的。电流体系如图 11.6 所示。该图改自 Iijima 和 Potemra 的文章（1978），其中我们加上了 Pedersen 电流，这样能与场向电流形成闭合回路。由于 Pedersen 电流是平行于垂直电场方向的，因此产生的 $J \times B$ 力是沿着等离子体流运动方向的。因此，如我们在后面章节中显示的，Pedersen 电流产生的力可抵抗离子与中性大气碰撞产生的拖曳力。更进一步，由此产生的等离子体流分布对应由 IMF 重联驱动的双涡对流（two-cell convection）形态。在这种双涡对流中，等离子体流跨过极盖区朝夜侧方向对流。而在两个场向电流系统（电流流入和流出电离层）之间的区域，等离子体流将从午夜返回到向阳面。

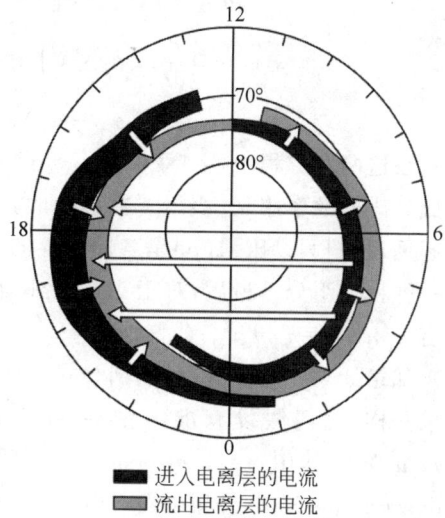

图 11.6　大尺度场向电流体系。高纬场向电流是 1 区场向电流，低纬度的是 2 区场向电流。正午和子夜附近处的电流体系则要更为复杂一些（引自 Iijima 和 Potemra，1978）

■ 进入电离层的电流
■ 流出电离层的电流

最后一步是建立场向电流和极光之间的联系。对比图 11.4 和图 11.6 可以看出，极光卵和场向电流是紧密相关的，至少从纬度上看是如此。更进一步，由于极光主要由沉降电子引起，因此我们预期极光可能与上行电流有关。但情况并不总是如此，尤其是弥散极光看起来更像是与散射进入损失锥的粒子沉降有关。而从另一方面而言，分立极光看起来与加速电子有关，所以分离极光会携带净上行电流。因此，为更全面地理解极光，我们需要知道为什么会出现与极光伴随的场向电流。在后面章节中，我们会讨论到这一点。

## 11.4 磁层-电离层耦合与极光

在前面的章节中,我们从极光结构、形态及碰撞激发过程等方面讨论了极光的特性。这里我们将极光置于磁层背景条件下,并讨论它们是如何体现出磁层-电离层耦合作用的。为此,我们首先推导出单流体 MHD 动量方程(类似第 3 章中的内容),并在方程中明确包含碰撞项。在用方程描述场向电流是如何与等离子体流和等离子体压强梯度联系起来之前,我们先重复第 2 章中的结果——通过引入各向异性 Ohm 定律,将垂直电流和垂直电场联系起来[①]。正是磁层-电离层耦合(通过电流耦合)作用带来了极光过程的发生条件。但这里需要注意一点,人们很容易认为是电流驱动了极光,但电流本身就是磁层-电离层系统内动力学过程作用的产物。

为深入讨论磁层-电离层耦合与极光,我们从含碰撞项的电子、离子动量方程(**electron and ion-momentum equations**)出发:

$$n_i m_i \left( \frac{\partial}{\partial t} + \boldsymbol{u}_i \cdot \nabla \right) \boldsymbol{u}_i = n_i e (\boldsymbol{E} + \boldsymbol{u}_i \times \boldsymbol{B}) - \nabla p_i -$$

$$n_i m_i \nu_{in} (\boldsymbol{u}_i - \boldsymbol{u}_n) - n_i m_i \nu_{ie} (\boldsymbol{u}_i - \boldsymbol{u}_e) \qquad (11.1a)$$

$$n_e m_e \left( \frac{\partial}{\partial t} + \boldsymbol{u}_e \cdot \nabla \right) \boldsymbol{u}_e = -n_e e (\boldsymbol{E} + \boldsymbol{u}_e \times \boldsymbol{B}) - \nabla p_e -$$

$$n_e m_e \nu_{en} (\boldsymbol{u}_e - \boldsymbol{u}_n) - n_e m_e \nu_{ei} (\boldsymbol{u}_e - \boldsymbol{u}_i) \qquad (11.1b)$$

在这两个方程中,下标"i"表示离子,"e"表示电子,"n"表示中性粒子。相应的,离子-中性成分碰撞频率用 $\nu_{in}$ 表示。方程中的其余各项都表示为它们各自通常的含义,同时,为简单起见,我们假设压强($p$)是各向同性的。此外,我们假设离子成分和中性粒子成分分别只有一种粒子组分。最后,对于 Coulomb 碰撞项,基于动量守恒和准电中性条件($n_i \approx n_e$),我们有 $n_i m_i \nu_{ei} = n_e m_e \nu_{ei}$。

如第 3 章中的步骤,我们结合式(11.1a)和式(11.1b)就可以得到单流体动量方程。跟之前一样,我们假设有准电中性条件 $n_i = n_e = n$,并且根据质心速度($\boldsymbol{u} = (n_i m_i \boldsymbol{u}_i + n_e m_e \boldsymbol{u}_e)/\rho$,其中 $\rho = n_i m_i + n_e m_e$ 是质量密度)便可得到等离子体流的运动微分方程(advective derivative)和压强。由于 $m_i \gg m_e, \rho \approx n m_i$ 以及 $\boldsymbol{u}_i \approx \boldsymbol{u}$,这样,总的等离子体动量方程就为

$$\rho \frac{D\boldsymbol{u}}{Dt} = \boldsymbol{j} \times \boldsymbol{B} - \nabla p - n (m_i \nu_{in} + m_e \nu_{en})(\boldsymbol{u}_i - \boldsymbol{u}_n) + m_e \nu_{en} \frac{\boldsymbol{j}}{e} \qquad (11.2)$$

其中,$D\boldsymbol{u}/Dt = \partial/\partial t + \boldsymbol{u} \cdot \nabla$ 是等离子体质心速度的时间全导数。

当我们讨论场向电流在磁层-电离层耦合中所起的作用时,我们会采用式(11.2)。式(11.2)的一个重要之处在于,即便式(11.1a)和式(11.1b)中都存在电场,但在式(11.2)中不再存在电场。因此,不能明显看出如何利用式(11.2)讨论电离层中的电流,因为这些电流常常与电场有关(通过 Ohm 定律,见第 2 章)。为完整起见,我们将展示如何通过式(11.1a)和式(11.1b)导出 Ohm 定律。

---

[①] 见式(2.91)。

首先,我们可以假设式(11.1a)和式(11.1b)的左边项(惯性项)可忽略,压力项亦可忽略。那么,在作进一步整理后,可得

$$e(\mathbf{E} + \mathbf{u}_i \times \mathbf{B}) = m_i \nu_{in}(\mathbf{u}_i - \mathbf{u}_n) + \frac{m_i \nu_{ie} \mathbf{j}}{ne} \tag{11.3a}$$

$$e(\mathbf{E} + \mathbf{u}_e \times \mathbf{B}) = -m_e \nu_{en}(\mathbf{u}_e - \mathbf{u}_n) + \frac{m_e \nu_{ei} \mathbf{j}}{ne} \tag{11.3b}$$

如前文所述,根据动量守恒和准电中性,式(11.3a)最后一项和式(11.3b)的最后一项是相等的。

我们在中性粒子成分的参考系中定义流速和电场,即 $\mathbf{u}_i' = \mathbf{u}_i - \mathbf{u}_n$, $\mathbf{u}_e' = \mathbf{u}_e - \mathbf{u}_n$,且 $\mathbf{E}' = \mathbf{E} + \mathbf{u}_n \times \mathbf{B}$,于是

$$\mathbf{u}_i' = \frac{e}{m_i \nu_{in}}\left(\mathbf{E}' - \frac{m_e \nu_{ei}}{ne^2}\mathbf{j} + \mathbf{u}_i' \times \mathbf{B}\right) \tag{11.4a}[①]$$

$$\mathbf{u}_e' = -\frac{e}{m_e \nu_{en}}\left(\mathbf{E}' - \frac{m_e \nu_{ei}}{ne^2}\mathbf{j} + \mathbf{u}_e' \times \mathbf{B}\right) \tag{11.4b}$$

通过以上两式,并利用电流密度关系 $\mathbf{j} = ne(\mathbf{u}_i' - \mathbf{u}_e')$,我们可分别求出离子和电子的速度。两个等式的复杂之处在于等式都含有与 Coulomb 碰撞频率有关的项。在讨论平行电导率时我们将保留该碰撞项,但是在讨论垂直电导率时,为简单起见我们将舍弃碰撞项。我们可以在形式上先保留碰撞项,稍后我们会表明该碰撞项相当于对垂直电流作了 $\nu_{ei}/\Omega_e$ 量级的修正,其中,$\Omega_e = eB/m_e$ 是电子回旋频率。$\nu_{ei}/\Omega_e$ 项在电离层和磁层中都很小。

由式(11.4a)和式(11.4b)中的平行分量,并考虑通常有 $m_e\nu_{en} \ll m_i\nu_{in}$,我们发现有

$$j_{//} = \frac{ne^2}{m_e(\nu_{en} + \nu_{ei})}E_{//} = \sigma_{//} E_{//} \tag{11.5}$$

这再次表明,对于平行分量,我们仅需要保留 Coloumb 碰撞作用。

对于垂直电流密度,忽略 Coloumb 碰撞项后,我们发现有

$$\mathbf{j}_\perp = \sigma_{//} \mathbf{E}_\perp' - \sigma_H \frac{\mathbf{E}_\perp' \times \mathbf{B}}{B} \tag{11.6}$$

其中,$\sigma_{//}$ 和 $\sigma_H$ 分别是 Pedersen 电导率和 Hall 电导率,其分别为

$$\sigma_{//} = \frac{ne}{B}\left(\frac{\nu_{en}/\Omega_e}{1 + \nu_{en}^2/\Omega_e^2} + \frac{\nu_{in}/\Omega_i}{1 + \nu_{in}^2/\Omega_i^2}\right) \tag{11.7}$$

和

$$\sigma_H = \frac{ne}{B}\left(\frac{1}{1 + \nu_{en}^2/\Omega_e^2} - \frac{1}{1 + \nu_{in}^2/\Omega_i^2}\right) \tag{11.8}$$

其中,$\Omega_i = eB/m_i$ 是离子回旋频率。为完整起见,我们包含了电子项,但需要注意的是,在地球电离层的 E 层和 F 层中,有 $\nu_{en}/\Omega_e \ll 1$。考虑到式(11.3b),这一条件意味着可得到电子磁冻结条件:

$$\mathbf{E} + \mathbf{u}_e \times \mathbf{B} = \mathbf{E} + \mathbf{u} \times \mathbf{B} - \frac{\mathbf{j} \times \mathbf{B}}{ne} = 0 \tag{11.9}$$

---

① 其中,利用了关系式 $n_i m_i \nu_{ei} = n_e m_e \nu_{ei}$ 和 $n_i = n_e$。

这个关系式①在电离层中能很好地近似满足,之后我们会用到。

电子冻结条件表明电子将以 $E \times B$ 的漂移速度运动。因此,Pedersen 电导率主要与沿电场方向(垂直磁场)的离子运动有关,而离子沿电场方向的加速运动则会与离子-中性粒子的碰撞拖曳运动达到平衡。由于离子受离子-中性粒子碰撞作用使离子在 $E \times B$ 方向上漂移得很慢,所以产生的 Hall 电流方向与 $E \times B$ 漂移方向是相反的。在地球的电离层中,这一过程不适用于 D 层,因为在该处,电子-中性粒子的碰撞作用开始变得显著。

### 11.4.1 场向电流的磁层源

在磁层中,我们可忽略碰撞项,这时式(11.2)可简化为第 3 章中给出的单流体 MHD 动量方程。在第 3 章中,我们使用 MHD 动量方程导出了场向电流的表达式(见式(3.204)),该场向电流公式为

$$(\boldsymbol{B} \cdot \nabla)\left(\frac{\boldsymbol{j} \cdot \boldsymbol{B}}{B^2}\right) = \frac{\boldsymbol{B}}{B^2} \cdot \left[2\left(\nabla p + \rho \frac{\mathrm{D}\boldsymbol{u}}{\mathrm{D}t}\right) \times \frac{\nabla B}{B} + \nabla \times \left(\rho \frac{\mathrm{D}\boldsymbol{u}}{\mathrm{D}t}\right)\right] \quad (11.10)$$

该方程左边项为单位磁通内场向电流密度的场向梯度。这样,该式考虑到了与通量管截面积变化相关的电流密度增长。如果式(11.10)右边项为零,那么 $j_{/\!/}/B$ 为常数。

如第 3 章中注意到的,式(11.10)的右边项分别对应热压梯度、流减速和涡度(vorticity)。涡旋项也对应 Alfvén 模或剪切模。正如我们将看到的,剪切模是磁层-电离层动力学耦合的基本特征之一。

在内磁层中,等离子体热压 $p$ 通常远大于动压,这使我们可对式(11.10)作慢速流近似(slow-flow approximation)。在这种情况下,热压梯度占主导,场向电流会在 $\nabla p \times \nabla B \neq 0$ 的区域出现。由于内磁层中的背景磁场更接近偶极磁场的形态,那么场向电流的存在通常要求存在方位方向上的热压梯度。而且,如 11.3 节中讨论的,人们发现 2 区场向电流位于纬度更低的区域。因此,人们常认为 2 区场向电流是由压强梯度驱动的。这里只是简单地说压强梯度“驱动”了场向电流,我们还没有具体研究电流是怎么产生的,这是因为我们目前还没有具体给出电流的发电机过程。特别是,由磁冻结条件和 MHD 动量方程,我们有

$$\boldsymbol{j} \cdot \boldsymbol{E} = \boldsymbol{u} \cdot (\boldsymbol{j} \times \boldsymbol{B}) = \boldsymbol{u} \cdot (\rho \mathrm{D}\boldsymbol{u}/\mathrm{D}t + \nabla p) \quad (11.11)$$

对于发电机来说,有 $\boldsymbol{j} \cdot \boldsymbol{E} < 0$。因此,在发电机过程中,要么等离子体减速,等离子体流丢失了其整体流动的能量;要么热压对等离子流做功。顺便一提,由于 $\boldsymbol{j} \cdot (\boldsymbol{j} \times \boldsymbol{B}) = 0$,式(11.11)也可以由电子磁冻结条件式(11.9)导出,因而,这比基于离子磁冻结条件导出的式(11.11)更为普适。

与 2 区场向电流相比,1 区场向电流分布在更高的纬度区域,它常位于与外磁层甚至磁层顶相连的磁场线上。特别是在磁层顶,在太阳风动压占主导的区域,1 区场向电流往往与等离子体流的梯度有关。然而,在子夜附近区域,物理图像则复杂得多,因为地磁场被严重拉伸,这会影响电离层和磁层之间的磁场线映射。而且在亚暴期间,卫星时常会观测到高速等离子体流,这些等离子体流可以穿透至相当低的纬度。THEMIS(the Time History of Events and Macroscale Interactions during Substorms)任务的一个目标就是研究热压、动

---

① 利用了 $\boldsymbol{u}_e = \boldsymbol{u} - (\boldsymbol{u}_i - \boldsymbol{u}_e), \boldsymbol{u} \approx \boldsymbol{u}_i$。

压和等离子体涡度之间的关系,这也将成为未来研究的热门领域。

## 11.4.2　电离层电流

在式(11.2)中,我们给出了包含碰撞项的完整等离子体动量方程。如在所写出的公式形式中,式(11.2)需要知道中性成分的流速($u_n$)信息。在讨论磁层-电离层耦合时,我们常简单假定 $u_n = 0$,这意味着式(11.2)形式是在随中性成分一起流动的参考系下写出的。但 $u_n$ 是一个可变化的物理量,它可受来自下方大气作用力的影响,也可受离子-中性粒子碰撞的影响(使中性粒子加速)。实际上,这种"三流体"的公式形式(Song、Vasyliunas 和 Ma,2005)包含了一个简单的中性粒子动量方程。在这个"三流体"的公式中,唯一作用在中性粒子成分上的力是中性粒子与离子碰撞造成的拖曳力(drag force),这可清楚表明,在较长时间尺度上,中性成分粒子可最终为电离层-大气层耦合系统提供惯性作用。尽管如此,我们在当前阶段,可先忽略中性粒子的效应。

在最简单的情况下,在电离层中,式(11.2)中的主导项为 $j \times B$ 项和离子-中性粒子碰撞项,这时,式(11.2)变为

$$j \times B = \rho \nu_{in}(u_i - u_n) \tag{11.12}$$

我们忽略了式(11.2)中等离子体的动量变化项和热压项,并认为电子-中性粒子的碰撞作用小到可以忽略。除忽略离子和电子的惯性项和热压项外,这些假设条件与满足电子磁冻结的物理条件是很类似的。由于地球电离层中等离子体的 $\beta$ 值很低,所以忽略热压项是比较合理的,但是否忽略离子惯性项则需小心处理。例如,讨论频率范围为 $\omega \geqslant \nu_{in}$ 的 Alfvén 波时,动量方程就需要考虑离子的惯性项。

如果对式(11.12)两边取旋度,并取 $\nabla \cdot j = 0$,则有

$$(B \cdot \nabla)j - (j \cdot \nabla)B = \rho \nu_{in}(\omega_i - \omega_n) - (u_i - u_n) \times \nabla(\rho \nu_{in}) \tag{11.13}$$

其中,$\omega = \nabla \times u$ 是等离子体流的涡度(vorticity)。

将式(11.13)两边与 $B$ 作点乘,得到

$$B \cdot (B \cdot \nabla)j - Bj \cdot \nabla B = \rho \nu_{in} B \cdot (\omega_i - \omega_n) - B \cdot [(u_i - u_n) \times \nabla(\rho \nu_{in})] \tag{11.14}$$

类似式(11.10),式(11.14)左边第一项描述了场向电流的变化,但忽略了通量管截面积变化带来的影响。而左边第二项在地球电离层中则通常很小。式(11.14)表明,在电离层中,场向电流与等离子体流的涡旋和 $\rho \nu_{in}$ 的梯度有关。然而,如果我们根据式(11.6)给出的 Ohm 定律,那么可以说 $j_\perp$ 的散度主要和电场的散度及电导率的梯度有关。由磁冻结定理可知,电场的散度对应流剪切,并且该流剪切具有涡度。电导率则与碰撞频率有关,所以式(11.14)右边最后一项对应电导率梯度。但是,类似于在磁层中推导出的式(11.10),式(11.14)具有将场向电流与等离子体流直接联系起来的优势。

## 11.4.3　耦合系统

利用式(11.10)和式(11.14),并结合电流连续性条件,$\nabla \cdot j = 0$,我们便可以从力和等离子体流的角度研究磁层-电离层耦合系统。相比传统的电路方法,这种方法可以为引起极光的磁层-电离层耦合作用提供更深邃的见解。电路方法假设电流系统是准静态的,并且不

考虑等离子体和电场、磁场的耦合作用(或动力学过程)。然而,动量方程却并不能构成一个完备的方程组,这表现为式(11.10)需要对等离子体热压和等离子体流做一定的先决假设,而式(11.14)又需要对电离层电导率剖面做假设。要确定磁层中等离子体压强和流的分布,我们需要一个完整的方程组。MHD 分析在处理这方面的问题时是很有用的,因为MHD 分析自动包括对时变场,更准确地说是 Alfvén 波的处理。因此,全球 MHD 模拟可用于指示 Alfvénic 极光(Alfvénic auroras)的发生位置,但是模拟中却不包含极光粒子加速物理过程。MHD 模拟也能很好地模拟太阳风和磁层的耦合,尽管这种模拟会低估内磁层中等离子体压强的作用(这会使计算出来的 2 区场向电流较弱)。而包含粒子漂移的模拟(人们称之为对流模型(convection models))会产生较强的 2 区场向电流,从而在低纬区域屏蔽日向对流。但粒子漂移模拟也存在无法完整模拟出 1 区场向电流的限制问题,这是因为 1 区场向电流通常会映射到高纬区域,而这又超出了模拟的空间区域范围。即便如此,在将 MHD 模拟与内磁层对流模型相结合的模型发展方向上人们还是取得了长足进展。这些模型还包含能模拟极光加速过程的模块,这使模型可模拟出因极光沉降而造成电离层导电率的增强。

## 11.5  极光区场向电流

在前面内容中,我们讨论了为什么期望场向电流存在于电离层和磁层之间。在本节中,除讨论电流的闭合问题外,我们还将讨论场向电流的结构和变化、载流子的本质属性,以及场向电流带来的其他物理效应(包括电流闭合)。

为了给此处讨论作铺垫,我们在图 11.7 中展示了来自 FAST(the Fast Auroral Snapshot Small Explorer)卫星[①]的粒子和磁场探测数据。FAST 卫星可在极光电子加速区内开展高分辨率的数据探测。这幅图展示了卫星通过极光区的一次典型穿越。图左侧卫星处于高纬区域,而图右侧卫星到达了低纬区域[②]。在顶部子图中,显示了微分能通量(differential energy flux)[③]的对数(lg)形式随能量和时间的变化,右侧灰度颜色棒则显示了通量的范围。白色表示微分能通量的强度最强。微分能通量的单位为 $eV \cdot cm^{-2} \cdot s^{-1} \cdot sr^{-1} \cdot eV^{-1}$,其中,eV 为电子伏特。微分能通量单位中的能量单位并不会相互抵消,因为分子中的能量对应被测粒子携带的能量,而分母中的能量则给出了测量覆盖的能量宽度。图中还展示了一些具有非常高能量的电子通量区域,特别是在图中右侧标记为"倒 V"(inverted V)结构的电子区域。图中左侧还展示了标为"低能量,双向电子"的低能高通量区域。这些区域对应不同的场向电流区域。

第二个子图(由上至下)展示了微分能通量随投掷角的变化(投掷角的定义可见第 3 章)。对于北半球而言,磁场是指向地球的,那么投掷角为 0° 对应沉降粒子,投掷角为 180° 对应上行粒子,投掷角为 ±90° 则对应磁镜点处的局地反射粒子。在图中右侧可看到在投掷

---

① FAST 卫星于 1996 年 8 月发射升空,旨在通过高时空分辨的数据探测揭示极光现象的等离子体物理过程。FAST 具有大椭圆极轨轨道(350 km×4175 km),轨道倾角为 83°。卫星于 2009 年 5 月结束运行。

② 见图中的不变纬度 ILAT。

③ 微分能通量一般定义为在能量 $E$ 处的微分能量范围 $dE$ 内,单位时间、单位面积(面积法向垂直于粒子的速度方向)和单位立体角内粒子所携带的能量。

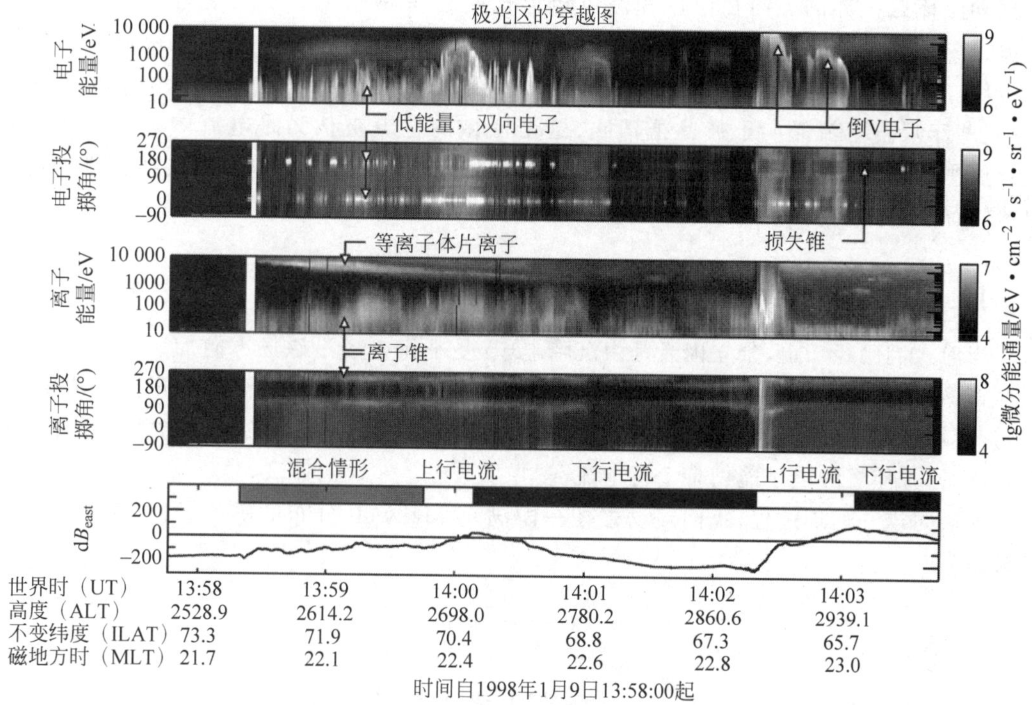

图 11.7 FAST(the Fast Auroral Snapshot Small Explorer)卫星观测到的粒子和磁场数据。图中底部区
域的矩形色块代表不同的电流区域,白色表示上行电流,黑色表示下行电流,而灰色代表区域
内同时兼有上、下行电流

角 160°～200°范围内,粒子的能通量减小了——这就是损失锥(loss cone)。

接下来的两个子图展示了对应的离子数据。在能谱中,明显有两类离子群:一类的能
量略高于 1 keV,另一类的能量为 100 eV 左右。前者包含辐射带捕获离子和沉降的等离子
体片离子。而低能量部分的离子分布被称作离子锥(ion conic)。这个名字的由来可以由投
掷角分布图看出,微分能通量刚好在损失锥之外达到最大值。因而,这些离子在速度空间
内相对于磁场方向形成了一个锥面。这些低能离子为磁层等离子体提供了来源。

底部的子图显示了磁场东向分量的变化情况。该磁场分量(扰动场)已根据 IGRF 国际
地磁参考模型扣除了背景地磁场。为简单起见,我们在图中仅展示磁场的东向分量,而同
时卫星正在自北向南的方向上飞行。因此,东向磁场分量沿卫星运动轨迹的梯度(我们称
为沿轨梯度(along-track gradient))可用于获得等效的电流密度。基本上可以认为携带场
向电流的电流片沿着磁场方向,并垂直于卫星的运动轨迹。

底部子图中的矩形色块时段对应观测到三类场向电流(在地球极光区经常观测到)的
时段。白色矩形块代表由高能沉降电子携带的上行电流区域。人们早期主要通过探空
火箭观测这些电子,如电子能谱图中的标识所示,这些电子在能量-时间的谱图上具有“倒
V”结构的特征信号。黑色矩形块则代表由上行电子携带的下行电流。因为该电流倾向
于平衡“倒 V”结构中电子携带的上行电流,所以该下行电流也常被称作返回电流(the
return current)。如果电流处于理想闭合状态,那么“倒 V”电流和返回电流之间产生的磁

场扰动应该是一样的。而在白色和黑色矩形长度之间还存在一些净变化[1],这表明这些电流至少还会在卫星探测区域之外的其他地方实现闭合。最后一种是用灰色矩形标记的电流。这个电流区域对应边界层或 Alfvénic 极光。在这个区域内,会有多个小尺度电流(这些小尺度电流倾向于彼此抵消)。这个区域的电流被认为是电流体系中尚未达到大尺度平衡时的部分电流。我们将在后续 11.5.1 节~11.5.3 节中介绍这些类别的场向电流特征。

### 11.5.1 "倒 V"极光

当前人们已经知道,分立极光是由沉降电子(受平行电场沿磁场方向加速)产生的。一般而言,磁化等离子体中是不可能维持平行电场的,这是因为电子和离子会迅速响应电场,并将其"短路"。但也有一些例外,极光加速过程就是其中之一。在这一现象中,会建立起平行电场,并使沉降电子能携带上行电流。

为表明这一物理过程,我们假设存在一团满足 Maxwell 分布的等离子体,其相空间密度分布为

$$f = \frac{n_0}{\pi^{3/2} v_T^3} \exp(-v^2/v_T^2) \tag{11.15}$$

其中,$n_0$ 为电子密度;$v$ 为速度;$v_T$ 为热速度(热速度满足 $\frac{1}{2} m_e v_T^2 = kT$;$m_e$ 为电子质量,$T$ 为温度)。简单起见,我们假设分布是各向同性的。

假设这种分布出现在磁场线的根部,那该分布中沉降部分对应的电流密度为

$$j_0 = \frac{n_0 e}{\pi^{3/2} v_T^3} 2\pi \int_0^{\pi/2} \sin\theta \mathrm{d}\theta \int_0^{\infty} v^2 \mathrm{d}v \left[ v\cos\theta \exp(-v^2/v_T^2) \right] \tag{11.16}$$

其中,$\theta$ 为锥角或投掷角。$\theta$ 的积分上限为 $\pi/2$,这样积分区域就被限制在分布的沉降部分中。积分号前的 $2\pi$ 因子对应为对回旋相位 $\varphi$ 的积分。由于我们假设分布相对于回旋相位是各向同性的,所以对相位的积分值为 $2\pi$。而 $v\cos\theta$ 项则为平行速度。

对式(11.16)进行积分,我们得到

$$j_0 = \frac{n_0 e v_T}{2\pi^{1/2}} \tag{11.17}$$

这是沉降电子在不经任何加速作用条件下能提供的上行电流大小。如果我们假设电子密度为 $1\ \mathrm{cm}^{-3}$,电子温度为 $1\ \mathrm{keV}$,则 $j_0 \approx 0.85\ \mu\mathrm{Am}^{-2}$。如果需要考察的场向电流量值比这个值更高,那么就需要考虑沉降电子在进入大气层时的加速过程。Knight(1973)导出了场向电流和平行电场净电势降(加速电子)的关系,该关系因而也被称为 Knight 关系(**Knight relation**)。

为得到 Knight 关系,我们需要使用 Liouville 定理。该定理指出粒子分布函数在速度-构型空间中沿粒子运动轨迹是保持不变的。此外,当加速电子进入大气层时,它们的总能量和磁矩必须保持不变。我们使用下标"m"表示加速区在较高高度一端的位置(代表磁层,

---

[1] 译者认为是指流进和流出电离层的电流在时间跨度和观测上并不完全相等。

magnetosphere)。可设定该处的电势 $\phi$ 为零,那么电子的总能量则必然满足[①]:

$$v_{\parallel}^2 + v_{\perp}^2 = v_{m\parallel}^2 + v_{m\perp}^2 + 2e\phi/m_e \tag{11.18}$$

并由磁矩守恒,我们得到

$$v_{\perp}^2 /B = v_{m\perp}^2 /B_m \tag{11.19}$$

这里,我们将速度分解为平行和垂直于磁场的两个分量。

因而有

$$v_{\parallel}^2 + v_{\perp}^2 (1 - B_m/B) = v_{m\parallel}^2 + 2e\phi/m_e \tag{11.20}$$

由于 $B_m < B$,式(11.20)在速度空间中描述了一个椭圆结构分布。而任何加速粒子必然位于对应 $v_{m\parallel} = 0$ 时的椭圆之外的速度空间中。此时的椭圆为

$$v_{\parallel}^2 + v_{\perp}^2 (1 - B_m/B) = 2e\phi/m_e \tag{11.21}$$

这就是所谓的"加速椭圆"(acceleration ellipse)。

类似地,若我们使用下标"I"表示电离层(ionosphere)或加速区的底部。由能量守恒和磁矩守恒,可得到[②]:

$$v_{\parallel}^2 + v_{\perp}^2 (1 - B_I/B) = v_{I\parallel}^2 - 2e(\phi_I - \phi)/m_e \tag{11.22}$$

该公式描述了在 $(v_{\perp}, v_{\parallel})$ 速度空间中某一点与对应电离层中粒子平行速度 $v_{I\parallel}$ 之间的关系。凡是 $v_{I\parallel} > 0$ 的电子都会损失在大气层中。因而相空间中另一边界可由如下"损失锥双曲线"(**loss cone hyperbola**)给出:

$$v_{\perp}^2 (B_I/B - 1) - v_{\parallel}^2 = 2e(\phi_I - \phi)/m_e \tag{11.23}$$

图 11.8 中展示了由式(11.21)与式(11.23)给出的相空间边界,以及由 FAST 卫星在地球极光区处测得的电子分布。电场向下加速电子和磁镜力向上加速电子的混合作用形成了电子的"马蹄形"分布("**horseshoe" distribution**)。在图中右侧,沉降粒子位于加速椭圆和损失锥双曲线之间的区域。图中左侧对应区域的相空间密度则大大降低了,这个区域主要充斥着后向散射的次级电子。在损失锥双曲线之外,相空间密度等值线关于 $v_{\parallel} = 0$ 呈镜像对称,这是因为粒子在进入大气层之前就被磁镜力反射了。由于上行电子的相空间密度变小了,在损失锥内存在净的下行电子通量,也即上行电流。

根据在图 11.7 和图 11.8 中展示的数据,我们可对部分电子电流作直接测量(大部分下行电流由能量低于仪器能量测量阈值的电子携载)。虽然我们此处并未给予展示,但一般来说电子携带的上行电流密度与由磁场梯度[③]导出的电流密度是一致的。此外,图 11.8 的相空间密度分布显示了一些与平行电场加速相关的特征,这为 Knight(1973)的理论关系提供了观测支持,我们接下来给出 Knight(1973)的理论关系。

首先,我们使用 Liouville 定理确定加速区内的相空间密度。如果将某点处的相空间密度设为 $f(v)$,加速区顶部的相空间密度为 $f_m(v_m)$,由 Liouville 定理,有 $f(v) = f_m(v_m)$,而 $v$ 和 $v_m$ 的关系是满足式(11.18)的。换言之,如果我们还将加速区上方的相空间密度假设为 Maxwell 分布,那么有

---

① 实际上就是 $v_{\parallel}^2 + v_{\perp}^2 - 2e\phi/m_e = v_{m\parallel}^2 + v_{m\perp}^2$。

② 实际上反映了能量守恒关系 $v_{\parallel}^2 + v_{\perp}^2 - 2e\phi/m_e = v_{I\parallel}^2 + v_{I\perp}^2 - 2e\phi_I/m_e$。

③ 确切来说应该是磁场的旋度。

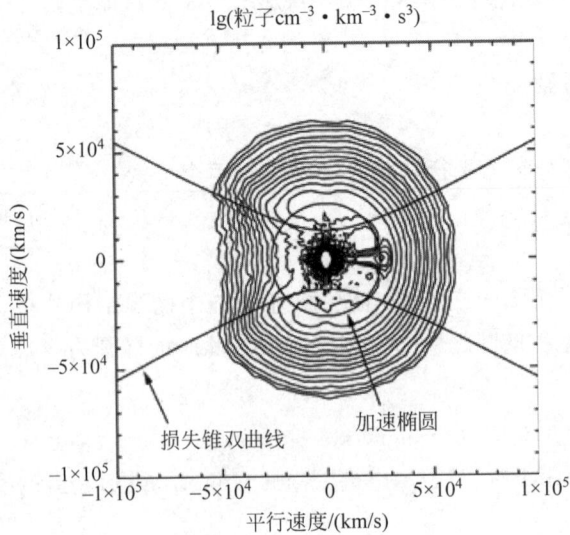

图 11.8　FAST 卫星在极光加速区域测量得到的电子相空间密度分布等值线。图中还画出了由
式(11.21)和式(11.23)定义的相空间边界

$$f(v) = \frac{n_0}{\pi^{3/2} v_T^3} \exp\left(\frac{e\phi}{kT} - \frac{v^2}{v_T^2}\right) \tag{11.24}$$

为了计算所得电流，我们对式(11.24)作类似于式(11.16)中的积分，但将积分区域限制在图 11.18 中的加速椭圆与损失锥双曲线之间的沉降粒子区域。

在这种情形下，我们将确定得到流出电离层的净电流。此时边界曲线只考虑加速椭圆：

$$v_{I\!/\!/}^2 + v_{I\perp}^2 (1 - B_m/B_I) = 2e\phi_1/m_e \tag{11.25}$$

这是因为我们认为所有的下行粒子都会损失。在式(11.25)中，$B_I$ 是在电离层中的磁场强度，$\phi_1$ 是总的加速电势降。

对速度空间作积分，可得

$$j = j_0 \left\{ \frac{4}{v_T^4} \left( \int_0^{v_{L/\!/}} v_{/\!/}\, \mathrm{d}v_{/\!/} \int_{v_{L\perp}}^{\infty} v_\perp\, \mathrm{d}v_\perp + \int_{v_{L/\!/}}^{\infty} v_{/\!/}\, \mathrm{d}v_{/\!/} \int_0^{\infty} v_\perp\, \mathrm{d}v_\perp \right) \left[ \exp\left(\frac{e\phi_1}{kT} - \frac{v^2}{v_T^2}\right) \right] \right\} \tag{11.26}$$

其中，我们将积分区域分为两个部分以凸显我们是如何处理积分区域的。第一个积分覆盖的相速度积分区间是式(11.25)定义的加速椭圆以外的垂直速度积分区域，即 $v_\perp \geqslant v_{L\perp}$，并且有

$$v_{L\perp}^2 = (2e\phi_1/m_e - v_{/\!/}^2)/(1 - B_m/B_I) \tag{11.27}$$

其中，我们先对垂直速度进行积分。式(11.27)要求平行速度的上限值($v_{L/\!/}$)不可能为负值，即

$$v_{L/\!/}^2 = 2e\phi_1/m_e \tag{11.28}$$

在式(11.27)中，当 $v_{/\!/} = v_{L/\!/}$ 时，$v_{L\perp} = 0$。

式(11.26)中的第二个积分覆盖的积分区间为 $v_{/\!/} \geqslant v_{L/\!/}$，且 $v_\perp$ 的下限值为 0。

对垂直速度作积分，则式(11.26)变为

$$j = j_0 \left( \frac{2}{v_T^2} \left\{ \int_0^{v_{L/\!/}} v_{/\!/} \, \mathrm{d}v_{/\!/} \, \exp\left[ -\frac{(v_{L/\!/}^2 - v_{/\!/}^2)/v_T^2}{(B_I/B_m - 1)} \right] + \int_{v_{L/\!/}}^{\infty} v_{/\!/} \, \mathrm{d}v_{/\!/} \, \exp\left[ (v_{L/\!/}^2 - v_{/\!/}^2)/v_T^2 \right] \right\} \right)$$

(11.29)

其中,我们利用式(11.28)替换含 $\phi_I$ 的项。显然,通过对变量的适当调整,式(11.29)可被简化为

$$j = j_0 \left( \frac{2}{v_T^2} \left\{ \int_0^{v_{L/\!/}} v_{/\!/} \, \mathrm{d}v_{/\!/} \, \exp\left[ -\frac{v_{/\!/}^2/v_T^2}{(B_I/B_m - 1)} \right] + \int_0^{\infty} v_{/\!/} \, \mathrm{d}v_{/\!/} \, \exp\left[ -v_{/\!/}^2/v_T^2 \right] \right\} \right)$$

(11.30)

对平行速度进作积分,我们可得到

$$j = j_0 \left( (B_I/B_m - 1) \left\{ 1 - \exp\left[ -\frac{e\phi_I/kT}{(B_I/B_m - 1)} \right] \right\} + 1 \right)$$

(11.31)

其中,我们再次利用了式(11.28)。

通过整理,我们可得到 Knight 关系的最终表达式:

$$j = j_0 B_I/B_m \left\{ 1 - \left( 1 - \frac{B_m}{B_I} \right) \exp\left[ -\frac{e\phi_I/kT}{(B_I/B_m - 1)} \right] \right\}$$

(11.32)

随 $\phi_I$ 增加,式(11.32)给出的电流大小会渐近趋于 $j = j_0 B_I/B_m$。这个渐进值对应于将加速区高度以上的全部下行电子都加速到大气层中;$B_I/B_m$ 为磁镜比(the mirror ratio)。磁镜比的倒数反映了磁通量管横截面积的变化,所以电流存在有限渐近值可从磁通守恒的角度理解。实际上,式(11.32)也可用于计算加速区内任意高度处的电流密度,只需要将该高度处的磁镜比作为相乘因子放在花括号外即可,但要注意花括号内的因子是不能变的,即这一项必须是电离层-磁层的磁场磁镜比。

当幂指数中的项很小时,我们还可以得到另一个电流渐近极限值:

$$j \approx j_0 \{ 1 + e\phi_I/kT \}$$

(11.33)

在全球性 MHD 模拟中,通过场向电流密度计算沉降特征能量时,经常接触到这个电流极限值。通过等离子体热压,我们可通过 MHD 模拟给出场向电流的大小和源区等离子体的温度,但是模拟并不能自洽地得到加速粒子的电势降[①]。图 11.9 给出了式(11.32)在不同磁镜比下的解。

对于 Knight 关系中电势降如何随着磁场强度变化的约束条件,我们尚未给予讨论。存在两种约束条件,$\mathrm{d}\phi/\mathrm{d}B > 0$ 和 $\mathrm{d}^2\phi/\mathrm{d}B^2 \leqslant 0$。为看清这些约束条件是如何出现的,我们可采用磁矩形式将式(11.20)改写为

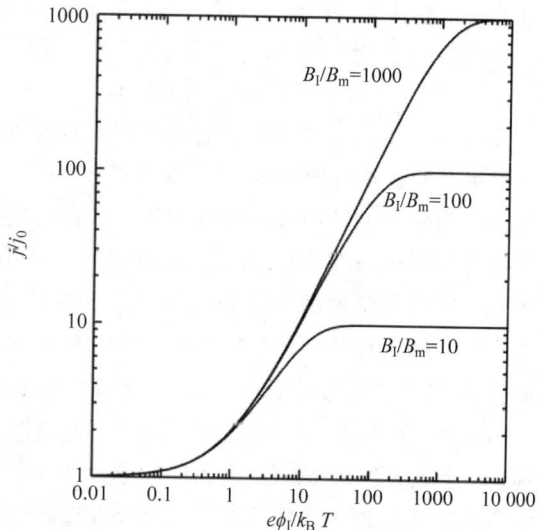

图 11.9 不同磁镜比下式(11.32)的解

① 这是因为在 MHD 模拟中,一般要考虑电中性条件。

$$\frac{1}{2}m_e v^2_{/\!/} = \frac{1}{2}m_e v^2_{m/\!/} + \mu(B_m - B) + e\phi \qquad (11.34)$$

显然，$d\phi/dB > 0$ 这一条件可确保平行电场能将电子加速进入电离层，否则磁镜力和电场力[①]会将电子朝远离地球的方向加速。第二个约束条件 $d^2\phi/dB^2 \leqslant 0$ 则更为微妙。该约束条件要求 $d\phi/dB$ 随着磁场强度的增加而减小。这确保了一旦式(11.33)变为零(这对应为粒子反射)，粒子的平行速度就在任意较强磁场区域处(如在较低高度处)变为零或负值。因此，若某个电子在电离层中具有向下的速度，那么该电子在沿其轨迹上的任何位置处都将具有向下的运动速度。换言之，如果不满足 $d^2\phi/dB^2 \leqslant 0$ 条件，那么，即便粒子在加速区的上方和下方处的平行能量都为正，粒子的平行能量在加速区中某处也可能为零，并在该点处被反射。这将使相空间分布除了图 11.8 中所示的损失锥双曲线和加速椭圆区域外还存在其他的分布空白区域。

平行加速除了主要增强场向电流之外，还会带来两种效应。第一，沉降电子的能通量会增强。第二，会产生称为极光千米辐射(auroral kilometric radiation，AKR)的射电波。接下来我们会在此对这两种效应作进一步讨论。

在地球向阳面，主要的电离源是太阳极紫外辐射。但沉降粒子也会通过碰撞作用增加电离度。电离率取决于沉降粒子(离子和电子)的通量和能量。目前有几种不同复杂程度的电导率模型。这里我们采用一个最广泛使用的电导率关系，这个关系是由 Robinson 等(1987)得到的。在这篇文章中，对于沉降电子引起的电导率，其高度积分为

$$\Sigma_P = \frac{40\langle W \rangle}{16 + \langle W \rangle^2} Q_0^{0.5} \qquad (11.35)$$

$$\frac{\Sigma_H}{\Sigma_P} = 0.45 Q_0^{0.85} \qquad (11.36)$$

其中，$\Sigma_P$ 和 $\Sigma_H$ 分别为 Pedersen 电导率和 Hall 电导率的高度积分，其单位为 S；$\langle W \rangle$ 为沉降电子的平均能量，单位为 keV；$Q_0$ 是电子的能通量，单位是 $mW/m^2$。需要注意的是，$\langle W \rangle$ 是根据电子能通量与电子数通量之比计算出的平均能量。对于 Maxwell 分布，有 $\langle W \rangle = 10^{-3}(2kT/e)$，其中 $\langle W \rangle$ 的单位是 keV。

式(11.35)和式(11.36)中的电导率可直接通过对沉降电子的测量确定，但在全球数值模拟中也会用到这些电导率。尤其是模拟中还可得到场向电流密度。模拟中用到的其他参数还包括磁层电子的数密度和温度。尽管在模拟中考虑不同粒子组分的质量组成和温度差异时还需要做一些假设(单流体 MHD 不区分离子和电子温度，见第 3 章)，这些参量可由模拟中给定的质量密度和压强确定。对于给定的电流密度，式(11.33)可用于计算所需要的电势降。在这种情况下，如果电流密度为 $j$，那么当用合适的物理单位表示物理量时($\phi_1$ 的单位是 keV，$j$ 的单位是 $\mu A/m^2$)，能通量为 $Q_0 = j\phi_1$，$W = \phi_1$。

一方面，极光活动中的粒子沉降可引起电导率的变化，而极光作为磁层-电离层耦合的产物，又能反过来影响磁层-电离层的耦合作用。

我们将要讨论极光沉降的另一个效应是 AKR 的产生。图 11.10 展示了 FAST 卫星在加速区处探测到的一例波动事件。图中的时间覆盖范围约 2.5 min。顶部一栏中展示了

---

① 这时的电场力对应 $d\phi/dB < 0$。

$300\sim500$ kHz 频段内的 AKR 频谱。粗白线是局地电子回旋频率。下一栏中则展示了 $20$ Hz$\sim16$ kHz 范围内的 VLF 波频谱数据。第三栏中显示的是电子能谱,第四栏是离子能谱。底部一栏中则展示了磁场的东向扰动分量。卫星在向高纬运动的时候,磁场的时间变化斜率为负。这对应上行电流。在图片的中间栏,从 $06:43:45\sim06:44:45$,离子和电子都显示了一个相对较窄的能谱,我们将它们分别标为离子束和电子束。这表明电子被加速向下运动,而离子被加速向上运动,这与卫星在极光加速区内的预期行为是一致的。需要指出的是,尽管我们将电子称为电子束(因为其能段较窄),但实际上电子的投掷角范围覆盖较大,可参见图 11.7。而离子的投掷角分布范围则很窄。

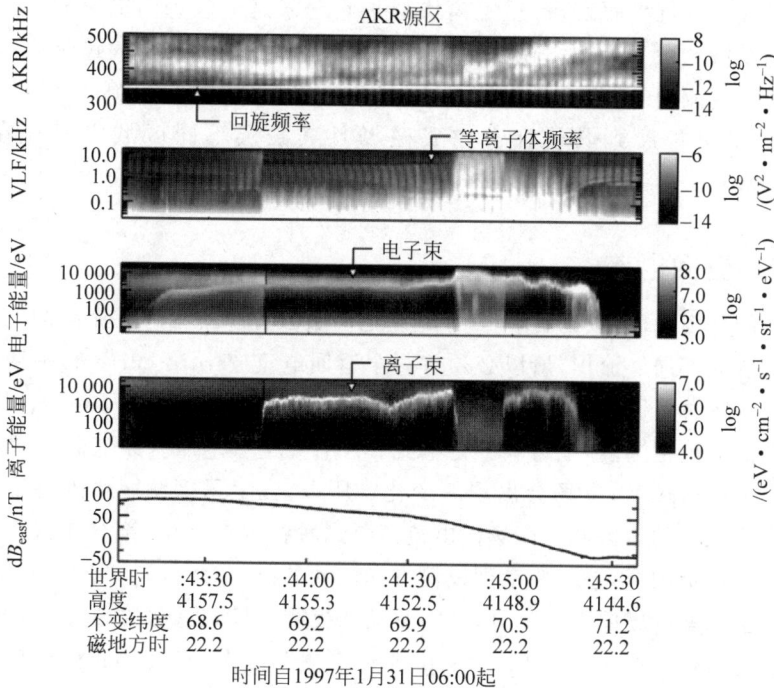

图 11.10　在极光加速区内卫星探测到的粒子和磁场数据

　　顶部两栏子图中的波动数据呈现出了调制特征。这是因为卫星处于自旋状态,而波动信号处于极化状态。顶栏中的 AKR 数据图显示了多种结构特征,但最主要的特征是波动频率会向下延伸至较低频率,甚至略低于电子回旋频率。我们将在第 13 章中深入讨论这种现象是如何发生的,不过这种现象表明等离子体密度是很低的。第二栏子图中的观测数据可证实这一点。当飞船在加速区中时,$5$ kHz 左右的波谱功率明显存在一个极小值。当哨声波传播到低密度等离子体中时,该极小值与哨声波有关。在这种情况下,哨声波的上截止频率为电子等离子体频率(同样见第 13 章)。由于电子等离子体频率为 $9n^{1/2}$ kHz(其中 $n$ 为每立方厘米内的电子个数),那么加速区内的等离子体密度为 $0.3$ cm$^{-3}$。AKR 以 R-X 模的形式传播(见第 13 章)。当等离子体的密度也这么低时,即使对于 $1$ keV 的电子(相对论 Lorentz 因子为 $1.002$),R-X 模的截止频率也会降至非相对论回旋频率之下。在低密度等离子体中,R-X 模的截止频率为 $\omega_R = \Omega_e(1/\Gamma + \omega_{pe}^2/\Omega_e^2) \approx \Omega_e(1 - v^2/2c^2 + \omega_{pe}^2/\Omega_e^2)$,其中 $\Omega_e$ 和 $\omega_{pe}$ 分别为电子静止质量 $m_e$ 下的电子回旋频率和电子等离子体频率。如第 13 章中所讨论的,当 $\omega_R < \Omega_e$ 时,通过回旋共振不稳定性,电子将与 R-X 模直接耦合。此外,如图 11.8 所示,对共振条件的相对论修正,将使 R-X 波模从相空间分布函数的垂直速度梯度中获取能量。顺便提一下,我们注意到图 11.8 中的分布函数是从图 11.10 所示的电子数据测量中推出的(这时卫星正在极光加速区中)。

关于 AKR 最后作一点评论,我们注意到木星和土星这样的气态行星会在靠近星球的高纬地区发出射电辐射。这些辐射被称为木星十米波辐射(jovian decametric radiation,DAM)和土星千米波辐射(saturnian kilometric radiation,SKR)。有理由可根据地球上 AKR 的产生机理(电子在上行场向电流区域中的加速所致)来合理解释 DAM 和 SKR 的产生机制。对于气态巨行星而言,行星电离层似乎看起来是这些场向电流的源区,而这些电流与磁层区域是耦合在一起的。在磁层区域中,行星的卫星释放了大量物质,这些物质被电离后以共转速度流动(而非按其中性成分从卫星抛射出来时的初始速度流动)。这种辐射机制的类比也可扩展到其他拥有内禀磁场且其磁层不同区域之间存在较差运动(differential motion)的天体中。

## 11.5.2 返回电流

除了短时间尺度外,一般都有 $\nabla \cdot \boldsymbol{j} = 0$,即电离层没有净的流入或流出的电流。由于电流不会从电离层底部向外流出,所以必须有一个返回电流(return current)平衡沉降电子携带的上行电流。这种返回电流的区域在图 11.7 用黑色矩形色块作了标识。图 11.7 也表明在卫星探测的局地范围内,上行和下行电流并没有完全被平衡。穿越上行(倒 V 电子)和下行(返回)电流的区域时,磁场会出现净变化。所以,在卫星探测区域外肯定还存在其他的返回电流。大尺度的 1 区和 2 区场向电流就是这种情况。其中,部分 1 区场向电流会横越极盖区以完成电流闭合,这将驱动朝夜侧方向流动的极盖对流,同时 1 区场向电流还会在同一地方时扇区与 2 区场向电流闭合,这将驱动从夜侧向日侧运动的等离子体回流,从而将磁通从夜侧带到日侧。图 11.7 中展示的电流体系更为复杂,存在不止两个区域的场向电流。但需要强调的是,并非所有场向电流都会形成局地闭合。

由于电离层等离子体密度比磁层等离子体的密度高,更多电离层电子通过加速流出电离层的方式携带下行场向电流。通常来说,电子获得的加速能量低于静电分析仪的低能截止能量阈值(the low-energy cutoff),但有时电子可获得足够高的加速能量从而被仪器探测到。在图 11.7 中 14:00:30 UT 左右,我们就能观测到这样的上行电子。这些电子在损失锥中间有很窄的投掷角分布。部分电子会以场向电子的形式在高度较高处被反射,但是总的电子通量还是朝上行方向。这些低能电子可以与斜向传播的哨声模波动产生 Landau 共振(见第 13 章),从而在 VLF 波谱上呈现碟形的观测特征。

电离层电子上行运动产生下行电流的另一个效应是电离层等离子体本身会出现耗空。就如沉降电子倾向于增加电导率一样,电子的上行损失会降低电离层的电导率。电导率梯度则会反过来改变电场和与之相关的 Pedersen 电导率与 Hall 电导率。在稳态情况下,忽略平行电场带来的部分解耦效应,电离层中的电场可映射到磁层中。垂直电流的变化也会引起对应场向电流向磁层中的映射,这些电流在磁层中形成闭合。因此,电离层和磁层之间的耦合是非常复杂的,要弄清这种耦合,本质上需要我们对磁层-电离层耦合动力学有深入理解,因为电离层和磁层会依据电场和电流(或更严格地说,依据作用力和等离子体流,因为这二者可将动力学过程包含在动量方程中)作弛豫调整。

在描述第三类场向电流结构之前,我们需要对黑极光(black auroras)作点说明。有时,特别是在弥散极光中,一些区域会比周围背景区域显得更为暗淡。这些区域中,甚至会出现一些类似分立极光的褶皱、卷曲结构等。一般认为,这些区域对应返回电流区,由于存在上行电子通量,使这个区域附近的电离层等离子体密度降低了。

### 11.5.3 Alfvénic 极光

图 11.7 中的灰色矩形色块标记了包含 Alfvénic 极光的区域。这是因为场向电流通常都是高度结构化的,小尺度的上行电流和下行电流靠得很近,这使该区域内总的电流效应相对来说显得很小。"Alfvénic 极光"(**Alfvénic auroras**)这个名字体现了这个区域的两个物理特征。首先,从观测上看,在电离层之上观测到的电场和扰动磁场具有 Alfvén 波的特征,即扰动电场与扰动磁场的比值由局地 Alfvén 速[①]而并非 Pedersen 电导率的高度积分决定。其次,这些极光可经常在靠近极盖边界的高纬区域处被观测到。图 11.7 中就显示了这种情形。极盖边界处的这些磁通量管会映射到等离子体片边界层(plasma sheet boundary layer)处(见第 9 章),且 Alfvénic 极光很可能是磁层和电离层达到平衡的特征信号。然而,需要注意的是,Alfvénic 极光并不局限于在等离子体片边界层处出现。

这里我们将向大家表明剪切模是可以携带平行电场的。对于一个携带平行电场的波,显然需要采用一个与理想 MHD($\boldsymbol{E}+\boldsymbol{u}\times\boldsymbol{B}=0$,这意味着 $E_{//}=0$)不同的物理近似。因此,我们将考察广义 Ohm 定律(见式(3.137)):

$$\boldsymbol{j}=\sigma\left(\boldsymbol{E}+\boldsymbol{u}\times\boldsymbol{B}-\frac{\boldsymbol{j}\times\boldsymbol{B}}{ne}+\frac{1}{n_e e}\nabla\cdot\overset{\leftrightarrow}{\boldsymbol{p}}_e-\frac{m_e}{ne^2}\frac{\partial\boldsymbol{j}}{\partial t}\right) \tag{11.37}$$

在式(11.37)[②]中,我们假定了准中性条件($n\approx n_e$)。

我们进一步假设电导率为无穷大,电子压强为各向同性,且只考虑式(11.37)与磁场平行的部分,则我们有

$$E_{//}=-\frac{\nabla_{//}p_e}{ne}+\frac{m_e}{ne^2}\frac{\partial j_{//}}{\partial t} \tag{11.38}$$

式(11.38)[③]右边第一项会引起所谓的动理论 Alfvén 波(kinetic Alfvén waves),而第二项则与电子质量有关,会引起惯性 Alfvén 波(inertial Alfvén waves)。需要注意的是,在电离层顶处,电子压强项会引起双极电场(ambipolar electric field)。

式(11.38)表明,即使在平行电流存在的情况下,也可能存在平行电场。剪切模就是这种情形,而快波模只携带垂直电流。此外,在第 3 章中[④],我们知道对于快波模,波矢($\boldsymbol{k}$)、背景磁场($\boldsymbol{B}$)和扰动磁场($\boldsymbol{b}$)是共面的。因而,由 Faraday 定律($\boldsymbol{k}\times\boldsymbol{E}=\omega\boldsymbol{b}$)可知波电场($\boldsymbol{E}$)肯

---

① 见式(3.172)。

② 原文中将此处的电子压强项写为了 $-\dfrac{\nabla\cdot\boldsymbol{P}_e}{ne}$。

③ 同样,原文此处电子压强项写为了 $\dfrac{\nabla_{//}p_e}{ne}$。

④ 见图 3.12。

定是垂直于背景磁场的。因此,快波模是不可能有 $E_{//}$ 分量的。然而,对于剪切模,$E$、$k$ 和 $B$ 是共面的,$b$ 与该面垂直。剪切模可以有平行电场,而且依然能满足 Faraday 定律。

我们现在对与电子惯性相关的平行电场尺度作估计。对于谐波扰动,由 Faraday 定律和 Ampère 定律,并考虑到位移电流,我们可得到

$$-i\omega\mu_0 \boldsymbol{j} = \boldsymbol{k}(\boldsymbol{k} \cdot \boldsymbol{E}) + \left(\frac{\omega^2}{c^2} - k^2\right)\boldsymbol{E} \tag{11.39}$$

(因为极光区的等离子体密度很低,需引入位移电流,这样能保证 Alfvén 模的传播速度不会超过光速。)

式(11.39)的平行分量可给出:

$$-i\omega\mu_0 j_{//} = k_{//}(\boldsymbol{k}_{\perp} \cdot \boldsymbol{E}_{\perp}) + \left(\frac{\omega^2}{c^2} - k_{\perp}^2\right)E_{//} \tag{11.40}$$

由式(11.38),并忽略掉电子压强项,可得

$$-i\omega j_{//} = \frac{ne^2}{m_e}E_{//} = \omega_{pe}^2 \varepsilon_0 E_{//} \tag{11.41}$$

其中,$\omega_{pe}$ 是电子等离子体频率。

因为 $E$ 和 $k$ 共面,由式(11.40)和式(11.41),可得

$$|E_{//}| = \frac{k_{//}}{k_{\perp}} \frac{(c^2 k_{\perp}^2 / \omega_{pe}^2)}{(c^2 k_{\perp}^2 / \omega_{pe}^2 + 1 - \omega^2/\omega_{pe}^2)} |E_{\perp}| \tag{11.42}$$

若等离子体数密度为 $1\ \mathrm{cm}^{-3}$,则 $c/f_{pe} \approx 33\ \mathrm{km}$,其中,$f_{pe}$ 为电子等离子体频率(单位为 Hz)。虽然这个横向波长(电子惯性尺度)很小,但是对于极光区而言却并不是不合理。因此在等离子体低密度区域,我们需要一个剪切模以提供平行电场。因为这是一个波动电场,电子可在朝向或远离电离层的方向上加速。在图 11.7 中,我们可以看到这些双向电子。

Alfvén 波中的垂直电场也可能会横向加速离子,而且在图 11.7 第四栏关于离子投掷角分布的图中也能看见 Alfvénic 极光的一个特征信号——离子锥。离子锥(the ion conic)表现为微分能通量在损失锥之外会出现一个峰值。离子锥也经常在其他极光电流区处观测到,这表明在这些区域也能发生横向加热。横向加热作用可使离子从电离层中逃逸,并为磁层提供等离子体源。不同于太阳风,这些等离子体常常包含氧等重离子,而且这些等离子体出流会改变磁层等离子体的成分组成。

### 11.5.4　对不同类型的极光电流作小结

如图 11.7 所示,极光电流基本上存在三种不同的类型,我们通常称之为倒 V 极光(inverted V auroras)、返回电流(the return current)和 Alfvénic 极光(Alfvénic auroras)。倒 V 极光对应加速电子(由电势降加速)携带上行场向电流的区域。这些电子通常有几千电子伏特的能量,是分立极光的主要来源。此外,这些加速电子对于电磁波的产生来说是不稳定的,它们是极光千米波(AKR)的来源,在其他行星上也能激发其他行星的射电辐射(如木星十米波和土星千米波)。

返回电流区域,顾名思义,就是对应下行电流的区域,这个区域常常靠近倒 V 电子电流区,并且能平衡大部分的上行电流。如图 11.7 所示,上行电流和下行电流并没有完全互相平衡。一些电流可能从其他位置处返回电离层。由于返回电流区域处的等离子体密度会

减小,这使返回电流区域呈现"黑极光"。

第三种类型的场向电流就是我们现在熟知的 Alfvénic 极光。在短时间尺度内,这类极光中的场向电流结构通常是结构化的。Alfvénic 极光的沉降电子,其特征能量为 100 eV 左右,它们很可能是由剪切 Alfvén 波(垂直尺度较小)中电子惯性引起的平行电场加速起来的。Alfvénic 极光是磁层-电离层系统耦合达到平衡时的特征信号。

## 11.6　极光区诱生电导率通道的效应

在 11.5.1 节中,我们提到极光电子沉降会使电离层电导率出现水平梯度。这反过来会影响电离层中的电场和电流,并且电离层电流和电场结构的变化也会反过来影响磁层驱动的电离层等离子体流。我们也注意到,式(11.14)表明电离层电导率的梯度需要有场向电流才能实现对电流的闭合。这里我们讨论有关电导率梯度的两方面内容:等离子体流偏转(flow diversion)和 Cowling 电导率(Cowling conductivity)。等离子体流偏转主要与 Pedersen 电导率的梯度有关,而 Hall 电导率的梯度会导致 Cowling 电导率的增强。

### 11.6.1　电导率梯度和等离子体流散度

图 11.11 画出了午夜前极光区中等离子体流通道的示意图。在该图中,$x$ 轴指向北,$y$ 轴指向西,等离子体流速 $u$ 指向西。在通道北侧($x=x_0$)的圆圈表示上行场向电流,而在南侧($x=0$)的圆圈则表示下行场向电流。在北半球,背景磁场($B_0$)方向朝下,电场($E$)和高度积分的 Pedersen 电流($J_P$)都朝向北。如果假设 Pedersen 电导率的高度积分($\Sigma_P$)是关于 $x$ 变化的函数,则水平梯度必须由 $E$ 或 $J_P$,或这两个物理量同时引入。不清楚的是,究竟是 $E$ 还是 $J_P$ 存在着空间变化。

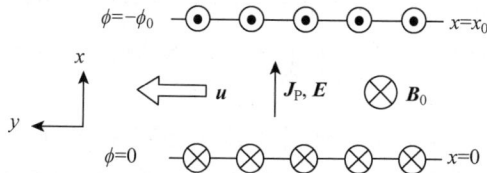

图 11.11　极光电离层中等离子流通道的示意图

一种方法是考虑作用在电离层上的力。式(11.2)表明,如果等离子体流速不变($E$ 固定),碰撞频率或等离子体密度增加(两者都会引起 Pedersen 电导率的增加)会要求电流密度也增加。(注意,式(11.2)是按电流密度 $j$ 写出的,同样的形式也可以按高度积分的 Pedersen 电流 $J_P$ 写出。)直观上,我们或许期望系统会作出响应——等离子体流会被电导率增强区域偏转。基于等离子体流在通道内的 Joule 耗散达到最小的假设,我们可给出一个更严谨的讨论。

在稳态条件下,电场可以用电势表示,并且有

$$\int_0^{x_0} E \, dx = \phi_0 = \int_0^{x_0} vB_0 \, dx = \delta\Phi/\delta t \tag{11.43}$$

其中,$\Phi$ 是磁通量;$\delta\Phi/\delta t$ 对应磁通的传输率。磁通传输率由磁层中的对流决定,我们假定

其不变。换言之,假设 $x=0$ 处,$\phi$ 为 0,且 $\phi_0$ 不变。

我们定义沿等离子体流通道,在单位长度内的能量耗散为

$$W_D = \int_0^{x_0} J_P E \, dx \tag{11.44}$$

进一步假设

$$J_P = J_0 + \Delta J \tag{11.45}$$

其中,假设 $J_0$ 为常数。我们可以确定与 $J_0$ 对应的电场为

$$E_0 = J_0/\Sigma_P \tag{11.46}$$

如果我们假设 $\Sigma_P$ 是关于 $x$ 变化的函数,那么通过假设 $\Delta J=0$,便可得到其中一个解。在这种情况下,电场就可由式(11.46)得到。而通过式(11.43),我们可得

$$\int_0^{x_0} E_0 \, dx = J_0 \int_0^{x_0} \frac{dx}{\Sigma_P} = \phi_0 \tag{11.47}$$

我们再次假定 $\phi_0$ 为常数。有了 $\phi_0$ 和 $\Sigma_P$ 之后,我们由式(11.47)便可得到 $J_0$。

对于更一般的情形,$J_P$ 由式(11.45)给出,相应的电场则为

$$E = E_0 + \Delta E = E_0 + \Delta J/\Sigma_P \tag{11.48}$$

但由式(11.43),我们有

$$\int_0^{x_0} \Delta E \, dx = 0 \tag{11.49}$$

我们可以把式(11.44)改写为

$$W_D = \int_0^{x_0} (J_0 + \Sigma_P \Delta E)(E_0 + \Delta E) \, dx$$

$$= \int_0^{x_0} J_0 E_0 \, dx + 2\int_0^{x_0} J_0 \Delta E \, dx + \int_0^{x_0} \Sigma_P \Delta E^2 \, dx \tag{11.50}$$

考虑到式(11.49)、式(11.50)中的 $\int_0^{x_0} J_0 \Delta E \, dx$ 积分项可消掉,同时,由于 $\Sigma_P>0$,最后一个积分一定是正的。因而,当 $\Delta E=0$ 时,耗散率达到最小。因此,当通道内的 Joule 耗散率达到最低时($J_P=$常数),$\Delta J=0$。

这表明系统很可能通过调整等离子体流和电场对电导率梯度做出响应,从而使 Pedersen 电流保持不变。显然图 11.11 中的电流体系示意图是作了简化的。在真实的磁层中,场向电流并不是无限窄的电流片,其厚度在纬度上可以跨越几度(图 11.7)。此外,磁层可能受到限制,从而无法达到最小耗散率的状态。譬如,由于等离子体压强梯度(与环电流有关)的影响,等离子体流可能被限制在更高纬度区域。尽管如此,这里给出的讨论对我们的假设提供了进一步的证明——系统可通过调整等离子体流使之符合电离层电导率的梯度分布,从而使等离子体流倾向于出现在较低电导率的区域。

## 11.6.2 Cowling 电导率和极光区电流

我们在第 2 章中引入了 Cowling 电导率的概念。在赤道电离层中,磁场是水平分布的,如果电离层存在垂直运动,那么 Hall 电流也是沿垂直方向的。这有可能建立起一个次级电流体系,其中垂直电场产生的次级 Pedersen 电流可以抵消初级 Hall 电流。但是次级 Hall 电流加初级 Pedersen 电流会产生 Cowling 电流,并得到:

$$j_C = \sigma_P \left(1 + \frac{\sigma_H^2}{\sigma_P^2}\right) E_1 = \sigma_C E_1 \tag{11.51}$$

其中,$E_1$ 是驱动垂直等离子体流的水平电场。如果 Hall 电导率远大于 Pedersen 电导率,那么 Cowling 电导率 $\sigma_C \gg \sigma_P$。

我们由电导率的形式写出了式(11.51),但这个等式也常常可按高度积分的电导率形式写出,即 $\Sigma_C = \Sigma_P(1 + \Sigma_H^2/\Sigma_P^2)$。当然,观测这个式子的时候我们需特别小心。特别是

$$\int_{h_1}^{h_2} \frac{\sigma_H^2}{\sigma_P} dh \neq \frac{\Sigma_H^2}{\Sigma_P} \tag{11.52}$$

其中,高度的积分范围是从 $h_1 \sim h_2$。

此外,人们还经常假设 Cowling 电导率的高度积分形式可用于极光区处。这种假设让人觉得怀疑。因为 Pedersen 电导率和 Hall 电导率是随着高度变化的。在 E 层上部和 F 层等较高区域,Pedersen 电导率比 Hall 电导率大;而在高度较低的 E 层区域,Hall 电导率则更大一些。

然而,由于研究极光电流体系时人们常常使用 Cowling 电导率,我们将探究将 Cowling 电导率应用于极光电离层背后的概念意义。为此我们将极光电离层简单看作一个双层电离层(two-layer ionosphere)模型,其在低高度层中携带 Hall 电流,在较高高度层中携带 Pedersen 电流。这有助于我们研究 Cowling 电导率模型中的一些重要问题,但实际上这两个层是有重叠的。我们的这种研究方法在 Fujii 等(2011)文中有明确概述。

图 11.12 展示了双层 Cowling 电导率通道模型(常简写为"Cowling 通道"(**Cowling channel**)),这对应图 11.11 中的极光电流体系。在这个图中,我们假设该通道在南北方向很窄,沿东西方向延伸。空心箭头表示初级电流体系,其上行电流由沉降电子携带。初级电流用 $\boldsymbol{J}_1$ 标记,相应的 Pedersen 电流为 $\boldsymbol{J}_{P1}(=\boldsymbol{J}_1)$,相应的电场用细箭头表示,标记为 $\boldsymbol{E}_1$。我们在此只展示了其中一小部分初级场向电流体系,但假设了这些电流和相应的 Pedersen 电流在沿东西方向上是均匀扩展的。需要注意的是,尽管我们只展示了 Pedersen 电流中的电场,但是 Faraday 定律要求电场在垂直方向不存在梯度,那在 Hall 电流层中(Hall 电流为 $\boldsymbol{J}_{H1}$)中也存在 $\boldsymbol{E}_1$。在 Hall 电流层的两端,如图所示,Hall 电流要么是垂直流动的,要么是呈水平流动的,这要视 Hall 电导率是否存在梯度而定。如果我们假设在该区

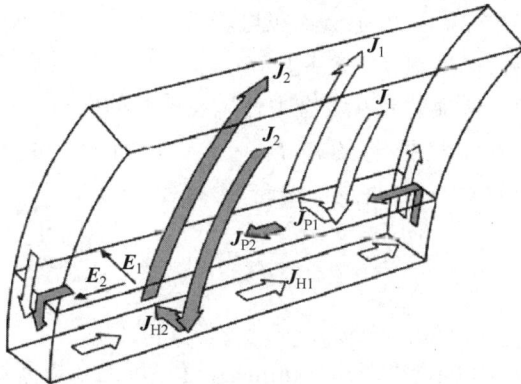

图 11.12 极光 Cowling 电导率通道双层模型的示意图

域之外,Hall 电导率为零,那么 Hall 电流将在区域两端与垂直电流闭合。

灰色箭头表示极化电场 $\boldsymbol{E}_2$ 产生的次级电流体系。Pedersen 电流层中对应的 Pedersen 电流 $\boldsymbol{J}_{P2}$ 与初级 Hall 电流 $\boldsymbol{J}_{H1}$ 方向相反。次级 Pedersen 电流也会与初级 Hall 电流在通道两端处闭合。如果 $\boldsymbol{J}_{P2}$ 与 $\boldsymbol{J}_{H1}$ 达到完全平衡,那么我们称其为完整的 Cowling 电导率通道(full Cowling conductivity channnel),且初级 Hall 电流会在电离层中完成闭合,即空心箭头会在通道两端消失。反之,如果 $\boldsymbol{J}_{P2}$ 与 $\boldsymbol{J}_{H1}$ 没有达到完全平衡,那就不存在次级电流体系,Hall 电流会在磁层中闭合。

建立次级电流体系后,该电流体系中也会有次级的 Hall 电流 $\boldsymbol{J}_{H2}$。同样,如果通道之外的 Hall 电导率很小,那么 $\boldsymbol{J}_{H2}$ 会通过场向电流($\boldsymbol{J}_2$)在磁层内实现闭合。和初级场向电流一样,这些电流沿东西方向也是均匀扩展的。这些场向电流会与初级场向电流相叠加。

我们可定义参数

$$\alpha = J_{P2}/J_{H1} \tag{11.53}$$

以描述 Cowling 电导率通道的"完整性"。其中,$\alpha=0$ 对应没有次级电流体系,而 $\alpha=1$ 意味着初级 Hall 电流可完全通过次级 Pedersen 电流闭合。我们可将 Cowling 电流定义如下:

$$J_C = \Sigma_P \left(1 + \alpha \frac{\Sigma_H^2}{\Sigma_P^2}\right) E_1 \tag{11.54}$$

人们有时也认为,考虑到与电场 $E_1$ 和 $E_2$ 分别相关的能量耗散,Cowling 通道($\boldsymbol{J}_C$ 流过的区域)供给了返回磁层的 Poynting 通量。

我们将单位面积内的耗散记为 $w_D$,则有

$$w_{D1} = J_1 E_1 = J_C E_1 = \Sigma_P \left(1 + \alpha \frac{\Sigma_H^2}{\Sigma_P^2}\right) E_1^2 \tag{11.55}$$

和

$$w_{D2} = J_2 E_2 = (J_{P2} - J_{H1}) E_2 = (\alpha - 1)\alpha \frac{\Sigma_H^2}{\Sigma_P} E_1^2 \tag{11.56}$$

其中,由式(11.53),有 $E_2/E_1 = \alpha \Sigma_H/\Sigma_P$。

除非 $\alpha=0$ 或 1,不然有 $w_{D2}<0$,那么次级电场看起来像是 Poynting 通量的源。实际上这是不对的。就耗散而言,标量积 $\boldsymbol{J} \cdot \boldsymbol{E} = J_1 E_1 + J_2 E_2$ 是比较重要的。标量积两项中的一项为负是有可能的,但是两项之和在没有中性风发电机的电离层中总是正的。

实际上,由于 Hall 电流根据定义有 $\boldsymbol{J}_H \cdot \boldsymbol{E} = 0$,那么单位面积内的能量耗散由 Pedersen 电流的能量耗散($\boldsymbol{J}_P \cdot \boldsymbol{E}$)决定。因此,我们有

$$w_D = \Sigma_P (E_1^2 + E_2^2) = \Sigma_P \left(1 + \alpha^2 \frac{\Sigma_H^2}{\Sigma_P^2}\right) E_1^2$$

$$= w_{D1} + w_{D2} \tag{11.57}$$

即便耗散很大($\alpha \neq 0$),也不意味着 Cowling 通道不可能在极光区内出现。研究问题变为通道是怎样闭合的。如果 $\alpha=0$,那么 Hall 电流从通道两端流出后可能需要磁层中有其他电流与之完成闭合。另外,如果 $\alpha=1$,磁层中的等离子体流和电流会有相应的调整变化。

这是因为在稳态情况下,有 $\nabla \times \boldsymbol{E} = 0$ 和 $\nabla \cdot \boldsymbol{J} = 0$。因此,与电场 $\boldsymbol{E}_2$ 相关的等离子体流也肯定会出现在磁层中。并且,式(11.10)表明任何其他的场向电流源区都要求磁层中有对应的等离子体流和压强分布的变化。因而,研究问题就转变为:磁层-电离层耦合系统要如何调整才能达到稳定状态。这个问题最终决定了参数 $\alpha$。但根据早前引入的能量原则,其中耗散必须达到最小,这表明 $\alpha$ 需要尽可能地小,这也会使式(11.57)达到最小。此外,对于 Cowling 通道中(其中有 $E_2/E_1 = \alpha \Sigma_{\mathrm{H}}/\Sigma_{\mathrm{P}} > 1$),与次级电场相关的等离子体流速会更大,这要求等离子体需要横越通道流动而不是沿着通道流动。这会在原本的流动模式上产生显著的改变。这也再次表明,由于 $\Sigma_{\mathrm{H}}/\Sigma_{\mathrm{P}} > 1$,$\alpha$ 应当很小。

然而,如果假设 $\alpha = 0$,通道两端的 Hall 电流则必须有其他额外的电流体系才能完成闭合。如果我们假设通道沿东西方向的长度为 $l$,南北方向的宽度为 $w$,那么这个额外电流体系中的总电流应为

$$I' = \frac{w}{l} \frac{\Sigma_{\mathrm{H}}}{\Sigma_{\mathrm{P}}} (1 - \alpha) I_1 \tag{11.58}$$

其中,$I_1$ 是总的初级电流;$I'$ 是总的额外电流。当 $\alpha = 0$ 时,额外电流达到最大。但是这个额外电流强度应当和与次级 Hall 电流相闭合的次级场向电流相当:

$$I_2 = \alpha \frac{\Sigma_{\mathrm{H}}^2}{\Sigma_{\mathrm{P}}^2} I_1 \tag{11.59}$$

因而,我们有

$$I' + I_2 = \frac{\Sigma_{\mathrm{H}}}{\Sigma_{\mathrm{P}}} \left[ 1 + \alpha \left( \frac{\Sigma_{\mathrm{H}}}{\Sigma_{\mathrm{P}}} - \frac{w}{l} \right) \right] I_1 \tag{11.60}$$

由于通常有 $w/l < 1$ 且 $\Sigma_{\mathrm{H}}/\Sigma_{\mathrm{P}} > 1$,所以与 Hall 电流闭合相关的总额外电流会在 $\alpha = 0$ 时达到最小。这再次表明 Cowling 通道可能很弱。

### 11.6.3　对极光诱生电导率通道效应的小结

本节的基本研究问题是电导率梯度如何影响磁层-电离层系统耦合。在没有粒子沉降的情况下,太阳 EUV 辐射是电离层 E 层和 F 层等离子体的主要产生源。但是如果我们认为电离层中的等离子体流是由磁层驱动的,那么这必然需要在磁层-电离层之间建立场向电流,那么由于粒子沉降的增强或等离子体密度的降低(返回电流),电离层电导率会出现变化。这反过来又会使电流和电场随电导率变化而变化,从而满足稳态条件下的电流连续性和电场无旋。这里展示的两个事例显示了磁层-电离层系统可能的响应方式,也体现了耦合作用的开放性。这两个事例表明还不能很好地得到耦合系统的最终状态,这是因为描述耦合系统时磁层仅作了部分考虑——磁层仅提供了边界条件,但是却没有提供边界条件是如何随耦合系统演化而演化的。

尽管如此,考虑到电导率梯度的作用,我们还是可以从中获得一些见解。首先,对于等离子体流通道,我们表明,根据能量耗散最小化原理,Pedersen 电导率的梯度会引起等离子体流的偏转。也就是,磁层驱动的电离层等离子体流会做出调整使等离子体流在电导率最小处达到最大,并且 Pedersen 电流也不存在与场向电流(与电导率梯度相关)相连的额外部分电流。

其次,对于 Cowling 通道,我们详细讨论了次级(或极化)电场产生 Pedersen 电流以抵消 Hall 电流的作用。不然由于 Hall 电导率存在梯度,Hall 电流会在磁层中闭合。还存在一个问题——磁层会如何调整以适应等离子体流和电流(由次级电场产生)的变化。虽然磁层-电离层耦合系统如何演化最终依赖于耦合模型,但我们至少可以表明在 Cowling 通道达到最小并且次级电场也很小时,整个耦合系统受到的影响是最小的。

## 11.7 行星极光

我们目前的讨论都是与地球极光有关的,其中,我们假设磁层驱动了电离层等离子体对流(磁层动力学活动主要受太阳风和行星际磁场控制)。这需要电离层中有电流流动,从而提供 $j \times B$ 力以驱动电离层等离子体在中性大气中运动。如 11.5 节所述,极光会在电流密度较强的区域产生,并且电流载流子(通常为电子)会被场向电场加速进入电离层。似乎看起来在任何含有磁场的星体中,只要其系统中某部分区域(行星磁层)在另一部分区域(行星电离层)能驱动等离子体流,就能期望产生极光。而事实也是如此。

特别是在太阳系中,木星和土星这样的气态行星是具有极光的。然而,对于这些行星而言,大多极光是与磁层内部过程有关的。这是由于太阳风密度和 IMF 强度在 5 AU(木星轨道处)及 10 AU(土星轨道处)处都相当小,相比地球处,这时磁场重联的作用和效率非常小。另外,这两颗行星的自转周期比地球自转周期的一半还要短(木星自转周期约为 9.9 h,土星的约为 10.7 h),再考虑到这些行星磁层的相对尺度,它们的共转速度会非常大。此外,绕这些气态巨行星运动的卫星是巨行星空间环境中重要的中性粒子源,这些中性粒子抛射出来后会被电离(主要通过电荷交换),这个过程被称为质量加载(mass loading)。由于新生电离粒子的速度接近其母源卫星的轨道速度,那么肯定需要电流才能将等离子体加速(通过 $j \times B$ 力)到行星共转速度。行星大气驱动了磁层-电离层耦合系统,而在将行星表面磁场和相应卫星连接起来的磁通量管上能观测到极光。

气态巨行星磁层中极光还有其他的激发源。这些激发源看起来主要与中磁层、外磁层中的内部物理过程有关。尤其是由于离心力(centrifugal force)的作用,具有质量加载[①]的磁通量管倾向于向外运动,这样磁通量管的运动会滞后于共转运动。这需要电流的存在,这样电流提供的 $j \times B$ 力至少会部分地驱动磁通管的共转运动。在磁尾等离子体团(plasmoid)抛射出来的地方会有类似亚暴的动力学过程发生。最后,在纬度很高的区域可观测到极光形成。目前尚不清楚这些极光是内部驱动的,还是与太阳风驱动有关(尽管太阳风的驱动作用很弱)。

有人认为极光过程可解释为什么许多天体能发射出射电波。在地球上,极光加速区会产生波长为千米量级的射电波。这些波被称为极光千米辐射(AKR),见 11.5.1 节。在对应的气态巨行星上会出现木星十米波辐射(DAM)和土星千米波辐射(SKR)等现象。和地球上一样,射电辐射的频率和极光所在的磁通量管根部的电子回旋频率接近。这些天体发射的射电波动可用于推测这些天体是否具有磁场。

我们在第 8 章中讨论了金星和火星上的极光。金星基本上是无磁的,火星有岩石磁

---

① 这意味着磁通管含有大量新生带电粒子。

场。金星上如果有极光,那这些极光会非常弱。而在火星上,研究表明,在太阳风和岩石磁场发生相互作用的区域会出现极光加速现象。但考虑到火星磁异常(岩石剩磁)的尺度,与地球上观测到的几千电子伏特的电势降相比,火星上加速粒子的电势降应该会比较小(见 11.5 节)。

## 11.8　小结

在本章开篇,我们回顾了极光观测的历史背景,着重强调了 Kristian Birkland 的早期开拓性工作。需要注意,在整个章节中,我们着重强调了极光和场向电流的关系。为了纪念 Birkland 的工作,场向电流也被称为 Birkland 电流。

在 11.2 节中,我们总结出了极光的基本发射过程。它们通常由沉降电子激发,大多时候表现为绿色谱线。电子也能激发产生时间更持久的红色谱线。但主色极光不一定是由这些电子激发的。在较低纬度处,还会观测到低强度的红色极光。这些极光被认为由等离子体片沉降离子引发的次级电子激发产生。因此,这些红色谱线反映了磁层环境中存在更强烈的极光发射源。

在对极光发射的物理过程作讨论后,11.3 节描述了极光的拓扑形态。我们强调极光倾向于在一个称为极光卵(auroral oval)的特定纬度范围内发生。该纬度覆盖区域可从等离子体片内边界附近的映射纬度(中纬)变化到极盖边界层(高纬)处。我们也讨论了 Akasofu 关于极光亚暴的发展示意图,强调了极光的动态变化本质。

11.4 节在磁层-电离层耦合环境中对极光进行了讨论。这一节强调,任何耦合系统,例如地球磁层-电离层这样的耦合系统,在不同区域中会发生不同的物理过程。例如,地球磁层动力学主要由磁层与 IMF 之间的重联控制。内部过程(如亚暴)也发挥着重要作用。另外,电离层中粒子碰撞作用很强。因而,系统的这两个部分之间存在相互影响。如果我们从力和等离子体流的角度考察这个耦合系统,在电离层中必须存在 $j \times B$ 力,这样才能克服粒子之间的碰撞拖曳力(collision drag)。$j \times B$ 力和粒子拖曳力是电离层中占主导作用的两种力。在磁层中,碰撞作用几乎不存在,但是存在其他作用力,特别是与热压或动压相关的作用力。磁层、电离层这两个体系之间的耦合作用产生了场向电流。

11.5 节中讨论了几种不同的场向电流类型。主要可以分为三种:倒 V 极光或电子向下加速产生的电流;返回电流;扰动电流或 Alfvénic 电流。前两种主要为准静态电流,而 Alfvénic 电流则可看作磁层和电离层中等离子体流和力达到平衡时的特征信号。我们也注意到,倒 V 电子的加速过程可产生激发射电辐射(AKR)的自由能,这可使地球成为具有射电辐射的天体。

因为极光沉降粒子可以改变下方电离层中的电导率,所以我们还在 11.6 节中讨论了电导率梯度的物理效应。基于最小能量耗散原理,我们阐述了在电离层存在电导率梯度的条件下电离层中的等离子体流倾向作出调整变化,其调整变化可降低高导电率区域中的等离子体流,因此可减小与梯度自身相关的额外场向电流。

与电导率梯度密切相关的一个概念是 Cowling 通道。在 Cowling 通道中,限制 Hall 电流的电导率梯度会对应建立起一个次级电流体系从而抵消初级 Hall 电流。尽管文中常常提到 Cowling 通道,但有理由表明它可能没有那么重要。如果 Cowling 通道建立起来,那么次级电流体系中的电流和电场肯定会引起磁层中等离子体流和电流的变化。

在 11.7 节中，作为本章内容的结束，我们简短地讨论了其他磁性星体的极光。

## 拓展阅读

Banks，P. M. and G. Kockarts（1983）. *Aeronomy*，*Parts A and B*. New York：Academic Press. 这两本书对电离层中的物理过程做了全面的描述。与本章关系密切的内容是通过光致电离、碰撞作用及电离层摩擦加热等作用引起的电离过程。

Burch，J. L. and V. Angelopoulos（Eds.）（2009）. *The THEMIS Mission*. Dordrecht：Springer. 这本书是 *Space Science Reviews* 期刊（也由 Springer 出版）上已发表论文的编纂，主要介绍 THEMIS（the Time History of Events and Macroscale Interactions during Substorms）任务的设计、科学目标、仪器和初步探测结果。该任务探测磁层-电离层系统的动力学耦合过程，这个过程会产生如本章中讨论的极光产物。

Keiling，A.，E. Donovan，F. Bagenal，and T. Karlsson（Eds.）（2012）. *Auroral Phenomenology and Magnetospheric Processes*：*Earth and Other Planets*. Geophysical Monograph Series vol. 197. Washington，D. C.：American Geophysical Union. 这本书拓展了 Paschmann，Haaland，and Treumann（2003）（见下一条参考文献）的讨论内容，囊括了其他行星上的极光现象。

Paschmann，G.，S. Haaland，and R. Treumann（Eds.）（2003）. *Auroral Plasma Physics*. Dordrecht/Boston/London：Kluwer Academic Publishers. 这是一本很全面的书，对于极光过程提供了非常丰富的细节内容，这些内容不是一个章节内容能囊括的。

## 习题

**11.1** 讨论如何使用 Biot-Savart 定律估计 120 km 高度处的线电流在地面产生的磁场扰动（单位为 nT）。假设电导率和电场可以有几种不同的量值。

**11.2** 阐述如何使用极光色谱仪（auroral spectrometer）确定高度为 $95\sim300$ km 之间的高层大气的成分及其随高度的分布。

**11.3** 在空间物理习题训练中（http：//spacephysics. ucla. edu）选择"currents"选项下的"Auroral Electrojet"部分。在这部分中电离层电流和地球表面下的导电层都是可调节变化的，这有助于你理解这些因素条件是如何影响地球磁场的。电流层宽度的变化范围为 $[0.5°，10°]$。$B_x$ 分量会出现怎样的变化？在地表下的导电层中开启感应电流效应。计算在电离层电流宽度为 $0°$、导电层在不同埋深（200 km、100 km、50 km 和 0 km）条件下地球表面产生的磁场。导电层对地球表面的 $B_x$ 和 $B_z$ 分量会有什么影响？请与无导电层的情况做比较。

# 第12章

## 行星磁层

## 12.1 引言

在实验室里，我们可以调整实验仪器的实验条件，并且可记录下物理过程是如何变化的。我们希望在研究日地系统时也能做出这样的实验条件变化，但实际上我们是办不到的。总的来说，日地物理学是一门观测科学而不是实验科学。无论是在磁层中还是实验室中，我们要研究日地系统如何运转，所能开展的实验研究都是非常少的。除非使用计算机，否则我们无法通过定量化的尺度参数构建磁层，进而研究磁层是如何运作的。即便是在我们的计算机模型中，也需要对模型做近似，我们不可能准确地模拟磁层中发生的所有物理过程。此外，我们目前的观测范围也仅限于飞船探索过的行星磁层。幸运的是，这些行星磁层彼此的差异性很大，通过对它们做比较分析，我们对认识控制磁层的物理过程可获得一些深刻见解。MESSENGER 任务对水星四年的在轨观测丰富了我们对早期 Mariner 10 三次飞掠水星的观测认识。我们现在对木星和土星磁层的探测相当全面：对木星的探测，有 Pioneer 10 和 Pioneer 11、Voyager 1 和 Voyager 2、Ulysses 及 Galileo 飞船[①]。而对土星，我们也已通过 Pioneer 11、Voyager 1 和 Voyager 2 及 Cassini 飞船开展了探测。相比之下，我们对天王星和海王星的认识仅限于来自 Voyager 2 飞掠期间的探测。

水星磁层可与地球磁层形成鲜明对比，这是因为水星磁层的尺度很小，而且没有明显的电离层或大气层。太阳风会对整个水星磁层施加强相互作用，并且太阳风可通过极尖区直接到达水星表面。通过太阳风离子对水星表面的轰击溅射作用，太阳风可能对水星外逸层（很弱）的形成也起到了一定作用。外行星（outer planets）也为我们认识地球磁层提供了其他方面的比较认识。首先，随着日心距离的增加，太阳风的性质会发生变化，这可能会影响太阳风能通量传输进入外行星磁层的耦合作用过程。"气态巨行星"的磁层比地球和水星的磁层大得多。气态巨行星的快速旋转及其巨大的空间尺度导致木星磁层内的离心力（centrifugal force）远远大于地球磁层中的离心力。在木星和土星磁层中，卫星 Io（木卫一）、Enceladus（土卫二）也是等离子体和尘埃的重要物质来源。因此，在地球上起次要作用的过程，如质量加载（mass loading）、电荷交换（charge exchange）、离子回旋波增长和交换不稳定性（interchange instability）等，到了土星和木星上则变得重要得多。

水星的原位观测已经表明水星上有类似地球磁层亚暴的活动，但考虑到水星与太阳风的高度耦合，且水星缺乏显著的电离层，再加上与水星飞船通信的时间较为短暂，使二者之

---

[①] 目前美国 NASA 的 Juno 飞船正在开展木星探测（于 2016 年 7 月 4 日入轨）。未来 ESA 还将开展 Juice 木星探测计划（Juice 已于 2023 年 4 月发射），NASA 还将对木卫二开展 Europa Clipper 探测计划。

间的类比存在一定局限性。木星和土星都具有动态的磁尾变化行为,这些动态行为在许多方面都类似地球磁层中的亚暴活动,但人们认为木星、土星的自转作用对驱动这些磁尾动力学行为起到了主要作用。由于磁层等离子体的运动速度接近共转速度(共转速度较大),那么为保持角动量守恒,等离子体在向内和向外的快速运动(受亚暴加速)过程中会受共转运动的影响。木星、土星上的这些亚暴活动似乎也比地球亚暴活动的重联率更高,这比在地球上看到的亚暴活动具有更显著的活动特征。

最后,外行星一般都有行星环。其中一些行星环是相当稀疏的,比如木星环,该环对行星磁层或辐射带几乎没有影响。因此,木星的辐射带强度很高。相比之下,土星的环不仅厚,而且分布宽泛,它能有效地吸收被磁层捕获的辐射带粒子。水星之所以没有辐射带,还有一个不同的原因——在水星磁层中只有一个很小且扭曲的"偶极"磁场区域。因此,水星既不能捕获来自其稀薄大气中的冷粒子,也不能捕获由外部行星际空间中"泄漏"进来的热粒子[①]。因此,水星既没有等离子层,也没有辐射带。

## 12.2　太阳风的径向变化

如第 5 章中所讨论的,太阳风数密度和行星际磁场(IMF)的径向分量都与到太阳距离的平方成反比变化。然而,磁场的切向分量却与距离的一次方成反比变化。这意味着 IMF 的螺旋角会随日心距离增大变得越来越大,靠近土星轨道的时候 IMF 与径向方向的夹角接近 $90°$。IMF 螺旋角的这种变化预期不会对太阳风与外行星的相互作用产生重大影响,但它会改变行星上游激波前兆区的结构形态。

太阳风电子和离子的密度会随日心距离的增大而成平方反比衰减。这使太阳风动压会随之降低,从而会使外行星磁层的尺度膨胀到非常大,即便外行星的磁偶极矩与地球磁矩相当。电子和离子的温度也随日心距离的增大而降低,但由于热传导和耗散作用,温度的径向下降速度比绝热过程的慢。这会对控制太阳风与行星磁层相互作用的两个参数——快磁声马赫数和等离子体 $\beta$ 值产生重要影响。如第 6 章中所述,快磁声马赫数是太阳风速度与太阳风中压缩波速度之比,它控制了弓激波的强度,而激波反过来又控制了下游磁鞘等离子体(包裹着行星磁层顶)的特性。等离子体 $\beta$ 值是等离子体中热压与磁压的比值。太阳风 $\beta$ 值也能控制磁鞘等离子体的性质。如图 12.1 中

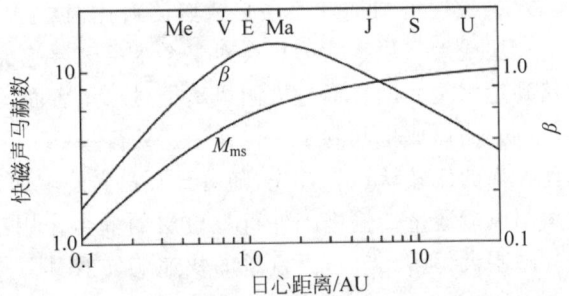

图 12.1　快磁声马赫数和等离子体 $\beta$ 值随日心距离的变化。各行星轨道的位置显示在图的顶部(引自 Russell、Lepping 和 Smith,1990)

所示,在太阳风密度、温度、磁场随径向距离增大而衰减的条件下,从地球轨道处到土星轨道处,磁声马赫数预期会由 6 增加到 10,然而,$\beta$ 值在火星附近处达到最大,在外太阳系中则

---

① 实际上并不准确。基于 MESSENGER 的观测,人们发现水星夜侧是能形成离子捕获带的。具体可参阅石振等,水星内磁层等离子体带及电流体系,地球物理学报,66(6):2236-2251.

略有下降。太阳风的这种变化意味着,平均而言,外太阳系中的行星弓激波比内太阳系中的行星弓激波强。

　　由于这些强激波(外太阳系中的行星激波)下游的等离子体 $\beta$ 值较高,磁鞘中的磁场相对较弱。这会减弱磁鞘磁场在与行星相互作用中的重要性。这时磁鞘中的等离子体流更类似气体动力学模拟中的流体,而向阳面磁层顶重联在驱动磁层等离子体循环方面的重要性会有所减弱。图 12.2 对飞船穿越地球、木星和天王星的弓激波时测量的磁场强度作了对比。这些强激波的一个强度特征信号表现为在紧靠激波斜面下游的地方磁场强度会出现一个大的过冲结构(overshoot)。

　　结果强激波会伴随朝太阳方向流动的强粒子通量。有两种机制——磁鞘下游热粒子的泄漏和太阳风粒子的反射,可引起粒子束流沿 IMF 从行星弓激波流出。在外太阳系行星处,考虑到过冲结构(**overshoot**)的尺度和磁鞘的预估温度,这两种机制效应都应该比 1 AU 处的地球弓激波更强。

　　IMF 不断收紧的螺旋结构(Parker 螺旋角逐渐接近 90°)会改变行星激波前兆区的几何结构,如图 12.3 所示的土星情形(Orlowski、Russell 和 Lepping,1992)。IMF 与激波相切的线(近似电子激波前兆区的边界)几乎垂直于太阳风流,离子激波前兆区则被扫到磁层两侧,因此与反射离子束流相关的强 ULF 波只在日夜交界面区域(terminator regions)能被观测到。这种几何结构分布应与图 1.14 中地球的激波前兆区作比较分析。

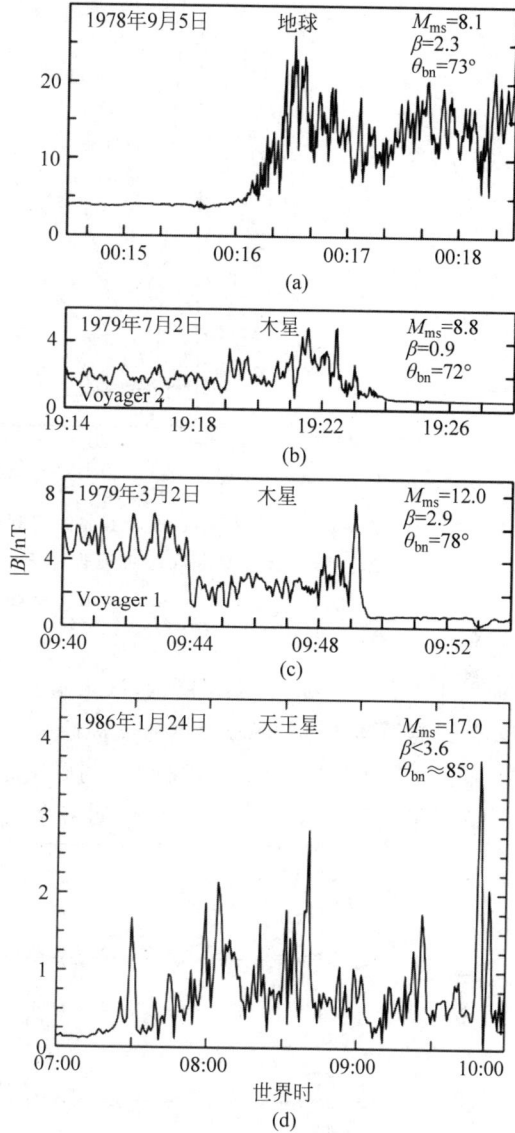

图 12.2　地球、木星和天王星处高马赫数激波的磁场剖面分布。(a)和(d)的左边和(b)和(c)的右边是激波上游太阳风产生的平静磁场(引自 Russell 等,1990)

　　随日心距离增加而发生的另一个变化是太阳风反射离子回旋半径的变化。然而,由于外太阳系行星磁层的大小总是比离子的回旋半径大很多,因此这种离子回旋半径尺度的增加预计不会对太阳风与外太阳系行星磁层的相互作用产生任何重大影响。

　　重联对地球磁层内部动力学起着重要作用,它控制着亚暴和磁暴的发生。这对于木星和土星亦是如此。然而,在外太阳系中,IMF 可能对于控制太阳风与磁层动量和能量的耦合并不那么重要。外太阳系行星磁层耦合变弱是因为磁压在磁鞘中对总压的贡献比在地

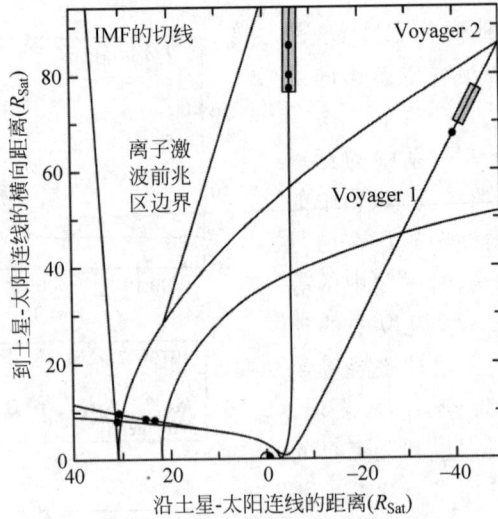

图 12.3　由 Voyager 1 和 Voyager 2 数据推测得到的土星激波前兆区的几何形状。图中显示了两艘
　　　　飞船的运动轨迹，因为沿这两条轨迹飞船观测到了激波和上游波动（Orlowski 等，1992）。
　　　　实心圆表示激波穿越处，条形方框符号则标出了飞船观测到上游波动的区域。距离单位为
　　　　土星半径（$R_{Sat}$）

球磁鞘中小得多。如图 12.4 所示，该图显示了 Voyager 2 在穿越天王星磁层顶处的磁场测
量结果。磁层顶两侧的磁场强度比值接近 20。因为等离子体热压和磁压之和在穿越整个磁
层顶期间都是恒定的，再加上我们认为对磁层总压的贡献主要来源于磁场，所以可以认为在这
期间天王星磁鞘中的 $\beta$ 值接近 400。如果天王星和海王星在磁层顶的重联效率比地球低得

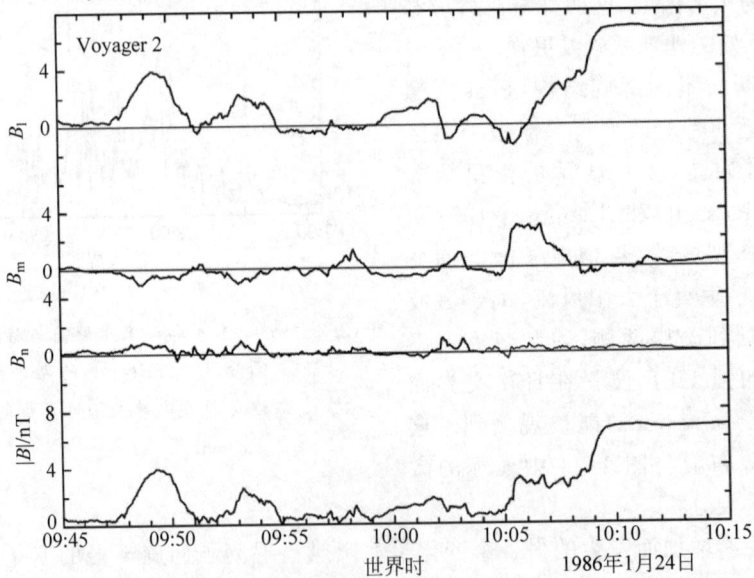

图 12.4　Voyager 2 在穿越天王星磁层顶时观察到的磁场时间变化。磁场强度在图中最后时刻
　　　　增强，并进入一个相对平静的区域，这一现象被认为是磁层顶穿越。磁层顶穿越之前
　　　　的磁场扰动活动可能是在高 $\beta$ 值磁鞘处中激发起来的镜像模波（引自 Russell、Song 和
　　　　Lepping，1989）

多,那么我们可认为这两颗行星的磁层可能是相当平静的。与更靠近太阳的情形(地球磁层)相比,我们发现这两颗行星磁层中的高能粒子通量和 ULF 波强度都要低一些。但是,在天王星磁尾数据中人们发现存在亚暴的活动特征,并且这些磁层中存在许多等离子体波。

外太阳系行星磁层也会与水星磁层形成鲜明对比。对于水星而言,其轨道位置所处的 IMF 和太阳风动压比较大,再加上水星具有一定的磁偶磁矩和非常弱的电离层,这使太阳风和 IMF 主导控制了水星磁层的物理行为。图 12.5 显示了不同 IMF 方向下水星磁层结构的可能变化。这些磁层模型与 Mariner 10 飞掠时期获得的有限观测数据是相吻合的,这表明在每次行星际条件发生变化时水星整个磁层系统结构都会发生巨大变化。对于这样一个与太阳风高度耦合、受外部条件控制的动态磁层,我们很难完全明确认识水星磁层的内部动力学过程。在磁层之外,Mariner 10 的飞掠观测发现水星存在一个完整的磁鞘结构。然而,在太阳风压力非常高的时候,水星日下点磁层顶可能会被推到水星表面处。

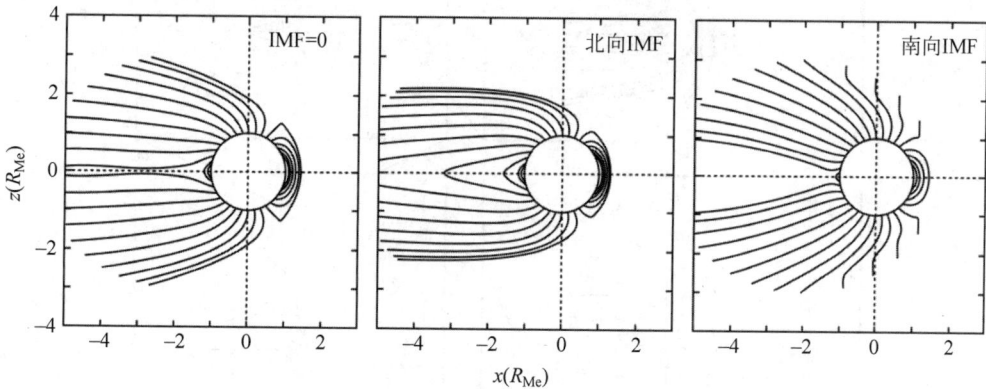

图 12.5　假设水星磁层与 IMF 存在快速耦合作用的情况下,水星磁层结构随 IMF 方向的变化(引自 Luhmann、Russell 和 Tsyganaenko,1998)

## 12.3　磁层尺度与压缩性

如第 7 章中讨论的,地球磁层空腔的大小与磁矩平方除以太阳风动压比值的六次方根成正比(见式(7.20))。由于太阳风动压与日心距离的平方成反比,所以外太阳系行星的磁层应该比地球磁层大得多。而且,由于外行星的磁矩明显大于地球的磁矩,其磁层尺度应该更大一些。表 12.1 列出了太阳系中 6 颗行星的相关参数。

表 12.1　磁层的相对尺度大小

| 行　星 | 日心距离/AU | 磁矩/$M_E$ | 偶极倾角/(°) | 预估的磁层顶距离 | |
|---|---|---|---|---|---|
| | | | | 距离/km | (行星半径) |
| 水星(Mercury) | 0.39 | 0.0007 | <1.0 | $3.3 \times 10^3$ | $1.4R_{Me}$ |
| 地球(Earth) | 1.00 | 1.0000 | 10.8 | $7.0 \times 10^4$ | $10R_E$ |
| 木星(Jupiter) | 5.20 | 20 000 | 9.7 | $3.0 \times 10^6$ | $41R_J$ |
| 土星(Saturn) | 9.54 | 580 | <0.06 | $1.2 \times 10^6$ | $19R_S$ |
| 天王星(Uranus) | 19.2 | 49 | 59.0 | $6.9 \times 10^5$ | $24R_N$ |
| 海王星(Neptune) | 30.1 | 27 | 47.0 | $6.3 \times 10^5$ | $24R_U$ |

在表 12.1 中,行星磁矩是以地球磁矩($8\times10^{15}$ T·m$^3$)[①]为单位的形式给出。最后两列显示了由简单压力平衡关系(见式(7.20))得到的鼻端处或日下点处的磁层顶距离,分别以 km 和行星半径为单位给出。图 12.6 显示了包括水星磁层在内的这些磁层的相对大小。估算得到的日下点距离都远远大于地球磁层顶日下点的距离。然而,当按对应行星半径为单位表示后,行星磁层日下点距离则看起来更为相似:地球的为 11,木星的为 45,而最外 3 个行星磁层的大约为 22。水星则是另一个极端情形,无论是从绝对尺度还是相对尺度上看,水星都具有一个小磁层。沿旋转轴,水星偶极中心从行星中心向北呈现出偏移。土星磁场也是如此,不过偏移相对较小。

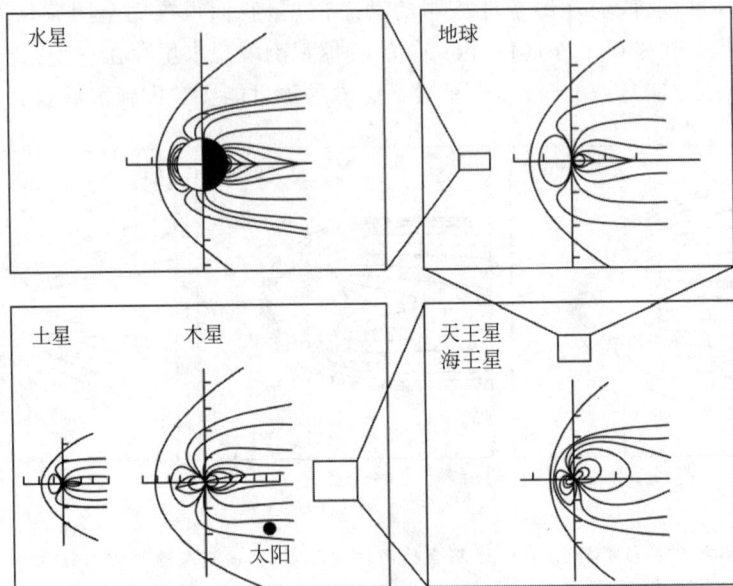

图 12.6　行星磁层尺度的比较

　　行星偶极磁轴与旋转轴之间的倾斜角[②]变化很大,从土星的小于 1° 到天王星的接近 60° 不等。这些偶极倾角带来的影响是不同的。平行于旋转轴的磁偶极轴及其更高阶矩的磁矩分量,使土星内磁层形成一个旋转对称的磁场结构。木星的偶极倾角大约为 10°,这导致 Io 在赤道面上围绕木星运行的同时,会在相对于木星磁赤道 ±10° 范围出现上下运动。因此,从 Io 大气逃逸到木星磁层中的物质,在被木星磁层强烈的辐射环境电离后,会形成 Io 的环面结构(torus),并在磁纬度 ±10° 的范围内扩展。

　　对于木星和土星,我们基于真空磁层假设平衡入射太阳风动压的理论预期与实际观测并不符合。木星日下点磁层顶的范围可由理论估计的 $42R_\mathrm{J}$ 变化到超过 $110R_\mathrm{J}$,而土星的变化范围则为 $15\sim30R_\mathrm{Sat}$。造成这些差异的原因,除了太阳风动压存在变化外,还在于木星的卫星——Io 和土星的卫星——Enceladus 为行星磁层提供了重要的物质来源(以中性粒子的形式)。一旦这些从卫星上抛射出的中性物质被太阳 EUV 辐射电离或被背景带电粒子撞击电离,快速旋转的磁层就会"拾起"这些离子,使这些离子集中在离心

---

　① 从国际标准单位来看,地球磁矩大约为 $8.0\times10^{22}$ Am$^2$。

　② 一般称为偶极倾角。

赤道面(centrifugal equator)附近,从而成为磁层系统质量的一部分,而产生的等离子体离心力会向外推太阳风,使产生的磁层顶日下点距离比仅由磁压平衡太阳风产生的日下点距离还要远。图 12.7 显示了木星"磁盘"(**magnetodisk**)模型给出了"正午-子夜"子午面内的磁场线结构。虽然磁场线结构被离心力所扭曲,但磁盘仍然保留了地球磁层结构的一般性特征。

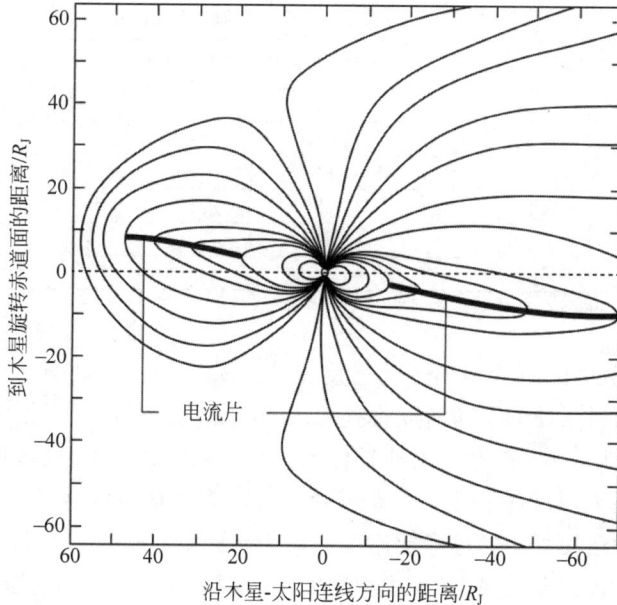

图 12.7　木星磁盘在"正午-子夜"子午面内的磁场线结构。距离单位为木星半径($R_J$)

　　地球磁层顶的位置会受到 IMF 磁重联的影响。这个过程有时被称为南向 IMF 的剥蚀。如上所述,水星磁层顶对太阳风动压和 IMF 也相当敏感。相比之下,外太阳系行星磁层看起来对太阳风动压比对 IMF 的方向更敏感。在地球上,称为通量传输事件(flux transfer event)的磁重联现象(见第 9 章)会频繁发生,在水星上这种事件现象更为普遍,因为水星上的磁重联过程会快速而连续地产生许多小结构(约 1 s 内)的通量传输事件。相比之下,木星只有很少的通量传输事件被报道,而在土星上还没有观测报道。这可能与木星、土星磁鞘中等离子体 $\beta$ 值较高有关。由于磁重联受磁场控制,所以当等离子体应力主要由等离子体压强控制时,磁重联过程就变得不那么重要。

　　木星磁层的盘状结构会对弓激波的位置产生影响。如在第 7 章所讨论的,弓激波位于磁层顶上游的一定距离处,其到磁层顶的距离足以使激波下游的太阳风(shocked solar wind)围绕磁层流过。如果磁层顶鼻端的曲率半径很大,那么对应弓激波与磁层顶之间的分离距离比当磁层顶鼻端曲率半径较小时的分离距离还要大一些。类比航空飞行情形,超声速飞机前端的激波与飞机的分离距离取决于飞机的形状。鼻端为针状结构的超声速飞机,其产生的激波可能会附着在飞机的鼻端处,而返回式飞行器在减速进入高层大气时,其鼻端为钝形结构,激波到飞行器的相对距离与弓激波到地球磁层的相对距离是相当的。木星磁层鼻端较为尖锐,从而使激波到磁层顶的距离明显减小。对于木星而言,弓激波鼻端位置比磁层顶日下点距离远了约 20%,而对于土星和地球而言,弓激波位置则比磁层顶日下点距离远了约 30%。

外太阳系行星磁层的巨大尺度对于太阳风（流经行星）的对流传输也能带来重要影响。在地球处，太阳风扰动可在 2～3 min 内从鼻端处传输到日夜交界面（terminator）处。然而，如表 12.2 所示，这个传输时间对于外太阳系行星则要长得多，可从天王星和海王星上的约 25 min 变化到木星上的约 200 min。

表 12.2　太阳风流的特征时间和特征速度

| 行　　星 | 自转频率/Hz | 在磁层顶处的共转速度/(km/s) | 太阳风的传输时间/min |
|---|---|---|---|
| 水星 | $1.96 \times 10^{-7}$ | 0 | 0.1 |
| 地球 | $1.26 \times 10^{-5a}$ | 4 | 2 |
| 木星 | $2.8 \times 10^{-5}$ | 923 | 200 |
| 土星 | $2.6 \times 10^{-5}$ | 196 | 45 |
| 天王星 | $1.6 \times 10^{-5}$ | 65 | 25 |
| 海王星 | $1.6 \times 10^{-5}$ | 62 | 23 |

　　a　按表里的量值换算出来的地球自转周期是 22h。

外太阳系行星磁层顶内的等离子体速度也是十分不同的。如果等离子体发生共转运动，那么它在木星磁层顶处的运动速度将接近 1000 km/s。实际上，它的运动速度大约是这个值的一半，即 500 km/s。在磁层顶的晨侧，这种共转运动有助于加剧 Kelvin-Helmholtz 不稳定性的失稳，因为 KH 不稳定性的增长速率与等离子体速度剪切成正比。在磁层午后侧翼处（昏侧），这种运动可能通过降低速度剪切而起到稳定作用。这种类似的物理过程也会发生在土星、天王星和海王星上，不过相比木星，其共转效应的影响较小。

最后，对于木星和土星而言，离心力改变了磁层中压强的径向分布，从而改变了磁层对太阳风动压变化的平衡敏感性。这使两个行星磁层变得更容易被压缩，图 12.8 展示了木星磁层顶变化的情况。木星磁层顶存在的一个显著特征就是它的鼻端位置或日下点距离[①]呈现双峰分布。由于太阳风动压没有双峰分布特征，这个双峰分布特征（图 12.9）必然与磁层内部的双峰结构有关，譬如存在两种概率最大的质量加载状态。土星的磁层顶日下点距离

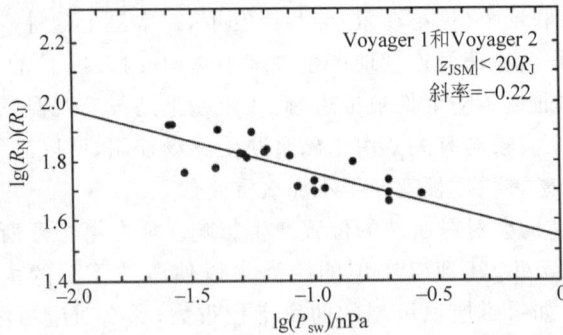

图 12.8　利用 Voyager 1 和 Voyager 2 的数据，得到木星磁层顶鼻端位置随太阳风动压变化的分布情况。图中对数坐标中最佳拟合直线的斜率为 −0.22，而在真空偶极磁场模型中估算得到的斜率为 −0.16。下标 JSM 代表木星太阳磁层坐标（Jupiter Solar Magnetospheric Coordinates）；$R_N$ 是木星到磁层日下点（鼻端）的距离（引自 Huddleston 等，1998）

---

　　①　一般对应的英语名词为 subsolar distance 或者 standoff distance。

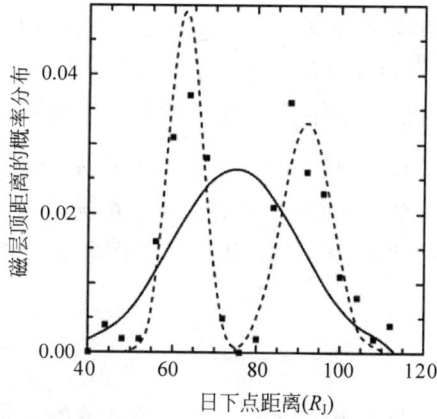

图 12.9　Galileo 飞船观测得到木星磁层顶日下点的距离（Joy et al.，2002）。双峰分布函数比单高斯函数能更好地拟合观测数据。这种双峰变化行为在太阳风中是看不到的，因此必然是由内部磁层过程产生的

也呈现一定的双峰结构。木星和土星处的太阳风动压变化在定性上是相似的，都不存在双峰特性，所以磁层顶距离的双峰结构分布不可能由外部因素引起。

我们已注意到，水星的磁矩很小，它也相对更靠近太阳，因此在高太阳风动压作用下，其磁层顶有时会到达行星表面处。这种情况的发生频率可通过对水星处的太阳风动压进行统计分析来估计。然而，由于磁层对 IMF 的方向非常敏感，即使太阳风动压不大，太阳风也可直接接触到水星表面。因此，受太阳风作用，水星可能会产生由太阳风溅射作用形成的大气，该大气会影响水星与太阳风的相互作用。

## 12.4　质量加载与对流循环

在将物质抛入行星磁层内部的所有卫星中，最大卫星质量供给源是木星的卫星——Io，其微弱的大气由持续的火山喷发产生和维持。辐射带粒子与木星大气中的原子和分子及 Io 表面发生碰撞作用，从 Io 表面溅射出原子，溅射逃逸出的原子会在木星周围形成外逸层。外逸层中的中性原子（Io 喷发出的）会被电离，在磁层共转电场加速作用下，这些粒子成为环绕木星的环面结构（torus）。Io 环面中的共转离子会与中性原子发生电荷交换作用。任何带电粒子在经电荷交换作用而变成中性粒子后，都将飞离环面结构（沿着与它们原来圆形轨道[①]相切的直线方向），并将物质扩散到整个木星赤道面。当该物质再次被电离时，它会被加速到局地等离子体流速并获得相当大的热能。通过这种方式，Io 离子会向内外扩散到整个 Io 环面结构中，形成一个冷的内环面和一个热的外环面。

如前所述，这种物质（电离形式）所受的离心力会将木星磁场拉伸成一个圆盘状的结构。离心力也会造成等离子体环面的重磁通管，通过所谓的交换不稳定性（interchange instability），与环面外的轻磁通管发生交换。土星磁层中的最大质量源是卫星 Enceladus，它通过从南极地区喷发出的羽流物质向土星 E 环中加入尘埃和气体物质。虽然 Enceladus 向土星磁层贡献的离子数量比 Io 向木星磁层贡献的少得多，但 Enceladus 喷发的物质也能以类似的方式显著拉伸土星磁场（比木星磁场弱一些）。

---

①　磁场中的粒子回旋运动轨道。

Vasyliunas(1983)首次将薄电流片中的压强平衡关系应用于木星,Russell 等(1999b)后来利用该平衡关系估算木星电流片的质量,而 Arridge 等(2007)则用其估算土星电流片的质量。在旋转坐标系中,且稳恒条件下,动量方程可写为如下形式[①]:

$$\rho \boldsymbol{\Omega} \times (\boldsymbol{\Omega} \times r) - \boldsymbol{j} \times \boldsymbol{B} + \nabla \cdot \vec{p} = 0$$

其中,$\rho$ 为质量密度;$\boldsymbol{\Omega}$ 为"共转"等离子体的角速度;$\boldsymbol{B}$ 为磁场;$\boldsymbol{j}$ 为电流密度;$\vec{p}$ 为压强张量。其中,我们假设离心力和等离子体作用力远大于重力。在径向方向上的压力平衡关系则变为

$$\rho \Omega^2 r = -\frac{B_z}{\mu_0} \frac{\partial B_r^{cs}}{\partial z} + \frac{\partial p}{\partial r}$$

其中,离心力由电流片中电流与垂直于电流片的磁场分量的矢量叉乘项(安培力),再加上电流片中等离子体热压的径向梯度力来平衡。通过该方程可求解出质量密度,再进一步积分便可得到电流片的质量。在 $20R_J$ 处的电流片内,单位木星半径的尺度内就含有约 20 000 t 的等离子体,而在土星 $20R_{ST}$ 处的电流片内,单位土星半径内含有大约 50 t 的等离子体。虽然土星磁矩比木星磁矩小了约 35 倍,但土星磁层中的弱质量加载效应仍然能对土星磁层结构和动力学活动产生明显(尽管比木星的弱)的影响。

Titan 也是土星磁层的一个重要物质供给源,但 Titan 供给物质的位置在外磁层中比较靠近磁层顶位置。从 Titan 逃逸的大部分物质质量最后会损失在太阳风中。太阳风和磁层等离子体与 Titan 的相互作用在某些方面类似太阳风与金星的相互作用,尽管马赫数和太阳风动压会略有不同。我们将在 12.9 节中更详细地讨论这些卫星与磁层的相互作用。

气态巨行星的卫星不仅能向磁层提供物质,还可以吸收高能辐射粒子。辐射带电子和离子相对于卫星做漂移运动,并螺旋式打到卫星上从而被卫星吸收。这种吸收作用会在辐射带通量的径向分布中留下狭窄的缝隙。这些缝隙在土星磁层中非常清晰、明确,因为土星偶极中心与行星中心重合,磁轴也与自旋轴平行,但在其他磁层中这些缝隙则不甚清晰、明确。对缝隙填充的速度限制了磁层中等离子体的径向扩散速率。土星环也能有效吸收辐射带粒子,这一吸收作用抑制了土星内辐射区域中高通量高能粒子的出现。

最后,我们必须回答一个问题,即所有排入木星磁层和土星磁层中的物质最终会变成什么。质量密度不可能永远增加。物质必然要从系统中排出。在地球磁层中,热等离子体通过粒子散射而进入损失锥中损失。损失锥中的粒子可以与大气粒子发生碰撞或发生电荷交换,从而在大气中沉积能量。有些粒子可能会与高度较高处的外逸层粒子发生电荷交换。冷等离子体可以沉入大气并发生复合作用,但等离子体层外层的大部分冷等离子体则会对流至向阳面磁层顶(有重联发生)而损失。在木星和土星磁层里,我们发现存在类似地球磁层的物理过程,但也存在一些关键性的不同。被拾起的等离子体粒子温度相对较低,不易被散射进入损失锥。当等离子体粒子在卫星大气层中时,它在加速后可与中性粒子发生电荷交换,但一般来说,在其他地方中性粒子密度含量并不高。因此,大部分等离子体必然受到磁层对流输运的作用。图 12.10 显示了这种等离子体对流传输路径。一旦等离子体运动到远磁尾,就会发生磁场重联,进而形成具有质量加载作用的磁岛(magnetic islands)。而一旦磁岛与磁层分离,磁岛就会从磁尾逃逸。这会给我们带来一个困境,因为磁通量已经随磁岛向磁尾输运逃走了,那么

① 原书此处公式为 $\rho\boldsymbol{\Omega} \times (\boldsymbol{\Omega} - r) - \boldsymbol{j} \times \boldsymbol{B} + \nabla p = 0$。

重联后的磁通量必须逆着质量加载等离子体的出流方向返回行星内磁层[①]。磁通量可通过三种不同的方式返回：第一，除等离子体向外流动外，不同经度上还存在向内的等离子体流动传输；第二，通过交换相邻的"满"和"空"磁通量管；第三，通过稀疏磁通量管(thin tubes)向内的快速运动传输(穿过向外运动的等离子体流)。图 12.11 展示了某个稀疏磁通量管(等离子体密度很低)传输的事例。它们的物理机制可由图 12.12 给予解释说明。

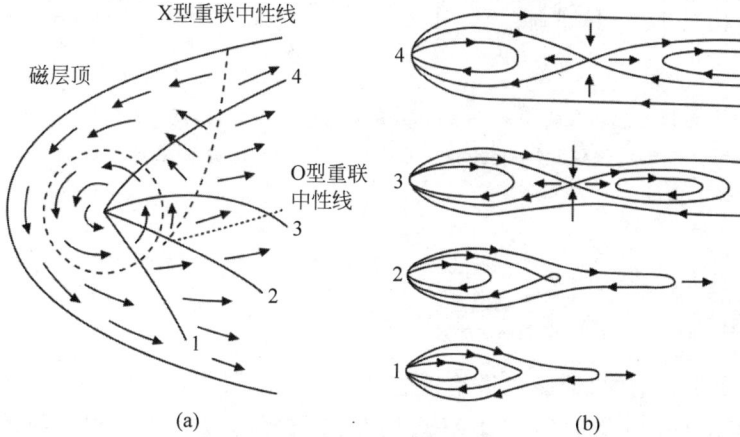

图 12.10　等离子体通过磁重联从木星磁尾逃逸的示意图。(b)图在不同磁场经度面内显示了中性点和等离子体团形成的事件序列。如这里设想的那样，这个过程可以在稳态条件下发生。在赤道面俯视图(a)中显示了这 4 个经度面的位置，以及 X 型中性线和 O 型中性线的位置(引自 Vasyliunas，1983)

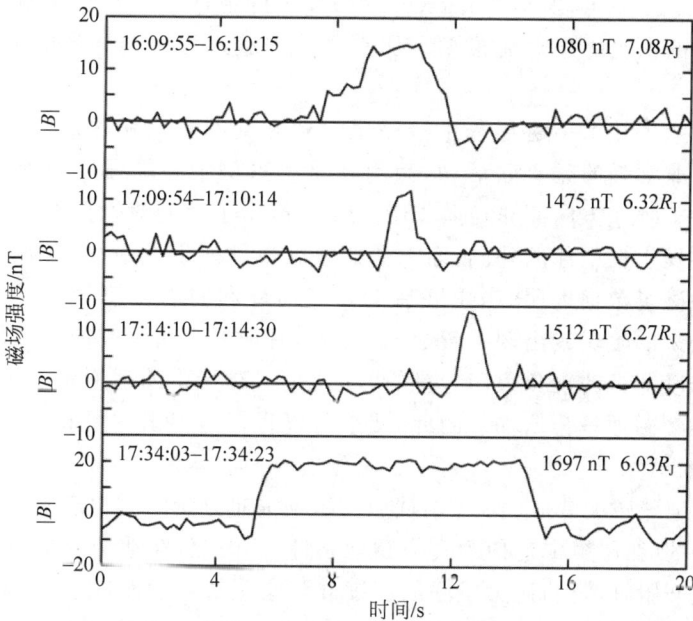

图 12.11　木星磁场中的磁扰动可归因于稀疏磁通量管(等离子体密度在其中出现耗尽)。背景磁场已被扣除(引自 Russell 等，2000)

---

①　译者理解这个困境可能是这样一个问题：巨行星磁层作为一个循环系统，为保持磁通量守恒，在出现磁通向磁尾输运的时候，必然要求对应的磁通能向行星磁层内部。

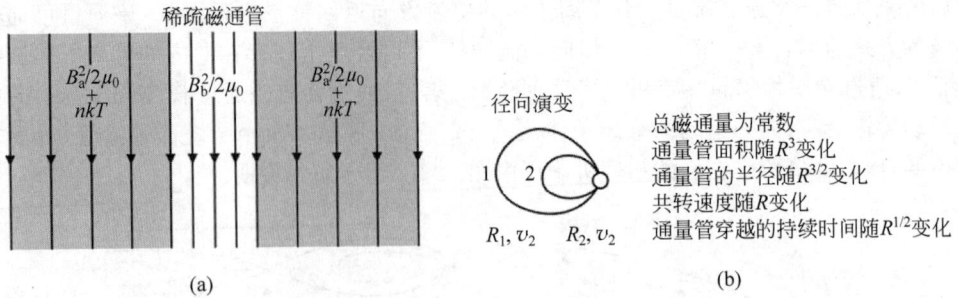

稀疏磁通管

$B_a^2/2\mu_0$
$+$
$nkT$

$B_b^2/2\mu_0$

$B_a^2/2\mu_0$
$+$
$nkT$

(a)

径向演变

1  2

$R_1, v_2$    $R_2, v_2$

总磁通量为常数
通量管面积随$R^3$变化
通量管的半径随$R^{3/2}$变化
共转速度随$R$变化
通量管穿越的持续时间随$R^{1/2}$变化

(b)

图 12.12　(a)稀疏磁通量管的压力平衡关系；(b)在磁通管随浮力向内运动穿过木卫一环面时，在时间
1 和时间 2 时的"偶极"型磁通量管。$B$ 的下标"a"和"b"分别表示稀疏磁通量管的外部区域
和内部区域

## 12.5　亚暴

　　如在第 8 章中讨论的，地磁亚暴是指能量储存在磁层中而后被释放出来的活动时序
事件。能量储存过程涉及 IMF 与地球磁场在向阳面的磁重联过程。与地球磁层情形
（IMF 方向是能量存储释放的关键）相反，在木星和土星上，质量加载过程是驱动磁层对
流的主要因素。正如在 12.4 节中看到的，内部重联似乎在驱动离子脱离磁层，将离子朝
磁尾方向抛射，并将磁通量带回内磁层（以供进一步的质量加载作用）等方面都扮演着重
要角色。如图 12.10 所示，类似 Dungey(1961)提出的地球磁层重联模型，这个图像给出
的是稳态条件下的木星磁层对流模型。那么质量加载过程也会导致类似亚暴活动的物
理行为吗？

　　图 12.13 显示了在木星磁尾和土星磁尾上观测到的两个强磁重联活动事件。这些
事件表示发生了非常强的磁重联活动，因为在这些事例中磁场强度增加了一倍以上，而
且磁场方向变为了垂直方向而非径向。图 12.14 给出了我们对这两个事件的物理解释。
土星的重联事件发生在中性点外侧，而木星的重联事件发生在中性点内侧。这两个例子
和其他例子中的磁场数据表明，当重联后的磁场向外和向内快速移动时，角动量守恒使
从重联区运动出来的磁场线出现了弯曲[①]。此外，有证据表明尾瓣内的磁场强度会降低。
这种尾瓣磁场强度降低的现象表明，重联活动减少了磁尾中的磁通量。也有证据表明在
重联事件之前尾瓣磁通量会增加。因此，似乎可以肯定地得出木星和土星磁层中都具有
亚暴活动的结论。

　　这些事件给地球磁层带来了一些新认识。磁场法向分量的变化表明，重联速率是由等
离子体条件控制的（在尾瓣中近似为真空物理条件）。因此，在地球亚暴中，当重联在等离
子体片中心触发开始时，我们认为重联的速度并不会很快。然而，随着等离子体片因重联
而变薄，那么等离子体密度会降低，磁场变得更强，重联率应该增加[②]，从而导致亚暴的爆
发，即使重联在几分钟前就已经开始了。

---

①　译者认为磁场线结构会朝晨昏方向出现弯曲。
②　这时会发生尾瓣重联，即尾瓣的开放磁通参与到重联中。

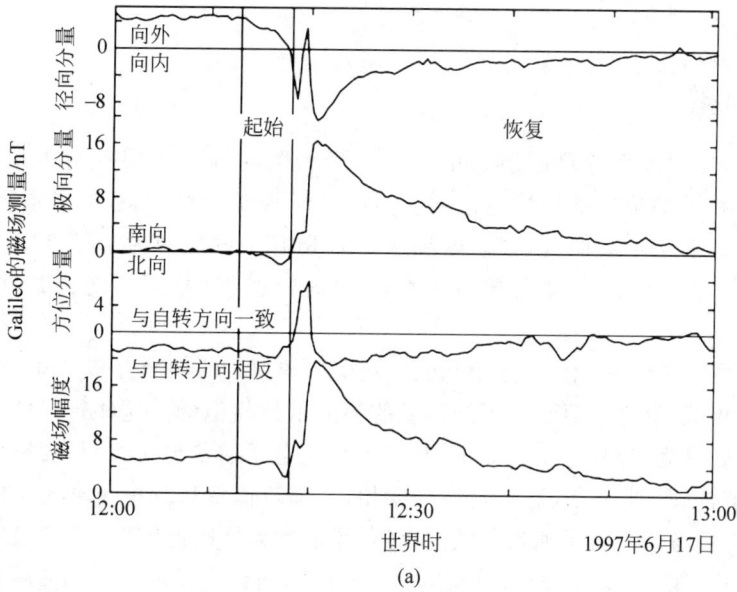

(a)

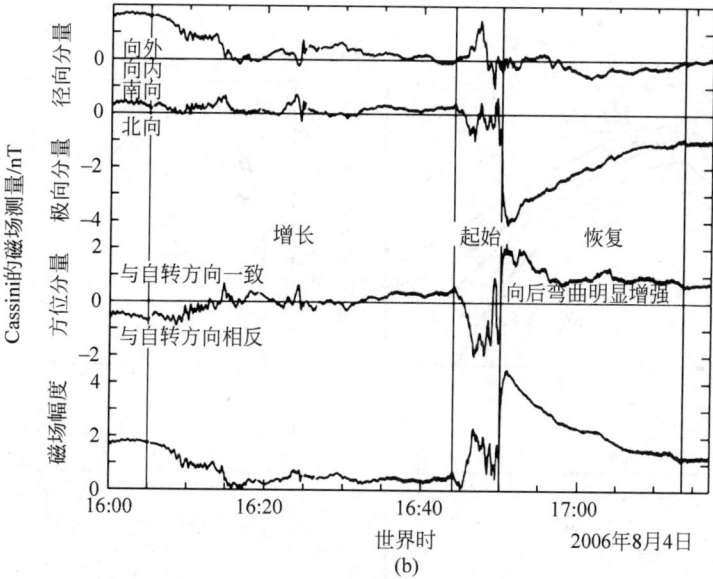

(b)

图 12.13　在(a)木星磁尾和(b)土星磁尾观测到的磁场重联事例，观测事例发生在中性点的其中一侧

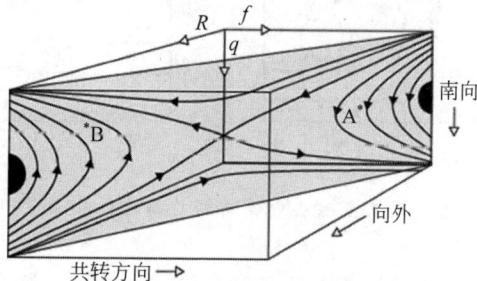

图 12.14　对图 12.13 中两个观测事件所在区域位置的理解①

----

① 图中 A 对应木星上观测到的事件，B 对应土星上观测到的事件。

## 12.6 辐射带

除木星外,外太阳系行星磁层辐射带的物理行为与地球磁层辐射带是非常相似的。诸如径向扩散和投掷角扩散等物理过程会引起粒子横越磁场线运动,并导致粒子沉降到大气中而损失。对于木星而言,位于磁层深处的 Io 作为物质源为木星磁层内部提供了巨大的能量,这些能量反过来又会导致一个强烈的辐射带,甚至可对人造飞船带来巨大威胁。

图 12.15 显示了地球、木星、土星和天王星电子辐射带的切面分布。海王星的电子辐射带与天王星的相似,但通量更小。不同行星的辐射带是相似的。这些行星的电子辐射通量在大气层上方处最为强烈(土星与此不同,土星最大电子通量位于行星环外侧)。在高度最低处,电子能谱较硬;也就是说,与较高高度相比,随着能量增加电子通量下降并不那么明显。然而,当人们考虑到电子通量峰值时,各行星的差异性则比较大。如表 12.3 所示,木星的电子通量峰值(能量＞3MeV)约为地球的 1000 倍,而天王星的电子通量峰值比地球的小一个数量级。

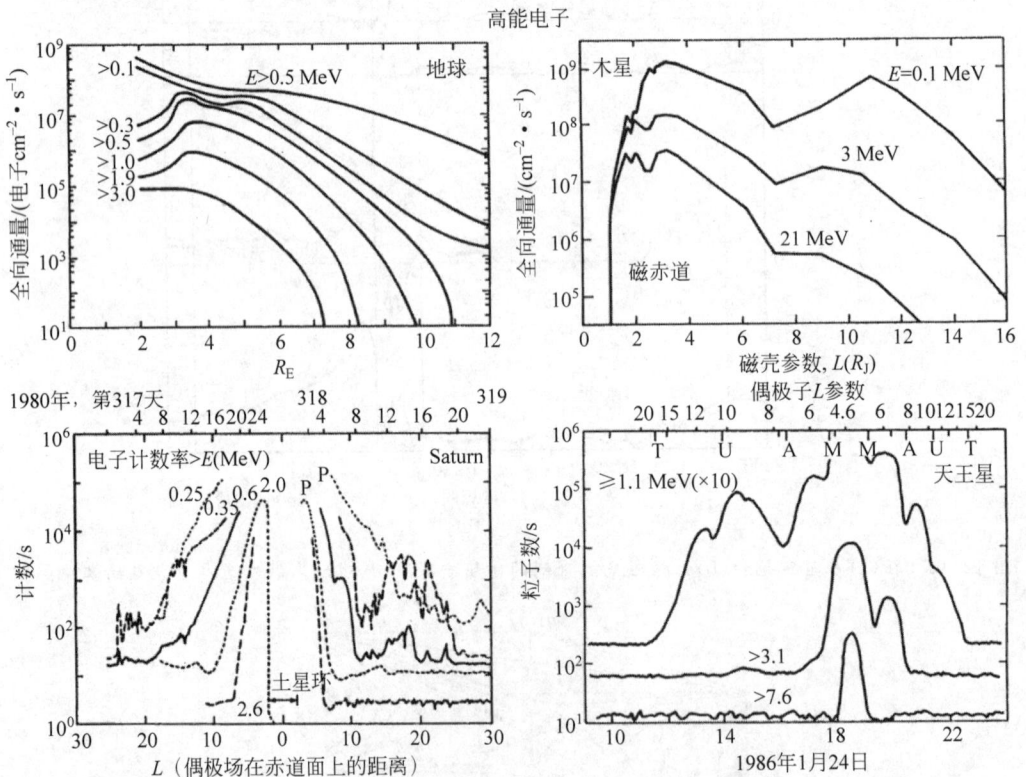

图 12.15　在地球、木星、土星和天王星磁层中观测到的高能电子通量(D. J. Williams,个人交流,1994)

表 12.3　能量粒子的通量峰值

| 行　星 | 电　子 | | 质　子 | |
|---|---|---|---|---|
| | 通量/(cm$^{-2}$·s$^{-1}$) | 能量/MeV | 通量/(cm$^{-2}$·s$^{-1}$) | 能量/MeV |
| 地球 | $10^5$ | $\geqslant 3$ | $10^4$ | $\geqslant 105$ |
| 木星 | $10^8$ | $\geqslant 3$ | $10^7$ | $\geqslant 80$ |
| 土星 | $10^5$ | $\geqslant 3$ | $10^4$ | $\geqslant 63$ |
| 天王星 | $10^4$ | $\geqslant 3$ | $<10$ | $\geqslant 63$ |

如图 12.16 所示,质子也是类似的分布情况。辐射带看起来非常相似,但表 12.3 中的质子通量表明,木星上的质子通量比地球上的大三个数量级,而天王星的质子通量还不到地球通量的千分之一。显然,即便是与更小磁层中的地球辐射带相比,天王星和海王星磁层中的粒子能量也不是特别高。或许正如我们之前推测的,造成这种差异的原因可能是在外日球层区域磁层顶重联的作用并不是那么大。

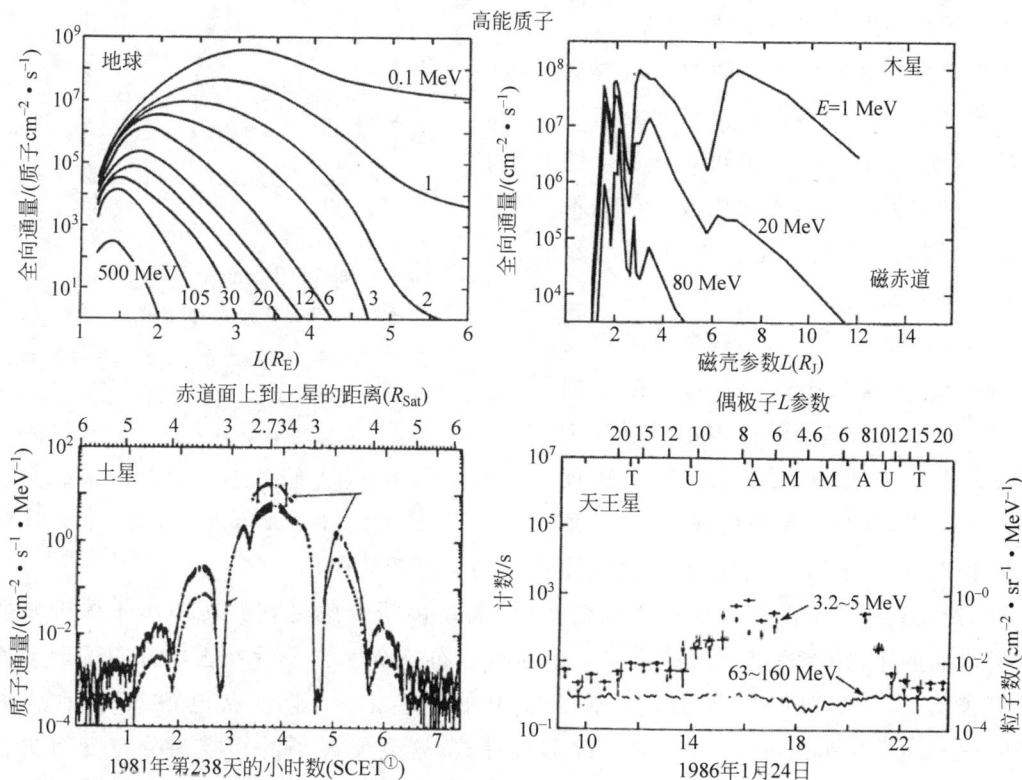

图 12.16　在地球、木星、土星和天王星磁层中观测到的高能质子通量(D. J. Williams,个人交流,1994)

———————————

① SCET 表示为 spacecraft event time,意为飞船事件时间。飞船事件时间可根据地球上的时间加减信号发送到飞船或飞船接收信号的时间而得到。

## 12.7 低频波与不稳定性

尽管人们已知道离子回旋波(ion cyclotron waves)存在于地球磁层中,而且也已经在土星磁层中被观测到,但在 Galileo 飞船首次飞掠 Io 时,Galileo 飞船的观测不仅揭示了外太阳系行星磁层中质量加载过程的性质和作用程度,也揭示了离子回旋波在诊断自由能及作为媒介在自由能释放中扮演的角色。图 12.17 显示了 Galileo 飞船靠近 Io 时及 Voyager 飞船[①]在 Io 南半球下方 $10R_{Io}$ 时分别获得的功率谱。在 Io 轨道平面上可以看到非常强烈的波动(相邻峰值扰动可达 100 nT),在 $SO_2^+$ 回旋频率附近的波为左旋圆偏振波,但 Voyager 飞船却未看到这样的波。两艘飞船观测到的这种差异应该不仅是由空间距离引起的,因为 Galileo 号飞船可在 $30R_{Io}$ 的径向范围内观测到离子回旋波。与此不同,粒子拾起过程几乎是二维的,并且集中在一个平面内发生。

图 12.18 能说明这一现象是如何发生的。Io 在其轨道上以 17 km/s 的 Kepler 速度绕木星转动。木星磁层等离子体的共转速度为 74 km/s,这个速度与木星电离层(与木星磁场强耦合)的角速度相对应。当 Io 大气粒子通过碰撞

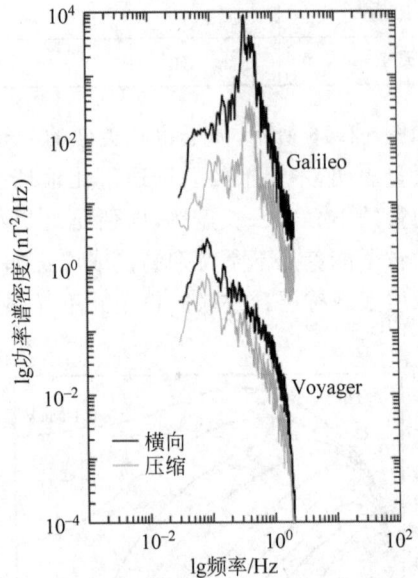

图 12.17 Galileo 飞船和 Voyager(Voyager 1)飞船在穿过"同一"磁场线时分别观察到的横向分量(暗)和压缩分量(灰色)的功率谱。这两艘飞船的观测间隔了 16.5 年。这表明离子回旋波可能仅局限于 Io 轨道附近的平面内发生。在土星磁层中,我们也观察到过类似因远离源区而出现波动快速衰减现象

电离、光电离或与电荷交换作用生成离子时,新生离子会感受到共转等离子体带来的电场而被加速,并在速度空间中形成一个环状分布。新生粒子沿着磁场方向的运动速度可能很小。随着时间推移,分布函数中的这些自由能会以电磁离子回旋波(electromagnetic ion cyclotron waves)的形式释放,这会使离子的相空间分布变得更符合 Maxwell 分布。这种物理行为与彗星上的情形非常相似,但不同的是,彗星是与超声速的太阳风发生相互作用。令人意外的是,离子回旋波的产生范围远远超出了 Io 外逸层的预期范围。

---

① 原书并未明确是旅行者 1 号还是 2 号。经译者查阅,实际应为旅行者 1 号。

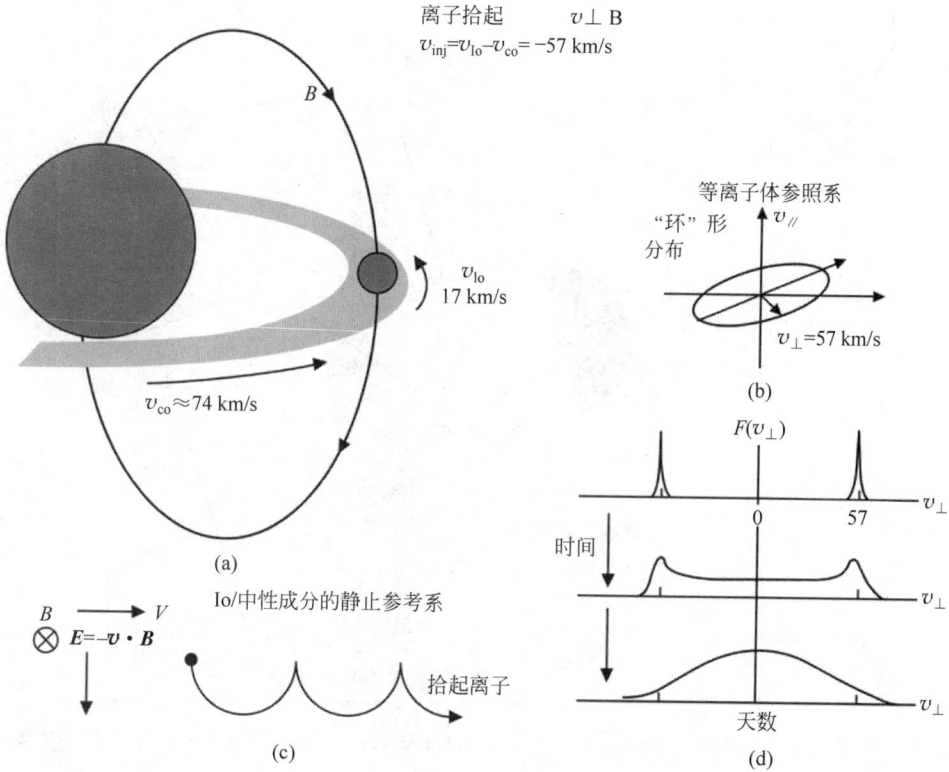

离子拾起　　　$v \perp B$
$v_{inj}=v_{Io}-v_{co}=-57$ km/s

$B$

$v_{Io}$
17 km/s

$v_{co} \approx 74$ km/s

(a)

Io/中性成分的静止参考系

$B$　　$V$
$\otimes$
$E=-v \cdot B$

拾起离子

(c)

等离子体参照系

"环"形
分布

$v_{//}$

$v_{\perp}=57$ km/s

(b)

$F(v_{\perp})$

0　　57　　$v_{\perp}$

时间

$v_{\perp}$

$v_{\perp}$

天数

(d)

图 12.18　Io 离子的拾起机制。(a)共转等离子体与 Io 相互作用的几何形态；(b)粒子运动在速度空间中的分布；(c)粒子在构型空间(configuration space)[1]中的运动；(d)粒子分布函数随垂直速度的时间演化

　　图 12.19 在图中放大了的质量加载区域中描绘了这一作用机制[2]。当离子在 Io 附近区域产生并被加速时，如果离子产生区域处的中性粒子密度足够高，这些新生离子可被快速中和，并产生快速中性粒子喷发现象。这些快速中性粒子可横越磁场线并在远离 Io 的地方被再次电离，在那里它们会产生离子回旋波。这个过程可使离子从 Io 处向内外发生扩散，并有利于在远离 Io 的地方形成环面结构(torus)。

　　图 12.20 给出了土星磁层中类似离子回旋波信号的磁场时间序列和功率谱，但这里的离子源是水离子或水族离子(water-group)。波动的最大增长速率刚好低于 $H_2O^+$ 的回旋频率，这可以从拾起离子环束(ring beam)分布[3]的离子色散关系中推算出来。图 12.21 显示了 3 种不同离子数密度条件下(3 cm$^{-3}$、5 cm$^{-3}$ 和 10 cm$^{-3}$)的波增长速率。如图 12.22 所示，增长速率也取决于拾起离子的速度。正如我们观察到的，当我们从土星磁层向外运动，经过 Enceladus 时，会看到越来越强的波，这是因为大多数新生离子会在这个地方产生，而每个新生离子的自由能也更大一些。

---

①　如第 3 章中所述，构型空间实际就是由直角坐标系$(x,y,z)$构成的三维空间。

②　图 12.19 的原始文献出处可见 Wang et al.(2001)，J. Geophys. Res. 106，26243-26260。

③　环束分布一般针对拾起离子的速度分布特征而言。在局地等离子体流参照系中，拾起离子绕局地磁场做回旋运动，所以在垂直磁场的平面内会形成环状的速度分布。另外，拾起离子有沿磁场方向运动的分量，沿磁场方面会形成束状的分布。

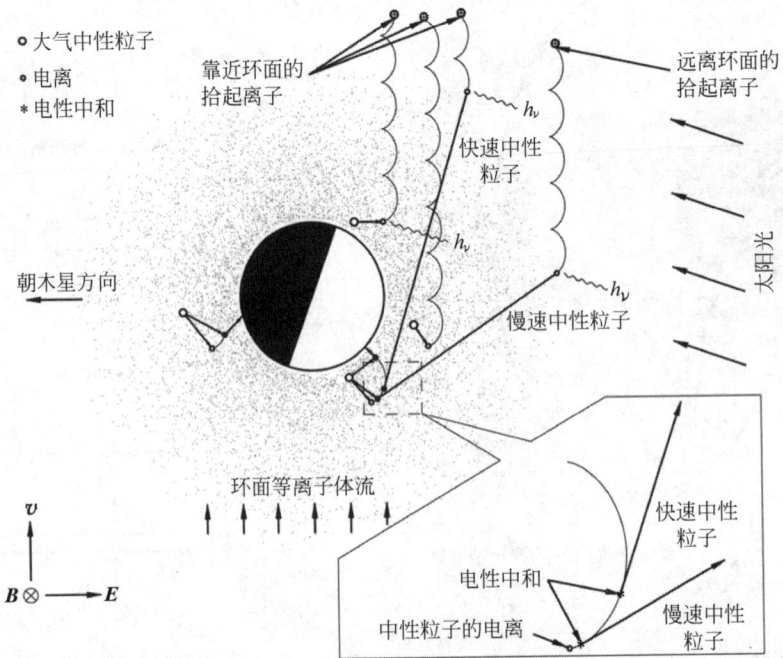

图 12.19　木星质量加载薄盘(thin mass-loading disk)的形成机制,通过该机制,拾起离子可在远离 Io 的一侧产生

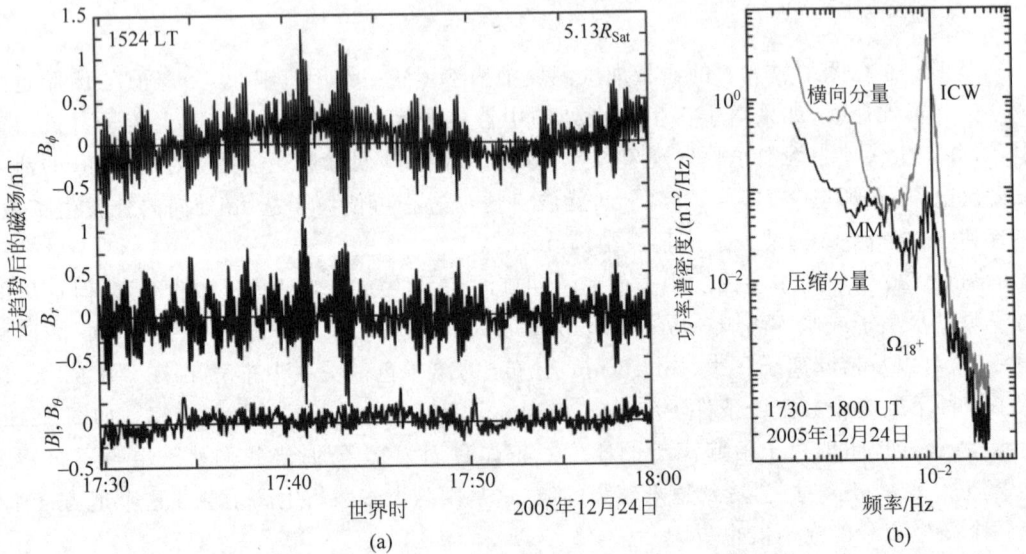

图 12.20　去趋势后的 1 s 精度磁场测量数据显示,在土星环的 E 环中,存在因拾起水族离子而激发出的横向离子回旋波(ICW)。(a)磁场测量数据的时间序列;(b)功率谱。$\Omega_{18^+}$ 表示单个水分子离子的回旋频率

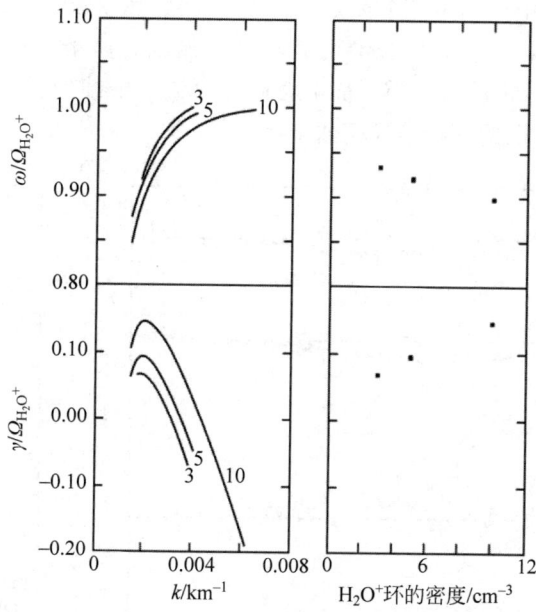

图 12.21　在 E 环环面(E-ring torus)物理条件下,对应不同离子密度得到的离子环束分布的增长率。计算中采用了 WHAMP 色散关系求解器(Ronnmark,1982)

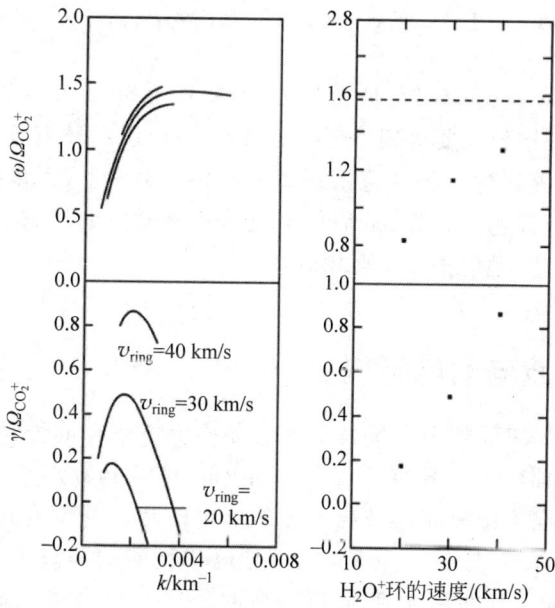

图 12.22　在 E 环环面物理条件下,对应不同离子拾起速度得到的离子环束分布增长率。计算中采用了 WHAMP 色散关系求解器(Ronnmark,1982)

　　拾起离子的各向异性分布也会激发镜像模波(mirror-mode waves),但其波的增长速率较低。图12.20(右图)中显示了一个标记为MM的弱镜像模波。令人惊讶的是,由于波会朝不同方向传播,这种弱波模的增长会引起较大的波幅。离子回旋波会沿着磁场方向传播,最终衰减耗散。镜像模波在赤道平面上会向外对流并继续增长。图12.23显示了在离子回旋波增长区域外出现的这种镜像模波事例。

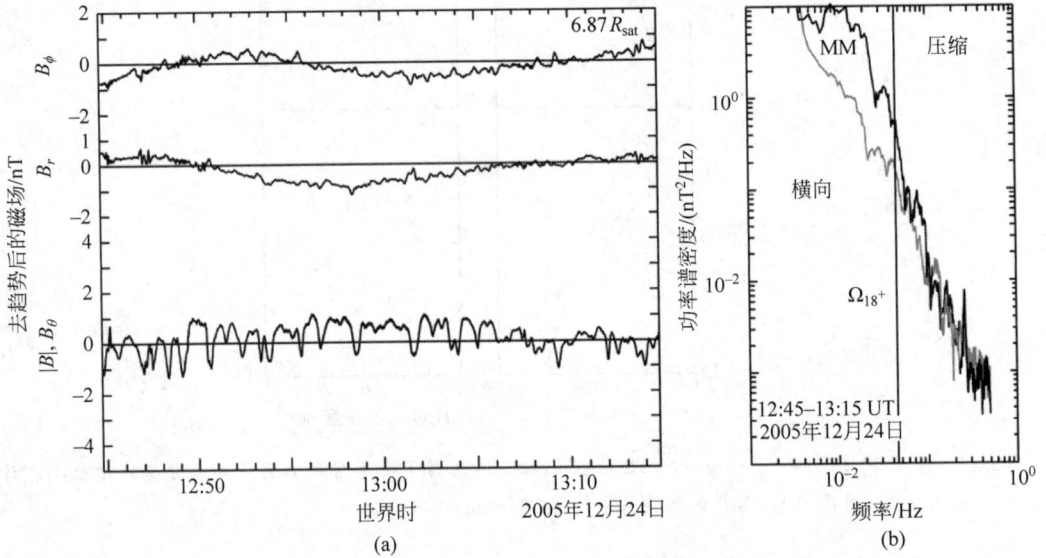

图12.23　在土星环的E环中,去趋势后的1 s精度磁场测量数据显示了压缩镜像模的扰动。(a)磁场测量数据的时间序列;(b)功率谱。$\Omega_{18^+}$表示单个水分子离子的回旋频率

　　离子回旋波出现增长的径向距离范围在木星上约为50 000 km,而在土星上约为120 000 km。由于波的增长需要达到一个密度阈值,所以引起环束分布形成的快速中性粒子,其实际传输距离可能比这个径向范围距离大得多。事实上,大多数土星中性粒子很可能在再次电离之前就已经逃离行星,从而使对流传输到磁尾的等离子体粒子减少,后续的离子(在赤道平面中产生)抛射损失也会相应减少。

## 12.8　等离子体波与射电辐射

　　对于从略高于质子回旋频率到略高于电子等离子体频率的等离子体波产生而言,外太阳系行星的磁层物理行为与地球磁层是一样的。被捕获等离子体的分布函数及这些磁层中的各种束流和电流的分布函数与地球磁层中的相比并没有什么不同。因此,这些行星磁层中也会产生许多(如果不全是的话)与地球相同的等离子体不稳定性。整体而言,木星磁层中的等离子体过程似乎是最强烈的。这些波可造成高能粒子的投掷角扩散,并在整个木星磁层中都可以看到这样的波。同样,土星也存在类似地球磁层中的等离子体波。

在这 4 颗外太阳系行星[①]上,至少每个行星上都存在一些等离子体波。尤其是磁赤道处都存在电子回旋谐波(electron cyclotron harmonic waves,ECH)。然而,在海王星上,其他所有的波也都很弱。图 12.24 显示了 Voyager 2 在 1986 年穿过天王星磁层时观测到的等离子体波谱图。从谱图中可看到电磁波,如合声波(chorus)和嘶声波(hiss)等,也能看到静电波,如电子回旋谐波(ECH)和低混杂共振波(**lower hybrid resonance**,LHR)。如第 13 章中所讨论的,一般认为这些波动是由与地球磁层中相似的物理过程产生的。

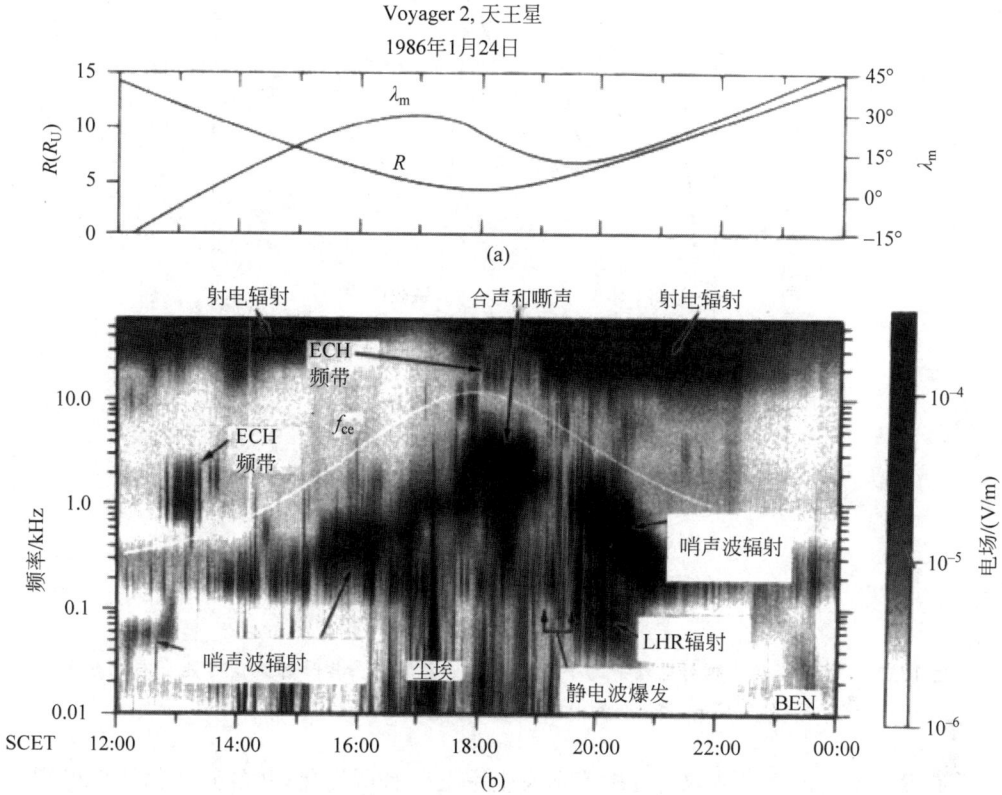

图 12.24　Voyager 2 在天王星磁层中观测到等离子体波的谱图。(a)飞船的磁纬度($\lambda_m$)和径向距离($R$);(b)谱图。ECH 代表电子回旋谐波(electron cyclotron harmonic radiation);LHR 代表低混杂共振波辐射。BEN 表示宽频带静电噪声(broadband electrostatic noise);$f_{ce}$ 为电子回旋频率(引自 Kurth 和 Gurnett,1991)

外太阳系行星可通过无线电波在太空中的传播来向太阳系其他天体宣告它们的存在;对于木星而言,无线电波可以在距木星 5 AU 以外的地方被探测到。相比之下,我们在 12.7 节中讨论的波动(低频波)只有在所研究的磁层内才能测量到。无线电波在波长上有较为明显的特征,其最短波长的波为分米波辐射(decimetric radiation)(它的波长为几十厘米),分米波辐射来源于内辐射带中相对论电子(relativistic electrons)的回旋同步辐射(synchroton radiation)。人们通过同步辐射在 20 世纪 50 年代末发现了木星存在磁层,这要远早于飞船对木星的就位观测。

---

[①]　指木星、土星、天王星、海王星。

十米波辐射(decametric radiation)和百米波辐射(hectometric radiation)的波长范围为 10~100 m。这些电波辐射具有较强的时频结构特征(色散特征),似乎与等离子体中的不稳定性有关。Voyager 1 和 Voyager 2 的观测显示这种电波的波长可延伸到更长(km),这些长波在地球上都无法探测到。图 12.25 给出了木星无线电波辐射通量随频率变化的波谱,通过该图可看出十米波及更长波长的辐射强度都非常强。

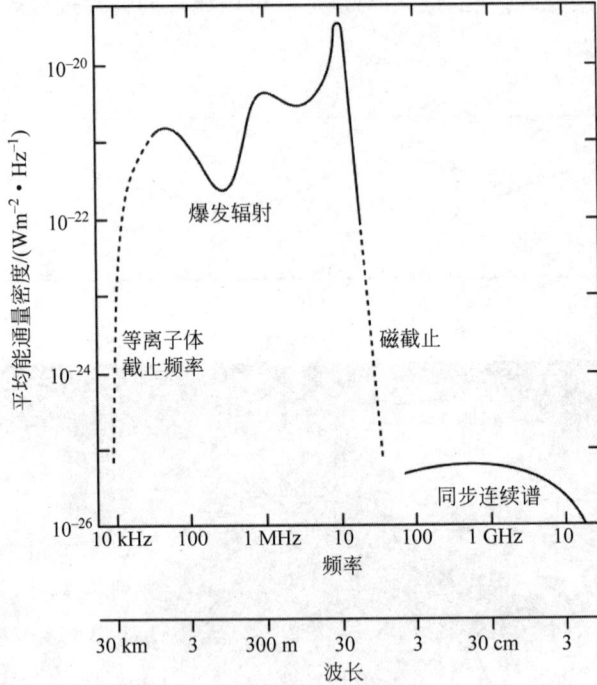

图 12.25　木星磁层非热射电辐射的平均功率通量密度谱。其瞬时频谱可能会与此显著
不同(引自 Carr、Desch 和 Alexander,1983)

人们发现木星的十米波辐射在频率和发生率上会有所变化,并且其变化性也得到了广泛的研究分析。完全可以说,地球上接收到的电波辐射取决于木星-地球连线上木星所处的经度,也取决于 Io 绕木星运转的位置。有人猜测场向电流(连接 Io 和木星电离层)中的不稳定性是产生这些波的物理原因。

## 12.9　卫星与磁层的相互作用

在 12.4 节中,我们讨论了 Io 和 Enceladus 的质量加载效应对木星和土星磁层结构及动力学过程的影响。基本上来说,这些卫星是驱动这些巨行星磁层对流和能量粒子物理现象的引擎。然而,卫星向行星磁层中贡献离子只是其相互作用的一个方面。而其他方面的相互作用还取决于卫星和磁层的特性。根据行星磁层的特性可深入认识卫星的内部。这一点很重要,因为在我们能够让着陆器携带地震仪置于卫星表面之前,只能依赖重力和磁场的测量探测卫星的内部。在第 7 章中,我们讨论了障碍物尺度大小在确定等离子体与星体相互作用性质方面所起的作用,发现当障碍物的尺度从远小于离子回旋尺度及离子惯性

434

尺度变化到远大于离子的回旋尺度和惯性尺度时,相互作用的物理性质会出现很大变化。在这里,我们仅研究障碍物尺度远大于离子惯性尺度或回旋半径时的等离子体-卫星相互作用。

地球卫星——月球可作为我们开始切入讨论的一个很好的起点,这是因为人们对等离子体与月球相互作用有较为广泛的研究和深入的认识。月球表面是不导电的,这使电流并不能穿透月球表面。然而,月球的中心区域或月核是高导电态的,作为对外部磁场变化的响应,月核中是存在电流流动的,这能阻止外面变化的磁场进入月核。这种物理效应就是大家熟知的 Lenz 定律(Lenz's law)。由于月核具有很小的有限电阻率,最终或许几千年之后,随着月核表面和内部电流的衰减,外部磁场的变化可以渗透到月核中。

当月球进入地球磁尾尾瓣中时,它处于一个新的磁场环境中。如图 8.2 所示,外部磁场会被排斥在月核之外,那么在月球轨道上运转的磁强计,如 Apollo 飞船或 Lunar Prospector 搭载的磁强计,便能探测到引起的对应磁场的小扰动。这些磁场扰动与半径大约为 400 km 的核(约为月球半径的 25%)是一致的。

即便当前月核中不存在磁场发电机活动,但历史上月核中可能有过发电机活动,并且当温度高于截止温度或 Curie 温度时,部分月壳在随温度冷却的过程中会被磁化。因此,即便星体内核不再有活动,其表面也可能存在磁场较弱的区域。如果这些磁场比周围背景磁场还要强,那么沿着磁场向月球方向运动的高能带电粒子会在被月面吸收之前被磁场反射出来。通过测量粒子发生反射时的投掷角范围,可以得到月表磁场强度与飞船处磁场强度的比值。这种方法已被用于测量月表剩余磁场的强度。

让我们回到木星和土星磁层的讨论中来。现在可以开始解释我们观测到的大部分现象了。例如,在小体积的冰卫星上,高能粒子探测器会在卫星的上游或下游区域记录计数率存在空洞现象,而且是否出现空洞取决于粒子在行星磁场中漂移的速度和方向。

当磁通量管中的粒子排空时,就会产生空洞。这些排空的粒子会沿磁通量管快速运动,并在磁通管穿过卫星时与卫星表面发生碰撞。这些空洞可看作等离子体径向对流的示踪剂,可用于探测高能粒子的径向扩散系数。在等离子体能量较低(接近共转等离子体的共转能量)的情况下,空洞会在卫星的下游形成。

较大的冰卫星,如 Europa、Callisto 和 Iapetus(土卫三),则位于磁场变化较大的区域,并表现出其内部具有导电性的证据特征。尽管这 3 颗星体似乎都没有一个由内部发电机驱动的全球磁场,但它们仍然能够偏转流经它们的等离子体。这是因为星体内部的导电区域足够大,导电性也足够强,从而使磁场变化引起的磁场扰动足够强,进而能偏转等离子体流。对于 Europa 而言,其外部磁场的变化主要由木星偶极磁场存在一定倾角所致[①];而 Callisto 的外部磁场变化是由外磁层的磁场变化产生的,Iapetus 的磁场变化则是由外部 IMF 的变化产生的。图 12.26 显示了 Europa 与木星等离子体坏面(**jovian plasma torus**)中心处高密度等离子体之间的相互作用,这时外部动压会压缩磁场,而磁场又会被卫星导电核阻挡在外面。其中,等离子体流的马赫数接近 1,所以在 Europa 上游会形成弱激波。当 Europa 偏离电流片较远时,上游动压较小,这时 Europa 与等离子体的相互作用更类似之前

①　木星磁偶极子存在倾角,那么随木星自转运动,Europa 会来回穿越木星磁盘或电流片。

讨论过的月球情形。这些特征已被用于诊断这些星体内部导电区域的大小，而这些导电区域必然是接近星体表面的内部全球海洋。

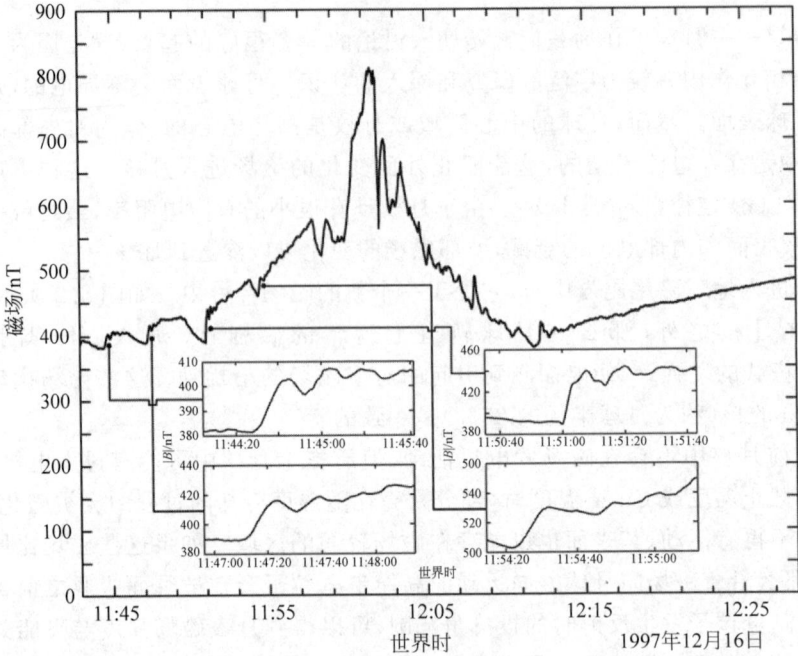

图 12.26　Europa 与位于木星等离子体环面或等离子体片中心处稠密等离子体之间的相互作用。插图显示了 Europa 上游弱弓激波的 4 个形成形式

在我们讨论具有大气的卫星之前，我们应该讨论一下 Ganymede（木卫三）。Ganymede 是目前太阳系内唯一具有全球内禀磁场的卫星。图 12.27 显示了它的磁场形态。木星磁层内的 Ganymede 磁层很大，大到足以具有一个磁尾和一个辐射带。也许这类似于月球有磁场发电机状态的情形，但也可能并不类似。木星对 Ganymede 施加了一个恒定的外部磁场，即使 Ganymede 的发电机不是自我维持的，磁场也可能会被 Ganymede 的内部流体运动放大。

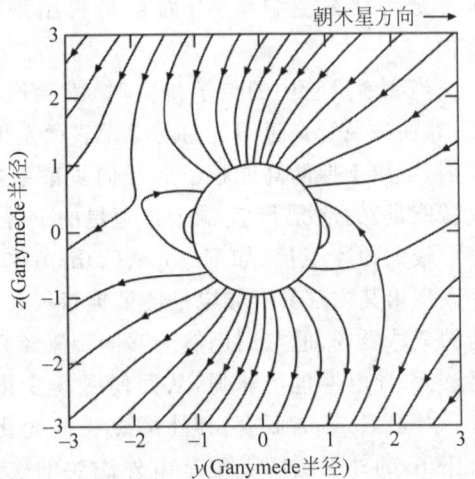

图 12.27　木卫三的固有磁场与木星磁场之间的相互连接

Io、Enceladus 和 Titan 分别具有由火山活动、羽流喷发和大规模原始大气形成的大气层，它们存在于完全不同的等离子体和磁场环境中。如上所述，Io 和 Enceladus 是驱动行星磁层的引擎，但我们没有描述其引擎"活塞"是如何运作的。Titan 起不到引擎作用，因为它的位置靠近土星磁层的外边界，然而它对土星磁层动力学过程会产生一个有趣的影响。当 Titan 靠近日下点区域时，它似乎有助于平衡太阳风流，当它位于午夜时，似乎又

436

能控制土星磁尾中亚暴触发的时间。从零级近似上而言，Titan 与等离子体的相互作用就像太阳风为亚声速时，金星和火星与太阳风发生相互作用的情形，我们在此不再进一步讨论。

与 Io 发生相互作用的等离子体是亚声速的，而且 $\beta$ 值也非常低，因此仅仅因为与 Io 的相互作用，外部木星磁场就会出现轻微扭曲变化。磁通管会随等离子体对流跨越过 Io 的极盖区，这非常类似于因太阳风发生磁重联作用而引起地球磁通管出现的跨极盖对流现象。和地球一样，Io 跨极盖区的等离子体对流速度很慢，但与地球不同的是，Io 并没有形成与外部等离子体流平行的磁尾。因此，我们知道，Io 的上游等离子体流大部分没有穿过极区。当然，上游等离子体流大多被偏转了，但电荷交换作用可能会将大部分入射的等离子体转化为中性粒子，进而使中性粒子携带原来入射等离子体流的动量逃离 Io。Enceladus 上也会发生这样的过程，但会有些不同。对于 Io，电荷交换作用会发生在 Io 附近的区域，因此许多快速中性粒子会在朝向木星一侧①与 Io 发生碰撞。而 Io 的另一侧则遮挡并限定了快速中性粒子的出逃区域。对于 Enceladus 而言，电荷交换过程主要发生在羽流中（等离子体流整体速度减慢了），且不存在星体遮挡效应，因此中性粒子可以喷射到磁层更广阔的区域。

电荷交换过程可消除等离子体流的角动量，但被等离子体离心力拉伸的磁场仍然会保持被拉伸状态。此外，电荷交换作用可能还会拾起纳米尺度的尘埃和等离子体。上游等离子体流在与卫星作用后可能会朝向行星流动，这样在每颗卫星朝行星方向的内侧都会形成一个冷而密的等离子体区域。在 Io 处，这个区域被称为细带（ribbon），但在 Enceladus 处，它却没有名字。冷密等离子体最初的运动速度仅比卫星的 Kepler 轨道速度略快一些，但是，由于背景等离子体和磁场线足点处的电离层都按行星自转周期做共转运动，这样通量管的运动会加快，磁场线应该会再次被拉伸，而磁场线在赤道面上的交点应该会回到卫星（产生物质）的轨道处，甚至可能到更远的地方。这种加速的能量来源于行星的自转动能。直到 Cassini 飞船造访 Enceladus 后，人们才发现纳米尺度尘埃的拾起现象。而荷质比（charge to mass ratio）比质子大得多的粒子，其存在会使等离子体相互作用的性质发生显著变化。

巧合的是，Io 和 Enceladus 的 Kepler 周期或轨道周期非常接近其宿主行星自转周期的整数倍，Io 的轨道周期为木星旋转周期的 4 倍，Enceladus 的周期为土星的 3 倍。这种准共振作用可能会促进等离子体的对流循环，使相互作用的特定相位处的等离子体密度增强。由于等离子体的加速和减速作用会时时发生，等离子体的对流循环并不会精准地按星自转周期发生。对于木星，将磁偶极子的自转周期作为内部结构的自转周期，这种周期系统称为系统Ⅲ（system Ⅲ）；然而，另一种根据无线电波活动定义的周期较长的系统，我们称为系统Ⅳ（system Ⅳ），这种周期可能由质量加载过程控制。类似地，土星千米波辐射周期（多年来缓慢变化）很可能就是其等效的物理过程引起的。其千米波周期的缓慢变化可能是由 Enceladus 羽流喷发率的变化或者每个土星年中太阳辐射的差异变化引起的。

---

①　木星磁层等离子体会在离心力作用下向外运动，在靠近 Io 的地方，由于电荷交换作用，容易产生径向向外的快速中性粒子，并与 Io 发生碰撞。

## 12.10 小结

我们从 Galileo 和 Cassini 的探测任务中学习到许多关于木星磁层与土星磁层的知识，并且仍在继续开展这方面的研究。然而，对天王星和海王星的进一步探索似乎还有很长的路要走。"新视野号"（New Horizons）探测飞船目前已经飞过冥王星，但由于它没有携带磁强计，因此太阳风与冥王星的相互作用性质目前仍然是个谜。

也许这样的探索似乎没有什么实际意义。然而每个磁层都是不同的，它们的差异性使我们能够分析认识各种现象对应的各种可能机制。我们并不能开展通常意义上的物理实验，但通过观察不同的相互作用系统，我们也可以达到同样的效果。因此，我们可先学习磁层的一般物理过程，进而深入学习地球磁层具体是如何运作的。

## 拓展阅读

Dessler, A. J. （Ed.）（1983）. *Physics of the Jovian Magnetosphere*. Cambridge：Cambridge University Press. 这本书总结了旅行者号任务之后，我们加深了对木星磁层的理解和认识。

Dougherty, M. K. , L. W. Esposito, and S. M. Krimigis（2009）. *Saturn from Cassini-Huygens*. New York：Springer. 这本书包含了 Cassini-Huygens 号探测任务对土星探测的前期成果总结。

## 习题

如果木星极盖区可以近似为一个圆帽结构，其纬度范围由偶极磁轴向余纬方向延伸 $10°$，并且从极盖区内发出的磁场线都是开放的，那么请计算木星磁尾的磁通量含量。如果该磁通量并未越过尾部中心电流片，并假设磁尾磁场强度的渐近值为 $1\ nT$，那么请计算木星磁尾横截面面积及其半径，并附示意图加以说明。

# 第13章

## 等离子体波

## 13.1  引言

在整本书中,我们已经看到了波在空间等离子体中扮演的重要角色。它们在太阳风加热,弓激波能量耗散,将拾取离子的回旋动能转化为离子热能,以及驱动辐射带高能粒子扩散(扩散作用会缩短捕获粒子的寿命时间)等方面都具有至关重要的作用。

要确定等离子体中出现的不同波动,我们需要获得波的色散关系(dispersion relation)。为此我们需采用麦克斯韦方程组(Maxwell's equations)将波的电磁场分量与波在等离子体中诱导产生的电流和电荷密度联系起来。为引入推导色散关系的基本方法,我们将首先考虑非磁化热等离子体中的静电波(electrostatic waves)。我们将看到,这会引起各种各样的声波模(acoustic modes)。

本章的大部分内容将专门讨论冷等离子体(cold plasma)中的电磁波(electromagnetic wave)模。首先我们考虑平行于背景磁场传播的情形,并引入右旋和左旋(R and L modes)的电磁波模。紧接着,我们将推导获得垂直于背景磁场传播的寻常模和非寻常模(ordinary (O) and extraordinary (X) modes)的色散关系。对于斜向传播,我们推导获得了 Appleton-Hartree 色散(Appleton-Hartree dispersion relation)关系。这种形式的色散关系对于研究通过电离层传播的无线电波,以及研究哨声模(whistler-mode)的色散关系特别有用。最后,在讨论冷等离子体中波动色散关系时,我们考虑了多离子成分等离子体中的波。我们还在冷等离子体的条件下给出了经典 MHD 结果对应的低频极限。为完整起见,我们还推导获得了热等离子体中的 MHD 波色散关系。

在研究了等离子体的色散特性之后,接下来我们将研究会引起波增长的不稳定性。首先我们将考虑束流不稳定性(streaming instabilities)。这种不稳定性可以有相当大的增长率,因此我们可以预期等离子体会被这种不稳定性激发的波动加热。这又使我们需要考虑等离子体的动理论效应。目前为止,我们仅使用了流体理论(fluid theory)确定波的色散特性。在流体理论中,粒子相空间分布的信息被忽略了,而对应种类粒子的物理特性由其整体参数表征,如密度、流速和压强等,而动理论(kinetic theory)需要考虑粒子分布函数的具体信息。

使用动理论研究波的色散关系会相当复杂,我们这里只介绍如何研究这个问题的基本方法概要。我们将考虑三种极端情形:平行于磁场传播的静电波、平行于磁场传播的电磁波和垂直于磁场传播的静电波。第一种与 Landau 共振(Landau resonance)相关,第二种与回旋共振(gyro-resonance)相关,第三种与 Bernstein 模(Bernstein modes)相关。最后,从原则上,我们将显示如何使用动理论推导出一个更一般的色散关系。

推导波动色散关系的第一步是建立等离子体如何响应电磁场的控制方程,我们将在下一节中具体介绍。

## 13.2 谐波扰动——麦克斯韦方程组

这里,我们提出用于推导等离子体波色散关系的基本方法。从 Maxwell 方程出发,结合 Faraday 定律式(3.1)和 Ampère 定律式(3.2)对时间的导数,我们可得到:

$$-\nabla \times (\nabla \times \boldsymbol{E}) = \mu_0 \frac{\partial \boldsymbol{j}}{\partial t} + \frac{1}{c^2} \frac{\partial^2 \boldsymbol{E}}{\partial t^2} \tag{13.1}$$

利用矢量运算展开左边的叉乘项,我们得到:

$$\nabla^2 \boldsymbol{E} - \nabla (\nabla \cdot \boldsymbol{E}) - \frac{1}{c^2} \frac{\partial^2 \boldsymbol{E}}{\partial t^2} = \mu_0 \frac{\partial \boldsymbol{j}}{\partial t} \tag{13.2}$$

因此,一般来说,推导波的色散关系可归结为确定波电场在等离子体中诱导产生的电流。根据波的性质,确定诱导电流可能比较简单,也可能比较复杂。在某些情况下,我们采用 $\boldsymbol{E}$ 和 $\boldsymbol{j}$ 以外的参数推导控制方程也是非常有用的。例如,在 3.7.1 节中,我们采用等离子体流速作为基本量,推导了热等离子体中 MHD 波的色散关系,这样可清楚地说明不同波模的物理性质。

通过式(13.2)可将等离子体中的电流密度与波电场关联起来,但是,考虑到 $\nabla \times \boldsymbol{E} = -\partial \boldsymbol{B}/\partial t$,波也含有磁场扰动分量(除非 $\nabla \times \boldsymbol{E} = 0$),因此,式(13.2)是电磁波的一般形式。等离子体波中还有一类称为静电波(electrostatic waves)的波动,它对应 $\nabla \times \boldsymbol{E} = 0$。这并不是说静电波是完全静止的(否则就不需要考虑任何波动了),而是指波动的感应电场(它与磁场随时间的变化率有关)很小,可以忽略。对于静电波,我们利用 Gauss 定律,可有:

$$\nabla \cdot \boldsymbol{E} = \frac{\rho_q}{\varepsilon_0} \tag{13.3}$$

这可清楚说明为什么我们可以把波称为静电波——式(13.3)与时间无明显相关变化。静电波的电场时间变化是由电荷密度 $\rho_q$ 的变化而引入的。

我们可基于波动是否存在磁场扰动分量区别电磁波和静电波。当可以近似为静电波时,波动磁场扰动分量会变得很小。等离子体中的波也可以用波电场是纵向扰动还是横向扰动来分类。对于纵波(**longitudinal wave**),我们有 $\nabla \times \boldsymbol{E} = 0$,这与静电波的物理条件是相同的。对于横波(**transverse wave**),我们有 $\nabla \cdot \boldsymbol{E} = 0$。因此,横波是电磁波(含磁场扰动分量),但等离子体电磁波也可以有纵向的电场分量。在这个阶段,我们还该指出,当考虑磁化等离子体时,纵向和横向波动概念的使用也是比较模糊的。稍后我们将看到,当考虑波相对于背景磁场的传播方向时,纵向传播(**longitudinal propagation**)这个概念有时也被用于描述平行于背景磁场的波传播,而横向传播(**transverse propagation**)则对应垂直背景磁场方向的传播。除非我们明确地指出纵向和横向是表示波的传播方向,否则一般默认它们是指波电场相对于波矢的方向。

在获得波动的色散关系过程中我们还需要另外两个步骤,这两个步骤在第 3 章中已经作过介绍。第一步,需要对控制方程作线性化处理(**linearization**)。乍一看,可能不太清楚为什么需要线性化,因为式(13.2)和式(13.3)本身就满足线性变化关系。但是,我们将在下面看到,电流密度和电荷密度通常由一组非线性方程推导出。线性化实际上是将波场做一阶扰动近似处理。

第二步是假定这些波可近似看作随时空变化的平面波:

$$\boldsymbol{E} = \boldsymbol{E}_0 \exp[\mathrm{i}(\boldsymbol{k} \cdot \boldsymbol{r} - \omega t)] \tag{13.4}$$

其中,$\boldsymbol{k}$ 为波矢,其大小为 $2\pi/\lambda$;$\omega$ 为角频率($\omega = 2\pi/f$)。在这里,波幅 $\boldsymbol{E}_0$ 可以为复数。虽然我们在这里采用式(13.4)的形式描述波,但应注意,物理意义上的波应为式(13.4)的实部。$\boldsymbol{k} \cdot \boldsymbol{r} - \omega t$ 项为波的相位,式(13.4)中的负号表示波的相阵面是沿 $\boldsymbol{k}$ 的方向运动的。依照惯例,我们一般把相位角写成 $\omega t - \boldsymbol{k} \cdot \boldsymbol{r}$。我们之所以选择按式(13.4)的形式研究波动是因为其频率可以写为复数形式,这可对应波的增长或衰减。如果我们将角频率写为 $\omega = \omega_r + \mathrm{i}\gamma$,那么,按照惯例,正的 $\gamma$ 对应波的生长增长。由于依据线性化处理,一旦我们指定电场扰动为平面波,那么所有相关的一阶扰动量也都是平面波。

这种波为一阶扰动且随式(13.4)变化的假设常称为谐波扰动(**harmonic perturbation**)假设。根据这个假设,我们可将式(13.2)和式(13.3)中的微分算子替换为

$$\nabla \equiv \mathrm{i}\boldsymbol{k} \tag{13.5}$$

及

$$\frac{\partial}{\partial t} \equiv -\mathrm{i}\omega \tag{13.6}$$

并且可将式(13.2)和式(13.3)简化为代数方程:

$$k^2 \boldsymbol{E} - \boldsymbol{k}(\boldsymbol{k} \cdot \boldsymbol{E}) - \frac{\omega^2}{c^2}\boldsymbol{E} = \mathrm{i}\omega\mu_0 \boldsymbol{j} \tag{13.7}$$

及

$$\mathrm{i}\boldsymbol{k} \cdot \boldsymbol{E} = \frac{\rho_q}{\varepsilon_0} \tag{13.8}$$

我们接下来需要根据波电场获得电流密度 $\boldsymbol{j}$ 和电荷密度 $\rho_q$ 的表达形式。一般而言,电流密度与波电场之间会有这样的关系形式:

$$\boldsymbol{j} = \overset{\leftrightarrow}{\boldsymbol{\sigma}} \cdot \boldsymbol{E} \tag{13.9}$$

其中,$\overset{\leftrightarrow}{\boldsymbol{\sigma}}$ 为电导率张量(conductivity tensor)。根据电荷守恒(见式(3.5)),对于静电波而言,对应的电荷密度,则为[①]

$$\omega\rho_q = \boldsymbol{k} \cdot \overset{\leftrightarrow}{\boldsymbol{\sigma}} \cdot \boldsymbol{E} \tag{13.10}$$

另一种方法(经常用于处理高频波情形,其中位移电流可能比较大)是将等离子体的影响视为介质介电常数的变化。在这种情况下,我们可将式(13.7)改为

$$k^2 \boldsymbol{E} - \boldsymbol{k}(\boldsymbol{k} \cdot \boldsymbol{E}) = \frac{\omega^2}{c^2}\boldsymbol{E} + \mathrm{i}\omega\mu_0\boldsymbol{j} = \frac{\omega^2}{c^2}\boldsymbol{\kappa} \cdot \boldsymbol{E} \tag{13.11}$$

其中,$\overset{\leftrightarrow}{\boldsymbol{\kappa}}$ 为介质的相对介电常数(relative permittivity 或 dielectric constant),它和电导率一样,也是一个张量。这两个张量有如下关系:

$$\boldsymbol{\kappa} = \boldsymbol{I} + \frac{\mathrm{i}}{\omega\varepsilon_0}\boldsymbol{\sigma} \tag{13.12}$$

---

① 原书中公式为 $\rho_q = \boldsymbol{k} \cdot \overset{\leftrightarrow}{\boldsymbol{\sigma}} \cdot \boldsymbol{E}$。

其中,$\vec{I}$ 为单位张量。

下一步则是如何确定电导率张量(或等效介电常数张量)。在第 3 章中,我们首先通过弗拉索夫方程(**Vlasov equation**)讨论了等离子体的动理学性质(通过该方程我们可用分布函数描述等离子体的行为)。随后用 Vlasov 方程推导获得了流体的理论描述,其中等离子体可由流体参数如密度、动量和压强等描述。因此,为确定何时可以将等离子体视为流体,我们必须首先探索等离子体的动理学特性。在确定了等离子体何时可被视为流体之后,我们发现将等离子体视为流体研究其对波动的响应,再考虑等离子体的动理学效应,这样处理起来更简单一些。

## 13.3 等离子体流中的波

我们将从 3.5.2 节中流体的连续性方程出发确定波的色散关系。在此过程中,我们假设扰动都是谐波形式的。这意味着任何二阶或更高阶的扰动项我们都将忽略。

我们首先考虑从动量方程出发,因为这个方程可将等离子体扰动和波场扰动联系起来。对于一阶谐波扰动,由动量方程(3.128)可得[①]:

$$-\mathrm{i}\omega n_s m_s \boldsymbol{u}_s + \mathrm{i}\boldsymbol{k}\delta p_s = n_s q_s(\boldsymbol{E} + \boldsymbol{u}_s \times \boldsymbol{B}_0) \tag{13.13}$$

其中,下标表示离子种类 s。式(13.13)中的一阶扰动量有不同种类离子的速度,记为 $\boldsymbol{u}_s$,等离子体热压扰动记为 $\delta p_s$,以及波电场为 $\boldsymbol{E}$,其他则为零阶物理量。我们还假设热压是标量。如上所述,我们实际上还忽略了动量方程中的二阶扰动项$(\boldsymbol{u}_s \cdot \nabla)\boldsymbol{u}_s$。

对于一阶扰动而言,连续性方程(3.119)则写为

$$-\mathrm{i}\omega\delta n_s + \mathrm{i}n_s\boldsymbol{k} \cdot \boldsymbol{u}_s = 0 \tag{13.14}$$

其中,$\delta n_s$ 为一阶数密度扰动量。

为闭合方程组,我们还需要对热压扰动项 $\delta p_s$ 作处理。能量方程(3.127),虽看起来很复杂,但我们再次利用一阶扰动假设处理后,就可简化为熟悉的表达形式(参见式(3.167)):

$$\delta p_s = \frac{\gamma_s p_s}{m_s n_s}m_s\delta n_s = \gamma_s k T_s\delta n_s \tag{13.15}$$

其中,$\frac{\gamma_s p_s}{m_s n_s}$ 对应 s 种类粒子的声速,$\gamma_s$ 为 s 种类粒子的绝热指数,$p_s = n_s k T_s$ 是零阶热压[②],$T_s$ 为对应的温度,$k$ 为 Boltzmann 常数(Boltzmann constant)。

结合式(13.13)、式(13.14)及式(13.15),我们可得:

$$\omega^2 \boldsymbol{u}_s - \frac{\gamma_s k T_s}{m_s}\boldsymbol{k}(\boldsymbol{k} \cdot \boldsymbol{u}_s) = \mathrm{i}\omega\frac{q_s}{m_s}(\boldsymbol{E} + \boldsymbol{u}_s \times \boldsymbol{B}_0) \tag{13.16}$$

该式给出了 s 种类粒子的扰动速度与波电场 $\boldsymbol{E}$ 的一般关系形式。

一旦我们得到了 $\boldsymbol{u}_s$ 关于 $\boldsymbol{E}$ 的表达式,我们就可以通过电流密度项闭合方程组:

---

① 更准确来讲,译者认为应该从式(3.100)出发,并忽略碰撞项。

② 原文为 $p_s = kT_s$。

$$j = \sum_s n_s q_s u_s \tag{13.17}$$

进一步，如果我们只考虑静电波，则可以使用式(13.14)确定 $\delta n_s$，并通过

$$\rho_q = \sum_s \delta n_s q_s \tag{13.18}$$

或者，利用电荷守恒定律：

$$k \cdot j = \omega \rho_q \tag{13.19}$$

来计算电荷密度。

在目前这个阶段，我们可以采用不同的物理近似进一步研究等离子体中存在的不同波模。我们可做 3 种不同的物理近似：非磁化等离子体中的静电波，冷等离子体中的电磁波及热等离子体中的低频波。热等离子体中的低频波实际上就是第 3 章中讨论的 MHD 波。我们之所以还要重新研究这些波模，主要目的是通过推导等离子体波色散关系的方法建立起它与 MHD 波模之间的物理联系。

### 13.3.1　非磁化等离子体中的静电波

如果我们假设等离子体是非磁化的，那么式(13.16)中的 $u_s \times B_0$ 项就会消失，在不含磁场相关项的情况下，将 $k$ 与式(13.16)做点积，就得到：

$$\left( \omega^2 - k^2 \frac{\gamma_s k T_s}{m_s} \right)(k \cdot u_s) = i\omega \frac{q_s}{m_s}(k \cdot E) \tag{13.20}$$

或者

$$q_s \delta n_s = \omega_{ps}^2 \frac{\varepsilon_0 i k \cdot E}{\left( \omega^2 - k^2 \frac{\gamma_s k T_s}{m_s} \right)} \tag{13.21}$$

其中，$\omega_{ps}$ 为某种类粒子的等离子体频率，$\omega_{ps}^2 = n_s q_s^2 / \varepsilon_0 m_s$。将式(13.21)对各离子种类求和可得到电荷密度的扰动变化，从而可进一步通过式(13.8)与 $k \cdot E$ 关联起来。

如果我们考虑仅由电子和一价正离子这两类粒子组成的等离子体，那么可以得到非磁化等离子体中静电波的色散关系为

$$1 = \frac{\omega_{pe}^2}{(\omega^2 - k^2 c_{se}^2)} + \frac{\omega_{pi}^2}{(\omega^2 - k^2 c_{si}^2)} \tag{13.22}$$

其中，$c_{se}$ 和 $c_{si}$ 为电子声速和离子声速，分别为 $c_{se}^2 = \frac{\gamma_e k T_e}{m_e}$，$c_{si}^2 = \frac{\gamma_i k T_i}{m_i}$。

如果我们再进一步作冷等离子体的近似假设，则电子和离子声速可忽略，那么我们可得到一个经典式子：

$$\omega^2 = \omega_{pe}^2 + \omega_{pi}^2 = \omega_p^2 \tag{13.23}$$

即波对应等离子体振荡，也称 Langmuir 波。

一般情况下，离子和电子的温度相差不大，这使我们有 $c_{se}^2 / c_{si}^2 \approx O(m_i/m_e) \gg 1$。我们可据此研究式(13.22)的色散关系是如何随频率或波数变化的，或者更准确地说，随相速度[①]的变化。因此，在相速度很高时，式(13.22)右边的两项都是正的，但随着相速度的不断

---

① 相速度为 $\omega/k$。

降低,右边第一项的分母开始趋近于零,而第二项的分母仍然是 $\omega^2 \gg k^2 c_{si}^2$。在这种情况下,我们有:

$$1 \approx \frac{\omega_{pe}^2}{(\omega^2 - k^2 c_{se}^2)} + \frac{\omega_{pi}^2}{\omega^2} \tag{13.24}$$

或者,对两边各项整理,有

$$\omega^2 (\omega^2 - k^2 c_{se}^2 - \omega_p^2) + k^2 c_{se}^2 \omega_{pi}^2 \approx 0 \tag{13.25}$$

在高频条件下,$\omega^2 \gg \omega_{pi}^2$,式(13.25)的色散关系退化为左边括号中的项等于零。如果我们根据不同粒子德拜长度的定义(见式(3.83)),考虑到 $\omega_p \approx \omega_{pe}$,则式(13.25)在高频条件下变为

$$\omega^2 = \omega_p^2 + k^2 c_{se}^2 = \omega_p^2 + \gamma_e k^2 \lambda_{De}^2 \omega_{pe}^2 \approx \omega_p^2 (1 + \gamma_e k^2 \lambda_{De}^2) \tag{13.26}$$

式(13.25)表明还存在一个低频色散解,但需注意,从式(13.22)到式(13.24)我们忽略离子声速的假设在低频条件下可能是不成立的。

在考虑其他色散解之前,我们应该讨论下 $\gamma_e$ 的物理意义。在一个真实的非磁化等离子体中,电子有 3 个自由度,相应 $\gamma_e = 5/3$。但由于 $\boldsymbol{u}_s \times \boldsymbol{B}_0$ 项对式(13.26)中的场向分量没有贡献,所以在磁化等离子体中沿磁场传播的静电波色散关系与非磁化条件下的色散关系是相同的。在磁化等离子体中沿磁场平行传播的情况下,电子只有一个自由度,相应有 $\gamma_e = 3$。

回到式(13.22),我们下一个需要考虑的是在相速度足够低情形下的色散解,在这种情况下式(13.22)右边的第一项为负值。一般来说,随着频率变得比式(13.26)要求的频率还要小得多时,这一项也将变得很大。这时,式(13.22)变为

$$0 \approx -\frac{\omega_{pe}^2}{k^2 c_{se}^2} + \frac{\omega_{pi}^2}{(\omega^2 - k^2 c_{si}^2)} \tag{13.27}$$

或

$$\omega^2 \approx k^2 \frac{(\gamma_e k T_e + \gamma_i k T_i)}{m_i} = k^2 c_s^2 \tag{13.28}$$

在当前章节,我们将速度 $c_s$ 称为离子声学速(ion acoustic speed)。如果假设 $\gamma_e = \gamma_i = 5/3$,$c_s$ 就变成了 MHD 下的声速。

我们考虑的最后一个解,是当 $k$ 变得比较大以至于式(13.22)右边的第一项可忽略的极限情形。在这种情况下我们有:

$$\omega^2 \approx \omega_{pi}^2 + k^2 c_{si}^2 \approx \omega_{pi}^2 (1 + \gamma_i k^2 \lambda_{Di}^2) \tag{13.29}$$

图 13.1 给出了式(13.22)的色散关系。该图显示了频率随波数变化的函数关系,这种函数变化关系图通常被称为 $\omega$-$k$ 图或波的色散关系图。图 13.1(a)显示了式(13.25)在高频近似下得到的波模色散关系。图中频率按电子等离子体频率作归一化,波数按电子 Debye 长度作归一化。灰色线表示渐近相速度 $c_{se}$。在确定 $c_{se}$ 时我们默认了 $\gamma_e = 3$。

图 13.1(b)显示了离子声模的色散关系。为了说明,我们假设电子温度比离子温度大了 10 倍且 $\gamma_i = 3$。对于电子、离子温度相同情况下有 $\lambda_{Di} = \lambda_{De}$,但这里 $\lambda_{Di} = \lambda_{De}/10^{1/2}$。在低频条件下,波的色散关系近似解由式(13.28)给出,由斜率不变的灰色线表示。随着频率的增加,波的色散关系逐渐接近由式(13.29)给出的渐近线,用另一条灰线表示。

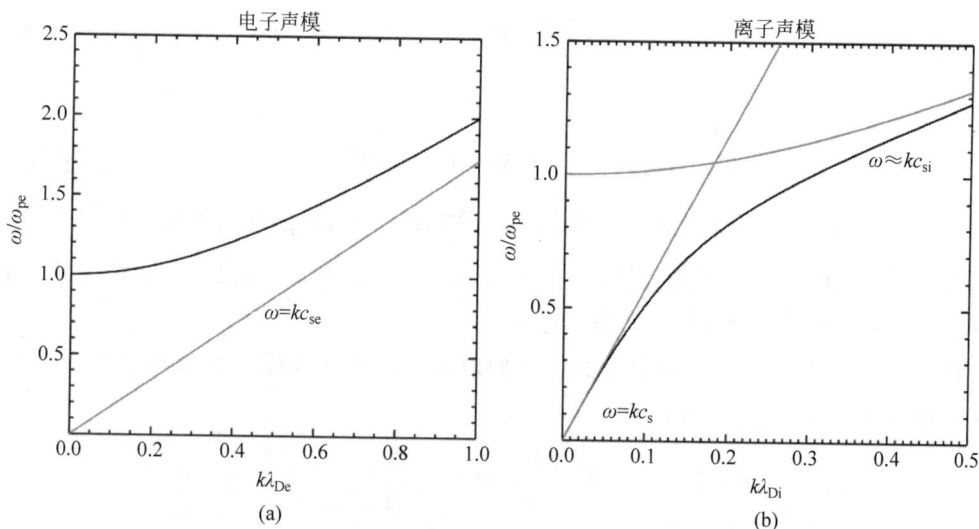

图 13.1　由式(13.22)给出的电子(a)和离子(b)声模下的色散关系。这些波模都可以认为是声模

通过图 13.1，我们还可以讨论等离子体中波的一些基本性质。首先，原点与 $\omega$-$k$ 色散图上任一点的连线，其直线斜率给出了该点处的相速度。而色散关系图上任一点处的斜率 $\partial\omega/\partial k$，则给出了该点处的群速度。因此，当波数较小时，电子声模的相速度会变得无限大，而群速度为零。这是波出现色散的一个重要特征，因为波能以群速度传播，其传播速度不应该超过光速。随着波数的增加，相速度和群速度都逐渐接近电子声速。而对于离子声模而言，低频时相速度和群速度皆为离子声学速(ion acoustic speed)，波数较大时则趋于离子声速(ion sound speed)[①]。

当我们考虑磁化等离子体时，相速度和群速度之间的关系会变得更复杂。这是由于波的色散特性会随着传播方向的变化而变化。相速度沿波矢量 $\boldsymbol{k}$ 方向传播，其群速度则由 $\partial\omega/\partial k$ 给出，群速度不一定会与 $\boldsymbol{k}$ 平行。

在结束本节之前，我们应该指出，在非磁化等离子体中讨论的静电波不仅仅是理论教学上才出现的波动：至少对于高频波而言，太阳风可被看作弱磁化的等离子体。而且在行星弓激波的前兆区可以观察到等离子体振荡和离子声波。这些波看起来与弓激波处的反射粒子有关。我们将在 13.5.2 节中讨论这些反射粒子如何产生等离子体波。

## 13.3.2　磁化冷等离子体中的电磁波

我们要做的下一个近似是针对于磁化冷等离子体中的电磁波而言的。对于式(13.16)中与 $\boldsymbol{k}$ 的点乘项，我们可以忽略等离子体压强的影响(假设等离子体是冷的)

$$\frac{\omega^2}{k^2} \gg \frac{\gamma_s K T_s}{m_s} \tag{13.30}$$

也就是波的相速度远高于相应粒子种类的声速。

那么，式(13.16)可变为

---

① 读者需要注意式(13.22)中定义的离子声速与式(13.28)中定义的离子声学速的区别。

$$u_s = \mathrm{i}\frac{q_s}{\omega m_s}(\boldsymbol{E} + \boldsymbol{u}_s \times \boldsymbol{B}_0) \tag{13.31}$$

或

$$\boldsymbol{j}_s = \mathrm{i}\frac{\omega_{\mathrm{ps}}^2}{\omega}\varepsilon_0\boldsymbol{E} + \mathrm{i}\frac{\Omega_s}{\omega}\boldsymbol{j}_s \times \hat{\boldsymbol{b}} \tag{13.32}$$

其中，$\boldsymbol{j}_s$ 是 s 类粒子对总电流密度的贡献(参见式(13.17))；$\omega_{\mathrm{ps}}$ 为该类粒子对应的等离子体频率；$\Omega_s = q_s B_0 / m_s$ 是该类粒子对应的回旋频率；$\hat{\boldsymbol{b}}$ 是背景磁场 $\boldsymbol{B}_0$ 的单位矢量。请注意，$\Omega_s$ 包含了该类粒子对应的电荷极性符号。

我们可将式(13.32)写为分量形式。我们取笛卡儿直角坐标的 $z$ 轴与沿背景磁场 $\boldsymbol{B}_0$ 方向。在这种情况下，$\boldsymbol{j}_s$ 各分量为

$$j_{sx} = \mathrm{i}\frac{\omega_{\mathrm{ps}}^2}{\omega}\varepsilon_0 E_x + \mathrm{i}\frac{\Omega_s}{\omega}j_{sy} \tag{13.33}$$

$$j_{sy} = \mathrm{i}\frac{\omega_{\mathrm{ps}}^2}{\omega}\varepsilon_0 E_y - \mathrm{i}\frac{\Omega_s}{\omega}j_{sx} \tag{13.34}$$

$$j_{sz} = \mathrm{i}\frac{\omega_{\mathrm{ps}}^2}{\omega}\varepsilon_0 E_z \tag{13.35}$$

结合式(13.33)和式(13.34)，便可通过波的扰动电场将 $\boldsymbol{j}_s$ 各分量表示出来：

$$j_{sx} = \mathrm{i}\frac{\omega_{\mathrm{ps}}^2}{(\omega^2 - \Omega_s^2)}\varepsilon_0(\omega E_x + \mathrm{i}\Omega_s E_y) \tag{13.36}$$

$$j_{sy} = \mathrm{i}\frac{\omega_{\mathrm{ps}}^2}{(\omega^2 - \Omega_s^2)}\varepsilon_0(\omega E_y - \mathrm{i}\Omega_s E_x) \tag{13.37}$$

式(13.36)、式(13.37)及式(13.35)仅通过波的电场就将等离子体中每类粒子受谐波扰动而产生的诱导电流密度表示了出来。因此，式中与电场不同分量相乘的项就构成了电导率张量 $\boldsymbol{\sigma}$ 中的不同分量。我们可接下来用式(13.17)给出波电场表示的总电流密度，然后用式(13.7)闭合方程组。

然而，在进一步研究波的色散关系之前，我们可通过折射率的定义 $\mu = kc/\omega$，将式(13.7)重新写为

$$(\mu^2 - 1)\boldsymbol{E} - \mu^2\hat{\boldsymbol{k}}(\hat{\boldsymbol{k}} \cdot \boldsymbol{E}) = \frac{\mathrm{i}}{\omega\varepsilon_0}\boldsymbol{j} \tag{13.38}$$

其中，$\hat{\boldsymbol{k}}$ 为波矢单位矢量，并且我们还使用了 $c^2 = 1/\mu_0\varepsilon_0$ 的关系。

目前这一阶段，我们并不讨论多粒子组分等离子体中波沿任意方向的色散关系，而要首先考虑两种特殊情况，它们能够为我们理解一般情况提供帮助。首先，我们考虑高频情况，在这种情况下只有电子对电流密度有贡献。式(13.32)表明，对于足够高的频率而言，例如 $\omega \gg \omega_{\mathrm{pi}}$，离子对 $\boldsymbol{j}$ 的贡献可以忽略，因为电子的贡献要比离子的大 $\mathrm{O}(m_i/m_e)$。[①] 其次，我们将考虑与背景磁场平行或垂直传播的波。

---

① O 为同阶无穷小符号。

### 13.3.3　冷等离子体中的波模——平行传播

对于平行传播而言,也就是 $\hat{\boldsymbol{k}} /\!/ \boldsymbol{B}_0$,式(13.38)按分量形式则变为

$$(\mu^2 - 1)E_x = \frac{\mathrm{i}}{\omega\varepsilon_0} j_x \tag{13.39}$$

$$(\mu^2 - 1)E_y = \frac{\mathrm{i}}{\omega\varepsilon_0} j_y \tag{13.40}$$

$$E_z = -\frac{\mathrm{i}}{\omega\varepsilon_0} j_z \tag{13.41}$$

最后,我们使用式(13.36)、式(13.37)和式(13.35)中的电子项来替换式(13.39)、式(13.40)及式(13.41)中的电流密度,我们可得:

$$(\mu^2 - 1)E_x = -\frac{\omega_{\mathrm{pe}}^2}{(\omega^2 - \Omega_{\mathrm{e}}^2)}\left(E_x - \mathrm{i}\,\frac{|\Omega_{\mathrm{e}}|}{\omega}E_y\right) \tag{13.42}$$

$$(\mu^2 - 1)E_y = -\frac{\omega_{\mathrm{pe}}^2}{(\omega^2 - \Omega_{\mathrm{e}}^2)}\left(E_y + \mathrm{i}\,\frac{|\Omega_{\mathrm{e}}|}{\omega}E_x\right) \tag{13.43}$$

$$E_z = \frac{\omega_{\mathrm{pe}}^2}{\omega^2}E_z \tag{13.44}$$

其中,$|\Omega_{\mathrm{e}}| = eB_0/m_{\mathrm{e}}$ 为电子的回旋频率大小。

式(13.42)、式(13.43)及式(13.44)中仅包含波电场的不同分量。我们可用如下矩阵形式来重写这些方程:

$$\begin{pmatrix} (\mu^2 - 1)(\omega^2 - \Omega_{\mathrm{e}}^2) + \omega_{\mathrm{pe}}^2 & -\mathrm{i}\omega_{\mathrm{pe}}^2\,\dfrac{|\Omega_{\mathrm{e}}|}{\omega} & 0 \\[2mm] \mathrm{i}\omega_{\mathrm{pe}}^2\,\dfrac{|\Omega_{\mathrm{e}}|}{\omega} & (\mu^2 - 1)(\omega^2 - \Omega_{\mathrm{e}}^2) + \omega_{\mathrm{pe}}^2 & 0 \\[2mm] 0 & 0 & \omega^2 - \omega_{\mathrm{pe}}^2 \end{pmatrix} \begin{pmatrix} E_x \\ E_y \\ E_z \end{pmatrix} = 0 \tag{13.45}$$

式(13.45)存在解的条件是要求矩阵的行列式为零。然而,由于矩阵的 $z$ 列、$z$ 行中都只有一个项,我们可立即注意到存在一个解,这个解对应 $E_x$ 和 $E_y$ 等于 0,且 $E_z \neq 0$。这个解为

$$\omega^2 = \omega_{\mathrm{pe}}^2 \tag{13.46}$$

这与我们之前在非磁化冷等离子体中得到的静电波式(13.23)(忽略离子对等离子体频率的贡献)是相同的。这并不奇怪,因为背景磁场并不影响平行粒子的运动。

现在我们来看式(13.45)的另一个解。这个解对应 $E_z = 0$ 及

$$\begin{vmatrix} (\mu^2 - 1)(\omega^2 - \Omega_{\mathrm{e}}^2) + \omega_{\mathrm{pe}}^2 & -\mathrm{i}\omega_{\mathrm{pe}}^2\,\dfrac{|\Omega_{\mathrm{e}}|}{\omega} \\[2mm] \mathrm{i}\omega_{\mathrm{pe}}^2\,\dfrac{|\Omega_{\mathrm{e}}|}{\omega} & (\mu^2 - 1)(\omega^2 - \Omega_{\mathrm{e}}^2) + \omega_{\mathrm{pe}}^2 \end{vmatrix} = 0 \tag{13.47}$$

或者,因为行列式具有 $a^2 = b^2$ 的形式,我们可对行列式取平方根,然后得到:

$$(\mu^2 - 1)(\omega^2 - \Omega_e^2) + \omega_{pe}^2 = \pm \frac{\omega_{pe}^2 \mid \Omega_e \mid}{\omega} \tag{13.48}$$

对上式进行整理,可得:

$$\mu^2 = 1 - \frac{\omega_{pe}^2}{\omega(\omega \pm \mid \Omega_e \mid)} \tag{13.49}$$

如果取分母±中的负号且 $\omega = \mid \Omega_e \mid$ 时,该波模成为共振模,其对应的折射率趋于无穷大。在式(13.49)中选择负号对应在式(13.48)右边项中选择负号。由式(13.45),这意味着有

$$E_x + iE_y = 0 \tag{13.50}$$

这意味着 $\mid E_x \mid = \mid E_y \mid$。此外,如果我们假设

$$E_x(t) = E_0 \exp\left[-i(\omega t - kz)\right] \tag{13.51}$$

那么有

$$E_y(t) = iE_x(t) = iE_0 \exp\left[-i(\omega t - kz)\right]$$
$$= E_0 \exp\left[-i(\omega(t - \tau/4) - kz)\right] = E_x(t - \tau/4) \tag{13.52}$$

其中, $\tau$ 为波动周期。因此,电场 $y$ 分量相位比 $x$ 分量的相位要滞后 1/4 个周期。这对应右旋圆极化波(Right-Hand Circularly Polarized Wave,RHC),其中波电场矢量围绕背景磁场以右手性方式旋转。相反,假若我们在式(13.49)中选择正号,那么对应波动的电场是左旋圆极化波(Left-Hand Circularly Polarized Wave,LHC)。因此,由式(13.49)给出的色散关将得到两种波模————一种是右旋极化波,对应式(13.49)中的负号,另一种是左旋极化波。这两种波模因此被称为 R 模和 L 模。由式(13.46)给出的等离子体振荡波模也经常被称为 P 模。R 模和 L 模为横向电磁模,在波矢方向上没有波电场扰动,而 P 模是静电模的,因此其静电场是纵向扰动。

电磁波分裂成 R 模和 L 模也能解释为什么 $\omega = \mid \Omega_e \mid$ 时有共振。电子以右手性方式绕背景磁场旋转。在发生共振时,电子会看到以同样频率同样右手性旋转的波电场。这就是回旋共振(gyro-resonance),在回旋共振中可期望电子和波之间存在很强的耦合作用。在我们后面讨论波的不稳定性时,将再次回到这个话题上来。

式(13.49)的另一个特征是折射率可以变为零。此时,就会形成所谓波的频率截止(cutoff)。设式(13.49)中的 $\mu^2 = 0$,并将色散关系的频率限制为正值,那么我们可得

$$\omega_R = (\omega_{pe}^2 + \Omega_e^2/4)^{1/2} + \mid \Omega_e \mid /2 \tag{13.53}$$

及

$$\omega_L = (\omega_{pe}^2 + \Omega_e^2/4)^{1/2} - \mid \Omega_e \mid /2 \tag{13.54}$$

其中, $\omega_R$ 和 $\omega_L$ 分别为 R 模和 L 模的截止频率。截止频率具有如下特性: $\omega_R = \omega_L + \mid \Omega_e \mid$, $\omega_R > \max(\omega_{pe}, \mid \Omega_e \mid)$ 及 $\omega_L < \omega_{pe}$。

图 13.2 中给出了式(13.49)的色散关系。对于图中这些波模的色散关系,我们假定 $\omega_{pe} = 2 \mid \Omega_e \mid$。

在图 13.2 中,R 模存在两个分支:一个是 $\omega > \omega_R$,另一个是 $\omega < \mid \Omega_e \mid$。 $\omega < \mid \Omega_e \mid$ 对应的 R 模也称为哨声模。在这两个分支之间存在一个频率禁带(stop band),R 模不能在其中传播。在 $\mu^2 < 0$ 的频带,波矢为虚数,这对应波的衰减或消失。L 模的频率禁带为 $\omega < \omega_L$。在极低频的情形下,我们必须把离子行为考虑进来,后面将看到,这时 L 模将以传播模式再次出现。

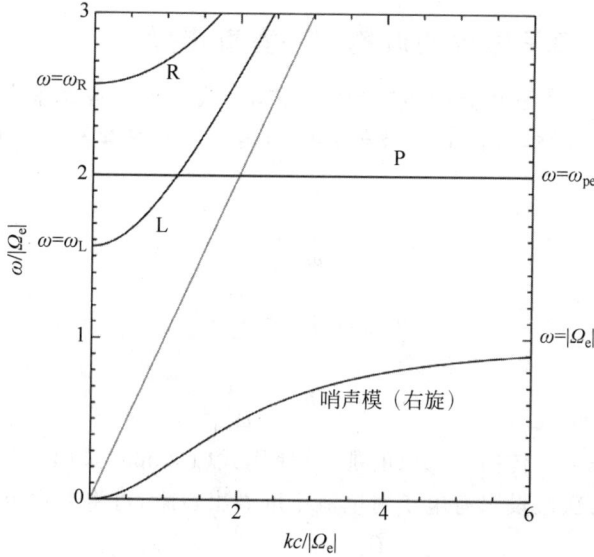

图 13.2 平行于磁场传播的高频电磁波的色散关系。图中灰色线的定常斜率表示光速

　R 模和 L 模的高频分支皆为超光波模(**superluminous** mode),该模式下的相速度要大于光速,高频范围波模的相速度将接近光速。然而,这两种波模的群速度(可由 $\omega\text{-}k$ 色散曲线斜率给出)都小于光速。波的能量以群速度传播,这也是满足狭义相对论的要求。此外,这些波模并没有高频截止或共振。这些波在第 11 章的行星射电辐射内容处就有过讨论:极光千米波辐射(**auroral kilometric radiation**,AKR)、木星十米波辐射(decametric radiation,DAM)和土星千米波辐射(saturnian kilometric radiation,SKR)。所有这些波都是在各自行星极光区产生的,并且主要与 R 模耦合,所以这些电磁辐射是可以逃离行星磁层的。这些波的最初激发频率位于局部电子回旋频率附近。当这些波传播远离行星时,这些波会传到频率 $\omega/|\Omega_e|$ 增加的区域。这对应图 13.2 中波的色散关系曲线沿垂直方向移动变化。由于 R 模没有高频限制,这些波会从行星磁层中逃逸出来。

　而哨声模并非如此。哨声模仅在电子回旋频率以下的频段传播。我们将在稍后看到哨声模是由磁场引导传播的。由于该波模是由磁场引导传播的,由闪电激发的极低频波频段(ELF,300 Hz~3 kHz)和甚低频波频段(VLF,3~30 kHz)内的电磁波可以穿过电离层,并可沿地磁场传播到共轭半球。ELF 波和 VLF 波的频段都包括人耳的听觉频段范围。由图 13.2 可以看出,当 $\omega<|\Omega_e|/2$ 时,相速度和群速度都随着波模频率的增加而增加。因此,较高频率的波动可更快地传播到共轭半球,并且在共轭点检测到的信号随时间具有降调变化的特征。19 世纪随着电报成为一种重要的通信手段,这些闪电激发产生的波会在电报线中诱生出一些电报员可以听到的干扰信号。由于这些诱生干扰信号通常为降调信号,所以它们也被称为哨声。直到 20 世纪 50 年代,Owen Storey (Storey,1953)才找到合理的物理解释,认为哨声肯定是由共轭半球的闪电激发产生的。从技术上讲,哨声波可在共轭电离层之间来回弹跳。在共轭点会不时检测到这些弹跳信号。第一个弹跳信号的色散性最低,随后检测到的弹跳信号色散会越来越明显,信号也越来越弱。

### 13.3.4 冷等离子体中的波模——垂直传播

在讨论了平行于背景磁场方向传播的波模之后,我们现在考虑垂直于磁场方向传播的高频波模解。不失一般性,我们假定波矢方向为笛卡儿直角坐标系下的 $x$ 轴方向。那么式(13.38)变为

$$E_x = -\frac{\mathrm{i}}{\omega \varepsilon_0} j_x \tag{13.55}$$

$$(\mu^2 - 1) E_y = \frac{\mathrm{i}}{\omega \varepsilon_0} j_y \tag{13.56}$$

$$(\mu^2 - 1) E_z = \frac{\mathrm{i}}{\omega \varepsilon_0} j_z \tag{13.57}$$

正如我们在研究平行传播时采取的那样,使用式(13.36)、式(13.37)和式(13.35)来得到电流密度。我们再次假设只有电子对电流密度做出贡献,可将方程组写成矩阵形式:

$$\begin{pmatrix} \omega^2 - \omega_{\mathrm{UHR}}^2 & \mathrm{i}\omega_{\mathrm{pe}}^2 \dfrac{|\Omega_{\mathrm{e}}|}{\omega} & 0 \\[2ex] \mathrm{i}\omega_{\mathrm{pe}}^2 \dfrac{|\Omega_{\mathrm{e}}|}{\omega} & (\mu^2 - 1)(\omega^2 - \Omega_{\mathrm{e}}^2) + \omega_{\mathrm{pe}}^2 & 0 \\[2ex] 0 & 0 & (\mu^2 - 1)\omega^2 + \omega_{\mathrm{pe}}^2 \end{pmatrix} \begin{pmatrix} E_x \\[1ex] E_y \\[1ex] E_z \end{pmatrix} = 0 \tag{13.58}$$

其中,$\omega_{\mathrm{UHR}}^2 = \omega_{\mathrm{pe}}^2 + \Omega_{\mathrm{e}}^2$ 为上混杂共振频率(**upper hybrid resonance** frequency)。由于由式(13.33)和式(13.34)可知,粒子运动既包括来自波电场激发的等离子体振荡运动,也包括围绕磁场的粒子回旋运动,这个频率因此也被称为混杂频率(hybrid frequency)。

和前面一样,式(13.58)解的存在要求矩阵的行列式为零。与平行传播情形一样[1],在矩阵的 $z$ 列和 $z$ 行中只有一项,那么存在一个解其对应 $E_x$ 和 $E_y$ 等于 0,而 $E_z \neq 0$。这个解为

$$\mu^2 = 1 - \frac{\omega_{\mathrm{pe}}^2}{\omega^2} \tag{13.59}$$

此为寻常模(ordinary mode)或 O 模的色散关系。这种模之所以被称为 O 模,是因为其色散关系中并未包含电子回旋频率项,这与非磁化等离子体中的相同(尽管在非磁化等离子体中,波的传播方向并没有任何限制)。图 13.3 中标记为"O"的 $\omega\text{-}k$ 曲线给出了 O 模的色散关系。该波模的色散关系类似高频波段的 R 和 L 模式,也属于超光模,但其群速度小于光速。O 模既是电磁波也是横波。

现在我们研究式(13.58)的其他解。该解的存在要求对应 $E_z = 0$ 及

$$\begin{vmatrix} \omega^2 - \omega_{\mathrm{UHR}}^2 & \mathrm{i}\omega_{\mathrm{pe}}^2 \dfrac{|\Omega_{\mathrm{e}}|}{\omega} \\[2ex] \mathrm{i}\omega_{\mathrm{pe}}^2 \dfrac{|\Omega_{\mathrm{e}}|}{\omega} & (\mu^2 - 1)(\omega^2 - \Omega_{\mathrm{e}}^2) + \omega_{\mathrm{pe}}^2 \end{vmatrix} = 0 \tag{13.60}$$

或

---

[1] 见式(13.45)。

$$\big[(\mu^2-1)(\omega^2-\Omega_e^2)+\omega_{pe}^2\big](\omega^2-\omega_{UHR}^2)+\frac{\omega_{pe}^4\Omega_e^2}{\omega^2}=0 \qquad (13.61)^{①}$$

重新整理此项，可得

$$\mu^2=1-\frac{\omega_{pe}^2(\omega^2-\omega_{pe}^2)}{\omega^2(\omega^2-\omega_{UHR}^2)} \qquad (13.62)$$

该色散关系是非寻常模（extraordinary mode）或 X 模的色散关系。这种波模是否存在取决于是否有背景磁场。其色散关系曲线在图 13.3 中标记为"X"，它有两个 X 模分支。

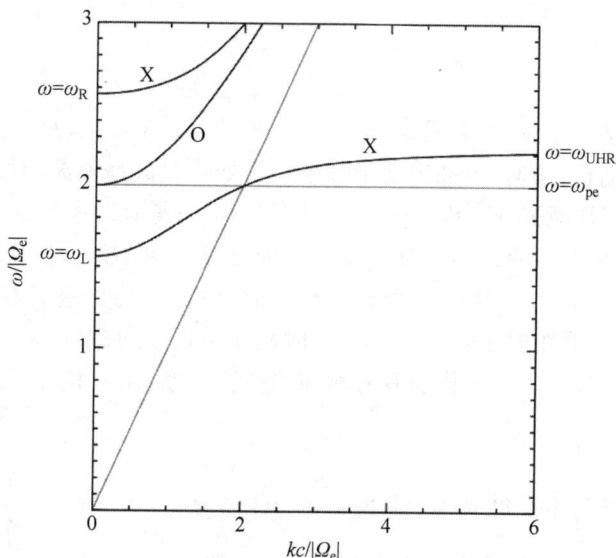

图 13.3　垂直于磁场传播的高频波的色散关系图。灰色线具有的恒定斜率表示光速

在讨论 R 模的时候，我们注意当 $\mu=\infty$ 时会出现电子回旋共振（$\omega=|\Omega_e|$）。由式(13.62)我们也看到，当 $\omega=\omega_{UHR}$ 时 X 模也会出现共振。在出现上混杂频率共振时，由式(13.58)可知有 $E_y=0$。由于我们假设波矢是沿 $x$ 方向，波电场的方向与波矢方向一致，所以 X 模在 $\omega=\omega_{UHR}$ 时会变为静电波。

与 O 模类似，X 模在 $\mu=0$ 时会出现频率截止。令式(13.62)的左侧为零，并利用 $\omega_{UHR}^2=\omega_{pe}^2+\Omega_e^2$，则当

$$(\omega^2-\omega_{pe}^2)^2-\omega^2\Omega_e^2=0 \qquad (13.63)$$

或

$$\omega^2\pm\omega|\Omega_e|-\omega_{pe}^2=0 \qquad (13.64)$$

时，会出现频率截止。

如果我们将色散关系的解限定为 $\omega>0$，那么定义 $\omega_X$ 为 X 模的截止频率，即有

$$\omega_{X\pm}=(\omega_{pe}^2+\Omega_e^2/4)^{1/2}\pm|\Omega_e|/2 \qquad (13.65)$$

该式中取正号时，截止频率正好与式(13.53)中 R 模的截止频率一样，而取负号时正好

---

① 原文中分数项的分母写为了 $\omega$。

与式(13.54)中 L 模的截止频率一样。由于截止频率是相同的,我们在接下来可使用 $\omega_R$ 和 $\omega_L$ 表示 X 模的这两个截止频率。与平行传播一样,在垂直传播下 O 模和 X 模都存在频率禁带(在禁带中波会消失)。对于 O 模,禁带范围为 $\omega < \omega_{pe}$。对于 X 模,存在两个频率禁带,也就是 $\omega_{UHR} < \omega < \omega_R$ 及 $\omega < \omega_L$。与 O 模类似,X 模在 $\omega > \omega_R$ 范围内属于超光模。而这两个禁带之间的 X 模的相速度是小于光速的,但在 $\omega < \omega_{pe}$ 范围内 X 模变为超光模。

最后,在考虑沿任意方向传播的波模之前,我们注意到 O 模的波电场与背景磁场是平行的,而 X 模的电场则垂直于背景磁场,并呈椭圆极化状态。从式(13.58)的第一行,我们可得

$$E_x = -\mathrm{i}\,\frac{\omega_{pe}^2\,|\,\Omega_e\,|}{\omega(\omega^2 - \omega_{UHR}^2)} E_y \qquad (13.66)$$

在我们规定的坐标系中,波矢沿 $x$ 轴方向,X 模波则包括纵向($E_x$)和横向($E_y$)电场分量。我们已指出,垂直传播时,波在上混杂频率共振处会变成静电波,对应 $E_y = 0$。在讨论 R 模和 L 模时,我们注意到 $E_x = -\mathrm{i}E_y$(见式(13.52))表示为一个右旋圆极化波。由于式(13.66)中与 $E_y$ 相乘项的大小一般不为 1,也就是 $|E_x| \neq |E_y|$,但这两个分量的方向仍然是正交的。因此,当波电场围绕背景磁场旋转时,波电场的矢端会画出一个椭圆。$\omega > \omega_{UHR}$ 时,波电场按右手性旋转,而 $\omega < \omega_{UHR}$ 时按左手性方向旋转。这些结果都是意料之中的,因为 X 模的高频分支与 R 模态具有相同的截止频率,而低频分支与 L 模具有相同的截止频率。

## 13.3.5　冷等离子体中的波模——斜传播

我们在平行传播和垂直传播两种特殊情况下详细讨论了如何推导磁化等离子体中波动色散关系的方法后,现在考虑波动相对于背景磁场以任意夹角传播的色散关系。由于我们还将在本章稍后部分考虑低频波的情况,这里将同时考虑离子和电子对电流密度的贡献。

对于垂直传播而言,我们当时假设了波矢沿 $x$ 轴方向。现在假设波矢在 $x$-$z$ 平面上并偏离背景磁场方向角度为 $\theta$。波矢与磁场的几何结构分布如图 13.4 所示。因此,波矢按分量可写为 $k(\sin\theta, 0, \cos\theta)$。

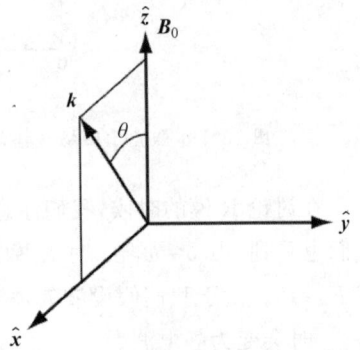

图 13.4　在此坐标系下,波相对背景磁场成一定角度传播

我们基于前面推导方程色散关系的方法,从式(13.35)、式(13.36)、式(13.37)和式(13.38)中发现波电场满足

$$
\begin{pmatrix}
\mu^2\cos^2\theta - 1 + \sum_s \dfrac{\omega_{ps}^2}{(\omega^2 - \Omega_s^2)} & \mathrm{i}\sum_s \dfrac{\omega_{ps}^2}{(\omega^2 - \Omega_s^2)}\dfrac{\Omega_s}{\omega} & -\mu^2\sin\theta\cos\theta \\[3mm]
-\mathrm{i}\sum_s \dfrac{\omega_{ps}^2}{(\omega^2 - \Omega_s^2)}\dfrac{\Omega_s}{\omega} & \mu^2 - 1 + \sum_s \dfrac{\omega_{ps}^2}{(\omega^2 - \Omega_s^2)} & 0 \\[3mm]
-\mu^2\sin\theta\cos\theta & 0 & \mu^2\sin^2\theta - 1 + \sum_s \dfrac{\omega_{ps}^2}{\omega^2}
\end{pmatrix}
\begin{pmatrix} E_x \\ E_y \\ E_z \end{pmatrix} = 0
$$

$$(13.67)$$

当 $\theta=0$ 及 $\theta=\pi/2$，且考虑的粒子仅为电子（$\Omega_s = -|\Omega_e|$）时，该关系可分别退化为式(13.45)和式(13.58)，为进一步简化式(13.67)，我们引入并定义符号：

$$R \equiv 1 - \sum_s \frac{\omega_{ps}^2}{\omega(\omega+\Omega_s)} \tag{13.68}$$

和

$$L \equiv 1 - \sum_s \frac{\omega_{ps}^2}{\omega(\omega-\Omega_s)} \tag{13.69}$$

据此，我们定义：

$$S \equiv \frac{1}{2}(R+L) = 1 - \sum_s \frac{\omega_{ps}^2}{(\omega^2-\Omega_s^2)} \tag{13.70}$$

$$D \equiv \frac{1}{2}(R-L) = \sum_s \frac{\omega_{ps}^2}{(\omega^2-\Omega_s^2)}\frac{\Omega_s}{\omega} \tag{13.71}$$

以及与回旋频率无关的项：

$$P \equiv 1 - \sum_s \frac{\omega_{ps}^2}{\omega^2} \tag{13.72}$$

从中我们可注意到有 $S+D=R$ 及 $S-D=L$。

这样，式(13.67)就变为

$$\begin{pmatrix} \mu^2\cos^2\theta - S & iD & -\mu^2\sin\theta\cos\theta \\ -iD & \mu^2-S & 0 \\ -\mu^2\sin\theta\cos\theta & 0 & \mu^2\sin^2\theta - P \end{pmatrix}\begin{pmatrix} E_x \\ E_y \\ E_z \end{pmatrix} = 0 \tag{13.73}$$

为完整起见，由式(13.11)可知，式(13.73)对应的介电张量(dielectric tensor)为

$$\overleftrightarrow{\kappa} = \begin{pmatrix} S & -iD & 0 \\ iD & S & 0 \\ 0 & 0 & P \end{pmatrix} \tag{13.74}$$

我们可立即由式(13.73)获得前面的色散关系。对于平行传播，通过与式(13.49)和式(13.46)对比，我们发现其对应 $\mu^2=R$，$\mu^2=L$，$P=0$。但我们现在通过所定义的 $R$、$L$ 和 $P$ 等参数，可将色散关系扩展以包括离子的贡献。尤其是当 $\mu^2=L$ 时，色散关系包括离子的回旋共振效应。对于垂直传播，我们对应 $\mu^2=RL/S$（X 模）和 $\mu^2=P$（O 模）两个色散解。如果我们只考虑子电作用，则 X 模解在经过一些代数运算后可简化为式(13.62)，而 O 模解则可显然简化为式(13.59)。

在式(13.73)中通过设定 $\mu^2=0$，我们可确定波模的各种截止频率。由于 $R$、$L$ 和 $P$ 等项均与传播方向无关，因此，对于任意传播角 $\theta$，我们发现截止频率可由 $R=0$、$L=0$ 及 $P=0$ 给出。同样，在我们忽略离子效应的高频条件下，可得到这些截止频率分别为 $\omega_R$、$\omega_L$ 和 $\omega_{pe}$。但更一般性的结果表明，在较低频率的色散关系中可能存在额外的截止频率，其中离子效应变得很重要。如果假设仅有正离子贡献，我们发现低频截止频率可由 $L=0$ 给出，因为在每类离子的回旋共振频率处，$L$ 在无穷大处其正负符号会发生变化，但我们也看到这些低频截止频率的存在从物理上而言也需等离子体内存在不止一种离子种类。

另一种需要考虑的极端情形为 $\mu^2=\infty$。对于平行传播而言，这对应回旋共振。对于垂

直传播而言,这相当于 $S=0$。起初看,由于对于垂直传播有 $\mu^2=RL/S$,我们可以认为 $R=\infty$ 也可以导致共振,但如果 $R=\infty$,也有 $S=\infty$,那么 $\mu^2$ 仍然是有限的。如果我们仅考虑双组分等离子体(含电子和一种离子),并定义 $\eta=m_e/m_i$,那么 $S=0$ 就可变为

$$1-\frac{\omega_{pe}^2}{\omega^2-\Omega_e^2}-\frac{\eta\omega_{pe}^2}{\omega^2-\eta^2\Omega_e^2}=0 \tag{13.75}$$

或

$$\omega^4-\omega^2[\omega_p^2+(1+\eta^2)\Omega_e^2]+\eta\Omega_e^2(\omega_p^2+\eta\Omega_e^2)=0 \tag{13.76}$$

其中,我们再次有 $\omega_p^2=\omega_{pe}^2+\omega_{pi}^2=(1+\eta)\omega_{pe}^2$。

一般来说,$\eta\ll1$,式(13.76)左边最后一项是很小的。这时,式(13.76)的两个频率(高频和低频)解可分别求得为

$$\omega^2=\omega_p^2+(1+\eta^2)\Omega_e^2\approx\omega_{pe}^2+\Omega_e^2=\omega_{UHR}^2 \tag{13.77}$$

及

$$\omega^2=\frac{|\Omega_e\Omega_i|(\omega_p^2+|\Omega_e\Omega_i|)}{\omega_p^2+\Omega_e^2}=\omega_{LHR}^2 \tag{13.78}$$

即为上混杂和下混杂共振频率[①]。我们已经在式(13.58)中讨论了上混杂频率。下混杂频率仅当包含离子项时才会出现,并且该混杂频率反映了电子和离子对波动的混合响应。在很多教科书里,下混杂频率也经常写为

$$\omega_{LHR}^2\approx|\Omega_e\Omega_i| \tag{13.79}$$

式(13.78)还进一步表明,式(13.79)这种下混杂频率的极限情况出现在 $\omega_p^2\gg\Omega_e^2$ 的时候。这个条件适用于许多空间等离子体环境,例如地球电离层或太阳风中。但是,正如第11章所讨论的那样,极光加速区的特征是等离子体密度非常低且磁场很强。这个区域有 $\omega_p^2\ll\Omega_e^2$,对于这种情况,我们有

$$\omega_{LHR}^2\approx\omega_{pi}^2+\Omega_i^2 \tag{13.80}$$

因此,当 $\omega_{pi}^2\gg\Omega_i^2$ 时[②],有 $\omega_{LHR}\approx\omega_{pi}$。而在极其稀薄的等离子体条件下,$\omega_{pi}^2\ll\Omega_i^2$,有 $\omega_{LHR}\approx\Omega_i$。

我们通过式(13.73)可给出波动相对于背景磁场以任意角传播时的色散关系。根据式(13.73)的矩阵行列式为零,可得到一个二次方程为

$$A\mu^4-B\mu^2+C=0 \tag{13.81}$$

其中

$$A=P\cos^2\theta+S\sin^2\theta \tag{13.82}$$

$$B=PS(1+\cos^2\theta)+RL\sin^2\theta \tag{13.83}$$

以及

$$C=PRL \tag{13.84}$$

因此,根据二次方程求根标准形式,可得,

$$\mu^2=\frac{B\pm(B^2-4AC)^{1/2}}{2A} \tag{13.85}$$

---

① 此时忽略了式(13.76)中的 $\omega^4$ 项。

② 原文为 $\omega_p^2\ll\Omega_e^2$。

图 13.5 给出了波动的色散关系。该图综合了图 13.2($\theta=0°$)和图 13.3($\theta=90°$)中的色散关系及传播角 $\theta=45°$ 时的色散关系。图中阴影区域为在 $\omega$-$k$ 空间中允许波动传播的区域。图中给出了参数分别为 $\omega_{pe}/\Omega_e=2$ 和 $\omega_{pe}/\Omega_e=0.5$ 两种情形下的色散关系曲线。比光速还快的波模分别标记为 $R$-$X$、$L$-$O$ 和 $L$-$X$，分别对应平行传播的偏振波，以及垂直传播时折射率与磁场是否相关的波。相速度小于光速的两种波模包括我们标记在上混杂频率处有共振现象的 Z 模，以及较低频率处的哨声模。图 13.5(a)与图 13.5(b)的主要区别在于相速度小于光速(灰色线)的波模，其色散关系存在显著的不同。Z 模的频率范围可从等离子体频率延伸至上混杂共振频率。然而，当 $\omega_{pe}<\Omega_e$ 时，Z 模的低频范围由 R 模在 $\omega>\omega_{pe}$ 频率范围内的色散关系给出。同样，在 $\omega_{pe}<\Omega_e$ 时，等离子体频率的作用也发生了变化，等离子体频率成了哨声模的频率上限，而不是 Z 模的下限。还应注意到，我们已统一将那些相速度比光速还慢的波称为"Z 模"，而 $L$-$X$ 模对应那些相速度比光速还快的波模。在一些文献中，以及关于电离层遥测的研究中，与 $L$-$X$ 模式相关的信号也被称为 Z 描迹(Z-trace)。

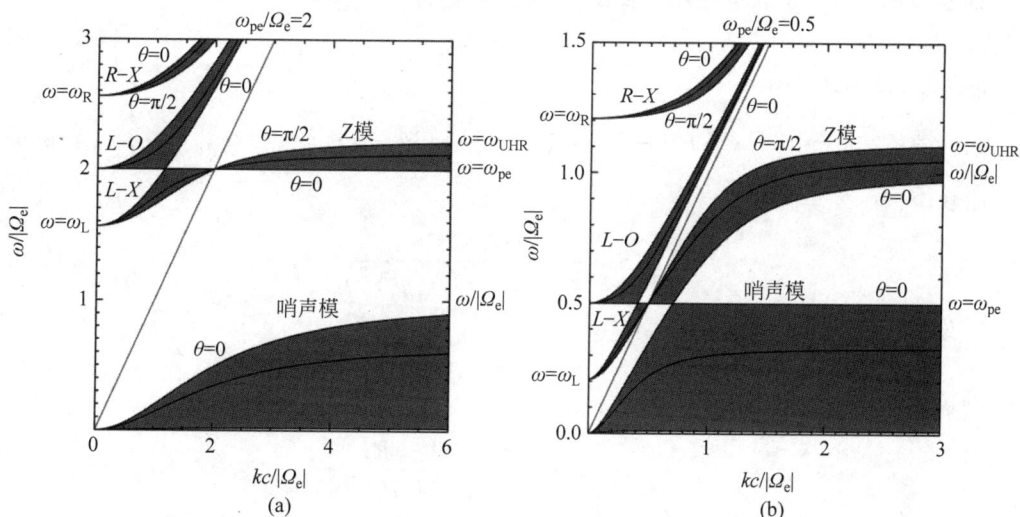

图 13.5　磁化冷等离子体中电磁波在高频段的色散关系。灰色直线的恒定斜率表示光速

显然，我们可以使用式(13.85)确定多离子组分冷等离子体中的波动色散关系。但在此之前，我们将先推导出该色散关系的另一种形式，即 Appleton-Hartree 关系式。这种形式的色散关系是无线电波在电离层中传播的背景下推导出的。它通常是针对高频波且在假设离子可忽略不计的情况下推导出的，但在这里的推导中我们认为等离子体仅含一种离子，并且推导中也将使用基于 Clemmow 和 Dougherty(1969)提出的公式形式。

首先，如果我们在式(13.82)和式(13.83)中利用三角关系 $\sin^2\theta=1-\cos^2\theta$，那么由式(13.81)可得

$$\mu^2_{//}=-\frac{(\mu^2-P)(S\mu^2-RL)}{(P-S)\mu^2-PS+RL} \tag{13.86}$$

可以注意到，令 $\mu^2_{//}=0$ 可在 $\mu^2=P$ 和 $\mu^2=RL/S$ 时分别得到垂直传播情况下 O 模和 X 模的色散关系。

我们现在推导 Appleton-Hartree 关系时还会经常使用一些其他符号。定义：

$$X = \frac{(1+\eta)\omega_{\mathrm{pe}}^2}{\omega^2} \tag{13.87}$$

及

$$Y = \frac{|\Omega_{\mathrm{e}}|}{\omega} \tag{13.88}$$

其中，$\eta = m_{\mathrm{e}}/m_{\mathrm{i}}$ 是电子与离子的质量比。高频近似下可认为 $\eta = 0$。

通过这种表示，式(13.68)可写为

$$R = 1 - \frac{X}{(1-Y)(1+\eta Y)} \tag{13.89}$$

式(13.69)则可写为

$$L = 1 - \frac{X}{(1+Y)(1-\eta Y)} \tag{13.90}$$

而 $S$ 依旧由式(13.70)[①]给出，而式(13.72)则变为

$$P = 1 - X \tag{13.91}$$

进一步，还可证明有

$$PS - RL = \left(1 - \frac{\eta X}{\Gamma}\right)(P - S) \tag{13.92}$$

而其中，有

$$P - S = \frac{XY^2\Gamma}{(1-Y^2)(1-\eta^2 Y^2)} \tag{13.93}$$

以及 $\Gamma$ 定义为

$$\Gamma = 1 - \eta + \eta^2(1 - Y^2) \tag{13.94}$$

结果，式(13.86)可写为

$$\mu_{/\!/}^2 = -\frac{(\mu^2 - P)(S\mu^2 - RL)}{(\mu^2 - 1 + \eta X/\Gamma)(P - S)} \tag{13.95}$$

如果我们定义：

$$\lambda = \frac{(\mu^2 - P)}{(\mu^2 - 1 + \eta X/\Gamma)} = \frac{(\mu^2 - 1 + X)}{(\mu^2 - 1 + \eta X/\Gamma)} \tag{13.96}$$

那么，由式(13.95)，我们有

$$\mu_{/\!/}^2 = -\lambda \frac{(S\mu^2 - RL)}{(P - S)} \tag{13.97}$$

通过重新整理式(13.96)，我们可将式(13.97)中的 $\mu^2$ 替换为

$$\mu^2 = 1 - \eta X/\Gamma - \frac{(1 - \eta/\Gamma)X}{1 - \lambda} \tag{13.98}$$

再经过一些代数运算后，式(13.97)变为

$$\mu_{/\!/}^2 = \frac{\lambda}{(\lambda - 1)\dfrac{Y^2}{1-X}\left(\dfrac{\Gamma}{1-\eta}\right)^2}\left[\frac{\Gamma(\Gamma - \eta X)}{(1-\eta)^2}\frac{Y^2}{1-X} - \lambda\right] \tag{13.99}$$

①　原书写为式(13.47)。

我们可以再次利用式(13.98)，由式(13.99)推导出 $\lambda$ 的二次方程为

$$\lambda^2 - \lambda \frac{\Gamma(\Gamma - \eta X)}{(1-\eta)^2} \frac{Y^2}{1-X} \sin^2\theta - \left(\frac{\Gamma}{1-\eta}\right)^2 Y^2 \cos^2\theta = 0 \qquad (13.100)$$

将式(13.100)的根代入式(13.98)，便可得到含有离子项的 Appleton-Hartree 关系式。离子项的加入使这种关系看起来比较复杂，因此，为方便讨论，我们现在假设可以忽略离子项。在这种情况下，我们令 $\eta = 0$，$\Gamma = 1$，那么 Appleton-Hartree 色散关系由式(13.98)就可变为

$$\mu^2 = 1 - \frac{X}{1 - \dfrac{\frac{1}{2}Y^2\sin^2\theta}{1-X} \pm \left[\left(\dfrac{\frac{1}{2}Y^2\sin^2\theta}{1-X}\right)^2 + Y^2\cos^2\theta\right]^{1/2}} \qquad (13.101)$$

Appleton-Hartree 的色散关系通常用式(13.101)(忽略了离子项)表示。但我们也可以从式(13.98)开始，将 $\eta X/\Gamma$ 项考虑进来，并将式(13.101)中各自的 $\sin^2\theta$ 和 $\cos^2\theta$ 项替换为式(13.100)中相应的项，从而可快速推导出包含离子项的式(13.101)。

乍一看，看不出式(13.101)比式(13.85)有任何明显优势。然而，如上所述，所得式(13.101)是关于无线电波在电离层中传播的色散关系，因此它表明了折射率偏离单位折射率 1 的程度。此外，当开方根中的第二项比第一项大得多时，式(13.101)可退化为一个非常有用的近似形式。这种近似被称为准纵向(**quasi-longitudinal**)或准平行近似(**quasi-parallel approximation**，在这种情况下，"纵向"概念是指相对于磁的传播方向，而不是相对于波矢的极化电场方向)。因此，如果有

$$Y\cos\theta \gg \left| \frac{\frac{1}{2}Y^2\sin^2\theta}{1-X} \right| \qquad (13.102)$$

那么由式(13.101)，可得

$$\mu^2 \approx 1 - \frac{X}{1 - Y\cos\theta} \approx 1 - \frac{\omega_{pe}^2}{\omega(\omega - |\Omega_e|\cos\theta)} \qquad (13.103)$$

当式(13.102)的不等式关系反过来时，带来的物理近似称为准垂直近似(quasi-perpendicular)或准横向(quasi-transverse)近似。同样，在这种情况下，准横向指的是相对于背景磁场的传播方向。

当 $\omega_{pe} \gg |\Omega_e|$ 时(满足式(13.102)中的不等式关系)，式(13.103)的色散关系对应哨声模。因此，对于哨声模，我们可以按等离子体趋肤深度(plasma skin depth, $c/\omega_{pe}$)将波数归一化，将波频按 $|\Omega_e|$ 归一化。图 13.6 在两种不同特征频率参数下显示了式(13.103)的色散关系(随垂直波数和平行波数的函数变化关系)。其中，图 13.6(a)显示了 $\omega/|\Omega_e| = 0.75$ 下的色散关系，图中对角线给出了式(13.103)的渐近极限，$\cos\theta = \omega/|\Omega_e|$ 为共振锥(resonance cone)。图 13.6(b)显示了 $\omega/|\Omega_e| = 0.25$ 下的色散关系。在这两个图中，我们还显示了相速度 $v_p$ 和群速度 $v_g$ 的方向。由于色散关系在波矢空间中是在某个固定频率下给出的色散曲线，群速度的传播方向是沿图中色散曲线的法线方向。在共振锥附近，相

速度和群速度的传播方向几乎是垂直的。对于平行传播而言,群速度方向是平行于背景磁场方向的。但当 $\omega/|\Omega_e|<0.5$ 时,色散曲线上还存在群速度为平行传播的另一个点。这个点对应的传播角(偏离背景磁场的角度)可由 $\cos\theta_G=2\omega/|\Omega_e|$ 给出,$\theta_G$ 被称为 Gendrin 角 (Gendrin,1961)。因此,尽管场向等离子体密度结构的存在有助于哨声模的传播,但哨声模主要还是倾向于被背景磁场引导传播。当 $\omega/|\Omega_e|<0.5$ 时,哨声波倾向于折射进入等离子体密度较高的区域。

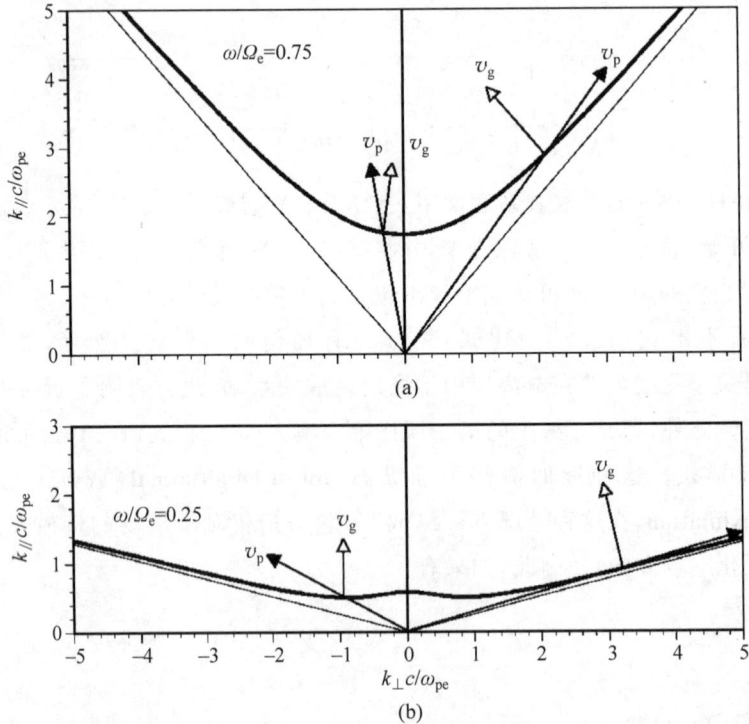

图 13.6　准纵向近似条件下(见式(13.103))的哨声模色散曲线

最后还需要说明的是,Appleton-Hartree 色散关系还存在包括碰撞项的一种重要形式。这是因为电离层中包括粒子碰撞作用。在低高度区域,与中性大气的碰撞占主导,而在 F 区及其以上的高度区域,电子-离子的碰撞则变得更加重要。同样,为了简单起见,我们仅考虑电子项,并在动量方程(式(13.13))中加入碰撞项,可得到:

$$-i\omega \boldsymbol{u}_e = -\frac{e}{m_e}(\boldsymbol{E}+\boldsymbol{u}_e\times\boldsymbol{B}_0)-\nu\boldsymbol{u}_e \tag{13.104}$$

其中,我们假设电子是冷的(忽略热压项)。

我们在式(13.104)右边最后一项中加入了碰撞项,其中,$\nu$ 是电子碰撞频率。重新整理,可得

$$-i\omega \boldsymbol{u}_e = -\frac{e}{m_e(1+i\nu/\omega)}(\boldsymbol{E}+\boldsymbol{u}_e\times\boldsymbol{B}_0) \tag{13.105}$$

将电子质量替换为 $m_e(1+iZ)$,其中 $Z=\nu/\omega$,那么我们可将碰撞效应加入由式(13.32)给出的电流密度中。结果,式(13.101)就可成为

$$\mu^2 = 1 - \cfrac{X}{1 + iZ - \cfrac{\frac{1}{2}Y^2\sin^2\theta}{1 - X + iZ} \pm \left[\left(\cfrac{\frac{1}{2}Y^2\sin^2\theta}{1 - X + iZ}\right)^2 + Y^2\cos^2\theta\right]^{1/2}} \tag{13.106}$$

这就是包含碰撞项的 Appleton-Hartree 方程。对于无线电波在电离层中的传播和穿透,碰撞项起到很重要的作用。事实上,对于调幅载波在波段(300 kHz~3 MHz)范围内传输的波而言,波可以在夜间传播到很远的距离,这是因为无线电波可在更高的高度被反射,而那里的碰撞频率一般比较低。

### 13.3.6 冷等离子体中的波模——多离子组分的色散关系

在上一节中,我们给出了 Appleton-Hartree 色散关系的两种形式:一种是仅包含电子项的式(13.101),另一种是包含碰撞项的式(13.106)。我们还显示了当考虑仅有一种离子时如何由式(13.98)和式(13.100)推导获得对应的 Appleton-Hartree 色散关系。在形式上,该色散关系可推广到包括多种离子成分的情形。然而,我们将从式(13.72)[1]给出的色散关系出发,因为该式可以更容易地扩展到包含多种离子的情形。包含多种离子成分的色散关系对于研究地球磁层的波动,尤其是内磁层的波动很重要,因为等离子体在这些区域通常由质子、单价和双价的氦离子和氧离子组成。式(13.72)[2]的色散关系可由图 13.7 所示,其图形格式与图 13.5 的格式相似。然而在图中,波的频率和波数我们都通过对数形式给出。此外,图中阴影部分表示波的极化状态,其由

$$\frac{iE_x}{E_y} = \frac{\mu^2 - S}{D} \tag{13.107}$$

给出(可由式(13.73)推导获得)。浅灰色对应左旋椭圆偏振,深灰色对应右旋椭圆偏振。除了 $\theta = 0°$ 和 $\theta = 90°$ 两种极端情况外,图中还包括 $\theta = 75°$ 时的色散曲线。

如图 13.7 所示[3],图中 $\omega > \Omega_p$($\Omega_p$ 为质子回旋频率)的高频部分对应哨声模。对于平行传播而言,色散关系可由 $\mu^2 = R$ 确定。在质子回旋频率以下,平行传播的 L 模会在高波数处再次出现。随着波数的减少,L 模的色散曲线会与 R 模的相交。出现这种情况的相交频率称为交叉频率(**crossover frequency**)。当波以 75° 传播角传播时,由于在交叉频率处 $R = L$, $D = 0$,波的偏振性会由左旋向右旋变化。随着波数的进一步减少,我们会在 $L = 0$ 处得到波的截止频率。

对于垂直传播而言,我们再次看到当 $\omega = \omega_{LHR}$ 时波会出现共振现象。但我们现在可看到在不同的离子回旋频率之间还出现了其他的共振。这些共振被称为双离子混杂共振(**bi-ion hybrid resonances**)。在离子回旋共振和双离子混杂共振的共同作用下波的色散曲线可分裂为多个独立的频带波段。因此,在较大波数情况下,质子回旋频率与质子-氦双离子回旋频率之间,以及氦回旋频率与氦-氧双离子回旋频率之间都存在一个频带,随波数的降低,频带会向低频移动。地球磁层中,在这些波段内观测到的波通常都称为电磁离子回旋波

---

① 原书为式(13.52)。
② 原书为式(13.52)。
③ 原文为图 13.5。

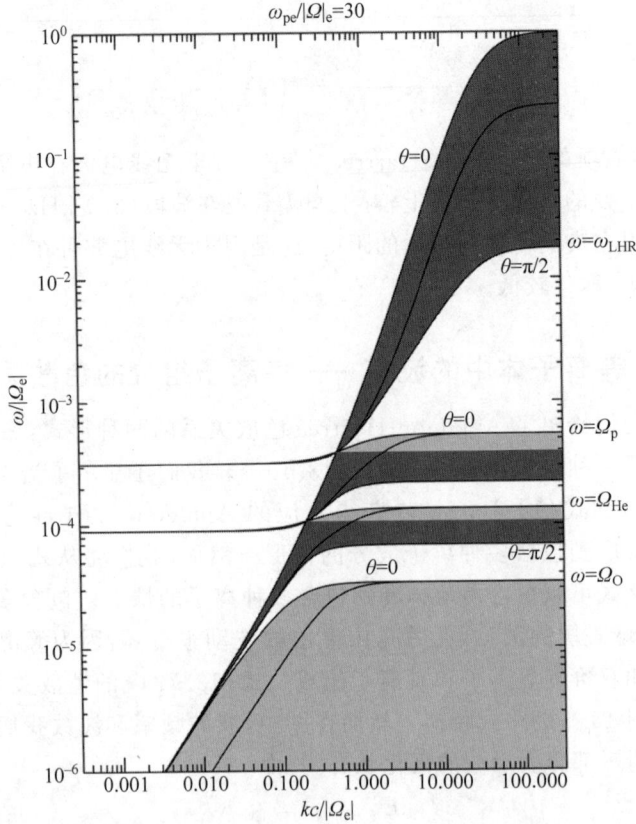

图 13.7　多离子组分条件下的色散关系。假设等离子体由 50％的质子、20％的氦离子和 30％的氧离子组成，其中百分比是指离子数密度的百分比

（electro magnetic ion cyclotron waves，EMIC）。有时，人们也将频率低于 $\Omega_O$ 的左旋极化高频波段包括在 EMIC 中。而对于太阳系其他地方的观测而言，这些波则被称为离子回旋波（ion cyclotron waves）。

我们注意到，包含多离子组分意味着只有平行传播的 R 模的色散关系从 $\omega=|\Omega_e|$ 变化到 $\omega=0$ 是连续的。对于沿其他方向角度传播的哨声模，其在质子回旋频率和其他重离子（在这种情况下是氦离子）的回旋频率之间当 $L=0$ 时会出现频率截止。正如我们将看到的，哨声模在极低频情况下对应快磁声和剪切 MHD 模。由于 R 模在低频下变为快波模，所以哨声模的低频部分，即 $\omega<\omega_{LHP}$ 的部分也称为磁声波。但在多离子组分的等离子体中，只有 R 模本身是与低频快磁声模耦合在一起的。在等离子体中仅含有一种离子成分的情况下，对于沿任意方向传播而言，哨声模的色散关系都可以连续变化到低频，因为在质子回旋频率之下，就不存在 $L=0$ 时的截止频率了。

在频率非常低的情况下，$\omega\to0$，由式（13.72）可知 $p\to\infty$。由式（13.73）中矩阵的最下面一行可得

$$\frac{E_z}{E_x}=\frac{\mu^2\cos\theta\sin\theta}{\mu^2\sin^2\theta-p} \tag{13.108}$$

而且随 $\omega \to 0$，有 $E_z \to 0$。此外，在低频极限条件下，我们发现式(13.68)变为

$$R \approx 1 - \sum_s \frac{\omega_{\mathrm{ps}}^2}{\omega \Omega_s} \left( 1 - \frac{\omega}{\Omega_s} \right) \tag{13.109}$$

其中，我们对式(13.68)中的分母项作了 Taylor 展开。

根据等离子体频率和回旋频率的定义，有

$$\sum_s \frac{\omega_{\mathrm{ps}}^2}{\omega \Omega_s} = \sum_s \frac{n_s q_s}{\omega \varepsilon_0 B_0} = \frac{\rho_q}{\omega \varepsilon_0 B_0} \tag{13.110}$$

其中，$\rho_q$ 为总电荷密度。根据准电中性条件 $\rho_q \approx 0$，可忽略式(13.109)中的这一项。

对于式(13.109)中的最后一项，有

$$\sum_s \frac{\omega_{\mathrm{ps}}^2}{\Omega_s^2} = \sum_s \frac{n_s m_s}{\varepsilon_0 B_0^2} = \frac{\rho_0}{\varepsilon_0 B_0^2} = \frac{c^2}{v_{\mathrm{A}}^2} \tag{13.111}$$

其中，$\rho_0$ 为总质量密度。因此，有

$$R \approx 1 + \frac{c^2}{v_{\mathrm{A}}^2} \tag{13.112}$$

类似地，我们也能在极低频条件下得到

$$L \approx 1 + \frac{c^2}{v_{\mathrm{A}}^2} \tag{13.113}$$

因此，由式(13.70)，我们可得 $S = R = L$，而由式(13.71)有 $D = 0$。这样由式(13.73)，可得

$$(\mu^2 \cos^2 \theta - S) E_x = 0 \tag{13.114}$$

以及

$$(\mu^2 - S) E_y = 0 \tag{13.115}$$

因此，我们可得到两个波模，对于其中一个波模有 $E_x = 0$，并有

$$\frac{\omega^2}{k^2} = \frac{v_{\mathrm{A}}^2 c^2}{v_{\mathrm{A}}^2 + c^2} = \widetilde{v}_{\mathrm{A}}^2 \tag{13.116}$$

对于另一个波模则有 $E_y = 0$，并有

$$\frac{\omega^2}{k^2} = \widetilde{v}_{\mathrm{A}}^2 \cos^2 \theta \tag{13.117}$$

式(13.116)、式(13.117)分别对应快波模和 Alfvén 模式，但其具有的速度为修正 Alfvén 速度($\widetilde{v}_{\mathrm{A}}$)。这是因为在推导波动色散关系时，其中包含了位移电流项，这保证即使在等离子体质量密度很低且 $v_{\mathrm{A}}^2 \gg c^2$ 时，波的相速度也不会超过光速。

式(13.114)和式(13.115)表明，即便是平行传播，波电场也是线性极化的。这似乎与在冷等离子体中平行传播时电磁波波电场为右旋和左旋极化的说法是矛盾的。然而，我们发现波的色散关系在 $\theta = 0$ 时是处于简并的。因此，R 模和 L 模是结合在一起的。特别地，如果我们把右旋波和左旋波结合起来使波电场的 $x$ 分量是同相位的，而 $y$ 分量则互相抵消，这就对应剪切 Alfvén 模的极化特征。同样地，如果波电场 $x$ 分量是反相位的，而 $y$ 分量是同相位的，那么这会产生一个与快波模对应的线性极化波。

在本节结束之际，我们需要注意，本节中广泛研究了电磁波在磁化冷等离子体中的色

散关系。这使我们可以引入许多关于波在等离子体中传播的概念,而不涉及其他复杂的情形,例如包含热压或动理论效应。在下一节中,我们将在低频波的讨论中将热压考虑进来,以补充我们在第 3 章中对 MHD 波的讨论。

### 13.3.7 低频电磁波

在第 3 章中,我们推导获得了低频波(MHD 波)的色散关系。在此过程中,我们用等离子体流速表征波的扰动。考虑到本章目前为止的讨论,我们这里表明通过使用 $j$ 和 $E$ 也能得到相同的结果。

由于我们考虑的是低频波,所以考虑使用第 3 章中的线性化动量方程(式(3.169)),

$$\omega\rho_0\left[u - c_s^2\frac{k(k \cdot u)}{\omega^2}\right] = ij \times B_0 \tag{13.118}$$

其中,$u$ 为等离子体流扰动速度,$c_s = \sqrt{\gamma P_0/\rho_0}$ 为声速。根据图 13.4 中所示的笛卡儿坐标,式(13.118)中的不同分量可写为

$$\omega\rho_0\left[u_x - c_s^2\frac{k_\perp(k_\perp u_x + k_\parallel u_z)}{\omega^2}\right] = ij_y B_0 \tag{13.119}$$

$$\omega\rho_0 u_y = -ij_x B_0 \tag{13.120}$$

及

$$u_z - c_s^2\frac{k_\parallel(k_\perp u_x + k_\parallel u_z)}{\omega^2} = 0 \tag{13.121}$$

利用式(13.121)将 $u_z$ 用 $u_x$ 表示,我们可以将式(13.119)改写为

$$\omega\rho_0 u_x\frac{(\omega^2 - k^2 c_s^2)}{(\omega^2 - k_\parallel^2 c_s^2)} = ij_y B_0 \tag{13.122}$$

我们利用磁冻结条件 $E_\perp = -u \times B_0$。由式(13.122),可得

$$j_y = -iE_y\frac{\omega}{\mu_0 v_A^2}\frac{(\omega^2 - k^2 c_s^2)}{(\omega^2 - k_\parallel^2 c_s^2)} \tag{13.123}$$

同时,由式(13.120)可得

$$j_x = -iE_x\frac{\omega}{\mu_0 v_A^2} \tag{13.124}$$

将式(13.123)和式(13.124)这两个方程代入式(13.38),便可得到 MHD 波的色散关系。然而需要提醒的是,电流密度的平行分量目前还是不确定的。因为式(13.38)中包含 $j_z$ 分量,但我们还没有类似式(13.123)或式(13.124)的第二个方程,将 $j_z$ 用波电场表示。为克服这个问题,我们利用式(13.35),并对所有粒子种类求和,得到

$$j_z = i\frac{\omega_p^2}{\omega}\epsilon_0 E_z \tag{13.125}$$

将得到的这些电流密度分量代入式(13.38),我们发现有

$$\left[\mu^2\cos^2\theta - 1 - \frac{c^2}{v_A^2}\right]E_x - \mu^2\sin\theta\cos\theta E_z = 0 \tag{13.126}$$

$$\left[\mu^2 - 1 - \frac{c^2}{v_A^2}\frac{(\omega^2 - k^2 c_s^2)}{(\omega^2 - k_\parallel^2 c_s^2)}\right]E_y = 0 \tag{13.127}$$

$$-\mu^2\sin\theta\cos\theta E_x + \left(\mu^2\sin^2\theta - 1 + \frac{\omega_p^2}{\omega^2}\right)E_z = 0 \tag{13.128}$$

式(13.126)、式(13.127)和式(13.128)中有一些项通常是不包含在 MHD 近似中的。第一个是式(13.128)中的等离子体频率项。我们在式(13.125)中引入了这一项以闭合方程组。然而一般来说,如果 $\omega \approx 0$,那么由式(13.125),对于有限的 $j_z$ 而言,有 $E_z \approx 0$。这确实是 MHD 的标准近似。然而,有时即便波的频率很小,等离子体的频率也可能很小[1]。地球极光区就是这种情况,这个区域的 Alfvén 模可以有一个有限的平行电场。这些波被称为惯性 Alfvén 波(inertial Alfvén waves),这是因为其携带的平行电场来自动量方程中的电子惯性项($\omega_p \approx \omega_{pe}$)。一般认为在所谓的 Alfvénic 极光中观测到的约 100 eV 双向电子就是由这些波引起的(见第 11 章)。应该强调的是,只有剪切 Alfvén 模式才有这样的惯性修正。而快波模和慢波模则没有,因为它们不携带场向电流。如果我们接下来去掉惯性项,并假设 $E_z \approx 0$。这样去掉了式(13.126)中的 $E_z$ 项,就可立即恢复得到式(13.117)的剪切 Alfvén 模色散关系。如果我们进一步忽略位移电流,就可得到剪切 Alfvén 模的经典色散关系:

$$\omega^2 = k_\parallel^2 v_A^2 \tag{13.129}$$

该模式要求有 $E_y = 0$。

快波模和慢波模的色散关系则来自式(13.127)。通过再次忽略位移电流,我们发现有

$$\omega^2 = \frac{k^2}{2}\{(v_A^2 + c_s^2) \pm [(v_A^2 + c_s^2)^2 - 4v_A^2 c_s^2\cos^2\theta]^{1/2}\} \tag{13.130}$$

这些模式要求 $E_x = 0$ 和 $E_z = 0$,即便已经包括了电子惯性项。因此,如上所述,只有剪切 Alfvén 模才具有平行电场,并且式(13.123)表明只有 $E_y$ 才能产生 $j_y$,这再次表明快模式和慢模式是不携带场向电流的[2]。

根据式(13.129)和式(13.130),图 13.8 和图 13.9 分别给出了 $c_s = 0.7v_A$ 和 $c_s = 1.2v_A$ 条件下的色散关系。这两张图中左图表示相速度的分布,右图表示群速度的分布。如第 3 章中所述,只有快波模能以 90° 的方向角垂直传播。此外,快波模的群速度是准各向同性的(quasi-isotropic)。右边图中的圆点表示剪切 Alfvén 模的群速度,而尖状结构表示慢波模的群速度。慢波模的群速度是准场向的(quasi field aligned)。

图 13.8 和图 13.9 所示的这种色散关系图也称为 Friedrichs 图。虽然图 13.8 和图 13.9 中所示对应为低频 MHD 波,但我们也可以为 13.3.2 节中的其他波模构造出类似的 Friedrichs 图(**Friedrichs diagram**)。此外,如果 Friedrichs 图被绘制在 $X = (\omega_{pe}^2 + \omega_{pi}^2)/\omega^2$ 及 $Y^2 = \Omega_e^2/\omega^2$ 定义的空间中,就能得到以 Clemmow、Mullaly 和 Allis 名字命名的 CMA 图(**CMA diagram**)。

---

[1]　这种情况下并不能忽略电场。

[2]　译者也很困惑。通过谐波方法处理得到的电流也是周期扰动变化的,所以不清楚这里所谓的场向电流能否解释大尺度稳定的 1 区、2 区场向电流。

空间物理学导论

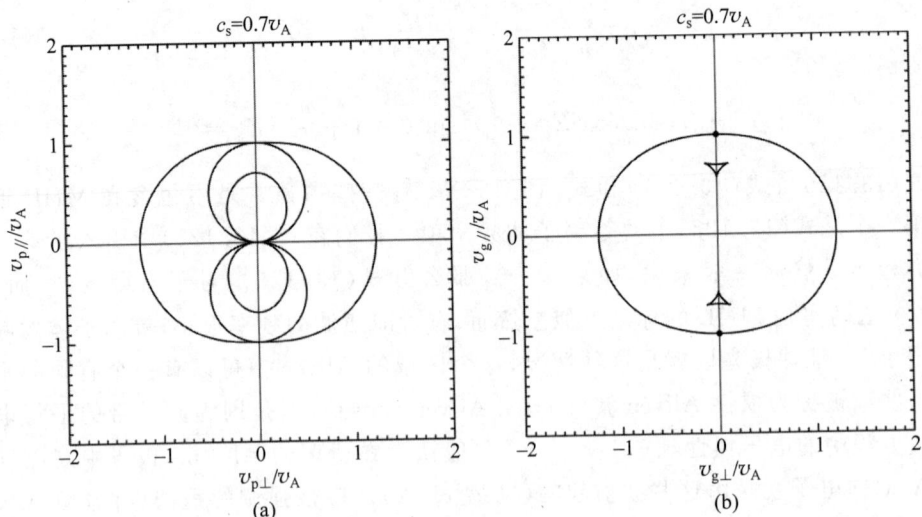

图 13.8 当 $c_s < v_A$ 时 MHD 波的相速度(a)和群速度(b)分布。纵轴对应沿背景磁场的传播方向。波速按 Alfvén 速进行归一化

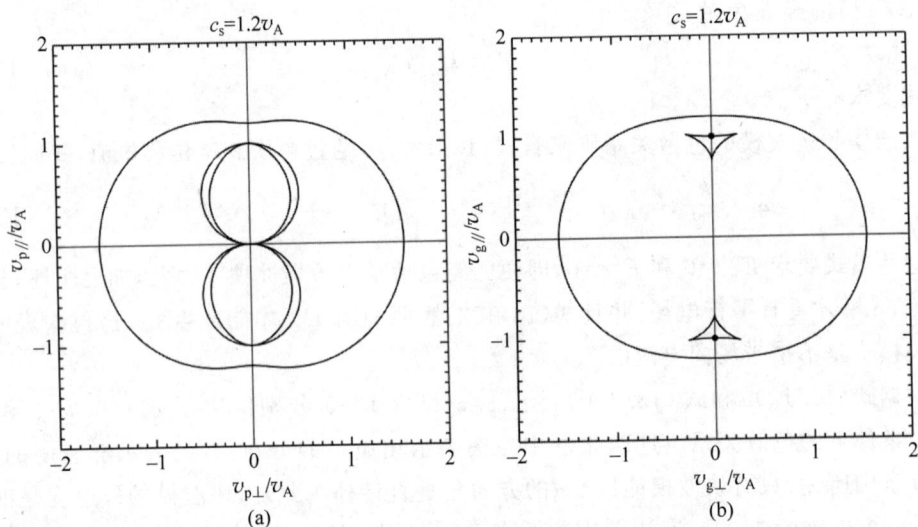

图 13.9 当 $c_s > v_A$ 时 MHD 波的相速度(a)和群速度(b)分布。其格式与图 13.8 中相同

## 13.4 等离子体流不稳定性

在探索了磁化和非磁化等离子体中波动的色散关系之后,我们现在讨论这些波是如何产生的。一般来说,波的生长需要能提供自由能的源。我们首先探讨的一个简单例子是,当等离子体中的两类组分粒子具有不同流速时的情形。这里自由能是一类组分粒子相对于另一种组分粒子的流动能量。这时自由能会激发出所谓的双流不稳定性(**two-stream instability**)。另一个例子是与重力场中流体有关的 Rayleigh-Taylor 不稳定性。在这种情

464

况下,较重的流体(密度较大)位于密度较小的流体之上时是不稳定的。那么自由能就是较重流体的重力势。在空间等离子体中还存在类似的与空间梯度相关的不稳定性,例如,气球模不稳定性(ballooning instabilities)。我们这里不再深入探讨这些问题,仅需大家注意到空间梯度也可以是激发不稳定性的自由能来源。我们考虑的另一种自由能的来源与速度分布函数空间中的梯度有关。一个例子就是当速度分布函数具有温度各向异性时的情形。在 13.5.3 节中,我们将表明温度各向异性是如何导致哨声波增长的(这取决于粒子和波之间的共振作用,而在共振状态下的粒子参考系中看到的波的频率等于粒子回旋频率)。从本质上说这是一种动理学效应,其取决于粒子相空间密度在共振处的结构。还有其他与温度各向异性相关的不稳定性,最显著的是镜像模(mirror-mode)和火蛇管不稳定性(firehose instabilities)。这些都属于低频条件下的不稳定性;实际上,在镜像模情况下波的频率为零。这些不稳定性通常也被认为是流体不稳定性,但一些论文已经注意到动理论效应对激发这些不稳定性的重要性。

### 13.4.1　双流不稳定性

作为流体不稳定性的一个例子,我们这里将推导出双流不稳定的色散关系。这种不稳定性会在两类组分粒子相互流动时出现,推导其色散关系最简单的近似就是假设波为静电波,等离子体处于非磁化状态。

我们假设等离子体扰动为谐波扰动,但在这种情况下,我们也允许其中一类组分粒子有一个流速,称其为束流速度(beam velocity)。这意味着我们现在必须考虑动量方程中的时间全导数(我们可以用它来确定扰动速度),并考虑连续性方程(用它来确定扰动电荷密度)。由时间全导数可得到

$$\mathrm{d}/\mathrm{d}t = -\mathrm{i}(\omega - \boldsymbol{k} \cdot \boldsymbol{v}_\mathrm{b}) \tag{13.131}[1]$$

因此,由式(13.13)可得

$$-\mathrm{i}(\omega - \boldsymbol{k} \cdot \boldsymbol{v}_\mathrm{b})n_\mathrm{b}m_\mathrm{b}\boldsymbol{u}_\mathrm{b} = n_\mathrm{b}q_\mathrm{b}\boldsymbol{E} \tag{13.132}$$

其中,我们忽略了等离子体的压力扰动,也就是,即便组分粒子有一个流动速度,这个速度也不会通过热扩散扩展到粒子分布函数上。并且我们还将背景磁场设为零。在式(13.132)中,$n_\mathrm{b}$ 为束流粒子的数密度,$m_\mathrm{b}$ 为粒子的粒子质量,$q_\mathrm{b}$ 为粒子携带的电荷量,$\boldsymbol{E}$ 为波的扰动电场,$\boldsymbol{u}_\mathrm{b}$ 为扰动速度。

从式(13.14)的连续性方程,可得

$$(\omega - \boldsymbol{k} \cdot \boldsymbol{v}_\mathrm{b})\delta n_\mathrm{b} = n_\mathrm{b}\boldsymbol{k} \cdot \boldsymbol{u}_\mathrm{b} \tag{13.133}$$

其中,因为各成分粒子具有束流速度[2],所以我们再次使用了式(13.131)。这里 $\delta n_\mathrm{b}$ 为数密度的一阶扰动量。

为获得色散关系,我们将式(13.133)和式(13.132)结合起来,从而可将扰动电场与扰动数密度联系起来(我们将扰动数密度乘以粒子的电荷量,就能得到每类成分粒子的扰动电荷密度)。为简单起见,我们假设等离子体中只含有两类组分粒子。将所有粒子组分加起来,那么通过 Poisson 方程可得

---

[1]　$\boldsymbol{v}_\mathrm{b}$ 为束流速度。

[2]　原文称其为 zero-order streaming velocity。

$$s(\omega,\boldsymbol{k})=\frac{\omega_{\mathrm{pa}}^2}{\omega^2}+\frac{\omega_{\mathrm{pb}}^2}{(\omega-\boldsymbol{k}\cdot\boldsymbol{v}_{\mathrm{b}})^2}=1 \tag{13.134}$$

其中,$\omega_{\mathrm{pa}}$ 对应背景等离子体的频率,而 $s(\omega,\boldsymbol{k})$ 则为电极化率(electrical susceptibility)或相对介电常数的负数,$\kappa=1-s(\omega,\boldsymbol{k})$。

如图 13.10 所示,一般来说,对于波频率 $\omega$ 而言,式(13.134)存在 4 个解。由于式(13.134)在 $\omega=0$ 和 $\omega=\boldsymbol{k}\cdot\boldsymbol{v}_{\mathrm{b}}$ 处会趋于正无穷大,并且在 $\omega=\pm\infty$ 时 $s(\omega,\boldsymbol{k})$ 会趋于 0,所以式(13.134)在 $\omega<0$ 和 $\omega>\boldsymbol{k}\cdot\boldsymbol{v}_{\mathrm{b}}$ 区间存在两个实数解,其中为方便起见,我们假设 $\boldsymbol{k}\cdot\boldsymbol{v}_{\mathrm{b}}>0$。在 $\omega=0$ 和 $\omega=\boldsymbol{k}\cdot\boldsymbol{v}_{\mathrm{b}}$ 之间,$s(\omega,\boldsymbol{k})$ 存在一个极小值,并且如果最小值小于 1,那么另外两个根都是实根;否则这两个根就是复根,而其中一个复根对应波的增长。

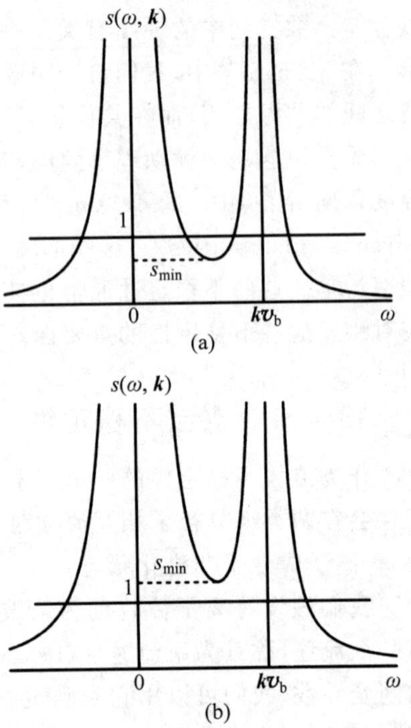

$s(\omega,\boldsymbol{k})$ 最小值对应的频率可通过 $\partial s(\omega,\boldsymbol{k})/\partial\omega=0$ 求出,并得到

$$\omega\left[1+\left(\frac{\omega_{\mathrm{pb}}^2}{\omega_{\mathrm{pa}}^2}\right)^{1/3}\right]=\boldsymbol{k}\cdot\boldsymbol{v}_{\mathrm{b}} \tag{13.135}$$

在这个频率处,$s(\omega,\boldsymbol{k})$ 的最小值为

$$s_{\min}=\frac{1}{(\boldsymbol{k}\cdot\boldsymbol{v}_{\mathrm{b}})^2}(\omega_{\mathrm{pa}}^{2/3}+\omega_{\mathrm{pb}}^{2/3})^3 \tag{13.136}$$

图 13.10　式(13.134)在(a)$s_{\min}<1$ 和(b)$s_{\min}>1$ 条件下的色散关系。当 $s(\omega,\boldsymbol{k})=1$ 时,存在色散关系的实数解。对于(a)存在 4 个实数解,而对于(b)有两个解是复根

为进一步研究束流不稳定性,我们先考虑式(13.135)中 $(\omega_{\mathrm{pb}}^2/\omega_{\mathrm{pa}}^2)^{1/3}\ll1$ 时的情形。在密度较高的冷电子背景中有一束密度相对较低的电子束通过就会出现这种情形。我们也可以把背景中的离子考虑进来,但一般有 $m_{\mathrm{i}}\gg m_{\mathrm{e}}$,所以我们可假设 $\omega_{\mathrm{pa}}=\omega_{\mathrm{pe}}$,也就是背景等离子体频率为电子等离子体频率。式(13.135)表明式(13.134)的解可写为

$$\omega=(\boldsymbol{k}\cdot\boldsymbol{v}_{\mathrm{b}})(1+\alpha\mathrm{e}^{\mathrm{i}\theta}) \tag{13.137}$$

其中,$\alpha\ll1$。而指数项允许波的频率为复数,那么波的增长率便为

$$\gamma=(\boldsymbol{k}\cdot\boldsymbol{v}_{\mathrm{b}})\alpha\sin\theta \tag{13.138}$$

将式(13.137)代入式(13.136),并利用式(13.138),可求出式(13.134)的虚部为

$$s_{\mathrm{i}}=-\frac{2\omega_{\mathrm{pe}}^2\gamma}{(\boldsymbol{k}\cdot\boldsymbol{v}_{\mathrm{b}})^3}-\frac{\omega_{\mathrm{pb}}^2\sin^2\theta\sin2\theta}{\gamma^2}=0 \tag{13.139}$$

其中,我们对式(13.134)第一项中的分母项使用了泰勒展开。因此有

$$\gamma^3=-\frac{\omega_{\mathrm{pb}}^2}{2\omega_{\mathrm{pe}}^2}(\boldsymbol{k}\cdot\boldsymbol{v}_{\mathrm{b}})^3\sin^2\theta\sin2\theta \tag{13.140}$$

由式(13.140)通过对 $\theta$ 求偏导,并令 $\partial\gamma/\partial\theta=0$,我们可求得当 $\gamma$ 为最大增长率时,$\theta=n\pi/3$,其中 $n$ 为整数。对于最大增长率时($\gamma>0$),要求 $\sin\theta>0$。因此,对于这种束流不稳定性,由于式(13.135)要求频率的实部满足 $\omega_{\mathrm{r}}<\boldsymbol{k}\cdot\boldsymbol{v}_{\mathrm{b}}$,我们取 $\theta=2\pi/3$。因此,波的最大

增长率为

$$\gamma_{\max} = \frac{\sqrt{3}}{2} \left( \frac{\omega_{\mathrm{pb}}^2}{2\omega_{\mathrm{pe}}^2} \right)^{1/3} (\boldsymbol{k} \cdot \boldsymbol{v}_{\mathrm{b}}) \tag{13.141}$$

而对应频率的实部为

$$\omega_{\mathrm{rmax}} = \left[ 1 - \frac{1}{2} \left( \frac{\omega_{\mathrm{pb}}^2}{2\omega_{\mathrm{pe}}^2} \right)^{1/3} \right] (\boldsymbol{k} \cdot \boldsymbol{v}_{\mathrm{b}}) \tag{13.142}$$

而且,也有

$$\alpha = \left( \frac{\omega_{\mathrm{pb}}^2}{2\omega_{\mathrm{pe}}^2} \right)^{1/3} \tag{13.143}$$

我们将式(13.137)代入式(13.134),其中 $\alpha$ 由式(13.143)给出,并令 $\theta = 2\pi/3$。式(13.134)的虚部已满足,而从实部可得

$$\boldsymbol{k} \cdot \boldsymbol{v}_{\mathrm{b}} = \omega_{\mathrm{pe}} \tag{13.144}$$

并且,我们可以把波出现最大增长率时的频率按复数形式,写为

$$\omega_{\max} = \omega_{\mathrm{pe}} \left[ 1 - \frac{1}{2} \left( \frac{\omega_{\mathrm{pb}}^2}{2\omega_{\mathrm{pe}}^2} \right)^{1/3} (1 - \mathrm{i}\sqrt{3}) \right] \tag{13.145}$$

我们要考虑的另一个极端条件是 $(\omega_{\mathrm{pb}}^2/\omega_{\mathrm{pa}}^2)^{1/3} \gg 1$ 的情形。这种情形可能发生在含有双粒子组分的等离子体中,其中电子处于束流状态,而离子是静止的。与式(13.145)给出的双流不稳定性不同,这种条件下没有稳定的背景电子分布。对于单价带电离子,这种极端条件就变成了 $(m_{\mathrm{i}}/m_{\mathrm{e}})^{1/3} \gg 1$,这对于离子和电子组成的等离子体来说是普遍满足的。这种不稳定性与电子束流相对于周围背景离子的流动有关,我们称其为 Buneman 不稳定性(**Buneman instability**)。

沿用上面的方法,我们可以假设:

$$\omega = (\boldsymbol{k} \cdot \boldsymbol{v}_{\mathrm{b}}) \alpha \mathrm{e}^{\mathrm{i}\theta} \tag{13.146}$$

其中,同样有 $\alpha \ll 1$。由于我们这时考虑的粒子种类为电子和离子,所以将 $\omega_{\mathrm{pb}}$ 替换为 $\omega_{\mathrm{pe}}$,而将 $\omega_{\mathrm{pa}}$ 替换为 $\omega_{\mathrm{pi}}$。

由于利用式(13.146)的虚部,$\gamma$ 可由式(13.138)得出,所以我们可以使用相同的分析方法确定波的最大增长率。同样,通过 $\partial\gamma/\partial\theta = 0$,我们得到 $\theta = n\pi/3$。然而,在这种情况下,我们希望 $\gamma > 0$ 且 $\omega_{\mathrm{r}} > 0$,因此选择了 $\theta = \pi/3$。

我们也发现式(13.144)对于波出现最大增长率时也是适用的,那么 Buneman 不稳定性频率的复数形式可写为

$$\omega_{\max} = \frac{\omega_{\mathrm{pe}}}{2} \left( \frac{\omega_{\mathrm{pi}}^2}{2\omega_{\mathrm{pe}}^2} \right)^{1/3} (1 + \mathrm{i}\sqrt{3}) \tag{13.147}$$

值得注意的是,式(13.147)表明,Buneman 不稳定性的增长率实际上比频率的实部大。这意味着这时非线性效应变得非常重要。特别是,我们期望波能散射电子束流中的电子,从而增加电子分布的热展宽。我们可以证明这种作用会倾向于消除不稳定性。为此,我们将在式(13.132)中将电子压强项包括进来,并结合式(13.15),这样,式(13.134)就变为

$$s(\omega, \boldsymbol{k}) = \frac{\omega_{\mathrm{pa}}^2}{\omega^2} + \frac{\omega_{\mathrm{pb}}^2}{(\omega - \boldsymbol{k} \cdot \boldsymbol{v}_{\mathrm{b}})^2 - k^2 c_{\mathrm{se}}^2} = 1 \tag{13.148}$$

其中，$c_{se}$ 为电子声速，$c_{se}^2 = \gamma_e k T_e / m_e$，其中 $\gamma_e$ 为电子束流的绝热比[①]，$T_e$ 为电子束流的温度。

式(13.134)和式(13.148)之间最大的区别在于第二项在频率为 $\omega = \boldsymbol{k} \cdot \boldsymbol{v}_b \pm k c_{se}$ 时会变为无穷大。此外，与式(13.134)中当 $\omega = 0$，$s(\omega, \boldsymbol{k})$ 变为无穷大不同，当 $\omega$ 从正负趋于 0 时（$\omega \to 0$ 时），有 $s(\omega, \boldsymbol{k}) \to \infty$），$s(\omega, \boldsymbol{k})$ 会在穿越频率 $\omega = \boldsymbol{k} \cdot \boldsymbol{v}_b \pm k c_{se}$ 前后符号发生变化。在 $c_{se} > v_b$ 条件下我们在表 13.1 中列出了 $s(\omega, \boldsymbol{k})$ 的变化行为。

**表 13.1** $s(\omega, \boldsymbol{k})$ 在 4 个频段上的变化行为；表中列出的 $s(\omega, \boldsymbol{k})$ 的上下限范围分别对应 $\omega$ 刚好高于频率范围下限的值到刚好低于频率范围上限的值

| 频 率 范 围 | $s(\omega, \boldsymbol{k})$ |
|---|---|
| $-\infty < \omega < k(v_b - c_{se})$ | $0 \sim +\infty$ |
| $k(v_b - c_{se}) < \omega < 0$ | $-\infty \sim +\infty$ |
| $0 < \omega < k(v_b + c_{se})$ | $+\infty \sim -\infty$ |
| $k(v_b + c_{se}) < \omega < \infty$ | $+\infty \sim 0$ |

从表 13.1 中我们可以看到，对于 4 个频带中任一个频带，都肯定存在一个频率点，使 $s(\omega, \boldsymbol{k}) = 1$，因此，式(13.148)的所有解都对应一个实频率，不存在不稳定的解。因此，一旦非线性效应增加了束流分布的温度使 $c_{se} > v_b$，那么 Buneman 不稳定性就无法增长。

然而应当指出，我们的这一讨论是不完整的。一旦电子分布具有了一定的热扩展，分布函数中就会有些电子具有与相速度相同的速度。如前所述，这就会形成一个共振，并且这时就能期望波和共振粒子之间出现较强的相互作用。但是这种共振相互作用并不能由 13.3 节中的流体公式描述得到。为了理解共振相互作用，我们必须借助于动理论。

## 13.5 动理论与波的不稳定性

如 13.4 节引言所述，粒子速度分布函数中存在的梯度可为自由能提供来源。通过波粒共振作用，分布函数中的自由能能激发波的生长。研究波粒共振效应需要采用动理论方法，我们在这里将给予介绍。

其中一类共振不稳定性会在部分粒子的速度与波的相速度相同时发生。如果等离子体处于磁化状态，则在相速度平行分量与粒子速度平行分量相同时会发生共振作用：

$$\omega = k_{/\!/} v_{/\!/} \tag{13.149}$$

这就能形成所谓的 Landau 共振。这种共振现象相当于粒子"看到"了一个频率为零的波，也即在粒子参照系中，粒子运动产生的多普勒频移效应会导致粒子"看到"产生一个频率为零的波，因此可以预期波粒二者之间会有较强的相互作用。

另一种共振是粒子回旋共振（gyro-resonance），其中多普勒效应产生的频移是粒子回旋频率的整数倍：

$$\omega - k_{/\!/} v_{/\!/} = n\Omega \tag{13.150}$$

其中，$n$ 为整数且 $n \neq 0$；而 $\Omega$ 为某类粒子的回旋频率，考虑粒子电荷的极性后，其可写为

---

① 原文称其为 the ratio of specific heats。

$\Omega = -qB_0/m$（加入负号是为与惯例保持一致，$\Omega > 0$ 对应围绕磁场做右手回旋运动，即电子回旋运动）。在回旋共振作用下，粒子会感受到波电场的作用（波频率为粒子回旋频率的整数倍），我们可再次预期波粒二者之间会有较强的相互作用。

### 13.5.1　线性化 Vlasov 方程

我们在第 3 章中介绍了等离子体动理论，而构成动理论物理基础的基本方程就是 Vlasov 方程（见式（3.75b））：

$$\frac{\partial f}{\partial t} + \boldsymbol{v} \cdot \nabla f + \boldsymbol{a} \cdot \nabla_v f = 0$$

其中，$f$ 为粒子的相空间密度（phase space density）或速度分布函数（distribution function）。前两项给出了随体粒子在三维空间（$r$）中的时间变化率和对流导数项。由于有 $\boldsymbol{a} \cdot \nabla_v = (\mathrm{d}v/\mathrm{d}t) \cdot \partial f/\partial v$，所以第三项 $\boldsymbol{a} \cdot \nabla_v$，则给出了随体粒子在速度空间（$v$）中的对流导数项。我们还定义了 Liouville 算子（见式（3.87））为

$$\mathcal{L} \equiv \frac{\partial}{\partial t} + \boldsymbol{v} \cdot \nabla + \boldsymbol{a} \cdot \nabla_v$$

式（3.75b）也称为 Liouville 定理（**Liouville theorem**），它表明沿粒子的相空间运动轨迹 $f$ 是一个常数。我们将在这里使用这个定理。

而通过式（3.75b）我们还能得到 Jeans 定理（**Jeans's theorem**），该定理表明任何相空间速度分布函数，只要其是运动常数的函数，就都是 Vlasov 方程的解。为证明 Jeans 定理，我们注意到在随粒子运动过程中，运动常数确实保持不变。如果我们用 $\alpha$ 表示运动常数，由于有 $\mathcal{L}\alpha = 0$，那么我们有

$$\mathcal{L}f = \frac{\partial f}{\partial \alpha} \, \mathcal{L}\alpha = 0 \tag{13.151}$$

下一步，用 Taylor 展开法展开 Vlasov 方程，即

$$\mathcal{L}f = \mathcal{L}_0 f_0 + \mathcal{L}_0 f_1 + \mathcal{L}_1 f_0 = 0 \tag{13.152}$$

其中，下标 0 和 1 分别表示零阶和一阶。$\mathcal{L}_0$ 为零阶 Liouville 算子，而 $\mathcal{L}_0$ 中 $\alpha$ 对应的力为零阶力。通常我们假设一个均匀系统具有一个均匀的磁场 $\boldsymbol{B}_0$，并且有

$$\boldsymbol{a} = \frac{q}{m} \boldsymbol{v} \times \boldsymbol{B}_0 \tag{13.153}$$

在这种情况下，运动常数（$\alpha$）包括 $v_\perp$ 和 $v_{/\!/}$，其中垂直和平行是相对于背景磁场方向而言的。由于我们假定了 $f_0$ 是这些运动常数的函数，所以有 $\mathcal{L}_0 f_0 = 0$。

我们也注意到 $\mathcal{L}$ 是对应沿着粒子运动轨迹的时间全导数算子，因此我们可将式（13.152）[①] 重写为

$$f_1(\boldsymbol{r}, \boldsymbol{v}, t) = -\int_{-\infty}^{t} \mathcal{L}_1(\boldsymbol{r}', \boldsymbol{v}', t') f_0(\boldsymbol{v}') \mathrm{d}t' \tag{13.154}$$

其中，积分路径为零阶粒子的运动轨迹，其在 $t$ 时刻经过（$\boldsymbol{r}$，$\boldsymbol{v}$），而在 $t'$ 时刻经过（$\boldsymbol{r}'$，$\boldsymbol{v}'$）。对于均匀磁场而言，零阶轨迹取决于式（13.153），因此 $f_0(\boldsymbol{v}')$ 仅是 $\boldsymbol{v}'$ 的函数。

---

① 原文为式（13.150）。

下一步我们假设扰动都是谐波形式的，即一阶项都有如下类似的形式：

$$\boldsymbol{E}(\boldsymbol{r},t)=\boldsymbol{E}\mathrm{e}^{-\mathrm{i}(\omega t-\boldsymbol{k}\cdot\boldsymbol{r})} \tag{13.155}$$

接下来，我们将进一步利用假设约定，例如式(13.155)中的 $\boldsymbol{E}(\boldsymbol{r},t)$ 对应谐波扰动，而其中的 $\boldsymbol{E}$ 为扰动振幅(与位置或时间无关)。

因此，由式(13.154)，有

$$f_1(\boldsymbol{v})=-\frac{q}{m\omega}\int_{-\infty}^{t}\mathrm{e}^{-\mathrm{i}\omega(t'-t)}\,\mathrm{e}^{\mathrm{i}\boldsymbol{k}\cdot(\boldsymbol{r}'-\boldsymbol{r})}\big[(\omega-\boldsymbol{k}\cdot\boldsymbol{v}')\boldsymbol{E}+\boldsymbol{k}(\boldsymbol{v}'\cdot\boldsymbol{E})\big]\cdot\frac{\partial f_0(\boldsymbol{v}')}{\partial\boldsymbol{v}'}\mathrm{d}t' \tag{13.156}$$

需要明确的是，$f_1(v)$ 是 $f$ 的一阶扰动幅值。此外，为保证积分的收敛性，我们假设 $\omega$ 有一个较小的虚部，该虚部对应波的增长，使得场在 $t'=-\infty$ 的时候衰减消失。

下一步，我们需要定义从 $(\boldsymbol{r}',\boldsymbol{v}',t')$ 到 $(\boldsymbol{r},\boldsymbol{v},t)$ 的路径。在定义路径时，我们发现路径的历史轨迹仅依赖于 $t'-t$。因此，我们可定义一个新变量 $t''=t'-t$，并随后去掉其上标双撇号。这个新变量不应与式(13.155)中的 $t$ 混淆，因为它只是作为积分变量出现在式(13.156)中。

我们现在需要定义一个常规的正交坐标系，其中 $z$ 轴沿背景磁场 $\boldsymbol{B}_0$，波矢的垂直分量 $k_\perp$ 沿 $x$ 轴。而将 $\boldsymbol{v}'$ 与 $\boldsymbol{v}=(v_x,v_y,v_z)$ 关联起来的历史矢量(past-history vector)为

$$\boldsymbol{V}(t)=(v_x\cos\Omega t+v_y\sin\Omega t,-v_x\sin\Omega t+v_y\cos\Omega t,v_z) \tag{13.157}$$

由于我们引入了新的积分变量 $t$，由式(13.157)给出的速度似乎会随着 $t$ 的增加而呈现左手螺旋性变化。但需要记住的是，随着 $t$ 增加，时间是向后变化的。这里可能需要注意 $v_z=v_{/\!/}$，根据上下文，我们可用其中任何一种形式表示速度矢量的这个分量。当我们给出笛卡儿坐标系中的其他矢量分量时，我们通常使用 $v_z$。对应的粒子位置向量为

$$\boldsymbol{R}(t)=\boldsymbol{r}-\boldsymbol{r}'=\left(\frac{v_x}{\Omega}\sin\Omega t+\frac{v_y}{\Omega}(1-\cos\Omega t),-\frac{v_x}{\Omega}(1-\cos\Omega t)+\frac{v_y}{\Omega}\sin\Omega t,v_z t\right) \tag{13.158}$$

那么由式(13.158)，式(13.156)的历史积分可写为

$$f_1(\boldsymbol{v})=-\frac{q}{m\omega}\int_{0}^{\infty}\mathrm{e}^{\mathrm{i}\omega t}\,\mathrm{e}^{-\mathrm{i}\boldsymbol{k}\cdot\boldsymbol{R}(t)}\big[(\omega-\boldsymbol{k}\cdot\boldsymbol{V}(t))\boldsymbol{E}+\boldsymbol{k}(\boldsymbol{V}(t)\cdot\boldsymbol{E})\big]\cdot\frac{\partial\boldsymbol{v}}{\partial\boldsymbol{V}(t)}\cdot\frac{\partial f_0(\boldsymbol{v})}{\partial\boldsymbol{v}}\mathrm{d}t \tag{13.159}$$

其中，我们利用了 Jeans 定理，通过该定理有 $f_0(\boldsymbol{v}')=f_0(\boldsymbol{v})$，并且 $\partial\boldsymbol{v}/\partial\boldsymbol{V}(t)$ 为张量形式：

$$\left.\frac{\partial\boldsymbol{v}}{\partial\boldsymbol{V}(t)}\right|_{ij}=\frac{\partial v_j}{\partial V_i(t)}=\begin{pmatrix}\cos\Omega t & \sin\Omega t & 0\\ -\sin\Omega t & \cos\Omega t & 0\\ 0 & 0 & 1\end{pmatrix} \tag{13.160}$$

假设这些波都是静电波，那么我们可使用式(13.159)推出每类组分粒子的电荷密度扰动量：

$$\rho_\mathrm{q}=\int qf_1(\boldsymbol{v})\mathrm{d}^3v \tag{13.161}$$

而对于电磁波，我们则可获得其电流密度的扰动量为

$$\boldsymbol{j}=\int q\boldsymbol{v}f_1(\boldsymbol{v})\mathrm{d}^3v \tag{13.162}$$

虽然式(13.157)~式(13.162)这一组方程比较简洁，但对于一般的分布函数来说，它

们是很难求解的。然而,我们将进一步探讨历史积分的数学结果,以研究三个方面的科学问题:Landau 共振、回旋共振和 Bernstein 模。我们之所以将 Bernstein 模也包含进来是因为它们经常在行星磁层中被观察到,并且从教学观点来看,也能通过 Bernstein 模向读者展示如何推导出一个动理论波的色散关系。

## 13.5.2　Landau 阻尼

为研究 Landau 共振,我们需要做几个假设。首先,我们假设扰动为静电扰动。在这种情况下,式(13.159)方括号中与 $\boldsymbol{V}(t)$ 有关的项可以忽略,因为它们来自波动磁场产生的洛伦兹力。我们进一步假设波是沿着磁场传播的。因此,唯一保留的是与 $z$ 方向有关的项,而在式(13.160)中保留的唯一项是 $\partial v_{//}/\partial V_{//}(=1)$。因此,我们对式(13.159)进行积分,有

$$f_1(\boldsymbol{v}) = -\mathrm{i}\frac{q}{m}E_{//}\frac{\partial f/\partial v_{//}}{\omega - k_{//}v_{//}} \tag{13.163}$$

在式(13.163)中,我们用 $f$ 代替了 $f_0$,后面我们将继续使用这个约定符号。

我们将式(13.163)代入式(13.161),得到

$$\rho_q = -\mathrm{i}\frac{q^2}{m}E_{//}\int\frac{\partial f/\partial v_{//}}{\omega - k_{//}v_{//}}\mathrm{d}^3 v \tag{13.164}$$

令式(13.164)中的分母为零对应式(13.149)中的 Landau 共振。在具体讨论 Landau 共振之前,我们想向大家证明由动理论导出的色散关系与从流体理论导出的色散关系是等价的。为此,我们假设分布函数具有如下形式:

$$f = n_0\delta(v_{//}-v_{\mathrm{d}})g(v_{\perp}) \tag{13.165}$$

其中,$n_0$ 为 $f$ 代表的粒子密度,$\delta(v_{//}-v_{\mathrm{d}})$ 为 Dirac 德尔塔函数,其对应平行方向上分布函数没有热扩展分布,并且粒子以 $v_{\mathrm{d}}$ 的速度平行漂移,而 $g(v_{\perp})$ 是垂直方向上满足如下条件的任意分布函数:

$$2\pi\int_0^{\infty}g(v_{\perp})v_{\perp}\,\mathrm{d}v_{\perp} = 1 \tag{13.166}$$

这样,式(13.164)就变为

$$\rho_q = -\mathrm{i}\omega_{\mathrm{p}}^2\varepsilon_0 E_{//}\int\frac{\partial\delta(v_{//}-v_{\mathrm{d}})/\partial v_{//}}{\omega - k_{//}v_{//}}\mathrm{d}v_{//} \tag{13.167}$$

其中,$\omega_{\mathrm{p}}$ 为该组分粒子对应的等离子体频率。

我们对式(13.167)进行分部积分。我们将进一步假设背景条件为静态的冷电子分布,对应我们前面讨论过的双流不稳定性,我们假设冷电子的密度为 $n_{\mathrm{e}}$,漂移速度为 $v_{\mathrm{b}}$。那么由 Poisson 方程,可进一步得到:

$$\sum_s\rho_{qs} = \mathrm{i}\varepsilon_0 k_{//}\,E_{//} \tag{13.168}$$

其中,如下标 $s$ 所示,我们对所有组分粒子进行了求和。那么,式(13.167)则变为

$$1 = \frac{\omega_{\mathrm{pe}}^2}{\omega^2} + \frac{\omega_{\mathrm{pb}}^2}{(\omega - \boldsymbol{k}\cdot\boldsymbol{v}_{\mathrm{b}})^2} \tag{13.169}$$

这与我们前面的式(13.134)完全一样。

显然,动理论形式也能给出前面流体方程讨论的物理结果,但它还会带来一个额外的

特征,即式(13.164)包括通过 $\omega = k_{/\!/} v_{/\!/}$ 共振作用带来波粒相互作用的可能性。

为进一步理解为什么共振作用会导致波增长,我们需要对变量的复数形式作一些分析。为简单起见,我们假设 $f$ 对应某类物质(一般我们认为是电子,因为对于高频波,离子可以忽略),进一步假设 $f$ 是具有降维形式的速度分布函数(**reduced velocity distribution**,对垂直速度进行积分后所得),因此,$f$ 只与平行速度有关。这相当于假设分布函数为 $f(v_{/\!/})$ $g(v_\perp)$,而 $g(v_\perp)$ 满足式(13.166)的条件。因此,由式(13.167)和式(13.168),等离子体的相对介电常数可得

$$\kappa(\omega, k_{/\!/}) = 1 - \frac{q^2}{\varepsilon_0 m k_{/\!/}^2} \int_{-\infty}^{\infty} \frac{\partial f/\partial v_{/\!/}}{v_{/\!/} - \omega/k_{/\!/}} \mathrm{d}v_{/\!/} \tag{13.170}$$

其色散关系对应于的一个解为

$$\kappa(\omega, k_{/\!/}) = 0 \tag{13.171}$$

因为我们考虑的是静电波,所以 $\kappa(\omega, k_{/\!/})$ 是一个标量。若对于电磁波而言,$\vec{\kappa}(\omega, k_{/\!/})$ 则将变为一个张量(参见式(13.12))。

Cauchy 定理指出,对于复变量 $z$,若 $h(z)$ 在积分路径围成的区域内是关于 $z$ 的解析函数,那么有

$$\oint h(z) \mathrm{d}z = 0 \tag{13.172}$$

因此,我们可以把式(13.170)中的积分看作闭合路径积分在无穷远处的一部分。当我们进行历史积分时,假设波频率有一个小的正虚部(波出现增长,$\gamma > 0$)以确保积分收敛。如果我们现在考虑 $v_{/\!/}$ 为复数的形式,这个共振极点则对应 $\mathrm{Im}(v_{/\!/}) > 0$ 的上半平面。因此,为满足式(13.172),我们的积分在下半平面的闭合路径上。

然而,如果 $\gamma \le 0$,则积分路径将包含极点的一半($\gamma = 0$)或全部($\gamma < 0$)。留数定理表明,当积分路径按逆时针方向环绕极点 $z = a$ 时,有

$$\oint \frac{h(z)}{z - a} \mathrm{d}z = \mathrm{i}2\pi h(a) \tag{13.173}$$

因此,当 $\gamma \le 0$ 时,式(13.170)中的积分将有不连续性。从物理上而言,$\kappa(\omega, k_{/\!/})$ 应该是连续的,否则根据 $\gamma$ 的符号极性,或 $\gamma = 0$,波的色散特征将是不同的。而让 $\kappa(\omega, k_{/\!/})$ 变得连续的方法则是通过 Landau 处理方式(**Landau prescription**)实现。

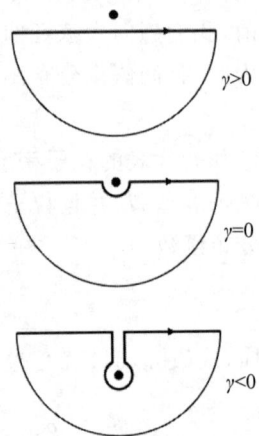

图 13.11 对积分路径进行处理,以确保 $\kappa(\omega, k_{/\!/})$ 在 $\gamma \le 0$ 时是连续函数

Landau 处理方式具体如图 13.11 所示。其处理方式是对积分路径进行处理,使积分路径仍能在下半平面闭合,但不包括 $v_{/\!/} = \omega/k_{/\!/}$ 处的极点。

基于该处理方法,式(13.170)的积分则变为

$$\int_{-\infty}^{\infty} \frac{\partial f/\partial v_{/\!/}}{v_{/\!/} - \omega/k_{/\!/}} \mathrm{d}v_{/\!/} = \mathrm{P}\int_{-\infty}^{\infty} \frac{\partial f/\partial v_{/\!/}}{v_{/\!/} - \omega/k_{/\!/}} \mathrm{d}v_{/\!/} + \mathrm{i}\pi \left.\frac{\partial f}{\partial v_{/\!/}}\right|_{v_{/\!/} = \omega/k_{/\!/}} \tag{13.174}$$

其中"P"表示积分的主体部分,其可用 $\omega$ 的实部来计算。

我们这时可计算式(13.170)。假设 $\gamma$ 很小,并使用 Taylor 展开估算增长率。这样式(13.170)变为

$$\kappa(\omega,k_{/\!/})=\kappa(\omega_r,k_{/\!/})-\gamma\frac{\partial\kappa_i(\omega_r,k_{/\!/})}{\partial\omega_r}+\mathrm{i}\gamma\frac{\partial\kappa_r(\omega_r,k_{/\!/})}{\partial\omega_r}-\mathrm{i}\pi\frac{q^2}{\varepsilon_0 m k_{/\!/}^2}\frac{\partial f}{\partial v_{/\!/}}\bigg|_{v_{/\!/}=\omega/k_{/\!/}}$$

(13.175)

其中,下标"r"表示实部,而下标"i"表示虚部。

$\kappa(\omega,k_{/\!/})$ 与 $\kappa(\omega_r,k_{/\!/})$ 都默认是满足式(13.171)的,并且我们也假设式(13.175)中的实部修正项很小。这样,由虚部部分,我们有

$$\gamma=\pi\frac{q^2}{\varepsilon_0 m k_{/\!/}^2}\frac{\partial f/\partial v_{/\!/}\big|_{v_{/\!/}=\omega/k_{/\!/}}}{\partial\kappa_r(\omega_r,k_{/\!/})/\partial\omega_r}$$

(13.176)

若 $\partial f/\partial v_{/\!/}$ 与 $\partial\kappa_r(\omega_r,k_{/\!/})/\partial\omega_r$ 都为正,那么增长率是为正值。而当 $\frac{\partial[\omega_r\kappa_r(\omega_r,k_{/\!/})]}{\partial\omega_r}>0$ 时,其对应的波称为正能量密度波(positive energy density wave)。Stix(1962)讨论了这个量究竟是如何与静电波的能量密度存在关联的。由于由式(13.171),我们有 $\kappa_r(\omega_r,k_{/\!/})=0$,所以由 $\frac{\partial\kappa_r(\omega_r,k_{/\!/})}{\partial\omega_r}>0$ 足以判断出静电波是正能量密度波。冷等离子体中的等离子体振荡就是正能量密度波。

我们假设波为正能量密度波,那么式(13.176)表明,若分布函数在共振点处有 $\partial f/\partial v_{/\!/}>0$,那么将会变得不稳定。这种不稳定性我们称之为"尾撞"不稳定性("bump on tail" instability),其对应我们前面讨论的双流不稳定性的共振作用。实际上,正如我们在这里所看到,满足式(13.170)的分布函数既可以包括流体不稳定性(如果分布函数由两束相对流动的低温等离子体分布构成),也可以包括共振作用驱动的不稳定性(当等离子体流的密度足够低时,除了影响增长率本身外,并不能影响波的色散关系)。

为理解为什么分布函数存在正斜率时($f$ 随速度增加)会导致波的生长,我们注意到不稳定性的作用会消除分布函数中的梯度结构,因此波会使得在粒子速度空间中沿梯度负方向移动,这一过程称为准线性扩散(quasi-linear diffusion)。如果分布函数的斜率为正,则扩散过程会将粒子能量转移到波上,进而使波出现增长。

考虑到式(13.170)给出的一般性积分,人们给出了 maxwellian 分布下的一般形式,并称其为等离子体色散函数(plasma dispersion function,Fried 和 Conte,1961)。尤其是对于一维的 Maxwell 分布,有

$$f=\frac{n_0}{\pi^{1/2}v_T}\exp(-v^2/v_T^2)$$

(13.177)

这样,式(13.170)就变为

$$\kappa(\omega,k_{/\!/})=1-\frac{\omega_p^2}{k_{/\!/}^2 v_T^2}Z'\left(\frac{\omega}{k_{/\!/}v_T}\right)$$

(13.178)

其中,$Z'(\zeta)=\partial Z(\zeta)/\partial\zeta$,其为等离子体色散函数的一阶导数。

在 13.3.1 节中,我们注意到在行星弓激波的上游能观测到静电波。这些波是由反射粒子激发产生的(其简化速度分布函数的尾端存在一个凸起结构)。在电子激波前兆区中,反

射电子激发等离子体振荡；在离子激波前兆区中，反射离子产生离子声波。

### 13.5.3　回旋共振

我们上面展示如何通过式（13.159）的历史积分导出沿平行传播条件下静电波的 Landau 共振之后，现在将进一步探究回旋共振（gyro-resonance）。为研究回旋共振，我们再次假设波沿平行传播方向（$k_\perp=0$），且为横波（$E_{/\!/}=0$）。可以预期，我们注意到，由式（13.159）有[1]

$$\boldsymbol{E}_\perp \cdot \frac{\partial \boldsymbol{v}}{\partial \boldsymbol{V}(t)} \cdot \frac{\partial f}{\partial \boldsymbol{v}} = \boldsymbol{E}_\perp \cdot \frac{\partial \boldsymbol{v}_\perp}{\partial \boldsymbol{V}_\perp(t)} \cdot \frac{\partial f}{\partial \boldsymbol{v}_\perp} \tag{13.179}$$

同时有

$$\boldsymbol{k}_{/\!/} \cdot \frac{\partial \boldsymbol{v}}{\partial \boldsymbol{V}(t)} \cdot \frac{\partial f}{\partial \boldsymbol{v}} = \boldsymbol{k}_{/\!/} \cdot \frac{\partial \boldsymbol{v}_{/\!/}}{\partial \boldsymbol{V}_{/\!/}(t)} \cdot \frac{\partial f}{\partial \boldsymbol{v}_{/\!/}} = k_{/\!/} \frac{\partial f}{\partial v_{/\!/}} \tag{13.180}$$

其中，$\boldsymbol{E}_\perp=(E_x,E_y,0)$。

如前所述，由于 $f$ 是运动常数的函数，所以 $f=f_0(\boldsymbol{v})=f_0(v_\perp,v_{/\!/})$，因此有

$$\frac{\partial f}{\partial v_x}=\frac{v_x}{v_\perp}\frac{\partial f}{\partial v_\perp}, \quad \frac{\partial f}{\partial v_y}=\frac{v_y}{v_\perp}\frac{\partial f}{\partial v_\perp} \tag{13.181}$$

那么，式（13.179）就变为

$$\boldsymbol{E}_\perp \cdot \frac{\partial \boldsymbol{v}}{\partial \boldsymbol{V}(t)} \cdot \frac{\partial f}{\partial \boldsymbol{v}} = \frac{\boldsymbol{E}_\perp \cdot \boldsymbol{V}_\perp(t)}{v_\perp} \frac{\partial f}{\partial v_\perp} \tag{13.182}$$

这样，式（13.159）的历史积分就变为

$$f_1(\boldsymbol{v}) = -\frac{q}{m\omega}\int_0^\infty e^{i(\omega-k_{/\!/}v_{/\!/})t}\left[\frac{(\omega-k_{/\!/}v_{/\!/})}{v_\perp}\frac{\partial f}{\partial v_\perp}+k_{/\!/}\frac{\partial f}{\partial v_{/\!/}}\right]\boldsymbol{E}_\perp \cdot \boldsymbol{V}_\perp(t)\,\mathrm{d}t \tag{13.183}$$

下一步我们将采用所谓的极化坐标（polarized coordinates）。在讨论磁化冷等离子体的 R 模和 L 模波时，我们注意到有（见式（13.50））：

$$E_x + iE_y = 0$$

这表明波模是右旋极化的。因此我们定义极化坐标为

$$E_\pm = \frac{E_x \pm iE_y}{\sqrt{2}} \tag{13.184}$$

其中，下标取"+"号对应左旋圆极化（LHC）的波电场，取"−"号对应右旋圆极化（RHC）的波电场。

利用这些极化坐标，并假设波为横波，那我们就可利用式（13.162）来获得波引起的一阶扰动电流，并得到

$$j_\pm = -\frac{q^2}{m\omega}\int_{vt=0}^\infty \int^i e^{i(\omega-k_{/\!/}v_{/\!/})t} e^{i(\omega-k_{/\!/}v_{/\!/})t} v_\pm \cdot$$
$$\left[\frac{(\omega-k_{/\!/}v_{/\!/})}{v_\perp}\frac{\partial f}{\partial v_\perp}+k_{/\!/}\frac{\partial f}{\partial v_{/\!/}}\right]\boldsymbol{E}_\perp \cdot \boldsymbol{V}_\perp(t)\,\mathrm{d}^3v\,\mathrm{d}t \tag{13.185}$$

---

[1]　原文为式（13.160）。

由式(13.157)和式(13.181),对于式(13.185)中方括号内的第一项,可得

$$\int_{-\infty}^{\infty}\int_{-\infty}^{\infty} \frac{v_{\pm}}{v_{\perp}} \frac{\partial f}{\partial v_{\perp}} \boldsymbol{E}_{\perp} \cdot \boldsymbol{V}_{\perp}(t) \mathrm{d}v_x \mathrm{d}v_y = \int_{-\infty}^{\infty}\int_{-\infty}^{\infty} \frac{1}{\sqrt{2}}\left(\frac{\partial f}{\partial v_x} \pm \mathrm{i}\frac{\partial f}{\partial v_y}\right) \cdot \tag{13.186}$$

$$[E_x(v_x\cos\Omega t + v_y\sin\Omega t) + E_y(v_y\cos\Omega t + v_x\sin\Omega t)]\mathrm{d}v_x \mathrm{d}v_y$$

而分布函数 $f(v)$ 在 $v=\pm\infty$ 处为零,这里 $v$ 为积分变量,那么通过分部积分有

$$\int_{-\infty}^{\infty} v_y \frac{\partial f}{\partial v_x}\mathrm{d}v_x = 0 = \int_{-\infty}^{\infty} v_x \frac{\partial f}{\partial v_y}\mathrm{d}v_y \tag{13.187}$$

此外

$$\int_{-\infty}^{\infty}\int_{-\infty}^{\infty} v_x \frac{\partial f}{\partial v_x}\mathrm{d}v_x \mathrm{d}v_y = -\int_{-\infty}^{\infty}\int_{-\infty}^{\infty} f \mathrm{d}v_x \mathrm{d}v_y$$

$$= \int_{-\infty}^{\infty}\int_{-\infty}^{\infty} v_y \frac{\partial f}{\partial v_y}\mathrm{d}v_x \mathrm{d}v_y = \pi\int_0^{\infty} v_{\perp}^2 \frac{\partial f}{\partial v_{\perp}}\mathrm{d}v_{\perp} \tag{13.188}$$

其中,有

$$\int_{-\infty}^{\infty}\int_{-\infty}^{\infty} \mathrm{d}v_x \mathrm{d}v_y = 2\pi\int_0^{\infty} v_{\perp}\,\mathrm{d}v_{\perp} \tag{13.189}$$

这是因为 $f(v_{\perp}, v_{/\!/})$ 不依赖于相角 $\varphi$,而且 $v_x = v_{\perp}\cos\varphi, v_y = v_{\perp}\sin\varphi$。

那么,由式(13.187)和式(13.188),式(13.186)可进一步得到:

$$\int_{-\infty}^{\infty}\int_{-\infty}^{\infty} \frac{v_{\pm}}{v_{\perp}} \frac{\partial f}{\partial v_{\perp}} \boldsymbol{E}_{\perp} \cdot \boldsymbol{V}_{\perp}(t) \mathrm{d}v_x \mathrm{d}v_y = \frac{1}{2}\int_{-\infty}^{\infty}\int_{-\infty}^{\infty} v_{\perp} \frac{\partial f}{\partial v_{\perp}} E_{\pm}\,\mathrm{e}^{\pm\mathrm{i}\Omega t}\,\mathrm{d}v_x \mathrm{d}v_y \tag{13.190}$$

对于式(13.185)中方括号内的第二项,我们注意到有

$$\int_{-\infty}^{\infty}\int_{-\infty}^{\infty} v_i v_j f \mathrm{d}v_x \mathrm{d}v_y = \int_{-\infty}^{\infty}\int_{-\infty}^{\infty} \frac{v_{\perp}^2}{2}\delta_{ij} f \mathrm{d}v_x \mathrm{d}v_y \tag{13.191}$$

这是因为我们假定了分布函数在 $x$ 或 $y$ 方向上没有净的整体流速度。

如式(13.186)中那样,通过对 $\boldsymbol{E}_{\perp} \cdot \boldsymbol{V}_{\perp}(t)$ 项展开,我们发现有

$$\int_{-\infty}^{\infty}\int_{-\infty}^{\infty} v_{\pm} f \boldsymbol{E}_{\perp} \cdot \boldsymbol{V}_{\perp}(t) \mathrm{d}v_x \mathrm{d}v_y = \frac{1}{2}\int_{-\infty}^{\infty}\int_{-\infty}^{\infty} v_{\perp}^2 f E_{\pm}\,\mathrm{e}^{\pm\mathrm{i}\Omega t}\,\mathrm{d}v_x \mathrm{d}v_y \tag{13.192}$$

由式(13.190)和式(13.192),我们对 $t$ 积分后,式(13.185)就变为

$$j_+ = -\mathrm{i}\frac{q^2}{2m\omega}\int v_{\perp} \frac{(\omega - k_{/\!/}v_{/\!/})\partial f/\partial v_{\perp} + k_{/\!/}v_{\perp}\partial f/\partial v_{/\!/}}{\omega - k_{/\!/}v_{/\!/} \pm \Omega} E_{\pm}\,\mathrm{d}^3 v \tag{13.193}$$

式(13.193)中的分母给出了式(13.150)中当 $n = \pm 1$ 时出现回旋共振的情形。我们还将进一步证明,对于平行传播的横向模而言,取式(13.193)中下标的正负号取决于波的极化特性。

式(13.7)(或式(13.38))给出了电磁波谐波扰动的控制方程。为简单起见,我们还是仅考虑电子项。对于平行传播的横向波模而言,式(13.7)可写为

$$(\mu^2 - 1)E_{\pm} = \frac{q^2}{2\varepsilon_0 m\omega^2}\int v_{\perp} \frac{(\omega - k_{/\!/}v_{/\!/})\partial f/\partial v_{\perp} + k_{/\!/}v_{\perp}\partial f/\partial v_{/\!/}}{\omega - k_{/\!/}v_{/\!/} \pm \Omega} E_{\pm}\,\mathrm{d}^3 v \tag{13.194}$$

其中,我们使用了极化坐标。

式(13.194)的其中一个解为 $E_+ = 0$，或有

$$\mu^2 = 1 + \frac{q^2}{2\varepsilon_0 m\omega^2} \int v_\perp \frac{(\omega - k_{/\!/} v_{/\!/})\partial f/\partial v_\perp + k_{/\!/} v_\perp \partial f/\partial v_{/\!/}}{\omega - k_{/\!/} v_{/\!/} - \Omega} \mathrm{d}^3 v \quad (13.195)$$

这个解对应 RHC 模。而回旋共振频率取相反符号时则对应 LHC 模。

我们假设分布函数为

$$f = \frac{n_0}{\pi v_\perp} \delta(v_\perp)\delta(v_{/\!/}) \quad (13.196)$$

并注意到

$$\int_0^\infty \delta(v_\perp)\mathrm{d}v_\perp = \frac{1}{2} \quad (13.197)$$

因为式(13.195)分子中的第二项包含 $v_\perp^2$，所以对 $v_\perp$ 进行积分这一项会消失。通过对第一项进行分部积分后，我们发现有

$$\mu^2 = 1 - \frac{\omega_{\mathrm{pe}}}{\omega(\omega - \Omega)} \quad (13.198)$$

正如我们所期望的，可得到 R 模的色散关系。

式(13.196)中假设的这个分布函数并不会导致任何波的增长，因为该分布函数中没有共振粒子。但我们可由此出发确定回旋共振不稳定性的条件。类比式(13.174)，我们假设式(13.195)由一个主部和一个与积分极点有关的虚部组成。为简单起见，我们假设主部由式(13.198)给出，那么式(13.195)就变为

$$\mu^2 = 1 - \frac{\omega_{\mathrm{pe}}}{\omega(\omega - \Omega)} + \mathrm{i}\pi^2 \frac{q^2}{\varepsilon_0 m\omega^2} \int_0^\infty v_\perp^2 \left[ \left(v_{/\!/} - \frac{\omega}{k_{/\!/}}\right)\frac{\partial f}{\partial v_\perp} - v_\perp \frac{\partial f}{\partial v_{/\!/}} \right]\bigg|_{v_{/\!/} = v_{\mathrm{res}}} \mathrm{d}v_\perp \quad (13.199)$$

并且

$$v_{\mathrm{res}} = (\omega - \Omega)/k_{/\!/} \quad (13.200)$$

式(13.199)中方括号内的项则是关于极点对 $v_{/\!/}$ 进行环绕积分的结果。

我们可进一步简化式(13.199)。定义一个相对于相速度平行分量的投掷角 $\alpha$，即

$$\tan\alpha = \frac{v_\perp}{v_{/\!/} - \omega/k_{/\!/}} \quad (13.201)$$

利用 $\alpha$，式(13.199)变为

$$\mu^2 = 1 - \frac{\omega_{\mathrm{pe}}}{\omega(\omega - \Omega)} + \mathrm{i}\pi^2 \frac{q^2}{\varepsilon_0 m\omega^2} \int_0^\infty v_\perp^2 \frac{\partial f}{\partial \alpha}\bigg|_{v_{/\!/} = v_{\mathrm{res}}} \mathrm{d}v_\perp \quad (13.202)$$

因此，回旋共振驱动的不稳定性与相空间密度中的投掷角梯度有内在固有联系，而投掷角是相对于波的平行相速度定义的。

我们再次假设，波的增长率是很小的（参见式(13.175)），考虑 $\omega = \omega_{\mathrm{r}} + \mathrm{i}\gamma$，并使用 Taylor 展开。那么，由式(13.202)的虚部，得到

$$\gamma\left[2 + \frac{\omega_{\mathrm{pe}}^2 \Omega}{\omega_{\mathrm{r}}(\omega_{\mathrm{r}} - \Omega)^2}\right] = -\pi^2 \frac{q^2}{\varepsilon_0 m\omega_{\mathrm{r}}} \int_0^\infty v_\perp^2 \frac{\partial f}{\partial \alpha}\bigg|_{v_{/\!/} = v_{\mathrm{res}}} \mathrm{d}v_\perp \quad (13.203)$$

由于式(13.203)左侧括号内的项为正值,那么若

$$\int_0^\infty v_\perp^2 \frac{\partial f}{\partial \alpha}\bigg|_{v_{/\!/}=v_{\mathrm{res}}} \mathrm{d}v_\perp < 0 \tag{13.204}$$

波就会出现增长,也就是说,在随相速度运动的参照系中,分布函数关于投掷角变化的梯度必须为负时,才能使波生长起来。

我们是基于冷等离子体 R 模的色散关系才得到这个结果的。R 模包括哨声模,并且回旋共振通常与地球磁层中哨声波的增长有关。但我们可以将这个结果一般化。对于式(13.202)更一般的形式是

$$D(\omega, k_{/\!/}) = -\mathrm{i}\pi^2 \frac{q^2}{\varepsilon_0 m\omega^2}\int_0^\infty v_\perp^2 \frac{\partial f}{\partial \alpha}\bigg|_{v_{/\!/}=v_{\mathrm{res}}} \mathrm{d}v_\perp \tag{13.205}$$

其中,$D(\omega, k_{/\!/})$ 为波的色散关系函数,注意不要将其与电位移矢量 $\boldsymbol{D}$ 混淆。式(13.205)右边项中并没有回旋共振项,波的色散关系由 $D(\omega, k_{/\!/}) = 0$ 给出。按照惯例,我们假设 $D(\omega, k_{/\!/}) = F(\omega, k_{/\!/}) - \mu^2$,其中,$F(\omega, k_{/\!/})$ 是一个依赖等离子体性质的函数。对于这里我们所考虑的 R 模而言,有

$$F(\omega, k_{/\!/}) = 1 - \frac{\omega_{\mathrm{pe}}^2}{\omega(\omega - \Omega)} \tag{13.206}$$

类似前面 Landau 共振的讨论,对于增长率较小时,式(13.205)可得到

$$\gamma = \frac{-\pi^2 \dfrac{q^2}{\varepsilon_0 m\omega^2}\displaystyle\int_0^\infty v_\perp^2 \dfrac{\partial f}{\partial \alpha}\bigg|_{v_{/\!/}=v_{\mathrm{res}}} \mathrm{d}v_\perp}{\partial D_{\mathrm{r}}(\omega_{\mathrm{r}}, k_{/\!/})/\partial \omega_{\mathrm{r}}} \tag{13.207a}$$

或采用式(13.199)中的积分形式,得到

$$\gamma = \frac{-\pi^2 \dfrac{q^2}{\varepsilon_0 m\omega^2}\displaystyle\int_0^\infty v_\perp^2 \left[\left(v_{/\!/} - \dfrac{\omega}{k_{/\!/}}\right)\dfrac{\partial f}{\partial v_\perp} - v_\perp \dfrac{\partial f}{\partial v_{/\!/}}\right]\bigg|_{v_{/\!/}=v_{\mathrm{res}}} \mathrm{d}v_\perp}{\partial D_{\mathrm{r}}(\omega_{\mathrm{r}}, k_1)/\partial \omega_{/\!/}} \tag{13.207b}$$

在得到回旋共振的增长速率之后,我们现在对共振条件式(13.200)再做一些审查。首先,不止一种粒子组分能够与波产生回旋共振,这样我们可以对式(13.207a)和式(13.207b)中分子的所有粒子组分求和,从而实现对多粒子组分的扩展。作为例子,我们将考虑哨声模情形。

对于哨声模,波的频率是小于电子回旋频率的。因此,平行传播的哨声模和电子之间要达到回旋共振就需要波和粒子朝相反的方向运动,这样通过多普勒频移效应,电子观察到波的频率就会增加,也就是 $k_{/\!/} v_{/\!/} < 0$。

另外,带正电的离子,相对于磁场以左手性的方式做回旋运动。如果离子的运动速度快于哨声模波,则这些离子会与平行传播的哨声波发生强烈的相互作用,使哨声模的极化特性在离子运动参照系中发生极性符号变化,即 $v_{/\!/} > \omega/k_{/\!/}$。粒子共振条件的差异性会影响温度各向异性等的发展,从而导致波的增长(见习题 13.5)。

关于回旋共振,我们还有一点需要说明的是,R 模也存在一个超光模分支(superluminous branch),对于该模式,$(\omega/k_{/\!/})/(\partial f/\partial v_\perp)$ 在式(13.207b)中为主要贡献项。但是,对这一项进行分部积分,其净效果是产生波的阻尼作用。为看清这一点,我们注意到

对于垂直速度较大的粒子肯定有 $\dfrac{\partial f}{\partial v_\perp}<0$，即便是在 $v_\perp$ 的某些范围内有 $\dfrac{\partial f}{\partial v_\perp}>0$，不然其分布函数的矩积分就不会收敛（收敛条件要求当 $v_\perp \to \infty$ 时有 $f \to 0$）。因为 $\partial f/\partial v_\perp$ 在式(13.207b)中还有一个 $v_\perp^2$ 的权重，所以垂直速度越大的粒子对这个积分的贡献越大。然而，如果回旋共振条件中包含相对论效应，那么共振条件就变为

$$\omega - k_{/\!/} \, v_{/\!/} = \Omega/\Gamma = \Omega(1 - v^2/c^2)^{1/2} \tag{13.208}$$

其中，$\Gamma$ 为 Lorentz 因子。如第 11 章中所述，这种相对论效应的回旋共振是产生极光千米波辐射(auroral kilometric radiation，AKR)的一个重要因素，因为 Lorentz 因子限定了式(13.207b)积分项中 $v_\perp$ 的最大值，并且使具有较大垂直速度的粒子引入的阻尼效应减小了。值得注意的是，AKR 是在 R-X 模式下观测到的，要使电子与该模发生回旋共振作用，$\omega_R$ 必须接近于 $\Omega_e$。此外，如果我们在式(13.53)中采用相对论电子质量，那么对于密度足够低的情形，相对论修正则给出 $\omega_R < \Omega_e$。在这种情况下，只需 $k_{/\!/} = 0$ 式(13.208)便可得到满足。这使波可以到更强的增长，并且这也是 AKR 辐射源区的一个基本特征(见第 11 章)。

### 13.5.4　Bernstein 模

作为本章节动力论和波不稳定性讨论的最后一个话题，我们将推导 Bernstein 模的色散关系。虽然我们不具体阐明这些波是如何产生的，但可通过推导过程展示通过动理论推导波色散关系的一般方法。我们再次使用历史积分式(13.159)。起初，考虑斜传播情形，我们假设 $\boldsymbol{k}=(k_\perp, 0, k_{/\!/})$。进一步假设波为静电波，那么由式(13.159)可得

$$f_1(\boldsymbol{v}) = -\frac{q}{m}\int_0^\infty e^{i(\omega - k_{/\!/} v_{/\!/})t}\, e^{-i\frac{k_\perp v_x}{\Omega}\sin\Omega t}\, e^{-i\frac{k_\perp v_y}{\Omega}(1-\cos\Omega t)} \cdot$$
$$\left[ E_x\left(\frac{\partial f}{\partial v_x}\cos\Omega t + \frac{\partial f}{\partial v_y}\sin\Omega t\right) + E_{/\!/}\frac{\partial f}{\partial v_{/\!/}} \right]\mathrm{d}t \tag{13.209}$$

波电场 $E_x$ 通过 $\cos\Omega t$ 和 $\sin\Omega t$ 项引入了回旋共振 $\omega - k_{/\!/}v_{/\!/}\pm\Omega=0$，依赖 $k_\perp$ 的指数项引入了高阶回旋共振。对此，通过第一类 Bessel 函数的生成函数可看得比较清楚：

$$e^{-iz\sin\Omega t} = \sum_{n=-\infty}^\infty e^{-in\Omega t} J_n(z) \tag{13.210}$$

实际上，式(13.210)被用于推导动力论色散关系的一般形式。但在这种情况下，我们通常将速度的 $x$、$y$ 分量替换为 $v_x = v_\perp\cos\varphi$ 和 $v_y = v_\perp\sin\varphi$，其中 $\varphi$ 为相位角，速度分布函数对这个角积分，得：

$$\int \mathrm{d}^3 v = \int_{v_\perp=0}^\infty \int_{v_{/\!/}=-\infty}^\infty \int_{\varphi=0}^{2\pi} v_\perp \,\mathrm{d}v_\perp \,\mathrm{d}v_{/\!/} \,\mathrm{d}\varphi \tag{13.211}$$

我们并没有先进行历史积分再通过式(13.161)计算电荷密度，而是先进行了速度分布函数积分再计算电荷密度。我们假设分布函数为

$$f = \frac{n_0}{\pi^{3/2} v_{T\perp}^2 \, v_{T/\!/}} e^{-v_\perp^2/v_{T\perp}^2} \, e^{-v_{/\!/}^2/v_{T/\!/}^2} \tag{13.212}$$

这是一个双 Maxwell 分布。

如果分布函数具有类似式(13.212)的形式,那么我们可以再次通过等离子体的色散函数将 $v_\parallel$ 的积分表示出来,但是,由于式(13.210)具有求和形式,这一色散函数项将具有

$$Z_n = Z\left(\frac{\omega - n\Omega}{k_\parallel \ v_{T\parallel}}\right) \tag{13.213}$$

的形式或为该式的一阶导数。然而,在目前阶段,我们只需做 $k_\parallel = 0$ 的简化假设。

那么得到的电荷密度为

$$\rho_q = -\mathrm{i}\, \frac{n_0 q^2}{m\pi v_{T\parallel}^2}\, \frac{k_\perp E_x}{\Omega} \int_{v_x=-\infty}^{\infty} \int_{v_y=-\infty}^{\infty} \int_{t=0}^{\infty} \mathrm{e}^{\mathrm{i}\omega t}\, \mathrm{e}^{-\mathrm{i}\frac{k_\perp v_x}{\Omega}\sin\Omega t}\, \mathrm{e}^{-\mathrm{i}\frac{k_\perp v_y}{\Omega}(1-\cos\Omega t)}\, \mathrm{e}^{-v_\perp^2/v_{T\perp}^2}\, \sin\Omega t\, \mathrm{d}v_x\, \mathrm{d}v_y\, \mathrm{d}t \tag{13.214}$$

其中,我们对 $v_x$ 和 $v_y$ 进行了分部积分;对 $v_\parallel$ 进行了积分。

下一步需要注意的是,由于 $v_\perp^2 = v_x^2 + v_y^2$,对 $v_x$ 和 $v_y$ 的积分对应 gaussian 函数的傅里叶变换形式,我们发现有

$$\rho_q = -\mathrm{i}\, \frac{n_0 q^2}{m}\, \frac{k_\perp E_x}{\Omega} \int_{t=0}^{\infty} \mathrm{e}^{\mathrm{i}\omega t}\, \mathrm{e}^{\frac{-k_\perp^2 v_{T\perp}^2}{2\Omega^2}(1-\cos\Omega t)}\, \sin\Omega t\, \mathrm{d}t \tag{13.215}$$

定义

$$\lambda = \frac{k_\perp^2\, v_{T\perp}^2}{2\Omega^2} \tag{13.216}$$

那么式(13.215)就变为

$$\rho_q = -\frac{n_0 q^2}{m}\frac{k_\perp E_x}{\Omega}\mathrm{e}^{-\lambda}\int_{t=0}^{\infty}\left(\frac{\mathrm{e}^{\mathrm{i}(\omega+\Omega)t}-\mathrm{e}^{\mathrm{i}(\omega-\Omega)t}}{2}\right)\mathrm{e}^{\lambda\cos\Omega t}\,\mathrm{d}t \tag{13.217}$$

利用修正 Bessel 函数的生成函数:

$$\mathrm{e}^{\lambda\cos\Omega t} = \sum_{n=-\infty}^{\infty}\mathrm{e}^{-\mathrm{i}n\Omega t}I_n(\lambda) \tag{13.218}$$

那么有

$$\rho_q = -\mathrm{i}\,\frac{n_0 q^2}{m}\frac{k_\perp E_x}{\Omega}\mathrm{e}^{-\lambda}\sum_{n=-\infty}^{\infty}\frac{I_{n+1}(\lambda)-I_{n-1}(\lambda)}{2(\omega-n\Omega)} \tag{13.219}$$

由修正 Bessel 函数的递推关系,可得到

$$I_{n+1}(\lambda)-I_{n-1}(\lambda) = -\frac{2n}{\lambda}I_n(\lambda) \tag{13.220}$$

如果我们假设仅有电子对电荷密度有贡献,则由式(13.3)[①],色散关系可变为

$$\frac{\omega_{pe}^2}{|\Omega_e|\,\lambda}\mathrm{e}^{-\lambda}\sum_{n=-\infty}^{\infty}\frac{nI_n(\lambda)}{\omega-n|\Omega_e|} = 1 \tag{13.221}$$

其中,我们采用了前面的电子回旋频率符号 $\Omega = |\Omega_e|$。所得式(13.221)即为 Bernstein 模的色散关系。图 13.12 给出了其色散关系分布,其中我们假设 $\omega_{pe}/|\Omega_e| = \sqrt{10}$。

---

① 原文为式(13.161)。

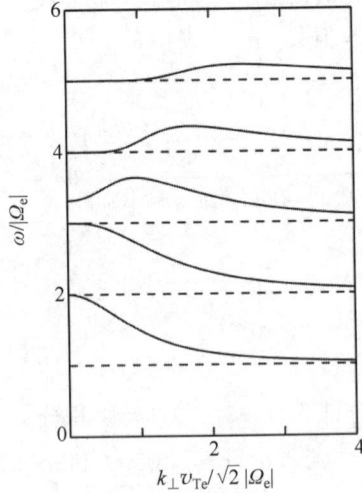

图 13.12　Bernstein 模的色散关系。这些色散曲线是关于 $\lambda^{1/2}$ 变化的函数[①]

当 $\lambda$ 较小时，$I_n(\lambda) \approx (\lambda/2)^n/n!$，并且，除 $n = \pm 1$ 外，$I_n(\lambda)$ 可以变得足够小，在这种条件下，式(13.221)能够得到很好的满足，即便 $\omega \approx n|\Omega_e|$。对于 $n = \pm 1$ 时，我们发现当 $\omega_{pe}/|\Omega_e| = \sqrt{10}$ 时，上混杂共振频率为 $\omega = (\omega_{pe}^2 + \Omega_e^2)^{1/2} \approx 3.32|\Omega_e|$。这种模式应该是存在的，因为这是式(13.221)在冷等离子体下的一种极限情形，其中，尽管 $k_\perp$ 可以很大，但若 $v_{T\perp} \to 0$ 足够快就能使 $\lambda \to 0$。最后，当 $\lambda$ 较大时，有 $\mathrm{e}^{-\lambda} I_n(\lambda) \approx 1/(2\pi\lambda)^{1/2}$，当 $\omega \approx n|\Omega_e|$ 时，式(13.221)可再次得到满足。对于低于上混杂共振频率的频段，波可存在于回旋谐波之间的整个频带上。而高于上混杂共振频率的频段，存在波不能传播的空带。

在本节结束之际，我们也注意到我们其实并没有讨论这些波是如何产生的。为了研究波的产生，我们需要通过设置 $k_\parallel = 0$ 保留波的共振作用。有兴趣的读者可以使用这里提出的方法获得完整的色散关系，包括波的增长。也有一些文献，包括 Clemmow 和 Dougherty (1969)的文章，给出了关于 Maxwell 分布及更一般的速度分布函数的完整电导率张量推导。

## 13.6　小结

本章回顾了推导不同等离子体波的色散关系和不稳定性的一般性方法。出于一些必要的考虑，我们并没有考虑一些波模，尤其是那些与构型空间中物理结构有关的波模。相反，我们聚焦于那些依赖于均匀背景等离子体假设的波。尽管如此，我们也获得了相当多的波模及其对应的色散特性，包括静电声模（图 13.1）、冷等离子体中的波模（图 13.5）、含有多组分离子等离子体中的波模（图 13.7）、热等离子体中的 MHD 模（图 13.8 和图 13.9），以及 Bernstein 模（图 13.12）等。

---

[①]　见式(13.216)，$\lambda = \dfrac{k_\perp^2 v_{T\perp}^2}{2\Omega^2}$。

我们还探讨了使波发展为不稳定性的不同方式,包括束流不稳定性(可由 MHD 流体理论推出)和朗道回旋共振作用(这是等离子体动理论的固有不稳定性)。束流不稳定性可从等离子体两类粒子的相对运动中获取能量,而共振不稳定性可从粒子速度空间分布的梯度中获取能量。

不同的空间等离子体中会出现不同的波模和不稳定性。声模可在行星弓激波的上游观测到,在那里声波可散射和热化太阳风的反射粒子。高频的冷等离子体模,特别是 R-X 模,则是由粒子极光加速区处的共振不稳定性激发产生的。这些波让有全球磁场的行星成了射电辐射源天体。而静电波,例如那些上混杂共振频率处的静电波,则与等离子体的梯度有关(如在地球的等离子体顶处)。Bernstein 模常在等离子体顶附近区域被观测到。低频哨声模普遍存在于行星磁层中。在地球上,哨声模会以合声(chorus)的形式出现,有清晰的频率结构,而嘶声(hiss)的频率结构较为无序。哨声模可通过闪电产生,也可以在磁层中产生。在磁层中,哨声波会散射粒子的投掷角。其中,部分受散射的粒子会损失在大气中。多离子组分等离子体中激发的波模也会散射粒子的投掷角。MHD 波会以波的形式将动量从一个等离子体区域传输到另一个等离子体区域。

最后,我们注意到,在 13.5.1 节中,我们提出了线性化 Vlasov 方程历史积分的物理概念,这是我们推导各种等离子体中电磁波动力论色散关系的物理基础。我们鼓励读者通过空间物理练习题探索研究多组分冷等离子体、MHD 和激波中的波。

## 拓展阅读

Boyd,T. J. M. and J. J. Sanderson(1969). *Plasma Dynamics*. London:Nelson. 本书简要介绍了波在磁化等离子体中的传播,包括 Appleton-Hartree 色散关系的推导和 Clemmow-Mullaly-Allis(CMA)的色散关系图。

Clemmow,P. C. and J. P. Dougherty (1969). *Electrodynamics of Particles and Plasmas*. Reading,MA:Addison-Wesley. 本书扩展了 Boyd and Sanderson(1969)书中的讨论内容,描述了如何推导等离子体色散关系(含动理论效应)。书中讨论了 Landau 阻尼和回旋共振等概念,也讨论了热等离子体中的波模,如 Bernstein 模,这些波模需要采用动理论的方法推导其色散关系。13.5 节主要沿用了 Clemmow 和 Dougherty 使用的方法。

Stix,T. II. (1962). *The Theory of Plasma Waves*. New York:McGraw-Hill. 这是一本描述波能流及群速度与波能通量之间关系的经典书籍。其中也包括静电波的情形(即使没有磁场,静电波仍然可携带能量)。在本章讨论中,静电波携带能量对于 Landau 共振而言具有重要物理作用。

## 习题

**13.1** 画出哨声模群速度 $\partial\omega/\partial k$ 和相速度 $\omega/k$ 随角频率 $\omega$ 变化的关系,并据此讨论如何解释闪电激发产生的哨声波频率随时间变化的下降速率。

**13.2** 证明如何由 Appleton-Hartree 色散关系式(13.101)推导得出垂直传播下 X 模的色散关系式(13.62)

$$\mu^2 = 1 - \frac{\omega_{pe}^2}{\omega^2} \frac{\omega^2 - \omega_{pe}^2}{\omega^2 - \omega_{UHR}^2}$$

**13.3** 当椭圆极化的电磁波在磁化等离子体中传播时,电磁波的极化方向会随电磁波的传播而出现旋转,这就是著名的 Faraday 旋转效应。为什么会发生 Faraday 旋转效应呢(请仅考虑波沿磁场平行传播情形)?

**13.4** 请在空间物理习题训练(http://spacephysics.ucla.edu)的"Plasma Waves"选项下选择"Dispersion Relation"部分。磁场强度设定为 5 nT。可以指定 4 种离子种类。对于离子种类#1,设置质量=1、离子价态=1,数密度=5;对于离子种类#2,设置质量=4,离子价态=1,数密度=2;对于离子种类#3,设置质量=16,离子价态=1,数密度=1;对于离子种类#4,我们将离子数密度设置为 0。这些参数设置与图 13.7 中采用的参数设置是相同的。将波的传播角度设置为 0,然后点击计算按钮。我们使用鼠标在右上图中选择 R 模和 L 模色散曲线相交点附近的一个频率。注意,在选择中需要重置频率。在框中输入不同的频率值,按计算键可重新画出极坐标下的图。对于平行传播而言,求出当这两种波模具有相同波数时的频率(也就是交叉频率)。将传播角度调为 75°,并验证波模在交叉频率处仍然会改变其偏振极性。我们将图形更改为绘制相速度随频率的变化。再次输入交叉频率上方和下方的频率。在交叉频率以上,其中一种模可以沿 90°方向传播。另一种模则显示出类似"图 8"中的相速度分布特征,其中波只在一个有限的角度范围内传播。图 8 中显示的是哪种波模?对于刚好低于交叉频率的波会出现什么特征?

对另一个交叉频率可重复类似的分析:使用色散关系图确定交叉频率,使用相位速度图研究交叉频率上方和下方色散关系的变化。

**13.5** 通过几何关系说明为什么回旋共振电子在与哨声模发生共振时,电子会损失能量(等离子体参照系)并且其投掷角移动到较低的范围(在波动参照系内),因此,这要求存在一个损失锥或 $T_\perp / T_\parallel > 1$。同样,对于离子而言,说明为什么离子也有 $T_\perp / T_\parallel > 1$。

**13.6** 请证明相对论性的回旋共振作用可在粒子速度空间中形成一个椭圆,其半长轴与半短轴的比值为

$$\frac{v_\perp^2}{v_\parallel^2} = \frac{\Omega_e^2 + c^2 k_\parallel^2}{\Omega_e^2}$$

也请证明当 $k_\parallel = 0$ 时,只要 $\omega < |\Omega_e|$ 就可以发生回旋共振。

# 附录A.1

## 符号、矢量恒等式和微分算符

### A.1.1 符号

本书使用的坐标符号毫无疑问是以大家熟悉的形式写出的：矢量用黑斜体字母表示；而对于手写形式的矢量，则采用下方带下画线或上方带箭头的字母表示。我们使用的空间坐标系有直角坐标系、球坐标系和柱坐标系。以下是常见的空间坐标表示形式（对于cartesian 直角坐标而言，前两种形式可互换使用）：

$$x = (x,y,z) \quad \text{或} \quad x = (x_1,x_2,x_3); \quad v = (v_x,v_y,v_z) \tag{A1.1}$$

这里，矢量的三个分量分别为矢量在三个正交坐标轴（$x,y,z$ 或者 $1,2,3$）上的投影。三个坐标轴构成右手系，即与矢量叉乘得到的矢量方向是沿 $z$ 的正方向。

在下面另外两种不同的矢量表达形式中：

$$r = (r,\theta,\varphi) \quad \text{或} \quad r = (\rho,\theta,z) \tag{A1.2}$$

矢端位置由三个参数表示，但这两种表达方式中参数的含义却截然不同。左边表达式（球坐标下的表达形式）中的三个参数分别为标量长度 $r$、极向角 $\theta$ 和方位角 $\varphi$。其中，$\theta$ 为矢量偏离 $z$ 轴正方向的夹角；$\varphi$ 为 $x$-$y$ 平面内矢量投影与 $x$ 轴正方向之间的夹角。在右边的表达式（柱坐标下的表达形式）中，$\rho$ 是矢端位置在 $x$-$y$ 平面内的投影到 $z$ 轴的距离，其大小始终为正值；$\theta$ 是从 $x$ 轴正方向开始沿逆时针方向绕 $z$ 轴转过的角度；$z$ 的正负大小则表示在 $z$ 轴方向上的位置。

有时需要对三维体积空间进行积分（如，$dx = d^3x = dx\,dy\,dz$），对三维速度空间进行积分（如，$dv = d^3v = dv_x\,dv_y\,dv_z$），或对三维球体空间进行积分（如 $dr = r^2\,dr\,d\theta\,d\varphi$）。

矢量之间可按多种运算方式组合。两个矢量可以通过点乘得到一个标量：

$$a \cdot b = a_x b_x + a_y b_y + a_z b_z \tag{A1.3}$$

点乘结果等于这两个矢量长度相乘后再乘以它们之间夹角的余弦值。

两个矢量叉乘可得到一个新的矢量：

$$a \times b = (a_y b_z - a_z b_y, a_z b_x - a_x b_z, a_x b_y - a_y b_x) \tag{A1.4}$$

这两个矢量长度相乘后再乘以它们之间夹角的正弦值，即叉乘所得矢量的模值大小。当空间位置不变时，对时间求导数可写作 $\partial f(x,y,z,t)/\partial t$，而当 $y$、$z$ 和时间都不变时，对 $x$ 求导数可写作 $\partial f(x,y,z,t)/\partial x$。

矢量微分求导在我们的工作研究中会普遍用到。矢量求导可由各方向的导数与对应方向的单位矢量进行一定的组合运算得到。矢量运算方式被称作矢量算符，这些算符可以用于简化矢量方程的复杂表达。我们常用的矢量微分算符可定义如下：

$$\nabla f(x,y,z,t) = \left[ \frac{\partial f(x,y,z,t)}{\partial x}, \frac{\partial f(x,y,z,t)}{\partial y}, \frac{\partial f(x,y,z,t)}{\partial z} \right] \tag{A1.5}$$

被称为 $f$ 的梯度；

$$\nabla \cdot \boldsymbol{A} = \left[ \frac{\partial A_x(x,y,z,t)}{\partial x} + \frac{\partial A_y(x,y,z,t)}{\partial y} + \frac{\partial A_z(x,y,z,t)}{\partial z} \right] \quad \text{(A1.6)}$$

被称为 $\boldsymbol{A}$ 的散度；

$$\nabla \times \boldsymbol{A}(x,y,z,t) = \left[ \left( \frac{\partial A_z(x,y,z,t)}{\partial y} - \frac{\partial A_y(x,y,z,t)}{\partial z} \right), \right.$$
$$\left[ \frac{\partial A_x(x,y,z,t)}{\partial z} - \frac{\partial A_z(x,y,z,t)}{\partial x} \right],$$
$$\left. \left[ \frac{\partial A_y(x,y,z,t)}{\partial x} - \frac{\partial A_x(x,y,z,t)}{\partial y} \right) \right] \quad \text{(A1.7)}$$

被称为 $\boldsymbol{A}$ 的旋度。

$\nabla f$ 和 $\nabla \times \boldsymbol{A}$ 二者都为矢量。如果算符与运算矢量的相对顺序不变的话，$\nabla$ 算符几乎可被视为矢量进行运算。由于散度为两个矢量的点乘，旋度为两个矢量的叉乘，式(A1.6)和式(A1.7)可表明 $\nabla$ 可视为矢量的这一特性。散度与旋度的意义不仅在于数学结构上的意义，更在于它们明确的物理意义。根据式(A1.42)，我们将对这些算符的物理意义作评述。

## A.1.2　矢量恒等式

下面这些公式来自 Huba(2009)的公式手册。$f$ 和 $g$ 为标量函数；$\boldsymbol{A}$、$\boldsymbol{B}$ 等为矢量函数；$\overleftrightarrow{\boldsymbol{T}}$ 为张量。

$$\boldsymbol{A} \cdot \boldsymbol{B} \times \boldsymbol{C} = \boldsymbol{B} \cdot \boldsymbol{C} \times \boldsymbol{A} = \boldsymbol{C} \cdot \boldsymbol{A} \times \boldsymbol{B} \quad \text{(A1.8)}$$

$$\boldsymbol{A} \times (\boldsymbol{B} \times \boldsymbol{C}) = (\boldsymbol{C} \times \boldsymbol{B}) \times \boldsymbol{A} = \boldsymbol{B}(\boldsymbol{A} \cdot \boldsymbol{C}) - \boldsymbol{C}(\boldsymbol{A} \cdot \boldsymbol{B}) \quad \text{(A1.9)}$$

$$\boldsymbol{A} \times (\boldsymbol{B} \times \boldsymbol{C}) + \boldsymbol{B} \times (\boldsymbol{C} \times \boldsymbol{A}) + \boldsymbol{C} \times (\boldsymbol{A} \times \boldsymbol{B}) = 0 \quad \text{(A1.10)}$$

$$(\boldsymbol{A} \times \boldsymbol{B}) \cdot (\boldsymbol{C} \times \boldsymbol{D}) = (\boldsymbol{A} \cdot \boldsymbol{C})(\boldsymbol{B} \cdot \boldsymbol{D}) - (\boldsymbol{A} \cdot \boldsymbol{D})(\boldsymbol{B} \cdot \boldsymbol{C}) \quad \text{(A1.11)}$$

$$(\boldsymbol{A} \times \boldsymbol{B}) \times (\boldsymbol{C} \times \boldsymbol{D}) = (\boldsymbol{A} \times \boldsymbol{B} \cdot \boldsymbol{D})\boldsymbol{C} - (\boldsymbol{A} \times \boldsymbol{B} \cdot \boldsymbol{C})\boldsymbol{D} \quad \text{(A1.12)}$$

$$\nabla(fg) = \nabla(gf) = f\nabla g + g\nabla f \quad \text{(A1.13)}$$

$$\nabla \cdot (f\boldsymbol{A}) = f\nabla \cdot \boldsymbol{A} + \boldsymbol{A} \cdot \nabla f \quad \text{(A1.14)}$$

$$\nabla \times (f\boldsymbol{A}) = f\nabla \times \boldsymbol{A} + \nabla f \times \boldsymbol{A} \quad \text{(A1.15)}$$

$$\nabla \cdot (\boldsymbol{A} \times \boldsymbol{B}) = \boldsymbol{B} \cdot \nabla \times \boldsymbol{A} - \boldsymbol{A} \cdot \nabla \times \boldsymbol{B} \quad \text{(A1.16)}$$

$$\nabla \times (\boldsymbol{A} \times \boldsymbol{B}) = \boldsymbol{A}(\nabla \cdot \boldsymbol{B}) - \boldsymbol{B}(\nabla \cdot \boldsymbol{A}) + (\boldsymbol{B} \cdot \nabla)\boldsymbol{A} - (\boldsymbol{A} \cdot \nabla)\boldsymbol{B} \quad \text{(A1.17)}$$

$$\boldsymbol{A} \times (\nabla \times \boldsymbol{B}) = (\nabla \boldsymbol{B}) \cdot \boldsymbol{A} - (\boldsymbol{A} \cdot \nabla)\boldsymbol{B} \quad \text{(A1.18)}$$

$$\nabla(\boldsymbol{A} \cdot \boldsymbol{B}) = \boldsymbol{A} \times (\nabla \times \boldsymbol{B}) + \boldsymbol{B} \times (\nabla \times \boldsymbol{A}) + (\boldsymbol{A} \cdot \nabla)\boldsymbol{B} + (\boldsymbol{B} \cdot \nabla)\boldsymbol{A} \quad \text{(A1.19)}$$

$$\nabla^2 f = \nabla \cdot \nabla f \quad \text{(A1.20)}$$

$$\nabla^2 \boldsymbol{A} = \nabla(\nabla \cdot \boldsymbol{A}) - \nabla \times \nabla \times \boldsymbol{A} \quad \text{(A1.21)}$$

$$\nabla \times \nabla f = 0 \quad \text{(A1.22)}$$

$$\nabla \cdot \nabla \times \boldsymbol{A} = 0 \quad \text{(A1.23)}$$

一个二阶张量 $\overleftrightarrow{\boldsymbol{T}}$ 可以写成不同的形式。通常为方便起见，人们用 $\boldsymbol{A}$ 和 $\boldsymbol{B}$ 两个矢量来表达 $\overleftrightarrow{\boldsymbol{T}}$，这样可将 $\overleftrightarrow{\boldsymbol{T}}$ 写为双下标形式：

$$\vec{\vec{T}} = AB \quad 或 \quad T_{ij} = A_i B_j \tag{A1.24}$$

直角坐标系中，张量的散度为矢量，其对应各分量为

$$(\nabla \cdot \vec{\vec{T}})_i = \sum_j (\partial T_{ji}/\partial x_j) \tag{A1.25}$$

其他散度的相关运算有：

$$\nabla \cdot (BA) = (B \cdot \nabla)A + A(\nabla \cdot B) \tag{A1.26}$$

$$\nabla \cdot (f\vec{\vec{T}}) = \nabla f \cdot \vec{\vec{T}} + f \nabla \cdot \vec{\vec{T}} \tag{A1.27}$$

设 $r = \hat{e}_x x + \hat{e}_y y + \hat{e}_z z$ 为从坐标原点指向 $(x,y,z)$ 点的径向矢量。则：

$$\nabla \cdot r = 3 \tag{A1.28}$$

$$\nabla \times r = 0 \tag{A1.29}$$

$$\nabla r = r/r \tag{A1.30}$$

$$\nabla(1/r) = -r/r^3 \tag{A1.31}$$

$$\nabla \cdot (r/r^3) = 4\pi\delta(r) \tag{A1.32}$$

若 $V$ 是曲面 $S$ 包围形成的体积，且 $dS = \hat{n}dS$，其中 $\hat{n}$ 是面元的法向量，自 $V$ 内指向外，则有

$$\int_V dV \nabla f = \int_S dS f \tag{A1.33}$$

$$\int_V dV \nabla \cdot A = \int_S dS \cdot A \tag{A1.34}$$

$$\int_V dV \nabla \cdot \vec{\vec{T}} = \int_S dS \cdot \vec{\vec{T}} \tag{A1.35}$$

$$\int_V dV \nabla \times A = \int_S dS \times A \tag{A1.36}$$

$$\int_V dV(f\nabla^2 g - g\nabla^2 f) = \int_S dS \cdot (f\nabla g - g\nabla f) \tag{A1.37}$$

$$\int_V dV(A \cdot \nabla \times \nabla \times B - B \cdot \nabla \times \nabla \times A) = \int_S dS \cdot (B \times \nabla \times A - A \times \nabla \times B) \tag{A1.38}$$

若 $S$ 是以闭合曲线 $C$ 为边界所围成的非闭合曲面，其线元为 $dl$，则有

$$\int_V dS \times \nabla f = \oint_C dl f \tag{A1.39}$$

$$\int_V dS \cdot \nabla \times A = \oint_C dl \cdot A \tag{A1.40}$$

$$\int_V (dS \times \nabla) \times A = \oint_C dl \times A \tag{A1.41}$$

$$\int_V dS \cdot (\nabla f) \times (\nabla g) = \oint_C f dg = -\oint_C g df \tag{A1.42}$$

积分关系式(A1.34)和式(A1.40)对理解散度和旋度的物理意义是很有帮助的。命名为"旋度"和"散度"也是比较直观的，为了便于理解散度和旋度，我们将积分公式中的 $A$ 设为不可压缩流体的速度 $v$，$v$ 是位置的函数。我们利用式(A1.34)来求 $v$ 的散度。由 $\int_V dV \nabla \cdot v = \oint_C dS \cdot v$ 可知，对流体中任意位置某个小体积元内的 $\nabla \cdot v$ 进行积分，所得结果与法向

速度分量对体积元表面进行的面积分相等。对于一般流体而言,在某一点处,流入包含该点无穷小体积元的通量与流出通量不同,则流体在该点处的散度不为零,但对于不可压流体却并非如此,即不可压缩流体的散度为零。我们可以通过画流线图直观地展示这一特征——进入某一体积元的流线数与离开的流线数相同。

旋度也可以通过类似的方法理解。我们将式(A1.40)中的 $\boldsymbol{A}$ 替换为 $\boldsymbol{v}$,并对包含某个研究点的曲面求面积分。则有 $\int_S \mathrm{d}\boldsymbol{S} \cdot \nabla \times \boldsymbol{v} = \oint_C \mathrm{d}\boldsymbol{l} \cdot \boldsymbol{v}$,且 $\boldsymbol{v}$ 的旋度的面积分与 $\boldsymbol{v}$ 沿曲面边界闭合曲线的线积分相等。沿闭合曲线 $C$ 的积分称为环量(circulation)。若该点的旋度不为零,则存在绕该点的净环量[①]。流线图同样可以显示这一特征。若存在环绕关注点的流线,则存在绕改点的环量且该点的速度旋度不为零。

在空间物理中,经常需要考虑电磁场的散度和旋度。在这种情形下,场线与流线类似,是平行于电场或磁场的曲线。由 Maxwell 定律(见第 2 章)可知,电场 $\boldsymbol{E}$ 可以存在不为零的散度。这意味着,流出某点的场线比流入的多(或反之亦然)。空间中某点电场 $\boldsymbol{E}$ 有净散度,表明该处存在净电荷。对于磁场,情况则不同。自空间中某点出发的磁场线会回到该点,形成闭合场线,即磁场无散。

## A.1.3 曲线坐标系中的微分算符

分析物理问题时,利用对称性可将问题大为简化。例如,Coulomb 势在三维直角坐标系中的描述比球坐标系中的更复杂。相对于直角坐标系,在球坐标系或柱坐标系中,偶极场的轴对称性可以更直观地表示。然而,对于非笛卡儿(或曲线)坐标系中微分算符的表达形式我们需小心处理。这是因为在曲线坐标系中需要考虑线元随坐标位置的变化(例如,球坐标系中方位角方向的长度随余纬 $\theta$ 和径向距离 $r$ 按 $r\Delta\varphi\sin\theta$ 变化),且单位矢量的指向随空间位置的不同而不同(例如,在柱坐标系中,当 $\theta = 90°$ 时,径向单位矢量指向正 $y$ 方向)。因此,在球坐标和柱坐标系下的微分算符表达式不会像直角坐标系下式(A1.5)~式(A1.7)那样简单。接下来,我们将给出一些关键算符在几个重要曲线坐标系下的表达式。

### A.1.3.1 柱坐标系
散度:

$$\nabla \cdot \boldsymbol{A} = \frac{1}{r}\frac{\partial}{\partial r}(rA_r) + \frac{1}{r}\frac{\partial A_\varphi}{\partial \varphi} + \frac{\partial A_z}{\partial z} \tag{A1.43}$$

梯度:

$$(\nabla f)_r = \frac{\partial f}{\partial r}, \quad (\nabla f)_\varphi = \frac{1}{r}\frac{\partial f}{\partial \varphi}, \quad (\nabla f)_z = \frac{\partial f}{\partial z} \tag{A1.44}$$

旋度:

$$(\nabla \times A)_r = \frac{1}{r}\frac{\partial A_z}{\partial \varphi} - \frac{\partial A_\varphi}{\partial z}$$

---

[①] 一般场论里定义旋度为:包围该点所有闭合曲线积分中的环量最大的值。

$$(\nabla \times A)_{\varphi} = \frac{\partial A_r}{\partial z} - \frac{\partial A_z}{\partial r} \tag{A1.45}$$

$$(\nabla \times A)_z = \frac{1}{r} \frac{\partial}{\partial r}(rA_{\varphi}) - \frac{1}{r} \frac{\partial A_r}{\partial \varphi}$$

Laplace 算符：

$$\nabla^2 f = \frac{1}{r} \frac{\partial}{\partial r}\left(r \frac{\partial f}{\partial r}\right) + \frac{1}{r^2} \frac{\partial^2 f}{\partial \varphi^2} + \frac{\partial^2 f}{\partial z^2} \tag{A1.46}$$

矢量的 Laplace 算符：

$$(\nabla^2 \boldsymbol{A})_r = \nabla^2 A_r - \frac{2}{r^2} \frac{\partial A_{\varphi}}{\partial \varphi} - \frac{A_r}{r^2}$$

$$(\nabla^2 \boldsymbol{A})_{\varphi} = \nabla^2 A_{\varphi} + \frac{2}{r^2} \frac{\partial A_r}{\partial \varphi} - \frac{A_{\varphi}}{r^2} \tag{A1.47}$$

$$(\nabla^2 \boldsymbol{A})_z = \nabla^2 A_z$$

$(\boldsymbol{A} \cdot \nabla)\boldsymbol{B}$ 的分量：

$$(\boldsymbol{A} \cdot \nabla \boldsymbol{B})_r = A_r \frac{\partial B_r}{\partial r} + \frac{A_{\varphi}}{r} \frac{\partial B_r}{\partial \varphi} + A_z \frac{\partial B_r}{\partial z} - \frac{A_{\varphi} B_{\varphi}}{r}$$

$$(\boldsymbol{A} \cdot \nabla \boldsymbol{B})_{\varphi} = A_r \frac{\partial B_{\varphi}}{\partial r} + \frac{A_{\varphi}}{r} \frac{\partial B_{\varphi}}{\partial \varphi} + A_z \frac{\partial B_{\varphi}}{\partial z} + \frac{A_{\varphi} B_r}{r} \tag{A1.48}$$

$$(\boldsymbol{A} \cdot \nabla \boldsymbol{B})_z = A_r \frac{\partial B_z}{\partial r} + \frac{A_{\varphi}}{r} \frac{\partial B_z}{\partial \varphi} + A_z \frac{\partial B_z}{\partial z}$$

张量的散度：

$$(\nabla \cdot \overset{\leftrightarrow}{\boldsymbol{T}})_r = \frac{1}{r} \frac{\partial}{\partial r}(rT_{rr}) + \frac{1}{r} \frac{\partial}{\partial \varphi}(T_{\varphi r}) + \frac{\partial T_{zr}}{\partial z} - \frac{1}{r}T_{\varphi\varphi}$$

$$(\nabla \cdot \overset{\leftrightarrow}{\boldsymbol{T}})_{\varphi} = \frac{1}{r} \frac{\partial}{\partial r}(rT_{r\varphi}) + \frac{1}{r} \frac{\partial}{\partial \varphi}(T_{\varphi\varphi}) + \frac{\partial T_{z\varphi}}{\partial z} + \frac{1}{r}T_{\varphi r} \tag{A1.49}$$

$$(\nabla \cdot \overset{\leftrightarrow}{\boldsymbol{T}})_z = \frac{1}{r} \frac{\partial}{\partial r}(rT_{rz}) + \frac{1}{r} \frac{\partial}{\partial \varphi}(T_{\varphi z}) + \frac{\partial T_{zz}}{\partial z}$$

### A.1.3.2　球坐标系

散度：

$$\nabla \cdot \boldsymbol{A} = \frac{1}{r^2} \frac{\partial}{\partial r}(r^2 A_r) + \frac{1}{r\sin\theta} \frac{\partial}{\partial \theta}(A_{\theta}\sin\theta) + \frac{1}{r\sin\theta} \frac{\partial A_{\varphi}}{\partial \varphi} \tag{A1.50}$$

梯度：

$$(\nabla f)_r - \frac{\partial f}{\partial r}, \quad (\nabla f)_{\theta} - \frac{1}{r} \frac{\partial f}{\partial \theta}, \quad (\nabla f)_{\varphi} - \frac{1}{r\sin\theta} \frac{\partial f}{\partial \theta} \tag{A1.51}$$

旋度：

$$(\nabla \times \boldsymbol{A})_r = \frac{1}{r\sin\theta} \frac{\partial}{\partial \theta}(A_{\varphi}\sin\theta) - \frac{1}{r\sin\theta} \frac{\partial A_{\theta}}{\partial \varphi}$$

$$(\nabla \times \boldsymbol{A})_{\theta} = \frac{1}{r\sin\theta} \frac{\partial A_r}{\partial \varphi} - \frac{1}{r} \frac{\partial}{\partial r}(rA_{\varphi})$$

$$(\nabla \times \boldsymbol{A})_r = \frac{1}{r}\frac{\partial}{\partial r}(rA_\theta) - \frac{1}{r}\frac{\partial A_r}{\partial \theta} \tag{A1.52}$$

Laplace 算符：

$$\nabla^2 f = \frac{1}{r^2}\frac{\partial}{\partial r}\left(r^2 \frac{\partial f}{\partial r}\right) + \frac{1}{r^2 \sin\theta}\frac{\partial}{\partial \theta}\left(\sin\theta \frac{\partial f}{\partial \theta}\right) + \frac{1}{r^2 \sin^2\theta}\frac{\partial^2 f}{\partial \varphi^2} \tag{A1.53}$$

矢量的 Laplace 算符：

$$(\nabla^2 \boldsymbol{A})_r = \nabla^2 A_r - \frac{2A_r}{r^2} - \frac{2}{r^2}\frac{\partial A_\theta}{\partial \theta} - \frac{2A_\theta \cot\theta}{r^2} - \frac{2}{r^2 \sin\theta}\frac{\partial A_\varphi}{\partial \varphi}$$

$$(\nabla^2 \boldsymbol{A})_\theta = \nabla^2 A_\theta + \frac{2}{r^2}\frac{\partial A_r}{\partial \theta} - \frac{A_\theta}{r^2 \sin^2\theta} - \frac{2\cos\theta}{r^2 \sin^2\theta}\frac{\partial A_\varphi}{\partial \varphi} \tag{A1.54}$$

$$(\nabla^2 \boldsymbol{A})_\varphi = \nabla^2 A_\varphi - \frac{A_\varphi}{r^2 \sin^2\theta} + \frac{2}{r^2 \sin\theta}\frac{\partial A_r}{\partial \varphi} + \frac{2\cos\theta}{r^2 \sin^2\theta}\frac{\partial A_\theta}{\partial \varphi}$$

$(\boldsymbol{A} \cdot \nabla)\boldsymbol{B}$ 的分量：

$$(\boldsymbol{A} \cdot \nabla \boldsymbol{B})_r = A_r \frac{\partial B_r}{\partial r} + \frac{A_\theta}{r}\frac{\partial B_r}{\partial \theta} + \frac{A_\varphi}{r\sin\theta}\frac{\partial B_r}{\partial \varphi} - \frac{A_\theta B_\theta + A_\varphi B_\varphi}{r}$$

$$(\boldsymbol{A} \cdot \nabla \boldsymbol{B})_\theta = A_r \frac{\partial B_\theta}{\partial r} + \frac{A_\theta}{r}\frac{\partial B_\theta}{\partial \theta} + \frac{A_\varphi}{r\sin\theta}\frac{\partial B_\theta}{\partial \varphi} + \frac{A_\theta B_r}{r} - \frac{A_\varphi B_\varphi \cot\theta}{r} \tag{A1.55}$$

$$(\boldsymbol{A} \cdot \nabla \boldsymbol{B})_\varphi = A_r \frac{\partial B_\varphi}{\partial r} + \frac{A_\theta}{r}\frac{\partial B_\varphi}{\partial \theta} + \frac{A_\varphi}{r\sin\theta}\frac{\partial B_\varphi}{\partial \varphi} + \frac{A_\varphi B_r}{r} + \frac{A_\varphi B_\theta \cot\theta}{r}$$

张量的散度：

$$(\nabla \cdot \overset{\leftrightarrow}{\boldsymbol{T}})_r = \frac{1}{r^2}\frac{\partial}{\partial r}(r^2 T_{rr}) + \frac{1}{r\sin\theta}\frac{\partial}{\partial \theta}(T_{\theta r}\sin\theta) + \frac{1}{r\sin\theta}\frac{\partial T_{\varphi r}}{\partial \varphi} - \frac{1}{r}(T_{\theta\theta} + T_{\varphi\varphi})$$

$$(\nabla \cdot \overset{\leftrightarrow}{\boldsymbol{T}})_\theta = \frac{1}{r^2}\frac{\partial}{\partial r}(r^2 T_{r\theta}) + \frac{1}{r\sin\theta}\frac{\partial}{\partial \theta}(T_{\theta\theta}\sin\theta) + \frac{1}{r\sin\theta}\frac{\partial T_{\varphi\theta}}{\partial \varphi} + \frac{T_{\theta r}}{r} - \frac{\cot\theta}{r}T_{\varphi\varphi} \tag{A1.56}$$

$$(\nabla \cdot \overset{\leftrightarrow}{\boldsymbol{T}})_\varphi = \frac{1}{r^2}\frac{\partial}{\partial r}(r^2 T_{r\varphi}) + \frac{1}{r\sin\theta}\frac{\partial}{\partial \theta}(T_{\theta\varphi}\sin\theta) + \frac{1}{r\sin\theta}\frac{\partial T_{\varphi\varphi}}{\partial \varphi} + \frac{T_{\varphi r}}{r} + \frac{\cot\theta}{r}T_{\varphi\theta}$$

## A.1.4 高斯积分

$$\int_{-\infty}^{\infty} \mathrm{e}^{-ax^2}\,\mathrm{d}x = \left(\frac{\pi}{a}\right)^{1/2}$$

$$\int_{-\infty}^{\infty} x^{2n}\mathrm{e}^{-ax^2}\,\mathrm{d}x = \frac{2n!}{2^{2n}n!}\left(\frac{\pi}{a^{2n+1}}\right)^{1/2}$$

# 附录A.2

## 基本物理常数和空间物理等离子体参数

### A.2.1　基本常数

| | |
|---|---|
| 质子质量 | $1.6726 \times 10^{-27}$ kg |
| 电子质量 | $9.1095 \times 10^{-31}$ kg |
| 质子电子质量比[①] | 1836.2 |
| 真空中的光速 | $2.9979 \times 10^{8}$ m/s |
| 万有引力常数 | $6.672 \times 10^{-11}$ N·m$^2$·kg$^{-2}$ |
| Stefan-Boltzmann 常数 | $5.6703 \times 10^{-8}$ J·m$^{-2}$·s$^{-1}$·K$^{-4}$ |
| Boltzmann 常数 | $1.3807 \times 10^{-23}$ J/K |
| 电子伏特 | $1.6022 \times 10^{-19}$ J |
| 电子电荷 | $1.6022 \times 10^{-19}$ C |
| 1 eV 粒子的温度 | $1.1605 \times 10^{4}$ K |
| 真空介电常数($\varepsilon_0$) | $8.8542 \times 10^{-12}$ F/m |
| 真空磁导率($\mu_0$) | $4 \times 10^{-7}$ H/m |

### A.2.2　实用单位制下的基本等离子体参数

| | |
|---|---|
| 电子回旋频率[Hz] | $28B[\mathrm{nT}]$ |
| 质子回旋频率[Hz] | $0.015\ 25B[\mathrm{nT}]$ |
| 电子等离子体频率[Hz] | $8980n_{\mathrm{e}}^{1/2}[\mathrm{cm}^{-3}]$ |
| | $8.98n_{\mathrm{e}}^{1/2}[\mathrm{m}^{-3}]$ |
| 质子等离子体频率[Hz] | $210n_{\mathrm{p}}^{1/2}[\mathrm{cm}^{-3}]$ |
| | $0.21n_{\mathrm{p}}^{1/2}[\mathrm{m}^{-3}]$ |
| 电子经历 1 V 电位降获得能量对应的等效温度 | 11 605 K |
| 电子热速度[②][km/s] | $5.50T_{\mathrm{e}}^{1/2}[\mathrm{K}]; 593T_{\mathrm{e}}^{1/2}[\mathrm{eV}]$ |
| 质子热速度[②][km/s] | $0.129T_{\mathrm{p}}^{1/2}[\mathrm{K}]; 13.90T_{\mathrm{p}}^{1/2}[\mathrm{eV}]$ |

---

　　[①]　原文为 electron to proton mass ratio。但根据所示比值,实际应为 proton to electron mass ratio,即质子质量与电子质量的比值。

　　[②]　最可几速度(图 2.3)。

声速①[km/s]                                $0.117 T_e^{1/2}[\text{K}]$

电子回旋半径[km]                 $0.0221 T_e^{1/2}[\text{K}] \cdot B^{-1}[\text{nT}]$

质子回旋半径[km]                 $0.947 T_i^{1/2}[\text{K}] \cdot B^{-1}[\text{nT}]$

电子惯性长度[km]                 $5.31 n_e^{1/2}[\text{cm}^{-3}]$

质子惯性长度[km]                 $228 n_i^{1/2}[\text{cm}^{-3}]$

Debye 长度[cm]                  $6.90 T_e^{1/2}[\text{K}] \cdot n^{-1/2}[\text{cm}^{-3}]$

以 Debye 长度为边长的立方体内所含粒子数    $329\ T_e^{3/2}[\text{K}] \cdot n^{-1/2}[\text{cm}^{-3}]$

Alfvén 速度[km/s]           $21.8B\ [\text{nT}] \cdot n_p^{-1/2}[(m_i/m_p)^{-1/2}\text{cm}^{-3}]$

磁压[pPa]                        $0.398 B^2[\text{nT}]$

质子动压[pPa]              $0.001\,67 n[\text{cm}^{-3}] \cdot v^2[\text{km/s}]$

等离子体 $\beta$ 值         $3.47 \times 10^{-5} n[\text{cm}^{-3}] \cdot T[\text{K}] \cdot B^{-2}[\text{nT}]$

中性粒子与带电粒子的碰撞频率②[s⁻¹]

         $4 \times 10^{-5} n_0[\text{cm}^{-3}] \cdot T_q^{1/2}[\text{K}] \cdot (m_q^{-1/2} \cdot m_p)$

类氢等离子体产生的韧致辐射能流[W/m²]

         $1.46 \times 10^{-30} n_e[\text{cm}^{-3}] \cdot T_e^{1/2}[\text{K}] \cdot \sum[Z^2 N(Z)]$

回旋辐射能流[W/m²]      $5.41 \times 10^{-31} B^2[\text{nT}] \cdot n_e[\text{cm}^{-3}] \cdot T_e[\text{K}]$

回旋辐射能流[W/m²]$(T_e = T_i; \beta = 1)$

         $3.79 \times 10^{-35} n_e^2[\text{cm}^{-3}] \cdot T_e^2[\text{K}]$

无限长通电导线产生的磁场,$B_\theta[\text{nT}]$

         $0.200 I[\text{A}] \cdot r^{-1}[\text{km}]$

---

① 假定 $T_e \gg T_i$。

② 近似值；以质子质量表示带电粒子 $q$ 的质量。

# 附录A.3
## 地球物理坐标系转换

## A.3.1　引言

在研究日地关系的理论与仪器数据分析中,需要用到许多不同的坐标系。在对卫星的轨道、边界层位置、测量的矢量场数据作分析和作图时都会用到这些坐标系。我们会用到不止一个坐标系,这样可在一个或另一个不同的坐标系中使不同的物理过程更容易理解、实验数据更容易整理、计算更方便。我们经常需要将数据从一个坐标系转换至另一个坐标系,这一般可以通过两个坐标系间的球面三角公式进行。然而,用这种方法进行坐标系转换非常麻烦,并且也会导致坐标系间的转换关系过于复杂。

另一种坐标系转换的方法是找到所需的 Euler 旋转角并构建对应的旋转矩阵。通过多个旋转矩阵相乘可以得到单个旋转矩阵。这种方法可以较简洁地表示出坐标转换关系,并将多次坐标系转换通过矩阵乘法表示,很容易得到逆变换。因此相较于球面三角公式,使用矩阵乘法进行坐标转化更具吸引力。

坐标系转换所需的旋转矩阵并不需要从 Euler 角导出。本附录介绍了另一种求解旋转矩阵的方法,并介绍了在日地关系研究领域中常用的几个坐标系。

## A.3.2　一般性说明

在定义某个坐标系时,我们通常需要选择两个量:坐标系某个轴的方向(需要两个角度)和其他另外两个轴(在垂直于这个轴的平面上)的方向(需第三个角度)。其中,可根据某个垂直方向确定后面两个轴中一个轴的方向。旋转矩阵(将一个矢量从一个坐标系转换至另一个坐标系的矩阵)的一个特征是:它的逆矩阵就是其转置矩阵。因此,如果通过矩阵 $\boldsymbol{A}$ 将 $a$ 坐标系中的矢量 $\boldsymbol{V}^a$ 转换至 $b$ 坐标系中的矢量 $\boldsymbol{V}^b$,那么我们可以写为

$$\boldsymbol{A} \cdot \boldsymbol{V}^a = \boldsymbol{V}^b$$

$$\boldsymbol{A}^{\mathrm{T}} \cdot \boldsymbol{V}^b = \boldsymbol{V}^a$$

得到转换矩阵 $\boldsymbol{A}$ 的最简单方式是找到新坐标系(坐标系 $b$)的三个轴向在旧坐标系(坐标系 $a$)下的朝向。如果新坐标系下的 $x$ 方向单位矢量在旧坐标系下表示为 $(x_1, x_2, x_3)$, $y$ 方向为 $(y_1, y_2, y_3)$,$z$ 方向为 $(z_1, z_2, z_3)$,那么旋转矩阵由这三个矢量构成:

$$\begin{pmatrix} x_1 & x_2 & x_3 \\ y_1 & y_2 & y_3 \\ z_1 & z_2 & z_3 \end{pmatrix} \cdot \begin{pmatrix} V_x^a \\ V_y^a \\ V_z^a \end{pmatrix} = \begin{pmatrix} V_x^b \\ V_y^b \\ V_z^b \end{pmatrix}$$

类似地,从坐标系 $b$ 到坐标系 $a$ 的转化关系为

$$\begin{pmatrix} x_1 & y_1 & z_1 \\ x_2 & y_2 & z_2 \\ x_3 & y_3 & z_3 \end{pmatrix} \cdot \begin{pmatrix} V_x^b \\ V_y^b \\ V_z^b \end{pmatrix} = \begin{pmatrix} V_x^a \\ V_y^a \\ V_z^a \end{pmatrix}$$

旋转矩阵具有如下特性,这对于检查坐标系转换时可能发生的错误很有帮助:①每一行和每一列都是单位矢量;②任意两行或两列的点乘为零;③任意两行或两列矢量的叉乘为第三行或第三列矢量或反平行于该矢量(如第一行矢量叉乘第二行矢量等于第三行矢量;第二行矢量叉乘第一行矢量反平行于第三行矢量)。

## A.3.3 坐标系统

### A.3.3.1 地心赤道惯性系

#### A.3.3.1.1 定义

地心赤道惯性系中(Geocentric Equatorial Inertial Coordinate System,GEI)的 $x$ 轴由地球指向白羊座第一点方向(the first point of Aries)(这个方向也是太阳在春分时(vernal equinox)所处的位置方向)。由于这一方向沿地球赤道面和黄道面的交线方向,因此 $x$ 轴同时位于这两个平面内[①]。而 $z$ 轴平行于地球的自转轴方向,$y$ 轴和 $x$ 轴、$z$ 轴构成右手正交坐标系($y = z \times x$)。

#### A.3.3.1.2 应用

这个坐标系会经常在天文学及卫星轨道计算中使用,在该坐标系中我们可定义赤经(right ascension)及赤纬(declination)角。如果($V_x$,$V_y$,$V_z$)是 GEI 坐标系下的某个矢量(大小为 $V$),那么它的赤经角 $a$ 为 $\arctan(V_y/V_x)$(若 $V_y \geqslant 0$,$0° \leqslant a \leqslant 180°$;若 $V_y \leqslant 0$,$180° \leqslant a \leqslant 360°$)。而它的赤纬角 $\theta$ 则为 $\arcsin(V_z/V)$($-90° \leqslant \theta \leqslant 90°$)。

### A.3.3.2 地理坐标系

#### A.3.3.2.1 定义

地理坐标系(The Geographic Coordinate System,GEO)的 $x$ 轴在地球赤道面上与地球一起自转,并穿过格林尼治子午线(经度为 $0°$)。GEO 的 $z$ 轴平行地球自转轴。$y$ 轴和 $x$ 轴、$z$ 轴构成右手正交坐标系($y = z \times x$)。

#### A.3.3.2.2 应用

该坐标系可用于确定地面台站和发射接收站的坐标位置。此坐标系下,经纬度的定义与 GEI 中的赤经和赤纬相同。经度朝东向增加。世界时(Universal time,UT)定义为用 12 h 减去太阳所处地理经度(将太阳地理经度除以 15,可将单位从度转为小时)。地方时为世界时加上观测者所处地理经度(同样除于 15,将单位从度转为小时)。世界时是格林尼治子午线处的地方时。

---

① 确切来说,应该是 $x$ 轴方向平行于赤道面和黄道面的交线,指向白羊座第一点方向。

### A.3.3.2.3　转换

由于 GEO 与 GEI 坐标系的 $z$ 轴一致，我们只需要知道 GEI 的 $x$ 轴相对于格林尼治子午线的位置，即可获得两者的转换矩阵。在地球赤道面上，以 GEI 的 $x$ 轴和格林尼治子午线的夹角记为 $\theta$（从 GEI 的 $x$ 轴开始，东向绕至 GEO $x$ 轴的夹角取为 $\theta$）。那么在 GEO 坐标系中，GEI 的 $x$ 轴坐标为 $(\cos\theta, -\sin\theta, 0)$，从 GEO 到 GEI 的坐标转换：

$$\begin{pmatrix} \cos\theta & -\sin\theta & 0 \\ \sin\theta & \cos\theta & 0 \\ 0 & 0 & 1 \end{pmatrix} \cdot \begin{pmatrix} V_x \\ V_y \\ V_z \end{pmatrix}_{\text{GEO}} = \begin{pmatrix} V_x \\ V_y \\ V_z \end{pmatrix}_{\text{GEI}}$$

且其逆转换为

$$\begin{pmatrix} \cos\theta & \sin\theta & 0 \\ -\sin\theta & \cos\theta & 0 \\ 0 & 0 & 1 \end{pmatrix} \cdot \begin{pmatrix} V_x \\ V_y \\ V_z \end{pmatrix}_{\text{GEI}} = \begin{pmatrix} V_x \\ V_y \\ V_z \end{pmatrix}_{\text{GEO}}$$

当然，$\theta$ 是一个随时间变化的函数。因为地球在惯性系内每年其沿自转轴自转 366.25 圈，而非 365.25 圈。因此，地球的自转时间在惯性系内（一个恒星日的长度）是小于 24 h 的。$\theta$ 被称为格林尼治平均恒星时（Greenwich mean sidereal time），这可由 A.3.5 节中的公式计算得到。

若将 GEO 中的经度坐标替换为太阳的经度坐标，那么便可构建相对太阳固定的地理坐标系（Sun-fixed geographic system）[①]。该坐标系对于研究物理量随地方时的变化很有用。

## A.3.3.3　地磁坐标系

### A.3.3.3.1　定义

地磁坐标系（The Geomagnetic Coordinate System，MAG）定义为：$z$ 轴平行于地球磁偶极轴。2016 年 1 月 1 日，国际地磁参考模型 IGRF-12 的磁偶极轴由地心指向为余纬 $9.027°$，东经 $-72.732°$。因此 $z$ 轴在地理坐标系下的方向是 $(0.04749, -0.15278, 0.98712)$。地磁坐标系的 $y$ 轴垂直于地理两极。若 $\boldsymbol{D}$ 是偶极子的矢量方向，$\boldsymbol{P}$ 是地心指向南极点的位矢，有 $\boldsymbol{y} = \boldsymbol{D} \times \boldsymbol{P}/|\boldsymbol{D} \times \boldsymbol{P}|$[②]。

### A.3.3.3.2　应用

该坐标系经常用于确定地磁观测台站的坐标位置。而且除地球内禀磁场外，当考虑到空间电流时该坐标系用于追踪磁场线也是非常方便的。地磁经度从 $x$ 轴向东旋转增加，地磁纬度从磁赤道向北为正（向南为负）。因此，若 $(V_x, V_y, V_z)$ 为 MAG 坐标系下的某个矢量（大小为 $V$），则其地磁经度为 $\lambda = \tan(V_y/V_x)$（当 $V_y \geqslant 0$，$0° \leqslant \lambda \leqslant 180°$；当 $V_y \leqslant 0$ 时，$180° \leqslant \lambda \leqslant 360°$），其地磁纬度[③]为 $\theta = \arcsin(V_z/V)$，$-90° \leqslant \theta \leqslant 90°$。除极点附近外，某点处的地磁经度通常比其地理经度大 $70°$ 左右。磁地方时定义为观测者所在的地磁经度减去太阳的地磁经度后，将经度差换算为小时单位，再加上 12 h。

---

① 确切来说，该坐标系下 $x$ 轴始终朝向太阳方向，其他地方经度为其地理经度减去日下点的地理经度。

② 译者认为文中所指磁偶极轴为地心偶极子的北向方向，$\boldsymbol{D}$ 为地磁北极方向。

③ 原书为 $\theta = \arcsin(V_y/V)$。

### A.3.3.3.3 坐标转换

该坐标系会随地球一起做自转运动,因此从地磁坐标系到地理坐标系的转换关系是固定不变的。根据前面定义,我们得到二者的转化关系为

$$\begin{pmatrix} 0.293\,01 & -0.942\,63 & -0.159\,99 \\ 0.954\,93 & 0.296\,83 & 0 \\ 0.047\,49 & -0.152\,78 & 0.987\,12 \end{pmatrix} \cdot \begin{pmatrix} V_x \\ V_y \\ V_z \end{pmatrix}_{GEO} = \begin{pmatrix} V_x \\ V_y \\ V_z \end{pmatrix}_{MAG}$$

## A.3.3.4 地心太阳黄道坐标系

### A.3.3.4.1 定义

地心太阳黄道坐标系(The Geocentric Solar Ecliptic, GSE)的 $x$ 轴由地球指向太阳,$y$ 轴在黄道平面内指向昏侧(地球公转运动的反方向)。其 $z$ 轴垂直于黄道面。与惯性系相比,该坐标系的方向每年会旋转一次。

### A.3.3.4.2 应用

该坐标系常用于显示卫星运动轨迹、太阳系内的磁场观测、太阳风速度的探测数据等。采用该坐标系有利于显示太阳风的速度,这是因为在该坐标系中我们容易去除由地球公转运动造成的上游太阳风偏移效应。地球运动速度沿 $-y$ 方向,大小约 30 km/s。由于在研究日地关系中,地球轨道运动产生的一个重要效应是引起上游太阳风方向出现偏移,因此人们也常将 $y$ 轴与 $z$ 轴绕 $x$ 轴旋转[①]。我们将在稍后讨论。与地理坐标系一致,该坐标系下的经度方向在 $x$-$y$ 平面内由 $x$ 轴指向 $y$ 轴,纬度则为偏离 $x$-$y$ 平面的俯仰角,其中沿正 $z$ 方向纬度为正。

### A.3.3.4.3 转换

目前为止在我们讨论过的坐标系中,人们最常用的坐标系转换是从 GEI 转换至 GSE。在 GEI 坐标系中,黄道极点的方向 $(0, -0.3978, 0.9175)$ 是固定的。$x$ 轴即指向太阳的方向,在 GEI[②] 坐标系中可由 A.3.5 节的子程序得到。若这个方向为 $(S_1, S_2, S_3)$,GEI 坐标系下 $y$ 轴的方位为

$$(0, -0.3978, 0.9175) \times (S_1, S_2, S_3)$$

则对应的二者坐标转换关系为

$$\begin{pmatrix} S_1 & S_2 & S_3 \\ y_1 & y_2 & y_3 \\ 0 & -0.3978 & 0.9175 \end{pmatrix} \cdot \begin{pmatrix} V_x \\ V_y \\ V_z \end{pmatrix}_{GEI} = \begin{pmatrix} V_x \\ V_y \\ V_z \end{pmatrix}_{GSE}$$

## A.3.3.5 地心太阳赤道坐标系

### A.3.3.5.1 定义

地心太阳赤道坐标系(The Geocentric Solar Equatorial, GSEQ)与 GSE 坐标系一样,其

---

① 译者对原文此处含义也颇感费解。考虑地球公转引起的太阳风偏移效应,一般会将 $x$ 轴和 $y$ 轴在 $x$-$y$ 平面内关于 $z$ 轴旋转,使 $x$ 轴反平行于上游太阳风运动方向。

② 原文为 GEO,但根据上下文看,应为 GEI。

$x$ 轴由地球指向太阳。然而与 GSE 中 $y$ 轴位于黄道面内不同,GSEQ 的 $y$ 轴平行于太阳赤道平面,与黄道面存在一定倾角。我们注意到,GSEQ 的 $x$ 轴在黄道面内,所以它并不一定在太阳赤道面内,因此 GSEQ 的 $z$ 轴并不一定平行于太阳自转轴,而太阳自转轴却一定在该坐标系的 $x$-$z$ 平面内。GSEQ 的 $z$ 轴指向北,大致沿黄道北极点方向。

### A.3.3.5.2　应用

该坐标系常用于显示行星际磁场探测数据,对于组织整理和研究受太阳控制的物理结构的科学数据时会很有用,因此 GSEQ 比 GSE 更适用于研究太阳风与行星际磁场相互作用。但当研究行星际磁场与地球相互作用时,存在比 GSEQ 更适用的其他坐标系。

### A.3.3.5.3　转换

太阳自转轴方向,$R$ 在 GEI 中的赤经角(right ascension)为 $-74.0°$,赤纬角(declination)为 $63.8°$,因此 $R$ 在 GEI 中可表示为 $(0.1217, -0.424, 0.897)$。要实现从 GEI 到 GSEQ 的转化,我们还必须知道太阳在 GEI 中的位置 $S(S_1, S_2, S_3)$(见 A.3.5)。GSEQ 的 $y$ 轴在 GEI 下为 $(y_1, y_2, y_3)$,它平行于 $R \times S$。由于两个单位矢量的叉乘只有当两者相互垂直的时候才是单位矢量,上述叉乘计算需要进行归一化。最后,$z$ 轴[①]在 GEI 中 $(z_1, z_2, z_3) = S \times y$。那么,可得

$$\begin{pmatrix} S_1 & S_2 & S_3 \\ y_1 & y_2 & y_3 \\ z_1 & z_2 & z_3 \end{pmatrix} \cdot \begin{pmatrix} V_x \\ V_y \\ V_z \end{pmatrix}_{GEI} = \begin{pmatrix} V_x \\ V_y \\ V_z \end{pmatrix}_{GSEQ}$$

由于 GSE 和 GSEQ 的 $x$ 轴均指向太阳,它们二者的差别仅为坐标系绕 $x$ 轴旋转了某个角度。从 GSE 到 GSEQ 的转换关系,则肯定存在如下形式:

$$\begin{pmatrix} 1 & 0 & 0 \\ 0 & \cos\theta & -\sin\theta \\ 0 & \sin\theta & \cos\theta \end{pmatrix} \cdot \begin{pmatrix} V_x \\ V_y \\ V_z \end{pmatrix}_{GSE} = \begin{pmatrix} V_x \\ V_y \\ V_z \end{pmatrix}_{GSEQ}$$

如果从 GEI 转至 GSE,以及从 GEI 转至 GSEQ 的转换矩阵已知,那么通过检查 GSE 和 GSEQ 这两个坐标系 $y$ 轴或 $z$ 轴之间的角度(每个矩阵第二行或第三行矢量之间的夹角)便可得到角度 $\theta$。如果转换矩阵未知,角度 $\theta$ 可以通过如下公式求得:

$$\sin\theta = \frac{S \cdot (-0.032, -0.112, -0.048)}{|(0.1217, -0.424, 0.897) \times S|}$$

其中,$S$ 为 GEI 中太阳的位欠(可从 A.3.5 节的公式求得)。由于太阳自转轴与黄道面的夹角为 $7.25°$,$\theta$ 每年的变化范围为 $-7.25°$(大约于每年的 12 月 5 日)$\sim 7.25°$(每年的 7 月 5 日)。太阳自转轴在每年 9 月 5 日指向地球最为明显,此时地球位于其太阳纬度(heliographic latitude)的最北端,这时 $\theta$ 等于 0。

## A.3.3.6　地心太阳磁层坐标系

### A.3.3.6.1　定义

地心太阳磁层坐标系(Geocentric Solar Magnetospheric,GSM)与 GSE 和 GSEQ 一

---

① 原文此处写为了 $x$ 轴。

样,其 $x$ 轴由地球指向太阳,$y$ 轴方向垂直于磁偶极轴方向(也就是磁偶极轴位于 $x$-$z$ 平面中)[1],$z$ 轴完成这个右手正交系(大体指向地磁北极方向)。GSM 和 GSE、GSEQ 之间可以绕 $x$ 轴简单旋转以实现互相转换。

### A.3.3.6.2 应用

由于磁偶极轴的方向变化会影响太阳风流绕磁层运动的柱对称特性,所以 GSM 坐标系适用于研究磁层顶和弓激波的位置、磁鞘和磁尾磁场及磁鞘太阳风速度。GSM 坐标也用于磁层顶电流的模型构建。地球的磁偶极子在 GEI、GSE 下的三维运动在 GSM 中可简化为在 $x$-$z$ 平面上的运动。地磁北极与 GSM $z$ 轴之间的夹角称为偶极倾角(dipole tilt angle),并规定地磁北极向太阳方向倾斜时偶极倾角为正值。除了由于地球围绕太阳运动而导致的年周期变化外,该坐标系还以 24 h 为周期围绕太阳方向振荡摆动[2]。我们注意到,由于 $y$ 轴垂直于磁偶极轴,所以 $y$ 轴总是位于磁赤道面上,而且,由于它垂直于地球-太阳线($x$ 轴),所以 $y$ 轴处在黎明-黄昏的子午线上(指向昏侧)。GSM 中某点的经度为在 $x$-$y$ 平面内由 $x$ 轴向 $y$ 轴方向旋转增加。纬度为该点位矢与 $x$-$y$ 平面之间的夹角(位矢在北侧时纬度为正)。然而,有时我们也会在 GSM 参考系中使用球坐标极角,该极角定义为某点的位矢与 $x$ 轴之间的夹角,也称之为该点的太阳天顶角(Solar Zenith Angle,SZA)。而该位矢在 $y$-$z$ 平面上的投影与正 $y$ 方向的夹角为方位角,并规定方位角从正 $y$ 轴向正 $z$ 轴方向旋转为正。如果描述行星际磁场,太阳天顶角与方位角这两个角也通常称为锥角(cone angle)和时钟角(clock angle)[3]。

### A.3.3.6.3 转换

要从 GEI 转换至 GSM,我们需同时知道 GEI 中太阳位置的方向和地球磁偶极子的方向。太阳的方向 $S(S_1,S_2,S_3)$ 可从 A.3.5 节得到。磁偶极子方向 $D$ 则须通过对地理坐标进行转换获得(见 A.3.3.2 节)。在地理坐标系上,磁偶极子位于北纬 $9.207°$,东经 $-72.732°$(IGRF 模型在 2016 年时的数值)。因此,在地理坐标中 $D$ 为 $(0.047\,49,-0.152\,78,0.987\,12)$。如果 $D'$ 是 $D$ 在 GEI 中的转换表现形式,则 GSM 的 $y$ 轴在 GEI 下为

$$\frac{D'\times S}{|D'\times S|}$$

我们注意到在分母中会出现归一化因子,这是因为 $D'$ 和 $S$ 不一定是垂直的。最后,$z$ 方向可通过 $S\times y$ 得到。那么坐标系转换的形式为

$$\begin{pmatrix}S_1 & S_2 & S_3\\y_1 & y_2 & y_3\\z_1 & z_2 & z_3\end{pmatrix}\cdot\begin{pmatrix}V_x\\V_y\\V_z\end{pmatrix}_{GEI}=\begin{pmatrix}V_x\\V_y\\V_z\end{pmatrix}_{GSM}$$

而 GSM 与 GSE 和 GSEQ 之间的变换矩阵具有如下形式:

$$\begin{pmatrix}1 & 0 & 0\\0 & \cos\theta & -\sin\theta\\0 & \sin\theta & \cos\theta\end{pmatrix}$$

---

[1] 磁偶极轴大体指向北向。$y$ 轴方向可由磁偶极轴方向叉乘 $x$ 方向得到。

[2] 这是偶极磁轴随地球自转而引起的。

[3] 实际上并不准确。IMF 的时钟角一般是从正 $z$ 方向朝正 $y$ 方向旋转增加。

由于 $\theta$ 在时间上每天每年都在变化,所以它不能由简单的方程推导出来。如果从 GEI 到 GSE 的变换矩阵 $\boldsymbol{A}_{\mathrm{GSE}}$ 和从 GEI 到 GSM 的变换矩阵 $\boldsymbol{A}_{\mathrm{GSE}}$ 都是已知的,那么从 GSM 到 GSE 的变换就会变得简单:$\boldsymbol{A}_{\mathrm{GSE}} \cdot \boldsymbol{A}_{\mathrm{GSM}}^{\mathrm{T}}$,其中 $\boldsymbol{A}_{\mathrm{GSM}}^{\mathrm{T}}$ 是 $\boldsymbol{A}_{\mathrm{GSE}}$ 的转置。从 GSM 到 GSEQ 也有类似的转换公式。我们注意到 $\theta$ 的日变化[①]范围为 $\pm 11.0°$,而地球公转带来 $\theta$ 的年变化范围为 $\pm 23.5°$,二者叠加即为 $\theta$ 的变化范围。

### A.3.3.7  太阳磁坐标系

#### A.3.3.7.1  定义

在太阳磁坐标系(Solar Magnetic,SM)中,$z$ 轴平行于地磁北极方向,$y$ 轴与日地连线垂直并指向昏侧。SM 和 GSM 之间可通过绕 $y$ 轴旋转实现互相转换,旋转角度为偶极倾角(见前一节定义)。我们注意到,在 SM 中,$x$ 轴并不直接指向太阳。与 GSM 坐标系一样,SM 坐标系相对于惯性坐标系也存在周年和周日的旋转变化。

#### A.3.3.7.2  应用

当地球偶极场的控制作用大于太阳风的影响作用时,这时采用 SM 坐标是非常有用的。它已被用于研究磁层顶截面和磁层磁场。我们注意到,由于地球磁偶极轴和 SM 的 $z$ 轴是平行的,所以偶极磁场的笛卡儿直角分量在 SM 坐标中的表达式会显得特别简单(见第 7 章)。

#### A.3.3.7.3  转换

类似 GSM 的坐标转换,从 GEI 到 SM 的转换需要知道在 GEI 中日地连线的方向 $\boldsymbol{S}$ 和磁偶极子的方向 $\boldsymbol{D}$。当我们从 A.3.5 节的计算中得到 $\boldsymbol{S}$ 和 $\boldsymbol{D}$ 后,我们发现有 $\boldsymbol{y} = \boldsymbol{D} \times \boldsymbol{S} / |\boldsymbol{D} \times \boldsymbol{S}|$ 和 $\boldsymbol{x} = \boldsymbol{y} \times \boldsymbol{D}$,因此两者之间的转换关系为

$$\begin{pmatrix} x_1 & x_2 & x_3 \\ y_1 & y_2 & y_3 \\ D_1 & D_2 & D_3 \end{pmatrix} \cdot \begin{pmatrix} V_x \\ V_y \\ V_z \end{pmatrix}_{\mathrm{GEI}} = \begin{pmatrix} V_x \\ V_y \\ V_z \end{pmatrix}_{\mathrm{SM}}$$

从 GSM 到 SM 的转换只需围绕 $y$ 轴旋转,且旋转角度为偶极倾角。因此,可得

$$\begin{pmatrix} \cos\mu & 0 & -\sin\mu \\ 0 & 1 & 0 \\ \sin\mu & 0 & \cos\mu \end{pmatrix} \cdot \begin{pmatrix} V_x \\ V_y \\ V_z \end{pmatrix}_{\mathrm{GSM}} = \begin{pmatrix} V_x \\ V_y \\ V_z \end{pmatrix}_{\mathrm{SM}}$$

### A.3.3.8  其他行星

以上讨论的坐标系是专门为研究地球及其空间环境而建立的。然而,这些坐标也可类似地推广应用于其他行星。类似 GSE 的地球轨道黄道面,我们也可以用其他行星的轨道平面定义其对应坐标系的 $x$-$y$ 平面。这样 GSE 坐标系可推广至金星和火星,可分别对应建立金星-太阳轨道坐标(Venus solar orbital coordinate)和火星-太阳轨道坐标(Mars solar orbital coordinate)。同样地,对于磁化行星而言,我们可建立对应的 GSM 坐标(使 $y$ 轴垂

---

[①]  这个变化是偶极子轴随地球自转一周带来的变化。

直于磁偶极轴和星日连线方向构成的平面）。建立起的 GSM 坐标系对木星研究十分有用，因为木星有一个强偶极子场（磁偶极轴和自转轴夹角近 10°）和一个显著的磁尾。木星的自转轴与其公转轨道平面存在一个较小倾斜角。土星也有一个很强的偶极子场和显著的磁尾。然而，土星的自转轴和磁轴是重合的。因此，对于土星而言，土星的 GSM 坐标和土星的太阳固定地理坐标系是完全相同的。在研究非磁化行星、彗星，甚至是磁化行星弓激波上游现象时，使用依太阳风磁场方向构建的坐标系通常是很有用的。这类最常见的坐标系是：坐标系 $x$ 轴由地球指向太阳，而太阳风磁场始终在 $x$-$y$ 平面[①]上，并大致指向正 $y$ 方向。由于太阳风大体朝 $-x$ 方向流动，所以太阳风的电场指向 $+z$ 方向。任何在彗星或行星附近新生成的离子最初都会在 $+z$ 方向被加速。对于金星，这样的坐标系被称为金星-太阳行星际坐标系（Venus Solar Interplanetary，VSI）[②]，对其他行星也以此类推。

## A.3.4　日球层坐标系

当飞船在日心轨道上运动时，采用多种坐标系统开展研究是很方便的。这些坐标的取向可参考惯性空间、地球的位置、太阳的自转轴、与太阳共转的 Carrington 本初子午线，或者根据测量所在位置来类比那些以行星为中心的坐标系。

### A.3.4.1　日心白羊座黄道坐标系

在日心白羊座黄道坐标系（Heliocentric Aries Ecliptic，HAE）中，$z$ 轴沿黄道面北极方向，$x$ 轴从太阳中心指向白羊座第一点方向（见 GEI 处定义）。$y$ 轴方向形成 $xyz$ 右手正交系。例如，如果飞船在日球层中观测到一群流星，那么便可以在该坐标系下描述这些流星的观测位置。

### A.3.4.2　日心地球黄道坐标系

日心地球黄道坐标系（Heliocentric Earth Ecliptic，HEE）是围绕黄道极旋转的，因此地球的位置决定了黄道平面上的经度。换句话说，在该坐标系中，$x$ 轴从太阳中心指向地球。这对于研究 STEREO A 和 STEREO B 这样在黄道平面上绕太阳运动的探测飞船很有用。然而，在使用这个坐标系时，由于太阳自转轴相对于黄道平面存在一定倾斜角，这会造成该坐标系中某点对应的太阳纬度出现时间变化，使用时对此应谨慎小心。

### A.3.4.3　日心地球赤道坐标系

在日心地球赤道坐标系（Heliocentric Earth Equatorial，HEEQ）中，$z$ 轴沿太阳自转轴方向，$y$ 轴沿 $z \times R$ 方向，其中 $R$ 是从太阳中心指向地球的矢量。$x$ 方向（位于 $z$ 和 $R$ 构成的平面上）完成右手正交坐标系[③]。在地球黄道面上，处于不同黄道经度上的飞船在 HEEQ

---

①　原文为 $y$-$z$ 平面。

②　有时也经常称为 VSE（Venus Solar Electric coordinate）坐标。

③　原文中此处有一句话，A point on the solar equator will vary from positive $z$ and positive latitudes to negative as it passes the Earth at different times of the year. 考虑到在 HEEQ 中太阳赤道面上任一点的 $z$ 坐标和纬度都应为零，故这句话的意思与 HEEQ 的定义存在矛盾，译者选择了删除。

下对应的纬度也会有所不同。因此,在一个太阳自转周期内,同处黄道面的两个卫星,可能一个能观测到活动区或冕洞,而另一个可能无法观测到。

### A.3.4.4　Carrington 坐标系

在 CARR(Carrington)坐标系中,$z$ 轴沿太阳自转轴方向;在太阳赤道面上,$y$ 轴垂直于 Carrington 本初子午线;$x$ 轴穿过 Carrington 本初子午线[①]。Carrington 本初子午线会随太阳的平均自转速度旋转而旋转。从地球上看,太阳的 Carrington 经度会沿太阳自转方向增加。该坐标系可用于比较太阳活动周中太阳磁场的演化分布图。

### A.3.4.5　RTN 坐标系

来自太阳的径向等离子体出流主导了太阳风和行星际磁场的结构。因此,利用径向方向组织太阳风的测量数据是很有用的。如前所述,太阳的自转轴相对于黄道平面存在一定倾斜,因此,地球和飞船在绕太阳运转的时候,即便它们都在黄道面上,也会上下穿越太阳赤道面。从统计角度而言太阳磁场主要随纬度变化,因此我们将 RTN 中的 $T$ 方向定义为 $z \times R$ 方向,其中 $z$ 指向太阳自转轴北向,$R$ 为从太阳中心指向观察点的矢量。因此,$T$ 大致沿地球绕太阳的公转轨道运动方向。$N$ 方向则闭合 RTN 右手正交系,并大致沿黄道北极方向。这个坐标系在不同飞船任务中被广泛用于研究日球层中的磁场结构。

## A.3.5　局部坐标系

正如对 RTN 坐标系所讨论的,在随观测点运动的参照系内定义坐标系有时也是很有用的。例如,当观测者在地球表面时,按观测者所在地的地表垂直方向构建坐标系具有多种用途。在本节中,我们将描述几个这样的坐标系。其中一些坐标系可根据地磁场组织安排;另一些则沿大尺度等离子体间断面的法向。该坐标系的优点在于可将问题简化为一维或二维问题来研究。

### A.3.5.1　磁偶极子午坐标系

#### A.3.5.1.1　定义

与 SM 坐标一样,磁偶极子午坐标系(Dipole Meridian,DM)的 $z$ 轴是沿磁偶极轴并指向北。而 $y$ 轴垂直于地心指向地表观测点处的径向矢量,且指向东向。这样 $x$ 轴垂直于磁偶极轴并指向向外的方向。这是一个局部坐标系,它的取向随位置改变而发生变化;但由于 $x$-$z$ 平面包含偶极磁场,因此它对于描述地磁场是非常有用的。

#### A.3.5.1.2　应用

DM 坐标系经常用于组织偶极磁场的数据(这部分偶极磁场受太阳风与磁层相互作用影响较弱),它也被广泛用于描述磁层磁场偏角和倾角的畸变,而这两个角度也很容易从这

---

① 该坐标类似地球 GEO 坐标。Carrington 本初子午线定义为 1853 年 11 月 9 日 R. C. Carrington 开展观测时,位于日面中心处的中央子午线。在地球参照下,它随太阳自转的平均转动速度为 27.2753 天。

个坐标系中的测量值中得到。倾角 $I$ 是磁场与径向矢量之间的夹角减去 $90°$[1]。因此,在 DM 坐标系中,如果 $R$ 是由地心指向观察点的单位向量(我们注意到在这个坐标系 $R_y = 0$),$b$ 为 DM 下的磁场单位方向,那么 $I = \arccos(R_x b_x + R_z b_z) - 90°$。磁偏角 $D$ 可根据径向矢量得到,若磁场在 $x$-$z$ 平面中,则有 $D = 0°$,正 $D$ 对应正 $b_y$ 分量。因此 $D = \arctan[b_y / (R_x b_z - R_z b_x)]$,对于 $0 \leqslant b_y \leqslant 1, 0° \leqslant D \leqslant 180°$,对于 $0 \geqslant b_y \geqslant -1, 0° \geqslant D \geqslant -180°$,与在 SM 坐标系中一样,偶极子场的笛卡儿分量可在这个坐标系中很简单地表示,尤其是当 $B_y = 0$ 时。

### A.3.5.1.3 转换

要从任何坐标系转换到 DM 中,我们必须知道该坐标系中磁偶极轴 $D$ 和地心指向该观测点的单位矢量。因为 $y$ 垂直于 $R$ 和 $D$,$y = (D \times R)/(|D \times R|)$,$x = y \times D$[2]。因此,有

$$\begin{pmatrix} x_1 & x_2 & x_3 \\ y_1 & y_2 & y_3 \\ D_1 & D_2 & D_3 \end{pmatrix} \cdot \begin{pmatrix} V_x \\ V_y \\ V_z \end{pmatrix} = \begin{pmatrix} V_x \\ V_y \\ V_z \end{pmatrix}_{DM}$$

我们注意到,从地理坐标来看,这种转换通常特别简单,因为一个观测点的地理纬度和经度通常是已知的,而磁偶极子在地理坐标中的轴向是固定的。从地磁坐标来看,这种转换是绕 $z$ 轴的简单旋转,旋转角为太阳的位置矢量和局地径向矢量在磁赤道面上投影的夹角[3]。

## A.3.5.2 地表磁场测量

与地理坐标系(Geographic,GEO)和地磁坐标系(Geomagnetic,MAG)略有不同,对于地表地磁场测量,我们一般采用两种局部坐标系。虽然这两种坐标系都采用局地的垂直方向(垂直向下)作为 $z$ 方向,却分别根据地理和地磁的方向安排其对应的 $x$ 轴和 $y$ 轴方向。第一种可简单地称为 XYZ 坐标系,其中 $z$ 方向垂直向下,$x$ 方向指向地理北向,$y$ 方向指向地理东向。第二个是 HDZ 坐标系,其中 $z$ 方向垂直向下,$H$ 方向指向北磁极方向,$D$ 大致向东且正交于 $H$。使用该坐标系需谨慎,因为在一些情况下,研究人员一般用 $H$ 和 $D$ 分别表示磁场的大小和角度[4],而不是地磁场的两个方向分量。

## A.3.5.3 边界层法向坐标系

横越无限薄边界层时,由于磁场散度为零,所以磁场沿边界层法向的分量是连续变化的,因此采用边界层法向坐标系对于研究弓激波、磁层顶和平面波是很有用的。使用这种方法的关键在于准确确定边界层的法向。

### A.3.5.3.1 激波法向坐标系

在大多数情况下,弓激波的法向可通过磁场几何结构获得。对于行星际激波和弓激波

---

① 实际就是磁场与水平面之间的夹角,磁场方向指向内倾角为正值,反之为负值。

② 考虑到 DM 坐标系中 $D$ 指向北,反以应有 $x = y \times D$,而原文则为 $x = D \times y$。

③ 译者对此表示困惑,因为 DM 坐标和 MAG 坐标的定义都与太阳指向无关,不太理解为何旋转角与太阳指向有关。

④ 具体来说,一般用 $H$ 表示地磁场的水平分量大小,$D$ 表示磁偏角。

穿越,人们或许期望能通过使用共面定理(coplanarity theorem)求出激波的法向方向(见第 6 章所述)。这种方法基于如下原理:由于沿激波法线的磁场分量为常数,所以穿过激波后磁场的变化方向垂直于激波的法向。此外,上游磁场方向(激波结构上游)、激波法向和下游磁场方向(激波结构下游)位于同一平面内。因此,上、下游磁场的叉乘一定垂直于激波法向。因此,激波上游磁场、下游磁场及上下游磁场的变化量构成的矢量三重积在进行归一化后,是沿着激波法向的。但这种方法对于上游和下游的磁场处于互相平行或垂直情形,是不能使用的。如果等离子体速度数据可用,或者有多艘飞船的同时观测,我们便能采用更复杂的处理方法获得激波法向。例如,通过来自 4 艘飞船的时序观测数据可得到边界层平面结构法向和运动速度。

#### A.3.5.3.2 磁层顶法向坐标系

在大多数情况下,磁层顶法向就像弓激波法向一样,可通过磁场几何模型得到。如果对磁场变化做一定的假设,我们也可以从磁场的观测中获得法向。例如,磁层顶一般可看作切向间断面,磁场没有横越穿过磁层顶表面。在这种情况下,磁层顶边界两侧的磁场方向是与边界相切的,那么磁层顶法向可以由两侧的磁场作叉乘得到。即便存在磁场横越磁层顶边界层的情况,我们也能通过寻找磁场保持恒定或变化方差最小的方向确定法向。由于磁场是无散的,且穿越的磁层顶间断面很薄,横越磁层顶时磁场不会在间断面内存在垂直方向的变化,因此这个最小方差方向就应是磁层顶的法向,然而,如果在边界层上磁场仅沿一个方向出现变化,那么最小方差这种方法得到的结果将变得不确定,因为在另外两个相互正交的方向上的磁场变化都非常小。真正的法向可能沿这两个正交方向中的一个,也可以沿这两个方向构成平面上的任意方向。

#### A.3.5.3.3 主轴坐标系

对于一段向量时间序列数据,可构造出一个旋转矩阵,将这段系列数据旋转到主轴坐标系中[1],具体为:通过特征值求解,得到旋转矩阵的三个本征值和本征方向,主轴坐标轴的三个基矢方向分别对应矩阵的最大方差、最小方差和中间方差对应的本征方向。变换矩阵的每行矢量对应特征矢量,而特征值对应沿对应特征矢量的方差。这几个特征矢量被称为主轴。这种方法通常可用于分析磁层顶的结构,但不能用于分析激波间断面结构。激波面处的磁场跃变(由 Rankine-Hugoniot 方程控制)表明磁场仅在磁场方向和激波法向构成平面内的某个方向发生变化[2]。但实际上,由于波不一定沿激波法向传播,也经常发生磁场扰动垂直于该平面的情形。

主轴坐标系最适用于分析圆偏振或椭圆偏振的波动,如哨声波或离子回旋波。在极低频情况下,如频率远低于离子回旋频率,这时波往往是线偏振的,不适合使用这种主轴分析法。

## A.3.6 太阳位置的计算

在本节中,我们给出一个简单的子程序计算太阳在 GEI 坐标中的位置。1901—2099

---

[1] 具体参见 A.4.2 节的分析方法(也称 MVAB 分析法)。

[2] 在另外两个正交特征方向上,MVA 的磁场变化量本征值皆为 0,会出现简并态。无法判断真实法向方向。

年,该程序得到角度的误差低于 $0.006°$。输入量是世界时的年份、在年份中的天数、该时刻在当天的秒数。输出是格林尼治平均恒星时(度)、黄道经度,以及太阳的视赤经和赤纬(度)。下面是 Fortran 的程序代码。我们注意到从地球指向太阳的矢量,它的笛卡儿坐标为

```
X = cos(SRASN)cos(SDEC)
Y = sin(SRASN)cos(SDEC)
Z = sin(SDEC)
SUBROUTINE SUN (IYR,IDAY,SECS,GST,SLONG,SRASN,SDEC)
C PROGRAM TO CALCULATE SIDEREAL,TIME AND POSITION OF THE SUN
C GOOD FOR YEARS 1901 THROUGH 2099. ACCURACY 0.006 DEGREE
C INPUT IS IYR,IDAY (INTEGERS), AND SECS, DEFINING UNIVERSAL TIME
C OUTPUT IS GREENWICH MEAN SIDEREAL TIME(GST)IN DEGREES,
C LONGITUDE ALONG ECLIPTIC(SLONG),AND APPARENT RIGHT ASCENSION
C AND DECLINATION(SRASN, SDEC)OF THE SUN, ALL IN DEGREES.
DATA RAD /57.29578/
DOUBLE PRECISION DJ, FDAY
IF(IYR.LT.1901.OR.IYR.GT.2099)RETURN
FDAY = SECS/86400
DJ = 365 * (IYR - 1900) + (IYR - 1901)/4 + IDAY + FDAY - 0.5D0
T = DJ/36525
VL = DMOD(279.696 678 + 0.985 647 335 4 * DJ,360.D0)
GST = DMOD(279.690 983 + 0.985 647 335 4 * DJ + 360. * FDAY + 180.,360.D0)
G = DMOD(358.475 845 + 0.985 600 267 * DJ,360.D0)/RAD
SLONG = VL + (1.919 46 - 0.004 789 * T) * SIN(G) = 0.020 094 * SIN(2. * G)
OBLIQ = (23.452 29 - 0.013 012 5 * T)/RAD
SLP = (SLONG - 0.005 686)/RAD
SIND = SIN(OBLIQ) * SIN(SLP)
COSD = SQRT(1. - SIND ** 2)
SDEC = RAD * ATAN(SIND/COSD)
SRASN = 180. - RAD * ATAN2(COTAN
(OBLIQ) * SIND/COSD, - COS(SLP)/COSD)
RETURN
END
```

# 附录A.4
## 时间序列分析方法

### A.4.1　引言

空间物理学家需要掌握几种广泛使用的数据分析方法以理解数据的时间序列变化过程。这些方法包括：用于研究边界层和间断面结构的最小变化分析方法；用于分析周期性扰动的功率谱方法；以及用于确定波动特性和识别波模的波动分析方法。本书先简单介绍这些方法。这些方法已被广泛应用于磁场数据中，而其中一些方法还能进一步得到更广泛的应用。

### A.4.2　磁场变化的主轴分析方法

在某些情况下，在磁场方差矩阵的主轴坐标系中分析磁场数据是非常有用的。尤其是，磁场的最小变化方向是很有物理意义的，因为沿这个方向物理过程通常可以简化为二维图像。最常见的应用是磁层顶切向间断面，其中在间断面的一侧是磁层中较稳定的磁场，而另一侧磁场方向变化很大（在间断面平面的不同方向上都有扰动），因此横越间断时，在平行于间断面的方向磁场会有较强的变化，而沿间断面法向磁场变化几乎没有。另一种应用情形便是沿 $k$ 方向传播的电磁波，由于 $\nabla \cdot \boldsymbol{B}=0$，因此沿波矢 $k$ 方向不存在磁场变化，即 $k \cdot \delta \boldsymbol{b}=0$，因此，磁场的最小变化方向便是波的传播方向。然而如果当磁场主要沿着一个方向变化的时候，比如经过弓激波，那么这个方法是无效的。

为找到磁场最小变化方向，首先需要计算磁场方差矩阵：

$$\boldsymbol{V} = \begin{pmatrix} \sum (\delta b_{ix})^2 & \sum (\delta b_{ix})(\delta b_{iy}) & \sum (\delta b_{ix})(\delta b_{iz}) \\ \sum (\delta b_{iy})(\delta b_{ix}) & \sum (\delta b_{iy})^2 & \sum (\delta b_{iy})(\delta b_{iz}) \\ \sum (\delta b_{iz})(\delta b_{ix}) & \sum (\delta b_{iz})(\delta b_{iy}) & \sum (\delta b_{iz})^2 \end{pmatrix} \qquad (\text{A}4.1)$$

其中，$\delta b_{ix}=B_{ix}-B_x$，$i$ 表示为数据序列中的第 $i$ 个数据点。

然后我们对 $\boldsymbol{V}$ 进行对角化相似变换，可以得到：

$$\boldsymbol{X}^{-1}\boldsymbol{V}\boldsymbol{X}=\lambda \qquad (\text{A}4.2)$$

我们可以通过解 $(\boldsymbol{V}-\lambda \boldsymbol{I})\boldsymbol{R}=0$，计算式（A4.2）。其中，$\lambda$ 是 $\boldsymbol{V}$ 的特征值，$\boldsymbol{R}$ 是 $\lambda$ 对应的特征矢量。$\boldsymbol{I}$ 为单位矩阵。因此若 $(\boldsymbol{V}-\lambda \boldsymbol{I})\boldsymbol{R}=0$ 存在唯一解，则需要如下行列式为零：

$$|\boldsymbol{V}-\lambda \boldsymbol{I}|=0 \qquad (\text{A}4.3)$$

通过求解式（A4.3），我们可以得到三个特征值，分别是最大、中间、最小特征值，以及对应的三个不同特征向量。

图 A4.1 展示了在距土星 $5.13R_s$ 磁层区域处卫星观测到的离子回旋波。我们首先对磁场数据进行处理,去除背景平均值,从而避免由于飞船运动带来的磁场变化,进而有效取出磁场波动的数据。对于该段波动数据,需要计算的磁场方差矩阵为

$$V = \begin{pmatrix} 0.051 & -0.003 & -0.001 \\ -0.003 & 0.017 & 0.002 \\ -0.001 & 0.002 & 0.057 \end{pmatrix}$$

对于这个实对称矩阵,它的特征值为 $0.057, 0.051, 0.001$ $\text{nT}^2$,它对应的三个特征矢量为

$$最大变化方向:(0.165, 0.039, 0.986)$$
$$中间变化方向:(0.985, -0.049, 0.167)$$
$$最小变化方向:(0.054, 0.998, -0.030)$$

我们发现最大变化和中间变化方向主要沿 $\varphi$ 和 $r$ 方向,这与图 A4.1 中所示一致。由图 A4.1 我们也可看到,波动磁场分量的扰动幅度在 $\theta$ 方向最弱,在 $\varphi$ 和 $r$ 方向较强,因此 $\theta$ 方向基本对应最小变化方向。然而相比直接展示测得的数据,通过矩阵分析可得到更为定量化的物理信息。

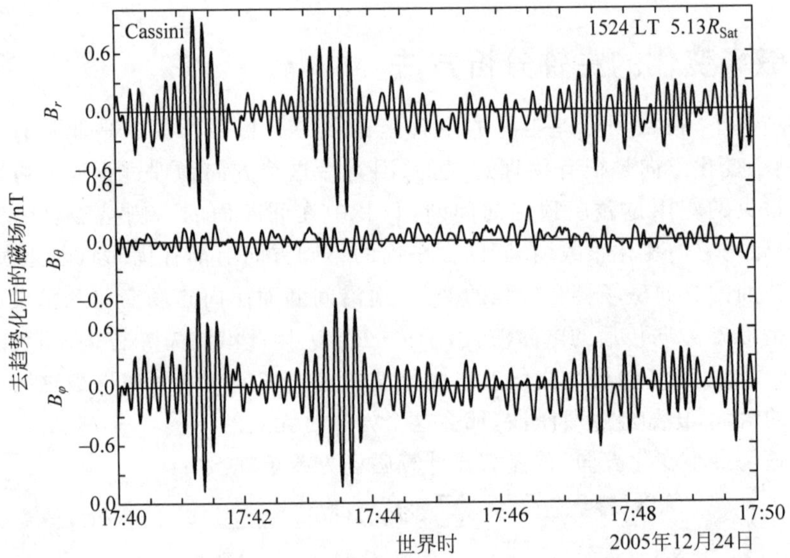

图 A4.1 在土星赤道面 $5.13R_s$ 距离附近 Cassini 观测到去趋势化后(detrended)的磁场,时间分辨率为 1 s。从图中可以看出存在对应 $H_2O^+$ 回旋频率处的离子回旋波。数据坐标系为 $r, \theta, \varphi$

## A.4.3　功率谱

时序数据可能有时看起来呈随机或混沌状态,那么这时就需要我们计算数据的功率谱(power spectrum)以给出谱图随频率或者波长的变化。功率谱有助于确定因某个特定等离子体不稳定性而激发出的共振频率。如同磁场与等离子体整体速度或与电场之间的相对相位,功率谱中的峰值信号或谐波信号也可提供特别丰富的物理信息。

假设一段数据信号包括 $n$ 个数据点,时间分辨率为 $\Delta t$,那么其总采样时间长度为 $n\Delta t$。由于至少需要两个点才能研究波动,所以这段数据可分辨的最低频率为 $(n\Delta t)^{-1}$,最高频率为 $(2\Delta t)^{-1}$。能分辨的最高频率称为 Nyquist 频率。通过快速傅里叶变换(Fast Fourier transform),我们可将一段一维时序扰动信号转化为 $n/2$ 个三角函数(sin,cos)的线性叠加[①]:

$$c_0, c_1, \cdots, c_{n/2-1} \quad s_1, s_2, \cdots, s_{n/2}$$

波动在 $x, y, z$ 三个正交方向上都有振荡扰动,我们可构建得到数据方差的共谱矩阵(或余谱矩阵,cospectral matrix of variances)和在每个频率 $i$ 处的互方差(cross variances):

$$C_i = \begin{pmatrix} (c_{ix}^2 + s_{ix}^2) & (c_{ix}c_{iy} + s_{ix}s_{iy}) & (c_{ix}c_{iz} + s_{ix}s_{iz}) \\ (c_{ix}c_{iy} + s_{ix}s_{iy}) & (c_{iy}^2 + s_{iy}^2) & (c_{iy}c_{iz} + s_{iy}s_{iz}) \\ (c_{ix}c_{iz} + s_{ix}s_{iz}) & (c_{iy}c_{iz} + s_{iy}s_{iz}) & (c_{iz}^2 + s_{iz}^2) \end{pmatrix} \quad (A4.4)^{[②]}$$

所得(A4.4)矩阵就为数据信号的共谱密度(或余谱密度)(cospectral density)。

如果我们画出共谱矩阵的对角项之和(迹)随频率的变化曲线(为保证统计准确性或者估算的稳定性,可能要在频率上作平均),那么该图将给出信号功率谱密度随频率的变化,所以这种图我们通常称为功率谱(power spectrum)。将功率谱对频率积分可得到信号的变化方差,而其积分值的平方根则为信号强度变化的均方根(root mean square)[③]。图 A4.2 展示了图 A4.1 中所给时序信号的功率谱,其中我们采用 7 个自由度并对连续估计值动态求和[④]。在图中分别展示了横向谱和压缩谱。我们通过磁场强度时序信号计算得到压缩功率谱,而从总功率谱中减去压缩功率谱可得到横向功率谱。

## A.4.4　波动分析

尽管很多空间物理学者在计算得到功率谱之后,就停止了进一步的分析。但实际上方差矩阵作为频率的函数,还包含很多物理信息。通过进一步分析,我们可将波的特性与理论分析进行比较以确定波模,并能更好地理解波的物理过程。我们将这一过程称为"波动分析"(wave analysis)。我们将进一步挖掘共谱矩阵。共谱矩阵中包含同相位频率系数的乘积元素(比如 cos·cos 和 sin·sin)。但那些相差 $90°$ 相位的乘积元素(比如 cos·sin)可能提供更为重要的物理信息。这些乘积元素可告诉我们信号的正交性,波动是圆偏振信号而非线偏振信号。所以该矩阵又称正交谱(quaspectrum)。我们先回到共谱矩阵(cospectrum)并重温 A.4.2 节中的分析内容(我们在那里给出了边界层的法向)。这里我们希望求得垂直于波传播方向的固定相位平面。这个问题将再次归结为特征值问题。通过计算每个频率处的本征矢,我们可以求得波传播方向随频率的变化关系(需要提醒的是,我们需要在一定频率范围内作平均,从而增加计算结果的自由度,给出更稳定的结果)。

---

[①] 原书将谐波系数写为大写字母。为与式(A4.4)保持一致,译者认为写为小写字母更为妥当。

[②] 原文中将第三行第一列写为了 $C_{ix}C_{iy} + S_{ix}S_{iy}$。

[③] 也就是标准差。

[④] 对于含噪声的信号而言,其傅里叶变化系数一般满足高斯分布。所以,不同时间窗口的傅里叶系数平方和一般满足卡方分布。这里的 7 个自由度表明采用 7 个不同时间窗口生成了傅里叶系数平方和。

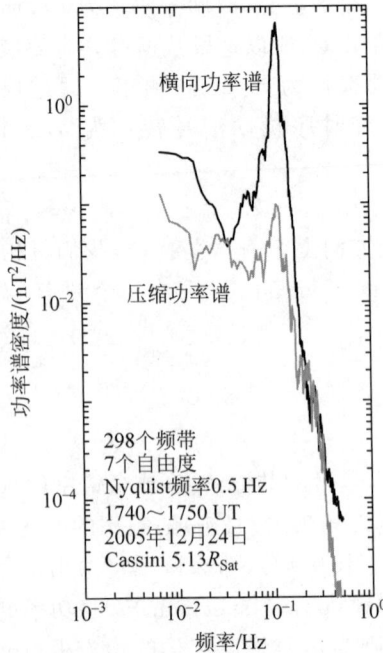

图 A4.2　该图为图 A4.1 中所示磁场时序信号的功率谱图。其中压缩功率谱是通过磁场强度的时序信号计算的,横向功率通过磁场 3 分量的总功率谱减去压缩功率谱得到

波的传播方向[①]并不是推导得到的唯一参数。另外两个特征方向对应特征值的平方根之比还能表征信号椭圆偏振性的性质(这两个特征矢量分别为最大和中间变化方向)。对于图 A4.1 中的波动进行分析,我们发现这两个特征值的平方根之比为 0.951,这说明该波动偏振性是接近圆极化的。我们可根据偏振极化特征和传播方向诊断波的类型。Born 和 Wolf(1970)利用这些特性分析了光学信号,而 Rankin 和 Kurtz(1970)则利用这些特性分析地磁脉动(这两位学者还展示了如何计算信号的极化百分比)。

共谱矩阵只是谱矩阵的实数部分。谱矩阵中还包括虚数部分,它是基于 Fourier 振幅系数的正交积计算得到的正交谱。在每个频率 $i$,其正交谱为

$$
\boldsymbol{Q}_i = \begin{pmatrix} 0 & (s_{ix}c_{iy} - s_{iy}c_{ix}) & (s_{ix}c_{iz} - s_{iz}c_{ix}) \\ -(s_{ix}c_{iy} - s_{iy}c_{ix}) & 0 & (s_{iy}c_{iz} - s_{iz}c_{iy}) \\ -(s_{ix}c_{iz} - s_{iz}c_{ix}) & -(s_{iy}c_{iz} - s_{iz}c_{iy}) & 0 \end{pmatrix} \quad (\text{A4.5})
$$

对于图 A4.1 中的事例来说,在所研究的频段上,波的正交谱为

$$
\begin{pmatrix} 0 & 0.002 & 0.054 \\ -0.002 & 0 & -0.003 \\ -0.054 & 0.003 & 0 \end{pmatrix}
$$

这是一个非对称矩阵。

Means(1972)表明从这个由失相交叉功率(out of phase cross powers)构成的矩阵中,可直接得到波的传播方向为

---

① 磁场的最小变化方向。

$$J_{ixy} = (s_{ix}c_{iy} - s_{iy}c_{ix})$$
$$J_{ixz} = (s_{ix}c_{iz} - s_{iz}c_{ix}) \tag{A4.6}$$
$$J_{iyz} = (s_{iy}c_{iz} - s_{iz}c_{iy})$$

其波矢方向即为

$$k_{ix} = \frac{J_{iyz}}{A_i}; \quad k_{iy} = -\frac{J_{ixz}}{A_i}; \quad k_{iz} = \frac{J_{ixy}}{A_i}$$

其中，$A_i = \sqrt{J_{ixy}^2 + J_{ixz}^2 + J_{iyz}^2}$。

因此我们发现，这种由失相交叉功率计算得到的波传播方向为$(0.058, 0.998, -0.035)$，它与通过相功率谱计算得到的结果仅相差$0.37°$[①]。该方法还可得到波的回旋手性（左旋波或右旋波）。如果$\hat{k} \cdot \boldsymbol{B} > 0$，波便是右旋波，反之则为左旋波。直接利用谱矩阵虚数部分的一个优势在于当我们确定波矢传播方向和波的回旋手性时并不需要矩阵是可逆的。因此，这种计算方法易用于飞船在轨磁强计的数据处理中，并为低数据采样率的探测任务提供一种数据压缩方案。对于图 A4.1 事例中的波来说，我们发现该波是左旋的，并且其传播方向偏离背景磁场方向不超过$5.6°$。

另一种有用的参数是一对信号的相干性。信号 1 和信号 2 之间相干性的计算公式为

$$\text{coherence}_{1,2} = (C_{12}^2 + Q_{12}^2)/C_{11}C_{22} \tag{A4.7}$$

其中，$C_{ij}$ 为共谱矩阵中的 $ij$ 分量，$Q_{ij}$ 为正交谱矩阵中的 $ij$ 分量。

图 A4.3 展示了在图 A4.1 和 A4.2 事例中 $B_r$ 与 $B_\varphi$ 信号的相干性，最大相干频率在$0.1$ Hz 左右，这是由 $B_r$ 和 $B_\varphi$ 分量中的强横向扰动信号引起的。而在 $0.025$ Hz 左右还存在一个较窄的相干性峰值。如图 A4.2 中谱图所示，该峰值看起来是由压缩扰动造成的。

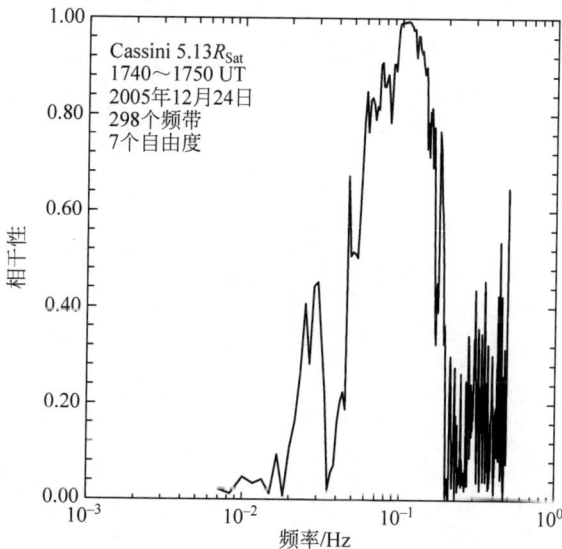

图 A4.3    图 A4.1 中展示的 $B_r$ 与 $B_\varphi$ 信号的相干性

① 见 A.4.2 节主轴分析法给出的最小变化方向。

信号 1 和信号 2 的相位差被定义为 $\varphi_{12} = \arctan \dfrac{Q_{12}}{C_{12}}$。

最后,我们可以得到主要扰动矢量的各分量占比,令 $a$ 为实数部分谱矩阵中迹的平方根:

$$a_i = \sqrt{c_{ix}^2 + s_{ix}^2 + c_{iy}^2 + s_{iy}^2 + c_{iz}^2 + s_{iz}^2}$$

$$L_{ix} = \frac{\sqrt{c_{ix}^2 + s_{ix}^2}}{a_i}$$

$$L_{iy} = \frac{c_{ix}c_{iy} + s_{ix}s_{iy}}{a_i^2 L_{ix}}$$

$$L_{iz} = \frac{c_{ix}c_{iz} + s_{ix}s_{iz}}{a_i^2 L_{ix}}$$

# 词汇表①

**声波模（acoustic modes）**：等离子体中的压缩波模，类似于空气中的声波。

**声波（acoustic wave）**：空气中可以携带声音的压缩波。

**活动区（active regions）**：太阳的局地强磁场区域（磁场强度超过几百 nT），其通常同时包含向内、向外极性的磁场，表现为相邻磁场区域具有双极或复杂极性分布。这些区域通常并不总能产生可见的黑子。它们也是太阳耀斑及大型日冕物质抛射的源区。

**绝热不变量（adiabatic invariants）**：当带电粒子运动的时候，保持基本不变的物理量。

**绝热方程（adiabatic relation）**：在能量守恒条件下压力与密度的物理关系。

**Alfvén（剪切）模（Alfvén（shear）mode）**：低频磁流体波模，表现为等离子体中磁场线出现弯曲或剪切现象。

**Alfvén 速（Alfvén speed）**：磁化等离子体中 Alfvén 剪切模或弯曲模的传播特征速度。

**Alfvén 翅（Alfvén wings）**：亚 Alfvén 速流与电离层或者大气层相互作用过程中形成的磁通量管。这些磁通量管在相互作用过程中出现了弯曲，其弯曲角度与 Alfvén 速度大小有关。

**Alfvénic 极光（Alfvénic auroras）**：由低频 Alfvén 波的平行电场加速低能电子（能量约100eV）沉降形成的极光。它与准静态平行电场加速电子形成的极光不同。

**Ampère 定律（Ampère's law）**：描述磁场旋度与电流密度关系的 Maxwell 方程。

**异常宇宙射线（anomalous cosmic ray）**：宇宙射线中离子存在异常组分，尤其是氧、氮、碳等组分离子含量较高。与银河宇宙线和太阳宇宙射线离子有所不同（含单价离子）。被认为是在日球层内部产生的，其要么来源于从日球层外流入的中性星际风，要么来源于太阳系内的物质源（如行星际尘埃的溅射或吸收）。

**Appleton-Hartree 色散方程（Appleton-Hartree dispersion equation）**：冷等离子体的波动色散方程，主要描述地球电离层中等离子体波的传播，其色散关系表明磁化等离子体作为介质时波的折射率不为 1。

**极光（aurora）**：能量粒子（离子、电子）与高层中性大气碰撞而激发的光。

**极光电集流指数（auroral electrojet index）**：位于极光带内的地磁观测系列台站记录到的地磁水平分量中最大正向与负向扰动的差异值。

**极光千米辐射（auroral kilometric radiation）**：极光区产生的波长量级为 1km 的射电辐射。行星空间中类似的辐射有木星十米波辐射（Decametric Radiation，DAM）和土星的千米波辐射（Saturn Kilometric Radiation，SKR）

**极光亚暴（auroral substorm）**：一系列极光特征，包括极光弧的初始点亮，以及随后极光

---

① 对文中部分英文词汇（如加粗显示的），词汇表给出了相应解释和定义。

的扩张与结束。

**极光区（auroral zone）**：环绕地磁南北两极，为极光发生最为频繁的椭圆区域。

**Bernoulli 方程（Bernoulli's equation）**：流体动力学中描述流体动能与热压的关系。

**Bernstein 模（Bernstein mode）**：垂直背景磁场传播的静电波，该波模由波动色散关系中的动理学效应激发。

**Betatron 加速（betatron acceleration）**：由于背景磁场强度增加，粒子为保持磁矩守恒使粒子回旋运动能量增加。

**双离子混杂共振（bi-ion hybrid resonance）**：在多种离子组分等离子体中，若某特定频率下电磁波的相速度为零，该频率就为双离子混杂共振频率。双离子混杂共振频率一般介于这两种对应离子成分的回旋频率范围之间。

**Birkeland 电流（Birkeland current）**：行星磁层中平行于磁场的电流。

**Boltzmann 方程（Boltzmann equation）**：六维空间中描述相空间密度（可包含碰撞效应）的时间全导方程。

**弹跳运动（bounce motion）**：带电粒子在沿着磁场线运动时被磁镜点反射，形成的来回弹跳运动。

**韧致辐射（bremsstrahlung）**：带电粒子在减速过程中形成的辐射。

**Brunt-Väisälä 频率（Brunt-Väisälä frequency）**：大气层中上行波的频率，是重力波中的最高频。

**Buneman 不稳定性（Buneman instability）**：双流不稳定性的一种，其中假设离子处于静止状态，而电子相对于离子运动。

**蝴蝶图（butterfly diagram）**：太阳黑子随着太阳纬度和时间的变化图。该变化图看起来像蝴蝶翅膀图案，变化周期为太阳黑子活动周时间。该图可清晰展示太阳黑子从中纬到低纬随活动周变化而呈现的演化过程。

**Carrington 周（Carrington rotations）**：Carrington 周的数值用于指示太阳自转周数（周期为 27.3 天）。Richard Carrington 为英国天文学家，从 1853 年 11 月开始他将太阳自转周用数字编计，尽管太阳自转周期在中高纬处略有差别。

**中央子午线（central meridian）**：在可见太阳光的日盘上，从北到南，且与地球和日心连线相交的直线。

**离心力（centrifugal force）**：与物体绕圆周运动的向心力大小相等，但方向相反的假想力，如球做圆周运动时绳施加的张力，或绕太阳公转时地球所受太阳的引力。

**Chapman 理论（Chapman theory）**：假设大气密度随高度呈指数变化，且无水平梯度变化情况下，描述电离层中带电粒子的产生率与平衡状态电子密度的数值关系。

**电荷守恒（charge conservation）**：原则上等离子体内的总电荷不变。该守恒关系可描述为电荷密度随时间的变化等于电流密度的散度。

**色球层（chromosphere）**：太阳大气中的一个分层结构，厚度约 2000 km。它的上方是日冕过渡区。色球层是位于光球层（含部分中性大气成分）及日冕（太阳大气完全电离，相对较热）之间的狭窄区域。色球层中的内部物理过程目前还不清楚，仍在继续研究中。色球层因在日全食中呈现红色而得名。

**CMA 图（CMA diagram）**：该图将各种 Friedrichs 波动色散关系图整合起来，可看出色散特性与等离子体参数的变化关系，并以 Clemmow-Mullaly-Allis 命名。

**冷等离子体（cold plasma）**：等离子体中粒子组分的热速度远小于其他任何特征热速度，以致等离子体的热效应可被忽略。

**碰撞频率（collision frequency）**：粒子碰撞的频率。粒子之间通过碰撞可以实现电荷、动能及能量的交换。

**碰撞截面（collisional cross section）**：设有一圆，其半径为两个碰撞粒子半径之和，则该圆的面积即为碰撞截面。

**无碰撞激波（collisionless shock）**：在无碰撞等离子体中，等离子体流由超磁声速降为亚磁声速的薄层过渡区。

**电导率张量（conductivity tensor）**：描述电流与电场关系的张量。该书中有两处涉及电导率张量，一是在电离层中（Hall 和 Pedersen 电导率），二是在推导电磁波的色散关系时。

**连续性方程（continuity equation）**：描述物理量时间变化率与其对应通量散度的守恒方程（如数密度与数密度通量，质量密度与质量通量等）。在空间等离子体物理中，连续性方程通常指数密度的守恒方程。

**对流区（convective zone）**：太阳内部，位于太阳表面（光球层）与辐射区之间，厚度约 0.35 个太阳半径的分层结构。其中太阳内核产生的能量可部分转化为物质的运动。对流区物质的运动可能是湍动的，也可能在低层是较为有序的元胞对流。对流区也被认为是太阳磁场产生的发电机区域。

**日冕（corona）**：太阳大气的最外层结构区域，温度可超过 100 万摄氏度，这个区域是完全电离的并可向外延展至很高的高度（可达数个太阳半径）。无碰撞日冕加热涉及各种不同波动的产生及吸收，其中一些波动可能与日冕底部的机械振荡运动有关。

**日冕物质抛射（coronal mass ejection）**：日冕物质向外层空间的喷发现象，其速度可达 2000 km/s。日冕物质抛射是引起太阳风中等离子体和磁场扰动的源，并且是大多数地球磁暴的诱发源。

**Cowling 通道（Cowling channel）**：次级电流体系中的 Hall 电流与主级电场驱动的 Pederson 电流方向相同[①]的区域。次级电流体系由次级电场驱动产生，次级电场有时也被称为极化电场。主级电场的 Pederson 电流与次级电场驱动的 Hall 电流沿同一方向[②]，造成主电场方向上的电流增强现象。

**Cowling 电导率（Cowling conductivity）**：在 Cowling 通道中，将主级电场方向的净电流与主级电场关联起来的电导率。

**临界马赫数（critical Mach number）**：激波耗散过程从能够产生"电阻"耗散到形成离子反射和过冲（overshoot）等其他现象时对应的马赫数。

**交叉频率（crossover frequency）**：冷等离子体中平行传播的波，其极化特性从右旋变换到左旋，或从左旋变换到右旋时对应的频率。

**曲率漂移（curvature drift）**：粒子在弯曲磁场中形成的漂移运动。

**磁尖点（cusps）**：在该点处，磁场线会发散至不同的方向。

---

① 原文此处意为相反。

② 原文此处意为主电场的 Hall 电流与次级电场的 Pederson 电流同向。

**回旋运动（cyclotron motion）**：带电粒子在磁场中的旋转运动。

**D 区（D region）**：电离层的最低层结构。

**Debye 长度（Debye length）**：带电粒子电场被周围等离子体屏蔽的特征长度。

**De Hoffman-Teller 参照系（de Hoffman-Teller frame）**：在该运动参照系中，太阳风流与磁场是平行的。

**Dessler-Parker-Sckopke 关系（Dessler-Parker-Sckopke relationship）**：根据 $D_{st}$ 指数能给出磁层等离子体能量的物理方程。

**较差自转（differential rotation）**：基于日面特征观测得到的太阳自转速率会随纬度发生变化。中纬的典型自转周期（约为 27.3 天）是 Carrington 的自转周期。平均而言，相比 Carrington 的自转周期，两极的自转周期要慢几天，而赤道的自转周期要快几天。较差自转在太阳磁场及相关特征的演化过程中扮演着重要角色，被认为是各种太阳磁场发电机模型的关键调控因素。

**激波扩散加速（diffusive shock acceleration）**：激波扰动磁场对带电粒子能量的散射。一些粒子在遇到激波后会在激波面与波动结构之间，或在激波的上下游之间，出现散射或来回反射。粒子散射运动会使粒子在经历一段时间后出现统计性的加速。准平行激波由于存在较大的磁场扰动很容易产生这种加速过程。

**偶极子磁矩（dipole magnetic moment）**：行星磁场最简单的磁场分量-偶极子磁场的强度。磁矩强度的数值大小等于某观测点径向距离的三次方乘以磁赤道面上的磁场强度[1]。

**偶极子倾角（dipole tilt）**：行星自转轴与偶极磁轴之间的夹角。

**色散关系（dispersion relation）**：描述频率与波矢关系的方程。

**离解复合（dissociative recombination）**：某个离化分子被电子中和后变成不稳定中性分子，并进一步分裂为其他分子、原子的过程。

**分布函数（distribution function）**：粒子在六维相空间中的分布，又称相空间密度。

**多普勒图（dopplergram）**：由红移和蓝移的侧端谱线构成的图像，显示了相对于远离和朝向观测者的径向运动。从太阳多普勒图中可看到叠加在大尺度太阳自转运动上的表面米粒元胞结构振荡。

**漂移运动（drift motion）**：带电粒子横越磁场线的运动。

**漂移壳分离（drift-shell splitting）**：在非旋转对称磁场中，具有不同反射磁镜点的粒子漂移一周后会出现漂移壳的分离。

**$D_{st}$ 指数（$D_{st}$ index）**：由地球低纬度的磁场水平分量构造的指数，该指数与磁层中等离子体的能量成正比。

**E 层（E layer）**：电离层中的中间结构层。

**电场漂移（electric field drift）**：与电场相关，且垂直于磁场方向的粒子漂移。

**电势（或静电势）（electric potential or electrostatic potential）**：电势为标量，电势的负梯度为电场的无旋分量。

**电磁波（electromagnetic wave）**：同时具有电场和磁场分量的波。

**电子 Alfvén 层（electron Alfvén layer）**：其边界为磁层电子的漂移路径，该漂移路径为

---

[1] 注意，这里的磁偶极矩是在高斯单位制下给出的。

磁层电子开放漂移运动与环绕地球做闭合漂移运动的过渡边界。

**电子与离子的动量方程**（**electron and ion momentum equations**）：该方程可将电子和离子的动量变化率与作用力联系起来。作用力通常包括电场力及磁场力。当写为流体动量方程时（与单粒子动量方程不同），作用力也包括等离子体压强梯度力。

**静电波**（**electrostatic wave**）：在这种波模中，波电场平行于波矢，而磁场扰动可以忽略。

**逃逸速度**（**escape velocity**）：向外运动的粒子或物体，其能够摆脱母星引力束缚的速度。太阳表面的逃逸速度为 618 km/s。

**欧拉方程**（**Euler's equation**）：是准线性双曲方程的一部分，该方程控制了绝热非黏性流动的运动。

**外逸层底**（**exobase**）：逃逸层的底部，在此高度以上大气是无碰撞的。

**外逸层**（**exosphere**）：在这个区域，大气粒子是处于无碰撞状态的。

**F 层日冕**（**F corona**）：由于尘埃散射太阳光，产生环绕太阳的弥散光辉。

**F 层**（**F layer**）：电离层中最高的分层结构。

**Faraday 定律**（**Faraday's law**）：又称磁感应方程，是将电场旋度与磁场时间变化率联系起来的 Maxwell 方程。

**快磁声波**（**fast magnetosonic wave**）：是对密度及磁场均会造成压缩的磁流体动力学波。它是三种磁流体动力学波中相速度最快的波。

**快模**（**fast mode**）：三种 Alfvén 波模中相速度传播最快的波模。

**Fermi 加速**（**Fermi acceleration**）：粒子在磁镜或者其他磁结构中的加速。其中，当磁镜点互相靠近时，粒子会做来回弹跳加速。与粒子第二绝热不变量的守恒关系有关。

**场向电流**（**field-aligned current**）：行星磁层中平行于磁场线的电流。

**暗条**（**filaments**）：悬浮在太阳光球层上的物质，有时呈大尺度线状结构，位于太阳磁场极性相反的过渡区域之间。一般认为暗条由磁力的抬升形成，且经常用于表征主活动区磁场存在应力场结构。暗条有时会在耀斑爆发及/或日冕物质抛射之前形成。

**第一绝热不变量**（**first adiabatic invariant**）：带电粒子的磁矩。它定义为该粒子的垂直动能除以磁场强度。

**耀斑**（**flare**）：低层日冕活动区处的脉冲式突然增亮。在其所在位置处耀斑会产生几个数量级增强的高能质子通量、极紫外和 X 射线波段的电磁辐射。耀斑被认为是磁应力能量释放导致低层日冕加热的特征信号。有时，特别是一些大耀斑事件期间，还常常伴随高能粒子辐射和日冕物质抛射。根据耀斑辐射强度，我们还可用一个专门的标尺划分耀斑的级别（表 4.3）。

**流体理论**（**fluid theory**）：在该理论框架下，我们可将等离子体中的各种组分粒子视作可用密度、流速和压强等这些宏观物理参数描述的流体。

**磁绳**（**flux rope**）：扭曲的磁通量结构。

**激波前兆区**（**foreshock**）：行星弓激波上游的一个区域，在该区域或靠近激波的附近地方存在加速起来的高能粒子。

**Friedrichs 图**（**Friedrichs diagram**）：该图展示了磁化等离子体中波的相速度随传播方向的变化。也用于展示波的群速度随传播方向的变化。

**磁冻结理论**（**frozen-in theory**）：该理论表明，磁场可被认为是"冻结"在等离子体流体中的。

**Fukushima 理论（Fukushima's theory）**：该理论表明，在导电率均匀的电离层中垂直方向的场向电流和相应水平方向的闭合电流存在这样的组合效应，即在电离层以下无法观测到该组合电流体系的磁场信号特征。

**银河宇宙线（galactic cosmic rays）**：在银河系的遥远区域，由超新星爆发等事件产生的高相对论性带电粒子。通常这种带电粒子的通量会随太阳磁场的 22 年周期变化而发生缓慢改变。

**Galilean（非相对论）变换（galilean（non-relativistic）transformation）**：在此框架下，速度远小于光速，电场与参照系有关，而磁场和电流密度与参照系无关。

**Gauss 定律（Gauss's law）**：描述电场散度和电荷密度关系的 Maxwell 方程。

**广义 Ohm 定律（generalized Ohm's law）**：比一般 Ohm 定律形式更复杂，也就是该定律在描述电流密度和电场的关系中考虑了磁场、电子惯性和等离子体压强等作用。

**地冕（geocorona）**：该区域是中性大气中主要由氢原子构成的区域。

**地磁暴（geomagnetic storm）**：磁层活动的扰动时期，可由 $D_{st}$ 指数表征。

**梯度漂移（gradient drift）**：磁场强度梯度形成的粒子漂移运动。梯度方向须垂直于磁场方向。

**重力波（gravity wave）**：以重力为回复力，驱动物质来回运动而形成的波动。

**导向场重联（guide-field reconnection）**：电流片两侧磁场并不互为反平行时的重联。

**引导中心（guiding center）**：粒子的平均运动。粒子的运动可以分解为引导中心运动和绕引导中心的圆周回旋运动。

**回旋运动（gyration）**：在垂直于磁场的平面上，粒子所做的圆周运动。

**回旋频率（gyro-frequency）**：粒子绕磁场做回旋运动的周期频率。

**回旋共振（gyro-resonance）**：当 Doppler 频移是粒子回旋频率的整数倍时，波与粒子之间出现的共振作用。

**Hale 周期（Hale cycle）**：太阳磁活动周期。该活动周期考虑了太阳极区磁场极性变化，以及在太阳活动上升期前导活动区（沿太阳自转方向）的磁场极性（与对应极区磁场极性一致）变化。太阳黑子周期为 11 年，而太阳磁场极性反转再恢复的 Hale 周期大约为 22 年。

**Hall 电导率（Hall conductivity）**：碰撞等离子体中的电导率，通过该电导率可得到垂直于磁场和电场方向的电流密度。

**Hall 电流（Hall current）**：在电离层中，垂直于背景磁场和电场的电流。

**谐波扰动（harmonic perturbation）**：用于导出波动色散关系的物理假设。该假设认为波动是平面波，波动扰动场是一阶扰动。

**Harris 电流片（Harris current sheet）**：一种满足热动平衡条件（自适应）的简单电流片模型。

**热通量（heat flux）**：等离子体三阶矩，可得到由等离子体分布函数偏度引起的能通量。在太阳风中，除温度各向同性分布，行星际电子分布中有窄向场向束流时就能观测到此热通量。

**日震学（helioseismology）**：类似对固体行星震动波的研究方式，利用太阳表面声波研究太阳内部结构的技术方法。

**均质层顶**（homopause）：大气成分均匀混合区域的顶部。

**马蹄形分布**（horseshoe distribution）：在极光加速区域观测到的一种电子相空间分布。马蹄形分布是平行电场、磁镜力和粒子向大气层损失的共同结果。

**混杂模拟**（hybrid simulation）：磁化等离子体的数值模拟方法，其中可追踪离子的运动，而电子运动却被视作流体处理。

**理想 Ohm 定律**（idealized Ohm's law）：简化版的广义欧姆定律，其中仅保留电场和 $u \times B$ 项。

**碰撞电离**（impact ionization）：碰撞导致离子产生的过程。

**感应磁层**（induced magnetosphere）：具有导电层结构（如电离层）的星体与太阳风相互作用形成的磁场空腔结构。

**感应磁尾**（induced magnetotail）：感应磁层中位于行星下游的区域。

**中间模**（intermediate mode）：一种仅对等离子体流方向和磁场方向产生扰动，但并不对密度和磁场产生压缩影响的磁流体波动，也被称为剪切 Alfvén 模。

**行星际磁场增强**（interplanetary field enhancements）：太阳风中出现磁场增强或磁场沿上游太阳风电场方向出现扭曲的事件现象。

**行星际磁场**（interplanetary magnetic field）：行星际空间（充斥整个日球层）中的磁场。在太阳自转作用和径向磁化太阳风等离子体流的带动下，行星际磁场由于"磁冻结"效应，基本呈现出 Parker 螺旋型结构。

**行星际激波**（interplanetary shocks）：太阳风中，因太阳风快-慢速流相互作用及快速日冕物质抛射事件而形成的无碰撞激波。该类激波通常与日冕激波、行星弓激波和日球层终止激波不同，尽管它们都属于空间等离子体中的无碰撞激波。

**不变纬度**（invariant latitude）：磁场线与地球表面相交点的纬度。

**离子回旋波**（ion cyclotron waves）：相对于等离子体静止的参照系下，频率低于离子回旋频率的电磁波动。

**电离层顶**（ionopause）：磁鞘中的磁化等离子体和行星电离层之间的边界层[①]。

**电离层**（ionosphere）：大气层中出现部分电离的区域。该区域会影响电磁波的传播，并且会有电流产生。

**Jeans 逃逸通量**（Jeans escape flux）：大气层的中性原子通量。这部分原子在逃逸层底处具有能逃离地球引力场束缚的上行速度。

**Jeans 理论**（Jeans's theorem）：如果分布函数是关于运动常数的函数，那么该分布函数自动满足 Vlasov 方程。

**木星等离子体环**（jovian plasma torus）：木卫一的大气层与木星共转磁层发生相互作用而形成的高密度等离子体环。其他木星卫星也对其有所贡献。

**Joy 定律**（Joy's law）：描述双极活动区朝向的观测规律。其中，前导区域的极性（位于太阳自转方向前端的区域）通常与所在半球极区的平均磁场极性相同，并且相对于尾随区域会向赤道侧倾斜几度。这个规律主要发生在太阳活动周的活动上升时期（在活动极大年

---

[①] 需要说明的是，电离层顶一般为太阳风与无磁行星电离层作用（如金星、火星）时，行星电离层与外部太阳风等离子体之间的交界边界层。

太阳磁场极性反转之前)。

**K 冕(K corona)**：电子散射太阳光产生的日冕辉光。一般表现为在日冕仪图片中或在全日食期间观测到流线状或射线状的辉光结构。

**Kelvin-Helmholtz 不稳定性(Kelvin-Helmholtz instability)**：由平行于边界层的等离子体流驱动的不稳定性。

**Kepler 定律(Kepler's laws)**：关于行星运动的三条定律。

**动能(kinetic energy)**：一个质量为 $m$、速度为 $v$ 的运动物体具有的动能为 $\frac{1}{2}mv^2$。

**动理论(kinetic theory)**：利用相空间密度刻画等离子体中各组分粒子物理特性的理论。

**Knight 关系(Knight relation)**：对于沉降分布电子而言,电势降与场向电流之间的物理关系。

**Landau 阻尼(Landau damping)**：波的共振阻尼作用,其中波沿磁场方向的相速度与粒子沿磁场方向的平行速度能正好匹配。

**Landau 方法(Landau prescription)**：一种对积分路径做变形处理的方法,通过该方法可确保积分产生的函数是连续的,而与积分中变量(在奇点处产生共振)的虚部符号无关。

**Landau 共振(Landau resonance)**：粒子和波都具有相同的、沿背景磁场方向的平行速度。

**Larmor 半径(Larmor radius)**：粒子绕磁场旋转时的圆周半径,也称回旋半径。

**引力定律(law of gravity)**：两个物体的吸引力与质量的乘积成正比,与它们之间距离的平方成反比。

**线性化(linearization)**：控制方程仅包含零阶和一阶(小)量的数学方法。

**Liouville 定理(Liouville theorem)**：该定理表明,在六维相空间中,相空间密度沿粒子轨迹保持不变。

**纵向传播(longitudinal propagation)**：平行于背景磁场方向传播的等离子体波。

**纵波(longitudinal wave)**：波电场平行于波矢方向的等离子体波。与静电波同义。

**Lorentz 力定律(Lorentz force law)**：描述粒子动量变化率受电场和磁场影响的方程。

**损失锥双曲线(loss cone hyperbola)**：粒子相空间中出现的一种边界结构。该双曲线是区分相空间中损失到大气中的部分粒子与被磁镜力反射的部分粒子的边界线。在二维速度空间中,沿磁场方向向下的粒子加速作用会产生将粒子相空间边界结构改为双曲线形态的效应。

**低混杂波共振(lower hybrid resonance)**：冷等离子体中电磁波相速度为零时具有的频率,其特征是电子和离子都与电磁波发生相互作用。

**Mach 数(Mach number)**：在气体动力学中,某类组分粒子速度与声速的比值[①]。

**磁障(magnetic barrier)**：对于感应磁层而言,指行星电离层外的磁场堆积区。其磁压与电离层的热压形成平衡。

**磁毯(magnetic carpet)**：在太阳表面探测到的小尺度磁场结构,与米粒和超米粒元胞组

---

① 原文意为某类粒子相对于声速的运动速度。

织的边界及其运动有关。由于磁场内外向极性混合较均匀，因此其通常也被形象地称为"盐和胡椒"结构。这也是"日面平静"区的特征。

**磁云**（**magnetic cloud**）：日冕物质抛射（CME）事件中日冕抛射物的一种形式。在观察者看来，这种抛射物局部表现为一条大尺度的磁通量绳（尺度为分数天文单位）。在 1 AU 处大约有 1/3 的日冕物质抛射事件具有磁绳这样的扰动外观特征，因此磁云被认为是大多数 CME 事件的一般特征。

**磁偶极子**（**magnetic dipole**）：最简单的磁场位形，可能由闭合电流环产生。

**磁尾瓣**（**magnetic lobes**）：在磁尾中等离子体片上方和下方的区域，在此区域中磁压占主导作用。

**磁矩**（**magnetic moment**）：带电粒子绕磁场旋转时产生的磁偶极矩，它也是绝热粒子运动的第一个绝热不变量。

**磁化电流**（**magnetization current**）：由于粒子在磁场中具有磁矩，这使等离子体具有抗磁性，那么由抗磁效应便会形成等离子体携带的电流。

**磁盘**（**magnetodisk**）：在有等离子体加载（如源为卫星大气）的行星磁层中，由于行星磁层的快速旋转，使磁场线被径向拉伸为一个垂直于行星自转轴的盘状结构。

**磁流体动力波**（**magnetoyhydrodynamic waves**）：三种低频 MHD 波模（快波、中间波、慢波），能够在等离子体中传递压力和应力。

**磁流体动力学**（**magnetohydrodynamics**）：将流体动力学物理量（如整体流速和质量密度）与电磁作用力联系起来的流体理论。

**磁强计**（**magnetometer**）：测量磁场大小和方向的仪器装置。

**磁层顶**（**magnetopause**）：行星磁场和弓激波下游太阳风等离子体之间的边界层。

**磁鞘**（**magnetosheath**）：磁层顶和弓激波之间围绕磁层流动的太阳风等离子体压缩区。

**磁层**（**magnetosphere**）：磁化行星占据的体积空间，在其体积空间中磁场线至少有一端足点是扎根于行星上的。

**磁尾**（**magnetotail**）：磁层在夜侧下游方向上出现拉伸变形的部分。

**等离子体幔**（**mantle**）：磁尾与太阳风之间的边界层，其中存在较低密度的太阳风等离子体。

**质量加载**（**mass loading**）：将中性气体中新生成的等离子体加入流动等离子体，这相当于增加了流动等离子体的质量。新生成的等离子体可通过光致电离或碰撞电离作用形成。不同组分粒子之间的电荷交换作用，如太阳风质子与中性氧粒子的电荷交换作用，也会导致太阳风流的质量加载。

**Maunder 极小期**（**Maunder minimum**）：约 1645—1715 年，此时日面上几乎没有可见的太阳黑子。这一时期欧洲也经历了一段极端寒冷的时期，通常被称为"小冰河时期"，这使人们一直猜测太阳黑子消失与气候变冷这两个事件之间可能存在某种物理联系。

**Maxwell 方程组**（**Maxwell's equations**）：该方程组包括 4 个描述电场和磁场行为，及其与电荷和电流密度关系的控制方程。

**镜像模**（**mirror mode**）：太阳风中的等离子体波模，通常与压缩有关。镜像波广泛存在于行星磁鞘中，并表现出抗磁效应。在垂挂于星体上游前端的大尺度行星际磁场中，镜像模表现为对称性磁场交错出现的下降或增强现象。

**镜像模波**（mirror-mode waves）：可由离子的饼状相空间分布激发产生的压缩波。

**中性点**（neutral point）：磁尾电流片中磁场强度接近零的点。

**光学深度**（optical depth）：光强降低为 $e^{-1}$ 时走过的光程长度。

**寻常模和非寻常模**（ordinary and extraordinary modes）：在冷等离子体中垂直于背景磁场传播的波。寻常（O）模的色散关系与粒子的回旋频率无关，而粒子的回旋频率会影响非寻常（X）模的色散关系。

**过冲**（Overshoot）：弓激波中的一种现象，激波锋面处增强的磁场要比 Rankine-Hugoniot 关系预测的值高。

**粒子轨道理论**（particle orbit theory）：研究不同电场和磁场构型分布下粒子运动的理论。该理论认为粒子可被视为测试粒子。

**Pc 3-4 波**：周期范围为 $10 \sim 150$ s 的超低频波，其中许多这样的波是在激波上游的太阳风中产生的，并被对流到磁层顶。

**峰**（peak）：电离层中电子密度达到局部最大的高度区域。

**本动速度**（peculiar velocity）：随机速度的另一种叫法。

**Pedersen 电导率**（Pedersen conductivity）：碰撞等离子体中的电导率，给出沿垂直电场方向的电流密度。

**Pedersen 电流**（Pedersen current）：在碰撞电离层中沿垂直于磁场方向流动的电流。

**相空间**（phase space）：六维空间，其中三个维度与位置（三维构型空间）相关，三个维度由速度（速度空间）给出。

**相空间密度**（phase space density）：六维相空间中粒子的分布函数。

**光电子**（photoelectrons）：中性大气或飞船表面被光电离产生的电子。

**光致电离**（photoionization）：通过吸收光子能量从中性原子产生离子的过程。

**光球层**（photosphere）：太阳的有效可见表面，在光球层以上太阳大气处于光学薄态。太阳表面在约 6000 K 温度条件下进行黑体辐射。随着时间的推移，光球上有许多特征（包括太阳黑子）都已被观察和记录。光球层上的磁场观测可能与其高度之上的许多观测特征（如冕环和冕流等）有关。

**Pi 2 波**（Pi 2 waves）：周期范围为 $40 \sim 150$ s 的超低频波，在磁尾亚暴触发相时激发产生。

**谱斑**（plage）：太阳色球层中辐射增强的区域，与活动区磁场（较强）有关。

**等离子体**（plasma）：离子和电子的整体集合，没有净电荷，且密度足够大，集体效应的作用力起主导作用。

**等离子体色散函数**（plasma dispersion function）：该函数关系体现了 Maxwell 方程组对波扰动的动理学响应。可用于推导波在等离子体（满足 Maxwell 分布）中的色散关系。

**等离子体频率**（plasma frequency）：电子和离子发生相对位移时激发出的等离子体特征振荡频率。

**等离子体片**（plasma sheet）：位于两个磁尾瓣之间的区域，其中热压占主导。

**等离子趋肤深度**（plasma skin depth）：与光速和等离子体频率有关的特征尺度。

**等离子体层顶**（plasmapause）：在近赤道平面处，等离子体密度随径向距离增加而显著降低的区域位置。

**等离子体层（plasmasphere）**：电离层沿磁场线向上扩展延伸到赤道平面处，在平静期，等离子体密度可达到一个稳态值。

**极尖区（polar cusp）**：在磁层顶处位于磁层闭合磁通量和磁尾磁场线之间的低场强区域，这里是磁鞘太阳风等离子体可直接进入电离层的通道。

**势能（potential energy）**：物体在引力场中自由下落获得的能量。

**势场源表面（potential field source surface）**：通常指约2.5个太阳半径的球形表面处，用于势场（无电流）假设条件下对日冕磁场结构的计算。基于光球磁场分布图为内边界条件，求解Laplace方程，得到光球层和势场源面之间的磁场空间分布。在求解时，通常假设日冕磁场在势场源面处是径向的（近似为太阳风外流对磁场的影响）。

**初级粒子（primary particle）**：发生相互碰撞的粒子，包括电子、离子或中性粒子。

**日珥（prominences）**：在日盘临边处看到的暗条。

**质子哨声波（proton whistler）**：由闪电产生的波，最初沿电离层中的磁场方向以右旋波传播，但在交叉频率处转换为左旋波。随传播高度的增加，它会在质子回旋频率处被吸收。

**准线性扩散（quasi-linear diffusion）**：粒子在速度空间中的扩散，该扩散是波对粒子运动引起的平均效果。

**准纵向近似（quasi-longitudinal approximation）**：认为冷等离子体中的波几乎是平行于磁场传播的近似，也被称为准平行近似。

**准平行近似（quasi-parallel approximation）**：一种Appleton-Hartree色散关系的近似，该色散关系用于刻画哨声模，尤其是闪电激发产生的哨声波的色散特性。

**R模和L模（R and L modes）**：在冷等离子体中平行于背景磁场方向传播的右旋和左旋圆偏振波。

**辐射带（radiation belts）**：磁层中高能粒子被磁场捕获的区域，该区域内有较强的能量粒子通量。

**辐射传递（radiative transfer）**：光子在大气中的传播[①]。

**辐射区（radiative zone）**：在太阳中心0.35个太阳半径之内的区域。在该区域内，核聚变反应产生的能量主要以电磁波形式向外传播。

**射程-能量关系（range-energy relation）**：将粒子的穿透深度作为粒子能量的函数。

**稀疏结构（rarefaction）**：等离子体流中出现的物理结构，在该结构中等离子体流会随时间和距离出现膨胀。

**重联（reconnection）**：在该物理过程中电子与磁场线解耦，一个区域的磁场线可以与另一区域的磁场线发生重新连接。这会改变等离子体中的磁应力分布，可能导致粒子的突然加速。

**降维速度分布函数（reduced velocity distribution）**：对分布函数在垂直速度上进行积分，积分后所得分布函数仅是关于平行速度的函数。

**1区（region 1）**：由极光椭圆带极侧下行或上行的场向电流区域。

**2区（region 2）**：由极光椭圆带赤道侧行或上行的场向电流区域。

**相对介电常数（relative permittivity）**：用于确定电位移矢量相对于电场的物理量。

---

① 确切来说应该是电磁辐射在大气中传输时发生的能量传递现象。

环电流(ring current)：因带电粒子的磁漂移运动而在磁层赤道面上形成环绕地球的电流[①]。

第二绝热不变量(second adiabatic invariant)：与粒子在两个磁镜点之间运动有关的不变量，该不变量也称为弹跳不变量。它等于粒子沿磁场方向的平行动量对两在镜点之间的闭合路径进行积分。

次级电子(secondary electron)：在碰撞中产生的电子。

扇区边界(sector boundaries)：在太阳风中观测到行星际磁场方向出现反转的某一特定区域位置。通常认为磁场方向反转由太阳风向外传播时其携带的太阳磁场的极性模式所控制，并且不同的区域位置有不同的反转表现形式。在太阳活动较低时，扇区边界代表了穿越日球层电流片。

剪切 Alfvén 模(shear Alfvén mode)：与中间模含义相同。

激波漂移加速机制(shock drift mechanism)：带电粒子沿激波阵面的"冲浪"运动会获得一个净电场的加速作用。这种激波加速过程取决于准垂直激波中磁场的几何结构。

单粒子运动(single-particle motion)：粒子轨道理论的另一个名字。

六维相空间密度(six-dimensional phase space density)：同时包含三维构型空间$(x, y, z)$和三维速度空间$(v_x, v_y, v_z)$。

慢磁声波(slow magnetosonic wave)：磁流体力学波的一种。该波动会对沿磁场方向的流造成扰动，在压缩磁场的同时降低等离子体密度。

太阳常数(solar constant)：总的太阳电磁辐射通量。人们通过在地球轨道处对全日面整个电磁波谱的观测已经普遍认识到当前太阳的辐射通量在整个太阳活动周上仅有很小变化($<0.2\%$)，而从一个活动周到另一个活动周的变化性也很小(约 $0.1\%$)。在一些气候模型中，太阳常数被用于研究太阳变化性与其他因素对气候的影响。

太阳活动周期(solar cycle)：太阳黑子数量大约 11 年的变化周期。

太阳发电机(solar dynamo)：在太阳内部产生磁场的物理过程。对流区通常被认为是太阳发电机发生的主要区域。根据理论，发电机产生磁场需要有作用于种子磁场的湍动对流和自转作用。

太阳能量粒子(solar energetic particles)：起源于太阳耀斑或行星际激波，处于 keV-GeV 能量范围内的离子(主要是质子)和电子。

太阳射电辐射(solar radio emissions)：处于无线电波段的太阳电磁辐射。它包括热辐射及非热过程产生(如耀斑区)的电磁波。由耀斑和日冕物质抛射产生的激波会产生独特的射电爆发现象(随时间和频率具有非常不同的变化性)。

日地物理学(solar-terrestrial physics)：通过利用来自太阳可见波段外的电磁波、等离子体、磁场和高能粒子研究对地球影响的一门学科。

太阳风(solar wind)：从太阳流出的等离子体。它携带着行星际磁场向外传播，充斥整个日球层空间。

源表面(source surface)：通常认为是太阳风开始产生的太阳表面区域。一般用于描述势场源表面(PFSS)的概念。

---

[①] 原文字面意思为：在赤道面上由大量能量等离子体压强所引起的环绕地球的电流。

**南大西洋异常区**（South Atlantic anomaly）：南美洲东海岸附近地球磁场较弱的区域,漂移带电粒子在该区域接近大气层时容易发生损失。

**声速**（speed of sound）：磁流体力学波的特征速度,与等离子体压力有关(另见 Alfvén 速度)。

**针状物**（spicules）：色球层中向外喷射的动态喷流结构。可能在某种程度上对日冕加热和太阳风加速有贡献。

**标准耀斑模型**（standard flare model）：基于多年对多种类型耀斑的观测,该模型图像可显示耀斑的基本物理条件及相关物理过程。该模型侧重于强调磁场的几何形态及重联的位置。

**strahl**（strahl）：源自德语。行星际热电子中那部分高度场向的束流电子。

**平流层顶**（stratopause）：平流层中温度最高的位置。

**平流层**（stratosphere）：对流层以上。在这个区域温度随高度增加。

**冕流喷发**（streamer blowout）：日冕物质抛射的形式。在日冕仪的图像上表现为向外稳定的冕流喷发。

**亚暴**（substorm）：等离子体流和粒子加速活动显著增强的时期,这与磁尾中磁应力的变化有关。

**亚暴过程**（substorm process）：尾瓣磁通量突然释放的过程,这会导致夜侧磁层中闭合磁通量增加。

**电离层突扰**（sudden ionospheric disturbance）：在耀斑时期,太阳辐射通量(极紫外至 X 射线波段)大幅增加导致电离层电离率瞬间变化,进而引起的电离层扰动。

**求和约定**（summation convention）：一种便于进行矢量和张量运算的约定法则,任何相同的指标(如下指标)都意味着该运算要作用于构成张量或矢量的所有分量。

**太阳黑子周期**（sunspot cycle）：约 11 年的周期,在此期间日面可见的黑子数量将以周期性的形式出现增加、减少的变化。

**太阳黑子**（sunspots）：光球层上肉眼可见的黑点,与强磁场区域相关。尽管太阳黑子实际上也相当明亮,但由于它们比周围的温度低,因此看起来相对较暗。太阳黑子通常位于活动区中。

**超光模**（superluminous mode）：相速度超过光速的波。

**综合图**（synoptic map）：通过各种辐射及辐射获得的物理量(如磁场)等获得的太阳全球物理量分布图。须经大约 27.3 天太阳自转周期时间的观测,才能建立起这个综合图,进而捕捉太阳整个全球变化。这也使将该图理解为对太阳拍"快照"存在一定的局限性。

**差旋层**（tachocline）：太阳内部速度场高度剪切的区域。它位于对流区(较差自转)和日核(刚性旋转)之间。通常认为差旋层是太阳发电机的关键要素之一。

**第三绝热不变量**（third adiabatic invariant）：称为漂移壳不变量。它是指粒子漂移路径包围的磁通是保持不变的。

**Titan 与等离子体的相互作用**（Titan-plasma interaction）：当土卫六位于土星共转磁层、磁鞘及太阳风中时,上游等离子体流与土卫六(Titan)电离层和大气层的相互作用。

**扭转振荡**（torsional oscillation）：从赤道到两极,太阳较差自转会存在沿纬度方向的振荡而并不是随纬度平滑变化。在太阳任一半球活动区所在的纬度附近包含一个自转速度偏差带(较快/较慢自转)。

**太阳总辐照度(total solar irradiance)**：类似太阳常数，地球轨道处单位面积内接收的太阳辐射功率[1]。

**过渡区(transition region)**：色球层之上的一层狭窄、不规则、物理上非常复杂的太阳大气层，在这里日冕状态会发生突然变化，形成上百万度的日冕温度。

**横向传播(transverse propagation)**：垂直于背景磁场传播的一类等离子体波。

**横波(transverse wave)**：波电场垂直于波矢的等离子体波。横波肯定是电磁波，但电磁波不一定都是横波。

**对流层顶(tropopause)**：对流层和平流层之间温度最低的区域。

**湍流层顶(turbopause)**：与同质层顶(homopause)同义。在此高度以上，大气成分不再混合且大气成分变得不均匀。

**双流不稳定性(two-stream instability)**：等离子体中两种组分粒子相对流动时产生的不稳定性。

**上混杂频率共振(upper hybrid resonance)**：在此频率下，冷等离子体中的电磁波相速度为零。该共振频率高于电子等离子体频率和电子回旋频率。

**Vlasov 方程(Vlasov equation)**：Boltzmann 方程中碰撞项为零时的情形。

**涡度(vorticity)**：流速的旋度。环形流或旋涡具有涡度。流切变虽然不是严格的环流圆形，但其流速中有旋度，因此也有涡度。

**哨声(whistler)**：频率低于电子回旋频率的右旋电磁波。

**Zeeman 分裂(Zeeman splitting)**：处于强磁场中的大气，其发出的谱线会产生谱线分裂。人们可根据这种分裂效应推断并测量太阳表面的磁场。

---

[1] 与太阳常数是同一个物理量。不过以前人们称之为太阳常数，现在一般称其为太阳总辐照度。

# 参考文献

Alfvén, H. (1957). On the theory of comet tails. Tellus, 9, 92-96.

Alfvén, H. (1968). Some properties of magnetospheric neutral surfaces. J. Geophys. Res., 73, 4379-4381.

Akasofu, S. -I. (1968). Polar and Magnetospheric Substorms. New York: Springer-Verlag.

Arridge, C. S., C. T. Russell, K. K. Khurana, et al. (2007). Mass of Saturn's magnetodisk: Cassini observations. J. Geophys. Res. Lett., 34, L09108, doi: 09110. 01029/02006GL028921.

Avrett, E. H. and R. Loeser (2008). Models of the solar chromosphere and transition region from SUMER and HRTS observations: formation of the extreme-ultraviolet spectrum of hydrogen, carbon, and oxygen. Astrophys. J. Suppl. Ser., 175(1), 229-276.

Axford, W. I. (1962). The interaction between the solar wind and the Earth's magnetosphere. J. Geophys. Res., 67, 3791-3796.

Bame, S. J., J. R. Asbridge, W. C. Feldman, M. D. Montgomery, and P. D. Kearney(1975). Solar wind heavy ion abundances. Solar Phys., 43, 463-473.

Banks, P. M. and G. Kockarts (1973). Aeronomy. New York: Academic Press.

Blanc, M., S. Bolton, J. Bradley, et al. (2002). Magnetospheric and plasma science with Cassini-Huygens. Space Sci. Rev., 104, 253-346.

Blanco-Cano, X., N. Omidi, and C. T. Russell (2003). Hybrid simulations of solar wind interaction with magnetized asteroids: comparison with Galileo observations near Gaspra and Ida. J. Geophys. Res., 108 (A5), 1216, doi: 10. 1029/2002JA009618.

Blanco-Cano, X., N. Omidi, and C. T. Russell (2004). How to make a magnetosphere. Astron. Geophys., 45, 3. 14-3. 17.

Born, M. and E. Wolf (1970). Principles of Optics, 4th edn. New York: Pergamon, pp. 544-548.

Bothmer, V. and R. Schwenn (1998). The structure and origin of magnetic clouds in the solar wind. Ann. Geophys., 16, 1-24.

Brekke, A. and A. Egeland (1983). The Northern Light: From Mythology to Space Research. Berlin: Springer-Verlag.

Burton, R. K., R. L. McPherron, and C. T. Russell (1975). An empirical relationship between interplanetary conditions and Dst. J. Geophys. Res., 80(31), 4204-4214.

Cahill, L. J. and V. L. Patel (1967). The boundary of the geomagnetic field, August to November 1961. Planet. Space Sci., 15, 997-1033.

Carpenter, D. L. (1963). Whistler evidence of a "knee" in the magnetospheric ionization density profile. J. Geophys. Res., 68, 1675-1682.

Carr, T. D., M. D. Desch, and J. K. Alexander (1983). Phenomenology of magnetospheric radio emissions, in Physics of the Jovian Magnetosphere. Ed. A. J. Dessler. Cambridge: Cambridge University Press, pp. 226-284.

Chapman, S. and J. Bartels (1940). Geomagnetism. London: Oxford University Press.

Chapman, S. and V. C. A. Ferraro (1930). A new theory of magnetic storms. Nature, 126, 129.

Chi,P. J. and C. T. Russell (2005). Travel-time magnetoseismology: magnetospheric sounding by timing the tremors in space. Geophys. Res. Lett. ,32,L18108,doi: 10. 1029/2005GL023441.

Clemmow,P. C. and J. P. Dougherty (1969). Electrodynamics of Particles and Plasmas. Reading,MA: Addison-Wesley Publ. Co.

Connors,M. ,C. T. Russell,and V. Angelopoulos (2011). Magnetic flux transfer in the April 5,2010 Galaxy 15 substorm: an unprecedented observation. Ann. Geophys. ,29,619-622.

Coroniti,F. V. (1970). Dissipation discontinuities in hydromagnetic shock waves. J. Plasma Phys. , 4,265.

Cowling,T. G. (1957). Dynamo theories of cosmic fields. Vistas Astron. ,1,313-322.

Cravens,T. E. ,H. Shinagawa,and A. F. Nagy (1984). The evolution of large-scale magnetic fields in the ionosphere of Venus. Geophys. Res. Lett. ,11,267.

Crooker,N. U. ,G. L. Siscoe,S. Shodhan,D. F. Webb,J. T. Gosling,and E. J. Smith. (1993). Multiple heliospheric current sheets and coronal streamer belt dynamics. J. Geophys. Res. ,98,9371-9381.

Decker,R. B. (1988). Computer modeling of test particle-acceleration at oblique shocks. Space Sci. Rev. ,48,195-262.

Dessler,A. J. and E. N. Parker (1959). Hydromagnetic theory of magnetic storms. J. Geophys. Res. , 64,2239-2259.

Dungey,J. W. (1961). Interplanetary magnetic field and the auroral zones. Phys. Rev. Lett. ,6,47.

Dungey,J. W. (1963). The structure of the exosphere or adventures in velocity space,in Geophysics: The Earth's Environment. Eds. C. Dewitt,J. Hieblot,and A. Lebeau. New York: Gordon and Breach,pp. 505-550.

Duvall,T. L. Jr. and A. C. Birch (2010). The vertical component of the supergranular motion. Astrophys. J. Lett. ,725,L47-L51.

Egeland,A. and W. J. Burke (2013). Carl Størmer: Auroral Pioneer. Astrophysics and Space Science Library,vol. 393. Berlin,Heidelberg: Springer,pp. 29-107.

Elphic,R. C. and C. T. Russell (1979). ISEE-1 and 2 magnetometer observations of the magnetopause, in Magnetospheric Boundary Layers. Ed. B. Battrick. Volume ESA SP-148. Paris: European Space Agency, pp. 43-50.

Elphic,R. C. ,C. T. Russell,J. A. Slavin,and L. H. Brace (1980). Observations of the dayside ionopause and ionosphere of Venus. J. Geophys. Res. ,85(A13),7679-7696,doi: 10. 1029/JA085iA13p07679.

Endeve,E. ,T. E. Holzer,and E. Leer (2003a). 2D MHD models of the large scale solar corona,in Solar Wind Ten,Proc. Tenth Int. Solar Wind Conf. Eds. M. Velli,R. Bruno,and F. Malara. AIP Conf. Proc. 679. College Park,MD: American Institute of Physics,p. 331.

Endeve,E. ,E. Leer,and T. E. Holzer (2003b). Two-dimensional magnetohydrodynamic models of the solar corona: mass loss from the streamer belt. Astrophys. J. ,589,1040-1053.

Fairfield,D. H. (1971). Average and unusual locations of the Earth's magnetopause and bow shock. J. Geophys. Res. ,76(28),6700-6716.

Falthammar,C. G. (1966). On transport of trapped particles in outer magnetosphere. J. Geophys. Res. , 71,1487.

Farris,M. H. and C. T. Russell (1994). Determining the standoff distance of the bow shock: Mach number dependence and use of models. J. Geophys. Res. ,99,17681-17689.

Farris,M. H. ,C. T. Russell,R. J. Fitzenreiter,and K. W. Ogilvie (1994). The subcritical,quasi-parallel,switch-on shock. Geophys. Res. Lett. ,21,837-840.

Feldstein,Y. I. and G. V. Starkov (1967). Dynamics of auroral belt and polar geomagnetic disturbances. Planet. Space Sci. ,15,209-229.

Fisk, L. A. (1971). Solar modulation of galactic cosmic rays. J. Geophys. Res. ,76,221.

Frank, L. A. (1967). On the extraterrestrial ring current during geomagnetic storms. J. Geophys. Res. , 72,3753-3767.

Frank, L. A. (1971). Plasma in the Earth's polar magnetosphere. J. Geophys. Res. ,76(22),5202-5219.

Fried, B. D. and S. D. Conte (1961). The Plasma Dispersion Function: The Hilbert Transform of the Gaussian. New York: Academic Press.

Fujii, R. ,O. Amm, A. Yoshikawa, A. Ieda, and H. Vanhamäki (2011). Reformulation and energy flow of the Cowling channel. J. Geophys. Res. ,116,A02305,doi: 10.1029/2010JA015989.

Fukushima, N. (1969). Equivalence in ground magnetic effect of Chapman-Vestine's and Birkeland-Alfvén's electric current system for polar magnetic storms. Rep. Ionos. Space Res. Jap. ,23,219-227.

Fukushima, N. (1976). Generalized theorem for no ground magnetic effect of vertical currents connected with Pedersen currents in the uniform-conductivity ionosphere. Rep. Ionos. Space Res. Jap. ,30, 35-40.

Gary, G. A. (2001). Plasma beta over an active region: rethinking the paradigm. Solar Phys. ,203, 71-86.

Ge, Y. S. and C. T. Russell (2006). Polar survey of magnetic field in near tail: reconnection rare inside 9 RE. Geophys. Res. Lett. ,33,L02101,doi: 10.1029/2005GL024574.

Gendrin, R. (1961). Le guidage des whistlers par le champ magnetique. Planet. Space Sci. ,5,274-282, doi: 10.1016/0032-0633(61)90096-4.

Gloeckler, G. and L. A. Fisk (2006). In Physics of the Inner Heliosheath: Voyager Observations, Theory, and Future Prospects, 5th IGPP Int. Astrophysics Conf. Eds. J. Heerikhuisen, V. Florinski, G. P. Zank, and N. P. Pogorelov. AIP Conf. Proc. 858. College Park, MD: Institute of Physics, pp. 153-158.

Golub L. and J. M. Pasachoff (1997). The Solar Corona. Cambridge: Cambridge University Press.

Global Oscillation Network Group (2015). GONG Data Archive, gong. nso. edu/data. Accessed September 10, 2015.

Goodrich, C. C. and J. D. Scudder (1984). The adiabatic energy change of plasma electrons and the frame dependence of the cross-shock potential at collisionless magnetosonic shock waves. J. Geophys. Res. , 89,6654-6662.

Gopalswamy, N. and M. L. Kaiser (2002). Solar eruptions and long wavelength radio bursts: the 1997 May 12 event. Adv. Space Res. ,29,307-312.

Gosling, J. T. and V. J. Pizzo (1999). Formation and evolution of corotating interaction regions and their three dimensional structure. Space Sci. Rev. ,89 (1-2),21-52.

Gringauz, K. I. (1969). Low-energy plasma in the Earth's magnetosphere. Rev. Geophys. ,7,339-378.

Heikkila, W. J. and J. D. Winningham (1971). Penetration of magnetosheath plasma to low altitudes through the dayside magnetospheric cusps. J. Geophys. Res. ,76(4),883-891.

Hill, F. , P. B. Stark, R. T. Stebbins et al. (1996). The solar acoustic spectrum and eigenmode parameters. Science, 272,1292-1295.

Holzer, T. E. , M. G. McLeod, and E. J. Smith (1966). Preliminary results from OGO-1 search coil magnetometer: boundary positions and magnetic noise spectrum. J. Geophys. Res. ,71,1481-1486.

Huba, J. D. (2009). Revised NRL Plasma Formulary. Washington, D. C. : Naval Research Laboratory.

Huddleston, D. E. ,C. T. Russell, M. G. Kivelson, K. K. Khurana, and L. Bennett (1998). Location and shape of the Jovian magnetopause and bow shock. J. Geophys. Res. ,103,20075-20082.

Hundhausen A. J. ,J. T. Burkepile, and O. C. St. Cyr (1994). Speeds of coronal mass ejections: SMM observations from 1980 and 1984-1989. J. Geophys. Res. ,99,6543-6552.

Iijima, T. and T. A. Potemra (1978). Large-scale characteristics of field-aligned currents associated with substorms. J. Geophys. Res. ,83,599-615.

Ip,W. -H. and W. I. Axford (1982). Theories of physical processes in the cometary comae and ion tails, in Comets. Ed. L. L. Wilkening. Tucson,AZ: University of Arizona Press,pp. 588-634.

Johnson,C. Y. (1969). Ion and neutral composition of the ionosphere,Ann. IQSY. ,5,197-213.

Joy, S. P. , M. G. Kivelson, R. J. Walker, K. K. Khurana, C. T. Russell, and T. Ogino (2002). Probabilistic models of the Jovian magnetopause and bow shock locations. J. Geophys. Res. ,107(A10), 13096,doi: 1310. 1029/2001JA009146.

Kantrowitz,A. and H. E. Petschek (1966). MHD characteristics and shock waves,in Plasma Physics in Theory and Application. Ed. W. B. Kunkel. New York: McGraw-Hill,pp. 148-206.

Karimabadi,H. ,W. Daughton,and J. D. Scudder (2007). Multiscale structure of the electron diffusion region. Geophys. Res. Lett. ,34,L13104,doi: 10. 1029/2007GL030306.

Kellogg,P. J. (1962). Flow of plasma around the Earth. J. Geophys. Res. ,67,3805-3811.

Kennel,C. F. and H. E. Petschek (1966). Limit on stably trapped particle fluxes. J. Geophys. Res. , 71,1.

Kennel,C. F. ,J. P. Edmiston,and T. Hada (1985). A quarter century of collisionless shock research,in Collisionless Shocks in the Heliosphere: A Tutorial Review. Eds. R. G. Stone and B. T. Tsurutani. Geophysical Monograph Series,vol. 34. Washington,D. C. : American Geophysical Union,p. 1-36.

Kivelson, M. G. and C. T. Russell (1995). Introduction to Space Physics. Cambridge: Cambridge University Press.

Knight,S. (1973). Parallel electric fields. Planet. Space Sci. ,21,741-750.

Knudsen,W. C. , K. Spenner, R. C. Whitten, and L. K. Miller (1980). Ion energetics in the Venus nightside ionosphere. Geophys. Res. Lett. ,7,1045-1048,doi: 10. 1029/GL007i012p01045.

Knudsen,W. C. , K. L. Miller,and K. Spenner (1982). Improved Venus ionopause altitude calculation and comparison with measurement. J. Geophys. Res. ,87(A4),2246-2254.

Kurth,W. S. and D. A. Gurnett (1991). Plasma waves in planetary magnetospheres. J. Geophys. Res. , 96(18),977.

Landau L. D. and E. M. Lifshitz (1960). Mechanics. Reading,MA: Addison-Wesley.

Lang,K. R. (2010). NASA's Cosmos. www. ase . tufts. edu/cosmos. Website accessed September 10,2015.

Lario,D. (2005). Advances in modeling gradual solar energetic particle events. Adv. Space Res. ,36, 2279-2288.

Le,G. and C. T. Russell (1994). The thickness and structure of the high beta magnetopause current layer. Geophys. Res. Lett. ,21,2451-2454.

Le,G. ,X. Blanco-Cano,C. T. Russell,et al. (2001). Electromagnetic ion cyclotron waves in the high-altitude cusp: polar observations. J. Geophys. Res. ,106,19067-19079.

Le,G. ,C. T. Russell,and K. Takahashi (2004). Morphology of the ring current derived from magnetic field observations. Ann. Geophys. ,22,1267-1295.

Lean,J. (1991). Variations in the sun's radiative input. Rev. Geophys. ,29,505-535.

Lee,C. O. ,J. G. Luhmann,D. Odstrcil,et al. (2009). The solar wind at 1 AU during the declining phase of solar cycle 23: comparison of 3D numerical model results with observations. Solar Phys. ,254(1), 155-183.

Leroy,M. M. and A. Mangeney (1984). A theory of energization of solar wind electrons by the Earth's bow shock. Annales Geophys. ,2,449-456.

Li,Y. and J. G. Luhmann (2006). Coronal magnetic field topology over filament channels: implications for coronal mass ejection initiations. Astrophys. J. ,648,732-740.

Li,Y. ,J. G. Luhmann,B. J. Lynch,and E. K. J. Kilpua (2011). Cyclic reversal of magnetic cloud poloidal field. Solar Phys. ,270(1),331-346.

Lindsay,G. M. ,J. G. Luhmann,C. T. Russell,and J. T. Gosling (1999). Relationships between coronal mass ejection speeds from coronagraph images and interplanetary characteristics of associated interplanetary coronal mass ejections. J. Geophys. Res. ,104,12515-12524.

Luhmann,J. G. (1977). Auroral bremsstrahlung spectra in the atmosphere. J. Atmos. Terr. Phys. , 39,595.

Luhmann,J. G. (1986). The solar wind interaction with Venus. Space Sci. Rev. ,44,241-306.

Luhmann,J. G. (1990). The Solar Wind Interaction with Unmagnetized Planets: A Tutorial. Geophysical Monograph Series,vol. 58. Washington,D. C. : American Geophysical Union.

Luhmann,J. G. (1991). The solar wind interaction with Venus and Mars: cometary analogies and contrasts,in Cometary Plasma Processes. Ed. A. Johnstone. Washington, D. C. : American Geophysical Union,doi: 10. 1029/GM061p0005.

Luhmann,J. G. and L. H. Brace (1991). Near Mars space. Rev. Geophys. 29,121.

Luhmann,J. G. and R. C. Elphic (1985). On the dynamo generation of flux ropes in the Venus ionosphere. J. Geophys. Res. ,90,12047-12056.

Luhmann,J. G. ,R. J. Walker,C. T. Russell,N. U. Crooker,J. R. Spreiter,and S. S. Stahara (1984). Patterns of potential magnetic field merging sites on the dayside magnetopause. J. Geophys. Res. , 89, 1739-1742.

Luhmann,J. G. ,C. T. Russell,F. L. Scarf,L. H. Brace,and W. C. Knudsen (1987). Characteristics of the Marslike limit of the Venus-solar wind interaction,J. Geophys. Res. ,92(A8),8545-8557,doi: 10. 1029/ JA092iA08p08545.

Luhmann, J. G. , C. T. Russell, and N. A. Tsyganenko (1998). Disturbances in Mercury's magnetosphere: are the Mariner 10 "substorms" simply driven? J. Geophys. Res. ,103,9113-9119.

Luhmann,J. G. ,D. W. Curtis, P. Schroeder, et al. (2008). STEREO IMPACT investigation goals, measurements, and data products overview. Space Sci. Rev. , 136, 117-184, doi: 10. 1007/s11214-007- 9170-x.

Luhmann, J. G. , D. Ulusen, S. A. Ledvina, et al. (2012). Investigating magnetospheric interaction effects on Titan's ionosphere with the Cassini Orbiter Ion Neutral Mass Spectrometer,Langmuir Probe,and Magnetometer observations during targeted flybys. Icarus,219,535-555.

McComas, D. J. , F. Allegrini, P. Boschler, et al. (2009). Global observations of the interstellar interaction from the Interstellar Boundary Explorer (IBEX). Science,326,959-962.

McDiarmid,I. B. ,J. R. Burrows, and M. D. Wilson (1979). Large scale magnetic perturbations and particle measurements at 1400 km on the dayside. J. Geophys. Res. ,84,1431-1441.

McPherron,R. L. , C. T. Russell, and M. P. Aubry (1973). Satellite studies of magnetospheric substorms on August 15, 1968. IX. Phenomenological model for substorms, J. Geophys. Res. , 78, 3131-3149.

Manka,R. H. and F. C. Michel (1970). Lunar atmosphere as a source of argon-40 and other lunar surface elements. Science,169,278-280.

Marsch,E. (2006). Kinetic physics of the solar corona and solar wind. Living Rev. Sol. Phys. ,3,1.

Marsch,E. ,R. Schwenn,H. Rosenbauer,K. -H. Muehlhaeuser,W. Pilipp,and F. M. Neubauer (1982). Solar wind protons-three-dimensional velocity distributions and derived plasma parameters measured between 0. 3 and 1 AU. J. Geophys. Res. ,87,52-72.

Mayaud,P. N. (1980). Derivation, Meaning and Use of Geomagnetic Indices. Washington, D. C. : American Geophysical Union.

Means, J. D. (1972) Use of the three-dimensional covariance matrix in analyzing the polarization properties of plane waves. J. Geophys. Res. ,77,28.

Nagy, A. F. , T. E. Cravens, J. -H. Yee, and A. I. F. Stewart (1981). Hot oxygen atoms in the upper atmosphere of Venus. Geophys. Res. Lett. ,8(6),629-632.

Newbury, J. A. and C. T. Russell (1996). Observations of a very thin collisionless shock. Geophys. Res. Lett. ,23,781-784.

Odera, T. J. , D. V. Swol, C. T. Russell, and C. A. Green (1991). Pc 3,4 magnetic pulsations observed simultaneously in the magnetosphere and at multiple ground stations. Geophys. Res. Lett. ,18,1671-1674.

Omidi, N. , X. Blanco-Cano, C. T. Russell, H. Karimabadi, and M. Acuna (2002). Hybrid simulations of solar wind interaction with magnetized asteroids: general characteristics. J. Geophys. Res. ,107,1487.

Omidi, N. , X. Blanco-Cano, and C. T. Russell (2005). Global hybrid simulations of the bow shock, in The Physics of Collisionless Shocks. Eds. G. Li, G. P. Zank, and C. T. Russell. AIP Conf. Proc. 781. College Park, MD: American Insitute of Physics, pp. 27-31.

OMNIWeb Plus (2015). omniweb. gsfc. nasa. gov. Accessed September 10,2015.

Orlowski, D. S. , C. T. Russell, and R. P. Lepping (1992). Wave phenomena in the upstream region of Saturn. J. Geophys. Res. ,97,19187-19199.

Palmer, H. P. , R. D. Davies, and M. I. Large (1962). Radio Astronomy Today. Manchester: Manchester University Press.

Park, C. G. (1974). A morphological study of substorm-associated disturbances in the ionosphere. J. Geophys. Res. ,79,2821-2827.

Petrinec, S. M. and C. T. Russell (1997). Hydrodynamic and MHD equations across the bow shock and along the surfaces of planetary obstacles. Space Sci. Rev. ,79,757-791.

Petschek, H. E. (1964). Magnetic field annihilation, in AAS-NASA Symposium on the Physics of Solar Flares. Ed. W. N. Hess. Washington, D. C. : NASA, SP-50, pp. 425-439.

Phillips, J. L. , J. G. Luhmann, and C. T. Russell (1984). Growth and maintenance of large-scale magnetic fields in the dayside Venus ionosphere. J. Geophys. Res. , 89 (A12), 10676-10684, doi: 10. 1029/JA089iA12p10676.

Podgorny, I. M. (1976). Laboratory experiments: intrusion into the magnetic field, in Physics of Solar Planetary Environment. Ed. D. J. Williams. Washington, D. C. : American Geophysical Union, pp. 241-254.

Prölss, G. W. (2003). Physics of the Earth's Space Environment. Berlin: Springer.

Rankin, D. and R. Kurtz (1970). Statistical study of micropulsation polarizations J. Geophys. Res. , 75,5444.

Ratcliffe, J. A. (1972). An Introduction to the Ionosphere and Magnetosphere. Cambridge: Cambridge University Press.

Rees, M. H. (1989). Physics and Chemistry of the Upper Atmosphere. Cambridge: Cambridge University Press.

Rishbeth, H. and O. K. Garriott (1969). Introduction to Ionospheric Physics. International Geophysics Series, vol. 14. New York: Academic Press.

Robinson, R. M. , R. R. Vondrak, K. Miller, T. Dabbs, and D. Hardy (1987). On calculating ionospheric conductances from the flux and energy of precipitating electrons. J. Geophys. Res. ,92,2565-2569.

Roederer, J. G. (1967). On the adiabatic motion of energetic particles in a model magnetosphere. J. Geophys. Res. ,72,981-992.

Roederer, J. G. (1970). Dynamics of Geomagnetically Trapped Radiation. Berlin: Springer-Verlag.

Ronnmark, K. G. (1982). WHAMP Waves in Homogeneous, Anisotropic, Multicomponent Plasmas. Kiruna Geophysical Institute Report, 179. Kiruna, Sweden: Kiruna Geophysical Institute.

Rossi,B. and S. Olbert (1970). Introduction to Space Physics. New York: McGraw-Hill.

Russell,C. T. (1972). The configuration of the magnetosphere,in Critical Problems of Magnetospheric Physics. Ed. E. R. Dyer. Washington,D. C. : IUCSTP,National Academy of Sciences,pp. 1-16.

Russell,C. T. (2000). The solar wind interaction with the Earth's magnetosphere: a tutorial. IEEE Trans. Plasma Sci. ,28,1818-1830.

Russell,C. T. and R. C. Elphic (1979). Observations of the flux ropes in the Venus ionosphere. Nature, 279,616.

Russell,C. T. and B. K. Fleming (1976). Magnetic pulsations as a probe of the interplanetary magnetic field: a test of the Borok B-index. J. Geophys. Res. ,81,5882-5886.

Russell,C. T. and E. W. Greenstadt (1979). Initial ISEE magnetometer results: shock observation. Space Sci. Rev. ,23,3-37.

Russell,C. T. and M. M. Hoppe (1983). Upstream waves and particles. Space Sci. Rev. ,34,155-172.

Russell,C. T. and B. R. Lichtenstein (1975). On the source of lunar limb compressions. J. Geophys. Res. ,80(34),4700-4711.

Russell, C. T. and R. L. McPherron (1973). The magnetotail and substorms, Space Sci. Rev. ,15, 205-266.

Russell,C. T. and R. M. Thorne (1970). On the structure of the inner magnetosphere. Cosmic Electrodyn. ,1,67-89.

Russell,C. T. ,C. R. Chappell, M. D. Montgomery, M. Neugebauer, and F. L. Scarf (1971). OGO-5 observations of the polar cusp on November 1,1968. J. Geophys. Res. ,76(28),6743-6764.

Russell,C. T. ,M. M. Mellott,E. J. Smith,and J. H. King (1983). Multiple spacecraft observations of interplanetary shocks: four spacecraft determinations of shock normal. J. Geophys. Res. ,88,4739-4748.

Russell,C. T. ,D. N. Baker,and J. A. Slavin (1988). The magnetosphere of Mercury,in Mercury. Eds. F. Vilas,C. Chapman,and M. Matthews. Tucson: University of Arizona Press,pp. 514-561.

Russell,C. T. ,P. Song,and R. P. Lepping (1989). The Uranian magnetopause: lessons from Earth. Geophys. Res. Lett. ,16,1485-1488.

Russell,C. T. ,R. P. Lepping,and C. W. Smith (1990). Upstream waves at Uranus. J. Geophys. Res. , 95(A3),2273-2279.

Russell, C. T. , P. J. Chi, V. Angelopoulos, et al. (1999a). Comparison of three techniques of determining the resonant frequency of geomagnetic pulsations. J. Atmos. Solar-Terr. Phys. ,61,1289-1297.

Russell,C. T. ,D. E. Huddleston, K. K. Khurana,and M. G. Kivelson (1999b). Observations at the inner edge of the Jovian current sheet: evidence for a dynamic magnetosphere. Planet. Space Sci. , 47, 521-527.

Russell,C. T. ,M. G. Kivelson,W. S. Kurth,and D. A. Gurnett (2000). Implications of depleted flux tubes in the jovian magnetosphere. Geophys. Res. Lett. ,27,3133-3136.

Russell,C. T. , Y. L. Wang, and J. Raeder (2003). Possible dipole tilt dependence of dayside magnetopause reconnection. Geophys. Res. Lett. ,30(18),1937,doi: 10. 1029/2003GL017725.

Russell,C. T. , J. G. Luhmann, and L. K. Jian (2010). How unprecedented a solar minimum? Rev. Geophys. ,48,RG2004,doi: 10. 1029/2009RG000316.

Saunders,M. A. and C. T. Russell (1986). Average dimension and magnetic structure of the distant Venus magnetotail. J. Geophys. Res. ,91(A5),5589-5604,doi: 10. 1029/JA091iA05p05589.

Schatten,K. H. ,J. M. Wilcox,and N. F. Ness (1969). A model of interplanetary and coronal magnetic fields. Solar Phys. ,6(3),442-445.

Schunk,R. W. and A. F. Nagy (1980). Ionospheres of the terrestrial planets. Rev. Geophys. Space Phys. ,18,813-852.

Schunk, R. W. and A. F. Nagy (2009). Ionospheres: Physics, Plasma Physics, and Chemistry. Cambridge: Cambridge University Press.

Scholer, M., I. Sidorenko, C. H. Jaroschek, and R. A. Treumann (2003). Onset of collisionless magnetic reconnection in thin current sheets: three-dimensional particle simulations. Phys. Plasmas, 10, 3521-3527.

Schulz, M. and L. J. Lanzerotti (1974). Particle Diffusion in the Radiation Belts. Berlin: Springer-Verlag.

Sckopke, N. (1966). A general relation between the energy of trapped particles and the disturbance field near the Earth. J. Geophys. Res., 71, 3125-3130.

Scurry, L. and C. T. Russell (1990). Geomagnetic activity for northward interplanetary magnetic fields: Am index response. Geophys. Res. Lett., 17, 1065-1068.

Scurry, L. and C. T. Russell (1991). Proxy studies of energy transfer in the magnetosphere. J. Geophys. Res., 96, 9541-9548.

Sexl, R., G. Marks, K. Bethge, E. Streeruwitz, and I. Raab (1980). Materie in Raum und Zeit, Einfuhrung in die Physik, 3. Frankfurt am Main: M. Diesterweg, O. Salle, Aarau, Sauerlander.

Shinagawa, H. and T. E. Cravens (1989). A onedimensional multi-species magnetohydrodynamic model of the dayside ionosphere of Mars. J. Geophys. Res., 94, 6506-6517.

Shinagawa, H., T. E. Cravens, and A. F. Nagy (1987). A one-dimensional time-dependent model of the magnetized ionosphere of Venus. J. Geophys. Res., 92, 7317-7330.

Shue, J.-H., P. Song, C. T. Russell, et al. (1998). Magnetopause location under extreme solar wind conditions. J. Geophys. Res., 103, 17691-17700.

Solanki, S. K., T. Wenzler, and D. Schmitt (2008). Moments of the latitudinal dependence of the sunspot cycle: a new diagnostic of dynamo models. Astron. Astrophys., 483, 623-632.

Song, P. and V. M. Vasyliu-nas (2011). Heating of the solar atmosphere by strong damping of Alfvén waves. J. Geophys. Res., 116, A09104.

Song, P., R. C. Elphic, C. T. Russell, J. T. Gosling, and C. A. Cattell (1990). Structure and properties of the subsolar magnetopause for northward IMF: ISEE observations. J. Geophys. Res., 95, 6375-6387.

Song, P., V. M. Vasyliunas, and L. Ma (2005). A three-fluid model of solar windmagnetosphere-ionosphere-thermosphere coupling, in Multiscale Coupling of Sun-Earth Processes. Eds. A. T. Y. Lui, Y. Kamide, and G. Consolini. Amsterdam: Elsevier, pp. 447-456.

Sonnerup, B. U. Ö., G. Paschmann, I. Papamastorakis, et al. (1981). Evidence for magnetic field reconnection at the Earth's magnetopause. J. Geophys. Res., 86, 10049-10067.

Southwood, D. J., M. G. Kivelson, R. J. Walker, and J. A. Slavin (1980). Io and its plasma environment. J. Geophys. Res., 85(A11), 5959-5968, doi: 10.1029/JA085iA11p05959.

Speiser, T. W. (1965). Particle trajectories in model current sheets 1. Analytical solutions. J. Geophys. Res., 70, 4219-4226.

Spjeldvik, W. N. and P. L. Rothwell (1983). The Earth's radiation belts, in Handbook of Geophysics and the Space Environment. Ed. A. S. Jursa. Air Force Geophysics Laboratory Technical Report 88-0240. Springfield, VA: Air Force Geophysics Laboratory, Air Force Systems Command.

Spreiter, J. R. and S. S. Stahara (1980). A new predictive model for determining solar windterrestrial planet interactions. J. Geophys. Res., 85(A12), 6769-6777.

Spreiter, J. R., A. L. Summers, and A. Y. Alksne (1966). Hydromagnetic flow around the magnetosphere. Planet. Space Sci., 14, 223-253.

Spreiter, J. R., M. C. Marsh, and A. L. Summers (1970). Hydromagnetic aspects of solar wind flow past the moon. Cosmic Electrodyn., 1(1), 5-50.

Stix, T. H. (1962). The Theory of Plasma Waves. New York: McGraw-Hill.

Storey,L. R. O. (1953). An investigation of whistling atmospherics. Phil. Trans. R. Soc. Lond. A,246, 113-141,doi: 10. 1098/rsta. 1953. 0011.

Strangeway,R. J. ,C. T. Russell, C. W. Carlson, et al. (2000). Cusp field-aligned currents and ion outflows. J. Geophys. Res. ,105,21129-21142.

Sweet,P. A. (1958). The neutral point theory of solar flares,in Electromagnetic Phenomena in Cosmical Physics. Ed. B. Lehnert. Proc. IAU Symp. 6. Cambridge: Cambridge University Press, pp. 123-134.

Taylor,H. A. , H. C. Brinton, and I. M. W. Pharo (1968). Contraction of the plasmasphere during geomagneticially disturbed periods. J. Geophys. Res. ,73,961.

Theis,R. F. ,L. H. Brace,and H. G. Mayr (1980). Empirical models of the electron temperature and density in the Venus ionosphere. J. Geophys. Res. ,85,7787-7794.

Troitskaya,V. A. , T. A. Plyasova-Bakunina,and A. V. Guglielmi (1971). Relationship between Pc2-4 pulsations and the interplanetary magnetic field. Dokl. Acad. Nauk. ,SSSR197,1312. (In Russian. )

Tsyganenko,N. A. (1987). Global quantitative models of the geomagnetic field in the cislunar magnetosphere for different disturbance levels. Planet. Space Sci. ,35,1347-1358.

Tsyganenko, N. A. (1989a). A solution of the Chapman-Ferraro problem for an ellipsoidal magnetopause. Planet. Space Sci. ,37,1037-1046.

Tsyganenko,N. A. (1989b). A magnetospheric magnetic field model with a warped tail current sheet. Planet. Space Sci. ,37,5-20.

Tsyganenko,N. A. and A. V. Usmanov (1982). Determination of the magnetospheric current system parameters and development of experimental geomagnetic field models based on data from IMP and HEOS satellite. Planet Space Sci. ,30,985-998.

Unti,T. and G. Atkinson (1968). Twodimensional Chapman-Ferraro problem with neutral sheet. 1. The boundary. J. Geophys. Res. ,73,7319-7327.

Vasyliunas,V. M. (1968). Low energy electrons in the magnetosphere as observed by OGO-1 and OGO-3,in Physics of the Magnetosphere. Ed. R. L. Carovillano. Dordrecht: Reidel,pp. 622-650.

Vasyliunas,V. M. (1983). Plasma distribution and flow,in Physics of the Jovian Magnetosphere. Ed. A. J. Dessler. London: Cambridge University Press,pp. 395-453.

Vernazza,J. E. , E. H. Avrett,and R. Loeser (1973). Structure of the solar chromosphere. 1. Basic computations and summary of the results. Astrophys. J. ,184,605-631.

Walt,M. (1996). Source and loss processes for radiation belt particles,in Radiation Belts: Models and Standards. Eds. J. F. Lemaire, D. Heynderickx,and D. N. Baker. Geophysical Monograph Series, vol. 97. Washington,D. C. : American Geophysical Union,p. 1.

Wang,C. and J. D. Richardson (2001). Energy partition between solar wind protons and pickup ions in the distant heliosphere: a three-fluid approach. J. Geophys. Res. ,106(A12),29401-29407.

Wang,Y. L. , J. Raeder, and C. T. Russell (2004). Plasma depletion layer: magnetosheath flow structure and forces. Ann. Geophys. ,22,1773-1776.

Whipple,E. C. , Jr. (1978). (U, B, K) coordinates: a natural system for studying magnetospheric convection. J. Geophys. Res. ,83,4318-4326.

Wilcox Solar Observatory (wso. stanford. edu).

Wolf,R. A. (1983). The quasi-static (slow-flow) region of the magnetosphere,in Solar Terrestrial Physics. Eds. R. L. Carovillano and J. M. Forbes. Dordrecht: Reidel,pp. 303-368.

Woods,L. C. (1969). On the structure of collisionless magnetoplasma shock waves at supercritical Alfvén-Mach numbers. J. Plasma Phys. ,3,435-447.

Zhang,T. L. , W. Baumjohann,J. Du, et al. (2010). Hemispherical asymmetry of the magnetic field wrapping pattern of the Venusian magnetotail. Geophys. Res. Lett. ,37,L14202.

# 索 引